深入 Activiti 流程引擎

核心原理与高阶实战

贺波　胡海琴　刘晓鹏◎编著

人民邮电出版社

北京

图书在版编目(CIP)数据

深入Activiti流程引擎：核心原理与高阶实战 / 贺波，胡海琴，刘晓鹏编著. -- 北京：人民邮电出版社，2023.4（2024.5重印）
ISBN 978-7-115-60004-2

Ⅰ. ①深… Ⅱ. ①贺… ②胡… ③刘… Ⅲ. ①业务流程—自适应控制系统 Ⅳ. ①TP273

中国版本图书馆CIP数据核字(2022)第166110号

内 容 提 要

本书主要介绍业务流程管理的实战落地应用，全书分为4篇：基础理论篇，包含流程的基本概念、业务流程管理的历史、业务流程管理体系；常规应用篇，包含 Activiti 开发环境准备、使用 IDEA 和 Eclipse 开发 Activiti 工作流、流程设计工具，以及 Activiti 核心架构、工作流引擎配置、用户管理、流程部署、表单管理等内容；高级实战篇，包含 Spring Boot 和 Activiti 的其他实践和应用；架构扩展篇，包含多引擎架构、性能优化、流程稳定性保障。

本书适合从事业务流程管理的技术人员阅读。

◆ 编　著　贺　波　胡海琴　刘晓鹏
　　责任编辑　郭泳泽
　　责任印制　王　郁　焦志炜

◆ 人民邮电出版社出版发行　北京市丰台区成寿寺路 11 号
　邮编　100164　电子邮件　315@ptpress.com.cn
　网址　https://www.ptpress.com.cn
　北京天宇星印刷厂印刷

◆ 开本：787×1092　1/16
　印张：38　　　　　　　　　2023 年 4 月第 1 版
　字数：1236 千字　　　　　　2024 年 5 月北京第 6 次印刷

定价：139.80 元

读者服务热线：(010)81055410　印装质量热线：(010)81055316
反盗版热线：(010)81055315
广告经营许可证：京东市监广登字 20170147 号

作者简介

贺 波

国内资深的工作流及BPM领域专家,专注于流程领域十余年,长期致力于BPM技术及相关产品的研发、应用和推广,擅长为国内外中大型企业提供以流程为导向的数字化解决方案。职业生涯中组织领导了多个大型软件平台项目的设计、开发与落地,具备全面的解决方案能力、分析及设计能力、组织实施能力。曾任东华软件股份公司技术总监,从零研发的BPM平台广泛应用于政府、银行、学校和企业等各种不同类型的商业化应用场景。现任滴滴出行高级企业信息化技术专家,流程平台部负责人,从无到有搭建BPM平台,实现了大型互联网综合平台各类差异化业务和复杂流程场景的落地,开创了同类互联网需求的BPM实施先例。

胡海琴

十多年来从事Java EE企业应用开发,曾经参与多个大型企业级项目的设计与开发工作,具有丰富的软件系统设计和开发经验。现就职于滴滴,任资深软件开发工程师,担任BPM功能设计与研发,积累了丰富的BPM开发的实战经验,对BPM技术的应用以及Activiti开源技术有较深刻的理解与认识。

刘晓鹏

拥有10年互联网系统研发、架构设计经验,对高并发、高性能、高可用等方面有丰富的设计经验。现就职于滴滴,任专家工程师,专注于流程领域,具有5年工作流引擎研发和架构设计经验,对Activiti的源码和设计原理有深入理解,负责BPM平台的研发。

推荐辞

我们公司的企业内部信息化团队一直致力于在业务规模化发展的前提下，通过信息化和数字化提升管理效率和员工体验。贺波带领的BPM团队在这个过程中从无到有搭建了完整的流程管理平台，有效支持了公司各类业务场景的快速落地和高效运转，并能通过数据洞察持续促进流程优化。本书立足于基础、着眼于实战，干货满满，是BPM领域一本不可多得的经典好书。

滴滴企业信息化高级总监　李　淼

BPM日渐成为企业不可或缺的基础。贺波先生多年磨一剑，将自己丰富的经验沉淀编写成书，通过深入浅出的结构、缜密的文字把BPM呈现给广大读者。通过阅读本书，读者会全面了解BPM的"道、法、术、器"，也会在实践BPM时得到它的帮助。

滴滴出行杰出工程师　齐　贺

多年前，我所在的企业高速发展，各种系统如雨后春笋般地出现，这带来了审批入口分散、审批不及时、流程难以跟踪、管理混乱等问题。当时我们想构建一套内部统一的BPM流程管理平台，却受限于内部没有专业的BPM人才、市面上没有足够专业详细的实战书籍供参考，只能摸着石头过河，遇到了很大的困难。研发负责人锲而不舍地"三顾茅庐"，终于请到了有丰富BPM实战经验的贺波加盟，BPM的建设才开始步入正轨。贺波在短短一年半内，与团队一起从无到有搭建了业界一流的BPM体系。这本书结合了贺波对BPM理论知识的梳理总结和多年BPM体系建设实战经验。如果你想要通过一本书对BPM的基础理论和实战落地有详细的了解，这本书会适合你。

滴滴产品运营高级总监　Mia

贺波曾是我指导的硕士研究生，学生的成功是老师的骄傲。贺波在学期间表现出极强的技术钻研精神，掌握了流程处理和自动化生成代码等方面的基础技术。在实际工作中，贺波对BPM平台搭建及兼容各种类型的业务需求进行了深入研究和实践，其研发的支持大型互联网公司各类业务的BPM平台在技术指标和应用数据等方面领先，为该领域的技术发展做出了不少贡献。本书系统整理了BPM平台的研发技术，为同行奉献了宝贵的技术指导和实践经验。

北京科技大学副教授　张庆华

业务流程管理是管理软件的灵魂，流程开发技术是软件技术人员的核心技术能力。贺波曾担任东华技术总监，带领产研团队从0到1建设BPM平台，并推动其商业化应用，取得了很可观的成果。他作为一线开发人员开始职业生涯，经过多年历练才成为BPM领域专家，一路走来积累了非常丰富的技术和行业经验。因此，本书理论性、实用性都很强，是难得的BPM技术教程。

东华软件股份公司高级副总裁　董玉锁

组织可以创造社会财富，维护社会秩序，推动社会进步。组织靠什么践行这些使命呢？当然是靠抱负、洞见和强有力的行动。而行动的持续有效依赖规则、流程和体系。在数字化时代，规则、流程和体系需要交给信息系统来管理，BPM应运而生。贺波先生的这本关于BPM的书将深刻的理论洞见和深厚的实践功底融合，我们不仅可以学习观念，而且可以实行"拿来主义"，直接复用作者的经验。

金融街集团CIO　邓遵红

BPM流程引擎是企业应用中常见的基础应用构件，虽然早在十多年前OMG就发布了BPMN 2.0规范，但在国内系统性介绍BPM基础理论，并以企业真实场景为例指导应用落地的专业书籍却少之又少，贺波老师的这本书很好地弥补了这一领域的空白。贺波老师作为这一领域的专家，持续耕耘在BPM理论研究与产品研发一线，书中大量的观点和代码都是作者本人在BPM领域多年研究开发的经验沉淀和最佳实践，对于企业级BPM开发与应用具有非常强的指导意义。难能可贵的是，本书理论与实战相结合，由浅入深，照顾到了不同阶段的学习群体，相信无论是这一领域的理论研究人员还是工程实践从业人员，都会从本书中受益。

鸿泰鼎石资产管理有限责任公司信息科技部总经理　高海涛

企业级系统的构建离不开流程，很多年前成熟的企业级软件包都拥有其内部的、耦合性极强的BPM功能。随着企业级系统需求的发展和变化，独立的专业化BPM产品慢慢产生了，互联网领域也产生了开源的BPM产品Activiti。随着互联网的发展和数字化转型的迫切需要，BPM越来越被重视，成为数字化转型的必备组件。如何构建企业级的BPM系统，打通各系统和各平台？贺波老师这本书以Activiti软件为基础，由浅入深，详细介绍Activiti系统及其使用案例，极具参考价值。期待本书能带您在BPM的海洋遨游。

房车宝集团系统建设总经理　喻继鹏

BPM自引入国内以来，有力支撑了企业的流程管理和组织战略的发展，但市面上缺少对其系统性介绍的技术书籍。本书从实际应用问题出发，通过具体的示例介绍如何使用Activiti解决实际问题，从基础到实战落地，深入浅出地全面介绍了Activiti流程引擎，包含基本的入门知识和大量实践经验，是BPM领域的优质图书。

叮当快药CTO　于庆龙

推荐序一

"根据熵增原理,任何企业管理的政策、制度、文化等因素在运营过程中,都会伴随有效功率的逐步减少、无效功率逐渐增加的情况,企业混乱度逐步增加,企业逐渐向无效、无序和混乱的方向运行,最终进入熵死状态。"这是任正非在《熵减:华为活力之源》中描述企业熵增时的状态。任正非认为,这种熵增源于企业的各种内部矛盾,企业要想生成用于抵消熵增的负熵,则必须通过制度、变革,激活组织与人的竞争与活力。

在21世纪初期,企业内部的生产协同更多依靠流水线作业,上下游衔接紧密,组织结构普遍呈树状结构,员工之间的沟通协作也通常是上下游之间的单点协作。随着互联网和移动互联网的兴起,大量企业为了满足业务需求而进行了线上化和数字化转型,生产模式发生巨大变化的同时,业务节奏显著加快,组织内部的生产协同偏向网状结构,上下游之间的单点协作也演变成各种职能角色之间的复杂协同。在此基础之上,企业通常会通过构建自己的信息化协同能力来抵御这种熵增。

我所在的企业是一家大型互联网公司,为了满足业务需求,从2012年创立开始,大量的业务类系统被搭建,随着时间的推移,业务的复杂度越来越高,各类系统不断被推倒、重构、升级。除了大量支撑业务发展的系统以外,也有大量的支撑运营效率和内部协同效率的系统被搭建。据不完全统计,在2022年,公司的各类系统数量已经超过3000个。伴随着业务的发展和业务系统的建设,组织和人员不断膨胀,组织内部的协同呈现网状结构,协同效率显著下降。2015年,公司成立了效能团队,在此之前,公司就引入了一些OA系统,但简单的OA系统根本无法满足组织内复杂的协同需求。从部门成立伊始,我就一直在思考,是否可以打造一套易用的BPM平台来满足公司复杂的网状协同需求,让大家在统一的平台上完成流程节点任务。它类似一个PaaS平台,可以很方便地让各类系统接入,降低系统重复建设流程功能的成本。当公司需要搭建一个线上化流程时,可以通过简单的低代码或无代码配置快速生成一个流程,进而统一全公司的流程管理语言,通过一个引擎来寻找企业治理过程中的阻塞点,改善企业熵增的情况。

通过反复的论证和调研,我们认为这种想法是可行的,完成这个任务可以分为4步。第一步是招聘一名BPM技术专家并组建包含产品、研发和实施的全功能团队;第二步是构建全公司统一、简单易用的BPM平台;第三步是推动全公司的业务类系统、运营类系统、内部效率类系统接入;第四步是通过工作流引擎中的流程耗时来优化流程,推动企业治理,减少阻塞点。

截至2022年7月,公司内绝大多数系统都已接入了BPM平台来管理流程,平台上线了1.1万余个流程模型,每周发起实例3500万个,累计发起流程实例41.33亿个,累计任务实例数达到427.63亿个,公司全员每周都在使用BPM平台进行协同。团队经受住了考验,我们也验证了最初的想法,公司流程运转效率得到了大幅提升。

回望2017年BPM团队成立伊始,我面试了很多技术专家,但贺波无疑是其中最合适的那个人,他在Activiti框架和技术深度层面经验丰富,对BPM平台在企业内的落地路径有非常深入独到的见解,对产品有自己的思考和规划。BPM平台经历了5年的演进,最后证明了贺波和他带领的团队是非常优秀的。

在接到贺波的邀请写本书的推荐序时,我非常开心,一是因为这本书有大量的干货,二是因为它凝练了贺波和他的团队这些年在BPM领域大量的实战经验积累,这些经验经受住了大平台的考验,这两个特点在BPM领域的其他书籍中是不多见的。

滴滴出行企业服务事业群总经理　蔡晓鸥
2022年7月29日

推荐序二

企业数字化转型升级已经成为企业可持续发展的必要条件，而BPM是企业流程建模和管理的核心技术，可以为企业数字化转型保驾护航。快速构建企业的BPM业务流程管理平台，已经成为企业信息化系统建设中的一个难点。

随着外部环境变化，企业的组织、管理、协作需求不断变化，加上企业所面临的市场竞争不断加剧，简单的流程和业务管理系统已经很难满足企业的需求。因此，需要有更加灵活、更好开放、更具扩展的企业级BPM系统平台。

贺波结合他在滴滴BPM的应用实践，基于Activiti框架的深度研发和系统规划，厚积薄发，深入浅出地为企业BPM平台建设指明了方向。本书是适合产品经理、研发人员和运营管理者的工作流引擎开发的宝典，希望本书能够推动企业业务管理和组织协同的数字化转型升级。

看到贺波和他的团队能将其多年的积累编写成书，我十分欣喜。本书干货满满，诚意十足，是企业级BPM工作流系统架构与研发的好教程。

北京中科汇联科技股份有限公司董事长　游世学

2022年9月19日

推荐序三

首先恭喜贺波同学的新书即将出版发行。此时距离我撰写的《Activiti实战》出版已整7年，从我第一次接触Activiti算起已经经过11年了，非常开心Activiti项目还能如此活跃，而且结合国内互联网公司多年的经验厚积薄发。我虽然因为工作原因已经多年没有使用Activiti，但是还是习惯性关注项目的发展。

Activiti项目经过多年迭代，已是企业BPM技术选型的理想平台（不仅仅是引擎）。在各大社区有很多实践的经验分享，甚至有很多二次开发实现的中国特色的工作流。我之前和Tijs Rademakers（曾担任Activiti项目技术专家）聊过这方面的话题，他表示很难想象在中国会把工作流用于那么复杂的场景。

本书最大的亮点在于除了满足新手快速入门之外，还将滴滴流程平台多年的实践经验倾囊相授，例如如何面对在企业大规模运用后势必会遇到的性能问题（个人认为这也是Activiti面临的一大问题）。此外，本书还通过二次开发实现本土化工作流，满足了复杂场景的需求，包含了BPM运维经验。可以说，书中诸多细节既可"开箱即用"也可再次升华。

本书由浅入深，适合各个阶段各个岗位的技术人员阅读，产品经理、研发人员、运维人员都能找到自己需要了解学习的部分。书中的源代码可谓是"保姆级"讲解，所以本书也可以作为工具书放在工位参考。看得出贺波同学花费了不少心思，在此我向使用Activiti的相关技术人员推荐此书。

《Activiti实战》作者　闫洪磊（咖啡兔）
2022年5月25日于杭州

自　　序

当听到出版社编辑老师反馈全部书稿都已通过审核，可以推进后续出版流程时，我难掩心中的激动，回忆起编写这本书籍期间的点点滴滴，思绪万千。

大概在三年前，人民邮电出版社科技出版中心总经理刘涛老师找到我，邀请我编写一本介绍BPM的书，我欣然接受，因为这也是我久藏心底的一个愿望。我已从事BPM领域多年，回想刚接触BPM领域时，JBPM风头正劲，Activiti方兴未艾，基本没有成体系介绍BPM领域的中文版书籍，网络上能找到的相关资料也多为国外相关英文资料的翻译，很多概念语焉不详，甚至有不少纰漏，也没有任何实际使用的范例，导致我走了很多弯路。此外，理论学习与实际落地应用还有很长的一段距离，我在为多家企业提供技术咨询和经验分享时了解到，很多企业在自研BPM方面都存在很大的困难，甚至业界一些知名大厂中也不乏失败案例。

我的职业生涯中有两段工作经历，一段是在传统软件公司作为负责人，从零到一研发BPM平台，并将其应用于多个商业化项目的交付；另一段是加入某知名互联网公司后，作为负责人，从无到有搭建"倚天"BPM平台，支撑公司差异化业务和复杂流程场景的落地应用。这两家公司的实践涵盖不同的业务场景。

正是基于这些经历，我更加坚定了要出一本领域内图书的决心。本书基于我的实践经验并结合理论知识编写而成，希望能对BPM行业发展有所贡献，让相关企业及同行少走一些弯路。

流程、流程管理和流程技术是BPM领域内密不可分的3个专业术语。流程是企业和组织内被管理和支持的对象，承载着企业和组织内的流程；流程管理是管理BPM领域的方法论，主要阐述与流程管理相关的理论、方法、模型等，用以管理企业和组织内的流程；流程技术是流程管理方法论的支撑，指将计算机化流程管理方法论的相关技术。

当今社会高速发展，企业和组织的外部环境瞬息万变，要求企业和组织内部的业务运营能对此快速响应，而其响应速度直接决定了它们的竞争力的强弱。从价值链角度看，企业或组织运营本质上是其众多业务流程运行的过程。因此说，流程是保证企业或组织竞争优势的关键所在。正如麻省理工学院斯隆管理学院莱斯特·瑟罗教授所说："在21世纪，持续的竞争将更多地出自新流程技术，而非新产品技术。"既然流程技术如此重要，那么怎么更好地应用流程技术呢？

提到流程技术，人们第一时间会想到工作流或者BPM。工作流技术源自20世纪60年代的办公自动化应用。进入21世纪后，随着互联网、内容管理、移动终端等的广泛应用，BPM理论及其技术体系逐步产生，成为现代中间件体系的重要组成部分。流程管理属于业务领域，流程技术属于IT领域，BPM的出现模糊了业务领域和IT领域的界限，使二者有机结合起来。业务驱动需求，需求驱动技术，技术推动业务，三者形成良性循环。

因此，在本书选题阶段，经过深思熟虑，我最终决定选取受众更广、实战性更强并且我最擅长的方向，锚定以广泛应用的Activiti进行介绍、剖析、应用和扩展，并由此展开企业级BPM的开发应用实战落地。对于本书的内容，我对目录结构和章节内容都做了精心的安排。全书共分为30章，以流程及流程管理作为引子，引出流程技术，聚焦于Activiti的应用与实战。为了照顾BPM领域不同层级的读者，本书分为4篇：基础理论篇、常规应用篇、高级实战篇、架构扩展篇。顾名思义，基础理论篇主要介绍BPM领域的发展历程、思想、理论和行业规范等；常规应用篇主要介绍Activiti的特性和用法；高级实战篇主要介绍Activiti的扩展机制，以及对各种特殊流程场景（特别是本土化流程）需求的扩展实现；架构扩展篇主要从架构层面讲解对大容量、高并发和高稳定业务场景的改造与支持。本书内容较为详尽、覆盖面广、实战性强，结合精心挑选的案例演示，便于读者学习与理解。

关于本书的创作分工，前期的选题和章节设计都是我完成的，同时我三年来共负责了其中20章的编写。由于工作量实在太大，我团队的两位伙伴胡海琴和刘晓鹏接受我的邀请在中后期加入，每人帮我分担了5章的编写。具体分工是这样的：第4、5、7、9、11~20、22~27章由我编写，第10、21、28~30章由刘晓鹏编写，第1~3、6、8章由胡海琴编写。

写书是一件工程量浩大且漫长的过程，我从选题、章节设计、书稿编写到目前已历时三年。由于平时工作颇为繁忙，工作日是没有时间和精力写作的，因此这三年来我所有的周末、节假日基本上都投入这本书的编写了。

本书得以顺利完成，首先我要感谢家人的理解与支持。三年来，节假日我基本上都沉浸在本书的创作之中，忽略了对家庭的照顾和对家人的陪伴。在此要特别感谢我的妻子尹迎，她一直给予我鼓励并对本书充满期待，同时承担起了照顾家庭和教育孩子的责任。记得在本书刚启动编写时，我的儿子还是一个刚上幼儿园的懵懂小婴孩，现在已经长成识几千字且能独立阅读的一年级小学生，这与妻子的悉心培养密不可分。没能在儿子成长过程中给予他更多陪伴，我深感遗憾和愧疚。

同时，感谢人民邮电出版社科技出版中心总经理刘涛老师，他的热忱邀请给了我实现心愿的机会，并且在整个编写过程中给予了各种支持和帮助。感谢人民邮电出版社的编辑张涛和郭泳泽，他们在创作过程中给予了我很多的建议和指导，使本书得以顺利出版。对参与本书审校出版的人民邮电出版社其他工作人员，在此一并表示感谢。

此外，还要感谢我团队的胡海琴、刘晓鹏两位伙伴，他们的"火线"加入、鼎力支持，使本书的编写工作提前完成。

特别感谢滴滴出行企业服务事业群总经理蔡晓鸥、北京中科汇联科技股份有限公司董事长游世学和《Activiti实战》作者咖啡兔，他们一直密切关注本书的编写进程，悉心准备了精彩的推荐序言，给予了我莫大的支持和鼓励。同时，还要感谢李淼、齐贺、区觅、张庆华、董玉锁、邓遵红、喻继鹏、高海涛、于庆龙等专家的认可和推荐。另外，中科汇联副总裁周瑞香在本书成书过程中也提供过诸多帮助，在此也表示感谢。

百密终有一疏。虽然本书的编写过程中，我们严格把关质量、反复审阅校对，力求精益求精，但错误及不足之处在所难免，敬请广大读者批评指正。若读者阅读本书时，发现错误或有疑问，可发电子邮件到hebo824@163.com与我联系。

贺 波

2022年5月14日于北京

前　言

随着社会的发展与进步，企业规模的发展壮大，同行业、跨行业之间相互渗透，竞争日益激烈。在残酷的市场竞争中，为了赢得市场、获取利润，企业必须建立一种快速响应市场变化、降低生产成本、提高生产效率的方法和机制。

在社会化大生产的背景下，人们对工作的分工日益细化，很难有人能掌握所有生产流程和生产工艺。人与人之间必须互相合作，以便高效地组织生产。在生产过程中，信息在人与人之间流转，并分发给需要这些信息的人，人们协同工作，一起完成一项工作或任务。

近年来，随着计算机技术的进步、软件技术的发展，信息化技术在企业的生产、经营和管理过程中发挥着日益重要的作用。在这种背景下，工作流和BPM技术应运而生，实现"业务过程的部分或整体在计算机应用环境下的自动化"，从而"使在多个参与者之间按照某种预定义的规则传递文档、信息或任务的过程自动进行"，进而"实现某个预期的业务目标，或者促使此目标实现"。企业采用工作流或BPM技术来组织业务流程、辨别业务逻辑、管理组织结构，很大程度上解决了企业信息化过程中出现的各种问题。

BPM是企业流程建模和流程管理的核心技术之一，是根据企业业务环境的变化，推进人与人之间、人与系统之间、系统与系统之间的整合及调整的经营方法与解决方案的IT工具。BPM通过对企业内部及外部的业务流程整个生命周期进行建模、自动化、管理监控和优化，简化了企业信息化系统的开发流程，实现了企业业务管理的自动化，以快速响应市场变化，提高企业或组织的生产和运行效率，优化业务流程模型，实现企业流程再造。BPM在企业中应用十分广泛，凡是存在业务流程的地方都可以使用BPM进行管理。BPM早期主要应用于OA、CRM等流程审批场景，提高了企业的生产效率；当下主要在电商、金融等领域用于处理复杂的业务形态变化问题，在很多公司的大项目中扮演重要角色。

Activiti是Alfresco发布的BPM框架，覆盖了业务流程管理、工作流、服务协作等领域，是一款开源的、灵活的、易扩展的可执行流程语言框架。Activiti是一款基于Apache许可的开源BPM平台，从基础开始构建，旨在提供对BPMN 2.0标准的支持，包括对OMG的支持，以应对新技术的挑战，提供技术实现，目前已得到广泛应用。借助Activiti，可以将业务系统中复杂的业务流程抽取出来，然后使用建模语言BPMN 2.0对其进行定义。业务流程将按照预先定义的流程执行，这就实现了对系统流程的管理。这可以减少业务系统由于流程变更进行系统升级改造的工作量，从而提高系统的健壮性，降低系统开发维护成本。

本书依据BPMN 2.0规范，贯彻基于业务流程开发的思想和方法，重点讲解Activiti的基础知识、开发技能，以及使用技巧，以使读者能够快速、高效、全面地掌握Activiti从入门到高级应用的相关知识。

本书主要内容

本书共包含4篇：基础理论篇（包括第1~3章），主要介绍BPM的发展历程、行业规范、管理和技术体系等，让读者建立对BPM的基本认识；常规应用篇（包括第4~20章），主要介绍Activiti各种功能和特性的配置和使用，让读者掌握Activiti的基础用法；高级实战篇（包括第21~27章），立足实战，主要介绍如何基于Activiti的扩展特性实现对多种复杂流程场景和能力的支持；架构扩展篇（包括第28~30章），主要介绍提高Activiti性能和增大其容量的措施，并提出一套多引擎架构方案来支撑大容量、高并发和高稳定流程场景。

全书共分为30章，概要如下。

第1章主要介绍流程的基本概念，包括流程和流程管理的由来与定义、流程的构成要素与特征、流程分类与分层方法等，还简要介绍了流程管理的现状，帮助读者建立对流程及流程管理的基本认识。

第2章主要介绍BPM技术的发展历程。该章先详细介绍了BPM核心组件工作流技术，包括工作流技术的发展历程、参考模型、管理系统及常见的开源框架；然后详细介绍了工作流领域的BPMN 2.0规范，让读者更深入地了解BPM技术的发展历程及现状。

第3章主要介绍BPM管理体系构建方法论、BPM产品构成，以及流程全生命周期管理各个阶段相应的方法、策略、原则等理论知识。这些知识都是BPM管理体系发展历程中总结的宝贵经验，可为现代企业实施BPM提供一些参考和指引。

第4章主要介绍Activiti开发前的基础准备工作，包括JDK的安装与配置、MySQL的下载与安装、Tomcat的安装与配置，以及Activiti的安装与配置，最后通过一个简单流程的配置和运行向读者初步展示Activiti工作流引擎的使用方法。

第5章主要介绍在IDEA和Eclipse中集成安装Activiti流程设计插件的过程，并讲解了用流程设计插件绘制流程图的方法。

第6章主要介绍Activiti的核心架构。该章先详细介绍了Activiti架构、数据库设计及其设计模式，然后讲解了流程部署、流程启动、节点流转、网关控制等核心代码，以期帮助读者初步了解Activiti的工作机制和原理。

第7章主要介绍Activiti工作流引擎的配置方法，包含数据库配置、事务配置、历史级别配置和Activiti内置服务配置等，并通过一个项目示例，引领读者掌握Acitiviti的配置和使用。

第8章主要介绍Activiti核心接口的功能及用法。Activiti中的流程部署、流程发起、任务创建与办理等重要操作都是通过这些核心接口提供的服务来实现的。熟练掌握Activiti各个核心接口的用法，能够帮助读者更好地学习和应用Activiti框架。

第9章主要介绍Activiti内置的用户、组及其关系，以及使用IdentityService服务接口对用户和组进行操作的方法和技巧。

第10章主要介绍Activiti加载资源文件进行流程部署的过程，以及流程定义信息的各类操作，并通过具体示例详细介绍了它们的用法。

第11章主要介绍Activiti支持的开始事件和结束事件。该章详细介绍了各种事件的基本信息、应用场景和使用过程中的注意事项，并通过项目示例演示了其用法。

第12章主要介绍Activiti支持的BPMN 2.0规范中定义的边界事件和中间事件，以及它们的特点和适用场景。边界事件是依附在流程活动上的"捕获型"事件，中间事件用来处理流程执行过程中抛出、捕获的事件。

第13章主要介绍Activiti的3种任务节点——用户任务、手动任务、接收任务，并展示相关应用场景。用户任务用于表示需要人工参与完成的工作，手动任务是会自动执行的一种任务，接收任务是会使流程处于等待状态并需要触发的任务，3种任务可以用于实现不同场景的流程建模。

第14章主要介绍Activiti的另3种任务节点——服务任务、脚本任务、业务规则任务，并展示相关应用场景。服务任务、脚本任务和业务规则任务都是无须人工参与的自动化任务，其中服务任务可自动执行一段Java程序，脚本任务可用于执行一段脚本代码，而业务规则任务可用于执行一条或多条规则。

第15章主要介绍Activiti扩展任务，如邮件任务、Web Service任务、Camel任务、Mule任务和Shell任务，以及它们的特性和应用场景。

第16章主要介绍顺序流和网关这两种BPMN元素。顺序流是连接两个流程节点的连线，流程执行完一个节点后，会沿着节点的所有外出顺序流继续执行；网关（gateway）是工作流引擎中重要的一个路径决策，用来控制流程中的流向，常用于拆分或合并复杂的流程流场景。

第17章主要介绍流程拆解和布局的3种方式：子流程、调用活动和泳池泳道。可以通过子流程或者调用活动将不同的阶段规划为一个子流程作为主流程的一部分，或通过泳池泳道对流程节点进行区域划分。

第18章主要介绍Activiti监听器及其适用场景。执行监听器、任务监听器允许在流程、任务执行的过程中，在发生对应的流程、任务相关事件时执行特定的Java程序或者表达式，而全局事件监听器是引擎范围的事件监听器，可以监听到所有Activiti的操作事件，并且可以判断事件类型，进而执行不同的业务逻辑。

第19章主要介绍内置表单和外置表单。这两种表单只是在表单定义方式上有所差别，流程的运转机制完全相同。它们各有优缺点，可根据具体场景灵活选用。

第20章主要介绍多实例的概念和配置，以及其应用场景，并结合具体案例介绍了多实例的使用方法。

第21章主要介绍Spring Boot的优点，并对Spring Boot的配置解析和starter做了详细讲解，实现了Spring Boot与Activiti的集成。

第22章主要介绍Activiti Modeler集成到已有Web应用系统中的详细过程，从而能够支持技术或业务人员基于浏览器在线进行流程设计。

第23章主要介绍自定义ProcessEngineConfiguration扩展、自定义流程元素属性、自定义流程活动行为、自定义事件和自定义流程校验等多种自定义扩展Activiti引擎的方式。

第24章主要介绍替换Activiti身份认证服务、适配国产数据库和自定义查询等多种扩展Activiti引擎的方式。

第25章主要介绍自定义流程活动、更换默认Activiti流程定义缓存和手动创建定时任务等多种扩展Activiti引擎的方式。

第26章主要介绍通过对Activiti进行扩展封装，从而使其支持动态跳转、任务撤回和流程撤销等各类本土化业务流程场景的方法。这种方法在实际应用中很有代表性。

第27章主要介绍通过对Activiti进行扩展封装，从而使其支持通过代码创建流程模型、为流程实例动态增加临时节点、流程节点自动跳过、会签加签和会签减签等各类本土化业务流程场景的方法。

第28章主要介绍Activiti的性能和容量瓶颈及其解决方案。该章从历史数据异步化、自定义ID生成器和基于MQ的定时器这3个方面，对Activiti底层逻辑进行了调整和优化，以提高Activiti的性能和增大其容量。

第29章主要介绍Activiti在大数据、高并发场景下的问题，以及传统分库分表方式在流程领域的局限性，并创造性地提出基于Activiti的多引擎架构方案，通过流程建模服务、路由表和网关服务，完成一个初阶多引擎架构的实现。

第30章主要介绍初阶版多引擎架构问题和解决方案。

本书约定

本书有如下约定。

- 本书的示例代码均在JDK1.8中运行，使用的数据库均为H2或MySQL数据库。
- 本书的示例代码基于IntelliJ IDEA构建，使用Maven管理JAR包依赖，使用Junit管理测试用例，通过Lombok注解简化Java类样板代码（如Getter&Setter、构造函数和日志配置等）。
- 本书中列举的Java源码省略了通过import导入指定包下的类或接口的部分，完整内容参见本书配套资源。
- 本书中列举的XML源码（包括但不限于Maven配置文件、Activiti配置文件、Spring配置文件和流程模型文件等）如非特殊需要，均省略了命名空间配置，完整内容参见本书配套资源。

本书示例程序源代码

本书所有示例程序的源代码均以配套资源的方式提供，可通过异步社区下载（参见"资源与支持"页）。每章的示例代码均对应一个独立的IDEA项目，导入IDEA后即可使用。

贺 波

2022年5月于北京

资源与支持

本书由异步社区出品，社区（www.epubit.com）为您提供相关资源和后续服务。

配套资源

本书提供示例程序源代码。

请在异步社区搜索页输入"60004"，点击"搜索产品"跳转到本书详情页面。点击"配套资源"标签并按提示操作，即可获取配套资源下载链接。

提交勘误

作者和编辑尽最大努力来确保书中内容的准确性，但难免会存在疏漏。欢迎您将发现的问题反馈给我们，帮助我们提升图书的质量。

当您发现错误时，请登录异步社区，按书名搜索，进入本书页面，点击"发表勘误"，输入勘误信息，点击"提交勘误"按钮即可（见下图）。本书的作者和编辑会对您提交的勘误信息进行审核，确认并接受您的建议后，您将获赠异步社区的100积分。积分可用于在异步社区兑换优惠券、样书或奖品。

扫码关注本书

扫描下方二维码，您将会在异步社区微信服务号中看到本书信息及相关的服务提示。

与我们联系

我们的联系邮箱是contact@ptpress.com.cn。

如果您对本书有任何疑问或建议,请您发邮件给我们,并请在邮件标题中注明本书书名,以便我们更高效地做出反馈。

如果您有兴趣出版图书、录制教学视频或者参与技术审校等工作,可以直接发邮件给本书的责任编辑。

如果您来自学校、培训机构或企业,想批量购买本书或异步社区出版的其他图书,也可以发邮件给我们。

如果您在网上发现有针对异步社区出品图书的各种形式的盗版行为,包括对图书全部或部分内容的非授权传播,请您将怀疑有侵权行为的链接通过邮件发给我们。您的这一举动是对作者权益的保护,也是我们持续为您提供有价值的内容的动力之源。

关于异步社区和异步图书

"异步社区"是人民邮电出版社旗下IT专业图书社区,致力于出版精品IT图书和相关学习产品,为作译者提供优质出版服务。异步社区创办于2015年8月,提供大量精品IT图书和电子书,以及高品质技术文章和视频课程。更多详情请访问异步社区官网。

"异步图书"是由异步社区编辑团队策划出版的精品IT专业图书的品牌,依托于人民邮电出版社近30年的计算机图书出版积累和专业编辑团队,相关图书在封面上印有异步图书的LOGO。异步图书的出版领域包括软件开发、大数据、AI、测试、前端和网络技术等。

异步社区

微信服务号

目 录

第一篇 基础理论篇

第1章 流程的基本概念 3
- 1.1 流程与流程管理 3
  - 1.1.1 流程的由来与定义 3
  - 1.1.2 企业流程管理的目的 4
  - 1.1.3 流程构成要素及特征 4
- 1.2 流程分类 5
  - 1.2.1 安东尼模型 5
  - 1.2.2 APQC流程分类框架 6
  - 1.2.3 IBM的流程分类 7
- 1.3 流程层级 8
  - 1.3.1 按APQC流程分类框架分级 8
  - 1.3.2 按组织职能分级 8
  - 1.3.3 按企业管理层级分级 9
- 1.4 企业战略、流程与组织的关系 9
  - 1.4.1 战略决定业务流程 9
  - 1.4.2 业务流程决定流程组织 9
  - 1.4.3 企业战略、业务流程与组织的关系 9
- 1.5 业务流程管理现状 10
  - 1.5.1 业务流程管理 10
  - 1.5.2 业务流程优化 10
- 1.6 本章小结 11

第2章 BPM的"前世今生" 13
- 2.1 工作流基础 13
  - 2.1.1 基本定义 13
  - 2.1.2 发展历程 13
- 2.2 工作流技术概述 14
  - 2.2.1 工作流参考模型 14
  - 2.2.2 工作流管理系统 15
  - 2.2.3 工作流开源框架 16
- 2.3 BPM相关标准 17
  - 2.3.1 BPMN 2.0概述 17
  - 2.3.2 BPMN 2.0结构 20
- 2.4 BPM技术的应用 24
  - 2.4.1 应用现状概述 24
  - 2.4.2 国内应用概况 24
- 2.5 本章小结 24

第3章 BPM管理体系 25
- 3.1 BPM方法论 25
  - 3.1.1 三步走的实践路径 25
  - 3.1.2 三大管理原则 25
  - 3.1.3 两大核心理论 26
- 3.2 BPM产品架构概述 26
  - 3.2.1 工作流开发环境 27
  - 3.2.2 工作流引擎 27
  - 3.2.3 工作流客户端 27
  - 3.2.4 工作流管理端 28
  - 3.2.5 模拟仿真工具 28
  - 3.2.6 报表分析工具 28
- 3.3 BPM流程梳理方法概述 28
  - 3.3.1 流程体系框架介绍 28
  - 3.3.2 流程的分类和分级 29
  - 3.3.3 流程定义方法 30
  - 3.3.4 业务流程优化方法 31

3.4 BPM 体系流程开发步骤与原则 ……31
    3.4.1 业务需求收集和转化 ………31
    3.4.2 定义业务数据结构 …………31
    3.4.3 定义泳道和流程图 …………31
    3.4.4 定义流程路由逻辑 …………31
    3.4.5 定义流程环节属性 …………32
    3.4.6 设置流程绩效 ………………33
    3.4.7 流程仿真 ……………………33
3.5 BPM 端到端流程管理模式 …………34
    3.5.1 为什么需要端到端流程管理 ……………………………34
    3.5.2 端到端流程管理概述 ………35
    3.5.3 端到端流程管理的原则 ……35
    3.5.4 端到端流程管理的实施 ……36
3.6 BPM 流程优化策略 …………………37
    3.6.1 优化流程顺序 ………………37
    3.6.2 剔除非增值环节 ……………37
    3.6.3 整合工作 ……………………37
    3.6.4 工作模板化 …………………37
    3.6.5 流程自动化与信息化 ………38
    3.6.6 流程型组织变革 ……………38
    3.6.7 资源配置优化 ………………38
    3.6.8 合理授权 ……………………38
3.7 本章小结 ………………………………38

第二篇 常规应用篇

第 4 章 Activiti 开发环境准备 …………41
4.1 JDK 的安装与配置 …………………41
    4.1.1 JDK 下载与安装 ……………41
    4.1.2 环境变量的配置 ……………41
4.2 MySQL 的安装与配置 ………………43
4.3 Tomcat 的安装与配置 ………………43
4.4 Activiti 的安装与配置 ………………44
    4.4.1 Activiti 下载 …………………45
    4.4.2 Activiti 安装与配置 …………45
    4.4.3 Activiti 初体验：运行官方 Activiti 示例 ………………46

4.5 本章小结 ………………………………50

第 5 章 Activiti 流程设计器集成与使用 ……51
5.1 使用 IDEA 集成 Activiti 流程设计器 …………………………………51
    5.1.1 在 IDEA 中安装 actiBPM 流程设计器插件 ……………51
    5.1.2 使用 IDEA 绘制 BPMN 流程图 ………………………53
5.2 使用 Eclipse 集成 Activiti 流程设计器 …………………………………55
    5.2.1 在 Eclipse 中安装 Activiti Designer 插件 ………………55
    5.2.2 使用 Eclipse 绘制 BPMN 流程图 ………………………56
5.3 本章小结 ………………………………59

第 6 章 Activiti 核心架构解析 …………61
6.1 Activiti 工作流引擎架构概述 ………61
6.2 Activiti 数据库设计和模型映射 ……62
    6.2.1 通用数据表 …………………62
    6.2.2 流程存储表 …………………63
    6.2.3 身份数据表 …………………64
    6.2.4 运行时数据表 ………………65
    6.2.5 历史数据表 …………………70
6.3 Activiti 设计模式 ……………………74
    6.3.1 Activiti 命令模式 …………74
    6.3.2 Activiti 责任链模式 ………75
    6.3.3 Activiti 命令链模式 ………75
6.4 核心代码走读 …………………………77
    6.4.1 流程模型部署 ………………77
    6.4.2 流程定义解析 ………………79
    6.4.3 流程启动 ……………………84
    6.4.4 节点流转 ……………………87
    6.4.5 网关控制 ……………………91
    6.4.6 流程结束 ……………………96
    6.4.7 乐观锁实现 …………………99
6.5 本章小结 ………………………………99

第 7 章 Activiti 工作流引擎配置 ……… 101

7.1 Activiti 工作流引擎的配置 …… 101
7.1.1 工作流引擎配置对象 ProcessEngineConfiguration …… 101
7.1.2 工作流引擎对象 ProcessEngine ……………… 105

7.2 Activiti 工作流引擎配置文件 …… 106
7.2.1 Activiti 配置风格 ………… 106
7.2.2 Spring 配置风格 ………… 107

7.3 数据库连接配置 …………………… 108
7.3.1 数据库连接配置 ………… 108
7.3.2 数据库策略属性配置 …… 110

7.4 其他属性配置 ……………………… 110
7.4.1 历史数据级别配置 ……… 110
7.4.2 作业执行器配置 ………… 111
7.4.3 邮件服务器配置 ………… 113
7.4.4 事件日志记录配置 ……… 113

7.5 编写第一个 Activiti 程序 ………… 113
7.5.1 建立工程环境 …………… 113
7.5.2 创建配置文件 …………… 116
7.5.3 创建流程模型 …………… 117
7.5.4 加载流程模型与启动流程 …………………… 118

7.6 本章小结 …………………………… 119

第 8 章 Activiti 核心概念和 API ………… 121

8.1 Activiti 核心概念 ………………… 121
8.1.1 流程定义 ………………… 121
8.1.2 流程实例 ………………… 121
8.1.3 执行实例 ………………… 122

8.2 工作流引擎服务 …………………… 122

8.3 存储服务 API ……………………… 123
8.3.1 部署流程定义 …………… 124
8.3.2 删除流程定义 …………… 124
8.3.3 挂起流程定义 …………… 125
8.3.4 激活流程定义 …………… 127

8.4 运行时服务 API …………………… 128
8.4.1 发起流程实例 …………… 128
8.4.2 唤醒一个等待状态的执行 …………………… 130

8.5 任务服务 API ……………………… 131
8.5.1 待办任务查询 …………… 132
8.5.2 任务办理及权限控制 …… 134

8.6 历史服务 API ……………………… 137

8.7 管理服务 API ……………………… 138
8.7.1 数据库管理 ……………… 138
8.7.2 异步任务管理 …………… 140
8.7.3 执行命令 ………………… 142

8.8 身份服务 API ……………………… 143

8.9 利用 Activiti Service API 完成流程实例 …………………… 145
8.9.1 Activiti 工作流引擎工具类 …………………… 145
8.9.2 综合使用示例 …………… 147

8.10 本章小结 ………………………… 149

第 9 章 Activiti 身份管理 ………………… 151

9.1 用户管理 …………………………… 151
9.1.1 新建用户 ………………… 151
9.1.2 查询用户 ………………… 152
9.1.3 修改用户 ………………… 158
9.1.4 删除用户 ………………… 159
9.1.5 设置用户图片 …………… 160

9.2 用户组管理 ………………………… 161
9.2.1 新建用户组 ……………… 161
9.2.2 查询用户组 ……………… 162
9.2.3 修改用户组 ……………… 165
9.2.4 删除用户组 ……………… 165

9.3 用户与用户组关系管理 …………… 166
9.3.1 添加用户至用户组 ……… 166
9.3.2 从用户组中移除用户 …… 166
9.3.3 查询用户组中的用户 …… 167
9.3.4 查询用户所在的用户组 … 168

9.4 用户附加信息管理 ………………… 168

9.5 本章小结 …………………………… 169

第10章 Activiti 流程部署 ... 171
10.1 流程资源 ... 171
10.2 流程部署 ... 171
10.2.1 DeploymentBuilder 对象 ... 171
10.2.2 执行流程部署 ... 172
10.3 部署结果查询 ... 175
10.3.1 部署记录查询 ... 175
10.3.2 流程定义查询 ... 178
10.3.3 流程资源查询 ... 182
10.4 流程部署完整示例 ... 183
10.4.1 示例代码 ... 183
10.4.2 相关表的变更 ... 184
10.5 本章小结 ... 185

第11章 开始事件与结束事件 ... 187
11.1 事件概述 ... 187
11.2 事件定义 ... 187
11.2.1 定时器事件定义 ... 187
11.2.2 信号事件定义 ... 189
11.2.3 消息事件定义 ... 190
11.2.4 错误事件定义 ... 190
11.2.5 取消事件定义 ... 191
11.2.6 补偿事件定义 ... 191
11.2.7 终止事件定义 ... 191
11.3 开始事件 ... 191
11.3.1 空开始事件 ... 191
11.3.2 定时器开始事件 ... 192
11.3.3 信号开始事件 ... 194
11.3.4 消息开始事件 ... 194
11.3.5 错误开始事件 ... 197
11.4 结束事件 ... 199
11.4.1 空结束事件 ... 199
11.4.2 错误结束事件 ... 199
11.4.3 取消结束事件 ... 202
11.4.4 终止结束事件 ... 204
11.5 本章小结 ... 205

第12章 边界事件与中间事件 ... 207
12.1 边界事件 ... 207
12.1.1 定时器边界事件 ... 207
12.1.2 信号边界事件 ... 209
12.1.3 消息边界事件 ... 212
12.1.4 错误边界事件 ... 212
12.1.5 取消边界事件 ... 215
12.1.6 补偿边界事件 ... 216
12.2 中间事件 ... 217
12.2.1 定时器中间捕获事件 ... 217
12.2.2 信号中间捕获事件和信号中间抛出事件 ... 219
12.2.3 消息中间事件 ... 222
12.2.4 补偿中间抛出事件 ... 223
12.2.5 空中间抛出事件 ... 230
12.3 本章小结 ... 230

第13章 用户任务、手动任务和接收任务 ... 231
13.1 用户任务 ... 231
13.1.1 用户任务介绍 ... 231
13.1.2 用户任务分配给办理人 ... 233
13.1.3 用户任务分配给候选人（组）... 234
13.1.4 动态分配任务 ... 236
13.2 手动任务 ... 242
13.2.1 手动任务介绍 ... 242
13.2.2 手动任务使用示例 ... 242
13.3 接收任务 ... 244
13.3.1 接收任务介绍 ... 244
13.3.2 接收任务使用示例 ... 244
13.4 本章小结 ... 246

第14章 服务任务、脚本任务和业务规则任务 ... 247
14.1 服务任务 ... 247
14.1.1 服务任务介绍 ... 247

| | 14.1.2 服务任务的属性注入 …… 249
| | 14.1.3 服务任务的执行结果 …… 257
| | 14.1.4 服务任务的异常处理 …… 257
| | 14.1.5 在 JavaDelegate 中使用 Activiti 服务 …… 260
| 14.2 脚本任务 …… 261
| | 14.2.1 脚本任务介绍 …… 261
| | 14.2.2 脚本任务中流程变量的使用 …… 261
| | 14.2.3 脚本任务的执行结果 …… 262
| 14.3 业务规则任务 …… 262
| | 14.3.1 业务规则任务介绍 …… 262
| | 14.3.2 业务规则任务使用示例 …… 264
| 14.4 本章小结 …… 267

第 15 章 Activiti 扩展的系列任务 …… 269
| 15.1 邮件任务 …… 269
| 15.2 Web Service 任务 …… 270
| | 15.2.1 Web Service 任务介绍 …… 270
| | 15.2.2 Web Service 任务使用示例 …… 271
| 15.3 Camel 任务 …… 276
| | 15.3.1 Camel 任务介绍 …… 276
| | 15.3.2 Activiti 与 Camel 集成 …… 276
| | 15.3.3 Camel 任务使用示例 …… 279
| 15.4 Mule 任务 …… 282
| | 15.4.1 Mule 任务介绍 …… 283
| | 15.4.2 Mule 的集成与配置 …… 283
| | 15.4.3 Mule 任务使用示例 …… 287
| 15.5 Shell 任务 …… 290
| | 15.5.1 Shell 任务介绍 …… 290
| | 15.5.2 Shell 任务使用示例 …… 291
| 15.6 本章小结 …… 292

第 16 章 顺序流与网关 …… 293
| 16.1 顺序流 …… 293
| | 16.1.1 标准顺序流 …… 293

| | 16.1.2 条件顺序流 …… 294
| | 16.1.3 默认顺序流 …… 296
| 16.2 网关 …… 297
| | 16.2.1 排他网关 …… 297
| | 16.2.2 并行网关 …… 300
| | 16.2.3 包容网关 …… 303
| | 16.2.4 事件网关 …… 306
| 16.3 本章小结 …… 308

第 17 章 子流程、调用活动和泳池泳道 …… 309
| 17.1 子流程 …… 309
| | 17.1.1 内嵌子流程 …… 309
| | 17.1.2 事件子流程 …… 314
| | 17.1.3 事务子流程 …… 321
| 17.2 调用活动 …… 328
| | 17.2.1 调用活动介绍 …… 328
| | 17.2.2 调用活动使用示例 …… 329
| | 17.2.3 内嵌子流程与调用活动的区别 …… 333
| 17.3 泳池与泳道 …… 333
| 17.4 本章小结 …… 334

第 18 章 监听器 …… 335
| 18.1 执行监听器与任务监听器 …… 335
| | 18.1.1 执行监听器 …… 335
| | 18.1.2 任务监听器 …… 343
| 18.2 全局事件监听器 …… 347
| | 18.2.1 全局事件监听器工作原理 …… 347
| | 18.2.2 支持的事件类型 …… 348
| | 18.2.3 事件监听器的实现 …… 349
| | 18.2.4 配置事件监听器 …… 350
| | 18.2.5 事件监听器使用示例 …… 353
| | 18.2.6 日志监听器 …… 356
| | 18.2.7 禁用事件监听器 …… 356
| 18.3 本章小结 …… 357

第19章 Activiti 表单管理 359

- 19.1 Activiti 支持的表单类型 359
- 19.2 前期准备工作 359
- 19.3 内置表单 361
  - 19.3.1 内置表单介绍与应用 361
  - 19.3.2 自定义内置表单数据类型 369
- 19.4 外置表单 370
  - 19.4.1 外置表单介绍与应用 370
  - 19.4.2 外置表单扩展 376
- 19.5 本章小结 378

第20章 多实例实战应用 379

- 20.1 多实例概述 379
  - 20.1.1 多实例的概念 379
  - 20.1.2 多实例的配置 380
  - 20.1.3 多实例与其他流程元素的搭配使用 382
- 20.2 多实例用户任务应用 383
- 20.3 多实例服务任务应用 390
- 20.4 多实例子流程应用 392
- 20.5 本章小结 395

第三篇 高级实战篇

第21章 Activiti 集成 Spring Boot 399

- 21.1 Spring Boot 简介 399
  - 21.1.1 Spring Boot 特性 399
  - 21.1.2 自定义 starter 401
- 21.2 Spring Boot 配置详解 403
  - 21.2.1 配置文件读取 403
  - 21.2.2 自定义配置属性 404
  - 21.2.3 多环境配置 405
- 21.3 Spring Boot 与 Activiti 的集成 406
  - 21.3.1 通过 Spring Boot 配置工作流引擎 406
  - 21.3.2 Activiti、MyBatis 与 Spring Boot 整合 407
  - 21.3.3 通过 Spring Boot 管理工作流引擎 408
- 21.4 本章小结 409

第22章 集成在线流程设计器 Activiti Modeler 411

- 22.1 集成 Activiti Modeler 411
  - 22.1.1 集成 Activiti Modeler 前置条件 411
  - 22.1.2 集成 Activiti Modeler 411
- 22.2 汉化 Activiti Modeler 426
- 22.3 本章小结 426

第23章 Activiti 自定义扩展（一）......427

- 23.1 自定义 ProcessEngineConfiguration 扩展 427
  - 23.1.1 自定义 ProcessEngineConfiguration 427
  - 23.1.2 编写工作流引擎配置文件 427
  - 23.1.3 使用示例 428
- 23.2 自定义流程元素属性 429
  - 23.2.1 修改 Activiti Modeler 增加自定义属性配置 429
  - 23.2.2 自定义属性解析处理 431
  - 23.2.3 读取自定义属性 433
- 23.3 自定义流程活动行为 434
  - 23.3.1 创建自定义流程活动行为类 435
  - 23.3.2 创建自定义流程活动行为工厂 437
  - 23.3.3 在工作流引擎中设置自定义流程活动行为工厂 437
  - 23.3.4 使用示例 438
- 23.4 自定义事件 439
  - 23.4.1 创建自定义事件类型 439
  - 23.4.2 创建自定义事件 439

23.4.3 实现自定义事件监听器 …… 440
23.4.4 使用示例 …… 440
23.5 自定义流程校验 …… 441
23.5.1 创建自定义校验规则 …… 442
23.5.2 重写流程校验器 …… 443
23.5.3 在工作流引擎中设置自定义流程校验器 …… 443
23.5.4 使用示例 …… 444
23.6 本章小结 …… 445

第24章 Activiti 自定义扩展（二） …… 447

24.1 替换 Activiti 身份认证服务 …… 447
24.1.1 禁用 Activiti 自带的用户身份模块 …… 447
24.1.2 自定义身份认证服务 …… 448
24.1.3 使用示例 …… 461
24.2 适配国产数据库 …… 462
24.2.1 准备工作 …… 462
24.2.2 修改 Activiti 源码适配国产数据库 …… 464
24.3 自定义查询 …… 466
24.3.1 使用 NativeSql 查询 …… 466
24.3.2 使用 CustomSql 查询 …… 469
24.4 本章小结 …… 474

第25章 Activiti 自定义扩展（三） …… 475

25.1 自定义流程活动 …… 475
25.1.1 流程定义 XML 文件解析原理 …… 475
25.1.2 自定义 RestCall 任务的实现 …… 476
25.1.3 使用示例 …… 480
25.2 更换默认 Activiti 流程定义缓存 …… 482
25.2.1 Activiti 流程定义缓存的用途 …… 482
25.2.2 Activiti 流程定义缓存源码解读 …… 482

25.2.3 使用 Redis 替换 Activiti 默认流程定义缓存 …… 485
25.3 手动创建定时任务 …… 492
25.3.1 创建自定义作业处理器 …… 492
25.3.2 在工作流引擎中注册自定义作业处理器 …… 493
25.3.3 使用示例 …… 493
25.4 本章小结 …… 495

第26章 本土化业务流程场景的实现（一） …… 497

26.1 动态跳转 …… 497
26.1.1 动态跳转的扩展实现 …… 497
26.1.2 动态跳转使用示例 …… 499
26.2 任务撤回 …… 500
26.2.1 任务撤回的扩展实现 …… 500
26.2.2 任务撤回使用示例 …… 505
26.3 流程撤销 …… 506
26.3.1 流程撤销的扩展实现 …… 507
26.3.2 流程撤销使用示例 …… 512
26.4 本章小结 …… 514

第27章 本土化业务流程场景的实现（二） …… 515

27.1 通过代码创建流程模型 …… 515
27.1.1 工具类实现 …… 516
27.1.2 使用示例 …… 518
27.2 流程实例动态增加临时节点 …… 520
27.3 流程节点自动跳过 …… 521
27.4 会签加签 …… 522
27.4.1 会签加签的扩展实现 …… 522
27.4.2 会签加签使用示例 …… 525
27.5 会签减签 …… 526
27.5.1 会签减签的扩展实现 …… 527
27.5.2 会签减签使用示例 …… 529
27.6 本章小结 …… 530

第四篇 架构扩展篇

第 28 章 Activiti 性能与容量优化 ········533

28.1 历史数据异步化 ········533
    28.1.1 Activiti 数据存储机制 ········533
    28.1.2 基于已有数据库表的历史数据异步化 ········535
    28.1.3 基于 MongoDB 的历史数据异步化 ········536
    28.1.4 数据一致性保证 ········542

28.2 ID 生成器优化 ········544
    28.2.1 数据库 ID 生成器（DbIdGenerator）········544
    28.2.2 UUID 生成器 ········545
    28.2.3 自定义 ID 生成器 ········546

28.3 定时器优化 ········547
    28.3.1 Activiti 定时器执行过程 ········547
    28.3.2 Activiti 定时器优化 ········548

28.4 本章小结 ········552

第 29 章 Activiti 多引擎架构的初阶实现 ········553

29.1 多引擎架构分析 ········553
    29.1.1 水平分库分表方案的局限性 ········553
    29.1.2 多引擎架构方案设计 ········554

29.2 多引擎建模服务实现 ········555
    29.2.1 建模服务搭建 ········555
    29.2.2 工作流引擎服务缓存改造 ········556

29.3 工作流引擎路由 ········558
    29.3.1 Pika 与 Spring Boot 的整合 ········559
    29.3.2 将路由信息写入 Pika ········560

29.4 建立服务网关 ········562
    29.4.1 Spring Cloud Gateway 简介 ········563
    29.4.2 Spring Cloud Gateway 服务搭建 ········563
    29.4.3 新发起流程路由配置 ········564
    29.4.4 已有流程路由配置 ········565

29.5 本章小结 ········567

第 30 章 Activiti 多引擎架构的高阶实现 ········569

30.1 工作流引擎集群搭建 ········569
    30.1.1 Nacos 服务搭建 ········569
    30.1.2 基于 Nacos 的引擎集群构建 ········570
    30.1.3 引擎集群路由配置 ········572

30.2 网关动态路由配置 ········573
    30.2.1 引擎信息动态配置 ········573
    30.2.2 路由信息动态配置 ········574

30.3 流程查询服务搭建 ········577
    30.3.1 Elasticsearch 与 Spring Boot 的整合 ········577
    30.3.2 将数据写入 Elasticsearch ········578
    30.3.3 创建查询服务 ········581

30.4 本章小结 ········581

第一篇
基础理论篇

第1章

流程的基本概念

流程在企业中无处不在，研发有研发的流程，生产有生产的流程，销售有销售的流程，财务有财务的流程。企业的管理系统包含大量的业务流程管理工作。流程与流程管理在现代企业中已经普及，成为一种企业提升管理规范和经营业绩的有效方法。

本章将以通俗易懂的语言来对流程与流程管理、企业流程分类与分层、企业战略与流程和它们的组织关系等进行系统阐述，帮助读者全面认识、深入理解及高效运用流程。

1.1 流程与流程管理

流程是企业为达成某一特定结果而进行的一系列作业活动的组合，这些作业活动集合所需人员、设备、材料，并应用特定作业方法，达成为客户创造价值的目的。企业的成功离不开优秀的流程，而优秀的流程离不开优秀的流程管理。流程没有一成不变的。市场环境的变化或企业战略的调整，都要求企业及时对流程进行调整，以降低业务处理成本，提高业务处理效率，快速回应市场和客户的需求。这正是流程管理的工作和其意义。

1.1.1 流程的由来与定义

流程并不是一个全新的概念，这一概念早已存在。流程的思想可以追溯到20世纪初由有着"科学管理之父"和"工业工程之父"之称的弗雷德里克·温斯洛·泰勒（Frederick Winslow Taylor）提出的"方法和过程分析"，它倡导对工作流程进行系统分析，去除多余操作，改善必要操作，规范操作流程，从而追求工作流程的最高效率（这后来成为工业工程的主要思想）。流程在当时主要用于工业工程领域的加工、装配等工业活动的组织。随着这种流程思想的萌芽，一系列流程管理技术也逐渐发展起来。

随着第三次工业革命浪潮的兴起，信息技术得到飞速地发展。20世纪60年代到20世纪80年代末，信息技术在企业中得到广泛应用。从最初的手工作业自动化到各部门间的协调工作，再到整个企业内部分公司间的协调工作，信息技术驱动企业对传统业务过程进行自动化改造。业务流程自动化推动流程管理思想的进一步发展，产生"价值链""并行工程"等一系列流程管理思想。

20世纪90年代，迈克尔·哈默（Michael Hammer）与詹姆斯·钱皮（James A. Champy）在《企业再造》（*Reengineering the Corporation*）一书中正式提出业务流程的概念："我们定义某一组活动为一个业务流程（business process），这组活动有一个或多个输入，输出一个或多个结果，这些结果对客户来说是一种增值。"简言之，业务流程是企业中一系列创造价值的活动的组合。

这里倡导的是业务流程再造（Business Process Reengineering，BPR），其核心是从根本上反思和重构企业的业务流程，以实现在成本、质量、服务和效率等关键绩效上的突破性进展。然而，BPR对业务流程进行彻底改造的激进导致其实施的失败率高达70%，业务流程改进（Business Process Improvement，BPI）应运而生。BPI只是将激进型的BPR变为了渐进型的逐步改进，本质上都是以流程信息化为主，而忽略了对流程的管理。

随着社会信息化程度的不断提高，对于21世纪的企业来说，IT系统已不再是企业的奢侈品，而是维持正常运营的必需品。第三代流程管理思想的倡导者霍华德·史密斯（Howard Smith）和彼得·芬格尔（Peter Fingar）提出："IT不再是企业的竞争优势，业务流程比IT更为重要，企业竞争优势的根本是其卓越的业务流程体系。"至此，以业务流程为主导的管理思想正式诞生。业务流程管理（Business Process Management，BPM）是一种以规范化构造端到端卓越业务流程为中心，以持续提高组织业务绩效为目的的系统化方法。

目前，BPM正处于飞速发展阶段，日趋成熟与完善。企业正在认识到，全面而可靠地理解自己的流程是实现绩效目标的基础。越来越多的企业把BPM当作解决自身业务困境和实现自身战略目标的系统方法。

1.1.2 企业流程管理的目的

企业存在的意义就是为客户创造价值，而流程是企业中一系列创造价值的活动的组合，是企业价值的体现。流程之于企业的意义在于：

- ❑ 规范作业流程、把个人的优秀推广到组织，有利于提高企业的核心竞争力；
- ❑ 消除重复劳动、精简烦琐环节，有利于企业降低成本、缩减生产时间、提高工作效率；
- ❑ 专业化分工、提高工人的专业技能，有利于企业提高服务质量和客户满意度；
- ❑ 规范管理、明确权责，有利于消除职务空白地带、消除"扯皮"现象、解放管理者。

在实际工作中，流程只是保证工作顺利开展的第一步。接下来，还需要企业建立相应的管理制度、构造规范化的流程管理体系、持续对业务流程进行优化。只有这样，流程才能真正发挥作用。而这些正是业务流程管理的主要内容。业务流程管理从企业战略出发、从满足客户需求出发、从业务出发，进行流程规划与建设，建立流程组织机构，明确流程管理责任，监控与评审流程运行绩效，适时进行流程变革。

企业进行流程管理的目的在于：

- ❑ 保证业务流程面向客户，为客户创造价值；
- ❑ 保证管理流程面向企业目标，实现企业战略目标的落地；
- ❑ 保证流程中的活动均为增值活动，都是实现企业目标的一部分；
- ❑ 保证流程持续优化，与时俱进，使企业的价值不断得到提升。

1.1.3 流程构成要素及特征

从流程的定义可知，一个完整的业务流程应该包括输入资源、若干活动、相互作用、输出结果、客户、价值6个要素（图1.1），具备目标性、普遍性、整体性、动态性、层次性、结构性6个主要特征。

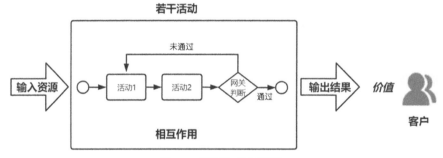

图1.1 流程构成六要素

流程构成六要素介绍如下。

输入资源是流程运作过程中不可或缺的组成部分，将被有效地消耗、利用和转化，并最终对输出结果产生影响。常见的输入资源包括客户订单、顾客需求、经营计划、物料、设备、资金、信息、行政指令、会议纪要等。

若干活动是为了满足客户需求，按照一定秩序执行的一系列活动的组合，是流程运作过程不可缺失的、有增值作用的环节。要尽可能减少没有增值作用的环节，使流程路径最短、效率最高。

一个流程通常包含多项活动，这些活动之间有着严格的前后顺序和逻辑关系，即活动之间存在某种相互作用。一个活动的产出是其后一个活动的输入。活动之间的相互作用可以串联整个流程。

输出结果可能是有形的产品，也可能是无形的服务。输出结果承载着流程的价值。输出结果是否合格，最终要由客户判断。

客户是流程的服务对象，在进行流程设计时，必须先明确流程的客户是谁、客户的最终需求是什么。而要明确这些内容并不容易，需要我们认真思考。

价值是流程过程运作为客户带来的好处、创造的价值等，通过输出结果承载。很多情况下，价值可能不是直接用货币来衡量的，它可以表现为提高了效率、降低了成本等。

流程主要特征介绍如下。

目标性指制定流程时应有明确的输出。这个输出可以是一次满意的客户服务，也可以是一次及时的产品送达等。只有明确了流程的目标，企业在制定流程时，才能做到有的放矢，否则最终制定的流程可能不仅不能产生任何价值，而且会给企业造成损失。

普遍性指流程存在于任何企业的任何经营活动之中。任何经营活动都可以描述为"输入了什么资源，中间经过了一系列怎样的活动，输出了什么结果，为谁创造了怎样的价值"。因此，可以说企业的经营活动就是流程的组合体。

整体性指企业内部不同的流程之间应有统一的指导思想，形成共同的目标导向，不能相互冲突。指导思想可以由企业的战略发展目标细化得出，也可以根据企业的实际经营需要提炼得出。企业流程追求的不是个体的、局部的最优，而是整体的、全局的最优。

动态性指流程运行过程中需要进行动态调整、优化，甚至重新设计，以适应外界因素的变化。这些因素包括企业发展战略的变化、组织职能的调整、企业信息化技术的提升、外部市场行情的变化等。

层次性指组成流程的活动本身也可以是一个流程，这个嵌套的"子流程"可以继续分解为若干活动。企业可以根据自身的需要对流程进行层次划分。上级流程为下级流程提供指引，下级流程为上级流程提供支撑。

结构性指流程往往具备某种表现形式，如串联、并联和反馈等。不同形式的流程结构往往会导致十分不同的流程运作效率和运作质量。一般来说，串联结构有助于对流程节点和信息的控制，并联结构有助于流程节点的协同工作，从而提高运行效率，而反馈结构则有助于系统部分环节的改善和调整。

1.2 流程分类

企业经营管理中包含大量的流程，如研发流程、生产流程、销售流程、财务流程等。企业为了高效管理这些流程，有必要对其进行分类，从整体上把握不同类别流程的定位及作用，从而更好地设计企业的流程体系。良好的流程分类体系是企业做好流程管理的基础。企业要设计出适合自身的流程分类体系，最好的方法就是参考权威的流程分类框架或者业内标杆企业采用的流程分类方法，然后结合企业自身的实际业务调整。

1.2.1 安东尼模型

关于企业流程分类，最早出现的是安东尼模型。安东尼模型是1965年由以罗伯特·N. 安东尼（Robert N. Anthony）为代表的企业管理专家通过对欧美制造型企业长达15年的观察和验证而创立的制造业经营管理业务流程及其信息系统构架理论。该理论包含和考虑了企业内外部的环境因素，以及它们之间的相互关系和影响，正确反映了企业内外部供应链的物流、资金流、信息流的流向和规律，以及企业管理的本质，可谓现代企业管理信息系统的"开山鼻祖"。

如图1.2所示，在安东尼模型中，企业经营管理业务活动可分为以下3个层次：
- 战略规划层（Strategic Planning Layer，SPL）；
- 战术决策层（Tactics Decision Layer，TDL）；
- 业务处理层（Business Treatment Layer，BTL）。

1. 战略规划层

战略规划层是企业最高层次的管理活动，负责企业整体战略目标的制定与变更，并为实现战略目标进行资源规划、预算制定等活动。

战略规划层主要负责解决以下两个问题：
- "企业应该从事何种业务"，即根据企业外部环境的变化及企业内部条件，确定企业的使命与任务、产品与市场领域；
- "企业怎样管理这些业务"，即在企业内不同的战略单元之间，如何分配资源及明确发展方向等，以实现企业整体的战略目标。

战略规划层流程以客户/市场需求为输入资源，以企业经营/战略目标实现为输出结果，规划企业所有业务活动，并明确它们之间的关系、规则和目标。

2. 战术决策层

战术决策层位于中间管理层（又称管理控制层），负责制定一系列的方法、技术和手段等内容，用以实现企业战略规划层所制定的战略目标。

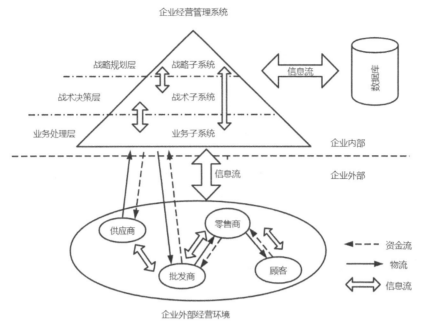

图1.2 安东尼模型示意图

战略规划层主要解决"做什么"的问题，面向企业未来长期发展；战术决策层主要解决"如何干"的问题，面向短期行动方案的制定。

战术决策层流程是面向市场和顾客制定的策略、计划和行动方案。

3．业务处理层

业务处理层位于下层管理层（又称运行控制层），主要保证某项特定业务能够高效执行，从而使企业战略目标和战术决策得到具体落实。

业务处理层关注的是，怎样才能卓有成效地开展工作，聚焦于提高企业资源利用率。

业务处理层流程比战术决策层流程更为详细、具体，是最终交给员工执行的业务流程，涉及各种具体事务，如人事、采购、生产、营销、财务等。

1.2.2 APQC流程分类框架

安东尼模型之后，关于企业流程分类最权威的莫过于美国生产力与质量中心（American Productivity and Quality Center，APQC）开发的流程分类框架（Process Classification Framework，PCF）了。APQC自1991年开始研究和开发流程分类框架，通过整理全美各行业的业务流程，推出了适用于各行业的通用跨行业流程框架。基础版APQC流程分类框架致力于适用所有行业。后来，为了适应不同行业的管理特征，诸多针对特定行业的流程分类框架陆续推出。目前，流程分类框架已被全球众多企业所认可。

基础版APQC流程分类框架于2019年发布7.2.1版本。该版本将企业流程分为两大类——运营流程（operating process）、管理及支持流程（management and support process），并拆解出13个企业级流程类别（见图1.3），每个流程类别分别包含多个流程群组，所有作业流程与相关作业活动超过1800个。

1．运营流程

运营流程是企业的主价值链，包含从形成产品到创造价值的相关活动，共分为以下6个流程组：
- 愿景与战略的制定；
- 产品与服务的开发和管理；
- 产品与服务的市场和销售；
- 产品的交付；
- 服务的交付；
- 客户服务管理。

2. 管理及支持流程

管理及支持流程，是与人力资源、财务、后勤、IT等职能部门相关的管理流程，是主价值链的支撑部分，共分为以下7个流程组：

- ❏ 人力资源开发与管理；
- ❏ 信息技术管理；
- ❏ 财务管理；
- ❏ 资产的获取、建设与管理；
- ❏ 企业风险、合规和应变能力管理；
- ❏ 外部关系管理；
- ❏ 业务能力开发与管理。

图1.3　APQC流程分类框架的类别

1.2.3　IBM的流程分类

IBM是一家历经百年而依然位于行业前沿的优秀企业，这主要得益于其精密的流程和体系运作。在IBM的流程管理体系中，流程主要划分为业务流程和管理流程两大类。

1. 业务流程

业务流程指业务之间的传递或转移等动态过程。业务流程面向市场与客户，是直接为客户创造价值的流程，能够被外部客户看到或感知。业务流程从客户提出需求开始，到满足客户需求结束，如客户开户流程、售后服务流程等。业务流程是水平的，横向跨越多个部门，流程横向协调难度相对较高，是企业竞争力的根本所在，也是企业流程管理与改善的重点。

2. 管理流程

管理流程指管理之间动态传递或转移的过程。管理流程支撑业务流程，为业务流程提供服务，面向内部管理，以提升效益为中心，如人事管理流程、资金管理流程、财务管理流程等。管理流程一般是纵向的，在职能部门内部，流程横向协调的难度相对较低。在进行管理流程设计时，要以业务流程为目的，帮助提升业务流程的效率与效益。

1.3 流程层级

企业内部的流程成百上千，如果不分级，执行起来很容易陷入混乱，使我们迷失在细节中。对流程进行分级是为了更好地建立企业流程管理体系，从而支持企业的持续成功。

1.3.1 按APQC流程分类框架分级

我们可以参考APQC流程分类框架对企业内部流程进行分级。图1.3是一个基础版流程分类框架，图中列出的是经典的企业第一级流程。每一类流程又继续向下拆解，通常细分到第五级流程，才能真正形成针对具体工作岗位的操作规范与要求，如图1.4所示。

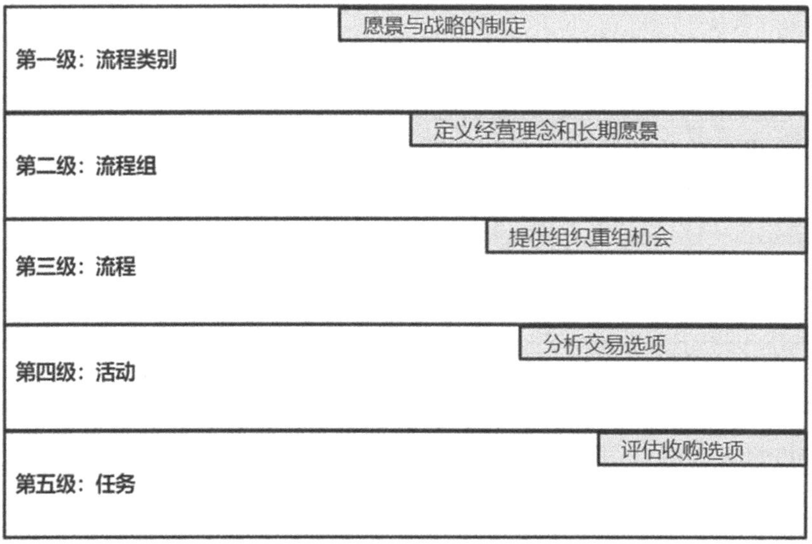

图1.4　APQC流程分类框架分级示意

1．第一级：流程类别（category）

流程类别是APQC流程分类框架中的最高级别，如客户服务管理、供应链管理、财务管理、人力资源管理等。这个级别是从管理的角度对业务进行分类。

2．第二级：流程组（process group）

流程组是流程类别的下一级，代表一组流程，如售后、采购、应付款管理、招聘等。

3．第三级：流程（process）

流程是一系列将输入资源转化为输出结果的相互关联的活动。流程消耗资源并且需要制订可重复执行的标准。流程需要遵从一个面向质量、速度、成本绩效要求的控制系统。

4．第四级：活动（activity）

活动是运行流程必须完成的关键事项。如接收客户请求、处理客户投诉、采购合同洽谈等。

5．第五级：任务（task）

任务是"活动"的下一级。任务通常粒度更细，并且不同行业的差异很大，如创建业务计划、获得资助、设计识别与奖励方法等。

1.3.2 按组织职能分级

按组织职能分级是流程分级中常见的方法之一。企业的组织职能具备严密的层次性，流程按组织职能可以划分为集团级流程（跨业务板块或跨公司流程）、公司级流程（跨部门流程）、部门级流程（跨岗位流程）、岗位级流程（岗位操作流程）这4级。如果是非集团企业也可以划分为公司级流程（跨部门流程）、部门级流程（跨岗位流程）、岗位级流程（岗位操作流程）这3级。

企业需要结合自身的实际情况灵活应用，并没有标准统一的答案。

1.3.3 按企业管理层级分级

另外一种常见的流程分级方法,是按企业管理层级分级。通常企业将管理划分为战略、战术、战斗3个层级,对应地,将企业员工划分为高层、中层、基层3个层级。高层负责战略层面的工作,中层负责战术层面的工作,基层则负责执行层面的工作。

基于上述管理层级,可以将企业流程分为高阶、中阶、低阶3个层级:
- 高阶流程是企业的整体管理体系,以客户/市场需求为输入资源,以企业经营/战略目标实现为输出结果;
- 中阶流程是相对完整的子流程体系,是从最终用户提出需求开始,到满足最终用户需求结束;
- 低阶流程则是已经分解到岗位,有了责任人,有了执行主体的可执行层面的流程。

1.4 企业战略、流程与组织的关系

企业战略是企业目标与愿景的定位,是企业的发展方向。企业需要根据环境变化,依靠自身资源和实力选择适合的经营领域、产品或服务,形成自己的核心竞争力,通过一系列综合的、协调的约定和行动,获取竞争优势。

业务流程是为实现特定价值目标而由多人共同完成的一系列活动的集合。这些活动之间不仅有严格的先后顺序限定,而且活动的内容、方式、责任等也都有明确的安排和界定,以保证业务有序、顺利地执行。

组织结构是企业为实现战略目标而在管理中采取的一种分工协作体系,用以明确组织中各种职务的责任、权利等。

1.4.1 战略决定业务流程

企业战略决定"要做什么",业务流程研究"该怎么做",战略是目标,流程是手段,目标决定手段。因此,企业战略决定了业务流程。

1. 企业战略决定流程的客户

流程是企业输入原料、资金、信息到输出能满足客户需求的产品和服务的过程。因此,提供满足客户需求的产品和服务是流程的首要目的。在制定流程时,先要分析企业战略,明确企业发展目标、客户及客户需求,进而明确业务流程需要为谁提供服务。

2. 企业战略决定流程的期望输出结果

企业所处的外界环境是不断变化的,因此,企业在不同时期的战略是不同的,有时强调快速应对市场变化,有时强调压缩成本。因此,即使是同一业务流程,在不同的企业战略下,也会有不同的期望输出结果。

企业战略与流程密不可分。如果企业战略无法明确,业务流程就无法细化。脱离了企业战略的流程是无效的流程,偏离企业战略的流程是低效的流程,只有紧扣企业战略的流程才能称为高效的流程。好的企业战略会引导好的流程,好的流程会促进企业战略的顺利实现。

1.4.2 业务流程决定流程组织

迈克尔·哈默曾说"流程决定组织架构"。这是因为为客户创造价值的是流程,组织只是创造价值的手段,目标决定了手段。

业务流程是为实现企业战略服务的,而组织则是为业务流程顺利实现服务的。流程型组织结构是一种20世纪60年代才出现的组织结构形式,是一种以客户为导向,通过业务流程搭建的企业组织结构。相较传统形式的组织结构,流程型组织结构更加适应多变的市场环境。从这种意义上讲,业务流程决定企业的组织架构。即使生产相同产品的企业,由于其各自内部运作流程的不同,企业组织结构也存在很大的差异。

1.4.3 企业战略、业务流程与组织的关系

在企业中,企业战略决定企业做正确的事,组织决定企业正确地做事,而流程则帮助企业高效、低成本、低风险地做事,三者密不可分。

企业战略是业务流程运作和组织管理的根基,决定了企业的价值目标,直接影响和决定了流程和组织的最终输出结果。

流程是企业的价值目标的产出过程,是企业内部的横向管理线路。流程直面客户,能够打破部门壁垒,

更注重整体运作、企业价值的实现和效率的提升。

组织是企业战略实现和业务流程实施的平台，能明确企业内部成员的岗位职责、角色、任务，是企业内部的纵向管理线路。组织通过职责体系串联企业最高经营者与普通员工。

组织和流程构成了企业内部的纵向和横向管理线路，纵向管理线路明确了组织成员的分工，横向管理线路明确了组织成员的协作。两者共同构成了企业的经营管理模式。

如果将企业看作人体，则战略就是人的大脑，决定做什么；组织就是人体的各个器官，在人体内起着不同的作用，实现特定的功能；流程就是遍布全身的血管和神经，连接各个器官，使各个器官之间产生的物质可以进行有效循环，从而维持人体系统的正常运行。

1.5 业务流程管理现状

近年来，流程管理思想在我国普及，企业对流程管理的重视程度也越来越高。但是许多企业并未真正理解流程管理的内涵，流程管理仍停留在技术层面，企业内部仍然以组织职能为基础开展工作，无法有效解决跨部门的业务问题。对于大多数企业员工来说，流程管理仍是一个比较陌生的事物，参与度不足，导致流程管理流于形式。

想要真正地推动流程管理，必须让企业内部员工建立共同的流程管理理念、价值观，提升对流程管理的关注度和重视度，不断优化完善业务流程，建立流程管理的长效机制。

1.5.1 业务流程管理

业务流程管理是一种以规范化构造端到端卓越业务流程为中心，以持续提高组织业务绩效为目的的系统化方法。从业务流程管理定义可以看出，业务流程管理的管理对象是流程，业务流程管理的核心是构造卓越的业务流程，流程管理的过程是坚持以顾客需求为导向、不断改进或改造能够创造和传递客户价值的业务流程的过程，其结果是提高企业的效率和效益，为实现企业的战略目标服务。

业务流程管理的主要内容包括流程管理制度和在流程管理制度之下的流程挖掘和梳理、流程开发和实施、流程资源管理、流程执行、流程监管、流程优化等。

业务流程管理将给企业带来以下价值。

规范管理，明确职责。业务流程管理可以明确业务操作的规范要求，让员工清楚地知道执行某项活动所需的所有材料和准备工作，避免因准备不充分而出现的反复沟通。业务流程按既定的环节流转，员工各司其职、相互配合，每个环节的职责清晰明了，即使是跨部门的协作也能轻松应对。

精简工作，提升效率。业务流程管理能够对管理过程进行有效梳理和执行，精简工作中的烦琐环节，减少反复沟通、消除重复劳动，提升业务流转速度，从而最大限度地帮助企业提升生产效率及产品质量，降低生产成本。

积累经验，提升组织能力。企业应该有效地将个人优秀的工作经验、企业经营理念等融入企业的标准工作流程，并在实践中不断完善和优化。将个人的优秀变成多人的优秀，进而转变为企业的能力。优秀的企业必然具备卓越的业务流程。

全面监管，控制风险。业务流程管理做得好，风险就能大体控制得住，面对风险时，也有据可查。如果企业的内部管理和业务开展过程都通过业务流程管理来实施，那么任何决策和执行过程都会记录在案，企业管理者可以随时了解和掌握这些信息，并对业务的开展过程进行监管。一旦某个事项出现问题，可以快速追溯哪个环节出了问题。

1.5.2 业务流程优化

企业内外部环境是不断变化的，因此企业的战略也会随之不断调整。战略的变化决定了业务流程也要相应进行调整和优化。业务流程优化就是根据战略或环境的变化，对现有业务流程进行定期回顾和分析，并不断完善业务流程，使其更加精简与高效，从而提升业务流程绩效，保持企业竞争优势的过程。

然而，企业的业务流程成百上千，如果一一优化、面面俱到，则工作量过于庞大。那么，流程优化应该从哪里着手呢？答案是关键业务流程，也就是能切实见效的地方。

可以从与企业核心业务相关的活动，或者企业出现问题最多的活动，或者占用资源最多的活动中，筛选需要重点优化的业务流程。在这之后，还需要对业务流程优化可能取得的效益和可能带来的风险进行评估，根据风险和收益的对比分析，明确需要优化的具体业务流程。

高收益、低风险的业务流程才是需要进行业务流程优化的关键业务流程。如果没有筛选关键业务流程，而是直接进行业务流程优化，即使耗费了大量人力物力，仍然可能导致业务流程优化失败。

确定业务流程优化的目标后，如何有效地进行业务流程优化呢？我们需要遵循以下原则：
- 清除业务流程内多余的非增值活动，如活动间的等待、重复的活动等。即通过精简和压缩业务流程的过程来实现业务流程优化；
- 简化业务流程中的表格、操作、程序等。许多表格在业务流程中没有任何实际意义，或存在许多重复的内容。简化表格，可以减少相关任务负责人的工作量；
- 整合一系列的简单活动，交由一人完成，减少交接次数、缩短工作时间，使业务流程更顺畅连贯；
- 自动化采集和传输业务流程上的信息流，实现信息的无缝传递和交流，保障信息畅通，消除使信息滞留或阻塞的环节；
- 实行并行工程，改善作业顺序、消除瓶颈、提高效率。

1.6 本章小结

本章简单介绍了流程的起源、构成、分类及发展现状。企业实施流程管理、优化和再造的过程中，最不易掌握的就是流程的分类和分级，而这部分恰好是企业流程管理的基础。因此，本章专门介绍了流程分类、分级的标准框架，企业可以参考标准框架，并结合自身的情况灵活运用，制定适合自身特点的流程分类、分级体系。在对流程及流程管理有了基本的了解之后，我们将一起探索BPM的"前世今生"。

第2章

BPM的"前世今生"

BPM不仅包括业务流程管理思想及其方法论，还包括业务流程管理相关技术。第1章介绍了流程管理思想的发展历程，本章将介绍BPM技术的发展历程。经常有人将BPM技术与工作流技术混淆，或者认为BPM只是工作流技术的演进。事实上，BPM不仅包括工作流，而且包括表单、报表、接口、门户、组织用户等其他组件。工作流是BPM的核心组件之一，单独的工作流不能构成BPM。BPM是支持业务流程设计、实施、控制、分析和优化的软件及技术的集合，是一个融合人、组织、应用、文件和其他信息的综合性管理平台。

2.1 工作流基础

工作流（workflow）起源于生产组织和办公自动化领域，是业务过程的整体或部分在计算机应用环境下的自动化，是计算机支持的协同工作的一部分。

2.1.1 基本定义

工作流管理联盟（Workflow Management Coalition，WfMC）对工作流的定义如下："工作流指一类能够完全或者部分自动执行的经营过程，能根据一系列过程规则，使文档、信息或任务在不同的执行者之间进行传递或执行"。

简单说，工作流就是一系列相互衔接、自动进行的业务活动或任务。一个工作流包括一组业务活动及它们的相互顺序关系、流程及活动的启动和终止条件，以及对每个活动的描述。例如，在日常工作中，填写好请假申请表后，需要将其提交给领导进行审批，有时还需要提交给更上一级领导进行审批。这样一个请假申请文档就会在多人之间顺序或同时传递。对于这样的场景，可以使用工作流技术来控制和管理文档在各个计算机之间自动传递。文档自动化处理只是工作流技术的一种简单应用，在现实生活中工作流技术还能够完成更多更复杂的任务，如企业内部各种数据或信息的自动处理，多种业务流程的整合，企业之间的数据交换，甚至跨地域数据传输和处理等。

2.1.2 发展历程

20世纪70年代，信息技术飞速发展，当时的流程管理研究者们普遍相信，利用信息技术可以实现工作流程的自动化，从而带来办公效率的巨大改善。工作流技术正是发端于这个时期。由于当时个人计算机与网络技术尚未普及，所以工作流技术发展较为缓慢。

20世纪80年代，图像处理领域和电子邮件领域相继出现了含有工作流特征的商用系统。图像处理领域利用工作流进行图像的流转和跟踪。电子邮件领域利用工作流将点对点的邮件流转改进为依照某种流程流转的形式。这些早期的工作流系统只有极少数获得了成功。

20世纪90年代，随着工作流相关技术条件的逐渐成熟，工作流系统的开发与研究进入新的阶段。工作流技术被广泛应用于企业管理、软件工程、制造业、金融业、科学试验和卫生保健等领域。1993年WfMC成立，标志着工作流技术逐步走向成熟。1994年，WfMC发布了工作流参考模型，并相继制定了一系列工业标准。这些标准的制定，进一步促进了工作流技术的发展。

进入21世纪后，随着Web服务技术的兴起，多个标准化组织相继制定了与工作流技术相关的Web服务标准。2002年，IBM、Microsoft等企业联合发布了业务流程执行语言（Business Process Execution Language，BPEL）规范。BPEL是一种基于XML、描写业务过程的编程语言，可以将一组现有的服务组合起来，从而定义一个新的大型的复杂Web服务，实现控制流、异步协作、事务支持等功能。随着分布式系统和面向服务的架构的崛起，BPEL成为当时流行的工作流语言之一。

2004年，业务流程管理倡议组织（Business Process Management Initiative，BPMI）发布了业务流程建模标记法（Business Process Modeling Notation，BPMN）。这是一种工作流中特定业务流程的图形化表示法。2005年，该组织并入对象管理组织（Object Management Group，OMG），此后BPMN由OMG维护。OMG对BPMN进行了重新定义，于2011年发布了BPMN 2.0标准。

BPMN 2.0是一套图形化的标准方法，用于业务流程建模和详细说明业务流程。它能直观地表现复杂的流程语义，便于业务分析师、技术开发者、流程经理、用户等人理解与使用。BPMN 2.0的出现结束了多种工作流Web服务标准多年的竞争。目前，BPMN 2.0已成为BPM及工作流的主流建模语言标准之一。

2.2 工作流技术概述

工作流技术是当今一项飞速发展的技术，能够结合人工和机器行为，特别是能够与应用程序和工具进行交互，从而完成业务过程的自动化处理。WfMC颁布的一系列工作流产品标准，包括工作流参考模型、工作流管理系统等，奠定了工作流技术的基础。

2.2.1 工作流参考模型

工作流参考模型（workflow reference model）是1995年由WfMC提出的工作流管理系统体系结构模型，标识了工作流管理系统的基本组件和这些组件的交互接口，如图2.1所示。其中的组件包括工作流执行服务、工作流引擎、流程定义工具、工作流客户端应用、调用应用及管理和监控工具。

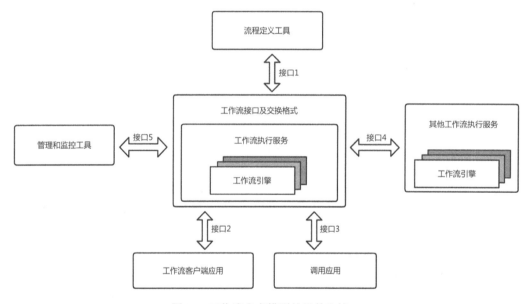

图2.1 工作流参考模型的组件和接口

- 工作流执行服务由一个或多个工作流引擎组成，用于创建、管理和执行工作流实例的软件服务。
- 工作流引擎是为流程实例提供运行时执行环境的软件服务。
- 流程定义工具用于提供工作流定义服务，可以以图形方式显示并操作复杂的流程定义，并输出可被工作流引擎识别的工作流定义。
- 工作流客户端应用是一种通过请求的方式与工作流执行服务交互的应用。也可以说，工作流客户端应用调用工作流执行服务。
- 调用应用是被工作流执行服务调用的应用，调用应用与工作流执行服务交互，协作完成一个流程实例的执行。
- 管理和监控工具是管理和监控工作流管理系统的工具，包括用户管理、角色管理、审计管理、资源管理、流程监控等。

此外，工作流参考模型还定义了5个接口，用于定义以上组件间的交互接口规范。
- 接口1：工作流定义接口。此接口的规范有WPDL、XPDL、BPEL等，用于为用户提供一种可视化的、可以对实际业务进行建模的工具，并生成可被计算机处理的业务过程形式化描述。
- 接口2：工作流客户应用接口。此接口的规范为WAPI（代表workflow application programming interface）。它提供了一种手段，使用户可以处理流程运行过程中需要人工干预的任务［实际上就是工作项（workitem）］，工作流管理系统负责维护这个工作项列表。
- 接口3：工作流调用应用接口。此接口的规范为WAPI。工作流引擎调用外部业务应用的规范，如在流程执行过程中调用业务系统提供的接口处理业务数据等。
- 接口4：工作流引擎协作接口。此接口的规范为Wf-XML 2.0，是不同的工作流引擎之间进行协作的接口规范。
- 接口5：管理和监控接口。此接口的规范为CWAD（代表common workflow audit data）。该接口监控工作流管理系统中所有实例的状态，如组织机构管理、实例监控管理、统计分析管理等。

工作流参考模型目前已成为工作流软件系统设计的权威参考标准。它提供了一个规范的工作流术语表，使在一般意义上讨论工作流系统体系结构成为了可能。它还为工作流管理系统的关键组件提供了独立于特定产品或技术实现的功能与交互描述。此外，它从功能的角度定义5个关键组件的交互接口，推动信息交换标准化，使不同产品间的交互成为可能。

2.2.2 工作流管理系统

早期办公自动化系统通常采用硬编码的方式来处理业务、公文的流转。然而，随着业务和公文愈发复杂，需求的不断变更，这种方式显然已难以满足现实的需求，工作流管理系统应运而生。

工作流管理系统（Workflow Management System, WfMS）是一款用于定义和管理工作流，并按照在计算机中预先定义好的工作流逻辑推进工作流实例执行的软件系统。WfMS通过分析、抽象业务、公文流转过程，解决业务交互逻辑、业务处理逻辑及参与者的问题。

- 业务交互逻辑对应业务流转过程。WfMS通过工作流引擎、工作流设计、流程操作等功能解决业务交互逻辑的问题。
- 业务处理逻辑对应业务流转过程中表单、文档等的处理。WfMS通过表单设计工具与表单的集成等功能解决业务处理逻辑的问题。
- 参与者对应流转过程中各环节中的人或程序。WfMS通过与应用程序的集成解决参与者的问题。

WfMS为方便修改业务交互逻辑、业务处理逻辑及参与者提供了可视化流程设计及表单设计工具，为实现WfMS的扩展提供了一系列接口，其产品结构如图2.2所示。

完整的WfMS通常由工作流引擎、工作流设计器、流程操作、工作流客户端程序、流程监控、表单设计器、与表单的集成，以及与应用程序的集成8个部分组成。

工作流引擎作为WfMS的核心部分，主要提供对工作流定义文件的解析及流程流转的支持。工作流定义文件描述了业务的交互逻辑，由工作流引擎解析并按照业务交互逻辑进行业务的流转。工作流引擎通常通过参考某种模型进行设计，通过流程调度算法进行流程流转（如流程的启动、终止、挂起、恢复等），通过各种环节调度算法实现环节的流转（如环节的合并、分叉、选择、条件选择等）。

流程设计工具一般是可视化的，用户可以以拖放元素的方式来绘制流程，并通过环节配置实现对环节操作、环节表单、环节参与者的配置。流程设计工具的好坏决定了WfMS是否易用。

流程操作指工作流支持的针对流程环节的操作，如启动、终止、挂起、分支、合并等，工作流引擎直接支持上述操作。而在实际需求中，通常需要自由操作流程，如回退、跳转、加签、减签等，对于这些操作，工作流引擎不直接支持，用户必须单独实现。是否支持流程操作直接决定了WfMS是否实用。

工作流客户端程序是WfMS的工作界面，通常以Web方式展现，通过提供待办列表和已办列表、执行流程操作、查看流程历史信息等内容，展现WfMS的功能。

流程监控以图形化方式监控流程执行过程，包括流程运转状况、每个环节耗费的时间等，流程监控数据是流程优化的依据。

表单设计工具一般是可视化的，用户可以以拖放元素的方式绘制业务所需的表单，并绑定表单数据。表单设计工具的好坏也会决定WfMS是否易用。

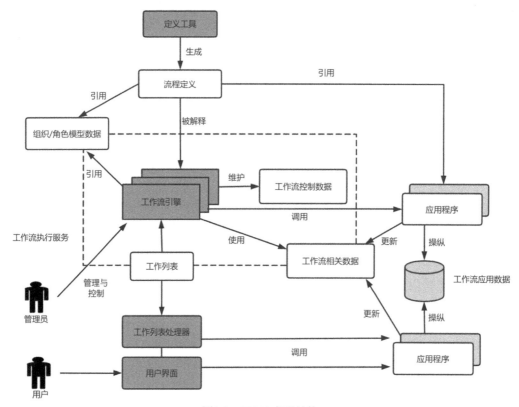

图2.2 WfMS产品结构

通常业务流转需要表单来表达实际的业务，因此需要与表单进行集成来实现业务意义。与表单的集成通常包括表单数据的自动获取、存储、修改，表单域的权限控制，流程相关数据的维护，以及流程环节表单的绑定。与表单的集成程度直接决定WfMS对开发效率的提升效果。

与应用程序的集成用于完善WfMS的业务意义，主要涉及与权限系统及组织机构的集成。流程环节需要绑定相应的执行角色，而流程操作需要关联权限系统、组织机构。

2.2.3 工作流开源框架

目前市面上主流的工作流开源框架有4个，分别是jBPM、Activiti、Camunda和Flowable。其中，Activiti、Camunda和Flowable均是基于jBPM 4.0的框架，它们之间的关系如图2.3所示。

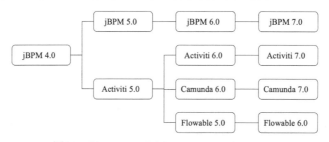

图2.3 jBPM、Activiti、Camunda、Flowable

jBPM 4.0是JBoss公司推出的一款工作流开源框架，后来由于团队内部出现分歧，部分团队核心人员离开JBoss公司加入Alfresco公司，很快Alfresco公司推出了新的基于jBPM 4.0的开源工作流框架Activiti 5.0。

Activiti 5.0以jBPM 4.0为基础，继承了jBPM 4.0强大的可扩展能力，同时增强了流程可视化与管理能力。

而JBoss公司的产品jBPM 5.0则完全抛弃了jBPM 4.0的架构,以Drools Flow为基础彻底重构了工作流引擎核心架构,因此,jBPM 5.0与jBPM 4.0是两款完全不同的产品。许多jBPM的老用户都转向了Activiti 5.0框架。目前,jBPM 5.0及其以后的版本的国内市场占有远不如Activiti。

Camunda和Flowable的诞生与Acitiviti如出一辙。目前Camunda和Flowable已经推出了各自的商业版本和开源版本,而Activiti则持续开源。虽然Camunda和Flowable这两位后起之秀都足够优秀,不但修复了Activiti 5.0的很多漏洞,在产品功能上也更加的完善,但是对于一家公司来说,从Activiti向Camunda或Flowable迁移代价太大。

本书选用Activiti来讲解企业级BPM开发与应用的实现,一方面是因为它免费开源、稳定可靠、应用广泛,另一方面是因为Activti有着十分优秀的设计思想及代码风格,易于入门。

2.3 BPM相关标准

BPM的发展过程中,在基于Web服务的XML执行语言方面进行过很多探索,如BPEL、BPMN等语言标准。BPEL是一种基于XML的、用于描写业务过程的编程语言,是一种用于产品间交换的标准。业务过程中的各步骤则由Web服务实现。BPMN是一种基于流程图的通用可视化标准,提供通用、易于理解的流程符号。BPMN在业务流程设计与业务流程实现之间搭建了一座标准化桥梁。目前,国内市场上的BPM产品多采用的BPMN 2.0标准。

2.3.1 BPMN 2.0概述

BPMN 2.0是OMG于2011年推出的一种业务流程建模通用语言标准,是对BPMN 1.0的重定义。BPMN 2.0相对于BPMN 1.0、XPDL、BPML及BPEL等规范最大的区别是定义了规范的执行语义和格式,利用标准图元描述真实业务发生过程,保证同一业务流程在不同的工作流引擎下的执行结果是一致的。制定BPMN 2.0标准的一个目的是提供一种能够创建简单易懂业务流程模型的机制,以处理复杂的业务流程。为此,BPMN 2.0定义了丰富的元素,并对这些元素进行了分类,使用户能够轻松识别,从而读懂并理解模型。掌握了BPMN 2.0基本元素,就掌握了BPMN 2.0的核心。BPMN 2.0基本元素分类及符号如表2.1和表2.2所示。

表2.1　BPMN 2.0基本元素分类

基本元素分类	基本元素
Flow Object（流对象）	Event（事件）、Activity（活动）、Gateway（网关）
Data（数据）	Data Object（数据对象）、Data Input（数据输入）、Data Output（数据输出）、Data Store（数据存储）
Connecting Object（连接对象）	Sequence Flow（顺序流）、Message Flow（消息流）、Association（关联）、Data Association（数据关联）
Swimlane（泳道）	Pool（池）、Lane（通道）
Artifact（工件）	Group（组）、Text Annotation（文本标注）

表2.2　BPMN 2.0基本元素符号

基本元素	说明
Event（事件）	Event用于表明流程整个生命周期中发生了什么,如流程的启动、结束、边界条件等； 基于发生时间对流程的影响,包含start event（开始事件）、intermediate event（中间事件）、boundary event（边界事件）和end event（结束事件）,其中边界事件可看作一种特殊的中间事件； Event表示为具有开放中心的闭合圆圈,通过内部标记区分不同的事件
Activity（活动）	Activity是流程中执行的工作或任务,工作流中所有具备生命周期状态的操作都可以称为"Activity"； Activity可以是原子的［如用户任务（user task）］,也可以是复合的［如子流程（sub process）］； Activity表示为圆角矩形

续表

基本元素	说明
Gateway（网关）	Gateway决定流程流转指向，可以作为条件分支或聚合，也可以作为并行执行或基于事件的排他性条件判断； Gateway控制流程和编排中顺序流的发散和收敛，决定了路径的分支、分叉、合并和连接； Gateway表示为菱形图形，内部标记用于区分不同行为的网关
Sequence Flow（顺序流）	Sequence Flow描述活动在流程和编排中执行的顺序； Sequence Flow表示为实心箭头
Message Flow（消息流）	Message Flow用于显示两个参与者之间的消息流动
Association（关联）	Association是用于连接信息和活动的图形元素； 文本注释和其他活动都可以以这种图形元素连接； Association上的箭头方向代表流的方向
Pool（池）	Pool是协作中参与者的图形表示，还充当"泳道"和图形容器，用于从其他池中划分一组活动； Pool中可以有内部细节，包含将要执行的进程，也可以没有内部细节，作为一个"黑匣子"
Lane（通道）	Lane是Process或Pool中的子分区，用于在横向或纵向延长整个流程，常用于组织和分类活动
Data Object（数据对象）	Data Object提供活动所需的信息，或者活动产生的信息； Data Object可以表示单个对象或对象的集合
Message（消息）	Message用于描述两个参与者之间的通信内容
Group（组）	Group将同一类别的一组图形元素直观地显示在流程图上，主要用于分析或文档化流程，不影响组内的序列流
Text Annotation（文本标注）	Text Annotation是建模者为流程图的阅读者提供的附加文本信息

图2.4使用BPMN 2.0中的图形符号创建了一个简单请假流程示例，主要由事件、活动、网关、顺序流这4种基本元素构成。

图2.4 简单请假流程示例

流程定义文件扩展名一般为.bpmn.xml或者.bpmn20.xml，可以看出BPMN 2.0实际上基于XML表示业务流程。使用文本编辑器可以打开该请假流程示例的流程定义文件，其中内容如下：

```xml
<?xml version='1.0' encoding='UTF-8'?>
<definitions xmlns="http://www.omg.org/spec/BPMN/20100524/MODEL"
  xmlns:xsi="http://www.w3.org/2001/XMLSchema-instance"
  xmlns:xsd="http://www.w3.org/2001/XMLSchema"
  xmlns:activiti="http://activiti.org/bpmn"
  xmlns:bpmndi="http://www.omg.org/spec/BPMN/20100524/DI"
  xmlns:omgdc="http://www.omg.org/spec/DD/20100524/DC"
  xmlns:omgdi="http://www.omg.org/spec/DD/20100524/DI"
  typeLanguage="http://www.w3.org/2001/XMLSchema"
  expressionLanguage="http://www.w3.org/1999/XPath"
  targetNamespace="http://www.activiti.org/processdef">
  <process id="process_simple" name="请假流程" isExecutable="true">
```

```xml
    <startEvent id="startEvent1"/>
    <userTask id="leave_apply" name="请假申请" activiti:assignee="${initiator}"
      activiti:formKey="simple_form"/>
    <sequenceFlow id="sf1" sourceRef="startEvent1" targetRef="leave_apply"/>
    <userTask id="leader_approval" name="领导审批" activiti:assignee="${leader}"
      activiti:formKey="simple_form"/>
    <sequenceFlow id="sf2" sourceRef="leave_apply" targetRef="leader_approval"/>
    <exclusiveGateway id="gateway1"/>
    <sequenceFlow id="sf3" sourceRef="leader_approval" targetRef="gateway1"/>
    <serviceTask id="holiday_management" name="假期管理"/>
    <endEvent id="endEvent1"/>
    <sequenceFlow id="sf4" sourceRef="holiday_management" targetRef="endEvent1"/>
    <sequenceFlow id="sf5" name="通过" sourceRef="gateway1"
      targetRef="holiday_management">
      <conditionExpression xsi:type="tFormalExpression">
        <![CDATA[${task_领导审批_outcome=='agree'}]]></conditionExpression>
    </sequenceFlow>
    <sequenceFlow id="sf6" name="驳回" sourceRef="gateway1" targetRef="leave_apply">
      <conditionExpression xsi:type="tFormalExpression">
        <![CDATA[${task_领导审批_outcome=='disagree'}]]></conditionExpression>
    </sequenceFlow>
</process>
<bpmndi:BPMNDiagram id="BPMNDiagram_qj">
    <bpmndi:BPMNPlane bpmnElement="qj" id="BPMNPlane_qj">
      <bpmndi:BPMNShape bpmnElement="startEvent1" id="BPMNShape_startEvent1">
        <omgdc:Bounds height="30.0" width="30.0" x="100.0" y="163.0"/>
      </bpmndi:BPMNShape>
      <bpmndi:BPMNShape bpmnElement="leave_apply" id="BPMNShape_leave_apply">
        <omgdc:Bounds height="80.0" width="100.0" x="175.0" y="138.0"/>
      </bpmndi:BPMNShape>
      <bpmndi:BPMNShape bpmnElement="leader_approval" id="BPMNShape_leader_approval">
        <omgdc:Bounds height="80.0" width="100.0" x="320.0" y="138.0"/>
      </bpmndi:BPMNShape>
      <bpmndi:BPMNShape bpmnElement="gateway1" id="BPMNShape_gateway1">
        <omgdc:Bounds height="40.0" width="40.0" x="465.0" y="158.0"/>
      </bpmndi:BPMNShape>
      <bpmndi:BPMNShape bpmnElement="holiday_management" id="BPMNShape_holiday_management">
        <omgdc:Bounds height="80.0" width="100.0" x="570.0" y="138.0"/>
      </bpmndi:BPMNShape>
      <bpmndi:BPMNShape bpmnElement="endEvent1" id="BPMNShape_endEvent1">
        <omgdc:Bounds height="28.0" width="28.0" x="715.0" y="164.0"/>
      </bpmndi:BPMNShape>
      <bpmndi:BPMNEdge bpmnElement="sf5" id="BPMNEdge_sf5">
        <omgdi:waypoint x="504.57089552238807" y="178.42910447761193"/>
        <omgdi:waypoint x="570.0" y="178.18587360594796"/>
      </bpmndi:BPMNEdge>
      <bpmndi:BPMNEdge bpmnElement="sf1" id="BPMNEdge_sf1">
        <omgdi:waypoint x="130.0" y="178.0"/>
        <omgdi:waypoint x="175.0" y="178.0"/>
      </bpmndi:BPMNEdge>
      <bpmndi:BPMNEdge bpmnElement="sf4" id="BPMNEdge_sf4">
        <omgdi:waypoint x="670.0" y="178.0"/>
        <omgdi:waypoint x="715.0" y="178.0"/>
      </bpmndi:BPMNEdge>
      <bpmndi:BPMNEdge bpmnElement="sf2" id="BPMNEdge_sf2">
        <omgdi:waypoint x="275.0" y="178.0"/>
        <omgdi:waypoint x="320.0" y="178.0"/>
      </bpmndi:BPMNEdge>
      <bpmndi:BPMNEdge bpmnElement="sf6" id="BPMNEdge_sf6">
        <omgdi:waypoint x="485.5" y="158.5"/>
        <omgdi:waypoint x="485.5" y="110.0"/>
        <omgdi:waypoint x="225.0" y="110.0"/>
```

```
            <omgdi:waypoint x="225.0" y="138.0"/>
        </bpmndi:BPMNEdge>
        <bpmndi:BPMNEdge bpmnElement="sf3" id="BPMNEdge_sf3">
            <omgdi:waypoint x="420.0" y="178.2164502164502"/>
            <omgdi:waypoint x="465.4130434782609" y="178.41304347826087"/>
        </bpmndi:BPMNEdge>
    </bpmndi:BPMNPlane>
  </bpmndi:BPMNDiagram>
</definitions>
```

流程定义文件的根元素是definitions，该元素至少需要包含xmlns和targetNamespace两个属性，xmlns用于声明默认命名空间，targetNamespace用于声明目标命名空间。这些属性值通常表示为固定的URI。每个流程定义文件都必须要包含这些属性。此外，每个流程定义文件都包含BPMN业务流程和流程图形化展示两部分，分别对应根元素definitions的两个子元素：process和BPMNDiagram。

子元素process代表一个真正的业务流程定义。definitions可以包含多个process，不过建议只包含一个，以简化流程定义开发和维护的难度。process元素有3个属性：id、name和isExecutable。属性id是必填项，是业务流程的标识，用以启动一个流程实例；属性name用于定义业务流程名称；属性isExecutable用于定义流程是否可执行。

使用BPMN定义的元素都包含在process元素下，在上述请假流程示例的流程定义文件中，process元素包括1个开始事件（startEvent）、2个用户任务（userTask）、1个排他网关（exclusiveGateway）、1个服务任务（serviceTask）、1个结束事件（endEvent）和6个顺序流（sequenceFlow）。工作流引擎在执行业务流程时会读取这部分内容来获取业务流程规则。

BPMNDiagram定义了业务流程模型的布局，包括每个BPMN元素的位置和大小等信息。流程设计工具可以根据BPMNDiagram中的描述信息绘制可视化流程图，让用户直观地理解业务流程。

2.3.2 BPMN 2.0结构

在BPMN 2.0基本元素中，要重点掌握事件、活动、网关这3类流对象。它们是BPMN 2.0的核心结构，如图2.5所示。

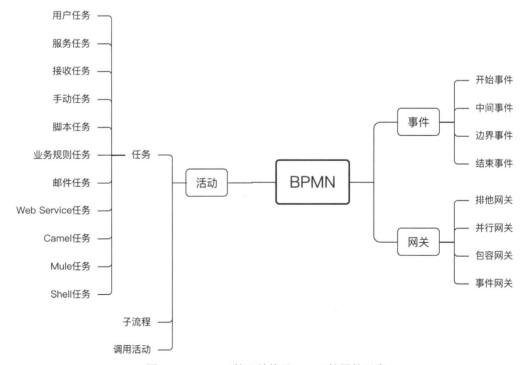

图2.5　BPMN 2.0核心结构及Activiti扩展的元素

1．事件

事件主要分为开始事件、中间事件、边界事件和结束事件。

开始事件是流程的起点，定义流程如何启动，以及显示的图标类型。在流程定义文件中，开始事件类型由子元素声明定义。根据不同的触发条件，可将开始事件分为不同类型，如表2.3所示。

表2.3　依触发条件划分的开始事件类型

触发条件	说明	详细介绍
none（无）	未指定启动流程实例触发器的开始事件	参阅11.3.1小节
timer（定时器）	定时器开始事件：在指定时间创建流程实例。在流程只需启动一次，或者需在特定时间间隔重复启动时，可以使用定时器开始事件	参阅11.3.2小节
signal（信号）	使用具名信号启动流程实例	参阅11.3.3小节
message（消息）	使用具名消息启动流程实例	参阅11.3.4小节
error（错误）	错误开始事件总是中断，可用于触发事件子流程，不能用于启动流程实例	参阅11.3.5小节

结束事件标志着流程或子流程中其一个分支结束。结束事件总是抛出型事件。这意味着当流程执行到达结束事件时，会抛出一个结果，结果类型由事件内部自带的填充图标表示。在流程定义文件中，结束事件类型由子元素声明定义。根据不同的触发条件，可将结束事件分为不同类型，如表2.4所示。

表2.4　依触发条件划分的结束事件类型

触发条件	说明	详细介绍
none（无）	空的结束事件意味着当流程执行到这个事件时，无指定地抛出结果。工作流引擎除结束当前执行分支之外，不做任何操作	参阅11.4.1小节
error（错误）	当流程执行到错误结束事件时，结束执行当前分支，并抛出错误，这个错误可以由匹配的错误边界中间事件捕获。如果找不到匹配的错误边界事件，则会抛出异常	参阅11.4.2小节
cancel（取消）	取消结束事件只能与BPMN事务子流程同时使用。当流程执行到取消结束事件时，会抛出取消事件，且必须由取消边界事件捕获。取消边界事件将取消BPMN事务，并触发补偿	参阅11.4.3小节
terminate（终止）	当流程执行到终止结束事件时，当前流程实例或子流程会被终止	参阅11.4.4小节

开始事件和结束事件之间发生的事件统称为中间事件。中间事件会影响流程的流转路径，但不会启动或直接终止流程。按照其特性，中间事件可以分为中间捕获事件和中间抛出事件两类。当流程执行到中间捕获事件时，它会一直处于待触发状态，直到接收特定信息时被触发；当流程执行到中间抛出事件时，它会被自动触发并抛出相应的结果或者信息。中间事件类型如表2.5所示。

表2.5　中间事件类型

类型	说明	详细介绍
定时器中间捕获事件（timer intermediate catching event）	当流程执行到定时器中间捕获事件时，启动定时器；当定时器触发后（如间隔一段时间后触发），沿定时器中间捕获事件的外出顺序流继续执行	参阅12.2.1小节
信号中间捕获事件（signal intermediate catching event）	用于捕获与其引用的信号定义具有相同信号名称的信号。与其他事件如错误事件不同，信号在被信号中间捕获事件捕获后不会被消耗。如果两个激活的信号中间捕获事件同时捕获了相同的信号，则这两个事件都会被触发，即使它们并不处于同一个流程实例中	参阅12.2.2小节
信号中间抛出事件（signal intermediate throwing event）	用于抛出流程中的定义信号	参阅12.2.2小节

续表

类型	说明	详细介绍
消息中间捕获事件（message intermediate catching event）	用于捕获特定名称的消息	参阅12.2.3小节
补偿中间抛出事件（compensate intermediate throwing event）	用于触发补偿。当执行到补偿中间抛出事件时，会触发该流程已完成活动的边界补偿事件	参阅12.2.4小节
空中间抛出事件（intermediate throwing none event）	用于指示流程已经处于某种状态	参阅12.2.5小节

边界事件是一种特殊的中间事件，依附在活动上。边界事件永远不会抛出。这意味着当活动运行时，边界事件将监听特定类型的触发器。当工作流引擎捕获到边界事件时，会终止活动，并沿该事件的外出顺序流继续执行。根据不同的触发条件，可将边界事件分为不同类型，如表2.6所示。

表2.6　依触发条件划分的边界事件类型

触发条件	说明	详细介绍
timer（定时器）	当流程执行到边界事件所依附的活动时，将启动定时器。定时器触发后（如间隔特定时间后触发），会中断活动，并沿着边界事件的外出顺序流继续执行	参阅12.1.1小节
signal（信号）	依附在活动边界上的信号中间捕获事件，用于捕获与其信号定义具有相同名称的信号	参阅12.1.2小节
message（消息）	依附在活动边界上的消息中间捕获事件，用于捕获与其消息定义具有相同名称的消息	参阅12.1.3小节
error（错误）	依附在活动边界上的错误中间捕获事件，捕获其所依附的活动范围内抛出的错误。在嵌入式子流程或者调用活动上定义错误边界事件最有意义，因为子流程活动范围包括其中的所有活动。错误可以由错误结束事件抛出。错误会逐层向其上级活动范围传播，直到活动找到一个匹配错误事件定义的错误边界事件。当捕获错误边界事件时，会销毁错误边界事件定义所在的活动，同时销毁其中所有当前执行活动（如并行活动、嵌套子流程等）。流程将沿着错误边界事件的外出顺序流继续执行	参阅12.1.4小节
cancel（取消）	依附在事务子流程边界上的取消中间捕获事件，在事务取消时触发。当取消边界事件触发后，先会中断当前活动范围内所有活动的执行，然后，启动事务活动范围内所有有效补偿边界事件。补偿会同步执行，也就是说，在离开事务前，边界事件会等待补偿完成。当补偿完成后，流程沿取消边界事件的任何外出顺序流离开事务子流程	参阅12.1.5小节
compensation（补偿）	依附在活动边界上的补偿中间捕获事件，用于为活动附加补偿处理器。补偿边界事件必须使用直接关联方式引用单个补偿处理器。补偿边界事件与其他边界事件的活动策略有所不同。其他边界事件，如信号边界事件，在其依附的活动启动时激活，当该活动结束时结束，并取消相应的事件订阅。补偿边界事件在其依附的活动成功完成时激活，同时创建补偿边界事件的相应订阅。当补偿边界事件被触发或者相应的流程实例结束时，才会移除相应的订阅	参阅12.1.6小节

2. 活动

活动是业务流程定义的核心元素，是业务流程中执行的工作或任务的统称。在工作流中所有具备生命周期状态的元素可以称为"活动"。

活动既可以是流程的基本处理单元（如人工任务、服务任务等），也可以是组合单元（如调用活动、嵌套子流程等）。

活动表示为圆角矩形。活动类型如表2.7所示。

表2.7 活动类型

类型	说明	详细介绍
用户任务（user task）	也称为人工任务，指对需要人工执行的任务进行建模。当流程执行到用户任务时，会在指派到该任务的用户或组的任务列表中创建一个新任务	参阅13.1节
手动任务（manual task）	手动任务在流程中几乎不做任何操作，只是在流程历史记录中留下一点痕迹，表明流程走过哪些节点。对工作流引擎而言，手动任务是作为直接通过的活动处理的，流程执行到此会自动继续执行	参阅13.2节
接收任务（receive task）	接收任务是一个简单的任务，等待某个消息的到来。当流程执行到接收任务时，流程将一直保持等待状态，工作流引擎接收到特定消息时，会触发流程继续执行接收任务	参阅13.3节
服务任务（service task）	一个自动化任务。当流程执行到服务任务时，调用某些服务（如网页服务、Java服务等），然后继续执行后继任务	参阅14.1节
脚本任务（script task）	一个自动化任务。当流程执行到脚本任务时，会自动执行编写的脚本，然后继续执行后继任务。Activiti支持的脚本语言有Groovy、JavaScript、BeanShell等	参阅14.2节
业务规则任务（business rule task）	用于同步执行一个或多个规则，可以通过制定一系列规则来实现流程自动化。Activiti使用Drools Expert和Drool规则引擎来执行业务规则	参阅14.3节
邮件任务（mail task）	服务任务的一种扩展任务，旨在向外部参与者（相对于流程）发送邮件。一旦邮件被发送，任务就完成了	参阅15.1节
Web Service任务（Web Service task）	服务任务的一种扩展任务，可以通过Web Service通信技术同步调用外部Web服务	参阅15.2节
Camel任务（Camel task）	服务任务的一种扩展任务，可以向Camel（一种基于规则路由和中介引擎）发送和接收消息	参阅15.3节
Mule任务（Mule task）	服务任务的一种扩展任务，可以向Mule（一款轻量级的企业服务总线和集成平台）发送消息	参阅15.4节
Shell任务（Shell task）	服务任务的一种扩展任务，可以在流程执行过程中运行Shell脚本与命令	参阅15.5节
子流程（sub process）	一个可以包含其他活动、分支、事件等的活动，经常用于分解大的复杂的业务流程	参阅17.1节
调用活动（call activity）	可以在一个流程定义中调用另一个独立的流程定义	参阅17.2节

3．网关

网关用于控制顺序流在流程中的汇聚和发散。从其名称可以看出，它具备网关门控机制。网关与活动一样，能够使用或生成额外的令牌，可以有效控制给定流程的执行语义。两者的主要区别在于，网关不代表正在完成的"工作"，它对正在执行的流程的运行成本、时间等的影响为零。

网关可以定义所有类型的业务流程序列流行为，如决策/分支（独占、包含和复杂）、合并、分叉和加入等。网关表示为菱形，虽然菱形传统上用于表示排他性决策，但BPMN 2.0扩展了菱形行为，所有类型的网关都有一个内部指示器或标记来表明正在使用的网关类型。网关类型如表2.8所示。

表2.8 网关类型

类型	说明	详细介绍
排他网关（exclusive gateway）	用于对流程中的决策进行建模。当流程执行到该网关时，会按照所有外出顺序流定义的顺序对它们进行计算，选择第一个条件计算结果为true的顺序流继续执行	参阅16.2.1小节
并行网关（parallel gateway）	可以将执行分支（fork）为多条路径，也可以合并（join）多条入口路径的执行。并行网关与其他网关类型有一个重要区别：并行网关不计算条件。如果连接到并行网关的顺序流上定义了条件，会直接忽略该条件	参阅16.2.2小节

续表

类型	说明	详细介绍
包容网关（inclusive gateway）	可以看作排他网关与并行网关的组合。与排他网关一样，可以在包容网关的外出顺序流上定义条件，包容网关会自动计算条件。两者的主要区别在于，包容网关类似并行网关，可以同时选择多外出顺序流	参阅16.2.3小节
基于事件的网关（event-based gateway）	提供了基于事件的选择方式。网关的每一条外出顺序流都需要连接到一个中间捕获事件。当流程执行到基于事件的网关时，与等待状态类似，该网关会暂停执行，并且为每一条外出顺序流创建一个事件订阅	参阅16.2.4小节

2.4 BPM技术的应用

BPM作为重量级企业信息化管理解决方案，主要为中大型企业提供系统的流程管理、集成中台和数字化转型方案，极大地提升了企业工作效率，降低了企业运营成本。

2.4.1 应用现状概述

BPM在制造业、金融业、建筑业、零售业和物流运输业等对流程化、信息化要求较高的行业有着广泛的运用。BPM主要为这些行业中体量较大的企业客户服务。BPM厂商为这些公司提供从生产营销到合作管理的全项目式解决方案，包括战略规划、财务资金管理、绩效管理、人力资源管理、供应链与物流管理等。BPM可以整合客户、管理层、财务和法律、运营、IT、合作伙伴和供应商等板块，提供跨组织的端到端的流程管理组件。

根据信息化工具的演进历程和当今市场特性，平台化和低代码成为未来BPM主流发展方向。同时，BPM的智能化成为未来产品优化的必然选择。BPM可以通过与机器人流程自动化（Robotic Process Automation，RPA）、人工智能（Artificial Intelligence，AI）等智能技术深度融合，进一步提高自身的性能和效率。此外，BPM厂商还需要在行业服务能力方面继续增强自身竞争力。

2.4.2 国内应用概况

21世纪初，BPM正式引入我国，但一方面国内企业的关注重点还在于市场的拓展和投融资方面，对BPM还不甚了解，另一方面国产BPM产品技术非常不成熟，客户体验很糟糕，所以当时国内市场上的BPM提供商多是国际服务商，如K2、Ultimus、IBM、Oracle等。

2010年以后，国内企业对BPM的关注度逐年提升，推动BPM市场快速发展，国产BPM产品在技术上有了质的飞跃，炎黄盈动、奥哲H3 BPM、天翎、联科等国产品牌开始为中国移动、浦发银行、沃尔玛、华为和政府部门等大型客户提供专业的BPM服务。

2019年，国内BPM市场规模已达到30亿~35亿元，年增长率超过30%。在利润方面，根据客户量级和供应商商业模式不同，BPM利润从几万到几百万元不等，行业毛利率为30%~40%。

随着越来越多的厂商进入BPM市场，国内供应商的市场份额逐年增加，目前已占据国内BPM市场的主导地位。伴随着需求的增长和技术壁垒的消除，国内BPM市场将迎来新的增长。

2.5 本章小结

工作流是BPM的核心组件之一。本章简单介绍了工作流的定义、发展历程，以及工作流参考模型和WfMS，重点介绍了工作流领域的BPMN 2.0规范，该规范为工作流应用提供了语言及图形标准。BPMN 2.0规范是后续章节的基础。

第 3 章

BPM管理体系

BPM是一种以规范化构造端到端卓越业务流程为中心、以持续提高组织业务绩效为目的的系统化方法。BPM平台的实际落地离不开业务流程管理体系方法论的指导。本章将从方法论层面阐述BPM平台的建设路径与原则，从产品架构层面阐述BPM平台需要具备的能力，从梳理、设计、执行、管理、优化等流程全生命周期管理层面阐述流程管理体系的一系列方法、原则和策略。

3.1 BPM方法论

流程全生命周期中的梳理、设计、执行、管理、优化环节需要由全方位的服务和工具支持。

3.1.1 三步走的实践路径

构建BPM体系，必须先明确组织范围（即边界），以实现流程梳理和分析。"理清楚""管起来""持续优化"是在特定的组织范围内构建BPM管理体系的实践路径。

1. 理清楚

管理者要理清楚BPM体系的管理思路，明确"做正确的事"。可以以业务流程为纽带，对管理体系进行全面梳理与整合，保证业务流程能够承接公司的战略愿景和目标，同时建立支撑战略体系落地的运营体系。

2. 管起来

明确了"做正确的事"后，还要能够"正确地做事"，保证业务流程能够有效落地与执行，从而使企业管理体系有效运行。通过全方位监控与管理，建立流程绩效机制，让员工都能按正确的方式做事。

3. 持续优化

明确了"做正确的事"，且能够"正确地做事"，最终也不一定能"把事做正确"。企业的经营环境是不断变化的，"正确"也是一个动态变化的概念，以前正确的事情，现在不一定正确。因此，企业的战略目标和管理要求必须及时调整，BPM体系也需要持续优化，以实现流程的精益化运营，帮助企业适应内外部环境的变化。

3.1.2 三大管理原则

科学原则、痕迹原则和平衡原则是流程管理的三大基本原则，也是BPM方法论的理论基础。

1. 科学原则

企业管理既有科学性的一面，也有艺术性的一面。BPM方法论只能研究和解决企业管理中科学性方面的问题。如果基于BPM方法论进行流程优化，会将所有无效审批环节都列入精简清单，这是科学性的分析。艺术性对应企业管理中存在的诸多无法进行定性定量分析或业务逻辑推导的问题，需要由管理者人工分析和筛选。

2. 痕迹原则

只有显性化留有管理痕迹的业务活动才能被有效管理，这是科学管理的前提。未留下管理痕迹的业务活动并非不存在，而是未显性化，因此不能被有效管理。所有留下显性化管理痕迹的业务活动都应该纳入BPM范围，因为这些活动都会增加管理成本。

3. 平衡原则

BPM在日常流程管理中，管得越深越细，管理成本就越高；管得越浅越粗，管理成本就越低。BPM体系需要在管理目标和管理成本之间寻找最佳平衡点，这就是流程管理的"平衡原则"。

3.1.3 两大核心理论

流程管理体系建模理论、流程全生命周期管理理论是BPM的两大核心理论。流程管理体系建模理论主要研究构建能有效达成企业管理目标精益化管理体系的方法,而全生命周期管理理论则主要研究基于管理模型实现企业精益化管理的方法,二者相辅相成。

1. 流程管理体系建模理论

企业流程管理体系建模一般采取自上而下和自下而上相结合的方式。自上而下主要保证流程管理体系的全局性、完整性及前瞻性,自下而上主要保证流程管理体系基于现状且可实际落地。在流程管理体系规划过程中,可以借鉴一些标杆框架,如国际成熟的流程管理体系标准、所在行业标杆企业的流程管理体系或者相关行业的通用流程管理体系。这里要注意的是,流程管理体系设计一定要基于各个企业的流程现状,完整体现其差异化商业模式及竞争要素。流程管理体系建模方法如图3.1所示。

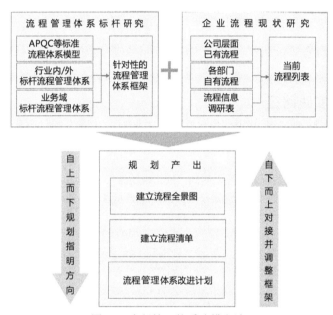

图3.1 流程管理体系建模方法

2. 流程全生命周期管理理论

PDCA(四个字母分别代表plan、do、check、act)环是美国质量管理专家沃特·休哈特(Walter A. Shewhart)博士首先提出的,因威廉·爱德华兹·戴明(William Edwards Deming)博士的采纳和宣传而普及,所以又称为戴明环。虽然PDCA环理论广泛应用于全面质量管理,但流程也是有生命周期的,流程管理也是持续优化的过程。因此,PDCA环同样能够有效实现流程的全生命周期管理。流程全生命周期管理理论,是以企业的战略愿景和目标为中心实现的对业务流程的梳理、设计、执行、管理、优化各阶段的"全生命周期"管理,使企业持续发展。全生命周期管理理论主要包括以下5部分内容:业务流程规划与梳理、业务流程建模与设计、业务流程部署与执行、业务流程分析与监控、业务流程优化与改善,如图3.2所示。

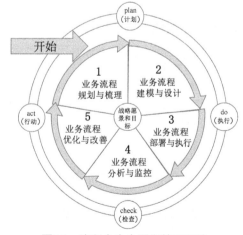

图3.2 流程全生命周期管理理论

3.2 BPM产品架构概述

BPM产品致力于企业工作流自动化和企业流程再造,为企业简化开发步骤、降低应用开发难度、提高应用开发效率及灵活性、节约应用开发成本。BPM产品一般由以下6部分组成。
- 工作流开发环境：用于进行流程设计和定义。
- 工作流引擎：BPM的核心组件，用于实现流程的流转。
- 工作流客户端：用于归类业务流程，以便用户使用。
- 工作流管理端：用于调整和监控业务流程。
- 模拟仿真工具：用于预先发现业务流程的问题和瓶颈。
- 报表分析工具：用于分析业务流程执行历史数据，帮助改进、优化和重组业务流程。

3.2.1 工作流开发环境

工作流开发环境包括流程设计器和表单设计器两大部分。

1．流程设计器

流程设计器主要为用户提供流程可视化开发环境。它提供了图形化的业务流程设计界面，用以描述企业业务流程管理所涉及的对象、要素及其属性、行为和关联关系。BPM提供了众多构件，可以拖动构建完整的图形化业务流程，实现工作流应用的快速搭建。流程设计器主要包括以下功能：

- 图形化流程建模；
- 业务流程及节点的属性配置，如参与者、监听器等；
- 图形展现与XML定义转换；
- 流程的保存和部署。

2．表单设计器

表单设计器主要为用户提供电子表单的可视化开发环境。电子表单是一种基于Web方式填写、可以在因特网或内联网范围内流转的表单。表单设计器无须用户编写任何代码和脚本，用户可根据需求，以拖动构件的方式进行电子表单的设计。表单设计器主要包括以下功能：

- 支持自定义表单布局样式，内置丰富的表单控件，支持所见即所得设计模式；
- 支持多种数值计算方式，如固定值、groovy脚本、数据联动、公式计算等；
- 支持多样的数据验证，如邮箱、手机号、最大/最小值、必填、正则表达式验证等；
- 支持与工作流引擎集成，表单控件与流程变量绑定，以实现表单内容动态展示和流程变量自动更新。

3.2.2 工作流引擎

工作流引擎是BPM工作流的核心组件，负责解释、控制和协调各种复杂工作流程的执行，同步各个客户端的反应，以及对外提供相应的功能服务。工作流引擎主要包括以下功能：

- 流程实例的启动、结束等操作；
- 节点实例的启动、结束等操作；
- 串行、并行、同步、异步、循环、子流程等多种流程模式；
- 回退、拒绝、取回、委托、改派、暂停、取消等多种流程异常处理方式；
- 主动领取、指派、代理等多种任务分配策略；
- 流程设计器、流程监控等客户端功能；
- 与应用系统的集成。

3.2.3 工作流客户端

BPM产品一般会提供两种类型的客户端，一种是基于Web的工作流客户端，包括流程中心、审批中心等，主要面向BPM平台用户；另一种是以开放API形式提供给第三方系统使用的客户端，如RESTful接口。这两种形式的客户端功能大抵相同。用户或第三方系统可以利用这些客户端在BPM平台内发起流程、领取任务并执行。工作流客户端主要包括以下功能：

- 分类显示可启动的业务流程；
- 待处理的任务列表；
- 待领取的任务列表；
- 图形化显示工作流处理进度；

❑ 多条件组合查询。

3.2.4 工作流管理端

工作流管理端主要用于帮助管理和监控人员进行工作流的管理与监控。工作流管理端主要包括以下功能：

❑ 流程实例的监控与查询；
❑ 流程实例的撤销与终止；
❑ 任务实例的监控与查询；
❑ 任务的改派、跳转等操作；
❑ 流程操作日志的查询。

3.2.5 模拟仿真工具

流程仿真是评价业务流程合理性的重要手段之一。使用模拟仿真工具进行流程仿真，有助于分析和优化流程，发现流程中存在的问题，改进流程质量，提升客户满意度，降低成本，更加合理地分配和使用资源。业务流程通过仿真评估，就可以投入生产环境执行。模拟仿真工具主要包括以下功能：

❑ 仿真场景配置；
❑ 自动仿真；
❑ 手动仿真；
❑ 仿真结果查看。

3.2.6 报表分析工具

流程分析工具，支持以多种形式对流程执行历史数据进行分析，帮助管理者改进、优化和重组业务流程。报表分析工具主要包括以下统计功能：

❑ 某时间段某流程执行效率统计；
❑ 某时间段某流程正常执行概率统计；
❑ 某时间段某流程执行次数统计；
❑ 某时间段某任务执行效率统计；
❑ 某时间段某任务正常执行概率统计；
❑ 某时间段某执行者工作负荷统计；
❑ 某时间段某部门工作负荷统计；
❑ 给定时间段内业务操作负荷统计；
❑ 某时间点并行运行流程实例数量统计；
❑ 某时间点并行运行活动数量统计；
❑ 某时间段某流程中循环结构循环次数统计；
❑ 某时间段某流程中某条件分支为通路的概率统计。

3.3 BPM流程梳理方法概述

企业信息化建设的首要问题是如何进行流程梳理。流程梳理指围绕企业内外部要素，对整个企业的业务特点和管理现状进行深入细致的分析、整理和提炼，明确管理的关键点、需要重点解决哪些问题、可能的解决方式、解决程度和实现深度等。

3.3.1 流程体系框架介绍

流程规划，又称作流程顶层框架设计，是建立流程管理体系的第一步。流程规划，指根据公司中长期战略目标及业界标杆实践应用系统的方法，为企业构建流程体系框架，对流程进行分层、分类，理顺业务流程之间的接口关系，为企业系统管理奠定基础的过程。

图3.3展示了流程体系框架的示例。

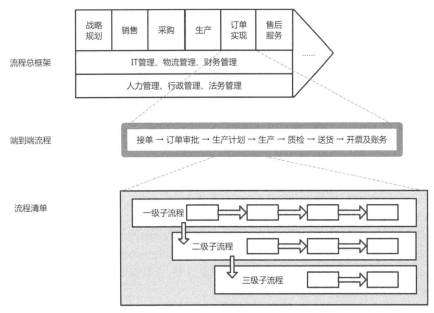

图3.3 流程体系框架

3.3.2 流程的分类和分级

流程体系框架的建立是企业流程梳理优化和管理的基础。对于有意进行流程管理体系建设与管理的企业，有必要对流程体系框架进行分解细化，即将流程从粗到细、从宏观到微观、从端到端的流程到具体指导操作的明细流程进行分解，形成分类、分级的流程清单。流程分类针对的是专业分工、精细化管理的需要，而流程分级针对的是管理幅度的需要。

1. 流程分类

流程分类是从精细化管理的角度对业务流程进行分类。流程分类首先追求体现流程管理的差异化，建立多样化流程，在此基础上再追求标准化和精细化。

第1章介绍了多种流程分类方法，例如，首先将流程划分为战略规划层流程、战术决策层流程、业务处理层流程，然后再逐级细分。流程分类粒度取决于管理需要。

常见的流程逐级分类方法主要有以下几种。
- 按照企业价值链划分，如按生产、研发、营销等。
- 按业务框架划分，如按招聘、绩效、薪酬等。
- 按业务模式划分，如按国内业务、海外业务等。
- 按管理要素划分，如按人力资源、IT资源等。
- 按管理对象划分，如按A类客户、B类客户等。
- 按管理层级划分，如按集团、部门等。

2. 流程分级

流程分级主要考虑不同粒度对应的应用对象，使分解的不同层级流程能对应到某一组织或岗位层级。同时，不同级别的流程，可以采取不同的描述方法，从而避免高层看到过于偏重细节的烦琐描述、基层看到过于笼统的描述。

流程一般分为以下3个级别。
- 1级流程：价值链上的流程，属于高阶流程，一般是端到端的流程。
- 2级流程：业务域内的流程，属于中阶流程，是对高阶流程的细分，如供应链、人力资源等。
- 3级流程：具体的执行流程，属于低阶流程，是对中阶流程的进一步细分，如采购流程、入职流程等。

在某些情况下，流程也可以分为4个级别，其中4级流程一般指3级流程中包含的子流程。

3.3.3 流程定义方法

流程定义的第一步是对业务需求进行全面分析，识别完整的业务流程，保证业务需求的完整、清晰，以及业务场景的全面覆盖。

1. 业务需求分析

业务需求分析一般分为4个步骤：定边界、识活动、识场景、理规则。

（1）定边界

在对业务需求进行分析时，要考虑业务目的，并结合流程架构明确业务的上下游关系、输入输出与业务的环境依赖，以及流程定义边界，保证流程之间的接口清晰。

（2）识活动

在流程边界明确后，就要在边界范围内识别具体的活动。活动应该是易于理解和可执行的，各业务活动应该能由单一角色持续完成。如果活动内部有分支，分支条件也要在流程上体现出来。

（3）识场景

识场景的主要目的是对所有的业务场景进行梳理，确保流程能够覆盖它们，这是使流程具备灵活性的关键。例如，请假会分为多种业务场景，如事假、病假、婚假等，每种场景下的活动会有所不同。此外，即使是相同的活动，活动的规则也可能会有所不同。识场景步骤中，不仅要识别不同场景下活动，还要识别同一活动在不同场景下的规则是否一致。

（4）理规则

业务规则包括每个活动的处理逻辑，以及执行活动时应遵守的政策和法规。对于关键的活动，要明确活动的处理步骤、运算规则，并在流程文件中加以说明。此外，业务规则还包括分支判断规则、审批规则、评审及批准标准等。业务规则往往与业务风险控制有关，对于存在风险的活动，要通过建立业务规则来规避风险，减轻风险给流程带来的负面影响。

2. 流程定义设计

在明确业务需求后，就要进行流程定义设计，可以在活动、角色、输入输出、关键控制点、接口、流程绩效等方面进行设计，保证流程能够满足业务需求、解决业务痛点。

（1）活动设计

活动设计主要考虑3个问题：做什么（what）、为什么做（why）及怎么做（how）。"做什么"强调的是活动要达成某种业务目标；"为什么做"强调的是活动一定是增值的，活动的输出一定是满足下游活动的质量要求的；"怎么做"强调的是活动应该遵循某种业务规则，保证不同的人在执行活动时，能够明确各自的工作内容和职责。

（2）角色设计

角色设计的目的是明确个体或团体长期重复执行业务活动所需的技能和工作职责。角色设计需要关注角色的技能、知识、经验等。

（3）输入输出

输入输出指流程中产生或流转的信息。要想准确地传递信息，就要求流程中每个活动的输入输出都是准确的。

（4）关键控制点设计

关键控制点指解决端到端流程中重大风险的控制点。要先识别风险活动（如影响资金财产安全、财务报告的可靠性、法律的合规性、经营效果的活动等），然后设计相应的关键控制点，如管理层审批、数据核对、检查清单、工作报告等，并且建立相应的风险应对措施，在流程图和流程定义文件中明确标识出来。

（5）接口设计

完成角色设计后，要将执行上游活动的角色和执行下游活动的角色分配到接口，作为接口人。完成输入输出设计后，要通过接口来传递输入输出属性，完成接口的最终设计。在接口设计时，上下游的设计者要充分协商，防止因接口问题导致流程出现断点，影响数据传输的准确性。

（6）流程绩效设计

流程绩效是对流程运行效果和运行效率的评价。流程绩效指标包括周期、成本、效率、生产率等内部属性指标，以及交付率、返工率、缺陷率、及时率等外部属性指标。

3.3.4 业务流程优化方法

企业内外部环境是不断变化的，企业的战略也会随之进行调整。业务流程优化就是基于战略或环境变化，定期回顾与分析现有业务流程，不断完善、优化业务流程，使其更加精简与高效，从而提升流程绩效，保持企业竞争优势的过程。

业务流程优化应围绕优化对象要达成的目标进行，在现有业务流程的基础上，提出改进方案，并持续进行监控与评估，评价其是否达到所设定的目标。若运作过程中业务流程出现变化，需要对业务流程进行改进或重定义。业务流程优化过程不是一蹴而就的，需要企业持续不断地关注。

进行业务流程优化时，需要在流程管理架构角度下审视流程，既要保证流程的完整顺畅，又要关注流程之间工作步骤的衔接关系。业务流程优化的技术手段主要包括流程结构优化、流程信息流优化等。

1．流程结构优化

流程是一系列逻辑相关活动的结合，包含输入输出、处理活动和交接处等。可以通过合并多项工作、用连续的处理取代需要停顿的工作、减少或消除信息滞留、调整资源消除流程瓶颈、实行并行工程等方式实现流程结构优化。

2．流程信息流优化

由于流程的执行需要信息的支持，因此可以通过优化流程上的信息流来实现流程的优化或再造。例如，将信息的获取电子化使各个环节能够更方便地获取信息并快速传播，设计流程接口实现信息的无缝传递和交流，利用信息技术保障信息畅通，消除使信息滞留和阻塞的环节等。

3.4 BPM体系流程开发步骤与原则

BPM体系流程开发之前必须要进行业务需求的收集和转化，保证业务需求清晰完整。

3.4.1 业务需求收集和转化

业务需求管理通常分为4步：需求收集、需求分析、需求评估和需求转化。业务需求收集包括流程关键信息、基本信息、详细信息和业务数据等多项信息的收集。对于某些业务部门来说，这些表格稍微有点复杂，为了收集到高质量的业务需求，流程管理团队需要多与业务部门沟通，并在需求收集过程中做好督促工作。通过各种方式收集到业务需求后，需要对这些需求进行整合与分析，包括需求筛选、分拆合并、信息补充、需求归类等。完成业务需求分析后，需要与业务部门沟通，进一步确定这些需求的优先级。最后，由流程实施团队进行需求转化，或者由业务部门自行实施将需求实际落地。

3.4.2 定义业务数据结构

业务数据包括表单业务数据，以及其他与流程路由、任务分配、流程跟踪和流程监控等流程相关的业务数据。表单业务数据可以通过表单设计器来定义，其他与流程相关的业务数据可以通过流程变量来设置。

表单设计器提供了输入框、数字、数据字典、逻辑组件、纯文本、级联控件、子表等20多种常用的表单组件，可以满足绝大部分流程的业务数据需求，如图3.4所示。可以通过对其属性进行设置，来定义组件的标识、名称等属性。

3.4.3 定义泳道和流程图

流程图可以直观、有效地描述流程。复杂的流程在开始绘制流程图之前，一般会先定义泳道，通过泳道来区分不同部门或者不同参与者的功能职责，以及定义流程所要管理的粒度边界。如果是部门内的流程，流程本身也比较简单，则可以省略泳道。流程设计器如图3.5所示，其中左侧具有"泳道"标签。

3.4.4 定义流程路由逻辑

在进行流程设计时，经常会遇到分支，这时就需要定义流程的路由逻辑。路由逻辑决定流程走向。BPM可以根据表单参数、变量等进行条件判断，也可以通过高级配置来编写复杂的表达式来支持各种复杂的路由逻辑，如图3.6所示。

图3.4 表单设计器

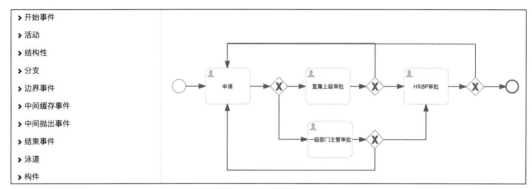

图3.5 流程设计器

图3.6 配置路由逻辑

3.4.5 定义流程环节属性

环节可以是一个简单的人工任务，也可以是一个子流程。常见的环节包括人工环节、自动环节、控制环节、决策环节等。人工环节是流程中非常重要的一种任务，主要管理员工各自负责什么工作。任务的类型、任务的分配、表单的引用等环节属性的设置，都是不可缺少的步骤。人工环节的属性设置如图3.7所示。

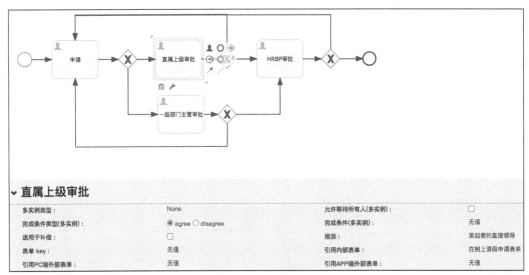

图3.7　人工环节的属性设置

人工环节可以设置为单实例类型，也可以设置为多实例类型，包括多个串行和多个并行两种情况。环节引用的表单可以是BPM内部的电子表单，也可以是第三方系统表单。任务分配模式可以是指派给个人、候选用户、候选组等。根据人员组织关系进行指派是一种常用的分配模式。

此外，流程环节属性设置还包括流程的操作权限设置，例如，是否允许加签、知会、编辑、审批、撤销等权限的设置，以及通知策略、回调策略等的设置。

3.4.6　设置流程绩效

BPM体系的流程绩效主要分为两部分：人工节点绩效和整体流程绩效。

1. 人工节点绩效设置

每个人工节点均可设置节点绩效。节点绩效是用来衡量某个环节的绩效指标。人工节点绩效可以与预警功能配合使用。设置节点的合理完成时间的绩效指标后，通过预警功能设置相应的即时策略、触发条件、预警方式等，可以实现系统催办、督办、自动审批等功能。

2. 整体流程绩效设置

一个流程定义可以设置一个全局流程绩效指标。整体流程绩效是用来衡量流程整体绩效的指标，主要用于流程运行效率分析。

3.4.7　流程仿真

流程仿真是评价业务流程合理性的重要手段之一。通过流程仿真可以更好地分析和优化流程，改善产品质量，提升客户满意度，降低生产成本，更加合理地分配与使用资源。业务流程一旦通过仿真评估，就可以投入生产环境使用。

BPM流程仿真是一种通过建立工作流虚拟运行环境、执行工作流仿真的方法，支持手动仿真和自动仿真两种模式。在实施流程仿真前，需要创建一个仿真流程实例，配置仿真参数及仿真模式。流程仿真结束后，可以实时查看流程仿真结果数据，在流程上线之前发现流程存在的问题。BPM流程仿真支持断点功能，可以在指定环节设置仿真断点，使流程运行到此处时自动中止，交由用户手动继续运行。此外，BPM流程仿真还支持指定路径的仿真，用户可以通过可视化图形指定流程仿真路径（如图3.8所示），从而实施针对各种情况的流程仿真。

流程仿真结束后，可以根据仿真参数及流程绩效指标等对流程仿真结果进行统计，评估业务流程的合理性。表3.1展示了一次流程仿真的结果统计，可以看出，此次仿真过程创建了138个流程实例、848个活动，仿真结果中包含流程平均耗时及延时、活动平均耗时及延时、流程总体耗时及延时。

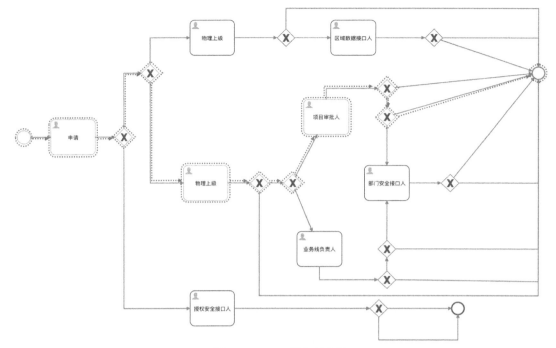

图3.8　BPM流程仿真结果

表3.1　流程仿真结果统计

实例数量	流程实例	138
	活动实例	848
耗时 （单位：小时）	流程平均	21.77
	活动平均	3.43
	流程总体	3003.59
	活动总体	2907.98
延时 （单位：小时）	流程平均	0.84
	活动平均	0.03
	流程总体	116
	活动总体	25.44

3.5　BPM端到端流程管理模式

迈克尔·哈默认为端到端流程是一组有组织的相关活动的统称，它们共同创造客户价值。端到端流程的关注重点不是单个工作单元（因为这些工作单元本身无法帮助客户解决任何问题），而是整个活动组，当这些活动有效地组合在一起时，才能为客户创建价值。

3.5.1　为什么需要端到端流程管理

随着组织规模不断扩大，企业分工也越来越细化，越来越多的部门出现，纵向职能管理模式使得企业内部形成了很多"部门墙"。一项工作先要在一个部门内部经过层级审核，然后再艰难地翻越"部门墙"，到达下一个部门，俗称"爬墙式管理"。在这种模式下，组织内部是没有强烈的客户导向意识的。而端到端流程管理模式则可以横向拉通各部门，打破部门墙，增进跨部门协同能力，提升企业工作效率，驱动企业战略目标实际落地。

1．增进跨部门协同能力

跨部门协同是企业管理中的一项烦琐工作，建立端到端流程后，可以设立端到端流程所有者，并赋予其相应的职责和权力，辅以相应的考核机制，使各部门破除原来的隔阂，具备统一的资源协调者和统一的业务目标，形成跨职能跨团队的合力，增进跨部门的协同能力，使员工意识从为领导服务转向为客户服务，更好地组织生产服务工作。

2．提升企业运作效率

端到端流程管理有助于提升流程设计的合理性，通过取消流程中的非增值的环节，能够有效提高流程效率、降低流程成本。

3．驱动企业战略目标实际落地

为企业创造价值的是端到端流程，而不是企业中的部门。因此，建立端到端流程可以改变企业战略目标向部门分解的错误方法，将战略目标分解至端到端流程，将战略目标转化为流程目标，将企业战略目标落实到具体的业务中。

3.5.2 端到端流程管理概述

在介绍端到端流程管理之前，我们需要先明确什么是端到端流程。

1．什么是端到端流程

端到端流程中的"端"怎么理解呢？"端"指一个组织内外部的输入或输出点，这些输入或输出点包括供应商、客户、市场、政府、机构及企业所有的利益相关者。

端到端流程是以供应商、客户、市场、政府、机构及企业利益相关者为输入或输出点的，从客户需求出发，到满足客户端需求去，提供端到端服务或产品的一系列连贯、有序的活动的组合。

端到端流程以客户价值为导向，关注流程最终为客户创造的价值，基于流程的价值和目的去定义流程环节与要求。各环节首尾相连，全程贯通，以实现全局最优。

2．什么是端到端流程管理

端到端的流程管理，指满足特定客户需求或业务目标的全流程管理，从客户需求出发（输入端），到满足客户需求结束（输出端），提供端到端服务。要实现端到端流程管理，需要打破传统职能瓶颈，由局部思维向全局思维转变。

相对于传统职能导向流程管理模式，端到端流程管理模式具有以下特点：

❑ 从以组织为核心转向以端到端流程为核心；
❑ 从部门职能最优转向端到端流程全局最优；
❑ 从关注员工转向关注端到端流程；
❑ 从利润驱动转向客户驱动；
❑ 从关注任务转向关注成果与价值；
❑ 从单个流程管理转向端到端完整价值链条管理。

3.5.3 端到端流程管理的原则

要做好端到端流程管理，必须先明确流程管理原则及职责分工，包括流程制定管理、流程变更管理、流程失效管理、流程实施管理、流程监控管理等。在组织与职责分工上，最好具备独立的具有内控职能的流程管理部门，如果企业不具备设置独立流程管理部门的条件，至少要明确哪个部门承担这部分职能，以便统筹管理端到端跨职能流程的制定、优化与监控。

端到端流程管理需要遵循以下原则。

1．服务导向原则

流程必须有明确的服务对象。业务流程关注外部客户价值的实现与传递，服务于企业外部客户；管理流程关注内部客户价值的实现与传递，服务于企业内部客户。

2．价值导向原则

流程必须有明确价值定位。业务流程的价值在于衔接企业战略及经营目标，贯穿企业内外部价值链；管理流程的价值在于提高部门横向、纵向协作效率。

3. 管理平衡原则

平衡原则是BPM方法论的三大管理原则之一，端到端流程管理需要遵守该原则。要做到灵活性和规范性相平衡、聚焦性和全面性相平衡、管理目标和管理成本相平衡。

4. 持续优化原则

需要立足企业管理现状，着眼企业变革需求，持续优化端到端业务流程，保证端到端业务流程能与公司战略目标相匹配。

5. 可监控、可评估原则

对企业来说，真正有价值的绩效指标是一级流程绩效指标，所以流程绩效管理的重点与起点是明确一级流程绩效指标及目标。流程绩效应尽量落实到信息系统中，以方便评估流程关键控制点，对运行数据进行量化分析与监控。

3.5.4 端到端流程管理的实施

要实施端到端流程管理，先要统一各部门的理念。在端到端流程管理中，各部门不能像过去一样，仅仅从自身部门的利益出发思考问题，过分强调部门职责，而是需要更多地从客户的角度出发。以客户为中心是端到端流程管理主要原则之一。此外，需要从操作层打通端到端流程，端到端流程内的所有任务和操作都要服务于客户满意这一主题。

1. 统一理念

为了将以客户为中心的理念及管理原则有效落地，可以考虑从以下几方面入手。

- ❏ 理念层的宣贯：将以客户为中心的理念作为公司的核心文化价值观与经营理念，确立其核心地位。
- ❏ 制度层的保障：将以客户为中心的理念体现为对入职员工的选择原则或标准，优先录取具备以客户为中心的服务意识的候选人；以薪酬激励制度引导员工向以客户为中心转化，让客户导向落实到位。
- ❏ 行为层的落实：在每个客户接触点上提供强大的服务能力，包括公司的流程、人员、设施、IT系统等。

2. 从操作层打通端到端流程

流程端到端管理，并不仅仅指从流程的起点到终点的管理，还包括操作层的端到端管理。

（1）打通目标

打通目标是端到端流程管理最重要的一步，各部门目标的横向协同性是确保实现端到端流程目标的必要条件之一。需要根据公司战略目标制订一级端到端流程绩效目标与指标，一级端到端流程绩效目标直接指向财务维度目标或客户维度目标，并体现对组织绩效目标的分解与承接。一级端到端流程绩效目标又可以分解为二、三、四级流程绩效目标与指标，形成端到端流程目标指标体系并落实到相关责任主体的考核机制中。

（2）打通组织

打通组织是实现业务流程管理端到端的基础。如果组织没有端到端设计，端到端流程就很难得到真正、彻底地执行。流程型组织根据业务有序活动的各个关键环节来配置相应人员，通过人员之间的相互协作，将组织的投入转化为最终产出，达到使顾客满意的目的。

（3）打通策略

打通策略需要基于公司的战略目标，从端到端流程视角建立全流程统一策略和原则，再细分为三、四级业务流程运作规则与标准；从端到端流程视角建立全流程统一时效标准，全流程业务对象统一的分类、分级规则与标准，以及全流程统一业务处理优先规则，确保能够从端到端流程客户角度进行优先排序。

（4）打通职责

端到端流程管理需要指定流程所有者负责推动持续优化流程，并且制定统一的管理原则，解决工作中的协同问题；根据流程清单任命每一层级流程所有者，确保每一层级跨部门流程管理责任落实到位；明确端到端全流程过程监控与跟进责任人，跟进流程执行状态；从端到端流程视角统一识别流程需设置的决策点，并对每个决策点建立规范的决策程序与职责；从端到端流程视角拉通全流程角色，并基于全流程界定相关角色的职责定位，然后在三、四级流程活动中，将相关角色职责定位、分解、细化为明晰的职责要求。

（5）打通表单

表单是流程执行的载体，所以表单端到端设计是流程实现端到端管理的基础。实施端到端流程管理时，需要以端到端流程视角，审视全流程表单信息是否打通，前段流程是否为后段流程提供了充分、准确、及时的信息输入并有效传递给后段流程，全流程数据定义标准和口径是否统一，数据质量是否准确，全流程报表是否存在重复、冗余。

（6）打通信息系统

打通信息系统对于端到端流程管理非常重要。如果信息孤岛现象严重，端到端流程就无法顺畅贯通。实施端到端流程管理时，需要以端到端流程视角，审视全流程所涉及信息系统之间是否打通，是否存在线上线下交替，是否存在要靠人工衔接的环节，是否存在信息割裂及信息重复录入（或统计）等重复信息处理的现象，能否实现信息的整体分析。

3.6 BPM流程优化策略

流程优化指在流程的设计和实施过程中，通过不断改进和完善现有流程，以期取得最佳的效果，保持企业竞争优势的过程。

流程优化的策略有很多，如优化流程顺序、剔除非增值环节、整合工作、工作模板化、流程自动化与信息化、流程型组织变革、资源配置优化、合理授权等。

3.6.1 优化流程顺序

优化流程顺序指对流程执行过程与顺序进行调整，使各环节的负荷与处理时间尽量均衡，从而使流程执行更加顺畅，避免流程执行环节中出现短板，达到整体效率最优的过程。

流程顺序优化方式主要有两种：变串为并和调整作业顺序。

1．变串为并

对于流程中的串行工作来说，如果无前后依赖关系，可以考虑变串为并，通过并行处理来缩短流程总体执行时长，以提高流程运行效率。

2．调整作业顺序

通过观察流程运行的各个环节，对不合时宜的作业活动进行作业顺序的调整，减少或去掉不必要的等待时间，从而使流程运行更加顺畅、效率更高。

3.6.2 剔除非增值环节

剔除非增值环节就是要减少流程中不产生效益的活动的数量，提高活动的质量。剔除非增值环节，可以从优化表单、优化流程两个方面着手。

1．优化表单

在许多企业中常常可以发现许多表格填写不正确，我们应该深入分析填写错误的原因，而非简单地责备填表人。优化表单，可以避免错误，也可以避免频繁寻找相关填表人、要求他就某些模糊事项提供解释或说明。

2．优化流程

许多流程往往过分复杂，包含众多不必要的审查、监督、协调、审批等活动，以及重复工作，如信息的重复录入、格式的重排等。这些活动不仅不会增值，还会导致误差和错误，从而降低流程运作效率，生成大量审批程序，增加等待时间，引入烦琐的非增值作业。

3.6.3 整合工作

一项工作由一个人交接到另一个人时有一定概率发生错误，交接次数越多，错误发生的概率越大。通过合并相似或连续的工作环节，可以大大加快组织内部物流和信息流的传递速度，从而使得流程更加顺畅、连贯。

3.6.4 工作模板化

工作模板化是一种企业流程优化方法，将成熟的表单、流程等制作成标准模板，员工统一按照标准模板进行工作。例如，全体员工都需要填写的请假单、工作计划、工作总结单等；日常工作中需要频繁使用的调研报告、产品策划书、质检报告、财务报表等；需要在不同部门收集和提取相关数据的生产日报、品质日报、销售日报、发货日报等。工作模板化可以使新员工快速上手工作，也可以让企业管理经验不断沉淀，避免重复工作，逐步提高企业管理成熟度。

3.6.5 流程自动化与信息化

随着信息化技术在企业管理中的深入应用，信息化与自动化也成为许多企业实施流程优化的首选手段。企业通常会优先对以下作业活动进行自动化与信息化改造：

- 环境恶劣、体力消耗大的工作；
- 枯燥烦琐的工作；
- 数据采集；
- 数据传送；
- 数据分析。

这些活动通常受人为因素影响而流程效率低下。使用机器代替人工，可以解放人力、提高工作质量和效率。然而，在进行自动化与信息化改造过程中，企业还需要平衡成本与收益。如果采用全自动化解决方案，可能需要较长的开发时间，系统的开发成本和维护成本也会很高。因此，企业往往采用信息化与人工相结合的解决方案，实现双方的互补。

3.6.6 流程型组织变革

流程管理模式相对于传统职能管理模式的挑战在于要打破部门之间、岗位之间的壁垒，这往往需要对传统职能组织结构进行调整，使之变为流程型组织结构。另外，仅仅有组织形式的变革还远远不够，还需要培养员工的流程管理思想和意识。员工能否接受并践行流程管理思想与方法，是企业流程优化成败的关键。流程优化能够最大化流程价值，让员工充分理解流程管理的好处，由被动接受转向主动适应流程型组织变革。

3.6.7 资源配置优化

业务流程优化，本质上是对资源配置进行优化的过程。对于一家企业，企业所拥有和可支配的资源是有限的，如何使企业资源价值最大化，是每家企业都必须思考和解决的问题。业务流程"上接战略，下接绩效"，而流程绩效由组织承接，组织绩效由岗位和角色承接。流程通过岗位和角色挂接人力资源。明确业务要怎么做、需要什么样的人才、用什么样的方式来做、谁来为流程负责，就是以流程为导向的资源配置方式。业务在哪里，资源就应该配置到哪里。

3.6.8 合理授权

流程管理的最终目标是提高企业运营效率和经营绩效。企业必须依靠企业员工实现该目标，而授权可以在一定程度上帮助企业实现这一目标。合理的企业授权一方面可以调动员工的工作积极性、提高工作效率，另一方面可以促进员工能力的提升。此外，企业还可以通过授权体系，压缩审批环节，优化流程，提高流程效率，促进企业运营效率和经营绩效的提高。

3.7 本章小结

本章先介绍了BPM体系方法论，以及BPM产品所需具备的功能，接着详细介绍了流程的梳理方法、开发步骤、优化策略。本章介绍的这些理论知识，在实施BPM体系的过程中都会用到，这是众多企业流程管理工作者在长期实践中总结的宝贵经验，希望可以为企业实施BPM体系提供一些参考和指引。关于BPM的基础理论就介绍到这里，接下来将正式开启BPM的常规应用之旅。

第二篇
常规应用篇

第4章

Activiti开发环境准备

"兵马未动,粮草先行。"本章将介绍Activiti进入正式开发前的基础准备工作,包括JDK的安装与配置、MySQL的安装与配置、Tomcat的安装与配置,以及Activiti的安装与配置。本章末尾将通过一个简单流程的配置和运行过程,向读者展示Activiti工作流引擎的初步使用。

4.1 JDK的安装与配置

JDK全称为Java Development Kit,即Java开发包,是Oracle公司提供的一套用于开发Java应用程序的开发包,主要用于移动设备、嵌入式设备上的Java应用程序开发。JDK是Java开发环境的核心,提供编译、运行Java程序所需的各种工具和资源,包括Java编译器、Java运行时环境,以及常用的Java类库等。

Java分为Java SE、Java EE和Java ME这3个版本:
- Java SE,即Java标准版,是Java最常用的一个版本;
- Java EE,即Java企业版;
- Java ME,即Java微型版,主要应用于移动设备、嵌入式设备。

如果没有JDK,则无法编译Java程序(扩展名为.java的源文件);如果只运行Java程序(指.class或.jar或其他归档文件),则要确保已安装相应的Java运行环境(Java Runtime Environment,JRE)。

4.1.1 JDK下载与安装

Oracle为不同操作系统平台分别提供了相应的JDK安装文件,如Windows下的.exe格式安装文件,Linux下的.rpm格式安装文件,读者需要根据自己机器的操作系统类型下载对应的安装文件。此外,需要注意下载时要选择适配自己计算机版本的JDK,64位操作系统兼容32位程序,但32位操作系统不兼容64位程序。

本书使用Windows操作系统。Windows版JDK安装包提供了图形化界面,双击安装文件,即开始安装JDK。JDK安装过程很简单,读者根据界面提示操作即可。需要注意的是,安装过程中会要求选择JDK和JRE的安装路径,可以采用默认路径,也可以自定义路径。

4.1.2 环境变量的配置

环境变量(environment variable)一般指指定操作系统运行环境的参数,如临时文件夹位置和系统文件夹位置等,是操作系统中一个具有特定名称的对象,包含一个或者多个应用程序将用到的信息。例如,Windows和DOS操作系统中具有PATH环境变量,当用户要求操作系统运行一个程序而没有提供程序所在的完整路径时,操作系统除了在当前目录下查找此程序外,还会在PATH环境变量中指定的路径下查找。用户可以通过设置环境变量来更好地运行程序。

JDK安装完成后,必须配置环境变量,否则无法编译、运行Java程序。JDK需要配置3个环境变量:PATH、CLASSPATH和JAVA_HOME。

- PATH环境变量可以指定命令搜索路径。在Shell下执行命令时,会在PATH变量所指定的路径中查找相应的命令程序。需要将JDK安装目录下的.bin目录添加到现有的PATH变量中,.bin目录中包含要用到的可执行文件,如javac、java、javadoc等。设置好PATH变量后,即可在任意目录下执行javac、java、javadoc等命令。
- CLASSPATH环境变量可以指定类搜索路径。要使用已经编写好的类的前提是能够找到它们,JVM是通过CLASSPTH环境变量来寻找类的。需要将JDK安装目录.lib子目录中的dt.jar和tools.jar添加到CLASSPATH环境变量中。

❑ JAVA_HOME环境变量可以指定JDK的安装目录，Eclipse、NetBeans、Tomcat等软件都是通过搜索JAVA_HOME环境变量来查找并使用安装好的JDK的。

下面以Windows操作系统为例介绍配置环境变量的过程。

右击桌面上的"此电脑"图标，在弹出的快捷菜单中选择"属性"，进入如图4.1所示的界面，单击"高级系统设置"按钮。

图4.1　Windows操作系统属性设置界面

在"系统属性"对话框中，选择"高级"选项卡，单击"环境变量"按钮，如图4.2所示。

在弹出的如图4.3所示的"环境变量"对话框中，单击"系统变量"选项组中的"新建"按钮。

　　图4.2　"系统属性"对话框　　　　　　　图4.3　"环境变量"对话框

在弹出的如图4.4所示的"新建系统变量"对话框中，新建一个名为"JAVA_HOME"的环境变量，变量值为Java的安装路径。

以同样的方式新建一个CLASSPATH变量，变量名为"CLASSPATH"，变量值为";%JAVA_HOME%\lib;%JAVA_HOME%\lib\tools.jar"。

在"系统变量"列表中，选择"Path"环境变量，单击"编辑"按钮，在弹出的"编辑系统变量"对话框中原有的变量值后追加";%JAVA_HOME%\bin;%JAVA_HOME%\jre\bin"，单击"确定"按钮，如图4.5所示。

至此，环境变量的配置完成，接下来检查Java是否正确安装。在命令行中输入命令"java -version"，如果命令行能正确输出Java版本和JVM版本信息，则说明Java正确安装，如图4.6所示。

图4.4 "新建系统变量"对话框

图4.5 编辑系统变量

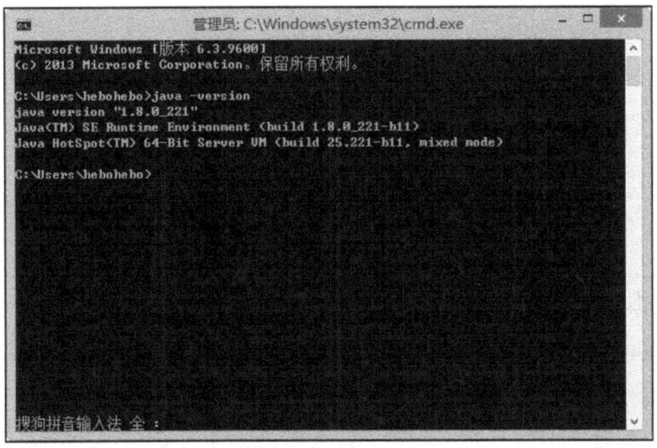

图4.6 检查Java是否正确安装

4.2 MySQL的安装与配置

MySQL是一种关系型数据库管理系统，由瑞典MySQL AB公司开发，属于Oracle公司旗下的产品。MySQL软件采用双授权政策，主要分为需付费购买的企业版（enterprise edition）和可免费使用的社区版（community edition）。MySQL具有配置简单、开发稳定和性能良好的特点，是目前最流行的关系型数据库管理系统之一。

MySQL提供了多种版本供用户选择，分别介绍如下。

- MySQL Enterprise Edition，即MySQL企业版。该版本拥有丰富的功能，需付费，适合对数据库可靠性和安全性要求较高的企业用户。
- MySQL Cluster CGE，即MySQL高级集群版，需付费。
- MySQL Community Edition，即MySQL社区版。该版本开源且免费，但不提供官方技术支持，是一般开发者的首选版本。

MySQL针对不同操作系统平台分别提供了相应的安装文件，如Windows操作系统的.exe格式安装文件，Linux操作系统的.rpm格式安装文件，读者需要根据自己机器的操作系统类型下载对应的安装文件。

Windows版MySQL安装包提供了图形化界面，读者根据界面提示操作即可。

MySQL安装过程中需要注意以下事项。

- MySQL安装过程中需要选择安装类型，建议选择"Developer Default"选项，这种模式下会安装开发所需的所有功能。
- MySQL安装过程中需要设置root用户密码，后续访问数据库时会要求root用户输入密码，因此建议用户设置简单好记的密码。
- MySQL安装时默认将MySQL服务器设置为Windows服务器，建议保持默认设置，以便在Windows服务器列表上进行启动、关闭等操作，同时设置Windows操作系统启动时自动启动MySQL服务器。

4.3 Tomcat的安装与配置

Tomcat服务器是一种免费开源的Web应用服务器，是Apache软件基金会（Apache Software Foundation，ASF）Jakarta项目中的一个核心项目。Tomcat是一种小型轻量级应用服务器，普遍应用于中小型系统和并发访问用户不是很多的场景，是开发和调试Java服务器页面（JavaServer Pages，JSP）程序的首选服务器。由于Tomcat技术先进、性能稳定，所以目前已成为主流Web应用服务器之一。

Tomcat官网提供了不同的Tomcat版本供用户下载，目前其最新版本为10.0.4，如图4.7所示。

Tomcat提供.zip和.exe两种格式的文件，.zip文件对应免安装版本，.exe文件对应安装版本。

这里以64位免安装版本为例介绍配置的过程。下载apache-tomcat-10.0.4-windows-x64.zip文件，解压得到Tomcat文件目录结构，如图4.8所示。

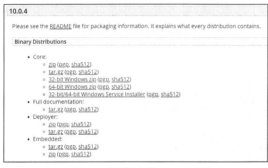

图4.7　不同版本的Tomcat下载　　　　　图4.8　Tomcat文件目录结构

Tomcat各文件目录的作用如下。
- bin：存放启动与关闭Tomcat的脚本文件。
- conf：存放Tomcat服务器的配置文件。其中，最重要的两个配置文件是server.xml和web.xml。server.xml是Tomcat全局配置文件，是配置的核心文件；web.xml是Tomcat关系环境配置文件。
- lib：存放Tomcat服务器和所有Web应用程序运行时所需的各种JAR文件。
- logs：存放Tomcat每次运行后产生的日志文件。
- temp：存放Tomcat运行过程中生成的临时文件。
- webapps：存放应用程序实例。当发布Web应用程序时，通常将要发布的Web应用程序存放在此目录下。
- work：存放由JSP生成的Servlet源文件和字节码文件，由Tomcat自动生成。

进入bin目录，双击startup.bat文件即可启动Tomcat。Tomcat启动后，打开浏览器，输入http://localhost:8080，如果进入Tomcat默认主页，则表示Tomcat安装成功，如图4.9所示。

注意，Tomcat启动前需要配置JDK环境变量，如果没有配置JDK环境变量，则Tomcat会报错，无法启动。如果要终止Tomcat运行，执行bin目录下的shutdown.bat文件即可。

图4.9　Tomcat默认主页

4.4　Activiti的安装与配置

前面3节分别介绍了JDK、MySQL、Tomcat的安装与配置。本节将介绍Activiti的下载、安装与运行，让读者对Activiti有一个初步的了解。

4.4.1 Activiti下载

本书使用Activiti 6.0.0版本，可从Activiti官方网站下载相应安装包。

将下载的activiti-6.0.0.zip文件解压，得到如图4.10所示的文件目录。

名称	修改日期	类型	大小
database	2021/4/5 20:58	文件夹	
libs	2021/4/5 20:58	文件夹	
wars	2021/4/5 20:58	文件夹	
activiti_readme.png	2017/5/22 4:03	PNG 文件	14 KB
license.txt	2017/5/22 4:03	文本文档	12 KB
notice.txt	2017/5/22 4:03	文本文档	15 KB
readme.html	2017/5/22 4:03	HTML 文件	14 KB

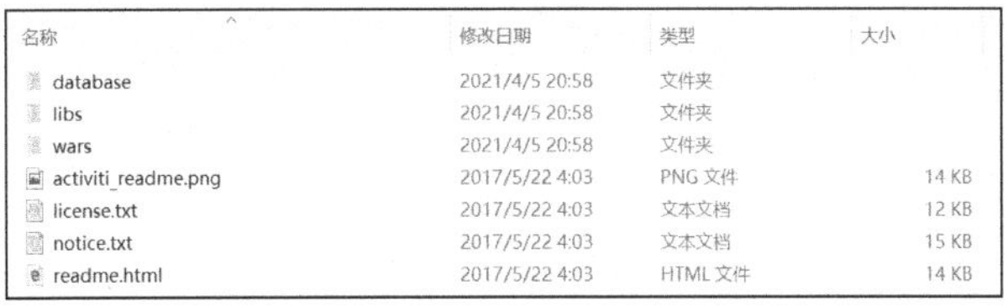

图4.10　activiti-6.0.0文件目录

从图4.10中可以看到3个文件夹：database、libs和wars，它们的用途分别如下。

- database：存放Activiti数据库表的创建、修改和升级SQL脚本，不同数据库有不同的SQL文件。目前Activiti支持DB2、Oracle、SQL Server、MySQL、PostgreSQL和H2等主流数据库。
- libs：存放Activiti发布的JAR包，包含JAR包和源码包。
- wars：存放Activiti官方提供的WAR包，包括activiti-app.war、activiti-admin.war和activiti-rest.war这3个WAR包。其中，activiti-app.war是一套完整的工作流应用，activiti-rest.war是一套提供RESTful API的应用，activiti-admin.war是管理Activiti相关流程的应用。

4.4.2 Activiti安装与配置

安装好JDK及Tomcat后，将Activiti的3个WAR包直接复制到Tomcat的webapps目录下并启动Tomcat，启动成功后即可通过浏览器访问Activiti了。其中，只有activiti-app和activiti-admin拥有工作界面。Activiti内置应用访问参数如表4.1所示。

表4.1　Activiti内置应用访问参数

URL	用户名	密码
http://localhost:8080/activiti-app	admin	test
http://localhost:8080/activiti-admin	admin	admin

Tomcat启动成功后，通过浏览器访问http://localhost:8080/activiti-app即可进入如图4.11所示的界面。

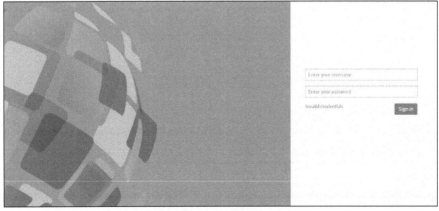

图4.11　activiti-app启动成功页面

输入用户名、密码，成功登录后，进入如图4.12所示的界面，该界面中有3个应用：Kickstart App、Task App和Identity management。其中，Kickstart App用于设计流程，Task App用于处理流程任务，Identity management用于管理用户和组。

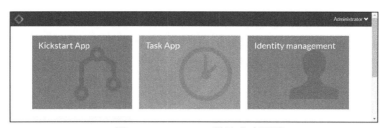

图4.12　activiti-app登录成功页面

需要注意的是,由于Activiti提供的3个WAR包默认使用H2内存数据库,重启Tomcat服务器后存储数据会丢失。本节仅介绍Activiti官方示例的用法,第22章会详细介绍如何将H2数据库更换为MySQL数据库。

4.4.3　Activiti初体验：运行官方Activiti示例

Activiti官方提供的activiti-app是一套较为完整的工作流应用,可以基于其体验Activiti的大部分功能。本节将以一个简单的报销流程制作为例,向读者展示activiti-app的功能,使读者对工作流引擎有初步的了解。

1．报销流程概述

在本报销流程中,员工发起报销申请,由财务经理审批。其流程如图4.13所示。

图4.13　报销流程示例

2．创建用户

由图4.13可知,报销流程包含员工报销申请和财务经理审批两个环节,因此需要创建两个用户：员工(employee)和经理(manager)。

使用admin账号登录activiti-app后,进入如图4.12所示的页面,单击Identity management应用图标,跳转到身份管理页面,单击Users标签页,切换到用户管理页面,如图4.14所示。

图4.14　用户管理页面

单击Create user按钮,进入创建新用户页面,输入用户名、密码等信息,如图4.15所示,单击Save按钮即可创建一个新用户。这里新建两个用户,用户名分别为employee和manager。

提示：创建用户时,Email等项虽然不是必填的,但为避免使用时出现各种未知异常,建议完整填写。

3．定义流程

使用admin账号登录activiti-app,单击Kickstart App应用图标,跳转到流程模型管理页面,如图4.16所示。

单击Create Process按钮,跳转到新建流程模型界面,输入模型名称、模型关键字、模型描述等信息(如图4.17所示),单击Create new model按钮。

此时跳转到流程模型设计界面(图4.18),根据前面定义的报销流程,通过鼠标拖放可视化组件绘制流程模型。

图4.15 创建新用户页面

图4.16 流程模型管理页面

图4.17 新建流程模型界面

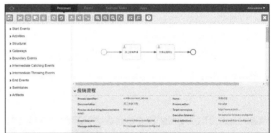

图4.18 流程模型设计界面

从图4.18可知，该流程模型中定义了一个开始事件、两个用户任务和一个结束事件。接下来，将两个用户任务分别分配给employee和manager用户。在画布上单击第一个用户任务，在打开的属性面板上单击Assignment按钮，进入如图4.19所示的界面，将"员工报销申请"任务分配给"职员"用户（"职员"是用户的真实名称，其登录用户名为employee），单击Save按钮保存配置。采用同样的方法，将"财务经理审批"任务分配给"经理"用户。配置完成后，切换到流程模型设计界面，单击Save the model按钮（画布顶部工具栏左侧第一个按钮）保存流程模型。

4．发布流程

流程模型创建完成之后，就可以部署了。在activiti-app中，一个App可包含多个流程模型，因此在发布流程前，先新建一个App并为其设置流程模型。单击Apps标签，跳转到App管理页面，单击Creaea App按钮，进入新建App定义页，输入App定义名称、App定义关键字和App描述后，单击Create new app definition按钮即可新建一个App，如图4.20所示。App详情页面如图4.21所示。

图4.19 分配用户任务办理人页面

图4.20 新建App定义页面

接下来为其设置流程模型。单击Edit included models按钮，进入流程模型选择页面，如图4.22所示。选中流程模型之后，单击Close按钮完成配置。

图4.21　App详情页面

图4.22　流程模型选择页面

此时即可发布App。单击Apps标签，在跳转到的页面中单击"报销app"图标，跳转到App详情页面，如图4.23所示，单击右上角的Publish按钮即可发布App。

5．启动与完成流程

完成前面的操作之后，使用新建的employee用户登录Activiti，登录后可以看到"报销app"应用图标，如图4.24所示。

图4.23　App详情页面

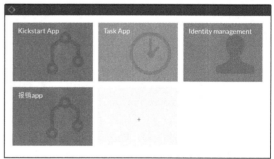

图4.24　"报销app"应用创建成功

单击"报销app"应用图标，在跳转到的页面中单击Processes标签，跳转到流程管理页面，单击Start a process按钮启动报销流程，如图4.25所示。

图4.25　启动报销流程

根据流程模型的定义可知，启动流程后，由employee用户完成第一个用户任务。单击Tasks标签，跳转到如图4.26所示的页面，在左侧任务列表中选中要办理的任务，单击右上角的Complete按钮即可完成当前用户任务。

employee完成任务后，由manager完成第二个用户任务。使用manager账号登录系统，进入"报销app"应用，单击Tasks标签，可以同样看到分配给manager用户的任务，以同样的方式完成任务后，报销流程结束。至此，一个简单的员工报销流程在activiti-app上运行成功。

图4.26　任务办理页面

6．使用activiti-admin查看历史流程

除activiti-app WAR包外，Activiti中的activiti-admin WAR包在部署时也应放到Tomcat应用目录下。activiti-admin用于查看工作流引擎的主要数据，包括工作流引擎的部署信息、流程定义、任务等数据。使用前文提供的URL和用户名、密码登录activiti-admin应用。activiti-admin登录成功页面如图4.27所示。

图4.27　activiti-admin登录成功页面

页面顶部有Deployments、Definitions、Instances、Tasks、Jobs、Configuration这6个标签，默认激活Configuration标签页。Configuration用于配置管理对象信息，即activiti-app。activiti-admin服务器端口默认为9999，需要更改为Tomcat的8080。单击Edit Activiti REST endpoint按钮，进入如图4.28所示页面更改服务器端口并单击Save endpoint configuration按钮。

图4.28　更改activiti-admin服务器端口

更改配置后，可单击Check Activiti REST endpoint按钮，来测试是否可以连接activiti-app接口。连接成功后的提示信息如图4.29所示。

图4.29　连接成功后的提示信息

单击Instances标签，可以查看自己发起的报销流程实例列表，选择其中一个流程实例，可以查看该流程示例的全部信息，如图4.30所示。

图4.30　查看报销流程示例的全部信息

activiti-admin中的其他标签页这里不做介绍，读者可以自行体验。

activiti-admin应用中的数据都可以通过Activiti提供的接口获取，接口的使用将在本书后续章节讲述。

4.5　本章小结

本章先介绍了Activiti开发环境，包括JDK、MySQL和Tomcat，以及其下载、安装与配置，然后介绍了Activiti中间件的下载、安装与配置，并基于搭建的开发环境运行Activiti的官方示例，通过一个报销流程的设计、发布、执行、监控的全演示，让读者对Activiti工作流引擎有初步的认识。

第 5 章
Activiti流程设计器集成与使用

第4章介绍了Activiti开发前的基础准备工作。学习绘制流程图是认识Activiti工作流引擎的起点,当前主流IDE开发工具均为Activiti提供了可视化的流程设计器插件。本章将介绍在IDEA、Eclipse等主流IDE中集成Activiti流程设计器、绘制一个简单流程的方法与技巧。

5.1 使用IDEA集成Activiti流程设计器

IDEA全称为IntelliJ IDEA,是一个优秀的Java集成开发环境(Integrated Development Environment,IDE),支持Java、Scala和Groovy等语言,以及当前主流软件开发技术和框架,常用于企业应用、移动应用和Web应用的开发。IDEA由JetBrains公司开发和维护,提供Apache 2.0开放式授权的社区版及专有软件的商业版,开发者可按需下载使用。

IDEA有3种版本:教育版(Educational)、社区版(Community)和旗舰版(Ultimate)。其中,IDEA社区版是免费且开源的,但功能较少;旗舰版提供了较为全面的功能,是付费版本,用户可以试用30天;教育版是免费版本,功能无限制,但仅限于学生或教师用于非商业教育目的。初学者使用免费的社区版即可。

IDEA官方网站提供了Windows、macOS和Linux操作系统下的安装包,读者根据自己机器的操作系统类型选择对应的安装包下载,并按提示安装即可。

5.1.1 在IDEA中安装actiBPM流程设计器插件

actiBPM是IDEA中的Activiti插件,用于提供可视化流程设计能力。本小节将介绍如何在IDEA中安装actiBPM插件。在IDEA中安装actiBPM插件有在线安装和离线安装两种方式,下面分别进行介绍。

1. 在线安装

IDEA支持在线安装actiBPM插件,可在IDEA应用市场中直接搜索actiBPM插件并安装。

启动IDEA后,依次单击File→Settings,在Settings对话框中选择Plugins目录,在搜索框中输入actiBPM,如图5.1所示,单击Search in repositories链接。

图5.1　Settings对话框

在弹出的Browse Repositories对话框(如图5.2所示)中选择搜索结果列表中的actiBPM插件,单击Install按钮。

IDEA开始下载并自动安装actiBPM插件，如图5.3所示。

图5.2　Browse Repositories对话框

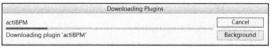
图5.3　Downloading Plugins对话框

安装成功后的界面如图5.4所示，单击Restart IntelliJ IDEA按钮，重启IDEA即可完成安装。

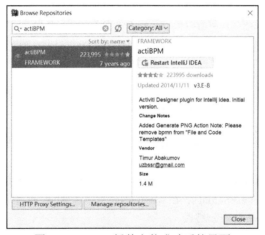
图5.4　actiBPM插件安装成功后的界面

重启IDEA后，依次单击File→Settings，在弹出的Settings对话框中选择Plugins目录，在插件列表中可看到actiBPM插件，说明已经安装成功，如图5.5所示。

图5.5　actiBPM安装成功

2. 离线安装

在线安装对网络有一定的要求，如果网络不稳定，Browse Repositories可能无法搜索到actiBPM插件，导致无法进行在线安装，这时可以采用离线安装方式。离线安装需要使用actibpm.jar安装文件，本书使用的版本为Version 3.E-8，读者可以在IDEA官方网站下载，也可以直接使用本书附录的文件。

启动IDEA后，依次单击File→Settings，在弹出的Settings对话框中选择Plugins目录，如图5.6所示，单击Install plugin from disk…按钮。

在弹出的Choose Plugin File对话框中选择本地磁盘中的actibpm.jar文件，如图5.7所示，单击OK按钮。

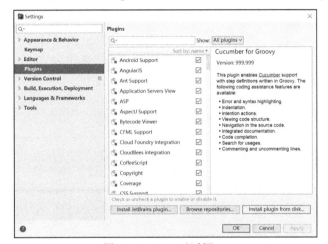

图5.6　Settings对话框　　　　　　　　图5.7　Choose Plugin File对话框

返回Settings对话框，从中可以看到actiBPM已出现在插件列表中，如图5.8所示，单击Restart IntelliJ IDEA按钮重启IDEA即可完成安装。

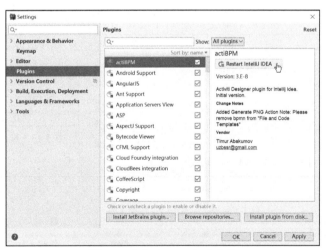

图5.8　重启IDEA，完成安装

5.1.2　使用IDEA绘制BPMN流程图

本小节将介绍使用IDEA绘制BPMN流程图的过程。

1. 创建项目

启动IDEA后，依次单击File→New→Project，在弹出的New Project对话框（如图5.9所示）中选择Java目录，在Project SDK下拉列表中选择JDK版本，这里选择1.8(java version "1.8.0_291")。单击Next按钮。

在如图5.10所示对话框中直接单击Next按钮。

图5.9　New Project对话框（1）

图5.10　New Project对话框（2）

在如图5.11所示对话框中设置项目名和项目路径，单击Finish按钮，完成项目的创建。

2．设计流程

右击创建好的项目，在弹出的快捷菜单中依次单击New→BPMN File，如图5.12所示。

图5.11　New Project对话框（3）　　　　图5.12　依次单击New→BPMN File

在弹出的New BPMN File对话框中的Enter name for new BPMN File文本框中输入流程图名称，如图5.13所示，单击OK按钮。

此时进入流程设计器界面，左侧为流程画布，右侧为BPMN提供的各种流程元素。拖曳右侧图标到左侧画布后，将鼠标指针移至某一图标中心，可以看到鼠标指针变成黑白色扇形，此时拖动鼠标指针到另一图标上，即可完成线条的连接，如图5.14所示。

图5.13　New BPMN File对话框

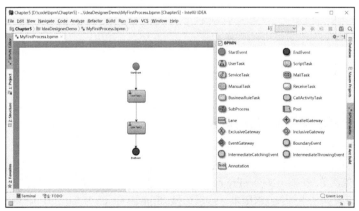

图5.14　在流程设计器界面中绘制流程图

5.2 使用Eclipse集成Activiti流程设计器

Eclipse是一个开源的、基于Java的可扩展开发平台。Eclipse官方版是一个集成开发环境，可以通过安装插件实现对其他计算机语言的编辑开发。Eclipse的设计思想是"一切皆插件"。就其本身而言，它只是一个框架和一组服务，众多功能都是通过插件实现的。Eclipse作为一款优秀的开发工具，内置了一个标准插件集，其中包括JDK。Eclipse具有强大的代码编排功能，可以帮助程序开发人员完成语法修正、代码修正、代码补全、信息提示等工作，大大提高了程序开发效率。

Eclipse官方网站提供了Windows、macOS和Linux等不同操作系统下的安装包，读者根据自己机器的操作系统类型选择对应的安装包下载即可。

下面以Windows操作系统下的Eclipse的安装为例进行讲解，使用的安装包为eclipse-java-2021-12-R-win32-x86_64.zip。解压后，得到如图5.15所示的Eclipse文件目录，双击运行eclipse.exe文件即可。初次运行该文件时需要设置Workspace的位置（如图5.16所示），单击Browse按钮，直接选择路径即可。

图5.15　Eclipse文件目录

图5.16　设置Workspace的位置

至此，Eclipse安装成功，单击Launch按钮即可启动Eclipse。

注意，安装Eclipse前需确认机器上是否已安装Java运行环境，如果未安装请参阅4.1节。

5.2.1　在Eclipse中安装Activiti Designer插件

Activiti Designer是一款基于Eclipse的可视化流程设计器，由Activiti团队开发，支持BPMN 2.0规范及Activiti扩展元素。本小节将介绍在Eclipse中安装Activiti Designer插件的过程。

（1）启动Eclipse后，依次单击Help→Install New Software…，如图5.17所示。

（2）在Install窗口（如图5.18所示）中，单击Add按钮。

（3）在Add Repository对话框的Name文本框中输入Activiti BPMN 2.0 Designer，在Location文本框中输入如图5.19所示的网址，单击Add按钮。

（4）Eclipse开始搜索Activiti BPMN Designer插件，如图5.20所示，选中搜索到的所有项目，单击Next按钮。需要注意的是，在Detail窗格中需要选中Contact all update sites during install to find required software复选框，它会搜索所有更新站点以查找所需的插件并通过Eclipse下载。

图5.17　依次单击Help→Install New Software…

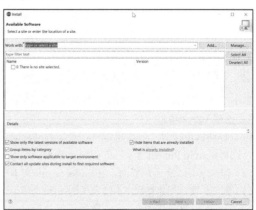
图5.18　Install对话框

图5.19　Add Repository对话框

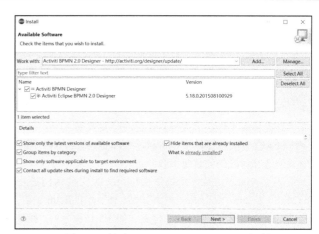

图5.20　搜索Activiti BPMN Designer插件

（5）进入如图5.21所示界面，单击Next按钮。

（6）进入如图5.22所示界面，选中I accept the terms of the license agreements，单击Finsh按钮。

图5.21　Activiti BPMN Designer插件下载完成

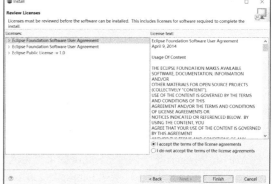

图5.22　选择license协议

（7）Eclipse开始下载插件，下载完成后，弹出如图5.23所示对话框，单击Restart Now按钮重启Eclipse即可完成Activiti Designer插件的安装。

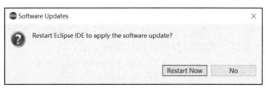

图5.23　Software Updates对话框

5.2.2　使用Eclipse绘制BPMN流程图

本小节介绍使用Eclipse绘制BPMN流程图的过程。

1．创建Activiti项目

（1）启动Eclipse后，依次单击File→New→Project，进入如图5.24所示界面，在向导列表中展开Activiti节点，选择Activiti Project选项，单击Next按钮。

（2）进入如图5.25所示界面，在Project name文本框中输入项目名称，单击Finish按钮。

（3）到此，项目创建完成，其目录结构如图5.26所示。这是Maven的标准目录结构。其中EclipseDesignerDemo/src/main/resources目录下的diagrams包用于存放设计的流程定义XML文件。

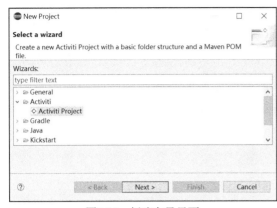

图5.24 创建向导界面

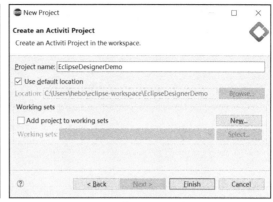

图5.25 输入项目名称

2. 设计流程

（1）右击前面创建好的Activiti项目，在弹出的快捷菜单中依次选择New→Other，如图5.27所示。

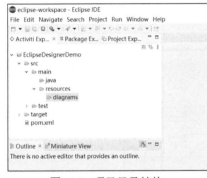

图5.26 项目目录结构

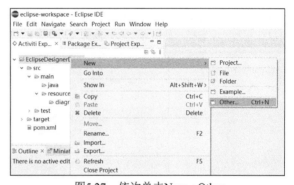

图5.27 依次单击New→Other

（2）进入如图5.28所示界面，在向导列表中展开Activiti节点，选择Activiti Diagram选项，单击Next按钮。

（3）进入如图5.29所示界面，选择流程在项目中的存储路径，然后在File name文本框中输入流程名称，单击Next按钮。

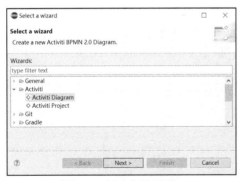

图5.28 创建向导界面

图5.29 New Activiti Diagram设置界面

（4）进入如图5.30所示界面，为了便于快速创建流程，Activiti Designer内置了多种流程定义模板供流程设计人员选用。这里保持默认设置，单击Finish按钮。

（5）进入流程设计器界面，最左侧为项目目录，中间为流程画布区域，右侧为BPMN的各种流程元素，画布下方区域为流程属性配置区域，如图5.31所示。在流程属性配置区域，可以配置以下属性。

❑ Id：流程的唯一标识，一般由英文字母和数字组成。

❑ Name：流程的名称，可以是任意字符。

图5.30 选择流程定义模板

图5.31 流程设计器界面

- Namespace：命名空间，一般由公司名称和项目名称组成，可以进一步细化到每个系统的模块。
- Documentation：流程的备注描述。

（6）拖曳StartEvent元素到画布上，如图5.32所示。图中的圆形图即为StartEvent（开始事件）元素，将鼠标指针指向该元素时会显示快捷工具提示层，可以从中选择下一个流程节点，快速创建一个节点，当然也可以在右侧区域选择一种节点元素并拖曳到画布上。

图5.32 创建开始事件节点

（7）第（6）步中通过快捷工具提示层创建的节点，会在开始事件旁创建，并自动用顺序流连接。选中该节点，在属性配置区域可以配置Id、Name等属性，将用户任务节点的Name属性设置为"用户申请"，可以看到画布中的元素名称也随之发生变化，如图5.33所示。

图5.33 配置用户任务节点属性

（8）在设计器右侧区域再次分别拖曳一个用户任务节点（UserTask）和一个结束事件（EndEvent）到画布上，配置用户任务节点的Name属性，将鼠标指针指向新创建的任务节点，此时显示快捷工具提示层。找到顺序流，拖曳到另一任务节点即可完成连接，从而完成整个流程属性的配置。绘制完成的流程如图5.34所示。

至此，第一个流程的设计完成。在流程设计过程中，可以发现属性配置区域中还存在大量的陌生属性，这些属性会在后续章节介绍。目前，读者只需掌握使用Activiti Designer设计简单流程的方法。

3. 查看流程XML内容

设计流程后，如果需要查看XML内容，可以在左侧项目区域查找要查看的流程文件并右击，在弹出的快捷菜单中依次单击Open With→XML Editor命令，如图5.35所示。

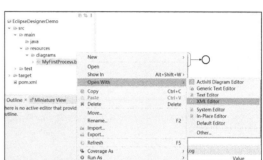

图5.34　绘制完成的流程图　　　　　　图5.35　查看流程文件内容

如图5.36所示，就是用XML Editor命令查询的流程XML内容。

如果要返回流程设计界面，可以右击流程XML文件，在弹出的快捷菜单中依次单击Open With→Activiti Digram Editor命令。

图5.36　使用XML Editor查询流程XML内容

5.3　本章小结

当前主流开发IDE均提供了Activiti的流程设计插件，在IDEA中是actiBPM，在Eclipse中是Activiti Designer。本章分别介绍了这两种IDE中流程设计插件的集成安装过程，并分别通过一个项目示例演示了使用流程设计插件绘制流程图的过程。读者可以选择一款熟悉的IDE，完成设计器插件的安装，学习用流程设计插件绘制流程图的方法。

第 6 章

Activiti核心架构解析

使用Activiti进行开发之前，先来了解一下Activiti核心架构。掌握Activiti核心架构组成，有助于理解引擎结构、功能模块，以及各模块之间的相互关系。本章将着重对Activiti的架构设计、数据库设计及其设计模式进行分析和梳理，同时对流程部署、流程启动、节点流转、网关控制等核心代码进行解读，以帮助读者快速掌握Activiti核心架构。

6.1 Activiti工作流引擎架构概述

Activiti工作流引擎架构大致分为6层，如图6.1所示。从上到下依次为工作流引擎层、部署层、业务接口层、命令拦截层、命令层和行为层。

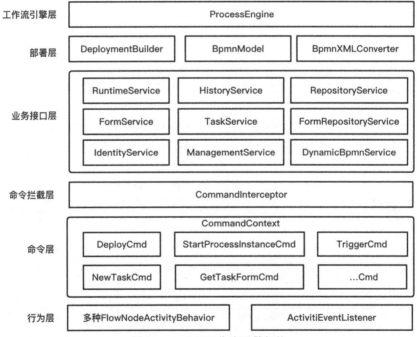

图6.1 Activiti工作流引擎架构

- ❏ 工作流引擎层：主要指ProcessEngine接口，这是Activiti所有接口的总入口。
- ❏ 部署层：包括DeploymentBuilder和BpmnModel等与流程部署相关的类。理论上，部署层并不属于Activiti引擎架构的分层体系。将其单独拿出来作为一层，只是为了突出其重要性。流程运转基于流程定义，而流程定义解析就是流程的开始。从流程模型转换为流程定义、将其解析为简单Java对象（Plain Ordinary Java Object，POJO），都是基于部署层实现的。
- ❏ 业务接口层：面向业务提供各种服务接口，如RuntimeService、TaskService等。
- ❏ 命令拦截层：采用责任链模式，通过拦截器层为命令的执行创造条件，如开启事务、创建CommandContext上下文、记录日志等。
- ❏ 命令层：Activiti的业务处理层。Activiti的整体编码模式采用的是命令模式，将业务逻辑封装为一个个Command接口实现类。这样，新增一个业务功能时只需新增一个Command实现。

- 行为层：包括各种FlowNodeActivityBehavior和ActivitiEventListener，这些类负责执行和监听Activiti流程具体的流转动作。

6.2 Activiti数据库设计和模型映射

Activiti支持多种主流关系型数据库，如DB2、MySQL、Oracle等。Activiti遵循以下命名规则：表名由以下划线连接的部分组成，其中第一部分固定以ACT开头，第二部分是表示表用途的两个字母标识，用途与服务的API对应，第三部分表示存储的内容。例如，ACT_HI_PROCINST表示Activiti的历史流程实例表。

根据Activiti表的命名规则，可以将Activiti的数据表划分为以下5大类。

- 通用数据表：用于存放流程或业务使用的通用资源数据，这类表以ACT_GE_为前缀，其中GE表示general。
- 流程存储表：用于存放流程定义文件和部署信息等，这类表以ACT_RE_为前缀，其中RE表示repository。
- 身份数据表：用于存放用户、组及关联关系等身份信息，这类表以ACT_ID_为前缀，其中ID表示identity。
- 运行时数据表：用于存放流程执行实例、任务、变量等流程运行过程中产生的数据，这类表以ACT_RU_为前缀，其中RU表示runtime。
- 历史数据表：用于存放历史流程实例、变量和任务等历史记录，这类表以ACT_HI_为前缀，其中HI表示history。

6.2.1 通用数据表

通用数据表指Activiti中以ACT_GE_开头的表，用于存放流程或业务使用的通用资源数据，主要包括ACT_GE_BYTEARRAY资源表和ACT_GE_PROPERTY属性表。

1. ACT_GE_BYTEARRAY资源表

ACT_GE_BYTEARRAY资源表用于存储与工作流引擎相关的资源数据，Activiti使用该资源表保存流程定义文件内容、流程图片内容和序列化流程变量等二进制数据。ACT_GE_BYTEARRAY资源表字段如表6.1所示。

表6.1 ACT_GE_BYTEARRAY资源表字段

字段	类型	字段说明
ID_	VARCHAR(64)	资源ID（主键）
REV_	INT	版本（乐观锁）
NAME_	VARCHAR(255)	资源名称
DEPLOYMENT_ID_	VARCHAR(64)	部署ID，与部署表ACT_RE_DEPLOYMENT的主键关联
BYTES_	LONGBLOB	资源，最大可存4 GB数据
GENERATED_	TINYINT	是否是Activiti自动产生的资源

2. ACT_GE_PROPERTY属性表

ACT_GE_PROPERTY属性表用于存储整个工作流引擎级别的属性数据，Activiti将全部属性抽象为key-value，每个属性都有相应的名称和值。ACT_GE_PROPERTY属性表字段如表6.2所示。

表6.2 ACT_GE_PROPERTY属性表字段

字段	类型	字段说明
NAME_	VARCHAR(64)	属性名称
VALUE_	VARCHAR(300)	属性值
REV_	INT	版本（乐观锁）

6.2.2 流程存储表

流程存储表指Activiti中以ACT_RE_开头的表,用于存储流程定义和部署信息等,主要包括ACT_RE_MODEL表、ACT_RE_DEPLOYMENT表和ACT_RE_PROCDEF表。

1. ACT_RE_MODEL表

ACT_RE_MODEL表即流程设计模型表,其字段如表6.3所示。该数据表主要用于存储流程的设计模型。

表6.3 ACT_RE_MODEL表字段

字段	类型	字段说明
ID_	VARCHAR(64)	流程模型ID(主键)
REV_	INT	版本(乐观锁)
NAME_	VARCHAR(255)	流程模型名称
KEY_	VARCHAR(255)	流程模型标识
CATEGORY_	VARCHAR(255)	分类
CREATE_TIME_	TIMESTAMP	创建时间
LAST_UPDATE_TIME_	TIMESTAMP	最后更新时间
VERSION_	INT	流程版本
META_INFO_	VARCHAR(4000)	采用JSON格式保存的流程模型
DEPLOYMENT_ID_	VARCHAR(64)	部署ID
EDITOR_SOURCE_VALUE_ID_	VARCHAR(64)	提供给用户存储私有定义文件,对应ACT_GE_BYTEARRAY资源表中的字段ID_,表示该模型对应的模型定义文件(JSON格式数据)
EDITOR_SOURCE_EXTRA_VALUE_ID_	VARCHAR(64)	提供给用户存储私有定义图片,对应ACT_GE_BYTEARRAY资源表中的字段ID_,表示该模型生成的图片文件
TENANT_ID_	VARCHAR(255)	租户ID

2. ACT_RE_DEPLOYMENT表

ACT_RE_DEPLOYMENT表即部署信息表,其字段如表6.4所示。该表主要用于存储流程定义的部署信息。Activiti一次部署可以添加多个资源,资源保存在ACT_GE_BYTEARRAY资源表中,部署信息则保存在该表中。

表6.4 ACT_RE_DEPLOYMENT表字段

属性值	类型	字段说明
ID_	VARCHAR(64)	部署记录ID(主键)
NAME_	VARCHAR(255)	部署的名称
CATEGORY_	VARCHAR(255)	分类
KEY_	VARCHAR(255)	流程模型标识
TENANT_ID_	VARCHAR(255)	租户ID
DEPLOY_TIME_	TIMESTAMP	部署的时间
ENGINE_VERSION_	VARCHAR(255)	引擎版本

3. ACT_RE_PROCDEF表

ACT_RE_PROCDEF表即流程定义数据表,其字段如表6.5所示。该表主要用于存储流程定义信息。Activiti部署流程时,除了将流程定义文件存储到资源表之外,还会解析流程定义文件内容,生成流程定义保存在该表中。

表6.5　ACT_RE_PROCDEF表字段

字段	类型	字段说明
ID_	VARCHAR(64)	流程定义ID（主键）
REV_	INT	版本（乐观锁）
CATEGORY_	VARCHAR(255)	流程定义类型
NAME_	VARCHAR(255)	流程定义名称
KEY_	VARCHAR(255)	流程定义标识
VERSION_	INT	流程定义版本
DEPLOYMENT_ID_	VARCHAR(64)	流程定义部署对应的部署数据ID
RESOURCE_NAME_	VARCHAR(4000)	流程定义对应的资源名称
DGRM_RESOURCE_NAME_	VARCHAR(4000)	流程定义对应的流程图的资源名称
DESCRIPTION_	VARCHAR(4000)	流程定义描述
HAS_START_FORM_KEY_	TINYINT	是否存在开始表单标识
HAS_GRAPHICAL_NOTATION_	TINYINT	是否存在图形信息
SUSPENSION_STATE_	INT	流程定义的挂起状态
TENANT_ID_	VARCHAR(255)	租户ID
ENGINE_VERSION_	VARCHAR(255)	引擎版本

6.2.3　身份数据表

身份数据表指Activiti中以ACT_ID_开头的表，用于存储用户、组、关系等身份信息，主要包括ACT_ID_USER表、ACT_ID_INFO表、ACT_ID_GROUP表和ACT_ID_MEMBERSHIP表。

1. ACT_ID_USER表

ACT_ID_USER表即用户表，其字段如表6.6所示。该表主要用于存储用户基本信息数据。

表6.6　ACT_ID_USER表字段

字段	类型	字段说明
ID_	VARCHAR(64)	用户ID（主键）
REV_	INT	版本（乐观锁）
FIRST_	VARCHAR(255)	人名
LAST_	VARCHAR(255)	姓氏
EMAIL_	VARCHAR(255)	用户邮箱
PWD_	VARCHAR(255)	用户密码
PICTURE_ID_	VARCHAR(64)	用户图片，对应ACT_GE_BYTEARRAY_资源表中的字段ID_

2. ACT_ID_INFO表

ACT_ID_INFO表即用户账号信息表，其字段如表6.7所示。该表主要用于存储用户账号、用户信息等。Activiti将信息分为用户、用户账号和用户信息3种信息类型。其中，用户保存在ACT_ID_USER表中，用户账号和用户信息保存在该表中。

表6.7　ACT_ID_INFO表字段

字段	类型	字段说明
ID_	VARCHAR(64)	账号ID（主键）
REV_	INT	版本（乐观锁）
USER_ID_	VARCHAR(64)	对应用户表的ID

续表

字段	类型	字段说明
TYPE_	VARCHAR(64)	信息类型，可以设置用户账号（account）、用户信息（userinfo）和（null）3种值
KEY_	VARCHAR(255)	用户信息的key
VALUE_	VARCHAR(255)	用户信息的value
PASSWORD_	LONGBLOB	用户账号密码
PARENT_ID_	VARCHAR(255)	父信息ID

3．ACT_ID_GROUP表

ACT_ID_GROUP表即用户组表，其字段如表6.8所示。该表主要用于存储用户组数据。

表6.8　ACT_ID_GROUP表字段

字段	类型	字段说明
ID_	VARCHAR(128)	用户组ID（主键）
REV_	INT	版本（乐观锁）
NAME_	VARCHAR(255)	用户组名称
TYPE_	VARCHAR(255)	用户组类型

4．ACT_ID_MEMBERSHIP表

ACT_ID_MEMBERSHIP表即用户与用户组关系表，其字段如表6.9所示。该表主要用于存储用户与用户组的关系，一个用户组可以有多个用户，一个用户也可以隶属于多个用户组。

表6.9　ACT_ID_MEMBERSHIP表字段

字段	类型	字段说明
USER_ID_	VARCHAR(64)	用户ID
GROUP_ID_	VARCHAR(64)	用户组ID

6.2.4　运行时数据表

运行时数据表指Activiti中以ACT_RU_开头的表，用于存储流程执行实例、任务、变量等流程运行过程中产生的数据。主要包括ACT_RU_EXECUTION表、ACT_RU_TASK表、ACT_RU_VARIABLE表、ACT_RU_IDENTITYLINK表和ACT_RU_JOB表等9张表。

1．ACT_RU_EXECUTION表

ACT_RU_EXECUTION表即运行时流程执行实例表，其字段如表6.10所示。该表主要用于存储流程运行时的执行实例。流程启动时，会生成一个流程实例，以及相应的执行实例，流程实例和执行实例都存储在ACT_RU_EXECUTION表中。

表6.10　ACT_RU_EXECUTION表字段

字段	类型	字段说明
ID_	VARCHAR(64)	执行实例ID（主键）
REV_	INT	版本（乐观锁）
PROC_INST_ID_	VARCHAR(64)	执行实例所属的流程实例ID，一个流程实例可能会产生多个执行实例
BUSINESS_KEY_	VARCHAR(255)	业务主键
PARENT_ID_	VARCHAR(64)	父执行实例ID
PROC_DEF_ID_	VARCHAR(64)	流程定义ID
SUPER_EXEC_	VARCHAR(64)	父流程实例对应的执行实例ID

续表

字段	类型	字段说明
ROOT_PROC_INST_ID_	VARCHAR(64)	主流程实例ID
ACT_ID_	VARCHAR(255)	当前执行实例的行为ID
IS_ACTIVE_	TINYINT	是否为活跃的执行实例
IS_CONCURRENT_	TINYINT	是否为并行的执行实例
IS_SCOPE_	TINYINT	是否为父作用域
IS_EVENT_SCOPE_	TINYINT	是否事件范围内
IS_MI_ROOT_	TINYINT	是否多实例根执行流
SUSPENSION_STATE_	INT	挂起状态
CACHED_ENT_STATE_	INT	缓存结束状态
TENANT_ID_	VARCHAR(255)	租户ID
NAME_	VARCHAR(255)	实例名称
START_TIME_	DATETIME	实例开始时间
START_USER_ID_	VARCHAR(255)	实例启动用户
LOCK_TIME_	TIMESTAMP	锁定时间
IS_COUNT_ENABLED_	TINYINT	是否启用计数
EVT_SUBSCR_COUNT_	INT	事件的数量
TASK_COUNT_	INT	任务的数量
JOB_COUNT_	INT	作业的数量
TIMER_JOB_COUNT_	INT	定时作业的数量
SUSP_JOB_COUNT_	INT	挂起作业的数量
DEADLETTER_JOB_COUNT_	INT	不可执行作业的数量
VAR_COUNT_	INT	变量的数量
ID_LINK_COUNT_	INT	身份关系的数量

2. ACT_RU_TASK表

ACT_RU_TASK表即运行时任务节点表，其字段如表6.11所示。该表主要用于存储流程运行过程中产生的任务实例数据。

表6.11 ACT_RU_TASK表字段

字段	类型	字段说明
ID_	VARCHAR(64)	任务实例ID（主键）
REV_	INT	版本（乐观锁）
EXECUTION_ID_	VARCHAR(64)	执行实例ID
PROC_INST_ID_	VARCHAR(64)	流程实例ID
PROC_DEF_ID_	VARCHAR(64)	流程定义ID
NAME_	VARCHAR(255)	任务实例名称
PARENT_TASK_ID_	VARCHAR(64)	父任务实例ID
DESCRIPTION_	VARCHAR(4000)	节点描述
TASK_DEF_KEY_	VARCHAR(255)	节点标识
OWNER_	VARCHAR(255)	拥有者
ASSIGNEE_	VARCHAR(255)	办理人
DELEGATION_	VARCHAR(64)	委托类型
PRIORITY_	INT	优先级
CREATE_TIME_	TIMESTAMP	创建时间

续表

字段	类型	字段说明
DUE_DATE_	DATETIME	过期时间
CATEGORY_	VARCHAR(255)	分类
SUSPENSION_STATE_	INT	挂起状态
TENANT_ID_	VARCHAR(255)	租户ID
FORM_KEY_	VARCHAR(255)	表单模型key
CLAIM_TIME_	DATETIME	认领时间

3. ACT_RU_VARIABLE表

ACT_RU_VARIABLE表即运行时流程变量数据表，其字段如表6.12所示。该表主要用于存储流程运行中的变量，包括流程实例变量、执行实例变量和任务实例变量。

表6.12　ACT_RU_VARIABLE表字段

字段	类型	字段说明
ID_	VARCHAR(64)	变量ID（主键）
REV_	INT	版本（乐观锁）
TYPE_	VARCHAR(255)	变量类型
NAME_	VARCHAR(255)	变量名称
EXECUTION_ID_	VARCHAR(64)	执行实例ID
PROC_INST_ID_	VARCHAR(64)	流程实例ID
TASK_ID_	VARCHAR(64)	任务实例ID
BYTEARRAY_ID_	VARCHAR(64)	复杂变量值存储在资源表中，此处存储关联的资源ID
DOUBLE_	DOUBLE_	存储小数类型的变量值
LONG_	BIGINT	存储整数类型的变量值
TEXT_	VARCHAR(4000)	存储字符串类型的变量值
TEXT2_	VARCHAR(4000)	此处存储的是JPA持久化对象时，才会有值。此值为对象ID

4. ACT_RU_IDENTITYLINK表

ACT_RU_IDENTITYLINK表即运行时流程与身份关系表，其字段如表6.13所示。该表主要用于存储运行时流程实例、任务实例与参与者之间的关系信息。

表6.13　ACT_RU_IDENTITYLINK表字段

字段	类型	字段说明
ID_	VARCHAR(64)	关系ID（主键）
REV_	INT	版本（乐观锁）
GROUP_ID_	VARCHAR(255)	用户组ID
TYPE_	VARCHAR(255)	关系类型：assignee、candidate等
USER_ID_	VARCHAR(255)	用户ID
TASK_ID_	VARCHAR(64)	任务ID
PROC_INST_ID_	VARCHAR(64)	流程实例ID
PROC_DEF_ID_	VARCHAR(64)	流程定义ID

5. ACT_RU_JOB表

ACT_RU_JOB表即运行时作业表，其字段如表6.14所示。该表主要用于存储Activiti正在执行的定时任务数据。

表6.14　ACT_RU_JOB表字段

字段	类型	字段说明
ID_	VARCHAR(64)	运行时工作ID（主键）
REV_	INT	版本（乐观锁）
TYPE_	VARCHAR(255)	定时器类型
LOCK_EXP_TIME_	TIMESTAMP	锁定释放时间
LOCK_OWNER_	VARCHAR(255)	锁定者
EXCLUSIVE_	TINYINT	是否排他
EXECUTION_ID_	VARCHAR(64)	执行实例ID
PROCESS_INSTANCE_ID_	VARCHAR(64)	流程实例ID
PROC_DEF_ID_	VARCHAR(64)	流程定义ID
RETRIES_	INT	重试次数
EXCEPTION_STACK_ID_	VARCHAR(64)	异常栈ID
EXCEPTION_MSG_	VARCHAR(4000)	异常信息
DUEDATE_	TIMESTAMP	截止时间
REPEAT_	VARCHAR(255)	重复执行信息，如重复次数
HANDLER_TYPE_	VARCHAR(255)	处理器类型
HANDLER_CFG_	VARCHAR(4000)	处理器配置
TENANT_ID_	VARCHAR(255)	租户ID

6. ACT_RU_DEADLETTER_JOB表

ACT_RU_DEADLETTER_JOB表即运行时无法执行的作业表，其字段如表6.15所示。该表主要用于存储Activiti无法执行的定时任务数据。

表6.15　ACT_RU_DEADLETTER_JOB表

字段	类型	字段说明
ID_	VARCHAR(64)	无法执行的工作ID（主键）
REV_	INT	版本（乐观锁）
TYPE_	VARCHAR(255)	定时器类型
EXCLUSIVE_	TINYINT	是否唯一
EXECUTION_ID_	VARCHAR(64)	执行实例ID
PROCESS_INSTANCE_ID_	VARCHAR(64)	流程实例ID
PROC_DEF_ID_	VARCHAR(64)	流程定义ID
EXCEPTION_STACK_ID_	VARCHAR(64)	异常栈ID
EXCEPTION_MSG_	VARCHAR(4000)	异常信息
DUEDATE_	TIMESTAMP	截止时间
REPEAT_	VARCHAR(255)	重复执行信息，如重复次数
HANDLER_TYPE_	VARCHAR(255)	处理器类型
HANDLER_CFG_	VARCHAR(4000)	处理器配置
TENANT_ID_	VARCHAR(255)	租户ID

7. ACT_RU_SUSPENDED_JOB表

ACT_RU_SUSPENDED_JOB表即运行时中断的作业表，其字段如表6.16所示。该表主要用于存储Activiti中断的定时任务数据。

表6.16　ACT_RU_SUSPENDED_JOB表

字段	类型	字段说明
ID_	VARCHAR(64)	中断的工作ID（主键）
REV_	INT	版本（乐观锁）
TYPE_	VARCHAR(255)	定时器类型
EXCLUSIVE_	TINYINT	是否唯一
EXECUTION_ID_	VARCHAR(64)	执行实例ID
PROCESS_INSTANCE_ID_	VARCHAR(64)	流程实例ID
PROC_DEF_ID_	VARCHAR(64)	流程定义ID
RETRIES_	INT	重试
EXCEPTION_STACK_ID_	VARCHAR(64)	异常栈ID
EXCEPTION_MSG_	VARCHAR(4000)	异常信息
DUEDATE_	TIMESTAMP	截止时间
REPEAT_	VARCHAR(255)	重复执行信息，如重复次数
HANDLER_TYPE_	VARCHAR(255)	处理器类型
HANDLER_CFG_	VARCHAR(4000)	处理器配置
TENANT_ID_	VARCHAR(255)	租户ID

8. ACT_RU_TIMER_JOB表

ACT_RU_TIMER_JOB表即运行时定时器作业表，其字段如表6.17所示。该表主要用于存储流程运行时的定时任务数据。流程执行到中间定时器事件节点或带有边界定时器事件的节点时，会生成一个定时任务，并将相关数据存储到该表中。

表6.17　ACT_RU_TIMER_JOB表字段

字段	类型	字段说明
ID_	VARCHAR(64)	定时工作ID（主键）
REV_	INT	版本（乐观锁）
TYPE_	VARCHAR(255)	定时器类型
LOCK_EXP_TIME_	TIMESTAMP	锁定释放时间
LOCK_OWNER_	VARCHAR(255)	锁定者
EXCLUSIVE_	TINYINT	是否唯一
EXECUTION_ID_	VARCHAR(64)	执行实例ID
PROCESS_INSTANCE_ID_	VARCHAR(64)	流程实例ID
PROC_DEF_ID_	VARCHAR(64)	流程定义ID
RETRIES_	INT	重试次数
EXCEPTION_STACK_ID_	VARCHAR(64)	异常栈ID
EXCEPTION_MSG_	VARCHAR(4000)	异常信息
DUEDATE_	TIMESTAMP	截止时间
REPEAT_	VARCHAR(255)	重复执行信息，如重复次数
HANDLER_TYPE_	VARCHAR(255)	处理器类型
HANDLER_CFG_	VARCHAR(4000)	处理器配置
TENANT_ID_	VARCHAR(255)	租户ID

9. ACT_RU_EVENT_SUBSCR表

ACT_RU_EVENT_SUBSCR表即运行时事件订阅表，其字段如表6.18所示。该表主要用于存储流程运行时的事件订阅。流程执行到事件节点时，会在该表插入事件订阅，这些事件订阅决定事件的触发。

表6.18 ACT_RU_EVENT_SUBSCR表字段

字段	类型	字段说明
ID_	VARCHAR(64)	事件ID（主键）
REV_	INT	版本（乐观锁）
EVENT_TYPE_	VARCHAR(255)	事件类型，不同类型的事件会产生不同的事件订阅，但并非所有事件都会产生事件订阅
EVENT_NAME_	VARCHAR(255)	事件名称
EXECUTION_ID_	VARCHAR(64)	事件所属的执行实例ID
PROC_INST_ID_	VARCHAR(64)	事件所属的流程实例ID
ACTIVITY_ID_	VARCHAR(64)	具体事件ID
CONFIGURATION_	VARCHAR(255)	配置属性
CREATED_	TIMESTAMP	创建时间
PROC_DEF_ID_	VARCHAR(64)	流程定义ID
TENANT_ID_	VARCHAR(255)	租户ID

6.2.5 历史数据表

历史数据表指Activiti中以ACT_HI_开头的表，用于存储历史流程实例、变量和任务等历史记录。历史数据表主要包括ACT_HI_PROCINST表、ACT_HI_ACTINST表、ACT_HI_TASKINST表、ACT_HI_VARIABLE表、ACT_HI_IDENTITYLINK表等8张表。

1. ACT_HI_PROCINST表

ACT_HI_PROCINST表即历史流程实例表，其字段如表6.19所示。该表主要用于存储历史流程实例。流程启动后，保存ACT_RU_EXECUTION表的同时，会将流程实例写入ACT_HI_PROCINST表。

表6.19 ACT_HI_PROCINST表字段

字段	类型	字段说明
ID_	VARCHAR(64)	流程实例ID（主键）
PROC_INST_ID_	VARCHAR(64)	流程实例ID，值同ID
BUSINESS_KEY_	VARCHAR(255)	业务主键
PROC_DEF_ID_	VARCHAR(64)	流程定义ID
START_TIME_	DATETIME	开始时间
END_TIME_	DATETIME	结束时间
DURATION_	BIGINT(20)	耗时
START_USER_ID_	VARCHAR(255)	发起人ID
START_ACT_ID_	VARCHAR(255)	开始节点
END_ACT_ID_	VARCHAR(255)	结束节点
SUPER_PROCESS_INSTANCE_ID_	VARCHAR(64)	父流程实例ID
DELETE_REASON_	VARCHAR(4000)	删除理由
TENANT_ID_	VARCHAR(255)	租户ID
NAME_	VARCHAR(255)	流程名称

2. ACT_HI_ACTINST表

ACT_HI_ACTINST表即历史节点表，其字段如表6.20所示。该表主要用于存储历史节点实例数据、记录所有流程活动实例。通过该表可以追踪最完整的流程信息。

表6.20 ACT_HI_ACTINST表字段

字段	类型	字段说明
ID_	VARCHAR(64)	节点实例ID（主键）
PROC_DEF_ID_	VARCHAR(64)	流程定义ID
PROC_INST_ID_	VARCHAR(64)	流程实例ID
EXECUTION_ID_	VARCHAR(64)	执行实例ID
ACT_ID_	VARCHAR(255)	活动ID
TASK_ID_	VARCHAR(64)	任务实例ID
CALL_PROC_INST_ID_	VARCHAR(64)	调用流程实例ID
ACT_NAME_	VARCHAR(255)	活动名称
ACT_TYPE_	VARCHAR(255)	活动类型
ASSIGNEE_	VARCHAR(255)	办理人
START_TIME_	DATETIME	开始时间
END_TIME_	DATETIME	结束时间
DURATION_	BIGINT(20)	耗时
DELETE_REASON_	VARCHAR(4000)	删除理由
TENANT_ID_	VARCHAR(255)	租户ID

3. ACT_HI_TASKINST表

ACT_HI_TASKINST表即历史任务实例表，其字段如表6.21所示。该表与运行时任务实例表类似，用于存储历史任务实例数据。当流程执行到某个用户任务节点时，就会向该表中写入历史任务数据。

表6.21 ACT_HI_TASKINST表字段

字段	类型	字段说明
ID_	VARCHAR(64)	任务实例ID（主键）
PROC_DEF_ID_	VARCHAR(64)	流程定义ID
TASK_DEF_KEY_	VARCHAR(255)	任务定义KEY
PROC_INST_ID_	VARCHAR(64)	流程实例ID
EXECUTION_ID_	VARCHAR(64)	执行实例ID
NAME_	VARCHAR(255)	任务名称
PARENT_TASK_ID_	VARCHAR(64)	父任务ID
DESCRIPTION_	VARCHAR(4000)	描述
OWNER_	VARCHAR(255)	拥有者
ASSIGNEE_	VARCHAR(255)	办理人
START_TIME_	DATETIME	开始时间
CLAIM_TIME_	DATETIME	认领时间
END_TIME_	DATETIME	结束时间
DURATION_	BIGINT(20)	耗时
DELETE_REASON_	VARCHAR(4000)	删除原因
PRIORITY_	INT	优先级
DUE_DATE_	DATETIME	到期时间
FORM_KEY_	VARCHAR(255)	表单模型key
CATEGORY_	VARCHAR(255)	分类
TENANT_ID_	VARCHAR(255)	租户ID

4．ACT_HI_DETAIL表

ACT_HI_DETAIL表即历史流程详情表，其字段如表6.22所示。该表主要用于存储流程执行过程中的明细数据。默认情况下，Activiti不保存流程明细数据，除非将工作流引擎的历史数据配置为full。

表6.22　ACT_HI_DETAIL表字段

字段	类型	字段说明
ID_	VARCHAR(64)	变量ID（主键）
TYPE_	VARCHAR(255)	变量类型
PROC_INST_ID_	VARCHAR(64)	流程实例ID
EXECUTION_ID_	VARCHAR(64)	执行实例ID
TASK_ID_	VARCHAR(64)	任务实例ID
ACT_INST_ID_	VARCHAR(64)	活动实例ID
NAME_	VARCHAR(255)	变量名称
VAR_TYPE_	VARCHAR(255)	变量类型
REV_	INT	版本（乐观锁）
TIME_	DATETIME	创建时间
BYTEARRAY_ID_	VARCHAR(64)	二进制数据ID，关联资源表
DOUBLE_	DOUBLE	存储小数类型的变量值
LONG_	BIGINT(20)	存储整数类型的变量值
TEXT_	VARCHAR(4000)	存储字符串类型的变量值
TEXT2_	VARCHAR(4000)	此处存储的是JPA持久化对象时，才会有值。此值为对象ID

5．ACT_HI_VARINST表

ACT_HI_VARINST表即历史变量表，其字段如表6.23所示。该表主要用于存储历史流程的变量信息。

表6.23　ACT_HI_VARINST表字段

字段	类型	字段说明
ID_	VARCHAR(64)	变量ID（主键）
PROC_INST_ID_	VARCHAR(64)	流程实例ID
EXECUTION_ID_	VARCHAR(64)	执行实例ID
TASK_ID_	VARCHAR(64)	任务实例ID
NAME_	VARCHAR(255)	变量名称
VAR_TYPE_	VARCHAR(100)	变量类型
REV_	INT	版本（乐观锁）
BYTEARRAY_ID_	VARCHAR(64)	二进制数据ID，关联资源表
DOUBLE_	DOUBLE	存储小数类型的变量值
LONG_	BIGINT(20)	存储整数类型的变量值
TEXT_	VARCHAR(4000)	存储字符串类型的变量值
TEXT2_	VARCHAR(4000)	此处存储的是JPA持久化对象时，才会有值。此值为对象ID
CREATE_TIME_	DATETIME	创建时间
LAST_UPDATED_TIME_	DATETIME	最近更改时间

6. ACT_HI_IDENTITYLINK表

ACT_HI_IDENTITYLINK表即历史流程与身份关系表，其字段如表6.24所示。该表主要用于存储历史流程实例、任务实例与参与者之间的关联关系。

表6.24 ACT_HI_IDENTITYLINK表字段

字段	类型	字段说明
ID_	VARCHAR(64)	关系ID（主键）
GROUP_ID_	VARCHAR(255)	用户组ID
TYPE_	VARCHAR(255)	用户组类型
USER_ID_	VARCHAR(255)	用户ID
TASK_ID_	VARCHAR(64)	任务实例ID
PROC_INST_ID_	VARCHAR(64)	流程实例ID

7. ACT_HI_COMMENT表

ACT_HI_COMMENT表即历史评论表，其字段如表6.25所示。该表主要用于存储通过TaskService添加的评论记录。

表6.25 ACT_HI_COMMENT表字段

字段	类型	字段说明
ID_	VARCHAR(64)	评论ID（主键）
TYPE_	VARCHAR(255)	意见记录类型
TIME_	DATETIME	记录时间
USER_ID_	VARCHAR(255)	用户ID
TASK_ID_	VARCHAR(64)	任务实例ID
PROC_INST_ID_	VARCHAR(64)	流程实例ID
ACTION_	VARCHAR(255)	行为类型
MESSAGE_	VARCHAR(4000)	处理意见
FULL_MSG_	LONGBLOB	全部消息

8. ACT_HI_ATTACHMENT表

ACT_HI_ATTACHMENT表即历史附件表，其字段如表6.26所示。该表主要用于存储通过任务服务TaskService添加的附件记录。

表6.26 ACT_HI_ATTACHMENT表字段

字段	类型	字段说明
ID_	VARCHAR(64)	附件ID（主键）
REV_	INT	版本（乐观锁）
USER_ID_	VARCHAR(255)	用户ID
NAME_	VARCHAR(255)	附件名称
DESCRIPTION_	VARCHAR(4000)	附件描述
TYPE_	VARCHAR(255)	附件类型
TASK_ID_	VARCHAR(64)	关联的任务实例ID
PROC_INST_ID_	VARCHAR(64)	关联的流程实例ID
URL_	VARCHAR(4000)	附件的URL
CONTENT_ID_	VARCHAR(64)	附件内容ID，内容存储在ACT_GE_BYTEARRAY资源表
TIME_	DATETIME	附件上传时间

6.3 Activiti设计模式

Activiti源码主要应用了命令模式、责任链模式和命令链模式，要更好地理解Activiti源码及其设计理念，有必要深入理解这3种设计模式。

6.3.1 Activiti命令模式

GoF设计模式是目前最为经典的设计模式之一，其名称源自Elich Gamma、Richard Helm、Ralph Johnson和John Vlissides共同编写的图书*Design Patterns: Elements of Reusable Object-Oriented Software*（《设计模式：可复用面向对象软件的基础》）。这4位作者常被称为Gang of Four（四人组），简称GoF。

在GoF设计模式中，命令模式属于行为型模式。可以将一个请求或者操作（包含接受者信息）封装到命令对象中，然后将该命令对象交由执行者执行，执行者无须关心命令的接收人或者命令的具体内容，因为这些信息均已被封装到命令对象中。命令模式中涉及的角色及其作用分别介绍如下。

- Command（抽象命令类）：抽象命令对象，可以根据不同的命令类型，写出不同的实现类。
- ConcreteCommand（具体命令类）：抽象命令对象的具体实现。
- Invoker（调用者）：请求的发送者，通过命令对象来执行请求。一个调用者并不需要在设计时确定其接收者，因此它只与抽象命令之间存在关联。程序运行时，会调用命令对象的execute()方法，间接调用接收者的相关操作。
- Receiver（接收者）：接收者执行与请求相关的操作，是真正执行命令的对象，实现对请求的业务处理。
- Client（客户端）：在客户类中需要创建调用者对象、具体命令类对象，创建具体命令对象时需要指定对应的接收者。发送者和接收者之间不存在关联关系，均通过命令对象来调用。

Activiti命令模式UML结构图如图6.2所示。

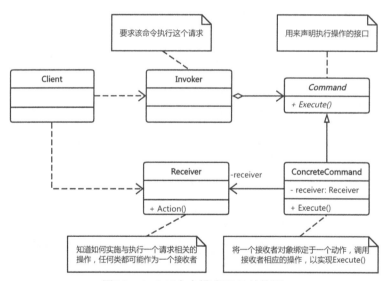

图6.2　Activiti命令模式UML结构图

了解了GoF命令模式，可知Activiti中的每一个数据库的增、删、改、查操作，均为将一个命令的实现交给Activiti的命令执行者执行。Activiti使用一个CommandContext类作为命令接收者，该类维护一系列Manager对象，这些Manager对象类似J2EE中的数据访问对象（Data Access Object，DAO）。

在Activiti中构建的命令模式的类，主要包括以下5个部分。

- Command：抽象命令接口。该接口定义了一个execute()抽象方法，调用该方法时，需要传入参数CommandContext。
- CommandContext：命令上下文。CommandContext实例从Context获取，以栈的形式存储在使用本地线程的变量中（ThreadLocal<Stack<CommandContext>>）。

- CommandExecutor：命令执行者。该接口提供了两种方法执行命令，可以同时传入命令配置参数CommandConfig和Command，也可以只传入Command。
- ServiceImpl：Activiti的服务类，如TaskServiceImpl等，均继承ServiceImpl类。该类持有CommandExecutor对象，在该服务实现中，构造各个Command的实现类传递给CommandExecutor执行。这个类是命令的发送者，对应标准命令模式定义中的Client。
- CommandInterceptor：命令拦截器，有多个实现类。它被CommandExecutor实现类调用，是最终的命令执行者，同时也是串接命令模式和责任链模式的衔接点。

6.3.2 Activiti责任链模式

Activiti使用了一系列命令拦截器（CommandInterceptor），这些命令拦截器扮演着命令执行者的角色。那么这些命令拦截器是如何工作的呢？让我们先来了解一下责任链模式。

与命令模式一样，责任链模式也是GoF设计模式之一，同样也是行为型模式。该设计模式让多个对象都有机会处理请求，从而避免了请求发送者与请求接收者耦合的情况。这些请求接收者将组成一条链，并沿着这条链传递请求，直到有一个对象处理请求为止。责任链模式有以下参与者。

- Handler（请求处理者接口）：定义一个处理请求的接口，包含抽象处理方法和一个后继链。
- ConcreteHandler（请求处理者实现）：请求处理接口的实现，它可以判断是否能够处理本次请求，如果可以处理请求就进行处理，否则就将该请求转发给它的后继者。
- Client（客户端）：组装责任链，并向链头的具体对象提交请求。它不关心处理细节和请求的传递过程。

Activiti责任链模式UML结构图如图6.3所示。

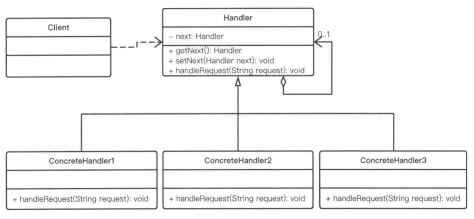

图6.3　Activiti责任链模式UML结构图

Activiti责任链模式下的类主要有以下几种。

- CommandInterceptor：命令拦截器接口。它是采用命令模式实现的拦截器，作为责任链的"链节点"的定义，可以执行命令，也可以获取和设置下一个"链节点"。
- ProcessEngineConfigurationImpl：维护整条责任链的类，在该工作流引擎抽象实现类中，实现了对整条责任链的维护。
- CommandInvoker：CommandInterceptor责任链"链节点"实现类之一，负责责任链末尾节点的命令执行。

6.3.3 Activiti命令链模式

了解了Activiti命令模式和责任链模式后,可以发现Activiti命令链模式实质上就是命令模式和责任链模式结合的产物。Activiti命令链模式UML结构图如图6.4所示。

接下来详细讲解Activiti是如何使用责任链串联一系列命令拦截器的。

Activiti在ProcessEngineConfigurationImpl中调用initCommandExecutor()方法初始化命令拦截器链:

```java
public void initCommandExecutor() {
    if (commandExecutor == null) {
        CommandInterceptor first = initInterceptorChain(commandInterceptors);
        commandExecutor = new CommandExecutorImpl(getDefaultCommandConfig(), first);
    }
}

// 初始化拦截器链
public CommandInterceptor initInterceptorChain(List<CommandInterceptor> chain) {
    if (chain == null || chain.isEmpty()) {
        throw new ActivitiException("invalid command interceptor chain configuration: "
            + chain);
    }
    for (int i = 0; i < chain.size() - 1; i++) {
        chain.get(i).setNext(chain.get(i + 1));
    }
    return chain.get(0);
}
```

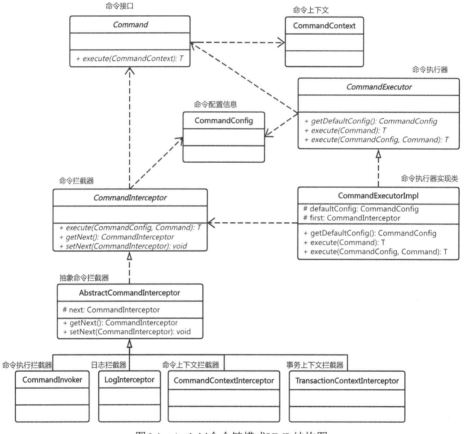

图6.4 Activiti命令链模式UML结构图

在initCommandExecutor()方法中，先判断commandExecutor是否为null，只有当该对象为空时，才实例化命令执行器。

Activiti实例化命令执行器时，将一系列命令拦截器作为参数，传递给initInterceptorChain()方法，组成了命令拦截器责任链，并返回责任链的开始节点，该操作是为了方便后续程序依次执行命令拦截器。

Activiti根据命令配置对象defaultCommandConfig，以及命令拦截器责任链中开始节点实例化CommandExecutorImpl类，该类负责全局统筹命令拦截器的调用工作。

6.4 核心代码走读

要想深入了解Activiti的底层代码逻辑，最有效的方式就是上手实践一个流程实例的运行全过程。本节以图6.5所示的简单审批流程为例，深入讲解从流程部署，到流程发起、运行、结束等各个环节的核心代码，进而掌握Activiti的核心代码逻辑。

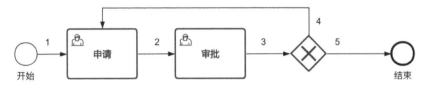

图6.5 一个简单的审批流程示例

6.4.1 流程模型部署

流程模型部署是Activiti流程中非常重要的一步操作，用于将绘制好的流程模型转化为流程定义。Activiti后续的流程运转均基于流程定义进行。通过流程设计器编辑好的流程模型一般以JSON格式存储在ACT_RE_MODEL表的META_INFO字段中。而流程定义是后缀为.bpmn20.xml或者.bpmn.xml的XML文件，保存在ACT_GE_BYTEARRAY表中。

流程模型部署过程可以划分为以下3个步骤。

第一步，获取ACT_RE_MODEL表中的流程模型数据，将其转换为BpmnModel对象。由于不同流程设计器的保存格式也不一样，所以这部分逻辑主要由用户自己实现。

第二步，调用Activiti提供的BpmnXMLConverter类。该类支持BpmnModel对象和符合BPMN 2.0规范的XML互相转换。这个过程将在6.4.2小节详述，此处不做过多解释。

第三步，使用Activiti提供的RepositoryService接口，执行流程模型部署操作。代码片段如下：

```
// 创建部署构造器
DeploymentBuilder deploymentBuilder = repositoryService.createDeployment();
// 定义部署对象的ID、name、key等属性
deploymentBuilder.processDefinitionId(processDefinitionId)
    .name(processModel.getName()).key(processModel.getKey()).tenantId(tenantFlag);
// 设置XML输入流
deploymentBuilder.addInputStream(processModel.getKey().replaceAll(" ", "") + ".bpmn",
    new ByteArrayInputStream(modelXML));
// 设置表单、决策表等，代码略
// 执行流程模型部署操作
Deployment deployment = deploymentBuilder.deploy();
```

以上代码中，先通过RepositoryService的createDeployment()方法创建DeploymentBuilder实例对象。添加相应属性后，调用DeploymentBuilder的deploy()方法执行流程模型部署操作。

接下来重点介绍DeploymentBuilder的deploy()方法执行流程模型部署操作的具体过程。DeploymentBuilder接口的默认实现类是DeploymentBuilderImpl，DeploymentBuilderImpl通过调用repositoryService来执行部署操作，repositoryService将DeploymentBuilderImpl对象传递给DeployCmd，因此，最终的部署操作由DeployCmd执行。流程模型部署时序图如图6.6所示。

DeployCmd是Command接口的实现类，必须要实现execute()方法。在execute()方法中，它先对工作流引擎版本进行判断，可以向后兼容Activiti v5的流程模型部署，并实现Activiti v6的流程模型部署。

我们针对Activiti v6部署展开executeDeploy()方法源码。如果开启了重复过滤功能，那么获取上次部署的最新版本的流程定义数据直接返回；如果是新建的流程定义，则会创建新的部署对象，调用DeploymentManager进行部署（省略部分代码）：

```
protected Deployment executeDeploy(CommandContext commandContext) {
    DeploymentEntity deployment = this.deploymentBuilder.getDeployment();
    deployment.setDeploymentTime
        (commandContext.getProcessEngineConfiguration().getClock().getCurrentTime());
    // 如果DeploymentBuilder开启了重复过滤功能，则获取上次部署的最新版本流程定义并返回
```

```
    if (this.deploymentBuilder.isDuplicateFilterEnabled()) {
        ...
        return existingDeployment;
    }

    // 如果未开启重复过滤功能，则当前部署对象为新对象
    deployment.setNew(true);

    // 将DeploymentEntity对象添加到数据库
    commandContext.getDeploymentEntityManager().insert(deployment);

    // 部署设置
    Map<String, Object> deploymentSettings = new HashMap();
    deploymentSettings.put("isBpmn20XsdValidationEnabled",
        Boolean.valueOf(this.deploymentBuilder.isBpmn20XsdValidationEnabled()));
    deploymentSettings.put("isProcessValidationEnabled",
        Boolean.valueOf(this.deploymentBuilder.isProcessValidationEnabled()));

    // 调用DeploymentManager开始部署
    commandContext.getProcessEngineConfiguration().getDeploymentManager()
        .deploy(deployment, deploymentSettings);

    return deployment;
}
```

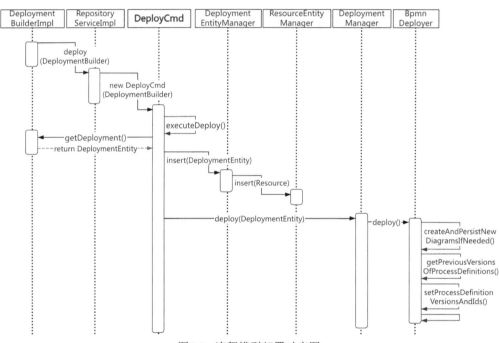

图6.6 流程模型部署时序图

我们展开DeploymentManager源码，查看执行deploy()方法时它具体执行了哪些操作。DeploymentManager负责调用各个Deployer，对流程模型、表单模型等进行部署。

```
public void deploy(DeploymentEntity deployment, Map<String, Object> deploymentSettings){
    for (Deployer deployer : deployers) {
        deployer.deploy(deployment, deploymentSettings);
    }
}
```

Deployer的实现类包括BpmnDeployer、FormDeployer、RulesDeployer、DmnDeployer等，其中BpmnDeployer负责流程模型部署。接下来看看BpmnDeployer是如何执行流程模型部署的。

首先，BpmnDeployer将部署对象deployment按照deploymentSettings设置解析为ParsedDeployment对象，该对象用于描述与流程定义相关联的部署信息、BPMN资源和模型数据等。接下来，补充流程定义对象的相

关信息并持久化到ACT_RE_PROCDEF表中。最后，更新缓存中的流程定义相关数据，以提升后续使用该流程定义数据时获取的性能。BpmnDeployer的deploy()方法的代码片段如下：

```
public void deploy(DeploymentEntity deployment, Map<String, Object> deploymentSettings) {
    //ParsedDeployment用于描述与流程定义相关联的部署信息、BPMN资源和模型等
    ParsedDeployment parsedDeployment = parsedDeploymentBuilderFactory
        .getBuilderForDeploymentAndSettings(deployment, deploymentSettings).build();

    //校验是否有重复的流程定义key
    bpmnDeploymentHelper.verifyProcessDefinitionsDoNotShareKeys(
        parsedDeployment.getAllProcessDefinitions());
    //将Deployment对象中的部分数据赋给流程定义
    bpmnDeploymentHelper.copyDeploymentValuesToProcessDefinitions(
        parsedDeployment.getDeployment(),
        parsedDeployment.getAllProcessDefinitions());
    //设置流程定义中的资源名称
    bpmnDeploymentHelper.setResourceNamesOnProcessDefinitions(parsedDeployment);
    //创建新的流程图
    createAndPersistNewDiagramsIfNeeded(parsedDeployment);
    //设置流程定义的DiagramResourceName属性值
    setProcessDefinitionDiagramNames(parsedDeployment);

    if (deployment.isNew()) {
        Map<ProcessDefinitionEntity, ProcessDefinitionEntity>
            mapOfNewProcessDefinitionToPreviousVersion =
            getPreviousVersionsOfProcessDefinitions(parsedDeployment);
        //设置流程定义的版本号和ID
        setProcessDefinitionVersionsAndIds
            (parsedDeployment, mapOfNewProcessDefinitionToPreviousVersion);
        //持久化流程定义到数据库并且添加有关联的用户信息
        persistProcessDefinitionsAndAuthorizations(parsedDeployment);
        //更新TimerJob和EventSubscription
        updateTimersAndEvents
            (parsedDeployment, mapOfNewProcessDefinitionToPreviousVersion);
        //派发流程定义对象初始化事件
        dispatchProcessDefinitionEntityInitializedEvent(parsedDeployment);
    } else {
        //非新建部署对象保持之前保存的版本号
        makeProcessDefinitionsConsistentWithPersistedVersions(parsedDeployment);
    }

    //将流程定义数据保存到缓存中
    cachingAndArtifactsManager.updateCachingAndArtifacts(parsedDeployment);
    ...
}
```

6.4.2 流程定义解析

流程模型部署后，流程定义作为扩展名为.bpmn20.xml或者.bpmn.xml的XML文件，保存在ACT_GE_BYTEARRAY资源表中。流程执行过程十分依赖流程定义信息，因此，需要解析流程定义，将之转换为工作流引擎易于使用的对象，使得工作流引擎可以在创建、流转流程的过程中，方便地按照流程定义进行正确的处理。

Activiti解析流程定义其实也是在流程部署过程中进行的。在6.4.1小节中BpmnDeployer类的deploy()方法执行流程定义解析的代码如下：

```
ParsedDeployment parsedDeployment = parsedDeploymentBuilderFactory
    .getBuilderForDeploymentAndSettings(deployment, deploymentSettings).build();
```

上述代码段调用了ParsedDeploymentBuilder类的build()方法，该build()方法执行以下操作（省略部分代码）：

```
//构建ParsedDeployment
public ParsedDeployment build() {
    ...

    for (ResourceEntity resource : deployment.getResources().values()) {
```

```
        if (isBpmnResource(resource.getName())) {
            //创建BpmnParse
            BpmnParse parse = createBpmnParseFromResource(resource);
            ...
        }
    }

    return new ParsedDeployment(deployment, processDefinitions,
        processDefinitionsToBpmnParseMap, processDefinitionsToResourceMap);
}
//创建BpmnParse
protected BpmnParse createBpmnParseFromResource(ResourceEntity resource) {
    String resourceName = resource.getName();
    //读取XML字节输入流(对应ACT_GE_BYTEARRAY资源表Byte字段中的bpmn.xml)
    ByteArrayInputStream inputStream = new ByteArrayInputStream(resource.getBytes());

    BpmnParse bpmnParse = bpmnParser.createParse()
        .sourceInputStream(inputStream)
        .setSourceSystemId(resourceName)
        .deployment(deployment)
        .name(resourceName);
    ...
    //执行流程定义解析
    bpmnParse.execute();
    return bpmnParse;
}
```

上述代码段在build()方法中调用了createBpmnParseFromResource()方法创建了一个BpmnParse对象。createBpmnParseFromResource()方法先读取XML字节流，然后创建一个BpmnParse对象，最后调用BpmnParse对象的execute()方法解析XML字节输入流。

我们再看一下BpmnParse对象的execute()方法是如何进行流程定义解析的，其源码如下（省略部分代码）：

```
public BpmnParse execute() {
    try {
        ProcessEngineConfigurationImpl processEngineConfiguration =
            Context.getProcessEngineConfiguration();
        BpmnXMLConverter converter = new BpmnXMLConverter();
        boolean enableSafeBpmnXml = false;
        String encoding = null;
        if (processEngineConfiguration != null) {
            enableSafeBpmnXml = processEngineConfiguration.isEnableSafeBpmnXml();
            encoding = processEngineConfiguration.getXmlEncoding();
        }
        if (encoding != null) {
            bpmnModel = converter.convertToBpmnModel(streamSource, validateSchema,
                enableSafeBpmnXml, encoding);
        } else {
            bpmnModel = converter.convertToBpmnModel(streamSource, validateSchema,
                enableSafeBpmnXml);
        }
        ...

    } catch (Exception e) {
        if (e instanceof ActivitiException) {
            ...
        }
    }
    return this;
}
```

在以上代码中，BpmnParse先创建一个BpmnXMLConverter实例，然后调用BpmnXMLConverter类的convertToBpmnModel()方法，将XML格式的流程定义转换为bpmnModel对象。这个转换好的bpmnModel对象存储在BpmnParse对象属性中，BpmnParse对象又存储在ParsedDeployment对象的Map<ProcessDefinitionEntity, BpmnParse> mapProcessDefinitionsToParses属性中，ParsedDeployment对象最后被存入缓存。在后续流程实例中创建和流转过程时，直接从缓存中获取流程定义对应的bpmnModel对象即可。

第2章中介绍了流程模型组件。那么，BpmnXMLConverter类在进行流程定义转换时，如何处理不同类型组件的转换呢？

我们看一下BpmnXMLConverter类将包含不同流程组件流程定义转换为BpmnModel对象的过程。

展开BpmnXMLConverter类源码，可以发现其convertToBpmnModel()方法执行了以下操作。

首先，通过XMLInputFactory创建一个XMLStreamReader，读取XML格式输入流（省略部分代码）：

```java
public BpmnModel convertToBpmnModel(InputStreamProvider inputStreamProvider,
    boolean validateSchema, boolean enableSafeBpmnXml, String encoding) {
    XMLInputFactory xif = XMLInputFactory.newInstance();
    ...//设置XMLInputFactory的属性
    InputStreamReader in = null;
    try {
        in = new InputStreamReader(inputStreamProvider.getInputStream(), encoding);
        XMLStreamReader xtr = xif.createXMLStreamReader(in);
        ...//校验模板

        // XML conversion
        return convertToBpmnModel(xtr);
    } catch (UnsupportedEncodingException e) {
        ...
    }
}
```

接下来，调用BpmnXMLConverter类的另一个convertToBpmnModel()方法对XMLStreamReader进行转换（省略部分代码）：

```java
public BpmnModel convertToBpmnModel(XMLStreamReader xtr) {
    BpmnModel model = new BpmnModel();
    model.setStartEventFormTypes(startEventFormTypes);
    model.setUserTaskFormTypes(userTaskFormTypes);
    try {
        Process activeProcess = null;
        List<SubProcess> activeSubProcessList = new ArrayList<SubProcess>();
        while (xtr.hasNext()) {
            try {
                xtr.next();
            } catch (Exception e) {
                LOGGER.debug("Error reading XML document", e);
                throw new XMLException("Error reading XML", e);
            }
            ...
            if (!activeSubProcessList.isEmpty() &&
                ELEMENT_MULTIINSTANCE.equalsIgnoreCase(xtr.getLocalName())) {
                multiInstanceParser.parseChildElement(xtr,
                    activeSubProcessList.get(activeSubProcessList.size() - 1), model);
            } else if (convertersToBpmnMap.containsKey(xtr.getLocalName())) {
                if (activeProcess != null) {
                    BaseBpmnXMLConverter converter =
                        convertersToBpmnMap.get(xtr.getLocalName());
                    //调用其他converter进行解析
                    converter.convertToBpmnModel(xtr, model, activeProcess,
                        activeSubProcessList);
                }
            }
        }
        ...
    } catch (Exception e) {
        LOGGER.error("Error processing BPMN document", e);
        throw new XMLException("Error processing BPMN document", e);
    }
    return model;
}
```

上述代码段解析了definitions、process等节点，但是并没有对UserTask、ExclusiveGateway、SequenceFlow等流程元素进行解析，那么BpmnXMLConverter类如何解析这些流程元素呢？答案是由上述代码段中加粗的部分解析。BpmnXMLConverter类从convertersToBpmnMap对象中获取其他converter来解析这些节点。

convertersToBpmnMap是在BpmnXMLConverter类首次加载时被赋值的，源码如下：

```
static {
    // 添加各种事件的解析器
    addConverter(new EndEventXMLConverter());
    addConverter(new StartEventXMLConverter());

    // 添加各种任务的解析器
    addConverter(new BusinessRuleTaskXMLConverter());
    addConverter(new ManualTaskXMLConverter());
    addConverter(new ReceiveTaskXMLConverter());
    addConverter(new ScriptTaskXMLConverter());
    addConverter(new RestCallTaskXMLConverter());
    addConverter(new ServiceTaskXMLConverter());
    addConverter(new SendTaskXMLConverter());
    addConverter(new UserTaskXMLConverter());
    addConverter(new TaskXMLConverter());
    addConverter(new CallActivityXMLConverter());

    // 添加各种网关的解析器
    addConverter(new EventGatewayXMLConverter());
    addConverter(new ExclusiveGatewayXMLConverter());
    addConverter(new InclusiveGatewayXMLConverter());
    addConverter(new ParallelGatewayXMLConverter());
    addConverter(new ComplexGatewayXMLConverter());

    // 添加顺序流的解析器
    addConverter(new SequenceFlowXMLConverter());

    // 添加捕获事件、抛出事件和边界事件的解析器
    addConverter(new CatchEventXMLConverter());
    addConverter(new ThrowEventXMLConverter());
    addConverter(new BoundaryEventXMLConverter());

    // 添加注释和关联的解析器
    addConverter(new TextAnnotationXMLConverter());
    addConverter(new AssociationXMLConverter());

    // 添加数据存储引用的解析器
    addConverter(new DataStoreReferenceXMLConverter());

    // 添加值对象的解析器
    addConverter(new ValuedDataObjectXMLConverter(), StringDataObject.class);
    addConverter(new ValuedDataObjectXMLConverter(), BooleanDataObject.class);
    addConverter(new ValuedDataObjectXMLConverter(), IntegerDataObject.class);
    addConverter(new ValuedDataObjectXMLConverter(), LongDataObject.class);
    addConverter(new ValuedDataObjectXMLConverter(), DoubleDataObject.class);
    addConverter(new ValuedDataObjectXMLConverter(), DateDataObject.class);

    // 外部定义的类型
    addConverter(new AlfrescoStartEventXMLConverter());
    addConverter(new AlfrescoUserTaskXMLConverter());
}
```

从以上代码段可以看到，不同的事件、任务、网关、顺序流等元素都有各自特定的解析器，这些解析器初始化后都被存储到convertersToBpmnMap对象中。BpmnXMLConverter解析XML时，会根据节点的名称在convertersToBpmnMap中查找并调用对应的converter进行特定元素的解析。

下面，我们以UserTaskXMLConverter为例讲解用户节点的解析过程。

```
public class UserTaskXMLConverter extends BaseBpmnXMLConverter {
    protected Map<String, BaseChildElementParser> childParserMap = new HashMap();
    //实例化userTask子节点解析器
    public UserTaskXMLConverter() {
        UserTaskXMLConverter.HumanPerformerParser humanPerformerParser =
            new UserTaskXMLConverter.HumanPerformerParser();
        this.childParserMap.put(humanPerformerParser.getElementName(), humanPerformerParser);
        UserTaskXMLConverter.PotentialOwnerParser potentialOwnerParser =
            new UserTaskXMLConverter.PotentialOwnerParser();
        this.childParserMap.put(potentialOwnerParser.getElementName(),
            potentialOwnerParser);
```

```java
        UserTaskXMLConverter.CustomIdentityLinkParser customIdentityLinkParser =
            new UserTaskXMLConverter.CustomIdentityLinkParser();
        this.childParserMap.put(customIdentityLinkParser.getElementName(),
            customIdentityLinkParser);
}
//转换xml为UserTask对象
protected BaseElement convertXMLToElement(XMLStreamReader xtr, BpmnModel model)
    throws Exception {
    //获取userTask子节点下的表单属性
    String formKey = xtr.getAttributeValue("http://activiti.org/bpmn", "formKey");
    //实例化UserTask对象
    UserTask userTask = null;
    if (StringUtils.isNotEmpty(formKey) && model.getUserTaskFormTypes() != null &&
        model.getUserTaskFormTypes().contains(formKey)) {
        userTask = new AlfrescoUserTask();
    }
    if (userTask == null) {
        userTask = new UserTask();
    }
    BpmnXMLUtil.addXMLLocation((BaseElement)userTask, xtr);
    //获取节点绩效
    ((UserTask)userTask).setDueDate(xtr.getAttributeValue(
        "http://activiti.org/bpmn", "dueDate"));
    ((UserTask)userTask).setBusinessCalendarName(xtr.getAttributeValue(
        "http://activiti.org/bpmn", "businessCalendarName"));
    ((UserTask)userTask).setCategory(xtr.getAttributeValue(
        "http://activiti.org/bpmn", "category"));
    ((UserTask)userTask).setFormKey(formKey);
    //获取办理人
    ((UserTask)userTask).setAssignee(xtr.getAttributeValue(
        "http://activiti.org/bpmn", "assignee"));
    ((UserTask)userTask).setOwner(xtr.getAttributeValue(
        "http://activiti.org/bpmn", "owner"));
    ((UserTask)userTask).setPriority(xtr.getAttributeValue(
        "http://activiti.org/bpmn", "priority"));
    //获取候选人
    String expression;
    if (StringUtils.isNotEmpty(xtr.getAttributeValue(
        "http://activiti.org/bpmn", "candidateUsers"))) {
        expression = xtr.getAttributeValue(
            "http://activiti.org/bpmn", "candidateUsers");
        ((UserTask)userTask).getCandidateUsers()
            .addAll(this.parseDelimitedList(expression));
    }
    //获取候选组
    if (StringUtils.isNotEmpty(xtr.getAttributeValue(
        "http://activiti.org/bpmn", "candidateGroups"))) {
        expression = xtr.getAttributeValue(
            "http://activiti.org/bpmn", "candidateGroups");
        ((UserTask)userTask).getCandidateGroups()
            .addAll(this.parseDelimitedList(expression));
    }
    ((UserTask)userTask).setExtensionId(xtr.getAttributeValue(
        "http://activiti.org/bpmn", "extensionId"));
    if (StringUtils.isNotEmpty(xtr.getAttributeValue(
        "http://activiti.org/bpmn", "skipExpression"))) {
        expression = xtr.getAttributeValue(
            "http://activiti.org/bpmn", "skipExpression");
        ((UserTask)userTask).setSkipExpression(expression);
    }
    //将默认属性添加到BaseElement属性对象中
    BpmnXMLUtil.addCustomAttributes(xtr, (BaseElement)userTask,
        new List[]{defaultElementAttributes, defaultActivityAttributes,
        defaultUserTaskAttributes});
    //解析userTask子节点
    this.parseChildElements(this.getXMLElementName(), (BaseElement)userTask,
        this.childParserMap, model, xtr);
    //返回userTask
```

```
        return (BaseElement)userTask;
    }
}
```

其他节点解析器是如何工作的,这里就不一一介绍了,感兴趣的读者可以参考BpmnXMLConverter类自行了解。

6.4.3 流程启动

本小节介绍Activiti是如何启动流程的。

我们调用RuntimeService接口的createProcessInstanceBuilder()方法创建一个ProcessInstanceBuilder对象,然后调用ProcessInstanceBuilder的start()方法来启动流程实例(省略部分代码):

```
// 创建流程实例构造器
ProcessInstanceBuilder processInstanceBuilder =
    runtimeService.createProcessInstanceBuilder();
...// 设置流程实例属性
// 启动流程实例
ProcessInstance instance = processInstanceBuilder.start();
```

展开ProcessInstanceBuilder的start()方法源码,可知它调用RuntimeService接口的startProcessInstance()方法启动流程实例:

```
public class ProcessInstanceBuilderImpl implements ProcessInstanceBuilder {
    public ProcessInstance start() {
        return runtimeService.startProcessInstance(this);
    }
}
```

接下来展开RuntimeService接口的实现类RuntimeServiceImpl的源码,看一看startProcessInstance()方法如何启动流程实例:

```
public class RuntimeServiceImpl extends ServiceImpl implements RuntimeService {
    public ProcessInstance startProcessInstance(
            ProcessInstanceBuilderImpl processInstanceBuilder) {
        if (processInstanceBuilder.getProcessDefinitionId() != null ||
            processInstanceBuilder.getProcessDefinitionKey() != null) {
            return commandExecutor.execute(
                new StartProcessInstanceCmd<ProcessInstance>(processInstanceBuilder));
        } else if (processInstanceBuilder.getMessageName() != null) {
            return commandExecutor.execute(
                new StartProcessInstanceByMessageCmd(processInstanceBuilder));
        } else {
            throw new ActivitiIllegalArgumentException(
                "No processDefinitionId, processDefinitionKey nor messageName provided");
        }
    }
}
```

在以上代码中,如果设置了ProcessDefinitionId或ProcessDefinitionKey属性,RuntimeService会调用StartProcessInstanceCmd命令启动流程;如果设置了MessageName属性,RuntimeService会调用StartProcessInstanceByMessageCmd命令启动流程,否则将抛出异常。

下面将以StartProcessInstanceCmd命令为例,讲解基于流程定义启动流程的过程。以下是StartProcessInstanceCmd命令的相关代码(省略部分代码):

```
public class StartProcessInstanceCmd<T> implements Command<ProcessInstance>, Serializable {
    public ProcessInstance execute(CommandContext commandContext) {
        DeploymentManager deploymentCache =
            commandContext.getProcessEngineConfiguration().getDeploymentManager();

        // 1.获取流程定义
        ProcessDefinition processDefinition = null;
        if (processDefinitionId != null) {
            ...//基于流程定义ID获取流程定义

        } else if (processDefinitionKey != null &&
            (tenantId == null || ProcessEngineConfiguration.NO_TENANT_ID.equals(tenantId))) {
```

```
            ...//基于流程定义key获取流程定义

        } else if (processDefinitionKey != null &&
        tenantId != null && !ProcessEngineConfiguration.NO_TENANT_ID.equals(tenantId)) {
            ...//基于流程定义key和租户ID获取流程定义

        } else {
            throw new ActivitiIllegalArgumentException(
                "processDefinitionKey and processDefinitionId are null");
        }

        processInstanceHelper =
            commandContext.getProcessEngineConfiguration().getProcessInstanceHelper();
        // 2.开始创建流程实例
        ProcessInstance processInstance = createAndStartProcessInstance(processDefinition,
            businessKey, processInstanceName, variables, transientVariables);

        return processInstance;
    }

    protected ProcessInstance createAndStartProcessInstance(ProcessDefinition
        processDefinition, String businessKey, String processInstanceName,
        Map<String,Object> variables, Map<String, Object> transientVariables) {
            return processInstanceHelper.createAndStartProcessInstance(processDefinition,
                businessKey, processInstanceName, variables, transientVariables);
    }
}
```

在以上代码中,StartProcessInstanceCmd命令执行execute()方法时,先根据参数查找相应的流程定义,然后调用createAndStartProcessInstance()方法,通过调用ProcessInstanceHelper类创建并发起流程实例。

下面,我们展开ProcessInstanceHelper源码,了解一下它创建并发起流程的过程。以下是ProcessInstanceHelper创建并发起流程实例的代码片段(省略部分代码):

```
public class ProcessInstanceHelper {
    protected ProcessInstance createAndStartProcessInstance(
        ProcessDefinition processDefinition, String businessKey,
        String processInstanceName, Map<String, Object> variables,
        Map<String, Object> transientVariables,
        boolean startProcessInstance) {

            CommandContext commandContext = Context.getCommandContext();
            ...//对Activiti5版本的流程定义的兼容处理
            ...//对流程定义校验
            return createAndStartProcessInstanceWithInitialFlowElement(processDefinition,
                businessKey, processInstanceName, initialFlowElement, process,
                variables, transientVariables, startProcessInstance);
    }
    //通过流程的发起节点,创建和启动流程实例

    public ProcessInstance createAndStartProcessInstanceWithInitialFlowElement(
        ProcessDefinition processDefinition, String businessKey,
        String processInstanceName, FlowElement initialFlowElement,
        Process process, Map<String, Object> variables, Map<String, Object>
        transientVariables, boolean startProcessInstance) {

            CommandContext commandContext = Context.getCommandContext();

            //创建流程实例
            String initiatorVariableName = null;
            if (initialFlowElement instanceof StartEvent) {
                initiatorVariableName = ((StartEvent) initialFlowElement).getInitiator();
            }

            ExecutionEntity processInstance = commandContext.getExecutionEntityManager()
                .createProcessInstanceExecution(processDefinition, businessKey,
                processDefinition.getTenantId(), initiatorVariableName);
```

```java
            commandContext.getHistoryManager().recordProcessInstanceStart(
                processInstance, initialFlowElement);

            processInstance.setVariables(processDataObjects(process.getDataObjects()));

            //设置流程变量
            if (variables != null) {
                for (String varName : variables.keySet()) {
                    processInstance.setVariable(varName, variables.get(varName));
                }
            }
        if (transientVariables != null) {
            for (String varName : transientVariables.keySet()) {
                processInstance.setTransientVariable(varName, transientVariables.get(varName));
            }
        }

        //设置流程实例名称
        if (processInstanceName != null) {
            processInstance.setName(processInstanceName);
            commandContext.getHistoryManager().recordProcessInstanceNameChange(
                processInstance.getId(), processInstanceName);
        }

        //发布全局事件
        if (Context.getProcessEngineConfiguration().getEventDispatcher().isEnabled()) {
            Context.getProcessEngineConfiguration().getEventDispatcher()
                .dispatchEvent(ActivitiEventBuilder.createEntityWithVariablesEvent
                    (ActivitiEventType.ENTITY_INITIALIZED, processInstance, variables, false));
        }

        //创建第一个执行实例
        ExecutionEntity execution = commandContext.getExecutionEntityManager()
            .createChildExecution(processInstance);
        //设置当前节点为开始节点
        execution.setCurrentFlowElement(initialFlowElement);
        //判断是否启动流程
        if (startProcessInstance) {
            startProcessInstance(processInstance, commandContext, variables);
        }
        //返回流程实例
        return processInstance;
    }

    //启动流程
    public void startProcessInstance(ExecutionEntity processInstance, CommandContext
        commandContext, Map<String, Object> variables) {

        Process process = ProcessDefinitionUtil.getProcess(
        processInstance.getProcessDefinitionId());

        ...//此处省略事件子流程处理相关代码

        //获取第一个子执行实例
        ExecutionEntity execution = processInstance.getExecutions().get(0);
        //发布流程启动全局事件
        if (Context.getProcessEngineConfiguration().getEventDispatcher().isEnabled()) {
            ActivitiEventDispatcher eventDispatcher =
                Context.getProcessEngineConfiguration().getEventDispatcher();
            eventDispatcher.dispatchEvent(ActivitiEventBuilder
                .createProcessStartedEvent(execution, variables, false));
        }
        //继续流转流程
        commandContext.getAgenda().planContinueProcessOperation(execution);

        ...//此处省略派发事件相关代码
    }
}
```

6.4.4 节点流转

流程启动后，Activiti工作流引擎将进行节点流转。Activiti流转流程主要依赖ActivitiEngineAgenda接口实现，该接口主要包含以下方法：

```java
public interface ActivitiEngineAgenda extends Agenda {
    // 计划继续流程操作
    void planContinueProcessOperation(ExecutionEntity execution);
    // 计划继续流程同步操作
    void planContinueProcessSynchronousOperation(ExecutionEntity execution);
    // 计划继续流程补偿操作
    void planContinueProcessInCompensation(ExecutionEntity execution);
    // 计划继续多实例操作
    void planContinueMultiInstanceOperation(ExecutionEntity execution);
    // 计划外出顺序流操作
    void planTakeOutgoingSequenceFlowsOperation(ExecutionEntity execution, boolean eval
        uateConditions);
    // 计划结束执行操作
    void planEndExecutionOperation(ExecutionEntity execution);
    // 计划触发器执行操作
    void planTriggerExecutionOperation(ExecutionEntity execution);
    // 计划销毁当前作用域操作
    void planDestroyScopeOperation(ExecutionEntity execution);
    // 计划执行闲置行为操作
    void planExecuteInactiveBehaviorsOperation();
}
```

ActivitiEngineAgenda接口的默认实现类是DefaultActivitiEngineAgenda，该类持有两个变量。其代码如下：

```java
protected LinkedList<Runnable> operations = new LinkedList<Runnable>();
protected CommandContext commandContext;
```

其中operations是一个链表，在流程流转过程中，不同阶段会通过ActivitiEngineAgenda接口将不同的operation加入链表。过程如下：

```java
public void planContinueProcessOperation(ExecutionEntity execution) {
    planOperation(new ContinueProcessOperation(commandContext, execution));
}

public void planOperation(Runnable operation) {
    operations.add(operation);

    if (operation instanceof AbstractOperation) {
        ExecutionEntity execution = ((AbstractOperation) operation).getExecution();
        if (execution != null) {
            commandContext.addInvolvedExecution(execution);
        }
    }

    logger.debug("Operation {} added to agenda", operation.getClass());
}
```

加入operations链表中的operation将在CommandInvoker中被弹出执行，这也是ActivitiEngineAgenda接口方法都以plan开头的原因。

接下来，让我们看一下CommandInvoker如何执行这些operation：

```java
public class CommandInvoker extends AbstractCommandInterceptor {
    public <T> T execute(final CommandConfig config, final Command<T> command) {
        final CommandContext commandContext = Context.getCommandContext();
        commandContext.getAgenda().planOperation(new Runnable() {
            @Override
            public void run() {
                commandContext.setResult(command.execute(commandContext));
            }
        });

        //执行Operations
        executeOperations(commandContext);
```

```
            if (commandContext.hasInvolvedExecutions()) {
                Context.getAgenda().planExecuteInactiveBehaviorsOperation();
                executeOperations(commandContext);
            }

            return (T) commandContext.getResult();
        }

        //执行所有操作
        protected void executeOperations(final CommandContext commandContext) {
            while (!commandContext.getAgenda().isEmpty()) {
                //取出Operation
                Runnable runnable = commandContext.getAgenda().getNextOperation();
                executeOperation(runnable);
            }
        }

        //执行单个操作
        public void executeOperation(Runnable runnable) {
            if (runnable instanceof AbstractOperation) {
                AbstractOperation operation = (AbstractOperation) runnable;
                if (operation.getExecution() == null || !operation.getExecution().isEnded()) {
                    runnable.run();
                }
            } else {
                runnable.run();
            }
        }
    }
```

CommandInvoker会遍历所有的operation，调用相应命令的run()方法进行执行。

我们仍以图6.4为例来说明流程是如何流转的。回顾6.4.3小节，我们已经将execution的当前节点设置为了startEvent，并调用了planContinueProcessOperation()方法压入了ContinueProcessOperation。

接下来，CommandInvoker会调用ContinueProcessOperation的run()方法，继续推进流程流转（省略部分代码）：

```
public class ContinueProcessOperation extends AbstractOperation {
    @Override
    public void run() {
        //获取当前节点（注意，当前节点是开始节点）
        FlowElement currentFlowElement = getCurrentFlowElement(execution);
        ...
        continueThroughFlowNode((FlowNode) currentFlowElement);
        ...
    }

    //通过流节点
    protected void continueThroughFlowNode(FlowNode flowNode) {
        ...
        executeSynchronous(flowNode);
        ...
    }

    //同步执行
    protected void executeSynchronous(FlowNode flowNode) {
        ...
        //获取当前节点的behavior
        ActivityBehavior activityBehavior = (ActivityBehavior) flowNode.getBehavior();
        if (activityBehavior != null) {
            executeActivityBehavior(activityBehavior, flowNode);
        }
        ...
    }

    //执行behavior
    protected void executeActivityBehavior(ActivityBehavior activityBehavior,
        FlowNode flowNode) {
        ...
```

```
        //调用behavior的execute()方法
        activityBehavior.execute(execution);
        ...
    }
}
```

当前节点是一个空开始事件节点,对应的behavior是NoneStartEventActivityBehavior,这个behavior中什么也没有,直接继承父类方法,在父类FlowNodeActivityBehavior中调用leave()方法。其代码如下:

```
public class NoneStartEventActivityBehavior extends FlowNodeActivityBehavior {
    private static final long serialVersionUID = 1L;
    // 这个开始节点不需要做什么,执行父类的方法
}

public abstract class FlowNodeActivityBehavior implements TriggerableActivityBehavior {
    private static final long serialVersionUID = 1L;
    protected BpmnActivityBehavior bpmnActivityBehavior = new BpmnActivityBehavior();
    public void execute(DelegateExecution execution) {
        leave(execution);
    }
    //离开节点
    public void leave(DelegateExecution execution) {
        bpmnActivityBehavior.performDefaultOutgoingBehavior((ExecutionEntity) execution);
    }
}
```

FlowNodeActivityBehavior的leave()方法调用了bpmnActivityBehavior对象的performDefaultOutgoingBehavior()方法,执行节点外出顺序流的behavior。接下来,让我们进入BpmnActivityBehavior源码,看一下它执行外出顺序流的相关操作。其源码如下:

```
public class BpmnActivityBehavior implements Serializable {

    public void performDefaultOutgoingBehavior(ExecutionEntity activityExecution) {
        performOutgoingBehavior(activityExecution, true, false);
    }

    protected void performOutgoingBehavior(ExecutionEntity execution, boolean
            checkConditions, boolean throwExceptionIfExecutionStuck) {
        //将执行外出顺序流操作放入执行计划
        Context.getAgenda().planTakeOutgoingSequenceFlowsOperation(execution, true);
    }
}
```

它将执行外出顺序流的操作TakeOutgoingSequenceFlowsOperation放入执行计划。接下来,CommandInvoker会调用TakeOutgoingSequenceFlowsOperation的run()方法,将当前节点变更为顺序流1。相关代码如下(省略部分代码):

```
public class TakeOutgoingSequenceFlowsOperation extends AbstractOperation {
    @Override
    public void run() {
        //获取当前节点(注意,当前节点还是开始节点)
        FlowElement currentFlowElement = getCurrentFlowElement(execution);
        ...
        if (currentFlowElement instanceof FlowNode) {
            handleFlowNode((FlowNode) currentFlowElement);
        } else if (currentFlowElement instanceof SequenceFlow) {
            handleSequenceFlow();
        }
    }
    //处理流节点
    protected void handleFlowNode(FlowNode flowNode) {
        handleActivityEnd(flowNode);
        if (flowNode.getParentContainer() != null
                && flowNode.getParentContainer() instanceof AdhocSubProcess) {
            handleAdhocSubProcess(flowNode);
        } else {
            leaveFlowNode(flowNode);
        }
```

```java
    }
//离开流节点
protected void leaveFlowNode(FlowNode flowNode) {
    ...//获取"开始"节点外出顺序流
    SequenceFlow sequenceFlow = outgoingSequenceFlows.get(0);
    execution.setCurrentFlowElement(sequenceFlow);
    execution.setActive(true);
    //此时将执行实例的当前节点变更为"顺序流1"
    outgoingExecutions.add((ExecutionEntity) execution);
    ...

    // 将继续流程操作放入执行计划
    for (ExecutionEntity outgoingExecution : outgoingExecutions) {
        Context.getAgenda().planContinueProcessOperation(outgoingExecution);
    }
    ...
}
```

TakeOutgoingSequenceFlowsOperation执行完相关操作后,再次调用planContinueProcessOperation()方法,将顺序流/后续操作放入执行计划。

接下来,CommandInvoker将第二次执行ContinueProcessOperation操作,实现顺序流1到"申请"节点的流转,即将流程的当前节点设置为"申请"节点。相关代码如下(省略部分代码):

```java
public class ContinueProcessOperation extends AbstractOperation {
    @Override
    public void run() {
        //获取当前节点(注意,当前节点是顺序流1)
        FlowElement currentFlowElement = getCurrentFlowElement(execution);
        continueThroughSequenceFlow((SequenceFlow) currentFlowElement);
        ...
    }

    //通过顺序流
    protected void continueThroughSequenceFlow(SequenceFlow sequenceFlow) {
        ...
        //获取顺序流的目标节点,并将目标节点设置为执行实例的当前节点
        FlowElement targetFlowElement = sequenceFlow.getTargetFlowElement();
        execution.setCurrentFlowElement(targetFlowElement);
        //将继续流程操作放入执行计划
        Context.getAgenda().planContinueProcessOperation(execution);
    }
}
```

修改完当前节点后,CommandInvoker会第三次执行ContinueProcessOperation操作,这次当前节点是FlowNode,因此会执行continueThroughFlowNode()方法。相关代码如下(省略部分代码):

```java
public class ContinueProcessOperation extends AbstractOperation {
    @Override
    public void run() {
        //获取当前节点(注意,当前节点是"申请"节点)
        FlowElement currentFlowElement = getCurrentFlowElement(execution);
        ...
        continueThroughFlowNode((FlowNode) currentFlowElement);
        ...
    }

    //通过流节点
    protected void continueThroughFlowNode(FlowNode flowNode) {
        ...
        executeSynchronous(flowNode);
        ...
    }

    //同步执行
    protected void executeSynchronous(FlowNode flowNode) {
        ...
        //获取当前节点的behavior
```

```
ActivityBehavior activityBehavior = (ActivityBehavior) flowNode.getBehavior();
if (activityBehavior != null) {
    executeActivityBehavior(activityBehavior, flowNode);
}
...
}

//执行behavior
protected void executeActivityBehavior(ActivityBehavior activityBehavior,
    FlowNode flowNode) {
    ...
    //调用behavior的execute()方法
    activityBehavior.execute(execution);
    ...
}
```

由于当前节点是用户节点，对应的behavior是UserTaskActivityBehavior，所以会调用该behavior的execute()方法创建相应的用户任务。

此时，流程从开始节点流转到了"申请"用户节点，如图6.7所示。

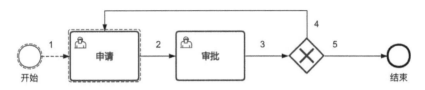

图6.7　流程流转到"申请"用户节点

6.4.5　网关控制

如图6.8所示，当通过"审批"用户节点后，流程会继续往下流转，这时会经过一个排他网关，Activiti如何处理网关节点呢？

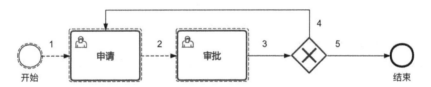

图6.8　一个简单的审批流程

我们将从调用Taskservice类的complete()方法完成"审批"用户任务这个动作入口开始，了解Activiti流转到网关并执行网关处理相关逻辑的过程：

```
public class TaskServiceImpl extends ServiceImpl implements TaskService{
    public void complete(String taskId, Map<String, Object> variables) {
        commandExecutor.execute(new CompleteTaskCmd(taskId, variables));
    }
}
```

在Taskservice的实现类TaskServiceImpl中，通过执行CompleteTaskCmd命令完成用户任务。

接下来，让我们进入CompleteTaskCmd源码，看一下"审批"任务完成时，流程是如何流转到网关节点的（省略部分代码）：

```
public class CompleteTaskCmd extends AbstractCompleteTaskCmd {

    protected Void execute(CommandContext commandContext, TaskEntity task) {
        ...
        executeTaskComplete(commandContext, task, variables, localScope);
        return null;
    }
```

```java
//执行完成任务相关操作
protected void executeTaskComplete(CommandContext commandContext,
    TaskEntity taskEntity,
    Map<String, Object> variables,
    boolean localScope) {
    ...
    if (taskEntity.getExecutionId() != null) {
        ExecutionEntity executionEntity = commandContext.getExecutionEntityManager()
            .findById(taskEntity.getExecutionId());
        //将触发执行实例操作放入执行计划
        Context.getAgenda().planTriggerExecutionOperation(executionEntity);
    }
}
```

CompleteTaskCmd在任务完成后，将TriggerExecutionOperation放入执行计划，通过TriggerExecutionOperation来触发执行实例继续流转（省略部分代码）：

```java
public class TriggerExecutionOperation extends AbstractOperation {

    @Override
    public void run() {
        //获取当前节点（注意，当前节点是"审批"用户节点）
        FlowElement currentFlowElement = getCurrentFlowElement(execution);
        if (currentFlowElement instanceof FlowNode) {
            ActivityBehavior activityBehavior =
                (ActivityBehavior) ((FlowNode) currentFlowElement).getBehavior();
            if (activityBehavior instanceof TriggerableActivityBehavior) {
                ...
                //调用activityBehavior的trigger()方法
                ((TriggerableActivityBehavior) activityBehavior).trigger(execution, null, null);
                ...
            }
            ...
        }
        ...
    }
}
```

当前节点"审批"是用户任务（UserTask），对应的behavior是UserTaskActivityBehavior。因此，会调用UserTaskActivityBehavior的trigger()方法（省略部分代码）：

```java
public class UserTaskActivityBehavior extends TaskActivityBehavior {

    public void trigger(DelegateExecution execution, String signalName, Object signalData) {
        ...
        //离开执行计划
        leave(execution);
    }
}
```

此处省略了UserTaskActivityBehavior的具体操作，仅关注流程的流转。UserTaskActivityBehavior执行操作后，调用父类FlowNodeActivityBehavior的leave()方法（省略部分代码）：

```java
public abstract class FlowNodeActivityBehavior implements TriggerableActivityBehavior {
    public void leave(DelegateExecution execution) {
        bpmnActivityBehavior.performDefaultOutgoingBehavior((ExecutionEntity) execution);
    }
}
```

以上代码段在执行leave()方法时，调用BpmnActivityBehavior的performDefaultOutgoingBehavior()方法，将执行外出顺序流操作放入执行计划。

```java
public class BpmnActivityBehavior implements Serializable {

    public void performDefaultOutgoingBehavior(ExecutionEntity activityExecution) {
        performOutgoingBehavior(activityExecution, true, false);
    }

    protected void performOutgoingBehavior(ExecutionEntity execution, boolean
        checkConditions, boolean throwExceptionIfExecutionStuck) {
```

```
        //将执行外出顺序流操作放入执行计划
        Context.getAgenda().planTakeOutgoingSequenceFlowsOperation(execution, true);
    }
}
```

当CommandInvoker执行TakeOutgoingSequenceFlowsOperation时,当前节点还是"审批"用户节点,因此会执行leaveFlowNode()方法,将当前节点流转为"审批"用户节点之后的外出顺序流3(省略部分代码):

```
public class TakeOutgoingSequenceFlowsOperation extends AbstractOperation {
    @Override
    public void run() {
        //获取当前节点(注意,当前节点还是"审批"用户节点)
        FlowElement currentFlowElement = getCurrentFlowElement(execution);
        ...
        if (currentFlowElement instanceof FlowNode) {
            handleFlowNode((FlowNode) currentFlowElement);
        } else if (currentFlowElement instanceof SequenceFlow) {
            handleSequenceFlow();
        }
    }
    //处理流节点
    protected void handleFlowNode(FlowNode flowNode) {
        handleActivityEnd(flowNode);
        if (flowNode.getParentContainer() != null
            && flowNode.getParentContainer() instanceof AdhocSubProcess) {
            handleAdhocSubProcess(flowNode);
        } else {
            leaveFlowNode(flowNode);
        }
    }
    //离开流节点
    protected void leaveFlowNode(FlowNode flowNode) {
        ...//获取"审批"用户节点外出顺序流
        SequenceFlow sequenceFlow = outgoingSequenceFlows.get(0);
        execution.setCurrentFlowElement(sequenceFlow);
        execution.setActive(true);
        //此时执行实例的当前节点变更为顺序流3
        outgoingExecutions.add((ExecutionEntity) execution);
        ...

        // 将继续流程操作放入执行计划
        for (ExecutionEntity outgoingExecution : outgoingExecutions) {
            Context.getAgenda().planContinueProcessOperation(outgoingExecution);
        }
    }
}
```

TakeOutgoingSequenceFlowsOperation变更当前节点为"顺序流3"后,将继续流程操作放入执行计划链表,CommandInvoker会调用ContinueProcessOperation的run()方法流转流程。当前节点是顺序流,所以会调用continueThroughSequenceFlow()方法(省略部分代码):

```
public class ContinueProcessOperation extends AbstractOperation {
    @Override
    public void run() {
    //获取当前节点(注意,当前节点是顺序流3)
    FlowElement currentFlowElement = getCurrentFlowElement(execution);
        ...
        continueThroughSequenceFlow((SequenceFlow) currentFlowElement);
        ...
    }

    //通过顺序流
    protected void continueThroughSequenceFlow(SequenceFlow sequenceFlow) {
        ...
        //获取顺序流的目标节点,并将目标节点设置为执行实例的当前节点
        FlowElement targetFlowElement = sequenceFlow.getTargetFlowElement();
        execution.setCurrentFlowElement(targetFlowElement);
        //将执行实例放入执行计划
```

```
        Context.getAgenda().planContinueProcessOperation(execution);
    }
}
```

上面这段代码已将流程的当前节点变更为"网关"节点,并再次将执行实例放入执行计划,因此,CommandInvoker会再次调用ContinueProcessOperation的run()方法流转流程。当前节点是网关节点,所以执行continueThroughFlowNode()方法(省略部分代码):

```
public class ContinueProcessOperation extends AbstractOperation {
    @Override
    public void run() {
        //获取当前节点(注意,当前节点是网关)
        FlowElement currentFlowElement = getCurrentFlowElement(execution);
        ...
        continueThroughFlowNode((FlowNode) currentFlowElement);
        ...
    }

    //通过流节点
    protected void continueThroughFlowNode(FlowNode flowNode) {
        ...
        executeSynchronous(flowNode);
        ...
    }

    //同步执行
    protected void executeSynchronous(FlowNode flowNode) {
        ...
        //获取当前节点的behavior
        ActivityBehavior activityBehavior = (ActivityBehavior) flowNode.getBehavior();
        if (activityBehavior != null) {
            executeActivityBehavior(activityBehavior, flowNode);
        }
        ...
    }

    //执行behavior
    protected void executeActivityBehavior(ActivityBehavior activityBehavior, FlowNode flowNode) {
        ...
        //调用behavior的execute()方法
        activityBehavior.execute(execution);
        ...
    }
}
```

当前节点是排他网关节点,对应的behavior是ExclusiveGatewayActivityBehavior,接下来正式进入排他网关的behavior执行代码。代码如下(省略部分代码):

```
public class ExclusiveGatewayActivityBehavior extends GatewayActivityBehavior {

    //排他网关的execute()方法,继承父类的execute()方法,默认执行leave()操作

    @Override
    public void leave(DelegateExecution execution) {
        ExclusiveGateway exclusiveGateway =
            (ExclusiveGateway) execution.getCurrentFlowElement();
        ...

        SequenceFlow outgoingSequenceFlow = null;
        SequenceFlow defaultSequenceFlow = null;
        String defaultSequenceFlowId = exclusiveGateway.getDefaultFlow();

        //判断要流转哪条外出顺序流
        Iterator<SequenceFlow> sequenceFlowIterator =
            exclusiveGateway.getOutgoingFlows().iterator();
        while (outgoingSequenceFlow == null && sequenceFlowIterator.hasNext()) {
            SequenceFlow sequenceFlow = sequenceFlowIterator.next();
```

```java
            String skipExpressionString = sequenceFlow.getSkipExpression();
            if (!SkipExpressionUtil
                    .isSkipExpressionEnabled(execution, skipExpressionString)) {
                //判断分支条件是否为true
                boolean conditionEvaluatesToTrue =
                        ConditionUtil.hasTrueCondition(sequenceFlow, execution);
                if (conditionEvaluatesToTrue && (defaultSequenceFlowId == null ||
                        !defaultSequenceFlowId.equals(sequenceFlow.getId()))) {
                    outgoingSequenceFlow = sequenceFlow;
                }
            } else if (SkipExpressionUtil
                    .shouldSkipFlowElement(Context.getCommandContext(),
                    execution, skipExpressionString)) {
                outgoingSequenceFlow = sequenceFlow;
            }

            //查找默认外出顺序流
            if (defaultSequenceFlowId != null
                    && defaultSequenceFlowId.equals(sequenceFlow.getId())) {
                defaultSequenceFlow = sequenceFlow;
            }
        }

        //记录网关节点的结束时间
        Context.getCommandContext().getHistoryManager()
                .recordActivityEnd((ExecutionEntity) execution, null);

        //离开网关
        if (outgoingSequenceFlow != null) {
            //将找到的符合条件的外出顺序流设置为当前节点
            execution.setCurrentFlowElement(outgoingSequenceFlow);
        } else {
            if (defaultSequenceFlow != null) {
                //将默认外出顺序流设置为当前节点
                execution.setCurrentFlowElement(defaultSequenceFlow);
            } else {
                //没有找到可以执行的外出顺序流,报错
                throw new NoOutgoingException("No outgoing sequence flow of the exclusive gateway
'" + exclusiveGateway.getId() + "' could be selected for continuing the process");
            }
        }
        //当前节点变更为网关外出顺序流
        //离开执行计划
        super.leave(execution);
    }
}

public abstract class FlowNodeActivityBehavior implements TriggerableActivityBehavior {

    public void execute(DelegateExecution execution) {
        leave(execution);
    }

    public void leave(DelegateExecution execution) {
        bpmnActivityBehavior.performDefaultOutgoingBehavior(
                (ExecutionEntity) execution);
    }
}

public class BpmnActivityBehavior implements Serializable {

    public void performDefaultOutgoingBehavior(ExecutionEntity activityExecution) {
        performOutgoingBehavior(activityExecution, true, false);
    }

    protected void performOutgoingBehavior(ExecutionEntity execution, boolean
            checkConditions, boolean throwExceptionIfExecutionStuck) {
```

```
            //将执行外出顺序流操作放入执行计划
            Context.getAgenda().planTakeOutgoingSequenceFlowsOperation(execution, true);
        }
    }
```

排他网关的behavior执行代码会获取排他网关的外出顺序流，并判断当前执行实例满足哪个分支条件，如当"审批"同意，符合条件的外出顺序流就是"5"。behavior在将符合条件的顺序流设置为当前对象后，调用父类FlowNodeActivityBehavior的leave()方法继续流程。

6.4.6 流程结束

紧接6.4.5小节的操作，当执行实例离开排他网关节点，会途径顺序流5流转到结束节点。首先，CommandInvoker会从执行计划中获取并执行TakeOutgoingSequenceFlowsOperation（省略部分代码）：

```java
public class TakeOutgoingSequenceFlowsOperation extends AbstractOperation {
    @Override
    public void run() {
        FlowElement currentFlowElement = getCurrentFlowElement(execution);
        //获取当前节点（注意，当前节点是排他网关节点后的外出顺序流5）
        ...
        if (currentFlowElement instanceof FlowNode) {
            handleFlowNode((FlowNode) currentFlowElement);
        } else if (currentFlowElement instanceof SequenceFlow) {
            handleSequenceFlow();
        }
    }
    //处理流节点
    protected void handleSequenceFlow() {
        commandContext.getHistoryManager().recordActivityEnd(execution, null);
        // 将继续流程操作放入执行计划
        Context.getAgenda().planContinueProcessOperation(execution);
    }
}
```

TakeOutgoingSequenceFlowsOperation再次将ContinueProcessOperation放入执行计划。CommandInvoker再次调用ContinueProcessOperation的run()方法，由于当前节点是顺序流节点，所以调用continueThroughSequenceFlow()方法，将顺序流5的"结束"目标节点变更为当前节点（省略部分代码）：

```java
public class ContinueProcessOperation extends AbstractOperation {
    @Override
    public void run() {
        //获取当前节点（注意，当前节点是排他网关节点后的外出顺序流5）
        FlowElement currentFlowElement = getCurrentFlowElement(execution);
        ...
        continueThroughSequenceFlow((SequenceFlow) currentFlowElement);
        ...
    }

    //通过顺序流
    protected void continueThroughSequenceFlow(SequenceFlow sequenceFlow) {
        ...
        //获取顺序流的目标节点，并将目标节点变更为执行实例的当前节点
        FlowElement targetFlowElement = sequenceFlow.getTargetFlowElement();
        execution.setCurrentFlowElement(targetFlowElement);
        //将执行实例放入执行计划
        Context.getAgenda().planContinueProcessOperation(execution);
    }
}
```

设置当前节点后，程序会再次执行ContinueProcessOperation的run()方法，此时当前节点变更为结束节点。结束节点是FlowNode，因此会执行continueThroughFlowNode()方法（省略部分代码）：

```java
public class ContinueProcessOperation extends AbstractOperation {
    @Override
    public void run() {
        //获取当前节点（注意，当前节点是结束节点）
        FlowElement currentFlowElement = getCurrentFlowElement(execution);
        ...
```

```
        continueThroughFlowNode((FlowNode) currentFlowElement);
        ...
    }
    //通过流节点
    protected void continueThroughFlowNode(FlowNode flowNode) {
        ...
        executeSynchronous(flowNode);
        ...
    }
    //同步执行
    protected void executeSynchronous(FlowNode flowNode) {
        ...
        //获取当前节点的behavior
        ActivityBehavior activityBehavior = (ActivityBehavior) flowNode.getBehavior();
        if (activityBehavior != null) {
            executeActivityBehavior(activityBehavior, flowNode);
        }
        ...
    }
    //执行behavior
    protected void executeActivityBehavior(ActivityBehavior activityBehavior,
        FlowNode flowNode) {
        ...
        //调用behavior的execute()方法
        activityBehavior.execute(execution);
        ...
    }
```

当前节点是结束节点，对应的behavior是NoneEndEventActivityBehavior，因此接下来会调用NoneEndEventActivityBehavior的execute()方法：

```
public class NoneEndEventActivityBehavior extends FlowNodeActivityBehavior {

    public void execute(DelegateExecution execution) {
        Context.getAgenda().planTakeOutgoingSequenceFlowsOperation(
            (ExecutionEntity) execution, true);
    }
}
```

NoneEndEventActivityBehavior不做任何操作，只将TakeOutgoingSequenceFlowsOperation放入执行计划。当CommandInvoker再次执行TakeOutgoingSequenceFlowsOperation时，由于结束节点没有外出顺序流，所以将结束流程操作EndExecutionOperation放入执行计划（省略部分代码）：

```
public class TakeOutgoingSequenceFlowsOperation extends AbstractOperation {
    @Override
    public void run() {
        //获取当前节点（注意，当前节点是结束节点）
        FlowElement currentFlowElement = getCurrentFlowElement(execution);
        ...
        if (currentFlowElement instanceof FlowNode) {
            handleFlowNode((FlowNode) currentFlowElement);
        } else if (currentFlowElement instanceof SequenceFlow) {
            handleSequenceFlow();
        }
    }
    //处理流节点
    protected void handleFlowNode(FlowNode flowNode) {
        handleActivityEnd(flowNode);
        if (flowNode.getParentContainer() != null
            && flowNode.getParentContainer() instanceof AdhocSubProcess) {
            handleAdhocSubProcess(flowNode);
        } else {
            leaveFlowNode(flowNode);
        }
    }
    //离开流节点
    protected void leaveFlowNode(FlowNode flowNode) {
        ...
```

```
            //结束节点没有外出顺序流
            if (outgoingSequenceFlows.size() == 0) {
                if (flowNode.getOutgoingFlows() == null ||
                    flowNode.getOutgoingFlows().size() == 0) {
                    //将结束执行实例操作放入执行计划
                    Context.getAgenda().planEndExecutionOperation(execution);
                }
                ...
            }
        ...
        }
    ...
    }
}
```

最后，CommandInvoker执行EndExecutionOperation操作结束流程的执行实例时，还会执行流程结束监听器，业务上可以在流程结束监听器中处理与流程结束相关的业务操作，如给申请人发通知告知流程已完成等（省略部分代码）：

```
public class EndExecutionOperation extends AbstractOperation {
    @Override
    public void run() {
        if (execution.isProcessInstanceType()) {
            handleProcessInstanceExecution(execution);
        } else {
            handleRegularExecution();
        }
    }
    //处理流程实例的执行实例
    protected void handleProcessInstanceExecution(
        ExecutionEntity processInstanceExecution) {
        ExecutionEntityManager executionEntityManager =
            commandContext.getExecutionEntityManager();

        String processInstanceId = processInstanceExecution.getId();
        ExecutionEntity superExecution = processInstanceExecution.getSuperExecution();
        SubProcessActivityBehavior subProcessActivityBehavior = null;
        //存在父级执行实例
        if (superExecution != null) {
            ...//执行父级执行实例当前节点的behavior的completing()方法
        //获取流程实例当前活动的执行实例数量
        int activeExecutions = getNumberOfActiveChildExecutionsForProcessInstance(
            executionEntityManager, processInstanceId);
        if (activeExecutions == 0) {
            //删除流程实例的执行实例
            executionEntityManager.deleteProcessInstanceExecutionEntity(
                processInstanceId, execution.getCurrentFlowElement() != null ?
                execution.getCurrentFlowElement().getId() : null, null, false, false);
        } else {
            logger.debug("Active executions found. Process instance {} will not be ended.",
                processInstanceId);
        }

        Process process = ProcessDefinitionUtil.getProcess(
            processInstanceExecution.getProcessDefinitionId());

        //执行流程结束监听器
        if (CollectionUtil.isNotEmpty(process.getExecutionListeners())) {
            executeExecutionListeners(process, processInstanceExecution,
                ExecutionListener.EVENTNAME_END);
        }

        //存在父级执行实例
        if (superExecution != null) {
            ...//执行父级执行实例当前节点的behavior的completed()方法
        }
    }
}
```

此时流程实例执行结束，流程流转完全部节点，如图6.9所示。

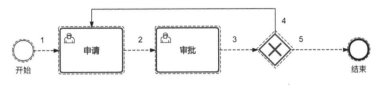

图6.9 流程执行结束

6.4.7 乐观锁实现

Activiti基于数据库乐观锁机制解决并发问题。在Activiti数据表中每张表都存在一个字段REV_，该字段用于实现乐观锁。下面以多线程同时操作ACT_RU_VARIABLE表中的同一个变量为例，详细说明Activiti乐观锁的实现过程。假设两个线程A和B同时对一个ID为varId的变量进行更新操作，则有如下过程：

（1）A线程拿到变量varId相关数据，此时字段REV_的值为1。
（2）B线程也拿到变量varId相关数据，此时字段REV_的值也为1。
（3）A线程更新变量，更新ID为varId变量时，将REV_的值更新为2。
（4）这时B线程再执行更新变量varId的操作，已无法找到ID为varId且REV_值为1的记录。此时，数据库update操作返回受影响的行数为0，这时Activiti会抛出一个异常ActivitiOptimisticLocking Exception。
（5）B线程执行的事务回滚。

6.5 本章小结

本章先介绍了Activiti的核心架构、数据库模型及Activiti的主要设计模式，使读者从整体上对Activiti的工作机制和原理有一个基本的了解。接着通过代码走读的形式对流程模型部署、流程定义解析、流程启动、节点流转、网关控制等Activiti核心功能进行了讲解，以便读者快速厘清Activiti的运行过程。第7章将介绍Activiti工作流引擎的配置，带领读者开启Activiti应用程序之旅。

第 7 章

Activiti工作流引擎配置

工作流引擎可以看作一架飞机的发动机，飞机起飞前需要做一系列的准备工作和参数设置，保证发动机能够顺利启动、稳定运行、按指令完成各项操作。同样，Activiti工作流引擎启动时，也需要配置各类参数，如数据库配置、事务配置、历史级别配置及Activiti内置服务配置等。本章将对Activiti工作流引擎的配置进行比较详细的介绍，并通过一个示例项目进行综合演示，帮助读者深入理解Activiti的配置和使用。

7.1 Activiti工作流引擎的配置

第6章曾提过，工作流引擎对象ProcessEngine和其配置对象ProcessEngineConfiguration都是Activiti的核心对象。Activiti工作流引擎启动时，需要经过以下两个步骤：
- 创建一个工作流引擎配置对象ProcessEngineConfiguration对工作流引擎进行配置；
- 通过工作流引擎配置对象创建工作流引擎对象ProcessEngine。

7.1.1 工作流引擎配置对象ProcessEngineConfiguration

在Activiti工作流引擎中，需要进行很多参数配置，如数据库配置、事务配置、工作流引擎内置服务配置等，Activiti通过工作流引擎配置对象封装这些配置。工作流引擎配置对象ProcessEngineConfiguration存储Activiti工作流引擎的全部配置，代表Activiti的一个配置实例，通过该类提供的setter()和getter()方法可以对工作流引擎的可配置属性进行配置和获取。ProcessEngineConfiguration本身是一个抽象类，它与子类的结构图如图7.1所示。

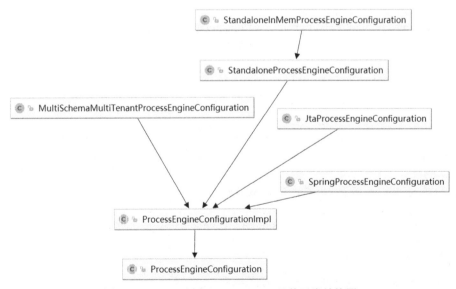

图7.1 ProcessEngineConfiguration及其子类结构图

ProcessEngineConfiguration是所有配置类的父类，有一个ProcessEngineConfigurationImpl子类（这个子类也是抽象类）。ProcessEngineConfigurationImpl有4个直接子类，分别如下。

- org.activiti.engine.impl.cfg.StandaloneProcessEngineConfiguration：标准工作流引擎配置类。使用该类作为配置对象，工作流引擎处于独立环境下时，Activiti将会对数据库事务进行管理。默认情况下，工作流引擎启动时会检查数据库结构及版本是否正确。
- org.activiti.spring.SpringProcessEngineConfiguration：Spring环境工作流引擎配置类。当Activiti与Spring整合时，可以使用该类。它提供了以下重要功能：创建工作流引擎实例对象，在工作流引擎启动后自动部署配置的流程文档（需要设置），设置工作流引擎连接的数据源、事务管理器等。这是常用的一种配置方式，由Spring代理创建工作流引擎和管理数据库事务。将Activiti引擎嵌入业务系统，可以实现业务系统事务与Activiti引擎事务的统一管理。
- org.activiti.engine.impl.cfg.JtaProcessEngineConfiguration：JTA工作流引擎配置类。该类不使用Activiti管理事务，而是使用JTA管理事务。
- org.activiti.engine.impl.cfg.multitenant.MultiSchemaMultiTenantProcessEngineConfiguration：多数据库多租户工作流引擎配置类。Activiti通过此类提供自动路由机制，当工作流引擎需要连接多个数据库时，客户端无须关心工作流引擎要连接哪个数据库，该类会通过路由规则自动选择需要操作的数据库，且数据库操作对客户端透明，客户端无须关心其内部路由实现机制。

其中，StandaloneProcessEngineConfiguration类有一个子类org.activiti.engine.impl.cfg.StandaloneInMemProcessEngineConfiguration，适用于单元测试，默认采用H2数据库存储数据，由Acitviti处理事务。

ProcessEngineConfiguration类提供了多个创建该类对象的静态方法：

- ProcessEngineConfiguration createProcessEngineConfigurationFromResourceDefault();
- ProcessEngineConfiguration createProcessEngineConfigurationFromResource(String resource);
- ProcessEngineConfiguration createProcessEngineConfigurationFromResource(String resource, String beanName);
- ProcessEngineConfiguration createProcessEngineConfigurationFromInputStream(InputStream inputStream);
- ProcessEngineConfiguration createProcessEngineConfigurationFromInputStream(InputStream inputStream, String beanName);
- ProcessEngineConfiguration createStandaloneProcessEngineConfiguration();
- ProcessEngineConfiguration createStandaloneInMemProcessEngineConfiguration()。

这些方法会读取和解析相应的配置文件，并通过该类中的setter()和getter()方法对工作流引擎配置对象进行配置和获取，然后返回该对象的实例。

1. createProcessEngineConfigurationFromResourceDefault()方法

该方法通过加载默认配置文件来创建工作流引擎配置对象，源码如下：

```
public static ProcessEngineConfiguration
    createProcessEngineConfigurationFromResourceDefault() {
    return createProcessEngineConfigurationFromResource("activiti.cfg.xml",
        "processEngineConfiguration");
}
```

从上述源码可知，该方法默认加载classpath下的activiti.cfg.xml文件，该文件是Spring环境的bean配置文件，利用Spring的依赖注入，获取名称为processEngineConfiguration的bean实例。activiti.cfg.xml配置文件相关内容将在7.2节介绍。

采用默认方式创建工作流引擎配置对象的示例代码如下：

```
public void testCreateFromResourceDefault() {
    ProcessEngineConfiguration processEngineConfigurationFromResourceDefault =
        ProcessEngineConfiguration.createProcessEngineConfigurationFromResourceDefault();
    System.out.println(processEngineConfigurationFromResourceDefault);
}
```

2. createProcessEngineConfigurationFromResource()方法

该方法通过加载自定义配置文件来创建一个工作流引擎配置对象，源码如下：

```
public static ProcessEngineConfiguration
    createProcessEngineConfigurationFromResource(String resource, String beanName) {
    return
```

```
BeansConfigurationHelper.parseProcessEngineConfigurationFromResource(resource, beanName);
}
```

从上述源码可知，该方法并非加载默认配置文件activiti.cfg.xml，而是加载指定的配置文件，并获取给定名称的bean从而创建一个工作流引擎配置对象。该方法有两个参数，一个是文件名称的字符串参数，另一个是通过指定配置文件完成依赖注入的对象的名称字符串。其在org.activiti.engine.impl.cfg.BeansConfigurationHelper类中实现，源代码如下：

```
public static ProcessEngineConfiguration
    parseProcessEngineConfigurationFromResource(String resource, String beanName) {
    Resource springResource = new ClassPathResource(resource);
    return parseProcessEngineConfiguration(springResource, beanName);
}

public static ProcessEngineConfiguration parseProcessEngineConfiguration(Resource
    springResource, String beanName) {
    DefaultListableBeanFactory beanFactory = new DefaultListableBeanFactory();
    XmlBeanDefinitionReader xmlBeanDefinitionReader = new
        XmlBeanDefinitionReader(beanFactory);

    xmlBeanDefinitionReader.setValidationMode(XmlBeanDefinitionReader.VALIDATION_XSD);
    xmlBeanDefinitionReader.loadBeanDefinitions(springResource);
    ProcessEngineConfigurationImpl processEngineConfiguration =
        (ProcessEngineConfigurationImpl) beanFactory.getBean(beanName);
        processEngineConfiguration.setBeans(new SpringBeanFactoryProxyMap(beanFactory));
    return processEngineConfiguration;
}
```

从以上代码段可知，这种加载方法的实现步骤如下。

（1）使用ClassPathResource访问classpath下根据resource参数指定的配置文件，将其转换成Resource对象。

（2）通过XmlBeanDefinitionReader设置一个BeanDefinitionRegistry子类DefaultListableBeanFactory，作为Spring的beanFactory。

（3）通过XmlBeanDefinitionReader加载由配置文件转换得到的Resource对象。

（4）在beanFactory中通过参数beanName获取processEngineConfiguration的实例，并将beanFactory赋给processEngineConfiguration。

通过以上4步操作，Activiti通过Spring完成了ProcessEngineConfiguration类的配置、加载和获取，在processEngineConfiguration中可以通过beanFactory直接获取配置文件中的bean。这种加载方式的好处是Activiti可以对自身的工作流引擎配置信息进行单独管理，不受其他Spring配置文件的干扰，实现了配置文件管理的隔离。

此外，ProcessEngineConfiguration还提供了createProcessEngineConfigurationFromResource(String resource)方法：

```
public static ProcessEngineConfiguration
    createProcessEngineConfigurationFromResource(String resource) {
    return createProcessEngineConfigurationFromResource(resource,
        "processEngineConfiguration");
}
```

该方法默认加载classpath下指定的XML配置文件，传入String类型的resource参数，指定bean为processEngineConfiguration的ProcessEngineConfiguration实例。

通过读取自定义配置文件创建工作流引擎配置对象的示例代码如下：

```
public void testCreateFromResource() {
    ProcessEngineConfiguration processEngineConfigurationFromResource =
        ProcessEngineConfiguration.createProcessEngineConfigurationFromResource(
        "resource/my-config.xml","myProcessEngineConfiguration");
    System.out.println(processEngineConfigurationFromResource);
}
```

由以上代码段可知，Activiti会在classpath下查找my-config.xml配置文件，并创建一个名为myProcessEngineConfiguration的工作流引擎配置对象。

3. createProcessEngineConfigurationFromInputStream()方法

该方法基于配置文件输入流创建工作流引擎配置对象。这种方法不再限制Activiti必须将配置文件放在classpath下，可以通过输入流加载任意路径下的配置文件，从而创建ProcessEngineConfiguration实例。其源码中也提供了两种createProcessEngineConfigurationFromInputStream()方法，代码如下：

```
public static ProcessEngineConfiguration
    createProcessEngineConfigurationFromInputStream(InputStream inputStream) {
    return createProcessEngineConfigurationFromInputStream(inputStream,
        "processEngineConfiguration");
}

public static ProcessEngineConfiguration
    createProcessEngineConfigurationFromInputStream(InputStream inputStream, String beanName) {
    return
        BeansConfigurationHelper.parseProcessEngineConfigurationFromInputStream(
            inputStream, beanName);
}
```

第1种方法只需传入配置文件输入流，默认获取一个名为processEngineConfiguration的ProcessEngineConfiguration实例。第2种方法不仅可传入配置文件输入流，还可传入指定beanName的ProcessEngineConfiguration实例。其在org.activiti.engine.impl.cfg.BeansConfigurationHelper类中实现，源代码如下：

```
public static ProcessEngineConfiguration
    parseProcessEngineConfigurationFromInputStream(InputStream inputStream, String beanName) {
    Resource springResource = new InputStreamResource(inputStream);
    return parseProcessEngineConfiguration(springResource, beanName);
}
```

由以上代码段可知，该方法先将输入流转换为Resource对象，然后调用parseProcessEngineConfiguration()方法创建一个ProcessEngineConfiguration实例。

使用createProcessEngineConfigurationFromInputStream()方法创建工作流引擎配置对象的示例代码如下：

```
public void testCreateFromInputStream() {
    File file = new File("resource/my-config.xml");
    // 获取文件输入流
    InputStream fis = new FileInputStream(file);
    //使用createProcessEngineConfigurationFromInputStream()方法创建
    //ProcessEngineConfiguration
    ProcessEngineConfiguration processEngineConfigurationFromInputStream =
        ProcessEngineConfiguration.createProcessEngineConfigurationFromInputStream(fis,
        "myProcessEngineConfiguration");
    System.out.println(processEngineConfigurationFromInputStream);
}
```

由以上代码段可知，Activiti根据my-config.xml配置文件输入流，创建了一个名为myProcessEngineConfiguration的工作流引擎配置对象。

4. createStandaloneProcessEngineConfiguration()方法

该方法基于硬编码创建工作流引擎配置对象，不加载任何配置文件，所有数据属性均硬编码在代码中。该方法的源码如下：

```
public static ProcessEngineConfiguration
    createStandaloneProcessEngineConfiguration() {
    return new StandaloneProcessEngineConfiguration();
}

public class StandaloneProcessEngineConfiguration extends ProcessEngineConfigurationImpl {

    @Override
    public CommandInterceptor createTransactionInterceptor() {
        return null;
    }
}
```

由以上代码段可知，此方法返回的实例是StandaloneProcessEngineConfiguration，其所有属性均已在

ProcessEngineConfiguration中设置。该方法的属性配置（如数据库连接配置）在代码中手动进行，示例代码如下：

```
public void testCreateFromStandalone() {
    ProcessEngineConfiguration processEngineConfigurationFromStandalone =
        ProcessEngineConfiguration.createStandaloneProcessEngineConfiguration();
    processEngineConfigurationFromStandalone.setJdbcDriver("com.mysql.jdbc.Driver");
    processEngineConfigurationFromStandalone.setJdbcUrl("jdbc:mysql://localhost:3306/workflow");
    processEngineConfigurationFromStandalone.setJdbcUsername("root");
    processEngineConfigurationFromStandalone.setJdbcPassword("root");
    processEngineConfigurationFromStandalone.setDatabaseSchemaUpdate("true");
    System.out.println(processEngineConfigurationFromStandalone);
}
```

5. createStandaloneInMemProcessEngineConfiguration()方法

该方法也是基于硬编码创建工作流引擎配置对象，同样不加载任何配置文件，所有数据属性也是硬编码在代码中。该方法的源码如下：

```
public static ProcessEngineConfiguration
    createStandaloneInMemProcessEngineConfiguration() {
    return new StandaloneInMemProcessEngineConfiguration();
}

public class StandaloneInMemProcessEngineConfiguration extends
StandaloneProcessEngineConfiguration {
    public StandaloneInMemProcessEngineConfiguration() {
        this.databaseSchemaUpdate = DB_SCHEMA_UPDATE_CREATE_DROP;
        this.jdbcUrl = "jdbc:h2:mem:activiti";
    }
}
```

由以上代码段可知，此方法返回实例StandaloneInMemProcessEngineConfiguration，它是StandaloneProcessEngineConfiguration的子类，只特别指定了databaseSchemaUpdate属性和jdbcUrl属性，值分别为DB_SCHEMA_UPDATE_CREATE_DROP和jdbc:h2:mem:activiti，说明该方法默认使用h2内存数据库。如果在代码编写过程中需要改变某个属性的值，需要调用这个类的set()方法。

使用createStandaloneInMemProcessEngineConfiguration()方法创建工作流引擎配置对象的示例代码如下：

```
public void testCreateFromStandaloneInMem() {
    ProcessEngineConfiguration processEngineConfigurationFromStandaloneInMem =
        ProcessEngineConfiguration.createStandaloneInMemProcessEngineConfiguration();
    System.out.println(processEngineConfigurationFromStandaloneInMem);
}
```

7.1.2 工作流引擎对象ProcessEngine

工作流引擎对象ProcessEngine是Activiti的核心对象之一，一个ProcessEngine实例代表一个工作流引擎，使用ProcessEngine提供的诸如getRuntimeService()、getTaskService()、getRepositoryService()和getHistoryService()等一系列方法可以获取对应的工作流引擎服务，用于执行工作流部署、执行、管理等操作。要获取ProcessEngine，需要先获取ProcessEngineConfiguration配置工作流引擎。创建ProcessEngine的方法一般有以下两种。

- 通过ProcessEngineConfiguration的buildProcessEngine()方法创建；
- 通过ProcessEngines创建。

1. 通过ProcessEngineConfiguration的buildProcessEngine()方法创建

ProcessEngineConfiguration负责Activiti框架的属性配置、初始化工作，初始化入口是buildProcessEngine()方法。这种方式先通过调用ProcessEngineConfiguration类的静态方法，加载相应的XML配置文件，获取ProcessEngineConfiguration实例，然后调用buildProcessEngine()方法，创建一个ProcessEngine对象。其示例代码如下：

```
public void createProcessEngineByBuildProcessEngineTest() {
    ProcessEngineConfiguration configuration = ProcessEngineConfiguration
```

```
        .createProcessEngineConfigurationFromResourceDefault();
ProcessEngine processEngine = configuration.buildProcessEngine();
System.out.println(processEngine);
}
```

以上代码段先使用ProcessEngineConfiguration的createProcessEngineConfigurationFromResourceDefault()静态方法加载默认配置文件activiti.cfg.xml，获取一个ProcessEngineConfiguration实例，然后调用其buildProcessEngine()方法创建工作流引擎。在实际应用中，可以根据具体场景选择不同方法获取ProcessEngineConfiguration实例。

2．通过ProcessEngines创建

ProcessEngines是一个创建、关闭工作流引擎的工具类，所有创建的ProcessEngine实例均被注册到ProcessEngines中。它类似一个容器工厂，维护了一个Map，其key为ProcessEngine实例的名称，value为ProcessEngine实例。通过ProcessEngines类创建工作流引擎对象的方法有以下两种。

- 通过ProcessEngines.init()方法创建。ProcessEngines的init()方法会依次扫描、解析classpath下的activiti.cfg.xml和activiti-context.xml文件，并将创建的工作流引擎对象缓存到Map中。该方法会在Map中创建key值为default的ProcessEngine对象，然后就可以先获取这个Map，再通过Map获取key=defalut的工作流引擎对象了。其示例代码如下：

```
public void createProcessEngineByInitTest() {
    //读取activiti.cfg.xml配置文件，创建工作流引擎对象缓存到Map中
    ProcessEngines.init();
    //获取Map
    Map<String, ProcessEngine> enginesMap = ProcessEngines.getProcessEngines();
    //获取key为default的对象
    ProcessEngine processEngine = enginesMap.get("default");
    System.out.println(processEngine);
}
```

- 通过getDefaultProcessEngine()方法创建。ProcessEngines的getDefaultProcessEngine()方法会返回缓存Map中key值为default的工作流引擎对象，如果该Map还没有进行初始化，getDefaultProcessEngine()方法会先调用ProcessEngines.init()方法初始化缓存Map，然后再获取key为default的工作流引擎对象。其示例代码如下：

```
public void createProcessEngineByGetDefaultProcessEngineTest() {
    ProcessEngine defaultProcessEngine = ProcessEngines.getDefaultProcessEngine();
    System.out.println(defaultProcessEngine);
}
```

一般建议使用ProcessEngines的getDefaultProcessEngine()方法创建ProcessEngine。这是因为它比较简单，只需提供默认配置文件activiti.cfg.xml，并做好对工作流引擎配置，即可创建一个工作流引擎对象。

7.2 Activiti工作流引擎配置文件

工作流引擎配置对象ProcessEngineConfiguration需要通过加载、解析流程配置文件完成初始化。Activiti配置文件主要有以下两种配置方式。

- 遵循Activiti配置风格。这种方式是Activiti的默认配置方式，使用这种方式的配置文件名称为activiti.cfg.xml。对于activiti.cfg.xml文件，工作流引擎会使用Activiti的经典方式——ProcessEngineConfiguration.createProcessEngineConfigurationFromInputStream(inputStream).buildProcessEngine()构建，具体逻辑详见org.activiti.engine.ProcessEngines的initProcessEngineFromResource(URL resourceUrl)方法。
- 遵循Spring配置风格。这种方式一般在与Spring集成时使用，使用这种方式的文件名称可以自定义，如activiti.context.xml、spring.activiti.xml等。对于activiti.context.xml文件，工作流引擎会使用Spring方法构建：先创建一个Spring环境，然后通过该环境获得工作流引擎，具体逻辑详见org.activiti.engine.ProcessEngines的initProcessEngineFromSpringResource (URL resource)方法。

以上两种方式均可以实现工作流引擎的配置，下面将分别对其进行详细说明。

7.2.1 Activiti配置风格

activiti.cfg.xml配置文件内容如下：

```xml
<?xml version="1.0" encoding="UTF-8"?>
<beans xmlns="http://www.springframework.org/schema/beans"
    xmlns:xsi="http://www.w3.org/2001/XMLSchema-instance"
    xsi:schemaLocation="http://www.springframework.org/schema/beans
    http://www.springframework.org/schema/beans/spring-beans.xsd">
    <!--数据源配置-->
    <bean id="dataSource" class="org.apache.commons.dbcp.BasicDataSource">
        <property name="driverClassName" value="org.h2.Driver"/>
        <property name="url" value="jdbc:h2:mem:activiti"/>
        <property name="username" value="sa"/>
        <property name="password" value=""/>
    </bean>
    <!--activiti工作流引擎-->
    <bean id="processEngineConfiguration"
         class="org.activiti.engine.impl.cfg.StandaloneProcessEngineConfiguration">
        <!-- 数据源 -->
        <property name="dataSource" ref="dataSource"/>
        <!-- 数据库更新策略 -->
        <property name="databaseSchemaUpdate" value="true"/>
    </bean>
</beans>
```

从以上配置文件内容可知，activiti.cfg.xml配置文件采用Spring bean配置文件格式。其先定义了一个id为processEngineConfiguration的bean对象，即Activiti默认引擎配置管理器，接着为其指定一个具体的Java类org.activiti.engine.impl.cfg.StandaloneProcessEngineConfiguration，由Spring负责实例化引擎配置管理器并注入一系列配置。使用这种方式配置工作流引擎的示例代码如下：

```java
public void createProcessEngineByGetDefaultProcessEngineTest() {
    ProcessEngineConfiguration configuration = ProcessEngineConfiguration
        .createProcessEngineConfigurationFromResource("activiti.cfg.xml");
    ProcessEngine processEngine = configuration.buildProcessEngine();
    System.out.println(processEngine);
}
```

7.2.2 Spring配置风格

activiti.context.xml配置文件内容如下：

```xml
<?xml version="1.0" encoding="UTF-8"?>
<beans xmlns="http://www.springframework.org/schema/beans"
    xmlns:xsi="http://www.w3.org/2001/XMLSchema-instance"
    xmlns:context="http://www.springframework.org/schema/context"
    xsi:schemaLocation="http://www.springframework.org/schema/beans
    http://www.springframework.org/schema/beans/spring-beans.xsd
    http://www.springframework.org/schema/context
    http://www.springframework.org/schema/context/spring-context.xsd">
    <!--数据源配置-->
    <bean id="dataSource" class="org.apache.commons.dbcp.BasicDataSource">
        <property name="driverClassName" value="org.h2.Driver"/>
        <property name="url" value="jdbc:h2:mem:activiti"/>
        <property name="username" value="sa"/>
        <property name="password" value=""/>
    </bean>
    <!-- 事务管理 -->
    <bean id="transactionManager"
        class="org.springframework.jdbc.datasource.DataSourceTransactionManager">
        <property name="dataSource" ref="dataSource" />
    </bean>
    <!-- 定义工作流引擎配置类 -->
    <bean id="processEngineConfiguration"
         class="org.activiti.spring.SpringProcessEngineConfiguration">
        <!-- 配置数据源 -->
        <property name="dataSource" ref="dataSource" />
        <!-- 配置事务管理器 -->
        <property name="transactionManager" ref="transactionManager" />
        <!-- 数据库更新策略 -->
        <property name="databaseSchemaUpdate" value="true"/>
    </bean>
```

```xml
<!-- 定义工作流引擎接口 -->
<bean id="processEngine" class="org.activiti.spring.ProcessEngineFactoryBean">
    <property name="processEngineConfiguration" ref="processEngineConfiguration" />
</bean>
<!-- 定义Service服务接口 -->
<bean id="repositoryService" factory-bean="processEngine"
    factory-method="getRepositoryService" />
<bean id="runtimeService" factory-bean="processEngine"
    factory-method="getRuntimeService" />
<bean id="taskService" factory-bean="processEngine"
    factory-method="getTaskService" />
<bean id="historyService" factory-bean="processEngine"
    factory-method="getHistoryService" />
<bean id="IdentityService" factory-bean="processEngine"
    factory-method="getIdentityService" />
<bean id="managementService" factory-bean="processEngine"
    factory-method="getManagementService" />
<bean id="formService" factory-bean="processEngine"
    factory-method="getFormService" />
```
`</beans>`

从以上配置文件内容可知，activiti.context.xml配置文件也采用Spring bean配置文件格式，先定义了一个id为processEngineConfiguration的bean对象，即Activiti默认引擎配置管理器，接着为其指定一个具体的Java类org.activiti.spring.SpringProcessEngineConfiguration，由Spring负责实例化引擎配置管理器并注入一系列配置。其与activiti.cfg.xml配置文件大同小异，但使用Spring配置风格需要注意以下4点：

❏ 这种方式可以配置事务管理器，由Spring管理数据库事务；
❏ 必须定义工作流引擎接口ProcessEngineFactoryBean并为其设置processEngineConfiguration属性，从而创建工作流引擎；
❏ 可以定义Service接口，由工作流引擎接口引入；
❏ 使用这种方式实现工作流引擎配置需要在Spring配置文件中引入：<import resource="activiti.context.xml"/>。

使用Spring配置风格配置工作流引擎的示例代码如下：

```java
public void createProcessEngineBySpringXmlTest() throws IOException {
    //读取activiti.context.xml配置文件
    ClassLoader classLoader = ReflectUtil.getClassLoader();
    URL resource = classLoader.getResource("activiti.context.xml");
    //实例化Spring的ApplicationContext对象
    ApplicationContext applicationContext = new GenericXmlApplicationContext
        (new UrlResource(resource));
    //从Spring中获取ProcessEngine对象
    Map<String, ProcessEngine> beansOfType =
        applicationContext.getBeansOfType(ProcessEngine.class);
    if ((beansOfType == null) || (beansOfType.isEmpty())) {
    throw new ActivitiException("no " + ProcessEngine.class.getName() +
        " defined in the application context " + resource.toString());
    }
    //获取第一个ProcessEngine实例对象
    ProcessEngine processEngine = beansOfType.values().iterator().next();
    System.out.println(processEngine);
}
```

7.3 数据库连接配置

Activiti启动时，会加载工作流引擎配置文件中的数据库连接配置连接数据库，从而实现对数据库的操作。

Activiti支持多种主流的数据库，包括H2、MySQL、Oracle、PostgreSQL、SQL Server、DB2等。

7.3.1 数据库连接配置

Activiti支持通过JDBC和DataSource方式配置数据库连接。

1. JDBC方式配置

一个标准的Activiti配置文件activiti.cfg.xml的内容如下:

```xml
<?xml version="1.0" encoding="UTF-8"?>
<beans xmlns="http://www.springframework.org/schema/beans"
    xmlns:xsi="http://www.w3.org/2001/XMLSchema-instance"
    xsi:schemaLocation="http://www.springframework.org/schema/beans
    http://www.springframework.org/schema/beans/spring-beans.xsd">
    <!--activiti工作流引擎配置-->
    <bean id="processEngineConfiguration"
        class="org.activiti.engine.impl.cfg.StandaloneProcessEngineConfiguration">
        <!-- 数据库驱动名称 -->
        <property name="jdbcDriver" value="com.mysql.jdbc.Driver"/>
        <!-- 数据库地址 -->
        <property name="jdbcUrl" value="jdbc:mysql://localhost:3306/workflow"/>
        <!-- 数据库用户名 -->
        <property name="jdbcUsername" value="root"/>
        <!-- 数据库密码 -->
        <property name="jdbcPassword" value="123456"/>
    </bean>
</beans>
```

从以上配置文件内容可知,使用JDBC方式配置数据库连接时,将数据库相关配置信息写入了配置文件。使用JDBC方式连接数据库,会用到jdbcDriver、jdbcUrl、jdbcUsername、jdbcPassword。ProcessEngineConfiguration类中有相应属性的setter()方法,可将这4个数据库属性注入该bean。

- jdbcDriver:针对特定数据库类型的驱动程序的实现。
- jdbcUrl:数据库的JDBC URL。
- jdbcUsername:连接数据库的用户名。
- jdbcPassword:连接数据库的密码。

Activiti默认使用MyBatis数据连接池,基于提供的jdbc属性构建的数据源具有默认的MyBatis连接池设置,可以通过以下属性调整该连接池。

- jdbcMaxActiveConnections:连接池中处于激活状态的最大连接值,默认为10。
- jdbcMaxIdleConnections:连接池中处于空闲状态的最大连接值。
- jdbcMaxCheckoutTime:连接被取出使用的最长时间(单位为毫秒),默认为20000(20秒),超过时间的连接会被强制回收。
- jdbcMaxWaitTime:当整个连接池需要重新获取连接时,设置等待时间(单位为毫秒)。这是一个底层配置,使连接池可以在长时间无法获得连接时打印日志状态,并重新尝试获取连接,避免在连接池配置错误的情况下静默失败,默认为20000(20秒)。

2. DataSource方式配置

对于Activiti数据库连接配置,除了采用上面介绍的JDBC方式配置,还可以采用DataSource方式配置,如使用DBCP、C3P0、Hikari、Tomcat连接池等配置数据库连接。这里以采用DBCP连接池配置数据库连接为例进行说明:

```xml
<?xml version="1.0" encoding="UTF-8"?>
<beans xmlns="http://www.springframework.org/schema/beans"
    xmlns:xsi="http://www.w3.org/2001/XMLSchema-instance"
    xsi:schemaLocation="http://www.springframework.org/schema/beans
    http://www.springframework.org/schema/beans/spring-beans.xsd">
    <!--数据源配置-->
    <bean id="dataSource" class="org.apache.commons.dbcp.BasicDataSource">
        <!-- 数据库驱动名称 -->
        <property name="driverClassName" value="com.mysql.jdbc.Driver"/>
        <!-- 数据库地址 -->
        <property name="url" value="jdbc:mysql://localhost:3306/workflow"/>
        <!-- 数据库用户名 -->
        <property name="username" value="root"/>
        <!-- 数据库密码 -->
        <property name="password" value="123456"/>
```

```xml
    </bean>
    <!--activiti工作流引擎配置-->
    <bean id="processEngineConfiguration"
        class="org.activiti.engine.impl.cfg.StandaloneProcessEngineConfiguration">
        <!-- 数据源配置 -->
        <property name="dataSource" ref="dataSource"/>
    </bean>
</beans>
```

在上述数据库连接配置中，Activiti先配置了一个DBCP连接池，然后通过dataSource属性将其引入ProcessEngineConfiguration。

7.3.2 数据库策略属性配置

不论使用JDBC方式还是使用DataSource方式配置数据库连接，都可以设置以下属性。

1．databaseType属性

该属性用于指定数据库类型，默认为h2。通常无须指定此属性，因为工作流引擎会在数据库连接元数据中自动分析该属性，只有在自动检测失败的情况下才需要指定，其值可以是h2、hsql、mysql、oracle、postgresql、mssql或db2。该属性用于确定引擎使用哪种数据库的create/drop/upgrade的SQL DDL脚本（其中DDL代表data definition language，即数据定义语言），以及数据库操作的sql语句。Activiti的SQL DDL存储在activiti-6.0.0.zip的database子文件夹，或JAR文件中的org/activiti/db包内，其命名规范为activiti.{db}.{create|drop|upgrade}.{type}.sql。其中，db为支持的数据库名，type为engine、history或identity。

2．databaseSchemaUpdate属性

该属性用于设置工作流引擎启动、关闭时数据库执行的策略。该属性值可以是false、true、create-drop或drop-create。

- false：默认值。设置为该值后，Activiti启动时会对比数据库表中保存的版本，如果数据库中没有表或者版本不匹配，则抛出异常。
- true：设置为该值后，Activiti启动时会更新所有表，如果表不存在，则自动创建表。
- create-drop：设置为该值后，Activiti启动时会自动执行数据库表的创建操作，关闭时会自动执行数据库表的删除操作。
- drop-create：设置为该值后，Activiti启动时会先执行数据库表的删除操作，再执行数据库表的创建操作。与create-drop不同的是，无论是否关闭工作流引擎，它都会执行数据表的创建操作。

7.4 其他属性配置

除了数据库连接配置，Activiti还提供了其他一系列属性用于定义工作流引擎的各项能力，如历史数据级别配置、邮件服务配置和作业执行器配置等，下面将分别介绍。

7.4.1 历史数据级别配置

Activiti在设计上采用了运行时与历史数据相分离的策略，Activiti的运行表和历史表在流程运行时可以同步记录数据，当流程实例结束或任务办理完成时，会自动删除运行表中的相关数据，而保留历史表中的相关数据。这种设计可以快速读取运行时数据，仅当需要查询历史数据时才从专门的历史数据表中读取历史数据，大幅提高了数据的存取效率。Activiti提供了history属性设置记录历史级别，实现按需存储历史数据。history属性值可配置为none、activity、audit和full，级别由低到高。

- none（无）：不保存任何历史数据，对于运行时流程执行来说性能最好，但流程结束后无可用的历史信息。
- activity（活动）：级别高于none，归档所有流程实例和活动实例。在流程实例结束时，流程变量的最新值将复制到历史变量实例中，不保存任何详细信息。
- audit（审计）：Activiti的默认级别。除activity级别会保存的数据外，还保存提交的表单属性，以便跟踪通过表单进行的所有用户交互，且可进行审计。

❑ full（完整）：历史最高级别，性能较差。保存最完整的历史记录，除audit级别的信息之外，还记录所有其他可能的详细信息，主要是流程变量更新，如果需要日后跟踪详情可以开启full（一般不建议开启）。

7.4.2 作业执行器配置

Activiti 6提供了异步作业执行器组件，管理执行计时器与其他同步任务的线程池。默认情况下此组件未开启，需要通过asyncExecutorActivate属性开启：

```xml
<bean id="processEngineConfiguration"
    class="org.activiti.engine.impl.cfg.StandaloneProcessEngineConfiguration">
    <!--开启异步作业执行器 -->
    <property name="asyncExecutorActivate" value="true" />
</bean>
```

只有异步作业执行器开启了，Activiti启动时才会开启线程池扫描定时操作任务。

异步作业执行器是一个高度可配置的组件，Activiti提供了asyncExecutor属性指定异步执行器bean。它本身是一个接口（org.activiti.engine.impl.asyncexecutor.AsyncExecutor），默认实现为org.activiti.engine.impl.asyncexecutor.DefaultAsyncJobExecutor，也可以配置自定义线程池，代码如下：

```xml
<?xml version="1.0" encoding="UTF-8"?>
<beans xmlns="http://www.springframework.org/schema/beans"
    xmlns:xsi="http://www.w3.org/2001/XMLSchema-instance"
    xsi:schemaLocation="http://www.springframework.org/schema/beans
    http://www.springframework.org/schema/beans/spring-beans.xsd">

    <bean id="processEngineConfiguration"
          class="org.activiti.engine.impl.cfg.StandaloneInMemProcessEngineConfiguration">
        <!-- 开启异步作业执行器，如果不配置线程池就会使用它的默认线程池 -->
        <property name="asyncExecutorActivate" value="true"/>
        <!-- 如果使用我们自己定义的线程池，需要先定义一个执行器 -->
        <property name="asyncExecutor" ref="asyncExecutor" />

        <!-- 其他元素省略 -->
    </bean>

    <!-- 执行器默认使用DefaultAsyncJobExecutor -->
    <bean id="asyncExecutor"
          class="org.activiti.engine.impl.asyncexecutor.DefaultAsyncJobExecutor">
        <!-- 自定义线程池ExecutorService -->
        <property name="executorService" ref="executorService"/>
    </bean>
    <bean id="executorService"
          class="org.springframework.scheduling.concurrent.ThreadPoolExecutorFactoryBean">
        <property name="threadNamePrefix" value="activiti-job-"/>
        <property name="corePoolSize" value="10"/>
        <property name="maxPoolSize" value="20"/>
        <property name="queueCapacity" value="100"/>
        <!-- 设置当线程池满了时候的拒绝策略,这里是使用的默认策略，抛出异常 -->
        <property name="rejectedExecutionHandler">
            <bean class="java.util.concurrent.ThreadPoolExecutor.AbortPolicy"/>
        </property>
    </bean>

</beans>
```

在以上代码段中，配置工作流引擎属性时，先通过asyncExecutorActivate属性开启异步作业执行器，然后通过asyncExecutor属性指定异步执行器为org.activiti.engine.impl.asyncexecutor.DefaultAsyncJobExecutor，最后通过它的executorService属性指定自定义线程池的实现，这里使用的是org.springframework.scheduling.concurrent.ThreadPoolExecutorFactoryBean（需要引入Spring依赖包）。自定义线程池时，可以通过corePoolSize（核心线程数）、maxPoolSize（最大线程数）和queueCapacity（堵塞队列大小）等属性配置线程池的容量和性能。

另外，Activiti还提供了一系列名称以asyncExecutor开头的参数，用于配置异步执行器，如表7.1所示。

表7.1　Activiti异步执行器配置参数

参数名称	默认值	描述
asyncExecutorThreadPoolQueueSize	100	执行作业的队列的大小
asyncExecutorCorePoolSize	2	线程池中用于执行作业的最小线程数
asyncExecutorMaxPoolSize	10	线程池中用于执行作业的最大线程数
asyncExecutorThreadKeepAliveTime	5000	线程池中等待执行作业的空闲线程存活的最大时间（单位为毫秒）。设置为大于0的数值时，如果线程池中存在的线程数超过asyncExecutorCorePoolSize，则闲置时长超过这个数值的线程便被销毁，在执行多个作业的情况下，可以避免创建新的线程；如果设置值为0，线程在执行作业后会被销毁
asyncExecutorNumberOfRetries	3	作业可以重试的次数，超过最大重试次数该作业将被移除并记录
asyncExecutorMaxTimerJobsPerAcquisition	1	执行定时作业前每次从数据库中查询读取定时器作业的数量。默认值是1，目的是降低乐观锁异常的发生概率。设置为较大的值时作业执行效率更高，但在不同引擎之间发生乐观锁异常的概率也更大
asyncExecutorMaxAsyncJobsDuePerAcquisition	1	执行异步作业前每次从数据库中查询读取异步作业的数量。默认值是1，目的是降低乐观锁异常的发生概率。设置为较大的值作业执行效率更高，但在不同引擎之间发生乐观锁异常的概率也更大
asyncExecutorDefaultTimerJobAcquireWaitTime	10000	定时器作业获取线程两次查询的间隔时间（单位为毫秒）。发生这种情况的原因是没有查询到新的定时器作业，或者获取的定时器作业数量少于asyncExecutorMaxTimerJobsPerAcquisition中的设置
asyncExecutorDefaultAsyncJobAcquireWaitTime	10000	异步作业获取线程两次查询的间隔时间（单位为毫秒）。发生这种情况的原因是没有查询到新的异步作业,或者获取的异步作业数量少于asyncExecutorMaxAsyncJobsDuePerAcquisition中的设置
asyncExecutorDefaultQueueSizeFullWaitTime	0	当内部作业队列已满时，异步作业（包括定时器作业和异步执行）获取线程进行下一次查询间隔的时间（单位为毫秒）。默认情况下设置为0，将此属性设置为更高的值可以使异步作业执行器有能力处理队列中积压的作业
asyncExecutorTimerLockTimeInMillis	300000	一个定时器作业被异步作业执行器查询获取后的锁定时间（单位为毫秒），在这段时间内，没有其他异步作业执行器会尝试获取和锁定这个定时器作业
asyncExecutorAsyncJobLockTimeInMillis	300000	一个异步作业被异步作业执行器查询获取后的锁定时间（单位为毫秒），在这段时间内，没有其他异步作业执行器会尝试获取和锁定这个异步作业
asyncExecutorSecondsToWaitOnShutdown	60	异步执行器或工作流引擎关闭时，用于作业执行的线程池中作业执行的等待时间（单位为秒），超时的作业会被强制销毁，以确保应用最后能够关闭，而非被阻塞
asyncExecutorResetExpiredJobsInterval	60	过期作业的两次连续检查之间的时间间隔（单位为毫秒）。过期作业是锁定的作业，被某个作业器锁定（写入了锁定所有者+锁定时间信息），如果锁定时间在当前日期之前，则认为工作已过期。在这种检查过程中，过期作业将再次可用，锁定所有者和锁定时间信息将被移除，这时其他作业执行器才能查询到该作业
asyncExecutorResetExpiredJobsPageSize	3	异步执行程序的重置过期线程每次查询过期作业的数量

7.4.3 邮件服务器配置

Activiti支持在流程运行过程中通过邮件任务发送电子邮件，前提是在工作流引擎中配置了邮件服务器。Activiti引擎通过具备简单邮件传输协议（Simple Mail Transfer Protocol，SMTP）功能的外部邮件服务器发送电子邮件。Activiti邮件服务器配置参数如表7.2所示。

表7.2 Activiti邮件服务器配置参数

参数名称	默认值	描述
mailServerHost	localhost	邮件服务器的主机名（例如，mail.qq.com）
mailServerPort	25	邮件服务器上的SMTP通信端口
mailServerDefaultFrom	activiti@localhost	电子邮件发件人的默认电子邮件地址
mailServerUsername	无	某些邮件服务器需要凭证才能发送电子邮件。默认不设置
mailServerPassword	无	某些邮件服务器需要凭证才能发送电子邮件。默认不设置
mailServerUseSSL	false	某些邮件服务器需要SSL通信
mailServerUseTLS	false	某些邮件服务器（如Gmail）需要TLS通信

7.4.4 事件日志记录配置

Activiti引入了一种事件日志记录机制，其实现方式是捕获来自工作流引擎的各种事件，并创建包含所有事件数据的映射并将其提供给org.activiti.engine.impl.event.logger.EventFlusher（默认实现是org.activiti.engine.impl.event.logger.DatabaseEventFlusher），再由它对这些数据进行处理。工作流引擎将事件数据通过Jackson序列化为JSON文件，并将其作为EventLogEntryEntity实例存储在数据库中。默认情况下禁用事件日志记录机制，如果要使用该机制可通过enableDatabaseEventLogging属性开启：

```xml
<bean id="processEngineConfiguration"
    class="org.activiti.engine.impl.cfg.StandaloneProcessEngineConfiguration">
<!--开启事件日志记录机制 -->
<property name="enableDatabaseEventLogging" value="true" />
</bean>
```

以上代码段中，配置enableDatabaseEventLogging属性为true表示开启事件日志记录机制。存储事件日志的数据库表为ACT_EVT_LOG，默认情况下会创建此表，如果不开启事件日志记录机制，则可以删除此表。

7.5 编写第一个Activiti程序

通过前面几章的学习，读者已经掌握了Activiti依赖的运行环境、开发工具、流程设计器和引擎配置，接下来编写第一个Activiti项目。本节将通过IDEA创建一个Maven项目，集成Activiti开发环境，配置工作流引擎参数，连接MySQL数据库，使用actiBPM插件设计一个简单流程，最后使用Activiti提供的API完成流程部署、流程发起、任务查询、任务办理等一系列操作。

7.5.1 建立工程环境

1. 创建Maven项目

启动IDEA后，依次单击File→New→Project，在弹出New Project的对话框中选择Maven目录，设置Project SDK为1.8（会同步显示Java版本，本例中为1.8.0_291），并选中Create from archetype复选框，在Maven模板列表中选择org.apache. maven.archetypes:maven-archetype-quickstart选项，单击Next按钮，如图7.2所示。

在弹出的对话框中，输入GroupId、ArtifactId和Version，单击Next按钮，如图7.3所示。

提示：GroupId一般是公司域名的反写，而ArtifactId是项目名或模块名，Version是该项目或模块所对应的版本号。

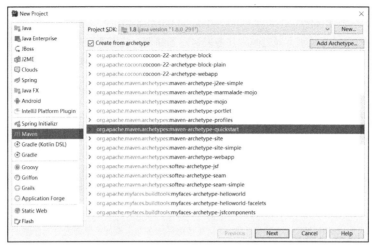

图7.2　创建Maven项目

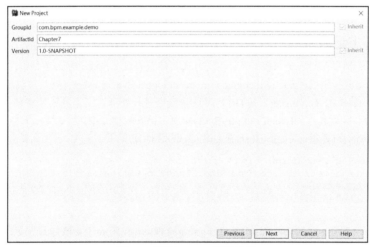

图7.3　配置Maven项目参数

在弹出的对话框中，依次选择本地的Maven，选择Maven的配置文件路径及本地Maven仓库路径，单击Next按钮，如图7.4所示。

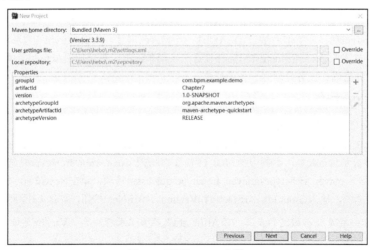

图7.4　配置Maven参数

在弹出的对话框中，输入项目名，选择项目路径，单击Finish按钮即可完成项目的创建，如图7.5所示。

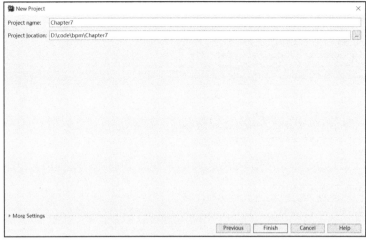

图7.5 设置项目名称和路径

2. 引入项目第三方依赖

完成Maven项目的创建后，还需要在pom.xml文件中引入项目的第三方依赖，代码如下：

```xml
<project>
  <modelVersion>4.0.0</modelVersion>

  <groupId>com.bpm.example.demo</groupId>
  <artifactId>Chapter7</artifactId>
  <version>1.0-SNAPSHOT</version>

  <name>Chapter7</name>
  <url>http://www.example.com</url>

  <properties>
    <project.build.sourceEncoding>UTF-8</project.build.sourceEncoding>
    <maven.compiler.source>1.8</maven.compiler.source>
    <maven.compiler.target>1.8</maven.compiler.target>
    <activiti.version>6.0.0</activiti.version>
    <mysql.version>5.1.43</mysql.version>
    <dbcp.version>1.4</dbcp.version>
    <junit.version>4.10</junit.version>
    <slf4j.version>1.7.25</slf4j.version>
  </properties>

  <dependencies>

    <!-- Activiti依赖包 -->
    <dependency>
      <groupId>org.activiti</groupId>
      <artifactId>activiti-engine</artifactId>
      <version>${activiti.version}</version>
    </dependency>

    <!-- mysql驱动包 -->
    <dependency>
      <groupId>mysql</groupId>
      <artifactId>mysql-connector-java</artifactId>
      <version>${mysql.version}</version>
      <scope>runtime</scope>
    </dependency>

    <!-- h2驱动包 -->
    <dependency>
      <groupId>com.h2database</groupId>
      <artifactId>h2</artifactId>
```

```xml
      <version>1.3.172</version>
    </dependency>

    <!-- DBCP数据库连接池 -->
    <dependency>
      <groupId>commons-dbcp</groupId>
      <artifactId>commons-dbcp</artifactId>
      <version>${dbcp.version}</version>
    </dependency>

    <dependency>
      <groupId>org.slf4j</groupId>
      <artifactId>slf4j-log4j12</artifactId>
      <version>${slf4j.version}</version>
    </dependency>

    <dependency>
      <groupId>junit</groupId>
      <artifactId>junit</artifactId>
      <version>4.11</version>
      <scope>test</scope>
    </dependency>
  </dependencies>

  <!-- 此处省去build配置 -->
</project>
```

以上配置文件中省略了命名空间部分的代码，完整内容可参见本书配套资源。从以上配置文件中可知，这里主要引入了以下第三方依赖。

- activiti-engine：Activiti开发运行的核心依赖包。
- mysql-connector-java：MYSQL的JDBC驱动。如果采用其他数据库，则需要引入对应数据库版本的JDBC驱动包。
- commons-dbcp：Apache Commons DBCP数据库连接池，当然也可以选择其他数据库连接池。
- slf4j-log4j12：链接slf4j-api和log4j的适配器，用于日志记录。
- junit：Java语言的单元测试框架。

7.5.2 创建配置文件

首先创建log4j.properties日志配置文件，在项目的src\main\resources路径下创建log4j.properties日志配置文件，其内容如下：

```
log4j.rootLogger=INFO, stdout

# Console Appender
log4j.appender.stdout=org.apache.log4j.ConsoleAppender
log4j.appender.stdout.layout=org.apache.log4j.PatternLayout
log4j.appender.stdout.layout.ConversionPattern= %d{hh:mm:ss,SSS} [%t] %-5p %c %x - %m%n

# Custom tweaks
log4j.logger.org.apache=WARN
log4j.logger.org.hibernate=WARN
log4j.logger.org.hibernate.engine.internal=debug
log4j.logger.org.hibernate.validator=WARN
log4j.logger.org.springframework=WARN
log4j.logger.org.springframework.web=WARN
log4j.logger.org.springframework.security=WARN
```

接下来创建activiti.cfg.xml工作流引擎配置文件，在项目的src\main\resources路径下创建activiti.cfg.xml工作流引擎配置文件，其内容如下：

```xml
<?xml version="1.0" encoding="UTF-8"?>
<beans xmlns="http://www.springframework.org/schema/beans"
       xmlns:xsi="http://www.w3.org/2001/XMLSchema-instance"
       xsi:schemaLocation="http://www.springframework.org/schema/beans
       http://www.springframework.org/schema/beans/spring-beans.xsd">
```

```xml
<!--数据源配置-->
<bean id="dataSource" class="org.apache.commons.dbcp.BasicDataSource">
    <property name="driverClassName" value="com.mysql.jdbc.Driver"/>
    <property name="url" value="jdbc:mysql://localhost:3306/workflow"/>
    <property name="username" value="root"/>
    <property name="password" value="123456"/>
</bean>
<!--activiti工作流引擎-->
<bean id="processEngineConfiguration"
      class="org.activiti.engine.impl.cfg.StandaloneProcessEngineConfiguration">
    <!-- 数据源 -->
    <property name="dataSource" ref="dataSource"/>
    <!-- 数据库更新策略 -->
    <property name="databaseSchemaUpdate" value="true"/>
</bean>
</beans>
```

7.5.3 创建流程模型

在Activiti项目的src\main\resources路径下，新建一个processes目录，用于存储设计的流程图文件。

右击processes目录，在弹出的快捷菜单中依次单击New→BPMN File，在弹出的New BPMN File对话框中的Enter name for new BPMN File文本框中输入流程图名称，单击OK按钮，如图7.6所示。

接下来进入流程设计器界面，绘制如图7.7所示流程图，设置Id为LeaveApplyProcess，Name为请假申请流程，该流程包括4个节点：开始事件节点、结束事件节点、"请假申请"用户任务节点和"上级审批"用户任务节点。

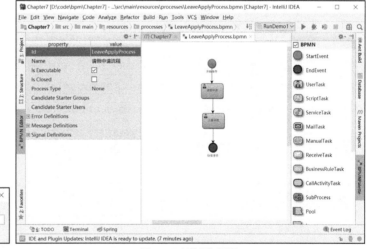

图7.6 新建一个流程图文件　　　　　　　图7.7 绘制流程图

设置"请假申请"用户任务的办理人，配置其Assignee属性为liuxiaopeng，如图7.8所示。采用同样的操作，配置"上级审批"用户任务的Assignee属性为hebo。

到此，一个简单流程示例配置完成。该流程对应的XML内容如下：

```xml
<process id="LeaveApplyProcess" isExecutable="true" name="请假申请流程" processType="None">
    <startEvent id="_2" name="开始事件"/>
    <userTask activiti:assignee="liuxiaopeng" activiti:exclusive="true" id="_3" name="请假申请"/>
    <userTask activiti:assignee="hebo" activiti:exclusive="true" id="_4" name="上级审批"/>
    <endEvent id="_5" name="结束事件"/>
    <sequenceFlow id="_6" sourceRef="_2" targetRef="_3"/>
    <sequenceFlow id="_7" sourceRef="_3" targetRef="_4"/>
    <sequenceFlow id="_8" sourceRef="_4" targetRef="_5"/>
</process>
```

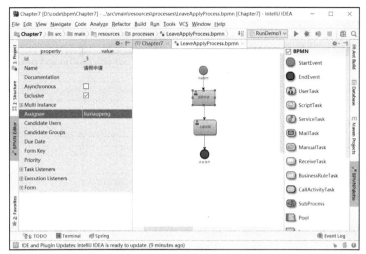

图7.8　配置流程办理人

7.5.4　加载流程模型与启动流程

加载该流程模型并执行相应流程控制的代码如下：

```
@Slf4j
public class RunFirstDemo {

    @Test
    public void runFirstDemo() {
        //创建工作流引擎
        ProcessEngine engine = ProcessEngines.getDefaultProcessEngine();
        //获取流程存储服务
        RepositoryService repositoryService = engine.getRepositoryService();
        //获取运行时服务
        RuntimeService runtimeService = engine.getRuntimeService();
        //获取流程任务
        TaskService taskService = engine.getTaskService();
        //部署流程
        repositoryService.createDeployment().addClasspathResource("processes/LeaveApplyProcess.bpmn").deploy();

        //启动流程
        runtimeService.startProcessInstanceByKey("LeaveApplyProcess");
        //查询第一个任务
        Task firstTask =
            taskService.createTaskQuery().taskAssignee("liuxiaopeng").singleResult();
        //完成第一个任务
        taskService.complete(firstTask.getId());
        log.info("用户任务{}办理完成,办理人为:{}", firstTask.getName(), firstTask.getAssignee());
        //查询第二个任务
        Task secondTask =
            taskService.createTaskQuery().taskAssignee("hebo").singleResult();
        log.info("用户任务{}办理完成,办理人为:{}", secondTask.getName(), secondTask.getAssignee());
        //完成第二个任务（流程结束）
        taskService.complete(secondTask.getId());
        //查询任务数
        long taskNum = taskService.createTaskQuery().count();
        log.info("流程结束后,剩余任务数：{}", taskNum);

        //关闭工作流引擎
        engine.close();
    }
}
```

在以上代码段中，先通过ProcessEngines的getDefaultProcessEngine()方式创建并获取工作流引擎（默认读取activiti.cfg.xml工作流引擎配置文件），然后通过工作流引擎获取RepositoryService、RuntimeService和

TaskService服务,最后通过这3个服务调用Activiti API实现流程部署、流程发起、任务查询和任务办理操作,直到流程结束。代码运行结果如下:

```
10:30:12,618 [main] INFO  com.bpm.example.demo1.RunFirstDemo  - 用户任务请假申请办理完成,办理人为: liuxiaopeng
10:30:12,618 [main] INFO  com.bpm.example.demo1.RunFirstDemo  - 用户任务上级审批办理完成,办理人为: hebo
10:30:12,638 [main] INFO  com.bpm.example.demo1.RunFirstDemo  - 流程结束后,剩余任务数: 0
```

这里使用到的各种Activiti服务和接口,将在第8章进行详细介绍。

7.6 本章小结

本章先介绍了Activiti创建工作流引擎配置对象ProcessEngineConfiguration、工作流引擎对象ProcessEngine的方法,然后介绍了Activiti工作流引擎配置文件的两种配置方式,讲解了工作流引擎配置对象的各种属性及配置方法,包括数据库连接配置、历史数据级别配置、作业执行器配置、邮件服务器配置和事件日志记录配置,通过一个示例项目演示了通过IDEA创建Maven项目、集成Activiti的开发环境、配置工作流引擎属性,以及通过actiBPM插件设计流程的过程。本章还使用Activiti提供的接口完成了流程部署、流程发起、任务查询和任务办理等一系列的操作。本章内容基本覆盖了Activiti开发全过程。

第 8 章

Activiti核心概念和API

第6章介绍Activiti核心架构时讲到，ProcessEngine是Activiti的门面接口，也是Activiti中最核心的API，通过ProcessEngine可以获取Activiti所有的核心API服务接口。在Activiti中，流程的部署、启动、任务的创建、办理，以及后续一系列的操作都围绕核心API进行。通过学习Activiti核心概念和API，可以窥探Activiti工作全貌。

8.1 Activiti核心概念

在介绍核心API前，我们先要明确流程定义、流程实例和执行实例这几个基本概念，后续章节会反复用到这些概念。

8.1.1 流程定义

一个流程模型通过执行部署操作可以生成一个流程定义，执行几次部署操作就可以生成几个流程定义。通常流程模型修改后，都需要执行部署操作发布新版本的流程定义。所以，一个流程模型可能会部署多个版本的流程定义，二者之间是一对多的关系。

一个流程定义包括.bpmn和.png两个文件。.bpmn文件是流程步骤的说明，是遵循BPMN 2.0标准的XML文件。由于该文件内容较长，此处不再展开介绍，读者可以参考2.3.1小节的示例。.png文件是Activiti生成的流程图片。图8.1是一个简单的请假流程图。

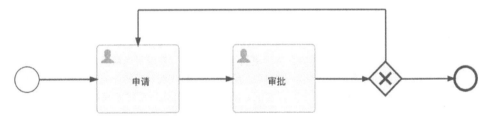

图8.1 请假流程图

流程定义对应的数据表是ACT_RE_PROCDEF，该表存储了流程定义的基本信息。而.bpmn和.png文件则存储在资源表ACT_GE_BYTEARRAY中，两个表的数据通过DEPLOYMENT_ID_字段进行关联。

8.1.2 流程实例

流程定义部署后，用户（或系统）即可调用Activiti的核心API根据流程定义发起一个流程实例，并通过该API管理该流程实例的执行。一个流程定义可以发起多个流程实例。流程定义是静态的，流程实例是动态的。例如，图8.1所示的请假流程部署后，张三要申请年假需要发起一个请假流程实例，李四要申请病假也需要发起一个请假流程实例，这两个流程实例互不影响。流程定义和流程实例的关系如图8.2所示。

流程定义与流程实例的关系类似Java类与对象，一个Java类可以实例化多个对象，一个流程定义也可以发起多个流程实例。

流程实例对应的数据表是ACT_HI_PROCINST，该表存储了流程实例的基本信息，而流程实例的节点信息主要存储在ACT_HI_ACTINST表中，流程任务信息主要存储在ACT_HI_TASKINST表中，流程变量信息主要存储在ACT_HI_VARINST表中。ACT_HI_PROCINST为主表，其他表通过PROC_INST_ID_字段与ACT_HI_PROCINST表的ID_字段关联。

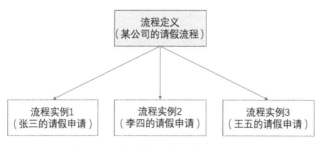

图8.2 流程实例和流程定义的关系

8.1.3 执行实例

在Activiti中每启动一个流程就会创建一个流程实例,每个流程实例至少会有一个执行实例,当流程执行过程中遇到并行分支或多实例任务时,就会生成多个执行实例。图8.3所示为包含并行网关的流程示例。

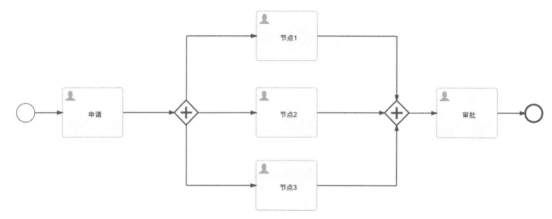

图8.3 包含并行网关的流程示例

图8.3中,流程启动后,会在ACT_RU_EXECUTION表中创建两个执行实例,一个是流程的主执行实例,另一个是子执行实例。流程每执行一步操作,都会更新子执行实例,来表明当前流程的执行进度。当流程流经第一个并行网关后,会新增2个子执行实例,此时共有3个子执行实例。再加上流程的主执行实例,一共可以在ACT_RU_EXECUTION表中查询到4个执行实例。所有的子执行实例都按照规则执行完毕时,流程主执行实例也随之结束。

执行实例对应的数据表是ACT_RU_EXECUTION,该表存储了执行实例的基本信息,而执行实例的任务信息主要存储在ACT_RU_TASK表中,执行实例的变量信息主要存储在ACT_RU_VARINST表中。ACT_RU_EXECUTION为主表,其他表通过EXECUTION_ID_字段与ACT_RU_EXECUTION表的ID_字段关联。

8.2 工作流引擎服务

ProcessEngine接口是Activiti的门面接口,也是最重要的API,其他核心服务API都可以通过ProcessEngine接口来获取。Activiti核心API主要包括以下8个,分别介绍如下。

- RepositoryService:提供流程部署和流程定义的操作方法,如流程定义的挂起、激活等。
- RuntimeService:提供运行时流程实例的操作方法,如流程实例的发起、流程变量的设置等。
- TaskService:提供运行时流程任务的操作方法,如任务的创建、办理、指派、认领和删除等。
- HistoryService:提供历史流程数据的操作方法,如历史流程实例、历史变量、历史任务的查询等。
- ManagementService:提供对工作流引擎进行管理和维护的方法,如数据库表数据、表元数据的查询和执行命令。
- IdentityService:提供用户或者组的操作方法,如用户的增、删、改、查等。
- FormService:提供流程表单的操作方法,如表单获取、表单保存等。

❏ DynamicBpmnService：提供流程定义的动态修改方法，从而避免重新部署它。

这些核心API构成了Activiti的系统服务结构，如图8.4所示。

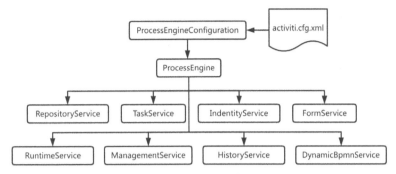

图8.4　Activiti系统服务结构

在图8.4中，activiti.cfg.xml是工作流引擎的配置文件。ProcessEngineConfiguration是工作流引擎的配置类，根据activiti.cfg.xml创建。通过ProcessEngineConfiguration可以创建ProcessEngine实例，在Activiti中，一个ProcessEngine实例代表一个工作流引擎，示例代码如下：

```
//加载工作流引擎配置
ProcessEngineConfiguration configuration = ProcessEngineConfiguration
        .createProcessEngineConfigurationFromResource("activiti.cfg.xml");
//创建ProcessEngine对象
ProcessEngine processEngine = configuration.buildProcessEngine();
```

以上代码段通过调用ProcessEngineConfiguration的createProcessEngineConfigurationFromResource()方法加载了工作流引擎的配置文件activiti.cfg.xml，创建了一个工作流引擎配置类实例对象configuration，并调用configuration的buildProcessEngine()方法创建了一个工作流引擎对象processEngine。通过processEngine可以获取Activiti所有核心API服务，示例代码如下：

```
//获取存储服务RepositoryService
RepositoryService repositoryService = processEngine.getRepositoryService();
//获取运行时服务RuntimeService
RuntimeService runtimeService = processEngine.getRuntimeService();
//获取任务服务TaskService
TaskService taskService = processEngine.getTaskService();
//获取历史服务HistoryService
HistoryService historyService = processEngine.getHistoryService();
//获取表单服务FormService
FormService formService= processEngine.getFormService();
//获取身份服务IdentityService
IdentityService identityService = processEngine.getIdentityService();
//获取管理服务ManagementService
ManagementService managementService = processEngine.getManagementService();
//获取动态BPMN服务DynamicBpmnService
DynamicBpmnService dynamicBpmnService = processEngine.getDynamicBpmnService();
```

8.3　存储服务API

RepositoryService接口主要用于执行Activiti中与流程存储相关的数据操作，主要提供以下4类操作。

❏ 流程部署相关操作：包括对部署记录的创建、删除、查询等，主要操作部署记录表ACT_RE_DEPLOYMENT。

❏ 流程定义相关操作：包括对流程定义的查询、挂起、激活等，主要操作流程定义表ACT_RE_PROCDEF。

❏ 流程模型相关操作：包括对模型的新建、保存、删除等，主要操作流程模型表ACT_RE_MODEL。

❏ 流程与发起人关系管理操作：包括对候选人、候选组的新增、删除、查询等，主要操作流程人员关系表ACT_HI_IDENTITYLINK。

本节将以流程定义的部署、删除、挂起和激活应用场景为例，讲解RepositoryService接口的具体使用方法。

8.3.1 部署流程定义

RepositoryService接口中提供了一个createDeployment()方法,可用于创建流程部署,相关代码如下:

```java
public interface RepositoryService {
    //创建DeploymentBuilder
    DeploymentBuilder createDeployment();
}
```

下面通过一个示例来讲解调用RepositoryService接口实现流程部署的过程,示例代码如下:

```java
public class RunDemo1 {
    public static void main(String[] args) {
        //创建工作流引擎配置
        ProcessEngineConfigurationImpl processEngineConfiguration
                = (ProcessEngineConfigurationImpl) ProcessEngineConfiguration
                .createProcessEngineConfigurationFromResource("activiti.cfg.xml");
        //创建工作流引擎
        ProcessEngine engine = processEngineConfiguration.buildProcessEngine();
        //获取流程存储服务
        RepositoryService repositoryService = engine.getRepositoryService();
        //部署流程
        Deployment deployment = repositoryService.createDeployment()
                .addClasspathResource("processes/SimpleProcess.bpmn20.xml")
                .deploy();
        //查询流程定义
        ProcessDefinition processDefinition = repositoryService.createProcessDefinitionQuery()
                .deploymentId(deployment.getId()).singleResult();
        System.out.println("流程定义ID为:" + processDefinition.getId() + ",流程名称为:" +
processDefinition.getName() + ",版本号: " + processDefinition.getVersion());
        //再次部署流程
        Deployment deployment2 = repositoryService.createDeployment()
                .addClasspathResource("processes/SimpleProcess.bpmn20.xml")
                .deploy();
        //再次查询流程定义
        ProcessDefinition processDefinition2 = repositoryService.createProcessDefinitionQuery()
                .deploymentId(deployment2.getId()).singleResult();
        System.out.println("流程定义ID为:" + processDefinition2.getId() + ",流程名称为:" +
processDefinition2.getName() + ",版本号: " + processDefinition2.getVersion());
        //关闭工作流引擎
        engine.close();
    }
}
```

以上代码段中有两段加粗的代码,这两段代码执行相同的流程部署操作:先调用repositoryService接口的createDeployment()方法创建一个DeploymentBuilder对象,接着通过DeploymentBuilder的addClasspathResource()方法加载流程定义文件的路径信息,最后调用DeploymentBuilder的deploy()方法执行流程部署操作。

代码运行结果如下:

```
流程定义ID为:SimpleProcess:1:4,流程名称为: SimpleProcess,版本号: 1
流程定义ID为:SimpleProcess:2:8,流程名称为: SimpleProcess,版本号: 2
```

流程部署操作会向ACT_RE_DEPLOYMENT、ACT_RE_PROCDEF和ACT_GE_BYTEARRAY这3张表中插入相应的记录。其中,ACT_RE_DEPLOYMENT表存储流程定义名称和部署时间,每部署一次流程就会增加一条记录;ACT_RE_PROCDEF表存储流程定义的基本信息,每次部署新版本的流程定义都会在该表中增加一条记录,同时使版本号加1;ACT_GE_BYTEARRAY表存储流程定义相关资源信息,每部署一次流程至少会在该表中增加两条记录,一条是.bpmn流程描述文件记录,另一条是.png流程图片文件记录。流程描述文件和流程图片文件均以二进制形式存储在数据库中。流程定义表ACT_RE_PROCDEF和资源表ACT_GE_BYTEARRAY均通过字段DEPLOYMENT_ID_与流程部署表ACT_RE_DEPLOYMENT的ID_字段关联。

8.3.2 删除流程定义

RepositoryService接口中提供了两个删除流程定义的方法:

```java
public interface RepositoryService {
    //删除指定的部署,不进行级联删除
```

```
    void deleteDeployment(String deploymentId);

    //可级联删除指定的部署，级联删除包括删除流程实例、job等
    void deleteDeployment(String deploymentId, boolean cascade);
}
```

第一个方法只有一个参数deploymentId，第二个方法增加了一个cascade参数，用于指定是否进行级联删除。不管是否指定进行级联删除，流程部署信息、流程定义数据、资源数据等都会被删除。如果指定进行级联删除，会同时删除流程对应的运行时流程实例、历史流程实例、关联的job等。

下面将通过一个示例讲解通过RepositoryService接口删除已部署流程的过程，示例代码如下：

```java
public class RunDemo2 {
    public static void main(String[] args) {
        //创建工作流引擎配置
        ProcessEngineConfigurationImpl processEngineConfiguration
            = (ProcessEngineConfigurationImpl) ProcessEngineConfiguration
            .createProcessEngineConfigurationFromResource("activiti.cfg.xml");
        //创建工作流引擎
        ProcessEngine engine = processEngineConfiguration.buildProcessEngine();
        //获取流程存储服务
        RepositoryService repositoryService = engine.getRepositoryService();
        //部署流程
        Deployment deployment = repositoryService.createDeployment()
            .addClasspathResource("processes/SimpleProcess.bpmn20.xml")
            .deploy();
        System.out.println("流程部署成功，部署ID=" + deployment.getId());
        //查询流程定义
        ProcessDefinition processDefinition = repositoryService.createProcessDefinitionQuery()
            .deploymentId(deployment.getId()).singleResult();
        System.out.println("流程定义ID为:" + processDefinition.getId() + ",流程名称为:" +
            processDefinition.getName());
        //删除流程定义
        repositoryService.deleteDeployment(deployment.getId());
        System.out.println("删除已部署的流程，部署ID=" + deployment.getId());
        //再次查询流程定义
        ProcessDefinition processDefinition2 = repositoryService.createProcessDefinitionQuery()
            .deploymentId(deployment.getId()).singleResult();
        System.out.println("流程定义ID为: " + (processDefinition2 == null ? "null" :
            processDefinition2.getId()));
        //关闭工作流引擎
        engine.close();
    }
}
```

以上代码段中的加粗部分通过调用repositoryService接口的deleteDeployment()方法传入部署ID，执行了对流程定义的删除操作。

代码运行结果如下：

```
流程部署成功，部署ID=1
流程定义ID为：SimpleProcess:1:4，流程名称为：SimpleProcess
删除已部署的流程，部署ID=1
流程定义ID为：null
```

8.3.3 挂起流程定义

如果暂时不想再使用部署后的流程定义，则可以挂起。

RepositoryService接口中提供了多种挂起流程定义的方法：

```java
public interface RepositoryService {
    //根据流程定义ID 立即挂起
    void suspendProcessDefinitionById(String processDefinitionId);
    //根据流程定义ID在指定日期挂起
    void suspendProcessDefinitionById(String processDefinitionId, boolean
    suspendProcessInstances, Date suspensionDate);
    //根据流程定义key立即挂起
    void suspendProcessDefinitionByKey(String processDefinitionKey);
    //根据流程定义key在指定日期挂起
```

```
void suspendProcessDefinitionByKey(String processDefinitionKey, boolean
suspendProcessInstances, Date suspensionDate);
//根据流程定义key和租户ID立即挂起
void suspendProcessDefinitionByKey(String processDefinitionKey, String tenantId);
//根据流程定义key和租户ID在指定日期挂起
void suspendProcessDefinitionByKey(String processDefinitionKey, boolean
    suspendProcessInstances, Date suspensionDate, String tenantId);
}
```

可以按流程定义ID挂起指定流程定义，也可以根据流程定义key挂起具有相同key的流程定义，还可以根据流程定义key和租户ID挂起流程定义。这3种挂起方式都提供了立即挂起和在指定日期挂起两种挂起方式，其中在指定日期挂起方式需要启用job执行器执行定时任务。

下面通过一个示例讲解通过RepositoryService接口挂起流程定义的过程，示例代码如下：

```
public class RunDemo3 extends ActivitiEngineUtil {
    public static void main(String[] args) {
        RunDemo3 demo = new RunDemo3();
        demo.runDemo();
    }

    private void runDemo() {
        //初始化工作流引擎
        loadActivitiConfigAndInitEngine("activiti.cfg.xml");
        //部署流程
        ProcessDefinition processDefinition =
            deployByClasspathResource("processes/SimpleProcess.bpmn20.xml");
        //查询流程定义状态
        queryProcessDefinition(processDefinition.getId());
        //发起流程实例
        startProcessInstance(processDefinition.getId());
        //挂起流程定义
        repositoryService.suspendProcessDefinitionById(processDefinition.getId());
        System.out.println("挂起流程定义! 流程定义ID=" + processDefinition.getId());
        //再次查询流程定义状态
        queryProcessDefinition(processDefinition.getId());
        //再次发起流程实例
        startProcessInstance(processDefinition.getId());
        //关闭工作流引擎
        engine.close();
    }

    //查询流程定义状态
    private void queryProcessDefinition(String processDefinitionId) {
        ProcessDefinition processDefinition =
            repositoryService.createProcessDefinitionQuery()
                .processDefinitionId(processDefinitionId)
                .singleResult();
        System.out.println("***流程定义ID=" + processDefinition.getId()
            + ", 流程定义key=" + processDefinition.getKey()
            + ", 是否挂起=" + processDefinition.isSuspended());
    }

    //根据流程定义ID发起流程
    private void startProcessInstance(String processDefinitionId) {
        try {
            ProcessInstance processInstance =
                runtimeService.startProcessInstanceById(processDefinitionId);
            System.out.println("发起流程实例成功。流程实例ID为: " + processInstance.getId()
                + ", 流程定义ID为: " + processInstance.getProcessDefinitionId()
                + ", 流程定义key为: " + processInstance.getProcessDefinitionKey());
        } catch (Exception e) {
            System.out.println("发起流程实例失败。" + e.getMessage());
        }
    }
}
```

该示例代码继承了ActivitiEngineUtil类。ActivitiEngineUtil类是一个自定义工具类，封装了工作流引擎初始化、流程部署等与通用操作相关的代码，设计该类的目的是简化示例代码，提高代码的可复用性，本书中的许多示例代码都会用到该工具类。关于该工具类的详细介绍可参阅8.9.1小节的内容。

以上代码段中的加粗部分通过调用repositoryService接口的suspendProcessDefinitionById()方法传入流程定义ID,将流程定义挂起。挂起后的流程定义,不能再发起流程实例。

代码运行结果如下:

```
***流程定义ID=SimpleProcess:1:4 , 流程定义key=SimpleProcess , 是否挂起=false
发起流程实例成功。流程实例ID为: 5,流程定义ID为: SimpleProcess:1:4,流程定义key为: SimpleProcess
挂起流程定义! 流程定义ID=SimpleProcess:1:4
***流程定义ID=SimpleProcess:1:4 , 流程key=SimpleProcess , 是否挂起=true
发起流程实例失败。
Cannot start process instance. Process definition SimpleProcess (id = SimpleProcess:1:4
) is suspended
```

8.3.4　激活流程定义

挂起的流程定义可以激活后再次投入使用,RepositoryService接口中提供了多种激活流程定义的方法:

```java
public interface RepositoryService {
    //根据流程定义ID立即激活
    void activateProcessDefinitionById(String processDefinitionId);
    //根据流程定义ID在指定日期激活
    void activateProcessDefinitionById(String processDefinitionId,
        boolean activateProcessInstances, Date activationDate);
    //根据流程定义key立即激活
    void activateProcessDefinitionByKey(String processDefinitionKey);
    //根据流程定义key在指定日期激活
    void activateProcessDefinitionByKey(String processDefinitionKey,
        boolean activateProcessInstances, Date activationDate);
    //根据流程定义key和租户ID立即激活
    void activateProcessDefinitionByKey(String processDefinitionKey, String tenantId);
    //根据流程定义key和租户ID在指定日期激活
    void activateProcessDefinitionByKey(String processDefinitionKey,
        boolean activateProcessInstances, Date activationDate, String tenantId);
}
```

可以按流程定义ID激活指定流程定义,也可以根据流程定义key激活具有相同key的所有流程定义,还可以根据流程定义key和租户ID等条件激活流程定义。这3种激活方式也都提供了立即激活和在指定日期激活两种激活方式,其中在指定日期激活方式需要启用job执行器来执行定时任务。

下面通过一个示例讲解通过RepositoryService接口激活流程定义的过程,示例代码如下:

```java
public class RunDemo4 extends ActivitiEngineUtil {
    public static void main(String[] args) {
        RunDemo4 demo = new RunDemo4();
        demo.runDemo();
    }

    public void runDemo() {
        //初始化工作流引擎
        loadActivitiConfigAndInitEngine("activiti.cfg.xml");
        //部署流程
        ProcessDefinition processDefinition =
            deployByClasspathResource("processes/SimpleProcess.bpmn20.xml");
        //查询流程定义状态
        queryProcessDefinition(processDefinition.getId());
        //挂起流程定义
        repositoryService.suspendProcessDefinitionById(processDefinition.getId());
        System.out.println("挂起流程定义! 流程定义ID=" + processDefinition.getId());
        //再次查询流程定义状态
        queryProcessDefinition(processDefinition.getId());
        //激活流程定义
        repositoryService.activateProcessDefinitionById(processDefinition.getId());
        System.out.println("激活流程定义! 流程定义ID=" + processDefinition.getId());
        //再次查询流程定义状态
        queryProcessDefinition(processDefinition.getId());
        //关闭工作流引擎
        closeEngine();
    }
}
```

```java
    private void queryProcessDefinition(String processDefinitionId) {
        ProcessDefinition processDefinition = repositoryService.createProcessDefinitionQuery()
            .processDefinitionId(processDefinitionId)
            .singleResult();
        System.out.println("***流程定义ID=" + processDefinition.getId()
            + " ，流程定义key=" + processDefinition.getKey()
            + " ，是否挂起=" + processDefinition.isSuspended());
    }
}
```

以上代码段中有两行加粗的代码,第一行加粗代码调用repositoryService接口的suspendProcessDefinitionById()方法,将流程定义挂起。第二行加粗代码调用repositoryService接口的activeProcessDefinitionById()方法,激活挂起的流程定义。

代码运行结果如下：

```
***流程定义ID=SimpleProcess:1:4 ，流程定义key=SimpleProcess ，是否挂起=false
挂起流程定义! 流程定义ID=SimpleProcess:1:4
***流程定义ID=SimpleProcess:1:4 ，流程定义key=SimpleProcess ，是否挂起=true
激活流程定义! 流程定义ID=SimpleProcess:1:4
***流程定义ID=SimpleProcess:1:4 ，流程定义key=SimpleProcess ，是否挂起=false
```

8.4 运行时服务API

RuntimeService接口主要用于对Activiti中与流程运行时相关的数据进行操作,对应名称以ACT_RU_开头的相关运行时表。该接口提供的方法主要包括以下6类：

- 创建和发起流程实例；
- 唤醒等待状态的流程实例；
- 流程权限的管理,主要指流程实例和人员之间的关系管理,如流程参与人管理等；
- 流程变量的管理,包括流程变量的新增、删除、查询等；
- 管理运行时流程实例、执行实例、数据对象等运行时对象；
- 信号、消息等事件的发布与接收,以及事件监听器的管理。

本节将通过发起流程实例和唤醒等待流程实例的常见应用场景,讲解RuntimeService接口的具体使用方法。

8.4.1 发起流程实例

RuntimeService中提供了多种发起流程实例的方法,方便用户根据不同条件发起流程实例：

```java
public interface RuntimeService {
    //创建流程实例builder
    ProcessInstanceBuilder createProcessInstanceBuilder();

    /*****根据流程定义key发起流程 *****/
    //根据流程定义key发起流程
    ProcessInstance startProcessInstanceByKey(String processDefinitionKey);
    //根据流程定义key及业务主键发起流程
    ProcessInstance startProcessInstanceByKey(String processDefinitionKey, String businessKey);
    //根据流程定义key及变量发起流程
    ProcessInstance startProcessInstanceByKey(String processDefinitionKey,
        Map<String, Object> variables);
    //根据流程定义key、业务主键及变量发起流程
    ProcessInstance startProcessInstanceByKey(String processDefinitionKey,
        String businessKey, Map<String, Object> variables);
    //根据流程定义key及租户ID发起流程
    ProcessInstance startProcessInstanceByKeyAndTenantId(String processDefinitionKey,
        String tenantId);
    //根据流程定义key、业务主键及租户ID发起流程
    ProcessInstance startProcessInstanceByKeyAndTenantId(String processDefinitionKey,
        String businessKey, String tenantId);
    //根据流程定义key、变量及租户ID发起流程
    ProcessInstance startProcessInstanceByKeyAndTenantId(String processDefinitionKey,
        Map<String, Object> variables, String tenantId);
```

```java
//根据流程定义key、业务主键、变量及租户ID发起流程
ProcessInstance startProcessInstanceByKeyAndTenantId(String processDefinitionKey,
    String businessKey, Map<String, Object> variables, String tenantId);

/*****根据流程定义ID发起流程*****/
//根据流程定义ID发起流程
ProcessInstance startProcessInstanceById(String processDefinitionId);
//根据流程定义ID及业务主键发起流程
ProcessInstance startProcessInstanceById(String processDefinitionId, String businessKey);
//根据流程定义ID及变量发起流程
ProcessInstance startProcessInstanceById(String processDefinitionId,
    Map<String, Object> variables);
//根据流程定义ID、业务主键及变量发起流程
ProcessInstance startProcessInstanceById(String processDefinitionId,
    String businessKey, Map<String, Object> variables);

/*****根据消息发起流程*****/
//根据消息发起流程
ProcessInstance startProcessInstanceByMessage(String messageName);
//根据消息及租户ID发起流程
ProcessInstance startProcessInstanceByMessageAndTenantId(String messageName,
    String tenantId);
//根据消息、业务主键发起流程
ProcessInstance startProcessInstanceByMessage(String messageName, String businessKey);
//根据消息、业务主键及租户ID发起流程
ProcessInstance startProcessInstanceByMessageAndTenantId(String messageName,
    String businessKey, String tenantId);
//根据消息、变量发起流程
ProcessInstance startProcessInstanceByMessage(String messageName,
    Map<String, Object> processVariables);
//根据消息、变量及租户ID发起流程
ProcessInstance startProcessInstanceByMessageAndTenantId(String messageName,
    Map<String, Object> processVariables, String tenantId);
//根据消息、业务主键及变量发起流程
ProcessInstance startProcessInstanceByMessage(String messageName, String businessKey,
    Map<String, Object> processVariables);
//根据消息、业务主键、变量及租户ID发起流程
ProcessInstance startProcessInstanceByMessageAndTenantId(String messageName,
    String businessKey, Map<String, Object> processVariables, String tenantId);
}
```

由上述代码段可知，RuntimeService接口提供了以下4类发起流程实例的方法：

- 通过创建ProcessInstanceBuilder对象后发起流程实例；
- 通过流程定义key发起流程实例；
- 通过流程定义ID发起流程实例；
- 通过消息名称发起流程实例。

以上4种方式均支持传入业务key、变量、租户ID等参数，支持基于不同参数的组合发起流程实例。通过消息发起流程实例，要求流程的开始事件为启动消息事件，如果启动事件为空，则只能通过流程定义ID或者流程定义key发起流程。

下面通过一个示例讲解通过RuntimeService接口发起一个包含空启动事件的流程实例的过程，示例代码如下：

```java
public class RunDemo5 extends ActivitiEngineUtil {
    public static void main(String[] args) {
        RunDemo5 demo = new RunDemo5();
        demo.runDemo();
    }

    private void runDemo() {
        //初始化工作流引擎
        loadActivitiConfigAndInitEngine("activiti.cfg.xml");
        //部署流程
        ProcessDefinition processDefinition =
            deployByClasspathResource("processes/SimpleProcess.bpmn20.xml");
        System.out.println("流程定义ID为：" + processDefinition.getId() + "，流程定义key为："
```

```
+ processDefinition.getKey());
        //根据流程定义ID发起流程
        ProcessInstance processInstance =
            runtimeService.startProcessInstanceById(processDefinition.getId());
        queryProcessInstance(processInstance.getId());
        //根据流程定义key发起流程
        ProcessInstance processInstance2 = runtimeService.createProcessInstanceBuilder()
            .processDefinitionKey(processDefinition.getKey())
            .name("SimpleProcessInstance")
            .start();
        queryProcessInstance(processInstance2.getId());
        //关闭工作流引擎
        closeEngine();
    }

    private void queryProcessInstance(String processInstanceId) {
        ProcessInstance processInstance = runtimeService.createProcessInstanceQuery()
            .processInstanceId(processInstanceId)
            .singleResult();
        System.out.println("流程实例ID为: " + processInstance.getId()
            + ", 流程定义ID为: " + processInstance.getProcessDefinitionId()
            + ", 流程实例名称为: " + processInstance.getName()
        );
    }
}
```

以上代码段中有两段加粗代码，采用两种方式发起流程实例：第一段加粗代码直接调用runtimeService的startProcessInstanceById()方法，根据流程定义ID发起的流程实例；第二段加粗代码调用runtimeService的createProcessInstanceBuilder()方法创建了一个ProcessInstanceBuilder对象，并传入流程定义key和流程名称等参数，然后调用start()方法发起流程实例。

代码运行结果如下：

```
流程定义ID为: SimpleProcess:1:4, 流程定义key为: SimpleProcess
流程实例ID为: 5, 流程定义ID为: SimpleProcess:1:4, 流程实例名称为: null
流程实例ID为: 10, 流程定义ID为: SimpleProcess:1:4, 流程实例名称为: SimpleProcessInstance
```

8.4.2 唤醒一个等待状态的执行

RuntimeService接口提供了trigger()方法，用于唤醒一个等待状态的执行实例。该接口支持根据执行实例ID进行唤醒操作，还支持唤醒时传入流程变量、瞬时变量等参数。相关代码如下：

```
public interface RuntimeService {
    //唤醒等待状态的执行
    void trigger(String executionId);
    //唤醒等待状态的执行，同时传入新的流程变量
    void trigger(String executionId, Map<String, Object> processVariables);
    //唤醒等待状态的执行，同时传入新的流程变量和瞬时变量
    void trigger(String executionId, Map<String, Object> processVariables,
        Map<String, Object> transientVariables);
}
```

图8.5展示了一个包含接收任务的流程模型，当发起流程实例后，用户完成"申请"节点的操作，流程流转到"等待触发"节点时，流程的执行实例就会进入等待状态，需要通过调用RuntimeService的trigger()方法才能触发流程的继续流转。

图8.5 包含接收任务的流程模型

下面是一个调用RuntimeService的trigger()方法唤醒等待执行示例，代码如下：

```java
public class RunDemo6 extends ActivitiEngineUtil {
    private static SimpleDateFormat dateFormat = new SimpleDateFormat("yyyy-MM-dd HH:mm:ss.SSS");

    public static void main(String[] args) {
        RunDemo6 demo = new RunDemo6();
        demo.runDemo();
    }

    private void runDemo() {
        //初始化工作流引擎
        loadActivitiConfigAndInitEngine("activiti.cfg.xml");
        //部署流程
        ProcessDefinition processDefinition =
            deployByClasspathResource("processes/SimpleProcess2.bpmn20.xml");
        System.out.println("流程定义ID为: " + processDefinition.getId() + ",流程定义key为: "
            + processDefinition.getKey());
        //根据流程定义ID发起流程
        ProcessInstance processInstance =
            runtimeService.startProcessInstanceById(processDefinition.getId());
        System.out.println("流程实例的ID为: " + processInstance.getId());
        //查询第一个任务
        Task firstTask =
taskService.createTaskQuery().processInstanceId(processInstance.getId()).singleResult();
        System.out.println("第一个任务ID为: " + firstTask.getId() + ",任务名称为: "
            + firstTask.getName());
        taskService.setAssignee(firstTask.getId(), "huhaiqin");
        //完成第一个任务
        taskService.complete(firstTask.getId());
        System.out.println("第一个任务办理完成!");

        Execution execution = runtimeService.createExecutionQuery()
            .processInstanceId(processInstance.getId()).onlyChildExecutions().singleResult();
        System.out.println("当前执行实例ID: " + execution.getId());
        runtimeService.trigger(execution.getId());
        System.out.println("触发机器节点,继续流转!");
        //查询流程执行历史
        HistoricProcessInstance historicProcessInstance =
            historyService.createHistoricProcessInstanceQuery()
            .processInstanceId(processInstance.getId())
            .singleResult();
        System.out.println("流程实例开始时间:" + dateFormat.format(historicProcessInstance.getStartTime()) + ",结束时间: " + dateFormat.format(historicProcessInstance.getEndTime()));
        //关闭工作流引擎
        closeEngine();
    }
}
```

以上代码段执行过程中,完成"申请"节点的用户任务时,流程流转到"等待触发"节点,进入等待状态,而加粗部分的代码通过调用runtimeService的trigger()方法,实现对等待执行实例的唤醒操作,流程继续流转到结束节点。

代码运行结果如下:

```
流程定义ID为: SimpleProcess2:1:4,流程定义key为: SimpleProcess2
流程实例的ID为: 5
第一个任务ID为: 9,任务名称为: 申请
第一个任务办理完成!
当前执行实例ID: 6
触发机器节点,继续流转!
流程实例开始时间: 2022-04-16 18:32:36.758,结束时间: 2022-04-16 18:32:36.916
```

8.5 任务服务API

TaskService接口主要用于操作正在运行的流程任务,主要提供以下6类方法:
- ❑ 任务实例的创建、保存、查询、删除等,主要操作运行时任务表ACT_RU_TASK;
- ❑ 任务权限相关操作,主要指任务和人员之间的关系管理,可以设置办理人、候选人、候选组,以及

其他类型的关系，主要操作运行时身份关系表ACT_RU_IDENTITYLINK；
- 任务办理相关操作，包括认领、委托、办理等；
- 任务变量管理相关操作，包括任务变量的新增、删除、查询等，主要操作运行时变量表ACT_RU_VARIABLE；
- 任务评论管理相关操作，包括任务评论的新增、删除、查询等，主要操作评论表ACT_HI_COMMENT；
- 任务附件管理相关操作，包括任务附件的新增、删除、查询等，主要操作附件表ACT_HI_ATTACHMENT。

本节将通过待办任务的查询、办理及权限控制等常见应用场景，讲解TaskService接口的具体使用方法。

8.5.1 待办任务查询

获取用户的待办任务是Activiti常用应用场景之一。待办任务存储在ACT_RU_TASK表中。TaskService接口提供查询ACT_RU_TASK表的方法，因此可以通过TaskService接口获取用户的待办任务。TaskService接口中提供2种查询任务实例的方法：一种是通过创建TaskQuery对象传入参数查询，另一种是通过创建NativeTaskQuery对象传入SQL查询。TaskService接口相关代码如下：

```java
public interface TaskService {
    //创建任务查询对象
    TaskQuery createTaskQuery();
    //创建通过SQL直接查询任务的对象
    NativeTaskQuery createNativeTaskQuery();
}
```

TaskQuery对象封装了丰富的查询条件，可以方便地传入参数进行查询。下面通过一个示例讲解通过TaskService接口获取用户待办任务的过程，示例代码如下：

```java
public class RunDemo7 extends ActivitiEngineUtil {
    private static SimpleDateFormat dateFormat = new SimpleDateFormat("yyyy-MM-dd HH:mm:ss.SSS");

    public static void main(String[] args) {
        RunDemo7 demo = new RunDemo7();
        demo.runDemo();
    }

    private void runDemo() {
        //初始化工作流引擎
        loadActivitiConfigAndInitEngine("activiti.cfg.xml");
        //部署流程
        ProcessDefinition processDefinition =
            deployByClasspathResource("processes/SimpleProcess4.bpmn20.xml");
        System.out.println("流程定义ID为:" + processDefinition.getId() + ",流程定义key为:" +
            processDefinition.getKey());
        //发起5个流程实例
        System.out.println("发起5个流程实例");
        for (int i = 0; i < 5; i++) {
            ProcessInstance processInstance =
                runtimeService.startProcessInstanceById(processDefinition.getId());
            try {
                Thread.sleep(1000);
            } catch (InterruptedException e) {
                e.printStackTrace();
            }
        }
        int i = 0;
        while (completeTask()) {
            i++;
            System.out.println("~~完成待办任务处理第" + i + "次轮询！");
        }
        //关闭工作流引擎
        closeEngine();
    }

    //查询并办理任务
    private boolean completeTask() {
```

```java
        List<Task> tasks1 = queryUserTodoTasks("huhaiqin");
        List<Task> tasks2 = queryUserTodoTasks("hebo");
        if (tasks1 != null && tasks1.size() != 0) {
            System.out.println("huhaiqin开始审批任务：");
            for (Task task : tasks1) {
                taskService.complete(task.getId());
                System.out.println("完成任务ID=" + task.getId());
            }
        }
        if (tasks2 != null && tasks2.size() != 0) {
            System.out.println("hebo开始审批任务：");
            for (Task task : tasks2) {
                taskService.complete(task.getId());
                System.out.println("完成任务ID=" + task.getId());
            }
        }
        return (tasks1 != null && tasks1.size() != 0) || (tasks2 != null && tasks2.size() != 0);
    }

    //查询用户待办任务
    private List<Task> queryUserTodoTasks(String userId) {
        System.out.println("=====查询" + userId + "的待办任务");
        List<Task> taskList = taskService.createTaskQuery()
                .taskCandidateOrAssigned(userId)
                .orderByTaskCreateTime().desc().list();
        if (taskList != null && taskList.size() > 0) {
            for (Task task : taskList) {
                System.out.println("任务[" + task.getName() + "](ID=" + task.getId() + ")"
                        + "的办理人为：" + task.getAssignee() + ",创建时间为：" + dateFormat.format(task.getCreateTime())
                );
            }
        } else {
            System.out.println(userId + "没有待办任务");
        }
        return taskList;
    }
}
```

以上代码段中的加粗代码调用TaskService接口的createTaskQuery()方法创建了一个TaskQuery对象。该TaskQuery对象采用建造者模式，可以很方便地设置各种查询条件。该示例设置查询条件为taskCandidateOrAssigned等于传入的userId参数值，查询用户作为办理人或候选人身份的待办任务，调用orderByTaskCreateTime()方法将待办任务按照任务创建时间排序，调用desc()方法指定排序条件为降序，最后调用list()方法返回符合条件的待办任务列表。在该示例中，huhaiqin是第一个节点的办理人，hebo是第二个节点的候选人。

代码运行结果如下：

```
流程定义ID为：SimpleProcess4:1:4，流程定义key为：SimpleProcess4
发起5个流程实例
==查询huhaiqin的待办任务
 任务[申请](ID=33)创建时间为：2022-04-27 09:22:46.917
 任务[申请](ID=27)创建时间为：2022-04-27 09:22:45.901
 任务[申请](ID=21)创建时间为：2022-04-27 09:22:44.884
 任务[申请](ID=15)创建时间为：2022-04-27 09:22:43.870
 任务[申请](ID=9)创建时间为：2022-04-27 09:22:42.847
==查询hebo的待办任务
 hebo没有待办任务
**huhaiqin开始审批任务：
 完成任务ID=33
 完成任务ID=27
 完成任务ID=21
 完成任务ID=15
 完成任务ID=9
~~完成待办任务处理第1次轮询！
==查询huhaiqin的待办任务
 huhaiqin没有待办任务
==查询hebo的待办任务
 任务[审批](ID=60)创建时间为：2022-04-27 09:22:48.016
 任务[审批](ID=54)创建时间为：2022-04-27 09:22:48.005
```

```
任务[审批](ID=48)创建时间为：2022-04-27 09:22:47.990
任务[审批](ID=42)创建时间为：2022-04-27 09:22:47.977
任务[审批](ID=36)创建时间为：2022-04-27 09:22:47.962
**hebo开始审批任务：
  完成任务ID=60
  完成任务ID=54
  完成任务ID=48
  完成任务ID=42
  完成任务ID=36
～～完成待办任务处理第2次轮询！
==查询huhaiqin的待办任务
  huhaiqin没有待办任务
==查询hebo的待办任务
  hebo没有待办任务
```

8.5.2 任务办理及权限控制

用户任务需要经过人工办理后，才能触发流程的继续流转。一般实际应用中，都需要对任务办理人权限进行控制。某些任务可以指定由某人专门进行办理；某些任务可以指定仅有某几人可以办理；某些任务，任务办理人还可以委托他人进行办理。

TaskService接口提供了多种任务办理方法，以及人员与任务关系管理方法，上层应用可以根据实际情况选用一种方法。TaskService接口相关代码如下：

```java
public interface TaskService {
    //任务办理相关设置
    void claim(String taskId, String userId);
    void unclaim(String taskId);
    void delegateTask(String taskId, String userId);
    void resolveTask(String taskId);
    void resolveTask(String taskId, Map<String, Object> variables);
    void resolveTask(String taskId, Map<String, Object> variables,
        Map<String, Object> transientVariables);
    void complete(String taskId);
    void complete(String taskId, Map<String, Object> variables);
    void complete(String taskId, Map<String, Object> variables,
        Map<String, Object> transientVariables);
    void complete(String taskId, Map<String, Object> variables, boolean localScope);

    //人员与任务关系管理
    void setAssignee(String taskId, String userId);
    void setOwner(String taskId, String userId);
    void addCandidateUser(String taskId, String userId);
    void addCandidateGroup(String taskId, String groupId);
    void addUserIdentityLink(String taskId, String userId, String identityLinkType);
    void addGroupIdentityLink(String taskId, String groupId, String identityLinkType);
    void deleteCandidateUser(String taskId, String userId);
    void deleteCandidateGroup(String taskId, String groupId);
    void deleteUserIdentityLink(String taskId, String userId, String identityLinkType);
    void deleteGroupIdentityLink(String taskId, String groupId, String identityLinkType);
    List<IdentityLink> getIdentityLinksForTask(String taskId);
}
```

下面通过一个示例讲解通过TaskService接口实现任务办理权限控制的过程，示例代码如下：

```java
public class RunDemo8 extends ActivitiEngineUtil {
    private static SimpleDateFormat dateFormat =
        new SimpleDateFormat("yyyy-MM-dd HH:mm:ss.SSS");

    public static void main(String[] args) {
        RunDemo8 demo = new RunDemo8();
        demo.runDemo();
    }

    private void runDemo() {
        //初始化工作流引擎
        loadActivitiConfigAndInitEngine("activiti.cfg.xml");
        //部署流程定义
```

```
ProcessDefinition processDefinition =
    deployByClasspathResource("processes/SimpleProcess.bpmn20.xml");
System.out.println("流程定义ID为:" + processDefinition.getId() + ",流程定义key为:" +
    processDefinition.getKey());
//根据流程定义ID发起流程
ProcessInstance processInstance =
    runtimeService.startProcessInstanceById(processDefinition.getId());
System.out.println("发起了一个流程实例,流程实例ID为: " + processInstance.getId());
//查询第一个任务
Task firstTask = taskService.createTaskQuery().processInstanceId
    (processInstance.getId()).singleResult();
System.out.println("第一个任务ID为: " + firstTask.getId() + ", 任务名称为: " +
    firstTask.getName());
//完成第一个任务
taskService.complete(firstTask.getId());
System.out.println("第一个任务办理完成! 没有进行权限控制");
//查询第二个任务
Task secondTask = taskService.createTaskQuery().processInstanceId
    (processInstance.getId()).singleResult();
System.out.println("第二个任务ID为: " + secondTask.getId() + ", 任务名称为: " +
    secondTask.getName());
//设置任务与人员的关系
taskService.addCandidateUser(secondTask.getId(), "hebo");
taskService.addCandidateUser(secondTask.getId(), "liuxiaopeng");
taskService.addUserIdentityLink(secondTask.getId(), "wangjunlin", "participant");
//办理任务
MyTaskService myTaskService = new MyTaskService(taskService);
myTaskService.complete(secondTask.getId(), "huhaiqin");
myTaskService.complete(secondTask.getId(), "wangjunlin");
myTaskService.complete(secondTask.getId(), "liuxiaopeng");
myTaskService.complete(secondTask.getId(), "hebo");
//因为流程已结束,所以只能通过历史服务来获取任务实例
System.out.println("====查询流程实例(ID=" + processInstance.getId() + ")的任务办理情况====");
List<HistoricTaskInstance> historicTaskInstances =
    historyService.createHistoricTaskInstanceQuery()
        .processInstanceId(processInstance.getId())
        .orderByHistoricTaskInstanceStartTime().asc()
        .list();
for (HistoricTaskInstance historicTaskInstance : historicTaskInstances) {
    System.out.println("任务[" + historicTaskInstance.getName()
        + "(ID=" + historicTaskInstance.getId() + ")]的办理人为: " +
        historicTaskInstance.getAssignee()
        + ", 开始时间: " +
        dateFormat.format(historicTaskInstance.getStartTime())
        + ", 结束时间: " + dateFormat.format(historicTaskInstance.getEndTime())
    );
}
//关闭工作流引擎
closeEngine();
    }
}
```

以上代码段中的加粗代码先调用taskService的addCandidateUser()、addUserIdentityLink()方法,添加了任务与人员的关系(即添加了任务的权限控制),然后让4个用户调用了MyTaskService的complete()方法,依次办理该任务。

代码运行结果如下:

```
流程定义ID为: SimpleProcess:1:4,流程定义key为: SimpleProcess
发起了一个流程实例,流程实例ID为: 5
第一个任务ID为: 9,任务名称为: 申请
第一个任务办理完成! 没有进行权限控制
第二个任务ID为: 11,任务名称为: 审批
huhaiqin尝试办理任务(ID=11)...
--huhaiqin没有权限查看任务(ID=11)
wangjunlin尝试办理任务(ID=11)...
--wangjunlin是任务的participant
----wangjunlin没有权限办理任务(ID=11)
```

```
liuxiaopeng尝试办理任务(ID=11)...
--liuxiaopeng是任务的candidate
----liuxiaopeng完成了任务(ID=11)的办理
hebo尝试办理任务(ID=11)...
--任务不存在或已被其他候选人办理完成
=====查询流程实例(ID=5)的任务办理情况=====
任务[申请(ID=9)]的办理人为：null，开始时间：2022-04-23 22:09:15.925，结束时间：
2022-04-23 22:09:15.950
任务[审批(ID=11)]的办理人为：liuxiaopeng，开始时间：2022-04-23 22:09:15.955，结束时间：
2022-04-23 22:09:15.997
```

下面来看MyTaskService类实现任务办理权限控制的具体过程，代码如下：

```
public class MyTaskService {
    private TaskService taskService;

    public MyTaskService(TaskService taskService) {
        this.taskService = taskService;
    }

    public void complete(String taskId, String userId) {
        System.out.println(userId + "尝试办理任务(ID=" + taskId + ")...");
        Task curTask = taskService.createTaskQuery().taskId(taskId).singleResult();
        if (curTask == null || curTask.getAssignee() != null) {
            System.out.println("--任务不存在或已被其他候选人办理完成");
            return;
        }

        //查找用户与任务的关系
        List<IdentityLink> identityLinks = taskService.getIdentityLinksForTask(taskId);

        IdentityLink userIdentityLink = null;
        for (IdentityLink identityLink : identityLinks) {
            if (identityLink.getUserId().equals(userId)) {
                userIdentityLink = identityLink;
                break;
            }
        }
        if (userIdentityLink == null) {
            System.out.println("--" + userId + "没有权限查看任务(ID=" + taskId + ")");
        } else {
            System.out.println("--" + userId + "是任务的" + userIdentityLink.getType());
            if (userIdentityLink.getType().equals("candidate")) {
                //认领任务
                taskService.claim(taskId, userId);
                //设置审批意见
                Map<String, Object> variables = new HashMap<>();
                variables.put("task_审批_outcome", "agree");
                taskService.complete(taskId, variables);
                System.out.println("----" + userId + "完成了任务(ID=" + taskId + ")的办理");
            } else {
                System.out.println("----" + userId + "没有权限办理任务(ID=" + taskId + ")");
            }
        }
    }
}
```

以上代码段执行了以下步骤。

（1）调用taskService的createTaskQuery()方法，创建一个任务查询对象，并指定查询条件taskId为传入的任务ID，通过调用任务查询对象的singleResult()方法获取符合条件的任务实例。如果没有找到，则任务可能已经办理，从运行时任务表ACT_RU_TASK中移除了。

（2）调用taskService的getIdentityLinksForTask()方法，获取任务的人员关系，找到传入参数userId和任务的关系，判断用户是否为任务候选人（其他人不允许办理任务），以实现任务的权限控制。

（3）如果步骤（2）判断用户任务候选人，先调用taskService的claim()方法认领任务，再调用taskService的complete()方法办理任务，并同时传入流程变量，为流程后续网关判断所用。

8.6 历史服务API

历史服务接口HistoryService主要提供历史数据的查询、删除等服务，即提供与名称以ACT_HI_开头的相关的数据表服务。通过该服务接口可以查询历史流程实例、历史活动、历史任务、历史流程变量，以及删除历史流程实例、历史任务实例等。

HistoryService接口代码如下：

```java
public interface HistoryService {
    //创建历史流程实例查询
    HistoricProcessInstanceQuery createHistoricProcessInstanceQuery();
    //创建历史活动实例查询
    HistoricActivityInstanceQuery createHistoricActivityInstanceQuery();
    //创建历史任务实例查询
    HistoricTaskInstanceQuery createHistoricTaskInstanceQuery();
    //创建历史详情查询
    HistoricDetailQuery createHistoricDetailQuery();
    //创建历史变量查询
    HistoricVariableInstanceQuery createHistoricVariableInstanceQuery();
    //查询流程实例历史日志
    ProcessInstanceHistoryLogQuery createProcessInstanceHistoryLogQuery(String
        processInstanceId);

    /*****创建原生查询，可以通过传入SQL进行检索*****/
    //创建通过SQL直接查询历史流程实例的对象
    NativeHistoricProcessInstanceQuery createNativeHistoricProcessInstanceQuery();
    //创建通过SQL直接查询历史活动实例的对象
    NativeHistoricActivityInstanceQuery createNativeHistoricActivityInstanceQuery();
    //创建通过SQL直接查询历史任务实例的对象
    NativeHistoricTaskInstanceQuery createNativeHistoricTaskInstanceQuery();
    //创建通过SQL直接查询历史详情的对象
    NativeHistoricDetailQuery createNativeHistoricDetailQuery();
    //创建通过SQL直接查询历史变量的对象
    NativeHistoricVariableInstanceQuery createNativeHistoricVariableInstanceQuery();

    //删除历史任务实例
    void deleteHistoricTaskInstance(String taskId);
    //删除历史流程实例
    void deleteHistoricProcessInstance(String processInstanceId);

    //查询与任务实例关联的用户
    List<HistoricIdentityLink> getHistoricIdentityLinksForTask(String taskId);
    //查询与流程实例关联的用户
    List<HistoricIdentityLink> getHistoricIdentityLinksForProcessInstance(String
        processInstanceId);
}
```

HistoryService接口主要提供以下4类方法。
- 创建历史流程实例、历史活动实例、历史任务实例、历史详情、历史变量等对象的查询；
- 创建历史流程实例、历史活动实例、历史任务实例、历史详情、历史变量等对象的原生查询，支持传入SQL；
- 删除历史流程实例、历史任务实例；
- 查询与历史流程实例、任务实例关联的用户。

关于HistoryService接口的使用，前文已多次提到，其中8.5节调用了HistoryService的createHistoricTaskInstanceQuery()方法创建历史任务查询对象进行历史任务的查询。其他历史流程实例、历史活动、历史变量等对象的查询方法与之类似，此处不再赘述。

下面以历史流程实例的原生查询为例，示范如何通过创建原生查询传入SQL及其参数，获取符合条件的流程实例。示例代码如下：

```java
public class RunDemo9 extends ActivitiEngineUtil {
    private static SimpleDateFormat dateFormat =
        new SimpleDateFormat("yyyy-MM-dd HH:mm:ss.SSS");

    public static void main(String[] args) {
```

```java
        RunDemo9 demo = new RunDemo9();
        demo.runDemo();
    }
    private void runDemo() {
        //初始化工作流引擎
        loadActivitiConfigAndInitEngine("activiti.cfg.xml");
        //部署流程
        ProcessDefinition processDefinition =
            deployByClasspathResource("processes/SimpleProcess.bpmn20.xml");
        //启动3个流程实例
        String businessKeyPrefix = "code_";
        ProcessInstance processInstance1 =
            runtimeService.startProcessInstanceById(processDefinition.getId(),
            businessKeyPrefix + 1);
        ProcessInstance processInstance2 =
            runtimeService.startProcessInstanceById(processDefinition.getId(),
            businessKeyPrefix + 2);
        ProcessInstance processInstance3 =
            runtimeService.startProcessInstanceById(processDefinition.getId(),
            businessKeyPrefix + 3);

        //查询历史流程实例
        List<HistoricProcessInstance> historicProcessInstances =
            historyService.createNativeHistoricProcessInstanceQuery()
            .sql("select * from ACT_HI_PROCINST where BUSINESS_KEY_ like concat(#{prefix}, '%')")
            .parameter("prefix", businessKeyPrefix)
            .list();
        for (HistoricProcessInstance processInstance : historicProcessInstances) {
            System.out.println("流程实例ID: " + processInstance.getId()
                + ", 业务主键: " + processInstance.getBusinessKey()
                + ", 创建时间: " + dateFormat.format(processInstance.getStartTime())
            );
        }
        //关闭工作流引擎
        closeEngine();
    }
}
```

以上代码段中的加粗代码通过HistoryService的createNativeHistoricProcessInstanceQuery()方法创建历史流程实例的原生查询对象，通过传入自定义的SQL（根据BUSINESS_KEY_进行模糊查询）及其参数，获取符合条件的历史流程实例对象。

代码运行结果如下：

```
流程实例ID: 5, 业务主键: code_1, 创建时间: 2022-04-17 12:16:37.777
流程实例ID: 10, 业务主键: code_2, 创建时间: 2022-04-17 12:16:37.804
流程实例ID: 15, 业务主键: code_3, 创建时间: 2022-04-17 12:16:37.810
```

8.7 管理服务API

管理服务接口ManagementService主要提供数据表和表元数据的管理和查询服务。另外，它还提供了查询和管理异步任务的功能。Activiti异步任务应用很广，如定时器、异步操作、延迟暂停、激活等。此外，它还可以通过ManagementService接口直接执行某个CMD命令。

8.7.1 数据库管理

ManagementService接口提供了一系列数据库管理方法，包括数据表与表元数据的查询方法、数据库更新方法等：

```java
public interface ManagementService {
    //获取Activiti数据表名称和数据量.
    Map<String, Long> getTableCount();
    //获取实体对应的表名
    String getTableName(Class<?> activitiEntityClass);
    //查询指定表的元数据
```

```
    TableMetaData getTableMetaData(String tableName);
    //获取表的分页查询对象
    TablePageQuery createTablePageQuery();
    //更新数据库schema
    String databaseSchemaUpgrade(Connection connection, String catalog, String schema);
}
```

通过getTableCount()方法可以查询全部数据表的数据量,该方法返回一个Map,其key是表的名称,value是表的数据量,根据表名可以从Map中获取该表的数据量。

通过getTableName()方法可以获取一个实体类对应的表名。

通过getTableMetaData()方法可以获取数据表元数据信息,返回结果TableMetaData中包括表名、字段名称列表、字段类型列表等基础信息。

通过createTablePageQuery()方法可以创建数据表查询对象,可通过该对象的tableName()方法指定查询的数据表,通过orderAsc()、orderDesc()方法指定排序规则,通过listPage()获取分页查询结果。

通过databaseSchemaUpgrade()方法可以更新数据库schema,如创建表、删除表等。

下面将通过一个示例,示范如何通过ManagementService接口实现数据库管理,代码如下:

```java
public class RunDemo10 extends ActivitiEngineUtil {
    public static void main(String[] args) {
        RunDemo10 demo = new RunDemo10();
        demo.runDemo();
    }

    private void runDemo() {
        //初始化工作流引擎
        loadActivitiConfigAndInitEngine("activiti.cfg.xml");
        //获取数据表的记录数量
        Map<String, Long> tableCount = managementService.getTableCount();
        for (Map.Entry<String, Long> entry : tableCount.entrySet()) {
            System.out.println("表" + entry.getKey() + "的记录数为:" + entry.getValue());
        }
        //获取数据表的名称及元数据
        String tableName =
            managementService.getTableName(HistoricProcessInstanceEntity.class);
        System.out.println("HistoricProcessInstanceEntity对应的表名为: " + tableName);
        TableMetaData tableMetaData = managementService.getTableMetaData(tableName);
        List<String> columnNames = tableMetaData.getColumnNames();
        for (String columnName : columnNames) {
            System.out.println("--字段: " + columnName);
        }
        //获取表的分页查询对象
        TablePage tablePage = managementService.createTablePageQuery()
                .tableName(tableName)
                .orderAsc("START_TIME_")
                .listPage(1, 10);
        System.out.println(tableName + "的记录数为: " + tablePage.getTotal());

        //关闭工作流引擎
        closeEngine();
    }
}
```

以上代码段执行以下步骤:

(1)通过ActivitiEngineUtil工具类创建工作流引擎,并获取managementService接口;

(2)调用managementService的getTableCount()方法获取全部数据表;

(3)调用managementService的getTableName()方法获取HistoricProcessInstanceEntity实体类对应的数据表名;

(4)调用managementService的getTableMetaData()方法获取表的字段信息;

(5)调用managementService的createTablePageQuery()方法创建数据表查询对象,指定查询条件,查询表的记录数量。

代码运行结果如下:

```
表ACT_RU_EVENT_SUBSCR的记录数为：0
表ACT_ID_USER的记录数为：0
表ACT_HI_ATTACHMENT的记录数为：0
表ACT_GE_BYTEARRAY的记录数为：0
表ACT_RE_MODEL的记录数为：0
表ACT_RU_VARIABLE的记录数为：0
表ACT_RU_TASK的记录数为：0
表ACT_RE_DEPLOYMENT的记录数为：0
表ACT_RE_PROCDEF的记录数为：0
表ACT_ID_GROUP的记录数为：0
表ACT_HI_VARINST的记录数为：0
表ACT_HI_COMMENT的记录数为：0
表ACT_HI_PROCINST的记录数为：0
表ACT_ID_INFO的记录数为：0
表ACT_ID_MEMBERSHIP的记录数为：0
表ACT_RU_DEADLETTER_JOB的记录数为：0
表ACT_RU_JOB的记录数为：0
表ACT_PROCDEF_INFO的记录数为：0
表ACT_RU_SUSPENDED_JOB的记录数为：0
表ACT_HI_ACTINST的记录数为：0
表ACT_RU_EXECUTION的记录数为：0
表ACT_HI_TASKINST的记录数为：0
表ACT_HI_DETAIL的记录数为：0
表ACT_EVT_LOG的记录数为：0
表ACT_HI_IDENTITYLINK的记录数为：0
表ACT_RU_IDENTITYLINK的记录数为：0
表ACT_GE_PROPERTY的记录数为：4
表ACT_RU_TIMER_JOB的记录数为：0
HistoricProcessInstanceEntity对应的表名为：ACT_HI_PROCINST
--字段：ID_
--字段：PROC_INST_ID_
--字段：BUSINESS_KEY_
--字段：PROC_DEF_ID_
--字段：START_TIME_
--字段：END_TIME_
--字段：DURATION_
--字段：START_USER_ID_
--字段：START_ACT_ID_
--字段：END_ACT_ID_
--字段：SUPER_PROCESS_INSTANCE_ID_
--字段：DELETE_REASON_
--字段：TENANT_ID_
--字段：NAME_
ACT_HI_PROCINST的记录数为：0
```

8.7.2 异步任务管理

Activiti中的定时器中间事件、定时器边界事件等都会产生异步任务。Activiti提供了4个用于存储异步任务的表。运行时异步任务存储在ACT_RU_JOB表中，定时任务存储在ACT_RU_TIMER_JOB表中，定时中断任务存储在ACT_RU_SUSPENDED_JOB表中，不可执行任务存储在ACT_RU_DEADLETTER_JOB表中。

以定时器中间事件为例，异步任务产生后会被写入ACT_RU_TIMER_JOB表。任务达到触发条件后，会写入ACT_RU_JOB表中执行。如果该任务执行异常，可以重新执行。当重试次数大于设定的最大重试次数时，任务会被写入ACT_RU_DEADLETTER_JOB表。如果在任务等待过程中调用了中断流程实例的方法，异步任务将会被写入ACT_RU_SUSPENDED_JOB表。

ManagementService接口中关于异步任务管理的代码片段如下：

```
public interface ManagementService {
    // 获取异步任务查询对象
    JobQuery createJobQuery();
    // 获取定时任务查询对象
    TimerJobQuery createTimerJobQuery();
    // 获取挂起任务查询对象
    SuspendedJobQuery createSuspendedJobQuery();
    // 获取不可执行任务查询对象
    DeadLetterJobQuery createDeadLetterJobQuery();
    // 强制执行任务
```

```
    void executeJob(String jobId);
    // 将定时任务移入可执行任务
    Job moveTimerToExecutableJob(String jobId);
    // 将任务移入不可执行任务
    Job moveJobToDeadLetterJob(String jobId);
    // 将不可执行任务重新加入可执行任务
    Job moveDeadLetterJobToExecutableJob(String jobId, int retries);
    // 删除异步任务
    void deleteJob(String jobId);
    // 删除定时任务
    void deleteTimerJob(String jobId);
    // 删除不可执行的任务
    void deleteDeadLetterJob(String jobId);
    // 设置异步任务剩余重试次数
    void setJobRetries(String jobId, int retries);
    // 设置定时任务剩余重试次数
    void setTimerJobRetries(String jobId, int retries);
    // 获取异步任务异常栈
    String getJobExceptionStacktrace(String jobId);
    // 获取定时任务异常栈
    String getTimerJobExceptionStacktrace(String jobId);
    // 获取挂起任务异常栈
    String getSuspendedJobExceptionStacktrace(String jobId);
    // 获取不可执行的任务异常栈
    String getDeadLetterJobExceptionStacktrace(String jobId);
}
```

ManagementService 接口的 createJobQuery()、createTimerJobQuery()、createSuspendedJobQuery() 和 createDeadLetterJobQuery()方法分别用于查询运行任务表、定时任务表、挂起任务表、不可执行任务表中的任务记录。

Activiti 作业表 ACT_RU_JOB、ACT_RU_TIMER_JOB、ACT_RU_SUSPENDED_JOB 和 ACT_RU_DEADLETTER_JOB中存储着不同状态的任务，当任务状态需要改变时，可以调用moveTimerToExecutableJob()、moveJobToDeadLetterJob()和moveDeadLetterJobToExecutableJob()方法转移任务。

ManagementService接口的getJobExceptionStacktrace()、getTimerJobExceptionStacktrace()、getSuspendedJobExceptionStacktrace()和getDeadLetterJobExceptionStacktrace()方法分别用于查询运行任务表、定时任务表、挂起任务表、不可执行任务表的异常栈数据。

图8.6展示了一个包含定时器中间事件的流程模型。当流程发起后，用户完成了"申请"节点用户任务，流程流转到定时器节点，这时就会生成一个定时器任务，定时器任务设置为10分钟后执行。

图8.6　包含定时器中间事件的流程模型

下面通过ManagementService接口实现提前执行定时任务需求，示例代码如下：

```java
public class RunDemo11 extends ActivitiEngineUtil {
    private static SimpleDateFormat dateFormat =
        new SimpleDateFormat("yyyy-MM-dd HH:mm:ss.SSS");

    public static void main(String[] args) {
        RunDemo11 demo = new RunDemo11();
        demo.runDemo();
    }

    private void runDemo() {
        //初始化工作流引擎
        loadActivitiConfigAndInitEngine("activiti.cfg.xml");
        //部署流程
        ProcessDefinition processDefinition =
            deployByClasspathResource("processes/SimpleProcess3.bpmn20.xml");
```

```java
        System.out.println("流程定义ID为: " + processDefinition.getId() + ", 流程名称为: "
            + processDefinition.getName());
        //发起一个流程实例
        ProcessInstance processInstance =
            runtimeService.startProcessInstanceById(processDefinition.getId());
        System.out.println("流程实例ID为: " + processInstance.getId() + ", 流程定义key为: "
            + processInstance.getProcessDefinitionKey());
        //查询第一个任务
        Task firstTask = taskService.createTaskQuery().processInstanceId(
            processInstance.getId()).singleResult();
        //完成第一个任务
        taskService.complete(firstTask.getId());
        // 查询流程实例ID对应的job任务列表
        List<Job> timerJobs = managementService.createTimerJobQuery()
            .processInstanceId(processInstance.getId())
            .list();
        for (Job job : timerJobs) {
            System.out.println("定时任务" + job.getId() + "类型: " + job.getJobType()
                + ", 定时执行时间: " + dateFormat.format(job.getDuedate()));
            managementService.moveTimerToExecutableJob(job.getId());
            System.out.println("----立即执行任务" + job.getId());
            managementService.executeJob(job.getId());
        }
        //查询流程执行历史
        HistoricProcessInstance historicProcessInstance =
            historyService.createHistoricProcessInstanceQuery()
                .processInstanceId(processInstance.getId())
                .singleResult();
        System.out.println("流程实例开始时间: " + dateFormat.format(historicProcessInstance.
getStartTime()) + ",结束时间: " + dateFormat.format(historicProcessInstance.getEndTime()));
        //关闭工作流引擎
        closeEngine();
    }
}
```

以上代码段中的加粗代码先调用ManagementService接口的createTimerJobQuery()方法查询定时任务,接着调用ManagementService()的moveTimerToExecutableJob()方法将定时任务移入执行任务列表,最后调用ManagementService的executeJob()方法立即执行该任务。

代码运行结果如下:

```
流程定义ID为: SimpleProcess3:1:4, 流程名称为: SimpleProcess3
流程实例ID为: 5, 流程定义key为: SimpleProcess3
定时任务11类型: timer, 定时执行时间: 2022-04-17 14:42:19.965
----立即执行任务11
流程实例开始时间: 2022-04-17 14:32:19.902,结束时间: 2022-04-17 14:32:19.994
```

8.7.3 执行命令

ManagementService接口提供了两个executeCommand()方法用于执行自定义命令:

```java
public interface ManagementService {
    //执行自定义命令,使用的默认的配置
    <T> T executeCommand(Command<T> command);
    //执行自定义命令,使用自定义配置
    <T> T executeCommand(CommandConfig config, Command<T> command);
}
```

我们先自定义一个命令,该命令用于执行表达式:

```java
public class ExecuteExpressionCmd implements Command<Object> {
    //表达式
    private String express;
    //变量
    private Map<String, Object> variableMap;

    public ExecuteExpressionCmd(String express, Map<String, Object> variableMap) {
        this.express = express;
        this.variableMap = variableMap;
    }
```

```java
    @Override
    public Object execute(CommandContext commandContext) {
        ExpressionFactory factory = new ExpressionFactoryImpl();
        SimpleContext context = new SimpleContext();
        if (variableMap != null) {
            for (String key : variableMap.keySet()) {
                if (variableMap.get(key) != null) {
                    context.setVariable(key,
                        factory.createValueExpression(variableMap.get(key),
                            variableMap.get(key).getClass()));
                } else {
                    context.setVariable(key,
                        factory.createValueExpression(null, Object.class));
                }
            }
        }
        ValueExpression valueExpression = factory.createValueExpression(context,
            express, Object.class);
        return valueExpression.getValue(context);
    }
}
```

接下来，调用ManagementService接口的executeCommand()方法执行该命令：

```java
public class RunDemo12 extends ActivitiEngineUtil {
    public static void main(String[] args) {
        RunDemo12 demo = new RunDemo12();
        demo.runDemo();
    }

    private void runDemo() {
        //初始化工作流引擎
        loadActivitiConfigAndInitEngine("activiti.cfg.xml");
        //准备参数
        Date curDate = new Date();
        System.out.println("当前时间为: " + curDate);
        String express = "${dateFormat.format(date)}";
        Map<String, Object> variableMap = new HashMap<>();
        variableMap.put("date", curDate);
        variableMap.put("dateFormat", new SimpleDateFormat("yyyy-MM-dd HH:mm:ss.SSS"));
        //调用执行表达式的CMD
        Object result = managementService.executeCommand(
            new ExecuteExpressionCmd(express, variableMap));
        System.out.println("格式化后: " + result);
        //关闭工作流引擎
        closeEngine();
    }
}
```

以上代码段中的加粗部分代码调用ManagementService接口的executeCommand()方法，传入了自定义命令ExecuteExpressionCmd对象，返回命令执行的结果。代码运行结果如下：

```
当前时间为: Sun Apr 17 15:15:29 CST 2022
格式化后: 2022-04-17 15:15:29.116
```

8.8 身份服务API

Activiti使用ACT_ID_GROUP、ACT_ID_USER和ACT_ID_MEMBERSHIP这3张表维护人员组织架构。身份服务接口IdentityService负责提供用户、组和人员组织关系管理等服务。

IdentityService接口代码如下：

```java
public interface IdentityService {
    //新建用户
    User newUser(String userId);
    //保存用户
    void saveUser(User user);
    //创建用户查询
```

```
    UserQuery createUserQuery();
    //创建本地SQL查询
    NativeUserQuery createNativeUserQuery();
    //删除用户
    void deleteUser(String userId);

    //新建组
    Group newGroup(String groupId);
    //创建组查询对象
    GroupQuery createGroupQuery();
    //创建本地组SQL查询
    NativeGroupQuery createNativeGroupQuery();
    //保存组
    void saveGroup(Group group);
    //删除组
    void deleteGroup(String groupId);

    //创建用户与组的关系
    void createMembership(String userId, String groupId);
    //删除用户与组的关系
    void deleteMembership(String userId, String groupId);
}
```

IdentityService接口主要提供以下3类方法。

- 与用户管理相关的方法：包括新建用户、保存用户、查询用户、删除用户等。
- 与组管理相关的方法：包括新建组、保存组、查询组、删除组等。
- 维护用户与组的关系的方法：包括新建关系、删除关系等。

下面通过一个示例，示范如何通过IdentityService创建用户、组，并将用户加入组，代码如下：

```java
public class RunDemo13 extends ActivitiEngineUtil {
    public static void main(String[] args) {
        RunDemo13 demo = new RunDemo13();
        demo.runDemo();
    }

    private void runDemo() {
        //初始化工作流引擎
        loadActivitiConfigAndInitEngine("activiti.cfg.xml");
        //创建用户1
        User user1 = identityService.newUser("huhaiqin");
        user1.setFirstName("胡");
        user1.setLastName("海琴");
        user1.setEmail("huhaiqin@activiti.org");
        //保存用户1
        identityService.saveUser(user1);
        //创建用户2
        User user2 = identityService.newUser("liuxiaopeng");
        user2.setFirstName("刘");
        user2.setLastName("晓鹏");
        user2.setEmail("liuxiaopeng@activiti.org");
        //保存用户2
        identityService.saveUser(user2);
        //创建用户3
        User user3 = identityService.newUser("hebo");
        user3.setFirstName("贺");
        user3.setLastName("波");
        user3.setEmail("hebo@activiti.org");
        //保存用户3
        identityService.saveUser(user3);

        //创建组1
        Group group1 = identityService.newGroup("group1");
        group1.setName("Group1");
        //保存组1
        identityService.saveGroup(group1);
        //创建组2
        Group group2 = identityService.newGroup("group2");
        group2.setName("Group2");
```

```java
        //保存组2
        identityService.saveGroup(group2);

        //创建用户与组的关系
        identityService.createMembership("huhaiqin", "group1");
        identityService.createMembership("liuxiaopeng", "group1");
        identityService.createMembership("hebo", "group2");

        //查询组和用户
        List<Group> groups = identityService.createGroupQuery().list();
        for (Group group : groups) {
            System.out.println("组名: " + group.getName() + ", 组ID: " + group.getId());
            String groupId = group.getId();
            List<User> users = identityService.createUserQuery().memberOfGroup(groupId).list();
            for (User user : users) {
                System.out.println("--成员ID: " + user.getId()
                        + ", 姓名: " + user.getFirstName() + user.getLastName()
                        + ", 邮箱: " + user.getEmail());
            }
        }
        //关闭工作流引擎
        closeEngine();
    }
}
```

以上代码段执行以下步骤。

（1）调用ProcessEngineConfiguration类的createProcessEngineConfigurationFromResource()方法创建工作流引擎配置后，调用buildProcessEngine()方法创建工作流引擎ProcessEngine。

（2）从ProcessEngine中获取身份服务对象。

（3）调用身份服务接口的newUser()方法创建一个用户对象user1，在对user1对象的各个属性进行赋值后，调用身份服务接口的saveUser()方法将user1保存到数据库。用同样的方法创建用户对象user2、user3。

（4）调用身份服务接口的newGroup()方法创建一个组对象group1，在对group1对象的各个属性进行赋值后，调用身份服务接口的saveGroup()方法将group1保存到数据库。用同样的方法创建组对象group2。

（5）调用身份服务接口的createMembership()方法关联user1和user2到group1。用同样的方法关联user3到group2。

（6）调用身份服务接口的createGroupQuery()方法创建了一个组查询对象groupQuery，获取组列表。

（7）遍历组列表，调用身份服务接口的createUserQuery()方法创建了一个用户查询对象userQuery，根据groupId查询组内的成员列表。

代码运行结果如下：

```
组名: Group1, 组ID: group1
--成员ID: huhaiqin, 姓名: 胡海琴, 邮箱: huhaiqin@activiti.org
--成员ID: liuxiaopeng, 姓名: 刘晓鹏, 邮箱: liuxiaopeng@activiti.org
组名: Group2, 组ID: group2
--成员ID: hebo, 姓名: 贺波, 邮箱: hebo@activiti.org
```

8.9 利用Activiti Service API完成流程实例

本章已经介绍了Activiti的各个核心API的功能及其调用方式，本节将通过一个示例，串联各核心API的调用，实现从流程部署到流程实例运行结束全生命周期过程。

8.9.1 Activiti工作流引擎工具类

创建工作流引擎、获取核心API服务等方法，在本书后续章节经常用到，因此我们将这些方法封装到工具类ActivitiEngineUtil中。ActivitiEngineUtil类主要提供初始化工作流引擎、部署流程、关闭工作流引擎等常用方法，可以方便地调用。ActivitiEngineUtil类代码如下：

```java
@Data
public class ActivitiEngineUtil {
    //工作流引擎配置
    protected ProcessEngineConfigurationImpl processEngineConfiguration;
```

```java
//工作流引擎
protected ProcessEngine engine;
//流程存储服务
protected RepositoryService repositoryService;
//运行时服务
protected RuntimeService runtimeService;
//任务服务
protected TaskService taskService;
//历史服务
protected HistoryService historyService;
//管理服务
protected ManagementService managementService;
//身份服务
protected IdentityService identityService;
//表单服务
protected FormService formService;
//动态BPMN服务
protected DynamicBpmnService dynamicBpmnService;

/**
 * 初始化工作流引擎及各种服务
 *
 * @param resource Activiti配置文件
 */
public void loadActivitiConfigAndInitEngine(String resource) {
    //创建工作流引擎配置
    this.processEngineConfiguration =
        (ProcessEngineConfigurationImpl) ProcessEngineConfiguration
        .createProcessEngineConfigurationFromResource(resource);
    //创建工作流引擎
    this.engine = processEngineConfiguration.buildProcessEngine();
    //获取流程存储服务
    this.repositoryService = engine.getRepositoryService();
    //获取运行时服务
    this.runtimeService = engine.getRuntimeService();
    //获取任务服务
    this.taskService = engine.getTaskService();
    //获取历史服务
    this.historyService = engine.getHistoryService();
    //获取管理服务
    this.managementService = engine.getManagementService();
    //获取身份服务
    this.identityService = engine.getIdentityService();
    //获取表单服务
    this.formService = engine.getFormService();
    //获取动态BPMN服务
    this.identityService = engine.getIdentityService();
}

/**
 * 部署单个流程
 *
 * @param resource 单个流程XML文件地址
 * @return 流程定义
 */
public ProcessDefinition deployByClasspathResource(String resource) {
    //部署流程
    Deployment deployment = repositoryService.createDeployment()
        .addClasspathResource(resource).deploy();
    //查询流程定义
    ProcessDefinition processDefinition =
        repositoryService.createProcessDefinitionQuery()
        .deploymentId(deployment.getId()).singleResult();
    return processDefinition;
}

/**
 * 部署带有表单等多个资源的流程
 *
```

```java
 * @param resources 多个资源文件地址
 * @return 流程定义
 */
public ProcessDefinition deployByClasspathResource(String... resources) {
    DeploymentBuilder deploymentBuilder = repositoryService.createDeployment();
    //部署流程
    for (String resource : resources) {
        deploymentBuilder.addClasspathResource(resource);
    }
    Deployment deployment = deploymentBuilder.deploy();
    //查询流程定义
    ProcessDefinition processDefinition =
        repositoryService.createProcessDefinitionQuery()
        .deploymentId(deployment.getId()).singleResult();
    return processDefinition;
}

/**
 * 关闭工作流引擎
 */
public void closeEngine() {
    engine.close();
}
}
```

8.9.2 综合使用示例

本小节以完成图8.1所示简单请假流程为例进行讲解，示例代码如下：

```java
public class RunDemo14 extends ActivitiEngineUtil {
    private static SimpleDateFormat dateFormat = new SimpleDateFormat("yyyy-MM-dd HH:mm:ss.SSS");

    public static void main(String[] args) {
        RunDemo14 demo = new RunDemo14();
        demo.runDemo();
    }

    private void runDemo() {
        //初始化工作流引擎配置
        loadActivitiConfigAndInitEngine("activiti.cfg.xml");
        //部署流程定义
        ProcessDefinition processDefinition =
            deployByClasspathResource("processes/SimpleProcess.bpmn20.xml");
        System.out.println("流程定义ID为：" + processDefinition.getId() + ",流程名称为："
            + processDefinition.getName());
        //启动流程
        ProcessInstance processInstance =
            runtimeService.startProcessInstanceById(processDefinition.getId());
        System.out.println("流程实例ID为：" + processInstance.getId()
            + ",流程定义key为：" + processInstance.getProcessDefinitionKey());
        //查询第一个任务
        Task firstTask = taskService.createTaskQuery().
            processInstanceId(processInstance.getId()).singleResult();
        System.out.println("第一个任务ID为：" + firstTask.getId() + ",任务名称为：" +
            firstTask.getName());
        taskService.setAssignee(firstTask.getId(), "huhaiqin");
        //完成第一个任务
        taskService.complete(firstTask.getId());
        System.out.println("第一个任务办理完成！");
        try {
            Thread.sleep(1000);
        } catch (InterruptedException e) {
            e.printStackTrace();
        }
        //查询第二个任务
        Task secondTask = taskService.createTaskQuery().processInstanceId
            (processInstance.getId()).singleResult();
        System.out.println("第二个任务ID为：" + secondTask.getId() + ",任务名称为：" +
```

```java
            secondTask.getName());
        taskService.setAssignee(secondTask.getId(), "hebo");
        //设置审批意见
        Map<String, Object> variables = new HashMap<>();
        variables.put("task_审批_outcome", "agree");
        //完成第二个任务
        taskService.complete(secondTask.getId(), variables);
        System.out.println("第二个任务办理完成！");
        //查询流程执行历史
        HistoricProcessInstance historicProcessInstance =
            historyService.createHistoricProcessInstanceQuery()
                .processInstanceId(processInstance.getId())
                .singleResult();
        System.out.println("流程实例开始时间: " + dateFormat.format(historicProcessInstance.getStartTime()) + ",结束时间: " + dateFormat.format(historicProcessInstance.getEndTime()));
        //查询活动实例
        List<HistoricActivityInstance> historicActivityInstances =
            historyService.createHistoricActivityInstanceQuery()
                .processInstanceId(processInstance.getId())
                .orderByHistoricActivityInstanceStartTime().asc()
                .list();
        for (HistoricActivityInstance historicActivityInstance : historicActivityInstances) {
            System.out.println("活动实例[" + historicActivityInstance.getActivityName() + "],开始时间: " + dateFormat.format(historicActivityInstance.getStartTime()) + ",结束时间: " + dateFormat.format(historicActivityInstance.getEndTime()));
        }
        //查询任务实例
        List<HistoricTaskInstance> historicTaskInstances =
            historyService.createHistoricTaskInstanceQuery()
                .processInstanceId(processInstance.getId())
                .orderByHistoricTaskInstanceStartTime().asc()
                .list();
        for (HistoricTaskInstance historicTaskInstance : historicTaskInstances) {
            System.out.println("任务实例[" + historicTaskInstance.getName() +"]的办理人为:"
                + historicTaskInstance.getAssignee()
            );
        }
        //查询流程变量
        List<HistoricVariableInstance> historicVariableInstances =
            historyService.createHistoricVariableInstanceQuery()
                .processInstanceId(processInstance.getId())
                .list();
        for (HistoricVariableInstance historicVariableInstance : historicVariableInstances) {
            System.out.println("流程变量[" + historicVariableInstance.getVariableName() +"]的值为: " + historicVariableInstance.getValue()
            );
        }
        //关闭工作流引擎
        closeEngine();
    }
}
```

以上代码段执行以下步骤。

（1）调用ActivitiEngineUtil类的loadActivitiConfigAndInitEngine()方法加载工作流引擎配置文件并初始化工作流引擎。

（2）调用ActivitiEngineUtil类的deployByClasspathResource()方法部署流程，并返回流程定义。

（3）调用RuntimeService接口的startProcessInstanceById()方法，根据流程定义ID发起一个流程实例。

（4）调用TaskService接口的createTaskQuery()方法查询流程实例的第一个用户任务。

（5）调用TaskService接口的setAssignee()方法设置办理人。

（6）调用TaskService接口的complete()方法办理任务。

（7）调用TaskService接口的createTaskQuery()方法查询流程实例的第二个用户任务。

（8）调用TaskService接口的setAssignee()方法设置办理人。

（9）调用TaskService接口的complete()方法办理任务，同时传入流程变量。流程变量用于网关条件的判断：如果条件为true，流程将流转到结束节点；如果条件为false，流程将流转到"申请"节点。

（10）调用HistoryService接口的createHistoricProcessInstanceQuery()方法查询历史流程实例。

（11）调用HistoryService接口的createHistoricActivityInstanceQuery()方法查询历史活动实例。

（12）调用HistoryService接口的createHistoricTaskInstanceQuery()方法查询历史任务实例。

（13）调用HistoryService接口的createHistoricVariableInstanceQuery()方法查询历史流程变量。

（14）调用ActivitiEngineUtil接口的closeEngine()方法关闭工作流引擎。

代码运行结果如下：

```
流程定义ID为：SimpleProcess:1:4,流程名称为：SimpleProcess
流程实例ID为：5,流程定义key为：SimpleProcess
第一个任务ID为：9,任务名称为：申请
第一个任务办理完成！
第二个任务ID为：13,任务名称为：审批
第二个任务办理完成！
流程实例开始时间：2022-04-16 19:13:01.702,结束时间：2022-04-16 19:13:02.828
活动实例[开始],开始时间：2022-04-16 19:13:01.704,结束时间：2022-04-16 19:13:01.706
活动实例[申请],开始时间：2022-04-16 19:13:01.707,结束时间：2022-04-16 19:13:01.761
活动实例[审批],开始时间：2022-04-16 19:13:01.761,结束时间：2022-04-16 19:13:02.801
活动实例[网关],开始时间：2022-04-16 19:13:02.802,结束时间：2022-04-16 19:13:02.814
活动实例[结束],开始时间：2022-04-16 19:13:02.816,结束时间：2022-04-16 19:13:02.816
任务实例[申请]的办理人为：huhaiqin
任务实例[审批]的办理人为：hebo
流程变量[task_审批_outcome]的值为：agree
```

8.10 本章小结

本章主要介绍Activiti的核心API，包括ProcessEngine、RepositoryService、RuntimeService、TaskService、HistoryService、ManagementService等，同时介绍了各个API所提供的服务及其用法。其中，ProcessEngine接口是Activiti最重要的API，是Activiti的门面接口，其他API均通过ProcessEngine接口创建。Activiti的流程部署、流程发起、任务创建、任务办理等重要操作都是通过核心API实现的。因此，熟练掌握Activiti各个核心API的用法，是用好Activiti的基础。

第 9 章

Activiti身份管理

在需要人工参与的系统中，用户和组是身份系统的基础。Activiti同样提供了包括User、Group的Identify模块，用于满足基本业务需求。本章将讲解Activiti内置的用户、组及其关系，以及IdentityService的使用方法，并结合应用实例介绍Activiti身份管理应用技巧和注意事项。

9.1 用户管理

用户是各种系统操作的主体。第6章介绍过Activiti数据表的设计，其中ACT_ID_USER表用于存储用户数据。在Activiti中，用户对应的对象为org.activiti.engine.identity.User。这是一个接口，一个User实例对应ACT_ID_USER表中的一条数据。该接口只提供用户属性的getter()、setter()方法，其实体类为org.activiti.engine.impl.persistence.entity.UserEntityImpl（UserEntityImpl类是org.activiti.engine.impl.persistence.entity.UserEntity接口的实现类，UserEntity继承User）。用户的对象拥有以下属性。

- id：用户ID，对应ACT_ID_USER表的ID_字段（主键）。
- firstName：用户的名称，对应ACT_ID_USER表的FIRST_字段。
- lastName：用户的姓氏，对应ACT_ID_USER表的LAST_字段。
- email：用户的电子邮箱，对应ACT_ID_USER表的EMAIL_字段。
- password：用户的密码，对应ACT_ID_USER表的PWD_字段。
- pictureByteArrayRef：用户的图片对象，其id属性对应ACT_ID_USER表的PICTURE_ID_字段。PICTURE_ID_字段存储ACT_GE_BYTEARRAY表中存储图片二进制流记录的ID_字段的值。
- revision：用户的数据版本，对应ACT_ID_USER表的REV_字段。

Activiti的org.activiti.engine.identity包主要用于进行身份管理和认证，基于IdentityService接口实现，IdentityService接口所有用户操作均围绕User进行。

9.1.1 新建用户

在Activiti通过IdentityService接口新建用户的步骤如下：

（1）调用IdentityService的newUser(String userId)方法创建User实例；
（2）调用setter()方法为创建的User实例设置属性值；
（3）调用IdentityService的saveUser(User user)方法将User实例存储到数据库。

用户操作工具类com.bpm.example.demo.user.util.UserUtil创建用户的代码如下：

```java
/**
 * 新建用户
 * @param identityService IdentityService服务
 * @param id 用户编号
 * @param lastName 用户姓氏
 * @param firstName 用户名称
 * @param email 用户电子邮箱
 * @param password 用户密码
 */
public static void addUser(IdentityService identityService, String id, String  lastName,
    String firstName, String email, String password) {
    //调用IdentityService接口的newUser()方法创建User实例
    User newUser = identityService.newUser(id);
    //调用setter()方法为创建的User实例设置属性值
    newUser.setFirstName(firstName);
    newUser.setLastName(lastName);
    newUser.setEmail(email);
```

```
    newUser.setPassword(password);
    //调用IdentityService接口的saveUser()方法，将User实例存储到数据库
    identityService.saveUser(newUser);
}
```

以上代码段中，addUser()方法完全遵循创建用户步骤执行。需要注意的是，调用newUser()方法时，需要传入userId参数，其值将作为新创建的User实例的id属性的值，它对应的ACT_ID_USER表中的ID_字段是主键。因此，传入的参数不能为null，否则会抛出org.activiti.engine.ActivitiIllegalArgumentException异常，异常信息为userId is null。同时，该参数不能是数据库中已存在的参数，否则会抛出主键冲突异常。为了避免主键冲突问题，可以采用Activiti内置的主键生成策略，或者自定义主键生成策略（具体内容可参阅25.1节）。

使用以上工具类新建用户的示例代码如下：

```java
public class RunAddUserDemo extends ActivitiEngineUtil {

    @Test
    public void runAddUserDemo() {
        //加载Activiti配置文件并初始化工作流引擎及服务
        loadActivitiConfigAndInitEngine("activiti.cfg.xml");
        UserUtil.addUser(identityService,
            "hebo", "贺", "波", "hebo824@163.com", "******");
    }
}
```

9.1.2 查询用户

Activiti提供了多种查询用户的方法，其中IdentityService提供了createUserQuery()方法，用于查询用户对象。createUserQuery()方法返回一个org.activiti.engine.query.Query实例，Query是所有查询对象的父接口，定义了多种查询相关的方法，分别介绍如下。

- asc()：设置查询结果的排序方式为升序。
- desc()：设置查询结果的排序方式为降序。
- list()：返回查询结果的集合，如果查不到，则返回一个空的集合。
- listPage()：分页返回查询结果的集合。
- count()：返回查询结果的数量。
- singleResult()：查询单条符合条件的记录。如果查询不到，则返回null；如果查询到多条记录，则抛出异常。

本小节主要介绍list()、listPage()、count()和singleResult()方法。

1. list()方法

Query接口list()方法以集合形式返回查询对象实体数据，返回的集合中需要指定元素类型，如果未设置查询条件，则查询表中全部数据，且默认按照主键升序排序。

用户操作工具类com.bpm.example.demo.user.util.UserUtil执行UserQuery的list()方法查询用户列表的示例代码如下：

```java
/**
 * 执行UserQuery的list()方法
 * @param userQuery
 */
public static void executeList(UserQuery userQuery) {
    List<User> users = userQuery.list();
    for (User user : users) {
        log.info("用户编号：{}, 姓名：{}, 邮箱：{}", user.getId(), user. getLastName() +
            user.getFirstName() , user.getEmail());
    }
}
```

其中，executeList()方法的加粗部分代码通过调用UserQuery的list()方法查询用户列表，然后遍历用户列表输出符合查询条件的用户信息。

使用以上工具类查询用户列表的示例代码如下：

```java
public class RunListAllUsersDemo extends ActivitiEngineUtil {
```

```java
@Test
public void runListAllUsersDemo() {
    //加载Activiti配置文件并初始化工作流引擎及服务
    loadActivitiConfigAndInitEngine("activiti.cfg.xml");
    //创建用户
    UserUtil.addUser(identityService,
        "hebo", "贺", "波", "hebo824@163.com", "******");
    UserUtil.addUser(identityService,
        "liuxiaopeng", "刘", "晓鹏", "lxpcnic@163.com", "******");
    UserUtil.addUser(identityService,
        "huhaiqin", "胡", "海琴", "aiqinhai_hu@163.com", "******");
    //初始化UserQuery
    UserQuery userQuery = identityService.createUserQuery();
    //查询所有用户
    UserUtil.executeList(userQuery);
}
```

以上代码先新建3个用户,初始化UserQuery,然后通过用户操作工具类的executeList()方法调用UserQuery的list()方法查询用户列表,并遍历用户列表输出符合查询条件的用户信息。代码运行结果如下:

```
08:01:38,068 [main] INFO  com.bpm.example.demo.user.util.UserUtil  - 用户编号: hebo, 姓名: 贺波, 邮箱: hebo824@163.com
08:01:38,068 [main] INFO  com.bpm.example.demo.user.util.UserUtil  - 用户编号: huhaiqin, 姓名: 胡海琴, 邮箱: aiqinhai_hu@163.com
08:01:38,068 [main] INFO  com.bpm.example.demo.user.util.UserUtil  - 用户编号: liuxiaopeng, 姓名: 刘晓鹏, 邮箱: lxpcnic@163.com
```

Activiti用户查询还支持多查询条件(所有条件都以AND组合)查询及精确排序条件查询,其支持的查询条件方法如表9.1所示,其支持的排序条件方法如表9.2所示。

表9.1 Activiti用户查询API支持的查询条件方法

查询条件方法	说明
userId(String id)	通过指定的id查询用户
userFirstName(String firstName)	通过指定的firstName查询用户
userFirstNameLike(String firstNameLike)	通过指定的firstNameLike模糊查询用户
userLastName(String lastName)	通过指定的lastName查询用户
userLastNameLike(String lastNameLike)	通过指定的lastNameLike模糊查询用户
userFullNameLike(String fullNameLike)	通过指定的fullNameLike模糊查询用户,即同时模糊查询firstName和lastName字段
userEmail(String email)	通过指定的email查询用户
userEmailLike(String emailLike)	通过指定的emailLike模糊查询用户

表9.2 Activiti用户查询API支持的排序条件方法

排序条件方法	说明
orderByUserId()	根据用户ID排序
orderByUserFirstName()	根据用户的firstName排序
orderByUserLastName()	根据用户的lastName排序
orderByUserEmail()	根据用户的email排序

通过调用list()方法综合运用查询条件方法和排序条件方法的示例代码如下:

```java
public class RunListUsersByConditionDemo extends ActivitiEngineUtil {

    @Test
    public void runListUsersByConditionDemo() {
        //加载Activiti配置文件并初始化工作流引擎及服务
        loadActivitiConfigAndInitEngine("activiti.cfg.xml");
```

```
        //创建用户
        UserUtil.addUser(identityService,
            "hebo", "贺", "波", "hebo824@163.com", "******");
        UserUtil.addUser(identityService,
            "tonyhebo", "贺", "博", "tonyhebo@163.com", "******");
        UserUtil.addUser(identityService,
            "liuxiaopeng", "刘", "晓鹏", "lxpcnic@163.com", "******");
        UserUtil.addUser(identityService,
            "huhaiqin", "胡", "海琴", "aiqinhai_hu@163.com", "******");
        //根据查询条件查询匹配用户并输出用户信息
        UserQuery userQuery = identityService.createUserQuery()
            .userLastName("贺")
            .userEmailLike("%163.com%")
            .orderByUserId()
            .asc();
        UserUtil.executeList(userQuery);
    }
}
```

以上代码段中的加粗部分调用userFirstName()、userEmailLike()两个查询条件方法,根据lastName进行精确查询、userEmailLike进行模糊查询,再调用orderByUserId()排序条件方法和asc()排序方法,根据用户ID进行升序排序,最后通过用户操作工具类的executeList()方法调用UserQuery的list()方法查询用户列表,并遍历用户列表输出符合查询条件的用户信息。代码运行结果如下:

```
08:05:15,486 [main] INFO    com.bpm.example.demo.user.util.UserUtil   - 用户编号: hebo, 姓名:
贺波, 邮箱: hebo824@163.com
08:05:15,486 [main] INFO    com.bpm.example.demo.user.util.UserUtil   - 用户编号: tonyhebo,
姓名: 贺博, 邮箱: tonyhebo@163.com
```

上述示例体现了链式编程的思想。链式编程的表现形式为,以"."分割多个方法,连续编写需要执行的代码块,在调用并执行一个方法后,该方法返回当前方法的对象实例,这样可以继续调用返回对象实例的其他方法。链式编程不仅可以减少临时变量,而且可以让代码更加优雅、简单易读,编写也更方便。Activiti中的各类Query都支持链式编程。

需要注意的是,在对查询结果进行排序时,如果直接调用asc()或者desc()方法,而不先调用orderByUserId()、orderByUserEmail()等排序条件方法,Activiti会抛出org.activiti.engine.ActivitiIllegalArgumentException异常,异常信息为You should call any of the orderBy methods first before specifying a direction。因此,调用asc()或者desc()方法对查询结果进行排序时,必须先调用orderByUserId()、orderByUserEmail()等排序条件方法指定排序字段。

在实际应用中,除了按照单个字段排序外,还可以按照多个字段进行排序,如根据firstName降序排序后根据id升序排序。调用asc()和desc()方法时需要注意,asc()方法和desc()方法会根据Query实例的orderProperty属性决定排序的字段。示例代码如下:

```
public class RunListUsersByMultiOrdersDemo extends ActivitiEngineUtil {

    @Test
    public void runListUsersByMultiOrdersDemo() {
        //加载Activiti配置文件并初始化工作流引擎及服务
        loadActivitiConfigAndInitEngine("activiti.cfg.xml");
        //创建用户
        UserUtil.addUser(identityService,
            "hebo", "贺", "波", "hebo824@163.com", "******");
        UserUtil.addUser(identityService,
            "tonyhebo", "贺", "博", "tonyhebo@163.com", "******");
        UserUtil.addUser(identityService,
            "liuxiaopeng", "刘", "晓鹏", "lxpcnic@163.com", "******");
        UserUtil.addUser(identityService,
            "huhaiqin", "胡", "海琴", "aiqinhai_hu@163.com", "******");
        //根据查询条件查询用户并输出用户信息
        UserQuery userQuery = identityService.createUserQuery()
            .orderByUserLasttName().desc()
            .orderByUserId().asc();
        UserUtil.executeList(userQuery);
    }
}
```

以上代码段中的加粗部分代码先依次调用orderByUserLastName()和desc()方法，再依次调用orderByUserId()和asc()方法，从而实现查询结果根据lastName降序排序后根据id升序排序。运行这段代码，可以看到查询时控制台输出的SQL信息如下：

```
01:59:16,076 [main] DEBUG org.activiti.engine.impl.persistence.entity.UserEntityImpl.se
lectUserByQueryCriteria - ==> Preparing: select RES.* from ACT_ID_USER RES order by RES.
LAST_ desc, RES.ID_ asc LIMIT ? OFFSET ?
01:59:16,076 [main] DEBUG org.activiti.engine.impl.persistence.entity.UserEntityImpl.se
lectUserByQueryCriteria - ==> Parameters: 2147483647(Integer), 0(Integer)
01:59:16,076 [main] TRACE org.activiti.engine.impl.persistence.entity.UserEntityImpl.se
lectUserByQueryCriteria - <== Columns: ID_, REV_, FIRST_, LAST_, EMAIL_, PWD_, PICTU RE_ID_
01:59:16,076 [main] TRACE org.activiti.engine.impl.persistence.entity.UserEntityImpl.se
lectUserByQueryCriteria - <== Row: hebo, 1, 波, 贺, hebo824@163.com, ******, null
01:59:16,076 [main] TRACE org.activiti.engine.impl.persistence.entity.UserEntityImpl.se
lectUserByQueryCriteria - <== Row: tonyhebo, 1, 博, 贺, tonyhebo@163.com, ****** , null
01:59:16,076 [main] TRACE org.activiti.engine.impl.persistence.entity.UserEntityImpl.se
lectUserByQueryCriteria - <== Row: huhaiqin, 1, 海琴, 胡, aiqinhai_hu@163.com, ******, null
01:59:16,076 [main] TRACE org.activiti.engine.impl.persistence.entity.UserEntityImpl.se
lectUserByQueryCriteria - <== Row: liuxiaopeng, 1, 晓鹏, 刘, lxpcnic@163.com, ******, null
01:59:16,076 [main] DEBUG org.activiti.engine.impl.persistence.entity.UserEntityImpl.se
lectUserByQueryCriteria - <== Total: 4
```

控制台输出的SQL信息证实，SQL语句的逻辑为查询结果先根据lastName降序排序，再根据id升序排序，代码运行结果如下：

```
08:08:32,172 [main] INFO  com.bpm.example.demo.user.util.UserUtil  - 用户编号：hebo，姓名：贺波，邮箱：hebo824@163.com
08:08:32,172 [main] INFO  com.bpm.example.demo.user.util.UserUtil  - 用户编号：tonyhebo，姓名：贺博，邮箱：tonyhebo@163.com
08:08:32,172 [main] INFO  com.bpm.example.demo.user.util.UserUtil  - 用户编号：huhaiqin，姓名：胡海琴，邮箱：aiqinhai_hu@163.com
08:08:32,172 [main] INFO  com.bpm.example.demo.user.util.UserUtil  - 用户编号：liuxiaopeng，姓名：刘晓鹏，邮箱：lxpcnic@163.com
```

接下来看一种错误的用法，将查询条件修改如下：

```
UserQuery userQuery = identityService.createUserQuery()
    .orderByUserLastName()
    .orderByUserId()
    .asc();
UserUtil.executeList(userQuery);
```

由以上代码段可知，修改后的listUsersByMultiOrders()方法中，依次调用了orderByUserLastName()、orderByUserId()和asc()方法进行排序。运行这段代码，则SQL输出信息如下：

```
02:01:25,726 [main] DEBUG org.activiti.engine.impl.persistence.entity.UserEntityImpl.se
lectUserByQueryCriteria - ==> Preparing: select RES.* from ACT_ID_USER RES order by RES.ID_
asc LIMIT ? OFFSET ?
02:01:25,726 [main] DEBUG org.activiti.engine.impl.persistence.entity.UserEntityImpl.se
lectUserByQueryCriteria - ==> Parameters: 2147483647(Integer), 0(Integer)
02:01:25,726 [main] TRACE org.activiti.engine.impl.persistence.entity.UserEntityImpl.se
lectUserByQueryCriteria - <== Columns: ID_, REV_, FIRST_, LAST_, EMAIL_, PWD_, PICTU RE_ID_
02:01:25,726 [main] TRACE org.activiti.engine.impl.persistence.entity.UserEntityImpl.se
lectUserByQueryCriteria - <== Row: hebo, 1, 波, 贺, hebo824@163.com, ******, null
02:01:25,726 [main] TRACE org.activiti.engine.impl.persistence.entity.UserEntityImpl.se
lectUserByQueryCriteria - <== Row: huhaiqin, 1, 海琴, 胡, aiqinhai_hu@163.com, ******, null
02:01:25,726 [main] TRACE org.activiti.engine.impl.persistence.entity.UserEntityImpl.se
lectUserByQueryCriteria - <== Row: liuxiaopeng, 1, 晓鹏, 刘, lxpcnic@163.com, ******, null
02:01:25,726 [main] TRACE org.activiti.engine.impl.persistence.entity.UserEntityImpl.se
lectUserByQueryCriteria - <== Row: tonyhebo, 1, 博, 贺, tonyhebo@163.com, ******, null
02:01:25,726 [main] DEBUG org.activiti.engine.impl.persistence.entity.UserEntityImpl.se
lectUserByQueryCriteria - <== Total: 4
```

SQL中并没有根据lastName属性进行排序，说明orderByUserLastName()方法并未生效，而是被后面的orderByUserId()方法覆盖了，代码运行结果如下：

```
08:11:49,889 [main] INFO  com.bpm.example.demo.user.util.UserUtil   - 用户编号: hebo, 姓名:
贺波, 邮箱: hebo824@163.com
08:11:49,889 [main] INFO  com.bpm.example.demo.user.util.UserUtil   - 用户编号: huhaiqin,
姓名: 胡海琴, 邮箱: aiqinhai_hu@163.com
08:11:49,889 [main] INFO  com.bpm.example.demo.user.util.UserUtil   - 用户编号: liuxiaopeng,
姓名: 刘晓鹏, 邮箱: lxpcnic@163.com
08:11:49,889 [main] INFO  com.bpm.example.demo.user.util.UserUtil   - 用户编号: tonyhebo,
姓名: 贺博, 邮箱: tonyhebo@163.com
```

由代码运行结果可知，该示例仅按照id进行了升序排列。

从这两段示例代码的对比可知，在调用多个名称以orderBy开头的排序方法按照多个字段进行排序时，每个排序方法后一定要调用asc()或desc()方法，否则后一个排序方法会覆盖前一个排序方法。在实际使用中一定要注意这一点。

2. listPage()方法

list()方法会查询并返回满足查询条件的所有用户记录，如果数据量比较大，就需要进行分页查询，这时可以使用listPage()方法。listPage()方法比list()方法多了firstResult和maxResults两个参数，它们分别表示查询的起始记录数和要查询的记录数。listPage()方法同样支持链式编程，也支持所有的查询条件方法和排序条件方法。

用户操作工具类com.bpm.example.demo.user.util.UserUtil中执行UserQuery接口的listPage()方法查询用户列表的代码如下：

```java
/**
 * 执行UserQuery的listPage()方法
 * @param userQuery
 * @param firstResult
 * @param maxResults
 */
public static void executeListPage(UserQuery userQuery, int firstResult, int maxResults) {
    List<User> users = userQuery.listPage(firstResult, maxResults);
    for (User user : users) {
        log.info("用户编号: {}, 姓名: {}, 邮箱: {}", user.getId(),
            user.getLastName() + user.getFirstName() , user.getEmail());
    }
}
```

其中，executeListPage()方法加粗部分的代码通过调用UserQuery的listPage()方法分页查询用户列表，然后遍历用户列表并输出符合查询条件的用户信息。

使用以上工具类分页查询用户的示例代码如下：

```java
public class RunListPageUsersDemo extends ActivitiEngineUtil {

    @Test
    public void runListPageUsersDemo() {
        //加载Activiti配置文件并初始化工作流引擎及服务
        loadActivitiConfigAndInitEngine("activiti.cfg.xml");
        //创建用户
        UserUtil.addUser(identityService,
            "hebo", "贺", "波", "hebo824@163.com", "******");
        UserUtil.addUser(identityService,
            "tonyhebo", "贺", "博", "tonyhebo@activiti.com", "******");
        UserUtil.addUser(identityService,
            "zhanghe", "张", "禾", "zhanghe@qq.com", "******");
        UserUtil.addUser(identityService,
            "liheng", "李", "横", "liheng@qq.com", "******");
        UserUtil.addUser(identityService,
            "liuxiaopeng", "刘", "晓鹏", "lxpcnic@163.com", "******");
        UserUtil.addUser(identityService,
            "huhaiqin", "胡", "海琴", "aiqinhai_hu@163.com", "******");
        //分页查询用户并输出用户信息
        UserQuery userQuery = identityService.createUserQuery()
            .userEmailLike("%he%")
            .orderByUserId()
            .desc();
```

```
        UserUtil.executeListPage(userQuery, 1, 3);
    }
}
```

　　以上代码段先新建了6个用户,由加粗部分代码调用userEmailLike()查询条件方法根据userEmailLike进行模糊查询,再调用orderByUserId排序条件方法和desc()排序方法根据id将结果降序排序,最后通过用户操作工具类的executeListPage()方法调用UserQuery的listPage()方法从第2条记录开始查询3条用户记录,并输出用户信息。代码运行结果如下:

```
02:17:06,738 [main] INFO  com.bpm.example.demo.user.util.UserUtil  - 用户编号: tonyhebo,
姓名: 贺博, 邮箱: tonyhebo@activiti.com
02:17:06,738 [main] INFO  com.bpm.example.demo.user.util.UserUtil  - 用户编号: liheng, 姓
名: 李横, 邮箱: liheng@qq.com
02:17:06,738 [main] INFO  com.bpm.example.demo.user.util.UserUtil  - 用户编号: hebo, 姓名:
贺波, 邮箱: hebo824@163.com
```

　　提示: listPage()方法中的firstResult属性为符合查询结果的第一条数据的索引值,从0开始计数,上面的示例中设置firstResult()值为1,因此从匹配的第2条记录开始。maxResults表示结果数量。这点与MySQL中limit的用法很相似。

3. count()方法

　　调用count()方法可统计符合查询条件的查询结果的用户数量,类似SQL中的select count语句。count()方法同样支持链式编程,支持所有查询条件方法。

　　在用户操作工具类com.bpm.example.demo.user.util.UserUtil中执行UserQuery接口的count()方法查询用户数量的代码如下:

```
/**
 * 执行UserQuery的count()方法
 * @param userQuery
 * @return
 */
public static void executeCount(UserQuery userQuery) {
    long userNum = userQuery.count();
    log.info("用户数为: {}", userNum);
}
```

　　其中,executeCount()方法中加粗部分的代码通过调用UserQuery的count()方法查询用户数量。

　　使用以上工具类统计用户数量的示例代码如下:

```
public class RunCountUsersDemo extends ActivitiEngineUtil {

    @Test
    public void runCountUsersDemo() {
        //加载Activiti配置文件并初始化工作流引擎及服务
        loadActivitiConfigAndInitEngine("activiti.cfg.xml");
        //创建用户
        UserUtil.addUser(identityService,
            "hebo", "贺", "波", "hebo824@163.com", "******");
        UserUtil.addUser(identityService,
            "tonyhebo", "贺", "博", "tonyhebo@activiti.com", "******");
        UserUtil.addUser(identityService,
            "zhanghe", "张", "禾", "zhanghe@qq.com", "******");
        UserUtil.addUser(identityService,
            "liheng", "李", "横", "liheng@qq.com", "******");
        UserUtil.addUser(identityService,
            "liuxiaopeng", "刘", "晓鹏", "lxpcnic@163.com", "******");
        UserUtil.addUser(identityService,
            "huhaiqin", "胡", "海琴", "aiqinhai_hu@163.com", "******");
        //查询符合查询条件的用户数
        UserQuery userQuery = identityService.createUserQuery()
            .userLastName("贺")
            .userEmailLike("%he%");
        UserUtil.executeCount(userQuery);
    }
}
```

在以上代码中的加粗部分调用userLastName()和userEmailLike()两个查询条件方法分别根据lastName进行精确查询、根据email进行模糊查询，然后通过用户操作工具类的executeCount()方法调用UserQuery的count()方法统计符合查询条件的用户数量，并输出用户数。代码运行结果如下：

```
02:21:38,276 [main] INFO    com.bpm.example.demo.user.util.UserUtil    - 用户数为：2
```

4．singleResult()方法

调用singleResult()方法可查询符合查询条件的单条用户记录，如果符合查询条件的记录多于一条，Activiti会抛出org.activiti.engine.ActivitiException异常，异常信息为Query return *** results instead of max 1。

用户操作工具类com.bpm.example.demo.user.util.UserUtil中执行UserQuery的singleResult()方法查询单个用户的示例代码如下：

```java
/**
 * 执行UserQuery的singleResult()方法
 * @param userQuery
 */
public static User executeSingleResult(UserQuery userQuery) {
    User user = userQuery.singleResult();
    return user;
}
```

其中，executeSingleResult()方法中加粗部分的代码通过调用UserQuery的singleResult()方法查询用户对象。

使用以上工具类查询单个用户的示例代码如下：

```java
@Slf4j
public class RunSingleResultUsersDemo extends ActivitiEngineUtil {
    @Test
    public void runSingleResultUsersDemo() {
        //加载Activiti配置文件并初始化工作流引擎及服务
        loadActivitiConfigAndInitEngine("activiti.cfg.xml");
        //创建用户
        UserUtil.addUser(identityService, "hebo", "贺", "波", "hebo824@163.com",
            "******");
        UserUtil.addUser(identityService, "liuxiaopeng", "刘", "晓鹏", "lxpcnic@163.com",
            "******");
        UserUtil.addUser(identityService, "huhaiqin", "胡", "海琴",
            "aiqinhai_hu@163.com", "******");
        //查询符合条件的单个用户
        UserQuery userQuery = identityService.createUserQuery()
            .userLastName("贺")
            .userFirstName("波");
        User user = UserUtil.executeSingleResult(userQuery);
        if (user != null) {
            log.info("用户编号：{}，姓名：{}，邮箱：{}", user.getId(),
                user.getLastName()  + user.getFirstName() , user.getEmail());
        }
    }
}
```

以上代码中的加粗部分调用userLastName()和userFirstName()两个查询条件方法，根据lastName、firstName进行精确查询，通过用户操作工具类的executeSingleResult()方法调用UserQuery的singleResult()方法查询符合查询条件的单个用户。代码运行结果如下：

```
03:18:06,858 [main] INFO   com.bpm.example.demo.user.RunSingleResultUsersDemo   - 用户编
号：hebo，姓名：贺波，邮箱：hebo824@163.com
```

9.1.3 修改用户

Activiti通过IdentityService服务修改用户的步骤如下：
- 获取单个User实例；
- 调用setter()方法为User实例设置新属性值；
- 调用IdentityService接口的saveUser(User user)方法将User实例更新保存到数据库。

用户操作工具类com.bpm.example.demo.user.util.UserUtil中修改用户的示例代码如下：

```java
/**
 * 修改用户信息
 * @param identityService IdentityService服务
 * @param id 用户编号
 * @param newLastName 新用户姓氏
 * @param newFirstName 新用户名称
 * @param newEmail 新用户电子邮箱
 * @param newPassword 新用户密码
 */
public static void updateUser(IdentityService identityService, String id,
    String newLastName, String newFirstName, String newEmail, String newPassword) {
    //查询用户信息
    User user = executeSingleResult(identityService.createUserQuery().userId(id));
    //调用setter()方法为创建的User实例设置属性值
    user.setFirstName(newFirstName);
    user.setLastName(newLastName);
    user.setEmail(newEmail);
    user.setPassword(newPassword);
    //调用IdentityService的saveUser()方法将User实例存储到数据库
    identityService.saveUser(user);
}
```

以上代码段中，updateUser()方法完全遵循修改用户步骤执行。

使用以上工具类修改用户的示例代码如下：

```java
@Slf4j
public class RunUpdateUserDemo extends ActivitiEngineUtil {

    @Test
    public void runUpdateUserDemo() {
        //加载Activiti配置文件并初始化工作流引擎及服务
        loadActivitiConfigAndInitEngine("activiti.cfg.xml");
        //新建用户
        UserUtil.addUser(identityService,
            "hebo", "贺", "波", "hebo824@163.com", "******");
        //查询用户信息
        User oldUser = UserUtil.executeSingleResult(identityService.createUserQuery()
            .userId("hebo"));
        //输出原始用户信息
        log.info("修改前: id: {}, email: {}, password: {}",
            oldUser.getId(), oldUser.getEmail(), oldUser.getPassword());
        //修改用户邮箱和密码
        UserUtil.updateUser(identityService, "hebo", oldUser.getFirstName(),
            oldUser.getLastName(), "hebo@activiti.com", "######");
        //再次查询用户信息
        User newUser = UserUtil.executeSingleResult(identityService.createUserQuery()
            .userId("hebo"));
        log.info("修改后:id:{},email:{},password:{}", newUser.getId(), newUser.getEmail(),
            newUser.getPassword());
    }
}
```

以上代码段先新建一个用户，根据id查询用户并输出该用户信息，然后执行用户修改代码，修改用户邮箱和密码，最后再次根据id查询新的用户信息并输出。代码运行结果如下：

```
03:31:10,636 [main] INFO   com.bpm.example.demo.user.RunUpdateUserDemo    - 修改前: id: hebo,
email: hebo824@163.com, password: ******
03:31:10,643 [main] INFO   com.bpm.example.demo.user.RunUpdateUserDemo    - 修改后: id: hebo,
email: hebo@activiti.com, password: ######
```

IdentityService的saveUser(User user)方法有两个作用：保存新用户信息、更新用户信息。调用saveUser(User user)方法时，Activiti会根据user的revision属性值决定执行哪种逻辑：如果revision属性值为0，则执行保存新用户信息逻辑；反之，则执行更新用户信息逻辑。

9.1.4 删除用户

删除用户的方法很简单，调用IdentityService服务的deleteUser()方法即可。用户操作工具类com.bpm.

example.demo.user.util.UserUtil中执行IdentityService的deleteUser()方法删除用户的代码如下：

```java
/**
 * 删除用户
 * @param identityService IdentityService服务
 * @param id 用户编号
 */
public static void deleteUser(IdentityService identityService, String id) {
    identityService.deleteUser(id);
}
```

需要注意的是，IdentityService的deleteUser()方法的参数不能为null，如果传入null，Activiti会抛出org.activiti.engine.ActivitiIllegalArgumentException异常，异常信息为userId is null。

使用以上工具类删除用户的示例代码如下：

```java
@Slf4j
public class RunDeleteUserDemo extends ActivitiEngineUtil {

    @Test
    public void runDeleteUserDemo() {
        //加载Activiti配置文件并初始化工作流引擎及服务
        loadActivitiConfigAndInitEngine("activiti.cfg.xml");
        //新建用户
        UserUtil.addUser(identityService, "zhangsan", "张", "三", "zhangsan@qq.com",
            "******");
        //查询用户信息
        User user = UserUtil.executeSingleResult(identityService.createUserQuery()
            .userId("zhangsan"));
        log.info("用户编号: {}, 姓名: {}, 邮箱: {}", user.getId(), user.getLastName() +
            user.getFirstName(), user.getEmail());
        //删除用户
        UserUtil.deleteUser(identityService,"zhangsan");
        //再次查询用户信息
        user = UserUtil.executeSingleResult(identityService.createUserQuery().userId("zhangsan"));
        if (user == null) {
            log.error("用户编号为{}的用户不存在", "zhangsan");
        }
    }
}
```

以上代码段新建一个用户，根据id查询用户并输出该用户信息，然后删除该用户，再次根据id查询该用户信息。代码运行结果如下：

```
03:35:04,845 [main] INFO    com.bpm.example.demo.user.RunDeleteUserDemo    - 用户编号：zhangsan, 姓名：张三, 邮箱：zhangsan@qq.com
03:35:04,855 [main] ERROR com.bpm.example.demo.user.RunDeleteUserDemo    - 用户编号为zhangsan的用户不存在
```

9.1.5 设置用户图片

Activiti允许为用户设置图片，如头像等。用户图片被序列化后存储在ACT_GE_BYTEARRAY表中。IdentityService提供了setUserPicture()方法，用于设置用户图片。用户操作工具类com.bpm.example.demo.user.util.UserUtil中执行IdentityService的setUserPicture()方法设置用户图片的代码如下：

```java
/**
 * 为用户设置图片
 * @param identityService IdentityService服务
 * @param userId 用户编号
 * @param userPictureFile 用户图片File
 */
public static void setPictureForUser(IdentityService identityService, String userId,
    File userPictureFile) {
    try {
        FileInputStream fileInputStream = new FileInputStream(userPictureFile);
        BufferedImage bufferedImage = ImageIO.read(fileInputStream);
        ByteArrayOutputStream outputStream = new ByteArrayOutputStream();
        ImageIO.write(bufferedImage, "png", outputStream);
        //将图片转换为byte数组
```

```
        byte[] pictureArray = outputStream.toByteArray();
        //创建用户图片的Picture实例
        Picture userPicture = new Picture(pictureArray, "the picture of user:" + userId);
        //为用户设置图片
        identityService.setUserPicture(userId, userPicture);
    } catch(IOException e) {
        e.printStackTrace();
    }
}
```

其中，setPictureForUser()方法加粗部分的代码调用IdentityService的setUserPicture(String userId, Picture picture)方法设置用户图片。

使用以上工具类设置用户图片的示例代码如下：

```
public class RunSetUserPictureDemo extends ActivitiEngineUtil {

    @Test
    public void runSetUserPictureDemo() {
        //加载Activiti配置文件并初始化工作流引擎及服务
        loadActivitiConfigAndInitEngine("activiti.cfg.xml");
        //新建用户
        UserUtil.addUser(identityService,
                "hebo", "贺", "波", "hebo824@163.com", "******");
        //读取图片
        URL resource = RunSetUserPictureDemo.class.getClassLoader().getResource(
                "pictures/photo.png");
        File userPictureFile = new File(resource.getPath());
        //为用户设置图片
        UserUtil.setPictureForUser(identityService, "hebo", userPictureFile);
    }
}
```

以上代码段先新建一个用户，然后为该用户设置图片。如果要查询用户图片，调用IdentityService的getUserPicture(String userId)方法即可。

9.2 用户组管理

用户组是一个很重要的概念，可以理解为具有某种共同特征的用户的集合，如部门或团队等。第6章介绍过Activiti的数据表设计，其中ACT_ID_GROUP表用于存储用户组数据。在Activiti中，用户组对应的对象为org.activiti.engine.identity.Group。这是一个接口，一个Group实例对应ACT_ID_GROUP表中的一条数据。Group接口中只提供用户组属性的getter()和setter()方法，实体类为org.activiti.engine.impl.persistence.entity.GroupEntityImpl（GroupEntityImpl是org.activiti.engine.impl.persistence.entity.GroupEntity接口的实现类，GroupEntity继承自Group）。用户组对象拥有以下属性。

❑ id：用户组ID，对应ACT_ID_GROUP表的ID_字段（主键）。
❑ name：用户组名称，对应ACT_ID_GROUP表的NAME_字段。
❑ type：用户组类型，对应ACT_ID_GROUP表的TYPE_字段。
❑ revision：用户组的数据版本，对应ACT_ID_GROUP表的REV_字段。

IdentityService对用户组的操作均围绕Group进行。

9.2.1 新建用户组

在Activiti中通过IdentityService服务新建用户组的步骤如下：
（1）调用IdentityService的newGroup(String groupId)方法创建Group实例；
（2）调用setter()方法为创建的Group实例设置属性值；
（3）调用IdentityService的saveGroup(Group group)方法将Group实例保存到数据库。

用户组操作工具类com.bpm.example.demo.group.util.GroupUtil中通过IdentityService创建用户组的示例代码如下：

```
/**
 * 新建用户组
```

```
 * @param identityService IdentityService服务
 * @param id 用户组编号
 * @param name 用户组名称
 * @param type 用户组类型
 */
public static void addGroup(IdentityService identityService, String id, String name, String type) {
    //调用IdentityService的newGroup()方法创建Group实例
    Group newGroup = identityService.newGroup(id);
    //调用setter()方法为创建的Group实例设置属性值
    newGroup.setName(name);
    newGroup.setType(type);
    //调用IdentityService的saveGroup()方法将Group实例保存到数据库
    identityService.saveGroup(newGroup);
}
```

在以上代码段中，addGroup()方法完全遵循创建用户组的步骤执行。新建用户组的注意事项与新建用户相同，这里不再赘述。

使用以上工具类新建用户组的示例代码如下：

```
public class RunAddGroupDemo extends ActivitiEngineUtil {

    @Test
    public void runAddGroupDemo() {
        //加载Activiti配置文件并初始化工作流引擎及服务
        loadActivitiConfigAndInitEngine("activiti.cfg.xml");
        GroupUtil.addGroup(identityService,"process_platform_department", "流程平台部",
            "department");
    }
}
```

9.2.2 查询用户组

Activiti引擎提供了多种查询用户组的方法。IdentityService提供了createGroupQuery()方法，用于查询用户组对象。createGroupQuery()方法同样返回一个org.activiti.engine.query.Query实例，具体的特性参见9.1.2小节。

1. list()方法

用户组操作工具类com.bpm.example.demo.group.util.GroupUtil中执行GroupQuery的list()方法查询用户组列表的代码如下：

```
/**
 * 执行GroupQuery的list()方法
 * @param groupQuery
 */
public static void executeList(GroupQuery groupQuery) {
    List<Group> list = groupQuery.list();
    for (Group group : list) {
        log.info("用户组编号：{}，名称：{}，类型：{}", group.getId(), group.getName(),
            group.getType());
    }
}
```

其中，executeList()方法中加粗部分的代码通过调用list()方法查询用户组列表，然后遍历用户组列表并输出用户组信息。

使用以上工具类查询用户组的示例代码如下：

```
public class RunListGroupsByConditionDemo extends ActivitiEngineUtil {

    @Test
    public void runListGroupsByConditionDemo() {
        //加载Activiti配置文件并初始化工作流引擎及服务
        loadActivitiConfigAndInitEngine("activiti.cfg.xml");
        //根据查询条件查询用户组并输出用户组信息
        GroupQuery groupQuery = identityService.createGroupQuery()
            .groupType("department")
            .orderByGroupId()
            .asc();
```

```
        GroupUtil.executeList(groupQuery);
    }
}
```

在以上代码段中的加粗部分代码先调用了groupType()查询条件方法，根据type属性值进行精确查询；再调用orderByGroupId()排序条件方法和asc()排序方法，根据id进行升序排序；通过用户组操作工具类的executeList()方法调用GroupQuery的list()方法查询用户组列表，并遍历用户组列表输出用户组信息。

Activiti用户组查询还支持多查询条件（所有条件都以AND组合），以及多字段排序。其支持的查询条件方法如表9.3所示，其支持的排序条件方法如表9.4所示。

表9.3 Activiti用户组查询API支持的查询条件方法

查询条件方法	说明
groupId（String groupId）	通过指定的id查询用户组
groupName（String groupName）	通过指定的name查询用户组
groupNameLike（String groupNameLike）	通过指定的groupNameLike模糊查询用户组
groupType（String groupType）	通过指定的type查询用户组

表9.4 Activiti用户组查询API支持的排序条件方法

排序条件方法	说明
orderByGroupId()	根据用户组的id排序
orderByGroupName()	根据用户组的name排序
orderByGroupType()	根据用户组的type排序

关于调用list()方法查询用户组的应用技巧和注意事项，可以参考9.1.2小节，这里不再赘述。

2．listPage()方法

listPage()方法用于分页查询用户组列表。用户组操作工具类com.bpm.example.demo.group.util.GroupUtil中执行GroupQuery的listPage()方法查询用户组列表的代码如下：

```
/**
 * 执行GroupQuery的list()方法
 * @param groupQuery
 */
public static void executeListPage(GroupQuery groupQuery, int firstResult, int maxResults) {
    List<Group> list = groupQuery.listPage(firstResult, maxResults);
    for (Group group : list) {
        log.info("用户组编号：{}，名称：{}，类型：{}", group.getId(), group.getName(),
            group.getType());
    }
}
```

其中，executeListPage()方法调用GroupQuery的listPage()方法分页，查询用户组列表，然后遍历用户组列表并输出用户组的信息。

使用以上工具类分页查询用户组的示例代码如下：

```
public class ListPageGroupsDemo extends ActivitiEngineUtil {

    @Test
    public void listPageGroupsTest() {
        //加载Activiti配置文件并初始化工作流引擎及服务
        loadActivitiConfigAndInitEngine("activiti.cfg.xml");
        GroupQuery groupQuery = identityService.createGroupQuery()
            .groupType("department")
            .orderByGroupId()
            .asc();
        GroupUtil.executeListPage(groupQuery,1,3);
    }
}
```

以上代码段中的加粗部分代码调用了groupType()查询条件方法,根据type进行精确查询;调用orderByGroupId()排序条件方法和asc()排序方法,根据用户id进行升序排序;通过用户组操作工具类的executeListPage()方法调用GroupQuery的listPage()方法从第2条记录开始查询3个用户组,并输出用户组信息。

关于调用listPage()方法分页查询用户组的应用技巧和注意事项,可以参考9.1.2小节,这里不再赘述。

3. count()方法

调用count()方法可统计符合查询条件的查询结果的用户组数量。用户组操作工具类com.bpm.example.demo.group.util.GroupUtil中执行GroupQuery的count()方法统计用户组数量的代码如下:

```java
/**
 * 执行GroupQuery的count()方法
 * @param groupQuery
 * @return
 */
public static void executeCount(GroupQuery groupQuery) {
    long groupNum = groupQuery.count();
    log.info("用户组数为: {}", groupNum);
}
```

其中,executeCount()方法调用GroupQuery的count()方法,统计用户组数量。

使用以上工具类统计用户组数量的示例代码如下:

```java
public class RunCountGroupsDemo extends ActivitiEngineUtil {

    @Test
    public void runCountGroupsDemo() {
        //加载Activiti配置文件并初始化工作流引擎及服务
        loadActivitiConfigAndInitEngine("activiti.cfg.xml");
        //创建GroupQuery
        GroupQuery groupQuery = identityService.createGroupQuery().groupType("department");
        //统计用户组数量
        GroupUtil.executeCount(groupQuery);
    }
}
```

以上代码段中的加粗部分代码调用了groupType()查询条件方法,根据type进行精确匹配,通过用户组操作工具类的executeCount()方法调用GroupQuery的count()方法统计符合查询条件的用户组数量,并输出用户组数。

4. singleResult()方法

调用singleResult()方法可查询符合查询条件的单条用户组记录。用户组操作工具类com.bpm.example.demo.group.util.GroupUtil中执行GroupQuery的singleResult()方法查询单个用户组的代码如下:

```java
/**
 * 执行GroupQuery的singleResult()方法
 * @param groupQuery
 */
public static Group executeSingleResult(GroupQuery groupQuery) {
    Group group = groupQuery.singleResult();
    return group;
}
```

其中,executeSingleResult()方法调用GroupQuery的singleResult()方法查询用户组对象。

使用以上工具类查询单个用户组的示例代码如下:

```java
public class RunSingleResultGroupsDemo extends ActivitiEngineUtil {

    @Test
    public void runSingleResultGroupsDemo() {
        //加载Activiti配置文件并初始化工作流引擎及服务
        loadActivitiConfigAndInitEngine("activiti.cfg.xml");
        //创建GroupQuery
        GroupQuery groupQuery = identityService
            .createGroupQuery()
            .groupId("process_platform_department")
            .groupType("department");
```

```
    //查询单个用户组
    GroupUtil.executeSingleResult(groupQuery);
    }
}
```
以上代码段中的加粗部分调用了groupId()和groupType()两个查询条件方法,根据id、type进行精确查询,通过用户组操作工具类的executeSingleResult()方法调用GroupQuery的singleResult()方法查询符合条件的单个用户组,并输出该用户组信息。

9.2.3 修改用户组

在Activiti中通过IdentityService服务修改用户组的步骤如下:
(1) 获取单个Group实例;
(2) 调用setter()方法为Group实例设置新属性值;
(3) 调用IdentityService的saveGroup(Group group)方法将Group实例更新保存到数据库。

用户组操作工具类com.bpm.example.demo.group.util.GroupUtil修改用户组的代码如下:

```
/**
 * 修改用户组信息
 * @param identityService IdentityService服务
 * @param groupId 用户组编号
 * @param newName 新用户组名称
 * @param newType 新用户组类型
 */
public static void updateGroup(IdentityService identityService, String groupId,
    String newName, String newType) {
    //查询用户组信息
    Group group =
        executeSingleResult(identityService.createGroupQuery().groupId(groupId));
    //调用setter()方法为创建的Group实例设置属性值
    group.setName(newName);
    group.setType(newType);
    //调用IdentityService的saveGroup()方法将Group实例保存到数据库
    identityService.saveGroup(group);
}
```

其中,updateGroup()方法完全遵循修改用户组步骤执行,先根据id查询Group实例,然后调用setter()方法为新创建的Group实例设置属性值,最后调用IdentityService的saveGroup(Group group)方法将Group实例更新保存到数据库中。

使用以上工具类修改用户组的示例代码如下:

```
public class RunUpdateGroupDemo extends ActivitiEngineUtil {

    @Test
    public void runUpdateGroupTest() {
        //加载Activiti配置文件并初始化流程引擎及服务
        loadActivitiConfigAndInitEngine("activiti.cfg.xml");
        //新建用户组
        GroupUtil.addGroup(identityService, "process_platform_department",
            "流程平台部", "department");
        //修改用户组信息
        GroupUtil.updateGroup(identityService, "process_platform_department",
            "BPM平台部", "department");
    }
}
```

修改用户组的注意事项与修改用户相同,这里不再赘述。

9.2.4 删除用户组

删除用户组的方法很简单,调用IdentityService服务的deleteGroup()方法即可。用户组操作工具类com.bpm.example.demo.group.util.GroupUtil调用IdentityService的deleteGroup()方法删除用户组的代码如下:

```
/**
 * 删除用户组
 * @param identityService IdentityService服务
 * @param groupId 用户组编号
 */
public static void deleteGroup(IdentityService identityService, String groupId) {
```

```
            identityService.deleteGroup(groupId);
        }
```
其中，deleteGroup()方法调用IdentityService的deleteGroup(String groupId)方法删除用户组。

使用以上工具类删除用户组的示例代码如下：
```
public class RunDeleteGroupDemo extends ActivitiEngineUtil {

    @Test
    public void runDeleteGroupDemo() {
        //加载Activiti配置文件并初始化工作流引擎及服务
        loadActivitiConfigAndInitEngine("activiti.cfg.xml");
        //删除用户组
        GroupUtil.deleteGroup(identityService,"testGroup");
    }
}
```
删除用户组的注意事项与删除用户相同，这里不再赘述。

9.3 用户与用户组关系管理

前面提到过，用户组是用户的集合，用户和用户组是多对多的关系，即一个用户组中可以包含多个用户，一个用户也可以隶属于多个用户组。第6章介绍Activiti数据表设计时，介绍过ACT_ID_MEMBERSHIP表存储用户与用户组的关联关系数据。Activiti提供了专门的API，用于维护用户与用户组的关系。

9.3.1 添加用户至用户组

要添加用户至用户组，直接调用IdentityService的createMembership()方法即可。用户组操作工具类com.bpm.example.demo.group.util.GroupUtil添加用户至用户组的代码如下：
```
/**
 * 将用户加入用户组
 * @param identityService IdentityService服务
 * @param userId 用户编号
 * @param groupId 用户组编号
 */
public static void addUserToGroup(IdentityService identityService, String userId, String groupId) {
    identityService.createMembership(userId, groupId);
}
```
其中，addUserToGroup()方法调用IdentityService的createMembership (String userId, String groupId)创建用户与用户组的关联关系，从而将用户加入到用户组中。

使用以上工具类添加用户至用户组的示例代码如下：
```
public class RunAddUserToGroupDemo extends ActivitiEngineUtil {

    @Test
    public void runAddUserToGroupDemo() {
        //加载Activiti配置文件并初始化工作流引擎及服务
        loadActivitiConfigAndInitEngine("activiti.cfg.xml");
        //新建用户
        UserUtil.addUser(identityService, "hebo", "贺", "波",
            "hebo@activiti.com", "******");
        //新建用户组
        GroupUtil.addGroup(identityService,"process_platform_department",
            "流程平台部", "department");
        //将用户加入用户组
        GroupUtil.addUserToGroup(identityService, "hebo", "process_platform_department");
    }
}
```
以上代码先新建了一个用户和一个用户组，然后根据用户编号和用户组编号创建二者的关联关系，实现添加用户至用户组。

9.3.2 从用户组中移除用户

从用户组中移除用户，直接调用IdentityService的deleteMembership()方法即可。用户组操作工具类com.

bpm.example.demo.group.util.GroupUtil从用户组中移除用户的代码如下：
```
/**
 * 将用户从用户组中移除
 * @param identityService IdentityService服务
 * @param userId 用户编号
 * @param groupId 用户组编号
 */
public static void removeUserFromGroup(IdentityService identityService, String userId,
    String groupId) {
    identityService.deleteMembership(userId, groupId);
}
```

以上代码通过调用IdentityService的deleteMembership(String userId, String groupId)方法删除用户与用户组的关联关系，从而从用户组中移除用户。需要注意的是，deleteMembership(String userId, String groupId)方法的两个参数都不允许为null，否则Activiti会抛出org.activiti.engine.ActivitiIllegalArgumentException异常，异常信息为userId is null或groupId is null。deleteMembership()方法只会移除用户与用户组的关联关系，但如果调用IdentityService的deleteUser(String userId)方法删除用户，或调用deleteGroup(String groupId)方法删除用户组，会同时删除相关的用户与用户组的关联关系。

使用以上工具类将用户从用户组移除的示例代码如下：

```
public class RunRemoveUserFromGroupDemo extends ActivitiEngineUtil {

    @Test
    public void runRemoveUserFromGroupDemo() {
        //加载Activiti配置文件并初始化工作流引擎及服务
        loadActivitiConfigAndInitEngine("activiti.cfg.xml");
        //将用户从用户组中移除
        GroupUtil.removeUserFromGroup(identityService, "zhangsan", "testgroup");
    }
}
```

9.3.3 查询用户组中的用户

将用户加入到用户组中之后，二者的关联关系就构建好了。Activiti提供了查询用户组中用户列表的API，示例代码如下：

```
public class RunQueryUsersOfGroupDemo extends ActivitiEngineUtil {

    @Test
    public void runQueryUsersOfGroupDemo() {
        //加载Activiti配置文件并初始化工作流引擎及服务
        loadActivitiConfigAndInitEngine("activiti.cfg.xml");
        //新建用户
        UserUtil.addUser(identityService,
            "hebo", "贺", "波", "hebo824@163.com", "******");
        UserUtil.addUser(identityService,
            "liuxiaopeng", "刘", "晓鹏", "lxpcnic@163.com", "******");
        UserUtil.addUser(identityService,
            "huhaiqin", "胡", "海琴", "aiqinhai_hu@163.com", "******");
        UserUtil.addUser(identityService,
            "wangjunlin", "王", "俊林", "wangjunlin@163.com", "******");
        //新建用户组
        GroupUtil.addGroup(identityService,
            "process_platform_department", "流程平台部", "department");
        //将用户加入用户组
        GroupUtil.addUserToGroup(identityService,
            "hebo", "process_platform_department");
        GroupUtil.addUserToGroup(identityService,
            "liuxiaopeng", "process_platform_department");
        GroupUtil.addUserToGroup(identityService,
            "huhaiqin", "process_platform_department");
        GroupUtil.addUserToGroup(identityService,
            "wangjunlin", "process_platform_department");
        //查询用户组中的用户
        UserQuery userQuery = identityService.createUserQuery()
```

```
            .memberOfGroup("process_platform_department")
            .orderByUserId()
            .asc();
        UserUtil.executeList(userQuery);
    }
}
```

以上代码段中的加粗部分先调用UserQuery的memberOfGroup(String groupId)查询条件方法，根据用户所在的用户组的编号进行精确查询，再调用orderByUserId()排序条件方法和asc()排序方法，根据用户编号进行升序排序，最后通过用户操作工具类的executeList()方法调用UserQuery的list()方法查询用户列表，并遍历用户列表输出符合查询条件的用户信息。代码运行结果如下：

```
11:22:11,457 [main] INFO  com.bpm.example.demo.user.util.UserUtil  - 用户编号: hebo, 姓名: 贺波, 邮箱: hebo824@163.com
11:22:11,457 [main] INFO  com.bpm.example.demo.user.util.UserUtil  - 用户编号: huhaiqin, 姓名: 胡海琴, 邮箱: aiqinhai_hu@163.com
11:22:11,457 [main] INFO  com.bpm.example.demo.user.util.UserUtil  - 用户编号: liuxiaopeng, 姓名: 刘晓鹏, 邮箱: lxpcnic@163.com
11:22:11,457 [main] INFO  com.bpm.example.demo.user.util.UserUtil  - 用户编号: wangjunlin, 姓名: 王俊林, 邮箱: wangjunlin@163.com
```

9.3.4 查询用户所在的用户组

Activiti提供了查询用户所在用户组列表的API，示例代码如下：

```
public class RunQueryGroupsOfUserDemo extends ActivitiEngineUtil {

    @Test
    public void runQueryGroupsOfUserDemo() {
        //加载Activiti配置文件并初始化工作流引擎及服务
        loadActivitiConfigAndInitEngine("activiti.cfg.xml");
        //查询用户所在的用户组列表
        GroupQuery groupQuery = identityService.createGroupQuery()
            .groupMember("hebo")
            .orderByGroupId()
            .asc();
        GroupUtil.executeList(groupQuery);
    }
}
```

以上代码段中的加粗部分代码先调用GroupQuery的groupMember(String groupMemberUserId)查询条件方法，根据用户组中的用户编号进行精确查询，再调用orderByGroupId()排序条件方法和asc()排序方法，根据用户组编号进行升序排序，最后通过用户组操作工具类的executeList()方法调用GroupQuery的list()方法查询用户组列表，并遍历用户组列表，输出所有符合查询条件的用户组信息。

9.4 用户附加信息管理

由9.1节可知，Activiti默认的用户信息只有id、firstName、lastName、email和password，往往无法满足实际应用场景的需要。为此，Activiti提供了一种设置用户附加信息的机制，允许为用户设置多种扩展属性，如联系方式、身份证号等。第6章中介绍过的ACT_ID_INFO表可用于存储用户附加信息数据。

新建用户扩展属性和值的示例代码如下：

```
identityService.setUserInfo("hebo", "mobile", "13999999999");
identityService.setUserInfo("hebo", "sex","男");
```

以上代码调用IdentityService的setUserInfo()方法为用户hebo新建了mobile和sex两个附加属性。setUserInfo()方法有3个参数，分别为用户编号、附加属性名称、附加属性的值。如果多次调用该方法为同一个用户的某个扩展属性赋值，则前面设置的值会被后面设置的值覆盖。

删除用户扩展属性可以通过调用IdentityService的deleteUserInfo()方法来实现，示例代码如下：

```
identityService.deleteUserInfo("hebo","sex");
```

以上代码调用IdentityService的deleteUserInfo()方法删除用户hebo的sex属性和值。deleteUserInfo()方法有两个参数，第一个参数为用户编号，第二个参数为扩展属性名称。

如果要查询用户某个扩展属性的值,可以调用IdentityService的getUserInfo()方法,示例代码如下:

```
String mobileStr = identityService.getUserInfo("hebo","mobile");
log.info("mobileStr: {}", mobileStr);
```

在以上代码中,调用了IdentityService的getUserInfo()方法查询并输出了用户hebo的mobile属性值。getUserInfo()方法有两个参数,第一个参数为用户编号,第二个参数为扩展属性名称。

如果用户有多个扩展属性,可以通过IdentityService的getUserInfoKeys()方法查询用户所有扩展属性,示例代码如下:

```
List<String> userInfoKeys = identityService.getUserInfoKeys("hebo");
for (String userInfoKey : userInfoKeys) {
    String value = identityService.getUserInfo("hebo", userInfoKey);
    log.info("userInfoKey: {}, value: {}", userInfoKey, value);
}
```

以上代码调用了IdentityService的getUserInfoKeys()方法查询用户hebo的所有扩展属性,并遍历输出各扩展属性的名称和值。getUserInfoKeys()方法只有一个参数,即用户编号。

9.5 本章小结

Activiti内置了一套简单的工具,可对用户和用户组提供支持,满足基本业务需求。Activiti中的用户与用户组主要用于界定用户任务的候选人与办理人(这将在13.1节中介绍)。用户组可以理解为一组用户的集合,用户和用户组中的用户都可以作为某个任务的候选人或者办理人。本章主要讲解如何通过IdentityService API对用户和用户组进行添加、删除、查询等操作,以及如何添加用户到用户组、如何将用户移出用户组,并结合示例代码,介绍了其应用技巧和注意事项。

第 10 章

Activiti流程部署

设计好流程模型之后,在正式使用前还需要执行流程部署操作,以便根据部署后生成的流程定义发起流程实例和运行流程。Activiti流程部署工作主要分为3项:保存流程资源、生成流程模型对应的缩略图、生成流程定义信息。本章将详细介绍如何执行流程部署,以及查询部署后的流程定义等相关操作。

10.1 流程资源

流程资源,指流程在启动或运行过程中需要用到的资源,可以是各种类型的文件,其中最常用的流程资源包括以下几种。

- ❑ 流程定义文件:扩展名为.bpmn20.xml或.bpmn。
- ❑ 流程定义图片:用遵循BPMN 2.0规范的各种图形描绘的图片,通常为.png格式。
- ❑ 表单文件:用于存储流程挂载的表单内容的文件,扩展名为.form。一个流程可以挂载多个表单。
- ❑ 规则文件:使用Drools语法定义的规则,扩展名为.dr1。

这些文件要想在流程启动或运行过程中被正确使用,不仅要通过流程部署操作进行保存和转化,还要能够根据指定的条件被正确查询到。

10.2 流程部署

第8章介绍过RepositoryService接口主要负责流程部署及流程定义管理。该接口提供了一个createDeployment()方法用于创建流程部署对象DeploymentBuilder,并通过DeploymentBuilder对象实现流程部署。

10.2.1 DeploymentBuilder对象

DeploymentBuilder是流程部署对象Deployment的构造器,通过DeploymentBuilder可以设置流程部署的名称、部署分类和部署的key等基本属性,以及添加流程部署资源文件。将一个符合BPMN 2.0规范的XML资源文件转换为Acitiviti对应的流程定义对象是流程部署的一个必要环节。DeploymentBuilder中定义了6种添加资源的方式,包括添加输入流资源、添加classpath下的文件资源、添加字符串资源、添加字节数组资源、添加压缩包资源和添加BpmnModel模型资源。

DeploymentBuilder接口代码如下:

```java
public interface DeploymentBuilder {
    //添加输入流资源
    DeploymentBuilder addInputStream(String resourceName, InputStream inputStream);
    //添加classpath下的文件资源
    DeploymentBuilder addClasspathResource(String resource);
    //添加字符串资源
    DeploymentBuilder addString(String resourceName, String text);
    //添加字节数组资源
    DeploymentBuilder addBytes(String resourceName, byte[] bytes);
    //添加ZIP压缩包资源
    DeploymentBuilder addZipInputStream(ZipInputStream zipInputStream);
    //添加BpmnModel模型资源
    DeploymentBuilder addBpmnModel(String resourceName, BpmnModel bpmnModel);

    //设置部署名称
    DeploymentBuilder name(String name);
    //设置部署分类
    DeploymentBuilder category(String category);
    //设置部署key
```

```
    DeploymentBuilder key(String key);
    //设置租户ID
    DeploymentBuilder tenantId(String tenantId);
    //设置部署属性
    DeploymentBuilder deploymentProperty(String propertyKey, Object propertyValue);

    //执行部署
    Deployment deploy();
}
```

DeploymentBuilder接口中提供了deploy()方法。设置好流程部署的基本属性和添加流程资源后，可以直接调用deploy()方法执行流程部署。

10.2.2 执行流程部署

本小节将分别采用DeploymentBuilder提供的6种资源添加方式实现流程资源部署。

1. 添加输入流资源

Activiti底层的DeploymentEntityImpl类使用Map来维护流程资源，每调用一次DeploymentBuilder的addInputStream()方法，就会向资源Map中添加一个元素。如果要同时部署多个流程资源，如同时部署流程模型、表单模型等，可以通过多次调用addInputStream()方法实现。

下面通过一个示例，示范如何调用addInputStream()方法实现流程资源部署，示例代码如下：

```java
/**
 * 通过加载输入流的方式进行部署
 */
@Test
public void deployByInputStream() throws IOException {
    //从文件系统读取资源文件，创建输入流
    try (FileInputStream inputStream = new FileInputStream(
        new File("/Users/bpm/processes/HolidayRequest.bpmn20.xml"))) {
        //创建DeploymentBuilder
        DeploymentBuilder builder = repositoryService.createDeployment();
        //将输入流传递给DeploymentBuilder，同时指定资源名称
        builder.addInputStream("HolidayRequest.bpmn20.xml", inputStream);
        //执行部署
        builder.deploy();
    }
}
```

以上代码段先从文件系统中加载资源文件（绝对路径为/Users/bpm/processes/HolidayRequest.bpmn20.xml）并创建输入流资源inputStream，然后调用repositoryService接口的createDeployment()方法创建一个DeploymentBuilder对象，调用该DeploymentBuilder对象的addInputStream()方法将输入流资源inputStream保存到资源Map中，同时指定该输入流资源的key为HolidayRequest.bpmn20.xml（代码中加粗的部分），最后调用DeploymentBuilder的deploy()方法执行流程部署。

2. 添加Classpath下的文件资源

调用DeploymentBuilder的addClasspathResource()方法可以直接加载类路径下的资源文件。addClasspathResource()方法底层实现通过ClassLoader加载类路径下的文件，并将其转换为InputStream，再调用addInputStream()方法添加资源。因此，addClasspathResource()方法和addInputStream()方法类似，也会向资源Map中添加元素，可以通过多次调用来添加多个资源文件。

下面通过一个示例，示范如何调用addClasspathResource()方法实现资源部署，示例代码如下：

```java
/**
 * 通过加载类路径下的资源文件进行部署
 */
@Test
public void deployByClasspathResource() {
    //创建DeploymentBuilder
    DeploymentBuilder builder = repositoryService.createDeployment();
    //加载classpath下的文件
    builder.addClasspathResource("processes/HolidayRequest.bpmn20.xml");
    //执行部署
```

```
        builder.deploy();
}
```

以上代码先调用repositoryService接口的createDeployment()方法创建DeploymentBuilder对象，然后调用DeploymentBuilder对象的addClasspathResource()方法添加类路径为processes/HolidayRequest.bpmn20.xml的资源文件（代码中加粗的部分），并将流程资源保存到资源Map中，最后调用DeploymentBuilder的deploy()方法执行流程部署。

调用addClasspathResource()方法实现流程部署比较简单，只需传入资源文件路径，无须指定资源名称。Activiti会直接将文件名作为资源名称存储。

3．添加字符串资源

调用DeploymentBuilder的addString()方法可以添加字符串类型的资源。addString()方法也会向资源Map中添加元素，可以通过多次调用来添加多个资源文件。

下面通过一个示例，示范如何使用addString()方法实现资源部署，示例代码如下：

```
/**
 * 通过加载字符串的方式进行部署
 */
@Test
public void deployByString() throws IOException {
    //读取文件并转换为string
    try (FileReader fileReader =
        new FileReader(new File("/Users/bpm/processes/HolidayRequest.bpmn20.xml"));
        BufferedReader bufferedReader = new BufferedReader(fileReader);) {
        StringBuilder stringBuilder = new StringBuilder();
        String line;
        while ((line = bufferedReader.readLine()) != null) {
            stringBuilder.append(line);
        }
        //创建DeploymentBuilder
        DeploymentBuilder builder = repositoryService.createDeployment();
        //将输入流传递给DeploymentBuilder，同时指定资源名称
        builder.addString("HolidayRequest.bpmn20.xml", stringBuilder.toString());
        //执行部署
        builder.deploy();
    }
}
```

以上代码先根据绝对路径/Users/bpm/processes/HolidayRequest.bpmn20.xml从文件系统中加载文件，然后通过BufferReader将文件内容加载到StringBuilder对象中（StringBuilder可以转化为String对象）。加粗部分的代码调用DeploymentBuilder的addString()方法将字符串资源保存到了资源Map中，同时指定该资源的key为HolidayRequest.bpmn20.xml。代码的最后调用DeploymentBuilder的deploy()方法即可执行部署。

4．添加字节数组

调用DeploymentBuilder的addBytes()方法可以添加字节数组类型的流程资源，多次调用addBytes()方法可以添加多个资源文件。addBytes()方法的底层的处理逻辑与addString()方法非常类似。

下面通过一个示例，示范如何调用addBytes()方法实现资源部署，示例代码如下：

```
/**
 * 通过加载二进制数据的方式进行部署
 */
@Test
public void deployByBytes() throws IOException {
    //读取文件并转换为byte[]
    try (FileInputStream inputStream =
        new FileInputStream(new File("/Users/bpm/processes/HolidayRequest.bpmn20.xml"));
        ByteArrayOutputStream bos = new ByteArrayOutputStream();) {
        byte[] temp = new byte[1024];
        int n;
        while ((n = inputStream.read(temp)) != -1) {
            bos.write(temp, 0, n);
        }
        //创建DeploymentBuilder
        DeploymentBuilder builder = repositoryService.createDeployment();
```

```
    //将字节数组传递给DeploymentBuilder，同时指定资源名称
    builder.addBytes("HolidayRequest.bpmn20.xml", bos.toByteArray());
    //执行部署
    builder.deploy();
    }
}
```

以上代码先根据绝对路径/Users/bpm/processes/HolidayRequest.bpmn20.xml从文件系统中加载资源文件，然后将其加载到ByteArrayOutputStream字节数组输出流中。加粗部分代码调用DeploymentBuilder的addBytes()方法将字节数组资源保存到资源Map中，并指定该输入流资源的key为HolidayRequest.bpmn20.xml。代码的最后调用DeploymentBuilder的deploy()方法执行流程部署。

5. 添加压缩包资源

调用DeploymentBuilder的addZipInputStream()方法添加资源，可以实现一次部署多个资源文件，只需将要部署的资源文件置入同一个资源压缩包。

下面通过一个示例，示范如何调用addZipInputStream()方法实现资源部署，示例代码如下：

```
/**
 * 通过加载压缩包的方式进行部署
 */
@Test
public void deployByZipInputStream() throws IOException {
    //读取ZIP文件
    try (FileInputStream inputStream =
            new FileInputStream(new File("/Users/bpm/processes/HolidayRequest.zip"));
        ZipInputStream zipInputStream = new ZipInputStream(inputStream);) {
        //创建DeploymentBuilder
        DeploymentBuilder builder = repositoryService.createDeployment();
        //传递ZIP输入流给DeploymentBuilder
        builder.addZipInputStream(zipInputStream);
        //执行部署
        builder.deploy();
    }
}
```

以上代码先从文件系统中加载资源压缩文件/Users/bpm/processes/HolidayRequest.zip，然后将其保存到zipInputStream对象中。加粗部分的代码调用了DeploymentBuilder的addZipInputStream()方法加载压缩资源流zipInputStream，Activiti底层会读取压缩文件中的资源，并逐个保存到资源Map中。调用addZipInputStream()方法加载压缩资源时无须指定资源名称，Activiti会从zipInputStream中读取压缩包内文件的名称作为资源名称。

6. 添加BpmnModel模型资源

DeploymentBuilder提供的addBpmnModel()方法支持传入动态创建的BpmnModel对象以进行流程部署。addBpmnModel()方法底层实现实际上是先通过BpmnXMLConverter类将BpmnModel对象转换为String对象，再调用addString()方法加载流程资源。

下面通过一个示例，示范如何调用addBpmnModel()方法实现流程部署，示例代码如下：

```
/**
 * 通过加载BpmnModel的方式进行部署
 */
@Test
public void deployByBpmnModel() {
    //创建BpmnModel对象
    BpmnModel model = new BpmnModel();
    //创建流程(Process)
    org.activiti.bpmn.model.Process process = new org.activiti.bpmn.model.Process();
    model.addProcess(process);
    process.setId("HolidayRequest");
    process.setName("请假申请流程");
    //创建开始节点
    StartEvent startEvent = new StartEvent();
    startEvent.setId("startEvent1");
    startEvent.setName("开始");
    process.addFlowElement(startEvent);
```

```
        //创建任务节点
        UserTask userTask1 = new UserTask();
        userTask1.setId("userTask1");
        userTask1.setName("申请");
        process.addFlowElement(userTask1);
        //创建任务节点
        UserTask userTask2 = new UserTask();
        userTask2.setId("userTask2");
        userTask2.setName("审批");
        process.addFlowElement(userTask2);
        //创建结束节点
        EndEvent endEvent = new EndEvent();
        endEvent.setId("endEvent1");
        endEvent.setName("结束");
        process.addFlowElement(endEvent);
        //创建节点的关联关系
        process.addFlowElement(new SequenceFlow("startEvent1", "userTask1"));
        process.addFlowElement(new SequenceFlow("userTask1", "userTask2"));
        process.addFlowElement(new SequenceFlow("userTask2", "endEvent1"));
        //创建DeploymentBuilder
        DeploymentBuilder builder = repositoryService.createDeployment();
        //传递BpmnModel给DeploymentBuilder
        builder.addBpmnModel("HolidayRequest.bpmn20.xml", model);
        //执行部署
        builder.deploy();
}
```

以上代码先通过编码的形式创建了一个BpmnModel对象model,并在该对象中添加了一个Process对象,Process包括1个StartEvent、2个UserTask、1个EndEvent和3条SequenceFlow。加粗部分的代码调用DeploymentBuilder的addBpmnModel()方法将BPMN模型资源model保存到资源Map中,同时指定该模型资源的key为HolidayRequest.bpmn20.xml。代码的最后调用DeploymentBuilder的deploy()方法执行流程部署。

通过编码的方式创建BpmnModel对象比较复杂,将在27.1节详细介绍。需要注意,该示例代码中创建的BpmnModel对象中未指定元素的位置信息,因此无法根据该BPMN资源文件生成流程缩略图。

10.3 部署结果查询

流程部署主要涉及3个表:部署记录表(ACT_RE_DEPLOYMENT,主要用于存储流程部署记录)、流程定义表(ACT_RE_PROCDEF,主要用于存储流程定义信息)、静态资源表(ACT_GE_BYTEARRAY,主要用于存储静态资源文件,如BPMN文件和流程缩略图)。本节将详细介绍从这3张表中查询相应记录的方法。

10.3.1 部署记录查询

部署记录存储在ACT_RE_DEPLOYMENT表中,对应Activiti中的实体类DeploymentEntity。DeploymentEntityManager类主要用于操作ACT_RE_DEPLOYMENT表,如将DeploymentEntity保存到ACT_RE_DEPLOYMENT表中,或者将数据库记录查询结果转换为DeploymentEntity对象。DeploymentQuery类是Activiti提供的部署记录查询接口,可以方便地设置查询条件,而DeploymentEntityManager类可以根据设置好查询条件的DeploymentQuery对象执行查询操作,并返回符合条件的DeploymentEntity对象。

1. DeploymentEntity

DeploymentEntity接口的实现类为DeploymentEntityImpl,该类与ACT_RE_DEPLOYMENT表对应。DeploymentEntityImpl类包含以下属性。

- id:部署ID,继承自父类AbstractEntityNoRevision的id属性,对应ACT_RE_DEPLOYMENT表的ID_字段(主键)。
- name:部署名称,对应ACT_RE_DEPLOYMENT表的NAME_字段。
- category:流程部署分类,对应ACT_RE_DEPLOYMENT表的CATEGORY_字段。
- key:流程部署的key,对应ACT_RE_DEPLOYMENT表的KEY_字段。
- tenantId:租户ID,对应ACT_RE_DEPLOYMENT表的TENANT_ID_字段。
- resources:关联的资源文件。该属性是一个Map,前面介绍的DeploymentBuilder加载流程资源的方法都是将资源文件保存到了该Map中。一个Map中可以保存多个资源文件。流程部署通常包含一个.bpmn文件和一个缩略图文件。

- engineVersion：工作流引擎版本，主要用于解决工作流引擎向后兼容的问题，对应ACT_RE_DEPLOYMENT表ENGINE_VERSION_字段。
- deploymentTime：部署时间，对应ACT_RE_DEPLOYMENT表DEPLOY_TIME_字段。

2. DeploymentEntityManager

DeploymentEntityManager接口继承自EntityManager接口，支持对ACT_RE_DEPLOYMENT表进行通用的增、删、改、查操作。在DeploymentEntityManager接口中还定义了一些特殊的查询，如根据DeploymentQuery对象对流程部署表进行查询。DeploymentEntityManager接口代码如下：

```java
public interface DeploymentEntityManager extends EntityManager<DeploymentEntity> {
    //根据部署名称查找最新的部署记录
    DeploymentEntity findLatestDeploymentByName(String deploymentName);
    //根据部署记录ID查询部署资源名称
    List<String> getDeploymentResourceNames(String deploymentId);
    //原生查询，返回分页记录
    List<Deployment> findDeploymentsByNativeQuery(Map<String, Object> parameterMap,
        int firstResult, int maxResults);
    //原生查询，返回记录数量
    long findDeploymentCountByNativeQuery(Map<String, Object> parameterMap);
    //根据DeploymentQuery查询，返回分页记录
    List<Deployment> findDeploymentsByQueryCriteria(DeploymentQueryImpl deploymentQuery,
        Page page);
    //根据DeploymentQuery查询，返回记录数量
    long findDeploymentCountByQueryCriteria(DeploymentQueryImpl deploymentQuery);
    //级联删除部署记录
    void deleteDeployment(String deploymentId, boolean cascade);
}
```

关于DeploymentEntityManager接口流程查询操作的具体执行过程，感兴趣的读者可以自行查看其实现类DeploymentEntityManagerImpl一探究竟。

3. DeploymentQuery

DeploymentQuery类是Activiti提供的部署记录查询接口。该接口提供了多种查询方法，实现了根据部署ID查询、根据部署名称精确查询、根据部署名称模糊查询等操作，如表10.1所示。

表10.1　Activiti部署记录查询API支持的查询方法

查询方法	说明
deploymentId(String deploymentId)	根据部署ID查询
deploymentName(String name)	根据部署名称查询
deploymentNameLike(String nameLike)	根据部署名称模糊查询
deploymentCategory(String category)	根据部署分类查询
deploymentCategoryLike(String categoryLike)	根据部署分类模糊查询
deploymentCategoryNotEquals(String categoryNotEquals)	查询排除某个分类后的部署记录
deploymentKey(String key)	根据部署key查询
deploymentKeyLike(String keyLike)	根据部署key模糊查询
deploymentTenantId(String tenantId)	根据租户ID查询
deploymentTenantIdLike(String tenantIdLike)	根据租户ID模糊查询
deploymentWithoutTenantId()	查询没有租户ID的部署记录
processDefinitionKey(String key)	根据流程定义key查询
processDefinitionKeyLike(String keyLike)	根据流程定义key模糊查询
latest()	查找最新的部署记录，一般与部署key条件联合查询

除了表10.1中的部署记录查询条件方法，Activiti还提供了多种部署记录排序方法，如表10.2所示。

表10.2 Activiti部署记录查询API支持的排序方法

排序方法	说明
orderByDeploymentId()	按部署ID排序，需要指定升序或降序排列
orderByDeploymentName()	按部署名称排序，需要指定升序或降序排列
orderByDeploymenTime()	按部署时间排序，需要指定升序或降序排列
orderByTenantId()	按租户ID排序，需要指定升序或降序排列

DeploymentQuery接口继承自Query接口，支持Query接口中的所有查询方法，如singleResult()、list()和count()等方法。Query接口代码如下：

```java
public interface Query<T extends Query<?, ?>, U extends Object> {
    //按排序条件升序排列
    T asc();
    //按排序条件降序排列
    T desc();
    //执行查询并返回结果集数量
    long count();
    //执行查询并返回唯一结果，没有找到返回null，结果数量大于1时报错
    U singleResult();
    //执行查询并返回结果集
    List<U> list();
    //执行分页查询并返回结果集
    List<U> listPage(int firstResult, int maxResults);
}
```

从DeploymentQuery接口的实现类DeploymentQueryImpl的源码中可知，当上层调用DeploymentQuery的list()方法时，DeploymentQueryImpl会调用DeploymentEntityManager的相关方法执行查询。DeploymentQueryImpl的代码片段如下：

```java
public class DeploymentQueryImpl extends AbstractQuery<DeploymentQuery, Deployment>
    implements DeploymentQuery, Serializable {

    //查询数量
    public long executeCount(CommandContext commandContext) {
        checkQueryOk();
        return commandContext.getDeploymentEntityManager().
            findDeploymentCountByQueryCriteria(this);
    }

    //查询结果集
    public List<Deployment> executeList(CommandContext commandContext, Page page) {
        checkQueryOk();
        return commandContext.getDeploymentEntityManager().
            findDeploymentsByQueryCriteria(this, page);
    }
}
```

在以上代码中的加粗部分代码分别调用了DeploymentEntityManager的findDeploymentCountByQueryCriteria()方法和findDeploymentsByQueryCriteria()方法，将当前DeploymentQueryImpl对象作为参数传递给DeploymentEntityManager接口，由DeploymentEntityManager执行查询操作并返回查询结果。

Activiti的核心接口RepositoryService中提供了一个createDeploymentQuery()方法，调用该方法可以创建一个DeploymentQuery对象。调用DeploymentQuery中的方法设置查询条件，再调用singleResult()方法或list()方法，即可获取相应的Deployment对象。

下面通过一个示例，示范如何通过DeploymentQuery接口查询流程部署记录，示例代码如下：

```java
/**
 * 根据部署key查找最新的部署记录
 *
 * @param deploymentKey 部署key
 * @return 单条部署记录
 */
public Deployment queryLastDeploymentByKey(String deploymentKey) {
```

```
    return repositoryService.createDeploymentQuery()
            //指定部署key
            .deploymentKey(deploymentKey)
            //查找最新版本
            .latest()
            //返回单个记录
            .singleResult();
}
```

以上代码先调用RepositoryService的createDeploymentQuery()方法创建了一个DeploymentQuery对象,然后调用该对象的deploymentKey()方法将参数deploymentKey设置为查询条件,调用latest()方法设置条件查询最后部署的一条记录,最后调用singleResult()方法根据查询条件进行查询,并返回符合条件的Deployment对象。

下面再看一个查询多条部署记录并指定排序条件的示例,示例代码如下:

```
/**
 * 根据部署key查找部署记录列表
 *
 * @param deploymentKey 部署key
 * @return 部署记录列表
 */
public List<Deployment> queryDeploymentsByKey(String deploymentKey) {
    return repositoryService.createDeploymentQuery()
            //指定流程定义key
            .deploymentKey(deploymentKey)
            //按部署时间排序
            .orderByDeploymenTime()
            //降序
            .desc()
            //返回全部记录
            .list();
}
```

以上代码先调用RepositoryService的createDeploymentQuery()方法创建了一个DeploymentQuery对象,然后调用该对象的deploymentKey()方法将参数deploymentKey设置为查询条件,调用orderByDeploymentTime()方法指定按照流程部署时间进行排序,调用desc()方法设置按降序排列,最后调用list()方法根据查询条件进行查询,并返回符合条件的Deployment列表。

10.3.2 流程定义查询

流程定义存储在ACT_RE_PROCDEF表中,对应Activiti中的实体类ProcessDefinitionEntity。ProcessDefinitionEntityManager类主要用于操作ACT_RE_PROCDEF表,如将ProcessDefinitionEntity保存到ACT_RE_PROCDEF表中,或将数据库记录查询结果转换为ProcessDefinitionEntity对象。ProcessDefinitionQuery类是Activiti提供的流程定义查询接口,可以方便地设置查询条件,而ProcessDefinitionEntityManager类可以根据设置好查询条件的ProcessDefinitionQuery对象执行查询操作,并返回符合条件的ProcessDefinitionEntity对象。

1. ProcessDefinitionEntity

ProcessDefinitionEntity接口的实现类为ProcessDefinitionEntityImpl,该类对应ACT_RE_PROCDEF表。ProcessDefinitionEntityImpl类包含以下属性。

- id:流程定义ID,继承自AbstractEntity类的id属性,对应ACT_RE_PROCDEF表的ID_字段(主键)。
- description:流程描述,对应ACT_RE_PROCDEF表的DESCRIPTION_字段。
- key:流程的key,对应ACT_RE_PROCDEF表的KEY_字段。
- version:流程的版本,对应ACT_RE_PROCDEF表的REV_字段,同一个key可以对应多个版本,不同版本之间流程定义的ID是不同的。
- category:流程分类,对应ACT_RE_PROCDEF表的CATEGORY_字段。
- deploymentId:部署ID,对应ACT_RE_PROCDEF表的DEPLOYMENT_ID_字段,与ACT_RE_DEPLOYMENT表中的ID_字段关联。
- resourceName:资源名称,对应ACT_RE_PROCDEF表的RESOURCE_NAME_字段。

- tenantId：租户ID，对应ACT_RE_PROCDEF表的TENANT_ID_字段。
- historyLevel：历史数据级别，在ACT_RE_PROCDEF表中没有对应字段，主要用于判断流程执行过程中是否需要保存历史数据。
- diagramResourceName：图片资源名称，对应ACT_RE_PROCDEF表的DGRM_RESOURCE_NAME_字段。
- variables：流程定义变量信息，类型为Map，在ACT_RE_PROCDEF表中没有对应字段。
- isGraphicalNotationDefined：是否有图片信息，对应ACT_RE_PROCDEF表的HAS_GRAPHICAL_NOTATION_字段。
- hasStartFormKey：是否存在发起表单，对应ACT_RE_PROCDEF表的HAS_START_FORM_KEY_字段。
- suspensionState：挂起状态，对应ACT_RE_PROCDEF表的SUSPENSION_STATE_字段，已挂起的流程定义不能再发起和流转。
- engineVersion：工作流引擎版本，主要用于解决工作流引擎向后兼容的问题，对应ACT_RE_PROCDEF表的ENGINE_VERSION_字段。

2. ProcessDefinitionEntityManager

ProcessDefinitionEntityManager接口继承自EntityManager接口，支持对ACT_RE_PROCDEF表进行通用的增、删、改、查操作。在ProcessDefinitionEntityManager接口中还定义了一些特殊的查询，如根据ProcessDefinitionQuery对象对流程定义表进行查询。ProcessDefinitionEntityManager接口的相关代码如下：

```java
public interface ProcessDefinitionEntityManager extends EntityManager
    <ProcessDefinitionEntity> {
    //根据流程定义key查找最新的流程定义
    ProcessDefinitionEntity findLatestProcessDefinitionByKey(String processDefinitionKey);
    //根据流程定义key和租户ID查找最新的流程定义
    ProcessDefinitionEntity findLatestProcessDefinitionByKeyAndTenantId(String
        processDefinitionKey, String tenantId);
    //根据ProcessDefinitionQuery条件查询，返回分页记录
    List<ProcessDefinition>
        findProcessDefinitionsByQueryCriteria(ProcessDefinitionQueryImpl
        processDefinitionQuery, Page page);
    //根据ProcessDefinitionQuery条件查询，返回记录数量
    long findProcessDefinitionCountByQueryCriteria(ProcessDefinitionQueryImpl
        processDefinitionQuery);
    //根据部署ID和流程定义key查找
    ProcessDefinitionEntity findProcessDefinitionByDeploymentAndKey(String
        deploymentId, String processDefinitionKey);
    //根据部署ID、流程定义key和租户ID查找
    ProcessDefinitionEntity
        findProcessDefinitionByDeploymentAndKeyAndTenantId(String deploymentId, String
        processDefinitionKey, String tenantId);
    //根据流程定义key、流程定义版本和租户ID查找
    ProcessDefinition findProcessDefinitionByKeyAndVersionAndTenantId(String
        processDefinitionKey, Integer processDefinitionVersion, String tenantId);
    //原生查询，返回分页记录
    List<ProcessDefinition> findProcessDefinitionsByNativeQuery(Map<String, Object>
        parameterMap, int firstResult, int maxResults);
    //原生查询，返回记录数量
    long findProcessDefinitionCountByNativeQuery(Map<String, Object> parameterMap);
    //根据部署ID更新相应流程定义的租户ID
    void updateProcessDefinitionTenantIdForDeployment(String deploymentId, String newTenantId);
    //根据部署ID删除流程定义
    void deleteProcessDefinitionsByDeploymentId(String deploymentId);
}
```

关于ProcessDefinitionEntityManager接口查询操作的具体执行过程，感兴趣的读者可以自行查看其实现类ProcessDefinitionEntityManagerImpl一探究竟。

3. ProcessDefinitionQuery

ProcessDefinitionQuery类是Activiti提供的流程定义查询接口。该接口提供了多种查询方法，实现了根据流程定义ID查询、根据流程定义key查询、根据流程名称查询等操作，如表10.3所示。

表10.3 Activiti流程定义查询API支持的查询方法

查询方法	说明
processDefinitionId(String processDefinitionId)	通过指定的流程定义ID查询
processDefinitionIds(Set\<String\> processDefinitionIds)	根据一组流程定义ID批量查询
processDefinitionCategory(String processDefinitionCategory)	根据流程分类查询
processDefinitionCategoryLike(String processDefinitionCategoryLike)	根据流程分类模糊查询
processDefinitionCategoryNotEquals(String categoryNotEquals)	查询排除某个分类后的流程定义
processDefinitionName(String processDefinitionName)	根据流程定义名称查询
processDefinitionNameLike(String processDefinitionNameLike)	根据流程定义名称模糊查询
deploymentId(String deploymentId)	根据部署ID查询
deploymentIds(Set\<String\> deploymentIds)	根据一组部署ID批量查询
processDefinitionKey(String processDefinitionKey)	根据流程定义key查询
processDefinitionKeyLike(String processDefinitionKeyLike)	根据流程定义key模糊查询
processDefinitionVersion(Integer processDefinitionVersion)	查询指定版本的流程定义，一般与流程定义key条件联合查询
processDefinitionVersionGreaterThan(Integer processDefinitionVersion)	查询版本号大于指定版本的流程定义
processDefinitionVersionGreaterThanOrEquals(Integer processDefinitionVersion)	查询版本号大于等于指定版本的流程定义
processDefinitionVersionLowerThan(Integer processDefinitionVersion)	查询版本号小于指定版本的流程定义
processDefinitionVersionLowerThanOrEquals(Integer processDefinitionVersion)	查询版本号小于等于指定版本的流程定义
latestVersion()	查询最新版本的流程定义
processDefinitionResourceName(String resourceName)	根据资源名称查询
processDefinitionResourceNameLike(String resourceNameLike)	根据资源名称模糊查询
startableByUser(String userId)	根据流程限定的发起人查询
suspended()	查询挂起状态的流程定义
active()	查询激活状态的流程定义
processDefinitionTenantId(String tenantId)	根据租户ID查询
processDefinitionTenantIdLike(String tenantIdLike)	根据租户ID模糊查询
processDefinitionWithoutTenantId()	查询没有租户ID的流程定义
messageEventSubscriptionName(String messageName)	查询具有指定消息名称的启动消息事件的流程定义

除了表10.3中的流程定义查询条件方法外，Activiti还提供了多种流程定义排序方法，如表10.4所示。

表10.4 Activiti流程定义查询API支持的排序方法

排序方法	说明
orderByProcessDefinitionCategory()	按流程分类排序，还需要指定升序或降序排列
orderByProcessDefinitionKey()	按流程定义key排序，还需要指定升序或降序排列
orderByProcessDefinitionId()	按流程定义ID排序，还需要指定升序或降序排列
orderByProcessDefinitionVersion()	按流程版本号排序，还需要指定升序或降序排列
orderByProcessDefinitionName()	按流程定义名称排序，还需要指定升序或降序排列
orderByDeploymentId()	按部署ID排序，还需要指定升序或降序排列
orderByTenantId()	按租户ID排序，还需要指定升序或降序排列

ProcessDefinitionQuery也继承自Query接口,同样支持Query接口中的所有查询方法,如singleResult()、list()和count()等。

从ProcessDefinitionQuery接口的实现类ProcessDefinitionQueryImpl的源码中可知,当上层调用ProcessDefinitionQuery的list()或者count()方法时,ProcessDefinitionQueryImpl会调用ProcessDefinitionEntityManager的相关方法执行查询操作。ProcessDefinitionQueryImpl的代码片段如下:

```java
public class ProcessDefinitionQueryImpl extends
AbstractQuery<ProcessDefinitionQuery, ProcessDefinition> implements ProcessDefinitionQuery {
    //查询结果集数量
    public long executeCount(CommandContext commandContext) {
        checkQueryOk();
        return commandContext.getProcessDefinitionEntityManager().
        findProcessDefinitionCountByQueryCriteria(this);
    }
    //查询结果集
    public List<ProcessDefinition> executeList(CommandContext commandContext, Page page) {
        checkQueryOk();
        return commandContext.getProcessDefinitionEntityManager().
        findProcessDefinitionsByQueryCriteria(this, page);
    }
}
```

以上代码段中的加粗部分分别调用ProcessDefinitionEntityManager的findProcessDefinitionCountByQueryCriteria()方法和findProcessDefinitionsByQueryCriteria()方法,将当前ProcessDefinitionQueryImpl对象作为参数传递给ProcessDefinitionEntityManager接口,由ProcessDefinitionEntityManager执行查询操作,并返回查询结果。

Activiti的核心接口RepositoryService中提供了createProcessDefinitionQuery()方法,可以创建一个ProcessDefinitionQuery对象。调用ProcessDefinitionQuery提供的方法设置查询条件后,调用singleResult()方法或list()方法即可获取相应的ProcessDefinition对象。

下面通过一个示例,示范如何通过ProcessDefinitionQuery接口查询流程定义,示例代码如下:

```java
/**
 * 根据流程key查找最新的流程定义
 *
 * @param processDefinitionKey 流程定义key
 * @return 单条流程定义
 */
public ProcessDefinition queryLastProcessDefinitionByKey(String processDefinitionKey) {
return repositoryService.createProcessDefinitionQuery()
    //指定流程定义key
    .processDefinitionKey(processDefinitionKey)
    //指定激活状态
    .active()
    //查找最新版本
    .latestVersion()
    //返回单个记录
    .singleResult();
}
```

以上代码先调用RepositoryService的createProcessDefinitionQuery()方法创建了一个ProcessDefinitionQuery对象,然后调用该对象的processDefinitionKey()方法将参数processDefinitionKey设置为查询条件,调用active()方法设置查询条件为只查询激活状态的流程定义,调用latestVersion()方法设置查询条件为只查询最新版本,最后调用singleResult()方法根据查询条件进行查询,并返回符合条件的ProcessDefinition对象。

接下来再看一下如何查询多条流程定义并指定排序条件,示例代码如下:

```java
/**
 * 根据租户ID查找流程定义列表
 *
 * @param tenantId 租户ID
 * @return 流程定义列表
```

```
    */
public List<ProcessDefinition> queryProcessDefinitionByTenantId(String tenantId) {
    return repositoryService.createProcessDefinitionQuery()
            //指定租户ID
            .processDefinitionTenantId(tenantId)
            //按流程key排序
            .orderByProcessDefinitionKey()
            //升序
            .asc()
            //返回全部记录
            .list();
}
```

以上代码先调用RepositoryService的createProcessDefinitionQuery()方法创建了一个ProcessDefinitionQuery对象，再调用该对象的processDefinitionTenantId()方法将参数tenantId设置为查询条件，调用orderByProcessDefinitionKey()方法指定按照流程定义key进行排序，调用asc()方法设置了按照升序排列，最后调用list()方法根据查询条件进行查询，并返回符合条件的ProcessDefinition列表。

10.3.3 流程资源查询

流程资源存储在ACT_GE_BYTEARRAY表中，Activiti中的实体类ResourceEntity与该资源表相对应。ResourceEntityManager类主要用于操作ACT_GE_BYTEARRAY表，如将ResourceEntity保存到ACT_GE_BYTEARRAY表中，或者将数据库记录查询结果转换为ResourceEntity对象。流程资源查询的条件比较少，因此Activiti并未提供针对ResourceEntity的Query接口。

1. ResourceEntity

ACT_GE_BYTEARRAY表是一个公共表，用于存储所有静态资源信息，包括流程部署资源文件，如流程的BPMN文件、流程缩略图、表单模型、规则文件等。ResourceEntity接口的实现类为ResourceEntityImpl，该类与ACT_GE_BYTEARRAY表对应。ResourceEntityImpl类包含以下属性。

- id：资源ID，继承自AbstractEntityNoRevision类，对应ACT_GE_BYTEARRAY表的ID_字段（主键）。
- name：资源名称，对应ACT_GE_BYTEARRAY表的NAME_字段。
- bytes：资源内容，以二进制形式保存，对应ACT_GE_BYTEARRAY表的BYTES_字段。
- deploymentId：部署ID，对应ACT_GE_BYTEARRAY表的DEPLOYMENT_ID_字段，与ACT_RE_DEPLOYMENT表中的ID_字段相关联。
- generated：标识对应的资源是否是由系统生成，对应ACT_GE_BYTEARRAY表的GENERATED_字段。

2. ResourceEntityManager

ResourceEntityManager接口继承自EntityManager接口，支持对ACT_GE_BYTEARRAY表进行通用的增、删、改、查操作。在ResourceEntityManager接口中还定义了一些特殊的查询，如根据部署ID对资源表进行查询，相关代码如下：

```
public interface ResourceEntityManager extends EntityManager<ResourceEntity> {
    //根据部署ID查询资源列表
    List<ResourceEntity> findResourcesByDeploymentId(String deploymentId);
    //根据部署ID和资源名称查询资源
    ResourceEntity findResourceByDeploymentIdAndResourceName(
            String deploymentId, String resourceName);
    //根据部署ID删除资源
    void deleteResourcesByDeploymentId(String deploymentId);
}
```

Activiti并未提供类似DeploymentQuery的接口用于查询ResourceEntity，核心接口RepositoryService中也没有相应的方法能创建流程资源对象的查询，那如何查询流程部署资源呢？实际上Activiti在DeploymentEntity中提供了获取流程资源的方法，当调用该方法时，就会调用ResourceEntityManager对流程资源进行查询。其调用过程可以参阅DeploymentEntityImpl的相关代码：

```java
public class DeploymentEntityImpl extends AbstractEntityNoRevision implements
    DeploymentEntity, Serializable {

    public Map<String, ResourceEntity> getResources() {
        if (resources == null && id != null) {
            List<ResourceEntity> resourcesList = Context.getCommandContext().
                getResourceEntityManager().findResourcesByDeploymentId(id);
            resources = new HashMap<String, ResourceEntity>();
            for (ResourceEntity resource : resourcesList) {resources.put(resource.
                getName(), resource);
            }
        }
        return resources;
    }
}
```

以上代码段中的加粗部分调用ResourceEntityManager的findResourcesByDeploymentId()方法查询流程资源，并将查询结果保存在DeploymentEntity对象的资源map中。因此，如果要获取流程资源，可以先查询相应的DeploymentEntity对象，再调用DeploymentEntity对象的getResource()方法。

10.4 流程部署完整示例

本节将通过一个完整的示例，演示如何执行流程部署，以及查询部署结果。

10.4.1 示例代码

示例代码如下：

```java
@Slf4j
public class DeployQueryDemo extends ActivitiEngineUtil {
    @Test
    public void deploy() {
        //加载Activiti配置文件并初始化工作流引擎及服务
        loadActivitiConfigAndInitEngine("activiti.cfg.xml");
        //部署流程
        Deployment deployment = repositoryService.createDeployment()
            //设置部署基本属性
            .key("HolidayRequest")
            .name("请假申请")
            .category("HR")
            .tenantId("HR")
            //添加classpath下的流程定义资源
            .addClasspathResource("processes/HolidayRequest.bpmn20.xml")
            //执行部署
            .deploy();
        log.info("部署记录: deployment_id={}, deployment_name={}",
            deployment.getId(), deployment.getName());
        //查询流程资源
        log.info("部署资源:");
        if (deployment instanceof DeploymentEntity) {
            DeploymentEntity entity = (DeploymentEntity) deployment;
            Map<String, ResourceEntity> resourceEntityMap = entity.getResources();
            for (Map.Entry<String, ResourceEntity> resourceEntity :
                resourceEntityMap.entrySet()) {
                ResourceEntity entityValue = resourceEntity.getValue();
                log.info("    resource_name={},
                    deployment_id={}", entityValue.getName(), entityValue.getDeploymentId());
            }
        }
        //查询流程定义
        ProcessDefinition processDefinition = repositoryService.createProcessDefinitionQuery()
            //指定流程定义key
```

```
                .processDefinitionKey("HolidayRequest")
                //指定激活状态
                .active()
                //查找最新版本
                .latestVersion()
                //返回单个记录
                .singleResult();
        log.info("流程定义:processDefinition_id={},
            processDefinition_key={}",processDefinition.getId(),processDefinition.getKey());
        //关闭工作流引擎
        closeEngine();
    }
}
```

以上代码的执行以下步骤。

（1）调用父类ActivitiEngineUtil的loadActivitiConfigAndInitEngine()方法加载工作流引擎配置文件，并初始化工作流引擎。

（2）调用repositoryService的createDeployment()方法创建DeploymentBuilder对象，并设置部署对象的key、name、category、tenantId属性，再调用addClasspathResource()方法加载类路径资源processes/HolidayRequest.bpmn20.xml，接着调用deploy()方法执行流程部署，并返回流程部署对象deployment。

（3）调用deployment对象的getResources()方法获取部署的流程资源。

（4）先调用repositoryService的createProcessDefinitionQuery()方法创建ProcessDefinitionQuery对象，再调用processDefinitionKey()方法传入参数HolidayRequest，调用active()方法设置查询条件为只查询激活状态的流程定义，调用latestVersion()方法设置查询条件为只查询最新版本，最后调用singleResult()方法，根据查询条件查询并返回符合条件的ProcessDefinition对象。

（5）调用ActivitiEngineUtil的closeEngine()方法关闭工作流引擎。

代码运行结果如下：

```
部署记录：deployment_id=1, deployment_name=请假申请
部署资源：
        resource_name=processes/HolidayRequest.HolidayRequest.png, deployment_id=1
        resource_name=processes/HolidayRequest.bpmn20.xml, deployment_id=1
流程定义:processDefinition_id=HolidayRequest:1:4, processDefinition_key=HolidayRequest
```

示例代码在流程部署时只添加了一个资源processes/HolidayRequest.bpmn20.xml，但流程部署查询结果中却有两个资源，其中processes/HolidayRequest.HolidayRequest.png是Activiti根据BPMN文件信息自动生成的流程缩略图。

需要注意的是，流程定义资源扩展名必须是以.bpmn20.xml或.bpmn，否则，即使部署成功，也不会生成流程定义信息——ACT_RE_PROCDEF表中不会有对应的流程定义记录，调用ProcessDefinitionQuery也查询不到流程定义对象。

10.4.2 相关表的变更

每执行一次流程部署，Activiti都会向部署记录表（ACT_RE_DEPLOYMENT）、流程定义表（ACT_RE_PROCDEF）和静态资源表（ACT_GE_BYTEARRAY）中插入相应的记录。其中，ACT_RE_DEPLOYMENT为主表，ACT_RE_PROCDEF和ACT_GE_BYTEARRAY通过DEPLOYMENT_ID_字段与ACT_RE_DEPLOYMENT的主键ID_字段关联。这3张表之间的关系如图10.1所示。

10.4.1小节的示例代码执行流程部署操作成功后，可以在这3张表中看到对应的数据。其部分字段如表10.5、表10.6和表10.7所示。

ACT_RE_DEPLOYMENT表中有一条记录，记录了部署操作的基本信息，如部署ID、部署时间等；ACT_GE_BYTEARRAY表中有两条记录，记录了流程的.bpmn文件和一个流程缩略图，具体内容存储在BYTES_字段中；ACT_RE_PROCDEF表中有一条记录，记录了流程定义基本信息，如流程定义ID、流程定义key、流程定义版本、挂起状态等。部署成功之后，就可以根据ACT_RE_PROCDEF表的流程定义ID、流程定义key等发起流程实例、运行流程了。

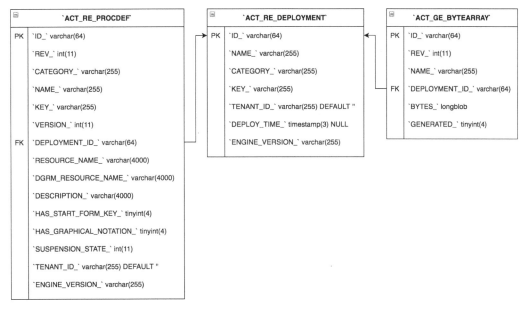

图10.1 Activiti部署相关数据表之间的关系

表10.5 ACT_RE_DEPLOYMENT表数据

ID_	NAME_	CATEGORY_	KEY_	TENANT_ID_
1	请假申请	HR	HolidayRequest	HR

表10.6 ACT_GE_BYTEARRAY表数据

ID_	REV_	NAME_	DEPLOYMENT_ID_	BYTES_	GENERATED_
2	1	processes/HolidayRequest.bpmn20.xml	1	BLOB	0
3	1	processes/HolidayRequest.HolidayRequest.png	1	BLOB	1

表10.7 ACT_RE_PROCDEF表数据

ID_	REV_	NAME_	KEY_	DEPLOYMENT_ID_	RESOURCE_NAME_
HolidayRequest:1:4	1	HolidayRequest	HolidayRequest	1	processes/HolidayRequest.bpmn20.xml

10.5 本章小结

本章前半部分介绍了流程部署、流程定义和资源文件的关系，详细讲解了Activiti中多种加载流程模型的方式，包括从文件系统加载、从输入流加载及手动创建流程模型等。读者在实际应用中可以根据实际情况选择合适的方式进行流程的部署。

本章后半部分详细讲解了通过各种查询条件查询流程部署结果的方法，包括查询部署记录、流程定义及流程资源的方法。这些查询方法在实际应用中使用较多，需要读者熟练掌握。

第11章

开始事件与结束事件

事件是常见的BPMN流程建模元素，表示在流程中"发生"的事情。BPMN 2.0中规定了多种事件定义，这些事件定义被嵌套到不同的事件中，具备不同的功能和特性。同时，BPMN 2.0规定了这些事件允许出现的位置和它们的作用。流程以开始事件开始，以一个或多个结束事件终止。本章将对Activiti支持的BPMN 2.0规范定义的开始事件和结束事件展开介绍。

11.1 事件概述

事件用于表明流程的生命周期中发生了什么事。在BPMN 2.0中，事件用圆圈符号表示。按照特性分类，可以将其分为捕获（catching）事件和抛出（throwing）事件两大类。

- 捕获事件：当流程执行到该事件时，它会中断执行，等待被触发。其触发类型由XML定义文件中的类型声明决定。
- 抛出事件：当流程执行到该事件时，会抛出一个结果。抛出的类型由XML定义文件中的类型声明决定。

捕获事件与抛出事件在图形标记方面是根据内部图标是否被填充来区分的。捕获事件的内部图标填充为白色，而抛出事件的内部图标填充为黑色。

在业务流程中可以出现多种不同类型的事件，BPMN能够支持其中的大多数事件。总的来说，BPMN 2.0支持60多种不同类型的事件。基于事件对流程的影响，主要有三大类型事件：开始事件、中间事件（包括中间事件和边界事件）和结束事件。

11.2 事件定义

事件定义（event definition）：指用于定义事件的语义。BPMN 2.0中规定了多种事件定义，这些事件定义可被嵌入到不同的事件中，从而组成不同类型的事件，如为空开始事件添加定时器事件定义就构成了定时器开始事件。Activiti支持的事件定义主要有以下几种：

- 定时器事件定义（timer event definition）；
- 信号事件定义（signal event definition）；
- 错误事件定义（error event definition）；
- 消息事件定义（message event definition）；
- 取消事件定义（cancel event definition）；
- 补偿事件定义（compensate event definition）；
- 终止事件定义（terminate event definition）。

11.2.1 定时器事件定义

定时器事件指由定时器所触发的事件，可以嵌入开始事件、边界事件和中间事件。

定时器事件由timerEventDefinition元素定义，它必须包含且只能包含timeDate、timeDuration和timeCycle子元素中的一个。

1. timeDate元素

该元素用于设置在指定时间触发定时器事件，配置方式如下：

```
<timerEventDefinition>
    <timeDate>2022-01-01T07:30:00</timeDate>
</timerEventDefinition>
```

timeDate是使用ISO 8601格式指定的开始时间，表示在一个确定的时间触发定时器事件，以上配置表示定时器事件会在2022年1月1日7时30分触发。

需要注意的是，采用ISO 8601时间格式表示时间，日期和时间之间使用字母T分隔。

2．timeDuration元素

该元素用于指定某一时间段后触发定时器事件，配置方式如下：

```
<timerEventDefinition>
    <timeDuration>PT1H</timeDuration>
</timerEventDefinition>
```

timeDuration是使用ISO 8601格式指定的运行间隔，表示在定时器事件触发之前要等待多长时间，以上配置表示定时器事件会在1小时后触发。

ISO 8601时间间隔格式以字母P开始，同样以字母T分隔日期和时间。其中，日期的年、月、日分别用Y、M、D表示，时间的时、分、秒分别用H、M、S表示，如P1Y2M3DT4H5M6S表示间隔1年2个月3天4小时5分6秒后触发定时器事件。需要注意的是，即使运行间隔没有日期只有时间，也不能省略用于分隔的字母T。因此，上述代码中的间隔1小时触发定时器事件写作PT1H。

3．timeCycle元素

该元素用于指定定时器事件的触发周期，配置方式如下：

```
<timerEventDefinition>
    <timeCycle>R2/PT1M/${endDate}</timeCycle>
</timerEventDefinition>
```

timeCycle是指定重复执行的时间间隔，可以用于定期触发定时器事件。timeCycle的设置目前有两种方式：ISO 8601格式和Cron表达式。

使用ISO 8601格式时，字母R表示需要执行的次数，如R2/PT1M表示执行两次，每次间隔1分钟。其中，endDate是可选配置，表示定时器将会在指定的时间停止工作。

Cron表达式由7个子表达式组成，依次表示秒、分、时、日、月、星期、年（可选），以空格隔开。如0 0 12 ? * WED表示每星期三中午12时。Cron表达式中每个子表达式可设置的内容如表11.1所示。

表11.1 Cron表达式各子表达式可设置的内容

字表达式名	允许的值	允许的特殊字符
秒	0～59	, - * /
分	0～59	, - * /
小时	0～23	, - * /
日	1～31	, - * ? / L W C
月	1～12或JAN～DEC	, - * /
星期	1～7或SUN～SAT	, - * ? / L C #
年	1970～2099	, - * /

Cron表达式各子表达式中允许出现的特殊字符含义如下。

- *：表示所有可能的值，比如将"分"配置为"*"，表示每分钟都会触发定时器事件。
- -：表示指定范围。例如，将"分"配置为"5-20"，表示从第5分钟到第20分钟每分钟触发一次定时器事件。
- ,：表示列出枚举值。例如，将"分"配置为"5,20"，表示在第5分钟和第20分钟分别触发一次定时器事件。
- /：表示起始时间开始触发定时器事件，然后每隔固定时间触发一次定时器事件。例如，将"分"配置为"5/20"，表示从第5分钟开始触发定时器事件，然后每隔20分钟触发一次定时器事件。
- ?：只能用在日和星期中，指"没有具体的值"。当日和星期其中之一被指定值后，为了避免冲突，需要将另外一个的值设为"?"。例如，每月10日（不论星期几）触发定时器事件，可以配置0 0 0 10 * ?，其中最后一位只能用"?",而不能用"*"。
- L:只能用在日和星期中,表示从后向前计数。例如,将"日"配置为"6L",表示该月的倒数第6天。
- W:只能用在日中,表示离指定日期最近的有效工作日(星期一~星期五)。例如,将"日"配置为"5W",若5日是星期六,则表示最近的工作日——星期五,即4日;如果5日是星期天,则表示6日(周一);如果5日是星期一到星期五中的一天,则表示5日。
- #:只能用在星期中,用于确定每个月第几个星期的第几天(约定以星期日作为星期的第一天)。例如,将星期配置为4#2,表示某月的第二个星期三。

11.2.2 信号事件定义

信号事件是一种引用了信号的事件,可以向全局作用域下使用同样名称的信号的流程发送广播。信号事件可以嵌入开始事件、边界事件、中间捕获事件和中间抛出事件,从而组成信号开始事件、信号边界事件、信号中间捕获事件和信号中间抛出事件。

信号使用signal元素定义,被声明为流程定义definitions根元素的子元素。其属性包含id、name和scope,其中,id、name属性值不允许为空,scope属性值可以设置为global(默认值,表示事件范围为全局)或processInstance(表示限制事件范围为同一个流程实例)。信号事件使用signalEventDefinition元素定义,通过其signalRef属性引用一个信号(其值为signal的id)。示例代码如下:

```xml
<!-- 定义信号 -->
<signal id="theSignal" name="测试信号" activiti:scope="global"/>

<process id="signalProcess">
    <!-- 定义信号中间抛出事件 -->
    <intermediateThrowEvent id="throwSignalEvent" name="测试信号中间抛出事件">
        <!-- 包含 signalEventDefinition子元素,代表信号中间抛出事件 -->
        <signalEventDefinition signalRef="theSignal" />
    </intermediateThrowEvent>
    <!-- 定义信号中间捕获事件 -->
    <intermediateCatchEvent id="catchSignalEvent" name="测试信号中间捕获事件">
        <!-- 包含 signalEventDefinition子元素,代表信号中间捕获事件 -->
        <signalEventDefinition signalRef="alertSignal" />
    </intermediateCatchEvent>

    <!-- 其他元素省略 -->

</process>
```

在以上流程定义中,加粗部分的代码定义了3个流程元素:信号theSignal、信号中间抛出事件throwSignalEvent和信号中间捕获事件catchSignalEvent。其中,信号作为流程定义definitions根元素的子元素,与process元素平级,配置activiti:scope="global"说明信号事件范围是全局的;信号中间抛出事件下包含了signalEventDefinition子元素,并通过其signalRef属性引入信号,从而构成了信号中间抛出事件;信号中间捕获事件下也包含了signalEventDefinition子元素,并通过其signalRef属性引用信号,从而构成了信号中间捕获事件。

信号可以由信号中间抛出事件抛出,也可以由Activiti的API抛出。Activiti中可以通过运行时服务(org.activiti.engine.RuntimeService)的signalEventReceived()系列方法抛出一个指定的信号,如表11.2所示。

表11.2 runtimeService.signalEventReceived()系列方法

API方法	含义
signalEventReceived(String signalName)	将信号发送给全局所有订阅的处理器(广播)
signalEventReceived(String signalName, Map<String, Object> processVariables)	将信号发送给全局所有订阅的处理器(广播),同时传递流程变量
signalEventReceived(String signalName, String executionId)	将信号发送给指定执行流
signalEventReceived(String signalName, String executionId, Map<String, Object> processVariables)	将信号发送给指定执行流,同时传递流程变量

在表11.2中，参数signalName是抛出信号的name属性值。

默认情况下，信号事件与特定的流程实例无关，而是在工作流引擎全局范围内广播给所有流程实例。同时，信号事件不是一次性的，不会被消费掉。这意味着当一个流程实例抛出一个信号事件时，所有订阅这个信号的流程实例（包括不同流程定义的不同流程实例）都会接收这个信号。如果只需在同一个流程实例中响应，可以配置该信号定义的scope属性值为processInstance。如果只为某一特定的执行实例传递信号，则可以使用表11.2中的runtimeService.signalEventReceived(String signalName, String executionId)方法实现。查询订阅了某一信号事件的所有执行实例可以通过Activiti的运行时服务实现，示例代码如下：

```
List<Execution> executions = runtimeService.createExecutionQuery()
    .signalEventSubscriptionName("测试信号")
    .list();
```

11.2.3 消息事件定义

在BPMN 2.0规范中，消息表示流程参与者的沟通信息对象。消息事件是一种引用了消息的事件。与信号不同的是，消息只能指向一个接收对象，而不能像信号那样全局广播。消息事件可以嵌入开始事件、边界事件和中间捕获事件中构成消息开始事件、消息边界事件和消息中间事件。消息使用message元素定义，被声明为流程定义definitions根元素的子元素，属性包含id和name。消息事件使用messageEventDefinition元素定义，通过其messageRef属性引用一个消息（其值为message的id）。示例代码如下：

```
<!-- 定义消息 -->
<message id="theMessage" name="测试消息" />

<process id="messageProcess">
    <!-- 定义消息中间事件 -->
    <intermediateCatchEvent id="catchMessageEvent" name="测试消息中间事件">
        <!-- 包含 messageEventDefinition子元素，代表消息中间事件 -->
        <messageEventDefinition messageRef="theMessage" />
    </intermediateCatchEvent>

    <!-- 其他元素省略 -->

</process>
```

在以上流程定义中，加粗部分的代码定义了两个流程元素：消息theMessage和消息中间事件catchMessageEvent。其中，消息作为流程定义definitions根元素的子元素，与process元素平级；中间捕获事件下也包含messageEventDefinition子元素，并通过其messageRef属性引用消息，从而构成消息中间事件。

如果消息需要被运行中的流程实例处理，先要根据消息找到对应的执行实例，然后抛出消息。根据消息找到对应的执行实例可以通过Activiti的运行时服务实现，示例代码如下：

```
List<Execution> executions = runtimeService.createExecutionQuery()
    .messageEventSubscriptionName("测试消息")
    .list();
```

匹配对应的执行实例后，可以通过调用Activiti运行时服务的messageEventReceived()系列方法抛出消息。runtimeService.messageEventReceived()系列方法如表11.3所示。

表11.3　runtimeService.messageEventReceived()系列方法

API方法	含义
messageEventReceived(String messageName, String executionId)	将消息发送给指定执行流
messageEventReceived(String messageName, String executionId, Map<String, Object> processVariables)	将消息发送给指定执行流，同时传递流程变量

11.2.4 错误事件定义

BPMN错误与Java异常没有直接关联。BPMN错误事件主要用于表示流程中出现的业务异常。例如，在财务审计流程中，有一个环节是审计财务状况是否正常，如果发现财务状况异常，则触发事先定义好的错误事件，进入特定的处理流程。

BPMN错误使用error元素定义，被声明为流程定义definitions根元素的子元素，属性包含id、name和errorCode，其中id、errorCode属性不允许为空。在处理业务时抛出相应的异常代码，工作流引擎会根据该错误代码匹配对应的错误事件（errorCode跟异常代码相同）。错误事件使用errorEventDefinition元素定义，通过其errorRef属性引用一个BPMN错误（其值为error的id）。

错误事件可以嵌入开始事件、边界事件和结束事件，从而构成错误开始事件、错误边界事件和错误结束事件。

11.2.5 取消事件定义

在BPMN 2.0规范中，取消事件通常搭配事务子流程使用。取消事件可以嵌入边界事件和结束事件，构成取消边界事件和取消结束事件。取消事件使用cancelEventDefinition元素定义。

11.2.6 补偿事件定义

当一个流程操作完成后，其结果可能不符合预期，这时可以使用补偿机制对已经成功完成的流程操作进行补偿处理。补偿事件主要用于触发补偿机制。Activiti目前支持将补偿事件嵌入边界事件和中间抛出事件，构成补偿边界事件和补偿中间抛出事件。补偿事件使用compensateEventDefinition元素定义。

11.2.7 终止事件定义

终止事件搭配结束事件使用，构成终止结束事件，主要用于终止流程或子流程。如果在流程实例中使用它，则整个流程会被终止；如果在子流程中使用它，则该子流程会被终止。终止事件使用terminateEventDefinition元素定义。

11.3 开始事件

开始事件表示流程的开始，定义流程如何启动，如流程在接收事件时启动、在指定时间启动等。

在BPMN 2.0中，开始事件可以划分为以下5种类型：
- 空开始事件（none start event）；
- 定时器开始事件（timer start event）；
- 信号开始事件（signal start event）；
- 消息开始事件（message start event）；
- 错误开始事件（error start event）。

在图形表示上，不同类型的开始事件以内部的白色小图标来区分。在XML表示中，这些类型是通过声明不同的子元素来区分的。所有开始事件都是捕获事件，从概念上讲，这些事件（任何时候）都会一直等待，需要由具体的动作或事件来触发。

11.3.1 空开始事件

空开始事件意味着没有指定启动流程实例的触发条件。它是最常见的一种开始事件，一般需要人工启动，或通过API触发。

1. 图形标记

空开始事件表示为空圆圈，表示未指定触发类型，如图11.1所示。

2. XML内容

空开始事件的XML表示格式，就是普通的开始事件声明，不附带任何子元素（其他种类的开始事件都附带子元素，用于声明其类型），代码如下：

图11.1 空开始事件图形标记

```
<startEvent id="noStartEvent " name="NoStartEvent" />
```

需要注意的是，在子流程中必须有空开始事件，因为子流程需要被父流程调用发起。

3. 使用示例

开始事件无须指定触发条件，可以由API触发。在Activiti中可以通过调用runtimeService中名称以startProcessInstanceBy开头的各种方法发起流程实例，如表11.4所示。

表11.4 runtimeService的"startProcessInstanceBy..."系列方法

API方法	含义
startProcessInstanceById(String processDefinitionId)	通过流程实例定义编号发起流程实例
startProcessInstanceById (String?processDefinitionId, Map<String,Object> variables)	通过流程实例定义编号发起流程实例，并初始化流程变量
startProcessInstanceById (String processDefinitionId, String businessKey)	通过流程实例定义编号和指定的业务主键发起流程实例
startProcessInstanceById (String processDefinitionId, String businessKey, Map<String,Object> variables)	通过流程实例定义编号和指定的业务主键发起流程实例，并初始化流程变量
startProcessInstanceByKey(String processDefinitionKey)	通过流程实例定义key发起流程实例
startProcessInstanceByKey (String processDefinitionKey, Map<String,Object> variables)	通过流程实例定义key发起流程实例，并初始化流程变量
startProcessInstanceByKey (String processDefinitionKey, String businessKey)	通过流程实例定义key和指定的业务主键发起流程实例
startProcessInstanceByKey (String?processDefinitionKe , String businessKey, Map<String,Object> variables)	通过流程实例定义key和指定的业务主键发起流程实例，并初始化流程变量
startProcessInstanceByKeyAndTenantId (String processDefinitionKey, Map<String,Object> variables, String tenantId)	通过流程实例定义key和指定的租户ID发起流程实例，并初始化流程变量
startProcessInstanceByKeyAndTenantId (String processDefinitionKey, String tenantId)	通过流程实例定义key和指定的租户ID发起流程实例
startProcessInstanceByKeyAndTenantId (String processDefinitionKey, String businessKey, Map<String,Object> variables, String tenantId)	通过流程实例定义key和指定的业务主键、租户ID发起流程实例，并初始化流程变量
startProcessInstanceByKeyAndTenantId (String processDefinitionKey, String businessKey, String tenantId)	通过流程实例定义key和指定的业务主键、租户ID发起流程实例

11.3.2 定时器开始事件

定时器开始事件用于在指定的时间启动一个流程，或者在指定周期内循环启动多次流程，如在2022年1月1日10时整发起年度目标审核流程，或每月1日0时开始启动账务结算处理流程。当满足设定的时间条件时，定时器开始事件被触发，从而启动流程。

需要注意的是，使用定时器开始事件需要开启Activiti的作业执行器（参阅7.4.2小节）。

1．图形标记

定时器开始事件表示为带有定时器图标的圆圈，如图11.2所示。

2．XML内容

定时器开始事件的XML内容是在普通开始事件的定义中嵌入一个定时器事件。定时器开始事件的定义格式如下：

图11.2 定时开始事件图形标记

```
<!-- 定义开始节点 -->
<startEvent id="timerStart" >
    <timerEventDefinition>
        <!-- 流程会根据指定的时间启动一次 -->
        <timeDate>2021-03-14T12:13:14</timeDate>
    </timerEventDefinition>
</startEvent>
```

3．使用示例

下面看一个定时器开始事件的使用示例，如图11.3所示。该流程为数据上报流程，在指定的时间间隔后启动，流转到"数据上报"用户任务节点，在办理完该任务后结束。

流程对应的XML内容如下：

```
<process id="TimerStartEventProcess" name="定时开始事件示例流程" isExecutable="true">
    <!-- 定义定时开始事件 -->
```

```xml
<startEvent id="start">
    <timerEventDefinition>
        <timeDuration>PT1M</timeDuration>
    </timerEventDefinition>
</startEvent>
<userTask id="task1" name="数据上报"></userTask>
<endEvent id="end"></endEvent>
<sequenceFlow id="sequenceFlow1" sourceRef="start" targetRef="task1"></sequenceFlow>
<sequenceFlow id="sequenceFlow2" sourceRef="task1" targetRef="end"></sequenceFlow>
</process>
```

图11.3　定时器开始事件示例流程

在以上流程定义中，加粗部分的代码定义了一个定时器开始事件，为定时器配置了timeDuration子元素，PT1M表示定时器开始事件将在1分钟后触发。

加载该流程模型并执行相应流程控制的示例代码如下：

```java
@Slf4j
public class RunTimerSatrtEventProcessDemo extends ActivitiEngineUtil {

    @Test
    public void runTimerSatrtEventProcessDemo() throws Exception {
        //加载Activiti配置文件并初始化工作流引擎及服务
        loadActivitiConfigAndInitEngine("activiti.job.xml");
        //部署流程
        ProcessDefinition processDefinition =
            deployByClasspathResource("processes/TimerStartEventProcess.bpmn20.xml");

        // 暂停90秒
        Thread.sleep(1000 * 90);

        //查询任务数
        TaskQuery taskQuery = taskService.createTaskQuery()
            .processDefinitionId(processDefinition.getId());
        log.info("流程实例中任务数为：{}", taskQuery.count());
        Task task = taskQuery.singleResult();
        log.info("当前任务名称为：{}", task.getName());
        //完成任务
        taskService.complete(task.getId());

        //关闭工作流引擎
        closeEngine();
    }
}
```

以上代码先初始化工作流引擎并部署流程，暂停90秒后查询用户任务数，最后完成该任务。需要注意的是，在工作流引擎配置文件activiti.job.xml中通过配置工作流引擎的asyncExecutorActivate属性为true开启了作业执行器。代码运行结果如下：

```
09:03:13,867 [main] INFO  com.bpm.example.startevent.demo.RunTimerSatrtEventProcessDemo
 - 流程实例中任务数为：1
09:03:13,867 [main] INFO  com.bpm.example.startevent.demo.RunTimerSatrtEventProcessDemo
 - 当前任务名称为：数据上报
```

从代码运行结果可知，流程中存在名称为"数据上报"的用户任务。这个流程是在60秒时由定时器开始事件启动的。

4．注意事项

定时器开始事件使用时的注意事项如下。

❑ 子流程中不能嵌入定时器开始事件。

- 定时器开始事件是从流程部署开始计时的,到了指定的时间点会自动触发,无须调用runtimeService的"startProcessInstanceBy…"系列方法发起流程实例。如果调用,则会在定时启动之外额外启动一个流程。
- 当嵌入定时器开始事件的流程部署新版本时,上一版本流程中的定时器作业会被移除(从而被当成一个普通的空开始事件处理),这是因为通常并不需要旧版本的流程仍然自动发起新的流程实例。

11.3.3 信号开始事件

信号开始事件在接收到特定的信号后被触发,发起一个流程实例。如果多个流程含有相同信号名称的信号开始事件,那么它们都会被触发。

1. 图形标记

信号开始事件表示为带有信号事件图标(三角形)的圆圈。信号事件图标是未填充的,表示捕获语义,如图11.4所示。

2. XML内容

信号开始事件的XML内容是在普通开始事件定义中嵌入一个信号事件定义。信号开始事件的定义格式如下:

图11.4 信号开始事件图形标记

```xml
<!-- 定义信号 -->
<signal id="theSignal" name="The Signal" />

<process id="signalStartProcess">
    <!-- 定义开始节点 -->
    <startEvent id="signalStart" >
        <!-- 包含 signalEventDefinition子元素,代表信号开始事件 -->
        <signalEventDefinition signalRef="theSignal" />
    </startEvent>

    <!-- 其他元素省略 -->

</process>
```

在以上流程定义中,加粗部分的代码定义了两个流程元素:信号theSignal和信号开始事件signalStart。其中,信号的id属性值为theSignal,开始事件通过signalEventDefinition子元素嵌入信号定义,并通过设置其signalRef属性值为theSignal引用该信号,从而构成信号开始事件。

信号开始事件的触发方式通常有以下3种:
- 由流程中的信号中间抛出事件抛出信号,所有订阅了该信号的信号开始事件所在的流程定义都会被启动;
- 通过Activiti API(runtimeService中名称以signalEventReceived开头的方法)抛出一个信号,所有订阅了该信号的信号开始事件所在的流程定义都会被启动;
- 作为普通开始事件,启动流程。

11.3.4 消息开始事件

消息开始事件在接收到特定的消息后被触发,发起一个流程实例。

1. 图形标记

消息开始事件表示为带有消息事件图标(信封)的圆圈。消息事件图标是未填充的,表示捕获语义,如图11.5所示。

2. XML内容

消息开始事件的XML内容是在普通开始事件定义中嵌入一个消息事件定义。消息开始事件的定义格式如下:

图11.5 消息开始事件图形标记

```xml
<!-- 定义消息 -->
<message id="theMessage" name="newMessageName" />

<process id="messageStartEventProcess">
    <!-- 定义开始节点 -->
```

```
<startEvent id="messageStart" >
    <!-- 包含 messageEventDefinition子元素，代表消息开始事件 -->
    <messageEventDefinition messageRef="theMessage" />
</startEvent>

<!-- 其他元素省略 -->
</process>
```

在以上流程定义中，加粗部分的代码定义了两个流程元素：消息theMessage和消息开始事件messageStart。其中，消息的id属性值为theMessage；开始事件通过messageEventDefinition子元素嵌入消息事件定义，并通过设置其messageRef属性值为theMessage引用该消息，从而构成消息开始事件。

消息开始事件需要由指定的消息触发，Activiti运行时服务提供了startProcessInstanceByMessage()系列方法，如表11.5所示。使用这些API方法可以通过消息开始事件发起一个流程实例。

表11.5 runtimeService的startProcessInstanceByMessage()系列方法

API方法	含义
startProcessInstanceByMessage(String messageName)	通过消息名称发起流程实例
startProcessInstanceByMessage (String messageName, String businessKey)	通过消息名称、业务主键发起流程实例
startProcessInstanceByMessage (String messageName, Map<String, Object> processVariables)	通过消息名称、流程变量发起流程实例
startProcessInstanceByMessage (String messageName, String businessKey, Map<String, Object< processVariables)	通过消息名称、业务主键和流程变量发起流程实例

在以上方法中，参数messageName是messageEventDefinition的messageRef属性引用的message元素的name属性。使用这些API需要注意以下事项。

- ❏ 如果流程定义中有多个消息开始事件，那么startProcessInstanceByMessage()系列方法会选择对应的开始事件。
- ❏ 如果流程定义中既有消息开始事件又有一个空开始事件，那么startProcessInstanceByKey()方法和startProcessInstanceById()方法会使用空开始事件发起流程实例。
- ❏ 如果流程定义中有多个消息开始事件，而没有空开始事件，那么startProcessInstanceByKey()方法和startProcessInstanceById()方法会抛出异常。
- ❏ 如果流程定义只有一个消息开始事件，那么startProcessInstanceByKey()方法和startProcessInstanceById()方法会通过这个消息开始事件发起流程实例。
- ❏ 如果被启动的流程是一个调用活动（call activity）并且有多个开始事件，那么该流程定义中除了含有消息开始事件外，还需要含有一个空开始事件；或者该调用活动中只有一个消息开始事件。

3．使用示例

下面看一个消息开始事件的使用示例，如图11.6所示。该流程为数据上报流程，在接收到指定消息后启动，然后流转到"数据上报"用户任务节点，在办理完该任务后结束。

图11.6 消息开始事件示例流程

流程对应的XML内容如下：

```
<!-- 定义消息 -->
<message id="theMessage" name="dataReportingMessage"></message>
```

```xml
<process id="MessageStartEventProcess" name="消息开始事件示例流程" isExecutable="true">
    <!-- 定义消息开始事件 -->
    <startEvent id="messageStart">
        <messageEventDefinition messageRef="theMessage"/>
    </startEvent>
    <userTask id="task1" name="数据上报"></userTask>
    <endEvent id="end"></endEvent>
    <sequenceFlow id="sequenceFlow1" sourceRef="task1" targetRef="end"></sequenceFlow>
    <sequenceFlow id="sequenceFlow2" sourceRef="messageStart" targetRef="task1"></sequenceFlow>
</process>
```

在以上流程定义中，加粗部分的代码定义了两个流程元素：消息theMessage和消息开始事件messageStart，消息开始事件messageStart的消息定义引用了消息theMessage。

加载该流程模型并执行相应流程控制的示例代码如下：

```java
@Slf4j
public class RunMessageStartEventProcessDemo extends ActivitiEngineUtil {

    @Test
    public void runMessageStartEventProcessDemo() {
        //加载Activiti配置文件并初始化工作流引擎及服务
        loadActivitiConfigAndInitEngine("activiti.cfg.xml");
        //部署流程
        ProcessDefinition processDefinition =
            deployByClasspathResource("processes/MessageStartEventProcess.bpmn20.xml");

        //通过API发起流程
        ProcessInstance processInstance =
            runtimeService.startProcessInstanceByMessage("dataReportingMessage");
        log.info("流程实例数量: {}", runtimeService.createProcessInstanceQuery()
            .processDefinitionId(processDefinition.getId()).count());
        //查询任务
        Task task = taskService.createTaskQuery()
            .processInstanceId(processInstance.getId()).singleResult();
        log.info("当前任务名称为: {}", task.getName());
        //完成任务
        taskService.complete(task.getId());

        //关闭工作流引擎
        closeEngine();
    }
}
```

以上代码先初始化工作流引擎并部署流程，然后通过Activiti的API发起流程（加粗部分的代码），最后查询用户任务并办理。代码运行结果如下：

```
09:09:45,768 [main] INFO    com.bpm.example.startevent.demo.RunMessageStartEventProcessDemo
 - 流程实例数量: 1
09:09:45,778 [main] INFO    com.bpm.example.startevent.demo.RunMessageStartEventProcessDemo
 - 当前任务名称为: 数据上报
```

4．注意事项

在部署包含一个或多个消息开始事件的流程定义时，需要注意以下事项。

- 在一个流程定义中，消息开始事件引用的消息的名称必须是唯一的。如果流程定义中有两个及两个以上消息开始事件引用了同一个消息，或两个及两个以上消息开始事件引用了拥有相同消息名称的消息，Activiti部署流程定义时会抛出异常。
- 在所有已部署的流程定义中，消息开始事件引用的消息的名称必须是唯一的。如果在流程定义中，一个或多个消息开始事件引用了已经部署的另一流程定义中消息开始事件的消息名称，则Activiti会在部署该流程定义时抛出异常。
- 在发布新版流程定义时，会取消上一版本的消息订阅，即使在新版本中并没有该消息事件。

只有顶级流程（top-level process）才支持消息开始事件，内嵌子流程不支持消息开始事件。如果流程被调用活动启动，消息开始事件只支持以下两种情况：在消息开始事件以外，还有一个单独的空开始事件；流程只有一个消息开始事件，没有空开始事件。

11.3.5 错误开始事件

错误开始事件可以触发一个事件子流程，且总是在另外一个流程异常结束时触发。

BPMN 2.0规定了错误开始事件只能在事件子流程中被触发，不能在其他流程中被触发，包括顶级流程、嵌套子流程和调用活动。

1. 图形标记

错误开始事件表示为带有错误事件图标（闪电）的圆圈。错误事件图标是未填充的，表示捕获语义，如图11.7所示。

图11.7 错误开始事件图形标记

2. XML内容

错误开始事件的XML内容是在普通开始事件定义中嵌入一个错误事件定义。错误开始事件的定义格式如下：

```xml
<!-- 定义消息 -->
<error id="theError" />

<process id="errorStartEventProcess">
    <!-- 定义开始节点 -->
    <startEvent id="errorStart" >
        <!-- 包含 errorEventDefinition子元素，代表错误开始事件 -->
        <errorEventDefinition errorRef="theError" />
    </startEvent>

    <!-- 其他元素省略 -->

</process>
```

在以上流程定义中，加粗部分的代码定义了两个流程元素：BPMN错误theError和错误开始事件errorStart。其中，BPMN错误的id属性值为theError；开始事件通过errorEventDefinition子元素嵌入错误事件定义，并通过设置其errorRef属性值为theError引用该BPMN错误，从而构成错误开始事件。

提示：错误开始事件不能独立存在，必须存在于事件子流程中。错误开始事件可以用来触发一个事件子流程。错误开始事件不能用来启动流程实例。

3. 使用示例

下面看一个错误开始事件的使用示例，如图11.8所示。该流程为财务审计流程，发起后流转到"财务审计"服务任务节点，执行相关操作时若发现账务问题则抛出异常信息。此时异常信息被事件子流程的错误开始事件捕获，启动"上报财务主管事件子流程"，流程流转到"上报财务主管"服务任务节点执行相关操作。

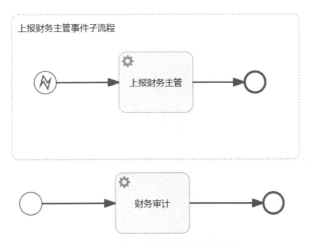

图11.8 错误开始事件示例流程

该流程对应的XML内容如下：

```xml
<!-- 定义id为financialError的错误 -->
<error id="financialError" errorCode="financialErrorCode"></error>

<process id="ErrorStartEventProcess" name="错误开始事件示例流程" isExecutable="true">
    <startEvent id="startEvent1"/>
    <serviceTask id="serviceTask1" name="财务审计"
activiti:class="com.bpm.example.startevent.demo.delegate.FinancialAuditDelegate"/>
    <sequenceFlow id="sequenceFlow1" sourceRef="startEvent1" targetRef="serviceTask1"/>
    <endEvent id="endEvent1"></endEvent>
    <sequenceFlow id="sequenceFlow2" sourceRef="serviceTask1" targetRef="endEvent1"/>
    <!--triggeredByEvent配置必须为true，默认是false-->
    <subProcess id="subProcess1" name="上报财务主管事件子流程" activiti:exclusive="true"
            triggeredByEvent="true">
        <!-- 定义错误开始事件 -->
        <startEvent id="startEvent2" activiti:isInterrupting="true">
            <errorEventDefinition errorRef="financialError"/>
        </startEvent>
        <serviceTask id="serviceTask2" name="上报财务主管"
activiti:class="com.bpm.example.startevent.demo.delegate.ReportFinanceOfficerDelegate"/>
        <endEvent id="endEvent2"></endEvent>
        <sequenceFlow id="sequenceFlow3" sourceRef="startEvent2" targetRef="serviceTask2"/>
        <sequenceFlow id="sequenceFlow4" sourceRef="serviceTask2" targetRef="endEvent2"/>
    </subProcess>
</process>
```

在以上流程定义中，先定义id为financialError的错误（第一处加粗部分代码），再在事件子流程的开始事件startEvent2中通过errorRef属性引用该错误（第二处加粗部分代码），构成错误开始事件。流程定义中使用了服务任务，其使用方法可参阅14.1节。

"财务审计"服务任务的委托类内容如下：

```java
/* 财务审计服务 */
@Slf4j
public class FinancialAuditDelegate implements JavaDelegate {

    @Override
    public void execute(DelegateExecution execution) {
        log.error("财务审计异常，抛出错误！");

        //抛出错误，子流程的错误开始事件会捕获
        throw new BpmnError("financialErrorCode");
    }
}
```

在以上代码中，加粗部分的代码抛出了errorCode为financialErrorCode的BPMN错误。

"上报财务主管"服务任务的委托类内容如下：

```java
/* 财务审计服务 */
@Slf4j
public class ReportFinanceOfficerDelegate implements JavaDelegate {

    @Override
    public void execute(DelegateExecution delegateExecution) {
        log.info("发现财务审计异常，上报财务主管！");
    }
}
```

加载该流程模型并执行相应流程控制的示例代码如下：

```java
@Slf4j
public class RunErrorStartEventProcessDemo extends ActivitiEngineUtil {

    @Test
    public void runErrorStartEventProcessDemo() {
        //加载Activiti配置文件并初始化工作流引擎及服务
        loadActivitiConfigAndInitEngine("activiti.cfg.xml");
        //部署流程
        ProcessDefinition processDefinition =
deployByClasspathResource("processes/ErrorStartEventProcess.bpmn20.xml");
```

```
        //发起流程
        ProcessInstance processInstance =
            runtimeService.startProcessInstanceById(processDefinition.getId());
        log.info("流程实例id: {}", processInstance.getId());

        //关闭工作流引擎
        closeEngine();
    }
}
```

在以上代码中，先初始化工作流引擎并部署流程，然后发起流程实例，自动执行主流程的服务任务抛出错误，子流程的错误开始事件捕获到错误后执行服务任务。代码运行结果如下：

```
09:29:22,942 [main] ERROR com.bpm.example.startevent.demo.delegate.FinancialAuditDelegate
    - 财务审计异常，抛出错误!
09:29:22,942 [main] INFO  com.bpm.example.startevent.demo.delegate.
ReportFinanceOfficerDelegate    - 发现财务审计异常，上报财务主管!
09:29:22,962 [main] INFO  com.bpm.example.startevent.demo.RunErrorStartEventProcessDemo
    - 流程实例id: 5
```

11.4 结束事件

结束事件表示流程或分支的结束。结束事件总是抛出事件，这意味着当流程执行到结束事件时，会抛出一个结果。

在BPMN 2.0中，结束事件可以划分为以下4种类型：
- 空结束事件（none end event）；
- 错误结束事件（error end event）；
- 取消结束事件（cancel end event）；
- 终止结束事件（terminate end event）。

在图形表示上，不同类型的结束事件以内部的黑色小图标区分。在XML表示中，这些类型通过声明不同的子元素区分。

11.4.1 空结束事件

空结束事件是最常见的一种结束事件，也是最简单的一种结束事件。只需将结束事件置于流程或分支的末节点，当一个流程实例流转到该节点时，工作流引擎就会结束该流程实例或分支。结束事件总是抛出事件，但空结束事件不处理抛出结果，可以理解为流程或分支正常结束，无须执行其他的操作。

需要注意的是，当流程实例中有多个流程分支被激活时，只有当最后一个分支触发空结束事件且执行结束后，流程实例才结束。

1. 图形标记

空结束事件表示为空心粗边圆圈，表示无结果类型，如图11.9所示。

2. XML内容

空结束事件的XML内容是普通结束事件声明，不包含任何子元素（其他类型的结束事件都包含子元素，用于声明其类型）。其定义格式如下：

图11.9 空结束事件图形标记

```
<endEvent id = "endEvent1" name="noneEndEvent" ></endEvent>
```

11.4.2 错误结束事件

流程流转到错误结束事件时，会结束当前的流程分支，并抛出错误。该错误可以被事件子流程中引用相同错误码的错误开始事件捕获，从而启动事件子流程，也可以被错误边界事件捕获。

这种情况错误结束事件一般用在内嵌子流程或调用活动中，错误抛出后触发依附在边界上的错误边界事件。如果错误没有被任何错误开始事件或错误边界事件捕获，工作流引擎会抛出异常。

1. 图形标记

错误结束事件表示为带有错误事件图标的粗边圆圈。错误图标填充颜色，表示抛出语义，如图11.10所示。

2. XML内容

错误结束事件的XML内容是在结束事件定义中嵌入一个错误事件定义。错误结束事件的定义格式如下：

图11.10　错误结束事件图形标记

```xml
<!-- 定义消息 -->
<error id="theError" />

<process id="errorEndEventProcess">
    <!-- 定义结束节点 -->
    <endEvent id="errorEnd">
        <!-- 包含errorEventDefinition子元素，代表错误结束事件 -->
        <errorEventDefinition errorRef="theError" />
    </endEvent>

    <!-- 其他元素省略 -->
</process>
```

以上流程定义中，加粗部分的代码分别定义了两个流程元素：BPMN错误theError和错误结束事件errorEnd。其中，BPMN错误的id属性值为theError；结束事件通过errorEventDefinition子元素嵌入一个错误事件定义，并通过设置其errorRef属性值为theError引用该BPMN错误，从而构成错误结束事件。

3. 使用示例

错误结束事件一般与错误边界事件搭配使用，通常在内嵌子流程和调用活动中使用，由错误结束事件抛出BPMN错误、由错误边界事件捕获该错误。如果找不到匹配的错误边界事件，则会抛出异常。

下面看一个错误结束事件的使用示例，如图11.11所示。该流程为电商采购流程。用户发起流程，完成下单操作之后进入付款子流程。如果付款成功，则付款子流程流转到空结束事件从而结束子流程，进入后续的"发货"节点；如果付款失败，则触发错误结束事件，抛出错误并结束子流程，附属在子流程节点上的错误边界事件捕获到错误信息，重新发起付款子流程。

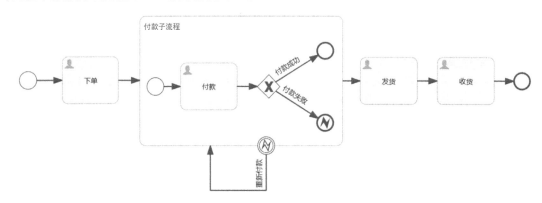

图11.11　错误结束事件示例流程

该流程对应的XML内容如下：

```xml
<!-- 定义id为payError的错误 -->
<error id="payError" errorCode="payErrorCode"/>

<process id="ErrorEndEventProcess" name="错误结束事件示例流程" isExecutable="true">
    <startEvent id="startEvent1"/>
    <userTask id="userTask1" name="下单"></userTask>
    <sequenceFlow id="sequenceFlow1" sourceRef="startEvent1" targetRef="userTask1"/>
    <subProcess id="subProcess1" name="付款子流程">
        <startEvent  id="startEvent2"/>
        <userTask id="userTask2" name="付款"></userTask>
        <exclusiveGateway id="exclusiveGateway1"/>
        <endEvent id="endEvent2"></endEvent>
        <!-- 定义错误结束事件 -->
        <endEvent id="endEvent3">
            <errorEventDefinition errorRef="payError"></errorEventDefinition>
        </endEvent>
```

```xml
        <sequenceFlow id="sequenceFlow2" sourceRef="startEvent2" targetRef="userTask2"/>
        <sequenceFlow id="sequenceFlow3" sourceRef="userTask2" targetRef="exclusiveGateway1"/>
        <sequenceFlow id="sequenceFlow4" name="付款成功"
            sourceRef="exclusiveGateway1" targetRef="endEvent2">
        <conditionExpression xsi:type="tFormalExpression"><![CDATA[${payResult == true}]]>
            </conditionExpression>
        </sequenceFlow>
        <sequenceFlow id="sequenceFlow5" name="付款失败"
            sourceRef="exclusiveGateway1" targetRef="endEvent3">
        <conditionExpression xsi:type="tFormalExpression"><![CDATA[${payResult == false}]]>
            </conditionExpression>
        </sequenceFlow>
    </subProcess>
    <!-- 定义错误边界事件 -->
    <boundaryEvent id="boundaryEvent1" attachedToRef="subProcess1">
        <errorEventDefinition errorRef="payError"></errorEventDefinition>
    </boundaryEvent>
    <sequenceFlow id="sequenceFlow6" sourceRef="userTask1" targetRef="subProcess1"/>
    <userTask id="userTask3" name="发货"></userTask>
    <sequenceFlow id="sequenceFlow7" sourceRef="subProcess1" targetRef="userTask3"/>
    <userTask id="userTask4" name="收货"></userTask>
    <sequenceFlow id="sequenceFlow8" sourceRef="userTask3" targetRef="userTask4"/>
    <endEvent id="endEvent1"></endEvent>
    <sequenceFlow id="sequenceFlow9" sourceRef="userTask4" targetRef="endEvent1"/>
    <sequenceFlow id="sequenceFlow10" name="重新付款"
        sourceRef="boundaryEvent1" targetRef="subProcess1"/>
</process>
```

在以上流程定义中，加粗部分的代码定义了3个流程元素：BPMN错误payError、错误结束事件endEvent3和错误边界事件boundaryEvent1。其中，错误结束事件endEvent3、错误边界事件boundaryEvent1引用同一个BPMN错误payError。在该示例中，判断是否付款成功用到了排他网关：当流程变量payResult的值为true时，则正常结束子流程；如果流程变量payResult的值为false时，则会触发错误结束事件。

加载该流程模型并执行相应流程控制的示例代码如下：

```java
@Slf4j
public class RunErrorEndEventProcessDemo extends ActivitiEngineUtil {

    @Test
    public void runErrorEndEventProcessDemo() {
        //加载Activiti配置文件并初始化工作流引擎及服务
        loadActivitiConfigAndInitEngine("activiti.cfg.xml");
        //部署流程
        ProcessDefinition processDefinition =
            deployByClasspathResource("processes/ErrorEndEventProcess.bpmn20.xml");

        //启动流程
        ProcessInstance processInstance =
            runtimeService.startProcessInstanceById(processDefinition.getId());
        //查询并完成下单服务
        Task orderTask =
            taskService.createTaskQuery().processInstanceId(processInstance.getId()).
        singleResult();
        taskService.complete(orderTask.getId());
        //查询付款任务
        Task payTask =
            taskService.createTaskQuery().processInstanceId(processInstance.getId()).
        singleResult();
        //设置payResult变量值
        Map<String, Object> taskArgs = new HashMap<String, Object>();
        taskArgs.put("payResult", false);
        //完成付款任务
        taskService.complete(payTask.getId(), taskArgs);

        //查看到达的任务
        Task task =
            taskService.createTaskQuery().processInstanceId(processInstance.getId()).
        singleResult();
        log.info("当前流程到达的用户任务名称为:{}",task.getName());
```

```
        //关闭工作流引擎
        closeEngine();
    }
}
```

以上代码段中的加粗部分用于设置流程变量payResult的值,此处设置为false。运行这段代码,将会触发错误结束事件,此时依附在子流程中的错误边界事件将会捕获抛出的错误,再次进入付款子流程,最终输出结果:付款。如果将payResult的值设为true,付款子流程将正常结束,流程会继续流转,最终输出结果:发货。

11.4.3 取消结束事件

取消结束事件只能在事务子流程中使用,用于取消一个事务子流程的执行。在实际应用中,它通常会与取消事件、事务子流程和补偿事件搭配使用。当事务子流程流转到取消结束事件时,会抛出取消事件,它会被依附在事务子流程上的取消边界事件捕获。取消边界事件会取消事务,并触发补偿机制。

需要注意的是,在BPMN 2.0中,对于已经完成的活动,可以触发补偿机制;对于一些正在进行的活动,则不能触发补偿机制,只能触发取消机制。取消事件一定要包含补偿事件,否则无法运行,会抛出org.activiti.engine.ActivitiException: No execution found for sub process of boundary cancel event ***的异常。

1. 图形标记

取消结束事件表示为带有取消事件图标的粗边圆圈。取消图标填充颜色,
表示抛出语义,如图11.12所示。

2. XML内容

取消结束事件的XML内容是在普通结束事件定义中嵌入取消事件定义。取消结束事件的定义格式如下:

图11.12 取消结束事件
图形标记

```xml
<process id="cancelEndEventProcess">
    <!-- 定义结束节点 -->
    <endEvent id="cancelEndEvent">
        <!-- 包含cancelEventDefinition子元素,代表取消结束事件 -->
        <cancelEventDefinition/>
    </endEvent>

    <!-- 其他元素省略 -->

</process>
```

3. 使用示例

下面看一个取消结束事件的使用示例,如图11.13所示。该流程为系统上线流程,启动后进入系统上线事务子流程,首先流转到"人工上线"用户任务节点,任务处理完成后流转到取消结束事件,抛出取消事件,触发"自动回滚"补偿机制,触发取消边界事件并结束子流程,进而流转到"问题排查"用户任务节点。该示例流程涉及取消边界事件、用户任务节点、服务任务节点和事务子流程,这些都是BPMN定义的流程元素,在后续章节中会展开介绍。

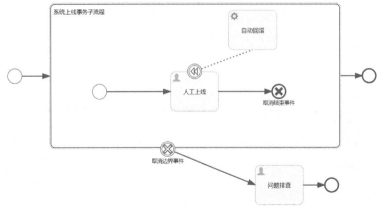

图11.13 取消结束事件示例流程

该流程对应的XML内容如下:

```xml
<process id="CancelEndEventProcess" name="取消事件流程" isExecutable="true">
    <startEvent id="startEventOfMainProcess"/>
    <!-- 定义事务子流程 -->
    <transaction id="transaction1" name="系统上线事务子流程">
        <startEvent id="startEventOfSubProcess"/>
        <userTask id="firstUserTaskOfSubProcess" name="人工上线"></userTask>
        <!-- 定义补偿边界事件 -->
        <boundaryEvent id="boundaryEvent1" attachedToRef="firstUserTaskOfSubProcess"
            cancelActivity="true">
            <compensateEventDefinition waitForCompletion="true"/>
        </boundaryEvent>
        <!-- 定义取消结束事件 -->
        <endEvent id="cancelEndEventOfSubProcess" name="取消结束事件">
            <cancelEventDefinition/>
        </endEvent>
        <serviceTask id="firstServiceTaskOfSubProcess" name="自动回滚"
            activiti:class="com.bpm.example.endevent.demo.delegate.
            CompensationForCancelEndEventDelegate" isForCompensation="true"/>
        <sequenceFlow id="sequenceFlow1" sourceRef="firstUserTaskOfSubProcess"
            targetRef="cancelEndEventOfSubProcess"/>
        <sequenceFlow id="sequenceFlow2" sourceRef="startEventOfSubProcess"
            targetRef="firstUserTaskOfSubProcess"/>
    </transaction>
    <!-- 定义取消边界事件 -->
    <boundaryEvent id="boundaryEvent2" name="取消边界事件"
        attachedToRef="transaction1" cancelActivity="true">
        <cancelEventDefinition/>
    </boundaryEvent>
    <sequenceFlow id="sequenceFlow3" sourceRef="boundaryEvent2"
        targetRef="firstUserTaskOfMainProcess"/>
    <userTask id="firstUserTaskOfMainProcess" name="问题排查"></userTask>
    <endEvent id="secondEndEventOfMainProcess"></endEvent>
    <sequenceFlow id="sequenceFlow4" sourceRef="firstUserTaskOfMainProcess"
        targetRef="secondEndEventOfMainProcess"/>
    <sequenceFlow id="sequenceFlow5" sourceRef="startEventOfMainProcess"
        targetRef="transaction1"/>
    <endEvent id="firstEndEventOfMainProcess"></endEvent>
    <sequenceFlow id="sequenceFlow6" sourceRef="transaction1"
        targetRef="firstEndEventOfMainProcess"/>
    <!-- 连接补偿边界事件与服务任务 -->
    <association id="association1" sourceRef="boundaryEvent1"
        targetRef="firstServiceTaskOfSubProcess" associationDirection="None"/>
</process>
```

以上流程定义中的加粗部分代码定义了4个流程元素：事务子流程transaction1、补偿边界事件boundaryEvent1、取消结束事件cancelEndEventOfSubProcess和取消边界事件boundaryEvent2。其中，取消结束事件cancelEndEventOfSubProcess和补偿边界事件boundaryEvent1是事务子流程transaction1的子元素，取消边界事件boundaryEvent2依附于事务子流程transaction1。

"自动回滚"服务节点是一个服务任务节点，用于执行补偿操作。其委托类代码如下：

```java
@Slf4j
public class CompensationForCancelEndEventDelegate implements JavaDelegate {

    @Override
    public void execute(DelegateExecution execution) {
        log.info("执行补偿操作！");
    }
}
```

加载该流程模型并执行相应流程控制的示例代码如下：

```java
@Slf4j
public class RunCancelEndEventProcessDemo extends ActivitiEngineUtil {

    @Test
    public void runCancelEndEventProcessDemo() {
```

```java
//加载Activiti配置文件并初始化工作流引擎及服务
loadActivitiConfigAndInitEngine("activiti.cfg.xml");
//部署流程
ProcessDefinition processDefinition =
    deployByClasspathResource("processes/CancelEndEventProcess.bpmn20.xml");
//获取流程定义对应的BpmnModel
BpmnModel bpmnModel = repositoryService.getBpmnModel(processDefinition.getId());

//发起流程
ProcessInstance mainProcessInstance =
    runtimeService.startProcessInstanceById(processDefinition.getId());
//查询子流程第一个任务
Task firstTaskOfSubProcess =
    taskService.createTaskQuery().processInstanceId(mainProcessInstance.getId()).
    singleResult();
log.info("发起流程后, 当前流程所在用户任务为: {}", firstTaskOfSubProcess.getName());
//查询当前用户任务所在的父容器
FlowElementsContainer firstTaskOfSubProcessContainer =
    bpmnModel.getFlowElement(firstTaskOfSubProcess.getTaskDefinitionKey()).
    getParentContainer();
log.info("用户任务{}处于{}中", firstTaskOfSubProcess.getName(),
    firstTaskOfSubProcessContainer instanceof SubProcess ? "子流程" : "主流程");
//完成子流程第一个任务
taskService.complete(firstTaskOfSubProcess.getId());
//查询主流程第一个任务
Task firstTaskOfMainProcess = taskService.createTaskQuery().singleResult();
log.info("完成第一个用户任务后, 当前流程所在用户任务为: {}",
    firstTaskOfMainProcess.getName());
//查询当前用户任务所在的父容器
FlowElementsContainer firstTaskOfMainProcessContainer =
    bpmnModel.getFlowElement(firstTaskOfMainProcess.getTaskDefinitionKey()).
    getParentContainer();
log.info("用户任务{}处于{}中", firstTaskOfMainProcess.getName(),
    firstTaskOfMainProcessContainer instanceof SubProcess ? "子流程" : "主流程");
//完成子流程第一个任务
taskService.complete(firstTaskOfMainProcess.getId());

//关闭工作流引擎
closeEngine();
}
}
```

以上代码先初始化工作流引擎并部署流程,在流程启动后进入事务子流程,查询并办理"人工上线"用户任务。流程流转到取消结束事件后触发取消边界事件及结束子流程,最后流转到"问题排查"用户任务节点,完成该任务。代码执行结果如下:

```
10:15:33,498 [main] INFO  com.bpm.example.endevent.demo.RunCancelEndEventProcessDemo -
发起流程后, 当前流程所在用户任务为: 人工上线
10:15:33,498 [main] INFO  com.bpm.example.endevent.demo.RunCancelEndEventProcessDemo -
用户任务人工上线处于子流程中
10:15:33,518 [main] INFO  com.bpm.example.endevent.demo.delegate.CompensationForCancelE
ndEventDelegate  - 执行补偿操作!
10:15:33,538 [main] INFO  com.bpm.example.endevent.demo.RunCancelEndEventProcessDemo -
完成第一个用户任务后, 当前流程所在用户任务为: 问题排查
10:15:33,538 [main] INFO  com.bpm.example.endevent.demo.RunCancelEndEventProcessDemo -
用户任务问题排查处于主流程中
```

11.4.4 终止结束事件

当流程流转到终止结束事件时,当前流程实例或子流程将会被终止。如果流程实例有多个流程分支被激活,只要有一个分支流转到终止结束事件,所有其他流程分支也会立即被终止。终止结束事件对嵌入式子流程、调用活动、事件子流程或事务子流程均有效。

1. 图形标记

终止结束事件表示为带有终止事件图标的粗边圆圈。终止事件图标填充颜色,表示抛出语义,如图11.14所示。

图11.14 终止结束事件图形标记

2．XML内容

终止结束事件的XML内容是在普通结束事件定义中嵌入一个终止事件定义。终止结束事件的定义格式如下：

```
<endEvent id="myEndEvent >
    <terminateEventDefinition activiti:terminateAll="true"></terminateEventDefinition>
</endEvent>
```

需要注意的是，terminateAll属性是可选项，默认为false。当存在多实例的调用活动或嵌入式子流程时，如果terminateAll属性为默认值false，则仅终止当前实例，而其他实例与子流程不会受影响。如果terminateAll属性设置为true，不论该终止结束事件在流程定义中的什么位置，也不论它是否在子流程（甚至是嵌套子流程）中，都会终止（根）流程实例。

11.5　本章小结

本章主要介绍了Activiti支持的开始事件和结束事件，并详细讲解了各种事件的基本信息、应用场景和使用过程中的注意事项，通过使用示例详细介绍了其用法。开始事件表示一个流程的开始，是捕获事件；结束事件表示一个流程的结束，是抛出事件。不同类型的开始事件和结束事件各有特点，适用于不同的应用场景，读者需要结合本章介绍及示例代码深入理解，举一反三。

第 12 章

边界事件与中间事件

事件是常见的BPMN流程建模元素，表示在流程中"发生"的事情。BPMN2.0中有多种事件定义，这些事件定义被嵌套到不同的事件中，具备不同的功能和特性。同时，BPMN2.0规定了这些事件允许出现的位置和作用。边界事件（boundary event）是依附在流程活动上的"捕获型"事件，中间事件（intermediate event）是用于处理流程执行过程中抛出、捕获的事件。本章将介绍Activiti遵循的BPMN 2.0规范中定义的边界事件和中间事件。

12.1 边界事件

依附于某个流程活动（如任务、子流程等）的事件称为边界事件。边界事件总是捕获事件，会等待被触发。可根据边界事件被触发后对流程后续执行路线影响的不同行为，将其分为以下两种类型。

❑ 边界中断事件：该事件被触发后，所依附的活动实例被终止，流程将执行该边界事件的外出顺序流。
❑ 边界非中断事件：该事件被触发后，所依附的活动实例可继续执行，同时执行该事件的外出顺序流。

边界事件使用boundaryEvent元素定义，图形标记表示为依附在流程活动边界上的圆环，通过在圆环中嵌入不同的图标来区分不同的边界事件类型。Activiti中支持的边界事件主要有以下6种类型：

❑ 定时器边界事件（timer boundary event）；
❑ 信号边界事件（signal boundary event）；
❑ 消息边界事件（message boundary event）；
❑ 错误边界事件（error boundary event）；
❑ 取消边界事件（cancel boundary event）；
❑ 补偿边界事件（compensate boundary event）。

12.1.1 定时器边界事件

当流程执行到定时器边界事件依附的流程活动（如用户任务、子流程等）时，工作流引擎会创建一个定时器，当定时器触发后，流程会沿定时器边界事件的外出顺序流继续流转。如果该边界事件设置为中断事件，依附的流程活动将被终止。

1．图形标记

定时器边界事件表示为依附在流程活动边界上、带有定时器图标的圆环。如图12.1所示，两个用户任务边界上分别依附着一个定时器边界事件，其中，左侧定时器边界事件的圆环是实线，代表它是边界中断事件；右侧定时器边界事件的圆环是虚线，代表它是边界非中断事件。

图12.1 定时器边界事件图形标记

2．XML内容

定时器边界事件的XML内容是在标准边界事件的定义中嵌入一个定时器事件定义。定时器边界事件的定义格式如下：

```xml
<process id="timerBoundaryEventProcess">
    <!-- 定义用户任务节点 -->
    <userTask id="theUserTask" name="审批"></userTask>

    <!-- 定义边界事件 -->
    <boundaryEvent id="timerBoundaryEvent" name="Timer" attachedToRef="theUserTask"
        cancelActivity="false">
```

```xml
        <!-- 包含 timerEventDefinition子元素,代表定时边界事件 -->
        <timerEventDefinition>
            <timeDuration>PT1M</timeDuration>
        </timerEventDefinition>
    </boundaryEvent>

    <!-- 其他元素省略 -->
</process>
```

在以上流程定义中,加粗部分的代码定义了两个元素:用户任务theUserTask和边界事件timerBoundaryEvent。边界事件通过配置attachedToRef属性值为theUserTask依附在用户任务上。同时,在边界事件中嵌入了定时器事件定义,构成了定时器边界事件。在这个流程定义中,定时器边界事件依附在用户任务上,当然它也可以依附在其他流程活动上,如子流程等。

需要特别指出,定时器边界事件配置了cancelActivity属性,用于说明该事件是否为中断事件。cancelActivity属性值默认为true,表示它是边界中断事件,当该边界事件触发时,它所依附的活动实例被终止,原有的执行流会被中断,流程将沿边界事件的外出顺序流继续流转。如果将其设置为false,表示它是边界非中断事件,当边界事件触发时,则原来的执行流仍然存在,所依附的活动实例继续执行,同时也执行边界事件的外出顺序流。

3. 使用示例

下面看一个定时器边界事件的使用示例,如图12.2所示。该流程为客户投诉处理流程:客户提交投诉信息后,先由一线客服人员处理。如果不超过2小时内一线客服处理完成,流程将流转到"结案"节点;如果超过2小时一线客服仍然未能处理完成,则自动流转给二线客服人员继续处理。这个示例是通过在"一线客服处理"用户任务上附加定时器边界事件来实现这一需求的。

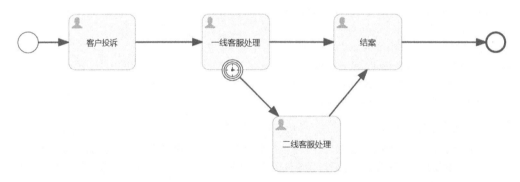

图12.2 定时器边界事件示例流程

该流程对应的XML内容如下:

```xml
<process id="TimerBoundaryEventProcess" name="定时边界事件示例流程" isExecutable="true">
    <startEvent id="startEvent1"/>
    <userTask id="userTask1" name="客户投诉" activiti:assignee="$INITIATOR"></userTask>
    <sequenceFlow id="sequenceFlow1" sourceRef="startEvent1" targetRef="userTask1"/>
    <userTask id="userTask2" name="一线客服处理" activiti:assignee="$INITIATOR"></userTask>
    <sequenceFlow id="sequenceFlow2" sourceRef="userTask1" targetRef="userTask2"/>
    <userTask id="userTask3" name="结案" activiti:assignee="$INITIATOR"></userTask>
    <sequenceFlow id="sequenceFlow3" sourceRef="userTask2" targetRef="userTask3"/>
    <endEvent id="endEvent1"></endEvent>
    <sequenceFlow id="sequenceFlow4" sourceRef="userTask3" targetRef="endEvent1"/>
    <!--定义定时边界事件 -->
    <boundaryEvent id="boundaryEvent1" attachedToRef="userTask2" cancelActivity="true">
        <timerEventDefinition>
            <timeDuration>PT2H</timeDuration>
        </timerEventDefinition>
    </boundaryEvent>
    <userTask id="userTask4" name="二线客服处理" activiti:assignee="$INITIATOR"></userTask>
    <sequenceFlow id="sequenceFlow5" sourceRef="boundaryEvent1" targetRef="userTask4"/>
```

```xml
        <sequenceFlow id="sequenceFlow6" sourceRef="userTask4" targetRef="userTask3"/>
</process>
```

在以上流程定义中，加粗部分的代码定义了定时器边界事件boundaryEvent1，通过设置其attachedToRef属性将其依附在"一线客服处理"用户任务上，cancelActivity属性值设置为true。同时，在其嵌入的定时器事件定义中使用timeDuration元素声明该定时器事件将会在2小时后触发。以上配置意味着如果"一线客服处理"用户任务无法在2小时内处理完成，将会触发该边界事件，当前的活动会被中断，流程流转到"二线客服处理"用户任务。

12.1.2 信号边界事件

信号边界事件会捕获与其信号事件定义引用的信号具有相同信号名称的信号。当流程流转到信号边界事件依附的流程活动（如用户任务、子流程等）时，工作流引擎会创建一个捕获事件，在其依附的流程活动的生命周期内等待一个抛出信号。该信号可以由信号中间抛出事件抛出或由API触发。信号边界事件被触发后流程会沿其外出顺序流继续流转。如果该边界事件设置为中断，则依附的流程活动将被终止。

1. 图形标记

信号边界事件表示为依附在流程活动边界上、带有信号事件图标的圆环。信号事件图标是未填充的，表示捕获语义。如图12.3所示，两个用户任务边界上分别依附着一个信号边界事件，其中左侧的信号边界事件的圆环是实线，代表它是边界中断事件；右侧的信号边界事件的圆环是虚线，代表它是边界非中断事件。

2. XML内容

信号边界事件的XML内容是在标准边界事件的定义中嵌入一个信号事件定义。信号边界事件的定义格式如下：

图12.3 信号边界事件图形标记

```xml
<!-- 定义信号 -->
<signal id="theSignal" name="The Signal" />

<process id="signalBoundaryInterrputingEventProcess">
    <!-- 定义用户任务节点 -->
    <userTask id="usertask1" name="审批"/>

    <!-- 定义边界事件 -->
    <boundaryEvent id="signalBoundaryInterrputingEvent" name="Timer"
        attachedToRef="usertask1" cancelActivity="false">
        <!-- 包含 signalEventDefinition子元素，代表信号边界事件 -->
        <signalEventDefinition signalRef="theSignal"/>
    </boundaryEvent>

    <!-- 其他元素省略 -->

</process>
```

在以上流程定义中，加粗部分的代码定义了3个元素：信号theSignal、用户任务usertask1和边界事件signalBoundaryInterrputingEvent。信号边界事件通过设置其attachedToRef属性将其依附在用户任务上，在它嵌入的信号事件定义中通过signalRef属性引用前面定义的信号。信号边界事件的cancelActivity属性用法与定时器边界事件相同。在这个流程定义中，信号边界事件依附在用户任务上。此外，它也可以依附在其他流程活动上，如子流程等。

信号边界事件在接收到指定的信号时触发。需要注意的是，信号事件是全局的，也就是说当一个流程实例抛出一个信号时，其他不同流程定义下的流程实例也可以捕获该信号（即一处发信号，所有信号的边界事件都能接收，前提是引用了同名的信号）。如果想要限制信号传播的范围，如只希望在同一个流程实例中响应该信号事件，可以通过信号事件定义中的scope属性指定，示例代码如下：

```xml
<signal id="alertSignal" name="alert" activiti:scope="processInstance"/>
```

在以上信号定义中，加粗的activiti:scope的属性表示信号传播的范围，其默认值为global，表示全局；将其设置为processInstance，则表示信号仅在当前流程实例中传播。注意，scope属性不是BPMN 2.0的标准属性，而是由Activiti扩展出来的。

前面介绍过，信号边界事件的触发条件是接收到指定的信号。它有以下两种触发方式。
- 由流程中的信号中间抛出事件抛出的信号触发。
- 由API触发。在Activiti中通过调用运行时服务的signalEventReceived()系列方法可以发出指定的信号，具体用法详见11.2.2小节。

3．使用示例

下面看一个信号边界事件的使用示例，如图12.4所示。该流程为合同签订流程："起草合同"用户任务完成后流程流转到"确认合同"用户任务，在确认合同的过程中，如果用户要修改合同，可以抛出一个信号，从而使流程流转到"修改合同"用户任务。

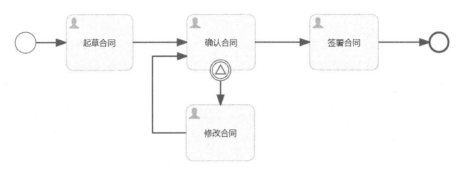

图12.4　信号边界事件示例流程

该流程对应的XML内容如下：

```xml
<!-- 定义id为changeContract的信号 -->
<signal id="changeContract" name="修改合同" />

<process id="SignalBoundaryInterrputingEventProcess" name="信号边界事件示例流程" isExecutable="true">
    <startEvent id="startEvent1"/>
    <userTask id="userTask1" name="起草合同"/>
    <sequenceFlow id="sequenceFlow1" sourceRef="startEvent1" targetRef="userTask1"/>
    <userTask id="userTask2" name="确认合同"/>
    <sequenceFlow id="sequenceFlow2" sourceRef="userTask1" targetRef="userTask2"/>
    <userTask id="userTask3" name="签署合同"/>
    <sequenceFlow id="sequenceFlow3" sourceRef="userTask2" targetRef="userTask3"/>
    <endEvent id="endEvent1"></endEvent>
    <sequenceFlow id="sequenceFlow4" sourceRef="userTask3" targetRef="endEvent1"/>
    <!-- 定义信号边界事件 -->
    <boundaryEvent id="signalBoundaryInterrputingEvent1" attachedToRef="userTask2"
        cancelActivity="true">
        <signalEventDefinition signalRef="changeContract"/>
    </boundaryEvent>
    <userTask id="userTask4" name="修改合同"/>
    <sequenceFlow id="sequenceFlow5" sourceRef="signalBoundaryInterrputingEvent1"
        targetRef="userTask4"/>
    <sequenceFlow id="sequenceFlow6" sourceRef="userTask4" targetRef="userTask2"/>
</process>
```

在以上流程定义中，加粗部分的代码定义了3个元素：信号changeContract、用户任务userTask2和边界事件signalBoundaryInterrputingEvent1。信号边界事件通过设置其attachedToRef属性依附在用户任务userTask2上，在它嵌入的信号事件定义中通过signalRef属性引用前面定义的信号changeContract。

加载该流程模型并执行相应流程控制的示例代码如下：

```java
@Slf4j
public class RunSignalBoundaryInterrputingEventProcessDemo extends ActivitiEngineUtil {

    @Test
    public void runSignalBoundaryInterrputingEventProcessDemo() throws Exception {
        //加载Activiti配置文件并初始化工作流引擎及服务
        loadActivitiConfigAndInitEngine("activiti.cfg.xml");
        //部署流程
        ProcessDefinition processDefinition =
```

```
deployByClasspathResource("processes/SignalBoundaryInterrputingEventProcess.bpmn20.xml");

    //启动两个流程实例
    ProcessInstance processInstance1 =
        runtimeService.startProcessInstanceById(processDefinition.getId());
    log.info("第1个流程实例的编号为：{}", processInstance1.getId());
    ProcessInstance processInstance2 =
        runtimeService.startProcessInstanceById(processDefinition.getId());
    log.info("第2个流程实例的编号为：{}", processInstance2.getId());

    //将实例一进行到确认合同
    Task processInstance1Task =
        taskService.createTaskQuery().processInstanceId(processInstance1.getId()).
            singleResult();
    taskService.complete(processInstance1Task.getId());
    processInstance1Task =
        taskService.createTaskQuery().processInstanceId(processInstance1.getId()).
            singleResult();
    log.info("第1个流程实例当前所在用户任务为：{}", processInstance1Task.getName());

    //将实例二进行到确认合同
    Task processInstance2Task =
        taskService.createTaskQuery().processInstanceId(processInstance2.getId()).
            singleResult();
    taskService.complete(processInstance2Task.getId());
    processInstance2Task =
        taskService.createTaskQuery().processInstanceId(processInstance2.getId()).
            singleResult();
    log.info("第2个流程实例当前所在用户任务为：{}", processInstance2Task.getName());

    //发送合同变更信号
    runtimeService.signalEventReceived("修改合同");
    log.info("发送合同变更信号完成");

    //根据流程定义查询任务
    List<Task> tasks =
        taskService.createTaskQuery().processDefinitionId(processDefinition.getId()).list();
    for(Task task : tasks) {
        log.info("编号为{}的流程实例当前所在用户任务为:{}", task.getProcessInstanceId(),
            task.getName());
    }

    //关闭工作流引擎
    closeEngine();
}
}
```

以上代码初始化工作流引擎并部署流程，启动两个流程实例processInstance1和processInstance2，并分别完成两个流程中第一个任务，同时输出当前任务的名称，通过API发送名称为"修改合同"的信号（加粗部分的代码），查询流程实例当前所在用户任务并输出其相关信息。代码运行结果如下：

```
10:43:06,724 [main] INFO  com.bpm.example.boundaryevent.demo.RunSignalBoundaryInterrput
ingEventProcessDemo  - 第1个流程实例的编号为：5
10:43:06,724 [main] INFO  com.bpm.example.boundaryevent.demo.RunSignalBoundaryInterrput
ingEventProcessDemo  - 第2个流程实例的编号为：10
10:43:06,764 [main] INFO  com.bpm.example.boundaryevent.demo.RunSignalBoundaryInterrput
ingEventProcessDemo  - 第1个流程实例当前所在用户任务为：确认合同
10:43:06,784 [main] INFO  com.bpm.example.boundaryevent.demo.RunSignalBoundaryInterrput
ingEventProcessDemo  - 第2个流程实例当前所在用户任务为：确认合同
10:43:06,824 [main] INFO  com.bpm.example.boundaryevent.demo.RunSignalBoundaryInterrput
ingEventProcessDemo  - 发送合同变更信号完成
10:43:06,834 [main] INFO  com.bpm.example.boundaryevent.demo.RunSignalBoundaryInterrput
ingEventProcessDemo  - 编号为5的流程实例当前所在用户任务为：修改合同
10:43:06,834 [main] INFO  com.bpm.example.boundaryevent.demo.RunSignalBoundaryInterrput
ingEventProcessDemo  - 编号为10的流程实例当前所在用户任务为：修改合同
```

从代码运行结果可知，信号发出后，两个订阅该信号的流程实例中的信号边界事件均被触发，流程沿信号边界事件的外出顺序流流转到"修改合同"用户任务。

12.1.3 消息边界事件

消息边界事件会捕获与其消息事件定义引用的消息具有相同消息名称的消息。当流程流转到消息边界事件依附的流程活动（如用户任务、子流程）时，工作流引擎会创建一个捕获事件，在其依附的流程活动的生命周期内等待一个抛出消息。在Activiti中，消息只能通过调用运行时服务的messageEventReceived()系列方法（参阅11.2.3小节）抛出。消息边界事件被触发后流程会沿其外出顺序流继续流转。如果该边界事件设置为中断，依附的流程活动将被终止。

1. 图形标记

消息边界事件表示为依附在流程活动边界上、带有消息事件图标的圆环。消息事件图标是未填充的，表示捕获语义。如图12.5所示，两个用户任务边界上分别依附着一个消息边界事件。其中，左侧消息边界事件的圆环是实线，表示它是边界中断事件；右侧消息边界事件的圆环是虚线，表示它是边界非中断事件。

图12.5 消息边界事件图形标记

2. XML内容

消息边界事件的XML内容是在标准边界事件的定义中嵌入一个消息事件定义。消息边界事件的定义格式如下：

```
<!-- 定义消息 -->
<message id="theMessage" name="newInvoiceMessage" />

<process id="messageBoundaryInterrputingEventProcess">
    <!-- 定义用户任务节点 -->
    <userTask id="theUsertask" name="审批"/>

    <!-- 定义边界事件 -->
    <boundaryEvent id="messageBoundaryInterrputingEvent" name="Timer"
    attachedToRef="theUsertask" cancelActivity="false">
        <!-- 包含 messageEventDefinition子元素，代表信号边界事件 -->
        <messageEventDefinition messageRef="theMessage" />
    </boundaryEvent>

    <!-- 其他元素省略 -->

</process>
```

在以上流程定义中，加粗部分的代码定义了3个元素：消息theMessage、用户任务theUsertask和边界事件messageBoundaryInterrputingEvent。消息边界事件通过设置其attachedToRef属性依附在用户任务上，在它嵌入的消息事件定义中通过messageRef属性引用前面定义的消息。消息边界事件的cancelActivity属性用法与定时器边界事件相同。在该流程定义中，消息边界事件依附在用户任务点上，当然它也可以依附在其他流程活动上，如子流程等。

12.1.4 错误边界事件

错误边界事件依附在某个流程活动中，用于捕获定义于该活动作用域内的错误。错误边界事件通常用于嵌入子流程或者调用活动，也可以用于其他节点。当错误边界事件依附的流程活动抛出BpmnError错误后，错误事件被捕获，错误边界事件被触发，所依附的流程活动被终止，流程继续沿着错误边界事件的外出顺序流流转。

1. 图形标记

错误边界事件表示为依附在流程活动边界上、带有错误事件图标的圆环。错误事件图标是未填充的，表示捕获语义。图12.6展示了一个错误边界事件依附在一个调用活动上的示例。

2. XML内容

错误边界事件的XML内容是在标准边界事件的定义中嵌入一个错误事件定义。错误边界事件的定义格式如下：

图12.6 错误边界事件图形标记示例

```xml
<!-- 定义BPMN错误 -->
<error id="theError" errorCode="410" />

<process id="messageBoundaryInterrputingEventProcess">
    <!-- 定义用户任务节点 -->
    <userTask id="theUserTask" name="审批"/>

    <!-- 定义边界事件 -->
    <boundaryEvent id="errorBoundaryInterrputingEvent" name="错误边界事件"
    attachedToRef="theUserTask">
        <!-- 包含errorEventDefinition子元素，代表错误边界事件 -->
        <errorEventDefinition errorRef="theError"/>

    <!-- 其他元素省略 -->

</process>
```

在以上流程定义中，加粗部分的代码定义了3个元素：BPMN错误theError、用户任务theUserTask和边界事件errorBoundaryInterrputingEvent。错误边界事件通过设置其attachedToRef属性依附到用户任务上，在它嵌入的错误事件定义中通过errorRef属性引用前面定义的BPMN错误。在这个流程定义中，错误边界事件依附在用户任务上，当然它也可以依附在其他流程活动上，如子流程、调用活动和服务任务等。因为错误边界事件总是中断的，所以无须专门配置cancelActivity属性。

当错误边界事件依附于子流程时，它会为所有子流程内部的节点创建一个作用域。当子流程的错误结束事件抛出错误时，该错误会往上层作用域传递，直到找到一个与错误事件定义匹配的错误边界事件。

3．使用示例

下面看一个错误边界事件的使用示例，如图12.7所示。该流程为材料审核流程："提交材料"用户任务完成后，流程流转到"自动审核"服务任务。在自动审核时，如果发现状态异常，则抛出一个BPMN错误，从而使流程流转到"人工复审"用户任务；如果发现状态正常，则流程正常流转到"结果登记"用户任务，完成任务后流程结束。

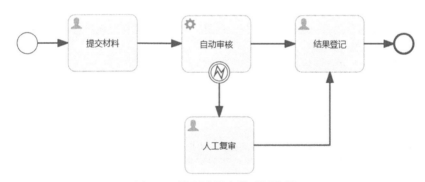

图12.7 错误边界事件示例流程

该流程对应的XML内容如下：

```xml
<!-- 定义BPMN错误 -->
<error id="theError" errorCode="HealthCodeNotGreen" />
<process id="ErrorBoundaryInterrputingEventProcess" name="错误边界事件示例流程"
    isExecutable="true">
    <startEvent id="startEvent1"/>
    <userTask id="userTask1" name="提交材料"/>
    <sequenceFlow id="sequenceFlow1" sourceRef="startEvent1"
        targetRef="userTask1"/>
    <!-- 定义服务任务节点 -->
    <serviceTask id="serviceTask1" name="自动审核"
 activiti:class="com.bpm.example.boundaryevent.demo.delegate.AutomaticReviewService"/>

    <sequenceFlow id="sequenceFlow2" sourceRef="userTask1" targetRef="serviceTask1"/>

    <!-- 定义错误边界事件 -->
```

```xml
<boundaryEvent id="errorBoundaryInterrputingEvent1"
    attachedToRef="serviceTask1">
    <errorEventDefinition errorRef="theError"/>
</boundaryEvent>
<userTask id="userTask2" name="人工复审"/>
<sequenceFlow id="sequenceFlow3" sourceRef="errorBoundaryInterrputingEvent1"
    targetRef="userTask2"/>
<userTask id="userTask3" name="结果登记"/>
<sequenceFlow id="sequenceFlow4" sourceRef="serviceTask1"
    targetRef="userTask3"/>
<endEvent id="endEvent1"/>
<sequenceFlow id="sequenceFlow5" sourceRef="userTask3"
    targetRef="endEvent1"/>
<sequenceFlow id="sequenceFlow6" sourceRef="userTask2"
    targetRef="userTask3"/>
</process>
```

在以上流程定义中，加粗部分的代码定义了3个元素：BPMN错误theError、服务任务serviceTask1和错误边界事件errorBoundaryInterrputingEvent1。错误边界事件通过设置其attachedToRef属性依附在服务任务上，在它嵌入的错误事件定义中通过errorRef属性引用前面定义的BPMN错误。

流程中的"自动审核"节点是一个服务任务节点，其委托类代码如下：

```java
@Slf4j
public class AutomaticReviewService implements JavaDelegate {

    @Override
    public void execute(DelegateExecution execution) {
        String healthCodeStatus = (String) execution.getVariable("healthCodeStatus");
        if (!"green".equals(healthCodeStatus)) {
            String errorCode = "HealthCodeNotGreen";
            log.error("健康码异常，抛出BPMN错误，errorCode为：{}", errorCode);
            throw new BpmnError(errorCode);
        }
    }
}
```

以上代码中，加粗部分代码的逻辑是，对提交的材料进行校验，在发现状态码异常时抛出errorCode为HealthCodeNotGreen的BPMN错误。

加载该流程模型并执行相应流程控制的示例代码如下：

```java
@Slf4j
public class RunErrorBoundaryInterrputingEventProcessDemo extends ActivitiEngineUtil {

    @Test
    public void runErrorBoundaryInterrputingEventProcessDemo() {
        //加载Activiti配置文件并初始化工作流引擎及服务
        loadActivitiConfigAndInitEngine("activiti.cfg.xml");
        //部署流程
        ProcessDefinition processDefinition =
deployByClasspathResource("processes/ErrorBoundaryInterrputingEventProcess.bpmn20.xml");

        //发起流程
        ProcessInstance processInstance =
            runtimeService.startProcessInstanceById(processDefinition.getId());
        //查询提交材料任务
        Task firstTask =
taskService.createTaskQuery().processInstanceId(processInstance.getId()).singleResult();
        log.info("第一个用户任务为：{}", firstTask.getName());
        Map variables = new HashMap<>();
        variables.put("healthCodeStatus", "red");
        //完成第一个任务
        taskService.complete(firstTask.getId(), variables);

        //查询第二个任务
        Task secondTask =
taskService.createTaskQuery().processInstanceId(processInstance.getId()).singleResult();
        log.info("第二个用户任务为：{}", secondTask.getName());
```

```
        //完成第二个任务
        taskService.complete(secondTask.getId());

        //关闭工作流引擎
        closeEngine();
    }
}
```

以上代码首先初始化工作流引擎并部署流程,发起流程实例后获取第一个用户任务并输出用户任务节点名称。然后,设置流程变量healthCodeStatus的值为red并完成第一个用户任务(加粗部分的代码)。最后,查询第二个用户任务,输出其节点名称并完成第二个用户任务。由于流程变量healthCodeStatus的值不为green,所以服务任务的委托类代码执行时会抛出BPMN错误,触发错误边界事件。代码运行结果如下:

```
10:53:04,167 [main] INFO  com.bpm.example.boundaryevent.demo.RunErrorBoundaryInterrputi
ngEventProcessDemo  - 第一个用户任务为:提交材料
10:53:04,187 [main] ERROR com.bpm.example.boundaryevent.demo.delegate.AutomaticReviewSe
rvice  - 健康码异常,抛出BPMN错误,errorCode为:HealthCodeNotGreen
10:53:04,197 [main] INFO  com.bpm.example.boundaryevent.demo.RunErrorBoundaryInterrputi
ngEventProcessDemo  - 第二个用户任务为:人工复审
```

从代码运行结果可知,错误边界事件触发后,流程沿着错误边界事件的外出顺序流流转到"人工复审"用户任务。

4. 注意事项

当流程中要对不同的BPMN错误使用不同的错误处理逻辑,可在一个流程活动上定义多个错误边界事件。对于每个错误边界事件,需要使用不同的错误代码来区分错误类型。

错误边界事件通过设置其errorRef属性引用BPMN错误,BPMN错误的errorCode属性用于查询符合查询条件的错误捕获边界事件。具体规则如下:

- 如果错误边界事件的错误事件定义设置了errorRef属性,并引用了一个已定义的BPMN错误,则仅捕获errorCode与之相同的错误;
- 如果错误边界事件的错误事件定义设置了errorRef,但不匹配任何已定义的错误,则errorRef会作为errorCode使用;
- 如果错误边界事件的错误事件定义没有设置errorRef,错误边界事件将会捕获任何BPMN错误,无论错误的errorCode是什么。

12.1.5 取消边界事件

取消边界事件依附在事务子流程的边界上,在事务取消时被触发。当取消边界事件被触发时,先会中断当前作用域中的所有活动的执行,然后开始执行补偿所有在这个事务的作用域内的活动的补偿边界事件。补偿是同步执行的,意味着边界事件会一直等待到补偿事件完成,才会离开事务子流程。当补偿完成后,事务子流程会沿着取消边界事件的外出顺序流继续流转。

1. 图形标记

取消边界事件表示为依附在事务子流程边界上、带有取消事件图标的圆环。取消事件图标是未填充的,表示捕获语义。图12.8展示了一个取消边界事件依附在一个事务子流程上的示例。

图12.8 取消边界事件图形标记

2. XML内容

取消边界事件的XML内容是在标准边界事件的定义中嵌入一个取消事件定义。取消边界事件的定义格式如下:

```
<process id="cancelBoundaryEventProcess">
    <!-- 定义事务子流程 -->
    <transaction id="transactionSubProcess" name="事务子流程">
    <!-- 省略事务子流程元素-->
    </transaction>

    <!-- 定义边界事件 -->
    <boundaryEvent id="cancelBoundaryEvent" name="取消边界事件" attachedToRef=
```

```
            "transactionSubProcess">
        <cancelEventDefinition />
</boundaryEvent>


<!-- 其他元素省略 -->
</process>
```

在以上流程定义中,加粗部分的代码定义了两个元素:事务子流程transactionSubProcess和取消边界事件cancelBoundaryEvent。取消边界事件通过设置其attachedToRef属性将其依附到事务子流程上,它嵌入了一个取消事件定义。因为取消边界事件总是中断的,所以无须专门配置cancelActivity属性。

3. 注意事项

取消边界事件总是与事务子流程搭配使用,具体的使用示例可参见本书第14章中有关事务子流程的部分。取消边界事件使用时需要注意以下几点:

- 每个事务子流程只能有一个取消边界事件;
- 如果事务子流程包含内嵌子流程,那么当取消边界事件被触发时,补偿只会触发已经结束的子流程;
- 如果取消边界事件所依附的事务子流程配置为多实例,那么一旦其中一个流程实例触发取消边界事件,所有的流程实例都会触发取消边界事件。

12.1.6 补偿边界事件

补偿边界事件可以为所依附的流程活动附加补偿处理器(compensation handler),补偿处理器通过单向关联(association)连接补偿边界事件。补偿边界事件会在流程活动完成后根据实际情况触发,当补偿边界事件被触发时,执行它所连接的补偿处理器。

补偿边界事件必须通过直接引用设置唯一的补偿处理器。如果要通过一个活动补偿另一个活动的影响,可以将该活动的isForCompensation属性值设置为true,声明其为补偿处理器。补偿是通过活动附加的补偿边界事件所关联的补偿处理器完成的。需要注意的是,补偿处理器不允许存在流入或流出顺序流,它不在正常流程中执行,只在流程抛出补偿事件时执行。

补偿边界事件与其他边界事件的行为策略不同,其他边界事件(如信号边界事件)在流程流转到其所依附的流程活动时即被激活,在流程活动结束时结束,并且对应的事件订阅也会被取消,而补偿边界事件在依附流程活动结束后才被激活,并创建相应的边界事件订阅,在补偿边界事件触发或对应的流程实例结束时,事件订阅才会删除。

补偿边界事件一般在以下两种情况下被触发:

- 由补偿中间事件触发补偿边界事件,相关内容可参阅12.2.4小节;
- 事务子流程被取消,导致依附在事务子流程活动上的补偿边界事件被触发,相关内容可参阅14.1.4小节。

1. 图形标记

补偿边界事件表示为依附在流程活动边界上、带有补偿事件图标的圆环。补偿事件图标是未填充的,表示捕获语义。图12.9所示为一个补偿边界事件依附在用户任务边界上的示例。

需要注意的是,补偿边界事件需要通过关联(用点状虚线表示)连接补偿处理器,而非通过顺序流连接到补偿处理器。

2. XML内容

补偿边界事件的XML内容是在标准边界事件的定义中嵌入一个补偿事件定义。补偿边界事件的定义格式如下:

图12.9 补偿边界事件示例图形标记

```
<process id="compensateBoundaryEventProcess">
    <!-- 定义用户任务节点 -->
    <userTask id="usertask1" name="审批"/>
    <!-- 定义边界事件 -->
    <boundaryEvent id="compensateBoundaryEvent1" name="补偿边界事件"
        attachedToRef="usertask1">
        <compensateEventDefinition/>
    </boundaryEvent>
```

```xml
<!-- 定义服务任务，作为补偿处理器 -->
<serviceTask id="serviceTask1" name="CompensationHandler"
    isForCompensation="true" activiti:class="**.**.**.****"/>
<!-- 定义关联 -->
<association id="association1" sourceRef="compensateBoundaryEvent1"
    targetRef="serviceTask1" associationDirection="None"/>
<!-- 其他元素省略 -->
</process>
```

在以上流程定义中，加粗部分的代码定义了3个流程元素：补偿边界事件compensateBoundaryEvent1、服务任务serviceTask1和关联association1。服务任务serviceTask1配置isForCompensation属性值为true，表明它将作为一个补偿处理器。关联association1连接了补偿边界事件与补偿处理器，其sourceRef属性值是补偿边界事件，targetRef属性值是补偿处理器。需要注意的是，由于补偿边界事件在用户任务完成后激活，所以不支持cancelActivity属性。

3．注意事项

在Activiti中，当流程流转到依附边界事件的流程活动时，会向ACT_RU_EVENT_SUBSCR表中插入事件订阅数据，当其他边界事件所依附的活动完成后，这些事件订阅数据会被删除，但是补偿边界事件所产生的事件订阅数据不会被删除（直到补偿边界事件触发或流程实例结束）。这是因为即使流程活动完成了，依附的补偿事件仍有可能被触发。

补偿边界事件使用时遵循以下规则。

- 当补偿被触发时，所有已成功完成的活动上附加的补偿边界事件对应的补偿处理器将被调用，如果补偿边界事件所依附的活动尚未产生历史任务，则不会被触发。
- 如果附有补偿边界事件的活动完成若干次，那么当补偿边界事件触发后，这些补偿边界事件的执行次数与活动的完成次数相等。
- 如果补偿边界事件依附在多实例活动上，则会为每个实例创建补偿事件订阅，补偿边界事件被触发的次数与依附活动的循环多实例活动的成功完成次数相等。
- 如果流程实例结束，订阅的补偿事件都会结束。
- 补偿边界事件不支持依附在内嵌子流程中。

12.2 中间事件

在开始事件和结束事件之间发生的事件统称为中间事件。BPMN 2.0规范中的中间事件也包括边界事件，但本节所介绍的中间事件指可以单独作为流程元素的事件，即直接出现在流程连线上的中间事件，这类事件既可以捕获触发器又可以抛出结果。中间事件会影响流程的流转路线，但不会启动或直接终止流程的执行。

中间事件的图形标记表示为圆环，通过在内部嵌入不同的图标来区分中间事件类型。在元素定义上，中间捕获事件使用intermediateCatchEvent元素定义，中间抛出事件使用intermediateThrowEvent元素定义，通过在内部嵌入不同的事件定义来代表不同的事件类型。在Activiti中支持的中间事件主要有以下几种类型：

- 定时器中间捕获事件（timer intermediate catching event）；
- 信号中间捕获事件（signal intermediate catching event）；
- 信号中间抛出事件（signal intermediate throwing event）；
- 消息中间捕获事件（message intermediate catching event）；
- 补偿中间抛出事件（compensate intermediate throwing event）；
- 空中间抛出事件（none intermediate throwing event）。

12.2.1 定时器中间捕获事件

定时器中间捕获事件指在流程中将一个定时器作为独立的节点来运行，是一个捕获事件。当流程流转到定时器中间捕获事件时，会启动一个定时器，并一直等待触发，只有到达指定时间定时器才被触发，然后流程沿着定时器中间事件的外出顺序流继续流转。

1．图形标记

定时器中间捕获事件表示为带有定时器图标的圆环，如图12.10所示。

图12.10 定时器中间捕获事件图形标记

2. XML内容

定时器中间捕获事件的XML内容是在标准中间捕获事件的定义中嵌入一个定时器事件定义。定时器中间捕获事件的定义格式如下：

```xml
<process id="timerIntermediateCatchingEventProcess">
    <!-- 定义中间捕获事件 -->
    <intermediateCatchEvent id="intermediateCatchEvent1">
        <!-- 包含timerEventDefinition子元素，代表定时中间事件 -->
        <timerEventDefinition>
            <timeDuration>PT5M</timeDuration>
        </timerEventDefinition>
    </intermediateCatchEvent>

    <!-- 其他元素省略 -->

</process>
```

在以上流程定义中，加粗部分的代码定义了一个中间捕获事件，其内部嵌入了一个定时器事件，从而构成定时器中间捕获事件。

需要注意的是，当包含定时器中间捕获事件的流程新版本被部署后，处于活动状态的旧版本定时器会继续执行，直至旧版本不再有新的实例产生。

3. 使用示例

下面看一个定时器中间捕获事件的使用示例，如图12.11所示。该流程为库房出库的流程：出库申请发起后，需要给一定的时间让库房准备，然后进行出库作业，此时可以嵌入定时器中间捕获事件定义流程自动向下执行的时间间隔。其流程如图12.11所示。

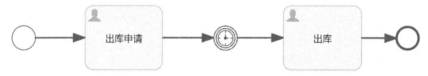

图12.11 定时器中间捕获事件示例流程

该流程对应的XML内容如下：

```xml
<process id="TimerIntermediateCatchingEventProcess"
    name="定时中间事件示例流程" isExecutable="true">
    <startEvent id="startEvent1"/>
    <userTask id="userTask1" name="出库申请"/>
    <sequenceFlow id="sequenceFlow1" sourceRef="startEvent1" targetRef="userTask1"/>
    <userTask id="userTask2" name="出库"/>
    <!-- 定义定时中间事件 -->
    <intermediateCatchEvent  id="intermediateCatchEvent1">
        <timerEventDefinition>
            <timeDuration>PT5M</timeDuration>
        </timerEventDefinition>
    </intermediateCatchEvent>
    <sequenceFlow id="sequenceFlow2" sourceRef="userTask1"
        targetRef="intermediateCatchEvent1"/>
    <sequenceFlow id="sequenceFlow3" sourceRef="intermediateCatchEvent1"
        targetRef="userTask2"/>
    <endEvent id="endEvent1"/>
    <sequenceFlow id="sequenceFlow4" sourceRef="userTask2" targetRef="endEvent1"/>
</process>
```

在以上流程定义中，加粗部分的代码定义了一个定时中间事件，表示5分钟后定时器将被触发。

加载该流程模型并执行相应流程控制的示例代码如下：

```java
@Slf4j
public class RunTimerIntermediateCatchingEventProcessDemo extends ActivitiEngineUtil {

    @Test
    public void runTimerIntermediateCatchingEventProcessDemo() throws Exception {
```

```
//加载Activiti配置文件并初始化工作流引擎及服务
loadActivitiConfigAndInitEngine("activiti.job.xml");
//部署流程
ProcessDefinition processDefinition =
deployByClasspathResource("processes/TimerIntermediateCatchingEventProcess.bpmn20.xml");

//启动流程
ProcessInstance processInstance =
    runtimeService.startProcessInstanceById(processDefinition.getId());
//查询第一个任务
Task firstTask =
taskService.createTaskQuery().processInstanceId(processInstance.getId()).singleResult();
    log.info("第一个任务为: {}", firstTask.getName());
//完成第一个任务
taskService.complete(firstTask.getId());

//暂停6分钟
log.info("暂停6分钟");
Thread.sleep(1000 * 60 * 6);

//查询第二个任务节点
Task secondTask =
taskService.createTaskQuery().processInstanceId(processInstance.getId()).singleResult();
    log.info("第二个任务为: {}", secondTask.getName());

//关闭工作流引擎
closeEngine();
}
}
```

以上代码先初始化工作流引擎并部署流程,发起流程后查询并办理第一个任务,然后程序暂停6分钟,查询第二个任务,并输出该任务的名称。代码运行结果如下:

```
10:56:47,528 [main] INFO    com.bpm.example.intermediateevent.demo.RunTimerIntermediateCa
tchingEventProcessDemo    - 第一个任务为: 出库申请
10:56:47,558 [main] INFO    com.bpm.example.intermediateevent.demo.RunTimerIntermediateCa
tchingEventProcessDemo    - 暂停6分钟
11:02:47,562 [main] INFO    com.bpm.example.intermediateevent.demo.RunTimerIntermediateCa
tchingEventProcessDemo    - 第二个任务为: 出库
```

从代码运行结果可知,流程会经过定时器中间捕获事件后流转到"出库"用户任务。

12.2.2 信号中间捕获事件和信号中间抛出事件

信号中间事件又分为捕获事件和抛出事件两种类型,即信号中间捕获事件和信号中间抛出事件。

当流程流转到信号中间捕获事件时会中断并等待触发,直到接收到相应的信号后沿信号中间捕获事件的外出顺序流继续流转。信号事件默认是全局的,与其他事件(如错误事件)不同,其信号不会在捕获之后被消费。如果存在多个引用了相同信号的事件被激活,即使它们不在同一个流程实例中,当接收到该信号时,这些事件也会被一并触发。

当流程流转到信号中间抛出事件时,工作流引擎会直接抛出信号,其他引用了与其相同信号的信号捕获事件都会被触发,信号发出后信号中间抛出事件结束,流程沿其外出顺序流继续流转。信号中间抛出事件抛出的信号可以被信号开始事件、信号中间捕获事件和信号边界事件订阅处理。

1. 图形标记

信号中间捕获事件表示为带有信号事件图标的圆环。信号事件图标是未填充的,表示捕获语义,如图12.12所示。

信号中间抛出事件表示为带有信号事件图标的圆环。信号事件图标填充颜色,表示抛出语义,如图12.13所示。

图12.12　信号中间捕获事件图形标记

图12.13　信号中间抛出事件图形标记

2. XML内容

（1）信号中间捕获事件

信号中间捕获事件的XML内容是在标准中间捕获事件的定义中嵌入一个信号事件定义。信号中间捕获事件的定义格式如下：

```xml
<!-- 定义信号 -->
<signal id="theSignal" name="测试信号" />

<process id="signalIntermediateCatchEventProcess">
    <!-- 定义中间捕获事件 -->
    <intermediateCatchEvent id="signalIntermediateCatchEvent">
        <!-- 包含signalEventDefinition子元素，代表信号中间捕获事件 -->
        <signalEventDefinition signalRef="theSignal" />
    </intermediateCatchEvent>

    <!-- 其他元素省略 -->

</process>
```

在以上流程定义中，加粗部分的代码定义了两个元素：信号theSignal和信号中间捕获事件signalIntermediateCatchEvent。信号中间捕获事件在它嵌入的信号事件定义中通过signalRef属性引用了前面定义的信号。

触发信号中间捕获事件的方式主要有以下两种：

- 通过流程中的信号中间抛出事件、信号结束事件发出的信号触发；
- 通过API触发，即在Activiti中通过调用运行时服务的signalEventReceived()系列方法发出一个指定信号触发信号中间捕获事件，相关内容可参阅11.2.2小节。

（2）信号中间抛出事件

信号中间抛出事件的XML内容是在标准中间抛出事件的定义中嵌入一个信号事件定义。信号中间抛出事件的定义格式如下：

```xml
<!-- 定义信号 -->
<signal id="theSignal" name="测试信号" />

<process id="signalIntermediateThrowingEventProcess">
    <!-- 定义中间抛出事件 -->
    <intermediateThrowEvent id="signalIntermediateThrowEvent">
        <!-- 包含signalEventDefinition子元素，代表信号中间抛出事件 -->
        <signalEventDefinition signalRef="theSignal" activiti:async="false"/>
    </intermediateThrowEvent>

    <!-- 其他元素省略 -->

</process>
```

在以上流程定义中，加粗部分的代码定义了两个元素：信号theSignal和信号中间抛出事件signalIntermediateThrowEvent。信号中间抛出事件在它嵌入的信号事件定义中通过signalRef属性引用了前面定义的信号。

信号中间抛出事件又分为同步与异步两种类型，可以通过信号事件定义的activiti:async属性设置。activiti:async属性值默认为false，表示同步信号中间抛出事件。当它抛出信号时，捕获这个信号的信号捕获事件将会在同一个事务中完成各自的动作，如果其中有一个信号捕获事件出现异常，那么所有信号捕获事件都会失败。若activiti:async属性值为true，则表示异步信号中间抛出事件，当它抛出信号时，捕获这个信号的信号捕获事件将各自完成对应的动作而互不影响；即使其中一个信号捕获事件失败，其他已经成功的信号捕获事件也不会受到影响。

3. 使用示例

下面看一个信号中间捕获事件和信号中间抛出事件的使用示例，如图12.14所示。该流程为费用报销流程：报销申请提交后，后续有3个并行分支，一个分支会流转到"业务主管确认"用户任务，另外两个分支会流转到信号中间捕获事件，这两个事件会一直等待触发。当"业务主管确认"用户任务完成后，流程流转到信号中间抛出事件抛出信号,从而触发两个信号中间捕获事件,使另两个分支分别流转到"部门主管审批"用户任务和"财务主管审批"用户任务。

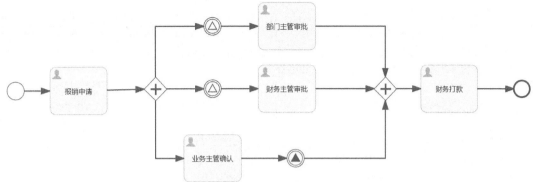

图12.14　信号中间捕获事件和信号中间抛出事件示例流程

该流程对应的XML内容如下:

```xml
<!-- 定义id为theSignal的信号 -->
<signal id="theSignal" name="The Signal" />
<process id="SignalIntermediateEventProcess" name=
   "信号中间捕获事件和信号中间抛出事件示例流程" isExecutable="true">
   <startEvent id="startEvent1"/>
   <userTask id="userTask1" name="报销申请"/>
   <sequenceFlow id="sequenceFlow1" sourceRef="startEvent1" targetRef="userTask1"/>
   <parallelGateway id="parallelGateway1"/>
   <sequenceFlow id="sequenceFlow2" sourceRef="userTask1"
      targetRef="parallelGateway1"/>
   <!-- 定义信号中间捕获事件 -->
   <intermediateCatchEvent id="intermediateCatchEvent1">
      <signalEventDefinition signalRef="theSignal"/>
   </intermediateCatchEvent>
   <intermediateCatchEvent id="intermediateCatchEvent2">
      <signalEventDefinition signalRef="theSignal"/>
   </intermediateCatchEvent>
   <!-- 定义信号中间抛出事件 -->
   <intermediateThrowEvent id="intermediateThrowEvent1">
      <signalEventDefinition signalRef="theSignal"/>
   </intermediateThrowEvent>
   <userTask id="userTask2" name="业务主管确认"/>
   <sequenceFlow id="sequenceFlow3" sourceRef="parallelGateway1"
      targetRef="userTask2"/>
   <sequenceFlow id="sequenceFlow4" sourceRef="parallelGateway1"
      targetRef="intermediateCatchEvent1"/>
   <sequenceFlow id="sequenceFlow5" sourceRef="userTask2"
      targetRef="intermediateThrowEvent1"/>
   <userTask id="userTask3" name="部门主管审批"/>
   <sequenceFlow id="sequenceFlow6" sourceRef="intermediateCatchEvent1"
      targetRef="userTask3"/>
   <sequenceFlow id="sequenceFlow7" sourceRef="parallelGateway1"
      targetRef="intermediateCatchEvent2"/>
   <userTask id="userTask4" name="财务主管审批"/>
   <sequenceFlow id="sequenceFlow8" sourceRef="intermediateCatchEvent2"
      targetRef="userTask4"/>
   <parallelGateway id="parallelGateway2"/>
   <sequenceFlow id="sequenceFlow9" sourceRef="userTask4"
      targetRef="parallelGateway2"/>
   <userTask id="userTask5" name="财务打款"/>
   <sequenceFlow id="sequenceFlow10" sourceRef="parallelGateway2"
      targetRef="userTask5"/>
   <endEvent id="endEvent1"/>
   <sequenceFlow id="sequenceFlow11" sourceRef="userTask5" targetRef="endEvent1"/>
   <sequenceFlow id="sequenceFlow12" sourceRef="userTask3"
```

```xml
            targetRef="parallelGateway2"/>
    <sequenceFlow id="sequenceFlow13" sourceRef="intermediateThrowEvent1"
            targetRef="parallelGateway2"/>
</process>
```

在以上流程定义中，加粗部分的代码定义了4个元素：信号theSignal，信号中间捕获事件intermediateCatchEvent1、intermediateCatchEvent2，信号中间抛出事件intermediateThrowEvent1。其中，两个信号中间捕获事件和一个信号中间抛出事件，嵌入的信号事件定义中通过signalRef属性引用了前面定义的信号。

加载该流程模型并执行相应流程控制的示例代码如下：

```java
@Slf4j
public class RunSignalIntermediateEventProcessDemo extends ActivitiEngineUtil {

    @Test
    public void runSignalIntermediateEventProcessDemo() {
        //加载Activiti配置文件并初始化工作流引擎及服务
        loadActivitiConfigAndInitEngine("activiti.cfg.xml");
        //部署流程
        ProcessDefinition processDefinition =
            deployByClasspathResource("processes/SignalIntermediateEventProcess.bpmn20.xml");

        //启动流程
        ProcessInstance processInstance =
            runtimeService.startProcessInstanceById(processDefinition.getId());
        //查询报销申请任务
        Task firstTask =
taskService.createTaskQuery().processInstanceId(processInstance.getId()).singleResult();
        log.info("第一个用户任务为：{}", firstTask.getName());
        //完成第一个任务
        taskService.complete(firstTask.getId());

        //查询业务主管确认任务
        Task secondTask =
taskService.createTaskQuery().processInstanceId(processInstance.getId()).singleResult();
        log.info("第二个用户任务为：{}", secondTask.getName());
        //完成第二个任务
        taskService.complete(secondTask.getId());

        //根据流程实例查询任务
        List<Task> tasks =
taskService.createTaskQuery().processInstanceId(processInstance.getId()).list();
        log.info("当前流程所处的用户任务有：{}",
            tasks.stream().map(Task::getName).collect(Collectors.joining(", ")));

        //关闭工作流引擎
        closeEngine();
    }
}
```

以上代码首先初始化工作流引擎并部署流程，发起流程后查询并办理第一个任务，这时流程经并行网关流转到两个信号中间捕获事件和"业务主管确认"用户任务。然后，查询并办理第二个任务，从而使流程流转到信号中间抛出事件。最后，查询流程当前所处的用户任务并聚合输出任务的名称。代码运行结果如下：

```
11:14:09,555 [main] INFO  com.bpm.example.intermediateevent.demo.RunSignalIntermediateEventProcessDemo    - 第一个用户任务为：报销申请
11:14:09,575 [main] INFO  com.bpm.example.intermediateevent.demo.RunSignalIntermediateEventProcessDemo    - 第二个用户任务为：业务主管确认
11:14:09,605 [main] INFO  com.bpm.example.intermediateevent.demo.RunSignalIntermediateEventProcessDemo    - 当前流程所处的用户任务有：部门主管审批,财务主管审批
```

从代码运行结果可知，信号中间抛出事件发出的信号被两个信号中间捕获事件捕获，流程流转到"部门主管审批"用户任务和"财务主管审批"用户任务。

12.2.3 消息中间事件

消息中间事件指在流程中将一个消息事件作为独立的节点来运行，是一种捕获事件。当流程执行到消息中间事件时会中断，并一直等待触发，直到该事件接收到相应的消息后，流程沿外出顺序流继续流转。

1. 图形标记

消息中间事件表示为带有消息图标的圆环。消息图标是未填充的，表示捕获语义，如图12.15所示。

2. XML内容

消息中间事件的XML内容是在标准中间捕获事件的定义中嵌入一个消息事件定义。消息中间事件的定义格式如下：

图12.15 消息中间事件图形标记

```xml
<!-- 定义消息 -->
<message id="theMessage" name="测试消息" />

<process id="messageIntermediateCatchEventProcess">
    <!-- 定义中间捕获事件 -->
    <intermediateCatchEvent id="messageIntermediateCatchEvent">
        <!-- 包含messageEventDefinition子元素，代表消息中间事件 -->
        <messageEventDefinition messageRef="theMessage" />
    </intermediateCatchEvent>

    <!-- 其他元素省略 -->

</process>
```

在以上流程定义中，加粗部分的代码定义了两个元素：消息theMessage和消息中间事件messageIntermediateCatchEvent。消息中间事件在它嵌入的消息事件定义中通过messageRef属性引用了前面定义的消息。

消息中间事件的触发方式有两种，具体内容可参见12.1.3小节。

12.2.4 补偿中间抛出事件

补偿中间抛出事件用于触发补偿，当流程流转到补偿中间抛出事件时触发该流程已完成活动的边界补偿事件，完成补偿操作后流程沿补偿中间抛出事件的外出顺序流继续流转。

1. 图形标记

补偿中间抛出事件表示为带有补偿事件图标的圆环。补偿事件图标填充颜色，表示抛出语义，如图12.16所示。

图12.16 补偿中间抛出事件

2. XML内容

补偿中间抛出事件的XML内容是在标准中间抛出事件的定义中嵌入一个补偿事件定义。补偿中间抛出事件的定义格式如下：

```xml
<process id="intermediateThrowEventProcess">
    <!-- 定义中间抛出事件 -->
    <intermediateThrowEvent id="intermediateCompensation" name="补偿中间抛出事件">
        <!-- 包含compensateEventDefinition子元素，代表补偿中间抛出事件 -->
        <compensateEventDefinition />
    </intermediateThrowEvent>

    <!-- 其他元素省略 -->

</process>
```

在以上流程定义中，加粗部分的代码定义了中间抛出事件intermediateCompensation，其内部嵌入了补偿事件定义，构成了补偿中间抛出事件。另外，在补偿中间抛出事件嵌入的补偿事件定义中提供了可选参数activityRef，用于触发一个指定活动或者作用域的补偿：

```xml
<intermediateThrowEvent id="intermediateCompensation" name="补偿中间抛出事件">
    <compensateEventDefinition activityRef="servicetask1" />
</intermediateThrowEvent>
```

在上述补偿中间抛出事件嵌入的补偿事件定义中，通过activityRef属性指定了一个id为servicetask1的节点，其上依附有补偿边界事件，并通过关联连接到一个补偿处理器上。

3. 注意事项

补偿中间抛出事件主要用于触发补偿，可以针对指定活动或包含补偿事件的作用域触发补偿，通过执行与活动相关联的补偿处理器来执行补偿。补偿遵循以下规则。

❑ 如果针对某项流程活动进行补偿，则相关补偿处理器执行的次数与活动成功完成的次数相等。

- 如果针对当前作用域进行补偿，则对当前作用域内的所有活动进行补偿，包括并行分支上的活动。
- 补偿是分级触发的：如果要补偿的活动是子流程，则为子流程中包含的所有活动触发补偿；如果该子流程包含嵌套的活动，则补偿事件会递归地向下抛出，但是补偿事件不会传播到比该流程高的层级；如果补偿在子流程中触发，则不会传播到该子流程作用域外的活动上。BPMN规范规定，只有"同一级别的子流程"的活动才触发补偿。
- 触发补偿时，补偿的执行次序与流程执行顺序相反，这意味着最后完成的活动会最先执行补偿，以此类推。
- 补偿中间抛出事件可以用于补偿已经完成的事务子流程。
- 当多实例活动抛出补偿时，只有当所有实例都结束了，相关补偿处理器才会执行。这意味着多实例活动在被补偿前必须先结束。

在Activiti中使用补偿中间抛出事件要考虑以下限制：

- 目前暂不支持waitForCompletion="false"属性配置，当使用补偿中间抛出事件触发补偿时，事件仅在补偿成功完成后才被保留；
- 补偿不会传播给调用活动创建的子流程实例。

需要注意的是，如果补偿被一个包含子流程的作用域触发，并且子流程包含带有补偿处理器的活动，则只有当子流程结束后，并且有补偿事件被抛出时，才会执行该子流程中的补偿。如果子流程中的某些活动已经完成并且附加了补偿处理器，但包含这些活动的子流程尚未结束，则补偿不会被执行。

下面看一个补偿中间抛出事件与子流程的使用示例，如图12.17所示。该流程为用户报名流程："预报名"用户任务提交后，由并行网关分出两个并行分支，其中一个分支流转到"在线报名"内嵌子流程，另一个分支流转到"银行卡支付"用户任务。假设当前流程实例已经流转到这两个分支，并且第一个分支流转到子流程后正在等待由用户完成"报名审核"任务，另一个分支在执行"银行卡支付"用户任务处抛出"支付失败"错误，流转到"取消报名"补偿中间抛出事件抛出补偿事件。如果此时子流程尚未结束，意味着补偿事件不会传播给子流程，因此子流程中的"取消正式报名"服务任务（被指定为补偿处理器）不会执行；如果子流程中的"报名审核"用户任务在"取消报名"抛出事件之前完成、子流程已结束，则补偿事件会传播给子流程。"取消预报名"服务任务（被指定为补偿处理器）在以上两种情况下均会执行。

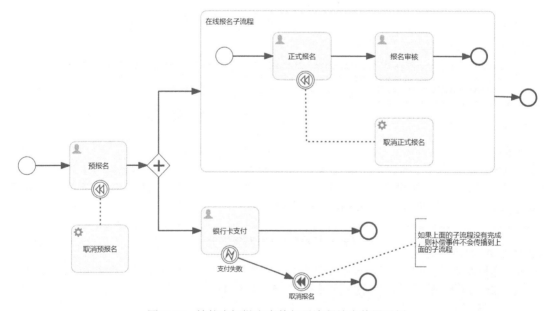

图12.17　补偿中间抛出事件与子流程综合使用示例

对于内嵌子流程，如果在其结束后触发了补偿，其补偿处理器可以访问该子流程结束时的本地流程变量（local process variables）。为了实现这一特性，子流程作用域内的流程变量将被作为快照保存起来，其具备以下特点：
- 补偿处理器无法访问执行中的子流程作用域内创建的流程变量；
- 快照中不包含与更高层执行相关的流程变量，如与流程实例执行相关的流程变量；
- 当补偿触发时，补偿处理器通过它们所在的执行访问这些流程变量；
- 变量快照只适用于内嵌子流程，不适用其他节点。

4．使用示例

下面以图12.17所示的流程为例介绍补偿中间抛出事件的用法。

流程对应的XML内容如下：

```xml
<!-- 定义id为errorFlag的错误 -->
<error id="errorFlag" errorCode="500" />
<process id="CompensateIntermediateThrowingEventProcess" name="补偿中间抛出事件示例流程"
    isExecutable="true">
    <startEvent id="firstStartEventOfMainProcess"/>
    <parallelGateway id="parallelGateway1"/>
    <endEvent id="firstEndEventOfMainProcess"/>
    <sequenceFlow id="sequenceFlow1" sourceRef="secondUserTaskOfMainProcess"
        targetRef="firstEndEventOfMainProcess"/>
    <endEvent id="thirdEndEventOfMainProcess"/>
    <sequenceFlow id="sequenceFlow2"
        sourceRef="firstIntermediateThrowEventOfMainProcess"
        targetRef="thirdEndEventOfMainProcess"/>
    <subProcess id="signUpSubProcess" name="在线报名子流程">
        <startEvent id="firstStartEventOfSubProcess"/>
        <userTask id="secondUserTaskOfSubProcess" name="报名审核"/>
        <userTask id="firstUserTaskOfSubProcess" name="正式报名"/>
        <serviceTask id="secondServiceTaskOfSubProcess" name="取消正式报名"
activiti:class="com.bpm.example.intermediateevent.demo.delegate.CancelSignUpService"
        isForCompensation="true"/>
        <endEvent id="firstEndEventOfSubProcessF"/>
        <!-- 定义补偿边界事件 -->
        <boundaryEvent id="boundaryEvent1" attachedToRef="firstUserTaskOfSubProcess"
            cancelActivity="false">
            <compensateEventDefinition waitForCompletion="true"/>
        </boundaryEvent>
        <sequenceFlow id="sequenceFlow3" sourceRef="firstUserTaskOfSubProcess"
            targetRef="secondUserTaskOfSubProcess"/>
        <sequenceFlow id="sequenceFlow4" sourceRef="secondUserTaskOfSubProcess"
            targetRef="firstEndEventOfSubProcessF"/>
        <sequenceFlow id="sequenceFlow5" sourceRef="firstStartEventOfSubProcess"
            targetRef="firstUserTaskOfSubProcess"/>
    </subProcess>
    <userTask id="secondUserTaskOfMainProcess" name="银行卡支付">
        <extensionElements>
            <activiti:taskListener event="complete"
                class="com.bpm.example.intermediateevent.demo
                    .listener.PaymentListener" />
        </extensionElements>
    </userTask>
    <endEvent id="secondEndEventOfMainProcess"/>
    <sequenceFlow id="sequenceFlow6" sourceRef="signUpSubProcess"
        targetRef="secondEndEventOfMainProcess"/>
    <sequenceFlow id="sequenceFlow7" sourceRef="parallelGateway1"
        targetRef="signUpSubProcess"/>
    <sequenceFlow id="sequenceFlow8" sourceRef="parallelGateway1"
        targetRef="secondUserTaskOfMainProcess"/>
    <sequenceFlow id="sequenceFlow9" sourceRef="firstErrorBoundaryEventOfMainProcess"
        targetRef="firstIntermediateThrowEventOfMainProcess"/>
    <!-- 定义补偿中间抛出事件 -->
    <intermediateThrowEvent id="firstIntermediateThrowEventOfMainProcess"
        name="取消报名">
        <compensateEventDefinition waitForCompletion="true"/>
    </intermediateThrowEvent>
    <!-- 定义错误边界事件 -->
    <boundaryEvent id="firstErrorBoundaryEventOfMainProcess"
        name="支付失败"
```

```xml
        attachedToRef="secondUserTaskOfMainProcess" cancelActivity="true">
        <errorEventDefinition errorRef="errorFlag"/>
    </boundaryEvent>
    <sequenceFlow id="sequenceFlow10"
        sourceRef="firstUserTaskOfMainProcess" targetRef="parallelGateway1"/>
    <userTask id="firstUserTaskOfMainProcess" name="预报名"/>
    <sequenceFlow id="sequenceFlow11" sourceRef="firstStartEventOfMainProcess"
        targetRef="firstUserTaskOfMainProcess"/>
    <!-- 定义补偿边界事件 -->
    <boundaryEvent id="boundaryEvent2" attachedToRef="firstUserTaskOfMainProcess">
        <compensateEventDefinition waitForCompletion="true"/>
    </boundaryEvent>
    <serviceTask id="firstServiceTaskOfMainProcess" name="取消预报名"
        activiti:class="com.bpm.example.intermediateevent.demo.delegate.
        CancelPredictionService" isForCompensation="true"/>
    <textAnnotation id="textAnnotation1">
        <text>如果上面的子流程没有完成,则补偿事件不会传播到上面的子流程</text>
    </textAnnotation>
    <association id="association1"
        sourceRef="firstIntermediateThrowEventOfMainProcess"
        targetRef="textAnnotation1" associationDirection="None"/>
    <association id="association2" sourceRef="boundaryEvent1"
        targetRef="secondServiceTaskOfSubProcess" associationDirection="None"/>
    <association id="association3" sourceRef="boundaryEvent2"
        targetRef="firstServiceTaskOfMainProcess" associationDirection="None"/>
</process>
```

在以上流程定义中,加粗部分的代码定义了5个元素:BPMN错误errorFlag、补偿边界事件boundaryEvent1、boundaryEvent2,补偿中间抛出事件firstIntermediateThrowEventOfMainProcess,以及错误边界事件firstErrorBoundaryEventOfMainProcess。该流程定义说明如下。

- 主流程中的"预报名"用户任务上依附了补偿边界事件boundaryEvent2,通过关联连接到"取消预报名"服务任务,该服务任务上配置了isForCompensation="true"属性,表明它是一个补偿处理器。
- 主流程中的"银行卡支付"用户任务上依附了错误边界事件firstErrorBoundaryEventOfMainProcess,该错误边界事件捕获BPMN错误errorFlag。
- 子流程中的"正式报名"用户任务上依附了补偿边界事件boundaryEvent1,通过关联连接到"取消正式报名"服务任务,该服务任务节点上配置了isForCompensation="true"属性,表明它是一个补偿处理器。

主流程中的"取消预报名"服务任务被指定为补偿处理器,用于执行补偿操作。其委托类代码如下:

```java
@Slf4j
public class CancelPredictionService implements JavaDelegate {

    @Override
    public void execute(DelegateExecution execution) {
        log.info("执行补偿,取消预报名完成! ");
    }
}
```

子流程中的"取消报名"服务任务同样被指定为补偿处理器,用于执行补偿操作。其委托类代码如下:

```java
@Slf4j
public class CancelSignUpService implements JavaDelegate {

    @Override
    public void execute(DelegateExecution execution) {
        log.info("执行补偿,取消正式报名完成! ");
    }
}
```

主流程中的"银行卡支付"用户任务,在流程定义中为其配置了任务完成事件(complete)的任务监听器(相关内容可参阅18.1.2小节)。该任务监听器在任务完成时执行,这里实现的主要逻辑是比对报名费和余额,并在余额不足时抛出BPMN错误。示例代码如下:

```java
@Slf4j
public class PaymentListener implements TaskListener {
```

```java
    private int balance = 100;

    @Override
    public void notify(DelegateTask delegateTask) {
        int applicationFee = (Integer) delegateTask.getVariable("applicationFee");
        try {
            if (applicationFee > balance) {
                log.error("余额不足,支付失败!");
                throw new BpmnError("500");
            } else {
                log.info("余额充足,支付成功!");
            }
        } catch (BpmnError error) {
            //抛出错误事件
            ErrorPropagation.propagateError(error, delegateTask.getExecution());
        }
    }
}
```

加载该流程模型并执行相应流程控制的示例代码如下:

```java
@Slf4j
public class RunCompensateIntermediateThrowingEventProcessDemo extends ActivitiEngineUtil {

    static SimplePropertyPreFilter executionFilter = new SimplePropertyPreFilter(Execution.class,
            "id","parentId","businessKey","processInstanceId","rootProcessInstanceId",
            "superExecutionId","scope","activityId");

    @Test
    public void runCompensateIntermediateThrowingEventProcessDemo() {
        //加载Activiti配置文件并初始化工作流引擎及服务
        loadActivitiConfigAndInitEngine("activiti.cfg.xml");
        //部署流程
        ProcessDefinition processDefinition =
deployByClasspathResource("processes/CompensateIntermediateThrowingEventProcess.bpmn20.xml");

        //发起流程
        ProcessInstance processInstance =
            runtimeService.startProcessInstanceById(processDefinition.getId());
        //查询执行实例
        List<Execution> executionList1 =
runtimeService.createExecutionQuery().processInstanceId(processInstance.getId()).list();
        log.info("主流程发起后,执行实例数为:{},分别为:{}", executionList1.size(),
            JSON.toJSONString(executionList1, executionFilter));

        //查询"预报名"任务
        Task firstTask =
            taskService.createTaskQuery().processInstanceId(processInstance.getId()).
            taskName("预报名").singleResult();
        //设置流程变量
        Map variables1 = new HashMap<>();
        variables1.put("applicant", "zhangsan");
        //完成"预报名"任务
        taskService.complete(firstTask.getId(), variables1);
        log.info("办理完成名称为:{}的用户任务", firstTask.getName());

        //查询执行实例
        List<Execution> executionList2 =
runtimeService.createExecutionQuery().processInstanceId(processInstance.getId()).list();
        log.info("子流程发起后,执行实例数为:{},分别为:{}", executionList2.size(),
            JSON.toJSONString(executionList2, executionFilter));

        //查询"正式报名"任务
        Task secondTask = taskService.createTaskQuery().taskName("正式报名").
            processInstanceId(processInstance.getId()).singleResult();
        //完成"正式报名"任务
        taskService.complete(secondTask.getId());
        log.info("办理完成名称为:{}的用户任务", secondTask.getName());
```

```java
        //查询"报名审核"任务
        Task thirdTask = taskService.createTaskQuery().taskName("报名审核")
            .processInstanceId (processInstance.getId()).singleResult();
        //完成"报名审核"任务
        taskService.complete(thirdTask.getId());
        log.info("办理完成名称为：{}的用户任务", thirdTask.getName());

        //查询执行实例
        List<Execution> executionList3 =
runtimeService.createExecutionQuery().processInstanceId(processInstance.getId()).list();
        log.info("子流程结束后，执行实例数为：{}，分别为：{}", executionList3.size(),
            JSON.toJSONString(executionList3, executionFilter));

        //查询"银行卡支付"任务
        Task fourthTask = taskService.createTaskQuery().taskName("银行卡支付")
            .processInstanceId (processInstance.getId()).singleResult();
        log.info("即将办理名称为：{}的用户任务", fourthTask.getName());

        //设置流程变量
        Map variables3 = new HashMap<>();
        variables3.put("applicationFee", 1000);
        //完成第二个任务（流程结束）
        taskService.complete(fourthTask.getId(), variables3);

        //查询执行实例
        List<Execution> executionList4 =
runtimeService.createExecutionQuery().processInstanceId(processInstance.getId()).list();
        log.info("流程结束后，执行实例数为：{}，执行实例信息为：{}", executionList4.size(),
            JSON.toJSONString(executionList4, executionFilter));

        //关闭工作流引擎
        closeEngine();
    }
}
```

以上代码首先初始化工作流引擎并部署流程，在流程发起后查询并办理"预报名"用户任务，此时流程流转到子流程和"银行卡支付"用户任务。然后，依次查询并办理子流程中的"正式报名"和"报名审核"用户任务，使子流程结束。最后，查询并完成主流程的"银行卡支付"用户任务，并设置流程变量applicationFee（报名费）为1000（大于余额100），导致在执行其任务监听器时抛出BPMN错误，被错误边界事件捕获流转到"取消报名"补偿中间抛出事件节点，抛出补偿事件，触发主流程和子流程中的补偿边界事件。在这个过程中的不同阶段输出了执行实例信息，方便我们观察整个过程中数据的变化情况。代码运行结果如下：

```
11:33:37,837 [main] INFO    com.bpm.example.intermediateevent.demo.RunCompensateIntermedi
ateThrowingEvent
ProcessDemo  - 主流程发起后，执行实例数为：2，分别为：
[{"id":"5","processInstanceId":"5","rootProcessInstanceId":"5","scope":true},
{"activityId":"firstUserTaskOfMainProcess","id":"6","parentId":"5","processInstanceId":
"5","rootProcessInstanceId":"5","scope":false}]
11:33:37,888 [main] INFO    com.bpm.example.intermediateevent.demo.RunCompensateIntermedi
ateThrowingEvent
ProcessDemo  - 办理完成名称为：预报名的用户任务
11:33:37,898 [main] INFO    com.bpm.example.intermediateevent.demo.RunCompensateIntermedi
ateThrowingEvent
ProcessDemo  - 子流程发起后，执行实例数为：5，分别为：
[{"activityId":"secondUserTaskOfMainProcess","id":"14","parentId":"5",
"processInstanceId":"5","rootProcessInstanceId":"5","scope":false},{"activityId":"signU
pSubProcess","id":"15","parentId":"5","processInstanceId":"5","rootProcessInstanceId":"
5","scope":true},{"activityId":"firstUserTaskOfSubProcess","id":"17","parentId":"15","p
rocessInstanceId":"5","rootProcessInstanceId":"5","scope":false},{"activityId":"firstEr
rorBoundaryEventOfMainProcess","id":"19","parentId":"14","processInstanceId":"5","rootP
rocessInstanceId":"5","scope":false},{"id":"5","processInstanceId":"5","rootProcessInst
anceId":"5","scope":true}]
11:33:37,908 [main] INFO    com.bpm.example.intermediateevent.demo.RunCompensateIntermedi
ateThrowingEventProcessDemo  - 办理完成名称为：正式报名的用户任务
11:33:37,938 [main] INFO    com.bpm.example.intermediateevent.demo.RunCompensateIntermedi
```

```
ateThrowingEventProcessDemo  - 办理完成名称为：报名审核的用户任务
11:33:37,948 [main] INFO  com.bpm.example.intermediateevent.demo.RunCompensateIntermedi
ateThrowingEventProcessDemo  - 子流程结束后，执行实例数为：4，分别为：
[{"activityId":"secondUserTaskOfMainProcess","id":"14","parentId":"5","processInstanceI
d":"5","rootProcessInstanceId":"5","scope":false},{"activityId":"firstErrorBoundaryEven
tOfMainProcess","id":"19","parentId":"14","processInstanceId":"5","rootProcessInstanceI
d":"5","scope":false},{"activityId":"signUpSubProcess","id":"30","parentId":"5","proces
sInstanceId":"5","rootProcessInstanceId":"5","scope":false},{"id":"5","processInstanceI
d":"5","rootProcessInstanceId":"5","scope":true}]
11:33:37,948 [main] INFO  com.bpm.example.intermediateevent.demo.RunCompensateIntermedi
ateThrowingEventProcessDemo  - 即将办理名称为：银行卡支付的用户任务
11:33:37,958 [main] ERROR com.bpm.example.intermediateevent.demo.listener.PaymentListen
er  - 余额不足，支付失败！
11:33:37,968 [main] INFO  com.bpm.example.intermediateevent.demo.delegate.CancelSignUpS
ervice  - 执行补偿，取消正式报名完成！
11:33:37,968 [main] INFO  com.bpm.example.intermediateevent.demo.delegate.CancelPredict
ionService  - 执行补偿，取消预报名完成！
11:33:37,998 [main] INFO  com.bpm.example.intermediateevent.demo.RunCompensateIntermedia
teThrowingEventProcessDemo  - 流程结束后，执行实例数为：0，执行实例信息为：[]
```

由代码运行结果可以得出以下结论。

- 当主流程发起时，存在2个执行实例，如表12.1所示，二者互为父子关系。

表12.1　主流程发起时的执行实例

id	parentId	processInstanceId	rootProcessInstanceId	activityId	scope	描述
5	无	5	5	无	true	主流程实例
6	5	5	5	firstUserTaskOfMainProcess	false	主流程的执行实例

- 当子流程发起后，存在5个执行实例：1个主流程实例、2个主流程的执行实例、1个子流程的执行实例和1个错误边界事件的执行实例，如表12.2所示。

表12.2　子流程发起后的执行实例

id	parentId	processInstanceId	rootProcessInstanceId	activityId	scope	描述
5	无	5	5	无	true	主流程实例
14	5	5	5	secondUserTaskOfMainProcess	false	主流程的执行实例
15	5	5	5	signUpSubProcess	true	主流程的执行实例
17	15	5	5	firstUserTaskOfSubProcess	false	子流程的执行实例
19	14	5	5	firstErrorBoundaryEventOfMainProcess	false	错误边界事件的执行实例

- 当子流程结束后，存在4个执行实例：1个主流程实例、2个主流程的执行实例和1个错误边界事件的执行实例，如表12.3所示。

表12.3　子流程结束后的执行实例

id	parentId	processInstanceId	rootProcessInstanceId	activityId	scope	描述
5	无	5	5	无	true	主流程实例
14	5	5	5	secondUserTaskOfMainProcess	false	主流程的执行实例
19	14	5	5	firstErrorBoundaryEventOfMainProcess	false	错误边界事件的执行实例
30	5	5	5	signUpSubProcess	false	主流程的执行实例

❑ 主流程结束之后，执行实例数为0。

12.2.5 空中间抛出事件

空中间抛出事件是一个抛出事件，即在标准中间抛出事件的定义中不嵌入任何事件定义。它通常用于表示流程中的某个状态，在实际应用中可以通过添加执行监听器（相关内容可参阅17.1.1小节），来表示流程状态的改变。

1. 图形标记

空中间抛出事件表示为中空的圆环，如图12.18所示。

图12.18 空中间抛出事件

2. XML内容

空中间抛出事件的XML内容是在标准中间抛出事件的定义中不嵌入任何事件定义元素。空中间抛出事件的定义格式如下：

```xml
<process id="noneIntermediateThrowingEventProcess">
    <!-- 定义中间抛出事件 -->
    <intermediateThrowEvent id="noneEventIntermediateThrowEvent">
        <extensionElements>
            <activiti:executionListener class=
                "com.bpm.example.intermediateevent.demo.listener.MyExecutionListener"
                event="start" />
        </extensionElements>
    </intermediateThrowEvent>

    <!-- 其他元素省略 -->

</process>
```

在以上流程定义中，加粗部分的代码定义了空中间抛出事件noneEventIntermediateThrowEvent，它没有嵌入任何事件定义。这里通过extensionElements子元素配置了执行监听器。

12.3 本章小结

本章主要介绍了Activiti支持的边界事件和中间事件。边界事件是依附在活动上的"捕获型"事件，会一直监听所有进行时活动的某种事件的触发，然后沿边界事件的外出顺序流继续流转，如果是中断事件会终止所依附的活动。中间事件提供的特殊功能可以用于处理流程执行过程中抛出、捕获的事件。不同类型的边界事件和中间事件的特性也不同，适用于不同的应用场景，读者可以根据实际情况灵活选用。

第 13 章

用户任务、手动任务和接收任务

本章将介绍Activiti支持的3种任务节点：用户任务（user task）、手动任务（manual task）和接收任务（receive task）。用户任务指需要人工参与完成的工作，手动任务指会自动执行的一种任务，接收任务指会使流程处于等待状态、需要触发的任务，3种任务用于实现不同场景的流程建模。

13.1 用户任务

用户任务是常见的一类任务，指业务流程中需要人工参与完成的工作。

13.1.1 用户任务介绍

顾名思义，用户任务需要人工参与处理。当流程流转到用户任务时，工作流引擎会给指定的用户（办理人或候选人）或一组用户（候选组）创建待处理的任务项，等待用户进行处理。

用户任务的参与者类型主要分为以下两种：

❑ 分配到一个用户（私有任务）；
❑ 共享给多个用户（共享任务）。

在大部分的流程场景中，一个用户任务通常被具体指派给一个人进行处理，通过这种方式指派的人在Activiti中称为办理人。而在某些业务处理场景中，一个任务可以被共享给多人，这类任务在工作流引擎中只创建一个任务实例，它会出现在所有候选人和候选组成员的待办中，这些人都有权认领（claim）并完成该任务。任务被领取之后，其他候选人和候选组成员的待办中将无法查询到此任务。

> 提示：一个用户任务只允许分配一个办理人，但可以分配多个候选人（组）。

1. 图形标记

用户任务表示为左上角带有用户图标的圆角矩形，如图13.1所示。

2. XML内容

用户任务使用userTask元素定义，其定义格式如下：

图13.1 用户任务图形标记

```
<userTask id="userTask1" name="用户任务" />
```

其中，id属性是必需项，name属性是可选项。

用户任务还支持其他属性配置，如添加描述、设置过期时间等。

（1）描述

用户任务可以添加描述，实际上所有BPMN 2.0元素都可以添加描述。描述使用documentation元素定义，将其嵌入用户任务定义即可为用户任务添加描述，代码如下：

```
<userTask id="userTask1" name="用户任务">
    <documentation>
        这是一个用户任务节点。
    </documentation>
</userTask>
```

以上用户任务定义中加粗部分的代码就是添加的描述。

描述的内容可以通过以下方法获取：

```
task.getDescription()
```

（2）过期时间

每个用户任务都可以设置一个过期时间。Activiti为用户任务提供了一个扩展属性dueDate，用于在用户

任务定义中添加一个表达式,从而在用户任务创建时为其设置过期时间,代码如下:
`<userTask id="userTask1" name="用户任务" activiti:dueDate="${dueDateVariable}"/>`

这个表达式的值应该能被解析为Java的Date、ISO 8601标准的时间字符串或null。当使用ISO 8601格式的字符串设置过期时间时,可以指定一个确切的时间点(如设置为"2022-01-01T10:00:00",表示用户任务在2022年1月1日10时整过期),也可以指定一个相对于任务创建的时间段。当指定为时间段时,过期时间会基于任务创建时间进行计算,再通过给定的时间段进行累加,如表达式设置为"PT1H"时,任务的过期时间为创建后1小时。

用户任务的过期时间除了可以在任务定义中配置,也可以通过TaskService提供的API进行修改,或在TaskListener中通过传入的DelegateTask参数进行修改。

注意,dueDate属性只是标识该用户任务何时过期,但过期后不会自动完成。在Activiti中,用户任务过期时间存储在ACT_RU_TASK表的DUE_DATE_字段中,Activiti提供了基于过期时间进行查询的API。

3. 使用示例

下面看一个用户任务的使用示例,如图13.2所示。该流程为请假申请流程:流程发起后流转到"请假申请"用户任务,请假申请提交后流转到"经理审批"用户任务,该审批完成后流程结束。

图13.2 用户任务示例流程

该流程对应的XML内容如下:

```xml
<process id="UserTaskProcess" name="用户任务示例流程" isExecutable="true">
    <startEvent id="startEvent1"/>
    <userTask id="leaveApplication" name="请假申请">
        <documentation>这是员工请假申请环节。</documentation>
    </userTask>
    <sequenceFlow id="sequenceFlow1" sourceRef="startEvent1"
        targetRef="leaveApplication"/>
    <userTask id="managerApproval" name="经理审批" activiti:dueDate="PT2H">
        <documentation>这是经理审批环节。</documentation>
    </userTask>
    <sequenceFlow id="sequenceFlow2" sourceRef="leaveApplication"
        targetRef="managerApproval"/>
    <endEvent id="endEvent1"/>
    <sequenceFlow id="sequenceFlow3" sourceRef="managerApproval"
        targetRef="endEvent1"/>
</process>
```

在以上流程定义中,加粗部分的代码定义了两个用户任务——leaveApplication和managerApproval,并分别通过documentation子元素设置了描述信息。另外,用户任务managerApproval通过dueDate属性设置任务过期时间表达式为PT2H,表示任务创建2小时后过期。

加载该流程模型并执行相应流程控制的示例代码如下:

```java
@Slf4j
public class RunUserTaskProcessDemo extends ActivitiEngineUtil {

    @Test
    public void runUserTaskProcessDemo() {
        //加载Activiti配置文件并初始化工作流引擎及服务
        loadActivitiConfigAndInitEngine("activiti.cfg.xml");
        //部署流程
        ProcessDefinition processDefinition =
            deployByClasspathResource("processes/UserTaskProcess.bpmn20.xml");

        //启动流程
        ProcessInstance processInstance =
```

```java
        runtimeService.startProcessInstanceById(processDefinition.getId());
    //查询第一个任务
    Task firstTask =
        taskService.createTaskQuery().processInstanceId(processInstance.
        getProcessInstanceId()).singleResult();
    log.info("第一个任务taskId:{},taskName为:{}", firstTask.getId(), firstTask.getName());
    log.info("用户任务描述信息为: {}", firstTask.getDescription());
    log.info("用户任务创建时间为: {}", getStringDate(firstTask.getCreateTime()));

    //设置流程变量
    Map variables = new HashMap<>();
    variables.put("dayNum", 3);
    variables.put("applyReason", "休探亲假。");
    //办理第一个任务
    taskService.complete(firstTask.getId(), variables);
    //查询第二个任务
    Task secondTask =
        taskService.createTaskQuery().processInstanceId(processInstance.
        getProcessInstanceId()).singleResult();
    log.info("第二个任务taskId:{},taskName为:{}", secondTask.getId(), secondTask.getName());
    log.info("用户任务描述信息为: {}", secondTask.getDescription());
    log.info("用户任务创建时间为: {}, 过期时间为: {}",
getStringDate(secondTask.getCreateTime()), getStringDate(secondTask.getDueDate()));

    //关闭工作流引擎
    closeEngine();
}

/**
 * 转换时间为字符串
 * @param time
 * @return
 */
private static String getStringDate(Date time) {
    SimpleDateFormat formatter = new SimpleDateFormat("yyyy-MM-dd HH:mm:ss");
    String dateString = formatter.format(time);
    return dateString;
}
```

以上代码先初始化工作流引擎并部署流程，发起流程后依次查询并办理两个用户任务，同时输出该任务的相关信息。代码运行结果如下：

```
07:50:30,915 [main] INFO  com.bpm.example.usertask.demo1.RunUserTaskProcessDemo  - 第一个任务taskId: 9, taskName为: 请假申请
07:50:30,915 [main] INFO  com.bpm.example.usertask.demo1.RunUserTaskProcessDemo  - 用户任务描述信息为: 这是员工请假申请环节。
07:50:30,915 [main] INFO  com.bpm.example.usertask.demo1.RunUserTaskProcessDemo  - 用户任务创建时间为: 2022-04-22 07:50:30
07:50:31,007 [main] INFO  com.bpm.example.usertask.demo1.RunUserTaskProcessDemo  - 第二个任务taskId: 13, taskName为: 经理审批
07:50:31,007 [main] INFO  com.bpm.example.usertask.demo1.RunUserTaskProcessDemo  - 用户任务描述信息为: 这是经理审批环节。
07:50:31,008 [main] INFO  com.bpm.example.usertask.demo1.RunUserTaskProcessDemo  - 用户任务创建时间为: 2022-04-22 07:50:30, 过期时间为: 2022-04-22 09:50:30
```

用户任务需要人工参与办理，因此需要提供将任务分配给不同办理人的机制。Activiti支持多种用户任务分配方式，本章后续会对此分别进行介绍。

13.1.2 用户任务分配给办理人

用户任务可以直接分配给一个用户，这个任务只能出现在该用户的个人任务列表中，而不会出现在其他人的任务列表中。查看和办理这个任务的用户称为办理人。Activiti将用户任务分配给办理人的方式主要有以下两种：

❑ 通过humanPerformer元素定义；
❑ 通过assignee属性定义。

1. 通过humanPerformer元素定义

这是BPMN 2.0规定的标准方式。humanPerformer是UserTask的子元素，采用这种方式，需要为humanPerformer定义一个resourceAssignmentExpression来实际定义办理人，目前Activiti支持通过formalExpression指派：

```xml
<userTask id='userTask1' name='分配给办理人的用户任务' >
    <humanPerformer>
        <resourceAssignmentExpression>
            <formalExpression>hebo</formalExpression>
        </resourceAssignmentExpression>
    </humanPerformer>
</userTask>
```

在以上用户任务定义中，加粗部分的代码将用户任务分配给了办理人hebo。formalExpression除了可以指定固定的办理人，还支持通过表达式定义，在运行期间分配办理人，例如：

```xml
<userTask id="userTask2" name="分配给办理人的用户任务">
    <humanPerformer>
        <resourceAssignmentExpression>
            <formalExpression>${userName}</formalExpression>
        </resourceAssignmentExpression>
    </humanPerformer>
</userTask>
```

在以上用户任务定义中，加粗部分的代码通过formalExpression配置了表达式${userName}作为任务办理人。只需在流程流转到该用户任务之前设置流程变量userName的值，该用户任务创建时就会自动分配给对应的办理人。

2. 通过assignee属性定义

为了简化用户任务办理人的配置，Activiti提供了扩展属性assignee，可以直接将用户任务分配给指定用户。其定义代码如下：

```xml
<userTask id="userTask3" name="分配给办理人的用户任务" activiti:assignee="hebo" />
```

在以上用户任务定义中，加粗部分的代码通过activiti:assignee属性将用户任务分配给了办理人hebo。它和使用humanPerformer元素定义的效果完全一致。assignee属性同样支持通过表达式配置，代码如下：

```xml
<userTask id="userTask4" name="分配给办理人的用户任务" activiti:assignee="${userName}" />
```

在以上用户任务定义中，加粗部分的代码通过activiti:assignee配置了表达式${userName}作为任务办理人。只需在流程流转到该用户任务之前设置流程变量userName的值，该用户任务创建时就会自动分配给对应的办理人。

以上两种直接分配给办理人的任务可以通过taskService服务提供的API查询，示例代码如下：

```java
List<Task> tasks = taskService.createTaskQuery().taskAssignee("hebo").list();
```

在以上代码中，通过API查询了用户hebo作为办理人的任务列表。

在任务已经分配给指定用户的情况下，可以通过taskService服务提供的API重新指定办理人，示例代码如下：

```java
taskService.setAssignee(task.getId(),"liuxiaopeng");
```

其中，第一个参数是任务实例的唯一标识，第二个参数是重新指定为办理人的用户。

13.1.3 用户任务分配给候选人（组）

除了前面介绍的办理人，对用户任务来说还有候选人和候选组两个很重要的概念。可以这么理解：一个用户任务不能预先确定指派给某个办理人，而是可能对该任务进行操作的一批人，即候选人。候选组的概念与候选人比较类似，它不是把任务分配给一个或多个候选人，而是分配给用户组。Activiti支持将任务分配给一个或多个候选人或候选组。候选人或候选组中的用户能同时看到被分配的任务，需要其中一人认领该任务后才能办理。任务被某个候选人认领之后，该候选人将变成该任务的办理人，其他用户将不能再查看和办理该任务。Activiti将用户任务分配给候选人（组）有以下两种方式：

❑ 通过potentialOwner元素定义；

- 通过candidateUsers/candidateGroups属性定义。

1. 通过potentialOwner元素定义

这是BPMN 2.0规定的标准方式。potentialOwner元素与humanPerformer一样，也是UserTask的子元素，其用法也很相似：

```xml
<userTask id='userTask1' name='分配给候选人（组）的用户任务' >
    <potentialOwner>
        <resourceAssignmentExpression>
            <formalExpression>user(hebo),user(liuxiaopeng),group(manager),group(staff)
            </formalExpression>
        </resourceAssignmentExpression>
    </potentialOwner>
</userTask>
```

在以上用户任务定义中，加粗部分的代码将用户任务分配给候选人hebo、liuxiaopeng，以及候选组manager、staff。注意，采用这种方式，需要指定表达式中的每个元素是用户还是群组，如果没有指定，工作流引擎会默认当作群组处理，所以下面的设置与使用group(manager)的效果一致。

```xml
<formalExpression>manager</formalExpression>
```

2. 通过candidateUsers/candidateGroups属性定义

为了简化用户任务办理人的配置，Activiti提供了扩展属性candidateUsers，可以把用户任务分配给候选人。其定义如下：

```xml
<userTask id="userTask1" name="分配给候选人的用户任务"
        activiti:candidateUsers="hebo,liuxiaopeng" />
```

在以上用户任务定义中，加粗部分的代码通过activiti:candidateUsers将用户任务分配给候选人hebo、liuxiaopeng。它和使用potentialOwner定义的效果完全一致。它无须像使用potentialOwner那样通过user(hebo)声明，因为该属性只能用于用户。

Activiti提供了扩展属性candidateGroups，它可以把用户任务分配给候选组。其定义如下：

```xml
<userTask id="userTask2" name="分配给候选组的用户任务"
        activiti:candidateGroups="manager,staff" />
```

在以上用户任务定义中，加粗部分的代码通过activiti:candidateGroups将用户任务分配给候选组manager、staff。它和使用potentialOwner定义的效果完全一致。它无须像使用potentialOwner那样通过group(manager)声明，因为该属性只能用于群组。

注意，可以为一个用户任务同时配置candidateUsers和candidateGroups属性。

以上两种用户作为候选人的任务列表可以通过taskService服务提供的API查询，代码如下：

```java
List<Task> tasks = taskService.createTaskQuery().taskCandidateUser("hebo").list();
```

在以上代码中，通过API查询了用户hebo作为候选人的任务列表。需要注意的是，这不仅会获取hebo作为候选人的任务列表，也会获取所有分配给包含hebo的候选组（如manager组中包含hebo，并且使用了activiti的账号组件）的任务列表。用户所在的群组是在运行阶段获取的，它们可以通过identityService服务进行管理。

通过taskService服务提供的以下API可以查询用户作为办理人和候选人的待办任务列表，代码如下：

```java
List<Task> tasks = taskService.createTaskQuery().taskCandidateOrAssigned("hebo").list();
```

它会返回该用户作为办理人的任务列表，以及作为候选人的任务列表（前提是该任务没有分配办理人，也没有被其他候选人认领）。

候选人认领任务可以通过taskService服务提供的以下API实现，代码如下：

```java
taskService.claim(task.getId(),"hebo");
```

其中第一个参数是任务实例的唯一标识，第二个参数是进行认领操作的用户，候选人认领任务后将转换为任务的办理人。进行任务认领操作需要注意以下两点：

- 如果该任务已经被其他用户认领，或者该任务已分配办理人并且非当前认领人，该接口将会抛出ActivitiTaskAlreadyClaimedException异常；
- 当用户认领任务时，即使该用户不在候选人列表中，依然可以认领任务。

13.1.4 动态分配任务

前两节介绍了可以使用BPMN 2.0的XML元素和Activiti的扩展属性来分配任务办理人、候选人（组），但在实际应用中，用户组和用户均有可能发生变化，所以将其固定配置到流程定义文件中不能满足这类场景。本节将介绍两种动态分配任务的方法。

1. 通过UEL表达式实现动态分配任务

UEL即统一表达式语言（unified expression language），是Java EE 6规范的一部分。Activiti使用UEL进行表达式解析，可在Java服务任务、执行监听器、任务监听器和条件顺序流等需要执行表达式的场景下使用。UEL表达式分为值表达式（UEL-value）和方法表达式（UEL-method）两种类型，对于两者，Activiti均提供了支持。

（1）值表达式

值表达式解析结果为一个值。默认情况下，所有流程变量都可以在表达式中使用。此外，如果Activiti集成了Spring环境，则所有spring-beans都可以在表达式中使用，例如：

```
//使用流程变量
${userName}
//使用spring-bean的属性
${userBean.userName}
```

需要注意的是，上述代码中，第二个表达式需要在userBean中为userName属性调用相应的getter()方法，否则会抛出javax.el.PropertyNotFoundException: Cannot read property userName异常。

（2）方法表达式

方法表达式可以调用不带或带有参数的方法。调用不带参数的方法时，需确保在方法名称后添加空括号（用于将表达式与值表达式区分开）；调用带有参数的方法时，传递的参数可以是文字值或自行解析的表达式，例如：

```
//调用不带参数的方法
${taskAssigneeBean.getMangerOfProcessInitiator()}
//调用带有参数的方法
${taskAssigneeBean.getMangerOfDeptId("EP", execution)}
```

不论是值表达式，还是方法表达式，均支持解析和比较原始类型（primitive）、Java Bean、列表（list）、数组（array）和映射（map）。这些表达式可以使用所有流程变量，同时Activiti还允许使用一些默认对象。

- execution：当前正在运行的执行实例的DelegateExecution对象。
- task：当前正在操作的任务实例的DelegateTask对象，仅在任务监听器求值表达式中有效。
- authenticatedUserId：当前已认证的用户的唯一标识，如果没有用户通过身份验证，则该变量不可用。

前面简单介绍了使用表达式进行分配的方法，下面看一个通过UEL表达式为用户任务进行动态分配的使用示例。图13.3所示流程中包含4个用户任务，每个用户任务都需分配给不同的人员办理。

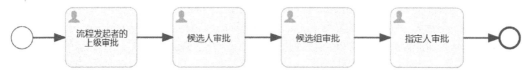

图13.3 通过UEL表达式分配任务示例流程

该流程对应的XML内容如下：

```xml
<process id="AssigneeTaskByUelProcess" name="根据UEL表达式分配用户任务流程" isExecutable="true">
    <startEvent id="startEvent1"/>
    <userTask id="userTask1" name="流程发起者的上级审批"
        activiti:assignee="${taskAssigneeBean.getMangerOfProcessInitiator()}"/>
    <userTask id="userTask2" name="候选人审批"
        activiti:candidateUsers="${taskAssigneeBean.getCandidateUsers()}"/>
    <userTask id="userTask3" name="候选组审批"
        activiti:candidateGroups="${taskAssigneeBean.getCandidateGroups()}"/>
    <userTask id="userTask4" name="指定人审批"
        activiti:assignee="${taskAssigneeBean.designatedUserName}"/>
```

```xml
    <sequenceFlow id="sequenceFlow1" sourceRef="startEvent1" targetRef="userTask1"/>
    <sequenceFlow id="sequenceFlow2" sourceRef="userTask1" targetRef="userTask2"/>
    <sequenceFlow id="sequenceFlow3" sourceRef="userTask2" targetRef="userTask3"/>
    <sequenceFlow id="sequenceFlow4" sourceRef="userTask3" targetRef="userTask4"/>
    <endEvent id="endEvent1"/>
    <sequenceFlow id="sequenceFlow5" sourceRef="userTask4" targetRef="endEvent1"/>
</process>
```

在以上流程定义中，加粗部分的代码定义了以下4个用户任务，均通过UEL表达式实现动态人员分配，分别介绍如下：

- 用户任务userTask1使用activiti:assignee属性指定一个方法表达式，调用taskAssigneeBean的getMangerOfProcessInitiator()方法获取任务办理人；
- 用户任务userTask2使用activiti:candidateUsers属性指定一个方法表达式，调用taskAssigneeBean的getCandidateUsers()方法获取任务候选人；
- 用户任务userTask3使用activiti:candidateGroups属性指定一个方法表达式，调用taskAssigneeBean的getCandidateGroups()方法获取任务候选用户组；
- 用户任务userTask4使用activiti:assignee属性指定一个值表达式，通过taskAssigneeBean的designatedUserName属性设置任务办理人。

在以上流程定义中，用户任务动态分配所使用的UEL表达式调用的taskAssigneeBean是一个普通的Java类，该类的内容如下：

```java
public class TaskAssigneeBean implements Serializable {
    //指定用户办理人
    private String designatedUserName;

    //该方法将获取任务办理人
    public String getMangerOfProcessInitiator() {
        return "hebo";
    }

    //该方法将获取任务候选人
    public List<String> getCandidateUsers() {
        List<String> candidateUsers = new ArrayList<>();
        candidateUsers.add("liuxiaopeng");
        candidateUsers.add("huhaiqin");
        return candidateUsers;
    }

    //该方法将获取任务候选用户组
    public List<String> getCandidateGroups() {
        List<String> candidateGroups = new ArrayList<>();
        candidateGroups.add("group1");
        candidateGroups.add("group2");
        return candidateGroups;
    }

    public String getDesignatedUserName() {
        return designatedUserName;
    }

    public void setDesignatedUserName(String designatedUserName) {
        this.designatedUserName = designatedUserName;
    }
}
```

注意，在以上代码中，taskAssigneeBean的designatedUserName属性增加了getDesignatedUserName()方法（加粗部分的代码），这是因为用户任务userTask4配置的UEL表达式使用taskAssigneeBean的designatedUserName属性设置任务办理人。

另外，由于taskAssigneeBean对象的实例将作为流程变量在整个流程生命周期内被工作流引擎使用，Activiti会将该对象序列化存储到数据库中，在使用时再从数据库中加载并反序列化，所以TaskAssigneeBean必须实现Serializable接口。

加载该流程模型并执行相应流程控制的示例代码如下：

```java
@Slf4j
public class RunAssigneeTaskByUelProcessDemo extends ActivitiEngineUtil {

    SimplePropertyPreFilter identityLinkFilter = new SimplePropertyPreFilter(IdentityLink.class,
        "type","userId","groupId");

    @Test
    public void runAssigneeTaskByUelProcessDemo() {
        //加载Activiti配置文件并初始化工作流引擎及服务
        loadActivitiConfigAndInitEngine("activiti.cfg.xml");
        //部署流程
        ProcessDefinition processDefinition = deployByClasspathResource
            ("processes/AssigneeTaskByUelProcess.bpmn20.xml");

        //初始化taskAssigneeBean
        TaskAssigneeBean taskAssigneeBean = new TaskAssigneeBean();
        //设置designatedUserName属性值
        taskAssigneeBean.setDesignatedUserName("wangjunlin");
        //设置流程变量
        Map variables = new HashMap();
        variables.put("taskAssigneeBean", taskAssigneeBean);
        //发起流程
        ProcessInstance processInstance = runtimeService.startProcessInstanceById
            (processDefinition.getId(), variables);
        //查询第一个任务
        Task firstTask = taskService.createTaskQuery().processInstanceId(processInstance.
            getProcessInstanceId()).singleResult();
        log.info("当前任务为：{}，办理人为：{}", firstTask.getTaskDefinitionKey(),
            firstTask.getAssignee());
        //完成第一个任务
        taskService.complete(firstTask.getId());
        //查询第二个任务
        Task secondTask =
            taskService.createTaskQuery().processInstanceId(processInstance.
            getProcessInstanceId()).singleResult();
        //查询任务的候选人信息
        List<IdentityLink> identityLinkList1 =
            taskService.getIdentityLinksForTask(secondTask.getId());
        log.info("当前任务为：{}，候选用户为：{}", secondTask.getTaskDefinitionKey(),
            JSON.toJSONString(identityLinkList1, identityLinkFilter));
        //候选人liuxiaopeng认领第二个任务
        taskService.claim(secondTask.getId(), "liuxiaopeng");
        //完成第二个任务
        taskService.complete(secondTask.getId());
        //查询第三个任务
        Task thirdTask =
            taskService.createTaskQuery().processInstanceId(processInstance.
            getProcessInstanceId()).singleResult();
        //查询任务的候选组信息
        List<IdentityLink> identityLinkList2 =
            taskService.getIdentityLinksForTask(thirdTask.getId());
        log.info("当前任务为：{}，候选用户组为：{}" ,thirdTask.getTaskDefinitionKey(),
            JSON.toJSONString(identityLinkList2, identityLinkFilter));
        //候选人huhaiqin认领第三个任务（用户huhaiqin是用户组group1的成员）
        taskService.claim(thirdTask.getId(), "huhaiqin");
        //完成第三个任务
        taskService.complete(thirdTask.getId());
        //查询第四个任务
        Task fourthTask =
            taskService.createTaskQuery().processInstanceId(processInstance.
            getProcessInstanceId()).singleResult();
        log.info("当前任务为：{}，办理人为：
            {}", fourthTask.getTaskDefinitionKey(), fourthTask.getAssignee());
        //完成第四个任务
        taskService.complete(fourthTask.getId());
```

```
        //关闭工作流引擎
        closeEngine();
    }
}
```

以上代码先初始化工作流引擎并部署流程，然后初始化taskAssigneeBean并作为流程变量发起流程（加粗部分的代码），最后依次查询并办理各个用户任务，同时输出各用户任务的办理人、候选用户/候选用户组信息。代码运行结果如下：

```
07:53:52,128 [main] INFO   com.bpm.example.usertask.demo2.RunAssigneeTaskByUelProcessDemo
- 当前任务为: userTask1, 办理人为: hebo
07:53:52,261 [main] INFO   com.bpm.example.usertask.demo2.RunAssigneeTaskByUelProcessDemo
- 当前任务为: userTask2, 候选用户为:
[{"type":"candidate","userId":"liuxiaopeng"},{"type":"candidate","userId":"huhaiqin"}]
07:53:52,300 [main] INFO   com.bpm.example.usertask.demo2.RunAssigneeTaskByUelProcessDemo
- 当前任务为: userTask3, 候选用户组为:
[{"groupId":"group1","type":"candidate"},{"groupId":"group2","type":"candidate"}]
07:53:52,323 [main] INFO   com.bpm.example.usertask.demo2.RunAssigneeTaskByUelProcessDemo
- 当前任务为: userTask4, 办理人为: wangjunlin
```

从代码运行结果可知，用户任务userTask1分配给了办理人hebo，用户任务userTask2分配给了候选人liuxiaopeng和huhaiqin，用户任务userTask3分配给了候选组group1和group2，用户任务userTask4分配给了办理人wangjunlin。

2．通过任务监听器实现动态分配任务

Activiti提供了任务监听器，允许在任务执行过程中执行特定的Java程序或者表达式。通过这个机制，可以在监听器中使用编码方式实现动态分配任务。下面展示一个通过Activiti任务监听器为用户任务进行动态分配的使用示例。图13.4所示的流程中包含4个用户任务，每个任务都要分配给不同的人员办理。

图13.4　通过任务监听器动态分配任务示例流程

该流程对应的XML内容如下：

```xml
<process id="AssigneeTaskByTaskListenerProcess" name="使用任务监听器分配用户任务流程" isExecutable="true">
    <startEvent id="startEvent1"/>
    <userTask id="userTask1" name="流程发起者的上级审批">
        <extensionElements>
            <activiti:taskListener event="create"
                class="com.bpm.example.usertask.demo2.listener.UserTaskListener"/>
        </extensionElements>
    </userTask>
    <userTask id="userTask2" name="候选人审批">
        <extensionElements>
            <activiti:taskListener event="create"
                class="com.bpm.example.usertask.demo2.listener.UserTaskListener"/>
        </extensionElements>
    </userTask>
    <userTask id="userTask3" name="候选组审批">
      <extensionElements>
         <activiti:taskListener event="create"
                class="com.bpm.example.usertask.demo3.listener.UserTaskListener"/>
         </extensionElements>
    </userTask>
    <userTask id="userTask4" name="指定人审批">
        <extensionElements>
            <activiti:taskListener event="create"
                class="com.bpm.example.usertask.demo3.listener.UserTaskListener"/>
        </extensionElements>
    </userTask>
    <sequenceFlow id="sequenceFlow1" sourceRef="startEvent1" targetRef="userTask1"/>
```

```xml
        <sequenceFlow id="sequenceFlow2" sourceRef="userTask1" targetRef="userTask2"/>
        <sequenceFlow id="sequenceFlow3" sourceRef="userTask2" targetRef="userTask3"/>
        <sequenceFlow id="sequenceFlow4" sourceRef="userTask3" targetRef="userTask4"/>
        <endEvent id="endEvent1"/>
        <sequenceFlow id="sequenceFlow5" sourceRef="userTask4" targetRef="endEvent1"/>
</process>
```

在以上流程定义中，加粗部分的代码定义了4个用户任务，它们均使用activiti:taskListener元素定义任务监听器。这些任务监听器会在任务创建（event属性为create）时执行。activiti:taskListener元素并不属于BPMN 2.0规范，而是由Activiti扩展出来的元素。流程定义中各用户任务的任务监听器UserTaskListener内容如下：

```java
public class UserTaskListener implements TaskListener {

    @Override
    public void notify(DelegateTask delegateTask) {
        switch (delegateTask.getTaskDefinitionKey()){
            case "userTask1":
                //为用户任务userTask1设置办理人
                delegateTask.setAssignee("hebo");
                break;
            case "userTask2":
                //为用户任务userTask2设置候选人
                List<String> candidateUsers = Arrays.asList("liuxiaopeng","huhaiqin");
                delegateTask.addCandidateUsers(candidateUsers);
                break;
            case "userTask3":
                //为用户任务userTask3设置候选组
                List<String> candidateGroups = Arrays.asList("group1","group2");
                delegateTask.addCandidateGroups(candidateGroups);
                break;
            case "userTask4":
                //为用户任务userTask4设置办理人
                String designatedUserName
                    = (String)delegateTask.getVariable("designatedUserName");
                delegateTask.setAssignee(designatedUserName);
                break;
        }
    }
}
```

在以上代码中，任务监听器UserTaskListener实现了org.activiti.engine.delegate.TaskListener接口，并重写了notify()方法，核心逻辑是根据不同的用户任务使用DelegateTask对象进行任务分配：

- 用户任务userTask1和用户任务userTask4使用setAssignee()方法设置办理人；
- 用户任务userTask2使用addCandidateUsers()方法批量设置候选人，单个设置候选人可使用addCandidateUser()方法；
- 用户任务userTask3使用addCandidateGroups()方法批量设置候选组，单个设置候选组还可以使用addCandidateGroup()方法。

加载该流程模型并执行相应流程控制的示例代码如下：

```java
@Slf4j
public class RunAssigneeTaskByTaskListenerProcessDemo extends ActivitiEngineUtil {

    SimplePropertyPreFilter identityLinkFilter =
        new SimplePropertyPreFilter(IdentityLink.class,
            "type","userId","groupId");

    @Test
    public void runAssigneeTaskByTaskListenerProcessDemo() {
        //加载Activiti配置文件并初始化工作流引擎及服务
        loadActivitiConfigAndInitEngine("activiti.cfg.xml");
        //部署流程
        ProcessDefinition processDefinition =
deployByClasspathResource("processes/AssigneeTaskByTaskListenerProcess.bpmn20.xml");

        //设置流程变量
        Map variables = new HashMap();
```

```java
        variables.put("designatedUserName", "wangjunlin");
        //发起流程
        ProcessInstance processInstance =
    runtimeService.startProcessInstanceById(processDefinition.getId(), variables);
        //查询第一个任务
        Task firstTask =
            taskService.createTaskQuery().processInstanceId(processInstance.
            getProcessInstanceId()).singleResult();
        log.info("当前任务为: {}, 办理人为: {}",
            firstTask.getTaskDefinitionKey(), firstTask.getAssignee());
        //完成第一个任务
        taskService.complete(firstTask.getId());
        //查询第二个任务
        Task secondTask =
            taskService.createTaskQuery().processInstanceId(processInstance.
            getProcessInstanceId()).singleResult();
        //查询任务的候选人信息
        List<IdentityLink> identityLinkList1 =
            taskService.getIdentityLinksForTask(secondTask.getId());
        log.info("当前任务为: {}, 候选用户为: {}", secondTask.getTaskDefinitionKey(),
            JSON.toJSONString(identityLinkList1, identityLinkFilter));
        //候选人liuxiaopeng认领第二个任务
        taskService.claim(secondTask.getId(), "liuxiaopeng");
        //完成第二个任务
        taskService.complete(secondTask.getId());
        //查询第三个任务
        Task thirdTask =
            taskService.createTaskQuery().processInstanceId(processInstance.
            getProcessInstanceId()).singleResult();
        //查询任务的候选组信息
        List<IdentityLink> identityLinkList2 =
            taskService.getIdentityLinksForTask(thirdTask.getId());
        log.info("当前任务为: {}, 候选用户组为: {}", thirdTask.getTaskDefinitionKey(),
            JSON.toJSONString(identityLinkList2, identityLinkFilter));
        //候选人xuqiangwei认领第三个任务(用户xuqiangwei是用户组group1的成员)
        taskService.claim(thirdTask.getId(), "xuqiangwei");
        //完成第三个任务
        taskService.complete(thirdTask.getId());
        //查询第四个任务
        Task fourthTask =
            taskService.createTaskQuery().processInstanceId(processInstance.
            getProcessInstanceId()).singleResult();
        log.info("当前任务为: {}, 办理人为: {}", fourthTask.getTaskDefinitionKey(),
            fourthTask.getAssignee());
        //完成第四个任务
        taskService.complete(fourthTask.getId());

        //关闭工作流引擎
        closeEngine();
    }
}
```

以上代码先初始化工作流引擎并部署流程,设置流程变量、发起流程(加粗部分的代码),然后依次查询并办理各个用户任务,同时输出各用户任务的办理人、候选用户(用户组)信息。代码运行结果如下:

```
07:58:17,498 [main] INFO   com.bpm.example.usertask.demo3.RunAssigneeTaskByTaskListenerP
rocessDemo    - 当前任务为: userTask1, 办理人为: hebo
07:58:17,608 [main] INFO   com.bpm.example.usertask.demo3.RunAssigneeTaskByTaskListenerP
rocessDemo    - 当前任务为: userTask2, 候选用户为:
[{"type":"candidate","userId":"liuxiaopeng"},{"type":"candidate","userId":"huhaiqin"}]
07:58:17,628 [main] INFO   com.bpm.example.usertask.demo3.RunAssigneeTaskByTaskListenerP
rocessDemo    - 当前任务为: userTask3, 候选用户组为:
[{"groupId":"group1","type":"candidate"},{"groupId":"group2","type":"candidate"}]
07:58:17,638 [main] INFO   com.bpm.example.usertask.demo3.RunAssigneeTaskByTaskListenerP
rocessDemo    - 当前任务为: userTask4, 办理人为: wangjunlin
```

从代码运行结果可知,用户任务userTask1分配给了办理人hebo,用户任务userTask2分配给了候选人liuxiaopeng和huhaiqin,用户任务userTask3分配给了候选组group1和group2,用户任务userTask4分配给了办理人wangjunlin。

13.2 手动任务

手动任务指BPMN工作流引擎外部的任务，一般用于完善流程结构描述，不被工作流引擎执行。对于工作流引擎而言，手动任务作为直接通过的活动处理。在Activiti中手动任务作为一个空任务处理，当流程执行到此任务时直接离开继续流转流程。如果工作流引擎历史数据级别配置为activity、audit或full，工作流引擎会记录流程历史数据。

13.2.1 手动任务介绍

手动任务是预期在没有任何工作流引擎或应用程序帮助下执行的任务，用于建模那些工作流引擎无须关注的、由人所做的工作，通常指需要线下人工处理的活动，如由电话技术人员在客户位置安装电话。手工任务是一个自动执行的流程活动，工作流引擎仅记录相关的流程历史数据，无法通过taskService查询。

1. 图形标记

手工任务表示为左上角带有手型图标的圆角矩形，如图13.5所示。

图13.5 手动任务图形标记

2. XML内容

手动任务使用manualTask元素定义，其定义格式如下：

```xml
<manualTask id="manualTask1" name="手动任务" />
```

13.2.2 手动任务使用示例

下面看一个手动任务的使用示例，如图13.6所示。该流程为奖品兑换流程：当客户发起流程提交"奖品兑换申请"后，先流转到"主办方审核"用户任务，操作完成后流转到"奖品发放"手动任务，任务自动流转直到流程结束。

图13.6 手动任务示例流程

该流程对应的XML内容如下：

```xml
<process id="ManualTaskProcess" name="手动任务流程" isExecutable="true">
    <startEvent id="startEvent1"/>
    <userTask id="userTask1" name="奖品兑换申请"/>
    <userTask id="userTask2" name="主办方审核"/>
    <!-- 定义手动任务 -->
    <manualTask id="manualTask1" name="奖品发放">
        <documentation>这是手动任务,会自动完成</documentation>
        <extensionElements>
            <activiti:executionListener event="start"
                class="com.bpm.example.manualtask.demo.listener.ManualTaskExecutionListener"/>
        </extensionElements>
    </manualTask>
    <endEvent id="endEvent1"/>
    <sequenceFlow id="sequenceFlow1" sourceRef="startEvent1" targetRef="userTask1"/>
    <sequenceFlow id="sequenceFlow2" sourceRef="userTask1" targetRef="userTask2"/>
    <sequenceFlow id="sequenceFlow3" sourceRef="userTask2" targetRef="manualTask1"/>
    <sequenceFlow id="sequenceFlow4" sourceRef="manualTask1" targetRef="endEvent1"/>
</process>
```

在以上流程定义中，加粗部分的代码定义了手动任务manualTask1，它使用activiti:executionListener元素定义了一个执行监听器，该执行监听器会在手动任务创建（event属性为start）时执行。activiti:executionListener元素并不属于BPMN 2.0规范，而是由Activiti扩展出来的元素。流程定义中手动任务的执行监听器ManualTaskExecutionListener内容如下：

```java
@Slf4j
public class ManualTaskExecutionListener implements ExecutionListener {
```

```java
    @Override
    public void notify(DelegateExecution execution) {
        //获取当前节点信息
        FlowElement currentFlowElement = execution.getCurrentFlowElement();
        log.info("到达手动任务，当前节点名称：{}，备注：{}", currentFlowElement.getName(),
            currentFlowElement.getDocumentation());
        log.info("处理结果：奖品线下发放完成！ ");
    }
}
```

在以上代码中，ManualTaskExecutionListener实现了org.activiti.engine.delegate.ExecutionListener接口，重写了其notify()方法，输出了当前节点信息和处理结果信息。

加载该流程模型并执行相应流程控制的示例代码如下：

```java
@Slf4j
public class RunManualTaskProcessDemo extends ActivitiEngineUtil {

    @Test
    public void runManualTaskProcessDemo() {
        //加载Activiti配置文件并初始化工作流引擎及服务
        loadActivitiConfigAndInitEngine("activiti.cfg.xml");
        //部署流程
        ProcessDefinition processDefinition =
            deployByClasspathResource("processes/ManualTaskProcess.bpmn20.xml");

        //启动流程
        ProcessInstance processInstance =
            runtimeService.startProcessInstanceById(processDefinition.getId());
        //查询第一个任务
        Task firstTask =
            taskService.createTaskQuery().processInstanceId(processInstance.
            getProcessInstanceId()).singleResult();
        log.info("即将完成第一个任务，当前任务名称：{}", firstTask.getName());
        //完成第一个任务
        taskService.complete(firstTask.getId());
        //查询第二个任务
        Task secondTask =
            taskService.createTaskQuery().processInstanceId(processInstance.
            getProcessInstanceId()).singleResult();
        log.info("即将完成第二个任务，当前任务名称：{}", secondTask.getName());
        //完成第二个任务
        taskService.complete(secondTask.getId());
        //查询历史流程实例
        HistoricProcessInstance historicProcessInstance =
            historyService.createHistoricProcessInstanceQuery().processInstanceId
                (processInstance.getProcessInstanceId()).singleResult();
        if (historicProcessInstance.getEndTime() != null) {
            SimpleDateFormat simpleDateFormat =
                new SimpleDateFormat("yyyy-MM-dd HH:mm:ss");
            log.info("当前流程已结束，结束时间：{}",
                simpleDateFormat.format(historicProcessInstance.getEndTime()));
        }

        //关闭工作流引擎
        closeEngine();
    }
}
```

以上代码先初始化工作流引擎并部署流程，在发起流程后，依次查询并办理前两个用户任务，最后查询历史流程实例，并根据流程结束时间判定流程状态。代码运行结果如下：

```
08:03:55,621 [main] INFO  com.bpm.example.manualtask.demo.RunManualTaskProcessDemo  - 即将完成第一个任务，当前任务名称：奖品兑换申请
08:03:55,643 [main] INFO  com.bpm.example.manualtask.demo.RunManualTaskProcessDemo  - 即将完成第二个任务，当前任务名称：主办方审核
08:03:55,643 [main] INFO  com.bpm.example.manualtask.demo.listener.ManualTaskExecutionListener  - 到达手动任务，当前节点名称：奖品发放，备注：这是手动任务，会自动完成
```

```
08:03:55,643 [main] INFO  com.bpm.example.manualtask.demo.listener.ManualTaskExecutionL
istener    - 处理结果：奖品线下发放完成!
08:03:55,673 [main] INFO  com.bpm.example.manualtask.demo.RunManualTaskProcessDemo    -
当前流程已结束，结束时间：2022-04-22 08:03:55
```

从代码运行结果可知，流程流转到手动任务后，会继续流转直至流程结束。

13.3 接收任务

接收任务和手动任务类似，不同之处在于手动任务会直接通过，而接收任务则会停下来等待触发，只有被触发才会继续流转。

13.3.1 接收任务介绍

接收任务通常用于表示由外部完成的但需要耗费一定时间的工作，当流程流转到接收任务时，流程状态会持久化到数据库中，这意味着该流程将一直处于等待状态，等待被触发。当完成工作后，需要触发流程离开接收任务才能继续流转，在Activiti中可以调用运行时服务的trigger()系列方法实现。runtimeService.trigger()系列方法如表13.1所示。

表13.1 runtimeService.trigger()系列方法

API方法	含义
trigger(String executionId)	触发指定的执行流
trigger(String executionId, Map<String, Object> processVariables)	触发指定的执行流，同时传递流程变量
trigger(String executionId, Map<String, Object> processVariables, Map<String, Object> transientVariables)	触发指定的执行流，同时传递流程变量和瞬时变量

1. 图形标记

接收任务表示为左上角带有消息图标的圆角矩形，如图13.7所示。
需要注意的是，接收任务中的消息图标是未填充的。

2. XML内容

接收任务使用receiveTask元素定义，其定义格式如下：

图13.7 接收任务图形标记

```
<receiveTask id="receiveTask1" name="接收任务" />
```

13.3.2 接收任务使用示例

下面看一个接收任务的使用示例，如图13.8所示。该流程为账号激活流程：当客户账号激活申请提交后，先流转到"管理员审核"用户任务，操作完成后流转到"等待激活结果"接收任务，被触发后继续流转，直到结束。

图13.8 接收任务示例流程

该流程对应的XML内容如下：

```xml
<process id="receiveTaskProcess" name="接收任务流程" isExecutable="true">
    <startEvent id="startEvent1"/>
    <userTask id="userTask1" name="账号激活申请"/>
    <!-- 定义接收任务 -->
    <receiveTask id="receiveTask1" name="等待激活结果">
        <documentation>这是接收任务，等待触发后流程离开继续往下执行</documentation>
        <extensionElements>
            <activiti:executionListener event="end"
class="com.bpm.example.receivetask.demo.listener.ReceiveTaskExecutionListener"/>
        </extensionElements>
```

```xml
    </receiveTask>
    <endEvent id="endEvent1"/>
    <userTask id="userTask2" name="管理员审核"/>
    <sequenceFlow id="sequenceFlow1" sourceRef="startEvent1"
        targetRef="userTask1"/>
    <sequenceFlow id="sequenceFlow2" sourceRef="userTask1"
        targetRef="userTask2"/>
    <sequenceFlow id="sequenceFlow3" sourceRef="userTask2"
        targetRef="receiveTask1"/>
    <sequenceFlow id="sequenceFlow4" sourceRef="receiveTask1"
        targetRef="endEvent1"/>
</process>
```

在以上流程定义中，加粗部分的代码定义了接收任务receiveTask1，它使用activiti:executionListener元素定义了一个执行监听器。该执行监听器会在接收任务结束（event属性为end）时执行。流程定义中接收任务的执行监听器ReceiveTaskExecutionListener内容如下：

```java
@Slf4j
public class ReceiveTaskExecutionListener implements ExecutionListener {

    @Override
    public void notify(DelegateExecution execution) {
        FlowElement currentFlowElement = execution.getCurrentFlowElement();
        log.info("当前为接收任务，节点名称：{}，备注：{}", currentFlowElement.getName(),
            currentFlowElement.getDocumentation());
        String result = (String)execution.getVariable("result");
        log.info("接收任务已被触发，处理结果为：{}", result);
    }
}
```

在以上代码中，ReceiveTaskExecutionListener实现了org.activiti.engine.delegate.ExecutionListener接口，重写了其notify()方法，这里输出了当前节点信息和处理结果信息。

加载该流程模型并执行相应流程控制的示例代码如下：

```java
@Slf4j
public class RunReceiveTaskProcessDemo extends ActivitiEngineUtil {

    @Test
    public void runReceiveTaskProcessDemo() {
        //加载Activiti配置文件并初始化工作流引擎及服务
        loadActivitiConfigAndInitEngine("activiti.cfg.xml");
        //部署流程
        ProcessDefinition processDefinition =
            deployByClasspathResource("processes/ReceiveTaskProcess.bpmn20.xml");

        //发起流程
        ProcessInstance processInstance =
            runtimeService.startProcessInstanceById(processDefinition.getId());
        //查询第一个任务
        Task firstTask =
            taskService.createTaskQuery().processInstanceId(processInstance.
            getProcessInstanceId()).singleResult();
        log.info("即将完成第一个任务，当前任务名称：{}", firstTask.getName());
        //完成第一个任务
        taskService.complete(firstTask.getId());
        //查询第二个任务
        Task secondTask =
            taskService.createTaskQuery().processInstanceId(processInstance.
            getProcessInstanceId()).singleResult();
        log.info("即将完成第二个任务，当前任务名称：{}", secondTask.getName());
        //完成第二个任务
        taskService.complete(secondTask.getId());
        //查询执行到此接收任务的执行实例
        Execution execution = runtimeService.createExecutionQuery()
            .processInstanceId(processInstance.getId()) //使用流程实例ID查询
            .activityId("receiveTask1")  //当前活动的ID，对应BPMN文件中类型为
                                        //ReceiveTask的节点ID
            .singleResult();
```

```
    //设置流程变量
    Map variables = new HashMap<>();
    variables.put("result", "账号成功激活！");
    //触发流程离开接收任务继续向下执行
    runtimeService.trigger(execution.getId(), variables);
    //查询历史流程实例
    HistoricProcessInstance historicProcessInstance =
        historyService.createHistoricProcessInstanceQuery().processInstanceId
        (processInstance.getProcessInstanceId()).singleResult();
    if (historicProcessInstance.getEndTime() != null) {
        SimpleDateFormat simpleDateFormat = new SimpleDateFormat("yyyy-MM-dd HH:mm:ss");
        log.info("当前流程已结束，结束时间：{}",
            simpleDateFormat.format(historicProcessInstance.getEndTime()));
    }

    //关闭工作流引擎
    closeEngine();
  }
}
```

以上代码先初始化工作流引擎并部署流程，发起流程后，依次查询并办理前两个用户任务，使流程流转到接收任务；根据流程实例编号、活动节点编号查询执行到此接收任务的执行实例，设置流程变量并调用运行时服务的trigger(executionId, processVariables)方法（加粗部分的代码）触发流程；查询历史流程实例，并根据流程结束时间判定流程状态。代码运行结果如下：

```
08:08:09,853 [main] INFO  com.bpm.example.receivetask.demo.RunReceiveTaskProcessDemo -
 即将完成第一个任务,当前任务名称：账号激活申请
08:08:09,863 [main] INFO  com.bpm.example.receivetask.demo.RunReceiveTaskProcessDemo -
 即将完成第二个任务,当前任务名称：管理员审核
08:08:09,893 [main] INFO  com.bpm.example.receivetask.demo.listener.ReceiveTaskExecutio
nListener    - 当前为接收任务,节点名称：等待激活结果,备注：这是接收任务,等待触发后流程离开,继续向下执
行
08:08:09,893 [main] INFO  com.bpm.example.receivetask.demo.listener.ReceiveTaskExecutio
nListener    - 接收任务已被触发,处理结果为：账号成功激活！
08:08:09,913 [main] INFO  com.bpm.example.receivetask.demo.RunReceiveTaskProcessDemo -
 当前流程已结束,结束时间：2022-04-22 08:08:09
```

从代码运行结果可知，接收任务被触发后流程将离开并继续往下流转，直至结束。

13.4 本章小结

本章主要介绍了Activiti支持的用户任务、手动任务和接收任务。用户任务指业务流程中需要由人参与完成的工作，可以在流程定义中通过BPMN 2.0标准规范或Activiti扩展方式指派给固定的办理人、候选人（组），也可以通过UEL表达式或任务监听器灵活地进行动态分配。手动任务和接收任务是两种特定的流程节点。手动任务用于表示不需要任何程序或工作流引擎驱动而自动执行的任务，接收任务用于表示使流程处于一种等待状态的任务，需要被触发才继续执行。这3类任务节点各有特点，读者可根据实际需求场景灵活运用。

第 14 章
服务任务、脚本任务和业务规则任务

本章将介绍Activiti支持的3种任务节点：服务任务（service task）、脚本任务（script task）和业务规则任务（business rule task）。服务任务、脚本任务和业务规则任务都是无须人工参与的自动化任务，其中，服务任务可自动执行一段Java程序，脚本任务可用于执行一段脚本代码，而业务规则任务可用于执行一条或多条规则，3种任务可以实现不同场景的流程建模。

14.1 服务任务

服务任务不同于用户任务，用户任务需要人工处理，而服务任务是一种自动化任务。在Activiti中，当流程流转到服务任务时，会自动执行服务任务中编写的Java程序。Java程序执行完毕后，流程将沿服务任务的外出顺序流继续流转。

14.1.1 服务任务介绍

服务任务是一种自动执行的活动，无须人工参与，可以通过调用Java代码实现自定义的业务逻辑。

1. 图形标记

服务任务表示为左上角带有齿轮图标的圆角矩形，如图14.1所示。

图14.1 服务任务图形标记

2. XML内容

服务任务由serviceTask元素定义。Activiti提供了3种方法来声明Java调用逻辑，用于指定该服务任务所要调用的Java类或Spring容器的Bean（如果已集成Spring）。

（1）通过activiti:class属性指定一个Java类

通过这种方式指定一个在流程流转到服务任务时所要调用的Java类，需要在serviceTask的activiti:class属性中指定合法的全路径类名，该类必须实现JavaDelegate或者ActivityBehavior接口，下面分别进行介绍。

若指定为实现JavaDelegate接口的Java类，则示例代码如下：

```xml
<serviceTask id="serviceTask1"
    name="服务任务"
    activiti:class="com.bpm.example.servicetask.demo1.delegate.MyJavaDelegate" />
```

在以上服务任务定义中，加粗部分的代码通过activiti:class属性指定调用的Java类为com.bpm.example.servicetask.demo1.delegate.MyJavaDelegate。该类实现了org.activiti.engine.delegate.JavaDelegate接口，并重写了其execute()方法，代码如下：

```java
public class MyJavaDelegate implements JavaDelegate {

    @Override
    public void execute(DelegateExecution execution) {
        //在这里编写服务任务调用逻辑
    }
}
```

若指定为实现ActivityBehavior接口的Java类，则示例代码如下：

```xml
<serviceTask id="serviceTask2"
    name="服务任务"
    activiti:class="com.bpm.example.servicetask.demo1.behavior.MyActivityBehavior" />
```

在以上服务任务定义中，加粗部分的代码通过activiti:class属性指定调用的Java类为com.bpm.example.servicetask.demo1.behavior.MyActivityBehavior。该类实现了org.activiti.engine.impl.delegate.ActivityBehavior

接口，并重写了其execute()方法，代码如下：
```
public class MyActivityBehavior implements ActivityBehavior {

    @Override
    public void execute(DelegateExecution execution) {
        //在这里编写服务任务调用逻辑
    }
}
```

以上两种方式通过activiti:class属性指定服务任务执行的Java类，当流程流转到服务任务时，工作流引擎会调用该Java类的execute()方法执行事先定义的业务逻辑。如果在execute()方法中需要用到流程实例、流程变量等，可以通过DelegateExecution来获取和操作。

需要注意的是，流程定义中由服务任务使用activiti:class属性指定的Java类不会在流程部署时实例化。服务任务通过activiti:class属性指定的Java类只会创建一个实例，即只有当流程初次流转到调用该Java类的服务任务时，才会实例化一个对象，该对象会被复用。所有的流程实例都会共享相同的类实例，并调用其execute()方法。这就意味着，如果该Java类中使用了成员变量，必须保证线程安全（在多线程运行环境下，每次调用都能得到正确的逻辑结果）。这也会影响属性注入的处理方式，该部分内容会在14.1.2小节中进行介绍。

如果找不到指定的Java类，引擎会抛出一个org.activiti.engine.ActivitiException异常。

（2）通过activiti:delegateExpression使用委托表达式指定

这种方式可以通过activiti:delegateExpression属性指定为解析结果为对象的表达式，该对象必须遵循与使用activiti:class属性时创建的对象相同的规则：
```
<serviceTask id="serviceTask3"
    name="服务任务"
    activiti:delegateExpression="${delegateExpressionBean}" />
```

在以上服务任务定义中，加粗部分的代码通过activiti:delegateExpression属性指定委托表达式为${delegateExpressionBean}。其中，delegateExpressionBean是一个实现JavaDelegate接口的Bean，在表达式调用之前需要初始化到流程变量中，或者注册在Spring容器中。委托表达式中只需指定Bean的名称，无须指定方法名，工作流引擎会自动调用其execute()方法。

（3）通过activiti:expression属性使用UEL表达式指定

这种方式可以通过activiti:expression属性指定为UEL方法表达式或值表达式，调用一个普通Java Bean的方法或属性，在表达式调用之前需要将其初始化到流程变量中，或者注册在Spring容器中。与通过activiti:delegateExpression属性指定方式不同，通过activiti:expression属性指定的表达式调用的Bean不需要实现JavaDelegate接口，表达式中必须指定调用的方法名或属性名。

若指定为UEL方法表达式，则示例代码如下：
```
<serviceTask id="serviceTask4"
    name="服务任务"
    activiti:expression="${businessBean.calculateMount1()}" />
```

在以上服务任务定义中，加粗部分的代码通过activiti:expression属性指定UEL表达式为${businessBean.calculateMount1()}，表示服务任务调用businessBean对象的calculateMount1（无参数）方法。

同样地，通过UEL方法表达式也可以指定为带参数的表达式，示例代码如下：
```
<serviceTask id="serviceTask5"
    name="服务任务"
    activiti:expression="${businessBean.calculateMount2(execution, money)}" />
```

在以上服务任务定义中，加粗部分的代码通过activiti:expression属性指定UEL表达式为${businessBean.calculateMount2(execution, money)}，表示服务任务调用businessBean对象的calculateMount2()方法。该方法第一个参数是DelegateExecution，在表达式环境中默认名称为execution；第二个参数是当前流程实例中名为money的流程变量。

若指定为UEL值表达式，则示例代码如下：
```
<serviceTask id="serviceTask6"
    name="服务任务"
    activiti:expression="${businessBean.total}" />
```

在以上服务任务定义中，加粗部分的代码通过activiti:expression属性指定UEL表达式为${businessBean.total}，表示服务任务会获取businessBean的total属性的值，实质是调用其getTotal()方法。

以上几种通过activiti:expression属性指定的UEL表达式中都使用了businessBean，其内容如下：

```java
public class BusinessBean implements Serializable {
    @Setter
    @Getter
    private float total;

    /**
     * 无参表达式
     */
    public void calculateMount1() {
        //此处省略方法逻辑代码
    }

    /**
     * 带参数的表达式
     * @param execution    DelegateExecution对象
     * @param money        名称为money的流程变量
     */
    public void calculateMount2(DelegateExecution execution, float money) {
        //此处省略方法逻辑代码
    }
}
```

从以上代码中可知，该类是一个普通的Java Bean，其中成员变量total、方法calculateMount1()和calculateMount2()分别对应前面介绍的通过activiti:expression属性指定的UEL值表达式、无参表达式和有参表达式。

14.1.2 服务任务的属性注入

14.1.1小节介绍了服务任务可以调用指定的Java类或者表达式，本小节继续介绍调用过程中的属性注入。通过activiti:class指定实现JavaDelegate接口的类，或通过activiti:delegateExpression指定委托表达式，都可以实现为属性注入数据的目的。Activiti支持如下类型的注入。

❑ 固定字符串。对于某些常量，可以直接在流程定义中配置字符串注入。
❑ 表达式。对于某些变量或者对象，可以将其配置为UEL表达式注入。

按照BPMN 2.0 XML Schema规范要求，服务任务要注入的属性必须嵌入服务任务定义的extensionElements子元素中，并使用activiti:field元素声明。下面分别针对这两种方式进行介绍。

图14.2 服务任务示例流程（1）

1. 固定的字符串注入

下面看一个将常量值注入到服务任务指定的Java类中声明的字段的示例，设计如图14.2所示的流程。

该流程对应的XML内容如下：

```xml
<process id="ServiceTaskStringFieldInjectedProcess" name="服务任务示例流程" isExecutable="true">
    <startEvent id="startEvent1"/>
    <serviceTask id="serviceTask1" name="计算总价服务任务"
        activiti:class="com.bpm.example.servicetask.demo1.delegate.
        CalculationStringFieldInjectedJavaDelegate">
        <extensionElements>
            <activiti:field name="unitPrice" stringValue="100.00" />
            <activiti:field name="quantity" stringValue="10" />
            <activiti:field name="description">
                <activiti:string>这是一段比较长的描述信息</activiti:string>
            </activiti:field>
        </extensionElements>
    </serviceTask>
    <endEvent id="endEvent1">
```

```xml
        </endEvent>
        <sequenceFlow id="sequenceFlow1" sourceRef="startEvent1" targetRef="serviceTask1"/>
        <sequenceFlow id="sequenceFlow2" sourceRef="serviceTask1" targetRef="endEvent1"/>
</process>
```

在以上流程定义中，加粗部分的代码定义了服务任务serviceTask1，它通过activiti:class属性指定调用的Java类为com.bpm.example.servicetask.demo1.delegate.CalculationStringFieldInjectedJavaDelegate，在其嵌入的extensionElements子元素中通过activiti:field子元素分别定义了name属性为unitPrice、quantity和description的3个字段，stringValue属性为该字段的值。对于长文本（如这里的description字段），可以使用activiti:string子元素赋值。CalculationStringFieldInjectedJavaDelegate类的代码如下：

```java
@Slf4j
public class CalculationStringFieldInjectedJavaDelegate implements JavaDelegate {
    @Setter
    private Expression unitPrice;
    @Setter
    private Expression quantity;
    @Setter
    private Expression description;

    public void execute(DelegateExecution execution) {
        //读取注入的unitPrice字段值
        double unitPriceNum = Double.valueOf((String) unitPrice.getValue(execution));
        //读取注入的quantity字段值
        int quantityNum = Integer.valueOf((String) quantity.getValue(execution));
        //读取注入的description字段值
        String descriptionStr = (String) description.getValue(execution);
        double totalAmount = unitPriceNum * quantityNum;
        log.info("单价：{}, 数量：{}, 总价：{}", unitPriceNum, quantityNum, totalAmount);
        log.info("描述信息：{}", descriptionStr);
        //将totalAmount放入流程变量中
        execution.setVariable("totalAmount", totalAmount);
    }
}
```

在以上代码段中的加粗部分定义了3个属性：unitPrice、quantity和description。这与服务任务定义中声明要注入的属性名一致。这些属性都提供了setter()方法（这里使用Lombok的@Setter注解实现），并且属性类型均为org.activiti.engine.delegate.Expression，通过调用它们的getValue(execution)方法即可得到注入的属性值。execute()方法的核心逻辑是，先通过调用属性的getValue(execution)方法分别获取注入的属性值，然后进行计算操作并输出日志，最后将计算结果放入流程变量中。需要注意的是，无论在服务任务定义中声明的属性值是什么类型，注入目标Java类中的属性类型都应该为org.activiti.engine.delegate.Expression，经表达式解析后可以将其转换为对应的类型。

加载该流程模型并执行相应流程控制的示例代码如下：

```java
@Slf4j
public class RunServiceTaskStringFieldInjectedProcessDemo extends ActivitiEngineUtil {

    @Test
    public void runServiceTaskStringFieldInjectedProcessDemo() {
        //加载Activiti配置文件并初始化工作流引擎及服务
        loadActivitiConfigAndInitEngine("activiti.cfg.xml");
        //部署流程
        ProcessDefinition processDefinition =
deployByClasspathResource("processes/ServiceTaskStringFieldInjectedProcess.bpmn20.xml");

        //发起流程
        ProcessInstance processInstance =
            runtimeService.startProcessInstanceById(processDefinition.getId());
        //查询历史流程变量
        HistoricVariableInstance historicVariableInstance =
            historyService.createHistoricVariableInstanceQuery()
                .processInstanceId(processInstance.getId())
                .variableName("totalAmount")
```

```
                    .singleResult();
            log.info("totalAmount的值为: {}", historicVariableInstance.getValue());

            //关闭工作流引擎
            closeEngine();
        }
    }
```

以上代码先初始化工作流引擎并部署流程,然后发起流程,执行服务任务后流程结束,最后查询历史流程变量中名为totalAmount的值。代码运行结果如下:

```
10:13:30,959 [main] INFO    com.bpm.example.servicetask.demo1.delegate.CalculationStringF
ieldInjectedJavaDelegate    - 单价: 100.0, 数量: 10, 总价: 1000.0
10:13:30,959 [main] INFO    com.bpm.example.servicetask.demo1.delegate.CalculationStringF
ieldInjectedJavaDelegate    - 描述信息: 这是一段比较长的描述信息
10:13:30,979 [main] INFO    com.bpm.example.servicetask.demo1.RunServiceTaskStringFieldIn
jectedProcessDemo           - totalAmount的值为: 1000.0
```

从代码运行结果可知,服务任务通过调用CalculationStringFieldInjectedJavaDelegate类执行其execute()方法成功获取到注入的属性值,并进行了对应的业务处理(计算总价并输出日志,以及将totalAmount放入流程变量),流程结束后从历史流程变量中获取到totalAmount变量的值,均符合预期。

除了通过activiti:class属性指定Java类时支持属性注入,通过activiti:delegateExpression使用委托表达式指定时也支持属性注入,这里不再赘述。

2. UEL表达式注入

除了前面介绍的注入固定字符串,也可以使用UEL表达式注入在运行时动态解析的值。这些表达式可以使用流程变量或Spring容器的Bean。前面提到,当服务任务使用activiti:class属性指定调用的Java类时,该Java类的一个实例将在服务任务所在的所有流程实例之间共享。为了动态注入属性的值,可以在org.activiti.engine.delegate.Expression中使用值和方法表达式,它会使用传递给execute()方法的DelegateExecution参数进行解析。

下面看一个将UEL表达式注入到服务任务指定的Java类中声明的属性的示例,如图14.3所示。该流程为采购总价计算流程:"提交采购单"用户任务提交后,将由"计算采购总价"服务任务计算采购费用。

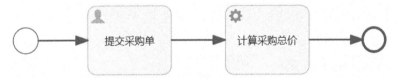

图14.3 服务任务示例流程(2)

该流程对应的XML内容如下:

```xml
<process id="ServiceTaskUelFieldInjectedProcess" name="服务任务示例流程2"
    isExecutable="true">
    <startEvent id="startEvent1"/>
    <!-- 定义服务任务 -->
    <serviceTask id="serviceTask1" name="计算总价"
        activiti:class="com.bpm.example.servicetask.demo2.delegate.
        CalculationUelFieldInjectedJavaDelegate">
        <extensionElements>
            <activiti:field name="inventoryCheckResult">
                <activiti:expression>
                    <![CDATA[${quantity > 5 ? "库存不足" : "库存充足"}]]>
                </activiti:expression>
            </activiti:field>
            <activiti:field name="totalAmount">
                <activiti:expression>
                    <![CDATA[${calculationBean.calculationAmount(unitPrice, quantity)}]]>
                </activiti:expression>
            </activiti:field>
            <activiti:field name="description">
                <activiti:expression><![CDATA[${description}]]></activiti:expression>
            </activiti:field>
        </extensionElements>
```

```xml
        </serviceTask>
        <endEvent id="endEvent1"/>
        <userTask id="userTask1" name="提交采购单"/>
        <sequenceFlow id="sequenceFlow1" sourceRef="startEvent1" targetRef="userTask1"/>
        <sequenceFlow id="sequenceFlow2" sourceRef="userTask1" targetRef="serviceTask1"/>
        <sequenceFlow id="sequenceFlow3" sourceRef="serviceTask1" targetRef="endEvent1"/>
</process>
```

在以上流程定义中，加粗部分的代码定义了服务任务serviceTask1，它通过activiti:class属性指定调用的Java类为com.bpm.example.servicetask.demo2.delegate.CalculationUelFieldInjectedJavaDelegate，在其嵌入的extensionElements子元素中通过activiti:field子元素分别定义了name属性为inventoryCheckResult、totalAmount和description的3个字段，再通过activiti:expression子元素设置各字段对应的值或方法表达式。CalculationUelFieldInjectedJavaDelegate类的内容如下：

```java
@Slf4j
public class CalculationUelFieldInjectedJavaDelegate implements JavaDelegate {
    @Setter
    private Expression inventoryCheckResult;
    @Setter
    private Expression totalAmount;
    @Setter
    private Expression description;

    @Override
    public void execute(DelegateExecution execution) {
        //读取注入的inventoryCheckResult字段值
        String inventoryCheckResultStr = (String) inventoryCheckResult.getValue(execution);
        if ("库存不足".equals(inventoryCheckResultStr)) {
            log.error("库存不足！");
            return;
        }
        //读取注入的totalAmount字段值
        double totalAmountNum = (double) totalAmount.getValue(execution);
        //读取注入的description字段值
        String descriptionStr = (String) description.getValue(execution);
        //从流程变量中获取unitPrice、quantity的值
        double unitPrice = (double) execution.getVariable("unitPrice");
        int quantity = (int)execution.getVariable("quantity");
        log.info("单价：{}，数量：{}，总价：{}", unitPrice, quantity, totalAmountNum);
        log.info("描述信息：{}", descriptionStr);
        //将totalAmount放入流程变量中
        execution.setVariable("totalAmount", totalAmountNum);
    }
}
```

以上代码段的加粗部分定义了3个属性——inventoryCheckResult、totalAmount和description，并为这些属性提供了setter()方法（这里通过Lombok的@Setter注解实现）。这些属性的类型均为org.activiti.engine.delegate.Expression，通过调用它们的getValue(execution)方法可以获取到注入的属性值。execute()方法的核心逻辑是，先通过调用属性的getValue(execution)方法分别获取注入的属性值，然后进行计算操作并输出日志，最后将计算结果放入流程变量。

服务任务注入的totalAmount字段值为方法表达式，调用了CalculationBean的calculationAmount()方法。CalculationBean类的内容如下：

```java
public class CalculationBean implements Serializable {
    public double calculationAmount(double unitPrice, int quantity) {
        return unitPrice * quantity;
    }
}
```

以上代码的加粗部分代码计算unitPrice * quantity的值，并将其作为calculationAmount()方法的返回结果。在实际应用中可以根据需求开发各种复杂的业务逻辑。

加载该流程模型并执行相应流程控制的示例代码如下：

```java
@Slf4j
public class RunServiceTaskUelFieldInjectedProcessDemo extends ActivitiEngineUtil {
```

```java
@Test
public void runServiceTaskUelFieldInjectedProcessDemo() {
    //加载Activiti配置文件并初始化工作流引擎及服务
    loadActivitiConfigAndInitEngine("activiti.cfg.xml");
    //部署流程
    ProcessDefinition processDefinition =
        deployByClasspathResource("processes/ServiceTaskUelFieldInjectedProcess.bpmn20.xml");
    //发起流程
    ProcessInstance processInstance =
        runtimeService.startProcessInstanceById(processDefinition.getId());
    //查询第一个任务
    Task task =
        taskService.createTaskQuery().processInstanceId(processInstance.getId()).singleResult();
    //初始化流程变量
    Map variables = new HashMap();
    variables.put("unitPrice", 100.0);
    variables.put("quantity", 4);
    variables.put("description", "此次采购了4个单价100元的办公耗材");
    variables.put("calculationBean", new CalculationBean());
    //办理第一个任务
    taskService.complete(task.getId(), variables);
    //查询历史流程变量
    HistoricVariableInstance historicVariableInstance =
        historyService.createHistoricVariableInstanceQuery()
            .processInstanceId(processInstance.getId())
            .variableName("totalAmount")
            .singleResult();
    log.info("totalAmount的值为: {}", historicVariableInstance.getValue());
    //关闭工作流引擎
    closeEngine();
}
```

以上代码先初始化工作流引擎并部署流程，然后发起流程，查询并办理第一个任务，设置流程变量并办理该任务（加粗部分的代码）。需要注意的是，流程变量中除了放入了unitPrice、quantity和description属性的值，还放入了CalculationBean实例化对象，因为表达式中需要用到它们。执行完服务任务后流程结束，查询历史流程变量中名为totalAmount的值。代码运行结果如下：

```
10:43:07,629 [main] INFO   com.bpm.example.servicetask.demo2.delegate.CalculationUelFiel
dInjectedJavaDelegate   - 单价: 100.0, 数量: 4, 总价: 400.0
10:43:07,629 [main] INFO   com.bpm.example.servicetask.demo2.delegate.CalculationUelFiel
dInjectedJavaDelegate   - 描述信息: 此次采购了4个单价100元的办公耗材
10:43:07,649 [main] INFO   com.bpm.example.servicetask.demo2.RunServiceTaskUelFieldInjec
tedProcessDemo   - totalAmount的值为: 400.0
```

从代码运行结果可知，服务任务通过调用CalculationUelFieldInjectedJavaDelegate类执行其execute()方法成功获取了注入的属性值，并进行了对应的业务处理（逻辑判断并输出日志，以及将totalAmount放入流程变量），流程结束后从历史流程变量中获取到totalAmount变量的值，均符合预期。

这里将CalculationBean实例化对象放入了流程变量，如果集成了Spring环境并且CalculationBean由Spring托管，则无须这一步操作，因为UEL表达式可以使用Spring托管的对象。

在以上示例流程中，服务任务中使用activiti:expression元素设置表达式，这会使得XML显得比较冗长。Activiti提供了简化的expression属性来替代这种用法，以上示例流程中服务任务的配置可简化如下：

```xml
<serviceTask id="serviceTask1" name="计算总价"
    activiti:class=
    "com.bpm.example.servicetask.demo2.delegate.CalculationUelFieldInjectedJavaDelegate">
    <extensionElements>
        <activiti:field name="inventoryCheckResult"
            expression="${quantity > 5 ? '库存不足' : '库存充足'}" />
        <activiti:field name="totalAmount"
            expression="${calculationBean.calculationAmount(unitPrice,quantity)}" />
        <activiti:field name="description" expression="${description}" />
    </extensionElements>
</serviceTask>
```

在以上服务任务定义中，加粗部分的代码使用expression属性替代了之前的activiti:expression元素实现属性注入，这使代码简化了很多。

一般来说，服务任务使用的以上两种属性注入方式是线程安全的。但是，在某些情况下，则不能保证这种线程的安全性，这取决于Activiti设置的运行环境。

使用activiti:class属性时，使用属性注入总是线程安全的。引用了某个Java类的每一个服务任务都会实例化新的实例，并且在创建实例时注入一次字段。在不同的服务任务或流程定义中重复使用同一个Java类是没有问题的。

使用activiti:expression属性时，不能使用属性注入，只能通过方法调用传递参数，这些参数总是线程安全的。

使用activiti:delegateExpression属性时，使用属性注入的线程安全性将取决于表达式的解析方式。如果该委托表达式在多个服务任务或流程定义中重复使用，并且表达式总是返回相同的实例，则使用属性注入不是线程安全的。下面通过几个示例对其进行讲解。

假设表达式是${delegateBean.doSomething(someVariable)}，其中delegateBean是工作流引擎引用的Java Bean（如与Spring集成后由Spring托管的Bean），并在每次解析表达式时都会创建一个新实例（如Spring的prototype模式）。在这种情况下，使用属性注入是线程安全的，因为每次解析表达式时，这些属性都会注入到这个新实例中。

然而，如果表达式为${someJavaDelegateBean}，它解析为JavaDelegate类的实现，并且在创建单例的环境（如Spring的singleton模式）中运行。当在不同的服务任务或流程定义中使用这个表达式时，表达式总会解析为相同的实例。在这种情况下，使用属性注入就不是线程安全的了。看下面这个示例：

```xml
<serviceTask id="serviceTask1" activiti:delegateExpression="${someJavaDelegateBean}">
    <extensionElements>
        <activiti:field name="someField" expression="${input * 2}"/>
    </extensionElements>
</serviceTask>

<serviceTask id="serviceTask2" activiti:delegateExpression="${someJavaDelegateBean}">
    <extensionElements>
        <activiti:field name="someField" expression="${input * 2000}"/>
    </extensionElements>
</serviceTask>
```

在以上示例中定义了两个服务任务：serviceTask1、serviceTask2。它们通过activiti:delegateExpression指定了同一个表达式，但注入someField属性时使用expression配置了不同的表达式。如果activiti:delegateExpression指定的表达式解析为相同的实例，那么在并发场景下，注入someField属性时可能会产生竞争。为了避免出现这种问题，可以使用activiti:expression方式替代activiti:delegateExpression方式，通过方法参数传递所需的数据，也可以在每次委托表达式解析时返回委托类的新实例，如在与Spring集成时将Bean的scope设置为prototype（在类上添加@Scope(SCOPE_PROTOTYPE)注解）。

当使用activiti:delegateExpression属性时，可以通过配置工作流引擎配置delegateExpressionFieldInjectionMode属性设置在委托表达式上使用属性注入模式，代码如下：

```xml
<bean id="processEngineConfiguration"
    class="org.activiti.engine.impl.cfg.StandaloneProcessEngineConfiguration">
    <!-- 设置delegateExpressionFieldInjectionMode参数 -->
    <property name="delegateExpressionFieldInjectionMode" value="MIXED"/>
    <!--此处省略其他引擎配置 -->
</bean>
```

在以上工作流引擎配置中，加粗部分的代码配置delegateExpressionFieldInjectionMode属性为MIXED。delegateExpressionFieldInjectionMode属性可以取org.activiti.engine.impl.cfg.DelegateExpressionFieldInjectionMode枚举中的以下值。

- ❑ DISABLED：禁用模式，表示当使用委托表达式时完全禁用属性注入。这是最安全的一种方式，保证线程安全。
- ❑ COMPATIBILITY：兼容模式，表示可以在委托表达式中使用属性注入。如果在配置的委托类中没有定义要注入的字段，会抛出org.activiti.engine.ActivitiIllegalArgumentException异常，异常信息为Field

definition uses unexisting field *** on class ***。这是最不线程安全的模式，但可以保证历史版本兼容性，也可以在委托表达式只在一个任务中使用时安全使用（不会产生并发竞争）。
- MIXED：混合模式，表示可以在使用委托表达式时注入，但当配置的委托类中没有定义要注入的字段时不会抛出异常。这是Activiti 6中的默认模式。这样可以在部分委托（如非单例的实例）中使用注入，而在部分委托中不使用注入。

下面看一个使用activiti:delegateExpression配置委托表达式使用属性注入的示例，设计如图14.4所示的流程，工作流引擎delegateExpressionFieldInjectionMode属性配置为MIXED。

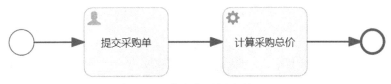

图14.4　服务任务示例流程（3）

该流程对应的XML内容如下：

```xml
<process id="ServiceTaskDelegateExpressionFieldInjectedProcess"
    name="服务任务示例流程3" isExecutable="true">
    <startEvent id="startEvent1"></startEvent>
    <!-- 定义服务任务 -->
    <serviceTask id="serviceTask1" name="计算采购总价"
        activiti:delegateExpression="${
        calculationDelegateExpressionFieldInjectedJavaDelegate}">
        <extensionElements>
            <activiti:field name="inventoryCheckResult" expression=
                "${quantity > 5 ? '库存不足' : '库存充足'}" />
            <activiti:field name="totalAmount" expression="${unitPrice * quantity}" />
            <activiti:field name="description" expression="${description}"/>
        </extensionElements>
    </serviceTask>
    <endEvent id="endEvent1"/>
    <userTask id="userTask1" name="提交采购单"/>
    <sequenceFlow id="sequenceFlow1" sourceRef="startEvent1" targetRef="userTask1"/>
    <sequenceFlow id="sequenceFlow2" sourceRef="userTask1" targetRef="serviceTask1"/>
    <sequenceFlow id="sequenceFlow3" sourceRef="serviceTask1" targetRef="endEvent1"/>
</process>
```

在以上流程定义中，加粗部分的代码定义了服务任务serviceTask1，通过activiti:delegateExpression属性指定委托表达式为${calculationDelegateExpressionFieldInjectedJavaDelegate}，在其嵌入的extensionElements子元素中通过activiti:field子元素分别定义了name属性为inventoryCheckResult、totalAmount和description的3个字段，并通过expression属性设置各字段对应的表达式。CalculationDelegateExpressionFieldInjectedJavaDelegate类的代码如下：

```java
@Slf4j
public class CalculationDelegateExpressionFieldInjectedJavaDelegate implements
JavaDelegate, Serializable {
    @Setter
    private Expression inventoryCheckResult;

    @Override
    public void execute(DelegateExecution execution) {
        //读取注入的inventoryCheckResult字段值
        String inventoryCheckResultStr = (String) inventoryCheckResult.getValue(execution);
        if ("库存不足".equals(inventoryCheckResultStr)) {
            log.error("库存不足! ");
            return;
        }
        //读取注入的totalAmount字段值
        Expression totalAmountNumExpression =
            DelegateHelper.getFieldExpression(execution, "totalAmount");
        double totalAmountNum = (double) totalAmountNumExpression.getValue(execution);
        //读取注入的description字段值
```

```java
        Expression descriptionExpression =
            DelegateHelper.getFieldExpression(execution, "description");
        String descriptionStr = (String) descriptionExpression.getValue(execution);
        //从流程变量中获取unitPrice、quantity的值
        double unitPrice = (double)execution.getVariable("unitPrice");
        int quantity = (int)execution.getVariable("quantity");
        log.info("单价: {}, 数量: {}, 总价: {}", unitPrice, quantity, totalAmountNum);
        log.info("描述信息: {}", descriptionStr);
        //将totalAmount放入流程变量中
        execution.setVariable("totalAmount", totalAmountNum);
    }
}
```

以上代码定义了inventoryCheckResult属性，并提供了setter()方法（这里通过Lombok的@Setter注解实现）。该属性类型均为org.activiti.engine.delegate.Expression，通过调用其getValue(execution)方法即可获取注入的属性值。这个委托代理类中没有定义流程定义的服务任务中声明要注入的另外两个属性totalAmount和description，在COMPATIBILITY模式下这样做会抛出异常，而在MIXED模式下这样做是允许的。代码中加粗的两部分与注入Expression不同，使用了org.activiti.engine.delegate.DelegateHelper工具类的getFieldExpression()方法获取表达式，直接读取BpmnModel并在方法执行时创建表达式，因此是线程安全的。同时可知，这种方式与注入Expression在服务任务定义上是相同的。

加载该流程模型并执行相应流程控制的示例代码如下：

```java
@Slf4j
public class RunServiceTaskDelegateExpressionFieldInjectedProcessDemo extends
ActivitiEngineUtil {

    @Test
    public void runServiceTaskDelegateExpressionFieldInjectedProcessDemo() {
        //加载Activiti配置文件并初始化工作流引擎及服务
        loadActivitiConfigAndInitEngine("activiti.cfg.xml");
        //部署流程
        ProcessDefinition processDefinition =
            deployByClasspathResource("processes/
            ServiceTaskDelegateExpressionFieldInjectedProcess.bpmn20.xml");

        //发起流程
        ProcessInstance processInstance =
            runtimeService.startProcessInstanceById(processDefinition.getId());
        //查询第一个任务
        Task task = taskService.createTaskQuery()
            .processInstanceId(processInstance.getId()).singleResult();
        //初始化流程变量
        Map variables = new HashMap();
        variables.put("unitPrice", 100.0);
        variables.put("quantity", 4);
        variables.put("description", "此次采购了4个单价100元的办公耗材");
        CalculationDelegateExpressionFieldInjectedJavaDelegate
            calculationDelegateExpressionFieldInjectedJavaDelegate = new
            CalculationDelegateExpressionFieldInjectedJavaDelegate();
        variables.put("calculationDelegateExpressionFieldInjectedJavaDelegate",
            calculationDelegateExpressionFieldInjectedJavaDelegate);
        //办理第一个任务
        taskService.complete(task.getId(), variables);

        //查询历史流程变量
        HistoricVariableInstance historicVariableInstance =
            historyService.createHistoricVariableInstanceQuery().processInstanceId(
            processInstance.getId()).variableName("totalAmount").singleResult();
        log.info("totalAmount的值为: {}", historicVariableInstance.getValue());

        //关闭工作流引擎
        closeEngine();
    }
}
```

以上代码先初始化工作流引擎并部署流程，发起流程后，查询第一个任务，然后设置流程变量并办理

该任务（加粗部分的代码）。需要注意的是，流程变量中除了放入unitPrice、quantity和description属性的值，还放入了CalculationDelegateExpressionFieldInjectedJavaDelegate实例化对象，因为表达式中需要用到它们。执行服务任务后流程结束，最后查询历史流程变量中名为totalAmount的值。代码运行结果如下：

```
10:24:58,974 [main] INFO  com.bpm.example.servicetask.demo3.delegate.CalculationDelegat
eExpressionFieldInjectedJavaDelegate  - 单价：100.0, 数量：4, 总价：400.0
10:24:58,974 [main] INFO  com.bpm.example.servicetask.demo3.delegate.CalculationDelegat
eExpressionFieldInjectedJavaDelegate  - 描述信息：此次采购了4个单价100元的办公耗材
10:24:59,004 [main] INFO  com.bpm.example.servicetask.demo3.RunServiceTaskDelegateExpre
ssionFieldInjectedProcessDemo  - totalAmount的值为：400.0
```

从代码运行结果可知，服务任务通过委托表达式调用CalculationDelegateExpressionFieldInjectedJavaDelegate类的execute()方法成功获取注入的属性值，并进行了对应的业务处理（逻辑判断并输出日志，并将totalAmount放入流程变量），流程结束后从历史流程变量中获取totalAmount变量的值。

14.1.3　服务任务的执行结果

对于使用表达式的服务任务，服务执行的返回值可以通过为服务任务定义的activiti:resultVariable属性设置为流程变量，它可以是新的流程变量，也可以是已经存在的流程变量。如果指定为已存在的流程变量，则流程变量的值会被服务执行的结果覆盖。如果不指定返回变量名，则服务任务的结果值将被忽略。

下面看一个服务任务示例，示例代码如下：

```xml
<serviceTask id="expressionServiceTask"
    name="服务任务"
    activiti:expression="${businessBean.calculateMount()}"
    activiti:resultVariable="totalMount" />
```

在以上服务任务定义中，加粗部分的代码的作用如下。
- 通过activiti:expression属性指定服务任务调用businessBean的calculateMount()方法。这里的businessBean可以是流程变量中的一个Java实例对象或由Spring托管的Bean。
- 通过activiti:resultVariable指定返回变量名为totalMount，在服务执行完成后，会将调用businessBean的calculateMount()方法的返回值赋给名称为totalMount的流程变量。

14.1.4　服务任务的异常处理

使用服务任务，当执行自定义逻辑时，经常需要捕获对应的业务异常，并在流程中进行处理。对于该问题，Activiti提供了多种解决方式。

1. 抛出BPMN Errors

Activiti支持在以下3种服务任务的自定义逻辑中抛出BPMN错误。
- 通过activiti:class属性指定的Java类的execute()方法；
- 通过activiti:delegateExpression属性指定的委托类的execute()方法；
- 通过activiti:expression属性指定的表达式方法。

在以上3种情况下，抛出类型为BpmnError的特殊ActivitiExeption会被工作流引擎捕获，并被转发到对应的错误处理器（如错误边界事件或错误事件子流程）。下面看一个示例，示例代码如下：

```java
public class ThrowBpmnErrorDelegate implements JavaDelegate {

    public void execute(DelegateExecution execution) {
        try {
            //执行自定义业务逻辑
            executeBusinessLogic();
        } catch (BusinessException e) {
            throw new BpmnError("BusinessExeptionOccured");
        }
    }
}
```

在这个JavaDelegate类的execute()方法中，执行自定义业务逻辑发生异常时，抛出了BpmnError（加粗部分的代码），该构造函数的参数是业务错误代码，用于决定由哪个错误处理器来响应这个错误。

需要注意的是，这种方式只适用于业务错误，需要通过流程中定义的错误边界事件或错误事件子流程进行处理。而技术上的错误应该使用其他异常类型，通常不在流程内部处理。

2. 配置异常映射

Activiti还支持配置异常映射，直接将Java异常映射为业务错误。下面看一个示例，示例代码如下：

```xml
<serviceTask id="serviceTask1"
    name="服务任务"
    activiti:class="com.bpm.example.servicetask.custom.MyJavaDelegate" >
    <extensionElements>
        <activiti:mapException errorCode="customErrorCode1">
            com.bpm.example.servicetask.custom.CustomException</activiti:mapException>
    </extensionElements>
</serviceTask>
```

以上服务任务定义中，加粗部分的代码通过activiti:mapException元素配置了异常映射，表示如果服务任务抛出com.bpm.example.servicetask.custom.CustomException异常，工作流引擎将会将其捕获并转换为指定errorCode的BPMN错误，然后像普通BPMN错误一样进行处理。而其他没有未配置映射的异常，仍将被抛出到API调用处。

也可以结合使用includeChildExceptions属性，映射特定异常的所有子异常，示例代码如下：

```xml
<serviceTask id="serviceTask2"
    name="服务任务"
    activiti:class="com.bpm.example.servicetask.custom.MyJavaDelegate" >
    <extensionElements>
        <activiti:mapException errorCode="customErrorCode1" includeChildExceptions=
            "true">com.bpm.example.servicetask.custom.CustomException</activiti:mapException>
    </extensionElements>
</serviceTask>
```

以上服务任务定义中，加粗部分的代码通过activiti:mapException元素配置了异常映射，并配置了includeChildExceptions属性，Activiti会将CustomException的任何直接或间接的子类转换为指定errorCode的BPMN错误。当不配置includeChildExceptions属性时，工作流引擎将视其值为false。

Activiti还支持配置默认映射。默认映射是一个不指定类的映射，可以匹配任何Java异常，示例代码如下：

```xml
<serviceTask id="serviceTask1"
    name="服务任务"
    activiti:class="com.bpm.example.servicetask.custom.MyJavaDelegate" >
    <extensionElements>
        <activiti:mapException errorCode="defaultErrorCode" />
    </extensionElements>
</serviceTask>
```

以上服务任务定义中，加粗部分的代码通过activiti:mapException元素配置了异常映射，并且只配置了errorCode属性。这是一个默认映射。当配置了默认映射后，如果服务任务抛出异常，工作流引擎会按照从上到下的顺序检查除默认映射之外的其他所有映射，并使用第一个匹配的映射，只有在所有映射都不能成功匹配时才使用默认映射。需要注意的是，只有第一个不指定类的映射会作为默认映射，默认映射会忽略includeChildExceptions属性。

3. 指定异常顺序流

在发生异常时，如果服务任务是通过activiti:class属性指定的Java类，或者通过activiti:delegateExpression属性指定的委托类，实现了ActivityBehavior接口，可以在其execute()方法中控制流程离开当前服务任务、沿指定的外出顺序流继续流转。图14.5展示了物品领用流程："库存检查"为服务任务，当库存不足时会抛出异常。

该流程对应的XML内容如下：

```xml
<process id="ServiceTaskThrowsExceptionBehaviorProcess"
    name="服务任务示例流程4" isExecutable="true">
    <startEvent id="startEvent1"/>
    <userTask id="userTask1" name="领用申请"/>
    <serviceTask id="serviceTask1" name="库存检查"
        activiti:class="com.bpm.example.servicetask.demo4.delegate.
        InventoryCheckingActivityBehavior"/>
```

```xml
<userTask id="userTask2" name="物品发放"/>
<userTask id="userTask3" name="缺货上报"/>
<endEvent id="endEvent1"/>
<sequenceFlow id="sequenceFlow1" sourceRef="startEvent1" targetRef="userTask1"/>
<sequenceFlow id="sequenceFlow2" sourceRef="userTask1" targetRef="serviceTask1"/>
<sequenceFlow id="sequenceFlow3" sourceRef="userTask2" targetRef="endEvent1"/>
<sequenceFlow id="sequenceFlow4" sourceRef="userTask3"         targetRef="endEvent1"/>
<sequenceFlow id="noExceptionSequenceFlow" name="库存充足"
    sourceRef="serviceTask1" targetRef="userTask2"/>
<sequenceFlow id="exceptionSequenceFlow" name="库存不足"
    sourceRef="serviceTask1" targetRef="userTask3"/>
</process>
```

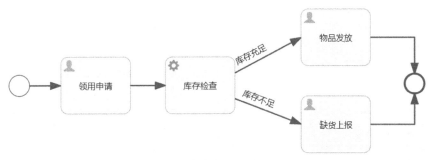

图14.5 服务任务示例流程（4）

以上流程定义中，加粗部分的代码定义了服务任务的两个外出顺序流——noExceptionSequenceFlow和exceptionSequenceFlow，分别连接两个用户任务。服务任务通过activiti:class属性指定Java类为com.bpm.example.servicetask.demo4.delegate.InventoryCheckingActivityBehavior，内容如下：

```java
@Slf4j
public class InventoryCheckingActivityBehavior implements ActivityBehavior {

    //初始化库存
    int storage = 5;

    @Override
    public void execute(DelegateExecution execution) {
        int applyNum = (int)execution.getVariable("applyNum");
        String description = (String)execution.getVariable("description");
        log.info("申请领用数量: {}", applyNum);
        log.info("申请原因: {}", description);
        String sequenceFlowToTake = "noExceptionSequenceFlow";
        try {
            //执行库存校验逻辑
            checkInventory(applyNum);
        } catch (Exception e) {
            sequenceFlowToTake = "exceptionSequenceFlow";
        }
        //控制流程流向
        DelegateHelper.leaveDelegate(execution, sequenceFlowToTake);
    }

    /**
     * 库存校验接口，库存不足时抛出异常
     * @param applyNum  物品领用数量
     * @throws Exception
     */
    public void checkInventory(int applyNum) throws Exception{
        if (applyNum > storage) {
            log.error("库存数量为: {}，库存不足！", storage);
            throw new Exception("库存不足！");
        }
    }
}
```

在以上代码段中，加粗部分的核心逻辑是，判断申请数量和库存数量，如果库存充足，则流程沿外出顺序流noExceptionSequenceFlow继续流转；如果库存不足，则抛出异常，流程沿外出顺序流exceptionSequenceFlow继续流转。这里调用org.activiti.engine.delegate.DelegateHelper的leaveDelegate()方法控制流程流向。

加载该流程模型并执行相应流程控制的示例代码如下：

```java
@Slf4j
public class RunServiceTaskThrowsExceptionProcessDemo extends ActivitiEngineUtil {

    @Test
    public void runServiceTaskThrowsExceptionProcessDemo() {
        //加载Activiti配置文件并初始化工作流引擎及服务
        loadActivitiConfigAndInitEngine("activiti.cfg.xml");
        //部署流程
        ProcessDefinition processDefinition =
deployByClasspathResource("processes/ServiceTaskThrowsExceptionProcess.bpmn20.xml");

        //发起流程
        ProcessInstance processInstance =
            runtimeService.startProcessInstanceById(processDefinition.getId());
        //查询第一个任务
        Task firstTask =
taskService.createTaskQuery().processInstanceId(processInstance.getId()).singleResult();
        log.info("第一个用户任务为: " + firstTask.getName());
        //初始化流程变量
        Map variables = new HashMap();
        variables.put("applyNum", 10);
        variables.put("description", "申请领用10台电脑");
        //办理第一个任务
        taskService.complete(firstTask.getId(), variables);

        //查询第二个任务
        Task secondTask =
taskService.createTaskQuery().processInstanceId(processInstance.getId()).singleResult();
        log.info("第二个用户任务为: " + secondTask.getName());

        //关闭工作流引擎
        closeEngine();
    }
}
```

以上代码先初始化工作流引擎并部署流程，然后发起流程，查询第一个任务，设置流程变量并办理该任务（加粗部分的代码），最后查询流程的第二个任务并输出节点名称。代码运行结果如下：

```
10:28:07,738 [main] INFO  com.bpm.example.servicetask.demo4.RunServiceTaskThrowsExcepti
onProcessDemo   - 第一个用户任务为：领用申请
10:28:07,758 [main] INFO  com.bpm.example.servicetask.demo4.delegate.InventoryCheckingA
ctivityBehavior   - 申请领用数量: 10
10:28:07,758 [main] INFO  com.bpm.example.servicetask.demo4.delegate.InventoryCheckingA
ctivityBehavior   - 申请原因：申请领用10台电脑
10:28:07,758 [main] ERROR com.bpm.example.servicetask.demo4.delegate.InventoryCheckingA
ctivityBehavior   - 库存数量为：5，库存不足！
10:28:07,768 [main] INFO  com.bpm.example.servicetask.demo4.RunServiceTaskThrowsExcepti
onProcessDemo   - 第二个用户任务为：缺货上报
```

从代码运行结果可知，服务节点抛出异常后，流程沿指定的外出顺序流流转到了"缺货上报"用户任务。

14.1.5 在JavaDelegate中使用Activiti服务

在某些场景下，需要在服务任务中使用Activiti服务（如需要通过RuntimeService启动一个新的流程实例，而调用活动不满足需求），可以通过Context.getProcessEngineConfiguration()方法获取。示例代码如下：

```java
public class StartProcessInstanceDelegate implements JavaDelegate {
    public void execute(DelegateExecution execution) {
        RuntimeService runtimeService =
            Context.getProcessEngineConfiguration().getRuntimeService();
        runtimeService.startProcessInstanceByKey("myProcess");
    }
}
```

在以上代码中，JavaDelegate类的execute()方法通过调用Context.getProcessEngineConfiguration()获取了RuntimeService服务，然后调用了其startProcessInstanceByKey(String processDefinitionKey)方法。可以通过这种方式访问所有Activiti服务的API。

使用这种方式访问Activiti服务的API，造成的所有数据变更都发生在当前事务中。示例代码如下：

```
@Component("startProcessInstanceDelegate")
public class StartProcessInstanceDelegateWithInjection {

    @Autowired
    private RuntimeService runtimeService;

    public void startProcess() {
        runtimeService.startProcessInstanceByKey("myProcess");
    }
}
```

这是通过注入获取的RuntimeService服务，与前面的代码具有相同的功能。

需要注意的是，由于服务调用是在当前事务中完成的，所以在执行服务任务之前产生或修改的数据尚未存入数据库。这是因为所有API调用都基于数据库数据处理，这些未提交的更改在服务任务的API调用中不可见。

14.2 脚本任务

脚本任务是一种自动执行的活动。当流程流转到脚本任务时，会执行相应的脚本，然后继续流转。

14.2.1 脚本任务介绍

脚本任务无须人为参与，可以通过定义脚本实现自定义的业务逻辑。

1．图形标记

脚本任务表示为左上角带有脚本图标的圆角矩形，如图14.6所示。

2．XML内容

脚本任务由scriptTask元素定义，需要指定script和scriptFormat，例如：

图14.6　脚本任务图形标记

```
<scriptTask id="scriptTask1" name="脚本任务" scriptFormat="groovy">
    <script>
        sum = 0
        for (i in inputArray) {
            sum += i
        }
    </script>
</scriptTask>
```

其中，scriptFormat属性表示脚本格式，其值必须兼容JSR-223（Java平台的脚本语言）。Activiti支持三种脚本任务类型：javascript、groovy和juel。默认情况下，javascript已经包含在JDK中，因此无须额外的依赖。如果想使用其他兼容JSR-223的脚本引擎，需要把对应的JAR包添加到classpath下，并使用合适的名称。例如，Activiti单元测试经常使用groovy，因为其语法与Java十分类似。脚本任务通过script子元素配置需要执行的脚本。

需要注意的是，使用groovy脚本引擎时需要添加以下依赖：

```
<dependency>
    <groupId>org.codehaus.groovy</groupId>
    <artifactId>groovy-all</artifactId>
    <version>2.x.x</version>
</dependency>
```

14.2.2 脚本任务中流程变量的使用

当流程流转到脚本任务时，所有的流程变量都可以在脚本中使用。在14.2.1小节的示例中，脚本任务使用的inputArray，实际上就是一个流程变量（一个integer数组）。

默认情况下,变量不会自动储存。如果要在脚本中自动保存变量,可以将scriptTask的activiti:autoStoreVariables属性值设置为true,示例代码如下:

```
<scriptTask id="scriptTask1" name="脚本任务" scriptFormat="groovy"
    activiti:autoStoreVariables="true">
    <script>
        sum = 0
        for (i in inputArray) {
            sum += i
        }
    </script>
</scriptTask>
```

其中,activiti:autoStoreVariables属性的默认值为false,表示脚本声明的所有变量将只在脚本执行期间有效。当将其设置为true时,Activiti会自动保存任何在脚本中定义的变量,如这里的sum。然而并不建议这样做,因为这样做对于流程变量的控制不是很友好。在脚本中设置流程变量,建议调用execution.setVariable("variableName", variableValue)方法实现,例如:

```
<scriptTask id="scriptTask1" name="脚本任务" scriptFormat="groovy">
    <script>
        sum = 0
        for (i in inputArray) {
            sum += i
        }
        execution.setVariable("sum", sum)
    </script>
</scriptTask>
```

在以上代码中,通过显式调用execution.setVariable()方法将脚本中的变量设置到流程变量sum中。

需要注意的是,以下名称属于保留字,不能用于变量名:out、out:print、lang:import、context、elcontext。

14.2.3　脚本任务的执行结果

脚本任务的返回值可以通过为脚本任务定义的activiti:resultVariable属性设置为流程变量。它可以是新的流程变量,也可以是已经存在的流程变量。如果指定为已存在的流程变量,则流程变量值会被脚本执行结果值覆盖。如果不指定返回变量名,则脚本执行结果值将被忽略。下面看一个示例:

```
<scriptTask id="scriptTask1" name="脚本任务" scriptFormat="juel"
    activiti:resultVariable="totalAmount">
    <script>${unitPrice * quantity}</script>
</scriptTask>
```

在以上脚本任务定义中,scriptFormat属性设置为juel,activiti:resultVariable属性设置为totalAmount,通过script子元素设置表达式为${unitPrice * quantity},脚本执行结果(表达式执行结果)将设置到名为totalAmount的变量中。

14.3　业务规则任务

在实际的业务场景中,往往存在很多的业务规则,而且这些业务规则是经常变化的。如果把业务规则写死在业务代码中,一旦业务规则发生变化,就必须连带修改业务代码,给后期运维带来很多的麻烦。因此,业务规则和业务代码分离可极大提高业务的可维护性。业务规则任务用于同步执行一条或多条规则,可以通过制定一系列的规则来实现流程自动化。使用业务规则任务后,一旦业务规则发生改变,可以只修改业务规则文件,而无须修改业务代码。

14.3.1　业务规则任务介绍

Activiti默认支持Drools规则引擎,用于执行业务规则。在Activiti中,包含业务规则的Drools规则引擎.drl文件必须与定义了业务规则服务并执行规则的流程定义一起部署,这意味着流程中使用的所有.drl文件都需要打包到流程BAR文件中。这一点与任务表单类似。

Drools(JBoss Rules)是一个易于访问企业策略、调整及管理的开源业务规则引擎,可以实现业务代码和业务规则的分离。在BPM中使用规则可极大提高业务的可维护性。需要注意的是，使用Drools时必须添加以下依赖：

```xml
<dependency>
    <groupId>org.drools</groupId>
    <artifactId>drools-core</artifactId>
    <version>7.0.0.Final</version>
</dependency>
<dependency>
    <groupId>org.drools</groupId>
    <artifactId>drools-compiler</artifactId>
    <version>7.0.0.Final</version>
</dependency>
<dependency>
    <groupId>org.drools</groupId>
    <artifactId>knowledge-api</artifactId>
    <version>6.5.0.Final</version>
</dependency>
```

1．图形标记

业务规则任务表示为左上角带有表格图标的圆角矩形，如图14.7所示。

2．XML内容

业务规则任务由businessRuleTask元素定义，一个完整的业务规则任务的XML文件定义如下：

图14.7　业务规则任务图形标记

```xml
<businessRuleTask id="businessRuleTask1" name="业务规则任务"
    activiti:ruleVariablesInput="${rulesInputVariables}"
    activiti:resultVariable="rulesOutput"
    activiti:rules="rule1, rule2" activiti:exclude="true" />
```

业务规则任务可配置属性如表14.1所示。

表14.1　业务规则任务可配置属性

属性	是否必需	描述
activiti:rules	否	在Drools规则引擎.drl文件中定义的规则名称,多个规则之间用英文逗号分隔。如果不设置该属性，则执行规则文件中的全部规则
activiti:ruleVariablesInput	是	输入变量，用于定义业务规则执行需要的变量，可以表示为由英文逗号分隔的多个流程变量
activiti:resultVariable	否	输出变量，用于定义业务规则执行结果变量，只能包含一个变量名。工作流引擎会将执行业务规则后返回的对象保存到对应的流程变量中。变量的值为该属性定义的变量列表。如果没有指定输出变量名称，默认会使用org.activiti.engine.rules.OUTPUT
activiti:exclude	否	用于设置是否排除某些规则。如果设置为true，则忽略activiti:rules指定的规则，执行其他的规则；如果设置为false，则只执行activiti:rules指定的规则；如果设置为fasle的同时activiti:rules值为空，则不执行任何规则

灵活搭配使用业务规则任务的各种属性，可以实现不同的规则逻辑，如使用activiti:rules可以将业务规则任务配置为只执行部署的.drl文件中的一组规则，只需指定规则名称列表（用逗号分隔），示例代码如下：

```xml
<businessRuleTask id="businessRuleTask"
    activiti:ruleVariablesInput="${rulesInputVariables}"
    activiti:rules="rule1,rule2"/>
```

这样只会执行rule1与rule2这两个规则。

又如，可以使用activiti:rules、activiti:exclude定义需要从执行中排除的规则列表，示例代码如下：

```xml
<businessRuleTask id="businessRuleTask"
    activiti:ruleVariablesInput="${rulesInputVariables}"
    activiti:rules="rule1,rule2" activiti:exclude="true" />
```

该示例中，除rule1与rule2外，其他所有与流程定义一起部署在同一个BAR文件中的规则都会被执行。

如果想要使用自定义规则任务实现，如希望通过不同方式使用Drools，或者想使用完全不同的规则引擎，则可以通过设置BusinessRuleTask的class或expression属性实现。例如：

```xml
<businessRuleTask id="businessRuleTask" activiti:class="${myRuleServiceDelegate}" />
```

这样配置的业务规则任务与服务任务的行为完全一致，但仍保持业务规则任务的图标，代表在这里处理业务规则。

14.3.2 业务规则任务使用示例

下面看一个业务规则任务的使用示例，如图14.8所示。该流程为电商结算流程。其中，"折扣策略计算"为业务规则任务，用于根据消费金额匹配折扣规则计算折扣率和折扣金额。

图14.8 业务规则任务示例流程

折扣计算规则如下：
- 消费金额不足5000元时，不打折；
- 消费金额满5000元且不足10000元时，打九折；
- 消费金额满10000元时，打八折。

1. 设计流程

流程对应的XML内容如下：

```xml
<process id="BusinessRuleTaskProcess" name="业务规则任务示例流程" isExecutable="true">
    <startEvent id="startEvent1"/>
    <userTask id="userTask1" name="提交订单"/>
    <!-- 定义业务规则任务 -->
    <businessRuleTask id="businessRuleTask1" name="折扣策略计算"
        activiti:ruleVariablesInput="${myCostCalculation}"
        activiti:rules="rule1,rule2,rule3"
        activiti:resultVariable="costCalculationResults"/>
    <!-- 定义服务任务 -->
    <serviceTask id="serviceTask1" name="结算扣款"
        activiti:class="com.bpm.example.businessruletask.demo.delegate.
        DeductionJavaDelegate"/>
    <endEvent id="endEvent1"/>
    <sequenceFlow id="sequenceFlow1" sourceRef="startEvent1" targetRef="userTask1"/>
    <sequenceFlow id="sequenceFlow2" sourceRef="userTask1"
        targetRef="businessRuleTask1"/>
    <sequenceFlow id="sequenceFlow3" sourceRef="businessRuleTask1"
        targetRef="serviceTask1"/>
    <sequenceFlow id="sequenceFlow4" sourceRef="serviceTask1" targetRef="endEvent1"/>
</process>
```

在以上流程定义中，加粗部分的代码定义了业务规则任务businessRuleTask1，通过activiti:ruleVariablesInput属性定义输入变量为myCostCalculation，并交给规则引擎进行处理；通过activiti:rules属性指定规则为rule1、rule2和rule3；通过activiti:resultVariable属性指定最终返回结果的名称为costCalculationResults，结果类型是一个集合。

2. 编写规则文件

规则文件按照具体的业务和Drools的语法制定，内容如下：

```
package rules
import com.bpm.example.businessruletask.demo.model.CostCalculation;

//折扣规则1：消费金额不足5000元时，不打折
rule "rule1"
    no-loop true
    lock-on-active true
    when
        $s:CostCalculation(originalTotalPrice<5000)
```

```
        then
            $s.setDiscountRatio(1.0);
            $s.setActualTotalPrice($s.getOriginalTotalPrice() * 1.0);
            update($s)
            System.out.println("触发规则rule1：消费金额不足5000元时，不打折");
end
//折扣规则2：消费金额满5000元且不足10000元时，打九折
rule "rule2"
    no-loop true
    lock-on-active true
    when
        $s:CostCalculation(originalTotalPrice>=5000 && originalTotalPrice<10000)
    then
        $s.setDiscountRatio(0.9);
        $s.setActualTotalPrice($s.getOriginalTotalPrice() * 0.9);
        update($s)
        System.out.println("触发规则rule2：消费金额满5000元且不足10000元时，打九折");
end
//折扣规则3：消费额满10000元时，打八折
rule "rule3"
    no-loop true
    lock-on-active true
    when
        $s:CostCalculation(originalTotalPrice>=10000)
    then
        $s.setDiscountRatio(0.8);
        $s.setActualTotalPrice($s.getOriginalTotalPrice() * 0.8);
        update($s)
        System.out.println("触发规则rule3：消费金额满10000元时，打八折");
end
```

这里定义了3个规则：rule1、rule2和rule3。这3个规则均设置no-loop和lock-on-active属性为true，表示某个规则被触发后，其他规则（包括自身）将不会被再次触发。执行这3个规则，符合条件后，流程均会调用CostCalculation的setDiscountRatio()方法设置折扣率，调用setActualTotalPrice()方法设置折扣后金额。

3. 编写相关java类

（1）编写消费对象类

规则中使用到了CostCalculation对象，它提供了getOriginalTotalPrice()方法，用于返回折扣前的消费金额，会被规则的条件所调用，判断是否符合规则触发的条件。CostCalculation对象中的getActualTotalPrice()方法返回折扣后的消费金额，用于显示结果值。CostCalculation对象中的discountRatio的属性用于表示折扣率。CostCalculation类的内容如下：

```
@Data
public class CostCalculation implements Serializable {

    //原价
    double originalTotalPrice;
    //折扣比例
    double discountRatio;
    //实际价格
    double actualTotalPrice;

}
```

以上代码使用Lombok在类上加了@Data注解。我们无须再编写getter()、setter()方法，程序编译时会自动生成它们。

（2）编写服务任务JavaDelegate接口类

服务任务的JavaDelegate接口类内容如下：

```
@Slf4j
public class DeductionJavaDelegate implements JavaDelegate {

    @Override
    public void execute(DelegateExecution execution) {
        List<CostCalculation> list =
            (List)execution.getVariable("costCalculationResults");
```

```
        log.info("折扣前消费金额：{}，折扣率：{}，折扣后实际消费金额：{}",
            list.get(0).getOriginalTotalPrice(),
            list.get(0).getDiscountRatio(), list.get(0).getActualTotalPrice());
    }
}
```

这里获取了业务规则任务处理后的结果（一个集合），取出其中的第一个元素，并将其类型强制转换为CostCalculation对象，然后将CostCalculation的各个属性输出。

4. 配置工作流引擎配置文件

要使工作流引擎识别定义的Drools规则，需要为其添加规则文件的部署实现类，在activiti.drools.xml文件中的配置如下：

```xml
<bean id="processEngineConfiguration"
    class="org.activiti.engine.impl.cfg.StandaloneProcessEngineConfiguration">
    <property name="customPostDeployers">
        <list>
            <bean class="org.activiti.engine.impl.rules.RulesDeployer" />
        </list>
    </property>
    <!--省略其他元素-->
</bean>
```

5. 运行代码

加载该流程模型并执行相应流程控制的示例代码如下：

```java
@Slf4j
public class RunBusinessRuleTaskProcessDemo extends ActivitiEngineUtil {

    @Test
    public void runBusinessRuleTaskProcessDemo() {
        //加载Activiti配置文件并初始化工作流引擎及服务
        loadActivitiConfigAndInitEngine("activiti.drools.xml");
        //部署流程
        ProcessDefinition processDefinition =
            deployByClasspathResource("processes/BusinessRuleTaskProcess.bpmn20.xml",
            "rules/DiscountCalculation.drl");

        //启动流程
        ProcessInstance processInstance =
            runtimeService.startProcessInstanceById(processDefinition.getId());
        //查询第一个任务
        Task task =
            taskService.createTaskQuery().processInstanceId(processInstance.getId()).singleResult();
        //初始化流程变量
        CostCalculation costCalculation = new CostCalculation();
        costCalculation.setOriginalTotalPrice(6666);
        Map variables = new HashMap();
        variables.put("myCostCalculation", costCalculation);
        //办理第一个任务
        taskService.complete(task.getId(), variables);
        //查询并输出流程变量
        List<HistoricVariableInstance> historicVariableInstances=
            historyService.createHistoricVariableInstanceQuery().processInstanceId
            (processInstance.getId()).list();
        historicVariableInstances.stream().forEach((historicVariableInstance) ->
            log.info("流程变量名：{}，变量值：{}",
            historicVariableInstance.getVariableName(),JSON.toJSONString(
            historicVariableInstance.getValue())));

        //关闭工作流引擎
        closeEngine();
    }
}
```

以上代码先初始化工作流引擎并部署流程，除了正常部署流程文件（BusinessRuleTaskProcess.bpmn20.xml）外，还将Drools规则文件（DiscountCalculation.drl）部署到工作流引擎中。然后发起流程实例，流程初始化CostCalculation实例，设置消费金额为6666元，并将该对象设置为myCostCalculation流程变量并办理该用户任务，最后获取并输出流程变量。代码运行结果如下：

```
触发规则rule2：消费金额满5000元且不足10000元时，打九折
11:58:47,068 [main] INFO   com.bpm.example.businessruletask.demo.delegate.DeductionJavaD
elegate  - 折扣前消费金额: 6666.0, 折扣率: 0.9, 折扣后实际消费金额: 5999.400000000001
11:58:47,199 [main] INFO   com.bpm.example.businessruletask.demo.RunBusinessRuleTaskProc
essDemo  - 流程变量名: myCostCalculation, 变量值:
{"actualTotalPrice":0.0,"discountRatio":0.0,"originalTotalPrice":6666.0}
11:58:47,199 [main] INFO   com.bpm.example.businessruletask.demo.RunBusinessRuleTaskProc
essDemo  - 流程变量名: costCalculationResults, 变量值:
[{"actualTotalPrice":5999.400000000001,"discountRatio":0.9,"originalTotalPrice":6666.0}]
```

从代码运行结果可知，消费金额为6666元时，经过业务规则任务匹配触发了rule2，得到折扣率为0.9，实际支付金额为5999.4元。修改消费金额将得到不同的结果，读者可以自行尝试。

14.4 本章小结

本章主要介绍了Activiti中的服务任务、脚本任务和业务规则任务。服务任务是一种自动执行的活动，无须人为参与，在Activit中提供了3种调用Java代码实现自定义业务逻辑的方法。脚本任务也是一种无须人为参与的可自动执行的活动，可以通过定义脚本实现自定义的业务逻辑。业务规则任务可同步执行一条或多条规则，通过制定一系列规则来实现流程自动化。这3类任务节点各有特点，适用于不同的应用场景，读者需要根据实际需求灵活选用。

第 15 章 Activiti扩展的系列任务

本章将介绍由Activiti扩展出来的5种任务：邮件任务（mail task）、Web Service任务、Camel任务（Camel task）、Mule任务（Mule Task）和Shell任务（Shell task），它们均基于服务任务扩展而来，具有不同的特性，可以用于实现不同的流程场景建模，大大增强了Activiti引擎的能力。

15.1 邮件任务

顾名思义，邮件任务是用于发邮件的任务，Activiti支持通过自动邮件服务任务增强业务流程。流程流转到邮件任务时，可以向指定的一个或多个收信人发送邮件，同时支持cc（代表carbon copy，即抄送）、bcc（代表blind carbon copy，即密送），邮件内容还支持HTML格式。

1. 图形标记

由于邮件任务不是BPMN 2.0规范的"官方"任务，所以没有专用图标。在Activiti中，邮件任务是作为一种特殊的服务任务来扩展实现的，它表示为左上角带有消息图标的圆角矩形，如图15.1所示。

2. XML内容

在Activiti中邮件任务是由服务任务扩展而来的，同样使用serviceTask元素定义，为了与服务任务区分，邮件任务将type属性设置为mail。邮件任务的定义格式如下：

图15.1　邮件任务图形标记

`<serviceTask id="mailTask1" name="邮件任务" activiti:type="mail" />`

邮件任务可以通过属性注入的方式配置各种属性，这些属性的值可以使用UEL表达式，并将在流程执行时进行解析。邮件任务可配置属性如表15.1所示。

表15.1　邮件任务可配置属性

属性	是否必需	描述
to	是	邮件接收者的邮箱地址。可以使用逗号分隔多个接收者邮箱地址
from	否	邮件发送人的邮箱地址。如果不提供，会使用默认配置的地址（默认地址配置见下文介绍）
subject	否	邮件的主题
cc	否	邮件抄送人的邮箱地址。可以使用逗号分隔多个抄送人邮箱地址
bcc	否	邮件密送人的邮箱地址。可以使用逗号分隔多个密送人邮箱地址
charset	否	用于指定邮件的字符集，对很多非英语语言是必须设置的
html	否	邮件的HTML文本
text	否	邮件的内容，用于纯文本邮件。对于不支持富文本内容的客户端，与html一起使用，邮件客户端可以降级为显式纯文本格式
htmlVar	否	存储邮件HTML内容的流程变量名。与html属性的不同之处在于，这个属性会在邮件任务发送前，使用其内容进行表达式替换
textVar	否	存储邮件纯文本内容的流程变量名。与text属性的不同之处在于，这个属性会在邮件任务发送前，使用其内容进行表达式替换。
ignoreException	否	当处理邮件失败时，是忽略还是抛出ActivitiException。默认为false
exceptionVariableName	否	如果设置ignoreException = true，而处理邮件失败时，则使用此属性指定名称的变量将保存失败信息

为了使用邮件任务发送邮件，需要事先为Activiti配置支持SMTP功能的外部邮件服务器，可以在activiti.cfg.xml配置文件中配置如表15.2所示的属性。

表15.2　activiti.cfg.xml配置文件邮件服务器可配置属性

属性	是否必需	描述
mailServerHost	否	邮件服务器的主机名（如mail.qq.com）。默认为localhost
mailServerPort	如果不是使用默认端口则为必需	邮件服务器上的SMTP传输端口。默认为25
mailServerDefaultFrom	否	如果没有指定发送邮件的邮件地址，默认设置的发送者的邮件地址。默认为activiti@localhost
mailServerUsername	视邮件服务器要求	多数邮件服务器需要授权用户名才能发送邮件。默认不设置
mailServerPassword	视邮件服务器要求	多数邮件服务器需要授权用户名对应的密码才能发送邮件。默认不设置
mailServerUseSSL	视邮件服务器要求	部分邮件服务器需要SSL通信。默认为false
mailServerUseTLS	视邮件服务器要求	一些邮件服务器要求TLS通信（如Gmail）。默认设置为false

15.2　Web Service任务

Web Service是一种跨编程语言和跨操作系统平台的远程调用技术，可以使运行在不同机器上的应用相互交换数据或集成，而无须借助附加的、专门的第三方软件或硬件。Web Service是一个平台独立、低耦合、自包含、基于可编程的Web应用程序，可使用开放的XML标准来描述、发布、发现、协调和配置这些应用程序，用于开发分布式的交互操作的应用程序。依据Web Service规范实施的应用之间都可以交换数据，无论这些应用使用什么语言、平台或内部协议。Web Service是自描述、自包含的可用网络模块，可以执行具体的业务功能，为整个企业甚至多个组织之间的业务与应用的集成提供一种通用机制。BPMN 2.0规范中定义了Web Service任务，可用于同步调用外部的Web服务。

15.2.1　Web Service任务介绍

Web Service任务是BPMN 2.0的规范之一，可以使用BPMN 2.0的XML文件实现Web Service的配置，并封装Web Service的调用过程。

1．图形标记

Web Service任务是BPMN 2.0中的一种任务类型，但在Activiti中并没有专用图标表示。它复用了服务任务的图标，表示为左上角带有齿轮图标的圆角矩形，如图15.2所示。

图15.2　Web Service任务图形标记

2．XML内容

Web Service任务也使用serviceTask元素定义，不过为了实现Web Service的调用，Activiti为其引入了多种属性和元素。

（1）import元素

使用Web Service之前，需要导入其操作和类型。可以使用import元素指定Web Service的Web服务定义语言（Web Service Definition Language，WSDL）：

```
<import importType="http://schemas.xmlsoap.org/wsdl/"
    location="http://localhost:9090/WeatherWS.asmx?wsdl"
    namespace="http://webservice.activiti.org/" />
```

其中，importType属性表示引入Web Service的类型，location属性表示要调用的Web Service的WSDL路径，namespace为该import元素的命名空间。

（2）itemDefinition元素与message元素

通过import元素导入了Web Service的WSDL定义后，需要创建item定义和消息。itemDefinition元素用于定义数据对象或消息对象，这些对象可以在流程中操作、传输、转换或存储，itemDefinition元素默认遵守XML语法规则。message元素用于定义流程参与者之间的交互信息，其格式由itemDefinition元素定义，因此message

元素通过引用一个itemDefinition元素来声明其格式：

```
<itemDefinition id="theItem" structureRef="数据对象" />
<message id="theMessage" itemRef="theItem" />
```

这里定义了一个id为theItem的itemDefinition元素，它使用structureRef属性指定数据结构约束；同时定义了一个id为theMessage的message对象，通过itemRef属性引用前面的itemDefinition。需要注意的是，前面通过import元素指定了Web Service的WSDL，如果在itemDefinition中配置了structureRef属性，那么structureRef属性所有的元素结构必须要在相应的WSDL中体现。

（3）interface元素与operation元素

在声明服务任务之前，必须定义实际引用Web Service的接口和操作。interface元素用于定义一个Web Service接口。interface元素下可以定义多个operation元素，表示一个服务下的多个操作。对于每一个操作，都可以复用之前定义的"传入"与"传出"消息。看以下示例：

```
<interface id="theInterface" name="示例接口定义" implementationRef="WSDL中portType的名称">
    <operation id="theOperation" name="示例操作定义" implementationRef="WSDL中的操作名称">
        <inMessageRef>WSDL中操作的input message</inMessageRef>
        <outMessageRef>WSDL中操作的output message</outMessageRef>
    </operation>
</interface>
```

这里定义了id为theInterface的服务接口，在其下面定义了一个id为theOperation的operation。使用Web Service任务时，在其serviceTask定义中加入operationRef属性指定该Web Service任务使用的操作。

（4）设置Web Service服务的输入与输出参数

在Activiti中自定义了设置Web Service调用的输入与输出参数的规范，它比BPMN 2.0标准的Web Service任务声明IO规范简单很多。要设置Web Service服务的输入和输出参数，可以为serviceTask元素加入dataInputAssociation和dataOutputAssociation子元素。dataInputAssociation子元素定义了属性输入关系，dataOutputAssociation子元素定义了属性输出关系。看以下示例：

```
<serviceTask id="theWebServiceTask" name="Web Service任务"
    implementation="##WebService" operationRef="theOperation">
    <dataInputAssociation>
        <sourceRef>item1</sourceRef>
        <targetRef>item2</targetRef>
    </dataInputAssociation>
    <dataOutputAssociation>
        <sourceRef>item3</sourceRef>
        <targetRef>item4</targetRef>
    </dataOutputAssociation>
</serviceTask>
```

这里首先定义了一个dataInputAssociation。该元素下有sourceRef和targetRef两个子元素，它们均需要引用相应的itemDefinition，这决定了参数的数据结构。我们还定义了一个dataOutputAssociation，表示调用Web Service后返回的结果，其中sourceRef定义返回值的数据结构。如果返回值是一个普通字符串，可以使用以下的itemDefinition：

```
<itemDefinition id="item1" structureRef="string" />
```

如果返回值是一个对象，则需要为itemDefinition指定相应的结构：

```
<itemDefinition id="item1" structureRef="数据对象" />
```

dataOutputAssociation元素还有一个targetRef元素，用于设置返回值的名称。调用Web Service返回结果后，Activiti会将结果作为流程变量进行保存，其变量名为targetRef引用的itemDefinition的id属性值。

15.2.2　Web Service任务使用示例

下面看一个使用Web Service任务的示例，如图15.3所示。该流程为调用第三方Web Service服务获取手机号信息的流程。流程发起后先通过Web Service任务调用外部第三方Web Service服务查询手机号信息，然后通过脚本任务对结果进行格式化处理，最后通过邮件任务将查询结果发送给申请人。该流程综合使用了Web Service任务、脚本任务和邮件任务。

图15.3　Web Service任务示例流程

1. 配置邮件服务器

由于示例流程使用了邮件服务,需要在activiti.cfg.xml配置文件中配置邮件服务器:

```xml
<beans>
    <!--数据源配置-->
    <bean id="dataSource" class="org.apache.commons.dbcp.BasicDataSource">
        <property name="driverClassName" value="org.h2.Driver"/>
        <property name="url" value="jdbc:h2:mem:activiti"/>
        <property name="username" value="sa"/>
        <property name="password" value=""/>
    </bean>
    <!--activiti工作流引擎-->
    <bean id="processEngineConfiguration"
        class="org.activiti.engine.impl.cfg.StandaloneProcessEngineConfiguration">
        <!-- 数据源 -->
        <property name="dataSource" ref="dataSource"/>
        <!-- 数据库更新策略 -->
        <property name="databaseSchemaUpdate" value="create-drop"/>
        <!-- 设置邮箱的SMTP服务器 -->
        <property name="mailServerHost" value="smtp.163.com" />
        <!-- 设置邮箱的端口 -->
        <property name="mailServerPort" value="465"/>
        <!-- 设置默认的发送邮箱 -->
        <property name="mailServerDefaultFrom" value="hebo824@163.com" />
        <!-- 设置邮箱用户名 -->
        <property name="mailServerUsername" value="hebo824@163.com" />
        <!-- 设置邮箱密码 -->
        <property name="mailServerPassword" value="******" />
        <!-- 设置SSL通信-->
        <property name="mailServerUseSSL" value="true" />
    </bean>
</beans>
```

2. 设计流程模型

该流程对应的XML内容如下:

```xml
<definitions xmlns="http://www.omg.org/spec/BPMN/20100524/MODEL"
        xmlns:xsi="http://www.w3.org/2001/XMLSchema-instance"
        xmlns:xsd="http://www.w3.org/2001/XMLSchema"
        xmlns:activiti="http://activiti.org/bpmn"
        xmlns:bpmndi="http://www.omg.org/spec/BPMN/20100524/DI"
        xmlns:omgdc="http://www.omg.org/spec/DD/20100524/DC"
        xmlns:omgdi="http://www.omg.org/spec/DD/20100524/DI"
        typeLanguage="http://www.w3.org/2001/XMLSchema"
        expressionLanguage="http://www.w3.org/1999/XPath"
        targetNamespace="http://www.activiti.org/processdef"
        xmlns:tns="http://www.activiti.org/processdef"
        xmlns:mobile="http://WebXml.com.cn/">

<!-- 这里的namespace是对应于wsdl中的namespace的,在这里定义一下方便后面使用 -->

<!--引入外部的wsdl文件中存储的数据,也就是我们的webservice生成的wsdl数据 -->
<import importType="http://schemas.xmlsoap.org/wsdl/"
        location="http://ws.webxml.com.cn/WebServices/MobileCodeWS.asmx?wsdl"
        namespace="http://WebXml.com.cn/" />

<process id="WebServiceTaskProcess" name="WebServiceTask示例流程" isExecutable="true">
    <startEvent id="startEvent1"/>
    <serviceTask id="webServiceTask1" name="获取手机号信息"
        implementation="##WebService"
        operationRef="getMobileCodeInfoOperation">
```

```xml
      <!-- 要输入的参数 , 可以有多个 -->
      <dataInputAssociation>
        <sourceRef>myMobileCode</sourceRef>
        <targetRef>mobileCode</targetRef>
      </dataInputAssociation>
      <dataInputAssociation>
        <sourceRef>myUserID</sourceRef>
        <targetRef>userID</targetRef>
      </dataInputAssociation>
      <dataOutputAssociation><!--输出的参数,只可以有一个 -->
        <sourceRef>getMobileCodeInfoResult</sourceRef><!-- 输出变量在wsdl中名称 -->
        <targetRef>mobileCodeInfoResult</targetRef><!-- 输出变量在流程中的名称 -->
      </dataOutputAssociation>
    </serviceTask>
    <scriptTask id="scriptTask1" name="格式化处理" scriptFormat="javascript"
        activiti:autoStoreVariables="false">
      <script>
        var array1 = mobileCodeInfoResult.split(": ");
        var array2 = array1[1].split(" ");
        execution.setVariable("province", array2[0]);
        execution.setVariable("city", array2[1]);
        execution.setVariable("type", array2[2]);
      </script>
    </scriptTask>
    <serviceTask id="mailTask1" name="邮件发送结果" activiti:type="mail">
      <extensionElements>
        <activiti:field name="from" stringValue="hebo824@163.com" />
        <activiti:field name="to" expression="${userMail}" />
        <activiti:field name="subject" expression="手机号信息查询结果" />
        <activiti:field name="html">
          <activiti:expression>
            <![CDATA[
              <html>
                <body>
                  用户<b>${userName}</b>你好, <br/>
                  你查询的手机号<b>${myMobileCode}</b>的信息为: <br/>
                  <table border="1">
                      <tr><td>卡号</td><td>${myMobileCode}</td></tr>
                      <tr><td>省份</td><td>${province}</td></tr>
                      <tr><td>城市</td><td>${city}</td></tr>
                      <tr><td>卡类型</td><td>${type}</td></tr>
                  </table>
                </body>
              </html>
            ]]>
          </activiti:expression>
        </activiti:field>
        <activiti:field name="charset">
          <activiti:string><![CDATA[utf-8]]></activiti:string>
        </activiti:field>
      </extensionElements>
    </serviceTask>
    <endEvent id="endEvent1">
    </endEvent>
    <sequenceFlow id="sequenceFlow1" sourceRef="startEvent1" targetRef="webServiceTask1"/>
    <sequenceFlow id="sequenceFlow2" sourceRef="webServiceTask1" targetRef="scriptTask1"/>
    <sequenceFlow id="sequenceFlow3" sourceRef="scriptTask1" targetRef="mailTask1"/>
    <sequenceFlow id="sequenceFlow4" sourceRef="mailTask1" targetRef="endEvent1"/>
</process>

<interface id="getMobileCodeInfoInterface" name="获取手机号信息接口" implementationRef=
    "mobile:MobileCodeWSSoap">
    <operation id="getMobileCodeInfoOperation" name="获取手机号信息操作"
              implementationRef="mobile:getMobileCodeInfo" >
      <inMessageRef>tns:getMobileCodeInfoRequestMessage</inMessageRef>
      <outMessageRef>tns:getMobileCodeInfoResponseMessage</outMessageRef>
    </operation>
</interface>
```

```xml
<message id="getMobileCodeInfoRequestMessage" itemRef="tns:getMobileCodeInfoRequestItem" />
<message id="getMobileCodeInfoResponseMessage" itemRef="tns:getMobileCodeInfoResponseItem" />

<itemDefinition id="getMobileCodeInfoRequestItem" structureRef="mobile:getMobileCodeInfo" />
<itemDefinition id="getMobileCodeInfoResponseItem"
  structureRef="mobile:getMobileCodeInfoResponse" />

<itemDefinition id="myMobileCode" structureRef="string" />
<itemDefinition id="mobileCode" structureRef="string" />
<itemDefinition id="myUserID" structureRef="string" />
<itemDefinition id="userID" structureRef="string" />

<itemDefinition id="getMobileCodeInfoResult" structureRef="string" />
<itemDefinition id="mobileCodeInfoResult" structureRef="string" />

</definitions>
```

在以上流程定义中,为了使用Web Service任务,做了一系列的配置工作。

首先,根节点中增加了tns、mobile两个命名空间,因此流程定义中可以使用这两个命名空间下的元素和属性。

然后定义import元素,由其指定Web Service的WSDL路径和命名空间,以便后续使用。

为了表示Web Service任务,流程中定义了id为webServiceTask1的服务任务,其implementation属性设置为##WebService,表示这是一个Web Service任务。这个Web Service任务下配置了两个dataInputAssociation子元素,表示调用Web Service的参数,对应的数据结构为myMobileCode、mobileCode、myUserID和userID的itemDefinition;同时配置了一个dataOutputAssociation子元素,表示调用Web Service后的返回值,sourceRef为Web Service的返回值名称,对应数据结构为getMobileCodeInfoResult,targetRef为存储返回结果的流程变量名,对应数据结构为mobileCodeInfoResult。Web Service任务的operationRef引用调用Web Service接口的操作。

为了表示Web Service的接口和操作,定义id为getMobileCodeInfoInterface的interface元素,其implementationRef为Web Service的WSDL文件中对应接口的wsdl:portType元素的name属性值(注意,需要带上相应的命名空间)。以下为这里调用的Web Service接口对应的WSDL文件的部分片段:

```xml
<wsdl:portType name="MobileCodeWSSoap">
<wsdl:operation name="getMobileCodeInfo">
<wsdl:documentation xmlns:wsdl="http://schemas.xmlsoap.org/wsdl/"><br /><h3>获得国内手机号码归属地省份、地区和手机卡类型信息</h3><p>输入参数:mobileCode = 字符串(手机号码,最少前7位数字),userID = 字符串(商业用户ID) 免费用户为空字符串;返回数据:字符串(手机号码:省份 城市 手机卡类型)。
</p><br /></wsdl:documentation>
<wsdl:input message="tns:getMobileCodeInfoSoapIn"/>
<wsdl:output message="tns:getMobileCodeInfoSoapOut"/>
</wsdl:operation>
<wsdl:operation name="getDatabaseInfo">
<wsdl:documentation xmlns:wsdl="http://schemas.xmlsoap.org/wsdl/"><br /><h3>获得国内手机号码归属地数据库信息</h3><p>输入参数:无;返回数据:一维字符串数组(省份 城市 记录数量)。
</p><br /></wsdl:documentation>
<wsdl:input message="tns:getDatabaseInfoSoapIn"/>
<wsdl:output message="tns:getDatabaseInfoSoapOut"/>
</wsdl:operation>
</wsdl:portType>

<wsdl:message name="getMobileCodeInfoSoapIn">
<wsdl:part name="parameters" element="tns:getMobileCodeInfo"/>
</wsdl:message>
<wsdl:message name="getMobileCodeInfoSoapOut">
<wsdl:part name="parameters" element="tns:getMobileCodeInfoResponse"/>
</wsdl:message>
<wsdl:message name="getDatabaseInfoSoapIn">
<wsdl:part name="parameters" element="tns:getDatabaseInfo"/>
</wsdl:message>
<wsdl:message name="getDatabaseInfoSoapOut">
<wsdl:part name="parameters" element="tns:getDatabaseInfoResponse"/>
</wsdl:message>
```

interface元素下定义了operation。operation的配置信息同样可以在Web Service的WSDL文件中找到,其

implementationRef属性对应WSDL文件中对应接口的wsdl:operation元素的name属性值（注意，需要带上相应的命名空间）。operation元素下的inMessageRef、outMessageRef子元素分别对应WSDL文件中的wsdl:input、wsdl:output，对应的消息格式需要引用对应的message。

前面在定义interface的operation时需要引用两个message，在这里定义了id分别为getMobileCodeInfoRequestMessage、getMobileCodeInfoResponseMessage的两个message元素，用于定义消息的内容格式，分别引用了tns命名空间下的getMobileCodeInfoRequestItem和getMobileCodeInfoResponseItem两个itemDefinition。getMobileCodeInfoRequestItem和getMobileCodeInfoResponseItem的结构同样引用了Web Service的WSDL中的定义，因此在配置structureRef属性时要带上命名空间。

对于流程中使用到的脚本任务scriptTask1，通过scriptFormat属性配置脚本类型为javascript，通过设置activiti:autoStoreVariables="false"表示不自动保存变量，通过其script子元素配置了需要执行的脚本，对存储Web Service任务返回结果的mobileCodeInfoResult变量进行了格式化解析处理，并将处理结果分别设置到流程变量province、city和type中。

对于流程中使用到的邮件任务mailTask1，这里配置了from、to、subject、html和charset属性，并以邮件的方式将查询结果发给申请人。

3．设计流程控制代码

加载该流程模型并执行相应流程控制的示例代码如下：

```
@Slf4j
public class RunWebServiceTaskProcessDemo extends ActivitiEngineUtil {

    @Test
    public void runWebServiceTaskProcessDemo() {
        //加载Activiti配置文件并初始化工作流引擎及服务
        loadActivitiConfigAndInitEngine("activiti.mail.xml");
        //部署流程
        ProcessDefinition processDefinition =
            deployByClasspathResource("processes/WebServiceTaskProcess.bpmn20.xml");

        //设置流程变量
        Map variables = new HashMap();
        variables.put("userName", "诗雨花魂");
        variables.put("userMail", "#########@qq.com");
        variables.put("myMobileCode", "136********");
        //发起流程
        ProcessInstance processInstance =
runtimeService.startProcessInstanceById(processDefinition.getId(), variables);
        //查询并输出流程变量
        List<HistoricVariableInstance> historicVariableInstances
            = historyService.createHistoricVariableInstanceQuery().
                processInstanceId(processInstance.getId()).list();
        historicVariableInstances.stream().forEach((historicVariableInstance) ->
            log.info("流程变量名:{},变量值:{}", historicVariableInstance.getVariableName(),
                historicVariableInstance.getValue()));

        //关闭工作流引擎
        closeEngine();
    }
}
```

以上代码先初始化工作流引擎并部署流程，然后初始化流程变量userName、userMail和myMobileCode，并发起流程（加粗部分的代码），最后获取并输出流程变量。

代码运行结果如下：

```
10:23:10,381 [main] INFO   com.bpm.example.demo1.RunWebServiceTaskProcessDemo      - 流程变量
名: org.activiti.engine.impl.bpmn.CURRENT_MESSAGE, 变量值: null
10:23:10,381 [main] INFO   com.bpm.example.demo1.RunWebServiceTaskProcessDemo      - 流程变量
名: mobileCodeInfoResult, 变量值: 136********：北京 北京 北京移动神州行卡
10:23:10,381 [main] INFO   com.bpm.example.demo1.RunWebServiceTaskProcessDemo      - 流程变量
名: province, 变量值: 北京
10:23:10,381 [main] INFO   com.bpm.example.demo1.RunWebServiceTaskProcessDemo      - 流程变量
名: city, 变量值: 北京
```

```
10:23:10,381 [main] INFO  com.bpm.example.demo1.RunWebServiceTaskProcessDemo   - 流程变量
名: type, 变量值: 北京移动神州行卡
10:23:10,381 [main] INFO  com.bpm.example.demo1.RunWebServiceTaskProcessDemo   - 流程变量
名: myMobileCode, 变量值: 136********
10:23:10,381 [main] INFO  com.bpm.example.demo1.RunWebServiceTaskProcessDemo   - 流程变量
名: userMail, 变量值: #########@qq.com
10:23:10,381 [main] INFO  com.bpm.example.demo1.RunWebServiceTaskProcessDemo   - 流程变量
名: userName, 变量值: 诗雨花魂
```

以上代码运行结果中输出了所有流程变量：

- 流程变量mobileCodeInfoResult来自于Web Service任务执行后的返回值，变量名由dataOutputAssociation元素的targetRef子元素定义；
- 流程变量province、city和type由脚本任务中的脚本设置得到；
- 流程变量myMobileCode、userName、userMail和由流程发起时初始化得到。

查看邮箱可以看到，邮件任务发出的邮件也已成功到达，如图15.4所示。

图15.4　邮件任务发送的邮件

15.3　Camel任务

Camel是Apache基金会下的一个开源项目，是一款集成项目利器，针对应用集成场景抽象出了一套消息交互模型，通过组件的方式进行第三方系统的接入。目前Camel已经提供了300多种组件，支持HTTP、JMS、TCP、WebSocket等多种传输协议。Camel结合企业应用集成模式的特点提供了消息路由、消息转换等领域特定语言（Domain-Specific Language，DSL），极大降低了集成应用的开发难度。

为了增强集成能力，Activiti扩展出了Camel任务，它可以向Camel发送和接收消息。

15.3.1　Camel任务介绍

Camel任务并非BPMN 2.0规范定义的"官方"任务，在Activiti中，Camel任务作为一种特殊的服务任务实现。

1. 图形标记

由于Camel任务并非BPMN 2.0规范的"官方"任务，所以没有提供其专用图标。在Activiti中，Camel任务表示为左上角带有骆驼图标的圆角矩形，如图15.5所示。

图15.5　Camel任务图形标记

2. XML内容

在Activiti中，Camel任务是基于服务任务扩展而来的，同样使用serviceTask元素定义，为了与服务任务区分，Camel任务通过将type属性设置为camel进行定义。Camel任务的定义格式如下：

```xml
<serviceTask id="camelTask1" name="Camel任务" activiti:type="camel" />
```

在流程定义的服务任务上将type属性设置为camel即可，集成逻辑将通过Camel容器委托。

15.3.2　Activiti与Camel集成

本节将具体介绍Activiti与Camel集成的过程，以及Activiti基于Camel扩展的各种特性及用法。

1. Camel的配置与依赖

默认情况下，使用Camel任务时，Activiti工作流引擎会在Spring容器中查找名称为camelContext的Bean。camelContext用于定义Camel容器装载的Camel路由，Camel路由可以在Spring配置文件中定义，也可以按照指定的Java包装载路由。Camel路由在Spring配置文件中的定义示例如下：

```xml
<camelContext id="camelContext" xmlns="http://camel.apache.org/schema/spring">
    <packageScan>
        <package>com.bpm.example.demo2.camel.route</package>
    </packageScan>
</camelContext>
```

通过以上配置，在初始化时camelContext时会把com.bpm.example.demo2.camel.route中的路由定义类（继承自org.apache.camel.builder.RouteBuilder）注册到camelContext对象中。camelContext是Camel中一个很重要

的概念,它横跨了Camel服务的整个生命周期,并且为Camel服务的工作环境提供支撑,Camel中的各个Service的关联衔接通过camelContext上下文对象完成。

由于Activiti的配置文件采用的是Spring Bean配置文件格式,所以在Activiti与Camel集成时,以上配置内容可以直接添加到Activiti的配置文件中。

如果想要定义多个camelContext,或想使用不同的Bean名称,可以在Camel任务定义中通过以下方式指定:

```xml
<serviceTask id="camelTask1" name="Camel任务" activiti:type="camel" >
    <extensionElements>
        <activiti:field name="camelContext" stringValue="customCamelContext" />
    </extensionElements>
</serviceTask>
```

需要注意的是,如果要使用Camel任务,需要在项目中包含activiti-camel模块依赖及Camel相关依赖。Maven依赖定义如下:

```xml
<dependency>
    <groupId>org.activiti</groupId>
    <artifactId>activiti-camel</artifactId>
    <version>6.0.0</version>
</dependency>
<dependency>
    <groupId>org.apache.camel</groupId>
    <artifactId>camel-core</artifactId>
    <version>2.25.4</version>
</dependency>
<dependency>
    <groupId>org.apache.camel</groupId>
    <artifactId>camel-spring</artifactId>
    <version>2.25.4</version>
</dependency>
<dependency>
    <groupId>org.apache.camel</groupId>
    <artifactId>camel-http</artifactId>
    <version>2.25.4</version>
</dependency>
```

2. 定义Camel路由

Camel最重要的特色之一就是路由,路由用于应用中通信或者应用间通信。Camel的路由需要通过手动编排的方式,在指定的端点间进行数据的传输、过滤和转换等操作。Camel路由易于使用的一个特性是端点(endpoint)URI,通过指定URI,可以确定要使用的组件,以及该组件的配置,然后决定是将消息发送到由该URI配置的组件,还是使用该组件发出消息。

Activiti的activiti-camel模块提供了Camel与Activiti通信的桥梁,当流程流转到Camel任务后,工作流引擎将调用Camel执行对应的路由。同时,还可以选择把流程变量传递给路由,并在路由处理结束后选择把路由得到的结果以流程变量的方式回传给流程实例。

我们可以通过Java DSL构建Camel路由(也可通过XML文件配置),需要继承org.apache.camel.builder.RouteBuilder类,然后重写其configure()方法。Activiti与Camel集成后,一个典型的路由定义类内容如下:

```java
public class customActivitiRoute extends RouteBuilder {
    @Override
    public void configure() throws Exception {
        from("activiti:CamelTaskProcess:camelTask1?username=hebo")
            .to("log:org.activiti.camel.examples.SimpleCamelCall");
    }
}
```

在以上路由定义类的configure()方法中,通过Java的DSL描述路由规则。from和to是两个关键字,Camel会从from声明的起始端点将消息路由至to声明的终点。from是所有路由的起点,它接受端点URI作为参数。activiti-camel模块定义了"activiti"类型的路由URI协议。以上面的配置为例,from端点的格式包含用冒号和问号分隔的4个参数,各参数的含义如表15.3所示。

表15.3 activiti-camel模块提供的URI协议的参数

参数	描述
activiti	协议开头，指向工作流引擎端点
CamelTaskProcess	流程定义Key
camelTask1	流程定义中Camel任务的ID
username=hebo	路由URI的参数

关于Camel路由的配置，这里不做过多讲解，读者可以自行在Camel官方网站上查询相关资料。

3. 路由URI参数配置

我们可以通过在URI中附加一些参数，使用Activiti提供的行为，实现干预Camel组件的功能。本节将介绍URI支持的参数，包括输入参数和输出参数两类。

（1）输入参数

Activiti提供了3种输入参数，用于控制将流程变量复制到Camel的策略，如表15.4所示。

表15.4 activiti-camel模块提供的URI协议的输入参数

输入参数	对应Activiti行为类	描述
copyVariablesToProperties	org.activiti.camel.impl.CamelBehaviorDefaultImpl	默认配置，将Activiti的流程变量复制为Camel参数，在路由中可以通过形如${property.variableName}的表达式获取参数值
copyCamelBodyToBody	org.activiti.camel.impl.CamelBehaviorCamelBodyImpl	只将名为"camelBody"的Activiti流程变量复制为Camel消息体。如果camelBody的值是Map对象，在路由中可以通过形如${body[variableName]}的表达式获取参数值；如果camelBody的值是纯字符，可以通过${body}表达式获取
copyVariablesToBodyAsMap	org.activiti.camel.impl.CamelBehaviorBodyAsMapImpl	把Activiti的所有流程变量复制到一个Map对象中，作为Camel的消息体，在路由中可以通过形如${body[variableName]}的表达式获取参数值

以如下路由规则为例：

```
from("activiti:CamelTaskProcess:camelTask1?copyVariablesToProperties=true")
    .to("log:org.activiti.camel.examples.SimpleCamelCall");
```

这里的配置在URI中附加了copyVariablesToProperties=true，表示将Activiti的流程变量复制成Camel参数。

（2）输出参数

同样地，Activiti提供了几种输出参数，用于控制将Camel执行结果复制到流程变量的策略，如表15.5所示。

表15.5 activiti-camel模块提供的URI协议的输出参数

输出参数	描述
default	默认配置。如果Camel消息体是一个Map对象，则在路由执行结束后将其中每一个属性复制为Activiti的流程变量，否则将整个Camel消息体复制到名为"camelBody"的流程变量中
copyVariablesFromProperties	将Camel参数以相同的名称复制为Activiti流程变量
copyVariablesFromHeader	将Camel Header中的内容以相同的名称复制为Activiti流程变量
copyCamelBodyToBodyAsString	与default相同，但如果Camel消息体并非Map对象，则先将其转换为字符串，然后再复制到名为camelBody的流程变量

下面以以下路由规则为例进行介绍。

```
from("activiti:CamelTaskProcess:camelTask1?copyVariablesFromProperties=true")
    .to("log:org.activiti.camel.examples.SimpleCamelCall");
```

这里的配置在URI中附加了copyVariablesFromProperties=true，表示将Camel参数以相同的名称复制到Activiti流程变量中。

4．异步Camel调用

默认情况下，Camel任务是同步执行的。流程执行到Camel任务后将处于等待状态，直到Camel执行结束并返回结果，才会离开Camel任务继续流转。如果Camel任务执行时间较长，或者某些场景下不需要同步执行，则可以使用Camel任务的异步功能实现，只需将Camel任务的async参数设置为true：

```
<serviceTask id="camelTask1" name="异步Camel任务" activiti:type="camel"
    activiti:async="true"/>
```

设置这个参数后，Camel路由会由Activiti作业执行器异步启动。

5．通过Camel启动流程

前面介绍了如何整合Camel与Activiti，以及两者如何通信：先启动Activiti流程实例，然后在流程实例中启动Camel路由。对应地，也可以通过Camel任务启动或调用流程实例，其Camel的路由规则可以设计如下：

```
from("activiti:ParentProcess:camelTaskForStartSubprocess")
    .to("activiti:subProcessCreateByCamel");
```

其中，from声明的起始端点的URI分为3部分："activiti"协议头、父流程定义key、Camel任务id；to声明的终止端点的URI分为2部分："activiti"协议头、子流程定义key。

15.3.3　Camel任务使用示例

下面看一个使用Camel任务的示例，如图15.6所示。该流程为调用外部第三方服务自动获取IP信息的流程。流程发起后先通过Camel任务调用外部Web服务查询IP信息，然后通过邮件任务将查询结果发送给申请人。

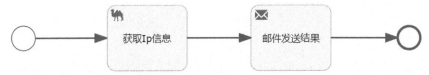

图15.6　Camel任务示例流程

1．配置Camel

Camel路由配置整合到Activiti的配置文件中的内容如下：

```xml
<beans>
    <!--数据源配置-->
    <bean id="dataSource" class="org.apache.commons.dbcp.BasicDataSource">
        <property name="driverClassName" value="org.h2.Driver"/>
        <property name="url" value="jdbc:h2:mem:activiti"/>
        <property name="username" value="sa"/>
        <property name="password" value=""/>
    </bean>
    <!--事务管理器配置-->
    <bean id="transactionManager"
        class="org.springframework.jdbc.datasource.DataSourceTransactionManager">
        <property name="dataSource" ref="dataSource"/>
    </bean>
    <!--activiti工作流引擎-->
    <bean id="processEngineConfiguration"
        class="org.activiti.spring.SpringProcessEngineConfiguration">
        <!-- 数据源 -->
        <property name="dataSource" ref="dataSource"/>
        <!-- 数据库更新策略 -->
        <property name="databaseSchemaUpdate" value="create-drop"/>
        <!-- 使用spring事务管理器 -->
```

```xml
            <property name="transactionManager" ref="transactionManager"/>

            <!-- 此处省略其他属性配置 -->

    </bean>
    <!-- 配置camel路由-->
    <camelContext id="camelContext" xmlns="http://camel.apache.org/schema/spring">
        <packageScan>
            <package>com.bpm.example.demo2.camel.route</package>
        </packageScan>
    </camelContext>
</beans>
```

从以上配置可知：

- 工作流引擎配置使用SpringProcessEngineConfiguration，这是因为Activiti与Camel集成时，需要通过SpringProcessEngineConfiguration获取camelContext；
- Camel路由是通过在Spring环境下扫描路由配置实现的，配置中加粗部分的代码配置了camel路由，Spring会扫描包路径com.bpm.example.demo2.camel.route下的Route类，并加载到camelContext中。

2．设计流程模型

图15.6流程对应的XML内容如下：

```xml
<process id="CamelTaskProcess" name="CamelTask示例流程" isExecutable="true">
    <startEvent id="startEvent1"/>
    <serviceTask id="camelTask1" name="获取Ip信息" activiti:type="camel"/>
    <serviceTask id="mailTask1" name="邮件发送结果" activiti:type="mail">
        <extensionElements>
            <activiti:field name="from" stringValue="hebo824@163.com" />
            <activiti:field name="to" expression="${userMail}" />
            <activiti:field name="subject" expression="IP信息查询结果" />
            <activiti:field name="html">
                <activiti:expression>
                    <![CDATA[
                        <html>
                            <body>
                                用户<b>${userName}</b>你好，<br/>
                                你查询的IP<b>${ip}</b>的信息为：<br/>
                                <table border="1">
                                    <tr><td>省份</td><td>${regionName}</td></tr>
                                    <tr><td>城市</td><td>${city}</td></tr>
                                    <tr><td>互联网服务提供商</td><td>${isp}</td></tr>
                                </table>
                            </body>
                        </html>
                    ]]>
                </activiti:expression>
            </activiti:field>
            <activiti:field name="charset">
                <activiti:string><![CDATA[utf-8]]></activiti:string>
            </activiti:field>
        </extensionElements>
    </serviceTask>
    <endEvent id="endEvent1">
    </endEvent>
    <sequenceFlow id="sequenceFlow1" sourceRef="startEvent1" targetRef="camelTask1"/>
    <sequenceFlow id="sequenceFlow2" sourceRef="camelTask1" targetRef="mailTask1"/>
    <sequenceFlow id="sequenceFlow3" sourceRef="mailTask1" targetRef="endEvent1"/>
</process>
```

在以上流程定义中，加粗部分的代码定义了一个camel任务。

3．设计Came路由代码

Camel路由类的代码如下：

```java
public class GetIpInfoCamelCallRoute extends RouteBuilder {
    @Override
    public void configure() throws Exception {
```

```
        from("activiti:CamelTaskProcess:camelTask1?copyVariablesToProperties=true")
            .toD("http://ip-api.com/json/${property.ip}?lang=zh-CN&bridgeEndpoint=true")
            .process(new ResultProcessor());
    }
}
```

该Java类重写了org.apache.camel.builder.RouteBuilder类的configure()方法，并在该方法中实现了路由逻辑。from声明的起始端点的URI中，activiti为协议头，CamelTaskProcess为流程定义key，camelTask1为Camel任务ID，输入参数配置的copyVariablesToProperties=true表示将Activiti的流程变量复制为Camel参数，输出参数使用默认配置。

终止端点采用toD声明，它允许通过表达式的方式来动态定义消息的接收节点，这里使用表达式${property.ip}，表示从Camel参数中获取ip属性值。

路由中使用到了自定义Processor处理器ResultProcessor。Processor处理器是Camel中的一个重要元素，用于接收从控制端点、路由选择条件或另一个处理器的Exchange中传来的消息信息，并进行处理。通过自定义的Processor处理器可以编写一些业务逻辑处理，如用于实现外部服务返回结果数据格式的转换，代码如下：

```
@Slf4j
public class ResultProcessor implements Processor {
    public void process(Exchange exchange) {
        //获取Camel调用结果
        String camelCallResult =exchange.getIn().getBody(String.class);
        //输出Camel调用结果
        log.info("Camel调用结果为：{}", camelCallResult);
        //转换为Map
        Map<String, String> camelCallResultMap =
            JSON.parseObject(camelCallResult, Map.class);
        //过滤得到需要的键值对
        Map<String, String> resultMap =
            camelCallResultMap.entrySet().stream()
                .filter(map -> "country".equals(map.getKey()) ||
                "regionName".equals(map.getKey())
                || "city".equals(map.getKey()) || "isp".equals(map.getKey()))
                .collect(Collectors.toMap(Map.Entry::getKey, Map.Entry::getValue));
        //将Camel消息体作为Map回传
        exchange.getOut().setBody(resultMap, Map.class);
    }
}
```

以上代码先获取访问外部服务返回的结果（一个JSON字符串），然后将其转为Map对象，并对其key进行过滤，仅保留country、regionName、city和isp组成一个新的Map，最后将该Map作为Camel消息体回传给Activiti。

4．设计流程控制代码

加载该流程模型并执行相应流程控制的示例代码如下：

```
@Slf4j
public class RunCamelTaskProcessDemo {

    @Test
    public void runCamelTaskProcessDemo() {
        ApplicationContext applicationContext =
            new ClassPathXmlApplicationContext("activiti.camel.xml");
        //创建工作流引擎配置
        ProcessEngineConfigurationImpl processEngineConfiguration=
            (ProcessEngineConfigurationImpl)
            applicationContext.getBean("processEngineConfiguration");
        //创建工作流引擎
        ProcessEngine engine = processEngineConfiguration.buildProcessEngine();
        //获取流程存储服务
        RepositoryService repositoryService = engine.getRepositoryService();
        //获取运行时服务
        RuntimeService runtimeService = engine.getRuntimeService();
        //获取历史服务
        HistoryService historyService = engine.getHistoryService();
```

```
        //部署流程
        repositoryService.createDeployment().addClasspathResource("processes/
           CamelTaskProcess.bpmn20.xml").deploy();

        //设置流程变量
        Map variables = new HashMap();
        variables.put("userName", "诗雨花魂");
        variables.put("userMail", "#########@qq.com");
        variables.put("ip", "39.156.66.14");
        //启动流程
        ProcessInstance processInstance =
           runtimeService.startProcessInstanceByKey("CamelTaskProcess", variables);
        //查询并输出流程变量
        List<HistoricVariableInstance> historicVariableInstances=
           historyService.createHistoricVariableInstanceQuery().processInstanceId(
           processInstance.getId()).list();
        historicVariableInstances.stream().forEach((historicVariableInstance) ->
           log.info("流程变量名：{}, 变量值：{}", historicVariableInstance.getVariableName(),
           JSON.toJSONString(historicVariableInstance.getValue())));

        //关闭工作流引擎
        engine.close();
    }
}
```

以上代码先初始化工作流引擎并部署流程，然后初始化userName、userMail和ip这3个流程变量，并发起流程（加粗部分的代码），最后获取并输出流程变量。

代码运行结果如下：

```
10:49:30,436 [main] INFO    com.bpm.example.demo2.camel.processor.ResultProcessor   - Came
l调用结果为: {"status":"success","country":"中国
","countryCode":"CN","region":"GD","regionName":"广东","city":"深圳
","zip":"","lat":22.5431,"lon":114.058,"timezone":"Asia/Shanghai","isp":"China Mobile",
"org":"China Mobile","as":"AS9808 China Mobile Communications Group Co., Ltd.","query":
"39.156.66.14"}
10:49:32,929 [main] INFO    com.bpm.example.demo2.RunCamelTaskProcessDemo    - 流程变量名：
country, 变量值: "中国"
10:49:32,929 [main] INFO    com.bpm.example.demo2.RunCamelTaskProcessDemo    - 流程变量名：
city, 变量值:"深圳"
10:49:32,929 [main] INFO    com.bpm.example.demo2.RunCamelTaskProcessDemo    - 流程变量名：
isp, 变量值: "China Mobile"
10:49:32,929 [main] INFO    com.bpm.example.demo2.RunCamelTaskProcessDemo    - 流程变量名：
regionName, 变量值:"广东"
10:49:32,929 [main] INFO    com.bpm.example.demo2.RunCamelTaskProcessDemo    - 流程变量名：ip,
变量值:"39.156.66.14"
10:49:32,929 [main] INFO    com.bpm.example.demo2.RunCamelTaskProcessDemo    - 流程变量名：
userMail, 变量值: "#########@qq.com"
10:49:32,929 [main] INFO    com.bpm.example.demo2.RunCamelTaskProcessDemo    - 流程变量名：
userName, 变量值:"诗雨花魂"
```

从代码运行结果可知，通过Camel调用外部接口返回的结果是一个JSON字符串，在流程结束后输出了所有流程变量：

❑ country、regionName、city和isp这4个流程变量来自Camel任务执行后的返回值；

❑ userName、userMail和ip这3个流程变量是流程发起时初始化得到的。

查看邮箱可以看到，由邮件任务发出的邮件也已成功到达，如图15.7所示。

图15.7 邮件任务发送的邮件

15.4 Mule任务

Mule是一款轻量级的基于Java的企业服务总线（Enterprise Service Bus，ESB）和集成平台，允许用户快捷地连接多个应用并且在这些应

用之间交换数据。Mule基于SOA体系结构,可以方便地集成各种使用不同技术构建的系统,包括JMS、Web Services、JDBC、HTTP及其他技术。Mule提供了可升级的、高分布式的对象代理,可以通过异步传输消息技术无缝处理服务与应用之间的交互。

15.4.1 Mule任务介绍

为了增强集成能力,Activiti扩展出了Mule任务,它可以向Mule发送消息。注意,Mule任务并非BPMN 2.0规范定义的"官方"任务。

1. 图形标记

由于Mule任务并非BPMN 2.0规范定义的"官方"任务,所以没有专用图标。在Activiti中,Mule任务表示为左上角带有M形图标的圆角矩形,如图15.8所示。

图15.8 Mule任务图形标记

2. XML内容

在Activiti中,Mule任务由服务任务扩展而来,同样使用serviceTask元素定义。为了与服务任务区分,Mule任务通过将type属性设置为mule进行定义。Mule任务的定义格式如下:

```xml
<serviceTask id="muleTask1" name="Mule任务" activiti:type="mule" />
```

Mule任务可以通过属性注入的方式配置各种属性,这些属性的值可以是UEL表达式,并在流程执行时对其进行解析。Mule任务可配置属性如表15.6所示。

表15.6 Mule任务可配置属性

属性	是否必需	描述
endpointUrl	是	希望调用的Mule终端(endpoint)
language	是	解析消息载荷表达式(payloadExpression)所用的语言
payloadExpression	是	作为消息载荷的表达式
resultVariable	否	保存调用结果的流程变量名

一个完整的Mule任务配置示例如下:

```xml
<serviceTask id="muleTask1" name="Mule任务" activiti:type="mule" >
    <extensionElements>
        <activiti:field name="endpointUrl">
            <activiti:string>vm://in</activiti:string>
        </activiti:field>
        <activiti:field name="language">
            <activiti:string>juel</activiti:string>
        </activiti:field>
        <activiti:field name="payloadExpression">
            <activiti:string>hi</activiti:string>
        </activiti:field>
        <activiti:field name="resultVariable">
            <activiti:string>reslut</activiti:string>
        </activiti:field>
    </extensionElements>
</serviceTask>
```

在以上配置中,通过为serviceTask配置activiti:type="mule"表示它是一个Mule任务。Mule任务可以配置endpointUrl、language、payloadExpression和resultVariable这4个参数。其中,endpointUrl配置请求Mule容器的URL地址,language为参数解析的语言,payloadExpression为请求参数的表达式,resultVariable为返回值的名称。

15.4.2 Mule的集成与配置

Mule能够很好地结合Spring。在Mule 3中,可以将Spring作为核心组件。这种"开箱即用"的使用方式与一般J2EE应用的开发方式无异。因此,Mule与Activiti也能无缝集成。本节将介绍Mule与Activiti集成,以及Mule的基础配置。

1. Mule与Spring集成

默认情况下，使用Mule任务时，Activiti工作流引擎会在Spring容器中查找名称为muleContext的bean。在Spring中使用Mule时，Mule中的Bean直接由Spring托管，在Spring中的配置如下：

```xml
<!-- 定义Mule上下文工厂 -->
<bean id="muleFactory" class="org.mule.context.DefaultMuleContextFactory" />

<!-- 定义Mule上下文 -->
<bean id="muleContext" factory-bean="muleFactory"
    factory-method="createMuleContext" init-method="start">
    <constructor-arg type="java.lang.String" value="mule/mule-config.xml" />
</bean>
```

通过以上配置，在初始化时muleContext会通过调用Mule上下文工厂muleFactory的createMuleContext()方法创建，muleContext会加载Mule的配置文件mule/mule-config.xml，并执行start()方法，从而完成Mule服务的启动。

由于Activiti的配置文件采用Spring Bean配置文件格式，所以在Activiti与Mule集成时，以上配置内容可以直接添加到Activiti的配置文件中。

需要注意的是，如果要使用Mule任务，需要在项目中包含activiti-mule模块依赖及Mule相关依赖。Maven依赖定义如下：

```xml
<dependency>
    <groupId>org.activiti</groupId>
    <artifactId>activiti-mule</artifactId>
    <version>6.0.0</version>
</dependency>
<dependency>
    <groupId>org.mule.modules</groupId>
    <artifactId>mule-module-activiti</artifactId>
    <version>3.1.1</version>
</dependency>
<dependency>
    <groupId>org.mule.modules</groupId>
    <artifactId>mule-module-spring-config</artifactId>
    <version>3.7.0</version>
    <scope>compile</scope>
</dependency>
<dependency>
    <groupId>org.mule.transports</groupId>
    <artifactId>mule-transport-vm</artifactId>
    <version>3.7.0</version>
</dependency>
<dependency>
    <groupId>org.mule.transports</groupId>
    <artifactId>mule-transport-http</artifactId>
    <version>3.7.0</version>
</dependency>
```

2. Mule的基础配置

前面介绍了muleContext初始化时会加载Mule的配置文件mule/mule-config.xml，Mule使用XML配置来定义每个应用，完整地描述了运行应用所需的组成部分。Mule配置的语法由一组XMLschema文件定义，配置文件既定义了schema的命名空间URI作为XML命名空间，又关联了schema的命名空间和位置，这由顶级元素mule标签实现。示例代码如下：

```xml
<mule xmlns="http://www.mulesoft.org/schema/mule/core"
    xmlns:vm="http://www.mulesoft.org/schema/mule/vm"
    xmlns:http="http://www.mulesoft.org/schema/mule/http"
    xmlns:doc="http://www.mulesoft.org/schema/mule/documentation"
    xmlns:xsi="http://www.w3.org/2001/XMLSchema-instance"
    xsi:schemaLocation="http://www.mulesoft.org/schema/mule/core
    http://www.mulesoft.org/schema/mule/core/current/mule.xsd
```

```
http://www.mulesoft.org/schema/mule/http
http://www.mulesoft.org/schema/mule/http/current/mule-http.xsd
http://www.mulesoft.org/schema/mule/vm
http://www.mulesoft.org/schema/mule/vm/current/mule-vm.xsd">
```

在以上配置中，mule core的schema命名空间被定义为配置文件的默认命名空间。Mule模块约定使用名称作为命名空间的前缀，如这里配置的vm和http等。xsi:schemaLocation属性关联命名空间到它们的位置，如这里配置了mule vm schema和mule http schema等的位置。Mule配置中，这些部分是必需的，因为它们保证了schema能够被查询到，这样配置文件才能使用它们进行检验。

Mule通过端点来发送和接收数据，负责连接外部资源并发送信息。端点可以是输入端点也可以是输出端点。输入端点通过关联的连接器接收信息，每个连接器负责输入节点的实现。输出端点通过关联的连接器接收信息，每个连接器负责输出节点的实现。一个Mule应用至少有一个端点连接器作为入口来响应来自网络的请求。当端点作为出口端点使用时，可理解为作为客户端向外发送请求。常用的几种端点包括HTTP、Quartz、FTP、File、POP3/SMTP、Generic、VM、Jetty、TCP/UDP、STDIO、JDBC和JMS等。下面以HTTP端点和VM端点为例进行介绍。

HTTP端点作为入口时接收HTTP的请求，作为出口时则向指定服务器发送HTTP请求。HTTP端点的常用属性如表15.7所示。

表15.7 HTTP端点常用属性

属性	是否必需	默认值	描述
name	是	无	唯一标识，供Mule的其他元素引用
host	是	无	域名或IP地址
port	是	8081	连接端口
user	否	无	如果HTTP访问需要授权，这里设置验证的用户名
password	否	无	如果HTTP访问需要授权，这里设置验证的密码
path	否	无	HTTP URL的相对路径
contentType	否	text/plain	设置HTTP访问的ContentType参数
keep-alive	否	false	设置Socket连接是否保持持续连接状态（true/false）
method	否	GET	设置HTTP访问的方法，可配置为GET、POST和DELETE等
exchange-pattern	否	one-way	请求应答模式，配置为request-response表示同步模式，需要等待应答；配置为one-way表示异步模式，单向无应答
responseTimeout	否	10000	端点需要应答时，等待应答超时时间，单位为毫秒
address	否	无	通用URI路径，不能和host、port、path同时使用（http://user:pwd@host:port/path）
disableTransportTransformer	否	无	禁止端点使用端点信息转换器
connector-ref	否	无	端点引用同类型全局连接器名称，如果存在多个同类型全局连接器，端点必须指定一个连接器
transformer-refs	否	无	端点接收消息后被执行的转换器列表,多个转换器之间用空格分隔
responseTransformerrefs	否	无	应答消息到来后被执行的转换器列表,多个转换器之间用空格分隔
encoding	否	无	数据在各端点内转换的编码格式
doc:name	否	无	显示名称
doc:description	否	无	描述

VM端点通过Mule内存队列实现出入口的通信，作为出口端点时将数据写入内存队列，作为入口端点时监听一个内存队列当队列，当有数据到达时读取数据并向下传递。VM端点在本应用内的内存队列名称必须是唯一的，有且只能有一个对该队列的入口端点监听，不能用于多个Mule应用之间的交互。VM端点的常用属性如表15.8所示。

表15.8　VM端点常用属性

属性	是否必需	默认值	描述
name	是	无	唯一标识，供Mule的其他元素引用
path	是	无	内存队列名称，每个ESB应用内必须唯一
exchange-pattern	是	one-way	配置为one-way时表示异步模式，作为出口端点时，数据发出即返回，无须等待结果；配置为request-response时表示同步模式，作为出口端点时，数据发出后需等待结果
responseTimeout	否	无	当exchange-pattern属性配置为request-response时等待应答的超时时间，单位为毫秒
address	否	无	URI地址：vm://path
transformer-refs	否	无	端点接收消息后被执行的转换器列表，多个转换器之间用空格分隔
responseTransformerrefs	否	无	应答消息到来后被执行的转换器列表，多个转换器之间用空格分隔
encoding	否	无	数据在各端点内转换的编码格式
doc:name	否	无	显示名称
doc:description	否	无	描述

对于每一个端点，都必须指明其传输协议及传输类型，指定方式有两种：
- 在endpoint元素前加上传输协议前缀，如<http:endpoint name="httpendpoint" host="localhost" port="8081" exchange-pattern="request-response" doc:name="HTTP端点"/>；
- 通过endpoint元素的address属性指定，如<endpoint name="vmendpoint" address="vm://in" exchange-pattern="request-response" doc:name="VM端点"/>。

Mule中，转换器主要用于在输出输入数据类型不一致时对消息数据类型进行转换。常用Mule标准转换器有以下几种。
- Object-to-Xml/Xml-to-Object：实现Object对象类型和XML格式串间的相互转换。
- Append String：对String的来源数据追加一个配置指定的字符串。
- Byte-Array-to-Object / Object-to-Byte-Array / Byte-Array-to-String / String-to-Byte-Array：实现Object对象类型和Byte数组、字符串与Byte数组间的转换。
- Byte-Array-to-Serializable / Serializable-to-Byte-Array：实现序列化的Java对象与Byte数组间的相互转换。
- Object-to-Json/Json-to-Object：实现Object对象类型和JSON格式串间的相互转换。
- Custom Transformer：自定义数据转换器。

以Custom Transformer为例。该转换器指定一个Java类作为转换处理器，允许用户自定义两个数据类型的转换操作。Custom Transformer的常用属性如表15.9所示。

表15.9　Custom Transformer常用属性

属性	是否必需	默认值	描述
doc:name	否	无	名称
doc:description	否	无	描述
name	是	无	被引用转换器的名称，在每个Mule应用中必须全局唯一，即使是在多个编排配置文件中，也必须是唯一的
class	是	无	用于转换数据的Java实现类，该Class一般重写AbstractTransformer的protected Object doTransform(Object src, String encoding)方法

Custom Transformer配置示例代码如下：

```
<custom-transformer class="com.bpm.example.demo3.mule.transformer.JsonToObject"
    name="jsonToObject" doc:name="Json转Object自定义转换器" />
```

流是Mule处理的基本单元，将若干独立的组件（如端点、转换器等）连接在一起以完成消息的接收、处理及最终的路由。每一个Mule流都包含一系列接收、传输和处理消息的组件，流以flow标签定义，示例代码如下：

```xml
<flow name="getIpInfoFlow" doc:name="获取IP信息">
    <vm:inbound-endpoint ref="in" doc:name="VM入口端点"/>
    <http:outbound-endpoint ref="out" doc:name="HTTP出口端点"/>
</flow>
```

关于Mule的配置，这里不做过多讲解，读者可以自行在Mule官方网站上查阅相关资料。

15.4.3 Mule任务使用示例

下面看一个使用Mule任务的示例流程，如图15.9所示。该流程调用外部第三方服务自动化地获取IP信息：流程发起后，先通过Mule任务调用外部Web服务查询IP信息，然后通过邮件任务将查询结果发送给申请人。

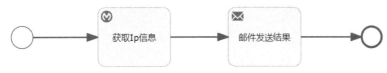

图15.9　Mule任务示例流程

1．编写Mule配置文件

在Mule配置文件中，可以定义所需的schema、URL地址，以及数据转换器和Mule请求的服务等内容。Mule配置文件mule-config.xml的内容如下：

```xml
<?xml version="1.0" encoding="UTF-8"?>
<mule xmlns="http://www.mulesoft.org/schema/mule/core"
    xmlns:vm="http://www.mulesoft.org/schema/mule/vm"
    xmlns:http="http://www.mulesoft.org/schema/mule/http"
    xmlns:doc="http://www.mulesoft.org/schema/mule/documentation"
    xmlns:xsi="http://www.w3.org/2001/XMLSchema-instance"
    xsi:schemaLocation="http://www.mulesoft.org/schema/mule/core
        http://www.mulesoft.org/schema/mule/core/current/mule.xsd
        http://www.mulesoft.org/schema/mule/http
        http://www.mulesoft.org/schema/mule/http/current/mule-http.xsd
        http://www.mulesoft.org/schema/mule/vm
        http://www.mulesoft.org/schema/mule/vm/current/mule-vm.xsd">

    <!-- 定义自定义数据转换器-->
    <custom-transformer class="com.bpm.example.demo3.mule.transformer.JsonToObject"
        name="jsonToObject" doc:name="自定义数据转换器" />

    <!-- 定义端点 -->
    <vm:endpoint name="in" path="getIpInfo" exchange-pattern="request-response"
        doc:name="VM端点" />
    <http:endpoint name="out" address="http://ip-api.com/json/#[payload]?lang=zh-CN"
                exchange-pattern="request-response"
                responseTransformer-refs="jsonToObject" doc:name="HTTP端点" />

    <!--定义流 -->
    <flow name="getIpInfoFlow" doc:name="获取IP信息">
        <vm:inbound-endpoint ref="in" doc:name="VM入口端点"/>
        <http:outbound-endpoint ref="out" doc:name="HTTP出口端点"/>
    </flow>
</mule>
```

在以上配置文件中，顶级元素mule标签定义以schema的命名空间URI作为XML命名空间，同时又关联了schema的命名空间和位置。Mule约定使用它们的名称作为命名空间的前缀，如这里用到的vm、http等。这样，配置文件中就可以直接使用这两种命名空间下的元素。

配置文件中通过custom-transformer定义数据转换器，用于在应用间交换不同格式的信息，其name属性表示转换器的名称，供其他Mule元素（如端点）引用；其class属性用于指定转换器的Java实现类，这里指定的转换器类为com.bpm.example.demo3.mule.transformer.JsonToObject，用于实现将请求返回的JSON字符串转换为com.bpm.example.demo3.mule.entity.IpInfo对象。

配置中分别通过vm:endpoint元素和http:endpoint元素定义了VM端点和HTTP端点，名称分别为in和out，可供其他Mule元素（如流）引用。这里的in和out是根据后面的用途以Mule的视角来定位的，前者指外部请求"流入"Mule的端点，也就是Mule服务暴露给外部应用可以访问的端点；后者是Mule消息向外"流出"的端点，即可以访问外部应用的端点。

配置中通过flow元素定义了名称为getIpInfoFlow的流，通过vm:inbound-endpoint子元素定义了VM输入端点，其ref元素引用了前面定义的名称为in的VM端点；通过http:outbound-endpoint子元素定义了HTTP输出端点，其ref元素引用了前面定义的名称为out的HTTP端点。该流实现的效果是响应地址为vm://getIpInfo的请求，从VM输入端点开始，经过一系列的处理，最后从HTTP输出，这期间会使用到上述提及的多种组件参与处理，如自定义转换器等。

2．编写Mule自定义转换器

Mule配置文件中定义了自定义转换器，其Java类内容如下：

```
@Slf4j
public class JsonToObject extends AbstractTransformer {

    public JsonToObject() {
        super();
        this.registerSourceType(DataTypeFactory.STRING);
        this.setReturnDataType(DataTypeFactory.create(IpInfo.class));
    }

    @Override
    protected Object doTransform(Object src, String outputEncoding) throws
        TransformerException {
        String responseString = (String) src;
        log.info("Mule调用结果为：{}", responseString);
        IpInfo ipInfo = JSON.parseObject(responseString, new TypeReference<IpInfo>() {});
        return ipInfo;
    }
}
```

该Java类重写了org.mule.transformer.AbstractTransformer类的doTransform(Object src, String outputEncoding)方法，在该方法中实现了由JSON字符串向IpInfo对象的数据转换。需要注意的是，在该Java类的构造方法中使用registerSourceType(DataType dataType)方法指定了期望输入的数据类型，使用setReturnDataType(DataType dataType)方法指定了返回的数据类型。

数据转换器中将请求返回的结果转换成了IpInfo对象，内容如下：

```
@Data
public class IpInfo implements Serializable {
    //国家或地区
    private String country;
    //省份
    private String regionName;
    //城市
    private String city;
    //互联网服务提供商
    private String isp;
}
```

该Java类定义了country、regionName、city和isp这4个属性，并分别定义了其getter()和setter()方法（这里采用Lombok的@Data注解实现）。

3．集成Activiti与Mule

Activiti的配置文件采用Spring Bean配置文件格式，因此在Activiti与Mule集成时，可以直接将15.4.2小节中Mule与Spring集成的配置内容添加到Activiti的配置文件中。由于篇幅有限，这里不做具体介绍，读者可以查看本书相关代码。

4．设计流程模型

图15.9所示流程对应的XML内容如下：

```
<process id="MuleTaskProcess" name="MuleTask示例流程" isExecutable="true">
    <startEvent id="startEvent1"/>
```

```xml
<serviceTask id="muleTask1" name="获取Ip信息" activiti:type="mule">
    <extensionElements>
        <activiti:field name="endpointUrl">
            <activiti:string>vm://getIpInfo</activiti:string>
        </activiti:field>
        <activiti:field name="payloadExpression">
            <activiti:expression>${ip}</activiti:expression>
        </activiti:field>
        <activiti:field name="resultVariable">
            <activiti:string>ipInfo</activiti:string>
        </activiti:field>
        <activiti:field name="language">
            <activiti:string>juel</activiti:string>
        </activiti:field>
    </extensionElements>
</serviceTask>
<serviceTask id="mailTask1" name="邮件发送结果" activiti:type="mail">
    <extensionElements>
        <activiti:field name="from" stringValue="hebo824@163.com" />
        <activiti:field name="to" expression="${userMail}" />
        <activiti:field name="subject" expression="IP信息查询结果" />
        <activiti:field name="html">
            <activiti:expression>
                <![CDATA[
                    <html>
                        <body>
                            用户<b>${userName}</b>你好,<br/>
                            你查询的IP<b>${ip}</b>的信息为: <br/>
                            <table border="1">
                                <tr><td>省份</td><td>${ipInfo.regionName}</td></tr>
                                <tr><td>城市</td><td>${ipInfo.city}</td></tr>
                                <tr><td>互联网服务提供商</td><td>${ipInfo.isp}</td></tr>
                            </table>
                        </body>
                    </html>
                ]]>
            </activiti:expression>
        </activiti:field>
        <activiti:field name="charset">
            <activiti:string><![CDATA[utf-8]]></activiti:string>
        </activiti:field>
    </extensionElements>
</serviceTask>
<endEvent id="endEvent1"/>
<sequenceFlow id="sequenceFlow1" sourceRef="startEvent1" targetRef="muleTask1"/>
<sequenceFlow id="sequenceFlow2" sourceRef="muleTask1" targetRef="mailTask1"/>
<sequenceFlow id="sequenceFlow3" sourceRef="mailTask1" targetRef="endEvent1"/>
</process>
```

在以上流程定义中,加粗部分的代码定义了Mule任务,通过activiti:field子元素注入了endpointUrl、payloadExpression、resultVariable和language这4个属性。其中,通过endpointUrl属性配置请求地址为vm://getIpInfo的Mule服务,通过payloadExpression属性配置请求参数的UEL表达式为${ip},通过resultVariable属性配置请求Mule服务返回值的名称为ipInfo。

5. 设计流程控制代码

加载该流程模型并执行相应流程控制的示例代码如下:

```java
@Slf4j
public class RunMuleTaskProcessDemo extends ActivitiEngineUtil {

    @Test
    public void runMuleTaskProcessDemo() throws Exception {
        //加载Activiti配置文件并初始化工作流引擎及服务
        loadActivitiConfigAndInitEngine("activiti.mule.xml");
        //部署流程
        ProcessDefinition processDefinition =
            deployByClasspathResource("processes/MuleTaskProcess.bpmn20.xml");
```

```java
        //设置流程变量
        Map variables = new HashMap();
        variables.put("userName", "诗雨花魂");
        variables.put("userMail", "#########@qq.com");
        variables.put("ip", "39.156.66.14");
        //发起流程
        ProcessInstance processInstance =
            runtimeService.startProcessInstanceById(processDefinition.getId(), variables);
        //查询并输出流程变量
        List<HistoricVariableInstance> historicVariableInstances =
            historyService.createHistoricVariableInstanceQuery().processInstanceId(
                processInstance.getId()).list();
        historicVariableInstances.stream().forEach((historicVariableInstance) ->
            log.info("流程变量名：{}，变量值：{}",
                historicVariableInstance.getVariableName(), historicVariableInstance.getValue()));

        //关闭工作流引擎
        closeEngine();
    }
}
```

以上代码先初始化工作流引擎并部署流程，然后初始化3个流程变量userName、userMail和ipInfo，并发起流程（加粗部分的代码），最后查询并输出流程变量。

代码运行结果如下：

```
01:05:06,331 [main] INFO  com.bpm.example.demo3.mule.transformer.JsonToObject   - Mule调
用结果为:{"status":"success","country":"中国","countryCode":"CN","region":"GD","regionName":
"广东","city":"深圳","zip":"","lat":22.5431,"lon":114.058,"timezone":"Asia/Shanghai","isp":
"China Mobile","org":"China Mobile","as":"AS9808 China Mobile Communications Group Co.,
 Ltd.","query":"39.156.66.14"}
01:05:08,813 [main] INFO  com.bpm.example.demo3.RunMuleTaskProcessDemo  - 流程变量名：
ipInfo，变量值：IpInfo(country=中国, regionName=广东, city=深圳, isp=China Mobile)
01:05:08,813 [main] INFO  com.bpm.example.demo3.RunMuleTaskProcessDemo  - 流程变量名：ip，
变量值：39.156.66.14
01:05:08,813 [main] INFO  com.bpm.example.demo3.RunMuleTaskProcessDemo  - 流程变量名：
userMail，变量值：280106637@qq.com
01:05:08,813 [main] INFO  com.bpm.example.demo3.RunMuleTaskProcessDemo  - 流程变量名：
userName，变量值：诗雨花魂
```

从代码运行结果可知，通过Mule调用外部接口返回的结果是一个JSON字符串，在流程结束后输出了所有的流程变量，其中：

❑ ipInfo来自Mule执行后的返回值；

❑ ip、userMail和userName是流程发起时初始化得到的。

查看邮箱可以看到，邮件任务发出的邮件也已成功到达，如图15.10所示。

图15.10 邮件任务发送的邮件

15.5 Shell任务

Shell任务可以在流程执行过程中运行Shell脚本与命令。需要注意的是，Shell任务并非BPMN 2.0规范定义的"官方"任务。在Activiti中，Shell任务作为一种特殊服务任务实现。

15.5.1 Shell任务介绍

1．图形标记

Shell任务在Activiti中并没有专用图标，而是复用了服务任务的图标，表示为左上角带有齿轮图标的圆角矩形，如图15.11所示。

图15.11 Shell任务图形标记

2．XML内容

在Activiti中，Shell任务是基于服务任务扩展而来的，同样使用serviceTask元素定义，为了与服务任务区分，Shell任务通过将type属性设置为shell进行定义。Shell任务的定义格式如下：

```xml
<serviceTask id="shellTask1" name="Shell任务" activiti:type="shell" />
```

Shell任务可以通过属性注入的方式配置各种属性,这些属性的值可以是UEL表达式,在流程执行时解析。Shell任务可配置属性如表15.10所示。

表15.10 Shell任务可配置属性

属性	是否必需	类型	描述	默认值
command	是	String	要执行的Shell命令	无
arg1～arg5	否	String	参数,限制为5个。运行时多个参数之间用空格分隔	无
wait	否	boolean	是否要等待Shell进程终止	true
redirectError	否	boolean	是否把错误信息输出到标准输出流中	false
cleanEnv	否	boolean	Shell进程是否继承当前环境	false
outputVariable	否	String	保存输出的变量名	空,不会记录输出
errorCodeVariable	否	String	保存结果错误码的变量名	空,不会记录错误码
directory	否	String	执行命令、脚本的目录	当前目录

15.5.2 Shell任务使用示例

下面看一个使用Shell任务的示例,如图15.12所示。该流程根据用户提交的浏览器路径和网页URL,由ShellTask执行Shell命令启动浏览器并访问该网页。

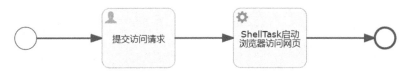

图15.12 Shell任务使用示例

对应的XML内容如下:

```xml
<process id="ShellTaskProcess" name="ShellTask示例流程" isExecutable="true">
    <startEvent id="startEvent1"/>
    <userTask id="userTask1" name="提交访问请求"/>
    <serviceTask id="shellTask1" name="ShellTask启动浏览器访问网页" activiti:type="shell">
        <extensionElements>
            <activiti:field name="command" stringValue="cmd" />
            <activiti:field name="arg1" stringValue="/c" />
            <activiti:field name="arg2" expression="${browserLocation}" />
            <activiti:field name="arg3" expression="${webUrl}" />
            <activiti:field name="wait" stringValue="false" />
        </extensionElements>
    </serviceTask>
    <endEvent id="endEvent1"/>
    <sequenceFlow id="sequenceFlow1" sourceRef="startEvent1" targetRef="userTask1"/>
    <sequenceFlow id="sequenceFlow2" sourceRef="shellTask1" targetRef="endEvent1"/>
    <sequenceFlow id="sequenceFlow3" sourceRef="userTask1" targetRef="shellTask1"/>
</process>
```

在以上流程定义中,加粗部分的代码定义了一个Shell任务,通过activiti:field子元素注入5个属性command、arg1、arg2、arg3和wait,表示当流程流转到这个Shell任务时将运行cmd /c和${browserLocation}、${webUrl}表达式解析结果组成的Shell命令。

加载该流程模型并执行相应流程控制的示例代码如下:

```java
@Slf4j
public class RunShellTaskProcessDemo extends ActivitiEngineUtil {

    @Test
    public void runShellTaskProcessDemo() {
        //加载Activiti配置文件并初始化工作流引擎及服务
        loadActivitiConfigAndInitEngine("activiti.cfg.xml");
        //部署流程
```

```
        ProcessDefinition processDefinition = 
            deployByClasspathResource("processes/ShellTaskProcess.bpmn20.xml");
        //发起流程
        ProcessInstance processInstance = 
            runtimeService.startProcessInstanceById(processDefinition.getId());
        //查询用户任务
        Task userTask = taskService.createTaskQuery().
            processInstanceId(processInstance.getId()).singleResult();
        //设置流程变量
        Map variables = new HashMap();
        variables.put("browserLocation","C:\\Program Files (x86)\\GoogleChrome\\App\\Chrome\\chrome.exe");
        variables.put("webUrl","https://www.epubit.com/");
        //完成第一个任务
        taskService.complete(userTask.getId(), variables);
        
        //关闭工作流引擎
        closeEngine();
    }
}
```

以上代码先初始化工作流引擎并部署流程，然后发起流程实例，最后查询用户任务。在提交时设置的browserLocation和webUrl两个流程变量（加粗部分的代码），分别代表浏览器安装路径和要访问的网页地址。执行以上流程控制代码，成功打开浏览器并访问指定的网址，如图15.13所示。

图15.13　成功访问指定的网址

15.6　本章小结

本章主要介绍了Activiti中扩展的几类任务，包括邮件任务、Web Service任务、Camel任务、Mule任务和Shell任务。邮件任务可以向一个或多个收信人发送邮件，支持cc、bcc、HTML内容等。Web Service任务可用于同步调用外部的Web服务，Camel任务可以向Camel发送和接收消息，Mule任务可以向Mule发送消息，Shell任务可以在流程执行过程中运行Shell脚本与命令。这几种任务都基于服务节点扩展而来的，适用于不同的应用场景，读者可根据实际场景选用。

第 16 章

顺序流与网关

本章将继续介绍BPMN中的两种元素：顺序流、网关。顺序流是连接两个流程节点的连线。流程执行完一个节点后，会沿着节点的所有外出顺序流继续流转。网关是工作流引擎中的一个重要路径决策，可以控制流程的流向，常用于拆分或合并复杂的流程流场景。

16.1 顺序流

顺序流是BPMN 2.0规范中的流程定义元素，是连接两个流程节点的连线。顺序流可以在编排流程时控制流程的执行顺序，流程执行完一个节点后，会沿着节点所有外出顺序流继续流转。顺序流在BPMN 2.0中的行为默认是并发的：多条外出顺序流会创造多条单独的并发流程分支。顺序流主要分为两类：标准顺序流和条件顺序流，如果节点有多条外出顺序流，可以将其中一条顺序流设置为默认顺序流。

16.1.1 标准顺序流

标准顺序流是最常见的顺序流，连接流程内的各个元素（如事件、活动和网关等），表示元素间的执行顺序。

1. 图形标记

标准顺序流表示为一端带有箭头的实线，从起点指向终点，如图16.1所示。

图16.1 标准顺序流图形标记

2. XML内容

顺序流需要用户提供流程范围内的唯一标识（即id），以及对起点与终点元素的引用。每条顺序流都有一个源头和一个目标引用，包含活动、事件或网关，其定义格式如下：

```
<sequenceFlow id="testSequenceFlow" name="顺序流1" sourceRef="sourceNodeId"
    targetRef="targetNodeId" />
```

其中，sourceRef属性值为起点元素的id，targetRef属性值为终点元素的id。name属性可以理解为顺序流的注释，将会在流程图上进行显示。注释可以让流程路线更直观和易于识别，不参与引擎规则判断。

3. 使用示例

下面实现一个简单的流程，其中包含5个元素：开始事件、结束事件、用户任务和2个标准顺序流。顺序流示例流程如图16.2所示。

图16.2 顺序流示例流程

图16.2所示流程对应的XML内容如下：

```
<process id="sequenceFlowProcess" name="顺序流示例流程" isExecutable="true">
    <!-- 定义开始事件 -->
    <startEvent id="startEvent1" name="开始事件"/>
    <!-- 定义用户任务 -->
    <userTask id="userTask1" name="用户任务"/>
    <!-- 定义结束事件 -->
    <endEvent id="endEvent1" name="结束事件"/>
    <!-- 定义标准顺序流sequenceFlow1，连接开始事件和用户任务 -->
```

```xml
    <sequenceFlow id="sequenceFlow1" name="sequenceFlow1" sourceRef="startEvent1"
        targetRef="userTask1"/>
    <!--  定义标准顺序流sequenceFlow2，连接用户任务和结束事件    -->
    <sequenceFlow id="sequenceFlow2" name="sequenceFlow2" sourceRef="userTask1"
        targetRef="endEvent1"/>
</process>
```

以上代码先定义了3个节点——开始事件startEvent1、用户任务userTask1和结束事件endEvent1，然后定义了sequenceFlow1和sequenceFlow2这两个顺序流。其中，顺序流sequenceFlow1连接开始事件和用户任务，顺序流sequenceFlow2连接用户任务和结束事件。

16.1.2 条件顺序流

顾名思义，条件顺序流（conditional sequence flow）需要满足一定的条件才能被执行。我们可以为从网关、活动、事件离开的顺序流设定规则条件，使得工作流引擎在执行网关、活动的后继拆分路线时，可通过评估连线上的条件来选择路径。在标准顺序流上设置一个条件表达式（condition expression）来决定下一步流出的目标，就构成了一个条件顺序流。当流程离开一个节点时，工作流引擎会计算其每个外出顺序流上的条件表达式，得到boolean类型的结果。当条件表达式的执行结果为true时，工作流引擎将选择该外出顺序流。当有多条顺序流被选中时，则会创建多条分支，流程会以并行方式继续流转。

但需要注意，当条件顺序流搭配网关使用时，网关会用特定的方式处理顺序流上的条件，处理方式与网关类型相关。

1．图形标记

条件顺序流一般表示为起点带有菱形的正常顺序流，条件表达式也会显示在顺序流上，如图16.3所示。然而，使用Activiti Designer等插件配置条件顺序流时，往往省略起点的菱形，这使得条件顺序流的表现形式与普通顺序流相同。这种情况下，若不设置条件，则表示标准顺序流；若设置了条件，则表示条件顺序流。本书下文采用这种省略菱形的图形标记。

图16.3　条件顺序流图形标记（菱形可省略）

2．XML内容

条件顺序流定义为一个标准顺序流，包含conditionExpression子元素，定义格式如下：

```xml
<sequenceFlow id="flow" sourceRef="theStart" targetRef="theTask">
    <conditionExpression xsi:type="tFormalExpression">
        <![CDATA[${totalPrice > 10000}]]>
    </conditionExpression>
</sequenceFlow>
```

由于目前Activiti只支持tFormalExpression，所以需要把xsi:type="tFormalExpression"添加到conditionExpression中。条件表达式放在$后的大括号中，只能使用统一表达式语言（Unified Expression Language，UEL；Java EE6规范的一部分），表达式的计算结果需要返回boolean值，否则会在解析表达式时抛出异常。

Activiti支持两种UEL表达式：UEL-value和UEL-method。

- UEL-value解析为值，默认所有流程变量都可以在表达式中使用，所有Spring bean（在Spring环境中）也可以使用在表达式中，如${isDeptLeader}、${***Bean.***Property}等。
- UEL-method用于调用一个方法，可以传递参数（也可以不传递）。传递的参数可以是字符串，也可以是表达式，它们会被自动解析。当调用一个无参数的方法时，需要在方法名后添加空括号，如${userBean.isEnable()}。

3．使用示例

下面看一个条件顺序流的使用示例，如图16.4所示。该流程为采购申请流程。由员工提交采购申请，根据采购金额做出判断：如果采购金额小于1万元，则由财务经理审批；如果采购金额达到及超过1万元，则由财务主管审批。

图16.4所示流程对应的XML内容如下：

```xml
<process id="ConditionalSequenceFlowProcess" name="条件顺序流示例流程"
    isExecutable="true">
    <startEvent id="startEvent1"/>
    <userTask id="userApply" name="采购申请"/>
```

```xml
    <endEvent id="endEvent1"/>
    <userTask id="managerApprove" name="财务经理审批"/>
    <userTask id="directorApprove" name="财务主管审批"/>
    <sequenceFlow id="sequenceFlow1" sourceRef="managerApprove" targetRef="endEvent1"/>
    <sequenceFlow id="sequenceFlow2" sourceRef="directorApprove" targetRef="endEvent1"/>
    <sequenceFlow id="sequenceFlow3" name="totalPrice<10000" sourceRef="userApply"
        targetRef="managerApprove">
        <conditionExpression xsi:type="tFormalExpression">
            <![CDATA[${totalPrice<10000}]]></conditionExpression>
    </sequenceFlow>
    <sequenceFlow id="sequenceFlow4" name="totalPrice>=10000" sourceRef="userApply"
        targetRef="directorApprove">
        <conditionExpression xsi:type="tFormalExpression">
            <![CDATA[${totalPrice>=10000}]]></conditionExpression>
    </sequenceFlow>
    <sequenceFlow id="sequenceFlow5" sourceRef="startEvent1" targetRef="userApply"/>
</process>
```

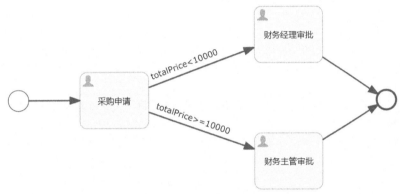

图16.4 条件顺序流示例流程

在以上流程定义中，加粗部分的代码定义了id分别为sequenceFlow3和sequenceFlow4的两条条件顺序流。其中，条件顺序流sequenceFlow3设置的表达式为${totalPrice<10000}，条件顺序流sequenceFlow4设置的表达式为${totalPrice>=10000}。当流程从"采购申请"节点离开时，如果流程变量totalPrice的值小于10000，那么sequenceFlow3条件顺序流将被执行，流程流转到"财务经理审批"节点；如果流程变量totalPrice的值大于或等于10000，那么sequenceFlow4条件顺序流被执行，流程流转到"财务主管审批"节点。

加载该流程模型并执行相应流程控制的示例代码如下：

```java
@Slf4j
public class RunConditionalSequenceFlowProcessDemo extends ActivitiEngineUtil {

    @Test
    public void runConditionalSequenceFlowProcessDemo() {
        //加载Activiti配置文件并初始化工作流引擎及服务
        loadActivitiConfigAndInitEngine("activiti.cfg.xml");
        //部署流程
        ProcessDefinition processDefinition =
deployByClasspathResource("processes/ConditionalSequenceFlowProcess.bpmn20.xml");

        //发起流程
        ProcessInstance processInstance =
            runtimeService.startProcessInstanceById(processDefinition.getId());
        //查询采购申请任务
        Task userApplyTask =
taskService.createTaskQuery().processInstanceId(processInstance.getId()).singleResult();
        //设置totalPrice变量值
        Map<String, Object> variables = new HashMap<String, Object>();
        variables.put("totalPrice", 15000);
        //完成采购申请任务
        taskService.complete(userApplyTask.getId(), variables);
        //查询审批任务
```

```
        Task approveTask = taskService.createTaskQuery().singleResult();
        log.info("审批任务taskId: {}, 节点名称: {}", approveTask.getId(),
            approveTask.getName());
        //完成审批任务
        taskService.complete(approveTask.getId());

        //关闭工作流引擎
        closeEngine();
    }
}
```

以上代码中的加粗部分主要用于设置流程变量totalPrice的值并办理任务,此处设置为15000。代码运行结果如下:

```
02:04:39,978 [main] INFO  com.bpm.example.sequenceflow.demo.RunConditionalSequenceFlowP
rocessDemo   - 审批任务taskId: 12, 节点名称: 财务主管审批
```

从代码运行结果可知,流程流转到"财务主管审批"节点。如果将totalPrice的值设为4000,则流程将会流转到"财务经理审批"节点,读者可自行进行测试。

16.1.3 默认顺序流

在BPMN 2.0规范中,所有的任务和网关都可以设置一个默认顺序流。当节点的其他外出顺序流的条件都不满足时,工作流引擎将会选择默认顺序流作为外出顺序流继续执行,此时默认顺序流的条件设置不会生效。

1. 图形标记

默认顺序流表示为一条起点有一个"斜线"标记的普通顺序流,如图16.5所示。

2. 使用示例

默认顺序流通过对应节点的default属性定义。下面看一个为排他网关设置默认顺序流的使用示例,如图16.6所示。

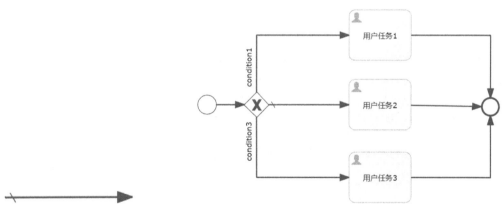

图16.5 默认顺序流图形标记   图16.6 默认顺序流示例流程

图16.6所示流程对应的XML内容如下:

```
<process id="DefaultSequenceFlowProcess" name="默认顺序流示例流程" isExecutable="true">
    <startEvent id="startEvent1"/>
    <exclusiveGateway id="exclusiveGateway1" default="sequenceFlow2"/>
    <sequenceFlow id="sequenceFlow0" sourceRef="startEvent1" targetRef="exclusiveGateway1"/>
    <userTask id="userTask1" name="用户任务1"/>
    <userTask id="userTask2" name="用户任务2"/>
    <userTask id="userTask3" name="用户任务3"/>
    <endEvent id="endEvent1"/>
    <sequenceFlow id="sequenceFlow1" name="condition1" sourceRef="exclusiveGateway1"
        targetRef="userTask1">
        <conditionExpression xsi:type="tFormalExpression">
            <![CDATA[${condition1}]]></conditionExpression>
    </sequenceFlow>
    <sequenceFlow id="sequenceFlow2" sourceRef="exclusiveGateway1"
        targetRef="userTask2">
```

```xml
    <sequenceFlow id="sequenceFlow3" name="condition3" sourceRef="exclusiveGateway1"
        targetRef="userTask3">
        <conditionExpression xsi:type="tFormalExpression">
            <![CDATA[${condition3}]]></conditionExpression>
    </sequenceFlow>
    <sequenceFlow id="sequenceFlow4" sourceRef="userTask2" targetRef="endEvent1"/>
    <sequenceFlow id="sequenceFlow5" sourceRef="userTask1" targetRef="endEvent1"/>
    <sequenceFlow id="sequenceFlow6" sourceRef="userTask3" targetRef="endEvent1"/>
</process>
```

在以上流程定义中，排他网关exclusiveGateway1后有3条外出顺序流——sequenceFlow1、sequenceFlow2和sequenceFlow3，分别连接节点userTask1、userTask2和userTask3，其中sequenceFlow1、sequenceFlow3上分别配置了条件表达式${condition1}、${condition3}。流程定义中加粗部分的代码为exclusiveGateway1设置了default="sequenceFlow2"，表示指定sequenceFlow2作为其默认顺序流。当表达式condition1和condition3计算结果都返回false时，会选择它作为外出顺序流继续执行。

16.2 网关

网关是BPMN 2.0规范中的流程定义元素，可控制流程的执行流向，常用于拆分或合并复杂的流程场景。网关表示为菱形，如图16.7所示。网关内部一般会有一个小图标，用来表示网关的类型。

常用网关可分为以下4种类型：
- 排他网关；
- 并行网关；
- 包容网关；
- 事件网关。

图16.7　网关图形标记

16.2.1 排他网关

排他网关，也称为异或（XOR）网关，是BPMN中的常见网关，用于在流程流转中实现分支决策建模。排他网关需要和条件顺序流搭配使用，当流程流转到排他网关时，所有流出的顺序流都会被按顺序求解，其中第一条条件解析为true的顺序流会被选中（当多条顺序流的条件为true时，只有第一条顺序流会被选中）。此时，流程不再计算其他流出分支，而是沿着被选中的顺序流流转。如果所有顺序流条件计算结果都为false且该网关定义了一个默认顺序流，那么该默认顺序流将被执行。如果所有顺序流条件计算结果都为false且没有定义默认顺序流，则抛出异常，中断执行（在流程设计时应该避免这种情况，至少确保有一条分支的顺序流计算结果为true）。

建议为排他网关的流程分支的顺序流配置条件。未配置条件的顺序流会被计算为true。

排他网关没有合并的效果，只要有一条流入的顺序流到达，该网关流出的顺序流即被激活开始执行计算。如果前置有多条正在执行的分支，排他网关之后的路径将在每条分支到达时被重复实例化。应避免这种情况的发生，除非业务需求的确如此。

1．图形标记

排他网关的图形标记有两种，如图16.8所示。没有特殊约定时，网关的菱形图标即表示排他网关。若为了区分其他网关，也可以使用内部带有"X"图标的菱形表示。"X"图标表示"异或"语义。但需要注意的是，BPMN 2.0规范不允许在同一个流程定义中同时混合带有X和没有X的菱形标记。

图16.8　排他网关图形标记

2．XML内容

排他网关可用一行语句定义，并将条件表达式定义在流出顺序流中，示例代码如下：

```xml
<process id="exclusiveGatewayProcess">
    <!-- 定义排他网关-->
    <exclusiveGateway id="exclusiveGateway1"/>
    <sequenceFlow id="sequenceFlow1" name="condition1" sourceRef="exclusiveGateway1"
        targetRef="userTask1">
        <conditionExpression xsi:type="tFormalExpression"><![CDATA[${condition1}]]>
            </conditionExpression>
    </sequenceFlow>
```

```xml
<sequenceFlow id="sequenceFlow2" name="condition2" sourceRef="exclusiveGateway1"
    targetRef="userTask2">
    <conditionExpression xsi:type="tFormalExpression"><![CDATA[${condition2}]]>
    </conditionExpression>
</sequenceFlow>

<!-- 其他元素省略 -->
</process>
```

以上代码中的加粗部分定义了排他网关exclusiveGateway1，其流出的条件顺序流为sequenceFlow1、sequenceFlow2，分别定义了条件${condition1}、${condition2}。

3．使用示例

下面看一个排他网关的使用示例，如图16.9所示。该流程为费用报销流程。排他网关exclusiveGateway1后流出3条分支：如果流程变量variable1的值等于1，将执行"部门经理审批"节点路径；如果流程变量variable1的值等于2，则执行"总监审批"节点路径；如果条件都不满足，则执行到"直属上级审批"节点的路径。接下来，如果"部门经理审批"节点或"总监审批"节点被执行，排他网关exclusiveGateway2将被激活；如果流程变量variable2的值等于1，将执行"财务经理审批"节点路径；如果variable2的值等于2，则执行"财务主管审批"节点路径。

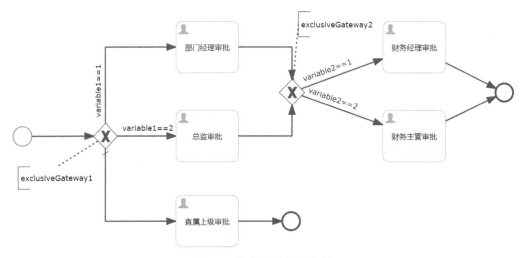

图16.9　排他网关示例流程

图16.9所示流程对应的XML内容如下：

```xml
<process id="ExclusiveGatewayProcess" name="排他网关示例流程" isExecutable="true">
    <startEvent id="startEvent1"/>
    <!-- 定义排他网关 -->
    <exclusiveGateway id="exclusiveGateway1" default="sequenceFlow3"/>
    <userTask id="userTask1" name="部门经理审批"/>
    <userTask id="userTask2" name="总监审批"/>
    <userTask id="userTask3" name="直属上级审批"/>
    <!-- 定义排他网关 -->
    <exclusiveGateway id="exclusiveGateway2"/>
    <userTask id="userTask4" name="财务经理审批"/>
    <endEvent id="endEvent1"/>
    <endEvent id="endEvent2"/>
    <userTask id="userTask5" name="财务主管审批"/>
    <sequenceFlow id="sequenceFlow0" sourceRef="startEvent1" targetRef="exclusiveGateway1"/>
    <sequenceFlow id="sequenceFlow4" sourceRef="userTask1" targetRef="exclusiveGateway2"/>
    <sequenceFlow id="sequenceFlow5" sourceRef="userTask2" targetRef="exclusiveGateway2"/>
    <sequenceFlow id="sequenceFlow9" sourceRef="userTask4" targetRef="endEvent1"/>
    <sequenceFlow id="sequenceFlow10" sourceRef="userTask5" targetRef="endEvent1"/>
    <sequenceFlow id="sequenceFlow6" sourceRef="userTask3" targetRef="endEvent2"/>
    <sequenceFlow id="sequenceFlow3" sourceRef="exclusiveGateway1"
        targetRef="userTask3"/>
```

```xml
        <sequenceFlow id="sequenceFlow1" name="variable1==1"
            sourceRef="exclusiveGateway1" targetRef="userTask1">
            <conditionExpression xsi:type="tFormalExpression">
                <![CDATA[${variable1==1}]]></conditionExpression>
        </sequenceFlow>
        <sequenceFlow id="sequenceFlow2" name="variable1==2"
            sourceRef="exclusiveGateway1" targetRef="userTask2"/>
        <sequenceFlow id="sequenceFlow7" name="variable2==1"
            sourceRef="exclusiveGateway2" targetRef="userTask4">
            <conditionExpression xsi:type="tFormalExpression">
                <![CDATA[${variable2==1}]]></conditionExpression>
        </sequenceFlow>
        <sequenceFlow id="sequenceFlow8" name="variable2==2"
            sourceRef="exclusiveGateway2" targetRef="userTask5">
            <conditionExpression xsi:type="tFormalExpression">
                <![CDATA[${variable2==2}]]></conditionExpression>
        </sequenceFlow>
        <textAnnotation id="textAnnotation1">
            <text>exclusiveGateway1</text>
        </textAnnotation>
        <association id="association1" sourceRef="exclusiveGateway1"
            targetRef="textAnnotation1" associationDirection="None"/>
        <textAnnotation id="textAnnotation2">
          <text>exclusiveGateway2</text>
        </textAnnotation>
        <association id="association2" sourceRef="exclusiveGateway2"
            targetRef="textAnnotation2" associationDirection="None"/>
</process>
```

在以上流程定义中，加粗部分的代码定义了两个排他网关exclusiveGateway1和exclusiveGateway2。排他网关exclusiveGateway1拥有3条外出顺序流，分别连接"部门经理审批"节点、"总监审批"节点和"直属上级审批"节点，其中连接"直属上级审批"节点的顺序流为默认顺序流。排他网关exclusiveGateway2有两个外出顺序流，分别连接"财务经理审批"节点和"财务主管审批"节点。

加载该流程模型并执行相应流程控制的示例代码如下：

```java
@Slf4j
public class RunExclusiveGatewayProcessDemo extends ActivitiEngineUtil {

    @Test
    public void runExclusiveGatewayProcessDemo() {
        //加载Activiti配置文件并初始化工作流引擎及服务
        loadActivitiConfigAndInitEngine("activiti.cfg.xml");
        //部署流程
        ProcessDefinition processDefinition =
            deployByClasspathResource("processes/ExclusiveGatewayProcess.bpmn20.xml");

        //设置variable1变量值
        Map<String, Object> variables1= new HashMap<String, Object>();
        variables1.put("variable1", 1);
        //发起流程
        ProcessInstance processInstance =
runtimeService.startProcessInstanceById(processDefinition.getId(), variables1);
        //查询任务
        Task task1 =
taskService.createTaskQuery().processInstanceId(processInstance.getId()).singleResult();
        log.info("流程发起后，第一个用户任务的名称：{}", task1.getName());
        Map<String, Object> variables2= new HashMap<String, Object>();
        //设置variable2变量值
        variables2.put("variable2", 2);
        //完成任务
        taskService.complete(task1.getId(), variables2);
        //查询任务
        Task task2 =
taskService.createTaskQuery().processInstanceId(processInstance.getId()).singleResult();
        log.info("第一个任务提交后，流程当前所在的用户任务的名称：{}", task2.getName());
        //完成任务
        taskService.complete(task2.getId());
```

```
        //关闭工作流引擎
        closeEngine();
    }
}
```

以上代码先初始化工作流引擎并部署流程,设置流程变量variable1后发起流程实例,查询并完成第一个待办任务,然后设置流程变量variable2,在查询并完成第二个待办任务后结束流程。代码运行结果如下:

```
02:06:17,411 [main] INFO    com.bpm.example.gateway.demo1.RunExclusiveGatewayProcessDemo
 - 流程发起后,第一个用户任务的名称:部门经理审批
02:06:17,431 [main] INFO    com.bpm.example.gateway.demo1.RunExclusiveGatewayProcessDemo
 - 第一个任务提交后,流程当前所在的用户任务的名称:财务主管审批
```

从代码运行结果可知,经过排他网关exclusiveGateway1决策后,流程会流转到"部门经理审批"节点,经过排他网关exclusiveGateway2决策后,流程会流转到"财务主管审批"节点。

16.2.2 并行网关

并行网关能够在一个流程中用于进行并发建模处理,将单条线路拆分成多条路径并行执行,或者将多条路径合并处理。在一个流程模型中引入并发最直接的网关是并行网关,它基于进入和外出顺序流,有分支和合并两种行为,允许将流程拆分成多个分支,或者将多个分支合并。

分支即并行拆分,流程从并行网关流出后,并行网关会为所有外出顺序流分别创建一个并发分支。需要注意的是,并行网关会忽略外出顺序流上的条件(不会解析条件)。顺序流中即使定义了条件也会被忽略,它的每个后继分支路径都会被无条件执行。

合并即并行合并,所有到达并行网关的分支路径都汇聚于此并等待,只有当所有进入顺序流的分支都到达后,流程才会通过并行网关。如果其中有分支未到达或中断,那么该并行网关将一直处于等待状态。

并行网关允许多进多出。如果同一个并行网关有多个进入和多个外出顺序流,那么它就同时具有分支和合并功能。这种情况下,并行网关会先合并所有进入顺序流,然后再将其拆分成多个并行分支往外流出。

1. **图形标记**

并行网关表示为内部带有"+"图标的普通网关(菱形),如图16.10所示。"+"图标表示"与"(AND)语义。

图16.10 并行网关图形标记

2. **XML内容**

定义并行网关的XML内容如下:

```
<parallelGateway id="parallelGateway1" />
```

并行网关实际的行为(分支、合并,或同时进行分支和合并),是由并行网关的进入和外出顺序流决定的。

3. **使用示例**

下面看一个并行网关的使用示例,如图16.11所示。该流程为物料领用流程。并行网关parallelGateway1拆分了3条分支,分别流转到"财务经理审批"节点、"直属上级审批"节点和"物料管理员审批"节点。"财务经理审批"节点和"直属上级审批"节点后续分支被并行网关parallelGateway2合并继续流转到"部门主管审批"节点。并行网关parallelGateway3等待"部门主管审批"节点和"物料管理员审批"节点任务办理完成后,流程结束。

图16.11所示流程对应的XML内容如下:

```xml
<process id="ParallelGatewayProcess" name="并行网关示例流程" isExecutable="true">
    <startEvent id="startEvent1"/>
    <!-- 定义并行网关 -->
    <parallelGateway id="parallelGateway1"/>
    <sequenceFlow id="sequenceFlow1" sourceRef="startEvent1"
        targetRef="parallelGateway1"/>
    <userTask id="userTask1" name="财务经理审批"/>
    <userTask id="userTask2" name="直属上级审批"/>
    <userTask id="userTask3" name="物料管理员审批"/>
    <sequenceFlow id="sequenceFlow2" sourceRef="parallelGateway1"
        targetRef="userTask2"/>
    <!-- 定义并行网关 -->
    <parallelGateway id="parallelGateway2"/>
```

```xml
<userTask id="userTask4" name="部门主管审批"/>
<sequenceFlow id="sequenceFlow3" sourceRef="parallelGateway2"
    targetRef="userTask4"/>
<!-- 定义并行网关 -->
<parallelGateway id="parallelGateway3"/>
<endEvent id="endEvent1"/>
<sequenceFlow id="sequenceFlow4" sourceRef="parallelGateway3"
    targetRef="endEvent1"/>
<sequenceFlow id="sequenceFlow5" sourceRef="parallelGateway1"
    targetRef="userTask1"/>
<sequenceFlow id="sequenceFlow6" sourceRef="parallelGateway1"
    targetRef="userTask3"/>
<sequenceFlow id="sequenceFlow7" sourceRef="userTask1"
    targetRef="parallelGateway2"/>
<sequenceFlow id="sequenceFlow8" sourceRef="userTask2"
    targetRef="parallelGateway2"/>
<sequenceFlow id="sequenceFlow9" sourceRef="userTask4"
    targetRef="parallelGateway3"/>
<sequenceFlow id="sequenceFlow10" sourceRef="userTask3"
    targetRef="parallelGateway3"/>
<textAnnotation id="textAnnotation1">
    <text>parallelGateway1</text>
</textAnnotation>
<textAnnotation id="textAnnotation2">
    <text>parallelGateway2</text>
</textAnnotation>
<textAnnotation id="textAnnotation3">
    <text>parallelGateway3</text>
</textAnnotation>
<association id="association1" sourceRef="textAnnotation1"
    targetRef="parallelGateway1" associationDirection="None"/>
<association id="association2" sourceRef="textAnnotation2"
    targetRef="parallelGateway2" associationDirection="None"/>
<association id="association3" sourceRef="textAnnotation3"
    targetRef="parallelGateway3" associationDirection="None"/>
</process>
```

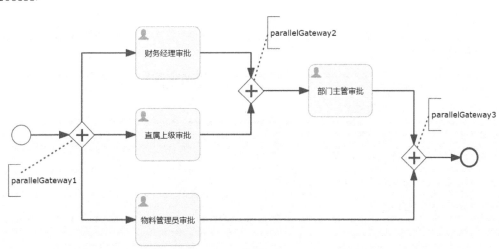

图16.11　并行网关示例流程

以上流程定义中，加粗部分的代码定义了3个并行网关：parallelGateway1、parallelGateway2和parallelGateway3。其中，parallelGateway1起分支作用，parallelGateway2、parallelGateway3起合并作用。

加载该流程模型并执行相应流程控制的示例代码如下：

```java
@Slf4j
public class RunParallelGatewayProcessDemo extends ActivitiEngineUtil {

    @Test
    public void runParallelGatewayProcessDemo() {
        //加载Activiti配置文件并初始化工作流引擎及服务
```

```java
        loadActivitiConfigAndInitEngine("activiti.cfg.xml");
        //部署流程
        ProcessDefinition processDefinition =
            deployByClasspathResource("processes/ParallelGatewayProcess.bpmn20.xml");

        //发起流程
        ProcessInstance processInstance =
            runtimeService.startProcessInstanceById(processDefinition.getId());
        //查询任务数
        TaskQuery taskQuery =
            taskService.createTaskQuery().processInstanceId(processInstance.getId());
        List<Task> taskList1 = taskQuery.list();
        log.info("流程发起后,当前任务数为:{},分别为:{}", taskList1.size(),
            taskList1.stream().map(Task::getName).collect(Collectors.joining(", ")));
        //办理前taskList1.size()个用户任务
        taskList1.stream().forEach(task -> {
            taskService.complete(task.getId());
            log.info("办理完成用户任务:{}", task.getName());
        });

        List<Task> taskList2 = taskQuery.list();
        //查询任务数
        log.info("办理完前{}个任务后,当前流程的任务数为{},分别为:{}", taskList1.size(),
            taskList2.size(), taskList2.stream().map(Task::getName).
            collect(Collectors.joining(",")));
        //办理taskList2.size()个用户任务
        taskList2.stream().forEach(task -> {
            taskService.complete(task.getId());
            log.info("办理完成用户任务:{}", task.getName());
        });
        //查询剩余任务数
        List<Task> taskList3 = taskQuery.list();
        log.info("最后剩余的用户任务数为:{}", taskList3.size());

        //关闭工作流引擎
        closeEngine();
    }
}
```

以上代码先初始化工作流引擎并部署流程,然后发起流程实例,依次查询流程任务并办理,最后结束流程。代码运行结果如下:

```
02:32:13,197 [main] INFO   com.bpm.example.gateway.demo2.RunParallelGatewayProcessDemo
- 流程发起后,当前任务数为:3,分别为:直属上级审批,财务经理审批,物料管理员审批
02:32:13,215 [main] INFO   com.bpm.example.gateway.demo2.RunParallelGatewayProcessDemo
- 办理完成用户任务:直属上级审批
02:32:13,234 [main] INFO   com.bpm.example.gateway.demo2.RunParallelGatewayProcessDemo
- 办理完成用户任务:财务经理审批
02:32:13,243 [main] INFO   com.bpm.example.gateway.demo2.RunParallelGatewayProcessDemo
- 办理完成用户任务:物料管理员审批
02:32:13,248 [main] INFO   com.bpm.example.gateway.demo2.RunParallelGatewayProcessDemo
- 办理完前3个任务后,当前流程的任务数为1,分别为:部门主管审批
02:32:13,275 [main] INFO   com.bpm.example.gateway.demo2.RunParallelGatewayProcessDemo
- 办理完成用户任务:部门主管审批
02:32:13,276 [main] INFO   com.bpm.example.gateway.demo2.RunParallelGatewayProcessDemo
- 最后剩余的用户任务数为:0
```

从代码运行结果可知,当流程发起后,经过parallelGateway1的拆分流转到3个节点:"直属上级审批""财务经理审批"和"物料管理员审批"。办理完成"直属上级审批"节点和"财务经理审批"节点的任务后,这两个节点的后续分支经parallelGateway2合并后继续流转到"部门主管审批"节点,办理完成"物料管理员审批"节点任务后,汇聚到parallelGateway3处等待,此时流程的任务数为1。办理完成"部门主管审批"节点的任务后,"物料管理员审批"节点和"部门主管审批"节点的后续分支都流转到parallelGateway3,分支合并完成后继续流转到流程结束,此时查询任务数为0。

在使用并行网关时,初学者大多有一个误解,认为并行网关需要成对出现,即由一个并行网关fork出来的分支必须有一个对应的并行网关来join。其实,并行网关只是等待所有进入顺序流到达,并为每条外出顺序流创建并发分支,并不要求fork和join成对出现。

16.2.3 包容网关

包容网关可以看作排他网关和并行网关的结合体。与排他网关一样，读者可以在外出顺序流上定义条件。但与排他网关有所不同的是，进行决策判断时，包容网关所有条件为true的后继分支都会被依次执行。如果所有分支条件决策都为false且该网关定义了一条默认分支，那么该默认分支将被执行。如果没有可执行的分支，则会抛出异常（流程设计上应避免这种情况发生）。包容网关同样包含分支和合并两种行为。

分支即包容拆分。所有外出顺序流的条件都会被解析，结果为true的顺序流会以并行方式继续执行，并为每条顺序流创建一条分支。如果后继分支都无法通过，则应合理地选择一条默认路径，否则工作流引擎执行到该网关的分支都将中断于此。

合并即包容合并。所有到达包容网关的活动分支路径都汇聚于此等待，直到所有"可以到达"包容网关的分支路径全部"到达"包容网关，流程才会通过包容网关。这与并行网关的合并策略有所不同。工作流引擎判断是否"可以到达"包容网关的路径的逻辑为：计算该流程实例中当前所处的所有节点，检查从其位置是否有一条到达包容网关的路径（忽略顺序流上的任何条件）。如果存在这样的路径（可到达但尚未到达），则不会触发包容网关的合并行为。需要注意的是，在流程设计上应尽量避免复杂的网关嵌套，防止包容网关认为路径可能不被到达而放弃等待。

包容网关允许多进多出。如果同一个包容节点有多条进入和外出顺序流，那么它会同时具备分支和合并功能。网关会先合并所有"可以到达"包容网关的进入顺序流，再根据条件判断结果为true的外出顺序流，为它们生成多条并行分支。

1. 图形标记

包容网关表示为内部包含一个圆圈图标的普通网关（菱形），如图16.12所示。

2. XML内容

定义包容网关的XML内容如下：

```
<inclusiveGateway id="inclusiveGateway1" />
```

图16.12 包容网关图形标记

包容网关实际的行为（分支、合并或同时分支合并），是由包容网关的流出和流入顺序流决定的。

3. 使用示例

下面看一个包容网关的使用示例，如图16.13所示。该流程为请假申请流程："请假申请"节点提交请假申请后，流程先流转到包容网关inclusiveGateway1，其3条外出顺序流上的条件分别为"请假天数<3"（对应条件表达式${leaveDays<3}）、"请假天数≥3"（对应条件表达式${leaveDays>=3}）和"请假天数≥1"（对应条件表达式${leaveDays>=1}），分别可以流转到"HR实习生审批"节点、"HR助理审批"节点和"直属领导审批"节点；"HR实习生审批"节点和"HR助理审批"节点的任务办理完成后，经包容网关inclusiveGateway2合并后流转到"HR经理审批"节点；"HR经理审批"节点和"直属领导审批"节点的任务办理完成后，经包容网关inclusiveGateway3合并后流程结束。

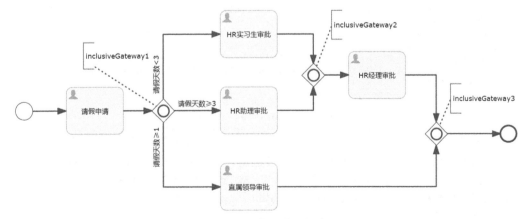

图16.13 包容网关示例流程

图16.13所示流程对应的XML内容如下：

```xml
<process id="InclusiveGatewayProcess" name="包容网关示例流程" isExecutable="true">
    <startEvent id="startEvent1"/>
    <userTask id="applyTask" name="请假申请"/>
    <sequenceFlow id="sequenceFlow1" sourceRef="startEvent1" targetRef="applyTask"/>
    <!-- 定义包容网关 -->
    <inclusiveGateway id="inclusiveGateway1"/>
    <sequenceFlow id="sequenceFlow2" sourceRef="applyTask"
        targetRef="inclusiveGateway1"/>
    <userTask id="internTask" name="HR实习生审批"/>
    <userTask id="assistantTask" name="HR助理审批"/>
    <userTask id="superiorTask" name="直属领导审批"/>
    <!-- 定义包容网关 -->
    <inclusiveGateway id="inclusiveGateway2"/>
    <sequenceFlow id="sequenceFlow3" sourceRef="internTask"
        targetRef="inclusiveGateway2"/>
    <sequenceFlow id="sequenceFlow4" sourceRef="assistantTask"
        targetRef="inclusiveGateway2"/>
    <userTask id="managerTask" name="HR经理审批"/>
    <sequenceFlow id="sequenceFlow5" sourceRef="inclusiveGateway2"
        targetRef="managerTask"/>
    <!-- 定义包容网关 -->
    <inclusiveGateway id="inclusiveGateway3"/>
    <sequenceFlow id="sequenceFlow6" sourceRef="inclusiveGateway3"
        targetRef="endEvent1"/>
    <endEvent id="endEvent1"/>
    <sequenceFlow id="sequenceFlow7" sourceRef="managerTask"
        targetRef="inclusiveGateway3"/>
    <sequenceFlow id="sequenceFlow8" sourceRef="superiorTask"
        targetRef="inclusiveGateway3"/>
    <sequenceFlow id="sequenceFlow9" name="请假天数&lt;3"
        sourceRef="inclusiveGateway1" targetRef="internTask">
        <conditionExpression xsi:type="tFormalExpression"><![CDATA[${leaveDays<3}]]>
        </conditionExpression>
    </sequenceFlow>
    <sequenceFlow id="sequenceFlow10" name="请假天数≥3" sourceRef="inclusiveGateway1"
        targetRef="assistantTask">
        <conditionExpression xsi:type="tFormalExpression"><![CDATA[${leaveDays>=3}]]>
        </conditionExpression>
    </sequenceFlow>
    <sequenceFlow id="sequenceFlow11" name="请假天数≥1" sourceRef="inclusiveGateway1"
        targetRef="superiorTask">
        <conditionExpression xsi:type="tFormalExpression"><![CDATA[${leaveDays>=1}]]>
        </conditionExpression>
    </sequenceFlow>
    <textAnnotation id="textAnnotation1">
        <text>inclusiveGateway1</text>
    </textAnnotation>
    <association id="association1" sourceRef="textAnnotation1"
        targetRef="inclusiveGateway1" associationDirection="None"/>
    <textAnnotation id="textAnnotation2">
        <text>inclusiveGateway2</text>
    </textAnnotation>
    <association id="association2" sourceRef="textAnnotation2"
        targetRef="inclusiveGateway2" associationDirection="None"/>
    <textAnnotation id="textAnnotation3">
        <text>inclusiveGateway3</text>
    </textAnnotation>
    <association id="association3" sourceRef="textAnnotation3"
        targetRef="inclusiveGateway3" associationDirection="None"/>
</process>
```

以上流程定义中，加粗部分的代码定义了3个包容网关：inclusiveGateway1、inclusiveGateway2和inclusiveGateway3。其中，inclusiveGateway1起分支作用，inclusiveGateway2、inclusiveGateway3起合并作用。

加载该流程模型并执行相应流程控制的示例代码如下：

```java
@Slf4j
public class RunParallelGatewayProcessDemo extends ActivitiEngineUtil {
```

```java
@Test
public void runParallelGatewayProcessDemo() {
    //加载Activiti配置文件并初始化工作流引擎及服务
    loadActivitiConfigAndInitEngine("activiti.cfg.xml");
    //部署流程
    ProcessDefinition processDefinition =
        deployByClasspathResource("processes/InclusiveGatewayProcess.bpmn20.xml");

    //发起流程
    ProcessInstance processInstance =
        runtimeService.startProcessInstanceById(processDefinition.getId());
    TaskQuery taskQuery = taskService.createTaskQuery();
    //查询请假申请任务
    Task applyTask =
        taskQuery.processInstanceId(processInstance.getId()).singleResult();
    log.info("流程发起后,第一个用户任务名称为:{}", applyTask.getName());
    //设置leaveDays变量值
    Map variables = new HashMap<>();
    variables.put("leaveDays", 5);
    //完成请假申请任务
    taskService.complete(applyTask.getId(), variables);
    List<Task> taskList1 = taskQuery.list();
    //查询任务数
    log.info("第一个任务办理后,当前流程的任务数为{},分别为:{}", taskList1.size(),
        taskList1.stream().map(Task::getName).collect(Collectors.joining(",")));
    //办理任务
    taskList1.stream().forEach(task -> {
        taskService.complete(task.getId());
        log.info("办理完成用户任务:{}", task.getName());
    });
    List<Task> taskList2 = taskQuery.list();
    //查询任务数
    log.info("办理完前{}个任务后,流程当前任务数为{},分别为:{}", taskList1.size(),
        taskList2.size(),
        taskList2.stream().map(Task::getName).collect(Collectors.joining(", ")));
    //办理任务
    taskList2.stream().forEach(task -> {
        taskService.complete(task.getId());
        log.info("办理完成用户任务:{}", task.getName());
    });
    //查询剩余任务数
    log.info("最后剩余的用户任务数为{}", taskQuery.list().size());

    //关闭工作流引擎
    closeEngine();
}
```

以上代码先初始化工作流引擎并部署流程,然后发起流程(加粗部分的代码在办理"请假申请"节点任务时设置流程变量leaveDays值为5),依次查询流程任务并办理,最后流程结束。代码运行结果如下:

```
02:44:59,600 [main] INFO  com.bpm.example.gateway.demo3.RunParallelGatewayProcessDemo
- 流程发起后,第一个用户任务名称为:请假申请
02:44:59,640 [main] INFO  com.bpm.example.gateway.demo3.RunParallelGatewayProcessDemo
- 第一个任务办理后,当前流程的任务数为2,分别为:HR助理审批,直属领导审批
02:44:59,650 [main] INFO  com.bpm.example.gateway.demo3.RunParallelGatewayProcessDemo
- 办理完成用户任务:HR助理审批
02:44:59,660 [main] INFO  com.bpm.example.gateway.demo3.RunParallelGatewayProcessDemo
- 办理完成用户任务:直属领导审批
02:44:59,660 [main] INFO  com.bpm.example.gateway.demo3.RunParallelGatewayProcessDemo
- 办理完前2个任务后,流程当前任务数为1,分别为:HR经理审批
02:44:59,690 [main] INFO  com.bpm.example.gateway.demo3.RunParallelGatewayProcessDemo
- 办理完成用户任务:HR经理审批
02:44:59,690 [main] INFO  com.bpm.example.gateway.demo3.RunParallelGatewayProcessDemo
- 最后剩余的用户任务数为0
```

从代码运行结果可知,流程经过包容网关inclusiveGateway1拆分后流转到"HR助理审批"和"直属领导

审批"节点，HR助理审批节点的任务办理完成后，分支经包容网关inclusiveGateway2合并流转到"HR经理审批"节点；"直属领导审批"节点的任务办理完成后，分支流转到包容网关inclusiveGateway3等待；"HR经理审批"节点任务完成后，满足包容网关inclusiveGateway3的合并条件，继续流转直到流程结束。

对于不同的流程变量leaveDays值，代码执行结果也会有所不同，读者可自行进行验证。

16.2.4 事件网关

通常网关基于连线条件决定后续路径，但事件网关有所不同，其基于事件决定后续路径。事件网关的每条外出顺序流都需要连接一个捕获中间事件。事件网关只有分支行为，流程的走向完全由中间事件决定，允许从多条候选分支中选择事件最先到达的分支（如时间事件、消息事件），并取消其他分支。

1. 图形标记

事件网关表示为一个内部嵌套圆和五边形图标的普通网关（菱形），如图16.14所示。

2. XML内容

定义事件网关的XML内容如下：

```
<eventBasedGateway id="eventBasedGateway" />
```

图16.14 事件网关图形标记

事件网关使用时需要注意以下约束条件：
- 一个事件网关，必须有两条或两条以上外出顺序流；
- 事件网关后只能连接中间捕获事件类型的元素[Activiti目前不支持在事件网关后连接接收任务（receive task）]；
- 连接到事件网关的中间捕获事件，必须只有一个入口顺序流。

3. 使用示例

下面看一个事件网关的使用示例，如图16.15所示。该流程为客户投诉处理流程。"客户投诉"提交发起的流程执行到事件网关时，会暂停执行。与此同时，流程实例会订阅信号事件，并创建一个30分钟后触发的定时器。这使得工作流引擎等待信号事件30分钟：如果信号在30分钟内触发，则定时器被取消，执行沿着信号继续，流转到"一线客服处理"节点；如果30分钟内信号未被触发，执行会在定时器到时后继续，流程会沿着定时器方向流转到"二线客服处理"节点，同时取消信号订阅。

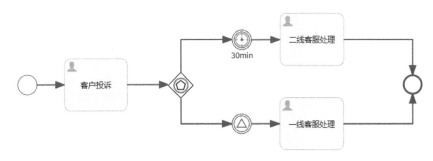

图16.15 事件网关示例流程

图16.15所示流程对应的XML内容如下：

```xml
<!-- 定义信号 -->
<signal id="alertSignal" name="alert" />
<process id="EventGatewayProcess" name="事件网关" isExecutable="true">
    <startEvent id="startEvent1"/>
    <userTask id="userTask1" name="客户投诉"/>
    <sequenceFlow id="sequenceFlow1" sourceRef="startEvent1" targetRef="userTask1"/>
    <!-- 定义事件网关 -->
    <eventBasedGateway id="eventBasedGateway1"/>
    <sequenceFlow id="sequenceFlow2" sourceRef="userTask1" targetRef="eventBasedGateway1"/>
    <!-- 定义定时中间事件 -->
    <intermediateCatchEvent id="intermediateCatchEvent1" name="30min">
        <timerEventDefinition>
            <timeDuration>PT30M</timeDuration>
        </timerEventDefinition>
```

```xml
    </intermediateCatchEvent>

    <!-- 定义信号中间捕获事件 -->
    <intermediateCatchEvent id="intermediateCatchEvent2">
      <signalEventDefinition signalRef="alertSignal" />
    </intermediateCatchEvent>

    <sequenceFlow id="sequenceFlow3" sourceRef="eventBasedGateway1"
        targetRef="intermediateCatchEvent1"/>
    <sequenceFlow id="sequenceFlow4" sourceRef="eventBasedGateway1"
        targetRef="intermediateCatchEvent2"/>
    <userTask id="userTask2" name="二线客服处理"/>
    <sequenceFlow id="sequenceFlow5" sourceRef="intermediateCatchEvent1"
        targetRef="userTask2"/>
    <userTask id="userTask3" name="一线客服处理"/>
    <sequenceFlow id="sequenceFlow6" sourceRef="intermediateCatchEvent2"
        targetRef="userTask3"/>
    <endEvent id="endEvent1"/>
    <sequenceFlow id="sequenceFlow7" sourceRef="userTask2" targetRef="endEvent1"/>
    <sequenceFlow id="sequenceFlow8" sourceRef="userTask3" targetRef="endEvent1"/>
</process>
```

在以上流程定义中，加粗部分的代码首先定义了信号alertSignal，然后定义了事件网关eventBasedGateway1、定时器中间事件intermediateCatchEvent1和信号中间捕获事件intermediateCatchEvent2，它们处于事件网关eventBasedGateway1的外出分支上，其中信号中间捕获事件intermediateCatchEvent2引用了信号alertSignal。

加载该流程模型并执行相应流程控制的示例代码如下：

```java
@Slf4j
public class RunEventGatewayProcessDemo extends ActivitiEngineUtil {

    @Test
    public void runEventGatewayProcessDemo() throws Exception {
        //加载Activiti配置文件并初始化工作流引擎及服务
        loadActivitiConfigAndInitEngine("activiti.job.xml");
        //部署流程
        ProcessDefinition processDefinition =
            deployByClasspathResource("processes/EventGatewayProcess.bpmn20.xml");

        //发起流程
        ProcessInstance processInstance =
            runtimeService.startProcessInstanceById(processDefinition.getId());
        //查询并办理第一个任务
        Task task1 =
            taskService.createTaskQuery().processInstanceId(processInstance.getId()).
            singleResult();
        taskService.complete(task1.getId());
        //查询执行实例
        List<Execution> executionList =
            runtimeService.createExecutionQuery().processInstanceId(processInstance.getId()).
            onlyChildExecutions().list();
        log.info("第一个任务办理后，当前流程所处节点为：{}",
executionList.stream().map(Execution::getActivityId).collect(Collectors.joining(",")));
        //等待5分钟
        Thread.sleep(1000 * 60 * 5);
        //触发信号
        runtimeService.signalEventReceived("alert");
        Task task2 =
taskService.createTaskQuery().processInstanceId(processInstance.getId()).singleResult();
        log.info("触发信号后，当前流程所处用户任务名称：{}", task2.getName());
        //办理任务
        taskService.complete(task2.getId());

        //关闭工作流引擎
        closeEngine();
    }
}
```

以上代码先初始化工作流引擎并部署流程，并在发起流程实例后查询并办理第一个用户任务；然后查询所有的执行实例，输出流程当前所在的节点；等待5分钟后，加粗部分的代码触发信号，查询流程当前的任务，输出任务信息并办理任务。代码运行结果如下：

```
02:55:01,148 [main] INFO  com.bpm.example.gateway.demo4.RunEventGatewayProcessDemo  -
第一个任务办理后，当前流程所处节点为：intermediateCatchEvent2,intermediateCatchEvent1
03:00:01,177 [main] INFO  com.bpm.example.gateway.demo4.RunEventGatewayProcessDemo  -
触发信号后，当前流程所处用户任务名称：一线客服处理
```

从代码运行结果可知，触发信号后，事件网关从两条候选分支中选择了先触发的信号中间捕获事件所在的分支，流程流转到"一线客服处理"节点。

16.3 本章小结

本章主要介绍了Activiti中的顺序流和网关。顺序流是连接两个流程节点的连线，分为标准顺序流和条件顺序流两种类型。流程执行完一个节点后，会沿着节点的所有外出顺序流继续执行。条件顺序流在标准顺序流上添加了条件表达式，只有满足条件表达式才能通过顺序流到达目标活动。网关用于拆分或合并复杂的流程流场景，常见的网关包括排他网关、并行网关、包容网关和事件网关。每种网关都有各自的特性：排他网关用于在流程中实现决策；并行网关允许将流程拆分为多条分支，也可以合并多条分支；包容网关可以看作排他网关和并行网关的结合体。它们分别适用于不同的流程场景，读者可以根据实际应用场景选用。

第17章

子流程、调用活动和泳池泳道

在实际企业应用中，业务流程往往比较复杂，一般可以划分为多个不同的阶段或不同的功能职责。BPMN规范提供了子流程、调用活动，以及泳池与泳道，可以通过子流程或者调用活动将不同阶段规划为一个子流程作为主流程的一部分，或通过泳池与泳道对流程节点进行区域划分。本章将详细介绍子流程、调用活动与泳池，以及泳道的特性和使用场景。

17.1 子流程

当业务流程非常复杂时，可以将流程拆分为一条父流程和若干条子流程。当父流程执行一部分后便进入子流程流转，子流程流转完成后又回到父流程继续流转。子流程经常用于分解大的业务流程。

Activiti支持以下子流程：
- 内嵌子流程；
- 事件子流程；
- 事务子流程。

17.1.1 内嵌子流程

内嵌子流程又称为嵌入式子流程，是一个可以包含其他活动、分支、事件等的活动。通常意义上的子流程指的就是内嵌子流程，表现为将一个流程（子流程）定义在另一个流程（父流程）的内部。子流程作为父流程的一部分，是主流程中的流程片段，并非独立的流程定义，一般作为局部通用逻辑处理。根据特定业务需要，使用子流程可以使复杂的单个主流程设计清晰直观。

内嵌子流程就是将其中一部分可复用的片段组合到一个区域块中进行复用，将整个子流程完整地定义在父流程中。内嵌子流程支持子流程的展开与缩放，使流程图设计更加简洁明了。如果不使用内嵌子流程，同样也可以将这些流程活动定义到主流程中，但是使用内嵌子流程可以为某部分流程活动添加特定的事件范围。内嵌子流程的应用场景主要有以下两种。

- 用于分层建模：在常见的建模工具中，都允许折叠子流程以隐藏子流程的所有细节，从而展示业务流程的高层端到端总览。
- 为事件创建新的作用域：在子流程执行过程中抛出的事件可以通过子流程边界上的边界事件捕获，事件所创建的作用域只局限在子流程内。

在使用子流程时要考虑以下限制。
- 子流程有且只能有一个空开始事件，不允许有其他类型的开始事件。
- 子流程至少有一个结束事件。需要注意的是，在BPMN 2.0规范中允许子流程没有启动与结束事件，但是当前Activiti并不支持。

顺序流不能跨越子流程边界，子流程中顺序流不能直接输出流到子流程之外的活动上。若有需要，可以用边界事件替代。

1. 图形标记

内嵌子流程表示为圆角矩形，它有两种形态：如果子流程是折叠的，则在底部中间带有加号标记，不展示内部细节，如图17.1所示；如果子流程是展开的，子流程内部的元素将显示在子流程边界内，如图17.2所示。

2. XML内容

内嵌子流程由subProcess元素定义，作为子流程一部分的所有活动、网关和事件等都需要包含在该元素中。其XML内容如下：

```xml
<process id="mainProcess" name="主流程" isExecutable="true">
    <startEvent id="startEvent1"></startEvent>

    <subProcess id="subProcess">
        <startEvent id="subProcessStart" />
        <!--  此处省略子流程其他元素定义  -->
        <endEvent id="subProcessEnd" />
    </subProcess>

    <!--  此处省略主流程其他元素定义  -->
</process>
```

图17.1 子流程（折叠展示）　　　　　　　　　图17.2 子流程（展开展示）

在以上流程定义中，加粗部分的代码定义了一个内嵌子流程，其中subProcess元素与主流程的其他元素同级，可以视作主流程的一部分。该段代码本质上只有一个流程，因此共享数据。可以使用主流程的key查询子流程的任务等信息。主流程和子流程的变量信息也是共享的。

3．使用示例

下面看一个内嵌子流程的使用示例，如图17.3所示。该流程为贷款申请流程。贷款申请业务包含贷款申请、贷款额度审批和发放贷款3个阶段，在流程实现中"贷款申请"和"发放贷款"阶段使用用户任务实现，而"贷款额度审批"阶段使用内嵌子流程实现。同时，子流程边界上加入定时器边界事件，如果定时器触发前子流程结束，则主流程流转到"发放贷款"节点；如果定时器触发时子流程还没有结束，则直接流转到结束节点，整个流程结束。

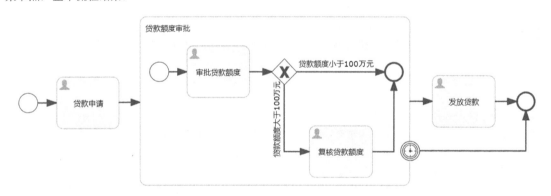

图17.3 内嵌子流程示例流程

图17.3所示流程对应的XML内容如下：

```xml
<process id="SubProcessProcess" name="内嵌子流程示例" isExecutable="true">
    <startEvent id="startEventOfMainProcess"/>
    <userTask id="firstTaskOfMainProcess" name="贷款申请"/>
    <subProcess id="subProcess" name="贷款额度审批">
        <startEvent id="startEventOfSubProcess"/>
        <userTask id="firstTaskOfSubProcess" name="审批贷款额度"/>
        <exclusiveGateway id="exclusiveGatewayOfSubProcess"/>
```

```xml
            <endEvent id="endEventOfSubProcess"/>
            <userTask id="secondTaskOfSubProcess" name="复核贷款额度"/>
            <sequenceFlow id="sequenceFlow1" sourceRef="startEventOfSubProcess"
                targetRef="firstTaskOfSubProcess"/>
            <sequenceFlow id="sequenceFlow2" sourceRef="firstTaskOfSubProcess"
                targetRef="exclusiveGatewayOfSubProcess"/>
            <sequenceFlow id="sequenceFlow3" sourceRef="secondTaskOfSubProcess"
                targetRef="endEventOfSubProcess"/>
            <sequenceFlow id="sequenceFlow4" name="贷款额度小于100万元"
                sourceRef="exclusiveGatewayOfSubProcess" targetRef="endEventOfSubProcess">
                <conditionExpression xsi:type="tFormalExpression">
                    <![CDATA[${loanAmount<1000000}]]>
                </conditionExpression>
            </sequenceFlow>
            <sequenceFlow id="sequenceFlow5" name="贷款额度大于100万元"
                sourceRef="exclusiveGatewayOfSubProcess"
                targetRef="secondTaskOfSubProcess">
                <conditionExpression xsi:type="tFormalExpression">
                    <![CDATA[${loanAmount>=1000000}]]>
                </conditionExpression>
            </sequenceFlow>
        </subProcess>
        <userTask id="secondTaskOfMainProcess" name="发放贷款"/>
        <sequenceFlow id="sequenceFlow6" sourceRef="subProcess"
            targetRef="secondTaskOfMainProcess"/>
        <sequenceFlow id="sequenceFlow7" sourceRef="startEventOfMainProcess"
            targetRef="firstTaskOfMainProcess"/>
        <sequenceFlow id="sequenceFlow8" sourceRef="firstTaskOfMainProcess"
            targetRef="subProcess"/>
        <endEvent id="endEventOfMainProcess"/>
        <sequenceFlow id="sequenceFlow9" sourceRef="secondTaskOfMainProcess"
            targetRef="endEventOfMainProcess"/>
        <sequenceFlow id="sequenceFlow10" sourceRef="boundaryEventOfMainProcess"
            targetRef="endEventOfMainProcess"/>
        <boundaryEvent id="boundaryEventOfMainProcess" attachedToRef="subProcess"
            cancelActivity="true">
            <timerEventDefinition>
                <timeDuration>PT1M</timeDuration>
            </timerEventDefinition>
        </boundaryEvent>
</process>
```

在以上流程定义中,加粗部分的代码定义了定时器边界事件,它依附在内嵌子流程边界上。定时器边界事件配置了cancelActivity="true"属性,表示它为边界中断事件。当定时器触发时,原有的执行流将会被中断,附加的活动(子流程)实例被终止,执行该事件的后续路线,直到流程结束节点。

加载该流程模型并执行相应流程控制的示例代码如下:

```java
@Slf4j
public class RunSubProcessProcessDemo extends ActivitiEngineUtil {

    SimplePropertyPreFilter executionFilter = new
SimplePropertyPreFilter(Execution.class,
       "id","parentId","businessKey","processInstanceId",
       "processDefinitionId","rootProcessInstanceId","scope","activityId");
    SimplePropertyPreFilter jobFilter = new SimplePropertyPreFilter(Job.class,
       "id","executionId","duedate","jobHandlerType",
       "jobType","processDefinitionId","processInstanceId","retries");

    @Test
    public void runSubProcessProcessDemo() throws Exception {
        //加载Activiti配置文件并初始化工作流引擎及服务
        loadActivitiConfigAndInitEngine("activiti.job.xml");
        //部署流程
        ProcessDefinition processDefinition =
            deployByClasspathResource("processes/SubProcessProcess.bpmn20.xml");

        //设置主流程的流程变量
        Map variables1 = new HashMap<>();
```

```java
        variables1.put("lender", "huhaiqin");
        //发起流程
        ProcessInstance mainProcessInstance =
            runtimeService.startProcessInstanceById(processDefinition.getId(), variables1);
        //查询执行实例
        List<Execution> executionList1 = runtimeService.createExecutionQuery().list();
        log.info("主流程发起后,执行实例数为{},分别为:{}", executionList1.size(),
            JSON.toJSONString(executionList1, executionFilter));
        //查询主流程的流程变量
        Map mainProcessVariabes1 =
            runtimeService.getVariables(mainProcessInstance.getProcessInstanceId());
        log.info("主流程的流程变量为:{}", mainProcessVariabes1);
        //查询主流程第一个任务
        Task firstTaskOfMainProcess = taskService.createTaskQuery().singleResult();
        log.info("主流程发起后,流程当前所在用户任务为:{}", firstTaskOfMainProcess.getName());
        //完成主流程第一个任务
        taskService.complete(firstTaskOfMainProcess.getId());
        log.info("完成用户任务:{},启动子流程", firstTaskOfMainProcess.getName());
        //查询执行实例
        List<Execution> executionList2 = runtimeService.createExecutionQuery().list();
        log.info("子流程发起后,执行实例数为{},分别为:{}", executionList2.size(),
            JSON.toJSONString(executionList2, executionFilter));
        //查询子流程第一个任务
        Task firstTaskOfSubProcess = taskService.createTaskQuery().singleResult();
        log.info("子流程发起后,流程当前所在用户任务为:{}", firstTaskOfSubProcess.getName());
        //查询子流程的流程变量
        Map subProcessVariabes1 =
            runtimeService.getVariables(firstTaskOfSubProcess.getProcessInstanceId());
        log.info("子流程的流程变量为:{}", subProcessVariabes1);
        //设置子流程的流程变量
        Map variables2 = new HashMap<>();
        variables2.put("loanAmount", 10000000);
        //完成子流程第一个任务
        taskService.complete(firstTaskOfSubProcess.getId(),variables2);
        log.info("完成用户任务:{}", firstTaskOfSubProcess.getName());
        //查询子流程第一个任务
        Task secondTaskOfSubProcess = taskService.createTaskQuery().singleResult();
        log.info("完成用户任务:{}后,流程当前所在用户任务为:{}",
            firstTaskOfSubProcess.getName(), secondTaskOfSubProcess.getName());
        Map mainProcessVariabes2 =
            runtimeService.getVariables(mainProcessInstance.getProcessInstanceId());
        log.info("主流程的流程变量为:{}", mainProcessVariabes2);

        //查询定时任务
        List<Job> jobs = managementService.createTimerJobQuery().list();
        log.info("定时任务有:{}", JSON.toJSONString(jobs, jobFilter));
        log.info("暂停90秒...");
        //暂停90秒,触发定时器边界事件,流程结束
        Thread.sleep(90*1000);

        //查询执行实例
        List<Execution> executionList4 = runtimeService.createExecutionQuery().list();
        log.info("主流程结束后,执行实例数为{},执行实例信息为:{}", executionList4.size(),
            JSON.toJSONString(executionList4, executionFilter));

        //关闭工作流引擎
        closeEngine();
    }
}
```

以上代码先初始化工作流引擎并部署流程,初始化流程变量并发起主流程后,查询并完成主流程的第一个用户任务(此时流程将流转到内嵌子流程),然后查询并办理子流程的用户任务。最后,程序暂停90秒,等待定时器(1分钟)触发流程结束。以上代码在不同阶段输出了执行实例和流程变量的信息用以观察整个执行过程中数据的变化。代码运行结果如下:

```
03:46:49,924 [main] INFO    com.bpm.example.subprocess.demo1.RunSubProcessProcessDemo    -
主流程发起后,执行实例数为2,分别为:
[{"id":"5","processDefinitionId":"SubProcessProcess:1:4","processInstanceId":"5","rootP
```

```
rocessInstanceId":"5","scope":true},{"activityId":"firstTaskOfMainProcess","id":"7","pa
rentId":"5","processDefinitionId":"SubProcessProcess:1:4","processInstanceId":"5","root
ProcessInstanceId":"5","scope":false}]
03:46:49,934 [main] INFO  com.bpm.example.subprocess.demo1.RunSubProcessProcessDemo -
主流程的流程变量为：{lender=huhaiqin}
03:46:49,944 [main] INFO  com.bpm.example.subprocess.demo1.RunSubProcessProcessDemo -
主流程发起后，流程当前所在用户任务为：贷款申请
03:46:49,976 [main] INFO  com.bpm.example.subprocess.demo1.RunSubProcessProcessDemo -
完成用户任务：贷款申请，启动子流程
03:46:49,986 [main] INFO  com.bpm.example.subprocess.demo1.RunSubProcessProcessDemo -
子流程发起后，执行实例数为4，分别为：
[{"activityId":"subProcess","id":"11","parentId":"5","processDefinitionId":"SubProcessP
rocess:1:4","processInstanceId":"5","rootProcessInstanceId":"5","scope":true},{"activit
yId":"boundaryEventOfMainProcess","id":"13","parentId":"11","processDefinitionId":"SubP
rocessProcess:1:4","processInstanceId":"5","rootProcessInstanceId":"5","scope":false},{
"activityId":"firstTaskOfSubProcess","id":"15","parentId":"11","processDefinitionId":"S
ubProcessProcess:1:4","processInstanceId":"5","rootProcessInstanceId":"5","scope":false
},{"id":"5","processDefinitionId":"SubProcessProcess:1:4","processInstanceId":"5","root
ProcessInstanceId":"5","scope":true}]
03:46:49,986 [main] INFO  com.bpm.example.subprocess.demo1.RunSubProcessProcessDemo -
子流程发起后，流程当前所在用户任务为：审批贷款额度
03:46:49,986 [main] INFO  com.bpm.example.subprocess.demo1.RunSubProcessProcessDemo -
子流程的流程变量为：{lender=huhaiqin}
03:46:50,006 [main] INFO  com.bpm.example.subprocess.demo1.RunSubProcessProcessDemo -
完成用户任务：审批贷款额度
03:46:50,016 [main] INFO  com.bpm.example.subprocess.demo1.RunSubProcessProcessDemo -
完成用户任务：审批贷款额度后，流程当前所在用户任务为：复核贷款额度
03:46:50,026 [main] INFO  com.bpm.example.subprocess.demo1.RunSubProcessProcessDemo -
主流程的流程变量为：{lender=huhaiqin, loanAmount=10000000}
03:46:50,048 [main] INFO  com.bpm.example.subprocess.demo1.RunSubProcessProcessDemo -
定时任务有：
[{"duedate":1650700069966,"executionId":"13","id":"14","jobHandlerType":"trigger-timer"
,"jobType":"timer","processDefinitionId":"SubProcessProcess:1:4","processInstanceId":"5
","retries":3}]
03:46:50,048 [main] INFO  com.bpm.example.subprocess.demo1.RunSubProcessProcessDemo -
暂停90秒...
03:48:20,057 [main] INFO  com.bpm.example.subprocess.demo1.RunSubProcessProcessDemo -
主流程结束后，执行实例数为0，执行实例信息为：[]
```

从代码运行结果中可以看出执行实例的变化过程。

- 当主流程发起的时候，存在两个执行实例，二者互为父子关系，如表17.1所示。

表17.1 主流程发起时的执行实例

id	parentId	processInstanceId	rootProcessInstanceId	activityId	scope	描述
5	无	5	5	无	true	主流程实例
7	5	5	5	firstTaskOfMainProcess	false	执行实例

- 当子流程发起后，存在4个执行实例：1个主流程实例、1个主流程的执行实例、1个子流程的执行实例和1个定时任务的执行实例，如表17.2所示。所有执行实例的processInstanceId和rootProcessInstanceId均为5，说明子流程并没有生成新的流程实例，而是在主流程下新建了一个执行实例用于执行子流程。

表17.2 子流程发起后的执行实例

id	parentId	processInstanceId	rootProcessInstanceId	activityId	scope	描述
5	无	5	5	无	true	主流程实例
11	5	5	5	subProcess	true	主流程的执行实例
15	11	5	5	firstTaskOfSubProcess	false	子流程的执行实例
13	11	5	5	boundaryEventOfMainProcess	false	定时任务的执行实例

❑ 当主流程结束之后，执行实例数为0。

另外可以看出，由于子流程和主流程在同一个流程实例下，所以流程变量也都是共用的。

17.1.2 事件子流程

事件子流程是BPMN 2.0中加入的新元素，指通过事件触发的子流程，可以存在于流程级别，或者任何子流程级别。和内嵌子流程类似，事件子流程同样把一系列的活动组合到一个区域块中，不同之处在于事件子流程不能直接启动，而是要被动地由其他事件触发启动。事件子流程可以通过消息事件、错误事件、信号事件、定时器事件或补偿事件等触发，因此不能在事件子流程中使用空开始事件。Activiti支持的事件子流程中必须以错误开始事件或者消息开始事件开始。开始事件的订阅在包含事件子流程的作用域（流程实例或子流程）创建时就会被创建，也会在作用域销毁时被删除。事件子流程里面必须有结束节点。

事件子流程可以配置为中断或非中断。中断的子流程会取消当前作用域内的所有执行实例，而非中断的事件子流程将创建一个新的并行执行实例。中断事件子流程只会被作用域范围内的事件触发一次，而非中断事件子流程可以被触发多次。子流程是否中断由触发事件子流程的开始事件配置。注意，Activiti只支持中断事件子流程。

事件子流程不能有任何入口或外出顺序流。事件子流程是由事件触发的，所以以入口顺序流是没有意义的。当事件子流程结束时，要么当前作用域已经结束（中断事件子流程的情况），要么非中断子流程创建的并行执行已经结束。

1. 图形标记

事件子流程表示为边框为虚线的展开的内嵌子流程，如图17.4所示。

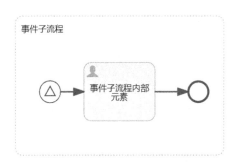

图17.4 事件子流程图形标记

2. XML内容

事件子流程的XML内容与内嵌子流程是一样的，使用subProcess元素定义，不同之处在于事件子流程需要把triggeredByEvent属性设置为true，具体如下：

```xml
<process id="mainProcess" name="主流程" isExecutable="true">
    <startEvent id="startEvent1"/>

    <subProcess id="subProcess" triggeredByEvent="true">
       <startEvent id="subProcessStart" />
       <!-- 此处省略子流程其他元素定义 -->
       <endEvent id="subProcessEnd" />
    </subProcess>

    <!-- 此处省略主流程其他元素定义 -->

</process>
```

以上流程定义中，加粗部分的代码通过subProcess元素定义了一个子流程，其triggeredByEvent属性配置为true，这说明它是一个事件子流程。

3. 使用示例

事件子流程可以存在于在流程级别，也可以存在于子流程级别，下面分别介绍事件子流程在这两种情况下的使用。

（1）事件子流程处于"流程级别"

先来看一个事件子流程处于"流程级别"的示例，如图17.5所示。主流程是一个扩容流程，用户申请扩容后，由客服进行扩容操作。如果扩容成功，流程正常结束；如果扩容失败，流程异常结束，抛出错误信号，事件子流程捕获到错误信号后被触发，由管理员进行扩容操作。

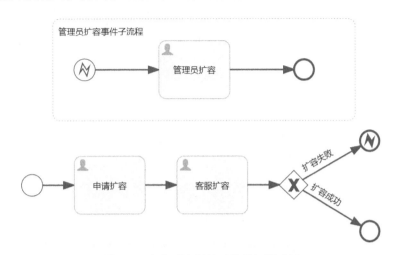

图17.5　事件子流程处于流程级别示例

流程对应的XML内容如下：

```xml
<!-- 定义错误 -->
<error id="dilatationError" errorCode="dilatationError"/>

<process id="EventSubProcessInMainProcess" name="事件子流程示例-嵌入主流程中"
isExecutable="true">
    <startEvent id="startEvent"/>
    <!-- 定义主流程的错误结束事件 -->
    <endEvent id="errorEndEvent">
        <errorEventDefinition errorRef="dilatationError"/>
    </endEvent>
    <userTask id="firstTaskOfMainProcess" name="申请扩容"/>
    <userTask id="secondTaskOfMainProcess" name="客服扩容"/>
    <!-- 定义事件子流程 -->
    <subProcess id="eventSubProcess" name="管理员扩容事件子流程" triggeredByEvent="true">
        <startEvent id="errorStartEvent" activiti:isInterrupting="true">
            <errorEventDefinition errorRef="dilatationError"/>
        </startEvent>
        <userTask id="firstTaskOfSubProcess" name="管理员扩容"/>
        <endEvent id="endEvent2"/>
        <sequenceFlow id="sequenceFlow1" sourceRef="errorStartEvent"
            targetRef="firstTaskOfSubProcess"/>
        <sequenceFlow id="sequenceFlow2" sourceRef="firstTaskOfSubProcess"
            targetRef="endEvent2"/>
    </subProcess>
    <sequenceFlow id="sequenceFlow3" sourceRef="startEvent"
        targetRef="firstTaskOfMainProcess"/>
    <sequenceFlow id="sequenceFlow4" sourceRef="firstTaskOfMainProcess"
        targetRef="secondTaskOfMainProcess"/>
    <exclusiveGateway id="exclusiveGateway1"/>
    <sequenceFlow id="sequenceFlow5" sourceRef="secondTaskOfMainProcess"
        targetRef="exclusiveGateway1"/>
    <endEvent id="endEvent1"/>
    <sequenceFlow id="sequenceFlow6" name="扩容失败" sourceRef="exclusiveGateway1"
        targetRef="errorEndEvent">
        <conditionExpression xsi:type="tFormalExpression">
            <![CDATA[${operateResult == false}]]></conditionExpression>
    </sequenceFlow>
    <sequenceFlow id="sequenceFlow7" name="扩容成功" sourceRef="exclusiveGateway1"
```

```xml
            targetRef="endEvent1">
            <conditionExpression xsi:type="tFormalExpression">
                <![CDATA[${operateResult == true}]]></conditionExpression>
        </sequenceFlow>
</process>
```

在以上流程定义中，加粗部分的代码定义了事件子流程eventSubProcess，它内部定义了错误开始事件errorStartEvent，该错误开始事件引用了错误dilatationError，当捕获到对应的错误事件时就会被触发从而启动事件子流程。在主流程中定义有错误结束事件errorEndEvent，它引用了错误dilatationError，当流程流转到它时将抛出错误事件。

加载该流程模型并执行相应流程控制的示例代码如下：

```java
@Slf4j
public class RunEventSubProcessInMainProcessDemo extends ActivitiEngineUtil {

    SimplePropertyPreFilter executionFilter = new SimplePropertyPreFilter(Execution.class,
        "id","parentId","businessKey","processInstanceId",
        "rootProcessInstanceId","scope","activityId");

    @Test
    public void runEventSubProcessInMainProcessDemo() {
        //加载Activiti配置文件并初始化工作流引擎及服务
        loadActivitiConfigAndInitEngine("activiti.cfg.xml");
        //部署流程
        ProcessDefinition processDefinition = deployByClasspathResource("processes/EventSubProcessInMainProcess.bpmn20.xml");

        //发起流程
        ProcessInstance processInstance =
            runtimeService.startProcessInstanceById(processDefinition.getId());
        //查询执行实例
        List<Execution> executionList1 =
            runtimeService.createExecutionQuery().processInstanceId
            (processInstance.getId()).list();
        log.info("主流程发起后，执行实例数为{}，分别为：{}", executionList1.size(),
            JSON.toJSONString(executionList1, executionFilter));
        //查询主流程第一个任务
        Task firstTaskOfMainProcess = taskService.createTaskQuery().singleResult();
        log.info("主流程发起后，流程当前所在的用户任务为：{}",
            firstTaskOfMainProcess.getName());
        //完成主流程第一个任务
        taskService.complete(firstTaskOfMainProcess.getId());
        log.info("完成用户任务：{}", firstTaskOfMainProcess.getName());
        //查询主流程第二个任务
        Task secondTaskOfMainProcess = taskService.createTaskQuery().singleResult();
        log.info("完成用户任务{}后，流程当前所在的用户任务为：{}",
            firstTaskOfMainProcess.getName(), secondTaskOfMainProcess.getName());
        //设置流程变量
        Map variables = new HashMap();
        variables.put("operateResult", false);
        //完成主流程第二个任务，流程结束，抛出错误信号
        taskService.complete(secondTaskOfMainProcess.getId(), variables);
        log.info("完成用户任务：{}，发起子流程", secondTaskOfMainProcess.getName());

        //查询执行实例
        List<Execution> executionList2 = runtimeService.createExecutionQuery().list();
        log.info("子流程发起后，执行实例数为{}，分别为：{}",
            executionList2.size(), JSON.toJSONString(executionList2, executionFilter));

        //查询子流程第一个任务
        Task firstTaskOfSubProcess = taskService.createTaskQuery().singleResult();
        log.info("子流程发起后，流程当前所在的用户任务为：{}", firstTaskOfSubProcess.getName());
        //完成子流程第一个任务，子流程结束
        taskService.complete(firstTaskOfSubProcess.getId());
        log.info("完成用户任务：{}，子流程结束", firstTaskOfSubProcess.getName());

        //查询执行实例
        List<Execution> executionList4 = runtimeService.createExecutionQuery().list();
```

```
        log.info("主流程结束后，执行实例数为{}，执行实例信息为：{}", executionList4.size(),
            JSON.toJSONString(executionList4, executionFilter));

        //关闭工作流引擎
        closeEngine();
    }
}
```

以上代码首先初始化工作流引擎并部署流程，发起主流程后，查询并完成第一个用户任务，然后查询第二个用户任务，设置流程变量operateResult=false并完成该任务。此时，主流程流转至错误结束事件，抛出错误事件，从而触发事件子流程。最后，获取事件子流程的用户任务并完成，流程结束。代码中在不同的阶段输出了执行实例和流程变量的信息用以观察整个执行中数据的变化。代码运行结果如下：

```
04:00:35,062 [main] INFO  com.bpm.example.subprocess.demo2.RunEventSubProcessInMainProcessDemo - 主流程发起后，执行实例数为2，分别为：
[{"id":"5","processInstanceId":"5","rootProcessInstanceId":"5","scope":true},{"activityId":"firstTaskOfMainProcess","id":"6","parentId":"5","processInstanceId":"5","rootProcessInstanceId":"5","scope":false}]
04:00:35,072 [main] INFO  com.bpm.example.subprocess.demo2.RunEventSubProcessInMainProcessDemo - 主流程发起后，流程当前所在的用户任务为：申请扩容
04:00:35,082 [main] INFO  com.bpm.example.subprocess.demo2.RunEventSubProcessInMainProcessDemo - 完成用户任务：申请扩容
04:00:35,092 [main] INFO  com.bpm.example.subprocess.demo2.RunEventSubProcessInMainProcessDemo - 完成用户任务申请扩容后，流程当前所在的用户任务为：客服扩容
04:00:35,142 [main] INFO  com.bpm.example.subprocess.demo2.RunEventSubProcessInMainProcessDemo - 完成用户任务：客服扩容，发起子流程
04:00:35,142 [main] INFO  com.bpm.example.subprocess.demo2.RunEventSubProcessInMainProcessDemo - 子流程发起后，执行实例数为3，分别为：
[{"activityId":"eventSubProcess","id":"15","parentId":"5","processInstanceId":"5","rootProcessInstanceId":"5","scope":true},{"activityId":"firstTaskOfSubProcess","id":"17","parentId":"15","processInstanceId":"5","rootProcessInstanceId":"5","scope":false},{"id":"5","processInstanceId":"5","rootProcessInstanceId":"5","scope":true}]
04:00:35,142 [main] INFO  com.bpm.example.subprocess.demo2.RunEventSubProcessInMainProcessDemo - 子流程发起后，流程当前所在的用户任务为：管理员扩容
04:00:35,182 [main] INFO  com.bpm.example.subprocess.demo2.RunEventSubProcessInMainProcessDemo - 完成用户任务：管理员扩容，子流程结束
04:00:35,182 [main] INFO  com.bpm.example.subprocess.demo2.RunEventSubProcessInMainProcessDemo - 主流程结束后，执行实例数为0，执行实例信息为：[]
```

从代码运行结果中可以看出执行实例的变化过程。

❑ 当主流程发起的时候，存在两个执行实例，二者互为父子关系，如表17.3所示。

表17.3 主流程发起时的执行实例

id	parentId	processInstanceId	rootProcessInstanceId	activityId	scope	描述
5	无	5	5	无	true	主流程实例
6	5	5	5	firstTaskOfMainProcess	false	主流程的执行实例

❑ 当子流程发起后，存在3个执行实例：1个主流程实例、1个主流程的执行实例、1个子流程的执行实例，如表17.4所示。从表17.3中可知，所有执行实例的processInstanceId和rootProcessInstanceId均为5，说明子流程并没有生成新的流程实例，而是在主流程下新建了一个执行实例用于执行子流程。

表17.4 子流程发起后的执行实例

id	parentId	processInstanceId	rootProcessInstanceId	activityId	scope	描述
5	无	5	5	无	true	主流程实例
15	5	5	5	eventSubProcess	true	主流程的执行实例
17	15	5	5	firstTaskOfSubProcess	false	子流程的执行实例

❑ 当主流程结束之后，执行实例数为0。

另外可以看出，由于子流程和主流程在同一个流程实例下，所以流程变量也都是共用的。

（2）事件子流程处于"子流程"级别

下面看一个事件子流程处于"子流程"级别的示例，如图17.6所示。主流程中用户申请扩容后，进入嵌

入式子流程，由客服进行扩容操作。如果扩容成功，流程正常结束；如果扩容失败，流程异常结束，抛出错误信号，嵌入式子流程中的事件子流程捕获到错误事件后触发，由管理员进行扩容操作。

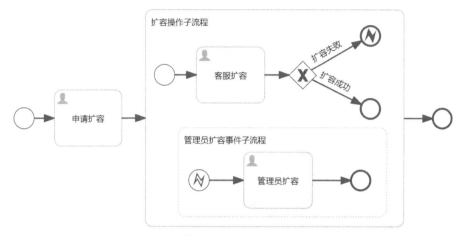

图17.6　事件子流程处于子流程级别示例

图17.6所示流程对应的XML内容如下：

```xml
<!-- 定义错误 -->
<error id="dilatationError" errorCode="dilatationError"/>
<process id="EventSubProcessInSubProcess" name="事件子流程示例-嵌入子流程中"
    isExecutable="true">
    <startEvent id="startEvent1"/>
    <userTask id="firstTaskOfMainProcess" name="申请扩容"/>
    <sequenceFlow id="sequenceFlow1" sourceRef="startEvent1"
        targetRef="firstTaskOfMainProcess"/>
    <!-- 定义内嵌子流程 -->
    <subProcess id="subProcess" name="扩容操作子流程">
        <startEvent id="startEvent2"/>
        <userTask id="firstTaskOfSubProcess" name="客服扩容"/>
        <exclusiveGateway id="exclusiveGateway1"/>
        <endEvent id="endEvent3"/>
        <endEvent id="errorEndEvent">
            <errorEventDefinition errorRef="dilatationError"/>
        </endEvent>
        <!-- 定义事件子流程 -->
        <subProcess id="eventSubProcess" name="管理员扩容事件子流程"
            triggeredByEvent="true">
            <startEvent id="errorStartEvent" activiti:isInterrupting="true">
                <errorEventDefinition errorRef="dilatationError"/>
            </startEvent>
            <userTask id="firstTaskOfEventSubProcess" name="管理员扩容"></userTask>
            <endEvent id="endEvent2"></endEvent>
            <sequenceFlow id="sequenceFlow2" sourceRef="errorStartEvent"
                targetRef="firstTaskOfEventSubProcess"/>
            <sequenceFlow id="sequenceFlow3" sourceRef="firstTaskOfEventSubProcess"
                targetRef="endEvent2"/>
        </subProcess>
        <sequenceFlow id="sequenceFlow4" sourceRef="startEvent2"
            targetRef="firstTaskOfSubProcess"/>
        <sequenceFlow id="sequenceFlow5" sourceRef="firstTaskOfSubProcess"
            targetRef="exclusiveGateway1"/>
        <sequenceFlow id="sequenceFlow6" name="扩容失败" sourceRef="exclusiveGateway1"
            targetRef="errorEndEvent">
            <conditionExpression xsi:type="tFormalExpression">
                <![CDATA[${operateResult == false}]]>
            </conditionExpression>
        </sequenceFlow>
        <sequenceFlow id="sequenceFlow7" name="扩容成功" sourceRef="exclusiveGateway1"
            targetRef="endEvent3"/>
```

```xml
            <conditionExpression xsi:type="tFormalExpression">
                <![CDATA[${operateResult == true}]]>
            </conditionExpression>
        </sequenceFlow>
    </subProcess>
    <sequenceFlow id="sequenceFlow8" sourceRef="firstTaskOfMainProcess"
        targetRef="subProcess"/>
    <endEvent id="endEvent1"></endEvent>
    <sequenceFlow id="sequenceFlow9" sourceRef="subProcess" targetRef="endEvent1"/>
</process>
```

在以上流程定义中，加粗部分的代码定义了事件子流程eventSubProcess，它内部定义了错误开始事件errorStartEvent，该错误开始事件引用了错误dilatationError，当捕获到对应的错误事件时就会被触发从而启动事件子流程。该事件子流程处于内嵌子流程中，内嵌子流程中定义有错误结束事件errorEndEvent，它引用了错误dilatationError，当内嵌子流程流转到它时将抛出错误事件。

加载该流程模型并执行相应流程控制的示例代码如下：

```java
@Slf4j
public class RunEventSubProcessInSubProcessDemo extends ActivitiEngineUtil {

    SimplePropertyPreFilter executionFilter = new SimplePropertyPreFilter(Execution.class,
    "id","parentId","businessKey","processInstanceId",
    "rootProcessInstanceId","scope","activityId");

    @Test
    public void runEventSubProcessInSubProcessDemo()  {
        //加载Activiti配置文件并初始化工作流引擎及服务
        loadActivitiConfigAndInitEngine("activiti.cfg.xml");
        //部署流程
        ProcessDefinition processDefinition =
            deployByClasspathResource("processes/EventSubProcessInSubProcess.bpmn20.xml");

        //发起流程
        ProcessInstance processInstance =
            runtimeService.startProcessInstanceById(processDefinition.getId());
        //查询执行实例
        List<Execution> executionList1 =
runtimeService.createExecutionQuery().processInstanceId(processInstance.getId()).list();
        log.info("主流程发起后，执行实例数为{}，分别为：{}", executionList1.size(),
            JSON.toJSONString(executionList1, executionFilter));
        //查询主流程第一个任务
        Task firstTaskOfMainProcess =
            taskService.createTaskQuery().processInstanceId
            (processInstance.getId()).singleResult();
        log.info("主流程发起后，流程当前用户任务为：{}", firstTaskOfMainProcess.getName());
        //完成主流程第一个任务
        taskService.complete(firstTaskOfMainProcess.getId());
        //查询子流程第一个任务
        Task firstTaskOfSubProcess =
            taskService.createTaskQuery().processInstanceId(processInstance.getId()).
            singleResult();
        log.info("办理完成用户任务{}后，流程当前用户任务点为：{}",
            firstTaskOfMainProcess.getName(), firstTaskOfSubProcess.getName());
        //查询执行实例
        List<Execution> executionList2 =
            runtimeService.createExecutionQuery().processInstanceId(processInstance.getId()).
            list();
        log.info("子流程发起后，执行实例数为{}，分别为：{}", executionList2.size(),
            JSON.toJSONString(executionList2, executionFilter));
        //设置流程变量
        Map variables = new HashMap();
        variables.put("operateResult", false);
        //完成子流程第一个任务，子流程到达错误结束节点，抛出错误信号
        taskService.complete(firstTaskOfSubProcess.getId(), variables);

        //查询执行实例
        List<Execution> executionList3 =
```

```
runtimeService.createExecutionQuery().processInstanceId(processInstance.getId()).list();
        log.info("事件子流程发起后，执行实例数为{}，分别为：{}", executionList3.size(),
            JSON.toJSONString(executionList3, executionFilter));

        //查询事件子流程第一个任务
        Task firstTaskOfEventSubProcess =
taskService.createTaskQuery().processInstanceId(processInstance.getId()).singleResult();
        log.info("事件子流程发起后，流程当前用户任务点为：{}", firstTaskOfEventSubProcess.getName());
        //完成事件子流程第一个任务，事件子流程结束
        taskService.complete(firstTaskOfEventSubProcess.getId());

        //查询执行实例
        List<Execution> executionList4 =
runtimeService.createExecutionQuery().processInstanceId(processInstance.getId()).list();
        log.info("主流程结束后，执行实例数为{}，执行实例信息为：{}", executionList4.size(),
            JSON.toJSONString(executionList4, executionFilter));

        //关闭工作流引擎
        closeEngine();
    }
}
```

以上代码先初始化工作流引擎并部署流程，发起主流程后，查询并完成第一个用户任务，进入内嵌子流程，然后查询子流程中的用户任务，设置流程变量operateResult=false并完成该任务。此时，内嵌子流程流转至错误结束事件，抛出错误事件，从而触发事件子流程发起。最后，获取并完成事件子流程的用户任务，流程结束。代码中在不同的阶段输出了执行实例和流程变量的信息用以观察整个执行中数据的变化。代码运行结果如下：

```
04:04:34,780 [main] INFO  com.bpm.example.subprocess.demo2.RunEventSubProcessInSubProcessDemo - 主流程发起后，执行实例数为2，分别为：
[{"id":"5","processInstanceId":"5","rootProcessInstanceId":"5","scope":true},{"activityId":"firstTaskOfMainProcess","id":"6","parentId":"5","processInstanceId":"5","rootProcessInstanceId":"5","scope":false}]
04:04:34,790 [main] INFO  com.bpm.example.subprocess.demo2.RunEventSubProcessInSubProcessDemo - 主流程发起后，流程当前用户任务为：申请扩容
04:04:34,841 [main] INFO  com.bpm.example.subprocess.demo2.RunEventSubProcessInSubProcessDemo - 办理完成用户任务申请扩容后，流程当前用户任务点为：客服扩容
04:04:34,841 [main] INFO  com.bpm.example.subprocess.demo2.RunEventSubProcessInSubProcessDemo - 子流程发起后，执行实例数为3，分别为：
04:04:34,881 [main] INFO  com.bpm.example.subprocess.demo2.RunEventSubProcessInSubProcessDemo - 事件子流程发起后，执行实例数为4，分别为：
[{"activityId":"subProcess","id":"10","parentId":"5","processInstanceId":"5","rootProcessInstanceId":"5","scope":true},{"activityId":"eventSubProcess","id":"19","parentId":"10","processInstanceId":"5","rootProcessInstanceId":"5","scope":true},{"activityId":"firstTaskOfEventSubProcess","id":"21","parentId":"19","processInstanceId":"5","rootProcessInstanceId":"5","scope":false},{"id":"5","processInstanceId":"5","rootProcessInstanceId":"5","scope":true}]
04:04:34,891 [main] INFO  com.bpm.example.subprocess.demo2.RunEventSubProcessInSubProcessDemo - 事件子流程发起后，流程当前用户任务点为：管理员扩容
04:04:34,921 [main] INFO  com.bpm.example.subprocess.demo2.RunEventSubProcessInSubProcessDemo - 主流程结束后，执行实例数为0，执行实例信息为：[]
```

从代码运行结果中可以看出执行实例的变化过程。

❑ 当主流程发起的时候，存在2个执行实例，二者互为父子关系，如表17.5所示。

表17.5　主流程发起时的执行实例

id	parentId	processInstanceId	rootProcessInstanceId	activityId	scope	描述
5	无	5	5	无	true	主流程实例
6	5	5	5	firstTaskOfMainProcess	false	主流程的执行实例

❑ 当子流程发起后，存在3个执行实例：1个主流程实例、1个主流程的执行实例、1个子流程的执行实例，如表17.6所示。从中可以看出，所有执行实例的processInstanceId和rootProcessInstanceId均为5，说明子流程并没有生成新的流程实例，而是在主流程下新建了一个执行实例来执行子流程。

表17.6 子流程发起时的执行实例

id	parentId	processInstanceId	rootProcessInstanceId	activityId	scope	描述
5	无	5	5	无	true	主流程实例
10	5	5	5	subProcess	true	主流程的执行实例
12	10	5	5	firstTaskOfSubProcess	false	子流程的执行实例

❏ 当事件子流程发起后，存在4个执行实例：1个主流程实例、1个主流程的执行实例、1个子流程的执行实例、1个事件子流程的执行实例，如表17.7所示。

表17.7 事件子流程发起时的执行实例

id	parentId	processInstanceId	rootProcessInstanceId	activityId	scope	描述
5	无	5	5	无	true	主流程实例
10	5	5	5	subProcess	true	主流程的执行实例
19	10	5	5	eventSubProcess	true	内嵌子流程的执行实例
21	19	5	5	firstTaskOfEventSubProcess	false	事件子流程的执行实例

❏ 当主流程结束之后，执行实例数为0。

同时可以看出，由于子流程和主流程在同一个流程实例下，所以流程变量都是共用的。

如果事件子流程添加到嵌入式子流程内，可以代替边界事件的功能，如图17.7所示。

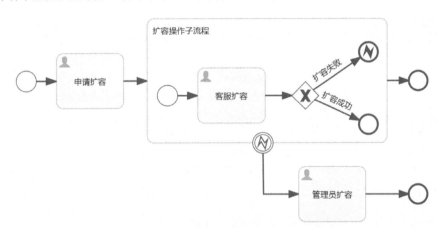

图17.7 子流程边界事件示例流程

图17.7与图17.6所示流程实现的效果是等价的，两者相同点如下：

❏ 内嵌子流程都会抛出一个错误事件；

❏ 错误都会被捕获并使用一个用户任务处理，两种场景都会执行相同的任务。

但是，这两种不同的实现方式的执行过程有所不同。图17.7中内嵌子流程是使用与执行作用域宿主相同的流程实例执行的，这意味着内嵌子流程可以访问其作用域内的内部变量。当使用边界事件时，事件由它的父流程处理，为执行内嵌子流程而创建的执行实例会被删除，并生成一个执行实例根据边界事件的顺序流继续流转，这意味着被内嵌子流程执行创建的内部变量不再起作用。而图17.6中，当使用事件子流程时，事件完全由其添加的子流程处理。这些差别帮助使用者在实际流程场景中决定使用内嵌子流程搭配边界事件实现，还是使用事件子流程实现。

17.1.3 事务子流程

事务子流程也称作事务块，是一种特殊的内嵌子流程，用于处理一组必须在同一个事务中完成的活动，使它们共同成功或失败。事务子流程中如果有一个活动失败或者取消，那么整个事务子流程的所有活动都会回滚，可能导致以下3种不同的结果。

- 事务成功，没有取消也没有因为异常终止。如果事务子流程是成功的，就会使用外出顺序流继续执行。如果流程后来抛出了一个补偿事件，成功的事务可能被补偿。需要注意的是，与普通内嵌子流程一样，事务可能在成功后，使用中间补偿事件进行补偿。
- 事务取消，流程流转到取消结束事件。在这种情况下，所有的执行都被终止并被删除，然后剩余的一个执行被设置为取消边界事件，这会触发补偿。在补偿完成之后，事务子流程会沿着取消边界事务的外出顺序流向下流转。
- 事务异常。如果有错误事件被抛出，而且没有在事务子流程中捕获，事务将异常结束（在事务子流程的边界上捕获错误也适用于这种情况）。在这种情况下，不会执行补偿。

这里说的事务指BPMN的事务，与数据库ACID事务有相似之处，但它们是两个不同的概念，有以下几点不同。

数据库ACID事务一般持续时间很短，但BPMN事务可能持续较长时间（几小时，几天，甚至更长时间），如一个BPMN事务中包含用户任务，由于办理人的原因导致时间过长，或者BPMN事务可能会等待某个事件发生才往下执行。这样的操作通常要比在数据库中更新记录或使用事务队列存储消息花费更长的时间。

BPMN事务一般会跨越多个ACID事务，因为通常不能在事务子流程中多个节点的流转过程中保持ACID事务。当BPMN事务处理涉及多个ACID事务时，会失去ACID特性。例如，事务子流程中两个相邻的服务节点均调用外部服务，前一个完成了，第二个还没完成时，对外部来说，"前一个服务调用成功"中间状态外部能够感知到，意味着实现BPMN事务时放弃了隔离属性。

BPMN事务不能使用通常的方式回滚。这是因为BPMN事务可横跨多个ACID事务，在BPMN事务取消时一些ACID事务可能已经提交。

BPMN事务通常需要长时间运行，所以缺乏隔离性和回滚机制，需要以不同的方式处理。在实现BPMN事务时，针对回滚机制的缺乏，可以使用补偿执行回滚。如果在事务范围内引发取消事件，则所有成功执行并具有补偿处理器的活动将执行补偿。针对隔离性的缺乏，通常需要使用特定领域的解决方法来解决。

BPMN事务可以保证一致性，即所有活动都能够成功执行，或者某些活动无法执行时由所有已执行成功活动补偿。无论哪种情况，BPMN事务最终都处于一致状态。但是，需要注意的是，在Activiti中，BPMN事务的一致性模型建立在流程执行的一致性模型之上。Activiti执行流程是ACID事务性的，并使用乐观锁解决并发问题。在Activiti中，BPMN的错误、取消和补偿事件同样建立在ACID事务和乐观锁的基础上。例如，当两个并发执行流转到取消结束事件时，可能会触发两次补偿，最终因为乐观锁冲突失败。

1．图形标记

事务子流程表示为使用双线边框的展开的内嵌子流程，如图17.8所示。

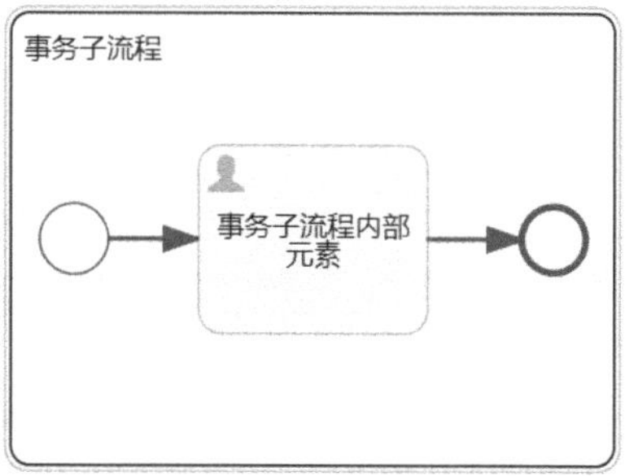

2．XML内容

事务子流程使用transaction元素定义，作为子流程一部分的所有活动，网关和事件等都需要包含在该元素中。事务子流程定义如下：

图17.8　事务子流程图形标记

```
<process id="mainProcess" name="主流程" isExecutable="true">
    <startEvent id="startEvent1"/>

    <transaction id="myTransaction" >
       <startEvent id="subProcessStart" />
       <!--  此处省略事务子流程其他元素定义  -->
       <endEvent id="subProcessEnd" />
    </transaction>

    <!--  此处省略主流程其他元素定义  -->

</process>
```

在以上流程定义中，加粗部分的代码通过transaction元素定义了一个事务子流程。

3. 使用示例

下面看一个事务子流程的使用示例，如图17.9所示。该流程为电商用户下单支付流程。用户提交订单后，流程流转到订单支付事务子流程，完成订单支付需要经过"锁定库存""用户支付订单""扣减库存"3个节点。如果用户取消订单、10分钟未支付订单，或扣减库存失败，都会使子流程流转到取消结束事件并执行"释放库存"和"费用退回"补偿，被依附在事务子流程上的取消边界事件捕获后结束子流程。流程流转到"自动取消订单"服务，最终流转到结束节点。

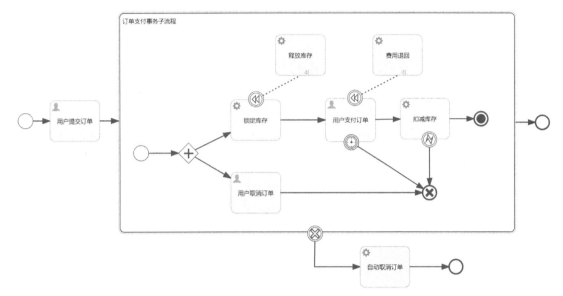

图17.9 事务子流程示例流程

图17.9所示流程对应的XML内容如下：

```xml
<error id="errorFlag" errorCode="500" ></error>
<process id="TransactionSubProcessProcess" name="事务子流程示例" isExecutable="true">
    <startEvent id="startEventOfMainProcess"/>
    <userTask id="firstUserTaskOfMainProcess" name="用户提交订单"></userTask>
    <sequenceFlow id="sequenceFlow1" sourceRef="startEventOfMainProcess"
        targetRef="firstUserTaskOfMainProcess"/>
    <transaction id="transactionSubProcess" name="订单支付事务子流程">
        <startEvent id="startEventOfSubProcess"/>
        <parallelGateway id="parallelGateway1"/>
        <userTask id="firstUserTaskOfSubProcess" name="用户支付订单"></userTask>
        <userTask id="secondUserTaskOfSubProcess" name="用户取消订单"></userTask>
        <endEvent id="cancelEndEventOfSubProcess">
            <cancelEventDefinition/>
        </endEvent>
        <serviceTask id="secondServiceTaskOfSubProcess" name="扣减库存"
activiti:class="com.bpm.example.subprocess.demo3.delegate.TreasuryDeductService"/>
        <boundaryEvent id="boundaryEvent1" attachedToRef="firstUserTaskOfSubProcess"
            cancelActivity="true">
            <timerEventDefinition>
                <timeDuration>PT10M</timeDuration>
            </timerEventDefinition>
        </boundaryEvent>
        <boundaryEvent id="boundaryEvent2" attachedToRef="secondServiceTaskOfSubProcess">
            <errorEventDefinition errorRef="errorFlag"/>
        </boundaryEvent>
        <endEvent id="endEventOfSubProcess"><terminateEventDefinition/></endEvent>
        <serviceTask id="firstServiceTaskOfSubProcess" name="锁定库存"
            activiti:class="com.bpm.example.subprocess.demo3.delegate.TreasuryLockService"/>
        <serviceTask id="thirdServiceTaskOfSubProcess" name="释放库存"
```

```xml
        isForCompensation="true"
        activiti:class="com.bpm.example.subprocess.demo3.delegate.TreasuryReleaseService"/>
    <boundaryEvent id="boundaryEvent4" attachedToRef="firstUserTaskOfSubProcess"
        cancelActivity="true">
        <compensateEventDefinition waitForCompletion="true"/>
    </boundaryEvent>
    <serviceTask id="fourthServiceTaskOfSubProcess" name="费用退回"
        isForCompensation="true"
        activiti:class="com.bpm.example.subprocess.demo3.delegate.RefundPaymentService"/>
    <boundaryEvent id="boundaryEvent5" attachedToRef="firstServiceTaskOfSubProcess"
        cancelActivity="true">
        <compensateEventDefinition waitForCompletion="true"/>
    </boundaryEvent>
    <sequenceFlow id="sequenceFlow2" sourceRef="startEventOfSubProcess"
        targetRef="parallelGateway1"/>
    <sequenceFlow id="sequenceFlow3" sourceRef="secondUserTaskOfSubProcess"
        targetRef="cancelEndEventOfSubProcess"/>
    <sequenceFlow id="sequenceFlow4" sourceRef="firstUserTaskOfSubProcess"
        targetRef="secondServiceTaskOfSubProcess"/>
    <sequenceFlow id="sequenceFlow5" sourceRef="boundaryEvent1"
        targetRef="cancelEndEventOfSubProcess"/>
    <sequenceFlow id="sequenceFlow6" sourceRef="secondServiceTaskOfSubProcess"
        targetRef="endEventOfSubProcess"/>
    <sequenceFlow id="sequenceFlow7" sourceRef="parallelGateway1"
        targetRef="firstServiceTaskOfSubProcess"/>
    <sequenceFlow id="sequenceFlow8" sourceRef="firstServiceTaskOfSubProcess"
        targetRef="firstUserTaskOfSubProcess"/>
    <sequenceFlow id="sequenceFlow9" sourceRef="parallelGateway1"
        targetRef="secondUserTaskOfSubProcess"/>
    <sequenceFlow id="sequenceFlow10" sourceRef="boundaryEvent2"
        targetRef="cancelEndEventOfSubProcess"/>
</transaction>
<endEvent id="firstEndEventOfMainProcess"></endEvent>
<sequenceFlow id="sequenceFlow11" sourceRef="transactionSubProcess"
    targetRef="firstEndEventOfMainProcess"/>
<serviceTask id="firstServiceTaskOfMainProcess" name="自动取消订单"
    activiti:class="com.bpm.example.subprocess.demo3.delegate.CancelOrderService"/>
<endEvent id="secondEndEventOfMainProcess"></endEvent>
<sequenceFlow id="sequenceFlow12" sourceRef="firstServiceTaskOfMainProcess"
    targetRef="secondEndEventOfMainProcess"/>
<sequenceFlow id="sequenceFlow13" sourceRef="boundaryEvent3"
    targetRef="firstServiceTaskOfMainProcess"/>
<sequenceFlow id="sequenceFlow14" sourceRef="firstUserTaskOfMainProcess"
    targetRef="transactionSubProcess"/>
<boundaryEvent id="boundaryEvent3" attachedToRef="transactionSubProcess"
    cancelActivity="false">
    <cancelEventDefinition/>
</boundaryEvent>
<association id="association1" sourceRef="boundaryEvent5"
    targetRef="thirdServiceTaskOfSubProcess" associationDirection="None"/>
<association id="association2" sourceRef="boundaryEvent4"
    targetRef="fourthServiceTaskOfSubProcess" associationDirection="None"/>
</process>
```

在以上流程定义中，事务子流程transactionSubProcess包含取消结束事件cancelEndEventOfSubProcess。用户取消订单、订单支付超时或扣减库存失败都会流转到该取消结束事件，抛出取消事件。事务子流程上依附着取消边界事件，捕获到取消事件后将结束事务子流程，执行事务子流程中已结束活动的补偿。

流程中定义了5个服务任务，分别指定了委托类用于实现对应的业务逻辑，由于这里仅是示例，所以做了简化处理。

锁定库存服务任务的委托类代码如下：

```java
@Slf4j
public class TreasuryLockService implements JavaDelegate {

    @Override
    public void execute(DelegateExecution execution) {
```

```
        log.info("锁定库存完成！");
    }
}
```

扣减库存服务任务的委托类代码如下：

```
@Slf4j
public class TreasuryDeductService implements JavaDelegate {

    int goodsTreasury = 10;

    @Override
    public void execute(DelegateExecution execution) {
        int goodsNum = (Integer) execution.getVariable("goodsNum");
        if (goodsNum > goodsTreasury) {
            log.error("库存不足，订单将取消！");
            throw new BpmnError("500");
        } else {
            log.info("库存充足，订单即将发货！");
        }
    }
}
```

释放库存服务任务的委托类代码如下：

```
@Slf4j
public class TreasuryReleaseService implements JavaDelegate {

    @Override
    public void execute(DelegateExecution execution) {
        log.info("执行补偿，释放库存完成！");
    }
}
```

费用退回服务任务的委托类代码如下：

```
@Slf4j
public class RefundPaymentService implements JavaDelegate {

    @Override
    public void execute(DelegateExecution execution) {
        log.info("执行补偿，费用退回完成！");
    }
}
```

自动取消订单服务任务的委托类代码如下：

```
@Slf4j
public class CancelOrderService implements JavaDelegate {

    @Override
    public void execute(DelegateExecution execution) {
        log.info("自动取消订单完成！");
    }
}
```

加载该流程模型并执行相应流程控制的示例代码如下：

```
@Slf4j
public class RunTransactionSubProcessProcessDemo extends ActivitiEngineUtil {

    SimplePropertyPreFilter executionFilter = new SimplePropertyPreFilter(Execution.class,
    "id","parentId","businessKey","processInstanceId",
    "rootProcessInstanceId","scope","activityId");

    @Test
    public void runTransactionSubProcessProcessDemo() {
        //加载Activiti配置文件并初始化工作流引擎及服务
        loadActivitiConfigAndInitEngine("activiti.cfg.xml");
        //部署流程
        ProcessDefinition processDefinition =
            deployByClasspathResource("processes/TransactionSubProcessProcess.bpmn20.xml");
```

```java
        //设置主流程的流程变量
        Map variables1 = new HashMap<>();
        variables1.put("goodsNum", 100);
        variables1.put("orderCost", 1000);
        //发起流程
        ProcessInstance mainProcessInstance =
runtimeService.startProcessInstanceById(processDefinition.getId(), variables1);
        //查询执行实例
        List<Execution> executionList1 =
runtimeService.createExecutionQuery().processInstanceId(mainProcessInstance.getId()).list();
        log.info("主流程发起后,执行实例数为{},分别为:{}", executionList1.size(),
            JSON.toJSONString(executionList1, executionFilter));
        //查询主流程的流程变量
        Map mainProcessVariabes1 =
            runtimeService.getVariables(mainProcessInstance.getProcessInstanceId());
        log.info("主流程的流程变量为:{}", mainProcessVariabes1);
        //查询主流程第一个任务
        Task firstTaskOfMainProcess =
            taskService.createTaskQuery().processInstanceId(mainProcessInstance.getId()).
            singleResult();
        log.info("主流程发起后,流程当前所在用户任务为:{}", firstTaskOfMainProcess.getName());
        //完成主流程第一个任务
        log.info("办理用户任务:{},启动事务子流程", firstTaskOfMainProcess.getName());
        taskService.complete(firstTaskOfMainProcess.getId());
        //查询执行实例
        List<Execution> executionList2 =
runtimeService.createExecutionQuery().processInstanceId(mainProcessInstance.getId()).list();
        log.info("子流程发起后,执行实例数为{},分别为:{}", executionList2.size(),
            JSON.toJSONString(executionList2, executionFilter));
        //查询子流程第一个任务
        Task firstTaskOfSubProcess =
            taskService.createTaskQuery().taskName("用户支付订单").processInstanceId
            (mainProcessInstance.getId()).includeProcessVariables().singleResult();
        log.info("子流程发起后,流程当前所在用户任务为:{}", firstTaskOfSubProcess.getName());
        //查询子流程的流程变量
        Map subProcessVariabes1 = firstTaskOfSubProcess.getProcessVariables();
        log.info("子流程的流程变量为:{}", subProcessVariabes1);
        log.info("办理用户任务:{}", firstTaskOfSubProcess.getName());
        //完成子流程第一个任务,流转到服务节点
        taskService.complete(firstTaskOfSubProcess.getId());
        //查询执行实例
        List<Execution> executionList4 =
runtimeService.createExecutionQuery().processInstanceId(mainProcessInstance.getId()).list();
        log.info("主流程结束后,执行实例数为{},执行实例信息为:{}", executionList4.size(),
            JSON.toJSONString(executionList4, executionFilter));

        //关闭工作流引擎
        closeEngine();
    }
}
```

以上代码先初始化工作流引擎并部署流程,发起流程实例后,查询并完成第一个用户任务,流转到订单支付事务子流程的"用户取消订单"节点,同时经"锁定库存"节点流转到"用户支付订单"节点。接下来,根据任务名称"用户支付订单"查询任务,办理完成后流程流转到"扣减库存"节点,执行扣减库存发生异常抛出错误信号。该信号被错误边界事件捕获进而流转到取消结束事件,执行"释放库存"和"费用退回"任务进行补偿,被事务子流程上的取消边界事件捕获后结束子流程。最后,流程流转到"自动取消订单"服务节点,主流程结束。代码中在不同的阶段分别输出了执行实例和流程变量信息,用以观察整个执行中数据的变化情况。代码运行结果如下:

```
05:07:31,363 [main] INFO  com.bpm.example.subprocess.demo3.RunTransactionSubProcessProc
essDemo   - 主流程发起后,执行实例数为2,分别为:
[{"id":"5","processInstanceId":"5","rootProcessInstanceId":"5","scope":true},{"activity
Id":"firstUserTaskOfMainProcess","id":"8","parentId":"5","processInstanceId":"5","rootP
rocessInstanceId":"5","scope":false}]
05:07:31,363 [main] INFO  com.bpm.example.subprocess.demo3.RunTransactionSubProcessProc
essDemo   - 主流程的流程变量为:{orderCost=1000, goodsNum=100}
05:07:31,373 [main] INFO  com.bpm.example.subprocess.demo3.RunTransactionSubProcessProc
```

```
essDemo - 主流程发起后,流程当前所在用户任务为:用户提交订单
05:07:31,373 [main] INFO  com.bpm.example.subprocess.demo3.RunTransactionSubProcessProc
essDemo - 办理用户任务:用户提交订单,启动事务子流程
05:07:31,393 [main] INFO  com.bpm.example.subprocess.demo3.delegate.TreasuryLockService
 - 锁定库存完成!
05:07:31,426 [main] INFO  com.bpm.example.subprocess.demo3.RunTransactionSubProcessProc
essDemo - 子流程发起后,执行实例数为6,分别为:
[{"activityId":"transactionSubProcess","id":"12","parentId":"5","processInstanceId":"5"
,"rootProcessInstanceId":"5","scope":true},{"activityId":"boundaryEvent3","id":"14","pa
rentId":"12","processInstanceId":"5","rootProcessInstanceId":"5","scope":false},{"activ
ityId":"firstUserTaskOfSubProcess","id":"15","parentId":"12","processInstanceId":"5","r
ootProcessInstanceId":"5","scope":false},{"activityId":"secondUserTaskOfSubProcess","id
":"18","parentId":"12","processInstanceId":"5","rootProcessInstanceId":"5","scope":fals
e},{"activityId":"boundaryEvent1","id":"25","parentId":"15","processInstanceId":"5","ro
otProcessInstanceId":"5","scope":false},{"id":"5","processInstanceId":"5","rootProcessI
nstanceId":"5","scope":true}]
05:07:31,436 [main] INFO  com.bpm.example.subprocess.demo3.RunTransactionSubProcessProc
essDemo - 子流程发起后,流程当前所在用户任务为:用户支付订单
05:07:31,436 [main] INFO  com.bpm.example.subprocess.demo3.RunTransactionSubProcessProc
essDemo - 子流程的流程变量为:{orderCost=1000, goodsNum=100}
05:07:31,436 [main] INFO  com.bpm.example.subprocess.demo3.RunTransactionSubProcessProc
essDemo - 办理用户任务:用户支付订单
05:07:31,446 [main] ERROR com.bpm.example.subprocess.demo3.delegate.TreasuryDeductServi
ce - 库存不足,订单将取消!
05:07:31,466 [main] INFO  com.bpm.example.subprocess.demo3.delegate.RefundPaymentServic
e - 执行补偿,费用退回完成!
05:07:31,466 [main] INFO  com.bpm.example.subprocess.demo3.delegate.TreasuryReleaseServ
ice - 执行补偿,释放库存完成!
05:07:31,476 [main] INFO  com.bpm.example.subprocess.demo3.delegate.CancelOrderService
 - 自动取消订单完成!
05:07:31,496 [main] INFO  com.bpm.example.subprocess.demo3.RunTransactionSubProcessProc
essDemo - 主流程结束后,执行实例数为0,执行实例信息为:[]
```

从代码运行结果可以看出执行实例的变化过程。

- 主流程发起时,存在两个执行实例,二者互为父子关系,如表17.8所示。

表17.8 主流程发起时的执行实例

id	parentId	processInstanceId	rootProcessInstanceId	activityId	scope	描述
5	无	5	5	无	true	主流程实例
8	5	5	5	firstUserTaskOfMainProcess	false	主流程的执行实例

- 当子流程发起后,存在6个执行实例:1个主流程实例、1个主流程的执行实例、4个子流程的执行实例,如表17.9所示。另外可以看出,所有执行实例的processInstanceId和rootProcessInstanceId均为5,说明子流程并没有生成新的流程实例,而是在主流程下新建了一个执行实例用于执行子流程。

表17.9 子流程发起后的执行实例

id	parentId	processInstanceId	rootProcessInstanceId	activityId	scope	描述
5	无	5	5	无	true	主流程实例
12	5	5	5	transactionSubProcess	true	主流程的执行实例
14	12	5	5	boundaryEvent3	false	取消边界事件的执行实例
15	12	5	5	firstUserTaskOfSubProcess	false	子流程的执行实例
18	12	5	5	secondUserTaskOfSubProcess	false	子流程的执行实例
25	15	5	5	boundaryEvent1	false	定时器边界事件的执行实例

- 主流程结束之后，执行实例数为0。

此外，由于子流程和主流程在同一流程实例下，所以流程变量也都是共用的。

17.2 调用活动

调用活动一般又被称为调用子流程。概念上，子流程与调用活动在流程流转到该节点时，都会调用一个子流程实例。两者的不同之处在于，子流程嵌入在原有流程定义内，而调用活动是引用一个流程定义外部的流程。调用活动主要用于归纳一个有共性、可重复使用的流程定义，供多个其他流程定义调用。

17.2.1 调用活动介绍

调用活动指在一个流程定义中调用另一个独立的流程定义，通常可以定义一些通用流程作为这种调用子流程，供其他多个流程定义复用。这种子流程使用callActivity元素进行调用，可以方便地嵌入主流程。

1．图形标记

调用活动表示为粗边框的圆角矩形，如图17.10所示。

2．XML内容

调用活动使用callActivity元素进行定义，定义格式如下：

```
<callActivity id="callactivity1" name="调用活动"
    calledElement="testProcessDefinitonKey">
    <extensionElements>
        <activiti:in source="someVariableInMainProcess"
            target="nameOfVariableInSubProcess"></activiti:in>
        <activiti:out source="someVariableInSubProcss"
            target="nameOfVariableInMainProcess"></activiti:out>
    </extensionElements>
</callActivity>
```

图17.10 调用活动图形标记

在以上调用活动定义中，通过calledElement属性引用被调用的外部流程定义key，同时配置了向子流程传递与接收的流程变量：

- 使用activiti:in标签定义父流程流程变量传入子流程流程变量的映射，在子流程启动时复制到子流程；
- 使用activiti:out标签定义子流程流程变量回传父流程流程变量的映射，在其结束时复制回主流程。

调用活动可配置的属性如表17.10所示。

表17.10 调用活动可配置的属性

属性名称	属性说明	示例
calledElement	被调用流程的key，对应的流程定义应独立存在	\<callActivity calledElement= "testProcessDefinitonKey">
businessKey	子流程的businessKey，可以使用表达式	\<callActivity activiti:businessKey= "subProcessBusinessKey">
inheritBusinessKey	值为true时，子流程复用父流程的businessKey，该属性在businessKey属性未配置时才生效，默认为false	\<callActivity activiti:inheritBusinessKey="true">
inheritVariables	值为true时，将父流程所有流程变量传递给子流程，默认为false	\<callActivity activiti:inheritVariables="true">
activiti:in	将父流程的流程变量传入子流程（父流程变量必须事先定义，否则将不能获取）	\<activiti:in source="someVariableInMainProcess" target="nameOfVariableInSubProcess">\</activiti:in>，其中，source为主流程中的变量名称，可以使用表达式；target为在将主流程变量传递给子流程中变量的名称，一般与sourse同名以避免错误
activiti:out	调用活动执行完成后将子流程的流程变量传入父流程（子流程变量必须事先定义，否则不能获取）	\<activiti:out source="someVariableInSubProcss" target="nameOfVariableInMainProcess">\</activiti:out>，其中，source为子流程中的变量名称，可以使用表达式；target为在将子流程变量传递给父流程中变量的名称，一般与source同名以避免错误

需要注意的是，由于主流程和子流程是不同的实例，所以无法通过主流程的key查询子流程的任务。查询子任务时需要使用子流程的key。

17.2.2 调用活动使用示例

下面看一个调用活动的使用示例。这里依然以贷款申请为例：主流程为贷款申请主流程，通过其"贷款额度审批"调用活动，实现对贷款额度审批子流程的调用。

1．设计子流程

子流程如图17.11所示：子流程发起后先进入"审批贷款额度"用户任务，审批完成后由排他网关进行分支决策。若贷款额度小于等于100万元则流程直接结束，若贷款额度大于100万元则进入"复核贷款额度"用户任务，审批完成后流程结束。

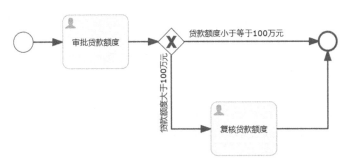

图17.11　贷款额度审批示例子流程

图17.11所示流程对应的XML内容如下：

```xml
<process id="ApproveLoanSubProcess" name="审批贷款子流程" isExecutable="true">
    <startEvent id="startEventOfSubProcess"/>
    <userTask id="firstTaskOfSubProcess" name="审批贷款额度"/>
    <sequenceFlow id="sequenceFlow1" sourceRef="startEventOfSubProcess"
        targetRef="firstTaskOfSubProcess"/>
    <exclusiveGateway id="exclusiveGatewayOfSubProcess"/>
    <sequenceFlow id="sequenceFlow2" sourceRef="firstTaskOfSubProcess"
        targetRef="exclusiveGatewayOfSubProcess"/>
    <userTask id="secondTaskOfSubProcess" name="复核贷款额度"/>
    <endEvent id="endEventOfSubProcess"/>
    <sequenceFlow id="sequenceFlow3" sourceRef="secondTaskOfSubProcess"
        targetRef="endEventOfSubProcess"/>
    <sequenceFlow id="sequenceFlow4" name="贷款额度小于等于100万元"
        sourceRef="exclusiveGatewayOfSubProcess" targetRef="endEventOfSubProcess">
        <conditionExpression xsi:type="tFormalExpression">
            <![CDATA[${loanAmount<=1000000}]]>
        </conditionExpression>
    </sequenceFlow>
    <sequenceFlow id="sequenceFlow5" name="贷款额度大于100万元"
        sourceRef="exclusiveGatewayOfSubProcess" targetRef="secondTaskOfSubProcess">
        <conditionExpression xsi:type="tFormalExpression">
            <![CDATA[${loanAmount>1000000}]]>
        </conditionExpression>
    </sequenceFlow>
</process>
```

从示例子流程的定义中可知，子流程的流程定义实质上就是一个普通的流程，可以单独使用而不被其他流程调用。

2．设计主流程

贷款申请主流程如图17.12所示。主流程发起后，流程流转到"贷款申请"用户任务节点，贷款申请提交后流程流转到"贷款额度审批"调用活动，主流程进入等待状态，启动并执行上述子流程，子流程流转结束后主流程流转到"发放贷款"用户任务节点。任务办理完成后流程结束。

图17.12所示流程对应的XML内容如下：

```xml
<process id="ApproveLoanMainProcess" name="审批贷款主流程" isExecutable="true">
    <startEvent id="startEventOfMainProcess"/>
    <userTask id="firstTaskOfMainProcess" name="贷款申请"/>
    <sequenceFlow id="sequenceFlow1" sourceRef="startEventOfMainProcess"
        targetRef="firstTaskOfMainProcess"/>
    <callActivity id="callActivity1" name="贷款额度审批"
        calledElement="ApproveLoanSubProcess" activiti:inheritVariables="false"
        activiti:businessKey="${subProcessBusinessKey}">
        <extensionElements>
            <activiti:in source="lender" target="lender"/>
            <activiti:out source="loanAmount" target="loanAmount"/>
        </extensionElements>
    </callActivity>
    <userTask id="secondTaskOfMainProcess" name="发放贷款"/>
    <sequenceFlow id="sequenceFlow2" sourceRef="callActivity1"
        targetRef="secondTaskOfMainProcess"/>
    <sequenceFlow id="sequenceFlow3" sourceRef="firstTaskOfMainProcess"
        targetRef="callActivity1"/>
    <endEvent id="endEventOfMainProcess"/>
    <sequenceFlow id="sequenceFlow4" sourceRef="secondTaskOfMainProcess"
        targetRef="endEventOfMainProcess"/>
</process>
```

图17.12　贷款申请主流程

在以上流程定义中，加粗部分的代码定义了调用活动callActivity1，通过calledElement属性指定调用key为ApproveLoanSubProcess的子流程，通过设置activiti:inheritVariables="false"指定不默认将所有主流程变量复制给子流程。流程流转到子流程时，子流程的businessKey默认为空，这里通过activiti:businessKey="${subProcessBusinessKey}"设置子流程的businessKey为表达式，使用activiti:in指定将主流程的lender变量值传递给子流程的lender变量，使用activiti:out指定将子流程的loanAmount变量值回传给主流程的loanAmount变量。

3．设计流程控制代码

加载流程模型并执行相应流程控制的示例代码如下：

```java
@Slf4j
public class RunCallActivityProcessDemo extends ActivitiEngineUtil {

    SimplePropertyPreFilter executionFilter = new SimplePropertyPreFilter(Execution.class,
    "id","parentId","businessKey","processInstanceId","processDefinitionId",
    "rootProcessInstanceId","superExecutionId","scope","activityId");

    @Test
    public void runCallActivityProcessDemo() {
        //加载Activiti配置文件并初始化工作流引擎及服务
        loadActivitiConfigAndInitEngine("activiti.cfg.xml");
        //部署子流程
        ProcessDefinition subProcessDefinition =
            deployByClasspathResource("processes/ApproveLoanSubProcess.bpmn20.xml");
        //部署主流程
        ProcessDefinition mainProcessDefinition =
            deployByClasspathResource("processes/ApproveLoanMainProcess.bpmn20.xml");

        //设置主流程的流程变量
        Map variables1 = new HashMap<>();
        variables1.put("subProcessBusinessKey", UUID.randomUUID().toString());
        variables1.put("lender", "huhaiqin");
        //发起主流程
```

```java
ProcessInstance mainProcessInstance =
    runtimeService.startProcessInstanceById(mainProcessDefinition.getId(), variables1);
    //查询执行实例
    List<Execution> executionList1 = runtimeService.createExecutionQuery().list();
    log.info("主流程发起后,执行实例数为{},分别为: {}", executionList1.size(),
        JSON.toJSONString(executionList1, executionFilter));
    //查询主流程的流程变量
    Map mainProcessVariabes1 =
        runtimeService.getVariables(mainProcessInstance.getProcessInstanceId());
    log.info("主流程的流程变量为: {}", mainProcessVariabes1);

    //查询主流程第一个任务
    Task firstTaskOfMainProcess = taskService.createTaskQuery().singleResult();
    log.info("主流程发起后,流程当前所在用户任务为:{}", firstTaskOfMainProcess.getName());
    //完成主流程第一个任务
    taskService.complete(firstTaskOfMainProcess.getId());
    log.info("完成用户任务: {},启动子流程", firstTaskOfMainProcess.getName());
    //查询执行实例
    List<Execution> executionList2 = runtimeService.createExecutionQuery().list();
    log.info("子流程发起后,执行实例数为{},分别为: {}", executionList2.size(),
        JSON.toJSONString(executionList2, executionFilter));
    //查询子流程第一个任务
    Task firstTaskOfSubProcess = taskService.createTaskQuery().singleResult();
    log.info("子流程发起后,流程当前所在用户任务为: {}", firstTaskOfSubProcess.getName());
    //查询子流程的流程变量
    Map subProcessVariabes1 =
        runtimeService.getVariables(firstTaskOfSubProcess.getProcessInstanceId());
    log.info("子流程的流程变量为: {}", subProcessVariabes1);
    //设置子流程的流程变量
    Map variables2 = new HashMap<>();
    variables2.put("loanAmount", 100000);
    //完成子流程第一个任务,子流程结束
    taskService.complete(firstTaskOfSubProcess.getId(),variables2);
    log.info("完成用户任务: {},结束子流程", firstTaskOfSubProcess.getName());
    //查询执行实例
    List<Execution> executionList3 = runtimeService.createExecutionQuery().list();
    log.info("子流程结束后,回到主流程,执行实例数为{},分别为: {}", executionList3.size(),
        JSON.toJSONString(executionList3, executionFilter));
    Map mainProcessVariabes2 =
        runtimeService.getVariables(mainProcessInstance.getProcessInstanceId());
    log.info("主流程的流程变量为: {}", mainProcessVariabes2);
    //查询主流程第二个任务
    Task secondTaskOfMainProcess = taskService.createTaskQuery().singleResult();
    log.info("流程当前所在用户任务为: " + secondTaskOfMainProcess.getName());
    //完成主流程第二个任务,主流程结束
    taskService.complete(secondTaskOfMainProcess.getId());
    log.info("完成用户任务: {},结束主流程", secondTaskOfMainProcess.getName());
    //查询执行实例
    List<Execution> executionList4 = runtimeService.createExecutionQuery().list();
    log.info("主流程结束后,执行实例数为{},分别为: {}", executionList4.size(),
        JSON.toJSONString(executionList4, executionFilter));

    //关闭工作流引擎
    closeEngine();
    }
}
```

以上代码先初始化工作流引擎并部署主、子流程,初始化流程变量发起主流程后,查询并完成主流程的第一个用户任务。然后,流程流转到调用活动发起子流程,子流程接收主流程传入的部分变量,执行子流程的用户任务直至子流程结束,并把流程的部分流程变量回传给主流程。最后主流程继续流转到流程结束。以上代码中在不同的阶段输出了执行实例和流程变量的信息,用以观察整个执行中数据的变化情况。

代码运行结果如下:

```
05:25:10,795 [main] INFO   com.bpm.example.callactivity.demo.RunCallActivityProcessDemo
 - 主流程发起后,执行实例数为2,分别为:
```

```
[{"activityId":"firstTaskOfMainProcess","id":"12","parentId":"9","processDefinitionId":
"ApproveLoanMainProcess:1:8","processInstanceId":"9","rootProcessInstanceId":"9","scope
":false},{"id":"9","processDefinitionId":"ApproveLoanMainProcess:1:8","processInstanceI
d":"9","rootProcessInstanceId":"9","scope":true}]
05:25:10,805 [main] INFO  com.bpm.example.callactivity.demo.RunCallActivityProcessDemo
 - 主流程的流程变量为:
{lender=huhaiqin, subProcessBusinessKey=5ba5f8fd-e5b7-448a-af38-ed7c7d14fb53}
05:25:10,815 [main] INFO  com.bpm.example.callactivity.demo.RunCallActivityProcessDemo
 - 主流程发起后,流程当前所在用户任务为:贷款申请
05:25:10,846 [main] INFO  com.bpm.example.callactivity.demo.RunCallActivityProcessDemo
 - 完成用户任务:贷款申请,启动子流程
05:25:10,856 [main] INFO  com.bpm.example.callactivity.demo.RunCallActivityProcessDemo
 - 子流程发起后,执行实例数为4,分别为:
[{"activityId":"callActivity1","id":"12","parentId":"9","processDefinitionId":"ApproveL
oanMainProcess:1:8","processInstanceId":"9","rootProcessInstanceId":"9","scope":false},
{"businessKey":"5ba5f8fd-e5b7-448a-af38-ed7c7d14fb53","id":"17","processDefinitionId":"
ApproveLoanSubProcess:1:4","processInstanceId":"17","rootProcessInstanceId":"9","scope"
:true,"superExecutionId":"12"},{"activityId":"firstTaskOfSubProcess","id":"19","parentI
d":"17","processDefinitionId":"ApproveLoanSubProcess:1:4","processInstanceId":"17","roo
tProcessInstanceId":"9","scope":false},{"id":"9","processDefinitionId":"ApproveLoanMain
Process:1:8","processInstanceId":"9","rootProcessInstanceId":"9","scope":true}]
05:25:10,856 [main] INFO  com.bpm.example.callactivity.demo.RunCallActivityProcessDemo
 - 子流程发起后,流程当前所在用户任务为:审批贷款额度
05:25:10,856 [main] INFO  com.bpm.example.callactivity.demo.RunCallActivityProcessDemo
 - 子流程的流程变量为: {lender=huhaiqin}
05:25:10,906 [main] INFO  com.bpm.example.callactivity.demo.RunCallActivityProcessDemo
 - 完成用户任务:审批贷款额度,结束子流程
05:25:10,916 [main] INFO  com.bpm.example.callactivity.demo.RunCallActivityProcessDemo
 - 子流程结束后,回到主流程,执行实例数为2,分别为:
[{"activityId":"secondTaskOfMainProcess","id":"12","parentId":"9","processDefinitionId"
:"ApproveLoanMainProcess:1:8","processInstanceId":"9","rootProcessInstanceId":"9","scop
e":false},{"id":"9","processDefinitionId":"ApproveLoanMainProcess:1:8","processInstance
Id":"9","rootProcessInstanceId":"9","scope":true}]
05:25:10,916 [main] INFO  com.bpm.example.callactivity.demo.RunCallActivityProcessDemo
 - 主流程的流程变量为:
{lender=huhaiqin, subProcessBusinessKey=5ba5f8fd-e5b7-448a-af38-ed7c7d14fb53, loanAmoun
t=100000}
05:25:10,926 [main] INFO  com.bpm.example.callactivity.demo.RunCallActivityProcessDemo
 - 流程当前所在用户任务为:发放贷款
05:25:10,943 [main] INFO  com.bpm.example.callactivity.demo.RunCallActivityProcessDemo
 - 完成用户任务:发放贷款,结束主流程
05:25:10,944 [main] INFO  com.bpm.example.callactivity.demo.RunCallActivityProcessDemo
 - 主流程结束后,执行实例数为0,分别为: []
```

从代码运行结果可以明确执行实例的变化过程。

- 主流程发起时,存在2个执行实例,如表17.11所示。二者互为父子关系,它们的processDefinitionKey属性值均为ApproveLoanMainProcess,属于主流程。

表17.11 主流程发起时的执行实例

id	parentId	processInstanceId	rootProcessInstanceId	activityId	processDefinitionKey	scope	描述
9	无	9	9	无	ApproveLoanMainProcess	true	主流程实例
12	9	9	9	firstTaskOfMainProcess	ApproveLoanMainProcess	false	主流程的执行实例

- 子流程发起后,存在4个执行实例,如表17.12所示。除了主流程的2个执行实例,又新增了id为17的子流程实例和id为19的执行实例,二者互为父子关系。它们的processDefinitionKey属性值均为ApproveLoanSubProcess,属于子流程。需要注意的是,id为17的子流程实例的superExecutionId为12,即主流程的执行实例,它构建了父子流程实例之间的关系。另外,父子流程的所有执行实例的rootProcessInstanceId值均为9,这是主流程实例的编号。

表17.12　子流程发起后的执行实例

id	parentId	processInstanceId	superExecutionId	rootProcessInstanceId	activityId	processDefinitionKey	scope	描述
9	无	9	无	9	无	ApproveLoanMainProcess	true	主流程实例
12	9	9	无	9	callActivity1	ApproveLoanMainProcess	false	主流程的执行实例
17	无	17	12	9	无	ApproveLoanSubProcess	true	子流程实例
19	17	17	无	9	firstTaskOfSubProcess	ApproveLoanSubProcess	false	子流程的执行实例

- 子流程结束，重新回到主流程后，存在2个执行实例，如表17.13所示。此时只存在主流程最初的2个执行实例，子流程的执行实例在子流程结束之后全部被删除。

表17.13　子流程结束回归主流程后的执行实例

id	parentId	processInstanceId	rootProcessInstanceId	activityId	processDefinitionKey	scope	描述
9	无	9	9	无	ApproveLoanMainProcess	true	主流程实例
12	9	9	9	secondTaskOfMainProcess	ApproveLoanMainProcess	false	主流程的执行实例

- 主流程结束之后，执行实例数为0。

接下来再看一下流程变量的变化。

- 主流程发起后，主流程的流程变量有lender和subProcessBusinessKey，当主流程第一个任务提交到达调用活动节点发起子流程后，子流程中的流程变量有lender，说明通过activiti:in source="lender" target="lender"/>可以将主流程中名为lender的变量值传递给了子流程中名为lender的变量。
- 子流程的第一个用户任务提交时，为子流程加入了流程变量loanAmount，子流程结束后查询主流程变量有lender、subProcessBusinessKey和loanAmount，说明通过<activiti:out source="loanAmount" target="loanAmount"/>可以将子流程中名为loanAmount的变量值回传给主流程中名为loanAmount的变量。

最后再看一下子流程的businessKey。调用活动中通过activiti:businessKey属性指定子流程的businessKey为${subProcessBusinessKey}。这是一个UEL表达式，其作用是将主流程的subProcessBusinessKey变量值传作子流程的businessKey。

17.2.3　内嵌子流程与调用活动的区别

内嵌子流程与调用活动的区别如表17.14所示。

表17.14　内嵌子流程与调用活动的区别

区别	内嵌子流程	调用活动
表现形式	直接嵌入在主流程中，使用subProcess定义子流程	作为一个普通的模型，定义外部流程的key
模型约束	子流程有且只能有一个空开始事件，至少有一个结束事件	无任何限制，被调用的外部流程本身就是一个完整的流程
流程变量	子流程共享主流程的所有变量	需要指定输入、输出变量
可复用性	子流程定义在主流程内部，作为主流程的一部分，无法被外部流程调用	是独立的流程，可供其他多个流程定义复用

17.3　泳池与泳道

流程图描述一个过程的步骤。当这个过程涉及多人、多个部门或功能区域时，很难跟踪每个步骤的负责人。这时可以将流程图分栏，BPMN为此提供了泳池与泳道。泳池与泳道在流程图中主要用于区分不同的功能和职责,不影响流程流转,仅对流程节点进行区域划分,使多节点流程显示得更加直观。

泳池可以代表流程中的一个参与者,也可以作为一个图形容器分隔其他泳池,主要用作多个独立的实体或者参与者之间的物理划分。泳道是泳池的子划分,可以是横向或纵向的,用于对活动进行组织和分类,通常按照角色划分活动。流程可以在一个泳池中跨泳道流转。

下面看一个泳池与泳道的使用示例,如图17.13所示。采购流程涉及员工、领导和财务共3种角色。"采购流程"使用泳池,按用户角色拆分出了"员工""领导""财务"3条泳道,清晰展示了不同角色、岗位人员的职能。

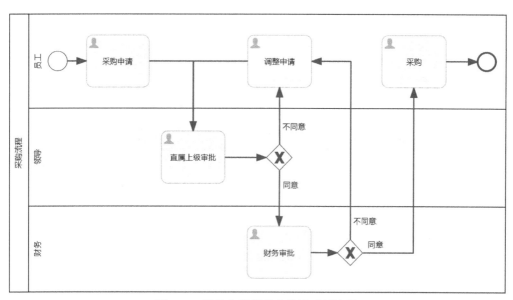

图17.13 泳池与泳道综合使用示例流程

17.4 本章小结

本章介绍了流程拆解和布局的3种方式:子流程、调用活动、泳池与泳道。子流程一般作为局部通用逻辑处理或为特定业务需求服务,使主流程直观显示,分为内嵌子流程、事件子流程和事务子流程等类型,可以根据实际需求进行选择。调用活动可以引用一个流程定义外部的其他流程,比较灵活且易复用,是常用的一种方式。泳池与泳道都表示活动的参与者,即过程中活动的执行者(可以是一个组织、角色或系统)。泳池可以划分为多条泳道,泳道具备分层结构,从而实现对流程节点区域的划分。

第 18 章

监听器

BPM实际使用过程中，当流程流转到某一节点、某一顺序流，或者流程开始、结束时，经常需要加入部分业务处理，这时就需要用到各类监听器。本章会详细介绍Activiti监听器的使用。执行监听器和任务监听器允许在流程和任务的执行过程中发生对应相关事件时执行特定的Java程序或者表达式。全局事件监听器是工作流引擎范围的事件监听器，可以监听到所有Activiti操作事件，也可以判断不同的事件类型，进而执行不同的业务逻辑。

18.1 执行监听器与任务监听器

在流程运转的过程中，工作流引擎会发起很多不同的事件，如在流程开始或结束、流程途经顺序流或者节点时触发对应的事件。Activiti提供的执行监听器与任务监听器可以捕获对应事件，并执行业务处理动作。例如，任务监听器可以在流程流转到某一节点且需要由某个用户处理时通知该用户；执行监听器可以在流程结束后发邮件或者短信给申请人，告知他流程已处理完毕。本节将介绍执行监听器与任务监听器的基本原理和使用方法。

18.1.1 执行监听器

在流程实例执行过程中触发某个事件时，Activiti提供的执行监听器可以捕获该事件并执行相应的外部的Java代码，或者对指定的表达式求值。执行监听器可以捕捉的事件主要如下：

- 流程实例的开始和结束（在流程上配置）；
- 顺序流的执行（在顺序流上配置）；
- 任务节点的开始和结束（配置在任务节点上）；
- 网关的开始和结束（配置在网关上）；
- 中间事件的开始和结束（配置在中间捕获事件和中间抛出事件上）；
- 开始事件或结束事件的开始和结束（配置在开始事件和结束事件上）。

从上面可以看出，执行监听器可监听流程和其下所有节点和顺序流的事件，主要包括start、end和take事件。其中，流程和节点有start、end两种事件，而顺序流则有start、end和take这3种事件。

1. 配置方式

执行监听器能添加到流程、各类节点和顺序流中，定义在其extensionElements的子元素中，并使用Activiti命名空间。示例代码如下：

```
<process id="executionListenersProcess">

    <extensionElements>
        <!-- 配置流程的执行监听器 -->
        <activiti:executionListener
            class="com.bpm.example.executionlistener.demo.listener.ProcessExecutionListener"
            event="start" />
    </extensionElements>

    <startEvent id="startEvent" />

    <sequenceFlow id="executionListenerSequenceFlow" sourceRef="startEvent"
        targetRef="userTask">
        <extensionElements>
            <!-- 配置连线的执行监听器 -->
            <activiti:executionListener
class="com.bpm.example.executionlistener.demo.listener.SequenceFlowExecutionListener"
```

```xml
event="take" />
        </extensionElements>
    </sequenceFlow>

    <userTask id="executionListenerUserTask" >
    <extensionElements>
        <!-- 配置用户任务节点的执行监听器  -->
        <activiti:executionListener expression="${myBean.testMethod(execution)}"
            event="end" />
        </extensionElements>
    </userTask>

    <!-- 其他元素省略 -->

</process>
```

在以上流程定义中,加粗部分的代码通过activiti:executionListener元素分别为流程executionListenersProcess、顺序流executionListenerSequenceFlow和用户任务executionListenerUserTask配置了执行监听器。通过activiti:executionListener配置执行监听器需要指定事件类型和监听器的实现方式。activiti:executionListener提供了event属性用于设置事件类型,该属性必须配置,可设置的属性值有start、end和take。

activiti:executionListener提供了4种方法用于配置执行监听器。

(1) 通过class属性配置执行监听器

配置执行监听器可以通过class属性指定监听器的Java类,通常通过自定义类实现,即需要实现org.activiti.engine.delegate.ExecutionListener接口的notify(DelegateExecution execution)方法。当指定的事件发生时,工作流引擎会调用该方法。通过这种方式配置的执行监听器,可以为实例化后的对象注入属性。为userTask配置执行监听器的示例代码如下:

```xml
<userTask id="myTask" name="用户任务1" >
    <extensionElements>
        <activiti:executionListener
            class="com.bpm.example.executionlistener.demo.listener.MyUserTaskExecutionListener"
            event="end">
            <activiti:field name="fixedValue" stringValue="这是一个固定值." />
            <activiti:field name="dynamicValue" expression="${myVar}" />
        </activiti:executionListener>
    </extensionElements>
</userTask>
```

在以上用户任务定义中,加粗部分的代码通过class属性为用户任务节点配置了end事件的执行监听器com.bpm.example.executionlistener.demo.listener.MyUserTaskExecutionListener,并通过activiti:field方式将fixedValue和dynamicValue两个属性注入该执行监听器。其中,fixedValue配置为固定值,而dynamicValue配置为表达式,可动态赋值。对应的执行监听器类MyUserTaskExecutionListener的内容如下:

```java
public class MyUserTaskExecutionListener implements ExecutionListener {

    private Expression fixedValue;
    private Expression dynamicValue;

    public void notify(DelegateExecution execution) {
        System.out.println("============通过class指定的监听器开始============");
        //获取节点唯一标识
        String activityId = execution.getCurrentActivityId();
        //获取事件名称
        String eventName = execution.getEventName();
        System.out.println("事件名称:" + eventName);
        System.out.println("activityId:" + activityId);
        System.out.println("fixedValue属性值为:" + fixedValue.getValue(execution));
        System.out.println("dynamicValue属性值为:" + dynamicValue.getValue(execution));
        System.out.println("============通过class指定的监听器结束============");
    }
}
```

在以上代码中,监听器实现了org.activiti.engine.delegate.ExecutionListener接口的notify(DelegateExecution execution)方法。在notify()方法中,核心逻辑除了获取并输出事件名称和当前节点唯一标识外,还输出了注入的两个属性fixedValue和dynamicValue的值。需要注意的是，使用该方式时，流程定义中监听器配置的注入属性在监听器实现类中必须先定义，否则会抛出Field definition uses unexisting field *** on class ***异常。

(2) 通过expression属性配置执行监听器

配置执行监听器可以使用expression属性配合UEL通过配置方法表达式实现，即使用UEL表达式指定监听器的JavaBean和执行方法。为process配置执行监听器的示例代码如下：

```xml
<process id="executionListenersProcess">
    <extensionElements>
        <activiti:executionListener expression=
            "${myProcessExecutionListenerBean.testMethod(execution)}" event="end" />
    </extensionElements>
</process>
```

在以上流程定义中，加粗部分的代码通过expression为流程executionListenersProcess属性配置了表达式${myProcessExecutionListenerBean.testMethod(execution)}，表示该监听器将调用MyProcessExecutionListenerBean的testMethod()方法。采用这种方式时，表达式中可以传入DelegateExecution对象和流程变量作为参数。以上示例的表达式中使用的myProcessExecutionListenerBean可以是流程变量，如果集成了Spring，也可以是Spring容器中的Bean。MyProcessExecutionListenerBean的内容如下：

```java
public class MyProcessExecutionListenerBean implements Serializable {
    public void testMethod(DelegateExecution execution) {
        System.out.println("============通过expression指定的监听器开始============");
        String activityId = execution.getCurrentActivityId();
        String eventName = execution.getEventName();
        System.out.println("事件名称:" + eventName);
        System.out.println("activityId:" + activityId);
        System.out.println("============通过expression指定的监听器开始============");
    }
}
```

从以上代码可知，MyProcessExecutionListenerBean就是一个普通的Java类，其中定义了testMethod()方法，在执行监听器运行时被表达式调用。

需要注意的是，采用这种方式时不支持注入属性（可以通过方法参数传入）。

(3) 通过delegateExpression属性配置执行监听器

配置执行监听器可以使用delegateExpression属性配合UEL配置委托表达式实现，即配置一个实现org.activiti.engine.delegate.ExecutionListener的类。为sequenceFlow配置执行监听器的示例代码如下：

```xml
<sequenceFlow sourceRef="startEvent" targetRef="userTask">
    <extensionElements>
        <activiti:executionListener delegateExpression="${myExecutionListenerBean}"
            event="take" />
    </extensionElements>
</sequenceFlow>
```

在以上顺序流定义中，加粗部分的代码通过delegateExpression属性配置了表达式${myExecutionListenerBean}。其中，myExecutionListenerBean是实现org.activiti.engine.delegate.ExecutionListener的类的一个实例，可以添加到流程变量中。Activiti在执行表达式时会查找同名的流程变量，并执行其notify()方法，如果集成了Spring，它也可以是Spring容器中的Bean。MyExecutionListenerBean的内容如下：

```java
public class MyExecutionListenerBean implements ExecutionListener {

    public void notify(DelegateExecution execution) {
        System.out.println("============通过delegateExpression指定的监听器开始============");
        //获取当前元素唯一标识
        String activityId = execution.getCurrentActivityId();
        //获取事件名称
        String eventName = execution.getEventName();
        System.out.println("事件名称:" + eventName);
        System.out.println("activityId:" + activityId);
        System.out.println("============通过delegateExpression指定的监听器结束============");
    }

}
```

在以上代码中，监听器实现了org.activiti.engine.delegate.ExecutionListener接口的notify(DelegateExecution execution)方法。在notify()方法中，核心逻辑是获取并输出事件名称和当前节点唯一标识。使用这种方式时，也可以配置注入属性。与class方式不同的是，这种方式不要求流程定义中监听器配置的注入属性在监听器实现类中有对应的定义。

（4）通过配置脚本配置执行监听器

配置执行监听器还可以通过配置脚本实现，即使用Activiti提供的脚本执行监听器org.activiti.engine.impl. bpmn.listener.ScriptExecutionListener。我们可以使用它为某个执行监听事件执行一段脚本。为startEvent配置执行监听器的示例代码如下：

```xml
<startEvent id="startEvent" name="开始节点">
    <extensionElements>
        <activiti:executionListener event="end"
            class="org.activiti.engine.impl.bpmn.listener.ScriptExecutionListener">
            <activiti:field name="script">
                <activiti:string>
                    println("============通过脚本指定的监听器开始============");
                    def activityId = execution.getCurrentActivityId();
                    def eventName = execution.getEventName();
                    println("事件名称:" + ${eventName});
                    println("activityId:" + ${activityId});
                    println("============通过脚本指定的监听器结束============")
                </activiti:string>
            </activiti:field>
            <activiti:field name="language" stringValue="groovy"/>
            <activiti:field name="resultVariable" stringValue="myVar"/>
        </activiti:executionListener>
    </extensionElements>
</startEvent>
```

在以上开始事件定义中，加粗部分的代码通过脚本执行监听器配置了脚本。脚本执行监听器的属性通过activiti:field注入。script属性是需要执行的脚本内容，language属性是脚本类型。Activiti支持多种脚本引擎的脚本语言，这些脚本语言需要与JSR-223规范兼容，如Groovy、JavaScript等。要使用脚本引擎，必须将相应的JAR包添加到类路径。脚本任务的返回值可以通过指定流程变量的名称，分配给已存在的或者一个新的流程变量，需要配置在resultVariable属性中。对于一个特定的流程变量，任何已存在的值都将被脚本执行的结果值复写。若未指定一个结果变量值，脚本结果值将被忽视。

2．使用示例

下面看一个执行监听器的使用示例，如图18.1所示。流程包含开始事件、用户任务、结束事件和顺序流，通过配置各种事件监听器，可以在流程执行过程中观察各类事件的触发顺序。

图18.1　执行监听器使用示例流程

图18.1所示流程对应的XML内容如下：

```xml
<process id="ExecutionListenerProcess" name="执行监听器示例流程" isExecutable="true">
  <extensionElements>
    <!-- 通过expression属性配置监听器 -->
    <activiti:executionListener event="start"
      expression="${myProcessExecutionListenerBean.printInfo(execution)}"/>
    <!-- 通过expression属性配置监听器 -->
    <activiti:executionListener event="end"
      expression="${myProcessExecutionListenerBean.printInfo(execution)}"/>
  </extensionElements>
  <startEvent id="startEvent">
    <extensionElements>
      <!-- 通过脚本配置监听器 -->
```

```xml
      <activiti:executionListener event="start"
        class="org.activiti.engine.impl.bpmn.listener.ScriptExecutionListener">
        <activiti:field name="script">
          <activiti:string>
            def activityId = execution.getCurrentFlowElement().getId();
            def eventName = execution.getEventName();
            println("通过脚本指定的监听器：Id为" + activityId + "的开始事件的" + eventName +
              "事件触发");
            return activityId + "_" + eventName;
          </activiti:string>
        </activiti:field>
        <activiti:field name="language" stringValue="groovy"/>
        <activiti:field name="resultVariable" stringValue="nodeEvent1"/>
      </activiti:executionListener>
      <!-- 通过脚本配置监听器 -->
      <activiti:executionListener event="end"
        class="org.activiti.engine.impl.bpmn.listener.ScriptExecutionListener">
        <activiti:field name="script">
          <activiti:string>
            def activityId = execution.getCurrentFlowElement().getId();
            def eventName = execution.getEventName();
            println("通过脚本指定的监听器：Id为" + activityId + "的开始事件的" + eventName +
              "事件触发");
            return activityId + "_" + eventName;
          </activiti:string>
        </activiti:field>
        <activiti:field name="language" stringValue="groovy"/>
        <activiti:field name="resultVariable" stringValue="nodeEvent2"/>
      </activiti:executionListener>
    </extensionElements>
  </startEvent>
  <userTask id="userTask" name="数据上报">
    <extensionElements>
      <!-- 通过class属性配置监听器 -->
      <activiti:executionListener event="start"
class="com.bpm.example.executionlistener.demo.listener.MyUserTaskExecutionListener">
        <activiti:field name="fixedValue" stringValue="这是userTask的start事件注入的固定值" />
        <activiti:field name="dynamicValue" expression="${nowTime1}" />
      </activiti:executionListener>
      <!-- 通过delegateExpression属性配置监听器 -->
      <activiti:executionListener event="end"
        delegateExpression="${myUserTaskExecutionListenerBean}">
        <activiti:field name="fixedValue" stringValue="这是userTask的end事件注入的固定值" />
        <activiti:field name="dynamicValue" expression="${nowTime2}" />
      </activiti:executionListener>
    </extensionElements>
  </userTask>
  <endEvent id="endEvent">
    <extensionElements>
      <!-- 通过脚本配置监听器 -->
      <activiti:executionListener event="start"
        class="org.activiti.engine.impl.bpmn.listener.ScriptExecutionListener">
        <activiti:field name="script">
          <activiti:string>
            def activityId = execution.getCurrentFlowElement().getId();
            def eventName = execution.getEventName();
            println("通过脚本指定的监听器：Id为" + activityId + "的结束事件的" + eventName +
              "事件触发");
            return activityId + "_" + eventName;
          </activiti:string>
        </activiti:field>
        <activiti:field name="language" stringValue="groovy"/>
        <activiti:field name="resultVariable" stringValue="nodeEvent3"/>
      </activiti:executionListener>
      <!-- 通过脚本配置监听器 -->
      <activiti:executionListener event="end"
        class="org.activiti.engine.impl.bpmn.listener.ScriptExecutionListener">
```

```xml
        <activiti:field name="script">
          <activiti:string>
            def activityId = execution.getCurrentFlowElement().getId();
            def eventName = execution.getEventName();
            println("通过脚本指定的监听器:Id为" + activityId + "的结束事件的" + eventName +
              "事件触发");
            return activityId + "_" + eventName;
          </activiti:string>
        </activiti:field>
        <activiti:field name="language" stringValue="groovy"/>
        <activiti:field name="resultVariable" stringValue="nodeEvent4"/>
      </activiti:executionListener>
    </extensionElements>
  </endEvent>
  <sequenceFlow id="sequenceFlow1" sourceRef="startEvent" targetRef="userTask">
    <extensionElements>
      <!-- 通过class属性配置监听器 -->
      <activiti:executionListener event="start"
class="com.bpm.example.executionlistener.demo.listener.MySequenceFlowExecutionListener"/>
      <activiti:executionListener event="take"
class="com.bpm.example.executionlistener.demo.listener.MySequenceFlowExecutionListener"/>
      <activiti:executionListener event="end"
class="com.bpm.example.executionlistener.demo.listener.MySequenceFlowExecutionListener"/>
    </extensionElements>
  </sequenceFlow>
  <sequenceFlow id="sequenceFlow2" sourceRef="userTask" targetRef="endEvent">
    <extensionElements>
      <!-- 通过delegateExpression属性配置监听器 -->
      <activiti:executionListener event="start"
        delegateExpression="${mySequenceFlowExecutionListenerBean}"/>
      <activiti:executionListener event="take"
        delegateExpression="${mySequenceFlowExecutionListenerBean}"/>
      <activiti:executionListener event="end"
        delegateExpression="${mySequenceFlowExecutionListenerBean}"/>
    </extensionElements>
  </sequenceFlow>
</process>
```

在以上流程定义中，流程、开始事件、用户任务、结束事件和顺序流上都配置了执行监听器。

流程的start、end事件通过expression属性配置UEL表达式指定监听器的JavaBean和执行方法，对应的MyProcessExecutionListenerBean的代码如下：

```java
@Slf4j
public class MyProcessExecutionListenerBean implements Serializable {

    public void printInfo(DelegateExecution execution) {
        //获取流程实例编号
        String processInstanceId = execution.getProcessInstanceId();
        //获取事件名称
        String eventName = execution.getEventName();
        log.info("通过expression指定的监听器: processInstanceId为{}的流程实例的{}事件触发",
            processInstanceId, eventName);
    }
}
```

开始事件和结束事件的start、end事件通过配置脚本方式配置了执行监听器。

顺序流sequenceFlow1的start、take、end事件通过class属性配置了执行监听器实现类，顺序流sequenceFlow2的start、take、end事件通过delegateExpression属性使用UEL配置委托表达式指定执行监听器。执行监听器实现类MySequence FlowExecutionListener的代码如下：

```java
@Slf4j
public class MySequenceFlowExecutionListener implements ExecutionListener {

    public void notify(DelegateExecution execution) {
        //获取顺序流的唯一标识
        String activityId = execution.getCurrentFlowElement().getId();
        //获取事件名称
```

```
        String eventName = execution.getEventName();
        log.info("通过delegateExpression指定的监听器: Id为{}的顺序流的{}事件触发",
            activityId, eventName);
    }
}
```

用户任务的start事件通过class属性配置了执行监听器类，end事件通过delegateExpression属性使用UEL配置委托表达式指定执行监听器，对应的执行监听器类MyUserTaskExecutionListener的代码如下：

```
@Slf4j
public class MyUserTaskExecutionListener implements ExecutionListener {

    private Expression fixedValue;
    private Expression dynamicValue;

    public void notify(DelegateExecution execution) {
        //获取用户任务的唯一标识
        String activityId = execution.getCurrentFlowElement().getId();
        //获取事件名称
        String eventName = execution.getEventName();
        log.info("通过class指定的监听器: Id为{}用户任务的{}事件触发", activityId, eventName);
        log.info("fixedValue属性值为: {}", fixedValue.getValue(execution));
        log.info("dynamicValue属性值为: {}", dynamicValue.getValue(execution));
    }
}
```

加载该流程模型并执行相应流程控制的示例代码如下：

```
@Slf4j
public class RunExecutionListenerProcessDemo extends ActivitiEngineUtil {

    SimpleDateFormat simpleDateFormat = new SimpleDateFormat("yyyy-MM-dd HH:mm:ss SSS");

    @Test
    public void runExecutionListenerProcessDemo() {
        //加载Activiti配置文件并初始化工作流引擎及服务
        loadActivitiConfigAndInitEngine("activiti.cfg.xml");
        //部署流程
        ProcessDefinition processDefinition =
            deployByClasspathResource("processes/ExecutionListenerProcess.bpmn20.xml");

        //将监听器bean放入流程变量中
        MyProcessExecutionListenerBean myProcessExecutionListenerBean =
            new MyProcessExecutionListenerBean();
        MySequenceFlowExecutionListener mySequenceFlowExecutionListenerBean =
            new MySequenceFlowExecutionListener();
        MyUserTaskExecutionListener myUserTaskExecutionListenerBean =
            new MyUserTaskExecutionListener();
        Map variables1 = new HashMap();
        variables1.put("nowTime1", simpleDateFormat.format(new Date()));
        variables1.put("myProcessExecutionListenerBean", myProcessExecutionListenerBean);
        variables1.put("mySequenceFlowExecutionListenerBean",
            mySequenceFlowExecutionListenerBean);
        variables1.put("myUserTaskExecutionListenerBean", myUserTaskExecutionListenerBean);
        //启动流程实例
        ProcessInstance processInstance =
            runtimeService.startProcessInstanceById(processDefinition.getId(),variables1);
        //查询任务
        Task task =
taskService.createTaskQuery().processInstanceId(processInstance.getId()).singleResult();
        Map variables2 = new HashMap();
        variables2.put("nowTime2", simpleDateFormat.format(new Date()));
        //办理任务
        taskService.complete(task.getId(), variables2);
        //查询并输出流程变量
        List<HistoricVariableInstance> historicVariableInstances =
            historyService.createHistoricVariableInstanceQuery().processInstanceId(
            processInstance.getId()).list();
        historicVariableInstances.stream().forEach((historicVariableInstance) ->
```

```
            log.info("流程变量名:{},变量值:{}", historicVariableInstance.getVariableName(),
                historicVariableInstance.getValue()));

        //关闭工作流引擎
        closeEngine();
    }
}
```

以上代码先初始化工作流引擎并部署流程，然后将监听器对应的Bean放入流程变量中并发起流程，最后查询并完成任务。在这个过程中，流程中的各种事件先后被触发，对应的执行监听器会捕获其事件类型，再按照监听器的处理逻辑进行处理。代码运行结果如下：

```
08:14:07,973 [main] INFO  com.bpm.example.executionlistener.demo.bean.MyProcessExecutio
nListenerBean  - 通过expression指定的监听器:processInstanceId为5的流程实例的start事件触发
通过脚本指定的监听器:Id为startEvent的开始事件的start事件触发
通过脚本指定的监听器:Id为startEvent的开始事件的end事件触发
08:14:08,594 [main] INFO  com.bpm.example.executionlistener.demo.listener.MySequenceFlo
wExecutionListener  - 通过delegateExpression指定的监听器:Id为sequenceFlow1的顺序流的start事
件触发
08:14:08,594 [main] INFO  com.bpm.example.executionlistener.demo.listener.MySequenceFlo
wExecutionListener  - 通过delegateExpression指定的监听器:Id为sequenceFlow1的顺序流的take事件
触发
08:14:08,594 [main] INFO  com.bpm.example.executionlistener.demo.listener.MySequenceFlo
wExecutionListener  - 通过delegateExpression指定的监听器:Id为sequenceFlow1的顺序流的end事件触
发
08:14:08,594 [main] INFO  com.bpm.example.executionlistener.demo.listener.MyUserTaskExe
cutionListener  - 通过class指定的监听器:Id为userTask用户任务的start事件触发
08:14:08,594 [main] INFO  com.bpm.example.executionlistener.demo.listener.MyUserTaskExe
cutionListener  - fixedValue属性值为：这是userTask的start事件注入的固定值
08:14:08,594 [main] INFO  com.bpm.example.executionlistener.demo.listener.MyUserTaskExe
cutionListener  - dynamicValue属性值为: 2022-04-23 20:14:07 943
08:14:08,654 [main] INFO  com.bpm.example.executionlistener.demo.listener.MyUserTaskExe
cutionListener  - 通过class指定的监听器:Id为userTask用户任务的end事件触发
08:14:08,654 [main] INFO  com.bpm.example.executionlistener.demo.listener.MyUserTaskExe
cutionListener  - fixedValue属性值为：这是userTask的end事件注入的固定值
08:14:08,654 [main] INFO  com.bpm.example.executionlistener.demo.listener.MyUserTaskExe
cutionListener  - dynamicValue属性值为: 2022-04-23 20:14:08 624
08:14:08,654 [main] INFO  com.bpm.example.executionlistener.demo.listener.MySequenceFlo
wExecutionListener  - 通过delegateExpression指定的监听器:Id为sequenceFlow2的顺序流的start事
件触发
08:14:08,654 [main] INFO  com.bpm.example.executionlistener.demo.listener.MySequenceFlo
wExecutionListener  - 通过delegateExpression指定的监听器:Id为sequenceFlow2的顺序流的take事件
触发
08:14:08,654 [main] INFO  com.bpm.example.executionlistener.demo.listener.MySequenceFlo
wExecutionListener  - 通过delegateExpression指定的监听器:Id为sequenceFlow2的顺序流的end事件触
发
通过脚本指定的监听器:Id为endEvent的结束事件的start事件触发
通过脚本指定的监听器:Id为endEvent的结束事件的end事件触发
08:14:08,704 [main] INFO  com.bpm.example.executionlistener.demo.RunExecutionListenerPr
ocessDemo  - 流程变量名:mySequenceFlowExecutionListenerBean, 变量值:
com.bpm.example.executionlistener.demo.listener.MySequenceFlowExecutionListener@f339eae
08:14:08,704 [main] INFO  com.bpm.example.executionlistener.demo.RunExecutionListenerPr
ocessDemo  - 流程变量名:myProcessExecutionListenerBean, 变量值:
com.bpm.example.executionlistener.demo.bean.MyProcessExecutionListenerBean@2822c6ff
08:14:08,704 [main] INFO  com.bpm.example.executionlistener.demo.RunExecutionListenerPr
ocessDemo  - 流程变量名:nowTime1, 变量值: 2022-04-23 20:14:07 943
08:14:08,704 [main] INFO  com.bpm.example.executionlistener.demo.RunExecutionListenerPr
ocessDemo  - 流程变量名:nodeEvent1, 变量值: startEvent_start
08:14:08,704 [main] INFO  com.bpm.example.executionlistener.demo.RunExecutionListenerPr
ocessDemo  - 流程变量名:nodeEvent2, 变量值: startEvent_end
08:14:08,704 [main] INFO  com.bpm.example.executionlistener.demo.RunExecutionListenerPr
ocessDemo  - 流程变量名:nowTime2, 变量值: 2022-04-23 20:14:08 624
08:14:08,704 [main] INFO  com.bpm.example.executionlistener.demo.RunExecutionListenerPr
ocessDemo  - 流程变量名:nodeEvent3, 变量值: endEvent_start
08:14:08,704 [main] INFO  com.bpm.example.executionlistener.demo.RunExecutionListenerPr
ocessDemo  - 流程变量名:nodeEvent4, 变量值: endEvent_end
08:14:08,704 [main] INFO  com.bpm.example.executionlistener.demo.RunExecutionListenerPr
```

ocessDemo - 流程变量名:myUserTaskExecutionListenerBean,变量值:
com.bpm.example.executionlistener.demo.listener.MyUserTaskExecutionListener@4dafba3e

从代码运行结果可知,流程从发起到结束的整个流转过程中,事件触发的顺序为:流程start事件→开始事件start事件→开始事件end事件→顺序流start事件→顺序流take事件→顺序流end事件→用户任务start事件→用户任务end事件→顺序流start事件→顺序流take事件→顺序流end事件→结束事件start事件→结束事件end事件→流程end事件,如图18.2所示。另外,流程结束后查询的流程变量中,nodeEvent1、nodeEvent2、nodeEvent3和nodeEvent4这4个变量是由配置脚本的resultVariable属性指定的。

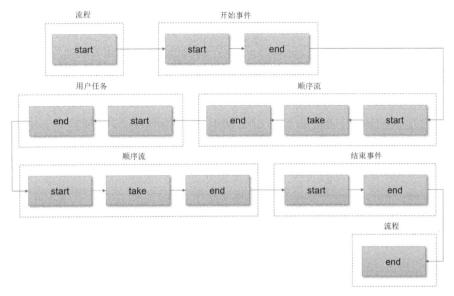

图18.2　执行监听器的生命周期

18.1.2　任务监听器

Activiti提供了任务监听器,用于在触发与某个任务相关的事件时执行自定义Java类或表达式。任务监听器只能在用户任务节点上配置。可被任务监听器捕获的任务相关事件类型包括以下几种。

- 任务创建事件(create):发生在任务创建时,所有属性被设置后。
- 任务指派事件(assignment):发生在将任务指派给某人时。需要注意的是,该事件在任务创建事件前执行。
- 任务完成事件(complete):发生在任务完成时,即任务数据从执行数据表删除之前。
- 任务删除事件(delete):发生在任务被删除之前。当使用taskService的complete()方法完成任务时也会执行。

1. 配置方式

任务监听器只能添加到流程定义中的用户任务中,定义在userTask的extensionElements的子元素中,并使用Activiti命名空间,示例代码如下:

```
<userTask id="myTask" name="用户任务1" >
    <extensionElements>
        <activiti:taskListener event="create"
            class="com.bpm.example.tasklistener.demo.listener.MyTaskCreateListener" />
    </extensionElements>
</userTask>
```

在以上用户任务定义中,加粗部分的代码通过activiti:taskListener配置了任务监听器。从中可以看出,activiti:taskListener需要配置事件的类型和监听器的实现方式。activiti:taskListener提供了event属性用于设置事件类型。该属性必须配置,可设置的属性值有create、assignment、complete和delete。

activiti:taskListener提供了4种方法用于配置任务监听器。

(1)通过class属性配置任务监听器

配置任务监听器可以通过class属性指定监听器的Java类,通常通过自定义类实现,即需要实现org.activiti.engine.delegate.TaskListener接口的notify()方法。为用户任务配置create事件的任务监听器的示例代码如下:

```xml
<userTask id="myTask" name="用户任务1" >
    <extensionElements>
        <activiti:taskListener event="create"
            class="com.bpm.example.tasklistener.demo.listener.MyTaskListener1" />
    </extensionElements>
</userTask>
```

在以上用户任务定义中,加粗部分的代码通过activiti:taskListener的class属性指定了监听器的自定义实现类,用于监听用户任务的create事件。该监听器类的代码如下:

```java
@Slf4j
public class MyTaskListener1 implements TaskListener {

    public void notify(DelegateTask delegateTask) {
        //获取任务节点定义key
        String taskDefinitionKey = delegateTask.getTaskDefinitionKey();
        //获取事件名称
        String eventName = delegateTask.getEventName();
        log.info("通过class指定的监听器:Id为{}用户任务的{}事件触发", taskDefinitionKey, eventName);
    }
}
```

在以上代码中,监听器实现了org.activiti.engine.delegate.TaskListener接口的notify(DelegateTaskdelegateTask)方法。在notify()方法中,核心逻辑是获取并输出事件名称和任务节点定义key。

当使用该种方式时,还可以配置注入的属性字段,其方法与执行监听器的属性注入配置和获取相同,这里不再赘述。

(2)通过expression属性配置任务监听器

配置任务监听器可以使用expression属性通过配置方法表达式实现,即使用UEL表达式指定监听器的JavaBean和执行方法。为用户任务配置assignment事件的任务监听器的示例代码如下:

```xml
<userTask id="myTask" name="用户任务1">
    <extensionElements>
        <activiti:taskListener event="assignment"
            expression="${myTaskListenerBean.testMethod(task)}"/>
    </extensionElements>
</userTask>
```

在以上用户任务定义中,加粗部分的代码通过expression属性配置了表达式${myTaskListenerBean.testMethod(task)},表示该监听器将调用myTaskListenerBean的testMethod()方法。采用这种方式时,表达式中可以使用DelegateTask对象和流程变量作为参数传入。以上示例的表达式中使用的myTaskListenerBean可以是流程变量,如果集成了Spring,也可以是Spring容器中的Bean。MyTaskListenerBean的内容如下:

```java
@Slf4j
public class MyTaskListenerBean implements Serializable {

    public void printInfo(DelegateTask task) {
        //获取任务节点定义key
        String taskDefinitionKey = task.getTaskDefinitionKey();
        //获取事件名称
        String eventName = task.getEventName();
        log.info("通过expression指定的监听器:Id为{}的用户任务的{}事件触发",
            taskDefinitionKey, eventName);
    }
}
```

从以上代码可知,MyTaskListenerBean就是一个普通的Java类,其中定义了printInfo方法,会在任务监听器运行时被表达式调用。

需要注意的是,采用这种方式时不支持注入属性(可以通过方法参数传入)。

(3)通过delegateExpression属性配置任务监听器

配置任务监听器可以使用delegateExpression配合UEL通过配置委托表达式实现,即配置一个实现org.activiti.

engine.delegate.TaskListener的类。为用户任务配置complete事件的任务监听器的示例代码如下：

```xml
<userTask id="myTask" name="用户任务1">
    <extensionElements>
        <activiti:taskListener event="complete" delegateExpression="${myTaskListener1}"/>
    </extensionElements>
</userTask>
```

在以上用户任务定义中，加粗部分的代码通过delegateExpression属性配置了表达式${myTaskListener2}。其中，myTaskListener2是实现了org.activiti.engine.delegate.TaskListener的类的一个实例，可以添加到流程变量中，Activiti在执行表达式时会查询与其同名的流程变量，并执行其notify()方法；如果集成了Spring，它也可以是Spring容器中的Bean。任务监听器实现类MyTaskListener2的内容如下：

```java
@Slf4j
public class MyTaskListener2 implements TaskListener {

    public void notify(DelegateTask delegateTask) {
        //获取任务节点定义key
        String taskDefinitionKey = delegateTask.getTaskDefinitionKey();
        //获取事件名称
        String eventName = delegateTask.getEventName();
        log.info("通过delegateExpression指定的监听器：Id为{}的用户任务的{}事件触发",
            taskDefinitionKey, eventName);
    }
}
```

在以上代码中，监听器实现了org.activiti.engine.delegate.TaskListener接口的notify(DelegateExecution execution)方法，其核心逻辑是获取并输出事件名称和当前节点唯一标识。需要注意的是，使用这种方式时，也可以配置注入属性。与class方式不同的是，这种方式不要求流程定义中任务监听器配置的注入属性在监听器实现类中有对应的定义。

（4）通过配置脚本配置任务监听器

配置任务监听器可以通过配置脚本实现，即使用Activiti提供的脚本任务监听器org.activiti.engine.impl.bpmn.listener.ScriptTaskListener，它可以为某个任务监听事件执行一段脚本。为用户任务配置delete事件的任务监听器的示例代码如下：

```xml
<userTask id="myTask" name="用户任务1">
    <extensionElements>
        <activiti:taskListener event="delete"
            class="org.activiti.engine.impl.bpmn.listener.ScriptTaskListener">
            <activiti:field name="script">
                <activity:string>
                    println("============通过脚本指定的监听器开始============");
                    def taskDefinitionKey = task.getTaskDefinitionKey();
                    def eventName = task.getEventName();
                    println("事件名称:" + ${eventName});
                    println("taskDefinitionKey:" + ${taskDefinitionKey});
                    println("============通过脚本指定的监听器结束============");
                    return taskDefinitionKey + eventName;
                </activity:string>
            </activiti:field>
            <activiti:field name="language" stringValue="groovy"/>
            <activiti:field name="resultVariable" stringValue="myVar"/>
        </activiti:taskListener>
    </extensionElements>
</userTask>
```

在以上用户任务定义中，加粗部分的代码通过脚本任务监听器配置了脚本。脚本任务监听器的属性通过activiti:field注入，script是需要执行的脚本内容，language是脚本类型。Activiti支持多种脚本引擎的脚本语言，这些脚本语言要与JSR-223规范兼容，如Groovy、JavaScript等。要使用脚本引擎，必须将相应的JAR包添加到类路径。脚本任务的返回值可以通过指定流程变量的名称，分配给已存在的或者一个新的流程变量，需要配置在resultVariable属性中。对于一个特定的流程变量，任何已存在的值都将被脚本执行的结果值复写。当未指定一个结果变量值时，脚本结果值将被忽视。

2. 使用示例

下面看一个使用任务监听器的示例，如图18.3所示。该流程使用本小节介绍的方式配置各种任务事件的监听器，方便我们观察流程整个执行过程中各类任务事件的触发顺序。

图18.3 任务监听器使用示例流程

图18.3所示流程对应的XML内容如下：

```xml
<process id="TaskListenerProcess" name="任务监听器示例流程" isExecutable="true">
    <startEvent id="startEvent1"/>
    <userTask id="userTask1" name="数据上报"
            activiti:assignee="liuxiaopeng">
        <extensionElements>
            <!-- 通过class属性配置监听器 -->
            <activiti:taskListener event="create"
                class="com.bpm.example.tasklistener.demo.listener.MyTaskListener1" />
            <!-- 通过expression属性配置监听器 -->
            <activiti:taskListener event="assignment"
                expression="${myTaskListenerBean.printInfo(task)}"/>
            <!-- 通过delegateExpression属性配置监听器 -->
            <activiti:taskListener event="complete" delegateExpression="${myTaskListener2}"/>
            <!-- 通过脚本配置监听器 -->
            <activiti:taskListener event="delete"
                class="org.activiti.engine.impl.bpmn.listener.ScriptTaskListener">
                <activiti:field name="script">
                    <activiti:string>
                        def taskDefinitionKey = task.getTaskDefinitionKey();
                        def eventName = task.getEventName();
                        println("通过脚本指定的监听器：Id为" + taskDefinitionKey +
                            "的用户任务的" + eventName + "事件触发");
                        return taskDefinitionKey + "_" + eventName;
                    </activiti:string>
                </activiti:field>
                <activiti:field name="language" stringValue="groovy"/>
                <activiti:field name="resultVariable" stringValue="nodeEvent"/>
            </activiti:taskListener>
        </extensionElements>
    </userTask>
    <sequenceFlow id="sequenceFlow1" sourceRef="startEvent1" targetRef="userTask1"/>
    <endEvent id="endEvent1"/>
    <sequenceFlow id="sequenceFlow2" sourceRef="userTask1" targetRef="endEvent1"/>
</process>
```

在以上流程定义中，加粗部分的代码为用户任务userTask1的create、assignment、complete和delete事件配置了任务监听器。加载该流程模型并执行相应流程控制的示例代码如下：

```java
@Slf4j
public class RunTaskListenerProcessDemo extends ActivitiEngineUtil {

    @Test
    public void runTaskListenerProcessDemo() {
        //加载Activiti配置文件并初始化工作流引擎及服务
        loadActivitiConfigAndInitEngine("activiti.cfg.xml");
        //部署流程
        ProcessDefinition processDefinition =
            deployByClasspathResource("processes/TaskListenerProcess.bpmn20.xml");

        //初始化流程变量
        MyTaskListenerBean myTaskListenerBean = new MyTaskListenerBean();
        MyTaskListener2 myTaskListener2= new MyTaskListener2();
        Map variables1 = new HashMap();
        variables1.put("myTaskListenerBean", myTaskListenerBean);
```

```
        variables1.put("myTaskListener2", myTaskListener2);
        //发起流程实例
        ProcessInstance processInstance =
            runtimeService.startProcessInstanceById(processDefinition.getId(), variables1);
        //查询任务
        Task task =
            taskService.createTaskQuery().processInstanceId(processInstance.getId()).singleResult();
        //办理任务
        taskService.complete(task.getId());

        //关闭工作流引擎
        closeEngine();
    }
}
```

以上代码先初始化工作流引擎并部署流程，然后发起流程，设置任务办理人并完成任务。在这个过程中，用户任务的事件将先后被触发，对应的任务监听器会捕获其事件类型，然后按照监听器的处理逻辑进行处理。代码运行结果如下：

```
03:05:42,374 [main] INFO  com.bpm.example.tasklistener.demo.bean.MyTaskListenerBean - 通
过expression指定的监听器：Id为userTask1的用户任务的assignment事件触发
03:05:42,374 [main] INFO  com.bpm.example.tasklistener.demo.listener.MyTaskListener1 - 通
过class指定的监听器：Id为userTask1用户任务的create事件触发
03:05:42,424 [main] INFO  com.bpm.example.tasklistener.demo.listener.MyTaskListener2 - 通
过delegateExpression指定的监听器：Id为userTask1的用户任务的complete事件触发
通过脚本指定的监听器：Id为userTask1的用户任务的delete事件触发
```

从代码执行结果可知，用户任务的各种事件是按序触发的。

当流程流转到用户任务节点时，触发assignment和create事件，执行对应自定义任务监听器的内容。注意，这里先触发assignment事件进行人员分配，再触发create事件。这种触发顺序与一般的认知有些差异。可以理解为，当创建create事件时，工作流引擎需要能够获取任务的所有属性，这里当然也包括执行人。

当办理用户任务时，先触发complete事件再触发delete事件。

18.2 全局事件监听器

在18.1节中介绍的执行监听器和任务监听器可以捕获流程运转过程中工作流引擎发出的对应事件并进行处理。但是这两种方式有一个缺点，即需要在流程定义的BPMN文件中为流程或每个节点增加监听器配置。这导致监听器被预先分散地定义在不同的流程定义中，不利于统一管理和维护。针对这个问题，Activiti引入了全局事件监听器，它是引擎范围的事件监听器，可以捕获所有Activiti事件。

18.2.1 全局事件监听器工作原理

全局事件监听器是引擎级别的，既可以注册在全部事件类型上，也可以注册在指定的事件类型上。监听器与事件的注册是在工作流引擎启动时完成的。全局事件监听器的工作原理是，在流程运行过程中，当某一个事件被触发时，工作流引擎会根据事件的类型匹配对应的监听器进行处理。这个过程如图18.4所示。

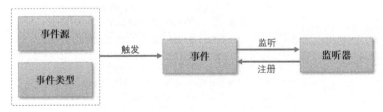

图18.4　全局事件监听器工作过程

全局事件监听器在使用过程中有以下关键要素：
- 支持的事件类型；
- 事件监听器的实现；
- 配置事件监听器。

18.2.2 支持的事件类型

Activiti引擎内置了多种事件类型，每种类型都对应org.activiti.engine.delegate.event.ActivitiEventType中的一个枚举值。Activiti引擎内置的事件名称及事件类型如表18.1所示。

表18.1 Activiti引擎内置的事件名称及事件类型

事件名称	描述	事件类型
ENGINE_CREATED	监听器监听的工作流引擎已经创建完毕，并准备接受API调用	ActivitiEvent
ENGINE_CLOSED	监听器监听的工作流引擎已经关闭，不再接受API调用	ActivitiEvent
ENTITY_CREATED	创建了一个新实体。实体包含在事件中，可以从事件中获取实体	ActivitiEntityEvent
ENTITY_INITIALIZED	创建了一个新实体，初始化也完成了。如果该实体的创建包含子实体的创建，则该事件会在子实体都创建/初始化完成后被触发，这是它与ENTITY_CREATED的区别	ActivitiEntityEvent
ENTITY_UPDATED	更新了已存在的实体。实体包含在事件中，可以从事件中获取实体	ActivitiEntityEvent
ENTITY_DELETED	删除了已存在的实体。实体包含在事件中，可以从事件中获取实体	ActivitiEntityEvent
ENTITY_SUSPENDED	挂起了已存在的实体。实体包含在事件中，可以从事件中获取实体。该事件可以被ProcessDefinition、ProcessInstance和Task抛出	ActivitiEntityEvent
ENTITY_ACTIVATED	激活了已存在的实体，实体包含在事件中，可以从事件中获取实体。该事件可以被ProcessDefinition、ProcessInstance和Task抛出	ActivitiEntityEvent
JOB_EXECUTION_SUCCESS	作业执行成功。Job对象包含在事件中	ActivitiEntityEvent
JOB_EXECUTION_FAILURE	作业执行失败。作业和异常信息包含在事件中	ActivitiEntityEvent ActivitiExceptionEvent
JOB_RETRIES_DECREMENTED	因为作业执行失败，重试次数减少。作业包含在事件中	ActivitiEntityEvent
TIMER_FIRED	触发了定时器。Job对象包含在事件中	ActivitiEntityEvent
JOB_CANCELED	取消了一个作业。事件包含取消的作业。作业可以在以下几种情况下取消：通过API调用取消；在任务完成后取消对应的边界定时器；新流程定义发布时取消旧版本流程定义中定时器开始事件对应的定时器	ActivitiEntityEvent
ACTIVITY_STARTED	一个节点开始执行	ActivitiActivityEvent
ACTIVITY_COMPLETED	一个节点成功结束	ActivitiActivityEvent
ACTIVITY_SIGNALED	一个节点收到了一个信号	ActivitiSignalEvent
ACTIVITY_MESSAGE_RECEIVED	一个节点收到了一条消息。在节点收到消息之前触发。收到后，会触发ACTIVITY_SIGNAL或ACTIVITY_STARTED，这基于节点的类型（边界事件、事件子流程开始事件等）	ActivitiMessageEvent
ACTIVITY_ERROR_RECEIVED	一个节点收到了一个错误事件。在节点实际处理错误之前触发。事件的activityId对应处理错误的节点。该事件后续会是ACTIVITY_SIGNALLED或ACTIVITY_COMPLETE（如果错误发送成功）	ActivitiErrorEvent
UNCAUGHT_BPMN_ERROR	抛出了未捕获的BPMN错误。流程未提供针对这个错误的处理器。事件的activityId为空	ActivitiErrorEvent
ACTIVITY_COMPENSATE	一个节点将要被补偿。事件包含了将要执行补偿的节点ID	ActivitiActivityEvent
VARIABLE_CREATED	创建了一个变量。事件包含变量名称、变量值和对应的分支或任务（如果存在）	ActivitiVariableEvent

续表

事件名称	描述	事件类型
VARIABLE_UPDATED	更新了一个变量。事件包含变量名称、变量值和对应的分支或任务（如果存在）	ActivitiVariableEvent
VARIABLE_DELETED	删除了一个变量。事件包含变量名称、变量值和对应的分支或任务（如果存在）	ActivitiVariableEvent
TASK_ASSIGNED	任务被分配给了一个人员。事件包含任务	ActivitiEntityEvent
TASK_CREATED	创建了新任务并且任务的所有属性都已设置。它位于ENTITY_CREATE事件之后。当任务是由流程创建时，该事件会在TaskListener执行之前被执行	ActivitiEntityEvent
TASK_COMPLETED	任务完成。它会在ENTITY_DELETE事件之前触发。当任务是流程的一部分时，事件会在流程继续流转之前触发，其后续事件将是ACTIVITY_COMPLETE，对应完成任务的节点	ActivitiEntityEvent
PROCESS_COMPLETED	流程已结束，在最后一个节点的ACTIVITY_COMPLETED事件之后触发	ActivitiEntityEvent
MEMBERSHIP_CREATED	用户被添加到一个组中。事件包含了用户和组的ID	ActivitiMembershipEvent
MEMBERSHIP_DELETED	用户被从一个组中删除。事件包含了用户和组的ID	ActivitiMembershipEvent
MEMBERSHIPS_DELETED	所有成员被从一个组中删除。成员在被删除之前触发该事件，所以它们都是可以访问的。出于性能方面的考虑，不会为每个成员触发单独的MEMBERSHIP_DELETED事件	ActivitiMembershipEvent

18.2.3　事件监听器的实现

事件监听器需要实现org.activiti.engine.delegate.event.ActivitiEventListener的onEvent(ActivitiEvent event)和isFailOnException()方法，示例代码如下：

```
public class GlobalEventListener implements ActivitiEventListener {

    public void onEvent(ActivitiEvent event) {
        ActivitiEventType eventType = event.getType();
        if (ActivitiEventType.PROCESS_STARTED.equals(eventType)){
            System.out.println("流程启动, " + "processInstanceId: " +
                event.getProcessInstanceId() + ", eventType: " + eventType);
        }else if (ActivitiEventType.PROCESS_COMPLETED.equals(eventType)){
            System.out.println("流程结束, " + "processInstanceId: " +
                event.getProcessInstanceId() + ", eventType: " + eventType);
        }
        System.out.println("eventName:" + event.getType().name());
    }

    public boolean isFailOnException() {
        return false;
    }
}
```

在以上代码中，自定义事件监听器实现了org.activiti.engine.delegate.event.ActivitiEventListener的onEvent(ActivitiEvent event)和isFailOnException()方法，其中事件触发时执行的是对应监听器的onEvent()方法，通过其参数ActivitiEvent可以获取当前事件的事件类型、流程实例编号、流程定义编号，以及事件对象等。在实现监听器的过程中，通常针对不同的事件类型，执行不同的业务逻辑。

isFailOnException()方法决定了当事件触发，监听器执行onEvent()方法抛出异常时的后续处理动作：如果返回结果为false，表示忽略onEvent()方法方法中抛出的异常；如果是返回结果为true，则表示onEvent()方法中抛出的异常继续向上传播，导致当前操作失败。如果事件是一个API调用的一部分（或其他事务性操作），那么事务会回滚。在实际使用中，可以根据事件监听器中的处理行为特征为isFailOnException()方法选择对应的返回值。

18.2.4 配置事件监听器

全局监听器一般有以下3种配置方式：
- 在工作流引擎配置文件中配置；
- 在流程定义文件中配置；
- 在代码中调用API动态添加。

1. 通过工作流引擎配置文件配置事件监听器

把事件监听器配置到工作流引擎配置中时，需要配置eventListeners属性，为其指定org.activiti.engine.delegate.event.ActivitiEventListener的实例列表。一般可以声明一个内部的Bean定义来指定监听器，也可以使用ref引用已定义的监听器Bean。通过工作流引擎配置文件配置事件监听器的片段如下：

```xml
<bean id="processEngineConfiguration"
    class="org.activiti.engine.impl.cfg.StandaloneProcessEngineConfiguration">
    <property name="eventListeners">
        <list>
            <bean class="com.bpm.example.eventlistener.demo.listener.GlobalEventListener"></bean>
        </list>
    </property>
    <!-- 此处省略其他属性配置 -->
</bean>
```

以上配置文件中，加粗部分的代码配置了一个事件监听器。通过eventListeners属性配置的事件监听器可覆盖所有事件类型。如果仅监听指定类型的事件，可以使用typedEventListeners属性，它需要一个map参数，其中key是以逗号分隔的事件名（或单独的事件名），value是org.activiti.engine.delegate.event.ActivitiEventListener的实例列表。示例代码如下：

```xml
<bean id="processEngineConfiguration"
    class="org.activiti.engine.impl.cfg.StandaloneProcessEngineConfiguration">
    <property name="typedEventListeners">
        <map>
            <entry key="TASK_CREATED,TASK_COMPLETED" >
                <list>
                    <bean class=
                        "com.bpm.example.eventlistener.demo.listener.GlobalEventListener" />
                </list>
            </entry>
        </map>
    </property>
    <!-- 其他元素省略 -->
</bean>
```

在以上配置文件中，加粗部分的代码配置了一个事件监听器。它只监听TASK_CREATED和TASK_COMPLETED事件，即用户任务的create事件和complete事件。

需要注意的是，通过工作流引擎配置文件方式配置的全局事件监听器，分发事件的顺序是由监听器配置时的顺序决定的：

（1）工作流引擎调用由eventListeners属性配置的所有事件监听器，并按照它们在list中的次序执行；

（2）调用由typedEventListeners属性配置的事件监听器，对应类型的事件如果被触发则被执行。

2. 通过流程定义文件配置事件监听器

在流程定义中同样可以配置事件监听器，不过通过这种方式配置的事件监听器只会监听与该流程定义相关的事件，以及该流程定义上发起的所有流程实例的事件。监听器可以使用以下3种方式配置实现：

- 通过class属性进行全类名定义；
- 通过delegateExpression属性引用实现了监听器接口的表达式；
- 使用throwEvent属性及其额外属性指定抛出的BPMN事件类型。

关于前两种配置方式，示例代码如下：

```xml
<process id="eventListenersProcess">
    <extensionElements>
        <!-- 通过class属性进行全类名定义 -->
        <activiti:eventListener
```

```xml
        class="com.bpm.example.eventlistener.demo.listener.GlobalEventListener" />
    <!-- 通过delegateExpression属性引用实现了监听器接口的表达式     -->
    <activiti:eventListener delegateExpression="${globalEventListener}"
        events="TASK_CREATED,TASK_COMPLETED" />
</extensionElements>

<!-- 其他元素省略 -->

</process>
```

在以上流程定义中，加粗部分为流程添加了两个监听器。第一个监听器通过class属性指定监听器的全类名定义，会接收所有类型的事件。第二个监听器通过delegateExpression属性通过UEL配置委托表达式${globalEventListener}，只接收用户任务创建和用户任务完成的事件。其中，globalEventListener是实现了org.activiti.engine.delegate.event.ActivitiEventListener的类的一个实例，可以添加到流程变量中。Activiti在执行表达式时会查询与其同名的流程变量，并执行其onEvent()方法。如果集成了Spring，它也可以是Spring容器中的Bean。

对于与实体相关的事件，也可以为其设置针对某个流程定义的监听器，实现只监听发生在某个流程定义上的某个类型实体事件，示例代码如下：

```xml
<process id="eventListenersProcess">
    <extensionElements>
        <!-- 通过class属性进行全类名定义，指定了entityType     -->
        <activiti:eventListener
            class="com.bpm.example.eventlistener.demo.listener.GlobalEventListener"
            entityType="task" />
        <!-- 通过delegateExpression属性引用实现了监听器接口的表达式，指定了entityType     -->
        <activiti:eventListener delegateExpression="${globalEventListener}"
            events="ENTITY_CREATED" entityType="task" />
    </extensionElements>

    <!-- 其他元素省略 -->

</process>
```

在以上流程定义中，加粗部分的代码定义了两个事件监听器，两者均配置了entityType属性。第一个监听器监听了task实体的所有事件，第二个监听器监听了task实体的指定事件。entityType支持的值包括attachment、comment、execution、identity-link、job、process-instance、process-definition和task。

关于第三种配置方式，一般用于在监听到流程事件时抛出BPMN事件。接下来看几个示例。

示例1：

```xml
<process id="testEventListeners">
    <extensionElements>
        <activiti:eventListener throwEvent="signal"
            signalName="MyProcessInstanceScopeSignal" events="TASK_CREATED" />
    </extensionElements>
</process>
```

以上流程定义中，加粗部分的代码配置的事件监听器会在监听到TASK_CREATED事件时，向流程实例内部抛出名称为MyProcessInstanceScopeSignal的信号事件。通过这种方式配置的事件监听器实现类是org.activiti.engine.impl.bpmn.helper.SignalThrowingEventListener，它实现了org.activiti.engine.delegate.event.ActivitiEventListener接口。

示例2：

```xml
<process id="testEventListeners">
    <extensionElements>
        <activiti:eventListener throwEvent="globalSignal"
            signalName="MyGlobalSignal" events="PROCESS_STARTED" />
    </extensionElements>
</process>
```

在以上流程定义中，加粗部分的代码配置的事件监听器会在监听到PROCESS_STARTED事件时，向外抛出名称为MyGlobalSignal的全局信号事件。通过这种方式配置的事件监听器实现类也是org.activiti.engine.

impl.bpmn.helper.SignalThrowingEventListener。

示例3：

```xml
<process id="testEventListeners">
    <extensionElements>
        <activiti:eventListener throwEvent="message" messageName="MyMessage"
            events="TASK_ASSIGNED" />
    </extensionElements>
</process>
```

在以上流程定义中，加粗部分的代码配置的事件监听器会在监听到TASK_ASSIGNED事件时，向流程实例内部抛出名称为MyMessage的消息事件。通过这种方式配置的事件监听器实现类是org.activiti.engine.impl.bpmn.helper.MessageThrowingEventListener，它实现了org.activiti.engine.delegate.event.ActivitiEventListener接口。

示例4：

```xml
<process id="testEventListeners">
    <extensionElements>
        <activiti:eventListener throwEvent="error" errorCode="CanceldedError"
            events="PROCESS_CANCELLED" />
    </extensionElements>
</process>
```

在以上流程定义中，加粗部分的代码配置的事件监听器会在监听到PROCESS_CANCELLED事件时，向流程实例内部抛出错误码为CanceldedError的错误事件。通过这种方式配置的事件监听器实现类是org.activiti.engine.impl.bpmn.helper.ErrorThrowingEventListener，它实现了org.activiti.engine.delegate.event.ActivitiEventListener接口。

通过throwEvent属性配置时，如果需要声明额外的逻辑判断是否抛出BPMN事件，可以开发Activiti提供的以上3种监听器类的子类，重写其boolean isValidEvent(ActivitiEvent event)方法。若使其返回结果为false，即可阻止抛出BPMN事件，同时通过class属性或delegateExpression属性将该子类配置为监听器实现类。示例代码如下：

```xml
<process id="testEventListeners">
    <extensionElements>
        <activiti:eventListener
            class="com.bpm.example.eventlistener.demo.listener.MySignalThrowingEventListener"
            throwEvent="signal" signalName="MyProcessInstanceScopeSignal" events="TASK_CREATED" />
    </extensionElements>
</process>
```

在以上流程定义中，加粗部分的代码配置的事件监听器会在监听到TASK_CREATED事件时，向流程实例内部抛出信号名称为MyProcessInstanceScopeSignal的信号事件，同时通过class指定事件监听器的实现类为com.bpm.example.eventlistener.demo.listener.MySignalThrowingEventListener。它是org.activiti.engine.impl.bpmn.helper.SignalThrowingEventListener的子类，并重写了boolean isValidEvent(ActivitiEvent event)方法，用于判断是否抛出BPMN事件。

通过流程定义文件配置事件监听器，需要注意以下几点。

- 事件监听器只能声明在process元素下，作为extensionElements的子元素，而不能定义在其他流程元素（如节点）下。
- 通过delegateExpression属性配置的表达式无法访问execution上下文，这与其他表达式（如排他网关）不同。它只能引用定义在工作流引擎配置的beans属性中声明的Bean，或者使用Spring（但未使用工作流引擎配置的beans属性）中所有实现了监听器接口的Spring Bean或其他实现了监听器接口的实例。
- 在使用监听器的class属性时，只会创建一个实例，因此需要确保监听器实现类不依赖成员变量，或确保多线程、上下文的使用安全。
- 如果events属性配置了不合法的事件类型，或者配置了不合法的throwEvent值，则会在流程定义部署时抛出异常导致部署失败。
- 如果class或delegateExpression属性指定了不合法的值，如不存在的类、不存在的Bean引用，或代理类没有实现监听器接口，那么在该流程定义的事件分发到这个监听器时，会抛出异常，因此需要确保引用的类在classpath中，并且保证表达式能够解析为有效的监听器实例。

3. 在代码中调用API动态添加事件监听器

除了前面介绍的两种配置事件监听器的方式，还可以在流程运行阶段动态添加监听器。这种方式是利用API，即runtimeService的addEventListener()方法实现监听器的注册：

```
runtimeService.addEventListener(new GlobalEventListener());
```

注意，通过这种方式在运行阶段添加的监听器工作流引擎重启后即会消失。

另外，还可以通过API，即runtimeService的removeEventListener()方法在运行阶段移除事件监听器，格式如下：

```
runtimeService.removeEventListener(new GlobalEventListener());
```

18.2.5 事件监听器使用示例

下面看一个使用事件监听器的示例，如图18.5所示。该流程包含开始事件、用户任务、结束事件和顺序流，通过流程定义文件配置事件监听器，方便我们观察流程整个执行过程中各类事件的触发顺序。

图18.5 事件监听器使用示例流程

1. 设计流程

图18.5所示流程对应的XML内容如下：

```xml
<process id="EventListenersProcess" name="事件监听器示例流程" isExecutable="true">
    <extensionElements>
        <activiti:eventListener class="com.bpm.example.eventlistener.demo.listener.
            GlobalEventListener"/>
    </extensionElements>
    <startEvent id="startEvent1"/>
    <userTask id="userTask1" name="数据上报" activiti:assignee="huhaiqin"/>
    <sequenceFlow id="sequenceFlow1" sourceRef="startEvent1" targetRef="userTask1"/>
    <endEvent id="endEvent1"/>
    <sequenceFlow id="sequenceFlow2" sourceRef="userTask1" targetRef="endEvent1"/>
</process>
```

在以上流程定义中，加粗部分的代码通过class属性进行全类名定义，添加了事件监听器com.bpm.example.eventlistener.demo.listener.GlobalEventListener。它会监听与该流程定义相关的事件，以及该流程定义上发起的所有流程实例的事件。

2. 在工作流引擎配置文件中配置监听器

上面在流程定义中配置的事件监听器无法监听工作流引擎的相关事件。如果要监听工作流引擎层面的事件，可以在工作流引擎配置文件中添加以下配置。

```xml
<beans>
    <!--activiti工作流引擎-->
    <bean id="processEngineConfiguration"
        class="org.activiti.engine.impl.cfg.StandaloneProcessEngineConfiguration">
        <property name="typedEventListeners">
            <map>
                <entry key="ENGINE_CREATED,ENGINE_CLOSED" >
                    <list>
                        <bean class="com.bpm.example.eventlistener.demo.listener.GlobalEventListener" />
                    </list>
                </entry>
            </map>
        </property>
        <!-- 其他属性配置省略 -->
```

```
    </bean>
</beans>
```

以上配置文件中略去了命名空间，完整内容可参看本书配套资源。在以上配置文件中，加粗部分的代码通过typedEventListeners属性指定事件监听器，它将监听工作流引擎的ENGINE_CREATED和ENGINE_CLOSED事件，事件监听器的实现类为com.bpm.example.eventlistener.demo.listener.GlobalEventListener。

3．实现事件监听器

事件监听器的内容如下：

```
@Slf4j
public class GlobalEventListener implements ActivitiEventListener {

    public void onEvent(ActivitiEvent event) {
        ActivitiEventType eventType = event.getType();
        switch (eventType) {
            case ENGINE_CREATED:
                //工作流引擎创建
                exectueEngineEvent(event, eventType);
                break;
            case ENGINE_CLOSED:
                //工作流引擎销毁
                exectueEngineEvent(event, eventType);
                break;
            case PROCESS_STARTED:
                //流程实例发起
                exectueProcessEvent(event, eventType);
                break;
            case PROCESS_COMPLETED:
                //流程实例结束
                exectueProcessEvent(event, eventType);
                break;
            case ACTIVITY_STARTED:
                //一个节点创建
                exectueActitityEvent(event, eventType);
                break;
            case ACTIVITY_COMPLETED:
                //一个节点结束
                exectueActitityEvent(event, eventType);
                break;
            case TASK_CREATED:
                //一个用户任务创建
                exectueTaskEvent(event, eventType);
                break;
            case TASK_ASSIGNED:
                //一个用户任务分配办理人
                exectueTaskEvent(event, eventType);
                break;
            case TASK_COMPLETED:
                //一个用户任务节点办理完成
                exectueTaskEvent(event, eventType);
                break;
            default:
                break;
        }
    }

    public boolean isFailOnException() {
        return false;
    }

    private void exectueActitityEvent(ActivitiEvent event, ActivitiEventType eventType) {
        ActivitiActivityEvent activitiActivityEvent = (ActivitiActivityEvent) event;
        log.info("Id为{}的流程活动的{}事件触发", activitiActivityEvent.getActivityId(),
            eventType.name());
    }

    private void exectueEngineEvent(ActivitiEvent event, ActivitiEventType eventType) {
```

```
        log.info("工作流引擎的{}事件触发", eventType.name());
    }

    private void exectueProcessEvent(ActivitiEvent event, ActivitiEventType eventType) {
        ActivitiEntityEvent activitiEntityEvent = (ActivitiEntityEvent) event;
        Object entityObject = activitiEntityEvent.getEntity();
        ProcessInstance processInstance = (ProcessInstance) entityObject;
        log.info("processInstanceId为{}的流程实例的{}事件触发",
            processInstance.getProcessInstanceId(), eventType.name());
    }

    private void exectueTaskEvent(ActivitiEvent event, ActivitiEventType eventType) {
        ActivitiEntityEvent activitiEntityEvent = (ActivitiEntityEvent) event;
        Object entityObject = activitiEntityEvent.getEntity();
        TaskEntity taskEntity = (TaskEntity) entityObject;
        log.info("Id为{}的用户任务的{}事件触发", taskEntity.getTaskDefinitionKey(),
            eventType.name());
    }
}
```

以上代码中实现了org.activiti.engine.delegate.event.ActivitiEventListener接口的onEvent()和isFailOnException()方法。其中，onEvent()方法用于判断事件类型，并处理了ENGINE_CREATED、ENGINE_CLOSED、PROCESS_STARTED、PROCESS_COMPLETED、ACTIVITY_STARTED、ACTIVITY_COMPLETED、TASK_CREATED、TASK_ASSIGNED和TASK_COMPLETED事件，并输出事件名称及事件对象的名称或编号。

4．使用示例

加载该流程模型并执行相应流程控制的示例代码如下：

```
@Slf4j
public class RunEventListenersProcessDemo extends ActivitiEngineUtil {

    @Test
    public void runEventListenersProcessDemo() {
        //加载Activiti配置文件并初始化工作流引擎及服务
        loadActivitiConfigAndInitEngine("activiti.eventlistener.xml");
        //部署流程
        ProcessDefinition processDefinition =
            deployByClasspathResource("processes/EventListenersProcess.bpmn20.xml");

        //发起流程实例
        ProcessInstance processInstance =
            runtimeService.startProcessInstanceById(processDefinition.getId());
        //查询任务
        Task task =
taskService.createTaskQuery().processInstanceId(processInstance.getId()).singleResult();
        //办理任务
        taskService.complete(task.getId());

        //关闭工作流引擎
        closeEngine();
    }
}
```

以上代码先初始化工作流引擎并部署流程，然后发起流程，最后查询并完成任务。在这个过程中，各种流程事件先后被触发，对应的事件监听器会捕获其事件类型，然后按照监听器的处理逻辑进行处理。代码运行结果如下：

```
08:50:20,001 [main] INFO  com.bpm.example.eventlistener.demo.listener.GlobalEventListener
 - 工作流引擎的ENGINE_CREATED事件触发
08:50:20,932 [main] INFO  com.bpm.example.eventlistener.demo.listener.GlobalEventListener
 - processInstanceId为5的流程实例的PROCESS_STARTED事件触发
08:50:20,932 [main] INFO  com.bpm.example.eventlistener.demo.listener.GlobalEventListener
 - Id为startEvent1的流程活动的ACTIVITY_STARTED事件触发
08:50:20,932 [main] INFO  com.bpm.example.eventlistener.demo.listener.GlobalEventListener
 - Id为startEvent1的流程活动的ACTIVITY_COMPLETED事件触发
08:50:20,932 [main] INFO  com.bpm.example.eventlistener.demo.listener.GlobalEventListener
```

```
- Id为userTask1的流程活动的ACTIVITY_STARTED事件触发
08:50:20,952 [main] INFO    com.bpm.example.eventlistener.demo.listener.GlobalEventListener
- Id为userTask1的用户任务的TASK_ASSIGNED事件触发
08:50:20,952 [main] INFO    com.bpm.example.eventlistener.demo.listener.GlobalEventListener
- Id为userTask1的用户任务的TASK_CREATED事件触发
08:50:20,982 [main] INFO    com.bpm.example.eventlistener.demo.listener.GlobalEventListener
- Id为userTask1的用户任务的TASK_COMPLETED事件触发
08:50:20,992 [main] INFO    com.bpm.example.eventlistener.demo.listener.GlobalEventListener
- Id为userTask1的流程活动的ACTIVITY_COMPLETED事件触发
08:50:20,992 [main] INFO    com.bpm.example.eventlistener.demo.listener.GlobalEventListener
- Id为endEvent1的流程活动的ACTIVITY_STARTED事件触发
08:50:20,992 [main] INFO    com.bpm.example.eventlistener.demo.listener.GlobalEventListener
- Id为endEvent1的流程活动的ACTIVITY_COMPLETED事件触发
08:50:21,002 [main] INFO    com.bpm.example.eventlistener.demo.listener.GlobalEventListener
- processInstanceId为5的流程实例的PROCESS_COMPLETED事件触发
08:50:21,022 [main] INFO    com.bpm.example.eventlistener.demo.listener.GlobalEventListener
- 工作流引擎的ENGINE_CLOSED事件触发
```

从代码运行结果中可知：

- 工作流引擎启动时触发ENGINE_CREATED事件，工作流引擎销毁时触发ENGINE_CLOSED事件；
- 流程发起过程中的事件执行顺序为，流程的PROCESS_STARTED事件→开始节点的ACTIVITY_STARTED事件→开始节点的ACTIVITY_COMPLETED事件；
- 用户任务从创建到办理完成过程的事件执行顺序为，ACTIVITY_STARTED事件→TASK_ASSIGNED事件→TASK_CREATED事件→TASK_COMPLETED事件→ACTIVITY_COMPLETED事件；
- 流程结束过程中的事件执行顺序为，结束节点的ACTIVITY_STARTED事件→结束节点的ACTIVITY_COMPLETED事件→PROCESS_COMPLETED事件。

18.2.6 日志监听器

日志监听器本质上也是一种全局事件监听器，用于事件触发时，保存事件的日志到数据库中，记录的数据保存在act_evt_log表中。在工作流引擎配置文件中，通过enableDatabaseEventLogging属性配置日志监听器，示例代码如下：

```xml
<bean id="processEngineConfiguration"
    class="org.activiti.engine.impl.cfg.StandaloneProcessEngineConfiguration">

    <!--配置日志监听器开关，属性默认为true -->
    <property name="enableDatabaseEventLogging" value="true"></property>

    <!-- 其他元素省略 -->

</bean>
```

在以上工作流引擎配置中，enableDatabaseEventLogging属性值设置为true，表示会保存事件日志到数据库中。该属性默认值为false，即不保存日志。

18.2.7 禁用事件监听器

Activiti默认开启事件监听器。工作流引擎配置文件中提供了事件转发器开关属性enableEventDispatcher用于控制事件监听器的状态：

```xml
<bean id="processEngineConfiguration"
    class="org.activiti.engine.impl.cfg.StandaloneProcessEngineConfiguration">

    <!--配置事件转发器开关，属性默认为true -->
    <property name="enableEventDispatcher" value="false"></property>

    <!-- 其他元素省略 -->

</bean>
```

注意，关闭事件转发器后仅影响全局事件监听器，而不会影响任务监听器和执行监听器的监听。

18.3 本章小结

本章主要介绍了Activiti中的监听器。监听器是Activiti在BPMN 2.0规范基础上扩展的功能,是业务与流程的"非侵入性黏合剂",在Activiti中,开发人员可以通过配置监听器的方式监听各种动作。其中,执行监听器可以捕获流程实例的启动和结束事件,执行一条顺序流,捕获节点的开始和结束事件;任务监听器可以捕获用户任务的创建、分派、完成及删除事件;全局事件监听器可监听Activiti中的所有事件,并且判断事件类型,进而执行不同的业务逻辑。使用监听器,可以在流程流转的不同阶段执行不同的业务处理,如在任务创建后发邮件或短信通知办理人及时办理、在流程结束后发邮件或者推送短信告知流程发起人,或者指定下一个节点的处理人等。读者可以在实际应用场景中根据需要灵活选择对应的监听器。

第19章 Activiti表单管理

表单是Web系统与人交互的主要手段之一。Activiti中提供了多种类型的表单，支持将一个表单指定为由一个或多个参与者、多个会签者或多个抄送方查看和填写。本章将介绍Activiti中的内置表单和外置表单。流程启动和用户任务需要人参与，人与流程的交互通过表单实现。在实际使用中，可以根据不同表单类型的特点选择合适的表单。

19.1 Activiti支持的表单类型

表单是每一个业务流程中重要的组成部分，对于BPM平台，用户通过表单输入信息，提交发起流程或办理用户任务，实现流程交互。Activiti默认支持以下两种类型的表单。

- 内置表单，又称为动态表单，是Activiti提供的一种快速生成表单的方式。通过Activiti内置的多种表单元素，嵌入流程定义BPMN文件中，从而构成开始事件或用户任务的表单。
- 外置表单，这是Activiti支持的另外一种表单方式，先将表单内容编辑好并保存到.form文件中，然后配置开始事件或用户任务绑定的表单名称（form key），实际运行时通过Activiti提供的API读取用户任务对应的表单内容并输出到页面。

以上两种方式都可以方便且灵活地在业务流程中以手工方式添加表单，从而完成用户的业务操作。

19.2 前期准备工作

本章介绍的案例涉及Web开发，因此这里引入Spring MVC，它是Spring提供的一个基于MVC设计模式的轻量级Web开发框架。Spring MVC本身是Spring框架的一部分，可以与Spring框架无缝集成。

使用Spring MVC需要引入以下依赖：

```
<dependency>
    <groupId>org.springframework</groupId>
    <artifactId>spring-web</artifactId>
    <version>4.3.18.RELEASE</version>
</dependency>
<dependency>
    <groupId>org.springframework</groupId>
    <artifactId>spring-webmvc</artifactId>
    <version>4.3.18.RELEASE</version>
</dependency>
```

Spring MVC围绕处理所有HTTP请求和响应DispatcherServlet而设计，通过在web.xml文件中使用URL映射请求。web.XML内容如下：

```
<web-app>
  <display-name>Activiti Form Web Application</display-name>
  <!-- 监听：在启动Web 容器时，自动装配Spring applicationContext.xml 的配置信息 -->
  <listener>
    <listener-class>org.springframework.web.context.ContextLoaderListener</listener-class>
  </listener>
  <!-- Spring MVC的前端控制器 -->
  <servlet>
    <servlet-name>dispatcher</servlet-name>
    <servlet-class>org.springframework.web.servlet.DispatcherServlet</servlet-class>
    <init-param>
      <param-name>contextConfigLocation</param-name>
```

```xml
    <!-- 配置请求路径 -->
      <param-value>/WEB-INF/dispatcher-servlet.xml</param-value>
    </init-param>
    <load-on-startup>1</load-on-startup>
  </servlet>
  <servlet-mapping>
    <servlet-name>dispatcher</servlet-name>
    <url-pattern>/</url-pattern>
  </servlet-mapping>
</web-app>
```

以上配置文件中略去了命名空间，完整内容可参看本书配套资源。该配置文件中加入了Spring MVC的如下相关配置。

- 配置了org.springframework.web.context.ContextLoaderListener监听器，其作用是在启动Web容器时，自动装配ApplicationContext配置信息，默认加载WEB-INF/applicationContext.xml文件。
- 配置了org.springframework.web.servlet.DispatcherServlet，它是前端控制器设计模式的实现。其中，load-on-startup表示启动容器时初始化该Servlet，url-pattern表示哪些请求交给Spring MVC处理，"/"用于定义默认的servlet映射。该DispatcherServlet将加载/WEB-INF/dispatcher-servlet.xml以初始化上下文。

applicationContext.xml配置文件内容如下：

```xml
<beans>
    <!--activiti工作流引擎-->
    <bean id="processEngineConfiguration"
        class="org.activiti.spring.SpringProcessEngineConfiguration">
        <!-- 数据源 -->
        <property name="dataSource" ref="dataSource"/>
        <!-- 数据库更新策略 -->
        <property name="databaseSchemaUpdate" value="create-drop"/>
        <!-- 事务管理器 -->
        <property name="transactionManager" ref="transactionManager" />
    </bean>

    <bean id="processEngine" class="org.activiti.spring.ProcessEngineFactoryBean">
        <property name="processEngineConfiguration" ref="processEngineConfiguration"/>
    </bean>

    <bean id="repositoryService" factory-bean="processEngine"
        factory-method="getRepositoryService"/>
    <bean id="runtimeService" factory-bean="processEngine"
        factory-method="getRuntimeService"/>
    <bean id="formService" factory-bean="processEngine"
        factory-method="getFormService"/>
    <bean id="identityService" factory-bean="processEngine"
        factory-method="getIdentityService"/>
    <bean id="taskService" factory-bean="processEngine"
        factory-method="getTaskService"/>
    <bean id="historyService" factory-bean="processEngine"
        factory-method="getHistoryService"/>
    <bean id="managementService" factory-bean="processEngine"
        factory-method="getManagementService"/>

    <!--配置事务管理器-->
    <bean id="transactionManager"
        class="org.springframework.jdbc.datasource.DataSourceTransactionManager">
        <property name="dataSource" ref="dataSource" />
    </bean>

    <!--数据源配置-->
    <bean id="dataSource" class="org.apache.commons.dbcp.BasicDataSource">
        <property name="driverClassName" value="org.h2.Driver"/>
        <property name="url" value="jdbc:h2:mem:activiti"/>
        <property name="username" value="sa"/>
```

```xml
        <property name="password" value=""/>
    </bean>
</beans>
```

以上配置文件中略去了命名空间,完整内容可参阅本书配套资源。它是标准的Spring配置文件,具体的参数配置参阅7.2.2小节。

dispatcher-servlet.xml配置文件内容如下:

```xml
<beans>
    <!--开启Spring MVC注解-->
    <mvc:annotation-driven/>
    <!--开启注解扫描-->
    <context:component-scan base-package="com.bpm.example"/>
    <!-- 使用jsp作为视图-->
    <bean id="viewResolver"
        class="org.springframework.web.servlet.view.InternalResourceViewResolver">
        <property name="prefix" value="/WEB-INF/views/" />
        <property name="suffix" value=".jsp"></property>
    </bean>
</beans>
```

以上配置文件中略去了命名空间,完整内容可参阅本书配套资源。该配置文件主要用于开启注解功能、配置视图解析器。

- <mvc:annotation-driven>标签用于开启Spring MVC注解。
- <context:component-scan>标签用于激活Spring注解扫描功能,base-package用于表示所扫描的包,将扫描@Component(组件)、@Service(服务)和@Controller(控制器)等注解。
- InternalResourceViewResolver使用定义的规则来解析视图名称,在模型视图名称添加前后缀,这里使用"/WEB-INF/views"和".jsp"来确定JSP的物理位置。

19.3 内置表单

内置表单即直接将表单嵌入流程定义BPMN文件中。Activiti通过API对外暴露"表单属性定义集合",应用系统利用JavaScript脚本或者模板引擎根据表单定义的各个控件及其属性动态渲染出表单实现表单的加载。

19.3.1 内置表单介绍与应用

应用系统通过这种方式创建表单的步骤如下:
(1)在开始事件和用户任务上定义表单元素;
(2)通过Activiti提供的API获取表单元素定义;
(3)前端页面根据表单元素动态生成表单。

本节将介绍一个内置表单的使用示例,如图19.1所示。该流程为报名审核流程:在开始事件和用户任务上分别配置有一个内置表单,用户通过开始事件绑定的内置申请表单发起流程,管理员通过用户任务绑定的内置任务办理表单完成审批。

图19.1 内置表单使用示例流程

1. 流程绑定内置表单

内置表单在流程定义文件中使用activiti:formProperty属性定义,可以在开始事件和用户任务上设置表单的动态内容。表单内容均以key和value的形式保存在引擎表中。表单元素的常用属性如表19.1所示。

表19.1 表单元素的常用属性

属性名称	属性描述
id	表单控件的唯一标识，在保存该控件值时用此字段作为key
name	表单控件的名称
type	表单控件的数据类型，Activit默认支持以下几种类型： ❏ string，对应的类为org.activiti.engine.impl.form.StringFormType； ❏ long，对应的类为org.activiti.engine.impl.form.LongFormType； ❏ double，对应的类为org.activiti.engine.impl.form.DoubleFormType； ❏ enum，对应的类为org.activiti.engine.impl.form.EnumFormType； ❏ date，对应的类为org.activiti.engine.impl.form.DateFormType； ❏ boolean，对应的类为org.activiti.engine.impl.form.BooleanFormType。 除了以上6种类型，Activiti还支持自定义数据类型，具体可参阅19.2.2小节
value	控件值
expression	表达式，可以通过计算表达式设置字段的值
variable	将控件的值以variable指定的变量名称存储
default	控件的默认值
datePattern	当属性type的值为"date"时需要设置此属性定义日期格式
readable	是否可读
writable	是否可编辑
required	是否为必填项
formValues	这个不是属性，当type的值为"enum"时需要指定多个可选值，在activiti:formProperty标签中嵌入activiti:value标签

图19.1所示流程对应的XML内容如下：

```xml
<process id="InnerFormProcess" name="内置表单示例流程" isExecutable="true">
  <startEvent id="startEvent1">
    <extensionElements>
      <activiti:formProperty id="studenName" name="学员姓名" type="string"
        required="true" readable="true" writable="true"/>
      <activiti:formProperty id="sex" name="性别" type="enum"
        required="true" readable="true" writable="true" default="man">
        <activiti:value id="man" name="男"/>
        <activiti:value id="woman" name="女"/>
      </activiti:formProperty>
      <activiti:formProperty id="birthDate" name="出生日期" type="date"
        datePattern="yyyy-MM-dd" required="true" readable="true" writable="true"/>
      <activiti:formProperty id="stature" name="身高" type="long"
        required="true" readable="true" writable="true" default="189"/>
      <activiti:formProperty id="reason" name="申请理由" type="string"
        readable="true" writable="true"/>
    </extensionElements>
  </startEvent>
  <userTask id="userTask1" name="报名审核">
    <extensionElements>
      <activiti:formProperty id="studenName" name="学员姓名" type="string"
        writable="false"/>
      <activiti:formProperty id="sex" name="性别" type="enum" readable="true"
        writable="false">
        <activiti:value id="man" name="男"/>
        <activiti:value id="woman" name="女"/>
      </activiti:formProperty>
      <activiti:formProperty id="birthDate" name="出生日期" type="date"
        datePattern="yyyy-MM-dd" readable="true" writable="false"/>
      <activiti:formProperty id="stature" name="身高" type="long" readable="true"
        writable="false"/>
      <activiti:formProperty id="reason" name="申请理由" type="string"
        readable="true" writable="false"/>
      <activiti:formProperty id="result" name="审批结论" type="enum" readable="true"
```

```xml
        writable="true">
        <activiti:value id="agree" name="同意"/>
        <activiti:value id="disagree" name="不同意"/>
      </activiti:formProperty>
      <activiti:formProperty id="audit" name="审批意见" type="string" readable="true"
        writable="true"/>
    </extensionElements>
  </userTask>
  <sequenceFlow id="sequenceFlow1" sourceRef="startEvent1" targetRef="userTask1"/>
  <endEvent id="endEvent1"/>
  <sequenceFlow id="sequenceFlow2" sourceRef="userTask1" targetRef="endEvent1"/>
</process>
```

在以上流程定义中，在开始事件startEvent1的extensionElements子元素下，通过activiti:formProperty属性定义了6个内置表单元素，required="true"表示必填项，writable="true"表示可编辑。在用户任务userTask1的extensionElements子元素下，通过activiti:formProperty属性定义了8个内置表单元素，其中6个表单元素与开始事件的表单相同，但writable="false"表示为只读。

2．获取内置表单的定义内容

对包含有内置表单的流程模型进行部署之后，就可以通过Activiti的API获取内置表单的内容。Activiti提供了FormService的API操作用于获取流程开始事件及用户任务的表单内容。

（1）获取流程开始事件的表单内容

通过FormService的StartFormData getStartFormData(String processDefinitionId)方法可以根据processDefinitionId获取流程开始事件的表单内容。查看StartFormData的接口类定义，可以发现它继承的父接口类是FormData，通过其List<FormProperty> getFormProperties()方法即可获取表单中定义的表单元素。

（2）获取用户任务的表单内容

通过FormService的TaskFormData getTaskFormData(String taskId)方法可以根据taskId获取用户任务的表单内容。TaskFormData接口类的父接口类也是FormData，通过其List<FormProperty> getFormProperties()方法即可获取表单中定义的表单元素。

获取开始事件和用户任务的表单的控制层（Controller）代码内容如下：

```java
@Controller
@RequestMapping(value = "/innerform")
public class InnerFormInitFormController {

    @Autowired
    FormService formService;
    @Autowired
    TaskService taskService;
    @Autowired
    RepositoryService repositoryService;

    /**
     * 获取发起表单
     * @param request
     * @param response
     * @return
     * @throws Exception
     */
    @RequestMapping(value = "/startForm", method= RequestMethod.GET)
    public String initStartForm(HttpServletRequest request,
        HttpServletResponse response) throws Exception {
        //根据processDefinitionKey查询流程定义
        ProcessDefinition processDefinition = repositoryService.createProcessDefinitionQuery()
            .processDefinitionKey("InnerFormProcess").latestVersion().singleResult();
        //查询发起表单
        StartFormData startFormData =
            formService.getStartFormData(processDefinition.getId());
        //获取发起表单内容
        List<FormProperty> formProperties = startFormData.getFormProperties();
        request.setAttribute("formProperties",formProperties);
        request.setAttribute("processDefinitionId",processDefinition.getId());
        return "innerform-startform";
```

```java
    }
    /**
     * 根据taskId获取表单
     * @param taskId
     * @param request
     * @param response
     * @return
     * @throws Exception
     */
    @RequestMapping(value = "/taskForm/{taskId}", method= RequestMethod.GET)
    public String initTaskForm(@PathVariable(value = "taskId") String taskId,
        HttpServletRequest request, HttpServletResponse response) throws Exception {
        //根据taskId获取表单
        TaskFormData taskFormData = formService.getTaskFormData(taskId);
        //获取表单内容
        List<FormProperty> formProperties = taskFormData.getFormProperties();
        request.setAttribute("formProperties",formProperties);
        request.setAttribute("taskId",taskId);
        return "innerform-taskform";
    }
}
```

在以上代码中，initStartForm()方法先根据流程定义key获取最新的流程定义，然后调用formService的getStartFormData(String processDefinitionId)方法获取开始事件表单，最后获取表单内容。initTaskForm()方法先调用getTaskFormData(String taskId)方法根据taskId获取用户任务表单，最后获取表单内容。

这个Controller采用Spring MVC实现。在Spring MVC中定义Controller无须继承特定的类或实现特定的接口，只需使用@Controller标记一个类是Controller，然后使用@RequestMapping等注解定义URL请求和Controller方法之间的映射。例如，路径为/innerform/startForm的Get请求将访问这个Controller的initStartForm()方法，执行完该方法后将跳转到WEB-INF/views/innerform-startform.jsp页面。关于Spring MVC的配置，读者可自行查阅本书配套资源。

3. 渲染内置表单页面

在发起流程或办理任务时，需要显示表单及表单数据，当获取表单内容之后，可以借助前端技术通过表单元素的各种属性在Web页面上构建一个表单。表单元素的所有属性信息都可以通过Activiti提供的API来获取，例如：

- 通过formProperty.getName()获取控件的名称；
- 通过formProperty.getType().getName()获取类型的名称；
- 通过formProperty.getType().getInformation("datePattern")获取日期的格式；
- 通过formProperty.getType().getInformation("values")获取枚举值。

根据开始事件表单元素渲染展示表单页面（WEB-INF/views/innerform-startform.jsp）的示例代码如下：

```jsp
<%@ page isELIgnored="false" %>
<%@ taglib prefix="c" uri="http://java.sun.com/jsp/jstl/core" %>
<%@ page contentType="text/html;charset=UTF-8" language="java" %>
<meta http-equiv="Content-Type" content="text/html;charset=UTF-8"/>
<html>
  <head>
    <title>内部表单-开始事件表单</title>
  </head>
  <body>
    <style>body{text-align:center}</style>
    <h2>内部表单-开始事件表单</h2>
    <%
      String path = request.getContextPath();
      String basePath = request.getScheme()+"://"+request.getServerName()+":"
        +request.getServerPort()+path+"/";
    %>
    <form action="<%=basePath%>innerform/startProcess/${processDefinitionId}"
      method="post">
      <table style="width: 300px;margin: 0 auto;">
        <c:forEach items="${formProperties}" var="formProperty" varStatus="vs">
          <tr>
```

```jsp
<c:choose>
  <c:when test="${formProperty.getType().getName() == 'enum'}">
    <td>${formProperty.getName()}</td>
    <td>
      <c:choose>
        <c:when test="${formProperty.isWritable()}">
          <select id ="${formProperty.id}" name="${formProperty.id}">
            <c:forEach
              items="${formProperty.getType().getInformation('values')}"
              var="information" varStatus="vs2">
              <option value="${information.key}">${information.value}</option>
            </c:forEach>
          </select>
        </c:when>
        <c:otherwise>
          ${information.value}
        </c:otherwise>
      </c:choose>
    </td>
  </c:when>
  <c:when test="${formProperty.getType().getName() == 'date'}">
    <td>${formProperty.getName()}</td>
    <td>
    <c:choose>
    <c:when test="${formProperty.isWritable()}">
      <input type="text" id ="${formProperty.id}" name="${formProperty.id}"
       value="${formProperty.value}"/>
    </c:when>
    <c:otherwise>
      ${formProperty.value}
    </c:otherwise>
    </c:choose>
    </td>
  </c:when>
  <c:otherwise>
    <td>${formProperty.getName()}</td>
    <td>
      <c:choose>
        <c:when test="${formProperty.isWritable()}">
          <input type="text" id ="${formProperty.id}"
            name="${formProperty.id}" value="${formProperty.value}"/>
        </c:when>
        <c:otherwise>
          ${formProperty.value}
        </c:otherwise>
      </c:choose>
    </td>
  </c:otherwise>
</c:choose>
      </tr>
    </c:forEach>
    <tr>
      <td colspan="2" align="center"><input type="submit" value="提交"></td>
    </tr>
    </table>
  </form>
 </body>
</html>
```

以上是一段标准的JSP代码，其中用到了JSP标准标签库（JSP Standard Tag Library，JSTL），JSTL支持通用的、结构化的任务，如迭代、条件判断等，这里使用JSTL对后端传递来的数据进行处理和输出。关于JSTL的用法，读者可自行查看相关资料。

根据用户任务表单元素渲染展示表单页面（WEB-INF/views/innerform-taskform.jsp）的示例代码如下：

```jsp
<%@ page isELIgnored="false" %>
<%@ taglib prefix="c" uri="http://java.sun.com/jsp/jstl/core" %>
<%@ page contentType="text/html;charset=UTF-8" language="java" %>
<meta http-equiv="Content-Type" content="text/html;charset=UTF-8"/>
```

```html
<html>
  <head>
    <title>内部表单-用户任务表单</title>
  </head>
  <body>
    <style>body{text-align:center}</style>
    <h2>内部表单-用户任务表单</h2>
    <%
      String path = request.getContextPath();
      String basePath =
          request.getScheme()+"://"+request.getServerName()+":"+request.getServerPort()+path+"/";
    %>
    <form action="<%=basePath%>innerform/completeTask/${taskId}" method="post">
      <table style="width: 300px;margin: 0 auto;">
        <c:forEach items="${formProperties}" var="formProperty" varStatus="vs">
          <tr>
            <c:choose>
              <c:when test="${formProperty.getType().getName() == 'enum'}">
                <td>${formProperty.getName()}</td>
                <td>
                  <c:choose>
                    <c:when test="${formProperty.isWritable()}">
                      <select id ="${formProperty.id}" name="${formProperty.id}">
                        <c:forEach
                          items="${formProperty.getType().getInformation('values')}"
                          var="information" varStatus="vs2">
                          <c:choose>
                            <c:when test="${formProperty.value == information.key}">
                              <option value="${information.key}" selected>
                              ${information.value}</option>
                            </c:when>
                            <c:otherwise>
                              <option value="${information.key}">
                              ${information.value}</option>
                            </c:otherwise>
                          </c:choose>
                        </c:forEach>
                      </select>
                    </c:when>
                    <c:otherwise>
                      <c:forEach
                        items="${formProperty.getType().getInformation('values')}"
                        var="information" varStatus="vs2">
                        <c:if test="${formProperty.value == information.key}">
                          ${information.value}
                        </c:if>
                      </c:forEach>
                    </c:otherwise>
                  </c:choose>
                </td>
              </c:when>
              <c:when test="${formProperty.getType().getName() == 'date'}">
                <td>${formProperty.getName()}</td>
                <td>
                <c:choose>
                <c:when test="${formProperty.isWritable()}">
                  <input type="text" id ="${formProperty.id}"
                    name="${formProperty.id}" value="${formProperty.value}"/>
                </c:when>
                <c:otherwise>
                  ${formProperty.value}
                </c:otherwise>
                </c:choose>
                </td>
              </c:when>
              <c:otherwise>
                <td>${formProperty.getName()}</td>
                <td>
                  <c:choose>
```

```html
            <c:when test="${formProperty.isWritable()}">
              <input type="text" id ="${formProperty.id}"
                name="${formProperty.id}" value="${formProperty.value}"/>
            </c:when>
            <c:otherwise>
              ${formProperty.value}
            </c:otherwise>
          </c:choose>
        </td>
      </c:otherwise>
    </c:choose>
   </tr>
  </c:forEach>
  <tr>
    <td colspan="2" align="center"><input type="submit" value="提交"></td>
  </tr>
 </table>
</form>
</body>
</html>
```

这里同样是在JSP页面中使用JSTL对后端传递来的数据进行处理和输出,具体内容不再赘述。

4．内置表单数据的保存

在发起流程和办理待办任务时,通过获取内置表单元素内容并渲染来展示表单页面。当用户填写了表单数据并执行发起流程、办理任务的操作,表单数据会保存到数据库中。开始事件表单可以通过FormService的submitStartFormData(String processDefinitionId, Map<String,String> properties)方法提交并发起流程,用户任务表单可以通过FormService的submitTaskFormData(String taskId, Map<String, String>properties)方法提交并办理任务。

提交表单并发起流程、办理任务的控制层代码如下:

```java
@Controller
@RequestMapping(value = "/innerform")
public class InnerFormSubmitDataController {

    @Autowired
    FormService formService;
    @Autowired
    TaskService taskService;
    @Autowired
    RepositoryService repositoryService;

    /**
     * 提交开始事件表单发起流程
     * @param processDefinitionId
     * @param request
     * @param response
     * @throws Exception
     */
    @RequestMapping(value = "/startProcess/{processDefinitionId}", method= RequestMethod.POST)
    public void startProcess(@PathVariable(value = "processDefinitionId") String
        processDefinitionId, HttpServletRequest request, HttpServletResponse response)
        throws Exception {
        request.setCharacterEncoding("UTF-8");
        //根据processDefinitionId获取发起表单
        StartFormData startFormData = formService.getStartFormData(processDefinitionId);
        //获取表单元素
        List<FormProperty> formProperties = startFormData.getFormProperties();
        //获取所有可编辑表单元素的值
        Map propertiesMap = new HashMap();
        for (FormProperty formPropertie : formProperties) {
            if (formPropertie.isWritable()) {
                propertiesMap.put(formPropertie.getId(),
                    request.getParameter(formPropertie.getId()));
            }
        }
        //提交表单并发起流程
```

```java
        ProcessInstance processInstance =
            formService.submitStartFormData(processDefinitionId, propertiesMap);
        //查询流程下一个用户任务
        Task task = taskService.createTaskQuery()
            .processInstanceId(processInstance.getProcessInstanceId()).singleResult();
        response.getWriter().print("流程发起成功! 下一用户任务taskId: " + task.getId());
    }

    /**
     * 提交表单完成任务
     * @param taskId
     * @param request
     * @param response
     * @throws Exception
     */
    @RequestMapping(value = "/completeTask/{taskId}", method= RequestMethod.POST)
    public void completeTask(@PathVariable(value = "taskId") String taskId,
        HttpServletRequest request, HttpServletResponse response) throws Exception {
        request.setCharacterEncoding("UTF-8");
        //根据taskId获取用户任务表单
        TaskFormData taskFormData = formService.getTaskFormData(taskId);
        //获取表单元素
        List<FormProperty> formProperties = taskFormData.getFormProperties();
        Map propertiesMap = new HashMap();
        //获取所有可编辑表单元素的值
        for (FormProperty formPropertie : formProperties) {
            if (formPropertie.isWritable()) {
                propertiesMap.put(formPropertie.getId(),
                    request.getParameter(formPropertie.getId()));
            }
        }
        //提交表单并办理任务
        formService.submitTaskFormData(taskId, propertiesMap);
        response.getWriter().print("任务提交成功! ");
    }
}
```

在以上代码中，startProcess()方法先根据流程定义编号获取开始事件表单，然后获取表单元素，进而遍历找到所有可编辑的元素并获取提交数据，最后通过FormService的submitStartFormData(String processDefinitionId, Map<String,String> properties)方法提交表单并发起流程；completeTask()方法先根据taskId获取用户任务表单，然后获取表单元素，进而遍历找到所有可编辑的元素并获取提交数据，最后通过FormService的submitTaskFormData(String taskId, Map<String,String> properties)方法提交表单并办理任务。

需要注意的是，保存内置表单数据时需要区别表单中参数可编辑与否的属性，writable="false"的表单元素不能提交，否则会抛出一个ActivitiException异常。

表单中所有被提交的属性都将会作为流程变量存储在Activiti表中。

5．自动部署流程

自动部署流程的监听器类内容如下：

```java
@Component
public class AutoDeployInnerFormResourcesListener implements ApplicationListener
<ContextRefreshedEvent> {

    @Autowired
    RepositoryService repositoryService;

    @Override
    public void onApplicationEvent(ContextRefreshedEvent evt) {
        if (evt.getApplicationContext().getParent() == null) {
            return;
        }
        //部署流程
        repositoryService.createDeployment()
            .addClasspathResource("processes/InnerFormProcess.bpmn20.xml").deploy();
    }
}
```

该类继承自org.springframework.context.ApplicationListener监听类,并重写了onApplicationEvent()方法,用于监控ContextRefreshedEvent事件。该类会在Spring容器初始化完成后执行。加粗部分的代码用于部署流程。

6. 代码运行结果

由于篇幅有限,本节只讲解了示例的核心代码,完整代码详见本书配套资源。本示例代码运行后的表单效果如图19.2和图19.3所示。

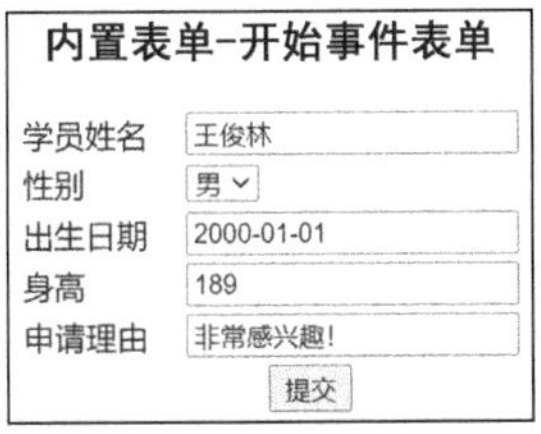

图19.2　开始事件绑定内置表单运行效果 　　图19.3　用户任务绑定内置表单运行效果

19.3.2　自定义内置表单数据类型

对于Activiti内置表单,默认支持的表单元素数据类型包括string、long、double、enum、date和boolean等。而在实际应用场景中,这些默认类型往往不够用,因此Activiti允许自定义数据类型。

1. 自定义表单数据类型解析类

所有自定义表单元素的数据类型都继承自表单类型抽象类org.activiti.engine.form.AbstractFormType。下面以自定义一个JSON类型的表单类型为例进行讲解,其解析类如下:

```java
public class JsonFormType extends AbstractFormType {

    /**
     * 定义表单类型的标识符
     *
     * @return
     */
    @Override
    public String getName() {
        return "json";
    }

    /**
     * 把表单中的值转换为实际的对象
     * @param propertyValue
     * @return
     */
    @Override
    public Object convertFormValueToModelValue(String propertyValue) {
        JSONObject jsonObject=JSONObject.parseObject(propertyValue);
        return jsonObject;
    }

    /**
     * 把实际对象的值转换为表单中的值
     * @param modelValue
     * @return
     */
    @Override
    public String convertModelValueToFormValue(Object modelValue) {
        return JSONObject.toJSONString(modelValue);
    }
}
```

以上代码实现了抽象类org.activiti.engine.form.AbstractFormType中的以下3个方法:

❑ convertFormValueToModelValue(String propertyValue)方法将表单元素的值转换为实际的对象,这里将

JSON字符串转换成了JSONObject对象；
- String convertModelValueToFormValue(Object modelValue)方法将实际对象的值转换为表单元素的值，这里将对象转为JSON字符串；
- String getName()方法定义表单类型的标识符，这里的返回值为json，表示用于解析JSON类型的表单元素。

2．在工作流引擎中注册解析类

自定义表单数据类型的解析类定义完成后，需要在工作流引擎中进行注册，否则工作流引擎会提示未找到对应的类型转换类。在工作流引擎中注册该自定义表单数据类型的配置如下：

```xml
<bean id="processEngineConfiguration"
    class="org.activiti.spring.SpringProcessEngineConfiguration">

    <!-- 自定义表单字段类型 -->
    <property name="customFormTypes">
        <list>
            <bean class="com.bpm.example.demo2.formtype.JsonFormType"/>
        </list>
    </property>

    <!--此处省略工作流引擎其他属性配置 -->

</bean>
```

在以上配置中，加粗部分的代码通过customFormTypes属性在工作流引擎配置中注册了自定义表单数据类型的解析类。

3．在内置表单中使用自定义表单数据类型

自定义表单数据类型解析类，并在工作流引擎中注册解析类后，就可以在内置表单中使用自定义表单数据类型了，示例代码如下：

```xml
<activiti:formProperty id="userConfigure" name="用户配置" required="true" type="json"/>
```

这里定义了一个名称为"用户配置"的表单元素userConfigure，它将接收JSON类型的数据。

内置表单有如下优点：使用方便、容易上手、便于理解，并且提供了自定义表单数据类型的方法，扩展性较好。但使用内置表单时，表单与流程元素混合在一起，使得配置和维护的成本比较高。另外，内置的表单数据类型较少，表单数据存储在引擎流程变量表中，可查性和可用性均比较差。

19.4 外置表单

顾名思义，与内置表单将表单元素定义在流程定义文件中不同，外置表单将表单内容保存在外部.form模板文件中，然后在流程定义的开始事件和用户任务中通过formKey属性配置引用的表单。

19.4.1 外置表单介绍与应用

本节将介绍一个外置表单的使用示例，如图19.4所示。该流程为报名审核流程：在开始事件和用户任务上分别配置有一个外置表单，用户通过流程开始事件绑定的外置申请表单发起流程，管理员通过用户任务绑定的外置任务办理表单完成审批。

图19.4 外置表单使用示例流程

1．定义外置表单

外置表单内容实际上是HTML格式的。一般将表单内容放置在表格或div容器内，存储为.form文件。开始事件绑定的外置表单（processes/start.form）内容如下：

```
<table style="width: 300px;margin: 0 auto;">
    <tr>
        <td>学员姓名</td>
        <td>
            <input type="text" id ="studenName" name="studenName" value=""/>
        </td>
    </tr>
    <tr>
        <td>性别</td>
        <td>
            <select id ="sex" name="sex">
                <option value="man">男</option>
                <option value="woman">女</option>
            </select>
        </td>
    </tr>
    <tr>
        <td>出生日期</td>
        <td>
            <input type="text" id ="birthDate" name="birthDate" value=""/>
        </td>
    </tr>
    <tr>
        <td>身高</td>
        <td>
            <input type="text" id ="stature" name="stature" value="189"/>
        </td>
    </tr>
    <tr>
        <td>申请理由</td>
        <td>
            <input type="text" id ="reason" name="reason" value=""/>
        </td>
    </tr>
    <tr>
        <td colspan="2" align="center"><input type="submit" value="提交"></td>
    </tr>
</table>
```

用户任务绑定的外置表单（processes/task.form）内容如下：

```
<table style="width: 300px;margin: 0 auto;">
    <tr>
        <td>学员姓名</td>
        <td>
            ${studenName}
        </td>
    </tr>
    <tr>
        <td>性别</td>
        <td>
        ${sex == 'man'?'男':'女'}
        </td>
    </tr>
    <tr>
        <td>出生日期</td>
        <td>
            ${birthDate}
        </td>
    </tr>
    <tr>
        <td>身高</td>
        <td>
            ${stature}
        </td>
    </tr>
    <tr>
        <td>申请理由</td>
        <td>
            ${reason}
```

```html
            </td>
        </tr>
        <tr>
            <td>审批结论</td>
            <td>
                <select id ="result" name="result">
                    <option value="agree">同意</option>
                    <option value="disagree">不同意</option>
                </select>
            </td>
        </tr>
        <tr>
            <td>审批意见</td>
            <td>
                <input type="text" id ="audit" name="audit" value=""/>
            </td>
        </tr>
        <tr>
            <td colspan="2" align="center"><input type="submit" value="提交"></td>
        </tr>
</table>
```

2. 流程绑定外置表单

外置表单定义完成之后，需要在流程定义中与开始事件或用户任务进行绑定。可以通过activiti:formkey属性进行配置。流程对应的XML内容如下：

```xml
<process id="OuterFormProcess" name="外置表单示例流程" isExecutable="true">
    <startEvent id="startEvent1" activiti:formKey="start.form"></startEvent>
    <userTask id="userTask1" name="报名审核" activiti:formKey="task.form"></userTask>
    <sequenceFlow id="sequenceFlow1" sourceRef="startEvent1" targetRef="userTask1"/>
    <endEvent id="endEvent1"/>
    <sequenceFlow id="sequenceFlow2" sourceRef="userTask1" targetRef="endEvent1"/>
</process>
```

在以上流程定义中，加粗部分的开始事件通过activiti:formKey绑定了外置表单start.form，用户任务通过activiti:formKey绑定了外置表单task.form。

3. 获取外置表单的定义内容

对包含有外置表单的流程模型进行部署之后，就可以通过Activiti的API获取外置表单的内容。Activiti提供了FormService的API操作，用于获取流程开始事件及用户任务的表单内容。

（1）获取流程开始事件的表单内容

通过FormService的Object getRenderedStartForm(String processDefinitionId)方法可以根据processDefinitionId获取流程开始事件的表单内容。另外，通过FormService的String getStartFormKey(String processDefinitionId)方法可以获取流程开始事件绑定的formKey。

（2）获取用户任务的表单内容

通过FormService的Object getRenderedTaskForm(String taskId)方法可以根据taskId获取用户任务的表单内容。另外，通过String getTaskFormKey(String processDefinitionId, String taskDefinitionKey)方法可以获取用户任务绑定的formKey。

获取开始事件和用户任务外置表单的控制层代码如下：

```java
@Controller
@RequestMapping(value = "/outerform")
public class OuterFormInitFormController {

    @Autowired
    FormService formService;
    @Autowired
    TaskService taskService;
    @Autowired
    RepositoryService repositoryService;

    /**
     * 获取发起表单
     * @param request
```

```java
 * @param response
 * @return
 * @throws Exception
 */
@RequestMapping(value = "/startForm", method= RequestMethod.GET)
public String initStartForm(HttpServletRequest request,
    HttpServletResponse response) throws Exception {
    //根据processDefinitionKey查询流程定义
    ProcessDefinition processDefinition =
        repositoryService.createProcessDefinitionQuery()
        .processDefinitionKey("OuterFormProcess").latestVersion()
        .singleResult();
    //返回的纯文本的HTML代码
    Object renderedStartForm =
        formService.getRenderedStartForm(processDefinition.getId());
    request.setAttribute("renderedStartForm",renderedStartForm);
    request.setAttribute("processDefinitionId",processDefinition.getId());
    return "outerform-startform";
}

/**
 * 根据taskId获取表单
 * @param taskId
 * @param request
 * @param response
 * @return
 * @throws Exception
 */
@RequestMapping(value = "/taskForm/{taskId}", method= RequestMethod.GET)
public String initTaskForm(@PathVariable(value = "taskId") String taskId,
    HttpServletRequest request, HttpServletResponse response) throws Exception {
    //根据taskId获取表单
    Object renderedTaskForm = formService.getRenderedTaskForm(taskId);
    request.setAttribute("renderedTaskForm",renderedTaskForm);
    request.setAttribute("taskId",taskId);
    return "outerform-taskform";
}
}
```

在以上代码中，initStartForm()方法先根据流程定义key获取最新的流程定义，然后通过formService的getRenderedStartForm(String processDefinitionId)方法获取发起事件表单的内容。initTaskForm()方法调用formService的getRenderedTaskForm(String taskId)方法，根据taskId获取用户任务表单的内容。

4．渲染外置表单页面

在发起流程或办理任务时，需要显示表单及表单数据。当获取表单内容之后，就可以借助前端技术通过表单元素的各种属性在Web页面上构建一个表单。根据开始事件表单内容渲染展示表单页面（WEB-INF/views/outerform-startform.jsp）的示例代码如下：

```jsp
<%@ page isELIgnored="false" %>
<%@ taglib prefix="c" uri="http://java.sun.com/jsp/jstl/core" %>
<%@ page contentType="text/html;charset=UTF-8" language="java" %>
<meta http-equiv="Content-Type" content="text/html;charset=UTF-8"/>
<html>
    <head>
        <title>外部表单-开始事件表单</title>
    </head>
    <body>
        <style>
            body{text-align:center}
        </style>
        <h2>外部表单-开始事件表单</h2>
        <%
            String path = request.getContextPath();
            String basePath = request.getScheme()+"://"+request.getServerName()+":"+request.
                getServerPort()+path+"/";
        %>
        <form action="<%=basePath%>outerform/startProcess/${processDefinitionId}" method="post">
            ${renderedStartForm}
```

```
        </form>
    </body>
</html>
```

在以上代码中，${renderedStartForm}是EL表达式获取变量数据的方法，表示获取某一范围（Page/Request/Session/Application）中名称为renderedStartForm的变量，在这里表示获取开始事件绑定的外置表单的内容。

根据用户任务表单内容渲染展示表单页面（WEB-INF/views/outerform-taskform.jsp）的示例代码如下：

```jsp
<%@ page isELIgnored="false" %>
<%@ taglib prefix="c" uri="http://java.sun.com/jsp/jstl/core" %>
<%@ page contentType="text/html;charset=UTF-8" language="java" %>
<meta http-equiv="Content-Type" content="text/html;charset=UTF-8"/>
<html>
    <head>
        <title>外部表单-用户任务表单</title>
    </head>
    <body>
        <style>
            body{text-align:center}
        </style>
        <h2>外部表单-用户任务表单</h2>
        <%
            String path = request.getContextPath();
            String basePath = request.getScheme()+"://"+request.getServerName()+":"+request.getServerPort()+path+"/";
        %>
        <form action="<%=basePath%>outerform/completeTask/${taskId}" method="post">
            ${renderedTaskForm}
        </form>
    </body>
</html>
```

在以上代码中，${renderedTaskForm}就是用户任务绑定的外置表单的内容。

5．外置表单数据的保存

发起流程和办理任务时，通过获取外置表单元素内容并渲染来展示表单页面。当用户填写了表单数据并执行发起流程、办理任务操作，表单数据会保存到数据库中。通过提交外置表单发起流程和办理任务的API方法与内置表单相同，提交表单发起流程、办理任务的控制层代码内容如下：

```java
@Controller
@RequestMapping(value = "/outerform")
public class OuterFormSubmitDataController {

    @Autowired
    FormService formService;
    @Autowired
    TaskService taskService;
    @Autowired
    RepositoryService repositoryService;

    /**
     * 提交开始事件表单发起流程
     * @param processDefinitionId
     * @param request
     * @param response
     * @throws Exception
     */
    @RequestMapping(value = "/startProcess/{processDefinitionId}", method= RequestMethod.POST)
    public void startProcess(@PathVariable(value = "processDefinitionId") String
        processDefinitionId, HttpServletRequest request, HttpServletResponse response)
        throws Exception {
        request.setCharacterEncoding("UTF-8");
        Map propertiesMap = new HashMap();
        //从request中读取参数然后转换
        Enumeration<String> parameterNames = request.getParameterNames();
        while (parameterNames.hasMoreElements()) {
            String parameterName = parameterNames.nextElement();
            propertiesMap.put(parameterName, request.getParameter(parameterName));
```

```java
        }
        //提交表单并发起流程
        ProcessInstance processInstance =
formService.submitStartFormData(processDefinitionId, propertiesMap);
        //查询流程下一个用户任务
        Task task = taskService.createTaskQuery()
            .processInstanceId(processInstance.getProcessInstanceId()).singleResult();
        response.getWriter().print("流程发起成功! 下一用户任务taskId: " + task.getId());
    }

    /**
     * 提交表单完成任务
     * @param taskId
     * @param request
     * @param response
     * @throws Exception
     */
    @RequestMapping(value = "/completeTask/{taskId}", method= RequestMethod.POST)
    public void completeTask(@PathVariable(value = "taskId") String taskId,
        HttpServletRequest request, HttpServletResponse response) throws Exception {
        request.setCharacterEncoding("UTF-8");
        Map propertiesMap = new HashMap();
        //从request中读取参数然后转换
        Enumeration<String> parameterNames = request.getParameterNames();
        while (parameterNames.hasMoreElements()) {
            String parameterName = parameterNames.nextElement();
            propertiesMap.put(parameterName, request.getParameter(parameterName));
        }
        //提交表单并办理任务
        formService.submitTaskFormData(taskId, propertiesMap);
        response.getWriter().print("任务提交成功! ");
    }
}
```

在以上代码中, startProcess()方法先获取表单提交数据, 然后通过formService的submitStartFormData(String processDefinitionId, Map<String,String> properties)方法提交表单并发起流程。completeTask()方法先获取表单提交数据, 然后通过formService的submitTaskFormData(String taskId, Map<String,String> properties)方法提交表单并办理任务。submitStartFormData()方法和submitTaskFormData()方法将表单提交的数据存储在流程变量中。

6. 自动部署流程及外置表单

自动部署流程及外置表单的监听器类如下:

```java
@Component
public class AutoDeployOuterFormResourcesListener implements
ApplicationListener<ContextRefreshedEvent> {

    @Autowired
    RepositoryService repositoryService;

    @Override
    public void onApplicationEvent(ContextRefreshedEvent evt) {
        if (evt.getApplicationContext().getParent() == null) {
            return;
        }

        InputStream startFormInputStream =
            getClass().getClassLoader().getResourceAsStream("forms/start.form");
        InputStream taskFormInputStream =
            getClass().getClassLoader().getResourceAsStream("forms/task.form");
        //部署流程和外置表单
        repositoryService.createDeployment()
            .addInputStream("start.form",startFormInputStream)
            .addInputStream("task.form",taskFormInputStream)
            .addClasspathResource("processes/OuterFormProcess.bpmn20.xml").deploy();
    }
}
```

以上代码中的加粗部分代码将外置表单和流程同时部署到工作流引擎中, 这样做是为了防止在部署了同名的.form文件时,多个流程定义或相同流程不同版本之间产生冲突。还有一种做法,是将.bpmn文件与.form文件打包成ZIP、JAR或BAR压缩包后进行部署。需要注意的是,在压缩包中.form文件的路径要与流程定义中开始事件和用户任务的activiti:formKey属性设置的值相同,以免出现使用时Activiti报Form with formKey *** does not exist异常。使用压缩包部署外置表单的方式如下:

```
InputStream taskFormInputStream1 =
    getClass().getClassLoader().getResourceAsStream("processes/OuterFormProcess.zip");
ZipInputStream zis = new ZipInputStream (taskFormInputStream1) ;
repositoryService.createDeployment().addZipInputStream(zis).deploy();
```

7. 代码运行结果

由于篇幅有限,本节只讲解了示例的核心代码,完整代码详见本书配套资源。本示例代码运行后的表单效果如图19.5和图19.6所示。

图19.5　用户任务绑定外置表单运行效果　　图19.6　用户任务绑定外置表单运行效果

19.4.2　外置表单扩展

19.4.1小节介绍了外置表单的传统使用方式,即将表单内容保存在外部的.form模板文件中,然后跟流程定义文件一起部署。这种方式存在一个缺点:一旦表单.form文件发生变化,就需要重新打包并部署。这很大程度上影响了系统的灵活性。这里介绍一种外置表单的扩展方法,无须将.form文件与流程定义文件一起部署。

Activiti的FormService提供了获取外部表单formKey的方法。获取开始事件绑定的表单formKey的方法为String getStartFormKey(String processDefinitionId),获取用户任务绑定的表单formKey的方法为String getTaskFormKey(String processDefinitionId, String taskDefinitionKey)。于是,可以不采用Activiti提供的传统方式获取表单内容,而采用一种扩展的方式:在绑定表单时通过activiti:formkey属性配置.form文件的全路径或相对路径,例如:

```
<startEvent id="startEvent1" activiti:formKey="forms/start.form"></startEvent>
<userTask id="userTask1" name="报名审核" activiti:formKey="forms/task.form"></userTask>
```

以上配置的外部表单在使用时,只需要获取activiti:formkey的值,然后读取该路径的模板文件的内容,传递到前端页面进行渲染。例如,通过这种方式获取开始事件和用户任务的外置表单的控制层代码内容如下:

```
@Controller
@RequestMapping(value = "/outerform")
public class ExtendOuterFormInitFormController {

    @Autowired
    FormService formService;
    @Autowired
    TaskService taskService;
    @Autowired
    RepositoryService repositoryService;

    /**
     * 获取发起表单
     * @param request
     * @param response
     * @return
     * @throws Exception
     */
    @RequestMapping(value = "/startFormExt", method= RequestMethod.GET)
    public String initExtStartForm(HttpServletRequest request,
```

```java
        HttpServletResponse response) throws Exception {
    //根据processDefinitionKey查询流程定义
    ProcessDefinition processDefinition = 
        repositoryService.createProcessDefinitionQuery()
            .processDefinitionKey("OuterFormProcess").latestVersion().singleResult();
    //获取开始事件绑定的formKey，即文件路径
    String startFormKey = formService.getStartFormKey(processDefinition.getId());
    String renderedStartForm = readFormContent(startFormKey);
    request.setAttribute("renderedStartForm",renderedStartForm);
    request.setAttribute("processDefinitionId",processDefinition.getId());
    return "outerform-startform";
}

/**
 * 根据taskId获取表单
 * @param taskId
 * @param request
 * @param response
 * @return
 * @throws Exception
 */
@RequestMapping(value = "/taskFormExt/{taskId}", method= RequestMethod.GET)
public String initExtTaskForm(@PathVariable(value = "taskId") String taskId,
    HttpServletRequest request,HttpServletResponse response) throws Exception {
    Task task = taskService.createTaskQuery().taskId(taskId).singleResult();
    //获取用户任务绑定的formKey，即文件路径
    String taskFormKey = formService.getTaskFormKey(task.getProcessDefinitionId(),
        task.getTaskDefinitionKey());
    String renderedTaskForm = readFormContent(taskFormKey);
    request.setAttribute("renderedTaskForm",renderedTaskForm);
    request.setAttribute("taskId",taskId);
    return "outerform-taskform";
}

/**
 * 根据formKey读取外部表单内容
 * @param formKey
 * @return
 * @throws Exception
 */
private String readFormContent(String formKey) throws Exception {
    String path = this.getClass().getClassLoader().getResource("/").getPath() + "/";
    String renderedForm = "";
    //根据文件路径读取外置表单内容
    InputStreamReader inputStreamReader = 
        new InputStreamReader(new FileInputStream(path + formKey), StandardCharsets.UTF_8);
    BufferedReader br = new BufferedReader(inputStreamReader);
    try {
        StringBuilder sb = new StringBuilder();
        String line = br.readLine();

        while (line != null) {
            sb.append(line);
            sb.append(System.lineSeparator());
            line = br.readLine();
        }
        renderedForm = sb.toString();
    } finally {
        br.close();
    }
    return renderedForm;
}
}
```

在以上代码中，initExtStartForm()方法先根据流程定义key获取最新的流程定义，然后通过FormService的getStartFormKey(String processDefinitionId)方法根据流程定义编号获取开始事件配置表单的formKey，最后通过读取formKey存储的外置表单路径得到外置表单的内容。initTaskForm()方法先根据taskId查询对应的待办任务，然后调用FormService的getTaskFormKey(String processDefinitionId, String taskDefinitionKey)方法根据流

程定义编号和用户任务定义编号获取用户任务配置表单的formKey，最后通过读取formKey存储的外置表单路径得到外置表单的内容。

这种方式下，表单模板文件的扩展名不限于.form。

由于篇幅有限，这里不展示全部代码，完整代码请读者查看本书配套资源。

无论是内置表单还是外置表单，都是将表单提交数据存储在流程变量中，这对于有复杂后台业务逻辑的系统，或需要对表单数据进行分析处理等场景就不太适用了。可以在本节介绍的扩展方式的基础上举一反三，将表单完全交由业务系统页面实现，在formKey中存储业务系统表单页面的URL。表单数据可以不再以键值对的形式存储在流程变量表中，而是存储在单独设计的业务数据表中，只需给Activiti提供业务表单的关键字段，就能在运行时由用户自行调用业务数据表完成操作。这样做的优点是，实现了业务数据与工作流引擎数据的分离，提高了业务数据的可控性，降低了业务数据与Activiti工作流引擎之间的耦合性，提高了扩展性。读者可以自行探索这种方式。

通过对外置表单的介绍可以发现，外置表单的优点在于无须在流程定义文件中定义各个表单数据项，一定程度上实现了表单与引擎之间的解耦，并且表单页面界面和外观可控性强。其缺点是，外置表单文件需要与流程定义文件打包部署导致灵活度不高，但可以进行扩展。此外，表单数据存储在引擎流程变量表中，可查性和可用性均比较差。

19.5 本章小结

用户在发起流程和完成用户任务时，通过表单与流程进行交互。表单需要由某个前端技术渲染才能与用户进行交互。Activiti支持通过表单属性对内置表单进行渲染和对外置表单进行渲染。这两种方式仅在表单定义方式上面有所差别，但流程的运转机制完全相同，读者可根据具体场景灵活选用。

第20章

多实例实战应用

BPMN 2.0引入了多实例的概念。这是一种在业务流程中定义"重复"环节的方法,Activiti对其提供了支持。配置为多实例的活动在流程运行时会创建多个活动实例,既可以顺序依次执行也可以并行同时执行,效果相当于在活动上循环执行,并在满足设置的结束条件后退出循环。BPMN中的多种节点可以设置为多实例,从而在流程中实现各种"重复"执行的特性,满足特定的需求场景。本章将介绍Activiti多实例配置方法,并结合示例介绍多实例在常见活动或子流程上的应用。

20.1 多实例概述

BPMN中的多实例活动用于实现循环。虽然循环总是可以通过活动连接网关将后续顺序流指向自己或前面的活动来实现,但是多实例活动在某些情况下实现起来更简单。如果想让某些特定的活动重复执行多次,可以将该活动设置为多实例,让其按照配置来执行相应的次数。

20.1.1 多实例的概念

多实例活动用于在业务流程中定义重复环节。从开发角度讲,多实例相当于循环。可以根据给定的集合,为每个元素顺序或并行地执行某个环节,甚至某个子流程。

所谓多实例,指在一个普通活动上添加额外的属性定义(称作"多实例特性"),使活动在运行时可以执行多次。以下活动可以设置为多实例活动:

- ❑ 用户任务;
- ❑ 脚本任务;
- ❑ 服务任务;
- ❑ Web服务任务;
- ❑ 业务规则任务;
- ❑ 电子邮件任务;
- ❑ 手动任务;
- ❑ 接收任务;
- ❑ (嵌入式)子流程;
- ❑ 调用活动。

提示: 网关和事件不能设置为多实例。

按照BPMN 2.0规范的要求,在Activiti设计中,为每个实例创建的执行实例的父执行实例都内置有如表20.1所示的变量。

表20.1 多实例的父执行内置变量

变量名	含义
nrOfInstances	实例总数
nrOfActiveInstances	当前活动的(尚未完成的)实例数量。对于串行多实例来说,这个值总是1
nrOfCompletedInstances	已经完成的实例的数量

表20.1中的3个变量值可以通过execution.getVariable(变量名)方法获取。

另外,每个创建的执行实例都会有一个本地变量,如表20.2所示。它对于其他执行实例不可见,并且不存储在流程实例级别。

表20.2 多实例的子执行内置变量

变量名	含义
loopCounter	表示特定实例正在循环的索引值。loopCounter变量可以使用activiti的elementIndexVariable属性重命名

20.1.2 多实例的配置

1．图形标记

如果一个活动被设置为多实例，则在活动底部用3条短线表示。短线的朝向表示多实例的类型：纵向表示并行多实例（并行执行），横向表示串行多实例（顺序执行），如图20.1所示。

图20.1 多实例图形标记示例

2．XML内容

如果要将一个活动设置为多实例活动，需要为该活动的XML元素设置一个multiInstanceLoopCharacteristics子元素，一般一个多实例需要配置以下3个信息：

- ❏ 多实例类型的配置；
- ❏ 多实例的数量计算；
- ❏ 多实例结束条件配置。

（1）多实例类型的配置

Activiti中使用multiInstanceLoopCharacteristics的isSequential属性表示多实例的类型，isSequential="false"表示活动是一个并行多实例，isSequential="true"表示活动是一个串行多实例。示例代码如下：

```
<multiInstanceLoopCharacteristics isSequential="false">
<!-- 此处省略其他参数配置 -->
</multiInstanceLoopCharacteristics>
```

以上配置表示该活动是一个并行多实例。

（2）多实例的数量计算

在进入活动时会计算一次多实例的数量，Activiti为此提供了多种配置方法。

第一种配置方法是使用loopCardinality子元素指定。这种方法是使用loopCardinality子元素直接指定一个数字作为多实例的数量，格式如下：

```
<multiInstanceLoopCharacteristics isSequential="false|true">
    <loopCardinality>6</loopCardinality>
</multiInstanceLoopCharacteristics>
```

使用这种方法时，也可以配置为执行结果为整数的表达式，格式如下：

```
<multiInstanceLoopCharacteristics isSequential="false|true">
    <loopCardinality>${nrOfOrders-nrOfCancellations}</loopCardinality>
</multiInstanceLoopCharacteristics>
```

第二种配置方法是使用loopDataInputRef子元素指定。这种方法是使用loopDataInputRef子元素指定一个类型为集合的流程变量。该集合中的每个元素都会创建一个实例。另外，也可以使用inputDataItem子元素配置存储集合元素的变量名（可选）。以用户任务为例，使用这种方法的示例代码如下：

```
<userTask id="userTask1" name="多实例用户任务" activiti:assignee="${assignee}">
    <multiInstanceLoopCharacteristics isSequential="false">
        <loopDataInputRef>assigneeList</loopDataInputRef>
        <inputDataItem name="assignee" />
```

```xml
    </multiInstanceLoopCharacteristics>
</userTask>
```

以上用户任务配置通过loopDataInputRef子元素指定了类型为集合的assigneeList流程变量，同时通过inputDataItem子元素设置assignee。假设assigneeList变量的值包括hebo、liuxiaopeng、huhaiqin，那么在以上配置中，3个用户任务会同时被创建（并行多实例），并且每个执行都会拥有一个名为assignee的流程变量，其包含集合中的对应元素，用于分配用户任务。

使用这种方式配置多实例的数量，存在两个缺点：loopDataInputRef和inputDataItem的名称不易记忆；根据BPMN 2.0格式定义，不能包含表达式。

第三种配置方法是通过collection和elementVariable属性指定。为了解决使用loopDataInputRef方式配置多实例的数量时存在的问题，Activiti为multiInstanceCharacteristics引入了collection和elementVariable属性，其配置如下：

```xml
<userTask id="userTask1" name="多实例用户任务" activiti:assignee="${assignee}">
    <multiInstanceLoopCharacteristics isSequential="true"
        activiti:collection="${myTaskUserService.getUsersOfTask()}"
        activiti:elementVariable="assignee" >
    </multiInstanceLoopCharacteristics>
</userTask>
```

从以上配置中可知，这里其实是使用collection属性替代了loopDataInputRef子元素，使用elementVariable属性替代了inputDataItem子元素，不同之处在于collection属性可以配置为一个表达式，使用起来更加灵活。

需要注意的是，collection属性会作为表达式进行解析。如果表达式执行结果为字符串而非集合，则无论其本身配置的就是静态字符串值，还是表达式执行结果为字符串，该字符串都会被当作变量名，其值为实际的集合。示例代码如下：

```xml
<userTask id="userTask1" name="多实例用户任务" activiti:assignee="${assignee}">
    <multiInstanceLoopCharacteristics isSequential="true"
        activiti:collection="assigneeList" activiti:elementVariable="assignee" >
    </multiInstanceLoopCharacteristics>
</userTask>
```

在以上配置中，需要将集合存储在assigneeList流程变量中。

为了进一步说明，看另一个示例：

```xml
<userTask id="userTask1" name="多实例用户任务" activiti:assignee="${assignee}">
    <multiInstanceLoopCharacteristics isSequential="true"
        activiti:collection="${myTaskUserService.getCollectionVariableName()}"
        activiti:elementVariable="assignee" >
    </multiInstanceLoopCharacteristics>
</userTask>
```

在以上配置中，如果表达式${myTaskUserService.getCollectionVariableName()}的执行结果是一个字符串值，工作流引擎就会用该字符串值作为变量名，获取流程变量保存的集合。

（3）多实例结束条件的配置

Activiti默认多实例活动在所有实例都完成后才能结束。同时，Activiti提供了completionCondition子元素用于配置评估是否结束多实例的表达式，这个表达式在每个实例结束时执行一次；如果表达式计算结果为true，则当前多实例中所有剩余实例将被销毁，多实例活动结束，流程离开当前活动继续流转；如果表达式计算结果为false，则继续等待剩余实例完成。看下面的示例：

```xml
<userTask id="miTasks" name="多实例用户任务" activiti:assignee="${assignee}">
    <multiInstanceLoopCharacteristics isSequential="false"
        activiti:collection="assigneeList" activiti:elementVariable="assignee" >
        <completionCondition>${nrOfCompletedInstances/nrOfInstances >= 0.5 }
        </completionCondition>
    </multiInstanceLoopCharacteristics>
</userTask>
```

以上配置中会为assigneeList集合的每个元素创建一个并行实例。当50%的任务完成时（加粗部分的代码），其他任务就会被删除，流程继续向下流转。

20.1.3 多实例与其他流程元素的搭配使用

本小节将介绍多实例与边界事件、监听器搭配使用的效果和注意事项。

1. 多实例与边界事件搭配使用

由于多实例活动本身是一个常规活动，所以可以在其边界上定义各种边界事件。对于中断型边界事件，当事件被捕获时，所有未完成的实例都将被销毁。图20.2展示了多实例子流程与定时器边界事件搭配使用的示例流程。

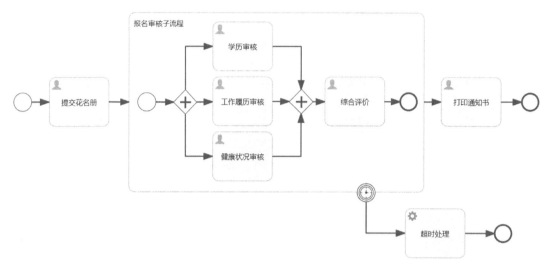

图20.2　多实例与边界事件搭配使用示例流程

在该示例流程中，子流程被指定为并行多实例子流程，子流程的边界上定义了一个中断型定时器边界事件。当定时器触发时，子流程的所有实例都会被销毁，无论它们是否完成。

2. 多实例与执行监听器搭配使用

多实例与执行监听器也可以搭配使用。以下配置执行监听器的代码片段配置在与multiInstanceLoopCharacteristics XML元素相同的级别上：

```xml
<extensionElements>
    <activiti:executionListener event="start"
        class="com.bpm.example.demo.listener.MyStartListener"/>
    <activiti:executionListener event="end"
        class="com.bpm.example.demo.listener.MyEndListener"/>
</extensionElements>
```

对于普通的BPMN活动来说，会在活动开始与结束时分别调用一次监听器。但如果将该节点设置为多实例，则其行为将有所不同。

对于start事件来说：

- 当流转到多实例活动时，会在任何内部活动执行前抛出一个start事件，此时loopCounter变量还未设置（值为null）；
- 当进入每个实际执行的活动时，会抛出一个start事件，此时loopCounter变量已经设置。

对于end事件来说：

- 会在离开每个实际执行的活动后抛出一个end事件，此时loopCounter变量已经设置；
- 当多实例活动整体完成后，会抛出一个end事件。

下面通过一个示例进行说明。示例代码如下：

```xml
<userTask id="userTask1" name="多实例用户任务" activiti:assignee="${assignee}">
    <extensionElements>
        <activiti:executionListener event="start"
            class="com.bpm.example.demo.listener.MyStartListener"/>
```

```xml
        <activiti:executionListener event="end"
            class="com.bpm.example.demo.listener.MyEndListener"/>
    </extensionElements>
    <multiInstanceLoopCharacteristics isSequential="false">
        <loopDataInputRef>assigneeList</loopDataInputRef>
        <inputDataItem name="assignee" />
    </multiInstanceLoopCharacteristics>
</userTask>
```

在上面的示例中，假设assigneeList流程变量的值为3项，那么在进入该多实例用户任务时会发生以下事情：
- 多实例整体抛出一个start事件，因此会调用1次start执行监听器，此时loopCounter与assignee变量均未设置（值为null）；
- 每个活动实例都抛出一个start事件，因此会调用3次start执行监听器，loopCounter与assignee变量均已设置（值不为null）。

因此，start执行监听器共会被调用4次。

同样地，如果multiInstanceLoopCharacteristics配置在其他活动上，执行监听器的行为也是一致的。

20.2 多实例用户任务应用

在实际业务流程中，用户任务一般由一人进行处理。当然，也会有需要多人同时处理一个任务的场景，比如一个任务需要多人进行审批或者表决，根据这些审批结果来决定流程的走向，这种需求我们称之为会签。所谓会签，指多人针对同一事务进行协商处理，共同签署决策一件事情。会签场景在实际中非常常见，如签发一份文件，在领导审核环节，需要多部门领导共同签字才能生效。对应到BPM流程，可以把领导签字环节定义为用户任务。

如果部门领导数是固定的，可以通过多个Activiti的并行用户任务或串行用户任务进行处理，如图20.3和图20.4所示。

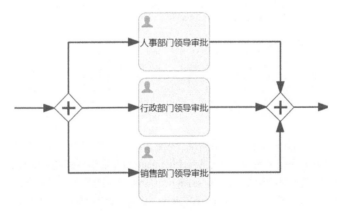

图20.3　多个并行用户任务解决固定审批人场景

图20.4　多个串行用户任务解决固定审批人场景

如果部门领导数不固定，即审批人员是动态的，上一种方法就难以实现了，可以采用多实例方式，将多部门领导会签定义为并行或串行多实例用户任务，从而实现会签，如图20.5和图20.6所示。

下面看一个多实例用户任务综合应用示例，如图20.7所示。首先，由会务人员发起流程并提交会议申请，收到会议邀请的人员现场依次签到；所有人员全部签到完成后进入投票环节，当投票完成率达到60%时结束投票。最后，会务人员根据投票结果形成决议，结束流程。

图20.5　并行多实例用户任务解决动态审批人场景　　图20.6　串行多实例用户任务解决动态审批人场景

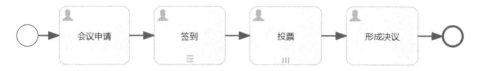

图20.7　多实例用户任务综合应用示例流程

图20.7所示流程对应的XML文件内容如下：

```xml
<process id="MultiUserTaskProcess" name="多实例用户任务示例流程" isExecutable="true">
    <startEvent id="startEvent1"/>
    <userTask id="firstUserTask" name="会议申请"></userTask>
    <userTask id="secondUserTask" name="签到" activiti:assignee="${assignee}">
        <multiInstanceLoopCharacteristics isSequential="true"
            activiti:collection="${assigneeList}" activiti:elementVariable="assignee">
            <completionCondition>${nrOfCompletedInstances == nrOfInstances}</completionCondition>
        </multiInstanceLoopCharacteristics>
    </userTask>
    <userTask id="thirdUserTask" name="投票" activiti:assignee="${assignee}">
        <multiInstanceLoopCharacteristics isSequential="false"
            activiti:collection="${assigneeList}" activiti:elementVariable="assignee">
            <completionCondition>${nrOfCompletedInstances/nrOfInstances >= 0.6}</completionCondition>
        </multiInstanceLoopCharacteristics>
    </userTask>
    <userTask id="fourthUserTask" name="形成决议"></userTask>
    <endEvent id="endEvent1"></endEvent>
    <sequenceFlow id="sequenceFlow1" sourceRef="startEvent1" targetRef="firstUserTask"/>
    <sequenceFlow id="sequenceFlow2" sourceRef="firstUserTask" targetRef="secondUserTask"/>
    <sequenceFlow id="sequenceFlow3" sourceRef="secondUserTask" targetRef="thirdUserTask"/>
    <sequenceFlow id="sequenceFlow4" sourceRef="fourthUserTask" targetRef="endEvent1"/>
    <sequenceFlow id="sequenceFlow5" sourceRef="thirdUserTask" targetRef="fourthUserTask"/>
</process>
```

在以上流程定义中，加粗部分的代码将签到用户任务和投票用户任务设置为多实例。

- 签到用户任务设置为串行多实例，通过activiti:collection指定该会签环节的参与人的集合。此处使用assigneeList流程变量实现。多实例在遍历assigneeList集合时把单个值保存在activiti:elementVariable指定的名为assignee的变量中，其与userTask的activiti:assignee结合使用可以决定该实例由谁进行处理；结束条件表达式配置为${nrOfCompletedInstances == nrOfInstances}，表明多实例的所有任务办理完成后才能结束多实例。
- 投票用户任务设置为并行多实例。办理人集合存储在assigneeList变量中，结束条件表达式配置为${nrOfCompletedInstances/nrOfInstances >= 0.6}，表明完成总实例数的60%后结束多实例。

加载该流程模型并执行相应流程控制的示例代码如下：

```java
@Slf4j
public class RunMultiUserTaskProcessDemo extends ActivitiEngineUtil {

    SimplePropertyPreFilter executionFilter = new
        SimplePropertyPreFilter(Execution.class,
        "id","parentId","businessKey","processInstanceId","scope","activityId");

    @Test
    public void runMultiUserTaskProcessDemo() {
        //加载Activiti配置文件并初始化工作流引擎及服务
        loadActivitiConfigAndInitEngine("activiti.cfg.xml");
```

```java
//部署流程
ProcessDefinition processDefinition =
    deployByClasspathResource("processes/MultiUserTaskProcess.bpmn20.xml");

//设置流程变量
Map variables1 = new HashMap<>();
List assigneeList = Arrays.asList("litao", "huhaiqin", "wangjunlin",
    "liuxiaopeng", "hebo");
variables1.put("assigneeList", assigneeList);
//发起流程
ProcessInstance processInstance =
    runtimeService.startProcessInstanceById(processDefinition.getId(),variables1);
//查询执行实例
List<Execution> executionList1 =
    runtimeService.createExecutionQuery().processInstanceId(processInstance.
    getProcessInstanceId()).list();
log.info("流程发起后,执行实例数为:{},分别为:{}", executionList1.size(),
    JSON.toJSONString(executionList1, executionFilter));

//查询第一个任务
Task firstTask = taskService.createTaskQuery().singleResult();
log.info("即将完成第一个节点的任务,当前任务taskId: {}, taskName: {}",
    firstTask.getId(), firstTask.getName());
//完成第一个任务
taskService.complete(firstTask.getId());

//串行多实例用户任务,需要逐个依次办理,办理5次
for (int i = 0; i < assigneeList.size(); i++) {
    log.info("即将办理串行多实例第{}个任务", (i + 1));
    List<Task> tasks =
taskService.createTaskQuery().processInstanceId(processInstance.getId()).list();
    log.info("此时任务数为: {}", tasks.size());
    log.info("当前任务taskId: {}, taskName: {}, 办理人: {}", tasks.get(0).getId(),
        tasks.get(0).getName(), tasks.get(0).getAssignee());

    //查询执行实例
    List<Execution> executionList2 =
        runtimeService.createExecutionQuery().processInstanceId(processInstance.
        getProcessInstanceId()).list();
    log.info("到达串行多实例节点后,执行实例数为:{},分别为:{}", executionList2.size(),
        JSON.toJSONString(executionList2, executionFilter));
    //查询流程变量
    List<Map> variables2 = getAllVariables(runtimeService, processInstance.getId());
    log.info("当前流程变量为: {}", JSON.toJSONString(variables2));

    taskService.complete(tasks.get(0).getId());
}

//并行多实例用户任务,5*0.6=3个任务办理完成后结束
for (int i = 0; i < 3; i++) {
    log.info("办理并行多实例第{}个任务", (i + 1));
    List<Task> tasks = taskService.createTaskQuery().list();
    log.info("此时任务数为: {}", tasks.size());
    log.info("当前任务taskId: {}, taskName: {}, 办理人: {}", tasks.get(0).getId(),
        tasks.get(0).getName(), tasks.get(0).getAssignee());

    //查询执行实例
    List<Execution> executionList3 =
        runtimeService.createExecutionQuery().processInstanceId(processInstance.
        getProcessInstanceId()).list();
    log.info("到达并行多实例节点后,执行实例数为:{},分别为:{}", executionList3.size(),
        JSON.toJSONString(executionList3, executionFilter));

    //查询流程变量
    List<Map> variables3 =
        getAllVariables(runtimeService, processInstance.getId());
    log.info("当前流程变量为: {}", JSON.toJSONString(variables3));

    taskService.complete(tasks.get(0).getId());
```

```
        }
        //查询流程变量
        List<Map> variables4 = getAllVariables(runtimeService, processInstance.getId());
        log.info("当前流程变量为: {}", JSON.toJSONString(variables4));

        //单实例用户任务
        Task task = taskService.createTaskQuery().processInstanceId(processInstance.
            getProcessInstanceId()).singleResult();
        log.info("即将完成最后一个节点的任务, 当前任务taskId: {}, taskName: {}",
            task.getId(), task.getName());
        taskService.complete(task.getId());

        //查询执行实例
        List<Execution> executionList4 =
            runtimeService.createExecutionQuery().processInstanceId(processInstance.
            getProcessInstanceId()).list();
        log.info("流程结束后, 执行实例数为: {}, 分别为: {}", executionList4.size(),
            JSON.toJSONString(executionList4, executionFilter));

        //关闭工作流引擎
        engine.close();
    }

    //查询所有流程变量
    private List<Map> getAllVariables(RuntimeService runtimeService,
        String processInstanceId) {
        //查询所有执行实例
        List<Execution> executionList =
            runtimeService.createExecutionQuery().processInstanceId(processInstanceId).list();
        //获取所有执行实例编号
        Set<String> executionIds =
            executionList.stream().map(e -> e.getId()).distinct().collect(Collectors.toSet());
        //根据执行实例编号查询流程变量
        List<VariableInstance> variableInstances =
            runtimeService.getVariableInstancesByExecutionIds(executionIds);
        List<Map> variables = new ArrayList<>();
        for (VariableInstance variableInstance : variableInstances) {
            Map variable = new HashMap();
            variable.put("name",variableInstance.getName());
            variable.put("value",variableInstance.getValue());
            variable.put("processInstanceId",variableInstance.getProcessInstanceId());
            variable.put("executionId",variableInstance.getExecutionId());
            variables.add(variable);
        }
        return variables;
    }
}
```

以上代码先初始化工作流引擎并部署流程,发起流程,初始化流程变量assigneeList,查询并办理"会议申请"用户任务。流程流转到"签到"用户任务,依次获取并办理5个任务结束该多实例任务后,流转到"投票"用户任务,分别办理3个任务结束该多实例任务。最后,流程流转到"形成决议"用户任务,任务办理完成后流程结束。在这个过程中,在不同阶段分别输出了相应的执行实例和流程变量信息。代码运行结果如下:

```
08:55:39,467 [main] INFO    com.bpm.example.demo1.RunMultiUserTaskProcessDemo  - 流程发起
后, 执行实例数为: 2, 分别为:
[{"id":"5","processInstanceId":"5","scope":true},{"activityId":"firstUserTask","id":"9"
,"parentId":"5","processInstanceId":"5","scope":false}]
08:55:39,479 [main] INFO    com.bpm.example.demo1.RunMultiUserTaskProcessDemo  - 即将完成第
一个节点的任务, 当前任务taskId: 12, taskName: 会议申请
08:55:39,589 [main] INFO    com.bpm.example.demo1.RunMultiUserTaskProcessDemo  - 即将办理串
行多实例第1个任务
08:55:39,589 [main] INFO    com.bpm.example.demo1.RunMultiUserTaskProcessDemo  - 此时任务数
为: 1
08:55:39,589 [main] INFO    com.bpm.example.demo1.RunMultiUserTaskProcessDemo  - 当前任务
taskId: 20, taskName: 签到, 办理人: litao
08:55:39,589 [main] INFO    com.bpm.example.demo1.RunMultiUserTaskProcessDemo  - 到达串行多
```

实例节点后, 执行实例数为: 3, 分别为:
[{"activityId":"secondUserTask","id":"13","parentId":"9","processInstanceId":"5","scope":false},{"id":"5","processInstanceId":"5","scope":true},{"activityId":"secondUserTask","id":"9","parentId":"5","processInstanceId":"5","scope":false}]
08:55:39,609 [main] INFO com.bpm.example.demo1.RunMultiUserTaskProcessDemo - 当前流程变量为:
[{"processInstanceId":"5","executionId":"5","name":"assigneeList","value":["litao","huhaiqin","wangjunlin","liuxiaopeng","hebo"]},{"processInstanceId":"5","executionId":"9","name":"nrOfInstances","value":5},{"processInstanceId":"5","executionId":"9","name":"nrOfCompletedInstances","value":0},{"processInstanceId":"5","executionId":"9","name":"nrOfActiveInstances","value":1},{"processInstanceId":"5","executionId":"13","name":"loopCounter","value":0},{"processInstanceId":"5","executionId":"13","name":"assignee","value":"litao"}]
08:55:39,629 [main] INFO com.bpm.example.demo1.RunMultiUserTaskProcessDemo - 即将办理串行多实例第2个任务
08:55:39,629 [main] INFO com.bpm.example.demo1.RunMultiUserTaskProcessDemo - 此时任务数为: 1
08:55:39,629 [main] INFO com.bpm.example.demo1.RunMultiUserTaskProcessDemo - 当前任务 taskId: 23, taskName: 签到, 办理人: huhaiqin
08:55:39,634 [main] INFO com.bpm.example.demo1.RunMultiUserTaskProcessDemo - 到达串行多实例节点后, 执行实例数为: 3, 分别为:
[{"activityId":"secondUserTask","id":"13","parentId":"9","processInstanceId":"5","scope":false},{"id":"5","processInstanceId":"5","scope":true},{"activityId":"secondUserTask","id":"9","parentId":"5","processInstanceId":"5","scope":false}]
08:55:39,634 [main] INFO com.bpm.example.demo1.RunMultiUserTaskProcessDemo - 当前流程变量为:
[{"processInstanceId":"5","executionId":"5","name":"assigneeList","value":["litao","huhaiqin","wangjunlin","liuxiaopeng","hebo"]},{"processInstanceId":"5","executionId":"9","name":"nrOfInstances","value":5},{"processInstanceId":"5","executionId":"9","name":"nrOfCompletedInstances","value":1},{"processInstanceId":"5","executionId":"9","name":"nrOfActiveInstances","value":1},{"processInstanceId":"5","executionId":"13","name":"loopCounter","value":1},{"processInstanceId":"5","executionId":"13","name":"assignee","value":"huhaiqin"}]
08:55:39,654 [main] INFO com.bpm.example.demo1.RunMultiUserTaskProcessDemo - 即将办理串行多实例第3个任务
08:55:39,654 [main] INFO com.bpm.example.demo1.RunMultiUserTaskProcessDemo - 此时任务数为: 1
08:55:39,654 [main] INFO com.bpm.example.demo1.RunMultiUserTaskProcessDemo - 当前任务 taskId: 26, taskName: 签到, 办理人: wangjunlin
08:55:39,654 [main] INFO com.bpm.example.demo1.RunMultiUserTaskProcessDemo - 到达串行多实例节点后, 执行实例数为: 3, 分别为:
[{"activityId":"secondUserTask","id":"13","parentId":"9","processInstanceId":"5","scope":false},{"id":"5","processInstanceId":"5","scope":true},{"activityId":"secondUserTask","id":"9","parentId":"5","processInstanceId":"5","scope":false}]
08:55:39,664 [main] INFO com.bpm.example.demo1.RunMultiUserTaskProcessDemo - 当前流程变量为:
[{"processInstanceId":"5","executionId":"5","name":"assigneeList","value":["litao","huhaiqin","wangjunlin","liuxiaopeng","hebo"]},{"processInstanceId":"5","executionId":"9","name":"nrOfInstances","value":5},{"processInstanceId":"5","executionId":"9","name":"nrOfCompletedInstances","value":2},{"processInstanceId":"5","executionId":"9","name":"nrOfActiveInstances","value":1},{"processInstanceId":"5","executionId":"13","name":"loopCounter","value":2},{"processInstanceId":"5","executionId":"13","name":"assignee","value":"wangjunlin"}]
08:55:39,674 [main] INFO com.bpm.example.demo1.RunMultiUserTaskProcessDemo - 即将办理串行多实例第4个任务
08:55:39,674 [main] INFO com.bpm.example.demo1.RunMultiUserTaskProcessDemo - 此时任务数为: 1
08:55:39,674 [main] INFO com.bpm.example.demo1.RunMultiUserTaskProcessDemo - 当前任务 taskId: 29, taskName: 签到, 办理人: liuxiaopeng
08:55:39,674 [main] INFO com.bpm.example.demo1.RunMultiUserTaskProcessDemo - 到达串行多实例节点后, 执行实例数为: 3, 分别为:
[{"activityId":"secondUserTask","id":"13","parentId":"9","processInstanceId":"5","scope":false},{"id":"5","processInstanceId":"5","scope":true},{"activityId":"secondUserTask","id":"9","parentId":"5","processInstanceId":"5","scope":false}]
08:55:39,684 [main] INFO com.bpm.example.demo1.RunMultiUserTaskProcessDemo - 当前流程变量为:
[{"processInstanceId":"5","executionId":"5","name":"assigneeList","value":["litao","huhaiqin","wangjunlin","liuxiaopeng","hebo"]},{"processInstanceId":"5","executionId":"9","

```
name":"nrOfInstances","value":5},{"processInstanceId":"5","executionId":"9","name":"nrO
fCompletedInstances","value":3},{"processInstanceId":"5","executionId":"9","name":"nrOf
ActiveInstances","value":1},{"processInstanceId":"5","executionId":"13","name":"loopCou
nter","value":3},{"processInstanceId":"5","executionId":"13","name":"assignee","value":
"liuxiaopeng"}]
08:55:39,704 [main] INFO    com.bpm.example.demo1.RunMultiUserTaskProcessDemo    - 即将办理串
行多实例第5个任务
08:55:39,704 [main] INFO    com.bpm.example.demo1.RunMultiUserTaskProcessDemo    - 此时任务数
为：1
08:55:39,704 [main] INFO    com.bpm.example.demo1.RunMultiUserTaskProcessDemo    - 当前任务
taskId: 32, taskName: 签到，办理人: hebo
08:55:39,704 [main] INFO    com.bpm.example.demo1.RunMultiUserTaskProcessDemo    - 到达串行多
实例节点后，执行实例数为：3，分别为：
[{"activityId":"secondUserTask","id":"13","parentId":"9","processInstanceId":"5","scope
":false},{"id":"5","processInstanceId":"5","scope":true},{"activityId":"secondUserTask"
,"id":"9","parentId":"5","processInstanceId":"5","scope":false}]
08:55:39,714 [main] INFO    com.bpm.example.demo1.RunMultiUserTaskProcessDemo    - 当前流程变
量为：
[{"processInstanceId":"5","executionId":"5","name":"assigneeList","value":["litao","huh
aiqin","wangjunlin","liuxiaopeng","hebo"]},{"processInstanceId":"5","executionId":"9","
name":"nrOfInstances","value":5},{"processInstanceId":"5","executionId":"9","name":"nrO
fCompletedInstances","value":4},{"processInstanceId":"5","executionId":"9","name":"nrOf
ActiveInstances","value":1},{"processInstanceId":"5","executionId":"13","name":"loopCou
nter","value":4},{"processInstanceId":"5","executionId":"13","name":"assignee","value":
"hebo"}]
08:55:39,764 [main] INFO    com.bpm.example.demo1.RunMultiUserTaskProcessDemo    - 办理并多
实例第1个任务
08:55:39,764 [main] INFO    com.bpm.example.demo1.RunMultiUserTaskProcessDemo    - 此时任务数
为：5
08:55:39,764 [main] INFO    com.bpm.example.demo1.RunMultiUserTaskProcessDemo    - 当前任务
taskId: 50, taskName: 投票，办理人: litao
08:55:39,764 [main] INFO    com.bpm.example.demo1.RunMultiUserTaskProcessDemo    - 到达并行多
实例节点后，执行实例数为：7，分别为：
[{"activityId":"thirdUserTask","id":"34","parentId":"9","processInstanceId":"5","scope"
:false},{"activityId":"thirdUserTask","id":"35","parentId":"9","processInstanceId":"5",
"scope":false},{"activityId":"thirdUserTask","id":"36","parentId":"9","processInstanceI
d":"5","scope":false},{"activityId":"thirdUserTask","id":"37","parentId":"9","processIn
stanceId":"5","scope":false},{"activityId":"thirdUserTask","id":"38","parentId":"9","pr
ocessInstanceId":"5","scope":false},{"id":"5","processInstanceId":"5","scope":true},{"a
ctivityId":"thirdUserTask","id":"9","parentId":"5","processInstanceId":"5","scope":fals
e}]
08:55:39,774 [main] INFO    com.bpm.example.demo1.RunMultiUserTaskProcessDemo    - 当前流程变
量为：
[{"processInstanceId":"5","executionId":"5","name":"assigneeList","value":["litao","huh
aiqin","wangjunlin","liuxiaopeng","hebo"]},{"processInstanceId":"5","executionId":"9","
name":"nrOfInstances","value":5},{"processInstanceId":"5","executionId":"9","name":"nrO
fCompletedInstances","value":0},{"processInstanceId":"5","executionId":"9","name":"nrOf
ActiveInstances","value":5},{"processInstanceId":"5","executionId":"34","name":"loopCou
nter","value":0},{"processInstanceId":"5","executionId":"34","name":"assignee","value":
"litao"},{"processInstanceId":"5","executionId":"35","name":"loopCounter","value":1},{"
processInstanceId":"5","executionId":"35","name":"assignee","value":"huhaiqin"},{"proce
ssInstanceId":"5","executionId":"36","name":"loopCounter","value":2},{"processInstanceI
d":"5","executionId":"36","name":"assignee","value":"wangjunlin"},{"processInstanceId":
"5","executionId":"37","name":"loopCounter","value":3},{"processInstanceId":"5","execut
ionId":"37","name":"assignee","value":"liuxiaopeng"},{"processInstanceId":"5","executio
nId":"38","name":"loopCounter","value":4},{"processInstanceId":"5","executionId":"38","
name":"assignee","value":"hebo"}]
08:55:39,784 [main] INFO    com.bpm.example.demo1.RunMultiUserTaskProcessDemo    - 办理并行多
实例第2个任务
08:55:39,804 [main] INFO    com.bpm.example.demo1.RunMultiUserTaskProcessDemo    - 此时任务数
为：4
08:55:39,804 [main] INFO    com.bpm.example.demo1.RunMultiUserTaskProcessDemo    - 当前任务
taskId: 52, taskName: 投票，办理人: huhaiqin
08:55:39,804 [main] INFO    com.bpm.example.demo1.RunMultiUserTaskProcessDemo    - 到达并行多
实例节点后，执行实例数为：7，分别为：
[{"activityId":"thirdUserTask","id":"34","parentId":"9","processInstanceId":"5","scope"
:false},{"activityId":"thirdUserTask","id":"35","parentId":"9","processInstanceId":"5",
"scope":false},{"activityId":"thirdUserTask","id":"36","parentId":"9","processInstanceI
```

d":"5","scope":false},{"activityId":"thirdUserTask","id":"37","parentId":"9","processInstanceId":"5","scope":false},{"activityId":"thirdUserTask","id":"38","parentId":"9","processInstanceId":"5","scope":false},{"id":"5","processInstanceId":"5","scope":true},{"activityId":"thirdUserTask","id":"9","parentId":"5","processInstanceId":"5","scope":false}]
08:55:39,804 [main] INFO com.bpm.example.demo1.RunMultiUserTaskProcessDemo - 当前流程变量为：
[{"processInstanceId":"5","executionId":"5","name":"assigneeList","value":["litao","huhaiqin","wangjunlin","liuxiaopeng","hebo"]},{"processInstanceId":"5","executionId":"9","name":"nrOfInstances","value":5},{"processInstanceId":"5","executionId":"9","name":"nrOfCompletedInstances","value":1},{"processInstanceId":"5","executionId":"9","name":"nrOfActiveInstances","value":4},{"processInstanceId":"5","executionId":"34","name":"loopCounter","value":0},{"processInstanceId":"5","executionId":"34","name":"assignee","value":"litao"},{"processInstanceId":"5","executionId":"35","name":"loopCounter","value":1},{"processInstanceId":"5","executionId":"35","name":"assignee","value":"huhaiqin"},{"processInstanceId":"5","executionId":"36","name":"loopCounter","value":2},{"processInstanceId":"5","executionId":"36","name":"assignee","value":"wangjunlin"},{"processInstanceId":"5","executionId":"37","name":"loopCounter","value":3},{"processInstanceId":"5","executionId":"37","name":"assignee","value":"liuxiaopeng"},{"processInstanceId":"5","executionId":"38","name":"loopCounter","value":4},{"processInstanceId":"5","executionId":"38","name":"assignee","value":"hebo"}]
08:55:39,814 [main] INFO com.bpm.example.demo1.RunMultiUserTaskProcessDemo - 办理并行多实例第3个任务
08:55:39,814 [main] INFO com.bpm.example.demo1.RunMultiUserTaskProcessDemo - 此时任务数为：3
08:55:39,814 [main] INFO com.bpm.example.demo1.RunMultiUserTaskProcessDemo - 当前任务taskId: 54, taskName: 投票, 办理人: wangjunlin
08:55:39,824 [main] INFO com.bpm.example.demo1.RunMultiUserTaskProcessDemo - 到达并行多实例节点后，执行实例数为: 7，分别为:
[{"activityId":"thirdUserTask","id":"34","parentId":"9","processInstanceId":"5","scope":false},{"activityId":"thirdUserTask","id":"35","parentId":"9","processInstanceId":"5","scope":false},{"activityId":"thirdUserTask","id":"36","parentId":"9","processInstanceId":"5","scope":false},{"activityId":"thirdUserTask","id":"37","parentId":"9","processInstanceId":"5","scope":false},{"activityId":"thirdUserTask","id":"38","parentId":"9","processInstanceId":"5","scope":false},{"id":"5","processInstanceId":"5","scope":true},{"activityId":"thirdUserTask","id":"9","parentId":"5","processInstanceId":"5","scope":false}]
08:55:39,834 [main] INFO com.bpm.example.demo1.RunMultiUserTaskProcessDemo - 当前流程变量为：
[{"processInstanceId":"5","executionId":"5","name":"assigneeList","value":["litao","huhaiqin","wangjunlin","liuxiaopeng","hebo"]},{"processInstanceId":"5","executionId":"9","name":"nrOfInstances","value":5},{"processInstanceId":"5","executionId":"9","name":"nrOfCompletedInstances","value":2},{"processInstanceId":"5","executionId":"9","name":"nrOfActiveInstances","value":3},{"processInstanceId":"5","executionId":"34","name":"loopCounter","value":0},{"processInstanceId":"5","executionId":"34","name":"assignee","value":"litao"},{"processInstanceId":"5","executionId":"35","name":"loopCounter","value":1},{"processInstanceId":"5","executionId":"35","name":"assignee","value":"huhaiqin"},{"processInstanceId":"5","executionId":"36","name":"loopCounter","value":2},{"processInstanceId":"5","executionId":"36","name":"assignee","value":"wangjunlin"},{"processInstanceId":"5","executionId":"37","name":"loopCounter","value":3},{"processInstanceId":"5","executionId":"37","name":"assignee","value":"liuxiaopeng"},{"processInstanceId":"5","executionId":"38","name":"loopCounter","value":4},{"processInstanceId":"5","executionId":"38","name":"assignee","value":"hebo"}]
08:55:39,865 [main] INFO com.bpm.example.demo1.RunMultiUserTaskProcessDemo - 当前流程变量为：
[{"processInstanceId":"5","executionId":"5","name":"assigneeList","value":["litao","huhaiqin","wangjunlin","liuxiaopeng","hebo"]},{"processInstanceId":"5","executionId":"9","name":"nrOfInstances","value":5},{"processInstanceId":"5","executionId":"9","name":"nrOfCompletedInstances","value":3},{"processInstanceId":"5","executionId":"9","name":"nrOfActiveInstances","value":2}]
08:55:39,865 [main] INFO com.bpm.example.demo1.RunMultiUserTaskProcessDemo - 即将完成最后一个节点的任务，当前任务taskId: 60, taskName: 形成决议
08:55:39,885 [main] INFO com.bpm.example.demo1.RunMultiUserTaskProcessDemo - 流程结束后，执行实例数为: 0，分别为: []

从代码运行结果中可知执行实例的变化过程如下。

❑ 主流程发起后，存在两个执行实例，二者互为父子关系，如表20.3所示。

表20.3 流程发起后的执行实例

id	parentId	processInstanceId	activityId	scope	描述
5	无	5	无	true	流程实例
9	5	5	firstUserTask	false	执行实例

- 流程流转到串行多实例用户任务后，存在3个执行实例：1个主流程实例、1个多实例用户任务的执行实例、1个任务实例的执行实例，如表20.4所示。在串行多实例用户任务办理过程中，执行实例的数量一直没有变化。

表20.4 流程流转到串行多实例用户任务后的执行实例

id	parentId	processInstanceId	activityId	scope	描述
5	无	5	无	true	流程实例
9	5	5	secondUserTask	false	多实例整体的执行实例
13	9	5	secondUserTask	false	多实例每个实例的执行实例

- 流程流转到并行多实例用户任务后，初始存在7个执行实例：1个主流程实例、1个多实例用户任务的执行实例、5个任务实例的执行实例，如表20.5所示。

表20.5 流程流转到并行多实例用户任务后的执行实例

id	parentId	processInstanceId	activityId	scope	描述
5	无	5	无	true	流程实例
9	5	5	thirdUserTask	false	多实例整体的执行实例
34	9	5	thirdUserTask	false	多实例每个实例的执行实例
35	9	5	thirdUserTask	false	多实例每个实例的执行实例
36	9	5	thirdUserTask	false	多实例每个实例的执行实例
37	9	5	thirdUserTask	false	多实例每个实例的执行实例
38	9	5	thirdUserTask	false	多实例每个实例的执行实例

- 流程结束之后，执行实例数为0。

再看一下流程变量的变化过程。

- 流程发起后，初始化了流程变量assigneeList。
- 流程流转到串行多实例用户任务后，流程变量在assigneeList的基础上增加了nrOfInstances、nrOfCompletedInstances、nrOfActiveInstances、loopCounter和assignee等执行实例级别的变量。其中，nrOfInstances、nrOfCompletedInstances、nrOfActiveInstances分别代表总实例数、已完成实例数、未完成实例数，loopCounter用于存储当前任务在多实例循环中的索引值，assignee用于存储当前任务的办理人。在串行多实例任务的办理过程中，除了nrOfInstances和nrOfActiveInstances，其他变量均会发生变化。多实例任务结束后，这几个执行变量会被删除。
- 流程流转到并行多实例用户任务后，流程变量在assigneeList的基础上增加了nrOfInstances、nrOfCompletedInstances、nrOfActiveInstances执行变量，以及每个任务实例所在执行上的loopCounter和assignee两个执行变量。在并行多实例任务办理过程中，除了nrOfInstances，其他变量均会发生变化。每办理完成一个任务，该任务所在执行实例上的loopCounter和assignee变量就会被移除。

20.3 多实例服务任务应用

与用户任务需要人工参与不同，服务任务可以自动完成，不需要任何人工干涉。服务任务可以同时执行一些自己的逻辑代码，同样支持设置为多实例，可用于需要自动运行的多实例，如向多个用户发送信息、邮件等。下面看一个多实例服务任务的使用示例，如图20.8所示。流程发起后进入用户任务节点，提交人员名单，然后进入并行多实例服务任务发送录用通知。

20.3 多实例服务任务应用

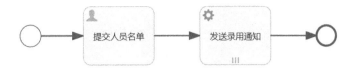

图20.8 多实例服务任务使用示例流程

图20.8所示流程对应的XML内容如下：

```xml
<process id="MultiServiceTaskProcess" name="多实例服务任务示例流程" isExecutable="true">
    <startEvent id="startEvent1"/>
    <userTask id="userTask1" name="提交人员名单"></userTask>
    <serviceTask id="serviceTask1" name="发送录用通知"
        activiti:class="com.bpm.example.demo2.delegate.SendOfferLetterDelegate">
        <multiInstanceLoopCharacteristics isSequential="false"
            activiti:collection="${userIdList}" activiti:elementVariable="userId">
            <completionCondition>${nrOfCompletedInstances ==
                nrOfInstances}</completionCondition>
        </multiInstanceLoopCharacteristics>
    </serviceTask>
    <endEvent id="endEvent1"></endEvent>
    <sequenceFlow id="sequenceFlow1" sourceRef="startEvent1" targetRef="userTask1"/>
    <sequenceFlow id="sequenceFlow2" sourceRef="userTask1" targetRef="serviceTask1"/>
    <sequenceFlow id="sequenceFlow3" sourceRef="serviceTask1" targetRef="endEvent1"/>
</process>
```

在以上流程定义中，发送录用通知环节被设置为并行多实例服务任务，通过activiti:collection指定存储该多实例的集合的变量为userIdList。多实例在遍历userIdList集合时把单个值保存在activiti:elementVariable指定的名为userId的变量中。结束条件表达式配置为${nrOfCompletedInstances == nrOfInstances}，表明多实例所有服务任务完成后才能结束多实例。

服务任务通过activiti:class指定其执行时调用的类为com.bpm.example.demo2.delegate.SendOfferLetterDelegate，其内容如下：

```java
@Slf4j
public class SendOfferLetterDelegate implements JavaDelegate {

    @Override
    public void execute(DelegateExecution execution) {
        int loopCounter = (Integer) execution.getVariable("loopCounter");
        String userId = (String)execution.getVariable("userId");
        log.info("第{}位录取人员{}的录用通知发送成功！ ", (loopCounter + 1), userId);
    }
}
```

加载该流程模型并执行相应流程控制的示例代码如下：

```java
@Slf4j
public class RunMultiServiceTaskProcessDemo extends ActivitiEngineUtil {

    @Test
    public void runMultiServiceTaskProcessDemo() {
        //加载Activiti配置文件并初始化工作流引擎及服务
        loadActivitiConfigAndInitEngine("activiti.cfg.xml");
        //部署流程
        ProcessDefinition processDefinition =
            deployByClasspathResource("processes/MultiServiceTaskProcess.bpmn20.xml");

        //发起流程
        ProcessInstance processInstance =
            runtimeService.startProcessInstanceById(processDefinition.getId());
        //查询第一个任务
        Task userTask1 =
taskService.createTaskQuery().processInstanceId(processInstance.getId()).singleResult();
        log.info("即将完成第一个任务,当前任务名称：{}", userTask1.getName());

        Map variables  = new HashMap();
        List<String> userIdList = Arrays.asList("huhaiqin","liuxiaopeng","hebo");
```

```
            variables.put("userIdList", userIdList);
            //完成第一个任务
            taskService.complete(userTask1.getId(), variables);

            //关闭工作流引擎
            engine.close();
        }
    }
```

以上代码先初始化工作流引擎并部署流程,发起流程并查询第一个用户任务,办理该任务时设置流程变量userIdList,然后流程流转到多实例服务任务节点,任务完成后结束。代码运行结果如下:

```
09:14:21,654 [main] INFO com.bpm.example.demo2.RunMultiServiceTaskProcessDemo  - 即将完成第一个任务,当前任务名称:提交人员名单
09:14:21,734 [main] INFO com.bpm.example.demo2.delegate.SendOfferLetterDelegate - 第1位录取人员huhaiqin的录用通知发送成功!
09:14:21,744 [main] INFO com.bpm.example.demo2.delegate.SendOfferLetterDelegate - 第2位录取人员liuxiaopeng的录用通知发送成功!
09:14:21,744 [main] INFO com.bpm.example.demo2.delegate.SendOfferLetterDelegate - 第3位录取人员hebo的录用通知发送成功!
```

20.4 多实例子流程应用

第17章介绍过子流程。子流程可以分解复杂流程,将其划分为多个不同的阶段,便于实现对流程的整体把握。子流程在实际需求场景中应用比较广泛,同样支持多实例。尽管可以将单个活动设置为多实例,但实际需求场景中经常要求对一组活动使用多实例。例如,多部门联合发文流程,公文起草之后需要多部门协作审批,只有各部门都审批完成后才能进入下一环节。多部门审批具有通用性,并且要求可以同时进行,因此可以采用多实例子流程来实现,如图20.9所示。

图20.9 多实例子流程使用示例流程

图20.9所示流程对应的XML内容如下:

```xml
<process id="MultiSubprocessProcess" name="多实例子流程" isExecutable="true">
    <startEvent id="startEventOfMainProcess"/>
    <userTask id="firstUserTaskOfMainProcess" name="起草公文"></userTask>
    <subProcess id="subProcess1" name="部门审批子流程">
        <multiInstanceLoopCharacteristics isSequential="false"
            activiti:collection="${assigneeList}" activiti:elementVariable="assignee">
        </multiInstanceLoopCharacteristics>
        <startEvent id="startEventOfSubProcess"/>
        <userTask id="firstUserTaskOfSubProcess" name="经理审批"
            activiti:assignee="${assignee}"></userTask>
        <userTask id="secondUserTaskOfSubProcess" name="秘书盖章"
            activiti:assignee="${nextUserId}"></userTask>
        <endEvent id="endEventOfSubProcess"></endEvent>
        <sequenceFlow id="sequenceFlow5" sourceRef="startEventOfSubProcess"
            targetRef="firstUserTaskOfSubProcess"/>
        <sequenceFlow id="sequenceFlow6" sourceRef="firstUserTaskOfSubProcess"
            targetRef="secondUserTaskOfSubProcess"/>
        <sequenceFlow id="sequenceFlow7" sourceRef="secondUserTaskOfSubProcess"
            targetRef="endEventOfSubProcess"/>
    </subProcess>
    <userTask id="secondUserTaskOfMainProcess" name="公文下发"></userTask>
    <endEvent id="endEventOfMainProcess"></endEvent>
    <sequenceFlow id="sequenceFlow1" sourceRef="startEventOfMainProcess"
```

```
            targetRef="firstUserTaskOfMainProcess"/>
    <sequenceFlow id="sequenceFlow2" sourceRef="firstUserTaskOfMainProcess"
            targetRef="subProcess1"/>
    <sequenceFlow id="sequenceFlow3" sourceRef="subProcess1"
            targetRef="secondUserTaskOfMainProcess"/>
    <sequenceFlow id="sequenceFlow4" sourceRef="secondUserTaskOfMainProcess"
            targetRef="endEventOfMainProcess"/>
</process>
```

以上流程定义中，加粗部分的代码为子流程加入了multiInstanceLoopCharacteristics子元素，表明它是一个多实例子流程，并通过其collection属性指定集合为表达式${assigneeList}，通过elementVariable属性指定存储集合元素的变量名为assignee。

加载该流程模型并执行相应流程控制的示例代码如下：

```
@Slf4j
public class RunMultiSubprocessProcessDemo extends ActivitiEngineUtil {

    SimplePropertyPreFilter executionFilter =
        new SimplePropertyPreFilter(Execution.class,
            "id","parentId","processInstanceId","scope","activityId");

    //初始化秘书信息
    private Map<String, String> secretaryMap = new HashMap<String, String>(){{
        put("hebo", "huhaiqin");
        put("liuxiaopeng", "litao");
        put("wangjunlin", "liushaoli");
    }};

    @Test
    public void runMultiSubprocessProcessDemo()  {
        //加载Activiti配置文件并初始化工作流引擎及服务
        loadActivitiConfigAndInitEngine("activiti.cfg.xml");
        //部署流程
        ProcessDefinition processDefinition =
            deployByClasspathResource("processes/MultiSubprocessProcess.bpmn20.xml");

        //发起流程
        ProcessInstance mainProcessInstance =
            runtimeService.startProcessInstanceById(processDefinition.getId());
        //查询执行实例
        List<Execution> executionList1 =
runtimeService.createExecutionQuery().processInstanceId(mainProcessInstance.getId()).list();
        log.info("主流程发起后，执行实例数为：{}，分别为：{}", executionList1.size(),
            JSON.toJSONString(executionList1, executionFilter));

        //查询主流程第一个任务
        Task firstTaskOfMainProcess =
            taskService.createTaskQuery().processInstanceId(mainProcessInstance.getId()).
            singleResult();
        log.info("主流程当前所在节点为：{}", firstTaskOfMainProcess.getName());

        //设置主流程的流程变量
        List assigneeList = Arrays.asList("wangjunlin", "liuxiaopeng", "hebo");
        Map variables1 = new HashMap<>();
        variables1.put("assigneeList", assigneeList);

        //完成主流程第一个任务，发起子流程
        taskService.complete(firstTaskOfMainProcess.getId(), variables1);
        //查询执行实例
        List<Execution> executionList2 =
runtimeService.createExecutionQuery().processInstanceId(mainProcessInstance.getId()).list();
        log.info("子流程发起后，执行实例数为：{}，分别为：{}", executionList2.size(),
            JSON.toJSONString(executionList2, executionFilter));

        //查询子流程第一个节点的任务，并依次完成
        List<Task> firstTasksOfSubProcess =
taskService.createTaskQuery().processInstanceId(mainProcessInstance.getId()).list();
        for (Task firstTaskOfSubProcess : firstTasksOfSubProcess) {
```

```java
            log.info("子流程当前所在节点为: {}, taskId: {}, 办理人: {}",
                firstTaskOfSubProcess.getName(), firstTaskOfSubProcess.getId(),
                firstTaskOfSubProcess.getAssignee());
            Map variables2 = new HashMap<>();
            variables2.put("nextUserId", secretaryMap.get(firstTaskOfSubProcess.getAssignee()));
            taskService.complete(firstTaskOfSubProcess.getId(), variables2);
        }

        //查询子流程第二个节点的任务，并依次完成
        List<Task> secondTasksOfSubProcess =
taskService.createTaskQuery().processInstanceId(mainProcessInstance.getId()).list();
        for (Task secondTaskOfSubProcess : secondTasksOfSubProcess) {
            log.info("子流程当前所在节点为: {}, taskId: {}, 办理人: {}",
                secondTaskOfSubProcess.getName(), secondTaskOfSubProcess.getId(),
                secondTaskOfSubProcess.getAssignee());
            taskService.complete(secondTaskOfSubProcess.getId());
        }

        //查询执行实例
        List<Execution> executionList3 =
runtimeService.createExecutionQuery().processInstanceId(mainProcessInstance.getId()).list();
        log.info("子流程结束后，执行实例数为: {}, 执行实例信息为: {}", executionList3.size(),
            JSON.toJSONString(executionList3, executionFilter));

        //查询主流程第二个任务
        Task secondTaskOfMainProcess =
taskService.createTaskQuery().processInstanceId(mainProcessInstance.getId()).singleResult();
        log.info("主流程所在当前节点为: " + secondTaskOfMainProcess.getName());
        taskService.complete(secondTaskOfMainProcess.getId());

        //查询执行实例
        List<Execution> executionList4 =
runtimeService.createExecutionQuery().processInstanceId(mainProcessInstance.getId()).list();
        log.info("主流程结束后，执行实例数为: {}, 执行实例信息为: {}", executionList4.size(),
            JSON.toJSONString(executionList4, executionFilter));

        //关闭工作流引擎
        engine.close();
    }
}
```

以上代码先初始化工作流引擎并部署流程，发起流程后查询并办理第一个用户任务，这时流程流转到多实例子流程节点。接下来，查询多实例子流程中的第一个用户任务环节的task，依次设置nextUserId变量并完成该任务，在这个过程中子流程第二个环节的task会依次创建，nextUserId变量设置其办理人。随后，查询多实例子流程中的第二个用户任务环节的task，进行遍历并依次完成，当所有的任务均完成之后，多实例子流程结束，重新回到主流程。最后，查询主流程的第二个用户任务，办理完成后流程结束。在这个过程中，在不同阶段输出了相应的执行实例信息。代码运行结果如下：

```
09:15:49,990 [main] INFO   com.bpm.example.demo3.RunMultiSubprocessProcessDemo   - 主流程
发起后，执行实例数为: 2, 分别为:
[{"id":"5","processInstanceId":"5","scope":true},{"activityId":"firstUserTaskOfMainProc
ess","id":"6","parentId":"5","processInstanceId":"5","scope":false}]
09:15:50,000 [main] INFO   com.bpm.example.demo3.RunMultiSubprocessProcessDemo   - 主流程
当前所在节点为: 起草公文
09:15:50,071 [main] INFO   com.bpm.example.demo3.RunMultiSubprocessProcessDemo   - 子流程
发起后，执行实例数为: 8, 分别为:
[{"activityId":"subProcess1","id":"13","parentId":"5","processInstanceId":"5","scope":t
rue},{"activityId":"subProcess1","id":"17","parentId":"13","processInstanceId":"5","sco
pe":true},{"activityId":"subProcess1","id":"18","parentId":"13","processInstanceId":"5"
,"scope":true},{"activityId":"subProcess1","id":"19","parentId":"13","processInstanceId
":"5","scope":true},{"activityId":"firstUserTaskOfSubProcess","id":"27","parentId":"17"
,"processInstanceId":"5","scope":false},{"activityId":"firstUserTaskOfSubProcess","id":
"29","parentId":"18","processInstanceId":"5","scope":false},{"activityId":"firstUserTas
kOfSubProcess","id":"31","parentId":"19","processInstanceId":"5","scope":false},{"id":"
5","processInstanceId":"5","scope":true}]
09:15:50,071 [main] INFO   com.bpm.example.demo3.RunMultiSubprocessProcessDemo   - 子流程
当前所在节点为: 经理审批, taskId: 36, 办理人: wangjunlin
```

```
09:15:50,081 [main] INFO  com.bpm.example.demo3.RunMultiSubprocessProcessDemo - 子流程
当前所在节点为：经理审批，taskId: 39, 办理人：liuxiaopeng
09:15:50,101 [main] INFO  com.bpm.example.demo3.RunMultiSubprocessProcessDemo - 子流程
当前所在节点为：经理审批，taskId: 42, 办理人：hebo
09:15:50,111 [main] INFO  com.bpm.example.demo3.RunMultiSubprocessProcessDemo - 子流程
当前所在节点为：秘书盖章，taskId: 46, 办理人：liushaoli
09:15:50,143 [main] INFO  com.bpm.example.demo3.RunMultiSubprocessProcessDemo - 子流程
当前所在节点为：秘书盖章，taskId: 49, 办理人：litao
09:15:50,183 [main] INFO  com.bpm.example.demo3.RunMultiSubprocessProcessDemo - 子流程
当前所在节点为：秘书盖章，taskId: 52, 办理人：huhaiqin
09:15:50,203 [main] INFO  com.bpm.example.demo3.RunMultiSubprocessProcessDemo - 子流程
结束后，执行实例数为：2, 执行实例信息为：
[{"activityId":"secondUserTaskOfMainProcess","id":"13","parentId":"5","processInstanceI
d":"5","scope":false},{"id":"5","processInstanceId":"5","scope":true}]
09:15:50,203 [main] INFO  com.bpm.example.demo3.RunMultiSubprocessProcessDemo - 主流程
所在当前节点为：公文下发
09:15:50,223 [main] INFO  com.bpm.example.demo3.RunMultiSubprocessProcessDemo - 主流程
结束后，执行实例数为：0, 执行实例信息为：[]
```

从代码运行结果可知，执行实例的变化过程如下。

❑ 主流程发起后，存在两个执行实例，二者互为父子关系，如表20.6所示。

表20.6　主流程发起后的执行实例

id	parentId	processInstanceId	activityId	scope	描述
5	无	5	无	true	流程实例
6	5	5	firstUserTaskOfMainProcess	false	主流程的执行实例

❑ 流程流转到并行多实例子流程后，存在8个执行实例：1个主流程实例、1个多实例子流程的执行实例、3个实例的执行实例、3个子流程中的执行实例，如表20.7所示。

表20.7　流程流转到并行多实例子流程后的执行实例

id	parentId	processInstanceId	activityId	scope	描述
5	无	5	无	true	主流程流程实例
13	5	5	subProcess1	true	多实例整体的执行实例
17	13	5	subProcess1	true	多实例每个实例的执行实例
18	13	5	subProcess1	true	多实例每个实例的执行实例
19	13	5	subProcess1	true	多实例每个实例的执行实例
27	17	5	firstUserTaskOfSubProcess	false	子流程的执行实例
29	18	5	firstUserTaskOfSubProcess	false	子流程的执行实例
31	19	5	firstUserTaskOfSubProcess	false	子流程的执行实例

❑ 流程结束之后，执行实例数为0。

20.5　本章小结

本章主要介绍了Activiti支持的多实例，详细讲解了多实例的概念和配置，并结合具体案例介绍了用户任务、服务任务、子流程这3种不同的多实例应用。由于篇幅有限，本章并没有介绍其他BPMN节点的多实例应用，读者可以基于本章的理论介绍和3种多实例应用的讲解自行探索。

第三篇
高级实战篇

第21章

Activiti集成Spring Boot

随着Spring生态的发展成熟，Spring在Java开发中的应用越来越广泛。Spring Boot在Spring基础上，对Spring的依赖、配置等做了大量的优化和整合，进一步简化了Spring的开发流程。近年来随着微服务架构的推广，Spring Boot快速构建服务的特性，更是备受市场青睐。Acitiviti作为一款企业级Java开源软件，可以与Spring Boot集成，作为独立的应用对外提供流程服务，也因此在微服务架构中得到广泛的应用。本章将介绍Activiti与Spring Boot的整合。

21.1 Spring Boot简介

Spring Boot是什么？简单来说，就是能够简单快速创建一款独立的、生产级Spring应用的基础框架。本节将对Spring Boot特性和基本实现原理进行讲解。

21.1.1 Spring Boot特性

Spring Boot自诞生以来，因其诸多的优秀特性，在企业应用开发中得到了广泛应用。下面将对比Spring Boot与Spring MVC的开发配置流程，以便于读者深入理解Spring Boot特性。

1. 使用Spring MVC开发应用

在Spring Boot诞生之前，要创建一个基于Maven的Spring MVC应用，其步骤如下。

（1）生成Web项目。可以通过Maven的maven-archetype-webapp直接生成。其完整命令如下：

```
mvn archetype:generate -DgroupId=com.example -DartifactId=spring-mvc-demo
-DarchetypeArtifactId=maven-archetype-webapp  -DinteractiveMode=false
```

通过该命令可以生成一个Java Web工程的必要目录结构及文件，如目录resources、webapp及文件web.xml等。如果使用IDE，如IDEA，一般也支持上述操作。可以先在创建项目时选择Maven项目，再选择"org.apache.maven.archetypes:maven-archetype-webapp"，创建出具备同样目录结构的项目。

（2）引入Spring MVC的JAR包。在pom.xml文件中加入Spring MVC依赖：

```xml
<dependency>
    <groupId>org.springframework</groupId>
    <artifactId>spring-webmvc</artifactId>
    <version>5.3.16</version>
</dependency>
```

引入Spring MVC时，会自动导入依赖的Spring Core、Spring Web等JAR包，因此无须单独引入这些JAR包。

（3）配置前端控制器。在web.xml中配置org.springframework.web.servlet.DispatcherServlet，指定配置文件位置及URL的转发规则。

（4）配置视图解析器。如果页面使用JSP实现，还需要进行以下配置：

```xml
<bean class="org.springframework.web.servlet.view.InternalResourceViewResolver">
    //指定jsp文件的存放位置
    <property name="prefix" value="/WEB-INF/jsp/" />
    //指定文件扩展名
    <property name="suffix" value=".jsp" />
</bean>
```

在目前的开发模式中，通常采用前后端完全分离的模式，即前端通过Ajax请求从后台获取数据，后端返回JSON格式数据。这样就可以通过添加注解@ResponseBody返回JSON格式数据，不必配置视图解析器，但仍需要引入jackson的依赖：

```xml
<dependency>
    <groupId>com.fasterxml.jackson.core</groupId>
    <artifactId>jackson-databind</artifactId>
    <version>2.12.0</version>
</dependency>
```

（5）编写后端控制器及服务代码。可以通过注解@Controller配置后端控制器，并在配置文件中指定扫描的包，启动注解驱动开发：

```xml
<context:component-scan base-package="com.example.springmvc.controller">
</context:component-scan>
<mvc:annotation-driven />
```

（6）配置应用服务器。如采用Tomcat作为servlet的容器，需要先下载Tomcat，并对其进行相应的配置。

（7）部署服务。将代码打包成WAR文件，部署到指定的目录，启动Tomcat，一个基于Spring MVC的Web项目就部署成功了。

上述步骤完成了一个简单的Web项目。如果需要整合其他功能，如集成Redis，还需加入相应的JAR包，如jedis、spring-data-redis等，并且对包的版本进行严格匹配，否则可能会出现版本不兼容的问题。除此之外，还需配置JedisPoolConfig、JedisConnectionFactory及RedisTemplate等Bean，才能完成其整合，整个过程比较烦琐。

2．使用Spring Boot开发应用

通过Spring Boot构建一个Web应用的步骤如下。

（1）创建项目。通过Maven创建一个Java工程，其命令如下：

```
mvn archetype:generate -DgroupId=com.example -DartifactId=spring-boot-demo -DarchetypeArtifactId=maven-archetype-quickstart  -DinteractiveMode=false
```

通过上述命令，可以创建一个普通的Maven项目。同样，这一步也可以使用IDE工具自动创建，如在IDEA中，可以先选择Maven项目，再选择"org.apache.maven.archetypes:maven-archetype-quickstart"，创建一个与上述命令创建的项目具备相同目录结构的Maven项目。

（2）引入对应的starter。在引入starter之前，需要先指定Spring Boot的parent。parent的主要作用是对Spring Boot依赖的JAR包及版本进行统一管理。然后引入Web项目所需的spring-boot-starter-web。其配置内容如下：

```xml
<parent>
    <groupId>org.springframework.boot</groupId>
    <artifactId>spring-boot-starter-parent</artifactId>
    <version>2.6.3</version>
</parent>
<dependencies>
    <dependency>
        <groupId>org.springframework.boot</groupId>
        <artifactId>spring-boot-starter-web</artifactId>
    </dependency>
</dependencies>
```

（3）创建启动类。创建启动类非常简单，只需创建一个main()方法，并在类上配置注解@SpringBootApplication：

```java
@SpringBootApplication
public class Application {
    public static void main(String[] args) {
        SpringApplication.run(Application.class, args);
    }
}
```

（4）编写控制器及业务代码。控制器通过@Controller注解进行标识，如果要返回JSON格式的数据，则可使用@RestController注解实现：

```java
@RestController
public class HelloController {
    @GetMapping("/hello")
    public Map<String, Object> sayHello() {
        Map<String, Object> ret = new HashMap<>();
```

```
        ret.put("msg", "success");
        return ret;
    }
}
```

（5）启动服务。先通过Maven生成对应的JAR包，然后通过java -jar命令运行JAR包，一个基于Spring Boot的Web应用便创建完成。

如果还需要整合其他功能，如Redis功能，只需在POM文件中引入spring-boot-starter-data-redis（无须指定版本号，其版本号由Spring Boot统一管理），然后配置Redis的地址、端口等，直接通过注入的方式获取RedisTemplate的实例。

对比Spring MVC与Spring Boot的开发流程，可以发现Spring Boot存在诸多优势，举例如下。

- 简化配置：在上述Spring Boot示例中，基本无须编写配置文件。使用Spring Boot可以减少大量的配置工作，尤其是组件之间整合的配置。当然，针对组件本身的参数设置，如服务器端口号、线程数等，Spring Boot也提供了相应的配置方式，可通过classpath下的application.properties或application.yml进行配置。
- 快速部署：基于Spring Boot的Web服务部署，直接运行java -jar命令即可。无须单独下载和配置Tomcat或其他servlet容器。这主要是因为spring-boot-starter-web内嵌了servlet容器，默认使用Tomcat，也支持Jetty、Undertow。
- 扩展性强：在上面的示例中，为了支持Web服务，在POM文件中引入了spring-boot-starter-web，这是Spring Boot官方提供的一个starter。starter是Spring Boot最核心的功能，Spring Boot通过starter实现自动配置，完成组件与Spring之间的整合。例如，要整合Redis功能，只需引入spring-boot-starter-data-redis。如果官方没有合适的starter，用户可以自定义starter以满足需求。通过starter，用户可以轻松地扩展出所需的自定义功能。下面就通过一个简单的用户自定义starter示例，帮助大家理解Spring Boot的starter原理。

21.1.2 自定义starter

要实现自定义starter，最核心的是实现组件的自动配置。本小节将详细介绍自定义starter的具体步骤。

1. 创建starter项目

首先，我们创建一个普通的Maven项目。需要注意的是，starter的命名最好遵循一定的规范（但并不强制遵循）。Spring Boot官方建议，官方starter以spring-boot-starter-***方式命名，而第三方starter则以***-spring-boot-starter方式命名，因此，这里将示例项目命名为hello-spring-boot-starter。自动配置功能是基于Spring Boot实现的，需要引入Spring Boot的JAR包。其POM文件配置如下：

```xml
<parent>
    <artifactId>spring-boot-starter-parent</artifactId>
    <groupId>org.springframework.boot</groupId>
    <version>2.6.3</version>
</parent>
<dependencies>
    <dependency>
        <groupId>org.springframework.boot</groupId>
        <artifactId>spring-boot-starter</artifactId>
    </dependency>
</dependencies>
```

2. 实现业务功能

具体业务功能可以根据个人需要实现。作为演示，这里只实现了一个比较简单的功能。该类的实现与Spring没有直接的联系，只是一个普通的Java类：

```java
public class HelloService {

    private String msg;

    public HelloService(String msg) {
        this.msg = msg;
    }
```

```
    public String sayHello(String name) {
        return name + ":" + msg;
    }
}
```

3. 实现自动化配置

Spring Boot的自动化配置是通过Conditional注解实现的。Spring Boot提供了多种类型的Conditional注解，常见的Conditional注解如表21.1所示。

表21.1 常见Conditional注解

注解	说明
@ConditionalOnBean	当前Spring容器中存在某个bean时实例化
@ConditionalOnClass	当前classpath存在某个类时实例化
@ConditionalOnProperty	当前Spring容器中存在某个属性时实例化
@ConditionalOnWebApplication	当前项目为Web项目时实例化
@ConditionalOnMissingBean	当前Spring容器中缺少某个bean时实例化

上述实现的业务功能需要传递一个参数msg。下面代码实现的功能是，如果配置文件中存在hello.msg属性，就实例化HelloService：

```
@Configuration
@ConditionalOnProperty(prefix = "hello", name = "msg")
public class HelloAutoConfig {

    @Value("${hello.msg}")
    private String msg;

    @ConditionalOnMissingBean(HelloService.class)
    @Bean
    public HelloService helloService() {
        return new HelloService(msg);
    }
}
```

这里使用了两个Conditional类型注解。@ConditionalOnProperty注解指定如果存在hello.msg属性时才会执行该类中相关的操作。该注解也可以用在方法上，表示存在对应属性时才执行该方法。@ConditionalOnMissingBean注解是在Spring容器中没有HelloService类的实例时才执行该方法。这样一个简单的自动配置类就完成了，其功能是在有hello.msg属性且Spring容器中不存在其他HelloService实例时，在Spring容器中生成HelloService实例对象。

4. 打包发布

在打包发布之前，还需要做最后一项配置，即在资源目录下创建META-INF/spring.factories文件，并且添加以下内容：

```
org.springframework.boot.autoconfigure.EnableAutoConfiguration=\
com.example.springboot.starter.config.HelloAutoConfig
```

Spring Boot会自动加载META-INF/spring.factories中的配置类，以实现组件的自动配置功能。然后将其打包部署到Maven仓库。至此，一个自定义的starter就开发完成了。

5. 使用starter

下面通过一个Spring Boot的Web工程来验证上述功能。首先，在pom.xml文件中引入spring-boot-starter-web以及上述开发的hello-spring-boot-starter，代码如下：

```
<dependencies>
    <dependency>
        <groupId>org.springframework.boot</groupId>
        <artifactId>spring-boot-starter-web</artifactId>
    </dependency>
    <dependency>
        <groupId>com.example</groupId>
```

```
        <artifactId>hello-spring-boot-starter</artifactId>
        <version>1.0-SNAPSHOT</version>
    </dependency>
</dependencies>
```

按之前的实现,还需要在application.yml中指定配置项hello.msg,这里设置值为"你好!"。然后新建一个控制器类调用HelloService的功能:

```
@RestController
public class HelloController {
    @Autowired
    private HelloService helloService;

    @GetMapping("/springboot/starter/hello")
    public String sayHello(String name){
        return helloService.sayHello(name);
    }
}
```

加粗部分的代码表示自动注入HelloService实例,并调用其sayHello()方法。最后,启动Spring Boot服务,并访问/springboot/starter/hello?name=liuxiaopeng,输出结果如下:

liuxiaopeng:你好!

从输出结果可知,我们已经成功完成了自定义starter功能。在使用该starter的工程中,除了必要的配置hello.msg外,并没有针对HelloService做其他配置,但是我们可以正常使用其实例,这体现了Spring Boot的自动配置能力。

21.2　Spring Boot配置详解

Spring Boot可以简化大量的配置工作,但是有些配置是无可避免的,如数据库地址、服务器端口号等。本节将详细介绍Spring Boot的配置管理。

21.2.1　配置文件读取

Spring Boot默认读取classpath下名为application的配置文件,支持Properties和YAML两种格式。Properties是Java常用的一种配置文件,文件扩展名为.properties,以"键=值"的形式存储数据。例如,Tomcat配置项,在application.properties文件的存储格式如下:

```
server.port=8082
server.tomcat.threads.max=200
server.tomcat.accept-count=1000
```

YAML是一种方便人类读写的数据格式,文件扩展名为.yml或.yaml,通过缩进表示层级关系,除了支持普通的纯值(如字符、数字、日期等)外,还支持数组、对象。以Tomcat的配置项为例,在application.yml中的存储格式如下所示:

```
server:
    port: 8092
    tomcat:
        accept-count: 1000
        threads:
            max: 200
```

相比于Properties文件,YAML的可读性更强,支持的数据结构也更丰富,因此后续的示例都通过YAML进行配置。

Spring Boot默认读取文件application.yml,但是也可以在运行时指定文件名。如果配置文件是在classpath下,则可以在启动Spring Boot服务的命令行中,通过参数--spring.config.name=$fileName来指定读取的文件,其中$fileName代表配置文件的名称。如果配置文件不在classpath下,则通过命令行参数--spring.config.location=$fileName来指定,其中$fileName为文件的路径名,可以是绝对路径,也可以是相对路径。

各个组件都有自己的配置项,如Tomcat可以配置连接数、端口等,数据库可以配置用户名、密码、连接数等,具体的配置项可以在Spring Boot官网上查询。

21.2.2 自定义配置属性

除了使用Spring Boot内置的配置项外，实际应用中往往还需要使用自定义配置项，本小节将介绍常见的自定义配置项的读取方式。先在application.yml中增加如下配置项，然后通过不同的方式来读取该配置文件：

```
test-config:
    name: user01
    password: 123456
```

1．通过@Value注解读取

通过@Value注解可以直接读取application.yml中的属性值。该注解可以加载在成员属性上或者对应的setter()方法上。需要注意的是，服务启动时，会自动注入@Value对应的属性，如果发现配置文件中未配置该属性，则会抛出java.lang.IllegalArgumentException异常，从而导致服务启动失败。该问题可以通过设置默认值来解决，即在属性名后加冒号和对应的默认值，如果冒号后面为空，则表示默认为空字符串。看下面这个示例：

```
@Value("${test-config.name:liuxiaopeng}")
private String name;
@Value("${test-config.password:}")
private String password;
```

在以上代码中，通过注解@Value读取配置文件，并设置name属性的默认值为liuxiaopeng，password默认为空字符串。

2．通过@ConfigurationProperties注解读取

将注解@Value用于单个属性的读取比较简单、直观，但是如果属性较多，配置起来就比较烦琐了。为了避免这个问题，可以通过注解@ConfigurationProperties把前缀相同的属性自动注入对象属性。对于上述配置文件，看下面的示例：

```
@Configuration
@ConfigurationProperties(prefix="test-config")
public class UserConfig {
    private String name;
    private String password;

    //getter and setter
}
```

在以上代码中，通过注解@ConfigurationProperties的prefix属性指定具体的前缀，@Configuration注解将该类注入Spring容器。也可以用注解@Component等实现该功能，不过使用@Configuration含义更明确。除展示的代码外，还必须为对应的属性添加getter()和setter()方法。

3．通过@ConfigurationProperties和@PropertySource注解读取

注解@ConfigurationProperties只能注入application.yml或application.properties中的属性，如果要把自定义配置项定义在一个单独的配置文件中，就需要注解@PropertySource的配合了。该注解可以指定具体加载的配置文件。需要注意的是，注解@PropertySource只能加载Properties文件，不能加载YAML文件。例如，首先在resources目录下新增一个test.properties文件，并添加上述配置项：

```
test-config.name=user01
test-config.password=123456
```

然后可以通过注解@PropertySource指定要加载的文件，同样，需要添加注解@Configuration来向Spring容器中注入该类，并通过注解@ConfigurationProperties的prefix属性指定具体的前缀。其实现如下：

```
@Configuration
@PropertySource("classpath:test.properties")
@ConfigurationProperties(prefix="test-config")
public class UserConfig02 {
    private String name;
    private String password;

    //getter and setter
}
```

以上介绍的3种方式都可以读取自定义配置项，具体采用哪种方式，读者可以根据实际情况决定。

21.2.3 多环境配置

在实际开发中，往往会有多个环境，如开发环境、测试环境和生产环境等。不同环境下配置文件往往是不尽相同的，如测试环境的数据库地址、缓存地址，与生产环境相应的地址一般是不同的。这就需要读取配置文件的功能以支持不同的环境。在Spring Boot以前，通常采用Maven来实现多环境配置，有兴趣的读者可以自行访问其官网查阅Maven多环境配置的实现方式。本小节主要讲解如何通过Spring Boot实现多环境配置。

要实现多环境配置，主要要解决两个问题：如何存储不同环境的配置项、如何读取对应环境的配置项。对于第一个问题，Spring Boot提供了两种解决方案，第一种方案是所有配置项都写在application.yml中，通过"---"分割不同的环境的配置项，再用spring.profiles来标识不同的环境，每个环境会继承分割线前面的配置内容，如果有相同的配置项则进行覆盖。看下面的示例：

```
test-config:
    name: user01
    password: 123
---
spring:
    profiles: dev
test-config:
    password: 123456
---
spring:
    profiles: test
test-config:
    password: 111111
```

上述配置文件中指定了dev和test两个环境的配置项，这两个环境都会继承分割线之前的配置项test-config.name的值，并且覆盖配置项test-config.password的值。

除了上述方式外，Spring Boot还支持为不同环境创建不同的配置文件，文件命名格式为aplication-$env.yml或aplication-$env.properties。其中，$env标识不同的环境，如对开发环境创建名称为aplication-dev.yml的配置文件，而对测试环境则创建aplication-test.yml文件。这种方式下，每个环境会继承aplication.yml或application.properties中的属性。如果有相同的配置项，则同样进行覆盖。

解决了不同环境配置项的存储问题后，再看一看如何读取对应环境的配置。Spring Boot提供了3种方式读取指定环境的配置项，分别介绍如下。

❑ 在配置文件aplication.yml中，通过spring.profiles.active属性指定要读取的环境配置，如要读取test环境的配置，其实现如下：

```
spring:
    profiles:
        active: test
```

❑ 通过命令行参数 -Dspring.profiles.active指定要读取的环境配置，其中-D参数是JVM设置系统属性的参数，可以通过System.getProperty()方法获取。其完整命令如下：

```
java -Dspring.profiles.active=test -jar chapter21-spring-boot-config-1.0.0.RELEASE.jar
```

❑ 通过命令行参数 --spring.profiles.active指定要读取的环境配置，其中"--"类型参数是Spring Boot特有的参数，与在application.yml配置的效果一致，同样可以通过注解@Value等方式自动注入。需要注意的是，如果让该类型的参数生效，需要在Sping Boot的启动方法SpringApplication.run()中传递main()方法的参数，否则所有的"--"类型参数会失效。其完整命令如下：

```
java -jar chapter21-spring-boot-config-1.0.0.RELEASE.jar --spring.profiles.active=test
```

以上3种读取环境配置方式的优先级不同，通过命令行参数 --spring.profiles.active指定要读取的环境配置优先级最高，其次是通过命令行参数 -Dspring.profiles.active指定要读取的环境配置，而在配置文件中指定要读取的环境配置优先级最低。

21.3 Spring Boot与Activiti的集成

通过前面的介绍，读者应该对Spring Boot的使用及原理已经有了初步了解。本节将介绍Spring Boot与Activiti的集成，实现一个基于Spring Boot的工作流引擎Web服务。Spring Boot与Activiti的集成主要分为以下3个步骤：

（1）将Activiti的配置文件交由Spring Boot管理；
（2）将MyBatis、Activiti与Spring Boot进行整合；
（3）通过Spring Boot管理工作流引擎实例。

21.3.1 通过Spring Boot配置工作流引擎

Activiti工作流引擎的配置主要通过ProcessEngineConfiguration及其子类ProcessEngineConfigurationImpl完成。这可以通过配置文件进行配置。默认情况下，Activiti会加载classpath下的activiti.cfg.xml中id为processEngineConfiguration的bean作为配置类ProcessEngineConfiguration的实例对象，相关配置项也会自动注入该实例对象中。配置文件activiti.cfg.xml的内容如下：

```xml
<bean id="processEngineConfiguration"
    class="org.activiti.engine.impl.cfg.StandaloneProcessEngineConfiguration">
    <property name="jdbcUrl" value="jdbc:h2:mem:activiti;DB_CLOSE_DELAY=1000" />
    <property name="jdbcDriver" value="org.h2.Driver" />
    <property name="jdbcUsername" value="sa" />
    <property name="jdbcPassword" value="" />
    <property name="databaseSchemaUpdate" value="true" />
</bean>
```

需要注意的是，除了activiti.cfg.xml这个文件名称是固定的外，bean的id值processEngineConfiguration也是固定的。否则，通过ProcessEngines.getDefaultProcessEngine()获取默认工作流引擎或通过ProcessEngineConfiguration.createProcessEngineConfigurationFromResourceDefault()方法创建配置类实例时会抛出异常。如果要自定义配置文件名称和id，可以通过以下方式实现：

```java
ProcessEngine customProcessEngineAndBeanName = ProcessEngineConfiguration
    .createProcessEngineConfigurationFromResource("custom.cfg.xml","customConfig")
    .buildProcessEngine();
```

除了通过配置文件的方式配置工作流引擎外，也可以通过编程的方式来配置工作流引擎，如手动创建ProcessEngineConfiguration实例，再调用其set()方法设置对应的选项：

```java
ProcessEngineConfiguration configuration =
    ProcessEngineConfiguration.createStandaloneProcessEngineConfiguration();
configuration.setJdbcDriver("org.h2.Driver" );
configuration.setJdbcPassword("");
configuration.setJdbcUrl("jdbc:h2:mem:activiti;DB_CLOSE_DELAY=1000");
configuration.setJdbcUsername("sa");
configuration.setDatabaseSchemaUpdate("true");
configuration.setProcessEngineName("code-config-engine");
ProcessEngine processEngine = configuration.buildProcessEngine();
```

了解了Activiti自身的配置方式后，再来看一看如何通过Spring Boot配置Activiti工作流引擎。最简单的方式是在application.yml中添加相应的配置项，然后通过@Value注解读取配置项，通过编程配置工作流引擎，如首先在application.yml中加入以下配置：

```yaml
activiti:
    jdbcUrl: jdbc:h2:mem:activiti;DB_CLOSE_DELAY=1000
    jdbcDriver: org.h2.Driver
    jdbcUsername: sa
    jdbcPassword:
    databaseSchemaUpdate: true
```

然后通过注解@Value读取上述配置项，并通过编程实现工作流引擎的配置，其实现如下：

```java
@Value("${activiti.jdbcUrl}")
private String jdbcUrl;
@Value("${activiti.jdbcDriver}")
```

```java
private String jdbcDriver;
@Value("${activiti.jdbcUsername}")
private String jdbcUsername;
@Value("${activiti.jdbcPassword}")
private String jdbcPassword;
@Value("${activiti.databaseSchemaUpdate}")
private String databaseSchemaUpdate;

@Bean
public ProcessEngine createProcessEngine(){
    ProcessEngineConfiguration configuration =
        ProcessEngineConfiguration.createStandaloneProcessEngineConfiguration();
    configuration.setJdbcDriver(jdbcDriver );
    configuration.setJdbcPassword(jdbcPassword);
    configuration.setJdbcUrl(jdbcUrl);
    configuration.setJdbcUsername(jdbcUsername);
    configuration.setDatabaseSchemaUpdate(databaseSchemaUpdate);
    ProcessEngine engine = configuration.buildProcessEngine();
    return engine;
}
```

完成以上配置之后，就将Activiti配置项委托给Spring Boot管理了。这种方式有一个缺点：需要为每个配置项添加成员属性，并通过注解@Value获取值。这个问题可以通过前缀实现属性的自动注入（参见21.2.2小节）的方式来解决，这里可以通过该方式简化配置：先定义一个配置类，继承ProcessEngineConfigurationImpl类，并通过注解@ConfigurationProperties指定对应配置的前缀，这样只需配置项与ProcessEngineConfigurationImpl对应属性的名称一致，即可实现自动注入。对于上述配置文件，配置类的实现如下：

```java
@Configuration
@ConfigurationProperties(prefix = "activiti")
public class SpringbootProcessEngineConfiguration extends ProcessEngineConfigurationImpl {

    @Override
    public CommandInterceptor createTransactionInterceptor() {
        return null;
    }
}
```

以上代码段中的加粗部分表示读取application.yml或application.properties文件中前缀为activiti的配置项。最后，通过该配置类实现工作流引擎实例的创建即可：

```java
@Bean
public ProcessEngine
createProcessEngineByConfig(SpringbootProcessEngineConfiguration configuration){
    ProcessEngine engine = configuration.buildProcessEngine();
    return engine;
}
```

通过这种方式，也可以实现通过Spring Boot管理Activiti配置文件功能，且该方式更加简单、方便。

21.3.2 Activiti、MyBatis与Spring Boot整合

Activiti通过MyBatis进行数据库相关操作。MyBatis最核心的配置包括数据源和映射文件。在Activiti中，数据源的配置项由配置类ProcessEngineConfiguration提供，而映射文件的配置信息则存储在org/activiti/db/mapping/mappings.xml文件中。Activiti与Spring Boot集成后，需要通过Spring Boot管理数据源，对Activiti原有映射文件及自定义映射文件提供支持。本小节将介绍Activiti、MyBatis和Spring Boot的集成。

MyBatis与Spring Boot的集成可以直接使用mybatis-spring-boot-starter实现：首先引入对应的JAR包，然后在Spring Boot配置文件中通过mapper-locations指定映射文件的位置，最后在Spring Boot启动类上通过注解@MapperScan指定需要扫描的数据访问接口路径。

对于MyBatis、Spring Boot与Activiti三者的集成，只需将Activiti数据源和事务管理委托给Spring Boot管理。可以通过Spring Boot配置数据源，然后由工作流引擎调用对应的数据源。为了支持Spring事务，MyBatis需要先指定事务管理方式为MANAGED，表示通过容器来管理事务，而非使用MyBatis自身的事务机制，这可以通过ProcessEngineConfiguration的transactionsExternallyManaged配置项实现。另外，需要将数据源包装

成TransactionAwareDataSourceProxy。其最终实现如下：

```
@Configuration
public class SpringBootProcessEngineAutoConfig {
    @Bean
    public ProcessEngine
    createProcessEngineByConfig(
        SpringbootProcessEngineConfiguration configuration, DataSource dataSource){
        configuration.setTransactionsExternallyManaged(true);
        configuration.setDataSource(new TransactionAwareDataSourceProxy(dataSource));
        ProcessEngine engine = configuration.buildProcessEngine();
        return engine;
    }
}
```

完成上述配置后，就可以通过注解@Transactional开启事务了。

21.3.3　通过Spring Boot管理工作流引擎

在完成工作流引擎配置后，最后一步就是通过Spring Boot管理工作流引擎。工作流引擎本质上就是ProcessEngine的一个实例化对象，因此通过Spring Boot管理工作流引擎，实际上就是将ProcessEngine实例化对象注入Spring IoC容器中。在Spring Boot中，直接通过注解@Bean就能完成对象的注入。除ProcessEngine实例对象外，Activiti工作流引擎中还包含7个常用的service对象，如TaskService用于任务管理，可以查询待办、办理任务等；RepositoryService用于流程的部署、流程定义的查询等。这些对象都可以通过ProcessEngine对象获取。为了方便操作，故也将其注入Spring容器。其实现如下：

```
@Configuration
public class SpringBootProcessEngineAutoConfig {
    @Bean
    public ProcessEngine
    createProcessEngineByConfig(SpringbootProcessEngineConfiguration configuration,
            DataSource dataSource) {
        configuration.setTransactionsExternallyManaged(true);
        configuration.setDataSource(new TransactionAwareDataSourceProxy(dataSource));
        ProcessEngine engine = configuration.buildProcessEngine();
        return engine;
    }

    @Bean
    public TaskService taskService(ProcessEngine processEngine) {
        return processEngine.getTaskService();
    }

    @Bean
    public RepositoryService repositoryService(ProcessEngine processEngine) {
        return processEngine.getRepositoryService();
    }

    @Bean
    public FormService formService(ProcessEngine processEngine) {
        return processEngine.getFormService();
    }

    @Bean
    public IdentityService identityService(ProcessEngine processEngine) {
        return processEngine.getIdentityService();
    }

    @Bean
    public RuntimeService runtimeService(ProcessEngine processEngine) {
        return processEngine.getRuntimeService();
    }

    @Bean
    public HistoryService historyService(ProcessEngine processEngine) {
        return processEngine.getHistoryService();
    }
```

```
@Bean
public ManagementService managementService(ProcessEngine processEngine) {
    return processEngine.getManagementService();
}
```
}

通过上述步骤，就实现了Spring Boot与Activiti的集成。实际上，Activiti官方提供了Spring Boot starter(activiti-spring-boot-starter-basic)用于完成两者的集成。这里之所以讲解手动集成的过程，一方面是为了加深读者对Spring Boot和Activiti集成原理的理解，另一方面是因为activiti-spring-boot-starter-basic无法满足部分特定需求。例如，官方提供的starter是通过命令拦截器来开启事务的，该方式会导致所有查询的CMD也开启事务，从而无法自动实现数据库的读写分离，这在请求量较大时，会给主库带来更大的访问压力。因此，读者需要对整个过程有较深入的理解，才能更好地满足业务需求。

21.4 本章小结

本章先对Spring Boot及starter做了简单的介绍，并通过自定义starter对其原理进行了讲解。此后，对Spring Boot配置文件的读取、自定义配置和多环境配置做了详细的介绍。在此基础上，手动实现了Spring Boot与Activiti的整合，包括配置文件的加载、MyBatis的管理、事务的处理，以及通过Spring Boot管理工作流引擎实例。读者可以根据自身实际情况完成更多业务场景的配置与实现。

第22章 集成在线流程设计器Activiti Modeler

工欲善其事，必先利其器。本书第5章介绍过IDEA和Eclipse下的流程设计器插件，但这需要由软件开发人员在IDE中设计流程。本章将介绍另一款由Signavio公司提供的流程设计利器：Activiti Modeler。它支持技术或业务人员基于浏览器在线进行流程设计。

22.1 集成Activiti Modeler

在Activiti Modeler尚未推出之前，开发人员使用Activiti进行流程设计时，一般会先在IDEA或Eclipse等IDE中使用流程设计插件来进行设计，然后导出流程定义文件并通过代码部署到系统中使用。这种方式在流程部署和管理等方面存在诸多弊端，如流程修改极为不便。同时，这种客户端模式的流程设计器不适合多人协作设计流程，限制了业务人员的设计和使用。Activiti Modeler的出现解决了该问题，它并非由Activiti官方开发，而是基于Signavio构建的开源BPMN设计器。作为一款Web流程设计器，Activiti Modeler不仅可以方便地进行在线设计流程，还可以方便地集成到项目中或进行二次开发。

22.1.1 集成Activiti Modeler前置条件

Activiti Modeler是BPMN Web建模组件，支持所有BPMN元素和Activiti引擎支持的扩展。在Activiti 5.6版本之前，Activiti Modeler作为独立应用存在；在Activiti5.6版本后，Activiti Modeler作为Activiti Explorer应用的一部分存在；而在Activiti 6中，它则被集成到activiti-app应用中。

Activiti Modeler基于Spring MVC 4.0以上框架实现，因此如果要进行集成，需要本地项目采用Spring MVC 4.0及以上版本，或Spring Boot 1.2以上版本。本章将介绍在Spring Boot环境下集成Activiti Modeler的过程。

由于activiti-app应用默认使用H2数据库，重启应用数据将丢失，所以需要将其更换为其他可持久化存储的数据库，这里参照4.2节准备了一个MySQL数据库。

22.1.2 集成Activiti Modeler

1. 创建SpringBoot项目

启动IDEA后，依次单击File→New→Project，在弹出的如图22.1所示的窗口的左侧列表中选择Spring Initializr选项，在右侧Project SDK下拉列表框中选择项目的JDK版本，其他参数设置保持不变，单击Next按钮，得到如图22.2所示的窗口。

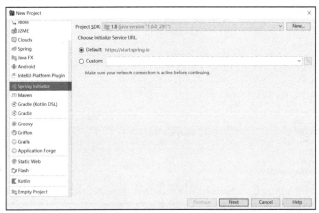

图22.1 选择JDK版本

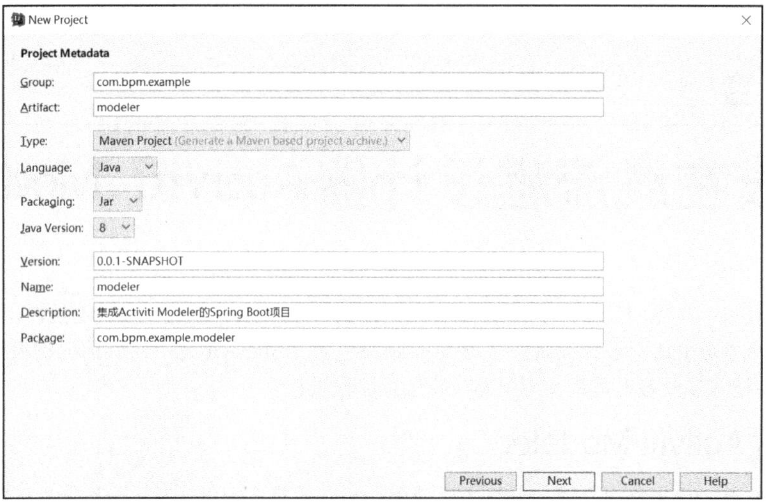

图22.2 配置项目参数

在该窗口中可配置以下项目参数。
- Group：项目组织的唯一标识符，在实际开发中对应Java的包的结构（即main目录中的Java目录结构），如compile group: 'com.alibaba', name: 'fastjson', version: '1.2.79'中的com.alibaba。
- Artifact：项目的唯一标识符，在实际开发中一般对应项目的名称（即项目根目录的名称）如compile group: 'com.alibaba', name: 'fastjson', version: '1.2.79'中的fastjson。
- Type：项目的构建方式，这里选择Maven Project。
- Language：开发语言，这里选择Java。
- Packaging：打包方式，这里选择Jar。
- Java Version：JDK的版本号。
- Version：项目的版本号。例如，0.0.1-SNAPSHOT，其中0.0.1是版本号，SNAPSHOT代表不稳定、尚处于开发中的版本，而衍生的Release版本则代表稳定的版本。
- Name：项目名称。
- Description：项目简介。
- Package：启动类所在的包。

以上参数配置完成后，单击Next按钮，得到如图22.3所示的窗口。

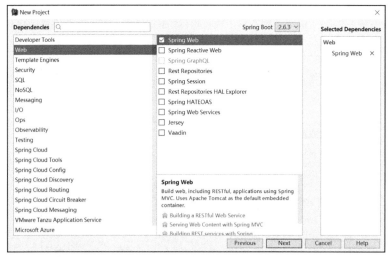

图22.3 选择Spring Web

22.1 集成 Activiti Modeler 413

在左侧选择Web选项，选中Spring Web复选框，单击Next按钮，得到如图22.4所示的窗口。

图22.4 设置项目名称和路径

在图22.4中设置项目名称，选择项目路径后，单击Finish按钮。

项目到此创建完成，其目录如图22.5所示，双击打开pom.xml文件，可以看到Spring Boot相关依赖包已经在工程中了。

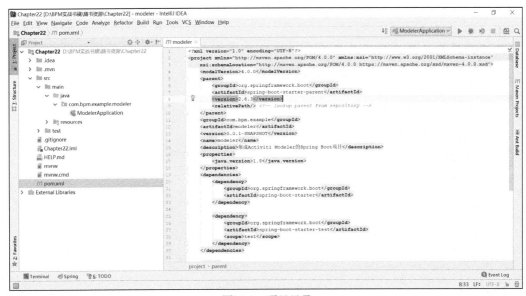

图22.5 项目目录

2．引入项目第三方依赖

在Maven项目中，pom.xml是Maven的配置文件，用于描述项目的各种信息，包括项目的Maven坐标、依赖关系、开发者需要遵循的规则、缺陷管理系统、项目的依赖性，以及其他项目相关因素，是项目级别的配置文件。因此，在pom.xml文件中引入项目的第三方依赖：

```
<properties>
    <java.version>8</java.version>
    <apache.xmlgraphics.version>1.7</apache.xmlgraphics.version>
    <activiti.version>6.0.0</activiti.version>
    <hibernate.version>5.4.33.Final</hibernate.version>
    <jackson.version>2.11.0</jackson.version>
    <mysql-connector.version>5.1.49</mysql-connector.version>
</properties>
```

```xml
<dependencies>
    <!-- spring boot依赖包 -->
    <dependency>
        <groupId>org.springframework.boot</groupId>
        <artifactId>spring-boot-starter-web</artifactId>
    </dependency>
    <dependency>
        <groupId>org.springframework.boot</groupId>
        <artifactId>spring-boot-starter-test</artifactId>
        <scope>test</scope>
    </dependency>
    <dependency>
        <groupId>org.springframework.boot</groupId>
        <artifactId>spring-boot-starter-data-jpa</artifactId>
    </dependency>

    <!-- junit依赖包 -->
    <dependency>
        <groupId>junit</groupId>
        <artifactId>junit</artifactId>
        <scope>test</scope>
    </dependency>

    <!-- MySQL的jdbc驱动 -->
    <dependency>
        <groupId>mysql</groupId>
        <artifactId>mysql-connector-java</artifactId>
        <version>${mysql-connector.version}</version>
    </dependency>

    <!-- Activiti依赖包 -->
    <dependency>
        <groupId>org.activiti</groupId>
        <artifactId>activiti-spring-boot-starter-basic</artifactId>
        <version>${activiti.version}</version>
    </dependency>
    <dependency>
        <groupId>org.activiti</groupId>
        <artifactId>activiti-json-converter</artifactId>
        <version>${activiti.version}</version>
        <exclusions>
            <exclusion>
                <groupId>org.activiti</groupId>
                <artifactId>activiti-bpmn-model</artifactId>
            </exclusion>
        </exclusions>
    </dependency>
    <dependency>
        <groupId>org.activiti</groupId>
        <artifactId>editor-image-generator</artifactId>
        <version>${activiti.version}</version>
    </dependency>
    <dependency>
        <groupId>org.activiti</groupId>
        <artifactId>activiti-bpmn-layout</artifactId>
        <version>${activiti.version}</version>
    </dependency>

    <!-- hibernate依赖包 -->
    <dependency>
        <groupId>org.hibernate</groupId>
        <artifactId>hibernate-core</artifactId>
        <version>${hibernate.version}</version>
    </dependency>
    <dependency>
        <groupId>org.hibernate</groupId>
        <artifactId>hibernate-entitymanager</artifactId>
        <version>${hibernate.version}</version>
    </dependency>
    <dependency>
        <groupId>org.hibernate</groupId>
        <artifactId>hibernate-validator</artifactId>
        <version>5.0.2.Final</version>
    </dependency>
    <dependency>
        <groupId>org.hibernate.javax.persistence</groupId>
        <artifactId>hibernate-jpa-2.0-api</artifactId>
```

```xml
        <version>1.0.1.Final</version>
    </dependency>

    <!-- commons-io工具包 -->
    <dependency>
        <groupId>commons-io</groupId>
        <artifactId>commons-io</artifactId>
        <version>2.10.0</version>
    </dependency>

    <!-- java持久化API -->
    <dependency>
        <groupId>javax.persistence</groupId>
        <artifactId>persistence-api</artifactId>
        <version>1.0</version>
    </dependency>

    <!-- httpclient工具包 -->
    <dependency>
        <groupId>org.apache.httpcomponents</groupId>
        <artifactId>httpcore</artifactId>
        <version>4.4.10</version>
    </dependency>
    <dependency>
        <groupId>org.apache.httpcomponents</groupId>
        <artifactId>httpclient</artifactId>
        <version>4.5.6</version>
    </dependency>

    <!-- jackson依赖包 -->
    <dependency>
        <groupId>com.fasterxml.jackson.core</groupId>
        <artifactId>jackson-databind</artifactId>
        <version>${jackson.version}</version>
    </dependency>
    <dependency>
        <groupId>com.fasterxml.jackson.core</groupId>
        <artifactId>jackson-core</artifactId>
        <version>${jackson.version}</version>
    </dependency>
    <dependency>
        <groupId>com.fasterxml.jackson.core</groupId>
        <artifactId>jackson-annotations</artifactId>
        <version>${jackson.version}</version>
    </dependency>

    <!-- lombok依赖包 -->
    <dependency>
        <groupId>org.projectlombok</groupId>
        <artifactId>lombok</artifactId>
        <version>1.16.18</version>
        <scope>provided</scope>
    </dependency>
</dependencies>
```

从以上POM文件可以看出，其中引入了多种第三方依赖。

- Spring Boot系列：引入spring-boot-starter-web的主要目的是提供Web开发场景所需的底层所有依赖，这样无须额外导入Tomcat服务器及其他Web依赖文件等就可实现Web场景开发；引入spring-boot-starter-test的主要目的是支持单元测试；引入spring-boot-starter-data-jpa的主要目的是支持使用Spring Data JPA，使开发者可以使用极简代码实现对数据的访问和操作。
- Activiti系列：通过activiti-spring-boot-starter-basic实现Activiti与Spring Boot的集成；通过activiti-json-converter实现Activiti模型与JSON格式之间的转换；通过editor-image-generator实现生成Activiti流程的图片。
- mysql-connector-java：MySQL的JDBC驱动包，使用JDBC连接MySQL数据库时必须使用该JAR包。
- Hibernate系列：Spring整合Hibernate实现Spring Data JPA。
- commons-io：一个工具库，用于帮助开发IO功能。
- persistence-api：持久化API，主要用于数据交互开发操作。
- httpcomponents系列：实现HTTP接口调用。
- Jackson系列：通过Jackson实现Java对象与JSON格式间的相互转换。

3. 编辑application.properties配置文件

使用Spring Initializr构建Spring Boot项目时，会在resources目录下自动生成一个空的application.properties文件，Spring Boot项目启动时会自动加载该文件。通过该文件可以定义Spring Boot项目的相关属性，可以是系统属性、环境变量、命令参数等。因此，这里将与Activiti相关的配置放在了application.properties文件中：

```
server.port=8080

spring.datasource.url=jdbc:mysql://localhost:3306/bpm?allowMultiQueries=true&useUnicode
=true&characterEncoding=UTF-8&useSSL=false&serverTimezone=GMT
spring.datasource.username=root
spring.datasource.password=password
spring.datasource.driverClassName=com.mysql.jdbc.Driver

spring.jpa.show-sql=true
spring.jpa.database-platform=org.hibernate.dialect.MySQL5InnoDBDialect
spring.jpa.properties.hibernate.cache.use_second_level_cache=false
spring.jpa.properties.hibernate.cache.use_query_cache=false
spring.jpa.properties.hibernate.dialect=org.hibernate.dialect.MySQL5Dialect

# 将ddl-auto方式设置为更新数据库
spring.jpa.hibernate.ddl-auto=update
# 配置命名策略
spring.jpa.hibernate.naming.physical-strategy=org.springframework.boot.orm.jpa.hibernate.SpringPhysicalNamingStrategy

# 注意这里，开启true会自动创建activiti表
spring.activiti.database-schema-update=true
# 启动时候不检查流程配置文件
spring.activiti.check-process-definitions=false
# 使用spring jpa
spring.activiti.jpa-enabled=true

liquibase.enabled=false
```

以上配置中的各参数含义如下。

- server.port：设置Spring Boot项目所监听的端口。
- 以spring.datasource开头的参数：Spring Boot配置数据源DataSource。
- 以spring.jpa开头的参数：Spring Boot整合Spring Data JPA的配置。
- 以spring.activiti开头的参数：Spring Boot集成Activiti配置。
- liquibase.enabled=false：Spring Boot启动时禁用Liquibase。

4. 复制Activiti Modeler前端资源文件

由于在Activiti 6中Activiti Modeler已经集成到activiti-app应用中，所以需要剥离其相关资源。解压activiti-app.war文件，解压得到的目录如图22.6所示，Activiti Modeler设计器的前端资源主要分布在activiti-app/editor路径下。接下来的操作步骤如下。

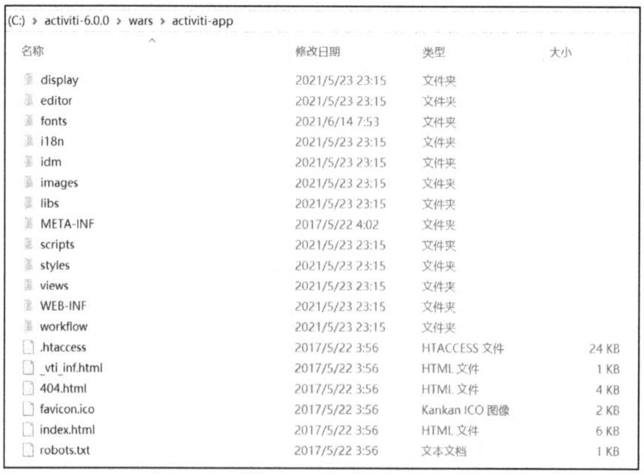

图22.6 activiti-app文件目录

（1）复制静态资源目录及文件：将activiti-app/editor路径下的editor-app文件夹复制到项目的src/main/resources/static路径下，如图22.7所示。

（2）复制设计器主页面：将activiti-app/editor路径下的index.html文件复制到项目的src/main/resources/static路径下，如图22.8所示。

（3）复制视图页面：将activiti-app/editor路径下的views文件夹复制到项目的src/main/resources/static路径下。

（4）复制libs目录及文件：将activiti-app路径下的libs文件夹复制到项目的src/main/resources/static/editor-app路径下。

（5）复制css目录及文件（如图22.9所示）：

❑ 将activiti-app/styles路径下的文件夹及文件复制到项目的src/main/resources/static/editor-app/css路径下；

❑ 将activiti-app/editor/styles路径下的文件复制到项目的src/main/resources/static/editor-app/css路径下。

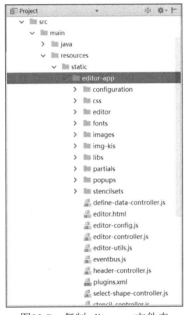

图22.7　复制editor-app文件夹

图22.8　复制index.html文件

图22.9　复制css目录及文件

（6）复制js目录及文件（如图22.10所示）：

❑ 将activiti-app/scripts路径下的文件夹及文件复制到项目的src/main/resources/static/editor-app路径下；

❑ 将activiti-app/editor/scripts路径下的controllers文件夹、services文件夹、.js文件复制到src/main/resources/static/editor-app/common路径下；

❑ 将activiti-app/editor/scripts/configuration路径下的文件复制到项目的src/main/resources/static/editor-app/configuration路径下。

（7）复制设计器语料模板文件：将activiti-app/WEB-INF/lib路径下的activiti-app-logic-6.0.0.jar用解压缩工具解压缩，复制其中的stencilset_bpmn.json文件到项目的src/main/resources/static/editor-app/stencilsets路径下。

（8）复制i18n语言包：将activiti-app/editor路径下的i18n文件夹复制到项目的src/main/resources/static/路径下，如图22.11所示。

（9）复制字体文件：将activiti-app路径下的fonts文件夹复制到src/main/resources/static/editor-app路径下。

（10）复制图片文件：将activiti-app路径下的images文件夹复制到src/main/resources/static/editor-app路径下。

5．创建Activiti Modeler依赖的后端接口

在activiti-app应用中，流程设计器所依赖的activiti-app-rest-6.0.0.jar、activiti-app-logic-6.0.0.jar和activiti-app-conf-6.0.0.jar等JAR包是为activiti-app应用专属定制的，为了保证项目的可维护性和可扩展性，集成时只使用了Activiti Modeler的前端资源，后端接口需要自行实现。

图22.10 复制js目录及文件

图22.11 拷贝i18n语言包

(1) Entity类

Entity其实就是通常所说的POJO,一般用于与数据表进行映射,在程序中作为数据容器持久化存储数据。Entity一般具备众多属性,并通过Lombok的@Data注解为所有属性提供了相应的setter()和getter()方法。流程模型的Entity类代码如下:

```
@Data
@Entity
@Table(name="ACT_DE_MODEL")
public class Model {

    public static final int MODEL_TYPE_BPMN = 0;
    public static final int MODEL_TYPE_FORM = 2;
    public static final int MODEL_TYPE_APP = 3;
    public static final int MODEL_TYPE_DECISION_TABLE = 4;
    @Id
    @GeneratedValue(generator="modelIdGenerator")
    @GenericGenerator(name="modelIdGenerator", strategy="uuid2")
    @Column(name="id", unique=true, length = 50)
    protected String id;
    @Column(name="name")
    protected String name;
    @Column(name="model_key")
    protected String key;
    @Column(name="description")
    protected String description;
    @Temporal(TemporalType.TIMESTAMP)
    @Column(name="created")
    protected Date created;
    @Temporal(TemporalType.TIMESTAMP)
    @Column(name="last_updated")
    protected Date lastUpdated;
    @Column(name="created_by")
    private String createdBy;
    @Column(name="last_updated_by")
    private String lastUpdatedBy;
    @Column(name="version")
    protected int version;
    @Column(name="model_editor_json", columnDefinition = "longtext")
    protected String modelEditorJson;
    @Column(name="model_comment")
    protected String comment;
    @Column(name="model_type")
    protected Integer modelType;
    @Column(name="thumbnail", columnDefinition = "longblob")
    private byte[] thumbnail;

    public Model()
```

```
        {
            this.created = new Date();
        }
    }
}
```

在以上代码中，@Entity注解表明该类是一个实体类，@Table注解指定其对应数据库中的表名为ACT_DE_MODEL，@Column注解用于指定实体类中属性名与数据库中表的字段名的映射规则，@Id注解用于指定表的主键。另外，@GeneratedValue、@GenericGenerator注解指定了主键的生成策略，这里选用uuid方式，实际应用时可以根据实际情况选择策略。关于这些注解的详细介绍，读者可自行查看JPA规范。

（2）Repository类

Repository通过一个用于访问领域对象的类集合接口，协调领域与数据映射层，类似于通常所说的DAO。流程模型的Repository类内容如下：

```
public abstract interface ModelRepository extends JpaRepository<Model, String> {

    @Query("from Model as model where (lower(model.name) like :filter or lower(model.description) like :filter) and model.modelType = :modelType")
    public abstract List<Model> findModelsByModelType(@Param("modelType") Integer paramInteger,
@Param("filter") String paramString);

    @Query("from Model as model where model.modelType = :modelType")
    public abstract List<Model> findModelsByModelType(@Param("modelType") Integer paramInteger);

}
```

在以上代码中，使用Spring Data JPA实现了对数据库进行操作。Spring Data提供了一整套数据访问层（DAO）解决方案，致力于减少数据访问层的开发量。Spring Data基于Repository接口类，是访问底层数据模型的超级接口。Spring Data JPA是Spring Data中基于JPA标准操作数据的模块，可简化操作持久层的代码。以上代码继承了JpaRepository接口，通过@Query注解摆脱像命名查询那样的约束，将查询直接声明在相应的接口方法中，结构更为清晰。这是Spring Data的特有实现。

（3）Controller类

Controller层主要负责接受前台的数据和请求，并且在底层处理完之后返回结果。根据实际需要这里需要创建3个Controller类：

- 实现流程模型的查询和保存功能的Controller；
- 实现查询模型列表及缩略图等功能的Controller；
- 实现获取编辑器组件及配置项信息的Controller。

实现流程模型的查询和保存功能的Controller内容如下：

```
@RestController
public class ModelController {

    private static final Logger logger = LoggerFactory.getLogger(ModelController.class);

    @Autowired
    private ObjectMapper objectMapper;

    @Autowired
    protected ModelRepository modelRepository;

    @Autowired
    protected ModelImageService modelImageService;

    /**
     * 根据modelId查询模型信息
     * @param modelId
     * @return
     */
    @RequestMapping(value="/rest/model/{modelId}/json",
            method=RequestMethod.GET, produces="application/json")
    @ResponseStatus(value = HttpStatus.OK)
    public ObjectNode getModelJSON(@PathVariable String modelId) {
```

```java
        Optional<Model> optional = this.modelRepository.findById(modelId);
        Model model = optional.get();
        ObjectNode modelNode = this.objectMapper.createObjectNode();
        modelNode.put("modelId", model.getId());
        modelNode.put("name", model.getName());
        modelNode.put("key", model.getKey());
        modelNode.put("description", model.getDescription());
        modelNode.putPOJO("lastUpdated", model.getLastUpdated());
        modelNode.put("lastUpdatedBy", model.getLastUpdatedBy());
        if (StringUtils.isNotEmpty(model.getModelEditorJson())) {
            try {
                ObjectNode editorJsonNode = (ObjectNode)this.objectMapper.readTree(model.getModelEditorJson());
                editorJsonNode.put("modelType", "model");
                modelNode.put("model", editorJsonNode);
            } catch (Exception e) {
                throw new RuntimeException("Error reading editor json " + modelId);
            }
        } else {
            ObjectNode editorJsonNode = this.objectMapper.createObjectNode();
            editorJsonNode.put("id", "canvas");
            editorJsonNode.put("resourceId", "canvas");
            ObjectNode stencilSetNode = this.objectMapper.createObjectNode();
            stencilSetNode.put("namespace", "http://b3mn.org/stencilset/bpmn2.0#");
            editorJsonNode.put("modelType", "model");
            modelNode.put("model", editorJsonNode);
        }
        return modelNode;
    }

    /**
     * 保存流程模型
     * @param modelId
     * @param values
     * @return
     */
    @RequestMapping(value="/rest/model/{modelId}/editor/json", method=RequestMethod.POST)
    @ResponseStatus(value = HttpStatus.OK)
    public Model saveModel(@PathVariable String modelId, @RequestBody
        MultiValueMap<String, String> values) {
        Optional<Model> optional = this.modelRepository.findById(modelId);
        Model model = optional.get();
        String name = (String)values.getFirst("name");
        String key = (String)values.getFirst("key");
        String description = (String)values.getFirst("description");
        String isNewVersionString = (String)values.getFirst("newversion");
        String newVersionComment = (String)values.getFirst("comment");
        String json = (String)values.getFirst("json_xml");

        model.setLastUpdated(new Date());
        model.setName(name);
        model.setKey(key);
        model.setDescription(description);
        model.setModelEditorJson(json);
        model.setVersion(1);
        ObjectNode jsonNode = null;
        try {
            jsonNode = (ObjectNode)this.objectMapper.readTree(model.getModelEditorJson());
        } catch (Exception e) {
            throw new RuntimeException("Could not deserialize json model");
        }

        modelImageService.generateThumbnailImage(model, jsonNode);
        modelRepository.save(model);
        return model;
    }
}
```

其中，modelImageService服务用于生成流程模型缩略图，其具体实现详见本书配套资源。

实现查询模型列表及缩略图等功能的Controller代码如下：

```java
@RestController
public class ModelsController {

    protected static final Logger LOGGER = LoggerFactory.getLogger(ModelsController.class);

    @Autowired
    private ObjectMapper objectMapper;

    @Autowired
    protected ModelRepository modelRepository;

    @Autowired
    protected BpmnDisplayJsonConverter bpmnDisplayJsonConverter;

    /**
     * 查询流程模型列表
     * @param filter
     * @param sort
     * @param modelType
     * @param request
     * @return
     */
    @RequestMapping(value = "/rest/models", method = RequestMethod.GET,
        produces = "application/json")
    @ResponseStatus(value = HttpStatus.OK)
    public ResultListDataRepresentation getModels(@RequestParam(required=false)
        String filter, @RequestParam(required=false) String sort, @RequestParam(required=
        false) Integer modelType, HttpServletRequest request) {
        String filterText = null;
        List<NameValuePair> params = URLEncodedUtils.parse(request.getQueryString(),
            Charset.forName("UTF-8"));
        if (params != null) {
            for (NameValuePair nameValuePair : params) {
                if ("filterText".equalsIgnoreCase(nameValuePair.getName())) {
                    filterText = nameValuePair.getValue();
                }
            }
        }

        List<Model> models = null;
        String validFilter = makeValidFilterText(filterText);
        if (validFilter != null) {
            models = this.modelRepository.findModelsByModelType(modelType, validFilter);
        } else {
            models = this.modelRepository.findModelsByModelType(modelType);
        }

        ResultListDataRepresentation result = new ResultListDataRepresentation(models);
        return result;
    }

    /**
     * 创建流程模型
     * @param jsonMap
     * @return
     */
    @RequestMapping(value = "/rest/models", method = RequestMethod.POST,
        produces = "application/json")
    @ResponseStatus(value = HttpStatus.OK)
    public Model createModel(@RequestBody Map<String,String> jsonMap) {
        Model model = new Model();
        model.setKey(jsonMap.get("key"));
        model.setName(jsonMap.get("name"));
        model.setDescription(jsonMap.get("description"));
        model.setModelType(Integer.valueOf(jsonMap.get("modelType")));
        createObjectNode(model);
        model = (Model)this.modelRepository.save(model);
        return model;
    }
```

```java
/**
 * 获取流程模型缩列图
 * @param modelId
 * @return
 */
@RequestMapping(value={"/rest/models/{modelId}/thumbnail"},
    method=RequestMethod.GET, produces="image/png")
@ResponseStatus(value = HttpStatus.OK)
public byte[] getModelThumbnail(@PathVariable String modelId) {
    Optional<Model> optional = this.modelRepository.findById(modelId);
    Model model = optional.get();
    if (model != null) {
        return model.getThumbnail();
    }
    return null;
}

/**
 * 根据modelId查询流程模型
 * @param modelId
 * @return
 */
@RequestMapping(value="/rest/models/{modelId}", method=RequestMethod.GET)
@ResponseStatus(value = HttpStatus.OK)
public Model getModel(@PathVariable String modelId) {
    Optional<Model> optional = this.modelRepository.findById(modelId);
    Model model = optional.get();
    return model;
}

/**
 * 根据modelId查询流程模型的JSON内容
 * @param modelId
 * @return
 */
@RequestMapping(value="/rest/models/{modelId}/model-json",
    method=RequestMethod.GET, produces="application/json")
@ResponseStatus(value = HttpStatus.OK)
public JsonNode getModelJSON(@PathVariable String modelId) {
    ObjectNode displayNode = this.objectMapper.createObjectNode();
    Optional<Model> optional = this.modelRepository.findById(modelId);
    Model model = optional.get();
    this.bpmnDisplayJsonConverter.processProcessElements(model, displayNode,
        new GraphicInfo());
    return displayNode;
}

private String makeValidFilterText(String filterText) {
    String validFilter = null;
    if (filterText != null) {
        String trimmed = StringUtils.trim(filterText);
        if (trimmed.length() >= 1) {
            validFilter = "%" + trimmed.toLowerCase() + "%";
        }
    }
    return validFilter;
}

private void createObjectNode(Model model) {
    ObjectNode editorNode = this.objectMapper.createObjectNode();
    editorNode.put("id", "canvas");
    editorNode.put("resourceId", "canvas");
    ObjectNode stencilSetNode = this.objectMapper.createObjectNode();
    stencilSetNode.put("namespace", "http://b3mn.org/stencilset/bpmn2.0#");
    editorNode.put("stencilset", stencilSetNode);
    ObjectNode propertiesNode = this.objectMapper.createObjectNode();
    propertiesNode.put("process_id", model.getKey());
    propertiesNode.put("name", model.getName());
    if (StringUtils.isNotEmpty(model.getDescription())) {
        propertiesNode.put("documentation", model.getDescription());
```

```
        }
        editorNode.put("properties", propertiesNode);

        ArrayNode childShapeArray = this.objectMapper.createArrayNode();
        editorNode.put("childShapes", childShapeArray);
        ObjectNode childNode = this.objectMapper.createObjectNode();
        childShapeArray.add(childNode);
        ObjectNode boundsNode = this.objectMapper.createObjectNode();
        childNode.put("bounds", boundsNode);
        ObjectNode lowerRightNode = this.objectMapper.createObjectNode();
        boundsNode.put("lowerRight", lowerRightNode);
        lowerRightNode.put("x", 130);
        lowerRightNode.put("y", 193);
        ObjectNode upperLeftNode = this.objectMapper.createObjectNode();
        boundsNode.put("upperLeft", upperLeftNode);
        upperLeftNode.put("x", 100);
        upperLeftNode.put("y", 163);
        childNode.put("childShapes", this.objectMapper.createArrayNode());
        childNode.put("dockers", this.objectMapper.createArrayNode());
        childNode.put("outgoing", this.objectMapper.createArrayNode());
        childNode.put("resourceId", "startEvent1");
        ObjectNode stencilNode = this.objectMapper.createObjectNode();
        childNode.put("stencil", stencilNode);
        stencilNode.put("id", "StartNoneEvent");
        String json = editorNode.toString();
        model.setModelEditorJson(json);
    }
}
```

其中，**bpmnDisplayJsonConverter**服务用于查询流程图，详见本书配套资源。

实现获取编辑器组件及配置项信息的Controller代码如下：

```
@RestController
public class StencilSetController {

    protected static final Logger LOGGER = 
        LoggerFactory.getLogger(StencilSetController.class);

    @Autowired
    protected ObjectMapper objectMapper;

    /**
     * 获取编辑器组件及配置项信息
     * @return
     */
    @RequestMapping(value="/app/rest/stencil-sets/editor", method= RequestMethod.GET,
        produces="application/json")
    public JsonNode getStencilSetForEditor() {
        try {
            //英文
            //return this.objectMapper.readTree(getClass().getClassLoader()
            //    .getResourceAsStream("static/editor-app/stencilsets/stencilset_bpmn.json"));
            //中文
            return this.objectMapper.readTree(getClass().getClassLoader().
                getResourceAsStream("static/editor-app/stencilsets/stencilset_bpmn_cn.json"));
        } catch (Exception e) {
            this.LOGGER.error("Error reading bpmn stencil set json", e);
            throw new RuntimeException("Error reading bpmn stencil set json");
        }
    }
}
```

Controller类上均加入了@RestController注解，并将实体对象对应的JSON字符串返回前端。前端利用返回的JSON字符串解析渲染页面，从而实现后端数据与前端的解耦。

6. 修改Activiti Modeler文件

由于前面复制前端资源时调整了原有的文件路径、新建了依赖的后端接口，所以这里需要修改Activiti Modeler，重新引用新路径下的资源文件，以及将其适配到新建的后端接口上。操作步骤如下。

（1）修改项目中流程设计器主页src/main/resources/static/index.html引用资源的路径。由于调整内容较多，这里不附代码，详细内容可查阅本书配套资源。

（2）修改项目路径src/main/resources/static/editor-app/common下的app.js文件。首先，移除Activiti Modeler默认的权限验证功能。这涉及2处修改。

第1处是将第48行代码：

```
var appResourceRoot = ACTIVITI.CONFIG.webContextRoot + (ACTIVITI.CONFIG.webContextRoot
 ? '/' + appName + '/' : '');
```

修改为

```
var appResourceRoot = '';
```

第2处是将第63行代码：

```
return AuthenticationSharedService.authenticate();
```

修改为

```
return true;
```

接下来，修改base路径，使能正确访问设计器页面。这涉及1处修改，即将第162~168行代码：

```
.when('/editor/:modelId', {
            templateUrl: appResourceRoot + 'editor-app/editor.html',
            controller: 'EditorController',
            resolve: {
                verify: authRouteResolver
            }
        })
```

修改为

```
.when('/editor/:modelId', {
            templateUrl: appResourceRoot + 'editor-app/editor.html',
            controller: 'EditorController'
        })
```

（3）修改项目路径src/main/resources/static/editor-app/configuration/下的url-config.js文件，使其调用创建的后端接口。这涉及两处修改。

第1处是将第18行代码：

```
return ACTIVITI.CONFIG.contextRoot + '/app/rest/models/' + modelId + '/editor/json?version=' + Date.now();
```

修改为

```
return ACTIVITI.CONFIG.contextRoot + '/rest/model/' + modelId + '/json?version=' + Date.now();
```

第2处是将第26行代码：

```
return ACTIVITI.CONFIG.contextRoot + '/app/rest/models/' + modelId + '/editor/json';
```

修改为

```
return ACTIVITI.CONFIG.contextRoot + '/rest/model/' + modelId + '/editor/json';
```

（4）修改项目路径src/main/resources/static/editor-app下的app-cfg.js文件，设置项目根路径。这涉及1处修改，即将第13行代码：

```
'contextRoot' : '/activiti-app',
```

修改为

```
'contextRoot' : '',
```

（5）修改项目路径src/main/resources/static/editor-app/common/controllers下的processes.js文件，适配前面创建的后端接口。这涉及2处修改。

第1处是将第79行代码：

```
$http({method: 'GET', url: ACTIVITI.CONFIG.contextRoot + '/app/rest/models', params: params}).
```

修改为

```
$http({method: 'GET', url: ACTIVITI.CONFIG.contextRoot + '/rest/models', params: params}).
```

第2处是将第171行代码：

`$http({method: 'POST', url: ACTIVITI.CONFIG.contextRoot + '/app/rest/models', data: $scope.model.process}).`

修改为

`$http({method: 'POST', url: ACTIVITI.CONFIG.contextRoot + '/rest/models', data: $scope.model.process}).`

（6）修改项目路径src/main/resources/static/editor-app下的editor-controller.js文件。这涉及1处修改，即将第179行的如下代码注释掉：

`ACTIVITI_EDITOR_TOUR.gettingStarted($scope, $translate, $q, true);`

至此，Activiti Modeler集成完成，启动项目后，访问http://localhost:8080/index.html即可进入流程设计器页面，如图22.12、图22.13和图22.14所示，其具体用法可以参考第4章。

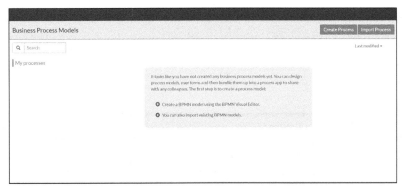

图22.12　Activiti Modeler首页

图22.13　创建流程模型页面

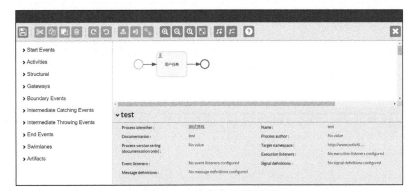

图22.14　流程设计器界面

需要注意的是，这里只提供了创建、保存、查看流程模型等核心后端接口，其他接口（如复制、导入、导出等）因为篇幅有限并未介绍，读者可自行查看本书配套资源。

22.2　汉化Activiti Modeler

Activiti Modeler界面默认为全英文，语言配置文件为src/main/resources/static/editor-app/stencilsets路径下的stencilset_bpmn.json文件。可以按照以下步骤汉化Activiti Modeler。

（1）将本书附带源代码中的stencilset_bpmn_cn.json文件复制到项目的src/main/resources/static/editor-app/stencilsets路径下。

（2）修改前面创建的后端接口类com.bpm.example.modeler.controller.StencilSetController中的getStencilSetForEditor()方法，将获取资源文件由stencilset_bpmn.json替换为stencilset_bpmn_cn.json。

重新启动后，访问设计器界面，可以发现已转换为中文界面，如图22.15所示。

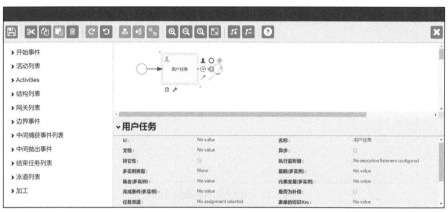

图22.15　汉化后的流程设计器界面

22.3　本章小结

本章介绍了Activiti Modeler集成的整个过程，读者依照本书提供的步骤，即可将Activiti Modeler整合到自己的系统中，从而进行在线工作流程图设计。在Activiti Modeler实际使用过程中，除了本章中介绍的部分，还需要考虑与权限验证体系、用户登录体系等的整合。通过在线流程设计器，可基于网页浏览器方便地设计各种流程图。

第 23 章 Activiti自定义扩展（一）

Activiti作为一款优秀的开源BPM中间件，除了有较为完备的流程功能外，还提供丰富的灵活配置和扩展点，用于适应各种不同的流程需求。在实际开发应用场景中，既可以使用Activiti已有的功能和接口，也可以对其进行自定义扩展，以进一步增强对业务流程场景的支持。本章将介绍多种扩展Activiti引擎的方法。

23.1 自定义ProcessEngineConfiguration扩展

第7章中讲解了ProcessEngineConfiguration的属性配置及其作用。ProcessEngineConfiguration代表Activiti的一个配置实例，它本身是一个抽象类。如果Activiti工作流引擎不能完全满足实际应用需求，就需要对工作流引擎进行个性化定制，为ProcessEngineConfiguration配置不同的实现。Activiti对此提供了支持。本节介绍的自定义ProcessEngineConfiguration类继承自ProcessEngineConfigurationImpl类。

23.1.1 自定义ProcessEngineConfiguration

如果要继承ProcessEngineConfigurationImpl类，那么需要实现获取事务拦截器的createTransactionInterceptor()方法，提供自定义ProcessEngineConfiguration自己的事务处理实现。另外，还可以在自定义ProcessEngineConfiguration类中添加自定义扩展属性，并且添加相应的getter()、setter()方法。看下面的示例：

```
@Data
public class CustomProcessEngineConfiguration extends ProcessEngineConfigurationImpl {

    //自定义扩展属性1：事务管理器
    protected PlatformTransactionManager customTransactionManager;

    //自定义扩展属性2：引擎类型
    protected String engineType;

    @Override
    public CommandInterceptor createTransactionInterceptor() {
        if (customTransactionManager == null) {
            throw new ActivitiException("customTransactionManager is required property for CustomProcessEngineConfiguration.");
        }
        return new SpringTransactionInterceptor(customTransactionManager);
```

以上代码定义了两个自定义扩展属性customTransactionManager、engineType，并且通过Lombok的@Data注解为这两个扩展属性添加了相应的getter()、setter()方法。其中，customTransactionManager是事务管理器，engineType是引擎类型。在重写的createTransactionInterceptor()方法中，使用了SpringTransactionInterceptor事务拦截器。

23.1.2 编写工作流引擎配置文件

流程配置文件activiti.custom-processengineconfiguration.xml的内容如下：

```
<beans>
    <!--数据源配置-->
    <bean id="dataSource" class="org.apache.commons.dbcp.BasicDataSource">
        <property name="driverClassName" value="org.h2.Driver"/>
        <property name="url" value="jdbc:h2:mem:activiti"/>
        <property name="username" value="sa"/>
        <property name="password" value=""/>
    </bean>
```

```xml
<!--配置事务管理器-->
<bean id="transactionManager"
    class="org.springframework.jdbc.datasource.DataSourceTransactionManager">
    <property name="dataSource" ref="dataSource"/>
</bean>

<!--activiti工作流引擎-->
<bean id="processEngineConfiguration"
    class="com.bpm.example.demo1.cfg.CustomProcessEngineConfiguration">
    <!-- 数据源 -->
    <property name="dataSource" ref="dataSource"/>
    <!-- 数据库更新策略 -->
    <property name="databaseSchemaUpdate" value="create-drop"/>

    <!-- 配置自定义属性engineType -->
    <property name="engineType" value="custom"/>
    <!-- 配置自定义属性customTransactionManager -->
    <property name="customTransactionManager" ref="transactionManager"/>
</bean>
</beans>
```

以上配置文件中略去了命名空间，完整内容可参看本书配套资源。加粗部分的代码使用了自定义的com.bpm.example.demo1.cfg.CustomProcessEngineConfiguration类，其中，属性dataSource和databaseSchemaUpdate继承自其父类，而属性engineType和customTransactionManager是自定义的扩展属性。

23.1.3 使用示例

使用自定义ProcessEngineConfiguration的示例代码如下：

```java
@Slf4j
public class RunCustomProcessEngineConfigurationDemo {
    @Test
    public void runCustomProcessengineconfigurationDemo() throws Exception {
        //创建工作流引擎配置
        CustomProcessEngineConfiguration processEngineConfiguration
            = (CustomProcessEngineConfiguration)
            ProcessEngineConfiguration.createProcessEngineConfigurationFromResource("activiti.custom-processengineconfiguration.xml");
        //创建工作流引擎
        ProcessEngine processEngine = processEngineConfiguration.buildProcessEngine();
        //获取自定义属性
        log.info("engineType: {}", ((CustomProcessEngineConfiguration)processEngine.getProcessEngineConfiguration()).getEngineType());
        log.info("customTransactionManager: {}", ((CustomProcessEngineConfiguration)processEngine.getProcessEngineConfiguration()).getCustomTransactionManager().getClass().getName());
    }
}
```

在以上代码中，先由加粗部分的代码加载activiti.custom-processengineconfiguration.xml文件创建工作流引擎配置，实例化自定义的CustomProcessEngineConfiguration类，然后通过该类创建工作流引擎，从而实现对工作流引擎进行个性化定制，最后通过工作流引擎读取并输出自定义属性。代码运行结果如下：

```
01:30:58,128 [main] INFO com.bpm.example.demo1.RunCustomProcessEngineConfigurationDemo - engineType: custom
01:30:58,128 [main] INFO com.bpm.example.demo1.RunCustomProcessEngineConfigurationDemo - customTransactionManager: org.springframework.jdbc.datasource.DataSourceTransactionManager
```

从代码运行结果可知，工作流引擎获取了自定义的扩展属性。在实际使用过程中，可以根据需要进行各种更复杂的个性化定制，以满足不同的业务流程需求场景。

除了本节中介绍的方式，还可以通过继承ProcessEngineConfiguration抽象类来自定义ProcessEngineConfiguration，不过采用这种方式需要实现以下方法：

❑ buildProcessEngine();
❑ getRepositoryService();

- getRuntimeService();
- getFormService();
- getTaskService();
- getHistoryService();
- getIdentityService();
- getManagementService();
- getProcessEngineConfiguration()。

23.2 自定义流程元素属性

Activiti每种流程元素都具备自己的属性,但这些默认的属性往往并不能完全满足实际业务的需要。为了满足各种业务流程需求,实际应用时经常需要为Activiti的流程元素扩展出一系列自定义属性,如流程是否允许撤销、任务允许催办等。为了实现这个目标,需要在流程设计器中增加自定义属性的配置功能,在流程部署时将自定义属性写入流程定义,并在流程流转时工作流引擎获取自定义扩展属性,从而进行相应的后续处理动作。本节将以用户任务为例,介绍如何自定义扩展出"任务允许催办"属性。

23.2.1 修改Activiti Modeler增加自定义属性配置

第22章中介绍过Activiti Modeler是Activiti提供的在线流程设计器,主要用于保存BPMN规范相关的对象,如将模型转换为相应的流程图对象,以便进行在线工作流程图设计。如果要自定义流程和节点的属性,就需要去修改扩展Activiti Modeler。Activiti Modeler通过读取stencilset.json生成编辑器界面。stencilset.json是定义元素属性的配置文件,设计器的页面就是根据该配置文件来展示的。stencilset.json的部分内容如下:

```
{
    "title": "BPMN 2.0标准工具",
    "namespace": "http://b3mn.org/stencilset/bpmn2.0#",
    "description": "BPMN process editor",
    "propertyPackages": [{
        "name": "overrideidpackage",
        "properties": [{
            "id": "overrideid",
            "type": "String",
            "title": "Id",
            "value": "",
            "description": "元素的唯一标识.",
            "popular": true
        }]
    }, {
        "name": "namepackage",
        "properties": [{
            "id": "name",
            "type": "String",
            "title": "名称",
            "value": "",
            "description": "BPMN元素的描述名称.",
            "popular": true,
            "refToView": "text_name"
        }]
    }],
    "stencils": [{
        "type": "node",
        "id": "UserTask",
        "title": "用户活动",
        "description": "分配给特定人的任务 ",
        "view": "此处代码已省略,请查看本书配套资源内容",
        "groups": ["活动列表"],
        "propertyPackages": ["overrideidpackage", "namepackage",
            "documentationpackage", "asynchronousdefinitionpackage",
            "exclusivedefinitionpackage", "executionlistenerspackage",
            "multiinstance_typepackage", "multiinstance_cardinalitypackage",
            "multiinstance_collectionpackage", "multiinstance_variablepackage",
            "multiinstance_conditionpackage", "isforcompensationpackage",
```

```
            "usertaskassignmentpackage", "formkeydefinitionpackage",
            "formreferencepackage", "duedatedefinitionpackage",
            "prioritydefinitionpackage", "formpropertiespackage", "tasklistenerspackage"],
        "hiddenPropertyPackages": [],
        "roles": ["Activity", "sequence_start", "sequence_end", "ActivitiesMorph", "all"]
    }]
}
```

从以上配置文件内容中可以看出,它是一个JSON格式的文本,最顶层有5个元素:title、namespace、description、propertyPackages和stencils,分别表示标题、命名空间、描述、属性集合、节点属性。其中,propertyPackages元素可配置的属性如表23.1所示。

表23.1 propertyPackages元素可配置的属性

属性名称	属性描述
name	属性名称
properties	属性的各种配置,有以下子项。 ❑ id:属性编号; ❑ type:类型,在赋值的时候会根据类型展示各种输入框; ❑ title:显示的标题; ❑ value:值; ❑ description:描述; ❑ category:分类,若空则为popular; ❑ popular:是否显示; ❑ refToView:触发svg里面的效果

stencils元素定义了各类节点的配置,其中每个子元素的propertyPackages属性表明使用哪些属性。根据需要修改stencilset.json文件,添加自定义属性,即可在流程设计器界面上显示它们。

首先,在stencilset.json文件的propertyPackages属性中添加自定义扩展属性:

```
{
    "name" : "allowurgingpackage",
    "properties" : [{
    "id" :"allowurging",
    "type" : "Boolean",
    "title" : "允许催办",
    "value" : "false",
    "description" : "允许催办.",
    "popular" : true,
    "refToView" : "border"
    }]
}
```

然后,在stencils元素中找到用户任务的属性配置,在其propertyPackages属性中追加自定义扩展属性:

```
{
    "type": "node",
    "id": "UserTask",
    "title": "用户活动",
    "description": "分配给特定人的任务 ",
    "view": "此处代码已省略,请查看本书配套资源内容",
    "groups": ["活动列表"],
    "propertyPackages": ["overrideidpackage", "namepackage",
        "documentationpackage", "asynchronousdefinitionpackage",
        "exclusivedefinitionpackage", "executionlistenerspackage",
        "multiinstance_typepackage", "multiinstance_cardinalitypackage",
        "multiinstance_collectionpackage", "multiinstance_variablepackage",
        "multiinstance_conditionpackage", "isforcompensationpackage",
        "usertaskassignmentpackage", "formkeydefinitionpackage",
        "formreferencepackage", "duedatedefinitionpackage",
        "prioritydefinitionpackage", "formpropertiespackage",
        "tasklistenerspackage", **"allowurgingpackage"**],
    "hiddenPropertyPackages": [],
    "roles": ["Activity", "sequence_start", "sequence_end", "ActivitiesMorph", "all"]
}
```

在以上用户任务的属性配置中，加粗部分的代码就是追加到propertyPackages中的自定义扩展属性。

修改完成后，重启Activiti Modeler，流程设计器会自动解析该JSON文件并展示新添加的属性，如图23.1所示。

图23.1　在Activiti Modeler中增加自定义属性

23.2.2　自定义属性解析处理

由Activiti Modeler设计的流程被转换为JSON格式文本存储到数据库中，而Activiti引擎只能识别符合BPMN 2.0规范的XML格式，所以在部署流程时会先将JSON格式文本转换为BpmnModel，再将BpmnModel转换成XML格式文本保存进数据库。23.2.1小节中为用户任务节点增加了一个自定义扩展属性，但如果此时直接部署，生成的流程定义文件中不存在这个属性，因为这个属性不能被Activiti识别。这时就需要在JSON格式文本转换为BpmnModel的过程中加以干预，对自定义属性进行解析。

1．自定义节点JsonConverter类

将JSON格式文本转换为BpmnModel可由Activiti提供的一系列JsonConverter实现，不同的BPMN元素对应的JsonConverter如表23.2所示。

表23.2　Activiti中常见BPMN元素类型的JsonConverter

BPMN元素类型	对应的JsonConverter
用户任务	org.activiti.editor.language.json.converter.UserTaskJsonConverter
开始事件	org.activiti.editor.language.json.converter.StartEventJsonConverter
结束事件	org.activiti.editor.language.json.converter.EndEventJsonConverter
顺序流	org.activiti.editor.language.json.converter.SequenceFlowJsonConverter
排他网关	org.activiti.editor.language.json.converter.ExclusiveGatewayJsonConverter
包容网关	org.activiti.editor.language.json.converter.InclusiveGatewayJsonConverter
并行网关	org.activiti.editor.language.json.converter.ParallelGatewayJsonConverter
边界事件	org.activiti.editor.language.json.converter.BoundaryEventJsonConverter
业务规则任务	org.activiti.editor.language.json.converter.BusinessRuleTaskJsonConverter
调用活动	org.activiti.editor.language.json.converter.CallActivityJsonConverter
事件网关	org.activiti.editor.language.json.converter.EventGatewayJsonConverter
事件子流程	org.activiti.editor.language.json.converter.EventSubProcessJsonConverter
手动任务	org.activiti.editor.language.json.converter.ManualTaskJsonConverter
接收任务	org.activiti.editor.language.json.converter.ReceiveTaskJsonConverter
脚本任务	org.activiti.editor.language.json.converter.ScriptTaskJsonConverter
服务任务	org.activiti.editor.language.json.converter.ServiceTaskJsonConverter
嵌入子流程	org.activiti.editor.language.json.converter.SubProcessJsonConverter
事务子流程	org.activiti.editor.language.json.converter.SubProcessJsonConverter
文本注解	org.activiti.editor.language.json.converter.TextAnnotationJsonConverter
抛出事件	org.activiti.editor.language.json.converter.ThrowEventJsonConverter
捕获事件	org.activiti.editor.language.json.converter.CatchEventJsonConverter

以UserTask为例，Activiti提供的默认JSON数据转换类为org.activiti.editor.language.json.converter.UserTaskJsonConverter，它提供了两个关键的方法convertJsonToElement()和convertElementToJson()，用于实现BPMN元素和流程模型JSON的相互转换。为了能解析自定义扩展属性，需要自定义属性解析类继承UserTaskJsonConverter并重写这两个方法：

```
public class CustomUserTaskJsonConverter extends UserTaskJsonConverter {
    public static final String ALLOW_URGING = "allowurging";
```

```java
    @Override
    protected void convertElementToJson(ObjectNode propertiesNode,
        BaseElement baseElement) {
        super.convertElementToJson(propertiesNode, baseElement);
        UserTask userTask = (UserTask) baseElement;
        //解析
        Map<String, List<ExtensionElement>> extensionElements =
            userTask.getExtensionElements();
        if(extensionElements != null && extensionElements.containsKey(ALLOW_URGING)){
            ExtensionElement e = extensionElements.get(ALLOW_URGING).get(0);
            setPropertyValue(ALLOW_URGING, e.getElementText(), propertiesNode);
        }
    }

    @Override
    protected FlowElement convertJsonToElement(JsonNode elementNode, JsonNode
        modelNode, Map<String, JsonNode> shapeMap) {
        FlowElement flowElement = super.convertJsonToElement(elementNode,
            modelNode, shapeMap);
        //解析自定义扩展属性
        ExtensionElement extensionElement = new ExtensionElement();
        extensionElement.setNamespace(NAMESPACE);
        extensionElement.setNamespacePrefix("modeler");
        extensionElement.setName(ALLOW_URGING);
        String allowurging = getPropertyValueAsString(ALLOW_URGING, elementNode);
        extensionElement.setElementText(allowurging);
        UserTask userTask = (UserTask) flowElement;
        userTask.addExtensionElement(extensionElement);
        return userTask;
    }

    public static void fillTypes(Map<String, Class<? extends BaseBpmnJsonConverter>>
        convertersToBpmnMap, Map<Class<? extends BaseElement>, Class<? extends
        BaseBpmnJsonConverter>> convertersToJsonMap) {

        fillJsonTypes(convertersToBpmnMap);
        fillBpmnTypes(convertersToJsonMap);
    }

    public static void fillJsonTypes(Map<String, Class<? extends BaseBpmnJsonConverter>>
        convertersToBpmnMap) {
        convertersToBpmnMap.put(STENCIL_TASK_USER, CustomUserTaskJsonConverter.class);
    }

    public static void fillBpmnTypes(Map<Class<? extends BaseElement>, Class<? extends
        BaseBpmnJsonConverter>> convertersToJsonMap) {
        convertersToJsonMap.put(UserTask.class, CustomUserTaskJsonConverter.class);
    }

}
```

以上代码中重写了convertJsonToElement()和convertElementToJson()两个方法，为其增加了对自定义扩展属性的处理逻辑。

2. 自定义BpmnJsonConverter类

上一步创建了自定义属性转换类CustomUserTaskJsonConverter，接下来要使该转换类在JSON与BpmnModel转换过程中生效。该转换过程是在BpmnJsonConverter中完成的，其中注册了不同流程元素的JsonConverter转换类，可以将自定义转换类CustomUserTaskJsonConverter注册为用户任务节点转换类。新建CustomBpmnJsonConverter继承BpmnJsonConverter：

```java
public class CustomBpmnJsonConverter extends BpmnJsonConverter {

    static {
        convertersToBpmnMap.put(STENCIL_TASK_USER, CustomUserTaskJsonConverter.class);
    }

}
```

以上代码段中的加粗部分将自定义转换类CustomUserTaskJsonConverter注册为用户任务节点转换类。

3. 在部署过程中使用自定义转换类

Activiti默认部署过程是，先根据modelId查询获取Model对象，然后将Model转换为BpmnModel对象，最后部署BpmnModel。其中，将Model转换为BpmnModel是在ModelServiceImpl中完成的，通过BpmnJsonConverter类的convertToBpmnModel()方法实现。因此，需要将ModelServiceImpl中默认使用的BpmnJsonConverter类替换为自定义的CustomBpmnJsonConverter：

```
@Component
public class ModelServicePostProcessor implements BeanPostProcessor {

    @Override
    public Object postProcessBeforeInitialization(Object bean, String beanName) throws
        BeansException {
        return bean;
    }

    //实例化、依赖注入完毕，在调用显示的初始化之前完成一些定制的初始化任务
    @Override
    public Object postProcessAfterInitialization(Object bean, String beanName)
        throws BeansException {
        if (bean instanceof ModelService) {
            ((ModelServiceImpl)bean).bpmnJsonConverter = new CustomBpmnJsonConverter();
        }
        return bean;
    }
}
```

以上代码段中的加粗部分实现了Spring的BeanPostProcessor接口类，BeanPostProcessor是Spring IOC容器提供的一个扩展接口，可以通过该接口中的方法在Bean实例化、配置及其他初始化方法前后添加自定义逻辑。这里实现了postProcessAfterInitialization()方法，在Spring容器完成Bean的初始化后对ModelService进行了修改，将其bpmnJsonConverter属性的实现类指定为CustomBpmnJsonConverter。使用这种方法，需要将Spring AOP动态代理方式指定为Cglib（Spring Boot 1.x默认使用JDK动态代理，从SpringBoot 2.x开始，为了避免使用JDK动态代理可能导致的类型转换异常，默认使用Cglib代理）。

至此，我们完成了从在设计器中增加自定义属性，到部署能够被Activiti识别的整个过程。流程及其他类型的节点都可以参照以上方式增加自定义扩展属性。将以上代码集成到第22章的项目中，部署完成之后，流程定义文件中即有了新增的属性：

```
<userTask id="sid-FA3011FF-30A7-454D-A6DF-867607230423" name="提报" activiti:assignee=
"$INITIATOR">
    <extensionElements>
        <modeler:allowurging xmlns:modeler="http://activiti.com/modeler">
            <![CDATA[true]]>
        </modeler:allowurging>
    </extensionElements>
</userTask>
```

23.2.3 读取自定义属性

接下来看一下如何读取前面自定义的扩展。为了简化讲解过程，这里将以Activiti Modeler保存的JSON对象转换为BPMN对象，并从中获取自定义属性为例进行演示。在本书配套资源中的model-json/model.json文件保存了由Activiti Modeler保存的流程JSON对象，读取并解析该文件的代码如下：

```
@Slf4j
public class RunCustomJsonConverterDemo {
    @Test
    public void runCustomJsonConverterDemo() throws Exception {
        //读取Activiti Modeler保存的Json
        InputStream processModelJsonInputStream =
            getClass().getClassLoader().getResourceAsStream("model-json/model.json");
        ObjectMapper mapper = new ObjectMapper();
        JsonNode processJsonNode = mapper.readTree(processModelJsonInputStream);
        //获取流程模型的Json
        JsonNode modelJsonNode = processJsonNode.get("model");
        //使用自定义转换类由Json转换为BpmnModel对象
        BpmnJsonConverter bpmnJsonConverter = new CustomBpmnJsonConverter();
        BpmnModel bpmnModel = bpmnJsonConverter.convertToBpmnModel(modelJsonNode);
```

```java
//查询用户任务对象并打印属性
UserTask userTask = (UserTask)bpmnModel.getFlowElement("userTask1");
Map<String, List<ExtensionElement>> extensionElements =
    userTask.getExtensionElements();
List<ExtensionElement> allowurgingExtension = extensionElements.get("allowurging");
if (CollectionUtils.isNotEmpty(allowurgingExtension)) {
    log.info("扩展属性allowurging值为：{}", allowurgingExtension.get(0).getElementText());
}
}
}
```

以上代码先读取model-json/model.json文件并解析出流程模型的JSON对象，然后使用自定义转换类将JSON对象转换为BpmnModel对象，最后查询用户任务对象并输出其属性。代码运行结果如下：

```
01:38:18,964 [main] INFO  com.bpm.example.demo2.RunCustomJsonConverterDemo  - 扩展属性allowurging值为：true
```

从代码运行结果可知，为用户任务自定义扩展的属性allowurging已经加入BPMN对象并被引擎识别。

在实际Activiti应用场景中，一般会根据流程定义编号和流程元素编号查询自定义扩展属性。这里依然以用户任务为例进行介绍。先根据流程定义编号processDefinitionId和用户任务定义编号taskDefinitionKey找到流程的用户任务，并获取其扩展属性集合extensionElements，然后从中根据自定义扩展属性名获取属性值，示例代码如下：

```java
BpmnModel bpmnModel = repositoryService.getBpmnModel(processDefinitionId);
UserTask userTask = bpmnModel.getFlowElement(taskDefinitionKey);
Map<String, List<ExtensionElement>> extensionElements =
    userTask.getExtensionElements();
List<ExtensionElement> allowurgingExtension = extensionElements.get("allowurging");
if (CollectionUtils.isNotEmpty(allowurgingExtension)) {
    System.out.println("扩展属性allowurging值为:" + allowurgingExtension.get(0).getElementText());
}
```

23.3 自定义流程活动行为

Activit各个流程活动都分别对应一个ActivityBehavior对象，如表23.3所示。ActivityBehavior代表流程节点的行为。如果Activit默认提供的节点行为无法满足实际应用需求，就可以通过自定义节点的行为类扩展节点行为。以UserTask为例，假设场景中UserTask配置的候选人仅为1人，此时自动将其设为办理人。本节将通过自定义扩展UserTask的行为类UserTaskActivityBehavior实现这一需求。

表23.3 Activiti流程活动对应的ActivityBehavior

流程活动	对应的ActivityBehavior
空开始事件	org.activiti.engine.impl.bpmn.behavior.NoneStartEventActivityBehavior
空结束事件	org.activiti.engine.impl.bpmn.behavior.NoneEndEventActivityBehavior
取消结束事件	org.activiti.engine.impl.bpmn.behavior.CancelEndEventActivityBehavior
错误结束事件	org.activiti.engine.impl.bpmn.behavior.ErrorEndEventActivityBehavior
终止结束事件	org.activiti.engine.impl.bpmn.behavior.TerminateEndEventActivityBehavior
用户任务	org.activiti.engine.impl.bpmn.behavior.UserTaskActivityBehavior
排他网关	org.activiti.engine.impl.bpmn.behavior.ExclusiveGatewayActivityBehavior
包容网关	org.activiti.engine.impl.bpmn.behavior.InclusiveGatewayActivityBehavior
并行网关	org.activiti.engine.impl.bpmn.behavior.ParallelGatewayActivityBehavior
事件网关	org.activiti.engine.impl.bpmn.behavior.EventBasedGatewayActivityBehavior
接收任务	org.activiti.engine.impl.bpmn.behavior.ReceiveTaskActivityBehavior
脚本任务	org.activiti.engine.impl.bpmn.behavior.ScriptTaskActivityBehavior
邮件任务	org.activiti.engine.impl.bpmn.behavior.MailActivityBehavior
手动任务	org.activiti.engine.impl.bpmn.behavior.ManualTaskActivityBehavior
Shell任务	org.activiti.engine.impl.bpmn.behavior.ShellActivityBehavior
续Web Service任务	org.activiti.engine.impl.bpmn.behavior.WebServiceActivityBehavior

续表

流程活动	对应的ActivityBehavior
业务规则任务	org.activiti.engine.impl.bpmn.behavior.BusinessRuleTaskActivityBehavior
取消边界事件	org.activiti.engine.impl.bpmn.behavior.BoundaryCancelEventActivityBehavior
补偿边界事件	org.activiti.engine.impl.bpmn.behavior.BoundaryCompensateEventActivityBehavior
消息边界事件	org.activiti.engine.impl.bpmn.behavior.BoundaryMessageEventActivityBehavior
信号边界事件	org.activiti.engine.impl.bpmn.behavior.BoundarySignalEventActivityBehavior
定时器边界事件	org.activiti.engine.impl.bpmn.behavior.BoundaryTimerEventActivityBehavior
服务任务（通过activiti: delegateExpression配置）	org.activiti.engine.impl.bpmn.behavior.ServiceTaskDelegateExpressionActivityBehavior
服务任务（通过activiti: expression配置）	org.activiti.engine.impl.bpmn.behavior.ServiceTaskExpressionActivityBehavior
服务任务（通过activiti:class配置）	org.activiti.engine.impl.bpmn.behavior.ServiceTaskJavaDelegateActivityBehavior
调用活动	org.activiti.engine.impl.bpmn.behavior.CallActivityBehavior
内嵌子流程	org.activiti.engine.impl.bpmn.behavior.SubProcessActivityBehavior
事务子流程	org.activiti.engine.impl.bpmn.behavior.TransactionActivityBehavior
事件子流程（通过错误开始事件发起）	org.activiti.engine.impl.bpmn.behavior.EventSubProcessErrorStartEventActivityBehavior
事件子流程（通过消息开始事件发起）	org.activiti.engine.impl.bpmn.behavior.EventSubProcessMessageStartEventActivityBehavior
消息中间捕获事件	org.activiti.engine.impl.bpmn.behavior.IntermediateCatchMessageEventActivityBehavior
信号中间捕获事件	org.activiti.engine.impl.bpmn.behavior.IntermediateCatchSignalEventActivityBehavior
定时中间事件	org.activiti.engine.impl.bpmn.behavior.IntermediateCatchTimerEventActivityBehavior
补偿中间抛出事件	org.activiti.engine.impl.bpmn.behavior.IntermediateThrowCompensationEventActivityBehavior
空中间抛出事件	org.activiti.engine.impl.bpmn.behavior.IntermediateThrowNoneEventActivityBehavior
信号中间抛出事件	org.activiti.engine.impl.bpmn.behavior.IntermediateThrowSignalEventActivityBehavior
并行多实例	org.activiti.engine.impl.bpmn.ParallelMultiInstanceBehavior
串行多实例	org.activiti.engine.impl.bpmn.SequentialMultiInstanceBehavior

23.3.1 创建自定义流程活动行为类

自定义扩展UserTask行为类，可以继承自默认的UserTaskActivityBehavior类，只需重写父类中的方法。自定义UserTask行为类的代码如下：

```
@Slf4j
public class CustomUserTaskActivityBehavior extends UserTaskActivityBehavior {

    public CustomUserTaskActivityBehavior(UserTask userTask) {
        super(userTask);
    }

    @Override
    public void execute(DelegateExecution execution) {
        CommandContext commandContext = Context.getCommandContext();
        TaskEntityManager taskEntityManager = commandContext.getTaskEntityManager();

        //第1步，创建任务实例对象
        TaskEntity task = taskEntityManager.create();
        task.setExecution((ExecutionEntity) execution);
        task.setTaskDefinitionKey(userTask.getId());
        task.setName(userTask.getName());
        task.setDescription(userTask.getDocumentation());
        taskEntityManager.insert(task, (ExecutionEntity) execution);
```

```java
        ProcessEngineConfigurationImpl processEngineConfiguration =
            Context.getProcessEngineConfiguration();
        ExpressionManager expressionManager =
            processEngineConfiguration.getExpressionManager();
        //第2步，查询用户任务节点人员配置
        String activeTaskAssignee = userTask.getAssignee();
        List<String> activeTaskCandidateUsers = userTask.getCandidateUsers();
        //第3步，分配任务办理人及候选人
        handleAssignments(taskEntityManager, activeTaskAssignee, activeTaskCandidateUsers,
            task, expressionManager, execution);

        //第4步，触发任务创建监听器
        processEngineConfiguration.getListenerNotificationHelper()
            .executeTaskListeners(task, TaskListener.EVENTNAME_CREATE);

        //第5步，发送任务创建事件
        if (Context.getProcessEngineConfiguration().getEventDispatcher().isEnabled()) {
            Context.getProcessEngineConfiguration().getEventDispatcher().dispatchEvent(
                ActivitiEventBuilder.createEntityEvent(ActivitiEventType.TASK_CREATED, task));
        }
    }

    /**
     * 分配办理人
     * @param taskEntityManager
     * @param assignee
     * @param candidateUsers
     * @param task
     * @param expressionManager
     * @param execution
     */
    private void handleAssignments(
        TaskEntityManager taskEntityManager, String assignee, List<String> candidateUsers,
        TaskEntity task, ExpressionManager expressionManager, DelegateExecution execution) {
        boolean isSetAssignee = false;
        //分配任务办理人
        if (StringUtils.isNotEmpty(assignee)) {
            Object assigneeExpressionValue =
                expressionManager.createExpression(assignee).getValue(execution);
            String assigneeValue = null;
            if (assigneeExpressionValue != null) {
                assigneeValue = assigneeExpressionValue.toString();
            }
            if (StringUtils.isNoneBlank(assigneeValue)) {
                taskEntityManager.changeTaskAssignee(task, assigneeValue);
                isSetAssignee = true;
            }
        }

        //分配任务候选人
        if (!isSetAssignee && candidateUsers != null && !candidateUsers.isEmpty()) {
            List<String> allCandidates = new ArrayList<>();
            for (String candidateUser : candidateUsers) {
                Expression userIdExpr = expressionManager.createExpression(candidateUser);
                Object value = userIdExpr.getValue(execution);
                if (value instanceof String) {
                    List<String> candidates = extractCandidates((String) value);
                    allCandidates.addAll(candidates);
                } else if (value instanceof Collection) {
                    allCandidates.addAll((Collection) value);
                } else {
                    throw new ActivitiException("Expression did not resolve to a string or collection of strings");
                }
            }
            List<String> distinctCandidates=
                (List) allCandidates.stream().distinct().collect(Collectors.toList());
            if (distinctCandidates != null) {
```

```
        //如果只有一个任务候选人，则设置为办理人
        if (distinctCandidates.size() == 1) {
            log.info("TaskId为{}的用户任务只有一个候选人，将设置为办理人",
                task.getId());
            taskEntityManager.changeTaskAssignee(task, distinctCandidates.get(0));
            isSetAssignee = true;
        } else {
            task.addCandidateUsers(distinctCandidates);
        }
      }
    }
}
```

以上代码重写了UserTaskActivityBehavior的execute(DelegateExecution execution)方法，实现的核心步骤如下：

(1) 创建任务实例对象；
(2) 查询用户任务节点人员配置；
(3) 分配任务办理人及候选人；
(4) 触发任务创建监听器；
(5) 发送任务创建事件。

其中，步骤（3）用于实现本示例的需求，加粗部分的代码用于判断候选人数量，如果只有一个候选人，则直接将其设置为办理人。如果实际应用中还想实现其他功能，扩展UserTask支持更多复杂的场景，也可以通过重写UserTaskActivityBehavior的execute()方法实现。

23.3.2 创建自定义流程活动行为工厂

要想使23.3.1小节中创建的自定义流程活动行为类在工作流引擎中生效，需要将其注册到流程活动行为工厂中。Activiti默认的流程活动行为工厂是org.activiti.engine.impl.bpmn.parser.factory.DefaultActivityBehaviorFactory，它指定了所有流程活动的行为实现类。要自定义流程活动行为工厂，继承DefaultActivityBehaviorFactory，重写对应的流程活动创建行为类的方法即可。

```
public class CustomActivityBehaviorFactory extends DefaultActivityBehaviorFactory {
    @Override
    public UserTaskActivityBehavior createUserTaskActivityBehavior(UserTask userTask) {
        return new CustomUserTaskActivityBehavior(userTask);
    }
}
```

以上代码段中的加粗部分重写了创建UserTask行为类的方法createUserTaskActivityBehavior(UserTask userTask)，将自定义的行为类CustomUserTaskActivityBehavior注册为UserTask的行为类。

23.3.3 在工作流引擎中设置自定义流程活动行为工厂

23.3.2小节创建了自定义行为工厂CustomActivityBehaviorFactory。要使其在工作流引擎中生效，还需要将其配置到工作流引擎中。配置文件activiti.custom-activitybehavior.xml中的工作流引擎配置片段如下：

```
<!--activiti工作流引擎-->
    <bean id="processEngineConfiguration"
        class="org.activiti.engine.impl.cfg.StandaloneProcessEngineConfiguration">
    <!-- 设置自定义行为工厂 -->
    <property name="activityBehaviorFactory">
        <bean class="com.bpm.example.demo3.parser.factory.CustomActivityBehaviorFactory" />
    </property>

    <!-- 此处省去其他属性配置 -->

</bean>
```

以上配置文件中略去了命名空间，完整内容可参阅本书配套资源。加粗部分的代码通过activityBehaviorFactory属性指定了自定义流程活动行为工厂CustomActivityBehaviorFactory。

如果Activiti已经集成了Spring Boot，通过@Bean注解配置工作流引擎，则可以这样设置自定义流程活动

行为工厂：

```java
@Bean(name = "processEngineConfiguration")
public ProcessEngineConfigurationImpl processEngineConfiguration() {
    SpringProcessEngineConfiguration processEngineConfiguration =
        new SpringProcessEngineConfiguration();
    //设置自定义活动行为工厂
    processEngineConfiguration.setActivityBehaviorFactory(new CustomActivityBehaviorFactory());

    //此处省略其他通用属性赋值

    return processEngineConfiguration;
}
```

以上代码段中的加粗部分将ProcessEngineConfiguration的activityBehaviorFactory属性设置为自定义流程活动行为工厂CustomActivityBehaviorFactory，并在Activiti初始化工作流引擎时生效。

23.3.4 使用示例

下面看一个自定义流程活动行为的使用示例，如图23.2所示。该流程是运维申请流程，其中"专家服务"用户任务配置为单个候选。

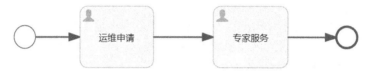

图23.2 自定义流程活动行为示例流程

图23.2所示流程对应的XML内容如下：

```xml
<process id="CustomActivityBehaviorProcess" name="自定义用户任务行为类示例流程"
    isExecutable="true">
    <startEvent id="startEvent1"/>
    <userTask id="userTask1" name="运维申请" activiti:assignee="liuxiaopeng"/>
    <sequenceFlow id="sequenceFlow1" sourceRef="startEvent1" targetRef="userTask1"/>
    <userTask id="userTask2" name="专家服务" activiti:candidateUsers="hebo"/>
    <sequenceFlow id="sequenceFlow2" sourceRef="userTask1" targetRef="userTask2"/>
    <endEvent id="endEvent1"/>
    <sequenceFlow id="sequenceFlow3" sourceRef="userTask2" targetRef="endEvent1"/>
</process>
```

在以上流程定义中，加粗部分的代码定义了用户任务userTask2，通过activiti:candidateUsers属性配置了单个候选人hebo。

加载该流程模型并执行相应流程控制的示例代码如下：

```java
@Slf4j
public class RunCustomActivityBehaviorDemo extends ActivitiEngineUtil {
    SimplePropertyPreFilter identityLinkFilter =
        new SimplePropertyPreFilter(IdentityLink.class,"taskId","type","userId");
    @Test
    public void runCustomActivityBehaviorDemo() {
        //加载Activiti配置文件并初始化工作流引擎及服务
        loadActivitiConfigAndInitEngine("activiti.custom-activitybehavior.xml");
        //部署流程
        ProcessDefinition processDefinition =
            deployByClasspathResource("processes/CustomActivityBehaviorProcess.bpmn20.xml");
        //设置当前操作用户
        identityService.setAuthenticatedUserId("liuxiaopeng");
        //启动流程实例
        ProcessInstance processInstance =
            runtimeService.startProcessInstanceById(processDefinition.getId());
        //查询第一个用户任务
        Task firstTask = taskService.createTaskQuery()
            .processInstanceId(processInstance.getId()).singleResult();
        log.info("第一个用户任务taskId: {}, name: {}, assignee: {}",
            firstTask.getId(), firstTask.getName(), firstTask.getAssignee());
```

```
        //办理完成第一个用户任务
        taskService.complete(firstTask.getId());
        //设置当前操作用户
        identityService.setAuthenticatedUserId("hebo");
        //查询第二个用户任务
        Task secondTask = taskService.createTaskQuery()
            .processInstanceId(processInstance.getId()).singleResult();
        log.info("第二个用户任务taskId: {}, name: {}, assignee: {}",
            secondTask.getId(), secondTask.getName(), secondTask.getAssignee());
        List<IdentityLink> identityLinks =
            taskService.getIdentityLinksForTask(secondTask.getId());
        log.info("候选(候选)人: {}",
            JSON.toJSONString(identityLinks, identityLinkFilter));
        //办理完成第二个用户任务
        taskService.complete(secondTask.getId());
        //关闭工作流引擎
        engine.close();
    }
}
```

以上代码先初始化工作流引擎并部署流程，发起流程后依次查询并办理前两个用户任务，同时输出该任务的相关信息。代码运行结果如下：

```
11:15:00,847 [main] INFO   com.bpm.example.demo3.RunCustomActivityBehaviorDemo   - 第一个
用户任务taskId: 10, name: 运维申请, assignee: liuxiaopeng
11:15:00,865 [main] INFO   com.bpm.example.demo3.behavior.CustomUserTaskActivityBehavior
 - TaskId为12的用户任务只有一个候选人，将设置为办理人
11:15:00,871 [main] INFO   com.bpm.example.demo3.RunCustomActivityBehaviorDemo   - 第二个
用户任务taskId: 12, name: 专家服务, assignee: hebo
11:15:00,978 [main] INFO   com.bpm.example.demo3.RunCustomActivityBehaviorDemo   - 候选(候
选)人: [{"taskId":"12","type":"assignee","userId":"hebo"}]
```

从代码运行结果可知，第二个用户任务只分配了办理人hebo，原用户任务定义中配置的候选人在自定义行为类中被转换为办理人。

23.3.1小节、23.3.2小节和23.3.3小节中介绍的操作，实现了UserTask自定义用户任务行为扩展。其他流程活动类型的自定义节点行为扩展也可以参照上述操作进行，读者可自行进行尝试。

23.4 自定义事件

18.2.2小节中介绍了Activiti默认提供的多事件类型，但面对实际应用中各种复杂的流程场景，如驳回、撤回、撤销和催办等，没有提供对应的事件类型进行匹配。在这种情况下，需要补充一些额外的事件。本节以扩展用户任务的"催办"事件为例，讲解为Activiti扩展自定义事件的过程。

23.4.1 创建自定义事件类型

创建自定义事件类型，以用户任务为例，扩展一个催办事件类型，代码如下：

```
public enum CustomActivitiEventType {
    //催办
    TASK_URGING;
}
```

23.4.2 创建自定义事件

创建自定义事件需要继承org.activiti.engine.delegate.event.ActivitiEvent接口，扩展的催办事件接口代码如下：

```
public abstract interface ActivitiTaskUrgingEvent extends ActivitiEvent {
    public Object getEntity();
    public CustomActivitiEventType getCustomActivitiEventType();
}
```

以上代码段中的加粗部分定义了两个接口方法。其中，getEntity()方法用于获取事件对象，getCustomActivitiEventType()方法用于获取自定义事件类型。

接下来实现自定义事件的实现类，扩展的催办事件接口的实现类代码如下：

```java
public class ActivitiTaskUrgingEventImpl extends ActivitiEventImpl implements
    ActivitiTaskUrgingEvent {
    @Getter
    protected Object entity;
    @Getter
    protected CustomActivitiEventType customActivitiEventType;
    public ActivitiTaskUrgingEventImpl(TaskEntity entity, ActivitiEventType type,
        CustomActivitiEventType customActivitiEventType) {
        super(type);
        this.entity = entity;
        this.customActivitiEventType = customActivitiEventType;
    }
}
```

在以上代码中，该实现类继承了org.activiti.engine.delegate.event.impl.ActivitiEventImpl，实现了自定义事件接口com.bpm.example.demo4.event.ActivitiTaskUrgingEvent。

23.4.3 实现自定义事件监听器

扩展的催办事件的自定义事件监听器代码如下：

```java
public class TaskUrgingEventListener implements ActivitiEventListener {

    public void onEvent(ActivitiEvent event) {
        ActivitiEventType eventType = event.getType();
        if (eventType.equals(ActivitiEventType.CUSTOM)) {
            if (event instanceof ActivitiTaskUrgingEvent) {
                ActivitiTaskUrgingEvent activitiTaskUrgingEvent =
                    (ActivitiTaskUrgingEvent) event;
                Object entityObject = activitiTaskUrgingEvent.getEntity();
                if (activitiTaskUrgingEvent.getCustomActivitiEventType().equals(
                    CustomActivitiEventType.TASK_URGING)) {
                    TaskEntity task = (TaskEntity)entityObject;
                    taskUrging(task);
                }
            }
        }
    }

    private void taskUrging(TaskEntity task) {
        log.info("{}被催办了！", task.getName());
    }

    public boolean isFailOnException() {
        return false;
    }

}
```

在以上代码中，该监听器实现了org.activiti.engine.delegate.event.ActivitiEventListener接口，并重写了onEvent()和isFailOnException()两个方法。在onEvent()方法中，先判断事件类型是否为CUSTOM，再判断事件对象是否为ActivitiTaskUrgingEvent。如果二者皆满足，则进行后续处理。该示例从事件中获取Entity对象，并根据其名称输出一条催办信息。

23.4.4 使用示例

下面看一个自定义事件的使用示例，如图23.3所示。该流程为运维申请流程，这里将由"专家服务"用户任务触发自定义的催办事件。

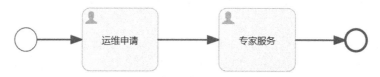

图23.3　使用自定义事件示例流程

图23.3所示流程对应的XML内容如下：

```xml
<process id="CustomEventProcess" name="自定义事件示例流程" isExecutable="true">
    <extensionElements>
    <activiti:eventListener events="CUSTOM"
        class="com.bpm.example.demo4.listener.TaskUrgingEventListener"/>
    </extensionElements>
    <startEvent id="startEvent1"/>
    <userTask id="userTask1" name="运维申请" activiti:assignee="$INITIATOR"/>
    <sequenceFlow id="sequenceFlow1" sourceRef="startEvent1" targetRef="userTask1"/>
    <endEvent id="endEvent1"/>
    <sequenceFlow id="sequenceFlow2" sourceRef="userTask1" targetRef="userTask2"/>
    <userTask id="userTask2" name="专家服务"/>
    <sequenceFlow id="sequenceFlow3" sourceRef="userTask2" targetRef="endEvent1"/>
</process>
```

在以上流程定义中，加粗部分的代码在process元素的extensionElements子元素中声明了事件监听器，通过class属性进行全类名定义添加了事件监听器com.bpm.example.demo4.listener.TaskUrgingEventListener。它将监听CUSTOM事件。

加载该流程模型并执行相应流程控制的示例代码如下：

```java
@Slf4j
public class RunCustomEventDemo extends ActivitiEngineUtil {
    @Test
    public void runCustomEventDemo() {
        //加载Activiti配置文件并初始化工作流引擎及服务
        loadActivitiConfigAndInitEngine("activiti.cfg.xml");
        //部署流程
        ProcessDefinition processDefinition =
            deployByClasspathResource("processes/CustomEventProcess.bpmn20.xml");
        //启动流程实例
        ProcessInstance processInstance =
            runtimeService.startProcessInstanceById(processDefinition.getId());
        //查询第一个用户任务
        Task firstTask = taskService.createTaskQuery()
            .processInstanceId(processInstance.getId()).singleResult();
        //办理完成第一个用户任务
        taskService.complete(firstTask.getId());
        //查询第二个用户任务
        Task secondTask = taskService.createTaskQuery()
            .processInstanceId(processInstance.getId()).singleResult();
        //查询BpmnModel
        BpmnModel bpmnModel =
            repositoryService.getBpmnModel(processDefinition.getId());
        //获取ActivitiEventSupport
        ActivitiEventSupport activitiEventSupport =
            ((ActivitiEventSupport)bpmnModel.getEventSupport());
        //触发自定义事件
        activitiEventSupport.dispatchEvent(new ActivitiTaskUrgingEventImpl((TaskEntity)
secondTask, ActivitiEventType.CUSTOM, CustomActivitiEventType.TASK_URGING));
        //关闭工作流引擎
        engine.close();
    }
}
```

以上代码先初始化工作流引擎并部署流程，发起流程后查询并办理第一个用户任务，然后查询第二个用户任务，最后查询BpmnModel并获取ActivitiEventSupport，通过ActivitiEventSupport的dispatchEvent()方法触发自定义的"催办"事件。代码运行结果如下：

```
11:40:26,019 [main] INFO   com.bpm.example.demo4.listener.TaskUrgingEventListener   - 专家服务被催办了！
```

从代码运行结果可知，自定义事件抛出后被对应的自定义事件监听器捕获并处理。

23.5 自定义流程校验

Activiti Modeler作为一款Web在线流程设计器，本身并不提供流程和活动的合法性校验服务。为了保证流程能够顺利走通，有必要对流程及活动的配置进行合法性校验。为此，Activiti引擎针对各类流程元素及配置提供了一系列默认校验规则，如表23.4所示。这些规则基于BPMN合法性的角度进行校验。在Activiti实际使用过程中，针对业务的特点，经常需要对流程及节点配置做额外的约束性校验。本节以添加"校验用户任务是否分配办理人或候选人（组）"规则为例，介绍如何针对Activiti扩展自定义校验规则。

表23.4　Activiti中不同流程元素的校验规则

流程元素	对应的校验规则
事件监听器	org.activiti.validation.validator.impl.ActivitiEventListenerValidator
关联	org.activiti.validation.validator.impl.AssociationValidator
边界事件	org.activiti.validation.validator.impl.BoundaryEventValidator
BPMN模型	org.activiti.validation.validator.impl.BpmnModelValidator
结束事件	org.activiti.validation.validator.impl.EndEventValidator
错误定义	org.activiti.validation.validator.impl.ErrorValidator
事件网关	org.activiti.validation.validator.impl.EventGatewayValidator
事件子流程	org.activiti.validation.validator.impl.EventSubprocessValidator
事件	org.activiti.validation.validator.impl.EventValidator
排他网关	org.activiti.validation.validator.impl.ExclusiveGatewayValidator
执行监听器	org.activiti.validation.validator.impl.ExecutionListenerValidator
中间捕获事件	org.activiti.validation.validator.impl.IntermediateCatchEventValidator
中间抛出事件	org.activiti.validation.validator.impl.IntermediateThrowEventValidator
消息事件	org.activiti.validation.validator.impl.MessageValidator
脚本任务	org.activiti.validation.validator.impl.ScriptTaskValidator
顺序流	org.activiti.validation.validator.impl.SequenceflowValidator
服务任务	org.activiti.validation.validator.impl.ServiceTaskValidator
信号定义	org.activiti.validation.validator.impl.SignalValidator
开始事件	org.activiti.validation.validator.impl.StartEventValidator
内嵌子流程	org.activiti.validation.validator.impl.SubprocessValidator
用户任务	org.activiti.validation.validator.impl.UserTaskValidator

23.5.1　创建自定义校验规则

首先需要扩展能够满足业务需求的自定义校验规则，它需要实现org.activiti.validation.validator.Validator接口。这里选择继承org.activiti.validation.validator.ProcessLevelValidator抽象类，其父类（org.activiti.validation.validator.ValidatorImpl）已经实现了org.activiti.validation.validator.Validator接口。自定义校验规则类的内容如下：

```java
public class CustomValidator extends ProcessLevelValidator {

    @Override
    protected void executeValidation(BpmnModel bpmnModel, Process process,
            List<ValidationError> errors) {
        //查询流程中的所有UserTask节点
        List<UserTask> userTasks = process.findFlowElementsOfType(UserTask.class);
        if (!CollectionUtils.isEmpty(userTasks)) {
            for (UserTask userTask : userTasks) {
                //查询办理人配置
                String assignee = userTask.getAssignee();
                //查询候选人配置
                List<String> candidateUsers = userTask.getCandidateUsers();
                //查询候选组配置
                List<String> candidateGroups = userTask.getCandidateGroups();
                //如果办理人、候选人、候选组全部没有配置
                if (StringUtils.isBlank(assignee)
                    && CollectionUtils.isEmpty(candidateUsers)
                    && CollectionUtils.isEmpty(candidateGroups)
                ) {
                    //记录校验错误信息
```

```
                    this.addError(errors, "用户任务【" + userTask.getName() + "】办理人、
候选人、候选组不能全为空", process, userTask, "用户任务节点办理人、候选人、候选组不能全为空");
                }
            }
        }
    }
}
```

以上代码重写了executeValidation()方法，校验逻辑就是在该方法中完成的。其核心逻辑是，从流程中查询并遍历所有UserTask节点，获取查询办理人、候选人和候选组的配置，如果某个UserTask节点的办理人、候选人和候选组都未配置，则通过addError()方法记录该UserTask节点的校验错误信息。

23.5.2 重写流程校验器

Activiti默认的流程校验器是org.activiti.validation.ProcessValidator，它在工作流引擎启动时初始化，是Activiti进行流程校验的入口。要使23.5.1小节中创建的自定义校验规则生效，需要将其注册到流程校验器中。这里通过重写流程校验器，让扩展的自定义校验规则生效，选择继承org.activiti.validation.ProcessValidatorImpl类，它是org.activiti.validation.ProcessValidator的实现类。重写的流程校验器如下：

```
public class CustomProcessValidator extends ProcessValidatorImpl {

    public CustomProcessValidator() {
        //加入Activiti默认校验规则
        this.addValidatorSet(
            (new ValidatorSetFactory()).createActivitiExecutableProcessValidatorSet());
        //加入自定义校验规则
        ValidatorSet customValidatorSet = new ValidatorSet("custom-validtor");
        customValidatorSet.addValidator(new CustomValidator());
        this.addValidatorSet(customValidatorSet);
    }
}
```

在以上代码中，加粗部分的代码在流程校验器的构造方法中做了以下两件事情。
- 加入Activiti内置的默认校验规则集。
- 加入自定义校验规则。如果扩展了多条自定义校验规则，需要在这里将它们加入工作流引擎。

23.5.3 在工作流引擎中设置自定义流程校验器

要使23.5.2小节中重写的流程校验器在工作流引擎中生效，需要将其配置到工作流引擎配置中。通过processValidator属性即可指定自定义的流程校验器。配置文件activiti.custom-validation.xml中的工作流引擎配置片段如下：

```xml
<!--activiti工作流引擎-->
<bean id="processEngineConfiguration"
    class="org.activiti.engine.impl.cfg.StandaloneProcessEngineConfiguration">
    <!-- 设置自定义流程校验器 -->
    <property name="processValidator">
        <bean class="com.bpm.example.demo5.validation.validator.CustomProcessValidator" />
    </property>

    <!-- 此处省去其他属性配置 -->

</bean>
```

以上配置文件中略去了命名空间，完整内容可参阅本书配套资源。加粗部分的代码通过processValidator属性指定了自定义流程校验器CustomProcessValidator。

如果Activiti已经集成了Spring Boot，则可以通过以下方式初始化工作流引擎并设置processValidator属性的值：

```
@Bean(name = "processEngineConfiguration")
public ProcessEngineConfigurationImpl processEngineConfiguration() {
    SpringProcessEngineConfiguration processEngineConfiguration =
        new SpringProcessEngineConfiguration();
    //设置流程校验器
    processEngineConfiguration.setProcessValidator(new CustomProcessValidator());
```

```
        //此处省略其他通用属性赋值
        return processEngineConfiguration;
}
```

以上代码段中的加粗部分将ProcessEngineConfiguration的processValidator属性设置为自定义流程校验器CustomProcessValidator，并在Activiti初始化工作流引擎时生效。

23.5.4 使用示例

下面看一个自定义流程校验的使用示例，如图23.4所示。该流程为运维申请流程，其中"运维申请"用户任务配置办理人为流程发起者，"专家服务"用户任务不分配办理人和候选人（组）。

图23.4所示流程对应的XML内容如下：

```xml
<process id="CustomValidatorProcess" name="自定义流程校验示例流程" isExecutable="true">
    <startEvent id="startEvent"/>
    <userTask id="userTask1" name="运维申请" activiti:assignee="$INITIATOR"/>
    <userTask id="userTask2" name="专家服务"/>
    <endEvent id="endEvent"/>
    <sequenceFlow id="sequenceFlow1" sourceRef="startEvent" targetRef="userTask1"/>
    <sequenceFlow id="sequenceFlow2" sourceRef="userTask1" targetRef="userTask2"/>
    <sequenceFlow id="sequenceFlow3" sourceRef="userTask2" targetRef="endEvent"/>
</process>
```

图23.4 自定义流程校验示例流程

在以上流程定义中，定义了两个用户任务节点userTask1、userTask2，其中，userTask1通过activiti:assignee配置了办理人，而userTask2未配置任何办理人、候选人或候选组。

加载该流程模型并执行相应流程控制的示例代码如下：

```java
@Slf4j
public class RunCustomValidatorDemo extends ActivitiEngineUtil {
    @Test
    public void runCustomValidatorDemo() throws Exception {
        //加载Activiti配置文件并初始化工作流引擎及服务
        loadActivitiConfigAndInitEngine("activiti.custom-validation.xml");
        //解析流程xml
        XMLInputFactory factory = XMLInputFactory.newFactory();
        InputStream stream = getClass().getClassLoader()
            .getResourceAsStream("processes/CustomValidatorProcess.bpmn20.xml");
        XMLStreamReader reader = factory.createXMLStreamReader(stream);
        //将流程xml转换为BpmnModel
        BpmnXMLConverter converter = new BpmnXMLConverter();
        BpmnModel bpmnModel = converter.convertToBpmnModel(reader);
        //获取自定义流程校验器
        ProcessValidator processValidator =
            processEngineConfiguration.getProcessValidator();
        //进行模型校验
        List<ValidationError> validate = processValidator.validate(bpmnModel);
        //如果校验错误集合长度大于1，则说明校验出错，遍历打印出错信息
        if(validate.size()>=1){
            for (ValidationError validationError : validate) {
                log.info("{}校验异常: {}", validationError.getValidatorSetName(),
                    validationError.getProblem());
            }
        }
        //关闭工作流引擎
        engine.close();
    }
}
```

以上代码先读取工作流引擎配置并创建工作流引擎，读取流程定义XML文件并将其解析转换为BpmnModel，然后从工作流引擎配置中获取流程校验器，最后执行校验操作并输出异常信息。代码运行结果如下：

```
12:03:49,536 [main] INFO  com.bpm.example.demo5.RunCustomValidatorDemo   - custom-validtor校验异常：用户任务【专家服务】办理人、候选人、候选组不能全为空
```

从代码运行结果可知，"专家服务"用户任务未配置办理人和候选人（组），被自定义校验规则检测出配置错误。

23.6　本章小结

本章介绍了多种自定义扩展Activiti引擎的方式，分别如下。
- 当默认的ProcessEngineConfiguration无法满足实际应用场景的需求时，可以通过自定义ProcessEngineConfiguration实现工作流引擎的个性化定制，赋予它不同的引擎能力。
- 通过自定义流程元素属性扩展，可以为流程和活动等流程元素扩展一系列的自定义属性，以满足各种业务流程需求。
- 在Activit默认提供的流程活动行为无法满足实际应用需求时，可以通过对流程活动行为进行自定义扩展来实现。
- 当Activiti中默认提供的事件类型无法满足复杂流程场景的需求时，可以通过自定义事件扩展，补充一些额外的事件。
- 当业务需要对流程元素配置做BPMN合法性之外的额外约束性校验时，可以自定义扩展各种校验规则。

以上几种自定义扩展方式在Activiti实际使用中经常会用到，读者需要熟练掌握。

第24章 Activiti自定义扩展（二）

本章将介绍3种扩展Activiti的方法：替换Activiti身份认证服务、适配国产数据库、自定义查询。这3种扩展方法在Activiti实战中经常被使用，读者可以根据需要学习掌握。

24.1 替换Activiti身份认证服务

第9章介绍过，Activiti提供的用户身份模块中内置了用户和组管理服务，但这种简单的设计难以满足部分应用系统对人员组织架构管理的需求。在国内的一些应用中，身份模块会包含用户、组织、角色和岗位等。Activiti中没有组织、岗位、角色的概念，只有用户和组的概念。这时可以摒弃Activiti自带的身份模块，不再使用Activiti内置的用户服务，而使用自己应用系统的用户认证、授权等机制。

通常替换Activiti身份认证服务的方案有以下3种。

第一种方案是通过创建与Activiti的用户表（ACT_ID_USER）、用户组表（ACT_ID_GROUP）、用户组与用户关联关系表（ACT_ID_MEMBERSHIP）及用户信息表（ACT_ID_INFO）同名的数据库视图，读取自己应用系统中的用户与组织数据。该方案的优点在于无须修改Activiti代码，难点在于将自己系统的用户数据和Activiti的用户数据对应起来。注意，采用这种方案时，需要删除上述Activiti表，这会导致Activiti启动时报错。要避免这种情况，需要禁用Activiti自带的用户身份模块，具体做法后文会详细介绍。

第二种方案是通过定时同步或数据推送的方式将自己应用系统的数据同步到Activiti的4张表中。该方案的优点是不用修改Activiti的代码和表结构，缺点是数据同步增加了系统的复杂度。

第三种方案是通过自定义EntityManager和DataManager非侵入式地替换接口，适用于公司内部有统一身份访问接口的场景。采用这种方案时，如果删除了Activiti的ACT_ID_USER表，则需要禁用Activiti自带的用户身份模块。

前两种方案都较为简单，并且有一定的局限性。本节主要介绍第三种方案的实现，即如何将Activiti的身份认证服务指向自己系统的服务。

24.1.1 禁用Activiti自带的用户身份模块

前面介绍过第一种方案和第三种方案都需要我们删除Activiti的ACT_ID_USER表。这会导致启动时报org.activiti.engine.ActivitiException异常，提示缺少用户身份模块表。异常信息如下：

```
Activiti database problem: Tables missing for component(s) identity
```

这是因为Activiti启动时会校验ACT_ID_USER物理表是否存在。第一种方案中，即使创建了同名的视图，依然无法通过校验。为了解决这个问题，需要禁用Activiti自带的用户身份模块。Activiti工作流引擎配置提供了dbIdentityUsed属性用于控制是否启用用户身份模块，将其值设为false代表禁用，其配置如下：

```xml
<bean id="processEngineConfiguration"
    class="org.activiti.spring.SpringProcessEngineConfiguration">

    <!-- 禁用用户身份模块 -->
    <property name="dbIdentityUsed" value="false"/>

    <!-- 其他属性配置省略 -->

</bean>
```

在以上工作流引擎配置中，加粗部分的代码通过将dbIdentityUsed属性设置为fasle禁用了用户身份模块。

如果Activiti已经集成了Spring Boot，并通过@Bean注解配置工作流引擎，则可以通过这样的配置禁用用户身份模块：

```
@Bean(name = "processEngineConfiguration")
public ProcessEngineConfigurationImpl processEngineConfiguration() {
    SpringProcessEngineConfiguration processEngineConfiguration =
        new SpringProcessEngineConfiguration();

    <!-- 禁用用户身份模块 -->
    processEngineConfiguration.setDbIdentityUsed(false);

    // 其他属性配置省略

    return processEngineConfiguration;
}
```

以上代码段中的加粗部分将ProcessEngineConfiguration的dbIdentityUsed属性设置为false，并在Activiti初始化工作流引擎时生效。

24.1.2 自定义身份认证服务

Activiti引擎使用MyBatis实现与数据库的交互。Activiti的每一张表都有一个对应的名称以EntityManager结尾的实体管理器类（有接口和实现类）和以DataManager结尾的数据管理器类（有接口和实现类），引擎初始化时会初始化所有表的实体管理器和数据管理器。Activiti的各种Service接口在需要对实体执行CRUD操作时会根据接口获取注册的实体管理器实现类，由实体管理器通过调用数据管理器实现类的相关方法完成操作。以IdentityService服务为例，用户的实体管理器接口为UserEntityManager，用户组的实体管理器接口为GroupEntityManager，用户与用户组关联关系的实体管理器接口为MembershipEntityManager；对应的用户的数据管理器接口为UserDataManager，用户组的数据管理器接口为GroupDataManager，用户与用户组关联关系的数据管理器接口为MembershipDataManager，数据管理器的默认实现类分别为MybatisUserDataManager、MybatisGroupDataManager和MybatisMembershipDataManager。

Activiti工作流引擎允许自定义设置实体管理器和数据管理器，查看工作流引擎配置对象ProcessEngineConfigurationImpl类可以找到userEntityManager、groupEntityManager和membershipEntityManager属性，以及userDataManager、groupDataManager和membershipDataManager属性。其中，前三者可用于配置自定义用户、用户组和关联关系的实体管理器，后三者可用于配置自定义用户、用户组和关联关系的数据管理器。我们可以使用它们替换Activiti默认的用户、用户组和关联关系的实体管理器和数据管理器，并将其注册到引擎中。这种方式适用于公司内部有独立的身份系统或者公共的身份模块的情况，所有有关用户、角色或用户组的服务均通过一个统一的接口获取。Activiti工作流引擎中不需要保存这些数据，因此身份模块表（表名以ACT_ID_为前缀）也没必要存在。

1. 创建自定义实体类

由于用户、用户组或角色是通过调用身份系统或者公共身份模块接口获取的，为了与外部接口交互进行数据传递和交换，需要定义相关的实体类。

自定义用户实体类代码如下：

```
@Data
public class CustomUserEntity implements Serializable {

    //用户名
    private String userName;
    //真实姓名
    private String realName;
    //电子邮箱
    private String email;
    //密码
    private String password;

}
```

自定义用户组实体类代码如下：

```
@Data
public class CustomGroupEntity implements Serializable {

    //用户组编号
```

```
    private String groupId;
    //用户组名称
    private String groupName;
}
```

自定义关联关系实体类代码如下：

```
@Data
public class CustomMembershipEntity implements Serializable {

    //关联关系编号
    private String id;
    //用户名
    private String userName;
    //用户组编号
    private String groupId;

}
```

2. 创建自定义实体与Activiti实体的相互转换类

由于Activiti运行过程中只识别默认的用户、用户组和关联关系，所以需要提供一个实现自定义实体与Activiti实体相互转换的工具类，代码如下：

```
/**
 * 实现自己定义的用户、用户组实体与Activiti中的User、Group互转
 */
public class ActivitiIdentityUtils {

    /**
     * 将自定义用户实体转换为Activiti的User
     * @param user
     * @return
     */
    public static User toActivitiUser(CustomUserEntity user) {
        if (user != null) {
            User userEntity=new UserEntityImpl();
            userEntity.setId(user.getUserName());
            if (user.getRealName() != null) {
                userEntity.setFirstName(user.getRealName().substring(0,1));
                userEntity.setLastName(user.getRealName().substring(1));
            }
            userEntity.setEmail(user.getEmail());
            userEntity.setPassword(user.getPassword());
            return userEntity;
        }
        return null;
    }

    /**
     * 将Activiti的User转换为将自定义用户实体
     * @param user
     * @return
     */
    public static CustomUserEntity toCustomUser(User user) {
        if (user != null) {
            CustomUserEntity customUserEntity = new CustomUserEntity();
            customUserEntity.setUserName(user.getId());
            customUserEntity.setRealName(user.getFirstName() + user.getLastName());
            customUserEntity.setEmail(user.getEmail());
            customUserEntity.setPassword(user.getPassword());
            return customUserEntity;
        }
        return null;
    }

    /**
     * 将自定义用户组实体转换为Activiti的Group
     * @param group
     * @return
     */
```

```java
    public static Group toActivitiGroup(CustomGroupEntity group) {
        if (group != null) {
            Group groupEntity=new GroupEntityImpl();
            groupEntity.setId(group.getGroupId());
            groupEntity.setType("CustomGroup");
            groupEntity.setName(group.getGroupName());
            return groupEntity;
        }
        return null;
    }

    /**
     * 将Activiti的Group转换为自定义用户组实体
     * @param group
     * @return
     */
    public static CustomGroupEntity toCustomGroup(Group group) {
        if (group != null) {
            CustomGroupEntity customGroupEntity = new CustomGroupEntity();
            customGroupEntity.setGroupId(group.getId());
            customGroupEntity.setGroupName(group.getName());
            return customGroupEntity;
        }
        return null;
    }

    /**
     * 将自定义关系实体转换为Activiti的MembershipEntity
     * @param customMembershipEntity
     * @return
     */
    public static MembershipEntity toActivitiMembershipEntity(
        CustomMembershipEntity customMembershipEntity) {
        if (customMembershipEntity != null) {
            MembershipEntity membershipEntity=new MembershipEntityImpl();
            membershipEntity.setUserId(customMembershipEntity.getUserName());
            membershipEntity.setGroupId(customMembershipEntity.getGroupId());
            return membershipEntity;
        }
        return null;
    }

    /**
     * 将Activiti的MembershipEntity转换为自定义关系实体
     * @param membershipEntity
     * @return
     */
    public static CustomMembershipEntity toCustomMembershipEntity(
        MembershipEntity membershipEntity) {
        if (membershipEntity != null) {
            CustomMembershipEntity customMembershipEntity = new CustomMembershipEntity();
            customMembershipEntity.setGroupId(membershipEntity.getGroupId());
            customMembershipEntity.setUserName(membershipEntity.getUserId());
            return customMembershipEntity;
        }
        return null;
    }
}
```

3. 创建自定义数据管理器

自定义用户数据管理器需要实现org.activiti.engine.impl.persistence.entity.data.UserDataManager接口，代码如下（省略部分代码）：

```java
@Slf4j
public class CustomUserDataManager implements UserDataManager {

    /**
     * 创建一个用户对象
     * @return
```

```java
     */
    @Override
    public UserEntity create() {
        return new UserEntityImpl();
    }

    /**
     * 调用外部身份模块接口根据用户主键查询用户信息
     * @param entityId
     * @return
     */
    @Override
    public UserEntity findById(String entityId) {
        CustomUserEntity userEntity = new CustomUserEntity();
        userEntity.setUserName(entityId);
        //此处省略调用外部身份模块接口根据用户主键查询用户信息的代码,仅用输出日志替代
        log.info("调用外部身份模块接口根据用户主键{}查询用户信息", entityId);
        return (UserEntity) ActivitiIdentityUtils.toActivitiUser(userEntity);
    }

    /**
     * 调用外部身份模块接口新建用户
     * @param entity
     */
    @Override
    public void insert(UserEntity entity) {
        CustomUserEntity userEntity = ActivitiIdentityUtils.toCustomUser(entity);
        //此处省略调用外部身份模块接口新建用户的代码,仅用输出日志替代
        log.info("调用外部身份模块接口新建用户: {}", JSON.toJSONString(userEntity));
    }

    /**
     * 调用外部身份模块接口修改用户
     * @param entity
     * @return
     */
    @Override
    public UserEntity update(UserEntity entity) {
        CustomUserEntity customUserEntity = ActivitiIdentityUtils.toCustomUser(entity);
        //此处省略调用外部身份模块接口修改用户的代码,仅用输出日志替代
        log.info("调用外部身份模块接口修改用户: {}", JSON.toJSONString(customUserEntity));
        return (UserEntity)ActivitiIdentityUtils.toActivitiUser(customUserEntity);
    }

    /**
     * 调用外部身份模块接口删除用户
     * @param id
     */
    @Override
    public void delete(String id) {
        //此处省略调用外部身份模块接口删除用户代码,仅用输出日志替代
        log.info("调用外部身份模块接口删除主键为{}的用户", id);
    }

    /**
     * 调用外部身份模块接口删除用户
     * @param entity
     */
    @Override
    public void delete(UserEntity entity) {
        delete(entity.getId());
    }

    /**
     * 用外部身份模块接口根据用户主键查询所在的用户组
     * @param userId
     * @return
     */
    @Override
```

```java
    public List<Group> findGroupsByUser(String userId) {
        List<CustomGroupEntity> groupEntities = new ArrayList<>();
        //此处省略调用外部身份模块接口根据用户主键查询所在组的代码,仅用输出日志替代
        List<Group> groups = new ArrayList<>();
        for (CustomGroupEntity customGroupEntity : groupEntities) {
            Group group = ActivitiIdentityUtils.toActivitiGroup(customGroupEntity);
            groups.add(group);
        }
        log.info("调用外部身份模块接口查询主键为{}的用户所在的用户组:{}",userId,
            JSON.toJSONString(groups));
        return groups;
    }

    @Override
    public List<User> findUserByQueryCriteria(UserQueryImpl query, Page page) {
        ...
        return null;
    }

    @Override
    public long findUserCountByQueryCriteria(UserQueryImpl query) {
        ...
        return 0;
    }

    @Override
    public List<User> findUsersByNativeQuery(Map<String, Object> parameterMap,
        int firstResult, int maxResults) {
        ...
        return null;
    }

    @Override
    public long findUserCountByNativeQuery(Map<String, Object> parameterMap) {
        ...
        return 0;
    }
}
```

以上代码实现了UserDataManager接口的create()、insert()、delete()、update()、findById()和findGroupsByUser()等方法,主要调用外部身份模块接口对用户数据进行增、删、改、查操作,以及查询用户所在的组。与外部接口交互并不是此次介绍的重点,因此这里并没有实现相关代码,只是输出日志代表调用过程。另外,由于篇幅原因,其他方法并没有实现,读者可以根据需要进行补充。

自定义用户组数据管理器需要实现org.activiti.engine.impl.persistence.entity.data.GroupDataManager接口,代码如下(省略部分代码):

```java
@Slf4j
public class CustomGroupDataManager implements GroupDataManager {

    /**
     * 创建一个用户组对象
     * @return
     */
    @Override
    public GroupEntity create() {
        return new GroupEntityImpl();
    }

    /**
     * 调用外部身份模块接口根据用户组主键查询用户组信息
     * @param entityId
     * @return
     */
    @Override
    public GroupEntity findById(String entityId) {
        CustomGroupEntity groupEntity = new CustomGroupEntity();
        groupEntity.setGroupId(entityId);
```

```java
        //此处省略调用外部身份模块接口根据用户组主键查询用户组信息代码，仅用输出日志替代
        log.info("调用外部身份模块接口根据用户组主键{}查询用户组信息", entityId);
        return (GroupEntity) ActivitiIdentityUtils.toActivitiGroup(groupEntity);
    }

    /**
     * 调用外部身份模块接口新建用户组
     * @param entity
     */
    @Override
    public void insert(GroupEntity entity) {
        CustomGroupEntity groupEntity = ActivitiIdentityUtils.toCustomGroup(entity);
        //此处省略调用外部身份模块接口新建用户组代码，仅用输出日志替代
        log.info("调用外部身份模块接口新建用户组：{}", JSON.toJSONString(groupEntity));
    }

    /**
     * 调用外部身份模块接口修改用户组
     * @param entity
     * @return
     */
    @Override
    public GroupEntity update(GroupEntity entity) {
        CustomGroupEntity customGroupEntity = ActivitiIdentityUtils.toCustomGroup(entity);
        //此处省略调用外部身份模块接口修改用户组代码，仅用输出日志替代
        log.info("调用外部身份模块接口修改用户组：{}", JSON.toJSONString(customGroupEntity));
        return (GroupEntity)ActivitiIdentityUtils.toActivitiGroup(customGroupEntity);
    }

    /**
     * 调用外部身份模块接口删除用户组
     * @param id
     */
    @Override
    public void delete(String id) {
        //此处省略调用外部身份模块接口删除用户组代码，仅用输出日志替代
        log.info("调用外部身份模块接口删除主键为{}的用户组", id);
    }

    /**
     * 调用外部身份模块接口删除用户
     * @param entity
     */
    @Override
    public void delete(GroupEntity entity) {
        delete(entity.getId());
    }

    /**
     * 用外部身份模块接口根据用户主键查询所在的用户组
     * @param userId
     * @return
     */
    @Override
    public List<Group> findGroupsByUser(String userId) {
        List<CustomGroupEntity> groupEntities = new ArrayList<>();
        //此处省略调用外部身份模块接口根据用户主键查询所在组的代码，仅用输出日志替代
        List<Group> groups = new ArrayList<>();
        for (CustomGroupEntity customGroupEntity : groupEntities) {
            Group group = ActivitiIdentityUtils.toActivitiGroup(customGroupEntity);
            groups.add(group);
        }
        log.info("调用外部身份模块接口查询主键为{}的用户所在的用户组：{}",
            userId, JSON.toJSONString(groups));
        return groups;
    }

    @Override
    public List<Group> findGroupByQueryCriteria(GroupQueryImpl query, Page page) {
```

```
        ...
        return null;
    }

    @Override
    public long findGroupCountByQueryCriteria(GroupQueryImpl query) {
        ...
        return 0;
    }

    @Override
    public List<Group> findGroupsByNativeQuery(Map<String, Object> parameterMap,
        int firstResult, int maxResults) {
        ...
        return null;
    }

    @Override
    public long findGroupCountByNativeQuery(Map<String, Object> parameterMap) {
        ...
        return 0;
    }
}
```

以上代码中实现了 GroupDataManager 接口的 create()、insert()、delete()、update()、findById() 和 findGroupsByUser() 等方法，主要调用外部身份模块接口对用户组数据进行增、删、改、查操作，以及查询用户所在的组。与外部接口交互并不是此次介绍的重点，因此这里并没有实现相关代码，只是输出日志代表调用过程。另外，由于篇幅有限，其他方法在此并没有实现，读者可以根据需要自行补充。

自定义关联关系数据管理器需要实现 org.activiti.engine.impl.persistence.entity.data.MembershipDataManager 接口，代码如下（省略部分代码）：

```
@Slf4j
public class CustomMembershipDataManager implements MembershipDataManager {

    //创建一个关联关系
    public MembershipEntity create() {
        return new MembershipEntityImpl();
    }

    //调用外部身份模块接口根据关联关系主键查询关联关系对象
    public MembershipEntity findById(String entityId) {
        CustomMembershipEntity customMembershipEntity = new CustomMembershipEntity();
        customMembershipEntity.setId(entityId);
        log.info("调用外部身份模块接口根据关联关系主键{}查询关联关系信息", entityId);
        return (MembershipEntity) ActivitiIdentityUtils
            .toActivitiMembershipEntity(customMembershipEntity);
    }

    //调用外部身份模块接口新建关联关系
    public void insert(MembershipEntity entity) {
        CustomMembershipEntity customMembershipEntity =
            ActivitiIdentityUtils.toCustomMembershipEntity(entity);
        log.info("调用外部身份模块接口新建关联关系：{}", JSON.toJSONString(customMembershipEntity));
    }

    //调用外部身份模块接口修改关联关系
    public MembershipEntity update(MembershipEntity entity) {
        CustomMembershipEntity customMembershipEntity =
            ActivitiIdentityUtils.toCustomMembershipEntity(entity);
        log.info("调用外部身份模块接口修改关联关系：{}", JSON.toJSONString(customMembershipEntity));
        return (MembershipEntity)ActivitiIdentityUtils
            .toActivitiMembershipEntity(customMembershipEntity);
    }

    //调用外部身份模块接口删除关联关系
    public void deleteMembership(String userId, String groupId) {
        log.info("调用外部身份模块接口删除userId为{}、groupId为{}的关联关系", userId, groupId);
    }
```

```java
//删除用户组的所有组员
public void deleteMembershipByGroupId(String groupId) {
    log.info("调用外部身份模块接口删除groupId为{}的用户组的所有组员", groupId);
}

//将用户从所有用户组中移除
public void deleteMembershipByUserId(String userId) {
    log.info("调用外部身份模块接口将用户{}从所有用户组中移除", userId);
}

//调用外部身份模块接口删除关联关系
public void delete(String id) {
    log.info("调用外部身份模块接口删除主键为{}的关联关系", id);
}

//用外部身份模块接口删除关联关系
public void delete(MembershipEntity entity) {
    delete(entity.getId());
}
}
```

为节省篇幅,以上多个方法中省略了调用外部身份模块接口的代码,仅用打印日志替代,读者可以根据实际情况自行实现。

以上代码中实现了MembershipDataManager接口的create()、insert()、delete()、update()、findById()、deleteMembership()、deleteMembershipByGroupId()和deleteMembershipByUserId()等方法,调用外部身份模块接口对关联关系数据进行增、删、改、查操作。与外部接口交互并非此次介绍的重点,因此这里并没有实现相关代码,仅用输出日志代表调用过程。另外,由于篇幅有限,其他方法并没有具体实现,读者可以根据自身需要自行补充。

4. 创建自定义实体管理器

如果没有特殊的定制需求,则可以直接复用Activiti默认的实体管理器。如果要对身份对象实体进行更精细化的控制、实现特殊需求,可以自定义实体管理器。

自定义用户的实体管理器需要实现org.activiti.engine.impl.persistence.entity.UserEntityManager接口,内容如下(省略部分代码):

```java
public class CustomUserEntityManager extends AbstractEntityManager<UserEntity>
    implements UserEntityManager {

    protected UserDataManager userDataManager;

    public CustomUserEntityManager(ProcessEngineConfigurationImpl
        processEngineConfiguration, UserDataManager userDataManager) {
        super(processEngineConfiguration);
        this.userDataManager = userDataManager;
    }

    @Override
    protected DataManager<UserEntity> getDataManager() {
        return userDataManager;
    }

    /**
     * 创建一个用户对象
     * @param userId
     * @return
     */
    @Override
    public User createNewUser(String userId) {
        UserEntity userEntity = create();
        userEntity.setId(userId);
        userEntity.setRevision(0);
        return userEntity;
    }

    /**
     * 修改用户信息
     * @param updatedUser
     */
```

```java
@Override
public void updateUser(User updatedUser) {
    super.update((UserEntity) updatedUser);
}

/**
 * 根据用户编号查询所在的用户组
 * @param userId
 * @return
 */
@Override
public List<Group> findGroupsByUser(String userId) {
    return userDataManager.findGroupsByUser(userId);
}

@Override
public boolean isNewUser(User user) {
    return ((UserEntity) user).getRevision() == 0;
}

@Override
public Boolean checkPassword(String userId, String password) {
    User user = null;
    if (userId != null) {
        user = findById(userId);
    }
    if ((user != null) && (password != null) && (password.equals(user.getPassword())))  {
        return true;
    }
    return false;
}

@Override
public List<User> findUserByQueryCriteria(UserQueryImpl query, Page page) {
    return userDataManager.findUserByQueryCriteria(query, page);
}

@Override
public long findUserCountByQueryCriteria(UserQueryImpl query) {
    return userDataManager.findUserCountByQueryCriteria(query);
}

@Override
public UserQuery createNewUserQuery() {
    return new UserQueryImpl(getCommandExecutor());
}

@Override
public List<User> findUsersByNativeQuery(Map<String, Object> parameterMap, int
    firstResult, int maxResults) {
    return userDataManager.findUsersByNativeQuery(parameterMap, firstResult,
        maxResults);
}

@Override
public long findUserCountByNativeQuery(Map<String, Object> parameterMap) {
    return userDataManager.findUserCountByNativeQuery(parameterMap);
}

@Override
public Picture getUserPicture(String userId) {
    UserEntity user = findById(userId);
    if (user == null) {
        throw new ActivitiObjectNotFoundException("user " + userId + " doesn't exist",
            User.class);
    }
    return user.getPicture();
}

@Override
```

```java
    public void setUserPicture(String userId, Picture picture) {
        UserEntity user = findById(userId);
        if (user == null) {
            throw new ActivitiObjectNotFoundException("user " + userId + " doesn't exist",
                User.class);
        }
        user.setPicture(picture);
    }

    @Override
    public void deletePicture(User user) {
        ...
    }
}
```

在以上代码中,自定义用户实体管理器继承自org.activiti.engine.impl.persistence.entity.AbstractEntityManager,并实现了UserEntityManager接口中的方法。由于篇幅有限,部分接口并未实现,如有需要读者可自行实现。

自定义用户组的实体管理器需要实现org.activiti.engine.impl.persistence.entity.GroupEntityManager接口,代码如下:

```java
public class CustomGroupEntityManager extends AbstractEntityManager<GroupEntity>
    implements GroupEntityManager {

    protected GroupDataManager groupDataManager;

    public CustomGroupEntityManager(ProcessEngineConfigurationImpl
        processEngineConfiguration, GroupDataManager groupDataManager) {
        super(processEngineConfiguration);
        this.groupDataManager = groupDataManager;
    }

    @Override
    protected DataManager<GroupEntity> getDataManager() {
        return groupDataManager;
    }

    /**
     * 创建一个用户组对象
     * @param groupId
     * @return
     */
    @Override
    public Group createNewGroup(String groupId) {
        GroupEntity groupEntity = groupDataManager.create();
        groupEntity.setId(groupId);
        groupEntity.setRevision(0);
        return groupEntity;
    }

    /**
     * 根据用户编号查询所在的用户组
     * @param userId
     * @return
     */
    @Override
    public List<Group> findGroupsByUser(String userId) {
        return groupDataManager.findGroupsByUser(userId);
    }

    @Override
    public boolean isNewGroup(Group group) {
        return ((GroupEntity) group).getRevision() == 0;
    }

    @Override
    public GroupQuery createNewGroupQuery() {
        return new GroupQueryImpl(getCommandExecutor());
    }
```

```java
    @Override
    public List<Group> findGroupByQueryCriteria(GroupQueryImpl query, Page page) {
        return groupDataManager.findGroupByQueryCriteria(query, page);
    }

    @Override
    public long findGroupCountByQueryCriteria(GroupQueryImpl query) {
        return groupDataManager.findGroupCountByQueryCriteria(query);
    }

    @Override
    public List<Group> findGroupsByNativeQuery(Map<String, Object> parameterMap, int
        firstResult, int maxResults) {
        return groupDataManager.findGroupsByNativeQuery(parameterMap, firstResult,
            maxResults);
    }

    @Override
    public long findGroupCountByNativeQuery(Map<String, Object> parameterMap) {
        return groupDataManager.findGroupCountByNativeQuery(parameterMap);
    }
}
```

在以上代码中，自定义用户组实体管理器继承了org.activiti.engine.impl.persistence.entity.AbstractEntityManager，并实现了GroupEntityManager接口中的方法。

自定义关联关系的实体管理器需要实现org.activiti.engine.impl.persistence.entity.MembershipEntityManager接口，代码如下：

```java
public class CustomMembershipEntityManager extends AbstractEntityManager
<MembershipEntity> implements MembershipEntityManager {

    protected MembershipDataManager membershipDataManager;

    public CustomMembershipEntityManager(ProcessEngineConfigurationImpl
        processEngineConfiguration, MembershipDataManager membershipDataManager) {
        super(processEngineConfiguration);
        this.membershipDataManager = membershipDataManager;
    }

    @Override
    protected DataManager<MembershipEntity> getDataManager() {
        return membershipDataManager;
    }

    /**
     * 创建用户与用户组的关联关系
     * @param userId
     * @param groupId
     */
    @Override
    public void createMembership(String userId, String groupId) {
        MembershipEntity membershipEntity = membershipDataManager.create();
        membershipEntity.setUserId(userId);
        membershipEntity.setGroupId(groupId);
        membershipDataManager.insert(membershipEntity);
    }

    /**
     * 删除用户与用户组的关联关系
     * @param userId
     * @param groupId
     */
    @Override
    public void deleteMembership(String userId, String groupId) {
        membershipDataManager.deleteMembership(userId, groupId);
    }

    /**
     * 删除用户组的所有组员
```

```java
     * @param groupId
     */
    @Override
    public void deleteMembershipByGroupId(String groupId) {
        membershipDataManager.deleteMembershipByGroupId(groupId);
    }

    /**
     * 删除用户与所有用户组的关联关系
     * @param userId
     */
    @Override
    public void deleteMembershipByUserId(String userId) {
        membershipDataManager.deleteMembershipByUserId(userId);
    }
}
```

在以上代码中,自定义关联关系实体管理器继承了org.activiti.engine.impl.persistence.entity.AbstractEntityManager,并实现了MembershipEntityManager接口中的方法。

5. 注册自定义实体和数据管理器到引擎中

至此,准备工作全部完成。为了替换Activiti默认的身份认证模块,接下来需要将自定义实体管理器和自定义数据管理器注册到引擎中。

在工作流引擎配置中,可通过userDataManager、groupDataManager和membershipDataManager属性指定自定义的用户、用户组和关联关系的数据管理器,通过userEntityManager、groupEntityManager和membershipEntityManager属性指定用户、用户组和关联关系的实体管理器。activiti.custom-identity.xml内容如下:

```xml
<beans xmlns="http://www.springframework.org/schema/beans"
       xmlns:xsi="http://www.w3.org/2001/XMLSchema-instance"
       xsi:schemaLocation="http://www.springframework.org/schema/beans
       http://www.springframework.org/schema/beans/spring-beans.xsd">

    <!--数据源配置-->
    <bean id="dataSource" class="org.apache.commons.dbcp.BasicDataSource">
        <property name="driverClassName" value="org.h2.Driver"/>
        <property name="url" value="jdbc:h2:mem:activiti"/>
        <property name="username" value="sa"/>
        <property name="password" value=""/>
    </bean>

    <!-- 定义自定义用户数据管理器 -->
    <bean id="customUserDataManager"
        class="com.bpm.example.demo1.identity.user.data.CustomUserDataManager" />
    <!-- 定义自定义用户组数据管理器 -->
    <bean id="customGroupDataManager"
        class="com.bpm.example.demo1.identity.group.data.CustomGroupDataManager" />
    <!-- 定义自定义关联关系数据管理器 -->
    <bean id="customMembershipDataManager"
        class="com.bpm.example.demo1.identity.membership.data.CustomMembershipDataManager" />
    <!-- 定义自定义用户实体管理器 -->
    <bean id="customUserEntityManager"
        class="com.bpm.example.demo1.identity.user.CustomUserEntityManager" >
        <constructor-arg index="0" ref="processEngineConfiguration"/>
        <constructor-arg index="1" ref="customUserDataManager"/>
    </bean>
    <!-- 定义自定义用户组实体管理器 -->
    <bean id="customGroupEntityManager"
        class="com.bpm.example.demo1.identity.group.CustomGroupEntityManager" >
        <constructor-arg index="0" ref="processEngineConfiguration"/>
        <constructor-arg index="1" ref="customGroupDataManager"/>
    </bean>
    <!-- 定义自定义关联关系实体管理器 -->
    <bean id="customMembershipEntityManager"
        class="com.bpm.example.demo1.identity.membership.CustomMembershipEntityManager" >
        <constructor-arg index="0" ref="processEngineConfiguration"/>
        <constructor-arg index="1" ref="customMembershipDataManager"/>
    </bean>
```

```xml
<!--activiti工作流引擎-->
<bean id="processEngineConfiguration"
    class="org.activiti.engine.impl.cfg.StandaloneProcessEngineConfiguration">
    <!-- 数据源 -->
    <property name="dataSource" ref="dataSource"/>
    <!-- 数据库更新策略 -->
    <property name="databaseSchemaUpdate" value="create-drop"/>

    <!-- 禁用用户身份模块 -->
    <property name="dbIdentityUsed" value="false" />
    <!-- 配置自定义userDataManager -->
    <property name="userDataManager" ref="customUserDataManager" />
    <!-- 配置自定义groupDataManager -->
    <property name="groupDataManager" ref="customGroupDataManager" />
    <!-- 配置自定义membershipDataManager -->
    <property name="membershipDataManager" ref="customMembershipDataManager" />
    <!-- 配置自定义userEntityManager -->
    <property name="userEntityManager" ref="customUserEntityManager" />
    <!-- 配置自定义groupEntityManager -->
    <property name="groupEntityManager" ref="customGroupEntityManager" />
    <!-- 配置自定义membershipEntityManager -->
    <property name="membershipEntityManager" ref="customMembershipEntityManager" />
</bean>
</beans>
```

以上配置文件定义了用户、用户组和关联关系的自定义数据管理器、实体管理器。加粗部分的代码在配置工作流引擎时，通过配置dbIdentityUsed属性为false，禁用了Activiti内置的用户身份模块；通过userDataManager、groupDataManager和membershipDataManager属性指定用户、用户组和关联关系的自定义数据管理器；通过userEntityManager、groupEntityManager和membershipEntityManager属性指定用户、用户组和关联关系的实体管理器。

如果Activiti已经集成了Spring Boot，那么可以通过以下方式初始化引擎并设置userDataManager、groupDataManager、userEntityManager和groupEntityManager属性的值：

```java
@Bean(name = "processEngineConfiguration")
public ProcessEngineConfigurationImpl processEngineConfiguration() {
SpringProcessEngineConfiguration processEngineConfiguration = new
SpringProcessEngineConfiguration();
    //禁用用户身份模块
    processEngineConfiguration.setDbIdentityUsed(false);
    //初始化用户数据管理器和实体管理器
    UserDataManager userDataManager = new CustomUserDataManager();
    CustomUserEntityManager userEntityManager = new
        CustomUserEntityManager(processEngineConfiguration, userDataManager);
    //将自定义用户数据管理器注册到工作流引擎中
    processEngineConfiguration.setUserDataManager(userDataManager);
    //将自定义用户实体管理器注册到工作流引擎中
    processEngineConfiguration.setUserEntityManager(userEntityManager);

    //初始化用户组数据管理器和实体管理器
    GroupDataManager groupDataManager = new CustomGroupDataManager();
    CustomGroupEntityManager groupEntityManager =
        new CustomGroupEntityManager(processEngineConfiguration, groupDataManager);
    //将自定义用户组数据管理器注册到工作流引擎中
    processEngineConfiguration.setGroupDataManager(groupDataManager);
    //将自定义用户组实体管理器注册到工作流引擎中
    processEngineConfiguration.setGroupEntityManager(groupEntityManager);

    //初始化关联关系数据管理器和实体管理器
    MembershipDataManager membershipDataManager = new CustomMembershipDataManager();
    CustomMembershipEntityManager membershipEntityManager = new
        CustomMembershipEntityManager(processEngineConfiguration, membershipDataManager);
    //将自定义关联关系数据管理器注册到工作流引擎中
    processEngineConfiguration.setMembershipDataManager(membershipDataManager);
    //将自定义关联关系实体管理器注册到工作流引擎中
    processEngineConfiguration.setMembershipEntityManager(membershipEntityManager);
```

```
        //此处省略其他通用属性赋值
        return processEngineConfiguration;
}
```

以上代码中的加粗部分代码将用户、用户组和关联关系的数据管理器和实体管理器注册到工作流引擎中,并在Activiti初始化工作流引擎时生效。

24.1.3 使用示例

下面介绍一个用户、用户组和关联关系的使用示例,其中使用自定义的身份认证服务替换Activiti身份认证。代码如下:

```
@Slf4j
public class RunIdentityDemo extends ActivitiEngineUtil {

    @Test
    public void runIdentityDemo() throws Exception {
        //加载Activiti配置文件并初始化工作流引擎及服务
        loadActivitiConfigAndInitEngine("activiti.custom-identity.xml");

        //新建用户实例
        User newUser = identityService.newUser("zhangsan");
        newUser.setFirstName("张");
        newUser.setLastName("三");
        newUser.setEmail("zhangsan@qq.com");
        newUser.setPassword("******");
        //保存用户信息
        identityService.saveUser(newUser);
        //修改用户信息
        newUser.setLastName("三丰");
        newUser.setEmail("zhangsan@163.com");
        newUser.setPassword("######");
        ((UserEntity) newUser).setRevision(1);
        identityService.saveUser(newUser);

        //创建用户组
        Group newGroup = identityService.newGroup("group1");
        newGroup.setName("高管用户组");
        identityService.saveGroup(newGroup);

        //将用户加入用户组
        identityService.createMembership(newUser.getId(), newGroup.getId());

        //删除用户信息
        identityService.deleteUser(newUser.getId());
        //删除用户组信息
        identityService.deleteGroup(newGroup.getId());
        //删除关联关系
        identityService.deleteMembership(newUser.getId(), newGroup.getId());

        //关闭工作流引擎
        engine.close();
    }
}
```

以上代码先读取配置文件初始化工作流引擎,然后获取IdentityService服务,并进行创建用户、修改用户、创建用户组、将用户加入用户组、删除用户、删除用户组和删除关联关系操作。代码运行结果如下:

```
09:25:49,654 [main] INFO  com.bpm.example.demo1.identity.user.data.CustomUserDataManager
- 调用外部身份模块接口新建用户:{"email":"zhangsan@qq.com","password":"******","realName":"张三","userName":"zhangsan"}
09:25:49,654 [main] INFO  com.bpm.example.demo1.identity.user.data.CustomUserDataManager
- 调用外部身份模块接口修改用户:{"email":"zhangsan@163.com","password":"######","realName":"张三丰","userName":"zhangsan"}
09:25:49,654 [main] INFO  com.bpm.example.demo1.identity.group.data.CustomGroupDataMana
```

```
ger - 调用外部身份模块接口新建用户组: {"groupId":"group1","groupName":"高管用户组"}
09:25:49,654 [main] INFO  com.bpm.example.demo1.identity.membership.data.CustomMembersh
ipDataManager  - 调用外部身份模块接口新建关联关系: {"groupId":"group1","userName":"zhangsan"}
09:25:49,654 [main] INFO  com.bpm.example.demo1.identity.user.data.CustomUserDataManager
- 调用外部身份模块接口根据用户主键zhangsan查询用户信息
09:25:49,654 [main] INFO  com.bpm.example.demo1.identity.user.data.CustomUserDataManager
- 调用外部身份模块接口删除主键为zhangsan的用户
09:25:49,654 [main] INFO  com.bpm.example.demo1.identity.group.data.CustomGroupDataMana
ger  - 调用外部身份模块接口根据用户组主键group1查询用户组信息
09:25:49,664 [main] INFO  com.bpm.example.demo1.identity.group.data.CustomGroupDataMana
ger  - 调用外部身份模块接口删除主键为group1的用户组
09:25:49,664 [main] INFO  com.bpm.example.demo1.identity.membership.data.CustomMembershi
pDataManager  - 调用外部身份模块接口删除userId为zhangsan、groupId为group1的关联关系
```

从代码运行结果可知，调用IdentityService服务对用户进行各类操作，最终都会执行自定义认证服务中的逻辑，表明Activiti的身份认证服务已被成功替换。

24.2 适配国产数据库

为了加强信息安全建设、推动探索安全可控的平台及产品，国内众多企业和机构纷纷开始探索改造原有IT系统，使用国产中间件或基础设施替换原有的国外产品。国产数据库在这种背景下快速发展，使用越来越广泛。市场上涌现了大量的国产化数据库管理系统产品，如达梦数据库、神通数据库、人大金仓和南大通用等。

Activiti作为一款开源中间件，支持H2、MySQl、Oracle、PostgreSQL、msSQL、DB2等主流数据库，但没有提供对国产数据库的支持和适配。本节以达梦数据库为例，介绍扩展Activiti的方法。

24.2.1 准备工作

1. 在项目中引入达梦数据库的驱动包

要使用达梦数据库，需要先引入达梦的驱动包。在pom.xml文件中添加以下Maven依赖：

```
<dependency>
    <groupId>com.dameng</groupId>
    <artifactId>DmJdbcDriver18</artifactId>
    <version>8.1.1.193</version>
</dependency>
```

2. 在流程配置文件中配置数据库连接

在配置文件activiti.national-db.xml中配置达梦的数据库连接，配置如下：

```
<beans>
    <!--数据源配置-->
    <bean id="dataSource" class="org.apache.commons.dbcp.BasicDataSource">
        <!-- 数据库驱动名称 -->
        <property name="driverClassName" value="dm.jdbc.driver.DmDriver"/>
        <!-- 数据库地址 -->
        <property name="url" value="jdbc:dm://localhost:5236/workflow"/>
        <!-- 数据库用户名 -->
        <property name="username" value="bpm"/>
        <!-- 数据库密码 -->
        <property name="password" value="123456"/>
    </bean>

    <!--activiti工作流引擎配置-->
    <bean id="processEngineConfiguration"
          class="org.activiti.engine.impl.cfg.StandaloneProcessEngineConfiguration">
        <!-- 数据源配置 -->
        <property name="dataSource" ref="dataSource"/>
        <!-- activiti数据库表处理策略 -->
        <property name="databaseSchemaUpdate" value="true"/>
    </bean>
</beans>
```

在以上流程配置中，配置了一个DBCP的连接池，并通过ProcessEngineConfiguration的dataSource属性将其设置到工作流引擎中。

3. 复制数据库建表SQL文件

将本书附带的建表SQL文件复制到项目的路径下,达梦数据库需要复制的文件及目标路径如表24.1所示。

表24.1 达梦数据库需要复制的文件及目标路径

SQL文件	目标路径
activiti.dm.create.engine.sql	org/activiti/db/create
activiti.dm.create.history.sql	org/activiti/db/create
activiti.dm.create.identity.sql	org/activiti/db/create
activiti.dm.drop.engine.sql	org/activiti/db/drop
activiti.dm.drop.history.sql	org/activiti/db/drop
activiti.dm.drop.identity.sql	org/activiti/db/drop
activiti.dm.upgradestep.6003.to.6004.engine.sql	org/activiti/db/upgrade
activiti.dm.upgradestep.6001.to.6002.history.sql	org/activiti/db/upgrade

Activiti启动时会自动检测并建表。这是如何实现的呢?在ProcessEngineConfigurationImpl的buildProcessEngine()方法中会以如下方式实例化工作流引擎。

```
ProcessEngineImpl processEngine = new ProcessEngineImpl(this);
```

接着看ProcessEngineImpl(ProcessEngineConfigurationImpl processEngineConfiguration)方法的实现代码。其中有如下一段代码:

```
if (processEngineConfiguration.isUsingRelationalDatabase() &&
    processEngineConfiguration.getDatabaseSchemaUpdate() != null) {
    commandExecutor.execute(processEngineConfiguration.getSchemaCommandConfig(),
        new SchemaOperationsProcessEngineBuild());
}
```

SchemaOperationsProcessEngineBuild代码如下:

```
public final class SchemaOperationsProcessEngineBuild implements Command<Object> {

    public Object execute(CommandContext commandContext) {
        DbSqlSession dbSqlSession = commandContext.getDbSqlSession();
        if (dbSqlSession != null) {
            dbSqlSession.performSchemaOperationsProcessEngineBuild();
        }
        return null;
    }
}
```

DbSqlSession的performSchemaOperationsProcessEngineBuild()方法的实现如下:

```
public void performSchemaOperationsProcessEngineBuild() {
    String databaseSchemaUpdate = 
        Context.getProcessEngineConfiguration().getDatabaseSchemaUpdate();
    log.debug("Executing performSchemaOperationsProcessEngineBuild with setting " +
        databaseSchemaUpdate);
    if (ProcessEngineConfigurationImpl.DB_SCHEMA_UPDATE_DROP_CREATE.equals
        (databaseSchemaUpdate)) {
        try {
            dbSchemaDrop();
        } catch (RuntimeException e) {
            // ignore
        }
    }
    if (org.activiti.engine.ProcessEngineConfiguration.DB_SCHEMA_UPDATE_CREATE_DROP.equa
ls(databaseSchemaUpdate) || ProcessEngineConfigurationImpl.DB_SCHEMA_UPDATE_DROP_CREATE.
equals(databaseSchemaUpdate) || ProcessEngineConfigurationImpl.DB_SCHEMA_UPDATE_CREATE.
equals(databaseSchemaUpdate)) {
        dbSchemaCreate();

    } else if (org.activiti.engine.ProcessEngineConfiguration.DB_SCHEMA_UPDATE_FALSE.equals
(databaseSchemaUpdate)) {
        dbSchemaCheckVersion();
```

```
        } else if (ProcessEngineConfiguration.DB_SCHEMA_UPDATE_TRUE.equals
(databaseSchemaUpdate)) {
            dbSchemaUpdate();
        }
    }
```

从以上代码中可以看出,工作流引擎会根据databaseSchemaUpdate属性的值进行相应的数据库操作,如果属性值为create,则执行dbSchemaCreate()方法:

```
public void dbSchemaCreate() {
    if (isEngineTablePresent()) {
        String dbVersion = getDbVersion();
        if (!ProcessEngine.VERSION.equals(dbVersion)) {
            throw new ActivitiWrongDbException(ProcessEngine.VERSION, dbVersion);
        }
    } else {
        dbSchemaCreateEngine();
    }

    if (dbSqlSessionFactory.isDbHistoryUsed()) {
        dbSchemaCreateHistory();
    }

    if (dbSqlSessionFactory.isDbIdentityUsed()) {
        dbSchemaCreateIdentity();
    }
}
```

以上代码通过isEngineTablePresent()方法判断表是否存在:若存在,则验证版本号;若不存在,则创建执行dbSchemaCreateEngine()方法读取org/activiti/db/create/activiti.dm.create.engine.sql,创建引擎所需的表。然后,后面判断history和identity是否被使用(默认被使用),若被使用,则执行dbSchemaCreateHistory()方法读取activiti.dm.create.history.sql创建历史相关表,执行dbSchemaCreateIdentity()方法读取activiti.dm.create.identity.sql创建身份相关表。

24.2.2 修改Activiti源码适配国产数据库

完成了前面的几项准备工作之后,就可以开始修改Activiti源码了。

1. 修改ProcessEngineConfigurationImpl类

查看org.activiti.engine.impl.cfg.ProcessEngineConfigurationImpl的源代码,可以发现在其getDefaultDatabaseTypeMappings()方法中写明了支持的数据库类型。这一步操作需要将ProcessEngineConfigurationImpl的源码复制到工程src下,保持包路径不变,并做相应修改以支持达梦数据库:

```
//增加代表达梦数据库的成员变量
public static final String DATABASE_TYPE_DM = "dm";

public static Properties getDefaultDatabaseTypeMappings() {
    Properties databaseTypeMappings = new Properties();
    //h2数据库
    databaseTypeMappings.setProperty("H2", DATABASE_TYPE_H2);
    //hsql数据库
    databaseTypeMappings.setProperty("HSQL Database Engine", DATABASE_TYPE_HSQL);
    //mysql数据库
    databaseTypeMappings.setProperty("MySQL", DATABASE_TYPE_MYSQL);
    //oracle数据库
    databaseTypeMappings.setProperty("Oracle", DATABASE_TYPE_ORACLE);
    //postgres数据库
    databaseTypeMappings.setProperty("PostgreSQL", DATABASE_TYPE_POSTGRES);
    //mssql数据库
    databaseTypeMappings.setProperty("Microsoft SQL Server", DATABASE_TYPE_MSSQL);
    //达梦数据库
    databaseTypeMappings.setProperty("DM DBMS", DATABASE_TYPE_DM);
    //db2数据库
    databaseTypeMappings.setProperty(DATABASE_TYPE_DB2, DATABASE_TYPE_DB2);
    databaseTypeMappings.setProperty("DB2", DATABASE_TYPE_DB2);
    databaseTypeMappings.setProperty("DB2/NT", DATABASE_TYPE_DB2);
```

```
databaseTypeMappings.setProperty("DB2/NT64", DATABASE_TYPE_DB2);
databaseTypeMappings.setProperty("DB2 UDP", DATABASE_TYPE_DB2);
databaseTypeMappings.setProperty("DB2/LINUX", DATABASE_TYPE_DB2);
databaseTypeMappings.setProperty("DB2/LINUX390", DATABASE_TYPE_DB2);
databaseTypeMappings.setProperty("DB2/LINUXX8664", DATABASE_TYPE_DB2);
databaseTypeMappings.setProperty("DB2/LINUXZ64", DATABASE_TYPE_DB2);
databaseTypeMappings.setProperty("DB2/LINUXPPC64", DATABASE_TYPE_DB2);
databaseTypeMappings.setProperty("DB2/LINUXPPC64LE", DATABASE_TYPE_DB2);
databaseTypeMappings.setProperty("DB2/400 SQL", DATABASE_TYPE_DB2);
databaseTypeMappings.setProperty("DB2/6000", DATABASE_TYPE_DB2);
databaseTypeMappings.setProperty("DB2 UDB iSeries", DATABASE_TYPE_DB2);
databaseTypeMappings.setProperty("DB2/AIX64", DATABASE_TYPE_DB2);
databaseTypeMappings.setProperty("DB2/HPUX", DATABASE_TYPE_DB2);
databaseTypeMappings.setProperty("DB2/HP64", DATABASE_TYPE_DB2);
databaseTypeMappings.setProperty("DB2/SUN", DATABASE_TYPE_DB2);
databaseTypeMappings.setProperty("DB2/SUN64", DATABASE_TYPE_DB2);
databaseTypeMappings.setProperty("DB2/PTX", DATABASE_TYPE_DB2);
databaseTypeMappings.setProperty("DB2/2", DATABASE_TYPE_DB2);
databaseTypeMappings.setProperty("DB2 UDB AS400", DATABASE_TYPE_DB2);
return databaseTypeMappings;
}
```

在以上代码中,针对ProcessEngineConfigurationImpl做了两处修改(均已加粗):在ProcessEngineConfigurationImpl中增加代表达梦数据库的成员变量DATABASE_TYPE_DM、在getDefaultDatabaseTypeMappings()方法中增加了对达梦数据库的映射。

2. 修改DbSqlSessionFactory类

这一步操作需要将DbSqlSessionFactory类的源码复制到工程src下,保持包路径(org.activiti.engine.impl.db)不变,并进行相应修改以支持达梦数据库:

```
protected void initBulkInsertEnabledMap(String databaseType) {
    bulkInsertableMap = new HashMap<Class<? extends Entity>, Boolean>();

    for (Class<? extends Entity> clazz : EntityDependencyOrder.INSERT_ORDER) {
        bulkInsertableMap.put(clazz, Boolean.TRUE);
    }

    // Only Oracle is making a fuss in one specific case right now
    if ("oracle".equals(databaseType) || "dm".equals(databaseType)) {
        bulkInsertableMap.put(EventLogEntryEntityImpl.class, Boolean.FALSE);
    }
}
```

其中加粗的部分即此次修改增加的部分。

3. 修改AbstractQuery类

这一步操作需要将AbstractQuery的源码复制到工程src下,保持包路径(org.activiti.engine.impl)不变,并做相应修改以支持达梦数据库:

```
protected void addOrder(String column, String sortOrder, NullHandlingOnOrder nullHandlingOnOrder) {

    if (orderBy == null) {
      orderBy = "";
    } else {
      orderBy = orderBy + ", ";
    }

    String defaultOrderByClause = column + " " + sortOrder;

    if (nullHandlingOnOrder != null) {

      if (nullHandlingOnOrder.equals(NullHandlingOnOrder.NULLS_FIRST)) {

        if (ProcessEngineConfigurationImpl.DATABASE_TYPE_H2.equals(databaseType) ||
          ProcessEngineConfigurationImpl.DATABASE_TYPE_HSQL.equals(databaseType) ||
          ProcessEngineConfigurationImpl.DATABASE_TYPE_POSTGRES.equals(databaseType) ||
          ProcessEngineConfigurationImpl.DATABASE_TYPE_ORACLE.equals(databaseType)
          || ProcessEngineConfigurationImpl.DATABASE_TYPE_DM.equals(databaseType)) {
```

```
          orderBy = orderBy + defaultOrderByClause + " NULLS FIRST";
        } else if (ProcessEngineConfigurationImpl.DATABASE_TYPE_MYSQL.equals(databaseType)) {
          orderBy = orderBy + "isnull(" + column + ") desc," + defaultOrderByClause;
        } else if (ProcessEngineConfigurationImpl.DATABASE_TYPE_DB2.equals(databaseType) ||
          ProcessEngineConfigurationImpl.DATABASE_TYPE_MSSQL.equals(databaseType)) {
          orderBy = orderBy + "case when " + column + " is null then 0 else 1 end," +
            defaultOrderByClause;
        } else {
          orderBy = orderBy + defaultOrderByClause;
        }

      } else if (nullHandlingOnOrder.equals(NullHandlingOnOrder.NULLS_LAST)) {

        if (ProcessEngineConfigurationImpl.DATABASE_TYPE_H2.equals(databaseType) ||
            ProcessEngineConfigurationImpl.DATABASE_TYPE_HSQL.equals(databaseType) ||
            ProcessEngineConfigurationImpl.DATABASE_TYPE_POSTGRES.equals(databaseType) ||
            ProcessEngineConfigurationImpl.DATABASE_TYPE_ORACLE.equals(databaseType)
            || ProcessEngineConfigurationImpl.DATABASE_TYPE_DM.equals(databaseType)) {
          orderBy = orderBy + column + " " + sortOrder + " NULLS LAST";
        } else if (ProcessEngineConfigurationImpl.DATABASE_TYPE_MYSQL.equals(databaseType)) {
          orderBy = orderBy + "isnull(" + column + ") asc," + defaultOrderByClause;
        } else if (ProcessEngineConfigurationImpl.DATABASE_TYPE_DB2.equals(databaseType) ||
            ProcessEngineConfigurationImpl.DATABASE_TYPE_MSSQL.equals(databaseType)) {
          orderBy = orderBy + "case when " + column + " is null then 1 else 0 end," +
            defaultOrderByClause;
        } else {
          orderBy = orderBy + defaultOrderByClause;
        }

      }

    } else {
      orderBy = orderBy + defaultOrderByClause;
    }

}
```

addOrder()方法中有两处修改（均已加粗）。这样修改的目的是使查询排序对达梦数据库生效。

4．新建dm.properties文件

这一步操作需要在项目路径org/activiti/db/properties下新建dm.properties文件，其内容如下：

```
limitAfter=LIMIT #{maxResults} OFFSET #{firstResult}
```

该文件的主要作用是为达梦数据库配置分页语法。为什么要加这个文件呢？原因在于ProcessEngineConfigurationImpl类的initSqlSessionFactory()方法中有这么一段代码：

```
if (databaseType != null) {
    properties.load(getResourceAsStream("org/activiti/db/properties/"+databaseType+".properties"));
}
```

如果没有该文件，则会报空指针异常。

至此，我们完成了Activiti与国产数据库的适配。

24.3 自定义查询

Activiti提供了多种数据查询方式。前面介绍了查询API方式的标准查询方式，本节将介绍另外两种自定义查询方式。

24.3.1 使用NativeSql查询

Activiti提供了一套数据查询API供开发者使用，支持使用各个服务组件的名称以create开头、含有对象名、以Query结尾的方式获取查询对象，如IdentityService中的createUserQuery()方法和createGroupQuery()方法、RuntimeService中的createProcessInstanceQuery()方法和createExecutionQuery()方法、TaskService中的createTaskQuery()方法等。这些方法返回一个Query实例，如createTaskQuery()方法返回的是TaskQuery。TaskQuery是Query的子接口。

Query是全部查询对象的父接口，该接口定义了若干基础方法。各个查询对象均可以使用这些公共方法，包括设置排序方式、数据量统计、列表、分页和唯一记录查询等。

此外，Activiti还支持原生SQL查询。Activiti的各个服务组件提供了名称以createNative开头、含有对象名、以Query结尾的查询方式，返回名称以Native为开头、含有对象名、以Query结尾的对象的实例，这些对象均是NativeQuery的子接口。使用NativeQuery中的方法，可以传入原生SQL进行数据查询（主要使用sql()方法传入SQL语句，使用parameter()方法设置查询参数）。通过这种方式，开发人员可以自定义SQL实现更复杂的查询，如使用OR条件或无法使用查询API实现的条件查询。返回类型由使用的查询对象决定，数据会映射到正确的对象上。

下面看一个NativeSql查询的使用示例，如图24.1所示。流程包含开始事件、结束事件、用户任务和顺序流4个元素。

图24.1　自定义查询示例流程

图24.1所示流程对应的XML内容如下：

```xml
<process id="NativeSqlProcess" name="自定义SQL查询示例流程" isExecutable="true">
    <startEvent id="startEvent1"/>
    <userTask id="userTask1" name="数据上报"
        activiti:candidateUsers="liuxiaopeng,huhaiqin"/>
    <sequenceFlow id="sequenceFlow1" sourceRef="startEvent1" targetRef="userTask1"/>
    <endEvent id="endEvent1"/>
    <sequenceFlow id="sequenceFlow2" sourceRef="userTask1" targetRef="endEvent1"/>
</process>
```

加载该流程模型并执行相应的流程，同时使用NativeSql查询的示例代码如下：

```java
@Slf4j
public class RunNativeSqlProcessDemo extends ActivitiEngineUtil {

    SimplePropertyPreFilter processInstanceFilter = new SimplePropertyPreFilter(ProcessInstance.class, "id","revision","parentId","businessKey","processInstanceId","processDefinitionKey", "processDefinitionId","rootProcessInstanceId","startTime","scope","activityId");
    SimplePropertyPreFilter taskFilter = new SimplePropertyPreFilter(Task.class, "id","revision","name","parentTaskId","description","priority","createTime","owner","assignee","delegationStateString","executionId","processInstanceId","processDefinitionId", "taskDefinitionKey","dueDate","category","suspensionState","tenantId","formKey","claimTime");

    @Test
    public void runNativeSqlProcessDemo() throws Exception {
        //加载Activiti配置文件并初始化工作流引擎及服务
        loadActivitiConfigAndInitEngine("activiti.cfg.xml");
        //部署流程
        ProcessDefinition processDefinition =
            deployByClasspathResource("processes/NativeSqlProcess.bpmn20.xml");

        //发起流程
        String businessKey = UUID.randomUUID().toString();
        runtimeService.startProcessInstanceById(processDefinition.getId(), businessKey);

        //通过NativeSql查询单个ProcessInstance对象
        ProcessInstance processInstance = runtimeService.createNativeProcessInstanceQuery()
            .sql("select * from ACT_RU_EXECUTION where BUSINESS_KEY_ = #{businessKey}")
            .parameter("businessKey", businessKey)
            .singleResult();
        log.info("流程实例信息为:{}", JSON.toJSONString(processInstance, processInstanceFilter));

        //通过NativeSql查询任务列表
        List<Task> tasks = taskService.createNativeTaskQuery()
            .sql("select ID_ as id, REV_ as revision, NAME_ as name, PARENT_TASK_ID_ as
```

```
parentTaskId," + " DESCRIPTION_ as description, PRIORITY_ as priority, CREATE_TIME_ as c
reateTime," + " OWNER_ as owner, ASSIGNEE_ as assignee, DELEGATION_ as delegationStateS
tring," + " EXECUTION_ID_ as executionId, PROC_INST_ID_ as processInstanceId, PROC_DEF_I
D_ as processDefinitionId," + " TASK_DEF_KEY_ as taskDefinitionKey, DUE_DATE_ as dueDate
, CATEGORY_ as category," + " SUSPENSION_STATE_ as suspensionState, TENANT_ID_ as tenantId
, FORM_KEY_ as formKey, CLAIM_TIME_ as claimTime" + " from ACT_RU_TASK where PROC_INST_ID_
 = #{processInstanceId}")
                .parameter("processInstanceId",processInstance.getId())
                .list();
        log.info("流程中的待办任务有：{}", JSON.toJSONString(tasks, taskFilter));

        //通过NativeSql查询任务数
        long num = taskService.createNativeTaskQuery()
                .sql("select count(0) from ACT_RU_TASK as t1" +
                " join ACT_RU_IDENTITYLINK as t2 on t1.ID_ = t2.TASK_ID_" +
                " where t1.ASSIGNEE_ is null and t2.USER_ID_ = #{userId}")
                .parameter("userId", "huhaiqin")
                .count();
        log.info("用户huhaiqin的待办任务数为：{}", num);

        //关闭工作流引擎
        engine.close();
    }
}
```

在以上代码中，综合使用了runtimeService和taskService提供的"createNative***Query()"方法，返回"Native***Query"实例，这些对象均是NativeQuery的子接口。使用NativeQuery的方法，可以传入原生SQL进行数据查询，主要使用sql()方法传入SQL语句。如果SQL中需要传入参数，可以使用#{字段key}表示，再使用parameter()方法设置查询参数值，参数名和字段key前后要保持一致。以上3处加粗的代码进行了3次原生SQL查询，均使用sql()方法传入SQL语句，并通过parameter()方法设置参数。第一次是使用singleResult()方法查询单个对象，第二次是使用list()方法查询对象列表，第三次是使用count()方法查询对象个数。代码运行结果如下：

```
09:34:37,913 [main] INFO  com.bpm.example.demo2.RunNativeSqlProcessDemo  - 流程实例信息为：
{"businessKey":"5312c253-15d3-4cb9-b03d-9ec3bc43385a","id":"5","processDefinitionId":"N
ativeSqlProcess:1:4","processInstanceId":"5","revision":1,"rootProcessInstanceId":"5","
scope":true,"startTime":1650720877793}
09:34:37,923 [main] INFO  com.bpm.example.demo2.RunNativeSqlProcessDemo  - 流程中的待办任
务有：[{"createTime":1650720877793,"executionId":"6","id":"9","name":"数据上报
","priority":50,"processDefinitionId":"NativeSqlProcess:1:4","processInstanceId":"5","r
evision":1,"suspensionState":1,"taskDefinitionKey":"userTask1","tenantId":""}]
09:34:37,923 [main] INFO  com.bpm.example.demo2.RunNativeSqlProcessDemo  - 用户huhaiqin
的待办任务数为：1
```

使用原生SQL查询较为灵活，可以满足大部分的业务需求。除了sql()方法和parameter()方法，NativeQuery接口还提供以下方法：

❑ count();
❑ singleResult();
❑ list();
❑ listPage(int firstResult, int maxResults)。

这些方法的功能和用法与查询API相同，这里不再赘述。Activiti服务与对应的"createNative***Query()"方法如表24.2所示。

表24.2　Activiti服务与对应的"createNative***Query()"方法

Activiti服务	对应的"createNative***Query()"方法
repositoryService	createNativeDeploymentQuery()
	createNativeModelQuery()
	createNativeProcessDefinitionQuery()
runtimeService	createNativeProcessInstanceQuery()
	createNativeExecutionQuery()

续表

Activiti服务	对应的"createNative***Query()"方法
taskService	createNativeTaskQuery()
historyService	createNativeHistoricTaskInstanceQuery()
	createNativeHistoricActivityInstanceQuery()
	createNativeHistoricDetailQuery()
	createNativeHistoricProcessInstanceQuery()
	createNativeHistoricVariableInstanceQuery()
identityService	createNativeGroupQuery()
	createNativeUserQuery()

24.3.2 使用CustomSql查询

Activiti使用MyBatis与数据库进行交互。除了已提供的各类服务和API，Activiti引擎还具有利用MyBatis进行自定义SQL语句的能力。MyBatis是一款优秀的持久层框架，支持定制化SQL、存储过程及高级映射，避免了几乎所有JDBC代码的编写和手动设置参数及获取结果集。Mybatis提供了XML和注解两种方式，用于配置和映射原生类型、接口及Java的POJO为数据库中的记录。对应地，我们可以通过MyBatis XML和注解实现Activiti的CustomSql查询。

1. 采用MyBatis Mapper XML配置方式实现

映射器是MyBatis中最核心的组件之一，Mapper XML是最基础的映射器。MyBatis通过Mapper映射文件实现对SQL语句的封装、结果集映射关系的编写等。工作流引擎配置类ProcessEngineConfigurationImpl提供了customMybatisXMLMappers属性，允许附加自定义的MyBatis Mapper XML文件，工作流引擎可执行其中配置的查询。

（1）创建自定义MyBatis Mapper XML配置文件

在custom-mappers路径下创建一个CustomSqlMapper.xml文件，其mapper部分内容如下：

```xml
<mapper namespace="customSql">
    <!-- 使用resultMap元素将自定义SQL查询Task的结果映射到结果集中 -->
    <resultMap id="customTaskResultMap" type="org.activiti.engine.impl.persistence.entity.TaskEntityImpl">
        <id property="id" column="ID_" jdbcType="VARCHAR"/>
        <result property="revision" column="REV_" jdbcType="INTEGER"/>
        <result property="name" column="NAME_" jdbcType="VARCHAR"/>
        <result property="parentTaskId" column="PARENT_TASK_ID_" jdbcType="VARCHAR"/>
        <result property="description" column="DESCRIPTION_" jdbcType="VARCHAR"/>
        <result property="priority" column="PRIORITY_" jdbcType="INTEGER"/>
        <result property="createTime" column="CREATE_TIME_" jdbcType="TIMESTAMP" />
        <result property="owner" column="OWNER_" jdbcType="VARCHAR"/>
        <result property="assignee" column="ASSIGNEE_" jdbcType="VARCHAR"/>
        <result property="delegationStateString" column="DELEGATION_" jdbcType="VARCHAR"/>
        <result property="executionId" column="EXECUTION_ID_" jdbcType="VARCHAR" />
        <result property="processInstanceId" column="PROC_INST_ID_" jdbcType="VARCHAR" />
        <result property="processDefinitionId" column="PROC_DEF_ID_" jdbcType="VARCHAR"/>
        <result property="taskDefinitionKey" column="TASK_DEF_KEY_" jdbcType="VARCHAR"/>
        <result property="dueDate" column="DUE_DATE_" jdbcType="TIMESTAMP"/>
        <result property="category" column="CATEGORY_" jdbcType="VARCHAR" />
        <result property="suspensionState" column="SUSPENSION_STATE_" jdbcType="INTEGER" />
        <result property="tenantId" column="TENANT_ID_" jdbcType="VARCHAR" />
        <result property="formKey" column="FORM_KEY_" jdbcType="VARCHAR" />
        <result property="claimTime" column="CLAIM_TIME_" jdbcType="TIMESTAMP" />
        <result property="attorney" column="DELEGATE_ATTORNEY_" jdbcType="VARCHAR"/>
    </resultMap>

    <!-- 使用resultMap元素将自定义SQL查询IdentityLink的结果映射到结果集中 -->
    <resultMap id="customIdentityLinkResultMap" type="java.util.HashMap">
        <result property="processInstanceName" column="PROC_INST_NAME_" jdbcType="VARCHAR"/>
        <result property="taskName" column="TASK_NAME_" jdbcType="VARCHAR"/>
        <result property="businessKey" column="BUSINESS_KEY_" jdbcType="VARCHAR"/>
        <result property="type" column="TYPE_" jdbcType="VARCHAR" />
```

```xml
            <result property="userId" column="USER_ID_" jdbcType="VARCHAR" />
        </resultMap>

        <!-- 使用resultMap元素将自定义SQL查询ProcessInstance的结果映射到结果集中 -->
        <resultMap id="customProcessInstanceResultMap" type="java.util.HashMap">
            <id property="id" column="ID_" jdbcType="VARCHAR"/>
            <result property="processInstanceId" column="PROC_INST_ID_" jdbcType="VARCHAR"/>
            <result property="businessKey" column="BUSINESS_KEY_" jdbcType="VARCHAR"/>
            <result property="processDefinitionId" column="PROC_DEF_ID_" jdbcType="VARCHAR"/>
            <result property="processDefinitionName" column="ProcessDefinitionName"
                jdbcType="VARCHAR"/>
            <result property="processDefinitionKey" column="ProcessDefinitionKey"
                jdbcType="VARCHAR"/>
            <result property="name" column="NAME_" jdbcType="VARCHAR"/>
            <result property="startTime" column="START_TIME_" jdbcType="TIMESTAMP"/>
            <result property="startUserId" column="START_USER_ID_" jdbcType="VARCHAR"/>
        </resultMap>

        <!-- 使用select标签定义根据businessKey查询ProcessInstance的自定义SQL -->
        <select id="customSelectProcessInstanceByBusinessKey" parameterType="string"
            resultMap="customProcessInstanceResultMap">
            select *
            from ACT_RU_EXECUTION
            where BUSINESS_KEY_ = #{businessKey}
        </select>

        <!-- 使用select标签定义根据processInstanceId查询Task的自定义SQL -->
        <select id="customSelectTasksByProcessInstanceId"
            parameterType="org.activiti.engine.impl.db.ListQueryParameterObject"
            resultMap="customTaskResultMap">
            select * from ACT_RU_TASK where PROC_INST_ID_ = #{parameter}
        </select>

        <!-- 使用select标签定义根据taskId查询IdentityLink的自定义SQL -->
        <select id="customSelectIdentityLinkByTaskId"
            parameterType="org.activiti.engine.impl.db.ListQueryParameterObject"
            resultMap="customIdentityLinkResultMap">
            select
            t1.NAME_ as PROC_INST_NAME_, t2.NAME_ as TASK_NAME_, t1.BUSINESS_KEY_, t3.TYPE_,
t3.USER_ID_
            from ACT_RU_EXECUTION t1
            join ACT_RU_TASK t2 on t1.ID_ = t2.PROC_INST_ID_
            join ACT_RU_IDENTITYLINK t3 on t3.TASK_ID_ = t2.ID_
            where t3.TASK_ID_ = #{parameter}
        </select>
</mapper>
```

从以上配置中可以看出，这是一个标准的MyBatis Mapper XML文件。首先，通过resultMap标签定义了3个查询结果集映射规则——customTaskResultMap、customIdentityLinkResultMap和customProcessInstanceResultMap，然后通过select标签定义了3个查询操作——customSelectProcessInstanceByBusinessKey、customSelectTasksByProcessId和customSelectIdentityLinkByTaskId，查询结果与前面的映射规则相对应。

（2）配置工作流引擎customMybatisXMLMappers属性

在工作流引擎配置中，通过customMybatisXMLMappers属性即可附加自定义的MyBatis Mapper XML文件。配置文件activiti.custom-mybatis-xml-mapper.xml中的工作流引擎定义片段如下：

```xml
<bean id="processEngineConfiguration"
    class="org.activiti.engine.impl.cfg.StandaloneProcessEngineConfiguration">
    <!-- 配置自定义MyBatis Mapper XML -->
    <property name="customMybatisXMLMappers">
        <set>
            <value>custom-mappers/CustomSqlMapper.xml</value>
        </set>
    </property>

    <!-- 此处省去其他属性配置 -->

</bean>
```

在以上配置中，加粗部分的代码使用customMybatisXMLMappers属性指定自定义的MyBatis Mapper XML文件，该属性使用Spring的set标签注入配置文件的集合。

如果已经集成了Spring Boot，那么可以通过以下方式初始化引擎并设置customMybatisXMLMappers属性的值：

```java
@Bean(name = "processEngineConfiguration")
public ProcessEngineConfigurationImpl processEngineConfiguration() {
    SpringProcessEngineConfiguration processEngineConfiguration =
        new SpringProcessEngineConfiguration();

    Set<String> customMybatisXMLMapperSet = new HashSet<String>();
    customMybatisXMLMapperSet.add("custom-mappers/CustomSqlMapper.xml");
    processEngineConfiguration.setCustomMybatisXMLMappers(customMybatisXMLMapperSet);

    //此处省略其他通用属性赋值

    return processEngineConfiguration;
}
```

以上代码段中的加粗部分使用ProcessEngineConfiguration的setCustomMybatisXMLMappers()方法追加MyBatis Mapper XML文件，并在Activiti初始化工作流引擎时生效。

（3）使用示例

这里依然以图24.1所示的流程为例。加载该流程模型并执行相应的流程，同时采用MyBatis Mapper XML配置方式实现CustomSql查询的示例代码如下：

```java
@Slf4j
public class RunCustomSqlProcessDemo extends ActivitiEngineUtil {

    @Test
    public void runCustomSqlProcessDemo() {
        //加载Activiti配置文件并初始化工作流引擎及服务
        loadActivitiConfigAndInitEngine("activiti.custom-mybatis-xml-mapper.xml");
        //部署流程
        ProcessDefinition processDefinition =
            deployByClasspathResource("processes/CustomSqlProcess.bpmn20.xml");

        //发起流程
        String businessKey = UUID.randomUUID().toString();
        runtimeService.startProcessInstanceById(processDefinition.getId(), businessKey);

        //自定义命令
        Command customSqlCommand = new Command<Void>() {
            @Override
            public Void execute(CommandContext commandContext) {
                //从上下文commandContext中获取DbSqlSession对象
                DbSqlSession dbSqlSession = commandContext.getDbSqlSession();
                //通过dbSqlSession的selectOne()方法调用自定义MyBatis XML中定义的
                //customSelectProcessInstanceByBusinessKey查询单个结果
                Map<String,String> processInstanceMap =
(Map) dbSqlSession.selectOne("customSelectProcessInstanceByBusinessKey",businessKey);
                log.info("流程实例信息为：{}", JSON.toJSONString(processInstanceMap));
                //通过dbSqlSession的selectList()方法调用自定义MyBatis XML中定义的
                //customSelectTasksByProcessId查询结果集
                List<TaskEntity> tasks =
dbSqlSession.selectList("customSelectTasksByProcessInstanceId",processInstanceMap.get("id"));
                log.info("流程中的待办任务数有：{}", tasks.size());
                TaskEntity taskEntity = tasks.get(0);
                //通过dbSqlSession的selectList()方法调用自定义MyBatis XML中定义的
                //customSelectIdentityLinkByTaskId查询结果集
                List<Map> identityLinks =
dbSqlSession.selectList("customSelectIdentityLinkByTaskId",taskEntity.getId());
                log.info("流程任务及候选人信息为：{}", JSON.toJSONString(identityLinks));
                return null;
            }
        };
        //执行自定义命令
```

```
            managementService.executeCommand(customSqlCommand);

            //关闭工作流引擎
            engine.close();
    }
}
```

以上代码先初始化工作流引擎并部署流程、发起流程实例，然后创建自定义命令，通过getDbSqlSession()方法根据上下文参数commandContext获取DbSqlSession对象，从而通过DbSqlSession的selectOne()、selectList()方法调用自定义MyBatis Mapper XML中配置的查询，最后调用managementService的executeCommand()方法执行自定义命令。代码运行结果如下：

```
09:39:56,714 [main] INFO    com.bpm.example.demo3.RunCustomSqlProcessDemo    - 流程实例信息
为：
{"processInstanceId":"5","processDefinitionId":"CustomSqlProcess:1:4","SUSP_JOB_COUNT_"
:0,"IS_CONCURRENT_":false,"TIMER_JOB_COUNT_":0,"IS_SCOPE_":true,"TENANT_ID_":"","DEADLET
TER_JOB_COUNT_":0,"IS_COUNT_ENABLED_":false,"EVT_SUBSCR_COUNT_":0,"TASK_COUNT_":0,"SUSPEN
SION_STATE_":1,"ID_LINK_COUNT_":0,"IS_ACTIVE_":true,"businessKey":"763bc25f-1964-4a6e-9c
40-49f3e683b98d","REV_":1,"VAR_COUNT_":0,"startTime":1650721196614,"IS_EVENT_SCOPE_":fal
se,"id":"5","ROOT_PROC_INST_ID_":"5","IS_MI_ROOT_":false,"JOB_COUNT_":0}
09:39:56,724 [main] INFO    com.bpm.example.demo3.RunCustomSqlProcessDemo    - 流程中的待办任
务数有：1
09:39:56,724 [main] INFO    com.bpm.example.demo3.RunCustomSqlProcessDemo    - 流程任务及候选
人信息为：[{"businessKey":"763bc25f-1964-4a6e-9c40-49f3e683b98d","taskName":"数据上报
","type":"candidate","userId":"liuxiaopeng"},{"businessKey":"763bc25f-1964-4a6e-9c40-49
f3e683b98d","taskName":"数据上报","type":"candidate","userId":"huhaiqin"}]
```

2. 采用MyBatis Mapper接口注解方式实现

MyBatis 3引入了利用注解实现SQL映射的机制，构建在全面而且强大的Java注解之上。注解提供了一种实现简单SQL映射语句的便捷方式，可以简化编写XML的过程。工作流引擎配置类ProcessEngineConfigurationImpl提供了customMybatisMappers属性，允许附加自定义的MyBatis注解类，工作流引擎可执行其中配置的查询。

（1）创建自定义Mybatis Mapper类

创建一个MyBatis Mapper接口类，其代码如下：

```java
public interface CustomSqlMapper {

    //使用@Select注解定义根据businessKey查询ProcessInstance的自定义SQL
    @Select({"select * from ACT_RU_EXECUTION where BUSINESS_KEY_ = #{businessKey}"})
    Map<String, String> customSelectProcessInstanceByBusinessKey(String businessKey);

    //使用@Select注解定义根据processInstanceId查询Task的自定义SQL
    @Select({ "select ID_ as id, REV_ as revision, NAME_ as name, PARENT_TASK_ID_ as
parentTaskId," + " DESCRIPTION_ as description, PRIORITY_ as priority, CREATE_TIME_ as
createTime," + " OWNER_ as owner, ASSIGNEE_ as assignee, DELEGATION_ as delegationState
String," + " EXECUTION_ID_ as executionId, PROC_INST_ID_ as processInstanceId, PROC_DEF_
ID_ as processDefinitionId," + " TASK_DEF_KEY_ as taskDefinitionKey, DUE_DATE_ as dueDat
e, CATEGORY_ as category," + " SUSPENSION_STATE_ as suspensionState, TENANT_ID_ as tena
ntId, FORM_KEY_ as formKey, CLAIM_TIME_ as claimTime" + " from ACT_RU_TASK where PROC_IN
ST_ID_ = #{processInstanceId}" })
    List<TaskEntityImpl> customSelectTasksByProcessId(String processInstanceId);

    //使用@Select注解定义根据taskId查询IdentityLink的自定义SQL
    @Select({ "select" + " t1.NAME_ as PROC_INST_NAME_, t2.NAME_ as TASK_NAME_, t1.BUSIN
ESS_KEY_, t3.TYPE_, t3.USER_ID_" + " from ACT_RU_EXECUTION t1" + " join ACT_RU_TASK t2 o
n t1.ID_ = t2.PROC_INST_ID_" + " join ACT_RU_IDENTITYLINK t3 on t3.TASK_ID_ = t2.ID_" +
" where t3.TASK_ID_ = #{taskId}" })
    List<Map<String, String>> customSelectIdentityLinkByTaskId(String taskId);
}
```

从以上代码可以看出，这是一个标准的MyBatis Mapper接口类。其中，通过@Select注解实现了自定义查询SQL与查询接口方法的绑定。

（2）配置工作流引擎的customMybatisMappers属性

在工作流引擎配置中，通过customMybatisMappers属性即可注册自定义的MyBatis Mapper。配置文件activiti.custom-mybatis-mapper.xml中的工作流引擎配置片段如下：

```xml
<bean id="processEngineConfiguration"
    class="org.activiti.engine.impl.cfg.StandaloneProcessEngineConfiguration">
    <!--配置自定义MyBatis Mapper -->
    <property name="customMybatisMappers">
        <set>
            <value>com.bpm.example.demo4.mapper.CustomSqlMapper</value>
        </set>
    </property>

    <!-- 此处省去其他属性配置 -->
</bean>
```

在以上配置中,加粗部分的代码使用customMybatisMappers属性指定了自定义的MyBatis Mapper映射类,该属性使用Spring的set标签注入映射类的集合。

如果已经集成了Spring Boot,那么可以通过以下方式初始化工作流引擎并设置customMybatisMappers属性的值:

```java
@Bean(name = "processEngineConfiguration")
public ProcessEngineConfigurationImpl processEngineConfiguration() {
    SpringProcessEngineConfiguration processEngineConfiguration = new
    SpringProcessEngineConfiguration();

    Set<Class<?>> customMybatisMapperSet = new HashSet<Class<?>>();
    customMybatisMapperSet.add(com.bpm.example.demo4.mapper.CustomSqlMapper.class);
    processEngineConfiguration.setCustomMybatisMappers(customMybatisMapperSet);

    //此处省略其他通用属性赋值

    return processEngineConfiguration;
}
```

以上代码段中的加粗部分通过调用ProcessEngineConfiguration的setCustomMybatisMappers()方法注册自定义MyBatis Mapper接口类,并在Activiti初始化工作流引擎时生效。

(3) 使用示例

这里依然以图24.1所示的流程为例进行讲解。加载该流程模型并执行相应的流程,同时采用MyBatis Mapper接口注解方式实现CustomSql查询的示例代码如下:

```java
@Slf4j
public class RunCustomSqlProcessDemo extends ActivitiEngineUtil {

    @Test
    public void runCustomSqlProcessDemo() {
        //加载Activiti配置文件并初始化工作流引擎及服务
        loadActivitiConfigAndInitEngine("activiti.custom-mybatis-mapper.xml");
        //部署流程
        ProcessDefinition processDefinition =
            deployByClasspathResource("processes/CustomSqlProcess.bpmn20.xml");

        //发起流程
        String businessKey = UUID.randomUUID().toString();
        runtimeService.startProcessInstanceById(processDefinition.getId(), businessKey);

        //配置CustomSqlExecution调用自定义MyBatis Mapper类中的
        //customSelectProcessInstanceByBusinessKey接口进行查询
        CustomSqlExecution<CustomSqlMapper, Map<String, String>> customSqlExecution1
            = new AbstractCustomSqlExecution<CustomSqlMapper, Map<String,
            String>>(CustomSqlMapper.class) {
            @Override
            public Map<String, String> execute(CustomSqlMapper customSqlMapper) {
                return
                    customSqlMapper.customSelectProcessInstanceByBusinessKey(businessKey);
            }
        };
        Map<String, String> processInstanceMap =
            managementService.executeCustomSql(customSqlExecution1);
        log.info("流程实例信息为: {}", JSON.toJSONString(processInstanceMap));
```

```java
        //配置CustomSqlExecution调用自定义MyBatis Mapper类中的
        //customSelectTasksByProcessId接口进行查询
        CustomSqlExecution<CustomSqlMapper, List<TaskEntityImpl>> customSqlExecution2
            = new AbstractCustomSqlExecution<CustomSqlMapper, List<TaskEntityImpl>>(Cus
            tomSqlMapper.class) {
            @Override
            public List<TaskEntityImpl> execute(CustomSqlMapper customSqlMapper) {
                return customSqlMapper.
                    customSelectTasksByProcessId(processInstanceMap.get("ID_"));
            }
        };
        List<TaskEntityImpl> tasks = managementService.executeCustomSql(customSqlExecution2);
        log.info("流程中的待办任务数为: {}", tasks.size());
        TaskEntity task = tasks.get(0);

        //配置CustomSqlExecution调用自定义MyBatis Mapper类中的
        //customSelectIdentityLinkByTaskId接口进行查询
        CustomSqlExecution<CustomSqlMapper, List<Map<String,String>>> customSqlExecution3
            = new AbstractCustomSqlExecution<CustomSqlMapper, List<Map<String,String>>>
            (CustomSqlMapper.class) {
            @Override
            public List<Map<String,String>> execute(CustomSqlMapper customSqlMapper) {
                return customSqlMapper.customSelectIdentityLinkByTaskId(task.getId());
            }
        };
        List<Map<String,String>> identityLinks =
            managementService.executeCustomSql(customSqlExecution3);
        log.info("流程任务及候选人信息为: {}", JSON.toJSONString(identityLinks));

        //关闭工作流引擎
        engine.close();
    }
}
```

以上代码先初始化工作流引擎并部署流程、发起流程实例；然后创建不同的CustomSqlExecution实体类分别调用自定义MyBatis Mapper接口类中的查询方法，这种实体类是一个封装类，隐藏了工作流引擎内部实现所需执行的信息；最后通过调用managementService的executeCustomSql()方法传入CustomSqlExecution实体执行对应的查询操作。代码运行结果如下：

```
09:45:28,275 [main] INFO    com.bpm.example.demo4.RunCustomSqlProcessDemo    - 流程实例信息
为:
{"PROC_INST_ID_":"5","SUSP_JOB_COUNT_":0,"ID_":"5","IS_CONCURRENT_":false,"TIMER_JOB_COUN
T_":0,"IS_SCOPE_":true,"TENANT_ID_":"","DEADLETTER_JOB_COUNT_":0,"IS_COUNT_ENABLED_":fals
e,"EVT_SUBSCR_COUNT_":0,"BUSINESS_KEY_":"1b62b28e-6411-4030-850e-8a44a4a0a086","TASK_COU
NT_":0,"PROC_DEF_ID_":"CustomSqlProcess:1:4","SUSPENSION_STATE_":1,"ID_LINK_COUNT_":0,"I
S_ACTIVE_":true,"REV_":1,"VAR_COUNT_":0,"IS_EVENT_SCOPE_":false,"START_TIME_":16507215281
75,"ROOT_PROC_INST_ID_":"5","IS_MI_ROOT_":false,"JOB_COUNT_":0}
09:45:28,275 [main] INFO    com.bpm.example.demo4.RunCustomSqlProcessDemo    - 流程中的待办任
务数为: 1
09:45:28,285 [main] INFO    com.bpm.example.demo4.RunCustomSqlProcessDemo    - 流程任务及候选
人信息为:
[{"BUSINESS_KEY_":"1b62b28e-6411-4030-850e-8a44a4a0a086","USER_ID_":"liuxiaopeng","TYPE_
":"candidate","TASK_NAME_":"数据上报"},{"BUSINESS_KEY_":"1b62b28e-6411-4030-850e-8a44a4a0a086",
"USER_ID_":"huhaiqin","TYPE_":"candidate","TASK_NAME_":"数据上报"}]
```

24.4　本章小结

本章介绍了3种自定义扩展Activiti的方式：通过替换Activiti身份认证服务，摒弃Activiti自带的身份模块，使用应用系统或第三方的用户认证、授权等机制，从而支持多样化的用户模式；通过适配国产数据库，实现Activiti对国产数据库的支持，从而在要求自主可控、加强信息安全建设的场景中投入使用；通过自定义查询，使用NativeSql查询、MyBatis Mapper XML配置或MyBatis Mapper接口注解实现CustomSql查询，适用于实际应用中各类复杂查询场景。以上3种自定义扩展方式，读者可以根据实际情况使用。

第25章 Activiti自定义扩展（三）

本章将介绍3种扩展Activiti的方法：自定义流程活动；更换默认的Activiti流程定义缓存；手动创建定时任务。这3种扩展方法在Activiti实战中经常使用。

25.1 自定义流程活动

BPMN 2.0中提供了一系列流程元素，包括各种事件、网关和任务等，不同的流程元素具有不同的特性。如果BPMN 2.0提供的默认流程元素均不能满足流程需求，该如何处理呢？第15章介绍过Activiti通过服务任务扩展了邮件任务、Web Service任务、Camel任务、Mule任务、Shell任务等一系列任务。本节将介绍一种扩展方案，基于服务任务自定义满足特殊流程需求的流程元素，并基于服务任务扩展出执行调用Restful接口的"RestCall任务"，它使用serviceTask元素定义。为了与服务任务区分，RestCall任务将其type属性设置为rest。RestCall任务的定义格式如下：

```
<serviceTask id="restCallTask1" name="RestCall任务" activiti:type="rest" />
```

为了执行RESTful API调用，自定义RestCall任务可以通过属性注入的方式配置各种属性，这些属性的值可以使用UEL表达式，并将在流程执行时进行解析。这里自定义的RestCall任务可配置如表25.1所示的属性。

表25.1 自定义RestCall任务可配置属性

属性	是否必需	描述
requestMethod	是	HTTP请求类型，可选值包括GET、POST、PUT和DELETE
requestUrl	是	RESTful API的URL地址
requestHeaders	否	HTTP请求头内容
requestBody	否	HTTP请求体内容
ignoreException	是	是否忽略请求异常，可选值包括true、false
saveResponseParameters	否	是否保存请求结果，可选值包括true、false
responseVariableName	否	保存调用结果的流程变量名称

下面将介绍如何自定义具备以上特性的RestCall任务。

25.1.1 流程定义XML文件解析原理

流程定义XML文件需要被解析为Activiti内部模型，才能在Activiti引擎中运行。对于每个流程，BpmnParser类都会创建一个新的BpmnParse实例，这个实例会作为解析过程中的容器来使用。Activiti通过BpmnParse解析BPMN 2.0 XML流程定义文件，它是解析的核心类，从根节点开始解析，依次对DefinitionsAttributes、Imports、ItemDefinitions、Messages、Interfaces、Errors和ProcessDefinitions等标准BPMN 2.0元素进行解析，最后解析负责流程可视化定义的DiagramInterchangeElements元素。

对于每个BPMN 2.0元素，其解析过程都包括定位流程文档、初始化元素解析器、加载自定义元素解析器、查找元素解析器、解析所需元素及属性，以及将其封装为工作流引擎中的实体对象。对于每种元素，工作流引擎中都会存在一个对应的org.activiti.engine.parse.BpmnParseHandler实例解析器，在解析各个元素时判断其类型，如果元素是"活动"类型（包括Task、Gateway等），则会为活动设置相应的ActivityBehavior；如果流程定义文件中定义了额外属性，Activiti会自动利用反射机制将其注入ActivityBehavior。

25.1.2 自定义RestCall任务的实现

此次基于服务任务改造自定义的RestCall任务,遵循了25.1.1小节中介绍的流程定义解析过程和原则,并结合了Acitivti工作流引擎的机制和扩展点实现。

1. 自定义活动行为类

23.3节中介绍过,在Activiti中每个BPMN 2.0流程活动都对应一个活动行为类,它决定了该流程活动的执行逻辑和流程实例的后续走向。这里自定义的RestCall任务要实现RESTful API调用,可以在自定义活动行为类中实现。自定义RestCall任务的活动行为类内容如下:

```java
public class RestCallTaskActivityBehavior extends AbstractBpmnActivityBehavior {

    private static final long serialVersionUID = 1L;
    //请求类型
    protected Expression requestMethod;
    //请求地址
    protected Expression requestUrl;
    //请求Header
    protected Expression requestHeaders;
    //请求体
    protected Expression requestBody;
    //是否忽略异常
    protected Expression ignoreException;
    //是否保存请求结果
    protected Expression saveResponseParameters;
    //保存请求结果的变量名称
    protected Expression responseVariableName;

    @Override
    public void execute(DelegateExecution execution) {
        //获取各属性的值
        String requestMethodStr = getStringFromField(requestMethod, execution);
        String requestUrlStr = getStringFromField(requestUrl, execution);
        String requestHeadersStr = getStringFromField(requestHeaders, execution);
        String requestBodyStr = getStringFromField(requestBody, execution);
        String ignoreExceptionStr = getStringFromField(ignoreException, execution);
        String saveResponseParametersStr =
            getStringFromField(saveResponseParameters, execution);
        String responseVariableNameStr =
            getStringFromField(responseVariableName, execution);
        //执行RESTful API调用
        executeGetMethod(execution, requestUrlStr, requestMethodStr,
            (Map) JSON.parse(requestHeadersStr), (Map) JSON.parse(requestBodyStr),
            ignoreExceptionStr, saveResponseParametersStr, responseVariableNameStr);
        //离开当前节点
        leave(execution);
    }

    private void executeGetMethod(DelegateExecution execution, String requestUrl, String requestMethodStr, Map<String, String> headers, Map<String, String> params, String ignoreExceptionStr, String saveResponseParametersStr, String responseVariableNameStr) {
        //初始化RestTemplate
        RestTemplate restTemplate = new RestTemplate();
        //组装请求Header
        HttpHeaders restHeaders = new HttpHeaders();
        restHeaders.setAccept(Arrays.asList(MediaType.APPLICATION_JSON));
        restHeaders.setContentType(MediaType.APPLICATION_JSON);
        for (String key : headers.keySet()) {
            restHeaders.add(key, headers.get(key));
        }
        //组装请求体
        Map<String, Object> requestBody = new HashMap<>();
        for (String key : params.keySet()) {
            requestBody.put(key, params.get(key));
        }
        HttpEntity<Map<String, Object>> httpEntity =
            new HttpEntity<>(requestBody, restHeaders);
```

```
        try {
            //执行请求调用
            ResponseEntity<String> result = restTemplate.exchange(requestUrl,
                getHttpMethod(requestMethodStr), httpEntity, String.class);
            //保存执行结果到流程变量中
            if (saveResponseParametersStr.equals("true") &&
                StringUtils.isNotBlank(responseVariableNameStr)) {
                execution.setVariable(responseVariableNameStr, result.getBody());
            }
        } catch (Exception e) {
            //抛出流程异常
            if (!ignoreExceptionStr.equals("true")){
                BpmnError error = new BpmnError("restCallError", e.getMessage());
                ErrorPropagation.propagateError(error, execution);
            }
        }
    }
    //查询表达式的值
    private String getStringFromField(Expression expression, DelegateExecution execution) {
        if (expression != null) {
            Object value = expression.getValue(execution);
            if (value != null) {
                return value.toString();
            }
        }
        return null;
    }
    //获取HTTP请求类型
    private HttpMethod getHttpMethod(String requestMethod) {
        HttpMethod method = null;
        if (requestMethod.equalsIgnoreCase("get")) {
            method = HttpMethod.GET;
        } else if (requestMethod.equalsIgnoreCase("post")) {
            method = HttpMethod.POST;
        } else if (requestMethod.equalsIgnoreCase("put")) {
            method = HttpMethod.PUT;
        } else if (requestMethod.equalsIgnoreCase("delete")) {
            method = HttpMethod.DELETE;
        }
        return method;
    }
}
```

在以上代码中，自定义活动行为类继承了AbstractBpmnActivityBehavior类，并重写了其execute()方法。execute()方法先获取了注入的各属性的值，然后将其作为参数值传入executeGetMethod()方法以完成对RESTful API的调用，最后调用leave()方法离开当前活动使流程继续向下流转。

executeGetMethod()方法中使用Spring的RestTemplate模板类来请求RESTful API，请求参数来自于RestCall任务中配置的属性值。请求执行完成后，如果saveResponseParameters值为true且responseVariableName值不为空，则将请求返回结果存入名称为responseVariableName的变量中。如果请求过程中出现异常，且ignoreException属性值为false，则抛出BPMN错误。

2. 自定义活动行为工厂类

Activiti将所有活动行为类的创建工作都交给活动行为工厂类来完成，默认的活动行为工厂类为org.activiti.engine.impl.bpmn.parser.factory.DefaultActivityBehaviorFactory，它实现了org.activiti.engine.impl.bpmn.parser.factory.ActivityBehaviorFactory接口并且继承了org.activiti.engine.impl.bpmn.parser.factory.AbstractBehaviorFactory类。所有活动行为类的创建都需要在ActivityBehaviorFactory接口中进行，以便集中管理和对抽象工厂类进行维护。遵循该原则，自定义RestCall任务的活动行为类也需要由活动行为工厂类创建，这里采用继承DefaultActivityBehaviorFactory类，并实现自定义RestCall任务活动行为类的创建方法。自定义RestCall任务活动行为工厂类的代码如下：

```
public class CustomActivityBehaviorFactory extends DefaultActivityBehaviorFactory {
    //创建自定义ActivityBehavior
    public RestCallTaskActivityBehavior createHttpActivityBehavior(ServiceTask serviceTask){
```

```
        List<FieldDeclaration> fieldDeclarations =
            super.createFieldDeclarations(serviceTask.getFieldExtensions());
        return (RestCallTaskActivityBehavior) ClassDelegate.defaultInstantiateDelegate(
            RestCallTaskActivityBehavior.class, fieldDeclarations);
    }
}
```

以上代码定义了createHttpActivityBehavior(ServiceTask serviceTask)方法。它先将FieldExtension类型的集合转化为FieldDeclaration类型的集合（activiti:filed元素），然后调用ClassDelegate代理类的defaultInstantiateDelegate()方法实例化了一个RestCallTaskActivityBehavior对象，并通过反射为其属性赋值。

3. 自定义元素解析处理器

Activiti通过元素解析处理器将各元素解析为引擎识别的对象。例如，服务任务对应的元素解析处理器为org.activiti.engine.impl.bpmn.parser.handler.ServiceTaskParseHandler，它提供的executeParse()方法，会根据ServiceTask的类型设置对应的活动行为类。

自定义RestCall任务解析处理器的代码如下：

```
public class CustomServiceTaskParseHandler extends ServiceTaskParseHandler {

    @Override
    protected void executeParse(BpmnParse bpmnParse, ServiceTask serviceTask) {
        if (StringUtils.isNotEmpty(serviceTask.getType())) {
            if (serviceTask.getType().equalsIgnoreCase("rest")) {
                serviceTask.setBehavior(((CustomActivityBehaviorFactory)bpmnParse
                    .getActivityBehaviorFactory())
                    .createHttpActivityBehavior(serviceTask));
            }
        }
        super.executeParse(bpmnParse, serviceTask);
    }
}
```

以上代码继承了ServiceTaskParseHandler类，重写了其executeParse()方法。executeParse()方法先判断服务任务的类型：如果类型为rest，则表示其为自定义RestCall任务，因此通过自定义活动工厂CustomActivityBehaviorFactory创建自定义活动行为类，并设置为RestCall任务的活动行为类。

4. 自定义元素校验器

23.5节中提到，Activiti工作流引擎为各类流程元素及配置提供了一系列默认校验规则，如服务任务的校验器为org.activiti.validation.validator.impl.ServiceTaskValidator。在ServiceTaskValidator中校验时会先判断任务的类型，如果类型不为mail、mule、camel、shell或dmn，则会抛出activiti-servicetask-invalid-type错误，错误内容为Invalid or unsupported service task type。要想使自定义rest类型通过校验，需要扩展校验器。自定义RestCall任务校验器内容如下：

```
public class CustomServiceTaskValidator extends ServiceTaskValidator {
    //校验服务任务
    @Override
    protected void verifyType(Process process, ServiceTask serviceTask,
        List<ValidationError> errors) {
        if (StringUtils.isNotEmpty(serviceTask.getType())) {
            if (serviceTask.getType().equalsIgnoreCase("rest")) {
                validateFieldDeclarationsForRest(process, serviceTask,
                    serviceTask.getFieldExtensions(), errors);
            } else {
                super.verifyType(process, serviceTask, errors);
            }
        }
    }
    //校验rest类型的服务任务
    private void validateFieldDeclarationsForRest(org.activiti.bpmn.model.Process process,
        TaskWithFieldExtensions task, List<FieldExtension> fieldExtensions,
        List<ValidationError> errors) {
        boolean requestMethodDefined = false;
        boolean requestUrlDefined = false;
```

```
            for (FieldExtension fieldExtension : fieldExtensions) {
                if (fieldExtension.getFieldName().equals("requestMethod")) {
                    requestMethodDefined = true;
                }
                if (fieldExtension.getFieldName().equals("requestUrl")) {
                    requestUrlDefined = true;
                }
            }
            if (!requestMethodDefined) {
                addError(errors, "activiti-restcall-no-requestmethod", process, task, "Rest
Call节点没有配置requestMethod属性");
            }
            if (!requestUrlDefined) {
                addError(errors, "activiti-restcall-no-requesturl", process, task, "RestCall
节点没有配置requestUrl属性");
            }
        }
    }
}
```

以上代码继承了ServiceTaskValidator类，重写了其verifyType()方法。verifyType()方法先判断服务任务的类型：如果类型为rest，则执行validateFieldDeclarationsForRest()方法进行校验；如果为其他类型，则执行父类的verifyType()方法进行Activiti的默认校验。

在validateFieldDeclarationsForRest()方法中，会判断自定义的RestCall任务是否配置了requestMethod和requestUrl属性，如果未配置，则抛出错误。

5. 自定义流程校验器工厂类

要使自定义元素校验器生效，需要将其注册到流程校验器中。Activiti中的流程校验器由流程校验器工厂org.activiti.validation.ProcessValidatorFactory创建。这里选择创建自定义流程校验器工厂类，其代码如下：

```
public class CustomProcessValidatorFactory extends ProcessValidatorFactory {

    @Override
    public ProcessValidator createDefaultProcessValidator() {
        //初始化流程校验器
        ProcessValidatorImpl processValidator = new ProcessValidatorImpl();
        //获取Activiti默认流程元素校验器
        ValidatorSet validatorSet = new
            ValidatorSetFactory().createActivitiExecutableProcessValidatorSet();
        //移除ServiceTask的默认校验器
        validatorSet.removeValidator(ServiceTaskValidator.class);
        //加入自定义校验器
        validatorSet.addValidator(new CustomServiceTaskValidator());
        processValidator.addValidatorSet(validatorSet);
        return processValidator;
    }
}
```

以上方法继承了ProcessValidatorFactory类，重写了createDefaultProcessValidator()方法。createDefaultProcessValidator()方法先创建了一个ProcessValidatorImpl对象，然后获取其默认ValidatorSet，并从中移除服务任务默认的校验器，加入自定义校验器，最后将其添加到ProcessValidatorImpl对象中的validatorSets集合中。ProcessValidatorImpl进行模型校验时，遍历该集合，再遍历validatorSet中的Validator实现，对BpmnModel模型进行校验，并将校验错误添加到List<ValidationError>集合中，遍历结束返回ValidationError结果集。

6. 在工作流引擎中配置

将前面自定义的内容注册到工作流引擎中，工作流引擎配置文件activiti.restcall.xml中的内容如下：

```xml
<beans>
    <!-- 自定义活动行为工厂类 -->
    <bean id="customActivityBehaviorFactory"
class="com.bpm.example.demo1.bpmn.parser.factory.CustomActivityBehaviorFactory" />
    <!-- 自定义元素解析处理器 -->
    <bean id="customServiceTaskParseHandler"
class="com.bpm.example.demo1.bpmn.parser.handler.CustomServiceTaskParseHandler" />
    <!-- 自定义流程校验器工厂类 -->
    <bean id="customProcessValidatorFactory"
```

```xml
          class="com.bpm.example.demo1.validation.CustomProcessValidatorFactory"/>
    <!-- 定义流程校验器 -->
    <bean id="processValidator"
        class="org.activiti.validation.ProcessValidatorImpl"
        factory-bean="customProcessValidatorFactory"
        factory-method="createDefaultProcessValidator"/>

    <!--activiti工作流引擎-->
    <bean id="processEngineConfiguration"
        class="org.activiti.engine.impl.cfg.StandaloneProcessEngineConfiguration">
        <!-- 配置customDefaultBpmnParseHandlers -->
        <property name="customDefaultBpmnParseHandlers" >
            <list>
                <ref bean="customServiceTaskParseHandler"/>
            </list>
        </property>
        <!-- 配置自定义活动行为工厂类 -->
        <property name="activityBehaviorFactory" ref="customActivityBehaviorFactory"/>
        <!-- 配置流程校验器 -->
        <property name="processValidator" ref="processValidator"/>

        <!-- 此处省略其他属性配置 -->

    </bean>

    <!--此处省略其他Bean配置 -->

</beans>
```

以上配置文件中略去了命名空间，完整内容可参看本书配套资源。在以上配置中，首先定义了自定义活动行为工厂类customActivityBehaviorFactory、自定义元素解析处理器customServiceTaskParseHandler和自定义流程校验器工厂类customProcessValidatorFactory，然后定义了流程校验器processValidator（通过调用自定义流程校验器工具类customProcessValidatorFactory的createDefaultProcessValidator()方法创建）。在工作流引擎配置中，通过customDefaultBpmnParseHandlers属性引用了自定义元素解析处理器，通过activityBehaviorFactory属性引用了自定义活动行为工厂类，通过processValidator属性引用了流程校验器，从而能在Activiti中使用工作流引擎中的自定义RestCall任务。

25.1.3 使用示例

下面看一个RestCall任务的使用示例。如图25.1所示，"获取Ip信息"服务任务为RestCall任务，它会调用RESTful API查询IP相关信息。

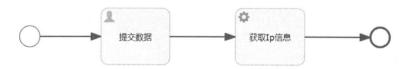

图25.1　RestCall任务示例流程

该流程对应的XML内容如下：

```xml
<process id="RestCallTaskProcess" name="RestCallTaskProcess" isExecutable="true">
  <startEvent id="startEvent1"/>
  <userTask id="userTask1" name="提交数据"/>
  <serviceTask id="serviceTask1" name="获取Ip信息" activiti:type="rest">
    <extensionElements>
      <activiti:field name="requestMethod" stringValue="POST"/>
      <activiti:field name="requestUrl">
        <activiti:expression>
          <![CDATA[http://ip-api.com/json/${ip}?lang=zh-CN&bridgeEndpoint=true]]>
        </activiti:expression>
      </activiti:field>
      <activiti:field name="requestHeaders">
        <activiti:string><![CDATA[{"token":"1234","username":"hebo"}]]>
```

```xml
            </activiti:string>
        </activiti:field>
        <activiti:field name="requestBody" expression="{'ip':'${ip}'}"/>
        <activiti:field name="ignoreException" stringValue="true"/>
        <activiti:field name="saveResponseParameters" stringValue="true"/>
        <activiti:field name="responseVariableName" stringValue="result"/>
    </extensionElements>
</serviceTask>
<sequenceFlow id="sequenceFlow1" sourceRef="startEvent1" targetRef="userTask1"/>
<sequenceFlow id="sequenceFlow2" sourceRef="userTask1" targetRef="serviceTask1"/>
<sequenceFlow id="sequenceFlow3" sourceRef="serviceTask1" targetRef="endEvent1"/>
<endEvent id="endEvent1"/>
</process>
```

在以上流程定义中，服务任务serviceTask1的activiti:type属性值为rest，表示它是一个RestCall任务。它配置了requestMethod、requestUrl、requestHeaders、requestBody、saveResponseParameters和responseVariableName属性。其中，saveResponseParameters值为true、responseVariableName值为result，表示将RESTful API的返回结果存储在名称为result的变量中。

加载该流程模型并执行相应流程控制的示例代码如下：

```java
@Slf4j
public class RunRestCallTaskDemo extends ActivitiEngineUtil {

    @Test
    public void runRestCallTaskDemo() {
        //加载Activiti配置文件并初始化工作流引擎及服务
        loadActivitiConfigAndInitEngine("activiti.restcall.xml");
        //部署流程
        ProcessDefinition processDefinition =
            deployByClasspathResource("processes/RestCallTaskProcess.bpmn20.xml");

        //设置流程变量
        Map variables = new HashMap<>();
        variables.put("ip", "114.247.88.20");
        //发起流程
        ProcessInstance processInstance =
runtimeService.startProcessInstanceById(processDefinition.getId(), variables);
        //查询第一个任务
        Task task =
taskService.createTaskQuery().processInstanceId(processInstance.getId()).singleResult();
        //办理第一个任务
        taskService.complete(task.getId());

        //查询历史变量
        List<HistoricVariableInstance> historicVariableInstances =
            historyService.createHistoricVariableInstanceQuery()
                .processInstanceId(processInstance.getProcessInstanceId()).list();
        historicVariableInstances.stream().forEach((historicVariableInstance) ->
            log.info("流程变量名:{},变量值:{}", historicVariableInstance.getVariableName(),
            JSON.toJSONString(historicVariableInstance.getValue())));
    }
}
```

以上代码先初始化工作流引擎并部署流程，然后初始化流程变量ip并发起流程，查询并办理第一个用户任务，最后获取并输出流程变量。以上代码运行结果如下：

```
04:28:34,220 [main] INFO  com.bpm.example.demo1.RunRestCallTaskDemo  - 流程变量名:result,
变量值:"{\"status\":\"success\",\"country\":\"中国\",\"countryCode\":\"CN\",\"region\":\
"BJ\",\"regionName\":\"北京市\",\"city\":\"北京\",\"zip\":\"\",\"lat\":39.9075,\"lon\":116.3972,\
"timezone\":\"Asia/Shanghai\",\"isp\":\"China Unicom Beijing Province Network\",\"org\"
:\"\",\"as\":\"AS4808 China Unicom Beijing Province Network\",\"query\":\"114.247.88.20\"}"
04:28:34,220 [main] INFO  com.bpm.example.demo1.RunRestCallTaskDemo  - 流程变量名:ip,变量
值:"114.247.88.20"
```

从代码运行结果可知，该流程中存在两个流程变量：
- 流程变量ip在流程发起时初始化得到；
- 流程变量result存储的是RestCall任务调用RESTful API后返回的结果。

25.2 更换默认Activiti流程定义缓存

缓存广泛应用于各类应用系统,用于存储相应数据,避免了数据的重复创建、处理和传输,有效地提高了性能。本节将介绍Activiti中的流程定义缓存架构,并使用Redis这种成熟的第三方缓存架构来替换Activiti默认的流程缓存,从而提高工作流引擎的性能。

25.2.1 Activiti流程定义缓存的用途

所谓缓存,就是将程序或系统经常要调用的对象存储在内存中,以便快速调用,而不必再从数据库(或者其他存储介质)中获取数据或创建新的重复的实例。这样可以减少系统开销,提高系统效率。

一般来说,在应用程序中缓存数据有以下好处:

- ❑ 减少交互的通信量,使缓存数据能有效减少进程与机器间的传输量;
- ❑ 降低系统中的处理量,减少处理次数;
- ❑ 减少磁盘访问次数,如缓存在内存中的数据。

因此,Activiti工作流引擎在设计中也广泛地使用了缓存。在6.4.1小节的流程模型部署代码走读中会发现,流程模型被部署之后,流程定义对象会存放在缓存中,使得在流程的发起、推进过程中频繁地获取流程定义信息时,只需从缓存直接读取该对象,而无须反复从数据库中查询、解析和转换,从而大大提高工作流引擎的运转效率。

25.2.2 Activiti流程定义缓存源码解读

工作流引擎初始化过程涉及缓存处理器的初始化操作。本小节将以缓存处理类为切入点,深入探索Activiti中的缓存应用场景。

1. 缓存配置

在Activiti核心配置类ProcessEngineConfigurationImpl中,我们可以看到以下代码片段:

```
protected int processDefinitionCacheLimit = -1; // By default, no limit
protected DeploymentCache<ProcessDefinitionCacheEntry> processDefinitionCache;

protected int processDefinitionInfoCacheLimit = -1; // By default, no limit
protected ProcessDefinitionInfoCache processDefinitionInfoCache;

protected int knowledgeBaseCacheLimit = -1;
 protected DeploymentCache<Object> knowledgeBaseCache;
```

以上代码列举了Activiti中的3种缓存,如流程定义缓存processDefinitionCache、流程定义信息缓存processDefinitionInfoCache和知识库缓存knowledgeBaseCache。以流程定义缓存为例,processDefinitionCache为存储流程定义缓存数据的容器,processDefinitionInfoCacheLimit通过最近最少使用(Least Recently Used,LRU)算法控制缓存的容量。

2. 缓存的初始化

在ProcessEngineConfigurationImpl的init()方法中有以下3行代码:

```
initProcessDefinitionCache();
initProcessDefinitionInfoCache();
initKnowledgeBaseCache();
```

从方法名可以看出这3个方法在初始化缓存,方法的具体内容如下:

```
public void initProcessDefinitionCache() {
    if (processDefinitionCache == null) {
        if (processDefinitionCacheLimit <= 0) {
            processDefinitionCache = new DefaultDeploymentCache<ProcessDefinitionCacheEntry>();
        } else {
            processDefinitionCache = new
DefaultDeploymentCache<ProcessDefinitionCacheEntry>(processDefinitionCacheLimit);
        }
    }
}

public void initProcessDefinitionInfoCache() {
```

```java
        if (processDefinitionInfoCache == null) {
            if (processDefinitionInfoCacheLimit <= 0) {
                processDefinitionInfoCache = new ProcessDefinitionInfoCache(commandExecutor);
            } else {
                processDefinitionInfoCache =
                    new ProcessDefinitionInfoCache(commandExecutor, processDefinitionInfoCacheLimit);
            }
        }
    }
    public void initKnowledgeBaseCache() {
        if (knowledgeBaseCache == null) {
            if (knowledgeBaseCacheLimit <= 0) {
                knowledgeBaseCache = new DefaultDeploymentCache<Object>();
            } else {
                knowledgeBaseCache = new DefaultDeploymentCache<Object>(knowledgeBaseCacheLimit);
            }
        }
    }
```

在以上代码中，工作流引擎初始化时同时初始化了3类缓存，这3类缓存的对象不同，但处理逻辑基本一致。

(1) 自定义缓存判断

这3类缓存的初始化逻辑都是先判断是否自定义了缓存处理类。如果自定义了缓存处理类，则直接使用，否则使用Activiti工作流引擎的默认缓存处理类，同时在实例化默认缓存处理类时根据缓存对象的容器大小限制值进行判断。

(2) 缓存容量判断

首先判断是否配置了缓存容量限制。以上3种缓存容量配置的默认值均为-1，即指定缓存对象的数量不存在上限。如果未配置缓存容量限制将不对缓存容量进行限制，为了防止发生OOM异常，建议设置一个值，当超出容量时Activiti工作流引擎将会通过LRU算法移除缓存。那它是如何实现的呢？

下面以DefaultDeploymentCache为例进行讲解，其核心代码如下：

```java
protected Map<String, T> cache;
public DefaultDeploymentCache() {
  this.cache = Collections.synchronizedMap(new HashMap<String, T>());
}

public DefaultDeploymentCache(final int limit) {
    this.cache = Collections.synchronizedMap(
        new LinkedHashMap<String, T>(limit + 1, 0.75f, true) {
      private static final long serialVersionUID = 1L;

      protected boolean removeEldestEntry(Map.Entry<String, T> eldest) {
         boolean removeEldest = size() > limit;
         if (removeEldest && logger.isTraceEnabled()) {
            logger.trace("Cache limit is reached, {} will be evicted", eldest.getKey());
            }
            return removeEldest;
         }

    });
}
```

该类有两个构造函数：
- 当未配置缓存容量时通过无参构造方法创建一个同步的Map；
- 有参构造方法核心基于LinkedHashMap，并且重写了其removeEldestEntry()方法，当元素数量超出容量时会返回true，查看LinkedHashMap可知，调用put()方法或putAll()方法返回前会根据该方法返回的值决定是否移除最老的一个元素，从而实现了LRU缓存算法。

3. 缓存的写入和更新

流程设计完成后，若要在工作流引擎中使用，则需要进行流程部署操作。流程部署时会涉及流程定义相关数据的更新，以及流程定义缓存的写入和更新。

流程部署涉及相关数据的更新，可通过RepositoryServiceImpl.deploy->DeployCmd.executeDeploy查看，有如下代码：

```
commandContext.getProcessEngineConfiguration().getDeploymentManager().deploy(deployment,
    deploymentSettings);
```

接着查看DeploymentManager.deploy->BpmnDeployer.deploy代码：

```
cachingAndArtifactsManager.updateCachingAndArtifacts(parsedDeployment);
```

最后查看CachingAndArtifactsManager.updateCachingAndArtifacts方法源码，即具体更新缓存的实现：

```
public void updateCachingAndArtifacts(ParsedDeployment parsedDeployment) {
    CommandContext commandContext = Context.getCommandContext();
    final ProcessEngineConfigurationImpl processEngineConfiguration =
        Context.getProcessEngineConfiguration();
    DeploymentCache<ProcessDefinitionCacheEntry> processDefinitionCache =
        processEngineConfiguration.getDeploymentManager().getProcessDefinitionCache();
    DeploymentEntity deployment = parsedDeployment.getDeployment();

    for (ProcessDefinitionEntity processDefinition :
        parsedDeployment.getAllProcessDefinitions()) {
        BpmnModel bpmnModel =
            parsedDeployment.getBpmnModelForProcessDefinition(processDefinition);
        Process process =
            parsedDeployment.getProcessModelForProcessDefinition(processDefinition);
        ProcessDefinitionCacheEntry cacheEntry =
            new ProcessDefinitionCacheEntry(processDefinition, bpmnModel, process);
        processDefinitionCache.add(processDefinition.getId(), cacheEntry);
        addDefinitionInfoToCache(processDefinition, processEngineConfiguration, commandContext);
        deployment.addDeployedArtifact(processDefinition);
    }
}
```

以上代码段中的加粗部分将流程定义写入缓存。

4. 缓存的读取

在Activiti工作流引擎中，流程定义缓存的读取场景很多，一个非常典型的读取场景是在流程启动时查询流程定义。这可以通过RuntimeServiceImpl.startProcessInstanceByKey->StartProcessInstanceCmd.execute完成。有如下代码：

```
ProcessDefinition processDefinition = null;
if (processDefinitionId != null) {

    processDefinition =
        deploymentCache.findDeployedProcessDefinitionById(processDefinitionId);
    if (processDefinition == null) {
        throw new ActivitiObjectNotFoundException("No process definition found for id = '"
            + processDefinitionId + "'", ProcessDefinition.class);
    }

}
```

接着进入DeploymentManager.findDeployedProcessDefinitionById，先根据流程定义编号值从缓存中查询获取值，如果获取值则直接返回，否则就从数据库中加载：

```
public ProcessDefinition findDeployedProcessDefinitionById(String processDefinitionId) {
    if (processDefinitionId == null) {
        throw new ActivitiIllegalArgumentException("Invalid process definition id : null");
    }

    ProcessDefinitionCacheEntry cacheEntry = processDefinitionCache.get(processDefinitionId);
    ProcessDefinition processDefinition =
        cacheEntry != null ? cacheEntry.getProcessDefinition() : null;

    if (processDefinition == null) {
        processDefinition = processDefinitionEntityManager.findById(processDefinitionId);
        if (processDefinition == null) {
            throw new ActivitiObjectNotFoundException("no deployed process definition found with id '" + processDefinitionId + "'", ProcessDefinition.class);
        }
```

```
        processDefinition = resolveProcessDefinition(processDefinition).getProcessDefinition();
    }
    return processDefinition;
}
```

最后查看一下resolveProcessDefinition()方法。当缓存中没有数据时会调用deploy()方法来重新加载缓存：

```
public ProcessDefinitionCacheEntry resolveProcessDefinition(ProcessDefinition processDefinition) {
    String processDefinitionId = processDefinition.getId();
    String deploymentId = processDefinition.getDeploymentId();

    ProcessDefinitionCacheEntry cachedProcessDefinition = processDefinitionCache.get
        (processDefinitionId);

    if (cachedProcessDefinition == null) {
        CommandContext commandContext = Context.getCommandContext();
        if (commandContext.getProcessEngineConfiguration().isActiviti5CompatibilityEnabled() &&
            Activiti5Util.isActiviti5ProcessDefinition(Context.getCommandContext(),
            processDefinition)) {

            return Activiti5Util.getActiviti5CompatibilityHandler()
                .resolveProcessDefinition(processDefinition);
        }

        DeploymentEntity deployment = deploymentEntityManager.findById(deploymentId);
        deployment.setNew(false);
        deploy(deployment, null);
        cachedProcessDefinition = processDefinitionCache.get(processDefinitionId);

        if (cachedProcessDefinition == null) {
            throw new ActivitiException("deployment '" + deploymentId + "' didn't put
 process definition '" + processDefinitionId + "' in the cache");
        }
    }
    return cachedProcessDefinition;
}
```

经过本节的介绍可知，Activiti流程定义缓存的实现核心逻辑是：基于LinkedHashMap，重写其removeEldestEntry()方法实现LRU缓存移除算法。以流程定义缓存为例，每次部署时都会将流程定义的数据加入缓存，每次流程启动时都会尝试从缓存中获取数据。如果缓存中有该数据，则直接返回数据；如果没有，就从数据库中加载数据并放入缓存以供下次使用。

25.2.3 使用Redis替换Activiti默认流程定义缓存

1. Redis简介

Redis是一个使用ANSI C语言编写的高性能key-value数据库，完全开源免费，遵循BSD协议。Redis具有以下优势和特点。

- 性能高：Redis读取速度为每秒110000次，写速度每秒为81000次。
- 原子性：Redis的所有操作都是原子性的，即要么成功执行，要么失败完全不执行。
- 丰富的数据类型：Redis的值由string（字符串）、hash（哈希）、list（列表）、set（集合）、zset（有序集合）、bitmap（位图）、和GEO（地理信息定位）等多种数据结构和算法组成。
- 持久化：Redis支持数据持久化，提供了RDB和AOF两种持久化方式，可以将内存中的数据保存在磁盘中，重启时加载使用即可。
- 客户端语言多：支持Redis的客户端语言非常多，如Java、PHP、Python、C、C++和Node.js等。
- 丰富的功能：Redis支持publish/subscribe、通知和key过期等特性。
- 主从复制：Redis提供了复制（replication）功能，用于自动实现多台Redis服务器的数据同步。

2. Redis和Spring的整合

Spring很好地封装了与Redis的整合，使用前需要在项目的pom.xml文件中加入相关的JAR依赖，内容如下：

```
<dependency>
    <groupId>redis.clients</groupId>
    <artifactId>jedis</artifactId>
    <version>3.1.0</version>
```

```xml
</dependency>
<dependency>
    <groupId>org.springframework.data</groupId>
    <artifactId>spring-data-redis</artifactId>
    <version>1.8.23.RELEASE</version>
</dependency>
```

在Spring的XML配置文件中可配置Redis的连接池，并按照Spring的规范定义RedisTemplate，配置文件的片段如下：

```xml
<!-- 配置Redis连接池 -->
<bean id="poolConfig" class="redis.clients.jedis.JedisPoolConfig">
    <!-- 最大空闲数 -->
    <property name="maxIdle" value="5" />
    <!-- 最大空连接数 -->
    <property name="maxTotal" value="10" />
    <!-- 最大等待时间 -->
    <property name="maxWaitMillis" value="2000" />
    <!-- 返回连接时，检测连接是否成功 -->
    <property name="testOnBorrow" value="true" />
</bean>

<!-- Spring-Redis连接池管理工厂 -->
<bean id="jedisConnectionFactory"
    class="org.springframework.data.redis.connection.jedis.JedisConnectionFactory">
    <!-- IP地址 -->
    <property name="hostName" value="127.0.0.1" />
    <!-- 端口号 -->
    <property name="port" value="6379" />
    <!-- 超时时间 默认2000-->
    <property name="timeout" value="1000" />
    <!-- 连接池配置引用 -->
    <property name="poolConfig" ref="poolConfig" />
    <!-- usePool：是否使用连接池 -->
    <property name="usePool" value="true"/>
</bean>

<!-- 配置RedisTemplate模板工具 -->
<bean id="redisTemplate"
    class="org.springframework.data.redis.core.RedisTemplate">
    <property name="connectionFactory" ref="jedisConnectionFactory" />
    <property name="keySerializer">
        <bean class="org.springframework.data.redis.serializer.StringRedisSerializer" />
    </property>
    <property name="valueSerializer">
        <bean class="org.springframework.data.redis.serializer.JdkSerializationRedisSerializer" />
    </property>
    <property name="hashKeySerializer">
        <bean class="org.springframework.data.redis.serializer.StringRedisSerializer" />
    </property>
    <property name="hashValueSerializer">
        <bean class="org.springframework.data.redis.serializer.JdkSerializationRedisSerializer" />
    </property>
    <!--开启事务 -->
    <property name="enableTransactionSupport" value="true"></property>
</bean>
```

以上配置文件配置了Redis连接池poolConfig、Spring-Redis连接池工厂jedisConnectionFactory和RedisTemplate模板工具redisTemplate。其中，JedisPoolConfig用于配置JedisPool连接池，以节省Redis初始化连接资源；RedisTemplate是spring-data-redis中用于操作Redis的操作模版，可以对Redis进行序列化操作；JedisConnectionFactory在spring-data-redis中用于管理连接池。

配置好Redis连接后，接下来编写自定义Redis操作工具类，代码如下：

```java
public final class RedisClient {

    @Setter
    private RedisTemplate<String, Object> redisTemplate;
```

```java
/**
 * 判断key是否存在
 * @param key 键
 * @return true 存在 false不存在
 */
public boolean hasKey(String key) {
    try {
        return redisTemplate.hasKey(key);
    } catch (Exception e) {
        e.printStackTrace();
        return false;
    }
}

/**
 * 删除缓存
 * @param key 可以传一个或多个值
 */
@SuppressWarnings("unchecked")
public void del(String... key) {
    if (key != null && key.length > 0) {
        if (key.length == 1) {
            redisTemplate.delete(key[0]);
        } else {
            redisTemplate.delete(CollectionUtils.arrayToList(key));
        }
    }
}

/**
 * 普通缓存获取
 * @param key 键
 * @return 值
 */
public Object get(String key) {
    return key == null ? null : redisTemplate.opsForValue().get(key);
}

/**
 * 普通缓存放入
 * @param key 键
 * @param value 值
 * @return true成功 false失败
 */
public boolean set(String key, Object value) {
    try {
        redisTemplate.opsForValue().set(key, value);
        return true;
    } catch (Exception e) {
        e.printStackTrace();
        return false;
    }
}

/**
 * 普通缓存放入并设置时间
 * @param key 键
 * @param value 值
 * @param time 时间(秒) time要大于0 如果time小于等于0 将设置无限期
 * @return true成功 false 失败
 */
public boolean set(String key, Object value, long time) {
    try {
        if (time > 0) {
            redisTemplate.opsForValue().set(key, value, time, TimeUnit.SECONDS);
        } else {
            set(key, value);
        }
        return true;
```

```
        } catch (Exception e) {
            e.printStackTrace();
            return false;
        }
    }

    /**
     * 获取redis中以某些字符串为前缀的key列表
     * @param pattern
     * @return
     */
    public Set keys(String pattern) {
        try {
            return redisTemplate.keys(pattern);
        } catch (Exception e) {

        }
        return new HashSet();
    }
}
```

在以上代码中注入了RedisTemplate模板工具类,对于Redis的操作都由该工具类完成。自定义Redis操作工具类中一共有5个方法:

- hasKey(String key),判断Redis中是否存在指定的key;
- del(String... key),用于删除Redis中已存在的键,不存在的key会被忽略;
- get(String key),用于从Redis中获取指定key的值,如果key不存在,则返回null;
- set(String key, Object value),为指定的key设置值,如果key已经存在,将会替换旧的值;
- set(String key, Object value, long time),为指定的key设置值及其过期时间,如果key已经存在,将会替换旧的值。

为了在Spring中使用该自定义Redis操作工具类,需要将其在配置文件中做如下定义:

```xml
<!-- 配置Redis客户端工具类 -->
<bean id="redisClient" class="com.bpm.example.demo2.util.RedisClient">
    <property name="redisTemplate" ref="redisTemplate"/>
</bean>
```

3. Activiti流程缓存更换默认实现为Redis

在Activiti 6.0中,流程定义缓存对象为org.activiti.engine.impl.persistence.deploy.ProcessDefinitionCacheEntry,它定义了3个成员变量:

```
protected ProcessDefinition processDefinition;
protected BpmnModel bpmnModel;
protected Process process;
```

其中,ProcessDefinition是接口,BpmnModel未实现序列化接口,均无法使用spring-data-redis提供的JdkSerializationRedisSerializer等工具实现序列化。这里采用Kryo作为序列化工具来解决这个问题。这是一个高性能的Java对象序列化框架,主要特点是高性能、高效和易用。要使用Kryo,需要在pom.xml文件中引入如下依赖:

```xml
<dependency>
    <groupId>com.esotericsoftware</groupId>
    <artifactId>kryo</artifactId>
    <version>4.0.0</version>
</dependency>
```

(1) 自定义Kryo序列化工具

自定义Kryo序列化工具需要实现org.springframework.data.redis.serializer.RedisSerializer接口,其代码如下:

```java
public class KryoRedisSerializer <T> implements RedisSerializer<T> {
    //使用KryoPool池化Kryo实例
    private static KryoPool pool = new KryoPool.Builder(() -> {
        Kryo kryo = new Kryo();
        kryo.setInstantiatorStrategy(new Kryo.DefaultInstantiatorStrategy(
            new StdInstantiatorStrategy()));
        return kryo;
```

```
        }).softReferences().build();

    @Override
    public byte[] serialize(Object obj) throws SerializationException {
        if (obj == null) {
            return null;
        }
        Kryo kryo =pool.borrow();
        ByteArrayOutputStream byteArrayOutputStream = new ByteArrayOutputStream();
        Output output = new Output(byteArrayOutputStream);
        try {
            kryo.writeClassAndObject(output, obj);
            output.close();
            return byteArrayOutputStream.toByteArray();
        } finally {
            pool.release(kryo);
        }
    }

    @Override
    public T deserialize(byte[] bytes) throws SerializationException {
        if (bytes == null) {
            return null;
        }
        Kryo kryo =pool.borrow();
        ByteArrayInputStream byteArrayInputStream = new ByteArrayInputStream(bytes);
        Input input = new Input(byteArrayInputStream);
        try {
            input.close();
            return (T) kryo.readClassAndObject(input);
        } finally {
            pool.release(kryo);
        }
    }
}
```

从以上代码可知，该工具类实现了RedisSerializer接口的serialize()方法和deserialize()方法，serialize()方法用于序列化，deserialize()方法用于反序列化。需要注意的是，Kryo对象本身并非线程安全的，因此该工具类中使用KryoPool方式来保障线程安全。

为了使该自定义Kryo序列化工具生效，在定义redisTemplate时需要将valueSerializer属性指定为该工具类。在配置文件activiti.redis.xml中定义redisTemplate的代码片段如下：

```
<bean id="redisTemplate" class="org.springframework.data.redis.core.RedisTemplate">
    <property name="valueSerializer">
        <bean class="com.bpm.example.demo2.serializer.KryoRedisSerializer"/>
    </property>

    <!-- 这里省略其他属性配置 -->

</bean>
```

在以上配置中，加粗部分的代码通过valueSerializer属性将序列化工具类指定为自定义的com.bpm.example.demo2.serializer.KryoRedisSerializer。

（2）自定义流程定义缓存处理类

自定义流程定义缓存处理类需要实现org.activiti.engine.impl.persistence.deploy.DeploymentCache接口，其代码如下：

```
public class RedisProcessDeploymentCache implements
DeploymentCache<ProcessDefinitionCacheEntry> {
    //Redis客户端工具
    @Setter
    private RedisClient redisClient;
    //流程定义前缀标识
    @Setter
    private String processDefinitonCacheKeyPrefix;
```

```java
    /**
     * 查询流程定义缓存
     * @param id 流程定义编号
     * @return 流程定义缓存对象
     */
    @Override
    public ProcessDefinitionCacheEntry get(String id) {
        ProcessDefinitionCacheEntry cacheEntry = null;
        try {
            cacheEntry = (ProcessDefinitionCacheEntry)redisClient
                .get(processDefinitonCacheKeyPrefix + id);
        } catch (Exception e) {
            e.printStackTrace();

        }
        if (Objects.isNull(cacheEntry)) {
            return null;
        }
        return new ProcessDefinitionCacheEntry(cacheEntry.getProcessDefinition(),
            cacheEntry.getBpmnModel(),
            cacheEntry.getProcess());
    }

    /**
     * 校验redis中是否存在以id为key的流程定义缓存
     * @param id 流程定义编号
     * @return
     */
    @Override
    public boolean contains(String id) {
        return redisClient.hasKey(processDefinitonCacheKeyPrefix + id);
    }

    /**
     * 添加流程定义缓存
     * @param id 流程定义编号
     *@param object 流程定义缓存对象
     * @return
     */
    @Override
    public void add(String id, ProcessDefinitionCacheEntry object) {
        ProcessDefinitionCacheEntry cacheEntry = new ProcessDefinitionCacheEntry(
            (ProcessDefinitionEntityImpl) object.getProcessDefinition(),
            object.getBpmnModel(), object.getProcess());
        try {
            redisClient.set(processDefinitonCacheKeyPrefix + id, cacheEntry);
        } catch (Exception e) {
            e.printStackTrace();

        }
    }

    /**
     * 删除流程定义缓存
     * @param id 流程定义编号
     */
    @Override
    public void remove(String id) {
        redisClient.del(processDefinitonCacheKeyPrefix + id);
    }

    /**
     * 清除所有流程定义缓存
     */
    @Override
    public void clear() {
        redisClient.del((String[])redisClient.keys(processDefinitonCacheKeyPrefix +
"*").toArray(new String[]{}));
    }
}
```

在以上代码中,自定义缓存处理类RedisProcessDeploymentCache实现了DeploymentCache接口,以及get()、contains()、add()、remove()和clear()方法。该类中有两个成员变量redisClient和processDefinitonCacheKeyPrefix,其中redisClient是注入的Redis的操作工具类,processDefinitonCacheKeyPrefix是流程定义前缀标识。这里采用Redis键值对方式操作缓存数据,存储的key为流程定义前缀标识+流程定义编号,value为ProcessDefinitionCacheEntry实例对象。

为了使自定义缓存处理类生效,需要将其定义到配置文件activiti.redis.xml中:

```xml
<!-- 配置自定义Redis流程缓存类 -->
    <bean id="redisProcessDeploymentCache"
        class="com.bpm.example.demo2.cache.RedisProcessDeploymentCache">
    <!-- 配置Redis客户端工具类 -->
    <property name="redisClient" ref="redisClient"/>
    <!-- 配置流程定义前缀标识 -->
    <property name="processDefinitonCacheKeyPrefix" value="processDefinitonCache-"/>
</bean>
```

(3) 在Aciviti工作流引擎中注册流程定义缓存处理类

为了使流程定义缓存处理类生效,需要将其注册到工作流引擎中。在配置文件activiti.redis.xml中的工作流引擎配置片段如下:

```xml
<!--activiti工作流引擎-->
<bean id="processEngineConfiguration"
    class="org.activiti.engine.impl.cfg.StandaloneProcessEngineConfiguration">
    <!-- 配置自定义Redis流程定义缓存 -->
    <property name="processDefinitionCache" ref="redisProcessDeploymentCache"/>
    <!-- 配置流程定义缓存数量 -->
    <property name="processDefinitionCacheLimit" value="1000"/>

    <!-- 此处省略其他属性配置 -->

</bean>
```

以上配置通过processDefinitionCache属性引用了自定义Redis流程缓存对象redisProcessDeploymentCache。

如果Activiti已经集成了Spring Boot,那么可以通过以下方式初始化工作流引擎并设置processDefinitionCache属性的值:

```java
@Bean(name = "processEngineConfiguration")
public ProcessEngineConfigurationImpl processEngineConfiguration() {
    SpringProcessEngineConfiguration processEngineConfiguration = new
        SpringProcessEngineConfiguration();
    RedisProcessDeploymentCache redisProcessDeploymentCache = new
        RedisProcessDeploymentCache();
    processEngineConfiguration.setProcessDefinitionCache(redisProcessDeploymentCache);

    //此处省略其他通用属性赋值

    return processEngineConfiguration;
}
```

以上代码段中的加粗部分调用ProcessEngineConfiguration的setProcessDefinitionCache()方法配置流程定义缓存处理类,并在Activiti初始化工作流引擎时生效。

验证Activiti替换为自定义Redis流程定义缓存的示例代码如下:

```java
@Slf4j
public class RunRedisProcessDeploymentCacheDemo extends ActivitiEngineUtil {

    @Test
    public void runRedisProcessDeploymentCacheDemo() {
        //加载Activiti配置文件并初始化工作流引擎及服务
        loadActivitiConfigAndInitEngine("activiti.redis.xml");
        //部署流程
        ProcessDefinition processDefinition =
            deployByClasspathResource("processes/RedisCacheProcess.bpmn20.xml");
        //查询流程定义
        ProcessDefinition cacheProcessDefinition =
```

```
                repositoryService.createProcessDefinitionQuery().processDefinitionId
                    (processDefinition.getId()).singleResult();
        log.info("流程定义key为: {}, 流程定义编号为: {}", cacheProcessDefinition.getKey(),
            cacheProcessDefinition.getId());

        //关闭工作流引擎
        engine.close();
    }
}
```

上述代码先读取配置文件并初始化工作流引擎,然后部署流程,最后查询流程定义并输出流程定义key和流程定义编号。代码运行结果如下:

```
04:40:10,613 [main] INFO    com.bpm.example.demo2.RunRedisProcessDeploymentCacheDemo   -
流程定义key为: RedisCacheProcess, 流程定义编号为: RedisCacheProcess:1:4
```

接下来通过redis-cli连接Redis,执行keys *命令查询Redis中的所有key,代码运行结果如下:

```
C:\Users\hebo>redis-cli
127.0.0.1:6379> keys *
1) "processDefinitonCache-RedisCacheProcess:1:4"
127.0.0.1:6379>
```

从代码运行结果可知,Redis中已经有了key,即processDefinitonCache-RedisCacheProcess:1:4。

25.3 手动创建定时任务

在11.3.2小节介绍过定时器开始事件会在指定的时间启动一个流程,或者在指定周期内循环启动多次流程;在12.1.1小节介绍过定时器边界事件会在指定时间点触发,流程沿定时器边界事件的外出顺序流继续流转。这两种事件都是Activiti支持的。在实际应用中存在一些特殊的场景,如每天下班时统计汇总当天未完成的任务项、借助Activiti定时器机制实现非流程功能(如定时或按周期发送短信)等,是Activiti本身所不支持的。我们可以借助Activiti定时器的支持扩展实现它们。本节将以2分钟为周期查询未完成任务项场景为例,介绍扩展定时器机制的方法。

25.3.1 创建自定义作业处理器

org.activiti.engine.impl.jobexecutor.JobHandler是Activiti提供的作业处理器接口,拥有多种实现类,如表25.2所示。

表25.2 Activiti提供的作业处理器实现类

作业处理器实现类	描述
org.activiti.engine.impl.jobexecutor.AsyncContinuationJobHandler	异步节点作业处理器
org.activiti.engine.impl.jobexecutor.ProcessEventJobHandler	流程事件作业处理器
org.activiti.engine.impl.jobexecutor.TimerActivateProcessDefinitionHandler	定时激活流程定义处理器
org.activiti.engine.impl.jobexecutor. TimerChangeProcessDefinitionSuspensionStateJobHandler	定时更新流程定义挂起状态作业处理器
org.activiti.engine.impl.jobexecutor.TimerStartEventJobHandler	定时启动流程实例作业处理器
org.activiti.engine.impl.jobexecutor.TimerSuspendProcessDefinitionHandler	定时挂起流程定义处理器
org.activiti.engine.impl.jobexecutor.TriggerTimerEventJobHandler	触发时间事件作业处理器

要实现自定义逻辑定时器,需要实现org.activiti.engine.impl.jobexecutor.JobHandler接口,其代码如下:

```
@Slf4j
public class TimeoutReminderJobHandler extends TimerEventHandler implements JobHandler {

    public static final String TYPE = "timeout-reminder";

    @Override
    public String getType() {
        return TYPE;
    }
```

```
    @Override
    public void execute(JobEntity job, String configuration, ExecutionEntity execution,
        CommandContext commandContext) {
        long taskNum =
commandContext.getProcessEngineConfiguration().getTaskService().createTaskQuery().count();
        //获取年、月、日、时、分、秒、毫秒组成的时间戳
        DateFormat sdf = new SimpleDateFormat("yyyy-MM-dd HH:mm:ss.SSS");
        String dataTime = sdf.format(new Date());
        log.info("截至{}，存在{}个未处理工作项! ", dataTime, taskNum);
    }
}
```

以上代码继承了org.activiti.engine.impl.jobexecutor.TimerEventHandler类，实现了org.activiti.engine.impl.jobexecutor.JobHandler接口的getType()方法和execute()方法。其中，getType()方法用于返回自定义JobHandler的类型，这里定义的类型是timeout-reminder；execute()方法用于实现定时任务要执行的业务逻辑，这里实现的是统计未处理的用户任务数，并输出相关信息。

25.3.2 在工作流引擎中注册自定义作业处理器

在25.3.1小节中创建的自定义作业处理器需要注册到工作流引擎中才能被定时器调用。在配置文件activiti.job.xml中注册自定义作业处理器到工作流引擎的片段如下：

```xml
<bean id="processEngineConfiguration"
    class="org.activiti.engine.impl.cfg.StandaloneProcessEngineConfiguration">
    <!-- 开启异步执行器 -->
    <property name="asyncExecutorActivate" value="true"/>
    <!-- 配置自定义JobHandler -->
    <property name="customJobHandlers">
        <list>
            <bean class="com.bpm.example.demo3.handler.TimeoutReminderJobHandler" />
        </list>
    </property>
</bean>
```

在以上配置中，加粗部分的代码使用customJobHandlers属性指定自定义作业处理器，该属性使用Spring的list标签注入自定义作业处理器的集合。这里需要注意以下两点：

- 使用定时器需要开启异步执行器，所以应将asyncExecutorActivate属性配置为true；
- 如果自定义作业处理器的类型和Activiti默认作业处理器相同，则默认作业处理器将被替换。

如果已经集成了Spring Boot，那么可以通过以下方式初始化工作流引擎并设置customJobHandlers属性的值：

```java
@Bean(name = "processEngineConfiguration")
public ProcessEngineConfigurationImpl processEngineConfiguration() {
    SpringProcessEngineConfiguration processEngineConfiguration =
        new SpringProcessEngineConfiguration();

    processEngineConfiguration.setAsyncExecutorActivate(true);
    List<Class<?>> customJobHandlers = new ArrayList<Class<?>>();
    customJobHandlers.add(com.bpm.example.demo3.handler.TimeoutReminderJobHandler.class);
    processEngineConfiguration.setCustomJobHandlers(customJobHandlers);

    //此处省略其他通用属性赋值

    return processEngineConfiguration;
}
```

以上代码段中的加粗部分调用ProcessEngineConfiguration的setCustomJobHandlers()方法配置自定义JobHandler，并在Activiti初始化工作流引擎时生效。

25.3.3 使用示例

验证手动创建定时任务的示例代码如下：

```java
public class RunTimeoutReminderJobDemo extends ActivitiEngineUtil {

    @Test
```

```java
    public void runTimeoutReminderJobDemo() throws Exception {
        //加载Activiti配置文件并初始化工作流引擎及服务
        loadActivitiConfigAndInitEngine("activiti.job.xml");
        //部署流程
        ProcessDefinition processDefinition =
            deployByClasspathResource("processes/RedisCacheProcess.bpmn20.xml");

        //创建10个流程实例
        for (int i=0; i<10; i++) {
            runtimeService.startProcessInstanceById(processDefinition.getId());
        }

        //自定义命令
        Command customTimerJobCommand = new Command<Void>() {
            @Override
            public Void execute(CommandContext commandContext) {
                //创建时间任务对象
                TimerJobEntity timer = commandContext.getTimerJobEntityManager().create();
                //设置任务类型
                timer.setJobType(JobEntity.JOB_TYPE_TIMER);
                //设置任务处理类
                timer.setJobHandlerType(TimeoutReminderJobHandler.TYPE);
                //设置JobHandler配置
                timer.setJobHandlerConfiguration("{'calendarName':'cycle'}");
                //设置定时任务执行周期
                timer.setRepeat("R/PT2M");
                timer.setRetries(processEngineConfiguration.getAsyncExecutorNumberOfRetries());
                timer.setExclusive(true);

                //时间计算
                Date now = new Date();
                //delay为相较当前时间，延时的时间变量
                Date target = new Date(now.getTime() + 10 * 1000);
                //设置当前定时任务的触发时间
                timer.setDuedate(target);

                //保存并触发定时任务
                JobManager jobManager = commandContext.getJobManager();
                jobManager.scheduleTimerJob(timer);
                return null;
            }
        };
        //执行自定义命令
        managementService.executeCommand(customTimerJobCommand);
        //主线程暂停
        Thread.sleep(1000 * 60 * 10);
    }
}
```

以上代码先初始化工作流引擎并部署流程、发起10个流程实例，然后创建自定义命令。自定义命令中加粗的部分创建了一个定时任务对象，设置任务类型为timer，设置任务处理类型为自定义timeout-reminder，设置JobHandlerConfiguration为{'calendarName':'cycle'}（表示它是一个循环定时任务），设置定时任务执行周期为R/PT2M（表示每2分钟执行一次），配置完定时任务后保存并触发任务；最后调用managementService的executeCommand()方法执行自定义命令。代码运行结果如下：

```
05:36:19,301 [activiti-async-job-executor-thread-1] INFO  com.bpm.example.demo3.handler
.TimeoutReminderJobHandler  - 截至2022-04-30 17:36:19.301,存在10个未处理工作项!
05:38:19,311 [activiti-async-job-executor-thread-2] INFO  com.bpm.example.demo3.handler
.TimeoutReminderJobHandler  - 截至2022-04-30 17:38:19.311,存在10个未处理工作项!
05:40:19,373 [activiti-async-job-executor-thread-1] INFO  com.bpm.example.demo3.handler
.TimeoutReminderJobHandler  - 截至2022-04-30 17:40:19.373,存在10个未处理工作项!
05:42:19,411 [activiti-async-job-executor-thread-2] INFO  com.bpm.example.demo3.handler
.TimeoutReminderJobHandler  - 截至2022-04-30 17:42:19.411,存在10个未处理工作项!
05:44:19,465 [activiti-async-job-executor-thread-1] INFO  com.bpm.example.demo3.handler
.TimeoutReminderJobHandler  - 截至2022-04-30 17:44:19.465,存在10个未处理工作项!
```

从代码运行结果可以看出，自定义定时任务每2分钟执行一次。

25.4　本章小结

本章介绍了多种自定义扩展Activiti引擎的方式：

- 当Activiti默认的BPMN元素无法满足流程需求时，可以通过自定义流程活动实现各种个性化流程功能；
- Activiti支持更换默认的Activiti流程定义缓存，可以更换为Redis，也可以换为其他高性能缓存框架；
- 当遇到Activiti本身定时器机制无法满足流程需求的场景时，可以通过扩展Activiti定时器机制手动创建定时任务来实现。

以上3种自定义扩展方式在Activiti实际使用过程中应用较多，读者需要熟练掌握。

第26章
本土化业务流程场景的实现（一）

BPM引入国内已有约二十年，流程管理理念在国内企业中不断深化，越来越多的企业开始关注并应用BPM平台，以端到端业务流程为中心，实现价值链提升，进一步优化业务流程，提升业务流程绩效，进而提升行业竞争力。随着时间推移，流程管理的需求逐渐变得多样且复杂，如动态跳转（自由流）、任务撤回、流程撤销和会签（包括加/减签）等。Activiti作为一款国外的流程管理中间件，对这些常用流程场景的支持并不理想。

本章将讲解Activiti的扩展封装，使其支持以下3种本土化业务流程场景：动态跳转、任务撤回和流程撤销。

26.1 动态跳转

动态跳转是本土化业务流程主要场景之一，要求流程能在节点间灵活跳转（既能跳转到已经执行过的节点，又能跳转到未执行的节点）。依照BPMN 2.0标准，这需要在流程中绘制很多连线，这样就会导致流程图变得非常复杂。

同样，Activiti的流程也依靠连线在节点间流转，不支持在不存在直接流转关系的节点间跳转。但在实际应用中，特定的流程场景需要在原本不存在转移关系的节点之间进行特定的跳转，以及支持动态跳转到流程中其他节点。虽然动态跳转可以通过在两个节点间添加连线实现，但是如果流程连线较多，就会显得杂乱，增加解读和维护成本。本节将介绍如何通过扩展Activiti实现节点间的动态跳转。

26.1.1 动态跳转的扩展实现

两个节点间的跳转是最基础、最常见的跳转场景。以图26.1所示的特殊借款流程为例，"直属上级审批"用户任务和"总经理审批"用户任务之间不存在直接流转关系，但是对于某个特定情况下的流程实例，要求流程执行直接从"直属上级审批"用户任务跳转到"总经理审批"用户任务（而略过了"财务经理审批"用户任务）。下面就来介绍如何扩展Activiti实现两个节点间的动态跳转。

图26.1 动态跳转示例流程

1. 动态跳转Command类

在6.3.1小节中介绍过，Activiti使用设计模式中的命令模式，工作流引擎所有操作都采用命令模式，使用命令执行器执行命令。Activiti所有命令均需要实现org.activiti.engine.impl.interceptor.Command接口类，该接口类仅定义了一个execute()方法，该方法的CommandContext参数为所有命令提供了数据库、事务管理、扩展属性等资源。同样，动态跳转也采用命令模式来实现。动态跳转Command命令类的代码如下：

```
@AllArgsConstructor
public class DynamicJumpCmd implements Command<Void> {
    //流程实例编号
    protected String processInstanceId;
    //跳转起始节点
    protected String fromActivityId;
    //跳转目标节点
```

```java
    protected String toActivityId;

    public Void execute(CommandContext commandContext) {
        //processInstanceId参数不能为空
        if (this.processInstanceId == null) {
            throw new ActivitiIllegalArgumentException("Process instance id is required");
        }
        //获取执行实例管理类
        ExecutionEntityManager executionEntityManager =
            commandContext.getExecutionEntityManager();
        //获取执行实例
        ExecutionEntity execution =
            (ExecutionEntity)executionEntityManager.findById(this.processInstanceId);
        if (execution == null) {
            throw new ActivitiException("Execution could not be found with id " +
                this.processInstanceId);
        }
        if (!execution.isProcessInstanceType()) {
            throw new ActivitiException("Execution is not a process instance type execution for id " + this.processInstanceId);
        }
        ExecutionEntity activeExecutionEntity = null;
        //获取所有子执行实例
        List<ExecutionEntity> childExecutions =
executionEntityManager.findChildExecutionsByProcessInstanceId(execution.getId());
        for (ExecutionEntity childExecution : childExecutions) {
            if (childExecution.getCurrentActivityId().equals(this.fromActivityId)) {
                activeExecutionEntity = childExecution;
            }
        }
        if (activeExecutionEntity == null) {
            throw new ActivitiException("Active execution could not be found with activity id " + this.fromActivityId);
        }
        //获取流程模型
        BpmnModel bpmnModel =
            ProcessDefinitionUtil.getBpmnModel(execution.getProcessDefinitionId());
        //获取当前节点
        FlowElement fromActivityElement = bpmnModel.getFlowElement(this.fromActivityId);
        //获取目标节点
        FlowElement toActivityElement = bpmnModel.getFlowElement(this.toActivityId);
        //校验id为fromActivityId的节点是否存在
        if (fromActivityElement == null) {
            throw new ActivitiException("Activity could not be found in process definition for id " + this.fromActivityId);
        }
        //校验id为toActivityId的节点是否存在
        if (toActivityElement == null) {
            throw new ActivitiException("Activity could not be found in process definition for id " + this.toActivityId);
        }
        boolean deleteParentExecution = false;
        ExecutionEntity parentExecution = activeExecutionEntity.getParent();
        //兼容子流程节点的场景
        if ((fromActivityElement.getSubProcess() != null) && (
            (toActivityElement.getSubProcess() == null) ||
(!toActivityElement.getSubProcess().getId().equals(parentExecution.getActivityId())))) {
            deleteParentExecution = true;
        }
        //删除当前节点所在的执行实例及相关数据
        executionEntityManager.deleteExecutionAndRelatedData(activeExecutionEntity,
            "Change activity to " + this.toActivityId, false);
        //如果是子流程节点，删除其所在的执行实例及相关数据
        if (deleteParentExecution) {
            executionEntityManager.deleteExecutionAndRelatedData(parentExecution,
                "Change activity to " + this.toActivityId, false);
        }
        //创建当前流程实例的子执行实例
        ExecutionEntity newChildExecution =
```

```
                executionEntityManager.createChildExecution(execution);
        //设置执行实例的当前活动节点为目标节点
        newChildExecution.setCurrentFlowElement(toActivityElement);
        //向operations中压入继续流程的操作类
        Context.getAgenda().planContinueProcessOperation(newChildExecution);

        return null;
    }
}
```

以上代码实现了org.activiti.engine.impl.interceptor.Command接口类的execute()方法。其核心逻辑是：先查询当前节点所在的执行实例和要跳转的目标节点，删除当前节点所在的执行实例及相关数据；然后创建当前流程实例的新执行实例，并设置该新执行实例的当前节点为要跳转的目标节点；最后通过加粗部分的代码将当前执行实例添加到DefaultActivitiEngineAgenda类（ActivitiEngineAgenda类的默认实现）持有的操作链表operations中，Activiti在运转过程中会从该链表中通过poll()方法取出每一个操作并执行命令。

2. 动态跳转Service类

Activity的ManagementService管理服务提供的executeCommand()方法可以用于执行Command类，这里使用ManagementService执行DynamicJumpCmd命令实现动态跳转。动态跳转Service类的内容如下：

```
@AllArgsConstructor
public class DynamicJumpService {

    protected ManagementService managementService;

    public void executeJump(String processInstanceId, String fromActivityId,
        String toActivityId) {
        //实例化自定义跳转Command类
        DynamicJumpCmd dynamicJumpCmd =
            new DynamicJumpCmd(processInstanceId, fromActivityId, toActivityId);
        //通过ManagementService管理服务执行自定义跳转Command类
        managementService.executeCommand(dynamicJumpCmd);
    }
}
```

在以上代码中，executeJump()方法的传入参数分别为流程实例编号、跳转起始节点编号和跳转目标节点编号，其核心逻辑为：先实例化动态跳转Command类DynamicJumpCmd，然后通过ManagementService管理服务的executeCommand()方法执行该Command类（加粗部分的代码），从而实现节点间的动态跳转。

26.1.2 动态跳转使用示例

下面看一个流程动态跳转的使用示例，在图26.1所示的流程中，通过26.1.1小节的扩展实现由直接从"直属上级审批"用户任务跳转到"总经理审批"用户任务（而略过了"财务经理审批"用户任务）。该流程对应的XML内容如下：

```
<process id="DynamicJumpProcess" name="特殊借款流程" isExecutable="true">
    <startEvent id="startEvent1"/>
    <userTask id="firstNode" name="特殊借款申请"/>
    <userTask id="secondNode" name="直属上级审批"/>
    <userTask id="thirdNode" name="财务经理审批"/>
    <userTask id="fourthNode" name="总经理审批"/>
    <endEvent id="endEvent1"/>
    <sequenceFlow id="sequenceFlow1" sourceRef="startEvent1" targetRef="firstNode"/>
    <sequenceFlow id="sequenceFlow2" sourceRef="firstNode" targetRef="secondNode"/>
    <sequenceFlow id="sequenceFlow3" sourceRef="secondNode" targetRef="thirdNode"/>
    <sequenceFlow id="sequenceFlow4" sourceRef="thirdNode" targetRef="fourthNode"/>
    <sequenceFlow id="sequenceFlow5" sourceRef="fourthNode" targetRef="endEvent1"/>
</process>
```

加载该流程模型并执行相应流程控制的示例代码如下：

```
@Slf4j
public class RunDynamicJumpDemo extends ActivitiEngineUtil {

    @Test
    public void runDynamicJumpDemo() {
```

```java
        //加载Activiti配置文件并初始化工作流引擎及服务
        loadActivitiConfigAndInitEngine("activiti.cfg.xml");
        //部署流程
        ProcessDefinition processDefinition =
            deployByClasspathResource("processes/DynamicJumpProcess.bpmn20.xml");

        //启动流程
        ProcessInstance processInstance =
            runtimeService.startProcessInstanceById(processDefinition.getId());
        //查询"特殊借款申请"用户任务的task
        Task firstTask =
taskService.createTaskQuery().processInstanceId(processInstance.getId()).singleResult();
        //完成"特殊借款申请"用户任务的task
        taskService.complete(firstTask.getId());
        //查询"直属上级审批"用户任务的task
        Task secondTask =
taskService.createTaskQuery().processInstanceId(processInstance.getId()).singleResult();
        log.info("跳转前, 当前流程所处节点名称为: {}, 节点key为: {}",
            secondTask.getName(), secondTask.getTaskDefinitionKey());
        //执行跳转操作
        DynamicJumpService dynamicJumpService = new DynamicJumpService(managementService);
        dynamicJumpService.executeJump(processInstance.getId(),
            secondTask.getTaskDefinitionKey(), "fourthNode");
        //查询执行跳转操作后流程所在的用户任务的task
        Task fourthTask =
taskService.createTaskQuery().processInstanceId(processInstance.getId()).singleResult();
        log.info("跳转后, 当前流程所处节点名称为: {}, 节点key为: {}", fourthTask.getName(),
            fourthTask.getTaskDefinitionKey());

        //关闭工作流引擎
        engine.close();
    }
}
```

以上代码先初始化工作流引擎并部署流程，发起流程后查询并办理"特殊借款申请"用户任务的task，流程流转到"直属上级审批"用户任务，查询并输出当前节点信息；然后初始化动态跳转服务类DynamicJumpService并执行其executeJump()方法进行跳转（加粗部分的代码）；最后查询并输出执行跳转后流程当前的节点信息。代码运行结果如下：

```
06:07:20,482 [main] INFO   com.bpm.example.demo1.RunDynamicJumpDemo   - 跳转前, 当前流程所处节点名称为: 直属上级审批, 节点key为: secondNode
06:07:20,502 [main] INFO   com.bpm.example.demo1.RunDynamicJumpDemo   - 跳转后, 当前流程所处节点名称为: 总经理审批, 节点key为: fourthNode
```

从代码运行结果可知，执行跳转操作前流程处于"直属上级审批"用户任务（节点编号为secondNode），跳转后流程处于"总经理审批"用户任务（节点编号为fourthNode），成功执行了跳转操作。在该示例中，流程跳转的目标节点为用户任务。我们也可以跳转到其他类型的节点，只需将动态跳转服务类DynamicJumpService中executeJump()方法的toActivityId参数设置为待跳转的其他类型节点的节点编号。

本节介绍了如何扩展Activiti实现两个节点间的动态跳转，读者可以自行尝试改造支持更复杂的动态跳转场景，如驳回。

26.2 任务撤回

任务撤回具体来讲就是发起人发起流程或办理人办理任务后，允许他在下一个用户任务的办理人（或候选人）办理该任务前将任务撤回。任务撤回是一个很常见的场景，如申请人发起流程后发现提交材料内容有误，但是此时流程已经流转到下一个审批用户任务，这种情况下如果让申请人沟通下一节点的办理人驳回流程重新编辑，会增加很多工作量，并且大大延长流程的审批时间。这时不妨进行任务撤回操作。

26.2.1 任务撤回的扩展实现

借款申请流程如图26.2所示：申请人发起流程提交"借款申请"用户任务后，流程将流转到"直属上级审批"用户任务和"财务经理审批"用户任务。如果申请人发现提交的申请信息有误，并且"直属上级审批"用户任务和"财务经理审批"用户任务均未办理该任务，那么申请人可以执行任务撤回操作，使流程重新回到"借款申请"用户任务,由申请人修改信息后再次提交。下面就来介绍如何扩展Activiti实现任务撤回。

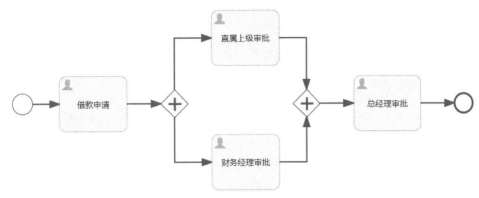

图26.2 任务撤回示例流程

1. 任务撤回Command类

这里同样通过Activiti的命令与拦截器运行机制,实现自定义任务撤回命令,并交给Activiti工作流引擎执行。任务撤回Command命令类的代码如下:

```
@AllArgsConstructor
public class TaskRecallCmd implements Command<Void> {
    //任务编号
    protected final String taskId;

    public Void execute(CommandContext commandContext) {
        //taskId参数不能为空
        if (this.taskId == null) {
            throw new ActivitiIllegalArgumentException("Task id is required");
        }
        //获取历史服务
        HistoryService historyService =
            commandContext.getProcessEngineConfiguration().getHistoryService();
        //根据taskId查询历史任务
        HistoricTaskInstance taskInstance =
historyService.createHistoricTaskInstanceQuery().taskId(this.taskId).singleResult();

        //进行一系列任务和流程校验
        basicCheck(commandContext, taskInstance);

        //获取流程模型
        BpmnModel bpmnModel =
            ProcessDefinitionUtil.getBpmnModel(taskInstance.getProcessDefinitionId());
        FlowElement flowElement =
            bpmnModel.getFlowElement(taskInstance.getTaskDefinitionKey());
        List<String> nextElementIdList = new ArrayList();
        List<UserTask> nextUserTaskList = new ArrayList();
        //获取后续节点信息
        getNextElementInfo(bpmnModel, flowElement, nextElementIdList, nextUserTaskList);
        //校验是否后续节点任务,是否已经办理完成
        existNextFinishedTaskCheck(commandContext, taskInstance, nextUserTaskList);

        //流程相关数据准备
        DynamicStateManager dynamicStateManager = new DynamicStateManager();
        List<String> recallElementIdList =
            getRecallElementIdList(commandContext, taskInstance, nextElementIdList);
        List<ExecutionEntity> executions = new ArrayList<>();
        for (String activityId : recallElementIdList) {
            //查询后续节点对应的执行实例
            ExecutionEntity execution =
                dynamicStateManager.resolveActiveExecution(taskInstance.getProcessInstanceId(),
                    activityId, commandContext);
            executions.add(execution);
        }
```

```java
        //执行撤回操作
        dynamicStateManager.moveExecutionState(executions,
            taskInstance.getTaskDefinitionKey(), commandContext);
        return null;
}

/**
 * 任务校验
 * @param commandContext
 * @param taskInstance
 */
private void basicCheck(CommandContext commandContext, HistoricTaskInstance
    taskInstance) {
    if (taskInstance == null) {
        String msg = "任务不存在";
        throw new RuntimeException(msg);
    }
    if (taskInstance.getEndTime() == null) {
        String msg = "任务正在执行,不需要回退";
        throw new RuntimeException(msg);
    }
    RuntimeService runtimeService =
        commandContext.getProcessEngineConfiguration().getRuntimeService();
    ProcessInstance processInstance =
        runtimeService.createProcessInstanceQuery().processInstanceId(taskInstance.
        getProcessInstanceId()).singleResult();
    if (processInstance == null) {
        String msg = "该流程已经完成,无法进行任务回退。";
        throw new RuntimeException(msg);
    }
}

/**
 * 获取后续节点信息
 * @param bpmnModel              流程模型
 * @param currentFlowElement     当前节点
 * @param nextElementIdList      后续节点ID列表
 * @param nextUserTaskList       后续用户任务节点列表
 */
private void getNextElementInfo(BpmnModel bpmnModel, FlowElement currentFlowElement,
    List<String> nextElementIdList, List<UserTask> nextUserTaskList) {
    //查询当前节点所有流出顺序流
    List<SequenceFlow> outgoingFlows =
        ((FlowNode)currentFlowElement).getOutgoingFlows();
    for (SequenceFlow flow : outgoingFlows) {
        //后续节点
        FlowElement targetFlowElement = bpmnModel.getFlowElement(flow.getTargetRef());
        nextElementIdList.add(targetFlowElement.getId());
        if (targetFlowElement instanceof UserTask) {
            nextUserTaskList.add((UserTask)targetFlowElement);
        } else if (targetFlowElement instanceof Gateway) {
            Gateway gateway = ((Gateway) targetFlowElement);
            //网关节点执行递归操作
            getNextElementInfo(bpmnModel, gateway,nextElementIdList,nextUserTaskList);
        } else {
            //其他类型节点暂未实现
        }
    }
}

/**
 * 校验是否后续节点任务,是否已经办理完成
 * @param commandContext         上下文CommandContext
 * @param currentTaskInstance    当前任务实例
 * @param nextUserTaskList       后续用户
 */
private void existNextFinishedTaskCheck(CommandContext commandContext,
    HistoricTaskInstance currentTaskInstance, List<UserTask> nextUserTaskList) {
    List<HistoricTaskInstance> hisTaskList =
        commandContext.getProcessEngineConfiguration().getHistoryService()
```

```
                .createHistoricTaskInstanceQuery()
                .processInstanceId(currentTaskInstance.getProcessInstanceId())
                .taskCompletedAfter(currentTaskInstance.getEndTime())
                .list();
        List<String> nextUserTaskIdList =
                nextUserTaskList.stream().map(UserTask::getId).collect(Collectors.toList());
        if (!hisTaskList.isEmpty()) {
            hisTaskList.forEach(obj -> {
                if (nextUserTaskIdList.contains(obj.getTaskDefinitionKey())) {
                    String msg = "存在已完成下一节点任务";
                    throw new RuntimeException(msg);
                }
            });
        }
    }

    /**
     * 获取可撤回的节点列表
     * @param commandContext        上下文CommandContext
     * @param currentTaskInstance   任务实例
     * @param nextElementIdList     后续节点列表
     * @return
     */
    private List<String> getRecallElementIdList(CommandContext commandContext,
        HistoricTaskInstance currentTaskInstance, List<String> nextElementIdList) {
        List<String> recallElementIdList = new ArrayList();
        List<Execution> executions = commandContext.getProcessEngineConfiguration()
                .getRuntimeService()
                .createExecutionQuery()
                .processInstanceId(currentTaskInstance.getProcessInstanceId())
                .onlyChildExecutions().list();
        if (!executions.isEmpty()) {
            executions.forEach(obj -> {
                if (nextElementIdList.contains(obj.getActivityId())) {
                    recallElementIdList.add(obj.getActivityId());
                }
            });
        }
        return recallElementIdList;
    }
}
```

以上代码实现了org.activiti.engine.impl.interceptor.Command接口类的execute()方法。其核心逻辑是：先根据taskId查询历史任务实例，进行一系列任务和流程校验，包括校验任务是否存在、任务是否完成，以及流程是否结束；然后获取流程模型信息和后续节点信息，并校验后续节点任务是否已经完成，如果所有的校验都通过，则继续后面的操作。准备好任务撤回所需的相关数据初始化后，任务撤回操作将由流程状态迁移类DynamicStateManager完成。

2. 流程状态迁移类DynamicStateManager

流程状态迁移类DynamicStateManager主要用于执行流程状态的动态迁移操作，其代码如下：

```
public class DynamicStateManager {

    /**
     * 查询节点对应的执行实例
     * @param processInstanceId    流程实例编号
     * @param activityId           节点编号
     * @param commandContext       上下文CommandContext
     * @return
     */
    public ExecutionEntity resolveActiveExecution(String processInstanceId, String
        activityId, CommandContext commandContext) {
        //获取执行实例实体管理器
        ExecutionEntityManager executionEntityManager =
                commandContext.getExecutionEntityManager();
        //查询当前流程实例
        ExecutionEntity processExecution =
            (ExecutionEntity)executionEntityManager.findById(processInstanceId);
```

```java
        if (processExecution == null) {
            throw new ActivitiException("Execution could not be found with id " +
                processInstanceId);
        }
        if (!processExecution.isProcessInstanceType()) {
            throw new ActivitiException("Execution is not a process instance type execution for id " + processInstanceId);
        }

        ExecutionEntity activeExecutionEntity = null;
        //查询所有子执行实例
        List<ExecutionEntity> childExecutions =
executionEntityManager.findChildExecutionsByProcessInstanceId(processExecution.getId());
        for (ExecutionEntity childExecution : childExecutions) {
            if (childExecution.getCurrentActivityId().equals(activityId)) {
                activeExecutionEntity = childExecution;
            }
        }
        if (activeExecutionEntity == null) {
            throw new ActivitiException("Active execution could not be found with activity id " + activityId);
        }
        return activeExecutionEntity;
    }

    /**
     * 执行流程状态迁移操作
     * @param currentExecutions    当前的执行实例列表
     * @param moveToActivityId     要撤回到的目标节点
     * @param commandContext       上下文CommandContext
     */
    public void moveExecutionState(List<ExecutionEntity> currentExecutions, String
        moveToActivityId, CommandContext commandContext) {
        ExecutionEntityManager executionEntityManager =
            commandContext.getExecutionEntityManager();
        ExecutionEntity firstExecution = currentExecutions.get(0);
        //获取流程模型
        BpmnModel bpmnModel = ProcessDefinitionUtil.getBpmnModel
            (firstExecution.getProcessDefinitionId());
        FlowElement moveToFlowElement = bpmnModel.getFlowElement(moveToActivityId);
        if (moveToFlowElement == null) {
            throw new ActivitiException("Activity could not be found in process definition for id " + moveToActivityId);
        }

        //汇聚待撤回的执行实例的父执行实例
        Map<String, ExecutionEntity> continueParentExecutionMap = new HashMap();
        for (ExecutionEntity execution : currentExecutions) {
            if (execution.getParentId() == null) {
                throw new ActivitiException("Execution has no parent execution " +
                    execution.getParentId());
            }
            ExecutionEntity continueParentExecution =
                executionEntityManager.findById(execution.getParentId());
            continueParentExecutionMap.put(execution.getId(),
                continueParentExecution);
        }
        //删除当前节点所在的执行实例及相关数据
        for (ExecutionEntity execution : currentExecutions) {
            executionEntityManager.deleteExecutionAndRelatedData(execution, "Change activity to " + moveToFlowElement.getId(),false);
        }
        ExecutionEntity defaultContinueParentExecution =
            continueParentExecutionMap.get(currentExecutions.get(0).getId());
        //创建子执行实例
        ExecutionEntity newChildExecution =
            executionEntityManager.createChildExecution(defaultContinueParentExecution);
        //设置子执行实例的当前活动节点为撤回的目标节点
        newChildExecution.setCurrentFlowElement(moveToFlowElement);
```

```
        //向operations中压入继续流程的操作类
        Context.getAgenda().planContinueProcessOperation(newChildExecution);
    }
}
```

在以上代码中,resolveActiveExecution()方法用于获取指定流程实例和节点所对应的执行实例,moveExecutionState()方法用于执行流程状态迁移操作。任务撤回涉及的流程状态迁移在操作moveExecutionState()方法中完成,其核心逻辑是:先查询汇聚待撤回的执行实例的父执行实例;然后删除这些执行实例及相关数据,为汇聚的父执行实例之一创建一个子执行实例,并设置该新执行实例的当前节点为要撤回的目标节点;最后通过调用Context.getAgenda().planContinueProcessOperation(newChildExecution)方法将当前执行实例添加到DefaultActivitiEngineAgenda类(ActivitiEngineAgenda类的默认实现)持有的操作链表operations中,Activiti在运转过程中会从该链表中通过poll()方法取出每一个操作并执行命令。

3. 任务撤回Service类

Activiti的ManagementService管理服务提供的executeCommand()方法可以用于执行Command类,这里通过调用ManagementService的executeCommand()方法执行TaskRecallCmd命令实现任务撤回。任务撤回Service类的代码如下:

```
@AllArgsConstructor
public class TaskRecallService {

    protected ManagementService managementService;

    public void executeRecall(String taskId) {
        //实例化任务撤回Command类
        TaskRecallCmd taskRecallCmd = new TaskRecallCmd(taskId);
        //通过ManagementService管理服务执行撤回Command类
        managementService.executeCommand(taskRecallCmd);
    }
}
```

在以上代码中,executeRecall()方法的传入参数为任务编号。其核心逻辑为:先实例化任务撤回Command类TaskRecallCmd,然后加粗部分的代码通过ManagementService管理服务的executeCommand()方法执行该Command类,从而实现任务的撤回。

26.2.2 任务撤回使用示例

依然来看如图26.2所示的任务撤回使用示例:申请人发起流程提交"借款申请"用户任务后,流程将流转到"直属上级审批"用户任务和"财务经理审批"用户任务。通过26.2.1小节的扩展实现流程由"直属上级审批"用户任务和"财务经理审批"用户任务撤回到"借款申请"用户任务。该流程对应的XML内容如下:

```
<process id="TaskRecallProcess" name="借款申请流程" isExecutable="true">
    <startEvent id="startEvent1"/>
    <userTask id="userTask1" name="借款申请"/>
    <sequenceFlow id="sequenceFlow1" sourceRef="startEvent1" targetRef="userTask1"/>
    <parallelGateway id="parallelGateway1"/>
    <sequenceFlow id="sequenceFlow2" sourceRef="userTask1"
        targetRef="parallelGateway1"/>
    <userTask id="userTask2" name="直属上级审批"/>
    <sequenceFlow id="sequenceFlow3" sourceRef="parallelGateway1"
        targetRef="userTask2"/>
    <userTask id="userTask3" name="财务经理审批"/>
    <sequenceFlow id="sequenceFlow4" sourceRef="parallelGateway1"
        targetRef="userTask3"/>
    <parallelGateway id="parallelGateway2"/>
    <sequenceFlow id="sequenceFlow5" sourceRef="userTask2"
        targetRef="parallelGateway2"/>
    <sequenceFlow id="sequenceFlow6" sourceRef="userTask3"
        targetRef="parallelGateway2"/>
    <userTask id="userTask4" name="总经理审批"/>
    <sequenceFlow id="sequenceFlow7" sourceRef="parallelGateway2"
        targetRef="userTask4"/>
    <endEvent id="endEvent1"/>
```

```xml
        <sequenceFlow id="sequenceFlow8" sourceRef="userTask4" targetRef="endEvent1"/>
</process>
```
加载该流程模型并执行相应流程控制的示例代码如下：

```java
@Slf4j
public class RunTaskRecallDemo extends ActivitiEngineUtil {

    @Test
    public void runTaskRecallDemo() {
        //加载Activiti配置文件并初始化工作流引擎及服务
        loadActivitiConfigAndInitEngine("activiti.cfg.xml");
        //部署流程
        ProcessDefinition processDefinition =
            deployByClasspathResource("processes/TaskRecallProcess.bpmn20.xml");

        //发起流程实例
        ProcessInstance processInstance =
            runtimeService.startProcessInstanceById(processDefinition.getId());
        //查询借款申请用户任务的task
        Task firstTask =
taskService.createTaskQuery().processInstanceId(processInstance.getId()).singleResult();
        //完成借款申请用户任务的task
        taskService.complete(firstTask.getId());

        //查询执行撤回操作前所处的流程节点
        List<Task> taskList1 =
taskService.createTaskQuery().processInstanceId(processInstance.getId()).list();
        String taskNames1 =
taskList1.stream().map(Task::getName).collect(Collectors.joining(","));
        log.info("撤回前，当前流程所处节点名称为：{}", taskNames1);

        //执行撤回操作
        TaskRecallService taskRecallService = new TaskRecallService(managementService);
        taskRecallService.executeRecall(firstTask.getId());

        //查询执行撤回操作后所处的流程节点
        List<Task> taskList2 =
taskService.createTaskQuery().processInstanceId(processInstance.getId()).list();
        String taskNames2 =
taskList2.stream().map(Task::getName).collect(Collectors.joining(","));
        log.info("撤回后，当前流程所处节点名称为：{}", taskNames2);

        //关闭工作流引擎
        engine.close();
    }
}
```

以上代码先初始化工作流引擎并部署流程，发起流程后查询并办理"借款申请"用户任务的task；然后查询并输出任务撤回前流程所处节点的信息，由加粗部分的代码初始化任务撤回服务类TaskRecallService并执行其executeRecall()方法执行撤回操作；最后查询并输出执行撤回操作后流程所处节点的信息。代码运行结果如下：

```
06:12:56,824 [main] INFO  com.bpm.example.demo2.RunTaskRecallDemo  - 撤回前，当前流程所处节点名称为：直属上级审批,财务经理审批
06:12:56,873 [main] INFO  com.bpm.example.demo2.RunTaskRecallDemo  - 撤回后，当前流程所处节点名称为：借款申请
```

从代码运行结果可知，执行撤回操作前流程处于"直属上级审批"和"财务经理审批"用户任务节点，执行撤回操作后流程处于"借款申请"用户任务节点。因此，撤回操作成功执行。

本节介绍了扩展Activiti实现流程发起后，发起人从后续多个节点撤回任务的思路和过程，读者可以自行尝试扩展支持更复杂的任务撤回场景。

26.3 流程撤销

流程撤销由流程发起人对运行中的流程进行的操作，效果是流程恢复到发起时的状态。此时流程申请人可以重新提交第一个任务，而流程的所有执行历史则全部被清理。流程撤销是一个很常见的应用场景，如申

请人发起流程后，流程已经流转了若干环节，而申请人发现提交材料内容存在严重错误，这时就可以进行流程撤销操作。

26.3.1 流程撤销的扩展实现

如图26.3所示的流程为特殊借款申请流程，申请人发起流程提交"特殊借款申请"用户任务后，流程将流转到"直属上级审批"用户任务和"财务经理审批"用户任务，两个并行分支分别执行。如果流程已经流转到"部门经理审批"用户任务和"财务总监审批"用户任务时，申请人发现提交的申请信息有误，那么申请人可以执行流程撤销操作，使流程重新回到"特殊借款申请"用户任务，由申请人修改信息后再次提交。下面就来介绍如何扩展Activiti实现流程撤销操作。

图26.3 流程撤销示例流程

流程撤销应用场景具备以下3个特点：
- 只能由流程发起人操作；
- 清除流程执行历史；
- 流程恢复到流程发起时的状态。

基于这3个特点，流程撤销可以考虑以先删除原有流程实例再重建一个一模一样的流程实例（流程实例编号相同）的方式实现。Activiti提供了删除流程实例的API，但并未提供重建相同流程实例编号的流程的接口，需要用户扩展实现。

标准的流程发起API，调用了RuntimeService的"startProcessInstanceBy..."系列方法，该方法会调用StartProcessInstanceCmd命令类。最终发起流程是通过调用ProcessInstanceHelper的createAndStartProcessInstance()方法实现的，流程实例对应的实体管理器接口为ExecutionEntityManager、实体管理器类为CustomExecutionEntityManagerImpl。此次扩展分别针对这些类和方法进行。

1. 自定义StartProcessInstanceCmd类

Activiti默认的StartProcessInstanceCmd类中没有针对流程实例编号参数的处理，此次扩展选择继承StartProcessInstanceCmd类，重载其对应的方法，加入参数processInstanceId。自定义CustomStartProcessInstanceCmd类的代码如下：

```
public class CustomStartProcessInstanceCmd<T> extends StartProcessInstanceCmd<T> {

    //流程实例编号
    protected String processInstanceId;

    public CustomStartProcessInstanceCmd(String processDefinitionKey, String
        processDefinitionId, String processInstanceId, String businessKey, Map variables,
        String tenantId) {
        super(processDefinitionKey, processDefinitionId, businessKey, variables, tenantId);
        this.processInstanceId = processInstanceId;
    }

    @Override
    public ProcessInstance execute(CommandContext commandContext) {
        DeploymentManager deploymentCache =
            commandContext.getProcessEngineConfiguration().getDeploymentManager();
```

```
        //查询流程定义
        ProcessDefinition processDefinition = null;
        if (processDefinitionId != null) {
            processDefinition =
                deploymentCache.findDeployedProcessDefinitionById(processDefinitionId);
            if (processDefinition == null) {
                throw new ActivitiObjectNotFoundException("编号为" + processDefinitionId +
                    "的流程定义不存在。", ProcessDefinition.class);
            }
        } else if (processDefinitionKey != null && (tenantId == null ||
            ProcessEngineConfiguration.NO_TENANT_ID.equals(tenantId))) {
            processDefinition =
deploymentCache.findDeployedLatestProcessDefinitionByKey(processDefinitionKey);
            if (processDefinition == null) {
                throw new ActivitiObjectNotFoundException("流程定义key为" +
                    processDefinitionKey + "的流程定义不存在。", ProcessDefinition.class);
            }
        } else if (processDefinitionKey != null && tenantId != null &&
            !ProcessEngineConfiguration.NO_TENANT_ID.equals(tenantId)) {
            processDefinition =
                deploymentCache.findDeployedLatestProcessDefinitionByKeyAndTenantId
                    (processDefinitionKey, tenantId);
            if (processDefinition == null) {
                throw new ActivitiObjectNotFoundException
("流程定义key为" + processDefinitionKey + "的流程定义在租户" + tenantId + "下不存在。",
ProcessDefinition.class);
            }
        } else {
            throw new ActivitiIllegalArgumentException("processDefinitionKey和processDefinitionId
不能同时为空。");
        }

        processInstanceHelper =
commandContext.getProcessEngineConfiguration().getProcessInstanceHelper();
        ProcessInstance processInstance = null;
        if (StringUtils.isNoneBlank(processInstanceId)) {
            processInstance = this.createAndStartProcessInstance(processDefinition,
                processInstanceId, businessKey,
                processInstanceName, variables, transientVariables);
        } else {
            processInstance = super.createAndStartProcessInstance(processDefinition,
                businessKey, processInstanceName, variables, transientVariables);
        }
        return processInstance;
    }

    protected ProcessInstance createAndStartProcessInstance(ProcessDefinition
        processDefinition, String processInstanceId, String businessKey, String
        processInstanceName, Map<String,Object> variables, Map<String, Object>
        transientVariables) {
        return
            ((CustomProcessInstanceHelper)processInstanceHelper).
                createAndStartProcessInstance(processDefinition, processInstanceId,
                businessKey, processInstanceName, variables, transientVariables, true);
    }
}
```

在以上代码中，该类继承了StartProcessInstanceCmd类，其构造方法中传入了参数processInstanceId，重写的execute()方法的核心逻辑与其父类方法相同，不同之处在于加粗部分的代码：如果传入的参数processInstanceId不为空，则调用当前类中的createAndStartProcessInstance()方法，它将调用自定义的CustomProcessInstanceHelper类的createAndStartProcessInstance()方法发起流程；如果传入的参数processInstanceId为空，则调用StartProcessInstanceCmd类的createAndStartProcessInstance()方法，执行Activiti默认的发起流程逻辑。

2. 自定义ProcessInstanceHelper类

Activiti默认ProcessInstanceHelper类发起流程的方法createAndStartProcessInstance()中没有流程实例编号参数，这里选择让自定义CustomProcessInstanceHelper类继承ProcessInstanceHelper类，重载其createAndStartProcessInstance()

方法，并加入参数processInstanceId。自定义CustomProcessInstanceHelper类的内容如下：
```
public class CustomProcessInstanceHelper extends ProcessInstanceHelper {
    public ProcessInstance createAndStartProcessInstance(ProcessDefinition
        processDefinition, String processInstanceId, String businessKey, String
        processInstanceName, Map<String, Object> variables, Map<String, Object>
        transientVariables, boolean startProcessInstance) {
        //判断流程是否挂起
        if (ProcessDefinitionUtil.isProcessDefinitionSuspended(processDefinition.getId())) {
            throw new ActivitiException("名称为" + processDefinition.getName() + "、编号为" +
                processDefinition.getId() + "的流程定义已挂起，无法发起。");
        }
        Process process = ProcessDefinitionUtil.getProcess(processDefinition.getId());
        if (process == null) {
            throw new ActivitiException("名称为" + processDefinition.getName() + "、编号为" +
                processDefinition.getId() + "的流程定义没有process元素，无法发起。");
        }
        FlowElement initialFlowElement = process.getInitialFlowElement();
        if (initialFlowElement == null) {
            throw new ActivitiException("编号为" + processDefinition.getId() + "没有开始事
件。");
        }
        return createAndStartProcessInstanceWithInitialFlowElement(processDefinition,
            processInstanceId, businessKey,
            processInstanceName, initialFlowElement, process, variables,
            transientVariables, startProcessInstance);
    }

    public ProcessInstance createAndStartProcessInstanceWithInitialFlowElement
        (ProcessDefinition processDefinition, String processInstanceId, String businessKey,
        String processInstanceName, FlowElement initialFlowElement, Process process,
        Map<String, Object> variables, Map<String, Object> transientVariables, boolean
        startProcessInstance) {
        CommandContext commandContext = Context.getCommandContext();
        //创建流程实例
        String initiatorVariableName = null;
        if (initialFlowElement instanceof StartEvent) {
            initiatorVariableName = ((StartEvent) initialFlowElement).getInitiator();
        }
        //调用自定义Execution实体管理器创建流程实例
        ExecutionEntity processInstance = ((CustomExecutionEntityManager)commandContext
            .getExecutionEntityManager()).createProcessInstanceExecution(processDefinition,
            processInstanceId, businessKey, processDefinition.getTenantId(),
            initiatorVariableName);
        //记录流程历史
        commandContext.getHistoryManager()
            .recordProcessInstanceStart(processInstance, initialFlowElement);
        processInstance.setVariables(processDataObjects(process.getDataObjects()));
        //设置流程变量
        if (variables != null) {
            for (String varName : variables.keySet()) {
                processInstance.setVariable(varName, variables.get(varName));
            }
        }
        if (transientVariables != null) {
            for (String varName : transientVariables.keySet()) {
                processInstance.setTransientVariable(varName, transientVariables.get(varName));
            }
        }
        //设置流程名称
        if (processInstanceName != null) {
            processInstance.setName(processInstanceName);
            commandContext.getHistoryManager()
                .recordProcessInstanceNameChange(processInstance.getId(), processInstanceName);
        }
        //发送事件
        if (Context.getProcessEngineConfiguration().getEventDispatcher().isEnabled()) {
            Context.getProcessEngineConfiguration().getEventDispatcher()
```

```
            .dispatchEvent(ActivitiEventBuilder.createEntityWithVariablesEvent
                (ActivitiEventType.ENTITY_INITIALIZED, processInstance, variables, false));
    }
    //创建第一个执行实例
    ExecutionEntity execution =
commandContext.getExecutionEntityManager().createChildExecution(processInstance);
    execution.setCurrentFlowElement(initialFlowElement);
    if (startProcessInstance) {
        startProcessInstance(processInstance, commandContext, variables);
    }
    return processInstance;
    }
}
```

在以上代码中，自定义CustomProcessInstanceHelper类继承自ProcessInstanceHelper类，并重载了其createAndStartProcessInstance()方法和createAndStartProcessInstanceWithInitialFlowElement()方法，均增加了参数processInstanceId。加粗部分的代码通过调用自定义Execution实体管理器创建流程实例，并传入了参数processInstanceId。

3. 自定义ExecutionEntityManager接口和实现类

Activiti默认的Execution实体管理器接口ExecutionEntityManager和实现类ExecutionEntityManagerImpl中发起流程的方法createProcessInstanceExecution()中没有流程实例编号参数，因此这里选择自定义Custom ExecutionEntityManager接口和CustomExecutionEntityManagerImpl实现类。它们分别继承自默认的Execution实体管理器接口ExecutionEntityManager和实现类ExecutionEntityManagerImpl，重载其createProcessInstanceExecution()方法，并传入参数processInstanceId。自定义CustomExecutionEntityManager接口的代码如下：

```
public interface CustomExecutionEntityManager extends ExecutionEntityManager {

    ExecutionEntity createProcessInstanceExecution(ProcessDefinition processDefinition,
    String processInstanceId, String businessKey, String tenantId, String initiatorVariableName);

}
```

自定义CustomExecutionEntityManagerImpl实现类的代码如下：

```
public class CustomExecutionEntityManagerImpl extends ExecutionEntityManagerImpl
    implements CustomExecutionEntityManager {

    public CustomExecutionEntityManagerImpl(ProcessEngineConfigurationImpl
        processEngineConfiguration, ExecutionDataManager executionDataManager) {
        super(processEngineConfiguration, executionDataManager);
    }

    @Override
    public ExecutionEntity createProcessInstanceExecution(ProcessDefinition
        processDefinition, String processInstanceId, String businessKey, String tenantId,
        String initiatorVariableName) {
        //创建流程实例
        ExecutionEntity processInstanceExecution = executionDataManager.create();
        //初始化流程实例的属性
        processInstanceExecution.setId(processInstanceId);
        processInstanceExecution.setProcessDefinitionId(processDefinition.getId());
        processInstanceExecution.setProcessDefinitionKey(processDefinition.getKey());
        processInstanceExecution.setProcessDefinitionName(processDefinition.getName());
        processInstanceExecution.setProcessDefinitionVersion(processDefinition.getVersion());
        processInstanceExecution.setBusinessKey(businessKey);
        processInstanceExecution.setScope(true);
        if (tenantId != null) {
            processInstanceExecution.setTenantId(tenantId);
        }
        String authenticatedUserId = Authentication.getAuthenticatedUserId();
        processInstanceExecution.setStartTime(Context.getProcessEngineConfiguration().
            getClock().getCurrentTime());
        processInstanceExecution.setStartUserId(authenticatedUserId);
        //保存流程实例
        insert(processInstanceExecution, false);
        if (initiatorVariableName != null) {
```

```java
            processInstanceExecution.setVariable(initiatorVariableName, authenticatedUserId);
        }
        processInstanceExecution.setProcessInstanceId(processInstanceExecution.getId());
        processInstanceExecution.setRootProcessInstanceId(processInstanceExecution
            .getId());
        if (authenticatedUserId != null) {
            getIdentityLinkEntityManager().addIdentityLink(processInstanceExecution,
                authenticatedUserId, null, IdentityLinkType.STARTER);
        }
        //发送事件
        if (getEventDispatcher().isEnabled()) {
            getEventDispatcher().dispatchEvent(ActivitiEventBuilder
                .createEntityEvent(ActivitiEventType.ENTITY_CREATED, processInstanceExecution));
        }
        return processInstanceExecution;
    }
}
```

在以上代码中,自定义CustomExecutionEntityManagerImpl类继承自ExecutionEntityManagerImpl类,用于实现自定义CustomExecutionEntityManager接口。这里重载了其createProcessInstanceExecution()方法,传入了参数processInstanceId,其核心逻辑与其父类方法相同,不同之处在于加粗部分的代码。在初始化流程实例时增加了对流程实例编号属性的赋值,因此创建的流程实例的编号为参数processInstanceId的值。

4. 在流程配置中注册自定义类

要使工作流引擎能够识别和使用自定义CustomProcessInstanceHelper类、自定义CustomExecutionEntityManager接口和CustomExecutionEntityManagerImpl实现类,必须将它们注册到工作流引擎中。流程配置文件activiti.revoke.xml中的代码片段如下:

```xml
<!-- 配置Execution数据管理器 -->
<bean id="executionDataManager"
    class="org.activiti.engine.impl.persistence.entity.data.impl.MybatisExecutionDataManager">
    <constructor-arg ref="processEngineConfiguration"/>
</bean>
<!-- 配置自定义Execution实体管理器 -->
<bean id="customExecutionEntityManager"
    class="com.bpm.example.demo3.persistence.entity.CustomExecutionEntityManagerImpl" >
    <constructor-arg index="0" ref="processEngineConfiguration"/>
    <constructor-arg index="1" ref="executionDataManager"/>
</bean>

<!--Activiti工作流引擎-->
<bean id="processEngineConfiguration"
    class="org.activiti.engine.impl.cfg.StandaloneProcessEngineConfiguration">
    <!-- 配置自定义processInstanceHelper属性 -->
    <property name="processInstanceHelper">
        <bean class="com.bpm.example.demo3.impl.util.CustomProcessInstanceHelper"/>
    </property>
    <!-- 配置executionEntityManager属性 -->
    <property name="executionEntityManager" ref="customExecutionEntityManager"/>

    <!--此处省其他属性配置 -->

</bean>
```

在以上配置中,先配置了Execution数据管理器executionDataManager和自定义Execution实体管理器customExecutionEntityManager,然后在配置Activiti工作流引擎时通过processInstanceHelper属性指定自定义CustomProcessInstanceHelper类,通过executionEntityManager属性引用了自定义Execution实体管理器customExecutionEntityManager。

5. 流程撤销服务类

在准备好前面的准备工作后,下面开始实现流程撤销服务类,其代码如下:

```java
@AllArgsConstructor
public class RevokeProcessInstanceService {

    RuntimeService runtimeService;
```

```java
HistoryService historyService;
ManagementService managementService;

/**
 * 流程撤销
 * @param processInstanceId
 */
public ProcessInstance revokeProcess(String processInstanceId) {
    //根据processInstanceId查询流程实例
    ProcessInstance processInstance =
        runtimeService.createProcessInstanceQuery().processInstanceId(processInstanceId).
            singleResult();
    if (processInstance == null) {
        throw new ActivitiObjectNotFoundException("编号为" + processInstanceId + "的
流程实例不存在。", ProcessInstance.class);
    }
    //非流程发起者不能撤销流程
    String authenticatedUserId = Authentication.getAuthenticatedUserId();
    if (!processInstance.getStartUserId().equals(authenticatedUserId)) {
        throw new ActivitiException("非流程发起者不能撤销流程。");
    }

    //查询流程变量
    Map variables = runtimeService.getVariables(processInstanceId);
    //删除流程实例
    runtimeService.deleteProcessInstance(processInstanceId, "");
    //删除历史流程实例
    historyService.deleteHistoricProcessInstance(processInstanceId);
    //重建流程
    ProcessInstance newProcessInstance =
        managementService.executeCommand(new CustomStartProcessInstanceCmd<ProcessIn
stance>(processInstance.getProcessDefinitionKey(),processInstance.getProcess
DefinitionId(),processInstance.getProcessInstanceId(), processInstance.getB
usinessKey(), variables, processInstance.getTenantId()));
    return newProcessInstance;
}
}
```

以上构造方法中传入了runtimeService、historyService和managementService参数。在revokeProcess()方法中，根据流程实例编号查询并校验对应的流程实例，如果流程实例不存在或当前操作人非流程发起者则抛出异常。接下来查询流程变量，删除流程实例和历史流程实例，最后通过调用managementService的executeCommand()方法执行自定义的CustomStartProcessInstanceCmd类发起新的流程实例。

26.3.2　流程撤销使用示例

下面仍然以图26.3所示流程为例：申请人发起流程提交"特殊借款申请"用户任务后，流程将流转到"直属上级审批"用户任务和"财务经理审批"用户任务。通过26.3.1小节的扩展实现流程由"部门经理审批"用户任务和"财务总监审批"用户任务撤销到"特殊借款申请"用户任务。该流程对应的XML内容如下：

```xml
<process id="RevokeProcessInstanceProcess" name="撤销示例流程" isExecutable="true">
    <startEvent id="startEvent1"/>
    <userTask id="userTask1" name="特殊借款申请"/>
    <parallelGateway id="parallelGateway1"/>
    <userTask id="userTask2" name="直属上级审批"/>
    <userTask id="userTask4" name="部门经理审批"/>
    <userTask id="userTask3" name="财务经理审批"/>
    <userTask id="userTask5" name="财务总监审批"/>
    <parallelGateway id="parallelGateway2"/>
    <userTask id="userTask6" name="总经理审批"/>
    <endEvent id="endEvent1"/>
    <sequenceFlow id="sequenceFlow1" sourceRef="startEvent1" targetRef="userTask1"/>
    <sequenceFlow id="sequenceFlow2" sourceRef="userTask1"
        targetRef="parallelGateway1"/>
    <sequenceFlow id="sequenceFlow3" sourceRef="parallelGateway1"
        targetRef="userTask2"/>
    <sequenceFlow id="sequenceFlow4" sourceRef="parallelGateway1"
        targetRef="userTask3"/>
```

```xml
<sequenceFlow id="sequenceFlow5" sourceRef="userTask2"
    targetRef="userTask4"/>
<sequenceFlow id="sequenceFlow6" sourceRef="userTask3" targetRef="userTask5"/>
<sequenceFlow id="sequenceFlow7" sourceRef="userTask4"
    targetRef="parallelGateway2"/>
<sequenceFlow id="sequenceFlow8" sourceRef="userTask5"
    targetRef="parallelGateway2"/>
<sequenceFlow id="sequenceFlow9" sourceRef="parallelGateway2"
    targetRef="userTask6"/>
<sequenceFlow id="sequenceFlow10" sourceRef="userTask6" targetRef="endEvent1"/>
</process>
```

加载该流程模型并执行相应流程控制的示例代码如下：

```java
@Slf4j
public class RunRevokeProcessInstanceDemo extends ActivitiEngineUtil {

    @Test
    public void runRevokeProcessInstanceDemo() {
        //加载Activiti配置文件并初始化工作流引擎及服务
        loadActivitiConfigAndInitEngine("activiti.revoke.xml");
        //部署流程
        ProcessDefinition processDefinition =
deployByClasspathResource("processes/RevokeProcessInstanceProcess.bpmn20.xml");

        //设置流程发起人
        Authentication.setAuthenticatedUserId("huhaiqin");
        //发起流程
        ProcessInstance processInstance =
            runtimeService.startProcessInstanceById(processDefinition.getId());
        //查询"特殊借款申请"用户任务的task
        Task firstTask =
taskService.createTaskQuery().processInstanceId(processInstance.getId()).singleResult();
        //完成"特殊借款申请"用户任务的task
        taskService.complete(firstTask.getId());
        List<Task> taskList1 =
taskService.createTaskQuery().processInstanceId(processInstance.getId()).list();
        String taskNames1 =
taskList1.stream().map(Task::getName).collect(Collectors.joining(","));
        log.info("用户任务:{}提交后,当前流程所处节点:{}", firstTask.getName(), taskNames1);
        taskList1.stream().forEach(task -> {
            log.info("完成用户任务:{}", task.getName());
            taskService.complete(task.getId());
        });
        List<Task> taskList2 =
taskService.createTaskQuery().processInstanceId(processInstance.getId()).list();
        String taskNames2 =
taskList2.stream().map(Task::getName).collect(Collectors.joining(","));
        log.info("流程撤销前,流程实例编号为:{},当前流程所处节点:{}",
            processInstance.getProcessInstanceId(), taskNames2);

        //执行流程撤销操作
        RevokeProcessInstanceService revokeProcessService = new RevokeProcessInstanceService(runtimeService, historyService, managementService);
        ProcessInstance newProcessInstance = revokeProcessService.revokeProcess
            (processInstance.getProcessInstanceId());

        List<Task> taskList3 = taskService.createTaskQuery()
            .processInstanceId(processInstance.getId()).list();
        String taskNames3 = taskList3.stream().map(Task::getName)
            .collect(Collectors.joining(","));
        log.info("流程撤销后,新创建流程实例编号为:{},当前流程所处节点:{}",
            newProcessInstance.getProcessInstanceId(), taskNames3);

        //关闭工作流引擎
        engine.close();
    }
}
```

以上代码先初始化工作流引擎并部署流程，发起流程实例后，依次查询并办理任务，使流程流转到"部门经理审批"用户任务和"财务总监审批"用户任务,然后加粗部分的代码执行流程撤销操作。流程撤销前后分别输出了流程的编号和所处的节点名称。代码运行结果如下:

```
06:15:33,487 [main] INFO  com.bpm.example.demo3.RunRevokeProcessInstanceDemo  - 用户任务：特殊借款申请提交后，当前流程所处节点：直属上级审批,财务经理审批
06:15:33,487 [main] INFO  com.bpm.example.demo3.RunRevokeProcessInstanceDemo  - 完成用户任务：直属上级审批
06:15:33,497 [main] INFO  com.bpm.example.demo3.RunRevokeProcessInstanceDemo  - 完成用户任务：财务经理审批
06:15:33,507 [main] INFO  com.bpm.example.demo3.RunRevokeProcessInstanceDemo  - 流程撤销前，流程实例编号为：5，当前流程所处节点：部门经理审批,财务总监审批
06:15:33,547 [main] INFO  com.bpm.example.demo3.RunRevokeProcessInstanceDemo  - 流程撤销后，新创建流程实例编号为：5，当前流程所处节点：特殊借款申请
```

从代码运行结果可知,撤销后的流程处于"特殊借款申请"用户任务节点,并且流程实例编号与撤销前相同。

26.4 本章小结

本章主要讲解扩展Activiti实现各种本土化业务流程场景的方法和操作,包括动态跳转、任务撤回和流程撤销操作。这些操作均由基于Activiti命令与拦截器运行机制所开发的自定义命令实现,读者可借鉴本章介绍的实现思路和过程,自行实现更加复杂的应用场景。

第 27 章 本土化业务流程场景的实现（二）

本章将继续讲解如何实现Activiti的本土化扩展封装，满足各类本土化业务流程场景的需求，如通过代码创建流程模型、为流程实例动态增加临时节点、流程节点自动跳过、会签加签和会签减签等。

27.1 通过代码创建流程模型

本书介绍的各种流程都是通过流程设计器绘制的，能够实现各种流程需求确定的场景。但在某些特殊场景下，流程需求是不确定的，不能事先通过流程设计器绘制。这需要我们根据实际情况实时、自动化地组装、部署、运行流程。本节将介绍通过Activiti实现代码自动化创建流程模型的方法和过程。

我们知道，Activiti流程图的核心对象是BpmnModel对象，它是BPMN 2.0 XML流程定义的Java表现形式，所有流程定义的信息都可以通过BpmnModel获取。BpmnModel由流程文档的BPMN 2.0 XML文件转换得到，其中定义的元素含义在BpmnModel中都有对应的元素属性承载类，如用户任务节点的元素属性承载类为UserTask、开始事件的元素承载类为StartEvent，等等。在进行流程部署时，工作流引擎会对流程文档的BPMN 2.0 XML文件进行解析，将其中的所有元素都解析为对应的承载类，从而组装成一个BpmnModel对象。BmpnModel与示例流程元素如图27.1所示。

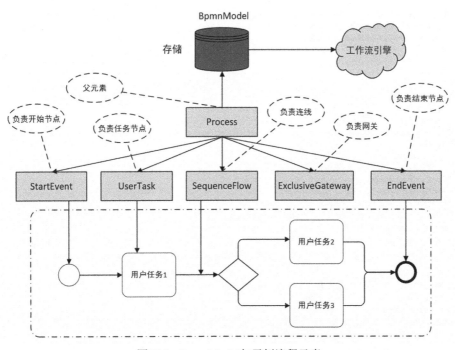

图27.1　BpmnModel与示例流程元素

因此，如果能够直接生成BpmnModel对象，就可以跳过通过流程设计器绘制得到流程文档的BPMN 2.0 XML文件的步骤。幸运的是，Activiti提供了一系列API，用于创建BpmnModel及其子元素。

27.1.1 工具类实现

从图27.1可知，BpmnModel中包含Process元素，而Process元素又是所有节点元素的父元素，因此可以通过Activiti接口编写工具类，代码如下：

```java
public class DynamicProcessCreateUtil {

    private BpmnModel model;
    private Process process;
    private RepositoryService repositoryService;

    public DynamicProcessCreateUtil(RepositoryService repositoryService) {
        this.repositoryService = repositoryService;
        this.model = new BpmnModel();
        this.process = new Process();
    }

    /**
     * 创建流程
     * @param processKey    流程key
     * @param processName   流程名称
     */
    public void createProcess(String processKey, String processName) {
        this.model.addProcess(process);
        this.process.setId(processKey);
        this.process.setName(processName);
    }

    /**
     * 创建开始节点
     * @param id       节点编号
     * @param name     节点名称
     * @return
     */
    public StartEvent createStartEvent(String id, String name) {
        StartEvent startEvent = new StartEvent();
        startEvent.setId(id);
        startEvent.setName(name);
        this.process.addFlowElement(startEvent);
        return startEvent;
    }

    /**
     * 创建结束节点
     * @param id       节点编号
     * @param name     节点名称
     * @return
     */
    public EndEvent createEndEvent(String id, String name) {
        EndEvent endEvent = new EndEvent();
        endEvent.setId(id);
        endEvent.setName(name);
        this.process.addFlowElement(endEvent);
        return endEvent;
    }

    /**
     * 创建用户任务
     * @param id           节点编号
     * @param name         节点名称
     * @param assignee     办理人
     * @return
     */
    public UserTask createUserTask(String id, String name, String assignee) {
        UserTask userTask = new UserTask();
        userTask.setName(name);
        userTask.setId(id);
        userTask.setAssignee(assignee);
        this.process.addFlowElement(userTask);
        return userTask;
```

```java
}
/**
 * 创建排他网关
 * @param id    节点编号
 * @param name  节点名称
 * @return
 */
public ExclusiveGateway createExclusiveGateway(String id, String name) {
    ExclusiveGateway exclusiveGateway = new ExclusiveGateway();
    exclusiveGateway.setId(id);
    exclusiveGateway.setName(name);
    this.process.addFlowElement(exclusiveGateway);
    return exclusiveGateway;
}

/**
 * 创建顺序流
 * @param from   起始节点编号
 * @param to     目标节点编号
 * @return
 */
public SequenceFlow createSequenceFlow(String from, String to) {
    SequenceFlow flow = new SequenceFlow();
    flow.setSourceRef(from);
    flow.setTargetRef(to);
    this.process.addFlowElement(flow);
    return flow;
}

/**
 * 创建带条件的顺序流
 * @param from                  起始节点编号
 * @param to                    目标节点编号
 * @param conditionExpression   条件
 * @return
 */
public SequenceFlow createSequenceFlow(String from, String to, String conditionExpression) {
    SequenceFlow flow = new SequenceFlow();
    flow.setSourceRef(from);
    flow.setTargetRef(to);
    flow.setConditionExpression(conditionExpression);
    this.process.addFlowElement(flow);
    return flow;
}

/**
 * 生成BPMN自动布局
 */
public void autoLayout() {
    new BpmnAutoLayout(model).execute();
}

/**
 * 部署流程
 * @return
 */
public ProcessDefinition deployProcess() {
    Deployment deployment = repositoryService.createDeployment()
        .addBpmnModel(process.getId() + ".bpmn", model)
        .name(process.getName()).deploy();
    ProcessDefinition processDefinition =
        repositoryService.createProcessDefinitionQuery()
            .deploymentId(deployment.getId()).singleResult();
    return processDefinition;
}

/**
 * 导出流程
 * @param processDefinitionId   流程定义编号
```

```java
 * @throws Exception
 */
public void exportProcessDefinitionXml(String processDefinitionId) throws Exception{
    ProcessDefinition processDefinition =
        repositoryService.createProcessDefinitionQuery()
            .processDefinitionId(processDefinitionId).singleResult();
    InputStream processBpmn =
        repositoryService.getProcessModel(processDefinition.getDeploymentId());
    FileUtils.copyInputStreamToFile(processBpmn, new File(
        "d://" + processDefinition.getKey() + ".bpmn20.xml"));
}

/**
 * 导出流程图片
 * @param processDefinitionId  流程定义编号
 * @throws Exception
 */
public void exportProcessDiagram(String processDefinitionId) throws Exception {
    ProcessDefinition processDefinition =
        repositoryService.createProcessDefinitionQuery()
            .processDefinitionId(processDefinitionId).singleResult();
    InputStream processDiagram =
        repositoryService.getProcessDiagram(processDefinitionId);
    FileUtils.copyInputStreamToFile(processDiagram, new File(
        "d://" + processDefinition.getKey() + ".png"));
}
```

在以上代码中，工具类初始化时会先创建BpmnModel、Process实例，工具类的createProcess()方法用于设置Process的id、name属性，并将其附加到BpmnModel中。工具类的createStartEvent()、createEndEvent()、createUserTask()、createExclusiveGateway()、createSequenceFlow()方法用于创建各种节点元素并为其属性赋值，同时将节点附加到Process中。流程中的节点除了上述属性信息外，还需要位置信息，工具类的autoLayout()方法可自动进行流程图布局。deployProcess()方法用于部署BpmnModel获取流程定义，exportProcessDefinitionXml()方法用于导出流程的BPMN 2.0 XML文件，exportProcessDiagram()方法用于导出流程图。

27.1.2 使用示例

下面看一个通过代码创建流程模型的示例，为员工借款流程：员工发起借款流程后，如果借款金额小于5000元，后续由直属上级审批；如果借款金额大于等于5000元，后续由部门经理审批，直属上级或部门经理审批后流程结束。

调用工具类创建上述流程模型并运行流程的示例代码如下：

```java
@Slf4j
public class RunDynamicProcessCreateDemo extends ActivitiEngineUtil {

    @Test
    public void runDynamicProcessCreateDemo() throws Exception {
        //加载Activiti配置文件并初始化工作流引擎及服务
        loadActivitiConfigAndInitEngine("activiti.cfg.xml");
        //初始化流程创建工具类
        DynamicProcessCreateUtil dynamicProcessCreateUtil =
            new DynamicProcessCreateUtil(repositoryService);
        //创建流程
        dynamicProcessCreateUtil.createProcess("loanProcess","借款流程");
        //创建开始节点
        StartEvent startEvent =
            dynamicProcessCreateUtil.createStartEvent("startEvent1", "开始节点");
        //创建"借款申请"用户任务
        UserTask userTask1 = dynamicProcessCreateUtil.createUserTask("userTask1", "借款申请", "employee");
        //创建开始节点到"借款申请"用户任务的顺序流
        dynamicProcessCreateUtil.createSequenceFlow(startEvent.getId(), userTask1.getId());
        //创建排他网关
        ExclusiveGateway exclusiveGateway =
dynamicProcessCreateUtil.createExclusiveGateway("exclusiveGateway1", "排他网关");
        //创建"借款申请"用户任务到排他网关的顺序流
```

```java
        dynamicProcessCreateUtil.createSequenceFlow(userTask1.getId(),
            exclusiveGateway.getId());
        //创建"直属上级审批"用户任务
        UserTask userTask2 = dynamicProcessCreateUtil.createUserTask("userTask2",
            "直属上级审批", "leader");
        //创建排他网关到"直属上级审批"用户任务的顺序流
        dynamicProcessCreateUtil.createSequenceFlow(exclusiveGateway.getId(),
            userTask2.getId(),"${money<5000}");
        //创建"部门经理审批"用户任务
        UserTask userTask3 = dynamicProcessCreateUtil.createUserTask("userTask3",
            "部门经理审批", "manager");
        //创建排他网关到"部门经理审批"用户任务的顺序流
        dynamicProcessCreateUtil.createSequenceFlow(exclusiveGateway.getId(),
            userTask3.getId(),"${money>=5000}");
        //创建结束任务
        EndEvent endEvent = dynamicProcessCreateUtil.createEndEvent("endEvent1", "结束任务");
        //创建"直属上级审批"用户任务到结束任务的顺序流
        dynamicProcessCreateUtil.createSequenceFlow(userTask2.getId(), endEvent.getId());
        //创建"部门经理审批"用户任务到结束任务的顺序流
        dynamicProcessCreateUtil.createSequenceFlow(userTask3.getId(), endEvent.getId());
        //流程自动布局
        dynamicProcessCreateUtil.autoLayout();
        //部署流程
        ProcessDefinition processDefinition =
            dynamicProcessCreateUtil.deployProcess();
        //导出流程图片
        dynamicProcessCreateUtil.exportProcessDiagram(processDefinition.getId());
        //导出流程的BPMN 2.0 XML文件
        dynamicProcessCreateUtil.exportProcessDefinitionXml(processDefinition.getId());

        //发起流程
        ProcessInstance processInstance =
            runtimeService.startProcessInstanceById(processDefinition.getId());
        //查询第一个任务
        Task firstTask =
            taskService.createTaskQuery().processInstanceId(processInstance.getId()).
            singleResult();
        //设置流程变量
        Map variables = new HashMap<>();
        variables.put("money", 1000);
        //完成第一个任务
        taskService.complete(firstTask.getId(), variables);
        //查询第二个任务
        Task secondTask =
            taskService.createTaskQuery().processInstanceId(processInstance.getId()).
            singleResult();
        log.info("第二个节点任务名称为：{}", secondTask.getName());
        //完成第二个任务
        taskService.complete(secondTask.getId());

        //关闭工作流引擎
        engine.close();
    }
}
```

以上代码先初始化工作流引擎和工具类，创建开始节点、用户任务节点、网关节点、结束节点和顺序流，并自动布局、部署流程，导出流程图和BPMN 2.0 XML文件；然后发起流程，查询并办理第一个任务，同时设置流程变量money为1000。流程流转到下一节点后，查询第二个任务并输出其节点信息，办理完成该任务结束流程。代码运行结果如下：

```
06:43:18,731 [main] INFO    com.bpm.example.demo1.RunDynamicProcessCreateDemo    - 第二个节点任务名称为：直属上级审批
```

通过代码创建的流程如图27.2所示。
导出该流程的BPMN 2.0 XML文件的内容如下：

```xml
<process id="loanProcess" name="借款流程" isExecutable="true">
    <startEvent id="startEvent1" name="开始节点"/>
    <userTask id="userTask1" name="借款申请" activiti:assignee="employee"/>
```

```xml
<sequenceFlow id="sequenceFlow-68bf9883-e4af-4b3c-863d-10d2ae1a2bc0"
    sourceRef="startEvent1" targetRef="userTask1"/>
<exclusiveGateway id="exclusiveGateway1" name="排他网关"/>
<sequenceFlow id="sequenceFlow-14949d50-2115-4e2d-b225-fafcf229990c"
    sourceRef="userTask1" targetRef="exclusiveGateway1"/>
<userTask id="userTask2" name="直属上级审批" activiti:assignee="leader"/>
<sequenceFlow id="sequenceFlow-fa8e9421-c727-4e6e-9dfb-7f959e2beb1e"
    sourceRef="exclusiveGateway1" targetRef="userTask2">
    <conditionExpression
    xsi:type="tFormalExpression"><![CDATA[${money<5000}]]></conditionExpression>
</sequenceFlow>
<userTask id="userTask3" name="部门经理审批" activiti:assignee="manager"/>
<sequenceFlow id="sequenceFlow-5234596b-f986-486f-8839-b08efb9ad972"
    sourceRef="exclusiveGateway1" targetRef="userTask3">
    <conditionExpression xsi:type="tFormalExpression"><![CDATA[${money>=5000}]]>
    </conditionExpression>
</sequenceFlow>
<endEvent id="endEvent1" name="结束任务"/>
<sequenceFlow id="sequenceFlow-ac5b5cb2-e1bb-40ca-8d95-f22f01a84ab2"
    sourceRef="userTask2" targetRef="endEvent1"/>
<sequenceFlow id="sequenceFlow-fa696ec4-016b-4691-82d9-4be0c0747f5b"
    sourceRef="userTask3" targetRef="endEvent1"/>
</process>
```

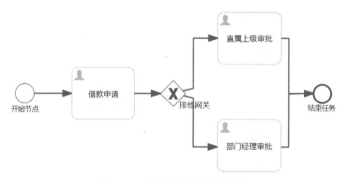

图27.2 通过代码创建的流程

27.2 流程实例动态增加临时节点

为运行时流程实例动态需求临时节点的需求在本土化业务流程场景中经常遇到。以图27.3所示的借款申请流程为例，正常的执行过程是"借款申请"用户任务完成后，依次执行"财务经理审批"用户任务和"总经理审批"用户任务。但是因为某种原因，需要在"借款申请"用户任务和"财务经理审批"用户任务之间临时动态增加一个"部门经理审批"用户任务节点，同时要求该审批节点只对当前流程实例生效，不能影响到同一流程定义下的其他流程实例。这个需求该如何实现？

图27.3 动态增加临时节点示例流程

针对这个需求，最直观的方法是直接修改流程，在"借款申请"用户任务和"财务经理审批"用户任务之间增加"部门经理审批"用户任务，然后重新部署流程。但需要注意的是，这种方法会影响该流程定义下的其他流程实例，不符合需求，因此不可取。

这里提供另外一种思路。27.1节中通过创建BpmnModel对象生成了一个流程，那是否能够通过修改BpmnModel实现为运行时流程实例动态增加临时节点呢？答案是可以，本书配套资源中的demo2已经实现了在流程中动态增加用户任务节点。由于该过程比较复杂，代码量比较大，这里只介绍其实现思路：

（1）通过流程的实例编号获取流程定义包括BpmnModel在内的各种信息；
（2）根据需求修改BpmnModel，通过Activiti接口增加新节点，移除旧顺序流并创建新顺序流，得到新的BpmnModel；
（3）重新生成流程布局；
（4）部署该BpmnModel得到新的流程定义；
（5）更新该流程实例各种运行时与历史数据，将旧流程定义编号换成新流程定义编号。

运行demo2代码，导出动态增加"部门经理审批"用户任务后的流程，如图27.4所示。

图27.4 动态增加"部门经理审批"用户任务后的流程

27.3 流程节点自动跳过

在实际应用场景中，常常会遇到这样的需求：当流程流转到某一个节点时，如果符合某种条件，则自动跳过该节点而不做任何操作，流程继续向下流转。例如，某个用户任务的办理人正好也是流程发起人，则可以不用办理该任务而直接跳到下一个用户任务；又如，流程中正好有两个用户任务的办理人是同一人，则可以不办理后一个任务而直接跳到接下来的用户任务。本节将介绍如何实现流程节点的自动跳过，以图27.5所示流程为例，对于"部门经理审批"用户任务，如果其办理人即为"直属上级审批"用户任务的办理人，它将被自动跳过。

图27.5 节点自动跳过示例流程

该流程对应的XML内容如下：

```xml
<process id="AutoSkipProcess" name="自动跳过流程" isExecutable="true">
    <startEvent id="startEvent1"/>
    <userTask id="userTask1" name="请假申请" activiti:assignee="${employee}"/>
    <sequenceFlow id="sequenceFlow1" sourceRef="startEvent1" targetRef="userTask1"/>
    <userTask id="userTask2" name="直属上级审批" activiti:assignee="${leader}"/>
    <sequenceFlow id="sequenceFlow2" sourceRef="userTask1" targetRef="userTask2"/>
    <userTask id="userTask3" name="部门经理审批" activiti:assignee="${manager}"
        activiti:skipExpression="${manager == leader}"/>
    <sequenceFlow id="sequenceFlow3" sourceRef="userTask2" targetRef="userTask3"/>
    <userTask id="userTask4" name="人力总监审批" activiti:assignee="${hr}"/>
    <sequenceFlow id="sequenceFlow4" sourceRef="userTask3" targetRef="userTask4"/>
    <endEvent id="endEvent1"/>
    <sequenceFlow id="sequenceFlow5" sourceRef="userTask4" targetRef="endEvent1"/>
</process>
```

在以上流程定义中，"部门经理审批"用户任务设置了activiti:skipExpression属性，用于配置跳过表达式。加粗部分的代码设置activiti:skipExpression属性为表达式${manager == leader}，表示当该表达式的执行结果为true时，该用户任务就会自动跳过。

加载该流程模型并执行相应流程控制的示例代码如下：

```java
@Slf4j
public class RunTaskSkipDemo extends ActivitiEngineUtil {

    @Test
    public void runTaskSkipDemo() {
        //加载Activiti配置文件并初始化工作流引擎及服务
```

```
        loadActivitiConfigAndInitEngine("activiti.cfg.xml");
        //部署流程
        ProcessDefinition processDefinition =
            deployByClasspathResource("processes/AutoSkipProcess.bpmn20.xml");

        //设置流程变量
        Map variables = new HashMap();
        variables.put("_ACTIVITI_SKIP_EXPRESSION_ENABLED", true);
        variables.put("employee", "liuxiaopeng");
        variables.put("leader", "hebo");
        variables.put("manager", "hebo");
        variables.put("hr", "huhaiqin");
        //发起流程
        ProcessInstance processInstance =
runtimeService.startProcessInstanceById(processDefinition.getId(), variables);
        //查询第一个任务
        Task firstTask =
taskService.createTaskQuery().processInstanceId(processInstance.getId()).singleResult();
        //完成第一个任务
        taskService.complete(firstTask.getId());
        log.info("用户任务{}办理完成。", firstTask.getName());
        //查询第二个任务
        Task secondTask =
taskService.createTaskQuery().processInstanceId(processInstance.getId()).singleResult();
        //完成第二个任务
        taskService.complete(secondTask.getId());
        log.info("用户任务{}办理完成。", secondTask.getName());
        //查询第三个任务
        Task thirdTask =
taskService.createTaskQuery().processInstanceId(processInstance.getId()).singleResult();
        log.info("当前流程所处节点名称为：{}，节点key为：{}", thirdTask.getName(),
            thirdTask.getTaskDefinitionKey());

        //关闭工作流引擎
        engine.close();
    }
}
```

以上代码先初始化工作流引擎并部署流程，配置流程变量后发起流程，依次查询并办理前两个用户任务，最后查询并输出当前所处节点的信息。代码运行结果如下：

```
06:45:51,282 [main] INFO   com.bpm.example.demo3.RunTaskSkipDemo   - 用户任务请假申请办理完成。
06:45:51,302 [main] INFO   com.bpm.example.demo3.RunTaskSkipDemo   - 用户任务直属上级审批办理完成。
06:45:51,302 [main] INFO   com.bpm.example.demo3.RunTaskSkipDemo   - 当前流程所处节点名称为：
人力总监审批，节点key为：userTask4
```

从代码运行结果可知，"直属上级审批"用户任务办理完成后，流程流转到"人力总监审批"用户任务，成功地跳过了"部门经理审批"用户任务。

需要注意的是，在代码中配置流程变量时，加粗部分的代码加入了一个额外的变量_ACTIVITI_SKIP_EXPRESSION_ENABLED并设置其值为true，必须加入该变量，否则该节点将被自动跳过不可用。

对本节内容总结如下，要实现节点的自动跳过，必须具备以下条件：
❑ 在流程节点上通过activiti:skipExpression属性配置跳过表达式；
❑ 流程变量中必须加入额外的变量_ACTIVITI_SKIP_EXPRESSION_ENABLED并设置其值为true。

27.4 会签加签

第20章多实例实战应用中介绍过多实例用户任务适用于需要多人同时处理一个任务的场景（会签）。本节将在会签的基础上介绍会签加签的实现。

27.4.1 会签加签的扩展实现

所谓加签，指在会签审批人中临时新增一个或多个审批人的功能，其目的是满足需临时新增审批人的场景需求。例如，财务流程通常由财务经理决策即可，但某些情况下，财务经理难以决策时，可使用会签加签操作临时增加财务总监共同决策。Activiti本身并不支持加签操作，需要通过扩展实现。

1. 会签加签Command类

由于要基于Activiti工作流引擎进行扩展,所以可以根据Activiti命令与拦截器运行机制来实现自定义会签加签命令,并交给工作流引擎执行。会签加签Command命令类的代码如下:

```java
public class AddMultiInstanceUserTaskCmd implements Command, Serializable {

    //多实例总数
    protected static final String NUMBER_OF_INSTANCES = "nrOfInstances";
    //当前活动的实例数,即尚未完成的实例数。对于串行多实例,该值总是1。
    protected static final String NUMBER_OF_ACTIVE_INSTANCES = "nrOfActiveInstances";

    protected String taskId;
    protected String assignee;

    public AddMultiInstanceUserTaskCmd(String taskId, String assignee) {
        this.taskId = taskId;
        this.assignee = assignee;
    }

    public Void execute(CommandContext commandContext) {
        TaskEntityManager taskEntityManager = commandContext.getTaskEntityManager();
        //查询当前任务实例
        TaskEntity taskEntity = taskEntityManager.findById(this.taskId);
        if (taskEntity == null) {
            throw new ActivitiException("id为" + this.taskId + "的任务不存在");
        }
        ExecutionEntityManager executionEntityManager =
            commandContext.getExecutionEntityManager();
        //查询当前任务实例所对应的执行实例
        ExecutionEntity executionEntity =
            executionEntityManager.findById(taskEntity.getExecutionId());
        //查询多实例的根执行实例
        ExecutionEntity miExecution =
            executionEntityManager.findFirstMultiInstanceRoot(executionEntity);
        if (miExecution == null) {
            throw new ActivitiException("节点 " + taskEntity.getTaskDefinitionKey() + " 不是多实例任务");
        }

        BpmnModel bpmnModel =
            ProcessDefinitionUtil.getBpmnModel(miExecution.getProcessDefinitionId());
        Activity miActivityElement = (Activity)
            bpmnModel.getFlowElement(miExecution.getActivityId());
        MultiInstanceLoopCharacteristics multiInstanceLoopCharacteristics =
            miActivityElement.getLoopCharacteristics();
        //解析多实例activiti:collection配置的表达式中的变量
        String collectionKey = getCollectionKey(multiInstanceLoopCharacteristics);
        //查询多实例activiti:collection配置的表达式中的变量的值
        List<String> collectionValue =  (List)miExecution.getVariable(collectionKey);
        if (collectionValue.contains(assignee)) {
            throw new ActivitiException("加签用户 " + assignee + "已经在审批名单中");
        }
        //往变量中加入加签用户
        collectionValue.add(assignee);
        miExecution.setVariable(collectionKey, collectionValue);

        //更新nrOfInstances变量
        Integer currentNumberOfInstances =
            (Integer) miExecution.getVariable(NUMBER_OF_INSTANCES);
        miExecution.setVariableLocal(NUMBER_OF_INSTANCES, currentNumberOfInstances + 1);

        //如果是并行多实例还需要做额外操作
        if (!multiInstanceLoopCharacteristics.isSequential()) {
            //更新nrOfActiveInstances变量
            Integer nrOfActiveInstances =
                (Integer) miExecution.getVariable(NUMBER_OF_ACTIVE_INSTANCES);
            miExecution.setVariableLocal(NUMBER_OF_ACTIVE_INSTANCES, nrOfActiveInstances + 1);
```

```java
            //创建加签任务的执行实例
            ExecutionEntity childExecution =
executionEntityManager.createChildExecution(miExecution);
            childExecution.setCurrentFlowElement(miActivityElement);
            //设置加签任务执行实例的局部变量
            Map executionVariables = new HashMap();
            executionVariables.put(multiInstanceLoopCharacteristics.getElementVariable(), assignee);
            ParallelMultiInstanceBehavior miBehavior =
                (ParallelMultiInstanceBehavior) miActivityElement.getBehavior();
            executionVariables.put(miBehavior.getCollectionElementIndexVariable(),
                currentNumberOfInstances);
            childExecution.setVariablesLocal(executionVariables);
            //向operations中压入继续流程的操作类
            commandContext.getAgenda()
                .planContinueMultiInstanceOperation(childExecution);
        }
        return null;
    }

    //解析出多实例activiti:collection配置的表达式中的变量
    protected String getCollectionKey
        (MultiInstanceLoopCharacteristics multiInstanceLoopCharacteristics) {
        String collectionKey = multiInstanceLoopCharacteristics.getInputDataItem();
        String regex = "\\$\\{(.*?)\\}";
        Pattern pattern = Pattern.compile(regex);
        Matcher matcher = pattern.matcher(collectionKey);
        if (matcher.find()) {
            collectionKey = matcher.group(1);
        }
        return collectionKey;
    }
}
```

在以上代码中，execute()方法的核心逻辑是：先根据taskId查询获取任务实例，然后查询该任务实例所对应的执行实例和多实例的根执行实例，并进行一系列校验，包括校验任务是否存在、是否为多实例任务。接下来获取流程模型信息和多实例节点信息，解析并查询多实例activiti:collection配置的表达式中的变量值（因为多实例的任务的办理人从该变量中获取，后文简称为"会签办理人变量"）。如果被加签用户不在会签办理人变量中，则将被加签人加入该变量，同时更新变量值。加签完成后，多实例总数需要增加，所以还需要更新nrOfInstances局部变量的值。如果是并行多实例会签，还需要额外做以下操作。

❑ 更新多实例当前活动的实例数。
❑ 为加签的并行会签任务创建子执行实例，同时设置加签任务执行实例的局部变量。
❑ 通过调用Context.getAgenda().planContinueMultiInstanceOperation(childExecution)方法将当前执行实例添加到DefaultActivitiEngineAgenda类（ActivitiEngineAgenda类的默认实现）持有的操作链表operations中，Activiti在运转过程中会从该链表中通过poll()方法取出每一个操作并执行。

2. 会签加签Service类

Activiti中的ManagementService服务提供的executeCommand()方法可以用于执行Command类，这里使用ManagementService服务调用AddMultiInstanceUserTaskCmd实现会签加签。会签加签Service类的代码如下：

```java
@AllArgsConstructor
public class AddMultiInstanceUserTaskService {

    protected ManagementService managementService;

    /**
     * 会签加签
     * @param taskId      当前操作taskId
     * @param assignee    待加签用户
     */
    public void addMultiInstanceUserTask(String taskId, String assignee) {
        //实例化自定义跳转Command类
        AddMultiInstanceUserTaskCmd addMultiInstanceUserTaskCmd =
```

```
        new AddMultiInstanceUserTaskCmd(taskId, assignee);
    //执行加签操作
        this.managementService.executeCommand(addMultiInstanceUserTaskCmd);
    }
}
```

在以上代码中，addMultiInstanceUserTask()方法的传入参数为任务编号和加签用户，其核心逻辑为先实例化加签Command类AddMultiInstanceUserTaskCmd，然后通过ManagementService管理服务的executeCommand()方法执行该Command类，从而实现会签加签。

27.4.2　会签加签使用示例

下面看一个会签加签的使用示例，如图27.6所示。该流程为上线申请流程，"管理员会签"用户任务配置为串行多实例，接下来借助27.4.1小节介绍的扩展实现加签操作。

图27.6　会签加签使用示例流程

该流程对应的XML内容如下：

```
<process id="MultiInstanceUserTaskProcess" name="会签用户任务实例流程"
    isExecutable="true">
    <startEvent id="startEvent1"/>
    <userTask id="userTask1" name="上线申请" activiti:assignee="liushaoli"/>
    <sequenceFlow id="sequenceFlow1" sourceRef="startEvent1" targetRef="userTask1"/>
    <userTask id="userTask2" name="管理员会签" activiti:assignee="${assignee}">
        <multiInstanceLoopCharacteristics isSequential="true"
            activiti:collection="${assigneeList}" activiti:elementVariable="assignee">
            <completionCondition>${nrOfCompletedInstances == nrOfInstances}
                </completionCondition>
        </multiInstanceLoopCharacteristics>
    </userTask>
    <sequenceFlow id="sequenceFlow2" sourceRef="userTask1" targetRef="userTask2"/>
    <userTask id="userTask3" name="运维操作" activiti:assignee="litao"/>
    <sequenceFlow id="sequenceFlow3" sourceRef="userTask2" targetRef="userTask3"/>
    <endEvent id="endEvent1"/>
    <sequenceFlow id="sequenceFlow4" sourceRef="userTask3" targetRef="endEvent1"/>
</process>
```

在以上流程定义中，加粗部分的代码将管理员会签用户任务设置为串行多实例，通过activiti:collection指定该会签环节的参与人的集合，此处是使用的一个名为assigneeList的流程变量。多实例在遍历assigneeList集合时把单个值保存在activiti:elementVariable指定的名为assignee的变量中。结合该变量和userTask的activiti:assignee就可以决定该实例应该由谁来处理。结束条件表达式配置为${nrOfCompletedInstances == nrOfInstances}，表明多实例的所有任务办理完成后才能结束多实例。

加载该流程模型并执行相应流程控制的示例代码如下：

```
@Slf4j
public class RunAddMultiInstanceUserTaskDemo extends ActivitiEngineUtil {

    @Test
    public void runAddMultiInstanceUserTaskDemo() {
        //加载Activiti配置文件并初始化工作流引擎及服务
        loadActivitiConfigAndInitEngine("activiti.cfg.xml");
        //发起流程
        ProcessDefinition processDefinition =
deployByClasspathResource("processes/MultiInstanceUserTaskProcess.bpmn20.xml");

        //设置流程变量
        List<String> assigneeList = new ArrayList();
        assigneeList.add("huhaiqin");
        assigneeList.add("wangjunlin");
        Map variables = new HashMap();
```

```java
            variables.put("assigneeList", assigneeList);
            //发起流程
            ProcessInstance processInstance =
runtimeService.startProcessInstanceById(processDefinition.getId(), variables);
            //查询第一个任务
            Task firstTask =
                taskService.createTaskQuery().processInstanceId(processInstance.getId()).
                singleResult();
            //完成第一个任务
            taskService.complete(firstTask.getId());
            log.info("用户任务{}办理完成", firstTask.getName());

            //查询第二个任务
            Task secondTask =
taskService.createTaskQuery().processInstanceId(processInstance.getId()).list().get(0);
            log.info("第二个任务taskId: {}, 节点名称: {}, 办理人: {}", secondTask.getId(),
                secondTask.getName(), secondTask.getAssignee());
            //执行加签操作
            AddMultiInstanceUserTaskService multiInstanceUserTaskService =
                new AddMultiInstanceUserTaskService(managementService);
            multiInstanceUserTaskService.addMultiInstanceUserTask(
                secondTask.getId(), "liuxiaopeng");
            //完成第二个任务
            taskService.complete(secondTask.getId());
            log.info("用户任务{}办理完成, 办理人: {}", secondTask.getName(), secondTask.getAssignee());

            while
(taskService.createTaskQuery().processInstanceId(processInstance.getId()).count() > 0) {
                List<Task> tasks =
taskService.createTaskQuery().processInstanceId(processInstance.getId()).list();
                for (Task task : tasks) {
                    taskService.complete(task.getId());
                    log.info("用户任务{}办理完成, 办理人: {}", task.getName(), task.getAssignee());
                }
            }

            //关闭工作流引擎
            engine.close();
    }
}
```

以上代码先初始化工作流引擎并部署流程，初始化assigneeList加入用户huhaiqin、wangjunlin作为流程变量并发起流程，然后查询并办理第一个用户任务。接下来，查询第二个用户任务，对其执行加签操作加签用户liuxiaopeng（加粗部分的代码），接着办理完成第二个用户任务，最后遍历查询流程任务并逐一输出任务信息和完成任务。代码运行结果如下：

```
06:50:35,363 [main] INFO    com.bpm.example.demo4.RunAddMultiInstanceUserTaskDemo  - 用户
任务上线申请办理完成
06:50:35,363 [main] INFO    com.bpm.example.demo4.RunAddMultiInstanceUserTaskDemo  - 第二
个任务taskId: 21, 节点名称: 管理员会签, 办理人: huhaiqin
06:50:35,393 [main] INFO    com.bpm.example.demo4.RunAddMultiInstanceUserTaskDemo  - 用户
任务管理员会签办理完成, 办理人: huhaiqin
06:50:35,413 [main] INFO    com.bpm.example.demo4.RunAddMultiInstanceUserTaskDemo  - 用户
任务管理员会签办理完成, 办理人: wangjunlin
06:50:35,433 [main] INFO    com.bpm.example.demo4.RunAddMultiInstanceUserTaskDemo  - 用户
任务管理员会签办理完成, 办理人: liuxiaopeng
06:50:35,453 [main] INFO    com.bpm.example.demo4.RunAddMultiInstanceUserTaskDemo  - 用户
任务运维操作办理完成, 办理人: litao
```

从代码运行结果可以看出，管理员会签用户任务的办理人huhaiqin、wangjunlin是原始会签办理人，而办理人liuxiaopeng是由加签操作得到的。

27.5 会签减签

27.4节中介绍了会签加签，即向会签审批人中临时新增审批人。本节将介绍会签减签，即从会签审批人中临时移除审批人。

27.5.1 会签减签的扩展实现

减签是加签的逆向操作,指从会签审批人中临时移除一个或多个审批人。例如,一个多实例用户任务本应由三人串行或者并行执行,但在某种场景下无须这么多人审批,只需要两个人即可,也就是需要减少一个人。Activiti本身并不支持减签操作,需要进行扩展实现。

1. 会签减签Command类

由于要基于Activiti工作流引擎进行扩展,这里可以根据Activiti的命令与拦截器运行机制来实现自定义的减签命令,交给引擎执行。会签减签Command命令类的代码如下:

```java
public class DeleteMultiInstanceUserTaskCmd implements Command, Serializable {

    //多实例总数
    protected static final String NUMBER_OF_INSTANCES = "nrOfInstances";
    //当前活动的实例数,即尚未完成的实例数。对于串行多实例,这个值总是1
    protected static final String NUMBER_OF_ACTIVE_INSTANCES = "nrOfActiveInstances";

    private String taskId;
    private String assignee;

    public DeleteMultiInstanceUserTaskCmd(String taskId, String assignee) {
        this.taskId = taskId;
        this.assignee = assignee;
    }

    public Void execute(CommandContext commandContext) {
        TaskEntityManager taskEntityManager = commandContext.getTaskEntityManager();
        //查询当前任务实例
        TaskEntity taskEntity = taskEntityManager.findById(this.taskId);
        if (taskEntity == null) {
            throw new ActivitiException("id为" + this.taskId + "的任务不存在");
        }
        ExecutionEntityManager executionEntityManager =
            commandContext.getExecutionEntityManager();
        //查询当前任务实例所对应的执行实例
        ExecutionEntity executionEntity =
            executionEntityManager.findById(taskEntity.getExecutionId());
        //查询多实例的根执行实例
        ExecutionEntity miExecution =
            executionEntityManager.findFirstMultiInstanceRoot(executionEntity);
        if (miExecution == null) {
            throw new ActivitiException("节点 " + taskEntity.getTaskDefinitionKey() +
                "不是多实例任务");
        }

        BpmnModel bpmnModel =
            ProcessDefinitionUtil.getBpmnModel(executionEntity.getProcessDefinitionId());
        Activity miActivityElement =
            (Activity) bpmnModel.getFlowElement(executionEntity.getActivityId());
        MultiInstanceLoopCharacteristics multiInstanceLoopCharacteristics =
            miActivityElement.getLoopCharacteristics();
        //解析多实例activiti:collection配置的表达式中的变量
        String collectionKey = getCollectionKey(multiInstanceLoopCharacteristics);
        //查询多实例activiti:collection配置的表达式中的变量的值
        List<String> collectionValue =  (List)miExecution.getVariable(collectionKey);
        if (!collectionValue.contains(assignee)) {
            throw new ActivitiException("减签用户 " + assignee + "不在审批名单中");
        }

        boolean canDelete = false;
        int currentLoopCounter = getCurrentLoopCounter(commandContext, taskEntity,
            miActivityElement, multiInstanceLoopCharacteristics.isSequential());
        if (multiInstanceLoopCharacteristics.isSequential()) {
            for (int i = currentLoopCounter; i < collectionValue.size(); i++) {
                if (collectionValue.get(i).equals(assignee)) {
                    canDelete = true;
                    break;
                }
            }
```

```java
            } else {
                List<ExecutionEntity> childExecutions =
executionEntityManager.findChildExecutionsByParentExecutionId(miExecution.getId());
                for (ExecutionEntity childExecution : childExecutions) {
                    if (this.assignee.equals(childExecution.getVariableLocal
                        (multiInstanceLoopCharacteristics.getElementVariable())))  {
                        //删除执行实例及相关数据
executionEntityManager.deleteChildExecutions(childExecution, "Delete MI execution", false);
                        executionEntityManager.deleteExecutionAndRelatedData(childExecution,
                            "Delete MI execution", false);

                        //更新nrOfActiveInstances变量
                        Integer nrOfActiveInstances =
                            (Integer) miExecution.getVariable(NUMBER_OF_ACTIVE_INSTANCES);
                        miExecution.setVariableLocal(NUMBER_OF_ACTIVE_INSTANCES,
                            nrOfActiveInstances - 1);

                        canDelete = true;
                        break;
                    }
                }
            }
            if (canDelete) {
                Integer currentNumberOfInstances =
                    (Integer) miExecution.getVariable(NUMBER_OF_INSTANCES);
                miExecution.setVariableLocal(NUMBER_OF_INSTANCES, currentNumberOfInstances - 1);

                //从变量中移除减签用户
                collectionValue.remove(assignee);
                miExecution.setVariable(collectionKey, collectionValue);
            }
            return null;
        }

        //查询当前任务的LoopCounter值
        private int getCurrentLoopCounter(CommandContext commandContext, TaskEntity
            taskEntity, Activity miActivityElement, boolean isSequential) {
            String collectionElementIndexVariable = null;
            if (isSequential) {
                SequentialMultiInstanceBehavior miBehavior =
                    (SequentialMultiInstanceBehavior) miActivityElement.getBehavior();
                collectionElementIndexVariable =
                    miBehavior.getCollectionElementIndexVariable();
            } else {
                ParallelMultiInstanceBehavior miBehavior =
                    (ParallelMultiInstanceBehavior) miActivityElement.getBehavior();
                collectionElementIndexVariable =
                    miBehavior.getCollectionElementIndexVariable();
            }
            ExecutionEntityManager executionEntityManager =
                commandContext.getExecutionEntityManager();
            ExecutionEntity executionEntity =
                executionEntityManager.findById(taskEntity.getExecutionId());
            int loopCounter =
                (int) executionEntity.getVariableLocal(collectionElementIndexVariable);
            return loopCounter;
        }

        //解析出多实例activiti:collection配置的表达式中的变量
        protected String getCollectionKey(MultiInstanceLoopCharacteristics
            multiInstanceLoopCharacteristics) {
            String collectionKey = multiInstanceLoopCharacteristics.getInputDataItem();
            String regex = "\\$\\{(.*?)\\}";
            Pattern pattern = Pattern.compile(regex);
            Matcher matcher = pattern.matcher(collectionKey);
            if (matcher.find()) {
                collectionKey = matcher.group(1);
            }
            return collectionKey;
        }
}
```

在以上代码中，execute()方法的核心逻辑是：先根据taskId查询得到任务实例，然后查询该任务实例所对应的执行实例和多实例的根执行实例，并进行一系列校验，包括校验任务是否存在、是否为多实例任务。接下来获取流程模型信息和多实例节点信息，解析并查询多实例activiti:collection配置的表达式中的变量值（多实例的任务的办理人从该变量中获取，后文简称为"会签办理人变量"）。如果减签用户不在会签办理人变量中，则抛出异常。对于串行会签和并行会签来说，减签要做的操作是不相同的。

对于串行会签来说，每次只有一个运行时任务，因此需要查询当前任务在多实例任务中的位置，在其之前的任务都已办理完成，所以要减签的用户只能在其之后。对会签办理人变量从当前位置开始进行遍历，找到减签用户并移除，然后更新该变量。减签之后，同时要更新nrOfInstances局部变量的值。

对于并行会签来说，所有审批人的任务均已创建完成，所以先查询所有多实例任务的执行实例，并根据被减签人员匹配对应的执行实例，然后删除该执行实例及其相关数据，同时更新nrOfInstances、nrOfActiveInstances局部变量的值，最后在会签办理人变量中移除减签用户，更新该变量。

2. 会签减签Service类

Activiti的ManagementService服务提供的executeCommand()方法可以用于执行Command类，这里使用ManagementService调用DeleteMultiInstanceUserTaskCmd实现会签减签。会签减签Service类的内容如下：

```
@AllArgsConstructor
public class DeleteMultiInstanceUserTaskService {

    protected ManagementService managementService;

    /**
     * 会签减签
     * @param taskId      当前操作taskId
     * @param assignee    待减签用户
     */
    public void deleteMultiInstanceUserTask(String taskId, String assignee) {
        //实例化自定义跳转Command类
        DeleteMultiInstanceUserTaskCmd deleteMultiInstanceUserTaskCmd =
            new DeleteMultiInstanceUserTaskCmd(taskId, assignee);
        //执行减签操作
        this.managementService.executeCommand(deleteMultiInstanceUserTaskCmd);
    }
}
```

在以上代码中，deleteMultiInstanceUserTask()方法的传入参数为任务编号和减签用户，其核心逻辑为：先实例化减签Command类DeleteMultiInstanceUserTaskCmd，然后通过ManagementService管理服务的executeCommand()方法执行该Command类，从而实现会签减签。

27.5.2 会签减签使用示例

下面看一个会签减签使用示例。这里仍以图27.6所示的上线申请流程为例，管理员会签用户任务配置为串行多实例，下面借助27.5.1小节介绍的扩展实现减签操作。

加载该流程模型并执行相应流程控制的示例代码如下：

```
@Slf4j
public class RunDeleteMultiInstanceUserTaskDemo extends ActivitiEngineUtil {

    @Test
    public void runDeleteMultiInstanceUserTaskDemo() {
        //加载Activiti配置文件并初始化工作流引擎及服务
        loadActivitiConfigAndInitEngine("activiti.cfg.xml");
        //部署流程
        ProcessDefinition processDefinition =
            deployByClasspathResource("processes/MultiInstanceUserTaskProcess.bpmn20.xml");

        List<String> assigneeList = new ArrayList();
        assigneeList.add("huhaiqin");
        assigneeList.add("wangjunlin");
        assigneeList.add("liuxiaopeng");
        Map variables = new HashMap();
        variables.put("assigneeList", assigneeList);
```

```java
        //发起流程
        ProcessInstance processInstance =
            runtimeService.startProcessInstanceById(processDefinition.getId(), variables);
        //查询第一个任务
        Task firstTask =
taskService.createTaskQuery().processInstanceId(processInstance.getId()).singleResult();
        //完成第一个任务
        taskService.complete(firstTask.getId());
        log.info("用户任务{}办理完成", firstTask.getName());

        //查询第二个任务
        Task secondTask =
taskService.createTaskQuery().processInstanceId(processInstance.getId()).list().get(0);
        log.info("第二个任务taskId：{}，节点名称：{}，办理人：{}", secondTask.getId(),
            secondTask.getName(), secondTask.getAssignee());
        //执行减签操作
        DeleteMultiInstanceUserTaskService multiInstanceUserTaskService =
            new DeleteMultiInstanceUserTaskService(managementService);
        multiInstanceUserTaskService.deleteMultiInstanceUserTask(secondTask.getId(),
            "liuxiaopeng");
        //完成第二个任务
        taskService.complete(secondTask.getId());
        log.info("用户任务{}办理完成,办理人：{}", secondTask.getName(), secondTask.getAssignee());

        while
(taskService.createTaskQuery().processInstanceId(processInstance.getId()).count() > 0) {
            List<Task> tasks =
taskService.createTaskQuery().processInstanceId(processInstance.getId()).list();
            for (Task task : tasks) {
                taskService.complete(task.getId());
                log.info("用户任务{}办理完成,办理人：{}", task.getName(), task.getAssignee());
            }
        }

        //关闭工作流引擎
        engine.close();
    }
}
```

以上代码先初始化工作流引擎并部署流程，初始化assigneeList加入用户huhaiqin、wangjunlin和liuxiaopeng作为流程变量并发起流程；然后查询并办理第一个用户任务，查询第二个用户任务，并对其执行减签操作减签用户liuxiaopeng，办理完成第二个用户任务；最后遍历查询流程任务，逐一输出任务信息并完成任务。代码运行结果如下：

```
06:56:11,808 [main] INFO   com.bpm.example.demo5.RunDeleteMultiInstanceUserTaskDemo  -
用户任务上线申请办理完成
06:56:11,808 [main] INFO   com.bpm.example.demo5.RunDeleteMultiInstanceUserTaskDemo  -
第二个任务taskId：21，节点名称：管理员会签，办理人：huhaiqin
06:56:11,838 [main] INFO   com.bpm.example.demo5.RunDeleteMultiInstanceUserTaskDemo  -
用户任务管理员会签办理完成，办理人：huhaiqin
06:56:11,858 [main] INFO   com.bpm.example.demo5.RunDeleteMultiInstanceUserTaskDemo  -
用户任务管理员会签办理完成，办理人：wangjunlin
06:56:11,878 [main] INFO   com.bpm.example.demo5.RunDeleteMultiInstanceUserTaskDemo  -
用户任务运维操作办理完成，办理人：litao
```

从代码运行结果可知，管理员会签用户任务的办理人只有huhaiqin和wangjunlin，而原始会签办理人liuxiaopeng已经成功被减签。

27.6 本章小结

本章主要介绍了如何通过扩展Activiti实现各种本土化业务流程场景需求，包括通过代码创建流程模型、为流程实例动态增加临时节点、流程节点自动跳过、会签加签和会签减签等常见场景。这些操作都是借助基于Activiti的引擎能力或运行机制扩展实现的，读者可以学习和借鉴本章的实现思路和过程，实现更加复杂的应用场景需求。

第四篇
架构扩展篇

第28章

Activiti性能与容量优化

在工作流领域内，需要面对的多是公司内部的审批场景。这类场景数据量小、并发量低，因此在性能和容量上的要求相对比较低。但是，工作流引擎的应用场景远远不止审批业务。除审批外，工作流引擎还可以作为一个业务平台，直接完成业务的执行。此外，工作流引擎还可作为一个集成平台，打通公司内各个独立业务系统。这些场景对工作流引擎的容量和并发能力提出了非常高的要求，如在某些平台公司的线上作业系统中，要求工作流引擎支持每天1000万次以上的流程实例发起，并发量在2000 TPS以上，接口响应时间P99值不能高于100毫秒。这些要求是原生的Activiti无法满足的，因此需要我们对其进行改造和优化。本章将介绍流程历史数据异步化、ID生成器和定时器这3方面的优化过程。

28.1 历史数据异步化

为了提高流程执行的效率，Activiti将流程数据分为运行时数据和历史数据，从而避免历史数据积累影响工作流引擎性能。如果业务本身不需要历史数据，工作流引擎可以不保存历史数据，这样引擎性能会有进一步的提升。

7.4.1小节中介绍了Activiti历史数据存储的4个级别。其中，none级别不存储历史数据，其他3种级别都会存储历史数据。本节主要针对需要保存历史流程数据和历史变量的场景展开介绍。需要同时保存运行时数据和历史数据的要求会导致流程执行效率下降，因为历史数据虽然不会影响流程的执行，但会使数据量随着时间积累。因此，对于历史数据，一方面要解决其对工作流引擎性能的影响，另一方面则要解决大数据量的存储问题。基于这两个目标，对于历史数据，可采用异步分布式存储方式存储。本节将分析Activiti的数据存储机制，并对其进行改造，先通过异步方式存储历史数据，再采用分布式数据库MongoDB解决海量数据的存储问题。

28.1.1 Activiti数据存储机制

Activiti的数据操作流程如图28.1所示。

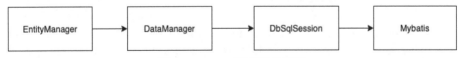

图28.1 Activiti数据操作流程

在Activiti中进行数据操作时，会先调用各个实体对象对应的EntityManager，而EntityManager又会委托给对应的DataManager来完成操作，最终通过DbSqlSession调用Mybatis实现数据的增、删、改、查操作。所有EntityManager和DataManager的初始化都是通过工作流引擎配置类ProcessEngineConfigurationImpl完成的，该类中有两个方法：initDataManagers()和initEntityManagers()。

initDataManagers()方法初始化DataManager的代码片段如下（省略部分代码）：

```
public void initDataManagers() {
    if (attachmentDataManager == null) {
        attachmentDataManager = new MybatisAttachmentDataManager(this);
    }
    if (byteArrayDataManager == null) {
        byteArrayDataManager = new MybatisByteArrayDataManager(this);
    }
    if (commentDataManager == null) {
        commentDataManager = new MybatisCommentDataManager(this);
```

```
    }
    if (deploymentDataManager == null) {
        deploymentDataManager = new MybatisDeploymentDataManager(this);
    }
    ...
}
```

initEntityManagers()方法初始化EntityManager的代码片段如下(省略部分代码):

```
public void initEntityManagers() {
    if (attachmentEntityManager == null) {
        attachmentEntityManager =
            new AttachmentEntityManagerImpl(this, attachmentDataManager);
    }
    if (byteArrayEntityManager == null) {
        byteArrayEntityManager =
            new ByteArrayEntityManagerImpl(this, byteArrayDataManager);
    }
    if (commentEntityManager == null) {
        commentEntityManager =
            new CommentEntityManagerImpl(this, commentDataManager);
    }
    if (deploymentEntityManager == null) {
        deploymentEntityManager =
            new DeploymentEntityManagerImpl(this, deploymentDataManager);
    }
    ...
}
```

从以上两段代码片段中可知:

❑ EntityManager依赖DataManager,其数据操作委托给DataManager完成;
❑ 只有相应的EntityManager和DataManager对象为空时,才会实例化默认类,也就是说,Activiti支持实现自定义相关数据操作类来替换默认的数据操作类。

了解了EntityManager和DataManager后,再来分析DbSqlSession的实现原理。Activiti中的数据操作都是通过DbSqlSession完成的,当DataManager调用DbSqlSession进行数据的增、删、改操作时,DbSqlSession不会立即与数据库进行交互,而是先将数据缓存在内存中的HashMap中,缓存的代码如下:

```
protected Map<Class<? extends Entity>, Map<String, Entity>> insertedObjects
    = new HashMap<Class<? extends Entity>, Map<String, Entity>>();
protected Map<Class<? extends Entity>, Map<String, Entity>> deletedObjects
    = new HashMap<Class<? extends Entity>, Map<String, Entity>>();
protected Map<Class<? extends Entity>, List<BulkDeleteOperation>>
    protected List<Entity> updatedObjects = new ArrayList<Entity>();
```

在以上代码中, insertedObjects缓存要插入的数据实体,deletedObjects缓存要删除的数据实体,它们的结构均为HashMap,key为对应实体类的class属性,值为对应要删除的实体对象的列表。updatedObjects缓存要更新的数据实体,数据结构为List,其结构与另外两者不同的原因是插入和删除支持按类型批量操作。flushBulkInsert()方法可以实现批量插入,flushBulkDeletes()方法可以实现批量删除,但更新不支持批量操作。最终DbSqlSession会调用flush()方法实现数据库的操作,代码如下:

```
public void flush() {
    determineUpdatedObjects();
    removeUnnecessaryOperations();
    flushInserts();
    flushUpdates();
    flushDeletes();
}
```

flush()方法的调用是在拦截器CommandContextInterceptor中完成的。当Commad执行完成时,CommandContextInterceptor会调用CommandContext的close()方法,该方法最终调用DbSqlSession的flush()方法,源码如下:

```
public void close() {
    try {
        try {
```

```
            try {
                executeCloseListenersClosing();
                if (exception == null) {
                    flushSessions();
                }
            } catch (Throwable exception) {
                exception(exception);
            } finally {
                try {
                    if (exception == null) {
                        executeCloseListenersAfterSessionFlushed();
                    }
                } catch (Throwable exception) {
                    exception(exception);
                }
                if (exception != null) {
                    logException();
                    executeCloseListenersCloseFailure();
                } else {
                    executeCloseListenersClosed();
                }
            }
        } catch (Throwable exception) {
            exception(exception);
        } finally {
            closeSessions();
        }
    } catch (Throwable exception) {
        exception(exception);
    }

    if (exception != null) {
        rethrowExceptionIfNeeded();
    }
}

protected void flushSessions() {
    for (Session session : sessions.values()) {
        session.flush();
    }
}
```

以上代码中的加粗部分代码表示CommandContext在执行close()方法时会调用DbSqlSession的flush()方法，实现数据的增、删、改操作。

通过对Activiti数据操作机制的分析，可以总结出两种实现历史数据异步化的思路。第一种思路是从DbSqlSession入手，在最终进行数据库操作时实现异步化。第二种思路是自定义DataManager，在自定义的DataManager中实现异步存储。对于历史数据，可以存储在原有的数据库表中，这样做的优点是历史数据的查询可以复用Activiti已有的查询方式，改造成本比较低。也可以采用其他存储方式，尤其是数据量比较大的情况下采用分布式数据库进行存储，如MongoDB。接下来分别介绍以下两种异步存储方式：

❑ 改造DbSqlSession，实现基于已有数据库表的历史数据异步化；
❑ 自定义DataManager，实现基于MongoDB的历史数据异步化。

28.1.2 基于已有数据库表的历史数据异步化

Activiti所有数据操作都是通过DbSqlSession完成的。DbSqlSession提供了对实体对象的缓存，并在Command完成时调用flush()方法进行数据库操作。因此，可以在进行数据库操作前先判断实体对象的类型，再决定数据存储的方式。例如，插入数据通过flush()调用flushInserts()来完成，因此可以在该方法中实现历史数据插入的异步化。Activiti历史数据包括历史任务、历史流程变量等，这里以流程历史变量的异步存储为例，讲解如何实现历史数据的异步化。将DbSqlSession的flushInserts()方法改造如下：

```
//创建线程池，通过线程池提交历史数据
private ExecutorService executorService = Executors.newFixedThreadPool(10);

protected void flushInserts() {
```

```java
        if (insertedObjects.size() == 0) {
            return;
        }
        for (Class<? extends Entity> entityClass : EntityDependencyOrder.INSERT_ORDER) {
            if (insertedObjects.containsKey(entityClass)) {
                //历史变量数据的异步化
                boolean isHistoricData = handleHistoricInsertEntities(entityClass,
                    insertedObjects.get(entityClass).values());
                //非历史变量数据，遵循原有的逻辑
                if (!isHistoricData) {
                    flushInsertEntities(entityClass,
                        insertedObjects.get(entityClass).values());
                }
                insertedObjects.remove(entityClass);
            }
        }
        if (insertedObjects.size() > 0) {
            for (Class<? extends Entity> entityClass : insertedObjects.keySet()) {
                flushInsertEntities(entityClass, insertedObjects.get(entityClass).values());
            }
        }
        insertedObjects.clear();
}

protected boolean handleHistoricInsertEntities(Class<? extends Entity> entityClass,
    Collection<Entity> entitiesToInsert) {
    if (entityClass.equals(HistoricVariableInstanceEntityImpl.class)) {
        executorService.submit(() -> {
            for (Entity entity : entitiesToInsert) {
                log.info("Async insert history data={}", entity);
                flushRegularInsert(entity, entityClass);
            }
        });
        return true;
    }
    return false;
}
```

以上代码中的加粗部分代码是新添加的逻辑，实现了handleHistoricInsertEntities()方法。该方法的核心逻辑是判断要插入对象的类型是否是历史变量。如果是，则采用异步方式进行数据插入，否则就采用同步方式进行数据插入。

完成以上改造后，发起一个流程实例，可以看到以下日志：

```
[pool-7-thread-1] INFO  org.activiti.engine.impl.db.DbSqlSession - Async insert history
 data=HistoricVariableInstanceEntity[id=37502, name=name, revision=0, type=string, text
Value=liuxiaopeng]
[pool-7-thread-1] INFO  org.activiti.engine.impl.db.DbSqlSession - Async insert history
 data=HistoricVariableInstanceEntity[id=37503, name=age, revision=0, type=integer, long
Value=12, textValue=12]
```

从该日志中可知，历史变量的插入是通过自定义逻辑实现的，其执行线程为自定义线程池中的线程，而其他数据则是通过执行请求的线程插入的。对于历史变量的查询，由于数据仍存在数据库的ACT_HI_VARINST表中，所以可以复用Activiti历史变量数据操作类MybatisHistoricVariableInstanceDataManager实现。历史变量的异步更新和删除，可以用类似的方法处理，因篇幅问题，这里就不再赘述，有兴趣的读者可以自行实现。

28.1.3 基于MongoDB的历史数据异步化

对于数据量较小的场景，可以采用已有的数据库表来实现历史数据异步化，但是面对海量历史数据的场景，就需要采用分布式数据存储机制来进行处理了。本小节将介绍基于MongoDB的历史数据异步存储方案。

1. MongoDB与Spring Boot集成

MongoDB是一个分布式文档型数据库，由C++编写，旨在为Web应用提供可扩展的高性能数据存储解决方案，是目前非关系型数据库中使用最广的数据库之一。MongoDB中的文档以JSON格式存储数据。MongoDB提供分片集群机制，可在用户无感知的情况下进行水平动态扩容，支持海量数据的存储和查询，适用于流程历史数据存储场景。因此，这里采用MongoDB实现历史数据的异步存储。

第21章中介绍了Activiti与Spring Boot的集成，本小节将在Spring Boot的基础上集成MongoDB。首先，需要引入对应的starter，Spring Boot官方提供了spring-boot-starter-data-mongodb来实现两者的集成，可在pom.xml文件中加入如下内容：

```
<dependency>
    <groupId>org.springframework.boot</groupId>
    <artifactId>spring-boot-starter-data-mongodb</artifactId>
</dependency>
```

引入starter后，还需要配置MongoDB的地址，以及用户名、密码等参数。Spring Boot提供了两种配置方式，一种方式是通过uri配置：

```
spring:
   data:
      mongodb:
         uri: mongodb://activiti:123456@128.0.0.1:27017/activiti_history
```

以上配置的加粗部分代码中，mongodb代表通信协议，activiti是MongoDB对应数据库的用户名，123456是该用户的密码，128.0.0.1是MongoDB服务的地址，27017是服务端口号，activiti_history是用于存储流程历史数据的数据库名。

另一种方式是将这些配置项单独配置，其格式如下：

```
spring:
   data:
      mongodb:
         host: 128.0.0.1
         port: 27017
         username: activiti
         password: '123456'
         database: activiti_history
```

该配置方式与通过uri配置的效果一致，二者的具体配置项一一对应。

完成上述配置后，就可以在Spring的IoC容器中获取MongoTemplate实例了。通过MongoTemplate实例，可以实现对MongoDB数据的增、删、改、查操作，进而在此基础上实现自定义DataManager。

2. 自定义DataManager

通过MongoTemplate操作实体类需要增加相应的注解，所以这里需要将org.activiti.engine.impl.persistence.entity.HistoricVariableInstanceEntityImpl复制到自己的工程下，全类名保持不变，并增加@Document、@Id和@Indexed等注解，其实现如下：

```
@Document(collection = "act_hi_variable")
public class HistoricVariableInstanceEntityImpl extends AbstractEntity implements
HistoricVariableInstanceEntity, BulkDeleteable, Serializable {

    private static final long serialVersionUID = 1L;

    @Id
    protected String id;

    protected String name;
    protected VariableType variableType;

    @Indexed
    protected String processInstanceId;
    @Indexed
    protected String executionId;
    @Indexed
    protected String taskId;
```

```
protected Date createTime;
protected Date lastUpdatedTime;

protected Long longValue;
protected Double doubleValue;
protected String textValue;
protected String textValue2;
protected ByteArrayRef byteArrayRef;

@Transient
protected Object cachedValue;
```
//省略对应的getter()和setter()方法

由以上代码可知，类名上增加了注解@Document，并指定属性collection的值为act_hi_variable，表示将该实体类存入MongoDB的act_hi_variable表中；id属性上增加了注解@Id，表示用id字段作为数据库中文档的ID，该字段值不能重复；属性processInstanceId、executionId和taskId增加了@Indexed注解，表示需要在表中的这3个字段上添加索引；cachedValue属性上的@Transient注解表示该字段无须保存到MongoDB中。

完成实体类的改造后，通过MongoTemplate实现自定义DataManger。Activiti中默认的历史变量存储类继承体系如图28.2所示。

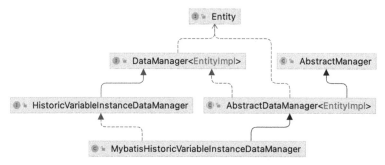

图28.2　Activiti历史变量数据存储类继承体系

参照该继承体系，自定义DataManager需要实现DataManger接口。这里可以实现HistoricVariableInstanceDataManager接口。AbstractManger提供了工作流引擎配置类实例及执行过程中的上下文等信息，因此自定义DataManger也继承该抽象类。由于要采用异步方式存储数据，所以MongoDB的操作都通过线程池来完成，具体实现如下：

```java
public class AsyncMongoHistoricVariableInstanceDataManagerImpl extends AbstractManager
    implements HistoricVariableInstanceDataManager {

    private Logger log =
        LoggerFactory.getLogger(AsyncMongoHistoricVariableInstanceDataManagerImpl.class);
    //通过线程池来操作MongoDB
    private ExecutorService executorService = Executors.newFixedThreadPool(10);
    private MongoTemplate mongoTemplate;

    public AsyncMongoHistoricVariableInstanceDataManagerImpl(ProcessEngineConfigurationImpl
        processEngineConfiguration, MongoTemplate mongoTemplate) {
        super(processEngineConfiguration);
        this.mongoTemplate = mongoTemplate;
    }

    public AsyncMongoHistoricVariableInstanceDataManagerImpl
        (ProcessEngineConfigurationImpl processEngineConfiguration) {
        super(processEngineConfiguration);
    }

    @Override
    public HistoricVariableInstanceEntity create() {
```

```java
        return new HistoricVariableInstanceEntityImpl();
    }

    //根据ID查询历史变量
    @Override
    public HistoricVariableInstanceEntity findById(String entityId) {
        return mongoTemplate.findById(entityId, HistoricVariableInstanceEntityImpl.class);
    }

    //插入历史变量
    @Override
    public void insert(HistoricVariableInstanceEntity entity) {
        executorService.submit(() -> {
            try {
                log.info("Async mongo insert {}", entity);
                mongoTemplate.insert(entity);
            } catch (Exception ex) {
                log.error("Exception ex", ex);
            }
        });
    }

    //更新历史变量
    @Override
    public HistoricVariableInstanceEntity update(HistoricVariableInstanceEntity entity) {
        executorService.submit(() -> {
                try {
                    log.info("Async mongo update {}", entity);
                    Criteria criteria = Criteria.where("id").is(entity.getId());
                    Query query = new Query(criteria);
                    mongoTemplate.find(new Query(criteria),
                        HistoricVariableInstanceEntity.class);
                    Update update = HistoricVariableUtil.createUpdate(entity);
                    mongoTemplate.updateFirst(query, update,
                        HistoricVariableInstanceEntityImpl.class);
                } catch (Exception ex) {
                    log.error("Exception ex", ex);
                }
            }
        );
        return entity;
    }

    //根据ID删除历史变量
    @Override
    public void delete(String id) {
        HistoricVariableInstanceEntity historicVariableInstance =
            new HistoricVariableInstanceEntityImpl();
        historicVariableInstance.setId(id);
        delete(historicVariableInstance);
    }

    //删除历史变量实体
    @Override
    public void delete(HistoricVariableInstanceEntity entity) {
        executorService.submit(() -> {
            try {
                log.info("Async mongo delete {}", entity);
                mongoTemplate.remove(entity);
            } catch (Exception ex) {
                log.error("Exception ex", ex);
            }
        }
        );
    }

    //根据流程实例ID查询历史变量
    @Override
    public List<HistoricVariableInstanceEntity>
```

```java
        findHistoricVariableInstancesByProcessInstanceId(String processInstanceId) {
        Criteria criteria = Criteria.where("processInstanceId").is(processInstanceId);
        List<HistoricVariableInstanceEntityImpl> entityList = mongoTemplate.find(
            new Query(criteria), HistoricVariableInstanceEntityImpl.class);
        List<HistoricVariableInstanceEntity> ret = new ArrayList<>();
        ret.addAll(entityList);
        return ret;
    }

//根据任务实例ID查询历史变量
    @Override
    public List<HistoricVariableInstanceEntity> findHistoricVariableInstancesByTaskId
        (String taskId) {
        Criteria criteria = Criteria.where("taskId").is(taskId);
        List<HistoricVariableInstanceEntityImpl> entityList = mongoTemplate.find(
            new Query(criteria),
            HistoricVariableInstanceEntityImpl.class);
        List<HistoricVariableInstanceEntity> ret = new ArrayList<>();
        ret.addAll(entityList);
        return ret;
    }

//按条件查询历史变量数量
    @Override
    public long findHistoricVariableInstanceCountByQueryCriteria
        (HistoricVariableInstanceQueryImpl historicProcessVariableQuery) {
        Query query = new Query(createCriteria(historicProcessVariableQuery));
        return mongoTemplate.count(query, HistoricVariableInstanceEntityImpl.class);
    }

//按条件分页查询历史变量
    @Override
    public List<HistoricVariableInstance>
        findHistoricVariableInstancesByQueryCriteria(HistoricVariableInstanceQueryImpl
        historicProcessVariableQuery, Page page) {
        Query query = new Query(createCriteria(historicProcessVariableQuery));
        query.skip(page.getFirstResult());
        query.limit(page.getMaxResults());
        List<HistoricVariableInstanceEntityImpl> entityList =
            mongoTemplate.find(query, HistoricVariableInstanceEntityImpl.class);
        List<HistoricVariableInstance> ret = new ArrayList<>();
        ret.addAll(entityList);
        return ret;
    }

    private Criteria createCriteria(HistoricVariableInstanceQueryImpl
        historicProcessVariableQuery) {
        Criteria criteria = new Criteria();
        if (StringUtils.isNotBlank(historicProcessVariableQuery.getProcessInstanceId())) {
            criteria.andOperator(Criteria.where("processInstanceId").is(
            historicProcessVariableQuery.getProcessInstanceId()));
        }
        if (StringUtils.isNotBlank(historicProcessVariableQuery.getTaskId())) {
            criteria.andOperator(Criteria.where("taskId").is
                (historicProcessVariableQuery.getTaskId()));
        }
        if (StringUtils.isNotBlank(historicProcessVariableQuery.getVariableName())) {
            criteria.andOperator(Criteria.where("name").is
                (historicProcessVariableQuery.getVariableName()));
        }
        return criteria;
    }

//按变量ID查询历史变量
    @Override
    public HistoricVariableInstanceEntity
        findHistoricVariableInstanceByVariableInstanceId(String variableInstanceId) {
        return mongoTemplate.findById(variableInstanceId,
```

```
            HistoricVariableInstanceEntityImpl.class);
    }

    @Override
    public List<HistoricVariableInstance>
        findHistoricVariableInstancesByNativeQuery(Map<String, Object>
        parameterMap, int firstResult, int maxResults) {
        throw new RuntimeException("不支持的操作");
    }

    @Override
    public long findHistoricVariableInstanceCountByNativeQuery(
        Map<String, Object> parameterMap) {
        throw new RuntimeException("不支持的操作");
    }
}
```

以上代码通过MongoTempate实现了历史变量的增、删、改、查操作，增、删、改操作通过线程池来实现异步提交。需要注意的是，历史变量异步操作可能存在数据不一致的问题，这里暂时只记录了异常日志，保证数据一致性的具体方式参考28.1.4小节。条件查询部分，这里只实现了根据taskId、processInstanceId和variableName进行查询，其他条件查询读者可以根据业务实际情况自行补充。

上面创建了自定义历史变量的数据管理类AsyncMongoHistoricVariableInstanceDataManagerImpl，接下来需在工作流引擎配置类ProcessEngineConfigurationImpl中使用该类替换Activiti默认的MybatisHistoricVariableInstanceDataManager，其配置如下：

```
@Autowired
private PlatformTransactionManager transactionManager;

@Autowired
private RedisProcessDefinitionCache processDefinitionCache;

@Autowired
private MongoTemplate mongoTemplate;

@Bean(name = "processEngineConfiguration")
public ProcessEngineConfigurationImpl processEngineConfiguration(DataSource dataSource) {
    SpringProcessEngineConfiguration configuration = new SpringProcessEngineConfiguration();
    configuration.setDataSource(dataSource);
    configuration.setDatabaseSchemaUpdate(ProcessEngineConfiguration.DB_SCHEMA_UPDATE_TRUE);
    configuration.setTransactionManager(transactionManager);
    configuration.setAsyncExecutorActivate(true);
    configuration.setAsyncExecutorMaxPoolSize(10);
    //指定自定义的流程定义缓存
    configuration.setProcessDefinitionCache(processDefinitionCache);
    //指定历史变量数据处理类
    configuration.setHistoricVariableInstanceDataManager(
        new AsyncMongoHistoricVariableInstanceDataManagerImpl(configuration,mongoTemplate));
    return configuration;
}
```

以上代码段中的加粗部分通过setHistoricVariableInstanceDataManager()方法设置历史变量的数据管理类为AsyncMongoHistoricVariableInstanceDataManagerImpl。

通过以上方式，我们实现了基于MongoDB的自定义历史变量DataManager。最后，重新发起一个流程，并添加两个流程变量：一个变量key为name，值为liuxiaopeng；另一个变量key为age，值为22。发起流程后，可以看到如下日志：

```
[pool-1-thread-1] INFO  c.e.d.e.AsyncMongoHistoricVariableInstanceDataManagerImpl - Async mongo insert HistoricVariableInstanceEntity[id=40002, name=name, revision=0, type=string, textValue=liuxiaopeng]
[pool-1-thread-2] INFO  c.e.d.e.AsyncMongoHistoricVariableInstanceDataManagerImpl - Async mongo insert HistoricVariableInstanceEntity[id=40003, name=age, revision=0, type=integer, longValue=12, textValue=12]
```

从上述日志内容可知，历史变量的插入已经通过自定义数据管理类AsyncMongoHistoricVariableInstanceDataManagerImpl实现，执行线程为自定义线程池中的线程，而非执行请求线程。

28.1.4 数据一致性保证

28.1.3小节实现了历史数据的异步化。我们可以通过异步存储机制来分离运行时数据和历史数据，但同时也引入了一个新的问题，即运行时数据和历史数据一致性问题：如果在异步提交数据的过程中发生了异常，就可能会出现数据不一致的现象。Activiti原生存储方式可以通过数据库事务保证数据的强一致性，但采用异步数据提交方式就无法通过数据库事务来保证数据的一致性了。分布式场景下，通常可以采用两阶段提交等方案来保证数据的强一致性，但是它们的实现相对比较复杂，对性能影响较大。

在历史数据应用场景中，往往无须保证数据的强一致性，只需保证数据的最终一致性，即允许短时间内数据状态不一致。这里采用数据补偿的方式来保证数据的最终一致性。当异步提交历史数据发生异常时，将数据发送到MQ中，然后再消费MQ中的消息来进行数据补偿。以异步历史变量写入MongoDB为例，可以将异常数据写入RocketMQ中，并通过消费RocketMQ中的消息来实现数据的最终一致性。

1．RocketMQ与Spring Boot集成

RocketMQ是阿里巴巴开发的一个分布式消息中间件，于2012年开源，并在2017年正式成为Apache的顶级项目。RocketMQ性能好，消息可靠性强，支持顺序消息和延时队列，非常适合数据补偿场景。这里依然在Spring Boot基础上集成RocketMQ。首先引入对应的starter，在pom.xml文件中加入如下内容：

```xml
<dependency>
    <groupId>org.apache.rocketmq</groupId>
    <artifactId>rocketmq-spring-boot-starter</artifactId>
    <version>2.2.1</version>
</dependency>
```

引入starter后，还需要配置RocketMQ地址及生产者组。在application.yml文件中添加如下内容：

```yaml
rocketmq:
    name-server: 128.0.0.1:9876
    producer:
        group: producer_group
```

完成上述配置后，就可以在Spring的IoC容器中获取RocketMQTemplate实例，并通过RocketMQTemplate实例发送消息。

2．将异常数据发送到MQ

在将数据异步写入MongoDB时，有各种因素可能会导致写入失败，如网络异常、MongoDB服务宕机等。这时，需要将数据发送到消息队列，等待一段时间再进行写入。因此，这里使用RocketMQ延时消息。RocketMQ延时消息仅支持特定级别的延时，总共分为18个级别，分别对应1秒、5秒、10秒、30秒、1分、2分、3分、4分、5分、6分、7分、8分、9分、10分、20分、30分、1小时和2小时。这里将级别设置为4，生产者类的具体实现如下所示：

```java
@Component
public class HistoricVariableProducer {
    private Logger log = LoggerFactory.getLogger(HistoricVariableProducer.class);

    @Autowired
    private RocketMQTemplate rocketMQTemplate;

    public static final String HISTORIC_TOPIC = "historic_mq_topic";

    public void sendJobMessage(OpType opType, HistoricVariableInstanceEntity entity) {
        log.info("Producer historic variable message,processInstanceId={},variable={}",
            entity.getProcessInstanceId(), entity);
        **HistoricVariableInstanceEntityMessage entityMessage = new
HistoricVariableInstanceEntityMessage(opType, entity, System.currentTimeMillis());
        Message<HistoricVariableInstanceEntityMessage> message =
            MessageBuilder.withPayload(entityMessage).build();
        rocketMQTemplate.syncSend(HISTORIC_TOPIC, message, 1000, 4);**
    }
}
```

以上代码段中的加粗部分封装了HistoricVariableInstanceEntityMessage消息类，该类包含了历史变量实体、操作类型和发送的时间戳。操作类型主要分为3种：插入（INSERT）、更新（UPDATE）和删除（DELETE）。

发送MQ消息的延时级别为4，表示延时30秒开始消费。

接下来，在AsyncMongoHistoricVariableInstanceDataManagerImpl的增、删、改方法中调用HistoricVariableProducer发送操作异常的异步历史变量数据。其实现如下：

```java
//插入历史变量
@Override
public void insert(HistoricVariableInstanceEntity entity) {
    executorService.submit(() -> {
        try {
            log.info("Async mongo insert {}", entity);
            mongoTemplate.insert(entity);
        } catch (Exception ex) {
            log.error("Exception ex", ex);
            historicVariableProducer.sendHistoricVariableMessage(OpType.INSERT, entity);
        }
    });
}

//更新历史变量
@Override
public HistoricVariableInstanceEntity update(HistoricVariableInstanceEntity entity) {
    executorService.submit(() -> {
        try {
            log.info("Async mongo update {}", entity);
            Criteria criteria = Criteria.where("id").is(entity.getId());
            Query query = new Query(criteria);
            mongoTemplate.find(new Query(criteria),
                HistoricVariableInstanceEntity.class);
            Update update = new Update();
            mongoTemplate.updateFirst(query, update,
                HistoricVariableInstanceEntityImpl.class);
        } catch (Exception ex) {
            log.error("Exception ex", ex);
            historicVariableProducer.sendHistoricVariableMessage(
                OpType.UPDATE, entity);
        }
    }
    );
    return entity;
}

@Override
public void delete(HistoricVariableInstanceEntity entity) {
    executorService.submit(() -> {
        try {
            log.info("Async mongo delete {}", entity);
            mongoTemplate.remove(entity);
        } catch (Exception ex) {
            log.error("Exception ex", ex);
            historicVariableProducer.sendHistoricVariableMessage(
                OpType.DELETE, entity);
        }
    }
    );
}
```

以上代码段中的加粗部分表示在对MongoDB数据进行增、删、改操作时，如果发生异常，则将历史变量数据和对应的操作发送到RocketMQ。

3. 消费MQ进行数据补偿

最后，消费RocketMQ中的数据对异常数据进行补偿。需要注意的是，历史变量中存在版本号，补偿时只需补偿MongoDB中版本号比RocketMQ低的数据，其实现如下：

```java
@Component
@RocketMQMessageListener(
    topic = HistoricVariableProducer.HISTORIC_TOPIC,
    consumerGroup = "variable_consumer_group"
)
```

```java
public class HistoricVariableConsumer implements RocketMQListener
    <HistoricVariableInstanceEntityMessage> {

    private Logger log = LoggerFactory.getLogger(JobProducer.class);

    @Autowired
    private ProcessEngineConfigurationImpl configuration;

    @Override
    public void onMessage(HistoricVariableInstanceEntityMessage entityMessage) {
        log.info("Consumer HistoricVariableInstanceEntityMessage={}", entityMessage);
        HistoricVariableInstanceDataManager historicVariableInstanceDataManager =
            configuration.getHistoricVariableInstanceDataManager();
        HistoricVariableInstanceEntity entity =
            historicVariableInstanceDataManager.findById(entityMessage.getEntity().getId());
        switch (entityMessage.getOpType()) {
            case INSERT:
                if (entity == null) {
                    historicVariableInstanceDataManager.insert(entityMessage.getEntity());
                }
                break;
            case UPDATE:
                if (entity != null && entity.getRevision() <=
                    entityMessage.getEntity().getRevision()) {
                    historicVariableInstanceDataManager.update(entityMessage.getEntity());
                }
                break;
            case DELETE:
                if (entity != null && entity.getRevision() <=
                    entityMessage.getEntity().getRevision()) {
                    historicVariableInstanceDataManager.delete(entityMessage.getEntity());
                }
                break;
            default:
                log.error("Unsupported opType, message={}", entityMessage);
        }
    }
}
```

在以上代码中，RocketMQ消费者需要实现RocketMQListener接口，并通过注解@RocketMQMessageListener配置要消费的Topic，该Topic必须与对应生产者的Topic保持一致。补偿过程通过调用工作流引擎中的HistoricVariableInstanceDataManager实现类实现，根据工作流引擎配置，这里HistoricVariableInstanceDataManager实现类为AsyncMongoHistoricVariableInstanceDataManagerImpl。如果补偿过程中再次发生异常，会再次将该消息延时30秒，直到消费成功，这就保证了数据的最终一致性。

28.2 ID生成器优化

Activiti中实体的ID（即数据库中主键字段ID_）需要由专门的生成器生成。Activiti ID生成器需要配置IdGenerator接口，该接口只有一个方法，即获取下一个ID：

```java
public interface IdGenerator {
    String getNextId();
}
```

Activiti自带的ID生成器有两个：数据库ID生成器（DbIdGenerator）和UUID生成器（StrongUuidGenerator）。

28.2.1 数据库ID生成器（DbIdGenerator）

通过数据库生成ID的实现方式是在数据库中创建一个表保存一个数字作为当前ID，并在获取当前ID后，在原来的基础上递增生成下一个ID。但是如果这样做，就要在每次生成一个ID时都查询和更新数据库，因此数据库的压力会比较大。此外，因为操作的都是同一张表的同一行数据，所以并发量比较大的情况下，容易产生数据库行锁冲突，效率会比较低。因此，为了提高生成ID的效率，降低数据库压力，通常采用分段生成ID的方式，即每次从数据库中获取的ID不是一个，而是一批，当一批ID用完后再从数据库中获取下一批ID。DbIdGenerator的源码如下所示：

```
protected int idBlockSize;//分段大小
protected long nextId;//下一个ID的值
protected long lastId = -1;//分段的最后一个值

//获取ID
public synchronized String getNextId() {
    //判断当前分段是否还有值
    if (lastId < nextId) {
        getNewBlock();
    }
    long _nextId = nextId++;
    return Long.toString(_nextId);
}

//获取下一个分段
protected synchronized void getNewBlock() {
    IdBlock idBlock =
        commandExecutor.execute(commandConfig, new GetNextIdBlockCmd(idBlockSize));
    this.nextId = idBlock.getNextId();
    this.lastId = idBlock.getLastId();
}
```

在获取ID时，首先判断当前分段是否有剩余，如果有则直接返回ID，否则直接从数据库获取下一个分段。这里用nextId存储该分段下一个ID（每次递增1），用lastId存储该分段的最后一个ID。Activiti通过GetNextIdBlockCmd获取下一个分段的ID，其实现源码如下：

```
public class GetNextIdBlockCmd implements Command<IdBlock> {

    private static final long serialVersionUID = 1L;
    protected int idBlockSize;

    public GetNextIdBlockCmd(int idBlockSize) {
        this.idBlockSize = idBlockSize;
    }

    public IdBlock execute(CommandContext commandContext) {
        PropertyEntity property =
            (PropertyEntity) commandContext.getPropertyEntityManager().findById("next.dbid");
        long oldValue = Long.parseLong(property.getValue());
        long newValue = oldValue + idBlockSize;
        property.setValue(Long.toString(newValue));
        return new IdBlock(oldValue, newValue - 1);
    }
}
```

从execute()方法可知，这里先从ACT_GE_PROPERTY表中查询name为next.dbid的记录，并将其value作为下一个ID，然后将value加上分段大小idBlockSize的值更新到数据库。由于数据库中存储的值为下一个分段的开始值，所以当前分段值的最后一个值需要用数据库中的值减1。需要注意的是，虽然这里没有主动调用更新数据库操作，但是因为这里是在Command中修改PropertyEntity实体类的值，所以最后DbSqlSession会判断缓存中的对象是否有变化。如果有变化，则自动同步到数据库中。这里修改了PropertyEntity实体对象的value属性，所以对象最终会自动同步到数据库中。

基于数据库的ID生成器的优点是有序且长度较短，对使用InnoDB作为存储引擎的数据库来说，采用这种方式插入效率会比较高。其缺点是依赖数据库，并发压力比较大。此外，在分布式环境下，如果要生成全局唯一的ID，需要将ID生成器作为独立服务进行部署和维护，复杂度和运维成本会大幅度增加。

28.2.2 UUID生成器

除了数据ID生成器外，Activiti还提供了一个UUID生成器，其源码如下：

```
public class StrongUuidGenerator implements IdGenerator {
    protected static TimeBasedGenerator timeBasedGenerator;

    public StrongUuidGenerator() {
        ensureGeneratorInitialized();
    }
```

```java
    protected void ensureGeneratorInitialized() {
        if (timeBasedGenerator == null) {
            synchronized (StrongUuidGenerator.class) {
                if (timeBasedGenerator == null) {
                    timeBasedGenerator = Generators.timeBasedGenerator(EthernetAddress.
                        fromInterface());
                }
            }
        }
    }

    public String getNextId() {
        return timeBasedGenerator.generate().toString();
    }
}
```

从上述代码可知，Activiti的UUID是通过com.fasterxml.uuid.impl.TimeBasedGenerator生成的。UUID生成器的优点是不依赖其他服务，并发效率高，分布式情况下也能生成全局唯一ID。其缺点首先是无序，对于与InnoDB类似的存储引擎，插入时容易导致索引页分裂，影响插入的性能。其次，UUID的长度比较长，占用的空间相对较大。

上述两种ID生成器都有各自的优缺点，但在数据量大、并发和性能要求高的场景下都难以满足业务要求，需要采用更优的ID生成器来实现。更优的生成器需要既满足性能上的要求，又保证全局有序和唯一。这里采用流行ID生成算法"雪花算法"来实现。

28.2.3 自定义ID生成器

雪花算法是Twitter推出的开源分布式ID生成算法，通过一个64位长整型数字作为全局ID，共分为以下4个部分。

- 第1位：固定值0。
- 第2位～第42位：41位时间戳。
- 第43位～第52位：10位机器ID。
- 第53位～第64位：12位序列号，从0开始递增，最大为4095。

雪花算法每毫秒最多生成4096个ID，也就是每秒能生成多达400万个ID，能够满足绝大部分应用场景的业务需求。雪花算法由Scala实现，需要使用Java重写该算法。这里采用开源的雪花算法实现，并在pom.xml文件中引入对应的JAR包：

```xml
<dependency>
    <groupId>com.littlenb</groupId>
    <artifactId>snowflake</artifactId>
    <version>1.0.5</version>
</dependency>
```

要实现自定义ID生成器，必须要继承Activiti的IdGenerator接口，其具体实现如下：

```java
public class SnowFlakeIdGenerator implements IdGenerator {

    private com.littlenb.snowflake.sequence.IdGenerator idGenerator;

    public SnowFlakeIdGenerator() {
        LocalDateTime startTime = LocalDateTime.of(2022, 1, 1, 0, 0, 0);
        long startMillis = startTime.toInstant(ZoneOffset.of("+8")).toEpochMilli();
        MillisIdGeneratorFactory millisIdGeneratorFactory = new
            MillisIdGeneratorFactory(startMillis);
        idGenerator = millisIdGeneratorFactory.create(getMachineId());
    }

    private int getMachineId() {
        long result = 0;
        try {
            String ip = InetAddress.getLocalHost().getHostAddress();
            ip = ip.replace(".", "");
            result = Long.parseLong(ip);
```

```
        } catch (UnknownHostException e) {
            e.printStackTrace();
        }
        return (int) result % 1024;
    }

    @Override
    public String getNextId() {
        return String.valueOf(idGenerator.nextId());
    }
}
```

在上述代码中,时间戳以2022年1月1日0点0分0秒为起点。机器ID的长度是10位,最大值不能超过1024,因此用当前IP转为数字后对1024进行取模。完成自定义ID生成器的开发后,还需要配置工作流引擎使用自定义ID生成器,配置内容如下:

```
@Bean(name = "processEngineConfiguration")
public ProcessEngineConfigurationImpl processEngineConfiguration(DataSource dataSource) {
    SpringProcessEngineConfiguration configuration = new SpringProcessEngineConfiguration();
    configuration.setDataSource(dataSource);
    configuration.setDatabaseSchemaUpdate(ProcessEngineConfiguration.DB_SCHEMA_UPDATE_TRUE);
    configuration.setTransactionManager(transactionManager);
    configuration.setAsyncExecutorActivate(true);
    configuration.setAsyncExecutorMaxPoolSize(10);
    //指定自定义流程定义缓存
    configuration.setProcessDefinitionCache(processDefinitionCache);
    //使用自定义ID生成器
    configuration.setIdGenerator(new SnowFlakeIdGenerator());
    return configuration;
}
```

至此,就实现了自定义ID生成器。我们发起一个流程来验证效果。以运行时任务实例表(ACT_RU_TASK)为例,ACT_RU_TASK部分字段值如表28.1所示。

表28.1 ACT_RU_TASK部分字段值

ID_	EXECUTION_ID_	PROC_INST_ID_
34051965643620352	34051965513596928	34051965501014016

从表28.1可知,ACT_RU_TASK对应的任务实例ID、执行实例ID和流程实例ID都是通过雪花算法生成的。

28.3 定时器优化

Activiti支持定时器功能,但是Activiti内置的定时器存在较大的性能问题,尤其在定时器并发度较高时,其性能问题尤为突出。本节将介绍Activiti定时器的执行原理,并对其进行优化,以提高定时任务的性能和容量。

28.3.1 Activiti定时器执行过程

Activiti定时器处理流程如图28.3所示。

图28.3 Activiti定时器处理流程

(1)创建TimerJobEntity。当流程执行到定时器中间事件或者定时器边界事件时,会创建TimerJobEntity,在数据库表ACT_RU_TIMER_JOB中生成一条记录。

(2)获取到期的TimerJobEntity。工作流引擎启动时会启动一个线程循环扫描到期的定时任务,该线程执行AcquireTimerJobsRunnable类,并在该类中调用AcquireTimerJobsCmd查询ACT_RU_TIMER_JOB表中到期的TimerJobEntity。需要注意的是,默认情况下每次只会从数据库查询一条数据,所以若效率不够,则可以调节每批次要查询的数量以提高调度的效率。每批次获取的数量可以通过工作流引擎配置类ProcessEngineConfigurationImpl

调用setAsyncExecutorMaxTimerJobsPerAcquisition()方法进行设置。

（3）将TimerJobEntity转换为JobEntity。这一步包含两个操作，一是根据TimerJobEntity生成一个新的JobEntity，二是删除TimerJobEntity。从数据库的角度来看，即在ACT_RU_JOB表中生成一条新记录，然后删除ACT_RU_TIMER_JOB中的记录。

（4）获取JobEntity并执行。工作流引擎启动时会启动一个线程扫描需要执行的JobEntity。该线程执行AcquireAsyncJobsDueRunnable类，通过该类调用AcquireJobsCmd来查询ACT_RU_JOB表中的数据。获取JobEntity后，通过异步执行器AsyncExecutor的executeAsyncJob()方法异步执行任务。如果任务执行失败，就激活重试逻辑。若重试3次仍然失败，则将数据转移到ACT_RU_DEADLETTER_JOB表中。需要注意的是，查询JobEntity是单线程的，但是执行JobEntity则是多线程异步完成的。任务执行效率与两个参数有关。一个是每次从数据库获取JobEntity的数量，可以通过工作流引擎配置类ProcessEngineConfigurationImpl的setAsyncExecutorMaxAsyncJobsDuePerAcquisition()方法进行设置。另一个参数是任务的执行线程数，由线程池控制，通过引擎配置类ProcessEngineConfigurationImpl的setAsyncExecutorMaxTimerJobsPerAcquisition()方法进行设置。

28.3.2　Activiti定时器优化

通过对定时器执行过程的解析，可以发现定时器存在几个性能问题，本小节将针对这些问题进行详细分析并优化。

1. 查询TimerJobEntity

单线程获取TimerJobEntity并转换为JobEntity，这一步的逻辑比较简单：单线程性能也足以满足需求，可以通过调节每批次查询的数量来进一步优化性能。这里的主要问题是，生产环境下，通常采用多服务器部署模式，可能导致同一TimerJobEntity会被多台机器获取，从而影响后续操作。该问题可以通过分布式锁解决，这里采用Redis+Lua脚本的方式来实现分布式锁，代码如下：

```java
public class RedisLockUtils {
    private static final Long SUCCESS = 1L;
    private static Logger log = LoggerFactory.getLogger(RedisLockUtils.class);

    //获取锁
    public static Boolean getDistributedLock(RedisTemplate<String, String> redisClient,
        String key, String value, int expireTime) {
        String script = "if redis.call('setNx',KEYS[1],ARGV[1]) == 1 "
            + "then "
            + "if redis.call('get',KEYS[1])==ARGV[1] then return redis.call('expire',KEYS[1],ARGV[2]) "
            + "else return 0 end "
            + "else return 0 end";
        return executeLockScript(redisClient, script, key, value, expireTime);
    }

    //释放锁
    public static boolean releaseDistributedLock(RedisTemplate<String, String>
        redisClient, String lockKey, String value) {

        String script = "if redis.call('get', KEYS[1]) == ARGV[1] "
            + "then return redis.call('del', KEYS[1]) "
            + "else return 0 end";
        RedisScript<String> redisScript = new DefaultRedisScript<>(script, String.class);

        Object result = redisClient.execute(redisScript,
            new StringRedisSerializer(),
            new StringRedisSerializer(),
            formatKey(lockKey),
            value);
        if (SUCCESS.equals(result)) {
            return true;
        }

        return false;
    }
```

```java
    private static Boolean executeLockScript(RedisTemplate<String, String> redisTemplate,
        String script,
        String lockKey,
        String value,
        int expireTime) {
        Boolean ret = null;
        try {
            RedisScript<String> redisScript = new DefaultRedisScript(script, String.class);
            Object result = redisTemplate.execute(redisScript,
                new StringRedisSerializer(),
                new StringRedisSerializer(),
                formatKey(lockKey),
                value,
                String.valueOf(expireTime));

            if (SUCCESS.equals(result)) {
                return true;
            }
        } catch (Exception e) {
            log.error("GetDistributedLock Exception ex", e);
        }
        return ret;
    }

    private static List<String> formatKey(String lockKey) {
        return Collections.singletonList(lockKey);
    }
}
```

接下来,在AcquireTimerJobsRunnable中增加分布式锁的逻辑。这里选择将AcquireTimerJobsRunnable类复制到本地工程,全类名保持不变,并改造其run()方法,实现如下(省略部分代码):

```java
public synchronized void run() {
    log.info("starting to acquire async jobs due");
    Thread.currentThread().setName("activiti-acquire-timer-jobs");
    final CommandExecutor commandExecutor =
        asyncExecutor.getProcessEngineConfiguration().getCommandExecutor();
    while (!isInterrupted) {
        RedisTemplate<String, String> redisClient =
            SpringUtil.getBean("stringRedisClient");
        String key = TIMER_JOB_LOCK_PREFIX;
        String value = String.valueOf(System.currentTimeMillis());
        //获取分布式锁
        Boolean locked = RedisLockUtils.getDistributedLock(redisClient, key, value, 10);
        if (locked != null && !locked) {
            log.info("Get Timer Job lock fail");
            try {
                Thread.sleep(1000L);
            } catch (InterruptedException e) {
                log.error("InterruptedException ", e);
            }
            continue;
        }
        try {
            final AcquiredTimerJobEntities acquiredJobs =
                commandExecutor.execute(new AcquireTimerJobsCmd(asyncExecutor));
            ...
        } finally {
            RedisLockUtils.releaseDistributedLock(redisClient, key, value);
        }
        ...
    }
}
```

以上代码段中的加粗部分表示先从Redis获取分布式锁。如果获取不到锁,则暂停1秒后重新获取,只有成功获取分布式锁后才能执行后续逻辑。通过分布式锁,可以保证某一时段只有一个线程从数据库中获取数据，能有效解决多台机器获取到相同数据的问题。

除此之外，因为查询时需要根据DUEDATE_进行过滤，但是表ACT_RU_TIMER_JOB在该列上并没有索引，所以需要再添加一个普通索引。其SQL如下：

```sql
alter table ACT_RU_TIMER_JOB add index IDX_DUEDATE_(DUEDATE_);
```

2. 查询JobEntity

单线程获取JobEntity的问题与获取TimerJobEntity类似。针对效率问题，可以通过设置每批次查询的数量来优化，但是同样存在多台机器获取相同数据的问题。因此也需要在AcquireAsyncJobsDueRunnable类的run()方法中增加分布式锁以解决该问题，其实现如下（省略部分代码）：

```java
public synchronized void run() {
    log.info("{} starting to acquire async jobs due");
    Thread.currentThread().setName("activiti-acquire-async-jobs");
    final CommandExecutor commandExecutor =
        asyncExecutor.getProcessEngineConfiguration().getCommandExecutor();
    while (!isInterrupted) {
        RedisTemplate<String, String> redisClient = SpringUtil.getBean("stringRedisClient");
        String key = JOB_LOCK_PREFIX;
        String value = String.valueOf(System.currentTimeMillis());
        Boolean locked = RedisLockUtils.getDistributedLock(redisClient, key, value, 10);
        if (locked != null && !locked) {
            log.info("Get Job lock fail");
            try {
                Thread.sleep(1000L);
            } catch (InterruptedException e) {
                log.error("InterruptedException ", e);
            }
            continue;
        }
        try {
            AcquiredJobEntities acquiredJobs =
                commandExecutor.execute(new AcquireJobsCmd(asyncExecutor));
            ...
        } finally {
            RedisLockUtils.releaseDistributedLock(redisClient, key, value);
        }
        ...
    }
}
```

以上代码段中的加粗部分表示获取JobEntity之前获取分布式锁。如果获取不到锁，则等待1秒后重新获取。通过分布式锁可以有效解决多台机器查询到相同数据的问题。

3. 执行JobEntity

该阶段是真正执行业务逻辑的阶段，是整个定时任务生命周期中最耗费资源与时间的阶段。Activiti采用异步多线程方式执行JobEntity。上一步需要通过分布式锁来解决多台机器获取相同数据的问题，因此执行JobEntity时，同一时间只能在一台机器上执行。这导致在任务数量较多时Activiti的性能出现瓶颈。为了解决多台机器同时执行JobEntity时的问题，可以把任务ID发送到MQ中，所有机器通过消费MQ中的消息来执行JobEntity。可以在TimerJobEntity转JobEntity时将JobEntity的ID发送给MQ，这里使用Apache RocketMQ实现该功能。

因为之前的章节已经完成了RocketMQ与Spring Boot的集成（参见28.1.4小节），这里可以直接调用RocketMQTemplate执行RocketMQ操作。定时任务消息发送的代码实现如下：

```java
@Component
public class JobProducer {

    private Logger log = LoggerFactory.getLogger(JobProducer.class);

    @Autowired
    private RocketMQTemplate rocketMQTemplate;
```

28.3 定时器优化

```java
public static final String JOB_TOPIC = "job_mq_topic";

public void sendJobMessage(String processInstanceId, String jobId) {
    JobMessage jobMessage = new JobMessage(processInstanceId, jobId);
    log.info("Producer job message,processInstanceId={},jobId={}",
        processInstanceId, jobId);
    rocketMQTemplate.syncSendOrderly(JOB_TOPIC, jobMessage,
        jobMessage.getProcessInstanceId());
}
```

以上代码段中的加粗部分表示发送消息采用同步顺序方式实现,内容为流程实例ID和定时任务JobEntity的ID。流程实例ID为Hash key,保证同一个流程的消息是有序的。JobMessage是自定义类,包括processInstanceId和jobId两个属性。下面通过AcquireTimerJobsRunnable调用JobProducer发送消息,代码如下(省略部分代码):

```java
public synchronized void run() {
    log.info("{} starting to acquire async jobs due");
    Thread.currentThread().setName("activiti-acquire-timer-jobs");
    final CommandExecutor commandExecutor =
        asyncExecutor.getProcessEngineConfiguration().getCommandExecutor();
    JobProducer producer = SpringUtil.getBean(JobProducer.class);
    while (!isInterrupted) {
        RedisClient<String, String> redisClient =
            SpringUtil.getBean("stringRedisClient");
        String key = TIMER_JOB_LOCK_PREFIX;
        String value = String.valueOf(System.currentTimeMillis());
        Boolean locked = RedisLockUtils.getDistributedLock(redisClient, key, value, 10);
        if (locked != null && !locked) {
            log.info("Get Timer Job lock fail");
            try {
                Thread.sleep(1000L);
            } catch (InterruptedException e) {
                log.error("InterruptedException ", e);
            }
            continue;
        }
        try {
            final AcquiredTimerJobEntities acquiredJobs =
                commandExecutor.execute(new AcquireTimerJobsCmd(asyncExecutor));
            commandExecutor.execute(new Command<Void>() {
                @Override
                public Void execute(CommandContext commandContext) {
                    movedJobs.clear();
                    for (TimerJobEntity timerJob : acquiredJobs.getJobs()) {
                        JobEntity job = jobManager.moveTimerJobToExecutableJob(timerJob);
                        //将任务ID发送给MQ
                        if (producer != null && job != null) {
                            producer.sendJobMessage(job.getProcessInstanceId(), job.getId());
                        }
                    }
                    return null;
                }
            });
            ...
        } finally {
            RedisLockUtils.releaseDistributedLock(redisClient, key, value);
        }
        ...
    }
}
```

以上代码段中的加粗部分先从Spring的IoC容器中获取JobProducer实例,然后遍历TimerJobEntity,将JobEntity的ID及对应的流程实例ID发送到MQ,最后通过订阅MQ来执行JobEntity,其实现如下:

```java
@Component
@RocketMQMessageListener(
    topic = JobProducer.JOB_TOPIC,
```

```
    consumerGroup = "job_consumer_group",
    consumeMode = ConsumeMode.ORDERLY
)
public class JobConsumer implements RocketMQListener<JobMessage> {
    private Logger log = LoggerFactory.getLogger(JobProducer.class);

    @Autowired
    private ManagementService managementService;

    @Override
    public void onMessage(JobMessage jobMessage) {
        log.info("Consumer job message {}", jobMessage);
        managementService.executeJob(jobMessage.getJobId());
    }
}
```

该消费者类实现RocketMQListener接口,并通过注解@RocketMQMessageListener配置消费的Topic为对应任务生产者的Topic。此外,这里将消费模式配置为ConsumeMode.ORDERLY,确保了同一流程实例的消息能够顺序消费,防止同一流程实例的定时任务出现乱序执行的问题。获取定时任务消息后,通过工作流引擎执行对应ID的定时任务。

完成上述优化后,还需配置工作流引擎采用MQ方式执行定时任务。Activiti通过DefaultAsyncJobExecutor类执行定时任务。该类通过属性isMessageQueueMode判断是否要启动线程扫描ACT_RU_JOB表。如果其值为true,表示通过MQ执行定时任务,不启动扫描线程。除此之外,还需在引擎层面指定任务执行模式为MQ,这可通过调用ProcessEngineConfigurationImpl类的setAsyncExecutorMessageQueueMode()方法实现。工作流引擎最终配置如下:

```
@Bean(name = "processEngineConfiguration")
    public ProcessEngineConfigurationImpl processEngineConfiguration(
        DataSource dataSource) {
        SpringProcessEngineConfiguration configuration =
            new SpringProcessEngineConfiguration();
        configuration.setDataSource(dataSource);
        configuration.setDatabaseSchemaUpdate(
            ProcessEngineConfiguration.DB_SCHEMA_UPDATE_TRUE);
        configuration.setTransactionManager(transactionManager);
        configuration.setAsyncExecutorActivate(true);
        configuration.setAsyncExecutorMaxPoolSize(10);
        //指定自定义的流程定义缓存
        configuration.setProcessDefinitionCache(processDefinitionCache);
        //使用自定义ID生成器
        configuration.setIdGenerator(new SnowFlakeIdGenerator());
        //指定定时器通过MQ来执行
        DefaultAsyncJobExecutor asyncExecutor = new DefaultAsyncJobExecutor();
        asyncExecutor.setMessageQueueMode(true);
        configuration.setAsyncExecutorMessageQueueMode(true);

        return configuration;
}
```

通过以上改造,我们实现了基于RocketMQ的定时任务逻辑。这样多台服务器可以并行执行定时器,效率上得到极大的改善,可以方便地通过横向扩展来提升系统的整体容量。

28.4 本章小结

本章针对工作流引擎的性能和容量,在历史数据异步化、ID生成器和定时器等方面对Activiti底层原理做了比较详细的分析,并提供了一系列优化思路和具体的实现方法。通过历史数据异步化可以有效地提高工作流引擎性能及容量;基于雪花算法的ID生成器可在分布式场景下提供全局唯一且基本有序的ID;采用RocketMQ优化定时器的执行,大幅度提高了系统的容量。读者可以根据实际需求进行调整和优化。

第29章

Activiti多引擎架构的初阶实现

第28章从单引擎的角度介绍了对Activiti的改造与优化。但针对并发、性能及容量要求较高的场景，单引擎仍然无法提供有效支撑。因此，我们需要从Activiti的整体架构层面考虑优化工作流引擎服务。本章将从系统架构层面进行分析，通过改造Activiti的整体架构体系，使其能够支撑数据量更大、并发更高的业务场景。

29.1 多引擎架构分析

通常情况下，为了支持更高的并发量，可以将服务层设计为无状态服务，将存储层分库分表。无状态服务设计相对比较简单，难点在于数据库的分库分表。分库分表通常有两种方案。比较简单的是垂直拆分，即将不同的业务拆分到不同的表或库中。垂直拆分有一个明显的缺点：当同一个业务的数据量比较大，并发比较高，单库单表无法承载时，无法分库分表。这个时候就需要用到第二种方案——水平拆分，即通过分片的方式存储数据。水平拆分可分为表的水平拆分和库的水平拆分。本章主要讨论水平拆分场景的实现。

29.1.1 水平分库分表方案的局限性

水平分库分表指将单表的数据切分到多个分片中，每个分片具有相同结构的库与表，只是库、表存储的数据不同。水平分库分表可解决单机单库的性能瓶颈，突破IO、连接数等限制。但在Activiti中采用常规的水平分库分表方案存在一定的难度和问题，具体如下。

1. 没有合适的分库分表依据

要采用水平分库分表方案，首先要决定采用何种分库分表策略。这通常需要根据业务的特性来决策，常见的分库分表策略有按范围或Hash取模拆分等。

对于基于范围的分库分表，可以按时间范围或者流程定义范围进行分库分表，如按年或者月进行分库分表等。但在流程领域，往往需要按流程实例ID、任务实例ID和人员ID等场景查询流程和任务，无法确定时间范围，导致这些场景的查询无法满足。按时间范围分库分表的另一个问题是：同一时间段的数据需要写入相同的库表中，无法通过多个数据库和表来分担并发压力。按流程定义分库分表方案也存在类似的问题。首先，流量并非按流程定义均匀分布的，少量的流程定义占据了大部分的数据，易导致分库分表方案失效。其次，该方案无法实现按流程实例ID、任务实例ID和人员ID等查询流程和任务的场景。

对于基于Hash取模的分库分表方案，可以按人员ID的Hash取模进行分库分表，如按人的维度将流程实例分布在不同的库和表上，能解决按人查询的场景需求。但在该方案下，同一个流程会关联多人，同一个任务也可能与多人关联，如同一个用户任务会存在多个候选人，这就导致按人分库分表时存在数据冗余。此外，该方案也无法实现基于流程实例ID或者任务ID进行数据查询的场景。当然，也可以按流程实例ID和任务ID进行分库分表，但这又无法实现按人员ID查询流程或任务的场景。

综合来说，没有一种合适的分库分表方案能够同时满足流程领域常见场景的需求。

2. 常规分库分表方案改造成本高

分库分表实现本身的复杂度比较高，尤其是SQL比较复杂时，要自己实现一套完整的水平分库分表方案成本非常高昂。因此，通常会使用开源组件实现分库分表。常见的水平分库分表实现方案有两种：第一种是客户端水平分库分表，比较常见的是sharding-jdbc；第二种是通过代理进行分库分表，如Mycat。sharding-jdbc以JAR包的形式嵌入到代码中，对代码具有一定的侵入性，但运维成本较低。Mycat需要我们维护一套单独的集群，运维成本比较高，对代码无侵入性。无论采用哪种方式，都有部分功能实现起来比较复杂，对系统性能影响也比较大，甚至无法实现。例如，Activiti底层SQL中存在大量的join操作，一旦涉及多表的跨库操作，实现起来就非常困难。除join操作外，排序、分组、分页等常用的SQL操作性能也非常低。总之，想在Activiti基础上实现一套分库分表方案，无论是设计的难度还是开发的成本都非常高。

3．常规分库分表方案扩容困难

分库分表的另一个难题是扩容。出于成本考虑，一开始不可能拆分过多的库表。但是随着业务的发展，已有的库表无法满足业务需求，这时就需要对原有的库表进行扩容。扩容往往涉及数据迁移，而数据迁移过程风险比较大，难以在不停服且用户无感知的情况下完成迁移。虽然可以采用一致性哈希算法来减少迁移的数据量，但是无法彻底解决数据迁移问题，导致系统扩容比较困难。

29.1.2 多引擎架构方案设计

综上所述，常见的分库分表方案并不适合Activiti应用场景，所以这里介绍另一种方案来实现基于Activiti工作流引擎的分布式架构：多引擎架构。简单来说，就是将Activiti工作流引擎作为独立工作单位存储数据，每个引擎集群有自己的数据库，通过网关进行数据的路由和分发。其整体架构如图29.1所示。

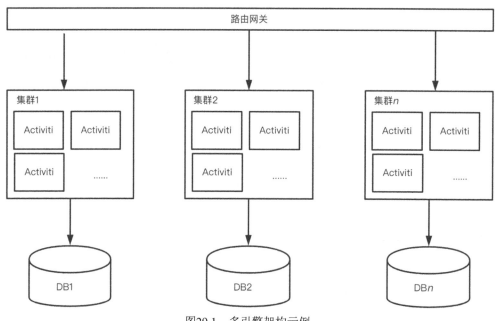

图29.1 多引擎架构示例

多引擎架构模式中，可以创建多个集群，每个集群中包含多个Activiti工作流引擎，同一个集群中的工作流引擎连接同一个数据库，集群与集群之间相互独立。该架构中路由网关起到的如下作用至关重要。

- 进行请求的负载均衡。这是针对发起新流程的请求的。网关可以将发起新流程的请求根据策略分发到不同的集群中，起到负载均衡的作用。
- 进行请求与集群的匹配和路由。这是针对已发起流程的各种操作请求的。同一个流程实例的所有数据都存在于同一个集群下，网关会将已发起流程的各种操作请求路由分发到该流程实例所在的集群中去处理。

多引擎架构有以下优点。

- 引擎改造成本低。从单集群的角度来说，Activiti是一个独立的工作单元，其业务逻辑与原来基本一致，也不存在跨库跨表操作常见问题，因此，对于Activiti的底层逻辑，基本无须调整。
- 扩容简单。多引擎架构下，扩容时并不需要对历史数据进行迁移，因此扩容只需简单地增加一个集群，以及对应的数据库，且可在用户无感知的情况下快速实现。
- 数据均衡。多引擎架构模式下，流量的分发由网关决定，与业务没有直接的关系，不会产生热点数据，可以实现集群数据的均衡。此外，还可以灵活配置负载均衡算法，实现更复杂的路由策略。
- 差异化的引擎能力：这是多引擎架构最大的优势，也是常规分库分表方案无法实现的能力。所谓差异化，是指可以根据业务的不同提供不同的引擎能力。在实际业务中，不同业务对引擎能力的需求也不相同，如审批场景的数据量比较小，对性能要求也不高，但是业务复杂，与人员组织紧密相关；系统集成场景往往数据量大，对性能要求高，但是业务简单，查询条件少。

为了实现这个多引擎架构，还需要解决以下两个问题：
- 不同流程实例的数据分散在多个集群中，但是流程模型信息必须是共享的；
- 网关需要知道已发起流程实例的数据存储于哪个集群中，才能正确地进行路由。

本章后面的内容，将介绍这两个问题的解决方案。

29.2 多引擎建模服务实现

在多引擎架构模式中，要实现流程模型在多个引擎之间的共享，可以创建一个独立的服务专门负责流程建模与部署，而其他工作流引擎则通过调用该服务获取流程模型及流程定义信息。其整体架构如29.2所示。

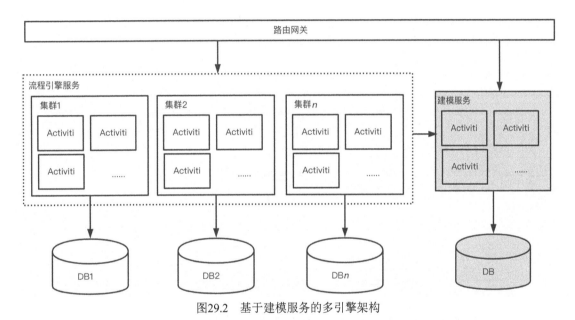

图29.2 基于建模服务的多引擎架构

如图29.2所示，灰色部分表示建模服务。建模服务本质上也是Activiti的工作流引擎，只不过二者职责有所不同：建模服务负责流程建模与部署，工作流引擎服务负责流程的流转。

29.2.1 建模服务搭建

建模服务本身也是一个Activiti工作流引擎，可以结合Spring Boot对外提供HTTP服务，其具体实现可参考第21章。

多引擎架构下，工作流引擎服务所需的流程模型和流程定义信息不再通过数据库查询，而是通过调用建模服务接口获取。但是如果每次获取流程模型和流程定义信息都需要远程调用，必然会导致性能的急剧下降，因此这里采用共享Redis缓存的方式进行建模信息的同步。对于Redis中不存在的流程模型和流程定义信息，调用建模服务将其写入Redis。因此，需要在建模服务中增加同步缓存的HTTP接口。其实现如下：

```
@Autowired
private ManagementService managementService;

@PostMapping("/processDefinition/syncById/{processDefinitionId}")
public ResponseEntity<String>
    syncProcessDefinition(@PathVariable("processDefinitionId") String processDefinitionId) {
    //如果缓存中不存在，该方法会从数据库中重新加载流程定义到缓存中
    ProcessDefinition processDefinition = managementService.executeCommand(context ->
```

```
        context.getProcessEngineConfiguration()
            .getDeploymentManager()
            .findDeployedProcessDefinitionById(processDefinitionId));
    if (processDefinition != null) {
        return ResponseEntity.ok("success");
    } else {
        return ResponseEntity.notFound().build();
    }
}
```

以上代码段中的加粗部分会将流程定义缓存对象重新写入Redis。基于Redis流程定义缓存的实现可以参阅25.2节,这里就不再赘述。

29.2.2　工作流引擎服务缓存改造

Activiti查询流程定义的逻辑是:先读取缓存中的流程定义缓存对象,如果其不存在,则从数据库中查询并将其加载到缓存。在25.2节中实现了基于Redis的第三方系统缓存机制,但其整体上还是遵循原来的逻辑。在多引擎架构下,工作流引擎服务对应的数据库中不再保存流程模型和流程定义信息,只能从建模服务中获取数据。为了提高工作流引擎性能,降低建模服务的负荷,这里采用共享Redis缓存机制来获取流程模型与流程定义信息。其实现逻辑如下:

```
@Component
public class RedisProcessDefinitionCache implements
DeploymentCache<ProcessDefinitionCacheEntry> {

    private Logger log = LoggerFactory.getLogger(RedisProcessDefinitionCache.class);

    @Resource(name = "processDefinitionCacheRedisTemplate")
    private RedisTemplate<String, ProcessDefinitionCacheEntry> redisTemplate;

    @Value("${activiti.process-definitions.cache.key}")
    private String processDefinitionCacheKey;

    @Autowired
    private ProcessDefinitionClient processDefinitionClient;

    @Override
    public ProcessDefinitionCacheEntry get(String id) {
        log.info("Query cache from redis: id={}", id);
        Object obj = redisTemplate.opsForHash().get(processDefinitionCacheKey, id);
        if (obj == null) {
            log.info("Sync cache to redis. id={}", id);
            processDefinitionClient.syncProcessDefinition(id);
            obj = redisTemplate.opsForHash().get(processDefinitionCacheKey, id);
        }
        if (obj == null) {
            throw new ActivitiObjectNotFoundException("流程定义ID: " + id + "; 不存在");
        }
        return (ProcessDefinitionCacheEntry) obj;
    }

    @Override
    public boolean contains(String id) {
        return redisTemplate.opsForHash().hasKey(processDefinitionCacheKey, id);
    }

    @Override
    public void add(String id, ProcessDefinitionCacheEntry object) {
        throw new ActivitiException("不支持的操作");
    }

    @Override
    public void remove(String id) {
        throw new ActivitiException("不支持的操作");
    }

    @Override
```

```
    public void clear() {
        throw new ActivitiException("不支持的操作");
    }
}
```

以上代码段中的加粗部分用于在Redis中不存在流程定义对象时调用建模服务来同步缓存。对建模服务的调用通过接口ProcessDefinitionClient完成。ProcessDefinitionClient是一个OpenFeign客户端。OpenFeign是Spring Cloud中的子项目，提供申明式的HTTP调用服务，可以像调用本地方法一样调用远程HTTP服务。ProcessDefinitionClient的实现如下：

```
@FeignClient(name = "process-modeling-service",url = "${service.process-modeling-service.url}")
public interface ProcessDefinitionClient {
    @PostMapping("/processDefinition/syncById/{processDefinitionId}")
    public ResponseEntity<String> syncProcessDefinition(@PathVariable("processDefinitionId") String processDefinitionId);
```

在以上代码中，注解@FeignClient通过属性url配置了远程调用地址，可以采用变量的形式引用配置文件中对应的属性配置项。具体的请求路径及HTTP方法通过Spring MVC注解来指定。@PostMapping注解表示HTTP请求方式为POST，请求路径为/processDefinition/syncById/{processDefinitionId}，其中{processDefinitionId}为路径参数，实际调用时会替换为方法参数processDefinitionId。使用OpenFeign需要引入以下对应JAR包：

```
<dependency>
    <groupId>org.springframework.cloud</groupId>
    <artifactId>spring-cloud-starter-openfeign</artifactId>
</dependency>
```

由于OpenFeign是Spring Cloud的子项目，所以需要引入其父POM文件spring-cloud-dependencies。由于Maven的POM文件中只允许出现一个<parent>标签，因此这里采用dependencyManagement标签引入，并且指定其scope为import，其代码如下：

```
<dependencyManagement>
    <dependencies>
        <dependency>
            <groupId>org.springframework.cloud</groupId>
            <artifactId>spring-cloud-dependencies</artifactId>
            <version>${spring-cloud.version}</version>
            <type>pom</type>
            <scope>import</scope>
        </dependency>
    </dependencies>
</dependencyManagement>
```

除了引入JAR包以外，还需要在Spring Boot启用类中通过注解@EnableFeignClients标注启用OpenFeign功能，其实现如下：

```
@SpringBootApplication
@EnableFeignClients
public class ActivitiEngineApplication {
    public static void main(String[] args) {
        SpringApplication.run(ActivitiEngineApplication.class, args);
    }
}
```

完成流程定义缓存类的修改后，还需要自定义流程定义数据管理器，将原有的数据库操作改为缓存操作，该类实现ProcessDefinitionDataManager接口，实现如下：

```
@Service
public class CustomProcessDefinitionDataManagerImpl implements
ProcessDefinitionDataManager {

    @Autowired
    private RedisProcessDefinitionCache processDefinitionCache;

    @Override
    public ProcessDefinitionEntity findById(String entityId) {
```

```
        return
            (ProcessDefinitionEntity) processDefinitionCache
                .get(entityId).getProcessDefinition();
    }

    @Override
    public ProcessDefinitionEntity findLatestProcessDefinitionByKey(
        String processDefinitionKey) {
        return null;
    }
    //省略其他未实现方法
}
```

这里只实现了findById()方法。在流程执行过程中一般无须使用其他方法，如果有需要，读者可自行调用缓存类或者通过OpenFeign调用建模服务实现其他方法。最后，还需要在工作流引擎配置类ProcessEngineConfigurationImpl中指定自定义缓存与流程定义管理类：

```
@Configuration
public class ActivitiEngineConfiguration {

    @Autowired
    private PlatformTransactionManager transactionManager;

    @Autowired
    private RedisProcessDefinitionCache processDefinitionCache;

    @Autowired
    private CustomProcessDefinitionDataManagerImpl processDefinitionDataManager;

    @Bean(name = "processEngineConfiguration")
    public ProcessEngineConfigurationImpl processEngineConfiguration(DataSource dataSource) {
        SpringProcessEngineConfiguration configuration =
            new SpringProcessEngineConfiguration();
        configuration.setDataSource(dataSource);
        configuration.setDatabaseSchemaUpdate
            (ProcessEngineConfiguration.DB_SCHEMA_UPDATE_TRUE);
        configuration.setTransactionManager(transactionManager);
        //自定义流程定义缓存类
        configuration.setProcessDefinitionCache(processDefinitionCache);
        //自定义流程定义数据管理类
        configuration.setProcessDefinitionDataManager(processDefinitionDataManager);
        return configuration;
    }
}
```

在以上代码中，加粗部分的代码为工作流引擎指定了自定义缓存和流程定义管理类。

29.3 工作流引擎路由

对于工作流引擎路由，可以分为以下两种场景展开讨论。

- 新流程发起：新发起流程的路由，需要实现流程数据的负载均衡，可以采用轮询、随机等算法，将流程发起流量均衡地负载到不同的集群上（当然也可以根据业务需要实现其他负载策略）。新流程发起的路由与工作流引擎没有直接关系，其具体逻辑由网关层实现，相关内容将在29.4节详细介绍。
- 已有流程数据操作：流程实例一旦发起，关于该流程实例的所有操作，如流程实例查询、关联任务办理等，都必须路由到同一个集群上。这就需要记录该流程实例相关数据存储在哪个集群上。这里采用路由表来保存流程实例数据与引擎之间的关联关系。工作流引擎在发起流程时将路由信息写入路由表。对流程进行其他操作时，网关根据请求参数，读取路由表中的集群信息，再将请求路由到对应的集群上。基于路由表的多引擎架构如图29.3所示。

路由表中记录流程实例ID和任务ID对应的工作流引擎。路由表操作均为K-V操作，所以这里采用360公司推出的开源数据存储系统Pika存储路由信息。

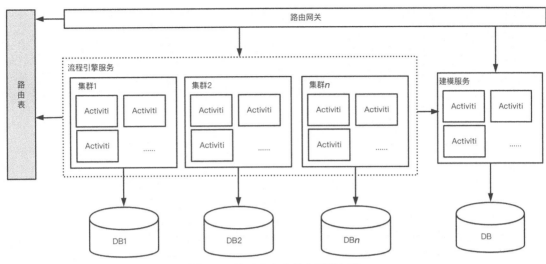

图29.3 基于路由表的多引擎架构

29.3.1 Pika与Spring Boot的整合

Pika是360公司推出的一款开源类Redis存储系统。其底层使用RocksDB存储数据，且数据会直接持久化到磁盘，相对于Redis，其支持更大数据的存储，数据可靠性也更高。Pika完全支持Redis协议，可以直接通过Redis客户端操作。Spring Boot 2默认使用Lettuce作为Redis客户端，但由于新版本的Lettuce客户端与Pika可能存在兼容性问题，所以我们使用Jedis连接Pika。在Spring Boot中集成Jedis，需要在POM文件中增加对应的JAR包：

```
<dependency>
    <groupId>redis.clients</groupId>
    <artifactId>jedis</artifactId>
</dependency>

<dependency>
    <groupId>org.apache.commons</groupId>
    <artifactId>commons-pool2</artifactId>
</dependency>
```

这里除了引入Jedis，还引入了commons-pool2，该JAR包的作用是配置Jedis连接池。引入对应的JAR包后，还需要在application.yml中增加Pika的连接信息：

```
pika:
    host: 127.0.0.1
    port: 9221
    timeout: 1000ms
    connect-timeout: 1000ms
    jedis:
        pool:
            max-active: 50
            min-idle: 5
            max-idle: 10
            max-wait: 1000ms
```

上述配置信息指定了Pika服务器的地址和端口，并配置了连接池相关信息。最后，手动创建Pika客户端。其实现如下：

```
@Configuration
public class PikaConfig {
    @Value("${pika.host}")
    private String pickHost;
    @Value("${pika.port}")
    private int pickPort;
    @Value("${pika.timeout:1000ms}")
```

```java
    private Duration readTimeout;
    @Value("${pika.connect-timeout:1000ms}")
    private Duration connectTimeout;
    @Value("${pika.jedis.pool.max-active:8}")
    private int maxActive;
    @Value("${pika.jedis.pool.max-idle:4}")
    private int minIdle;
    @Value("${pika.jedis.pool.min-idle:0}")
    private int maxIdle;
    @Value("${pika.jedis.pool.max-wait:1000ms}")
    private Duration maxWait;

    @Bean(name = "pikaTemplate")
    public RedisTemplate<String, String> pikaTemplate() {
        //配置服务器信息
        RedisStandaloneConfiguration configuration =
            new RedisStandaloneConfiguration(pickHost, pickPort);
        //配置客户端连接池信息
        GenericObjectPoolConfig poolConfig = new GenericObjectPoolConfig();
        poolConfig.setMaxTotal(maxActive);
        poolConfig.setMinIdle(minIdle);
        poolConfig.setMaxIdle(maxIdle);
        poolConfig.setMaxWait(maxWait);
        JedisClientConfiguration clientConfiguration = JedisClientConfiguration
            .builder()
            .readTimeout(readTimeout)
            .connectTimeout(connectTimeout)
            .usePooling()
            .poolConfig(poolConfig)
            .build();
        JedisConnectionFactory connectionFactory =
            new JedisConnectionFactory(configuration, clientConfiguration);
        connectionFactory.afterPropertiesSet();
        //配置序列化方式
        RedisTemplate<String, String> redisTemplate = new RedisTemplate<>();
        StringRedisSerializer stringRedisSerializer = new StringRedisSerializer();
        redisTemplate.setKeySerializer(stringRedisSerializer);
        redisTemplate.setHashKeySerializer(stringRedisSerializer);
        redisTemplate.setHashValueSerializer(stringRedisSerializer);
        redisTemplate.setValueSerializer(stringRedisSerializer);
        redisTemplate.setConnectionFactory(connectionFactory);
        return redisTemplate;
    }
}
```

由于路由表中key和value均为字符串，因此这里指定的key和value的序列化方式都是StringRedisSerializer。完成Pika的客户端配置后，即可在流程执行过程中通过RedisTemplate将路由信息写入Pika。

29.3.2 将路由信息写入Pika

为了方便操作，可以封装一个专门的工具类来实现各种路由操作，代码如下：

```java
@Service
public class IdRouterService {
    private Logger log = LoggerFactory.getLogger(IdRouterService.class);
    private static final String PIKA_PREFIX_PROCESS_ID = "BPM#ENGINE#PROCESSID";
    private static final String PIKA_PREFIX_TASK_ID = "BPM#ENGINE#TASKID";

    @Resource(name = "pikaTemplate")
    private RedisTemplate<String, Object> pikaTemplate;

    @Value("${bpm.engine-name:default}")
    private String engineName;

    public void addProcessId(String processInstanceId) {
        put(PIKA_PREFIX_PROCESS_ID, processInstanceId, engineName);
    }

    public void addTaskId(String taskId) {
```

```java
        put(PIKA_PREFIX_TASK_ID, taskId, engineName);
    }
    private void put(String key, String hashKey, String value) {
        log.info("Insert Pika success.key={},hashKey={}", key, hashKey);
        pikaTemplate.opsForHash().put(key, hashKey, value);
    }
    public String getProcessEngineName(String processInstanceId) {
        Object value = pikaTemplate.opsForHash()
            .get(PIKA_PREFIX_PROCESS_ID, processInstanceId);
        return value == null ? "" : value.toString();
    }

    public String getTaskEngineName(String taskId) {
        Object value = pikaTemplate.opsForHash().get(PIKA_PREFIX_TASK_ID, taskId);
        return value == null ? "" : value.toString();
    }

    public void deleteProcessId(String processInstanceId) {
        pikaTemplate.opsForHash().delete(PIKA_PREFIX_PROCESS_ID, processInstanceId);
        log.info("Delete Pika success.processInstanceId={}", processInstanceId);
    }

    public void deleteTaskId(String taskId) {
        pikaTemplate.opsForHash().delete(PIKA_PREFIX_TASK_ID, taskId);
    }
}
```

以上代码实现了对流程实例ID和任务ID路由信息的增加、删除和查询操作，引擎名称在配置文件中通过bpm.engine-name选项进行配置。路由信息写入的逻辑可以添加到不同的监听器中，使得在流程发起和任务创建时，可以分别将路由信息写入路由表。

1. 流程发起监听器

流程发起时将路由信息写入路由表，需要对所有流程生效，因此使用全局监听器。全局监听器的详细说明可以回顾18.2节。流程发起监听器实现ActivitiEventListener接口，并在该监听器中将流程实例ID写入路由表，其实现如下：

```java
@Component
public class ProcessStartListener implements ActivitiEventListener {

    @Autowired
    private IdRouterService idRouterService;

    @Override
    public void onEvent(ActivitiEvent event) {
        //将流程实例ID路由信息写入Pika
        idRouterService.addProcessId(event.getProcessInstanceId());
    }

    @Override
    public boolean isFailOnException() {
        return true;
    }
}
```

以上代码段中的加粗部分将流程实例ID路由信息写入Pika。需要注意的是，isFailOnException()方法的返回结果为true，表示一旦流程实例ID路由信息写入失败则回滚整个事务，流程发起失败。

2. 任务创建监听器

任务创建时将路由信息写入路由表，同样针对所有流程生效，所以也需要使用全局监听器实现ActivitiEventListener接口，其实现如下：

```java
@Component
public class TaskCreateListener implements ActivitiEventListener {
    @Autowired
    private IdRouterService idRouterService;
```

```
    @Override
    public void onEvent(ActivitiEvent event) {
        TaskEntity taskEntity = (TaskEntity) ((ActivitiEntityEventImpl) event).getEntity();
        //将任务ID路由信息写入Pika
        idRouterService.addTaskId(taskEntity.getId());
    }

    @Override
    public boolean isFailOnException() {
        return true;
    }
}
```

以上代码段中的加粗部分将任务ID路由信息写入Pika。同样，这里isFailOnException()方法的返回结果也为true，表示一旦任务ID路由信息写入失败则回滚整个事务，任务创建失败。

3．注册监听器

最后，还需要将上述监听器注册到工作流引擎中。这可以通过调用工作流引擎配置类ProcessEngineConfigurationImpl的setTypedEventListeners()实现。流程发起监听器ProcessStartListener监听流程发起事件（PROCESS_STARTED），任务创建监听器TaskCreateListener监听任务创建事件（TASK_CREATED），其实现如下：

```
@Configuration
public class ActivitiEngineConfiguration {

    @Autowired
    private PlatformTransactionManager transactionManager;

    @Autowired
    private ProcessStartListener processStartListener;

    @Autowired
    private TaskCreateListener taskCreateListener;

    @Autowired
    private RedisProcessDefinitionCache processDefinitionCache;

    @Autowired
    private CustomProcessDefinitionDataManagerImpl processDefinitionDataManager;

    @Bean(name = "processEngineConfiguration")
    public ProcessEngineConfigurationImpl processEngineConfiguration(DataSource dataSource) {
        SpringProcessEngineConfiguration configuration =
            new SpringProcessEngineConfiguration();
        configuration.setDataSource(dataSource);
        configuration.setDatabaseSchemaUpdate(
            ProcessEngineConfiguration.DB_SCHEMA_UPDATE_TRUE);
        configuration.setTransactionManager(transactionManager);
        configuration.setProcessDefinitionCache(processDefinitionCache);
        configuration.setProcessDefinitionDataManager(processDefinitionDataManager);

        Map<String, List<ActivitiEventListener>> eventListeners = new HashMap<>();
        eventListeners.put(PROCESS_STARTED.name(), Arrays.asList(processStartListener));
        eventListeners.put(TASK_CREATED.name(), Arrays.asList(taskCreateListener));
        configuration.setTypedEventListeners(eventListeners);
        return configuration;
    }
}
```

以上代码段中的加粗部分实现了ProcessStartListener和TaskCreateListener的注册。

29.4 建立服务网关

29.3节介绍了路由表的写入。工作流引擎服务在流程发起和任务创建时会将流程实例ID和任务ID写入路由表。本节继续介绍通过网关实现路由的转发的方法和过程，这里通过Spring Cloud Gateway实现网关服务。

29.4.1 Spring Cloud Gateway简介

Spring Cloud Gateway是Spring Cloud的一个子项目，用于取代Netflix Zuul，是基于Spring 5、Spring Boot 2和Project Reactor等技术实现的一个高性能网关服务。Spring Cloud Gateway中包含以下3个核心概念。

- 路由（route）：网关最基础的组成部分，由一个唯一ID、一个目标URI、多个断言和过滤器组成，当断言为true时，表示路由匹配成功。
- 断言（predicate）：即Java 8中的函数式编程接口Predicate，输入类型为org.springframework.web.server.ServerWebExchange，通过断言可以匹配HTTP请求中的任何内容，包括请求参数、请求头等。
- 过滤器（filter）：接口org.springframework.cloud.gateway.filter.GatewayFilter实现类的实例，多个过滤器形成过滤器链，可以在请求前对请求（request）进行修改，或在请求后对响应（response）进行修改。

Spring Cloud Gateway工作原理如图29.4所示。

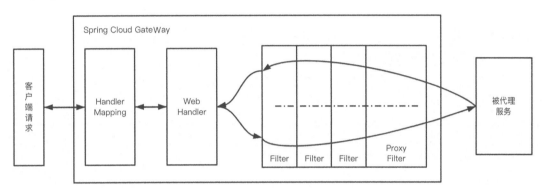

图29.4　Spring Cloud Gateway工作原理

客户端请求Spring Cloud Gateway后，Gateway通过HandlerMapping找到与请求所匹配的路由，然后将请求发送给WebHandler。WebHandler会创建指定的过滤器链，并且将请求发送给第一个过滤器。经过过滤器链后，请求最终被转发给实际的服务器进行业务逻辑处理。

29.4.2 Spring Cloud Gateway服务搭建

搭建Spring Cloud Gateway服务要先引入相应的JAR包。由于Spring Cloud Gateway是Spring Cloud的子项目，所以需要在POM文件中加入Spring Cloud的父依赖。由于Spring Cloud Gateway还依赖于Spring Boot，所以还需要加入Spring Boot的父依赖。最后，加入spring-cloud-starter-gateway。最终的POM文件内容如下：

```xml
<properties>
    <maven.compiler.source>8</maven.compiler.source>
    <maven.compiler.target>8</maven.compiler.target>
    <spring-boot.version>2.6.3</spring-boot.version>
    <spring-cloud.version>2021.0.1</spring-cloud.version>
</properties>

<dependencies>
    <dependency>
        <groupId>org.springframework.cloud</groupId>
        <artifactId>spring-cloud-starter-gateway</artifactId>
    </dependency>
</dependencies>

<dependencyManagement>
    <dependencies>
        <dependency>
            <groupId>org.springframework.boot</groupId>
            <artifactId>spring-boot-dependencies</artifactId>
            <version>${spring-boot.version}</version>
            <type>pom</type>
            <scope>import</scope>
        </dependency>
```

```xml
        <dependency>
            <groupId>org.springframework.cloud</groupId>
            <artifactId>spring-cloud-dependencies</artifactId>
            <version>${spring-cloud.version}</version>
            <type>pom</type>
            <scope>import</scope>
        </dependency>
    </dependencies>
</dependencyManagement>
```

添加依赖后,还需要编写一个Spring Boot启动类:

```java
@SpringBootApplication
public class GatewayApplication {
    public static void main(String[] args) {
        SpringApplication.run(GatewayApplication.class, args);
    }
}
```

完成上述配置后,接下来开始配置工作流引擎路由规则。

29.4.3 新发起流程路由配置

在配置路由之前,先准备两个工作流引擎服务engine01、engine02。二者代码一致,但使用的配置文件不同。配置文件application-engine01.yml的内容如下:

```yaml
bpm:
    engine-name: engine01
server:
    port: 8101
spring:
    datasource:
        url: jdbc:mysql://localhost:3306/activiti_engine01?allowMultiQueries=true&useUnicode=true&characterEncoding=UTF-8&useSSL=false
        username: root
        password: 123456
```

配置文件application-engine02.yml的内容如下:

```yaml
bpm:
    engine-name: engine02
server:
    port: 8102
spring:
    datasource:
        url: jdbc:mysql://localhost:3306/activiti_engine02?allowMultiQueries=true&useUnicode=true&characterEncoding=UTF-8&useSSL=false
        username: root
        password: 123456
```

除此之外,还需要在工作流引擎服务中添加流程发起接口,代码如下:

```java
@RestController
@RequestMapping("/processInstance")
public class ProcessInstanceController {

    @Autowired
    private RuntimeService runtimeService;

    @PostMapping("/startByProcessDefinitionId/{processDefinitionId}")
    public String startProcessInstance(@PathVariable("processDefinitionId") String
        processDefinitionId, Map<String, Object> variables) {
        ProcessInstance processInstance =
            runtimeService.startProcessInstanceById(processDefinitionId, variables);
        return processInstance.getProcessInstanceId();
    }
}
```

最后,通过启动命令分别指定虚拟机参数-Dspring.profiles.active=engine01和-Dspring.profiles.active=engine02,用于启动以下两个工作流引擎服务:

```
java -Dspring.profiles.active=engine01 -jar bpm-engine-1.0-SNAPSHOT.jar
java -Dspring.profiles.active=engine02 -jar bpm-engine-1.0-SNAPSHOT.jar
```

接下来针对上面两个工作流引擎服务配置流程发起的路由规则。这里需要根据请求的路径进行转发，所以采用Path进行断言。此外，还需要将流量均衡地发送到这两个工作流引擎，因此还需要增加Weight断言。最终，网关服务配置文件appplication.yml中的路由配置如下：

```yaml
spring:
  cloud:
    gateway:
      routes:
        - id: engine01-router
          uri: http://localhost:8101
          predicates:
            - Path=/processInstance/startByProcessDefinitionId/**
            - Weight=engine-group,5
        - id: engine02-router
          uri: http://localhost:8102
          predicates:
            - Path=/processInstance/startByProcessDefinitionId/**
            - Weight=engine-group,5
```

上述配置文件中配置了两个路由，其id分别engine01-router和engine02-router，分别对应工作流引擎engine01和engine02，路径断言均为/processInstance/startByProcessDefinitionId/**，权重断言指定分组均为engine-group，值均为5，表示路径为/processInstance/startByProcessDefinitionId/**的请求会平均分发到engine01和engine02两个工作流引擎上。

29.4.4 已有流程路由配置

29.4.3小节中介绍了针对新发起流程的路由，接下来将介绍针对已发起流程的路由。已发起流程的路由与新发起流程不同：已发起流程的路由需要解析请求的参数，再根据参数获取对应的工作流引擎，最后由网关实现路由转发。本章将介绍按流程实例ID查询待办任务和按任务ID办理任务两种场景的实现。首先，在工作流引擎服务中增加以下两个接口：

```java
@RestController
@RequestMapping("/task")
public class TaskController {

    @Autowired
    private TaskService taskService;

    /**
     * 根据流程实例ID查询待办任务
     */
    @GetMapping("/processInstance/{processInstanceId}")
    public ResponseEntity<List<Map<String, Object>>>
        queryTasks(@PathVariable("processInstanceId") String processInstanceId) {
        List<Task> taskList = taskService
            .createTaskQuery()
            .processInstanceId(processInstanceId)
            .list();
        List<Map<String, Object>> ret = new ArrayList<>();
        for (Task task : taskList) {
            Map<String, Object> taskData = new HashMap<>();
            taskData.put("taskId", task.getId());
            taskData.put("name", task.getName());
            ret.add(taskData);
        }
        return ResponseEntity.ok(ret);
    }

    /**
     * 根据任务ID办理任务
     */
    @PostMapping("/complete/{taskId}")
    public ResponseEntity<String> completeTask(@PathVariable("taskId") String taskId,
```

```
        Map<String, Object> variables) {
        taskService.complete(taskId, variables);
        return ResponseEntity.ok("success");
    }
}
```

接下来，在网关中实现这两个接口的路由。因为这两个接口的路由是根据路径匹配的，所以仍然采用Path断言。但是，最终转发的URI是动态获取而非固定的URI。因此，在配置上可以先用占位符表示，并且通过不同的占位符来区分流程实例ID和任务ID。最终的路由配置如下：

```
spring:
  cloud:
    gateway:
      routes:
        - id: task-complete-router
          uri: er://task
          predicates:
            - Path=/task/complete/*
        - id: task-query-router
          uri: er://process
          predicates:
            - Path=/task/processInstance/*
```

在以上配置中，加粗部分是两个自定义URI。er://task表示schema为er，用于判断该URI是否需要动态查询；host为task，表示需要根据任务ID获取引擎信息。er://process中的host为process，表示需要根据流程实例ID获取工作流引擎。此外，还需要增加工作流引擎配置信息和ID提取模式，代码如下：

```
engine-config:
  engines:
    - name: engine01
      url: http://localhost:8101
    - name: engine02
      url: http://localhost:8102
  pattens:
    - /task/complete/(.+)
    - /task/processInstance/(.+)
```

以上配置中包含了工作流引擎配置信息和正则表达式。工作流引擎配置指定了工作流引擎的名称和请求地址，当根据流程实例ID和任务ID读取到对应的工作流引擎名称后，能根据其名称查询到对应的地址。正则表达式则用于提取路径中的ID信息。可以通过自定义配置类来读取上述配置：

```
@Configuration
@ConfigurationProperties(prefix = "engine-config")
@Data
public class EngineConfig {
    private List<EngineInfo> engines;
    private List<String> pattens;

    @Data
    public static class EngineInfo{
        private String name;
        private String url;
    }
}
```

自定义配置类的详细说明可以参阅21.2节。完成上述配置后，即可通过Spring Cloud Gateway的全局过滤器实现最终请求地址的替换，具体实现如下：

```
@Component
public class EngineRouterGlobalFilter implements GlobalFilter, Ordered {

    @Autowired
    private EngineConfig engineConfig;

    @Resource(name = "pikaTemplate")
    private RedisTemplate<String, String> redisTemplate;

    private static final String PIKA_PREFIX_PROCESS_ID = "BPM#ENGINE#PROCESSID";
```

```java
    private static final String PIKA_PREFIX_TASK_ID = "BPM#ENGINE#TASKID";

    @Override
    public Mono<Void> filter(ServerWebExchange exchange, GatewayFilterChain chain) {
        URI url = exchange.getAttribute(GATEWAY_REQUEST_URL_ATTR);
        if (url == null || !"er".equals(url.getScheme())) {
            return chain.filter(exchange);
        }
        String id = matchId(url.getPath());
        if (StringUtils.hasText(id)) {
            String prefix = url.getHost().equals("task") ? PIKA_PREFIX_TASK_ID :
                PIKA_PREFIX_PROCESS_ID;
            String engineName = String.valueOf(redisTemplate.opsForHash().get(prefix, id));
            for (EngineConfig.EngineInfo engine : engineConfig.getEngines()) {
                if (engine.getName().equals(engineName)) {
                    URI requestUri = UriComponentsBuilder
                        .fromUriString(engine.getUrl())
                        .path(url.getPath())
                        .build().toUri();
                    exchange.getAttributes().put(GATEWAY_REQUEST_URL_ATTR, requestUri);
                }
            }
        }
        return chain.filter(exchange);
    }

    @Override
    public int getOrder() {
        return 10001;
    }

    private String matchId(String path) {
        for (String regex : engineConfig.getPattens()) {
            Pattern pattern = Pattern.compile(regex);
            Matcher matcher = pattern.matcher(path);
            if (matcher.matches()) {
                return matcher.group(1);
            }
        }
        return "";
    }
}
```

在以上代码中，加粗部分的逻辑是：判断当前schema是否为er，如果是则从请求路径中根据配置的正则表达获取ID信息；根据host信息判断是流程实例ID还是任务ID，并根据ID信息从Pika的路由表中获取工作流引擎名称；根据工作流引擎名称查询实际的URL地址，再替换ServerWebExchange对象中属性GATEWAY_REQUEST_URL_ATTR的值，由Spring Cloud Gateway根据该属性值进行最终的路由转发。

需要注意的是，EngineRouterGlobalFilter除了实现了GlobalFilter接口外，还实现了Ordered接口。Ordered接口的作用是指定过滤器执行的顺序。这里getOrder()方法返回的值为10001，主要原因是EngineRouterGlobalFilter过滤器需要从ServerWebExchange对象中获取属性GATEWAY_REQUEST_URL_ATTR的值，该值通过全局过滤器RouteToRequestUrlFilter设置。RouteToRequestUrlFilter过滤器的getOrder()方法返回的值为10000，因此为了保证EngineRouterGlobalFilter过滤器在RouteToRequestUrlFilter过滤器之后执行，getOrder()方法的返回值就必须大于10000。

29.5 本章小结

本章根据流程领域的特殊场景，提出了多引擎架构。多引擎架构模式可以通过多个引擎来提高系统的容量和性能，解决流程领域高并发、大数据业务场景的需求。多引擎架构中，Activiti工作流引擎的底层逻辑不需要进行大的调整，整体改造成本比较低。另外，服务网关和路由表为多引擎架构模式提供了强大的扩容能力，使得在不进行任何数据迁移的情况下，实现快速扩容。此外，多引擎架构模式还提供了差异化的引擎能力，解决了众多流程领域中的复杂问题。

本章实现了一个简单的多引擎架构模式，但是还存在一些问题，主要包括：
- 本章中工作流引擎集群都只包含一台服务器，存在单点风险，并且重启过程会导致服务不可用，因此需要采用集群部署模式；
- 本章中的路由信息是在配置文件中固定配置的，如果要增加或修改路由信息，需要重新上线，成本较高；
- 通过多引擎差异化能力可以尽量避免跨库数据的查询，但是，实际工作中难免会有这种场景，目前的架构无法完成跨库查询功能。

以上提到的3个问题，将在第30章中逐一解决。

第30章

Activiti多引擎架构的高阶实现

在第29章中,我们通过建模服务化、路由表和网关服务,完成了多引擎架构的落地。但存在几个需要解决的问题:引擎服务为单机模式,服务之间通过IP调用,而IP地址有可能会变动,尤其随着云原生应用的广泛使用,每次部署时都可能变更IP地址,从而影响服务的可用性;网关路由是静态配置的,无法支持动态路由配置;无法支持跨集群之间的数据查询。本章将介绍这3个问题的解决方案。

30.1 工作流引擎集群搭建

在第29章的多引擎架构设计中,工作流引擎应该以集群为工作单元对外提供流程服务,但是在实现中,工作流引擎服务是以单机模式提供服务的,这会影响工作流引擎的稳定性和容量。因此需实现工作流引擎服务的集群部署,但集群模式又会带来管理上的挑战,如服务器地址管理、服务上下线及服务健康状态监测等。可以通过服务注册中心来解决集群管理问题,本节使用Nacos完成工作流引擎服务集群模式的实现。

30.1.1 Nacos服务搭建

Nacos是阿里巴巴推出的一个开源服务注册中心,同时也是一个配置中心。Nacos致力于发现、配置和管理微服务。Nacos提供了一组简单易用的特性集,可以快速实现动态服务发现、服务配置、服务元数据及流量管理。Nacos主要提供以下功能。

- 服务注册与发现:Nacos支持基于DNS和基于RPC的服务发现。服务提供者使用原生SDK或OpenAPI向Nacos注册服务,服务消费者通过HTTP接口查找和发现服务。
- 服务健康监测:Nacos提供了对服务的实时健康检查,阻止向不健康的主机或服务实例发送请求。
- 动态配置服务:Nacos提供了配置中心管理能力,实现了对配置文件的动态修改,配置变更时无须重新部署应用和服务,让配置管理变得更加高效和敏捷。

本小节主要利用Nacos的服务注册与发现,以及服务健康监测功能实现工作流引擎集群的搭建。Nacos是一个独立服务,可以通过Git下载对应的二进制版本进行解压启动。Nacos与Spring Cloud、Spring Cloud Alibaba版本对应如表30.1所示。

表30.1 Nacos与Spring Cloud、Spring Cloud Alibaba版本对应表

Nacos版本	Spring Cloud版本	Spring Cloud Alibaba版本
1.4.2	Spring Cloud 2021.0.1	2021.0.1.0
2.0.3	Spring Cloud Hoxton.SR12	2.2.7.RELEASE
1.4.1	Spring Cloud 2020.0.1	2021.1
1.4.2	Spring Cloud Hoxton.SR9	2.2.6.RELEASE
1.2.1	Spring Cloud Hoxton.SR3	2.2.1.RELEASE
1.1.4	Spring Cloud Hoxton.RELEASE	2.2.0.RELEASE
1.4.1	Spring Cloud Greenwich.SR6	2.1.4.RELEASE
1.2.1	Spring Cloud Greenwich	2.1.2.RELEASE

本书使用的Spring Cloud版本是2021.0.1,因此Nacos版本为1.4.2。Nacos默认使用嵌入式数据库derby,为了方便管理和维护,可以改成MySQL。首先在MySQL中新建一个数据库,然后执行下载解压文件中conf目录下的nacos-mysql.sql文件,并修改conf目录下的配置文件application.properties,增加以下数据库配置:

```
spring.datasource.platform=mysql
db.num=1
db.url.0=jdbc:mysql://127.0.0.1:3306/nacos?characterEncoding=utf8&connectTimeout=1000&s
ocketTimeout=3000&autoReconnect=true&useUnicode=true&useSSL=false&serverTimezone=UTC
db.user.0=root
db.password.0=123456
```

在以上配置中，spring.datasource.platform=mysql表示使用数据库MySQL，db.num=1表示使用一个数据库；Nacos支持多数据源，db.url.0、db.user.0和db.password.0分别表示第一个库的地址、用户名和密码。Nacos支持单机和集群两种启动模式，这里采用单机模式启动，Linux环境下的启动命令如下：

```
sh startup.sh -m standalone
```

Windows环境下的启动命令如下：

```
startup.cmd -m standalone
```

Nacos默认使用的端口号为8848，可以在application.properties文件中修改配置项server.port来指定其他端口号。启动成功后，可以通过浏览器访问http://locahost:8848/nacos，Nacos默认用户名和密码均为nacos，登录成功后的界面如图30.1所示。

图30.1　Nacos登录成功后的界面

30.1.2　基于Nacos的引擎集群构建

搭建完成Nacos服务后，需要将工作流引擎服务注册到Nacos中。Nacos提供了注册客户端，可以通过调用HTTP接口完成服务注册。在Spring Cloud环境下，可以通过对应的starter实现Nacos客户端的整合。首先，在POM文件中引入Spring Cloud Alibaba的父依赖，根据表30.1中的对应关系，版本号应为2021.0.1.0。因此，在dependencyManagement标签中增加了以下内容：

```
<dependencies>
    <dependency>
        <groupId>com.alibaba.cloud</groupId>
        <artifactId>spring-cloud-alibaba-dependencies</artifactId>
        <version>2021.0.1.0</version>
        <type>pom</type>
        <scope>import</scope>
    </dependency>
</dependencies>
```

此外，还需要加入Nacos服务注册发现组件spring-cloud-starter-alibaba-nacos-discovery。在POM文件中加入以下内容：

```
<dependency>
    <groupId>com.alibaba.cloud</groupId>
    <artifactId>spring-cloud-starter-alibaba-nacos-discovery</artifactId>
</dependency>
```

添加以上依赖后配置服务注册信息。Nacos地址信息属于公共配置，因此可以配置在application.yml中：

```
spring:
    cloud:
        nacos:
            discovery:
                server-addr: 127.0.0.1:8848
                username: nacos
                password: nacos
```

各引擎中，服务名是不同的，所以将其配置在各引擎的配置文件中。在application-engine01.yml文件中增加以下内容：

```
spring:
    cloud:
        nacos:
            discovery:
                service: engine01-cluster
```

在application-engine02.yml文件中增加以下内容：

```
spring:
    cloud:
        nacos:
            discovery:
                service: engine02-cluster
```

Nacos默认使用spring.application.name属性值作为服务注册名称，也可以通过spring.cloud.nacos.discovery.service指定服务注册名称。如果这两个值都没设定，则会抛出如下异常：

```
java.lang.IllegalArgumentException: Param 'serviceName' is illegal, serviceName is blank
```

最后，通过命令行来启动服务。服务都在同一台机器上，这里通过端口号来进行区分，集群engine01启动命令如下：

```
java -Dspring.profiles.active=engine01 -Dserver.port=8101 -jar bpm-engine-1.0-SNAPSHOT.jar
java -Dspring.profiles.active=engine01 -Dserver.port=8102 -jar bpm-engine-1.0-SNAPSHOT.jar
```

集群engine02启动命令如下：

```
java -Dspring.profiles.active=engine02 -Dserver.port=8201 -jar bpm-engine-1.0-SNAPSHOT.jar
java -Dspring.profiles.active=engine02 -Dserver.port=8202 -jar bpm-engine-1.0-SNAPSHOT.jar
```

启动完成后，可以通过Nacos管理界面查看引擎集群状态，如图30.2所示。

图30.2　工作流引擎集群状态

现在存在两个集群，服务名分别为engine01-cluster和engine02-cluster，默认分组名称为DEFAULT_GROUP，分组名称也可以在配置文件中指定，两个集群中都有两个运行正常的实例。可以查看每个集群的详细信息，如图30.3所示。

从集群详细信息中可以了解集群中每个实例的IP及端口，也可以操作实例的下线及设置每个实例的权重，权重值代表每个实例所占流量的比例。接下来通过网关层实现集群流量的分发。

图30.3　引擎集群engine01-cluster详细信息

30.1.3　引擎集群路由配置

在第29章中，工作流引擎为单机服务，网关通过IP地址调用工作流引擎服务。在本章中，引擎服务在Nacos基础上实现了集群模式，因此，网关层也可以借助Nacos的服务发现能力，实现工作流引擎集群的服务路由。与30.1.2小节类似，需要先引入Spring Cloud Alibaba的父依赖及spring-cloud-starter-alibaba-nacos-discovery。此外，为了实现负载均衡，这里还需要引入spring-cloud-starter-loadbalancer：

```xml
<dependency>
    <groupId>org.springframework.cloud</groupId>
    <artifactId>spring-cloud-starter-loadbalancer</artifactId>
</dependency>
```

接下来配置Nacos服务地址及服务名：

```yaml
spring:
  cloud:
    nacos:
      discovery:
        service: bpm-gateway
        server-addr: 127.0.0.1:8848
        username: nacos
        password: nacos
```

完成Nacos配置后，就可以通过服务名调用服务了。为了实现同一个服务下多个实例的流量负载均衡，需要指定schema为lb（即LoaderBalance的简写），因此原有的配置修改为如下形式：

```yaml
spring:
  cloud:
    gateway:
      routes:
        - id: task-complete-router
          uri: er://task
          predicates:
            - Path=/task/complete/*
        - id: task-query-router
          uri: er://process
          predicates:
            - Path=/task/processInstance/*
        - id: engine01-router
          uri: lb://engine01-cluster
          predicates:
            - Path=/processInstance/startByProcessDefinitionId/**
            - Weight=engine-group,5
        - id: engine02-router
          uri: lb://engine02-cluster
          predicates:
            - Path=/processInstance/startByProcessDefinitionId/**
            - Weight=engine-group,5
engine-config:
  engines:
    - name: engine01
      url: lb://engine01-cluster
```

```
      - name: engine02
        url: lb://engine02-cluster
   pattens:
      - /task/complete/(.+)
      - /task/processInstance/(.+)
```

在以上配置中，加粗部分的代码将原HTTP地址修改为lb://服务名的形式，这样就实现了工作流引擎集群多实例负载均衡的调用模式。如果有实例重启或宕机，Nacos能及时监控到对应实例的状态，从而将其从有效实例列表中剔除，网关无须将流量转发到该实例上，从而提高了整个系统的稳定性。

30.2 网关动态路由配置

第29章介绍过，网关路由信息配置在application.yml文件中。一旦路由信息发生变动，就需要重新部署上线整个网关服务，效率比较低，因此需要支持路由的动态配置，实现路由信息的在线修改。引擎路由信息分为两部分：引擎配置信息，包括引擎名称与URI；Spring Cloud Gateway所需的路由信息，包括路由ID、断言和过滤器。

30.2.1 引擎信息动态配置

在Spring Cloud项目中要使用Nacos配置中心，首先要引入对应的JAR包，除父依赖Spring Cloud Alibaba外，还需要引入spring-cloud-starter-alibaba-nacos-config。在POM文件中增加如下内容：

```xml
<dependency>
    <groupId>com.alibaba.cloud</groupId>
    <artifactId>spring-cloud-starter-alibaba-nacos-config</artifactId>
</dependency>
```

此外，要在resouces目录下增加bootstrap.yml或bootstrap.propeties文件。该文件会优先于application.yml和application.propeties配置文件加载，但是Spring Cloud 2020及后续版本默认不加载bootstrap文件。要加载bootstrap文件，需要加入如下依赖：

```xml
<dependency>
    <groupId>org.springframework.cloud</groupId>
    <artifactId>spring-cloud-starter-bootstrap</artifactId>
</dependency>
```

接下来在bootstrap.yml中添加Nacos配置信息：

```yaml
spring:
   cloud:
      nacos:
         config:
            server-addr: 127.0.0.1:8848
            file-extension: yaml
            group: bpm-gateway
            namespace: public
            name: engine-config
```

在以上配置中，server-addr为Nacos服务器地址；file-extension表示Nacos支持的配置文件格式，Nacos支持TEXT、JSON、XML、YAML、HTML、Properties这6种文件格式；group表示配置文件的分组，默认分组为DEFAULT_GROUP；namespace表示命名空间，默认值为public，如果使用其他值，需要先在Nacos中创建对应名称的命名空间；name为配置文件的ID，同一分组下不能重复，默认取值为spring.application.name的值，这里指定的值为engine-config，所以需要在Nacos中增加数据ID为engine-config.yml的文件，分组为bpm-gateway，格式选择YAML，配置内容为引擎信息。具体如下所示：

```yaml
engine-config:
   engines:
      - name: engine01
        url: lb://engine01-cluster
      - name: engine02
        url: lb://engine02-cluster
   pattens:
      - /task/complete/(.+)
      - /task/processInstance/(.+)
```

以上配置文件的内容与本地application.yml中对应部分一致,但是优先级高于本地配置文件。通过这种方式,即可实现基于Nacos配置中心的引擎信息动态变更。如果Nacos中的引擎配置信息发生变化,配置类EngineConfig中的内容就会自动更新。

30.2.2 路由信息动态配置

路由配置信息与引擎配置信息不同。Spring Cloud Gateway中的路由配置信息会转换为路由定义类org.springframework.cloud.gateway.route.RouteDefinition的实例,RouteDefinition包含的属性如下所示:

```
public class RouteDefinition {

    private String id;

    @NotEmpty
    @Valid
    private List<PredicateDefinition> predicates = new ArrayList<>();

    @Valid
    private List<FilterDefinition> filters = new ArrayList<>();

    @NotNull
    private URI uri;

    private Map<String, Object> metadata = new HashMap<>();

    private int order = 0;
}
```

在以上代码中,RouteDefinition的属性与application.yml文件中的路由配置对应,Spring Cloud Gateway默认通过类org.springframework.cloud.gateway.route.InMemoryRouteDefinitionRepository来管理路由定义,InMemoryRouteDefinitionRepository会在内存中保存路由定义信息。因此,路由信息动态配置除了感知配置信息变更外,还需更新InMemoryRouteDefinitionRepository中保存的路由信息,并且通知Spring Cloud Gateway路由发生了变化。Spring Cloud Gateway通过Spring事件机制来实现路由变化的通知,因此,路由信息动态更新类需要实现接口ApplicationEventPublisherAware,代码如下:

```
@Service
public class DynamicEngineRouteService implements ApplicationEventPublisherAware {

    private ApplicationEventPublisher publisher;

    @Autowired
    private RouteDefinitionWriter routeDefinitionWriter;

    public void addRouteDefinition(RouteDefinition definition) {
        routeDefinitionWriter.save(Mono.just(definition)).subscribe();
        this.publisher.publishEvent(new RefreshRoutesEvent(this));
    }

    public void updateRouteDefinition(RouteDefinition definition) {
        routeDefinitionWriter.delete(Mono.just(definition.getId())).subscribe();
        routeDefinitionWriter.save(Mono.just(definition)).subscribe();
        this.publisher.publishEvent(new RefreshRoutesEvent(this));
    }

    public void deleteRouteDefinition(String id) {
        routeDefinitionWriter.delete(Mono.just(id)).subscribe();
        this.publisher.publishEvent(new RefreshRoutesEvent(this));
    }

    @Override
    public void setApplicationEventPublisher(
        ApplicationEventPublisher applicationEventPublisher) {
        this.publisher = applicationEventPublisher;
    }
}
```

以上代码实现了路由信息的增、删、改操作，并结合Spring的ApplicationEventPublisherAware接口和Spring Cloud Gateway提供的RefreshRoutesEvent事件，实现了路由变更的通知。

路由信息变动的感知可以通过Nacos配置中心实现，为了方便将路由配置信息转成RouteDefinition对象，这里采用JSON格式来保存配置信息。application.yml文件中的路由配置信息对应的JSON格式数据如下：

```
[
    {
        "id":"task-complete-router",
        "uri":"er://task",
        "predicates":[
            {
                "name":"Path",
                "args":{
                    "pattern":"/task/complete/*"
                }
            }
        ]
    },
    {
        "id":"task-query-router",
        "uri":"er://process",
        "predicates":[
            {
                "name":"Path",
                "args":{
                    "pattern":"/task/processInstance/*"
                }
            }
        ]
    },
    {
        "id":"engine01-router",
        "uri":"lb://engine01-cluster",
        "predicates":[
            {
                "name":"Path",
                "args":{
                    "pattern":"/processInstance/startByProcessDefinitionId/**"
                }
            },
            {
                "name": "Weight",
                "args": {
                    "weight.group": "engine-group",
                    "weight.weight": "5"
                }
            }
        ]
    },
    {
        "id":"engine02-router",
        "uri":"lb://engine02-cluster",
        "predicates":[
            {
                "name":"Path",
                "args":{
                    "pattern":"/processInstance/startByProcessDefinitionId/**"
                }
            },
            {
                "name": "Weight",
                "args": {
                    "weight.group": "engine-group",
                    "weight.weight": "5"
                }
            }
        ]
    }
]
```

将以上配置信息保存在Nacos中，数据ID为router-definition.json，分组为bpm-gateway。接下来需要监听该配置文件的变化，并调用动态变更路由对应的方法，其实现如下：

```
@Component
public class RouterConfigListener {
    private Logger log = LoggerFactory.getLogger(RouterConfigListener.class);
    @Autowired
    private DynamicEngineRouteService dynamicEngineRouteService;
    @Autowired
    private NacosConfigManager nacosConfigManager;
    @Value("${router.config.dataId:router-definition.json}")
    private String dataId;
    @Value("${spring.cloud.nacos.config.group:bpm-gateway}")
    private String group;

    private final static Set<String> ROUTER_SET = new HashSet<>();

    @PostConstruct
    public void dynamicRouteListener() throws NacosException {
        nacosConfigManager.getConfigService().addListener(dataId, group, new Listener() {
            @Override
            public Executor getExecutor() {
                return null;
            }

            @Override
            public void receiveConfigInfo(String configInfo) {
                ObjectMapper mapper = new ObjectMapper();
                try {
                    List<RouteDefinition> definitions = mapper.readValue(configInfo,
                        new TypeReference<List<RouteDefinition>>() {
                    });
                    Set<String> newRouterIds = definitions.stream()
                        .map(definition -> definition.getId())
                        .collect(Collectors.toSet());

                    Iterator<String> iterator = ROUTER_SET.iterator();
                    while (iterator.hasNext()) {
                        String next = iterator.next();
                        if (!newRouterIds.contains(next)) {
                            dynamicEngineRouteService.deleteRouteDefinition(next);
                        }
                        iterator.remove();
                    }

                    for (RouteDefinition definition : definitions) {
                        if (ROUTER_SET.contains(definition.getId())) {
                            dynamicEngineRouteService.updateRouteDefinition(definition);
                        } else {
                            ROUTER_SET.add(definition.getId());
                            dynamicEngineRouteService.addRouteDefinition(definition);
                        }
                    }
                    log.info("路由更新完成-----------------------");
                } catch (JsonProcessingException e) {
                    log.error("JsonProcessingException e", e);
                }
            }
        });
    }
}
```

在以上代码中，注解@PostConstruct表示Spring完成RouterConfigListener类的初始化后调用dynamicRouteListener()方法，在该方法中注册了对配置文件router-definition.json变更的监听，一旦Nacos修改该文件并进行发布，就会执行监听器的receiveConfigInfo()方法，自动更新Spring Cloud Gateway路由定义信息，实现路由的动态变更。为了判断路由是新增、修改还是删除，RouterConfigListener中增加了一个类型为HashSet的成员属性ROUTER_SET，用于保存已存在的路由ID。

这里需要注意，网关服务启动时并不会触发变更逻辑，因此需要在服务器启动后主动从Nacos中获取路由配置信息，完成路由定义信息的初始化：

```
@PostConstruct
public void init() throws NacosException, JsonProcessingException {
    String configInfo = nacosConfigManager
        .getConfigService()
        .getConfig(dataId, group, 10000);
    ObjectMapper mapper = new ObjectMapper();
    List<RouteDefinition> definitions = mapper.readValue(
        configInfo, new TypeReference<List<RouteDefinition>>() {});
    for (RouteDefinition definition : definitions) {
        ROUTER_SET.add(definition.getId());
        dynamicEngineRouteService.addRouteDefinition(definition);
    }
    log.info("路由初始化完成-----------------------");
}
```

30.3 流程查询服务搭建

多引擎架构的最大优势在于可以根据业务的不同提供差异化的工作流引擎能力，从而最大限度地避免跨数据库的查询，但是实际应用中，经常会遇到一些特殊的场景，不可避免地需要跨数据库查询流程或任务数据。对于这种情况，可以通过专门的查询服务来实现。本节将介绍基于Elasticsearch来搭建综合查询服务。

30.3.1 Elasticsearch与Spring Boot的整合

Elasticsearch是一个分布式、高扩展、高实时的搜索与数据分析引擎。Elasticsearch底层使用Lucene建立倒排索引，支持分布式实时文件存储与搜索。Elasticsearch中索引可以被分成多个分片，每个分片又可能有若干个副本。Elasticsearch具备强大的水平扩展能力，支持PB级数据的存储和查询，能够满足大数据量、多条件的复杂查询场景需求。

对于Spring Boot与Elasticsearch的集成，Spring Boot官方提供了对应的starter，只需在POM文件中直接引入依赖：

```
<dependency>
    <groupId>org.springframework.boot</groupId>
    <artifactId>spring-boot-starter-data-elasticsearch</artifactId>
</dependency>
```

本书使用的Spring Boot版本为2.6.3，该版本下默认使用的Elasticsearch客户端版本为7.15.2，而本书使用的Elasticsearch版本为7.17.2，所以在POM文件的properties标签下增加了如下内容：

```
<elasticsearch.version>7.17.2</elasticsearch.version>
```

Elasticsearch提供两种类型的Java客户端。其中，Java API客户端（即TransportClient）基于Netty实现，通过TCP连接访问Elasticsearch服务。TransportClient在Elasticsearch 7.0以后被标记为废弃，并在8.0版本中被删除。另一种客户端是Java REST Client，这也是官方推荐使用的客户端，可通过REST风格的HTTP接口访问Elasticsearch服务。Java REST Client又分为低级客户端（Java Low Level REST Client）和高级客户端（Java High Level REST Client）。高级客户端是对低级客户端的封装，其操作更为方便。因此，这里采用Java REST Client中的高级客户端，初始化代码如下所示：

```
@Configuration
public class ElasticsearchConfig {
    @Value("${es.host:127.0.0.1}")
    private String host;
    @Value("${es.port:9200}")
    private int port;

    @Bean
    public RestHighLevelClient restHighLevelClient() {
        RestHighLevelClient restHighLevelClient = new RestHighLevelClient(
            RestClient.builder(new HttpHost(host, port, "http")));
        return restHighLevelClient;
    }
}
```

以上代码创建了高级客户端RestHighLevelClient的实例，指定Elasticsearch服务器地址、端口和请求协议，并将其注入Spring容器，使用时可以通过自动注入来获取该实例。

30.3.2 将数据写入Elasticsearch

Elasticsearch中写入什么数据，需要根据业务的具体需求来确定。这里以任务数据为例来演示数据写入Elasticsearch的过程。首先，需要在Elasticsearch中创建索引，并设置mappings，内容如下：

```
{
    "mappings": {
        "properties": {
            "id":{
                "type": "keyword",
                "index": true
            },
            "name":{
                "type": "keyword",
                "index": true
            },
            "activityId":{
                "type": "keyword",
                "index": true
            },
            "processInstanceId":{
                "type": "keyword",
                "index": true
            },
            "processInstanceName":{
                "type": "keyword",
                "index": true
            },
            "assignee":{
                "type": "keyword",
                "index": true
            },
            "candidates":{
                "type": "keyword",
                "index": true
            },
            "status":{
                "type": "integer",
                "index": true
            },
            "createTime":{
                "type": "date",
                "index": true
            },
            "completeTime":{
                "type": "date",
                "index": true
            }
        }
    }
}
```

在以上代码中，type表示数据类型，支持text、keyword、integer、double、boolean、long、date等，也支持嵌套对象类型object和一些特殊的数据类型，如表示地理位置的geo_point、geo_shape等；keyword和text都表示字符串，区别在于keyword不进行分词，text需要进行分词；index表示是否需要为该字段创建索引，true表示创建索引，false表示不创建索引。接下来在引擎服务中，创建与上述索引对应的实体类：

```
@Data
public class TaskDoc {
    private String id;                      //任务ID
    private String engine;                  //对应的引擎名称
    private String name;                    //任务名称
    private String activityId;              //任务对应节点的key
    private String processInstanceId;       //流程实例ID
    private String processInstanceName;     //流程实例名称
```

```java
    private String assignee;                //任务办理人
    private int status;                     //任务状态
    private String[] candidates;            //候选人
    private Date createTime;                //任务创建时间
    private Date completeTime;              //任务办理时间
}
```

将任务数据写入Elasticsearch，可以通过任务监听器实现。为了不影响流程执行效率，可以在事务提交后，通过异步方式写入Elasticsearch，监听器的实现如下：

```java
@Component
public class TaskToEsListener implements ActivitiEventListener {
    private Logger log = LoggerFactory.getLogger(TaskToEsListener.class);
    @Value("${bpm.engine-name}")
    private String engineName;
    @Value("${es.task-index:bpm_task}")
    private String taskIndex;
    @Autowired
    private RestHighLevelClient restHighLevelClient;

    private ExecutorService executorService = Executors.newFixedThreadPool(20);

    @Override
    public void onEvent(ActivitiEvent event) {
        TaskEntity taskEntity = (TaskEntity) ((ActivitiEntityEventImpl) event).getEntity();
        //事务提交后再写入Elasticsearch
        TransactionSynchronizationManager.registerSynchronization(
            new TransactionSynchronization() {
                @Override
                public void afterCommit(){
                    executorService.submit(() -> {
                        try {
                            if (event.getType() == ActivitiEventType.TASK_CREATED ||
                                    event.getType() == ActivitiEventType.TASK_ASSIGNED) {
                                TaskDoc taskDoc = toTaskDoc(taskEntity);
                                IndexRequest request = new IndexRequest(taskIndex);
                                request.id(taskDoc.getId());
                                JsonMapper jsonMapper = new JsonMapper();
                                request.source(jsonMapper.writeValueAsString(taskDoc),
                                    XContentType.JSON);
                                restHighLevelClient.index(request, RequestOptions.DEFAULT);
                            } else if (event.getType() == ActivitiEventType.TASK_COMPLETED) {
                                UpdateRequest request = new UpdateRequest(taskIndex,
                                    taskEntity.getId());
                                Map<String, Object> map = new HashMap<>();
                                map.put("status", 2);
                                map.put("completeTime", new Date());
                                request.doc(map);
                                restHighLevelClient.update(request, RequestOptions.DEFAULT);
                            }
                        } catch (IOException e) {
                            log.info("写入失败，需要做数据补偿");
                        }
                    });
                }
            });
    }

    private TaskDoc toTaskDoc(TaskEntity taskEntity) {
        TaskDoc doc = new TaskDoc();
        doc.setId(taskEntity.getId());
        doc.setName(taskEntity.getName());
        doc.setActivityId(taskEntity.getTaskDefinitionKey());
        doc.setAssignee(taskEntity.getAssignee());
        if (taskEntity.getAssignee() == null && taskEntity.getCandidates() != null) {
            String[] candidates = taskEntity.getCandidates().toArray(
                new String[taskEntity.getCandidates().size()]);
            doc.setCandidates(candidates);
        }
        doc.setProcessInstanceId(taskEntity.getProcessInstanceId());
        if (StringUtils.hasText(taskEntity.getProcessInstance().getName())) {
```

```
                doc.setProcessInstanceName(taskEntity.getProcessInstance().getName());
            } else {
                doc.setProcessInstanceName(taskEntity.getProcessInstance()
                    .getProcessDefinitionName());
            }
            doc.setEngine(engineName);
            doc.setStatus(1);
            doc.setCreateTime(taskEntity.getCreateTime());
            return doc;
    }

    @Override
    public boolean isFailOnException() {
        return false;
    }
}
```

在以上代码中,有以下3点需要注意。

- 为了保证不将中间过程数据写入Elasticsearch,需要在事务提交后再执行Elasticsearch写入逻辑。通过TransactionSynchronizationManager.registerSynchronization注册了回调接口TransactionSynchronization,事务提交成功后会调用其中的afterCommit()方法进行Elasticsearch数据的写入。如果流程执行过程发生异常,导致事务回滚,则无须将数据写入Elasticsearch。
- 数据写入Elasticsearch的过程中可能会发生异常。为了保证数据的一致性,应该在异常处理机制中进行数据的补偿。补偿过程与异步历史数据的补偿逻辑类似,可以先将异常数据写入MQ,再消费MQ中的数据进行补偿,具体可以参考28.1.4小节。
- 以上代码同时监听了TASK_CREATED和TASK_ASSIGNED事件,并且两者处理逻辑一致。主要原因在于,Activiti中,如果流程定义中已设置了任务办理人,则会生成TASK_ASSIGNED事件,并且该事件会先于TASK_CREATED发生;如果未设置任务办理人,则只生成TASK_CREATED事件。所以,这里Elasticsearch写入的逻辑是,如果对应ID的数据已经存在,则进行数据的全量更新,否则插入一条新的数据。

最后,在工作流引擎启动时将监听器TaskToEsListener注入引擎:

```
@Configuration
public class ActivitiEngineConfiguration {

    @Autowired
    private PlatformTransactionManager transactionManager;
    @Autowired
    private ProcessStartListener processStartListener;
    @Autowired
    private TaskCreateListener taskCreateListener;
    @Autowired
    private TaskToEsListener taskToEsListener;
    @Autowired
    private RedisProcessDefinitionCache processDefinitionCache;
    @Autowired
    private CustomProcessDefinitionDataManagerImpl processDefinitionDataManager;

    @Bean(name = "processEngineConfiguration")
    public ProcessEngineConfigurationImpl processEngineConfiguration(DataSource dataSource) {
        SpringProcessEngineConfiguration configuration =
            new SpringProcessEngineConfiguration();
        configuration.setDataSource(dataSource);
        configuration.setDatabaseSchemaUpdate(ProcessEngineConfiguration.DB_SCHEMA
            UPDATE_TRUE);
        configuration.setTransactionManager(transactionManager);
        configuration.setProcessDefinitionCache(processDefinitionCache);
        configuration.setProcessDefinitionDataManager(processDefinitionDataManager);
        configuration.setIdGenerator(new SnowFlakeIdGenerator());

        Map<String, List<ActivitiEventListener>> eventListeners = new HashMap<>();
        eventListeners.put(PROCESS_STARTED.name(), Arrays.asList(processStartListener));
        eventListeners.put(TASK_CREATED.name(), Arrays.asList(taskCreateListener,
```

```
            taskToEsListener));
        eventListeners.put(TASK_COMPLETED.name(), Arrays.asList(taskToEsListener));
        eventListeners.put(TASK_ASSIGNED.name(), Arrays.asList(taskToEsListener));
        configuration.setTypedEventListeners(eventListeners);
        return configuration;
    }
}
```

以上代码段中的加粗部分针对任务创建、任务分配和任务办理3个事件增加了TaskToEsListener监听器。

30.3.3 创建查询服务

任务数据写入Elasticsearch后，即可创建查询服务来实现任务的综合查询。例如，实现按人查询待办任务的代码如下：

```
@Component
public class ElasticsearchDocQuery {
    private Logger log = LoggerFactory.getLogger(ElasticsearchDocQuery.class);
    @Autowired
    private RestHighLevelClient restHighLevelClient;
    @Value("${es.task-index:bpm_task}")
    private String taskIndex;

    public List<TaskDoc> queryTasksByUserId(String userId) {
        List<TaskDoc> ret = new ArrayList<>();
        try {
            SearchRequest request = new SearchRequest(taskIndex);
            request.source().query(QueryBuilders.termQuery("assignee", userId));
            SearchResponse search = restHighLevelClient.search(request,
                RequestOptions.DEFAULT);
            ObjectMapper mapper = new ObjectMapper();
            for (SearchHit hit : search.getHits()) {
                ret.add(mapper.readValue(hit.getSourceAsString(), TaskDoc.class));
            }
        } catch (Exception ex) {
            log.error("Exception ex", ex);
        }
        for (TaskDoc taskDoc : ret) {
            System.out.println("任务ID: " + taskDoc.getId() + ",工作流引擎: "
                + taskDoc.getEngine());
        }
        return ret;
    }
}
```

最后，通过网关发起多个流程，并访问上述查询接口，可以看到如下日志：

```
任务ID: 45820056727687168,工作流引擎: engine01
任务ID: 45820049014362112,工作流引擎: engine01
任务ID: 45820028730707968,工作流引擎: engine02
任务ID: 45819995448905728,工作流引擎: engine02
```

通过上面的结果可以看出，按人员查询任务已经实现了跨集群的数据查询。

30.4 本章小结

本章基于Nacos的服务注册与发现功能实现了多引擎架构下的引擎集群模式，提高了引擎服务的可用性与系统容量；基于Nacos的配置中心，实现了网关路由信息的动态变更；通过Elasticsearch构建查询服务，实现了跨集群之间的数据查询。至此，一个相对完整的多引擎架构模式即搭建完成。读者需要深入理解多引擎架构模式及其各个模块的解决方案。在实际的工作中，如果遇到高并发、大数据的场景，可以根据需求对多引擎架构模式进行灵活调整和完善，最终达成业务目标。